Vorwort

1. Zur Zielsetzung des Buches

Das vorliegende Buch ist für die Grundkurse der Klassen 12 und 13 konzipiert. Die drei großen Stoffgebiete *Analysis* (Kapitel 1 bis 5), *Lineare Algebra/Analytische Geometrie* (Kapitel 7 bis 11) sowie *Stochastik* (Kapitel 13 bis 15) sind in diesem Band vereinigt dargestellt, sodass die Schülerinnen und Schüler das Buch beide Schuljahre hindurch verwenden können und für die Lehrperson eine größere Freiheit in der inhaltlichen Disposition des Stoffes besteht.
Jedes der drei großen Stoffgebiete ist von den beiden anderen unabhängig.
Inhaltlich wird auf *Elemente der Mathematik 11 – Einführung in die Analysis* (kurz EdM 11, Einführung in die Analysis) (Best.-Nr. 83931) aufgebaut.

2. Mögliche Wege durch den Stoff

Für jedes der drei großen Stoffgebiete *Analysis*, *Lineare Algebra/Analytische Geometrie* sowie *Stochastik* sind auf den Seiten 527 bis 529 mögliche Wege durch den Stoff, d. h. mit Alternativen, angeboten.

3. Zur didaktischen Konzeption der Analysis

Die Analysis wird mit der *Integralrechnung* weitergeführt (Kapitel 1 und Kapitel 5). Das Buch schließt an die Differentialrechnung von Klasse 11 an. Vorausgesetzt werden dabei nur die Differentialrechnung für ganzrationale Funktionen und für einige wenige andere Funktionen wie $x \mapsto \sqrt{x}$, $x \mapsto \frac{1}{x}$, $x \mapsto \sin x$ und $x \mapsto \cos x$. Eine flexible Gestaltung des Unterrichts bei unterschiedlichen Lernvoraussetzungen zu Beginn der 12. Klasse wird durch gezielte Überschneidungen ermöglicht: Ketten-, Produkt- und Quotientenregel (siehe Kapitel 2) sind auch wegen ihrer großen Bedeutung für das Abitur Inhalt dieses Bandes. Damit steht hier ausreichend Material für Wiederholungs- und Vertiefungsphasen zur Verfügung, auch falls diese Themen schon in Klasse 11 behandelt worden sein sollten.
Schließlich erfolgt eine Erweiterung der Analysis insbesondere auf Exponential- und Logarithmusfunktionen (Kapitel 3), aber auch auf die gebrochen rationalen und die trigonometrischen Funktionen (Kapitel 4).

4. Zur didaktischen Konzeption der Linearen Algebra/Analytischen Geometrie

Die Behandlung der *Linearen Algebra/Analytischen Geometrie* erfolgt in den Kapiteln 7 bis 11.
In den Abschnitten 8.1 bis 8.3 sowie 9.1 und 9.2 wird die *Lineare Algebra* (Vektorrechnung, Vektoralgebra) *als ein leistungsfähiges algebraisches Hilfsmittel aufgebaut* und in Kapitel 11 durch die *Matrizenrechnung* ergänzt.
Doch wird schon zwischendurch in den Abschnitten 8.4 und 8.5 sowie in 9.3 und dann voll in Kapitel 10 die aufgebaute Lineare Algebra auf geometrische Probleme des Raumes und der Ebene angewandt. Dieses Anwenden der Linearen Algebra heißt *Analytische Geometrie.*
Im Hinblick auf die generelle Zielsetzung wird beim Aufbau der Linearen Algebra großer Wert auf eine anschauliche Verankerung ihrer Begriffe gelegt, wenn auch Vektoren als (spaltenweise notierte) Zahlentripel bzw. n-tupel und die Rechenoperationen einschließlich des Skalarproduktes koordinatenweise definiert sind und damit deutlich wird, dass es sich um eine Algebra handelt.
Zuvor werden in Kapitel 7 *Lineare Gleichungssysteme* und der *Gaußsche Algorithmus* behandelt. Dieses Kapitel kann zuvor behandelt werden. Es kann aber auch situativ eingesetzt werden.

5. Zur didaktischen Konzeption der Stochastik

Die Stochastik wird in den Kapiteln 13 bis 15 behandelt. Dabei zielt das ganze Curriculum auf das Kapitel 15 *Beurteilende Statistik* ab. Dieses sollte daher auch im Unterricht erreicht werden. In Kapitel 13 werden Grundlagen bereitgestellt bzw. wiederholt und in Kapitel 14 die für die Beurteilende Statistik wichtigen Begriffe *Zufallsgröße, Erwartungswert* und *Varianz einer Zufallsgröße* sowie die *Bernoulli-Versuche* mit der wichtigen Zufallsgröße *Anzahl der Erfolge* eingeführt.
Inzwischen liegt eine große Erfahrung im Stochastikunterricht vor. Dabei hat sich herausgestellt, dass Zufallsversuche mit Würfeln, Münzen, Glücksrädern, Urnen, Skatkarten usw. zum Einstieg in die Stochastik unerlässlich sind. Sie vermitteln am besten Erfahrungen und Vorstellungen zu den grundlegenden Begriffen wie *Ergebnis, Ereignis, Wahrscheinlichkeit, Zufallsgröße, Erwartungswert* und *Varianz einer Zufallsgröße.*

Es sei davor gewarnt, Sachverhalte zu früh in großer Zahl zu behandeln, in welchen der Zufallsversuch nicht unmittelbar erkennbar ist, sondern erst gedanklich (in der Vorstellung) hineininterpretiert werden muss.
Das vorliegende Lehrbuch berücksichtigt diese Erfahrungen, führt in solche Sachverhalte in den Kapiteln 13 und 14 behutsam ein und behandelt sie im großen Umfang dann in Kapitel 15 (Beurteilende Statistik).

6. Klausurtraining und Vorbereitung auf das Abitur

Innerhalb der großen Stoffgebiete *Analysis, Lineare Algebra/Analytische Geometrie* sowie *Stochastik* ist – wie schon in EdM 11 – ein Klausurtraining zusammen mit einem Testen von Basiswissen aufgenommen. Dieses Training muss auch im Zusammenhang mit der Vorbereitung auf das Abitur gesehen werden.

7. Blickpunkte und Exkurse

Mathematik ist diejenige Wissenschaft, die am stärksten lehrgangsorientiert ist. In jedem der drei großen Stoffgebiete *Analysis, Lineare Algebra/Analytische Geometrie* und *Stochastik* baut sich eins aufs andere auf. Nachfolgende Begriffe können nur dann verstanden werden, wenn vorhergehende Begriffe so weit verinnerlicht sind, dass sie zum geistigen Besitz geworden sind. In den *Möglichen Wegen durch den Stoff* sind diese Abhängigkeiten berücksichtigt.
Blickpunkte und Exkurse durchbrechen bewusst diesen Zusammenhang. Das drückt sich insbesondere im Wort *Exkurs* aus. Diese Seiten stehen außerhalb des Kurses (lat: ex = außerhalb). Sie sind dennoch nicht weniger bildungswirksam, weil sie insbesondere in den Exkursen Reflexionen über die Mathematik und ihre Geschichte enthalten. Gerade im abstandnehmenden Reflektieren über das Fach wird jedoch der bildende (prägende) Einfluss des Faches wirksam.

8. Zu den zentralen Ideen

Das dem Lehrbuch zugrunde liegende Curriculum orientiert sich an den folgenden zentralen Ideen als Leitlinie: *Zahl, Messen, räumliches Strukturieren, funktionaler Zusammenhang, Wahrscheinlichkeit, Algorithmus* und *mathematisches Modellieren.*
Dabei soll deutlich werden, dass diese Ideen über die Mathematik hinaus für die menschliche Kultur von zentraler Bedeutung sind.
Unter diesen Ideen ist zweifellos die *Idee der Zahl* am universellsten. Sie durchdringt nicht nur die gesamte Mathematik, sondern auch das tägliche Leben in Familie, Beruf und Freizeit sowie alle Wissenschaften. Auch im Buch ist das auf jeder Seite spürbar.
Die zentrale Idee des *räumlichen Strukturierens* wird vor allem im Stoffgebiet *Lineare Algebra/Analytische Geometrie* erkennbar, die der *Wahrscheinlichkeit* im Stoffgebiet *Stochastik.*
Über die restlichen zentralen Ideen gibt es eigenständige *Exkurse*, wobei *funktionaler Zusammenhang* in enger Beziehung zu mathematischem Modellieren zu sehen ist.
Messen: Seiten 62 und 63, *Algorithmus:* Seiten 168 und 169,
Mathematisches Modellieren: Seiten 462 und 463.

9. Zum Einsatz neuer Medien aus der Informationstechnologie (IT)

Moderner Mathematikunterricht beinhaltet auch den Einsatz von IT-Medien. Daher sind wie schon in EdM 11 Aufgaben aufgenommen worden, welche mithilfe eines grafikfähigen Taschenrechners GTR, eines Tabellenkalkulationsprogramms TAB oder eines Computeralgebraprogramms CAS gelöst werden können. Diese Aufgaben sind durch die entsprechenden Symbole in der Marginalspalte gekennzeichnet.
Außerdem ist an den entsprechenden Stellen im Buch ausgeführt, wie ein CAS bei der Lösung von Aufgaben aus der Linearen Algebra/Analytischen Geometrie eingesetzt werden kann.
Es sei jedoch ausdrücklich betont, dass der Einsatz neuer IT-Medien für das Erlernen des jeweiligen Stoffgebietes *nicht* zwingend erforderlich ist. *Man kann auch dann mit dem Buch erfolgreich arbeiten, wenn man diese Medien im Unterricht nicht verwendet.*
Allerdings erhoffen sich die Autoren, dass durch das Angebot von entsprechenden Aufgaben im Buch die IT-Medien allmählich in den Unterricht eindringen, so wie das mit dem gewöhnlichen Taschenrechner in den letzten 30 Jahren schon geschehen ist. Die Autoren hoffen auch, dass die neuen Hilfsmittel zu einer Unterrichtskultur beitragen, in der sich Schülerinnen und Schüler stärker als bisher eigenständig und mit den neuen Medien experimentierend Begriffe und Sachverhalte erarbeiten.

Inhaltsverzeichnis

Analysis

Lineare Algebra und Analytische Geometrie

Stochastik

1. INTEGRALRECHNUNG

Flächeninhalt von Vielecken

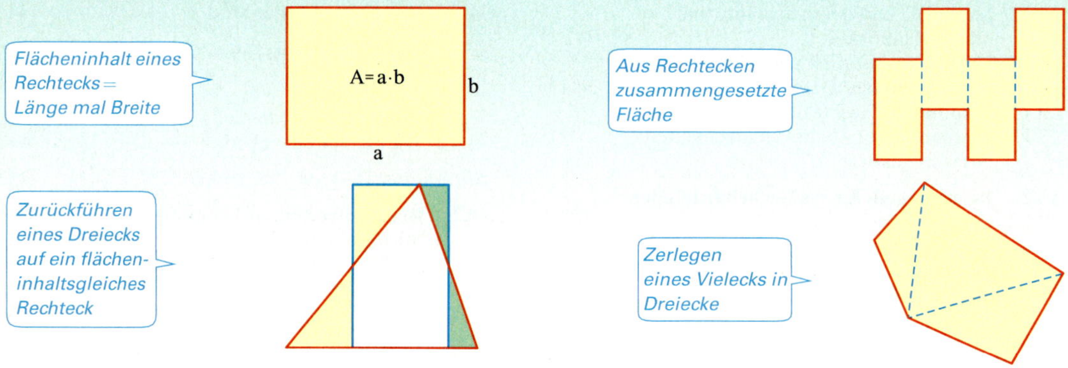

Bereits im 5. Schuljahr lernt man, wie man den Flächeninhalt A eines Rechtecks aus den Seitenlängen a und b berechnen kann. Auch für Flächen, die aus Rechtecken zusammengesetzt sind, kann man den Flächeninhalt durch Addition der Flächeninhalte der Rechtecke bestimmen.
In der Klasse 7 erfolgt eine erste Erweiterung der Flächeninhaltsberechnung auf Parallelogramme, Dreiecke und Trapeze. Die Strategie besteht darin, die jeweiligen Figuren auf flächeninhaltsgleiche Rechtecke zurückzuführen. Den Flächeninhalt eines Vielecks bestimmt man durch Zerlegen in Dreiecke.

Flächeninhalt des Kreises

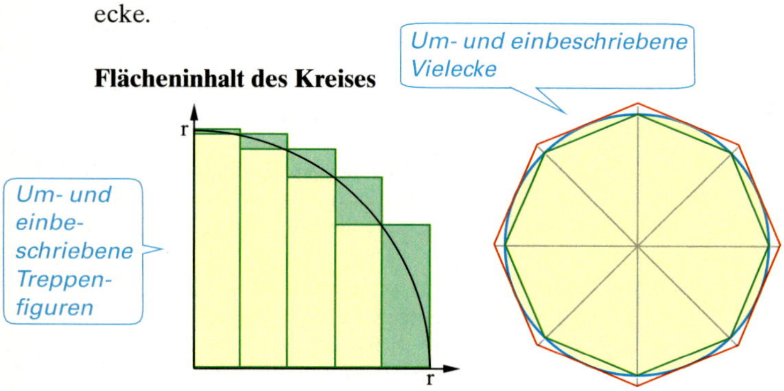

In der Klasse 10 wird erkannt: Den Flächeninhalt A eines Kreises berechnet man mithilfe der Formel $A = \pi \cdot r^2$. Damit ist der Flächeninhalt einer besonderen krummlinig berandeten Fläche bestimmt. Als Verfahren bedient man sich der *Ausschöpfung* durch einbeschriebene Treppenfiguren oder durch einbeschriebene Vielecke.

Flächeninhalt krummlinig berandeter Flächen

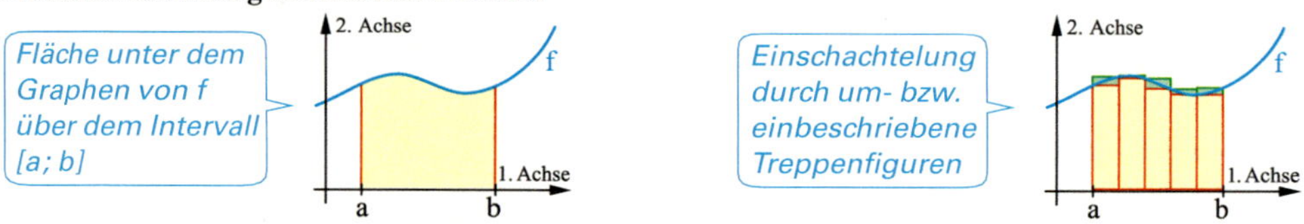

Eines der Ziele der Integralrechnung ist, den Flächeninhalt der Fläche unter dem Graphen einer Funktion f über einem Intervall [a; b] zu bestimmen. Als Verfahren eignet sich, wie schon beim Kreis, die „*Einschachtelung*" der Fläche durch einbeschriebene und umbeschriebene Treppenfiguren.
Der zentrale Begriff der Integralrechnung ist der des Integrals. In seiner geometrischen Definition (vgl. S. 16) spielt der Flächeninhalt, genauer der *orientierte Flächeninhalt* (vgl. S. 15) eine große Rolle.

1.1 Das Integral

1.1.1 Berechnen des Flächeninhalts einer Fläche unter dem Graphen einer Funktion im 1. und 2. Quadranten

Einführung **Berechnen des Flächeninhalts der Fläche unter dem Graphen der Funktion f mit f (x) = x^2 über dem Intervall [0; 1]**

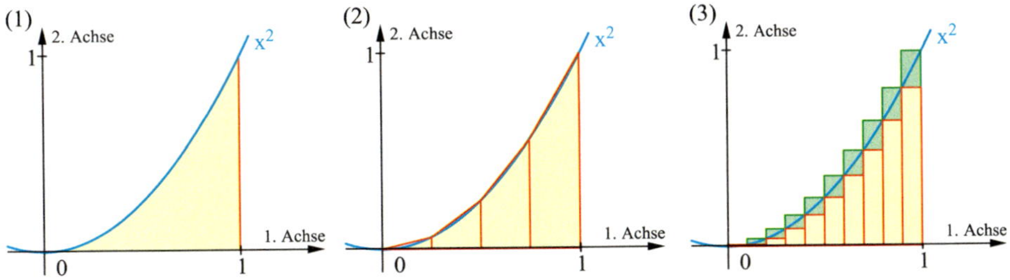

Wir wollen ein Verfahren entwickeln, mit dem man den Flächeninhalt A der Fläche unter dem Graphen der Funktion f mit f (x) = x^2 über dem Intervall [0; 1] berechnen kann.
Es ist zunächst naheliegend, die Fläche in gleich breite Streifen zu zerlegen. Dazu wird das Intervall [0; 1] z. B. in 4 gleich lange Teile zerlegt.
Über jedem dieser Teilintervalle zeichnen wir ein Näherungstrapez. Der Flächeninhalt aller dieser Trapeze zusammen ist ein Näherungswert für den gesuchten Flächeninhalt. Rechnerisch einfacher ist es, über jedem der Teilintervalle *Rechtecke* zu zeichnen. Man erhält *einbeschriebene und umbeschriebene Treppenfiguren*. Wenn man die Anzahl n der Teilintervalle hinreichend groß wählt, ist der gesuchte Flächeninhalt A ziemlich genau durch die Flächeninhalte der beiden Treppenfiguren eingeschachtelt.

1. Schritt: *Einteilen des Intervalls [0; 1] in 4 Teilintervalle und Berechnen der Funktionswerte in den Stellen* x_0, x_1, x_2, x_3, x_4

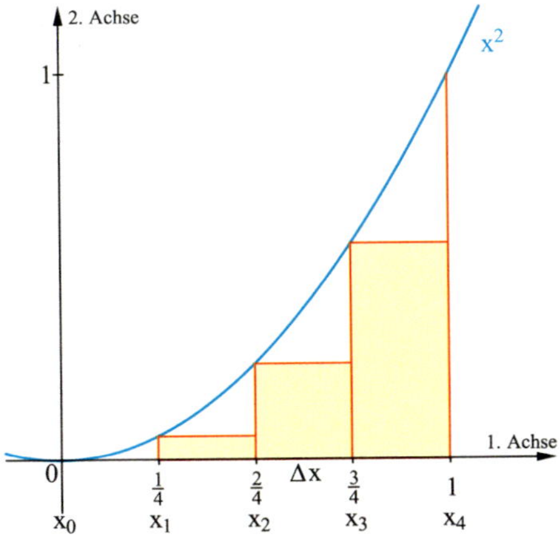

Jedes Teilintervall hat die Länge $\Delta x = \frac{1}{4}$.
Für den Flächeninhalt der Rechtecke in den Treppenfiguren benötigen wir die Funktionswerte in den Teilpunkten.

1. Schritt: *Einteilen des Intervalls [0; 1] in n Teilintervalle und Berechnen der Funktionswerte in den Stellen* $x_0, x_1, x_2, \ldots, x_n$

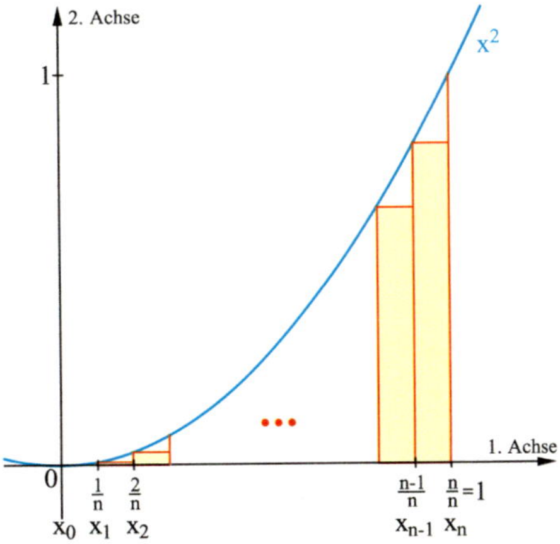

Jedes Teilintervall hat die Länge $\Delta x = \frac{1}{n}$.
Für den Flächeninhalt der Rechtecke in den Treppenfiguren benötigen wir die Funktionswerte in den Teilpunkten.

$f(x_0) = f(0) = 0^2 = 0$

$f(x_1) = f\left(1 \cdot \frac{1}{4}\right) = \left(1 \cdot \frac{1}{4}\right)^2 = 1 \cdot \frac{1}{16}$

$f(x_2) = f\left(2 \cdot \frac{1}{4}\right) = \left(2 \cdot \frac{1}{4}\right)^2 = 4 \cdot \frac{1}{16}$

$f(x_3) = f\left(3 \cdot \frac{1}{4}\right) = \left(3 \cdot \frac{1}{4}\right)^2 = 9 \cdot \frac{1}{16}$

$f(x_4) = f\left(4 \cdot \frac{1}{4}\right) = \left(4 \cdot \frac{1}{4}\right)^2 = 16 \cdot \frac{1}{16}$

2. Schritt:

2.1 Berechnen des Flächeninhalts $\underline{S}_4$ der unteren Treppenfigur

Die Rechtecke haben alle dieselbe Breite $\Delta x = \frac{1}{4}$.

Für die sogenannte *Untersumme* gilt:

$$\begin{aligned}\underline{S}_4 &= f(x_0) \cdot \Delta x + f(x_1) \cdot \Delta x + f(x_2) \cdot \Delta x \\ &\quad + f(x_3) \cdot \Delta x \\ &= 1 \cdot \frac{1}{16} \cdot \frac{1}{4} + 4 \cdot \frac{1}{16} \cdot \frac{1}{4} + 9 \cdot \frac{1}{16} \cdot \frac{1}{4} \\ &= \frac{1}{16} \cdot \frac{1}{4}(1+4+9) \\ &= \frac{1}{16} \cdot \frac{1}{4} \cdot 14 \\ &= \frac{7}{32}\end{aligned}$$

$1 + 4 + 9 + \ldots + m^2 = \frac{m \cdot (m+1) \cdot (2m+1)}{6}$
vgl. Information, Seite 13

2.2 Berechnen des Flächeninhalts $\overline{S}_4$ der oberen Treppenfigur

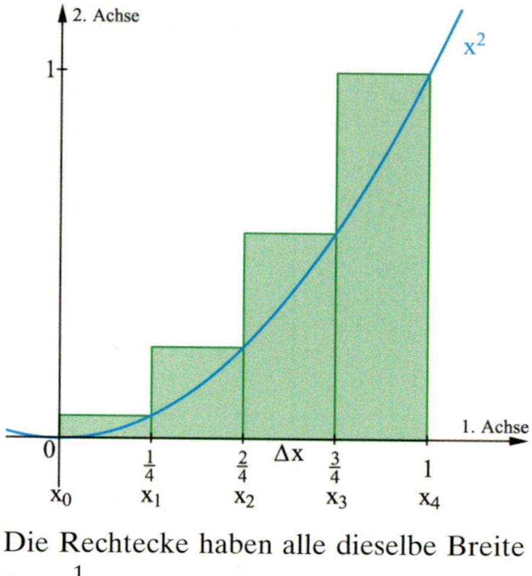

Die Rechtecke haben alle dieselbe Breite $\Delta x = \frac{1}{4}$.

$f(x_0) = f(0) = 0^2 = 0$

$f(x_1) = f\left(1 \cdot \frac{1}{n}\right) = \left(1 \cdot \frac{1}{n}\right)^2 = 1 \cdot \frac{1}{n^2}$

$f(x_2) = f\left(2 \cdot \frac{1}{n}\right) = \left(2 \cdot \frac{1}{n}\right)^2 = 4 \cdot \frac{1}{n^2}$

$f(x_{n-1}) = f\left((n-1) \cdot \frac{1}{n}\right) = \left((n-1) \cdot \frac{1}{n}\right)^2 = (n-1)^2 \cdot \frac{1}{n^2}$

$f(x_n) = f\left(n \cdot \frac{1}{n}\right) = \left(n \cdot \frac{1}{n}\right)^2 = n^2 \cdot \frac{1}{n^2}$

2. Schritt:

2.1 Berechnen des Flächeninhalts $\underline{S}_n$ der unteren Treppenfigur

Die Rechtecke haben alle dieselbe Breite $\Delta x = \frac{1}{n}$.

Für die sogenannte *Untersumme* gilt:

$$\begin{aligned}\underline{S}_n &= f(x_0) \cdot \Delta x + f(x_1) \cdot \Delta x + f(x_2) \cdot \Delta x \\ &\quad + \ldots + f(x_{n-1}) \cdot \Delta x \\ &= 1 \cdot \frac{1}{n^2} \cdot \frac{1}{n} + 4 \cdot \frac{1}{n^2} \cdot \frac{1}{n} + \ldots + (n-1)^2 \cdot \frac{1}{n^2} \cdot \frac{1}{n} \\ &= \frac{1 \cdot 1}{n^2 \cdot n} \cdot \left(1 + 4 + \ldots + (n-1)^2\right)\end{aligned}$$

In der Klammer steht die Summe der ersten $(n-1)$ Quadratzahlen. Dafür gibt es eine Formel. Damit ergibt sich:

$$\underline{S}_n = \frac{1}{n^3} \cdot \frac{(n-1) \cdot n \cdot (2n-1)}{6}$$

2.2 Berechnen des Flächeninhalts $\overline{S}_n$ der oberen Treppenfigur

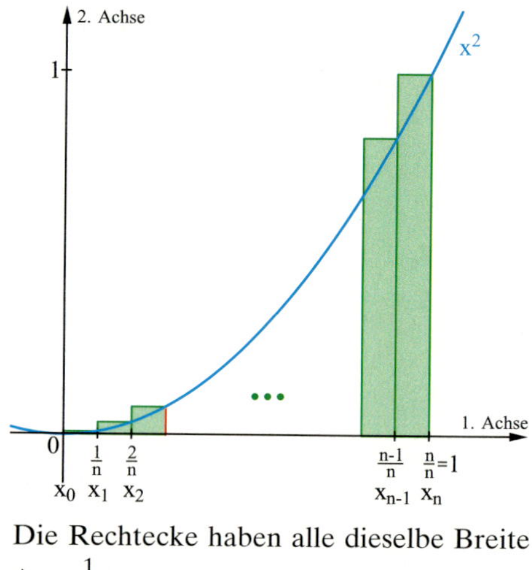

Die Rechtecke haben alle dieselbe Breite $\Delta x = \frac{1}{n}$.

Für die sogenannte *Obersumme* ergibt sich:

$$\overline{S}_4 = f(x_1)\cdot\Delta x + f(x_2)\cdot\Delta x + f(x_3)\cdot\Delta x + f(x_4)\cdot\Delta x$$
$$= 1\cdot\frac{1}{16}\cdot\frac{1}{4} + 4\cdot\frac{1}{16}\cdot\frac{1}{4} + 9\cdot\frac{1}{16}\cdot\frac{1}{4} + 16\cdot\frac{1}{16}\cdot\frac{1}{4}$$
$$= \frac{1}{16}\cdot\frac{1}{4}(1+4+9+16)$$
$$= \frac{1}{16}\cdot\frac{1}{4}\cdot 30$$
$$= \frac{15}{32}$$

Für die sogenannte *Obersumme* ergibt sich:

$$\overline{S}_n = f(x_1)\cdot\Delta x + f(x_2)\cdot\Delta x + \ldots + f(x_n)\cdot\Delta x$$
$$= 1\cdot\frac{1}{n^2}\cdot\frac{1}{n} + 4\cdot\frac{1}{n^2}\cdot\frac{1}{n} + \ldots + n^2\cdot\frac{1}{n^2}\cdot\frac{1}{n}$$
$$= \frac{1\cdot 1}{n^2\cdot n}\cdot(1+4+9+\ldots+n^2)$$

In der Klammer steht die Summe der ersten n Quadratzahlen. Mit der obigen Formel ergibt sich:

$$\overline{S}_n = \frac{1}{n^3}\cdot\frac{n\cdot(n+1)\cdot(2n+1)}{6}$$

3. Schritt: *Abschätzen des gesuchten Flächeninhalts A*

Der gesuchte Flächeninhalt A wird von der Unter- und der Obersumme eingeschachtelt.

$$\frac{7}{32} \le A \le \frac{15}{32}$$

Die Abschätzung ist nur sehr grob.

3. Schritt: *Abschätzen des gesuchten Flächeninhalts A*

Es gilt: $\underline{S}_n \le A \le \overline{S}_n$, also:

$$\frac{(n-1)\cdot n\cdot(2n-1)}{n^3\cdot 6} \le A \le \frac{n\cdot(n+1)\cdot(2n+1)}{n^3\cdot 6}$$

Kürzen mit n^3 liefert:

$$\frac{1}{6}\cdot\left(1-\frac{1}{n}\right)\left(2-\frac{1}{n}\right) \le A \le \frac{1}{6}\cdot\left(1+\frac{1}{n}\right)\left(2+\frac{1}{n}\right)$$

4. Schritt: *Genaue Bestimmung des gesuchten Flächeninhalts A*

Lässt man die Anzahl n der Teilintervalle unbegrenzt wachsen, so strebt die Breite Δx der Teilintervalle gegen 0. Die Abschätzung wird immer genauer. Durch *Bilden des Grenzwertes* auf beiden Seiten erhält man:

$$\lim_{n\to\infty}\left[\frac{1}{6}\cdot\left(1-\frac{1}{n}\right)\cdot\left(2-\frac{1}{n}\right)\right] \le A \le \lim_{n\to\infty}\left[\frac{1}{6}\cdot\left(1+\frac{1}{n}\right)\cdot\left(2+\frac{1}{n}\right)\right]$$
$$\frac{1}{6}\cdot\ 1\ \cdot\ 2 \le A \le \frac{1}{6}\cdot\ 1\ \cdot\ 2$$
$$\frac{1}{3} \le A \le \frac{1}{3}$$
$$A = \frac{1}{3}$$

Ergebnis: Für den Flächeninhalt A der Fläche unter dem Graphen der Funktion f mit $f(x) = x^2$ über dem Intervall [0; 1] gilt: $A = \frac{1}{3}$

Aufgabe 1 Bisher haben wir nur den Flächeninhalt einer Fläche über dem Intervall [0; 1] berechnet. Berechne jetzt den Flächeninhalt der Fläche unter dem Graphen von f mit $f(x) = x^2$ über dem Intervall [0; b].

Der Graph der Funktion f ist die Normalparabel

Lösung **1. Schritt:** *Einteilen des Intervalls* [0; b] *in n Teilintervalle und Berechnen der Funktionswerte in den Teilpunkten*

Bestimmen der Teilpunkte $x_0, x_1, x_2, \ldots, x_{n-1}, x_n$.

Jedes Teilintervall hat die Länge $\Delta x = \frac{b}{n}$ also:

$$x_0 = 0,\quad x_1 = 1\cdot\frac{b}{n},\quad x_2 = 2\cdot\frac{b}{n},\quad \ldots, x_{n-1} = (n-1)\cdot\frac{b}{n},\quad x_n = n\cdot\frac{b}{n} = b$$

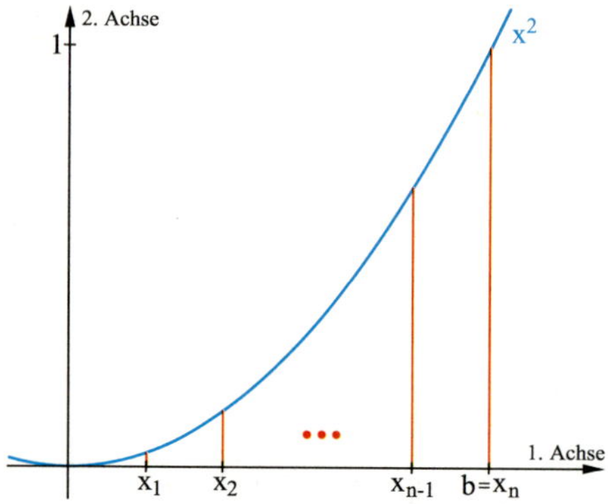

Bestimmen der Funktionswerte in den Teilpunkten:

$$
\begin{aligned}
f(x_0) &= f(0) &&= 0^2 &&= 0\\
f(x_1) &= f\left(1\cdot\frac{b}{n}\right) &&= \left(1\cdot\frac{b}{n}\right)^2 &&= 1^2\cdot\frac{b^2}{n^2}\\
f(x_2) &= f\left(2\cdot\frac{b}{n}\right) &&= \left(2\cdot\frac{b}{n}\right)^2 &&= 2^2\cdot\frac{b^2}{n^2}\\
&\vdots &&\vdots &&\vdots\\
f(x_{n-1}) &= f\left((n-1)\cdot\frac{b}{n}\right) &&= \left((n-1)\cdot\frac{b}{n}\right)^2 &&= (n-1)^2\cdot\frac{b^2}{n^2}\\
f(x_n) &= f\left(n\cdot\frac{b}{n}\right) &&= \left(n\cdot\frac{b}{n}\right)^2 &&= n^2\cdot\frac{b^2}{n^2}
\end{aligned}
$$

2. Schritt: *Berechnen des Flächeninhalts der Treppenfiguren*

2.1 Untere Treppenfigur

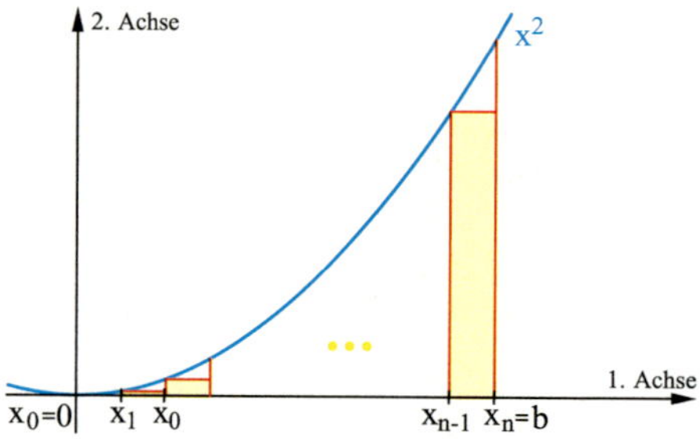

Breite der Rechtecke: $\Delta x = \frac{b}{n}$

$$
\begin{aligned}
\underline{S}_n &= f(x_0)\cdot\Delta x + f(x_1)\cdot\Delta x + f(x_2)\cdot\Delta x\\
&\quad + \ldots + f(x_{n-1})\cdot\Delta x\\
&= 1^2\cdot\frac{b^2}{n^2}\cdot\frac{b}{n} + 2^2\cdot\frac{b^2}{n^2}\cdot\frac{b}{n} + \ldots\\
&\quad + (n-1)^2\cdot\frac{b^2}{n^2}\cdot\frac{b}{n}\\
&= \frac{b^2\cdot b}{n^2\cdot n}\cdot\left(1^2+2^2+\ldots+(n-1)^2\right)\\
&= \frac{b^3}{n^3}\cdot\frac{(n-1)\cdot n\cdot(2n-1)}{6}\\
&= \frac{b^3}{6}\cdot\left(1-\frac{1}{n}\right)\cdot\left(2-\frac{1}{n}\right)
\end{aligned}
$$

$1^1+2^2+3^2+\ldots+m^2$
$=\frac{1}{6}m\cdot(m+1)\cdot(2m+1)$
vgl. Information, Seite 13

2.2 Obere Treppenfigur

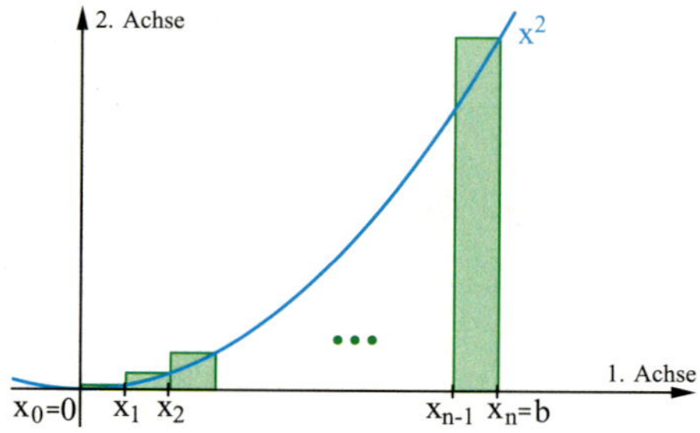

Breite der Rechtecke: $\Delta x = \frac{b}{n}$

$$
\begin{aligned}
\overline{S}_n &= f(x_1)\cdot\Delta x + f(x_2)\cdot\Delta x + \ldots\\
&\quad + f(x_n)\cdot\Delta x\\
&= 1^2\cdot\frac{b^2}{n^2}\cdot\frac{b}{n} + 2^2\cdot\frac{b^2}{n^2}\cdot\frac{b}{n} + \ldots\\
&\quad + n^2\cdot\frac{b^2}{n^2}\cdot\frac{b}{n}\\
&= \frac{b^2\cdot b}{n^2\cdot n}\cdot\left(1^2+2^2+\ldots+n^2\right)\\
&= \frac{b^3}{n^3}\cdot\frac{n\cdot(n+1)\cdot(2n+1)}{6}\\
&= \frac{b^3}{6}\cdot\left(1+\frac{1}{n}\right)\cdot\left(2+\frac{1}{n}\right)
\end{aligned}
$$

3. Schritt: *Abschätzen des Flächeninhalts A*

Es gilt: $\underline{S}_n \le A \le \overline{S}_n$, also: $\frac{b^3}{6}\cdot\left(1-\frac{1}{n}\right)\cdot\left(2-\frac{1}{n}\right) \le A \le \frac{b^3}{6}\cdot\left(1+\frac{1}{n}\right)\cdot\left(2+\frac{1}{n}\right)$

4. Schritt: Berechnen des Flächeninhalts A

Lässt man die Anzahl n der Teilintervalle unbegrenzt wachsen, so strebt die Rechteckbreite Δx gegen 0. Wir erhalten für $n\to\infty$:

$\frac{b^3}{6}\cdot 1\cdot 2 \le A \le \frac{b^3}{6}\cdot 1\cdot 2$, also: $A = \frac{b^3}{6}\cdot 2 = \frac{b^3}{3}$

Für den Flächeninhalt A der Fläche unter der Normalparabel über [0; b] gilt:

$A = \frac{b^3}{3}$

Weiterführende Aufgaben

2. *Berechnen des Flächeninhalts von Flächen über weiteren Intervallen*
Bestimme (z. B. mithilfe des Ergebnisses von Seite 12 unten) den Flächeninhalt der Fläche unter dem Graphen der Funktion f mit $f(x) = x^2$ über dem Intervall

a) $[2; 3]$ **b)** $[a; b]$.

3. *Berechnen des Flächeninhalts von Flächen bei weiteren Funktionen*
Bestimme den Flächeninhalt der Fläche unter dem Graphen der Funktion f über dem Intervall (1) $[0; b]$ (2) $[a; b]$. Verwende bei c) die Formel für den Flächeninhalt eines Trapezes und bei d) und e) die Formel $1^3 + 2^3 + \ldots + m^3 = \frac{1}{4} m^2 \cdot (m+1)^2$.

a) $f(x) = 3x^2$ **b)** $f(x) = k \cdot x^2$ **c)** $f(x) = k \cdot x$ **d)** $f(x) = x^3$ **e)** $f(x) = kx^3$

Der Inhalt der Fläche A unter dem Graphen der Funktion f über dem Intervall $[a; b]$ mit $0 \leq a < b$ beträgt:

- bei $f(x) = k \cdot x$: $A = \frac{k}{2} \cdot (b^2 - a^2)$ $(k > 0)$
- bei $f(x) = k \cdot x^2$: $A = \frac{k}{3} \cdot (b^3 - a^3)$ $(k > 0)$
- bei $f(x) = k \cdot x^3$: $A = \frac{k}{4} \cdot (b^4 - a^4)$ $(k > 0)$

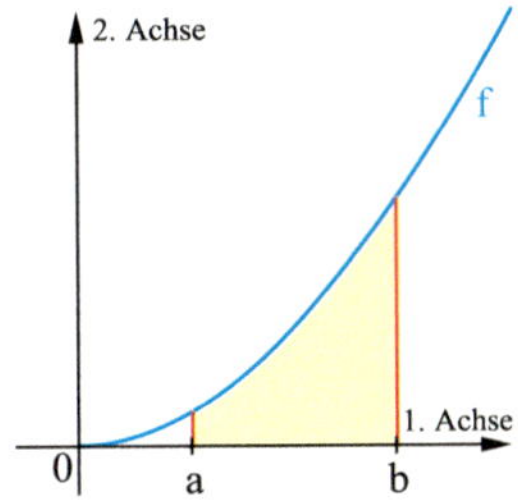

4. *Vereinfachen bei der Berechnung*

a) Zeige anhand der nebenstehenden Zeichnung, dass bei der Funktion f mit $f(x) = x^2$ für die Differenz von Ober- und Untersumme $\overline{S}_n$ und $\underline{S}_n$ gilt: $\overline{S}_n - \underline{S}_n = \frac{b^3}{n}$.
Welche Vereinfachung bedeutet dies für die Berechnung von Ober- und Untersummen?

b) Was ergibt sich entsprechend für die Funktionen $x \mapsto x$ und $x \mapsto x^3$?

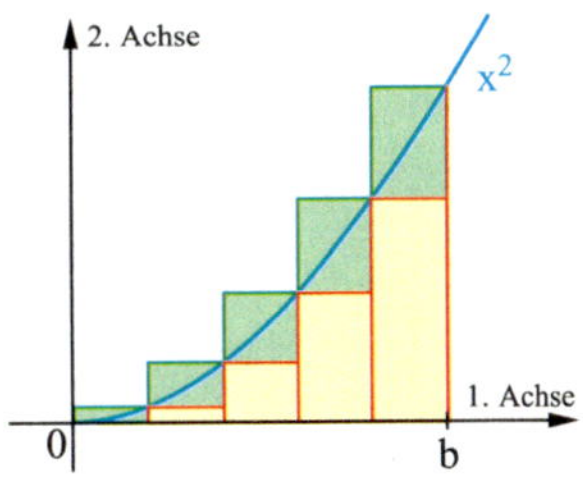

c) Ist das arithmetische Mittel $\frac{1}{2}(\overline{S}_n + \underline{S}_n)$ kleiner, gleich oder größer als der Inhalt der Fläche unter dem Graphen der Funktion $x \mapsto x^3$ über dem Intervall $[0; b]$?

Information **(1) Formeln für die Summe der ersten m Quadratzahlen bzw. Kubikzahlen**

Bei den obigen Rechnungen sind folgende Formeln angewandt worden:

Summe der ersten m Quadratzahlen

$$1^2 + 2^2 + 3^2 + \ldots + m^2 = \sum_{i=1}^{m} (i^2) = \frac{1}{6} m \cdot (m+1) \cdot (2m+1)$$

Summe der ersten m Kubikzahlen

$$1^3 + 2^3 + 3^3 + \ldots + m^3 = \sum_{i=1}^{m} (i^3) = \frac{1}{4} m^2 \cdot (m+1)^2$$

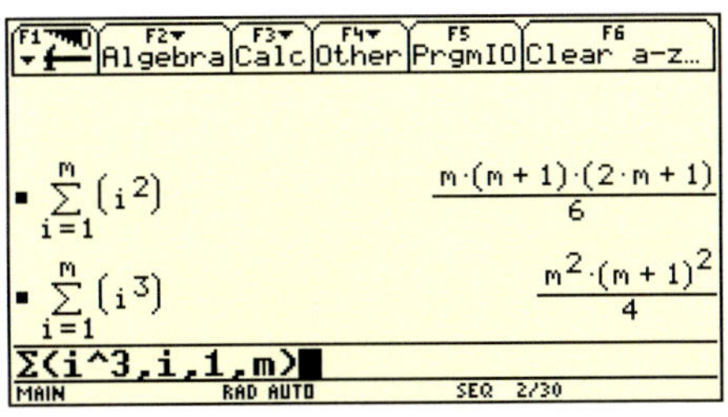

Diese Formeln werden hier ohne Begründung verwendet. Es gibt für sie verschiedene Beweise, z. B. mithilfe des Verfahrens der vollständigen Induktion, das in diesem Buch allerdings nicht betrachtet wird.

CAS Auch in einem Computer-Algebra-System kann man die Formeln abrufen.

CAS **(2) Unter- und Obersummen mithilfe eines CAS ermitteln**

Die rechnerisch sehr aufwendige Bestimmung von Unter- und Obersummen wird durch die Verwendung eines CAS erheblich vereinfacht.

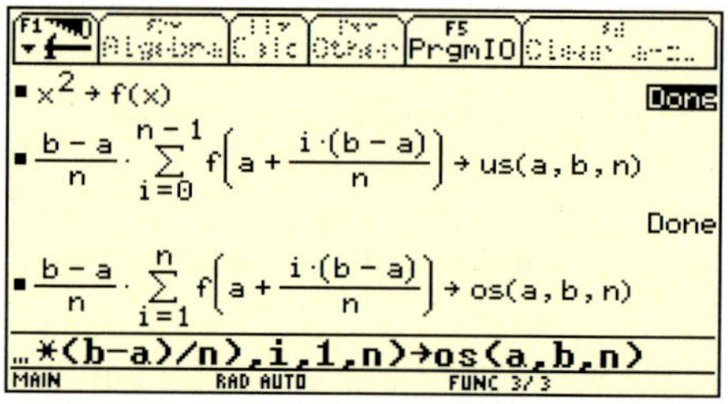

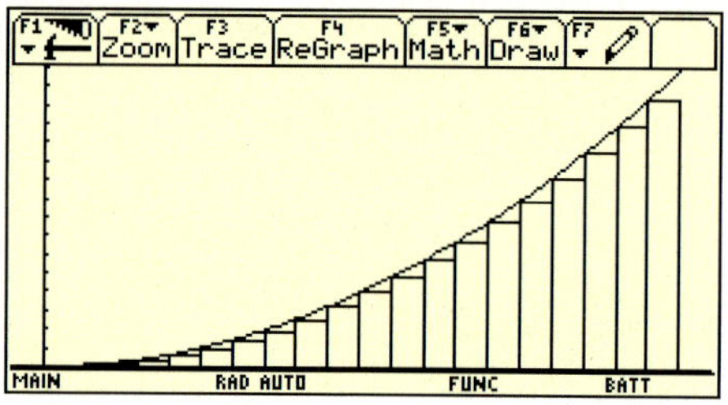

Programm zum Zeichnen von unteren Treppenfiguren

```
: ure(a, b, n)
: Prgm
: Local h,i
: a-(b-a)/n → xmin
: b+(b-a)/n → xmax
: ClrDraw
: Graph f(x)
: (b-a)/n → h
: For i,0,n-1
: Line a+i*h,0,a+i*h,f(a+i*h)
: Line a+(i+1)*h,0,a+(i+1)*h,f(a+i*h)
: Line a+i*h,f(a+i*h),a+(i+1)*h,f(a+i*h)
: EndFor
: EndPrgm
```

Das obere Fenster zeigt, wie die Untersumme us(a, b, n) und Obersumme os(a, b, n) definiert werden. Das Programm (rechts) ermöglicht die grafische Darstellung von unteren Rechtecken (ure; unteres Fenster). Das Programm für obere Rechtecke kann man durch einfache Änderungen daraus ableiten. Führe das durch.

Übungsaufgaben

Verwenden von CAS *oder Tabellenkalkulation* TAB *möglich*

5.

a) Gegeben ist die Funktion f mit $f(x) = x^2$ und das Intervall [0; 1]. Zeichne die zur Untersumme bzw. Obersumme gehörende Treppenfigur in ein Koordinatensystem und berechne die Summe: (1) $\underline{S}_2$, (2) $\overline{S}_2$, (3) $\underline{S}_3$, (4) $\overline{S}_3$, (5) $\underline{S}_5$, (6) $\overline{S}_5$,

b) Zeige an einer Zeichnung und an der Formel für $\underline{S}_n$, dass $\underline{S}_1 = 0$ ist.

6.

Gegeben ist die Funktion f mit $f(x) = x^2$. Wie groß muss b gewählt werden, damit die Fläche unter dem Graphen von f

a) über dem Intervall [0; b] den Inhalt 9 [den Inhalt 3; den Inhalt 1] hat;

b) über dem Intervall [3; b] den Inhalt 18 $\left[\text{den Inhalt 9; den Inhalt } 4\tfrac{1}{3}\right]$ hat?

7.

Bestimme mithilfe der Ergebnisse von Seite 11 den Inhalt der gelben Fläche.

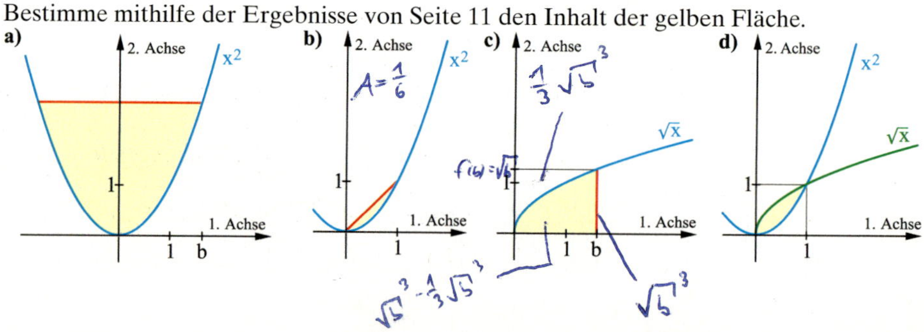

1.1.2 Orientierte Flächeninhalte – Definition des Integrals

Einführung **(1) Wasservolumen, dargestellt als Summe von orientierten Flächeninhalten**

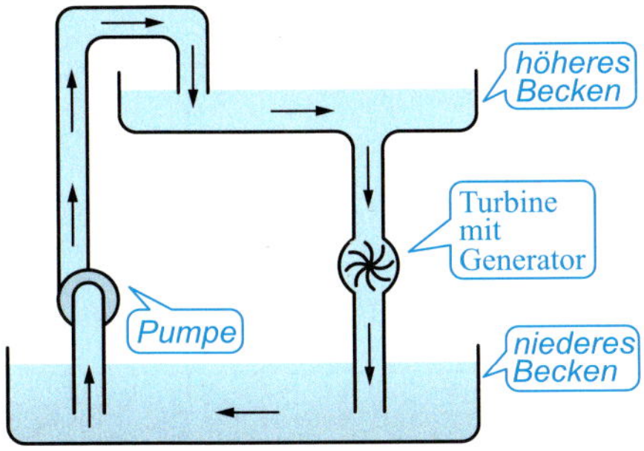

In den sogenannten Pumpspeicherwerken (Prinzipbild siehe links) wird nachts mithilfe überschüssiger Energie Wasser in ein höheres Becken gepumpt. In Zeiten großen Bedarfs an elektrischer Energie (z. B. mittags) wird Wasser zur Stromerzeugung wieder an das andere Becken abgelassen und elektrische Energie an das Stromnetz abgegeben.

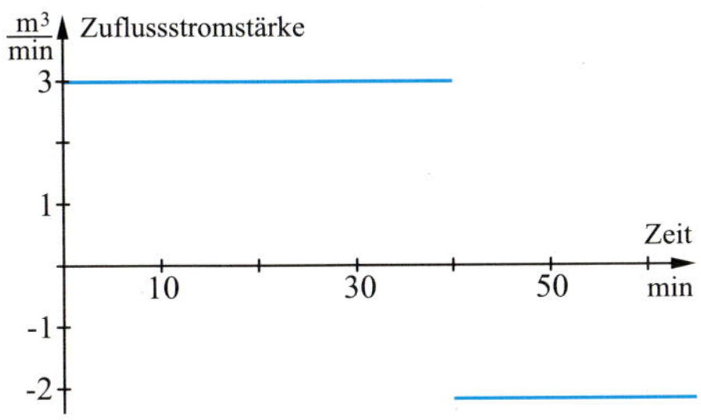

Ein solches höheres Becken wurde in 40 min mit Wasser gefüllt. Die Geschwindigkeit des Zustromes beträgt $3\,\frac{m^3}{min}$. Danach wurde es mit einer Geschwindigkeit von $2\,\frac{m^3}{min}$ entleert. Der Verlauf des Vorgangs ist im Graphen dargestellt.

Beim Abflussstrom wird zur Unterscheidung von Zuflussstrom ein *negatives Vorzeichen* verwendet.

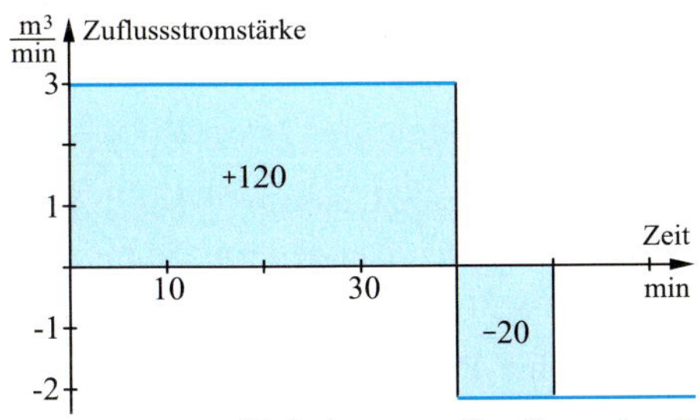

Nach 40 min befinden sich $40 \cdot 3\,m^3$, also $120\,m^3$ in dem Becken. Dieser Größenwert lässt sich als Flächeninhalt des Rechtecks über dem Intervall [0; 40] veranschaulichen. Zum Zeitpunkt 50 min ist schon Wasser abgeflossen. In 50 min – 40 min d. h. in 10 min sind dies $10 \cdot 2\,m^3$, also $20\,m^3$. Dann sind noch $120\,m^3 - 20\,m^3$, also $100\,m^3$ in dem Becken. Der Größenwert $100\,m^3$ lässt sich als Summe der Flächeninhalte von Flächen über dem Intervall [0; 50] deuten.

Dabei muss allerdings der Flächeninhalt des Rechtecks unter der 1. Achse des Koordinatensystems mit einem negativen Vorzeichen versehen sein.

Ist der Flächeninhalt einer Fläche oberhalb der 1. Achse mit einem positiven und der einer Fläche unterhalb der 1. Achse mit einem negativen Vorzeichen versehen, so sprechen wir von einem *orientierten Flächeninhalt*.

Beim **orientierten Flächeninhalt** sind die Flächeninhalte von Flächen oberhalb der 1. Achse mit einem positiven und unterhalb der 1. Achse mit einem negativen Vorzeichen versehen.

(2) Geometrische Definition des Integrals

Die Beispiele oben zeigen, dass die Summe der orientierten Flächeninhalte der Flächen unter einem Graphen über einem Intervall in den Anwendungen eine Rolle spielt.

Die Flächen oben waren Rechtecke. Der Graph der vorgegebenen Funktion war stückweise konstant mit einer Sprungstelle bei 40 min. Häufig sind die Graphen jedoch krummlinig. Man gibt dieser Summe daher einen eigenen Namen, nämlich *Integral*. Wir erhalten damit eine *geometrische Definition des Integrals*.

Geometrische Definition des Integrals

Gegeben sei die Funktion f definiert über einem Intervall [a; b]. Dann versteht man unter dem **Integral von a bis b der Funktion f** die Summe der orientierten Flächeninhalte der Teilflächen zwischen dem Graphen von f, der 1. Achse und den Parallelen zur 2. Achse mit x = a und x = b.

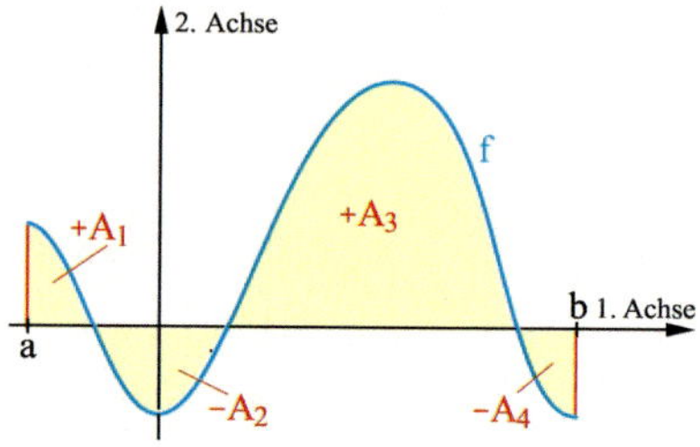

Denke bei $\int$ an Summe

Man schreibt: $\int_a^b f = \int_a^b f(x)\,dx = (+A_1) + (-A_2) + (+A_3) + (-A_4)$

Bisher kennen wir nur Integrale, bei denen die Graphen und also auch die Flächen oberhalb der 1. Achse verlaufen:

Siehe Kasten Seite 13

$\int_a^b x^3\,dx = \frac{b^4}{4} - \frac{a^4}{4}$ (für $0 \le a < b$), z.B.: $\int_1^3 x^3\,dx = \frac{3^4}{4} - \frac{1^4}{4} = 20$

$\int_a^b x^2\,dx = \frac{b^3}{3} - \frac{a^3}{3}$ (für $0 \le a < b$), z.B.: $\int_2^5 x^2\,dx = \frac{5^3}{3} - \frac{2^3}{3} = 39$

$\int_a^b x\,dx = \frac{b^2}{2} - \frac{a^2}{2}$ (für $0 \le a < b$), z.B.: $\int_2^{10} x\,dx = \frac{10^2}{2} - \frac{2^2}{2} = 48$

Unser Ziel muss daher sein, auch Integrale zu berechnen, falls der Graph ganz oder teilweise unterhalb der 1. Achse verläuft.

(3) Anmerkungen zum Integralzeichen

Die Zahlen a und b in $\int_a^b f(x)\,dx$ bzw. $\int_a^b f$ heißen die *Grenzen des Integrals*; a heißt **untere Grenze** und b **obere Grenze.** Es ist zunächst vorausgesetzt, dass $a < b$ ist.
Später werden wir die Integraldefinition auch auf $a > b$ und $a = b$ erweitern (Seite 25).
Die Funktion f heißt auch **Integrand** oder *Integrandenfunktion.*

Die Schreibweise $\int_a^b f(x)\,dx$ wird verwendet, wenn eine Funktion durch einen Funktionsterm vorgegeben ist, die Schreibweise $\int_a^b f$ dagegen bei allgemeinen Sätzen.

Aufgabe 1 Bestimme folgende Integrale auf Grund der geometrischen Definition

a) (1) $\int_a^b x^3\,dx$ für $a < b \le 0$

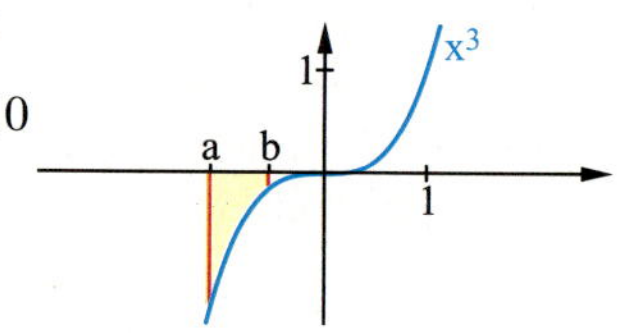

(2) $\int_a^b x^3\,dx$ für $a < 0 < b$

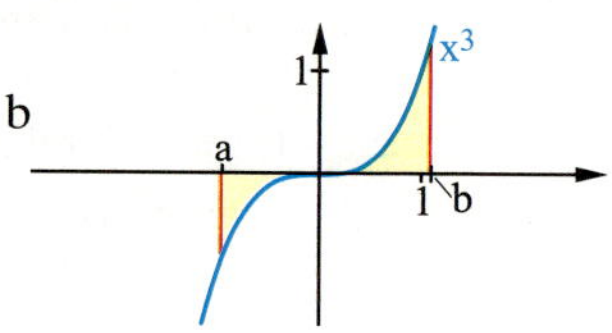

b) (1) $\int_a^b x^2\,dx$ für $a < b \le 0$

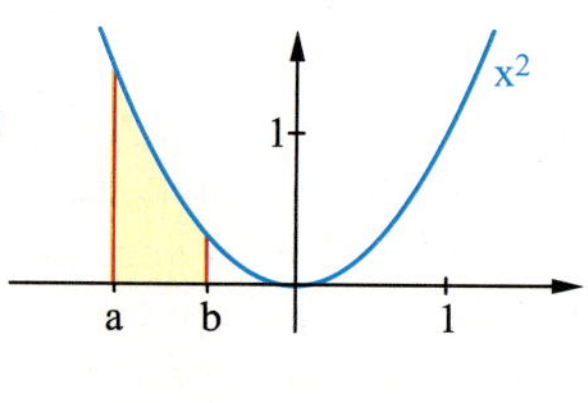

(2) $\int_a^b x^2\,dx$ für $a < 0 < b$

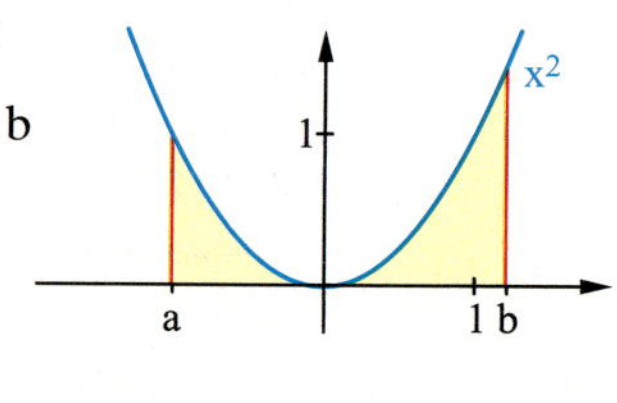

c) (1) $\int_a^b x\,dx$ für $0 \leq a < b$

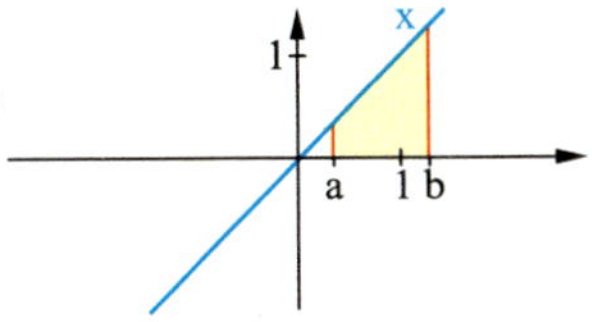

(2) $\int_a^b x\,dx$ für $a < b \leq 0$

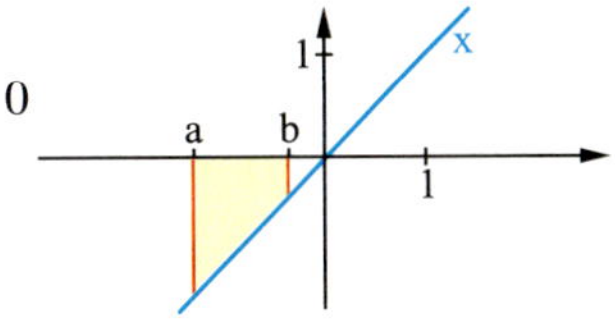

(3) $\int_a^b x\,dx$ für $a \leq 0 \leq b$

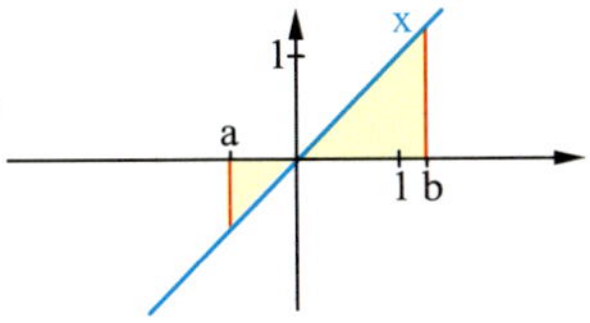

(4) $\int_a^b 1\,dx$ für $a < b$

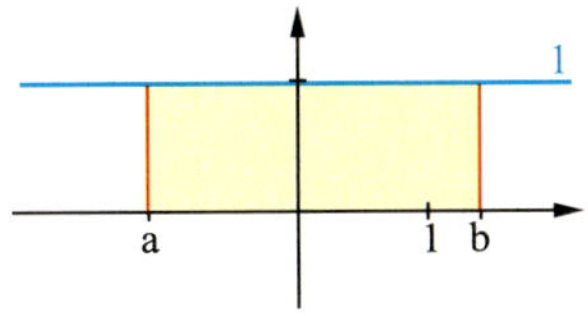

Lösung **a)** (1) Wegen der Punktsymmetrie des Graphen von $x \mapsto x^3$ bezüglich des Koordinatenursprungs O ist die gelbe Fläche so groß wie die grüne Fläche.
Für den Flächeninhalt A gilt:

$$A = \frac{(-a)^4}{4} - \frac{(-b)^4}{4} = \frac{a^4}{4} - \frac{b^4}{4} \quad \text{(vgl. Seite 13)}$$

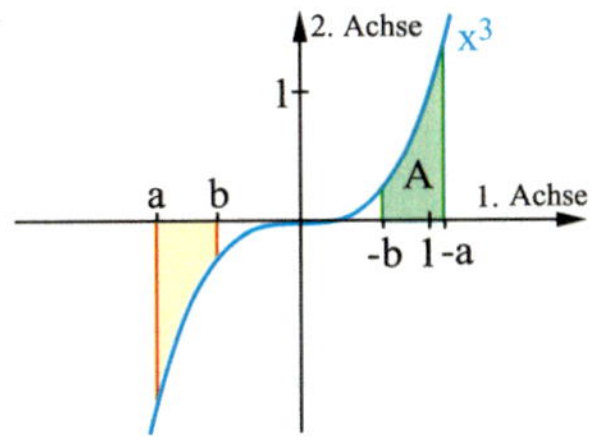

Also folgt:

$$\int_a^b x^3\,dx = -A = -\left(\frac{a^4}{4} - \frac{b^4}{4}\right) = \frac{b^4}{4} - \frac{a^4}{4}$$

(2) Es gilt offensichtlich:

$$\int_a^b x^3\,dx = \int_a^0 x^3\,dx + \int_0^b x^3\,dx$$
$$= \left(\frac{0^4}{4} - \frac{a^4}{4}\right) + \left(\frac{b^4}{4} - \frac{0^4}{4}\right)$$
$$= \frac{b^4}{4} - \frac{a^4}{4}$$

In allen Fällen gilt:
$\int_a^b x^3\,dx = \frac{b^4}{4} - \frac{a^4}{4}$

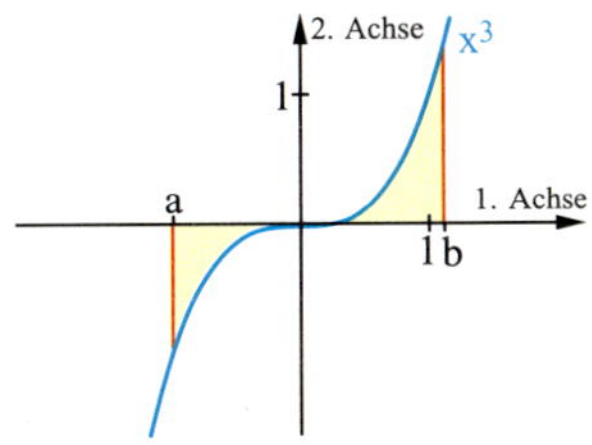

b) (1) Wegen der Symmetrie des Graphen von $x \mapsto x^2$ bezüglich der 2. Achse ist die gelbe Fläche so groß wie die grüne Fläche.
Für A gilt:

$$A = \frac{(-a)^3}{3} - \frac{(-b)^3}{3} \quad \text{(vgl. Seite 13)}$$
$$= \frac{-a^3}{3} - \frac{-b^3}{3}$$
$$= \frac{b^3}{3} - \frac{a^3}{3}$$

Also gilt auch: $\int_a^b x^2\,dx = +A = \frac{b^3}{3} - \frac{a^3}{3}$
(für $a < b \leq 0$)

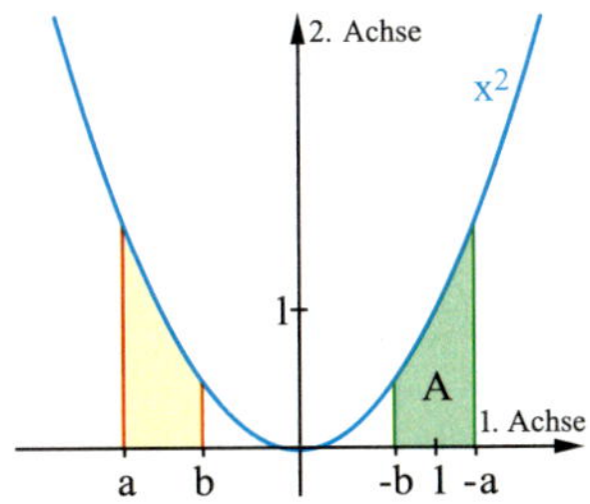

(2) Es gilt offensichtlich:

$$\int_a^b x^2\,dx = \int_a^0 x^2\,dx + \int_0^b x^2\,dx$$
$$= \left(\frac{0^3}{3} - \frac{a^3}{3}\right) + \left(\frac{b^3}{3} - \frac{0^3}{3}\right)$$
$$= \frac{b^3}{3} - \frac{a^3}{3}$$

In allen Fällen gilt:
$\int_a^b x^2\,dx = \frac{b^3}{3} - \frac{a^3}{3}$

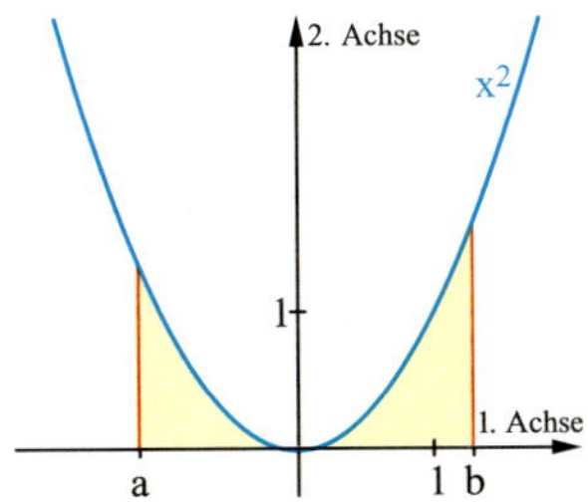

c) (1) Die zu berechnende Fläche ist ein Trapez mit b − a als Höhe. Für seinen Flächeninhalt und damit auch für das Integral gilt:

$$\int_a^b x\,dx = \frac{b+a}{2}\cdot(b-a) = \frac{1}{2}(b+a)\cdot(b-a)$$
$$= \frac{1}{2}(b^2-a^2) = \frac{b^2}{2}-\frac{a^2}{2}$$

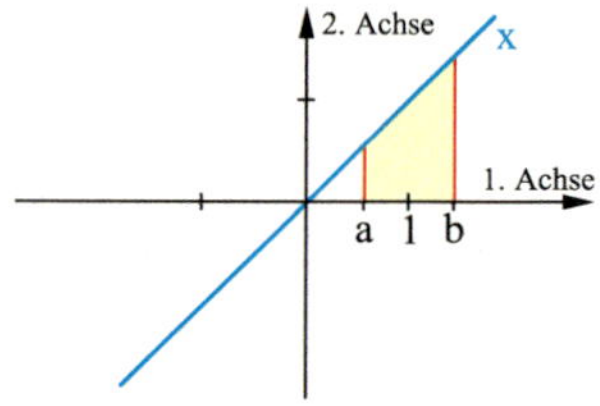

(2) Die gelbe Fläche ist so groß wie die grüne Fläche. Für den Flächeninhalt A gilt nach (1):

$$A = \frac{(-a)^2}{2}-\frac{(-b)^2}{2} = \frac{a^2}{2}-\frac{b^2}{2}$$

Daher gilt:

$$\int_a^b x\,dx = -A = -\left(\frac{a^2}{2}-\frac{b^2}{2}\right) = \frac{b^2}{2}-\frac{a^2}{2}$$

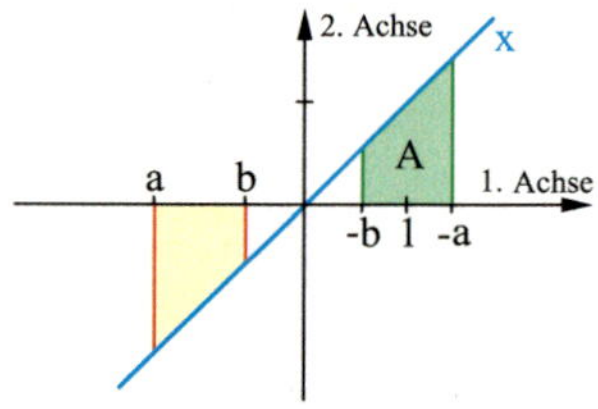

(3) Es gilt offensichtlich:

$$\int_a^b x\,dx = \int_a^0 x\,dx + \int_0^b x\,dx$$
$$= \left(\frac{0^2}{2}-\frac{a^2}{2}\right)+\left(\frac{b^2}{2}-\frac{0^2}{2}\right) = \frac{b^2}{2}-\frac{a^2}{2}$$

In allen drei Fällen gilt: $\int_a^b x\,dx = \frac{b^2}{2}-\frac{a^2}{2}$

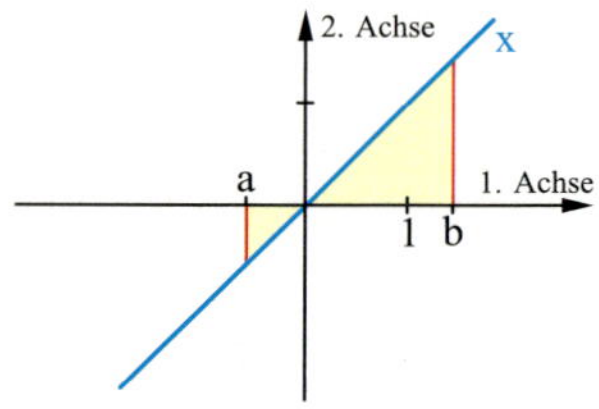

(4) Wir unterscheiden drei Fälle, je nachdem wie a und b bezüglich 0 liegen.

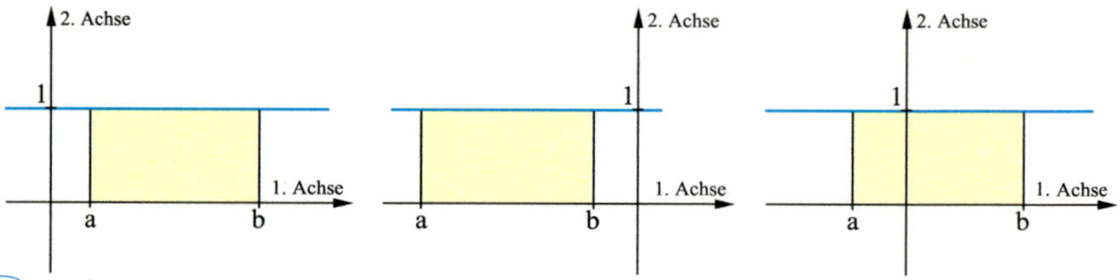

In allen drei Fällen gilt: $\int_a^b 1\,dx = b-a$

In allen drei Fällen ist b − a die Länge des Rechtecks. Seine Höhe ist 1, sein Flächeninhalt also b − a.

Information **(1) Zusammenstellung von Grundintegralen**

Wir stellen die in der Lösung von Aufgabe 1 erhaltenen Ergebnisse zusammen.

Diese Formeln werden später ständig gebraucht

Formeln für Integrale – Grundintegrale

$\int_a^b x^3\,dx = \frac{b^4}{4}-\frac{a^4}{4}$ für $a<b$

$\int_a^b x^2\,dx = \frac{b^3}{3}-\frac{a^3}{3}$ für $a<b$

$\int_a^b x\,dx = \frac{b^2}{2}-\frac{a^2}{2}$ für $a<b$

$\int_a^b 1\,dx = b-a$ für $a<b$

Beispiele:

$$\int_{-3}^{2} x^3\,dx = \frac{2^4}{4}-\frac{(-3)^4}{4} = \frac{16}{4}-\frac{81}{4} = -16\tfrac{1}{4}$$

$$\int_{-4}^{+2} x\,dx = \frac{2^2}{4}-\frac{(-4)^2}{2} = \frac{4}{2}-\frac{16}{2} = -6$$

Beispiele:

$$\int_{-4}^{-1} x^2\,dx = \frac{(-1)^3}{3}-\frac{(-4)^3}{3} = \frac{-1}{3}-\frac{-64}{3} = 21$$

$$\int_{-10}^{-3} 1\,dx = (-3)-(-10) = -3+10 = 7$$

monoton wachsend: Der Graph geht bergauf.

monoton fallend: Der Graph geht bergab.

(2) Analytische Definition des Integrals

Bei der geometrischen Definition des Integrals wurde – wie das Adjektiv „geometrisch" schon aussagt – auf den geometrischen Begriff des Flächeninhalts Bezug genommen. Man kann sich auch von der Geometrie lösen und das Verfahren, mit dem wir im Abschnitt 1.1.1 (Seite 9) den Flächeninhalt krummlinig berandeter Flächen berechnet haben, zur Definition des Integrals verwenden. Hierbei beschränken wir uns zunächst auf *monoton wachsende* bzw. *monoton fallende Funktionen*.

Analytische Definition des Integrals

f sei über dem Intervall [a; b] definiert und dort monoton wachsend.

Dann ist das Integral $\int_a^b f(x)\,dx$ bzw. $\int_a^b f$ eine *Zahl,* die man nach folgendem Verfahren erhält:

1. Schritt: Einteilen des Intervalles in n gleich lange Teilintervalle und Berechnen der Funktionswerte in den Teilpunkten

Das Intervall wird in n gleich lange Teilintervalle der Breite Δx zerlegt, die Teilpunkte $x_0 = a, x_1, x_2, x_3, \ldots, x_{n-1}, x_n = b$ werden bestimmt und die Funktionswerte $f(x_0), f(x_1), f(x_2), f(x_3), \ldots, f(x_{n-1}), f(x_n)$ berechnet.

2. Schritt: Bilden der Untersumme $\underline{S}_n$ und der Obersumme $\overline{S}_n$

Es werden die Produkte $f(x_0)\cdot\Delta x,\ f(x_1)\cdot\Delta x,\ f(x_2)\cdot\Delta x, \ldots, f(x_{n-1})\cdot\Delta x,\ f(x_n)\cdot\Delta x$ und die beiden Summen dieser Produkte gebildet:

Untersumme

Obersumme

$$\underline{S}_n = f(x_0)\cdot\Delta x + f(x_1)\cdot\Delta x + f(x_2)\cdot\Delta x + \ldots + f(x_{n-1})\cdot\Delta x$$
$$\overline{S}_n = f(x_1)\cdot\Delta x + f(x_2)\cdot\Delta x + f(x_3)\cdot\Delta x + \ldots + f(x_n)\cdot\Delta x$$

3. Schritt: Bilden des Grenzwertes von $\underline{S}_n$ und von $\overline{S}_n$ für $n \to \infty$ (bei unbegrenzter Verfeinerung der Unterteilung)

Der gemeinsame Grenzwert $\lim\limits_{n\to\infty} \underline{S}_n = \lim\limits_{n\to\infty} \overline{S}_n$ heißt **das Integral von a bis b der Funktion f.**

Das Integral ist eine Verallgemeinerung des Produkts

$$\int_a^b f = \int_a^b f(x)\,dx = \lim_{n\to\infty} \underline{S}_n = \lim_{n\to\infty} \overline{S}_n$$

Bei einer monoton fallenden Funktion müssen bei der Untersumme $\underline{S}_n$ die Stellen $x_1, \ldots, x_n$ und bei der Obersumme $\overline{S}_n$ die Stellen $x_0, \ldots, x_{n-1}$ verwendet werden.

▲ (3) Abschätzung der Differenz zwischen Ober- und Untersumme

Für den Flächeninhalt A gilt $\underline{S}_n \le A \le \overline{S}_n$. Die Differenz $\overline{S}_n - \underline{S}_n$ strebt gegen 0. Das kann man sich an dem nebenstehenden Bild für monoton wachsende Funktionen klar machen. Die Differenz $\overline{S}_n - \underline{S}_n$ erscheint als Flächeninhalt $\Delta x \cdot f(b)$ des Rechtecks rechts. Für $n \to \infty$ strebt nun Δx gegen 0. Die Differenz $\overline{S}_n - \underline{S}_n$ strebt gegen 0. Die beiden Grenzwerte stimmen überein.

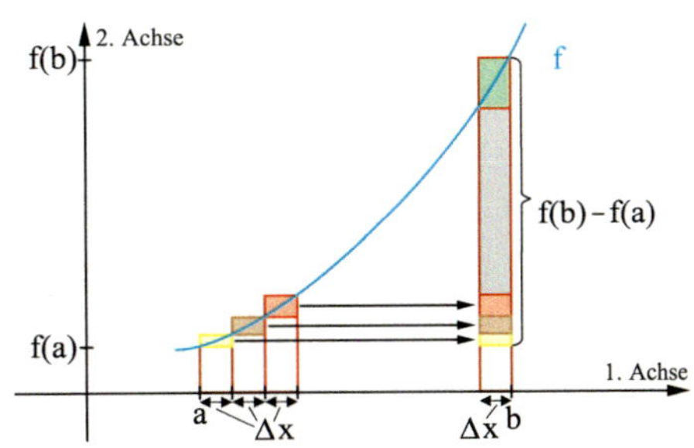

(4) Verallgemeinerung der Definition auf stückweise monotone Funktionen

Die analytische Definition des Integrals kann sofort auf solche Funktionen erweitert werden, die sich aus monoton wachsenden und monoton fallenden Funktionen zusammensetzen lassen. Sie heißen auch **stückweise monoton.**

Ein Beispiel zeigt die Abbildung rechts. Die Funktion f ist monoton fallend von a bis c_1, wachsend von c_1 bis c_2 und wieder fallend von c_2 bis b.

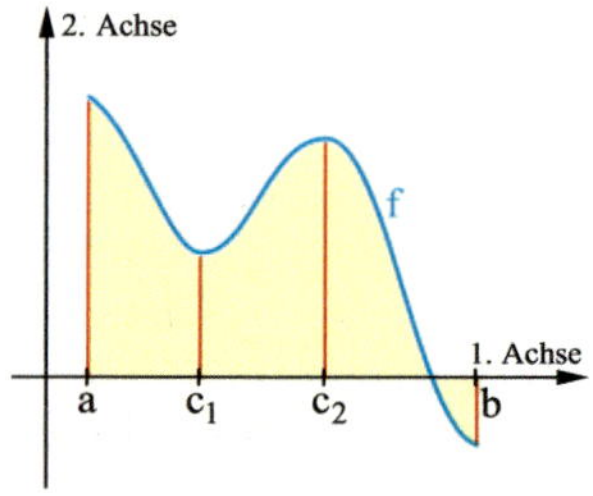

Man definiert dann: $\int\limits_a^b f = \int\limits_a^{c_1} f + \int\limits_{c_1}^{c_2} f + \int\limits_{c_2}^{b} f.$

(5) Historischer Ursprung des Integralzeichens und der Bezeichnung Integral

Das Integralzeichen kommt historisch von einem langgezogenen S her. Damit sollte zum Ausdruck kommen, dass das Integral der gemeinsame Grenzwert der Obersummen und Untersummen ist.

Das Zeichen dx hat seinen historischen Ursprung in dem Δx (Breite der Teilintervalle), welches in den Ober- und Untersummen auftritt. Die Bezeichnung Integral (mittelalterliches Latein: ein Ganzes ausmachend) ist historisch aus der Summenbildung bei den Ober- und Untersummen zu erklären.

(6) Ausblick

Wir haben bisher nur auf der Seite 15 erfahren, dass der Integralbegriff bei Anwendungen Verwendung findet. Weitere solche Beispiele siehe Seite 53 ff sowie Seite 22.

Anwendungsbeispiele sind häufig so kompliziert, dass erst Verfahren zur Berechnung von Integralen entwickelt werden müssen. Das geschieht in zwei Etappen. Zunächst werden nur ganzrationale Funktionen von höchstens 3. Grad betrachtet und dann ab Seite 39 auch andere Funktionen.

Übungsaufgaben

2.

Entscheide zunächst geometrisch, ob das Integral positiv oder negativ ist. Bestätige das Ergebnis durch Ausrechnen des Integrals mithilfe einer Formel.

a) $\int\limits_{-2}^{-1} x^2\,dx$ **d)** $\int\limits_{1}^{3} x^3\,dx$ **g)** $\int\limits_{-1}^{+2} x^3\,dx$ **j)** $\int\limits_{-5}^{1} x\,dx$

b) $\int\limits_{-4}^{-3} x^3\,dx$ **e)** $\int\limits_{2}^{8} x\,dx$ **h)** $\int\limits_{-3}^{+1} x^3\,dx$ **k)** $\int\limits_{-4}^{7} 1\,dx$

c) $\int\limits_{-12}^{-7} x\,dx$ **f)** $\int\limits_{-1}^{+2} x^2\,dx$ **i)** $\int\limits_{-2}^{+3} x\,dx$ **l)** $\int\limits_{-2}^{+2} x^3\,dx$

3.

Bestimme aufgrund der geometrischen Definition.

a) $\int\limits_{-2}^{2} 3x\,dx$ **c)** $\int\limits_{-2}^{-1} (4x+5)\,dx$ **e)** $\int\limits_{-2}^{1} (-5x-1)\,dx$ **g)** $\int\limits_{-2}^{0} 2x\,dx$ **i)** $\int\limits_{-2}^{3} 2x\,dx$

b) $\int\limits_{-5}^{7} 4\,dx$ **d)** $\int\limits_{1}^{5} (-3x+8)\,dx$ **f)** $\int\limits_{-2}^{0} (-x^3)\,dx$ **h)** $\int\limits_{3}^{5} (3x+1)\,dx$ **j)** $\int\limits_{a}^{b} c\,dx$

4.
Bestimme durch eine geometrische Überlegung.

a) $\int_a^b (-x^2)\,dx$ **b)** $\int_a^b (-x)\,dx$ **c)** $\int_a^b (-x^3)\,dx$ **d)** $\int_a^b (-1)\,dx$

5.
Zeichne einen Funktionsgraphen, für den gilt:

a) $\int_a^b f(x)\,dx = -A_1 + A_2 + (-A_3)$ **b)** $\int_a^b f(x)\,dx = A_1 + (-A_2) + A_3 + (-A_4)$

6.
Bestätige durch eine geometrische Überlegung für $0 < a < b$:

a) $\int_a^b 3x\,dx = 3 \cdot \int_a^b x\,dx$ **b)** $\int_a^b (x+4)\,dx = \int_a^b x\,dx + \int_a^b 4\,dx$

7.
Zeige mithilfe einer geometrischen Überlegung:

a) $\int_0^b \sqrt{x}\,dx = \frac{2}{3}b \cdot \sqrt{b} = \frac{2}{3} \cdot b^{\frac{3}{2}}$

b) $\int_a^b \sqrt{x}\,dx = \frac{2}{3}\left(b^{\frac{3}{2}} - a^{\frac{3}{2}}\right)$ für $a < b$

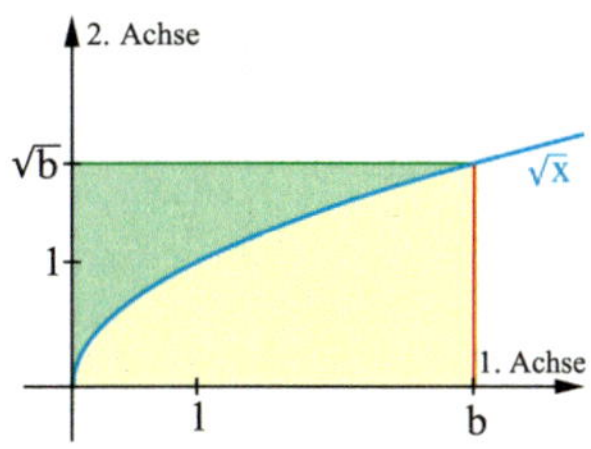

Integrale abschnittsweise definierter Funktionen

▲ **8.**
Die Funktion f ist abschnittsweise definiert. Berechne das angegebene Integral.

a) $\int_0^{10} f$ mit $f(x) = \begin{cases} \frac{1}{2}x + 1 & \text{für } 0 \le x \le 2 \\ 2 & \text{für } 2 \le x \le 4 \\ \frac{1}{2}x & \text{für } 4 \le x \end{cases}$

b) $\int_0^5 f$ mit $f(x) = \begin{cases} 2x + 1 & \text{für } 0 \le x \le 2 \\ x + 3 & \text{für } 2 \le x \le 5 \end{cases}$

c) $\int_1^6 f$ mit $f(x) = \begin{cases} x - 1 & \text{für } 1 \le x \le 2 \\ 1 & \text{für } 2 \le x \le 4 \\ 2x - 7 & \text{für } 4 \le x \end{cases}$

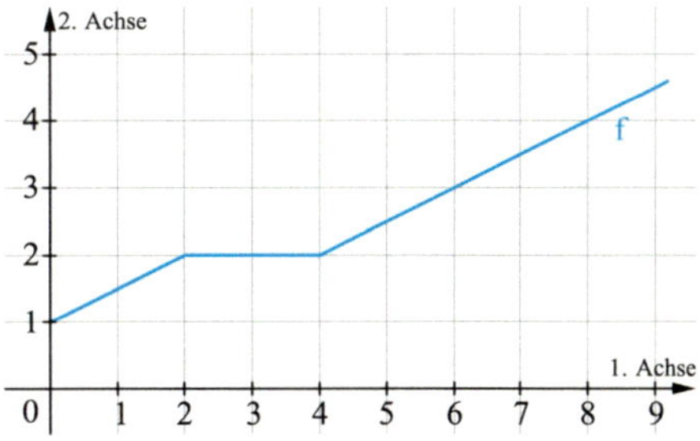

▲ **9.**
Gib die abschnittsweise definierte Funktion f an und berechne das Integral $\int_0^7 f$.

a)

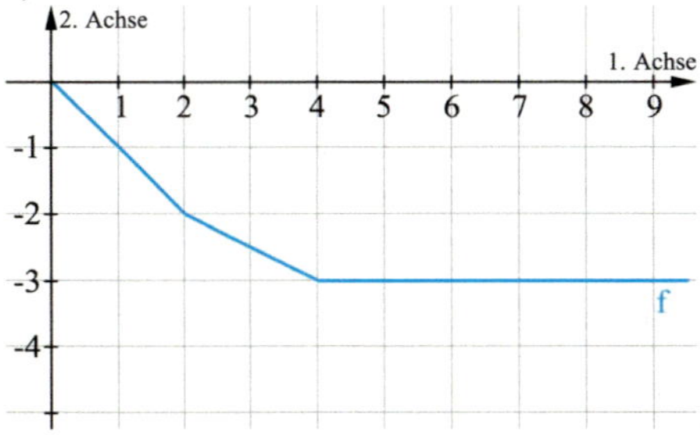

b)

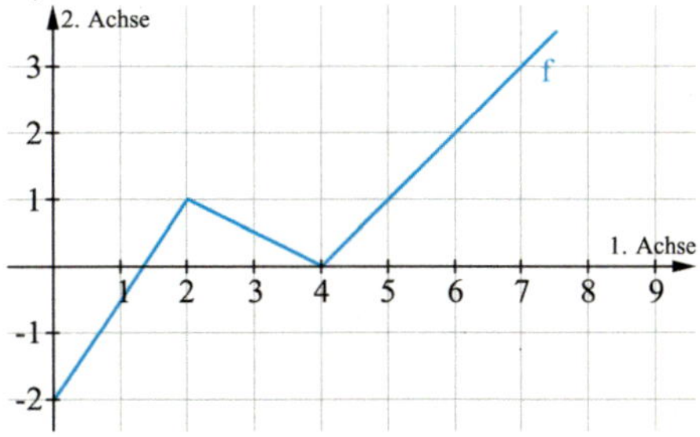

Erste Anwendungen des Integrals

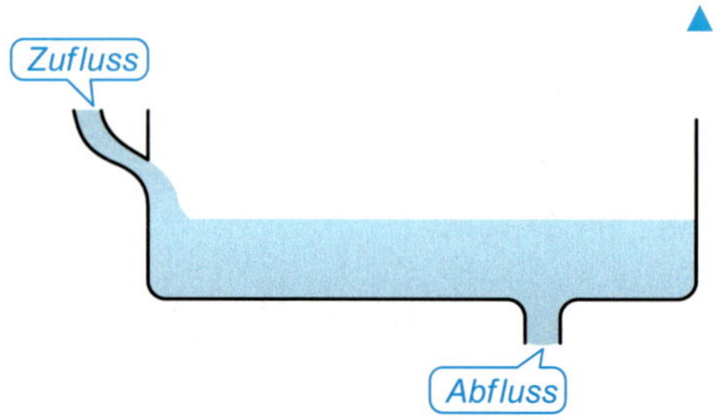

▲ **10.**

Ein leeres Becken hat einen Zufluss und einen Abfluss. Zunächst wird der Zufluss 15 min geöffnet. Die Zuflussgeschwindigkeit beträgt $300\,\frac{l}{\text{min}}$.

Dann wird 20 min lang der Zufluss geschlossen und der Abfluss geöffnet. Die Abflussgeschwindigkeit beträgt $100\,\frac{l}{\text{min}}$.

Zu diesen Aufgaben siehe auch Seite 15

a) Zeichne den Graphen der Funktion *Zeitdauer → Zuflussgeschwindigkeit*. Deute die Abflussgeschwindigkeit als negative Zuflussgeschwindigkeit.

b) Wie viel *l* befinden sich nach 5, 10, 15, 20, 25, 30, 35 min im Becken? Deute die Ergebnisse als Flächeninhalt bzw. als Summe orientierter Flächeninhalte. Zeichne auch den Graphen der Funktion *Zeitdauer → Volumen im Becken*.

c) f sei die Funktion *Zeitdauer (in min) → Zuflussgeschwindigkeit* $\left(\textit{in } \frac{l}{\text{min}}\right)$. Berechne $\int\limits_0^{35} \text{f}$. Welcher Zusammenhang besteht mit den Ergebnissen von Teilaufgabe b)?

▲ **11.**

Ein leeres Becken wird über ein Zulaufrohr mit Wasser gefüllt. Dabei steige 5 s lang die Zulaufgeschwindigkeit v(t) gleichmäßig bis auf $10\,\frac{l}{\text{s}}$ an und bleibt anschließend 20 s lang konstant. Dann wird das Zulaufrohr geschlossen, sodass kein Wasser mehr zufließen kann. Stattdessen wird ein Abfluss geöffnet, aus dem das Wasser mit konstanter Geschwindigkeit von $5\,\frac{l}{\text{s}}$ ausströmt.

a) Stelle den Zusammenhang grafisch dar und bestimme die im Becken vorhandene Wassermenge nach 5 s [nach 25 s, 60 s]. Deute das Volumen der berechneten Wassermengen als Flächeninhalt bzw. als Summe orientierter Flächeninhalte.

b) Es sei f die Funktion *Zeitdauer t (in s) → Zulaufgeschwindigkeit v* $\left(\textit{in } \frac{l}{\text{s}}\right)$.
Gib v = f(t) an und berechne $\int\limits_0^{60} \text{f}(\text{t})\,\text{dt}$. Welchen Größenwert gibt dieses Integral in der oben beschriebenen Anwendungssituation an?

12.

Eine Waldfläche wird jährlich durch Einschlag um 10 ha verringert. Nach 5 Jahren wird wieder aufgeforstet. Dadurch nimmt die Waldfläche jährlich um 7 ha zu.

a) Um wie viel ha hat sich die ursprüngliche Fläche nach 2 [nach 4, 7, 9, t] Jahren geändert?

b) Nach wie viel Jahren ist die ursprüngliche Größe wieder erreicht?

a bedeutet Jahr, von annus

c) Es sei f die Funktion *Zeitdauer (in a) → Aufforstungsgeschwindigkeit* $\left(\textit{in } \frac{\text{ha}}{\text{a}}\right)$.
Beachte: Abforstung wird durch eine negative Aufforstungsgeschwindigkeit beschrieben. Zeichne den Graphen der Funktion f.
Was bedeutet $\int\limits_0^{9} \text{f}(\text{t})\,\text{dt}$? Bestimme den Wert dieses Integrals. Deute es als Summe orientierter Flächeninhalte.

1.1.3 Berechnen von Integralen – Einfache Integrationsregeln

(1) Grundintegrale

Wir stellen nochmals die wichtigsten bisher bekannten Integrale zusammen. Wir nennen sie Grundintegrale.

Grundintegrale

$\int_a^b 1\,dx = b - a$ $\quad \int_a^b x\,dx = \frac{b^2}{2} - \frac{a^2}{2}$ $\quad \int_a^b x^2\,dx = \frac{b^3}{3} - \frac{a^3}{3}$ $\quad \int_a^b x^3\,dx = \frac{b^4}{4} - \frac{a^4}{4}$

(2) Zurückführen komplizierter Integrale auf Grundintegrale

Die bisherigen Berechnungsverfahren für Integrale waren sehr mühsam und zeitaufwendig. Es erhebt sich daher die Frage, ob es nicht Regeln gibt, mit denen man die Integrale anderer Funktionen wie z. B. $\int_4^6 (3x^2 + 4x)\,dx$ auf diese Grundintegrale zurückführen kann.

Das wäre dann ähnlich wie in der Differentialrechnung, wo man die Differentiation einer ganzrationalen Funktion wie z. B. $x \mapsto x^3 + 4x + 7$ mithilfe der Faktorregel und der Summenregel auf die Differentiation der Funktionen $x \mapsto 1$, $x \mapsto x$, $x \mapsto x^2$, $x \mapsto x^3$, ... zurückführen kann.

Aufgabe 1 Bestimme den Wert der Integrale $\int_a^b x\,dx$ und $\int_a^b cx\,dx$.
Vergleiche die Ergebnisse.

Lösung Es gilt für beliebige a, b mit $a < b$: $\int_a^b x\,dx = \frac{b^2}{2} - \frac{a^2}{2}$

Zur Berechnung von $\int_a^b cx\,dx$ verwenden wir die geometrische Definition des Integrals.

Wir führen die Berechnung im Fall $0 < a < b$ und $c > 0$ vor:

$$\int_a^b cx\,dx = \frac{c \cdot b + c \cdot a}{2} \cdot (b - a) = c \cdot \frac{1}{2} \cdot (b + a) \cdot (b - a)$$
$$= c \cdot \frac{1}{2}(b^2 - a^2) = c \cdot \left(\frac{b^2}{2} - \frac{a^2}{2}\right) = c \cdot \int_a^b x\,dx$$

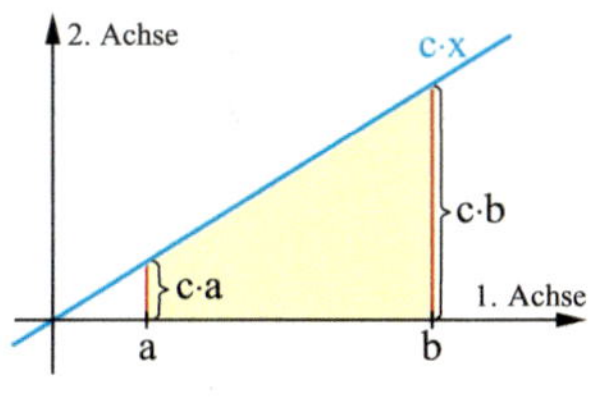

Es gilt: $\int_a^b cx\,dx = c \cdot \int_a^b x\,dx$.

Dasselbe Ergebnis erhält man in den anderen möglichen Fällen.

Information **(1) Faktorregel**

Das Beispiel $\int_a^b cx\,dx = c \cdot \int_a^b x\,dx$ legt die Vermutung nahe, dass immer gilt:
$\int_a^b c \cdot f(x)\,dx = c \cdot \int_a^b f(x)\,dx$. Dies ist die Aussage der Faktorregel:

Faktorregel für Integrale

Es gilt: $\int_a^b c \cdot f(x)\,dx = c \cdot \int_a^b f(x)\,dx$, *kurz:* $\int_a^b c \cdot f = c \cdot \int_a^b f$

Ein konstanter Faktor kann vor das Integralzeichen gezogen werden.

Geometrische Plausibilitätsbetrachtung als Begründung für den Fall c = 2 und a < b

Die Funktionswerte der Funktion f werden in Richtung der 2. Achse mit dem Faktor 2 gestreckt (siehe Bild rechts).

Die Flächeninhalte der Flächen zwischen Graph und 1. Achse verdoppeln sich dabei.

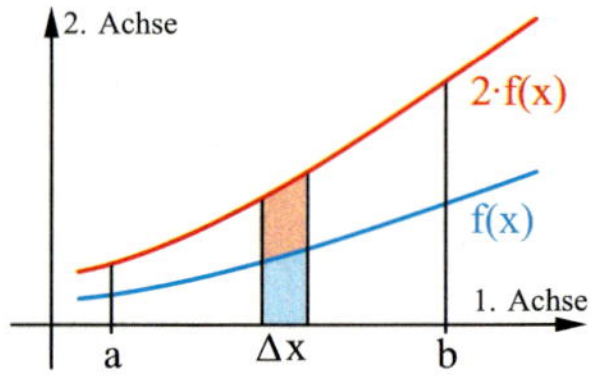

Begründung für c > 0 und für monoton wachsende Funktionen f aufgrund der analytischen Definition des Integrals

Wir setzen vorübergehend $g(x) = c \cdot f(x)$.

Dann gilt (für $c > 0$):

$$\begin{aligned}\int_a^b c \cdot f(x)\,dx = \int_a^b g(x)\,dx &= \lim_{n\to\infty} \underline{S}_n = \lim_{\Delta x\to 0} \big(g(x_0)\cdot\Delta x + g(x_1)\cdot\Delta x + \ldots + g(x_{n-1})\cdot\Delta x\big)\\ &= \lim_{\Delta x\to 0} \big(c\cdot f(x_0)\cdot\Delta x + c\cdot f(x_1)\cdot\Delta x + \ldots + c\cdot f(x_{n-1})\cdot\Delta x\big)\\ &= \lim_{\Delta x\to 0} \big(c\cdot f(x_0)\cdot\Delta x + c\cdot f(x_1)\cdot\Delta x + \ldots + c\cdot f(x_{n-1})\cdot\Delta x\big)\\ &= c\cdot \lim_{\Delta x\to 0} \big(f(x_0)\cdot\Delta x + f(x_1)\cdot\Delta x + \ldots + f(x_{n-1})\cdot\Delta x\big)\\ &= c\cdot \int_a^b f(x)\,dx\end{aligned}$$

Zu einem anderen Beweis siehe auch Seite 51, Aufgabe 3.

(2) Summenregel

Summenregel für Integrale

$$\int_a^b \big(f(x) + g(x)\big)\,dx = \int_a^b f(x)\,dx + \int_a^b g(x)\,dx, \qquad \textit{kurz:}\ \int_a^b (f+g) = \int_a^b f + \int_a^b g$$

Eine Summe wird gliedweise integriert.

Geometrische Plausibilitätsbetrachtung als Begründung

Die Funktionswerte addieren sich. Es ist daher plausibel, dass sich auch die Flächeninhalte der Flächen zwischen den Graphen und der 1. Achse addieren.

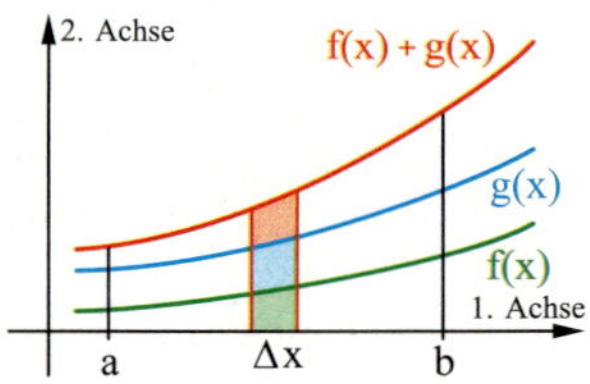

Begründung aufgrund der analytischen Definition, falls f und g monoton wachsend sind

Wir setzen vorübergehend $h(x) = f(x) + g(x)$. Dann gilt:

$$\begin{aligned}&\int_a^b \big(f(x) + g(x)\big)\,dx = \int_a^b h(x)\,dx\\ &= \lim_{n\to\infty} \underline{S}_n = \lim_{\Delta x\to 0} \big(h(x_0)\cdot\Delta x + h(x_1)\cdot\Delta x + \ldots + h(x_{n-1})\cdot\Delta x\big)\\ &= \lim_{\Delta x\to 0} \Big(\big(f(x_0)+g(x_0)\big)\cdot\Delta x + \big(f(x_1)+g(x_1)\big)\cdot\Delta x + \ldots + \big(f(x_{n-1})+g(x_{n-1})\big)\cdot\Delta x\Big)\\ &= \lim_{\Delta x\to 0} \big(f(x_0)\cdot\Delta x + f(x_1)\cdot\Delta x + \ldots + f(x_{n-1})\cdot\Delta x + g(x_0)\cdot\Delta x + g(x_1)\cdot\Delta x + \ldots\\ &\qquad + g(x_{n-1})\cdot\Delta x\big)\\ &= \lim_{\Delta x\to 0} \big(f(x_0)\cdot\Delta x + f(x_1)\cdot\Delta x + \ldots + f(x_{n-1})\cdot\Delta x\big)\\ &\quad + \lim_{\Delta x\to 0} \big(g(x_0)\cdot\Delta x + g(x_1)\cdot\Delta x + \ldots + g(x_{n-1})\cdot\Delta x\big)\\ &= \int_a^b f(x)\,dx + \int_a^b g(x)\,dx\end{aligned}$$

Zu einem anderen Beweis siehe auch Seite 51, Aufgabe 3.

(3) Die Regel über die Intervalladditivität

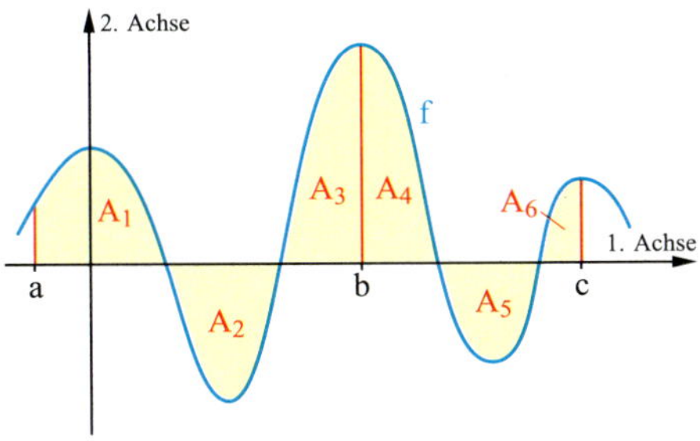

Aus der geometrischen Definition des Integrals ergibt sich (siehe das Bild links):

$$\int_a^b f(x)\,dx + \int_b^c f(x)\,dx$$
$$= (A_1 + (-A_2) + A_3) + (A_4 + (-A_5) + A_6)$$
$$= \int_a^c f(x)\,dx, \text{ also:}$$

$$\boxed{\int_a^b f(x)\,dx + \int_b^c f(x)\,dx = \int_a^c f(x)\,dx}$$

(4) Erweiterung der Definition des Integrals

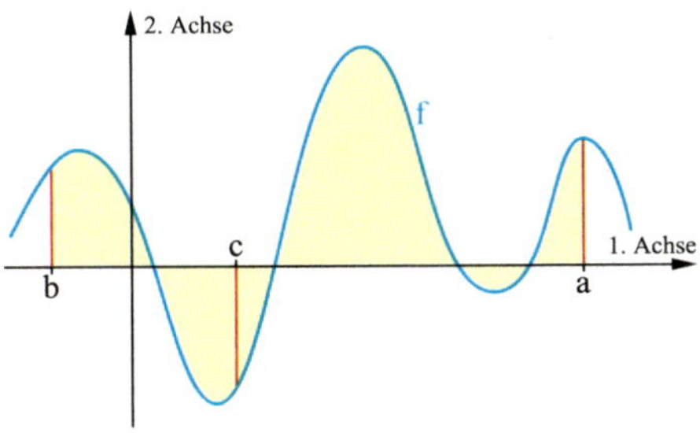

Was gilt, wenn die Bedingung $a < b < c$ nicht erfüllt ist, also z. B. $b < c < a$. Die geometrische Definition des Integrals ergibt: $\int_b^c f(x)\,dx + \int_c^a f(x)\,dx = \int_b^a f(x)\,dx$

Daraus folgt: $-\int_b^a f(x)\,dx + \int_b^c f(x)\,dx = -\int_c^a f(x)\,dx$

Setzt man nun $\int_a^b f(x)\,dx = -\int_b^a f(x)\,dx$ und also $\int_a^c f(x)\,dx = -\int_c^a f(x)\,dx$, so erhalten wir wieder:

$\int_a^b f(x)\,dx + \int_b^c f(x)\,dx = \int_a^c f(x)\,dx$, obgleich jetzt nicht mehr $a < b < c$ gilt.

Auch bei noch anderer Anordnung der Werte a, b, c gilt die obige Formel, wie man jeweils ausrechnen kann.

Zusätzlich setzt man noch $\int_a^a f(x)\,dx = 0$. Das ist auch verständlich, weil das Intervall dann zu einem Punkt wird. Die Fläche entartet zu einer Strecke mit dem Flächeninhalt 0. Diese Definition hat zur Folge, dass dann in der obigen Formel auch gleiche Grenzen auftreten dürfen.

$\int_a^b f(x)\,dx + \int_b^a f(x)\,dx = \int_a^a f(x)\,dx$ ist z. B. richtig.

Definition 1

(1) Ist $a < b$, so sei

$$\int_b^a f(x)\,dx = -\int_a^b f(x)\,dx$$

Beispiel: $\int_3^1 x^2\,dx = -\int_1^3 x^2\,dx = -\left(\frac{3^3}{3} - \frac{1^3}{3}\right) = -\frac{26}{3}$

(2) $\int_a^a f(x)\,dx = 0$

Beispiel: $\int_2^2 x^3\,dx = 0$

Zusammenfassend erhalten wir die allgemeine Regel über die Intervalladditivität.

Allgemeine Regel über die Intervalladditivität

$$\int_a^b f(x)\,dx + \int_b^c f(x)\,dx = \int_a^c f(x)\,dx$$

(a, b, c können beliebig sein)

Beispiel: $\int_{-4}^9 x^2\,dx + \int_9^3 x^2\,dx = \int_{-4}^3 x^2\,dx$

Weiterführende Aufgaben

2. *Verallgemeinerung der Faktor- und Summenregel*
Zeige:

a) $\int_a^b (c_1 \cdot u(x) + c_2 \cdot v(x))\, dx = c_1 \cdot \int_a^b u(x)\, dx + c_2 \cdot \int_a^b v(x)\, dx$

b) $\int_a^b (-u(x))\, dx = -\int_a^b u(x)\, dx$

c) $\int_a^b (u(x) - v(x))\, dx = \int_a^b u(x)\, dx - \int_a^b v(x)\, dx$

3. *Zur Gültigkeit der Faktor- und der Summenregel für die erweiterte Integraldefinition*
Zeige, dass die Faktorregel und die Summenregel auch gelten, falls

a) die untere Integralgrenze größer als die obere ist;

b) die beiden Integralgrenzen gleich sind.

Übungsaufgaben

4.
Berechne wie im Beispiel rechts. Gib jeweils die benutzte Regel an.

a) $\int_{-2}^{5} 7x^3\, dx$

b) $\int_{1}^{4} (5x^2 + 3x)\, dx$

c) $\int_{1}^{2} \left(\frac{1}{2}x^3 + 6x^2 + 1\right) dx$

d) $\int_{-4}^{+4} (4 \cdot x^3 - 3x^2 + 1)\, dx$

Summenregel

$\int_3^4 (3x^2 + 4x)\, dx = \int_3^4 3x^2\, dx + \int_3^4 4x\, dx$

Faktorregel

$= 3\int_3^4 x^2\, dx + 4\int_3^4 x\, dx$

$= 3 \cdot \left(\frac{4^3}{3} - \frac{3^3}{3}\right) + 4 \cdot \left(\frac{4^2}{2} - \frac{3^2}{2}\right) = 51$

5.
Die Variable im Integral muss nicht immer x sein. Berechne. Gib jeweils die benutzte Regel an.

a) $\int_0^5 y^3\, dy$ **b)** $\int_1^2 t^2\, dt$ **c)** $\int_{-4}^{6} (3z^2 + 4z)\, dz$ **d)** $\int_{-1}^{+1} (9p^3 + 10p^2 + 4p)\, dp$

6.
Berechne.

a) $\int_1^3 4x\, dx$

b) $\int_2^3 5x\, dx$

c) $\int_{-2}^{5} \frac{3}{4}x\, dx$

d) $\int_4^5 7x^2\, dx$

e) $\int_{-4}^{5} 3x^2\, dx$

f) $\int_{-1}^{3} \frac{2}{5}x^2\, dx$

g) $\int_0^5 3x^3\, dx$

h) $\int_{-2}^{-1} -4x^3\, dx$

i) $\int_{-4}^{4} -\frac{2}{3}x^3\, dx$

j) $\int_{-4}^{5} 3\, dx$

k) $\int_{-4}^{2} (-5)\, dx$

l) $\int_3^4 (x^2 + x^3)\, dx$

m) $\int_{-1}^{0} (x + x^3)\, dx$

n) $\int_0^5 (2x^2 + 7)\, dx$

o) $\int_{-1}^{2} (2x^3 - 4x^2)\, dx$

p) $\int_{-1}^{3} (z + 4z^2)\, dz$

q) $\int_{-1}^{+1} (3z + 1)\, dz$

r) $\int_{-1}^{0} (4t^2 + t)\, dt$

s) $\int_{-1}^{2} p\, dp$

t) $\int_0^1 (1 - r^2)\, dr$

CAS **7.**
Berechne das Integral. Überprüfe das Ergebnis mit einem CAS.

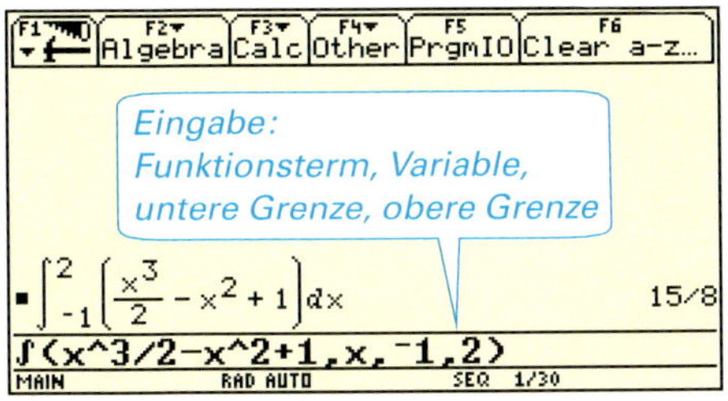

a) $\int\limits_{2}^{3} (x^3 - 3x^2 + 4x + 1)\,dx$ **e)** $\int\limits_{\sqrt{2}}^{\sqrt{2}} \frac{5x^3 - 3x}{2}\,dx$

b) $\int\limits_{-2}^{1} \left(\frac{1}{2}x^3 + 2\right) dx$ **f)** $\int\limits_{-2}^{3} (x+2)(x-3)\,dx$

c) $\int\limits_{-1}^{\sqrt{2}} \left(\frac{x^3}{5} - \frac{2}{3}x\right) dx$ **g)** $\int\limits_{0}^{4} x(x-4)^2\,dx$

d) $\int\limits_{-3}^{2} \frac{2x^3 - 3x^2 + 1}{6}\,dx$ **h)** $\int\limits_{-1}^{1} \left(-\frac{11}{17}x^3 + \frac{5}{19}x\right) dx$

8.
Vereinfache erst, berechne dann.

a) $\int\limits_{-1}^{2} (x^2 + 4x + 2)\,dx + \int\limits_{2}^{3} (x^2 + 4x + 2)\,dx$ **d)** $\int\limits_{-1}^{2} \left(2 - \frac{1}{2}x^2\right) dx - \int\limits_{1}^{2} \left(2 - \frac{1}{2}x^2\right) dx$

b) $\int\limits_{0}^{2} (x^3 - 4x + 1)\,dx + \int\limits_{2}^{4} (x^3 - 4x + 1)\,dx$ **e)** $\int\limits_{-3}^{2} (x^2 + 8x)\,dx - \int\limits_{-3}^{2} (4x^2 + 8x)\,dx$

c) $\int\limits_{-2}^{1} (3x^2 + 5x - 4)\,dx + \int\limits_{1}^{4} (3x^2 + 5x - 4)\,dx$ **f)** $\int\limits_{-5}^{-3} 3x^2\,dx + \int\limits_{1}^{3} 3x^2\,dx + \int\limits_{-3}^{1} 3x^2\,dx$

CAS **9.**
Vereinfache erst, berechne dann. Du kannst das Ergebnis mit einem CAS überprüfen.

a) $\int\limits_{1}^{2} (4x^3 + 9x^2 + x - 3)\,dx + \int\limits_{-2}^{1} (4x^3 + 9x^2 + x - 3)\,dx$

b) $\int\limits_{-1}^{1} (x^2 - 2x)\,dx - \int\limits_{3}^{2} (x^2 - 2x)\,dx + \int\limits_{1}^{2} (x^2 - 2x)\,dx$

c) $\int\limits_{-1}^{0} \left(4x^3 - \frac{1}{2}x - 2\right) dx + \int\limits_{-1}^{1} \left(4x^3 - \frac{1}{2}x - 2\right) dx + \int\limits_{0}^{1} \left(4x^3 - \frac{1}{2}x - 2\right) dx$

d) $2 \cdot \int\limits_{-1}^{3} (x^2 - 3x + 6)\,dx + 3\int\limits_{-1}^{3} (x^2 + 2x - 4)\,dx$

CAS **10.**
Welche Zahl k mit $k \in \mathbb{R}$ erfüllt die Gleichung? Interpretiere die Fragestellung am Graphen der Funktion.

a) $\int\limits_{-1}^{k} (x+1)\,dx = 2$ **c)** $\int\limits_{0}^{k} 2x^2\,dx = 18$ **e)** $\int\limits_{-2}^{k} (x^3 - 5x)\,dx = 0$

b) $\int\limits_{-2}^{k} (2x - 4)\,dx = -7$ **d)** $\int\limits_{0}^{k} x^3\,dx = \frac{81}{64}$ **f)** $\int\limits_{1}^{k} (4x^3 - 18x)\,dx = -12$

11.
Berechne k.

a) $\int\limits_{-1}^{2} kx^2\,dx = \frac{8}{3}$ **c)** $\int\limits_{0}^{2} (kx^2 - k)\,dx = -2$ **e)** $\int\limits_{0}^{k} \frac{1}{2}x^2\,dx = 4$

b) $\int\limits_{-1}^{1} (-x^3 + k)\,dx = 4$ **d)** $\int\limits_{-2}^{0} (x^2 - k^2)\,dx = 0$ **f)** $\int\limits_{-1}^{k} (x^2 - 2)\,dx = -\frac{5}{3}$

12.

a) Berechne folgende Integrale:

(1) $\int_{-5}^{5} 2x^3\,dx$ (2) $\int_{-2}^{2} (3x^2+5)\,dx$ (3) $\int_{-3}^{3} (-7x^3+12x)\,dx$ (4) $\int_{-1}^{1} (x^2-3)\,dx$

b) Begründe allgemein:

(1) Hat das Polynom f (x) nur gerade Exponenten, so gilt:

$\int_{-k}^{+k} f(x)\,dx = 2\int_{0}^{+k} f(x)\,dx$

(2) Hat das Polynom f (x) nur ungerade Exponenten, so gilt:

$\int_{-k}^{+k} f(x)\,dx = 0$

13.

Verwende die Ergebnisse von Aufgabe 12 b) zur Berechnung des Integrals für $k > 0$.

a) $\int_{-k}^{+k} (x^3+x)\,dx$

b) $\int_{-k}^{+k} (x^2+1)\,dx$

c) $\int_{-k}^{+k} (-3x^3+2x)\,dx$

d) $\int_{-k}^{+k} \left(\frac{1}{2}x^3-4x\right)dx$

e) $\int_{-k}^{+k} (3x^2-2)\,dx$

f) $\int_{-k}^{+k} (4x^3+2x)\,dx$

14.

Verwende die Ergebnisse von Aufgabe 12 b) zur Berechnung des Integrals. Rechne wie im Beispiel.

$\int_{-3}^{+3} \left(\frac{1}{9}x^3+x^2-\frac{3}{2}x+2\right)dx$

$= \int_{-3}^{+3} \left(\frac{1}{9}x^3-\frac{3}{2}x\right)dx + \int_{-3}^{+3} (x^2+2)\,dx$

$= 0 + 2\int_{0}^{3} (x^2+2)\,dx = 2\cdot 15 = 30$

a) $\int_{-1}^{1} (2x^3-6x^2+5x+1)\,dx$

b) $\int_{-10}^{+10} \left(\frac{1}{5}x^3-30x^2-17x-1\right)dx$

c) $\int_{-1}^{1} \left(2-\frac{1}{2}x^2-\frac{1}{3}x^3\right)dx$

d) $\int_{-2}^{2} \left(x+3x^2-\frac{14}{3}x^3\right)dx$

e) $\int_{-3}^{-1} \left(\frac{1}{4}x^3+1\right)dx + \int_{0}^{3} \left(\frac{1}{4}x^3+1\right)dx + \int_{-1}^{0} \left(\frac{1}{4}x^3+1\right)dx$

f) $\int_{2}^{4} (x^3+2x^2-4x+1)\,dx - \int_{2}^{-4} (x^3+2x^2-4x+1)\,dx$

15.

Von der Funktion f sei bekannt, dass $\int_{-4}^{-2} f(x)\,dx = 3$ ist. Der Graph von f sei punktsymmetrisch zum Ursprung.

Welche der folgenden Integrale kann man berechnen? Gib den Wert des Integrals an und begründe die Lösung.

a) $\int_{-2}^{-4} f(x)\,dx$

b) $\int_{-2}^{0} f(x)\,dx$

c) $\int_{2}^{4} f(x)\,dx$

d) $\int_{-4}^{4} f(x)\,dx$

e) $\int_{-2}^{4} f(x)\,dx$

f) $\int_{0}^{2} 6\cdot f(x)\,dx$

g) $\int_{0}^{-4} f(x)\,dx + \int_{-2}^{0} f(x)\,dx$

h) $\int_{1}^{-2} 8\cdot f(x)\,dx - \int_{1}^{-4} 8\cdot f(x)\,dx$

i) $\int_{-4}^{-2} f(x)\,dx + \int_{4}^{2} f(x)\,dx$

j) $\int_{-2}^{-1} f(x)\,dx - \int_{-3}^{-2} f(x)\,dx + \int_{-1}^{-2} f(x)\,dx - \int_{-4}^{-3} f(x)\,dx$

1.1.4 Verwenden von Integralen zur Flächenberechnung

Aufgabe 1 **a)** Gegeben sei die Funktion f mit $f(x) = x^2 - 3$.

(1) Berechne: $\int_0^3 (x^2 - 3)\,dx$

(2) Berechne den Flächeninhalt der gesamten Fläche zwischen dem Graphen und der 1. Achse über dem Intervall $[0; 3]$.

b) Gegeben sei die Funktion f mit $f(x) = (x^2 - 1) \cdot \left(\frac{1}{2}x - 1\right)$. Bestimme den Flächeninhalt der gesamten Fläche, welche der Graph der Funktion f mit der 1. Achse über dem Intervall $[-2; 2]$ einschließt.

Lösung **a)** (1) $\int_0^3 (x^2 - 3)\,dx = \int_0^3 x^2\,dx - 3 \cdot \int_0^3 1\,dx = \left(\frac{3^3}{3} - \frac{0^3}{3}\right) - 3 \cdot (3 - 0) = 0$

(2) Das Integral von 0 bis 3 ist gleich 0. Es kann daher nicht den gesuchten Flächeninhalt angeben. Man kann den gesuchten Flächeninhalt bestimmen, indem man die Flächeninhalte A_1 und A_2 der beiden Einzelflächen ermittelt. Dazu muss man zunächst den Schnittpunkt des Graphen mit der 1. Achse, also die Nullstelle der Funktion f mit $f(x) = x^2 - 3$ rechts vom Ursprung des Koordinatensystems bestimmen.

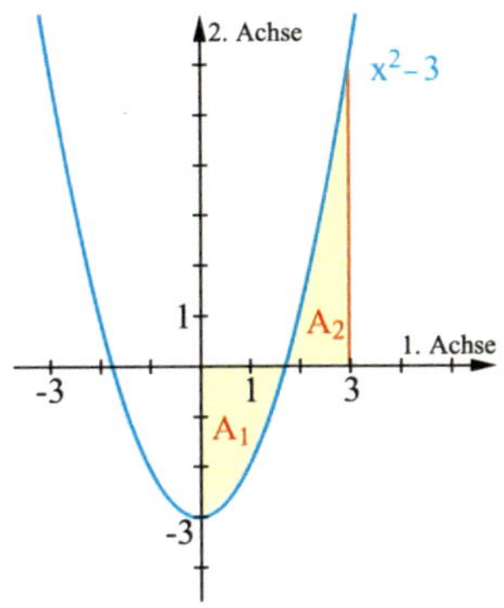

1. Nullstelle der Funktion f mit $f(x) = x^2 - 3$ für $x > 0$.

$x^2 - 3 = 0$, also: $x = \sqrt{3}$ oder $x = -\sqrt{3}$.

Da die Nebenbedingung $x > 0$ erfüllt sein muss, liegt die gesuchte Nullstelle bei $\sqrt{3}$.

2. Berechnung des Flächeninhalts A_1 der linken Fläche

1. Schritt: Berechnen des Integrals

$$\int_0^{\sqrt{3}} (x^2 - 3)\,dx = \int_0^{\sqrt{3}} x^2\,dx - 3 \cdot \int_0^{\sqrt{3}} 1\,dx = \left(\frac{(\sqrt{3})^3}{3} - \frac{0^3}{3}\right) - 3 \cdot (\sqrt{3} - 0) = \sqrt{3} - 3 \cdot \sqrt{3} = -2\sqrt{3}$$

2. Schritt: Bestimmen des Flächeninhalts

Das Integral ist negativ, weil der Graph im Intervall $[0; \sqrt{3}[$ unterhalb der 1. Achse verläuft. Für den Flächeninhalt A_1 gilt: $A_1 = 2 \cdot \sqrt{3}$

3. Berechnen des Flächeninhalts A_2 der rechten Fläche

1. Schritt: Berechnen des Integrals

$$\int_{\sqrt{3}}^3 (x^2 - 3)\,dx = \int_{\sqrt{3}}^3 x^2\,dx - 3 \int_{\sqrt{3}}^3 1\,dx$$
$$= \left(\frac{3^3}{3} - \frac{(\sqrt{3})^3}{3}\right) - 3 \cdot (3 - \sqrt{3})$$
$$= 9 - \sqrt{3} - 9 + 3 \cdot \sqrt{3}$$
$$= 2 \cdot \sqrt{3}$$

Einfacher ist folgende Überlegung:
$\int_0^3 (x^2 - 3)\,dx = 0 = A_1 - A_2$
Also:
$A_1 = A_2 = 2\sqrt{3}$

2. Schritt: Bestimmen des Flächeninhalts

Das Integral ist positiv, die Fläche liegt ja auch oberhalb der 1. Achse. Für den gesuchten Flächeninhalt A_2 gilt: $A_2 = 2 \cdot \sqrt{3}$

4. Berechnen des Flächeninhalts A der gesamten Fläche

$$A = A_1 + A_2$$
$$= 2 \cdot \sqrt{3} + 2 \cdot \sqrt{3}$$
$$= 4 \cdot \sqrt{3}$$

b) *1. Nullstellen der Funktion f*

Um festzustellen, wo der Graph unterhalb und wo er oberhalb der 1. Achse verläuft, bestimmen wir die Nullstellen von f.

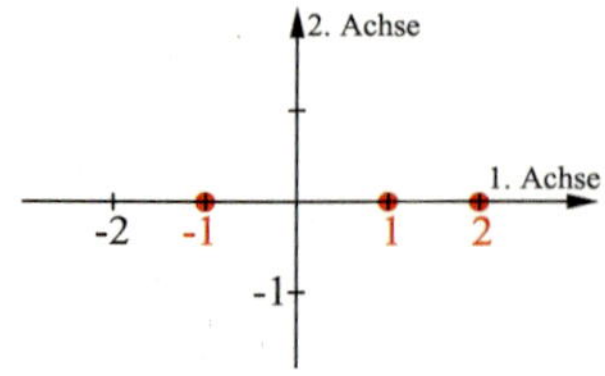

$f(x) = 0$

$(x^2 - 1) \cdot \left(\frac{1}{2}x - 1\right) = 0$

$x^2 - 1 = 0$ oder $\frac{1}{2}x - 1 = 0$

$x^2 = 1$ oder $\frac{1}{2}x = 1$

$x = 1$ oder $x = -1$ oder $x = 2$

Nullstellen befinden sich an den Stellen -1, 1 und 2.

2. Qualitativer Verlauf des Graphen über dem Intervall $[-2;\ +2]$

Um den qualitativen Verlauf des Graphen über $[-2;\ +2]$ zu bestimmen, berechnen wir $f(-2)$, $f(0)$ und $f(1{,}5)$.

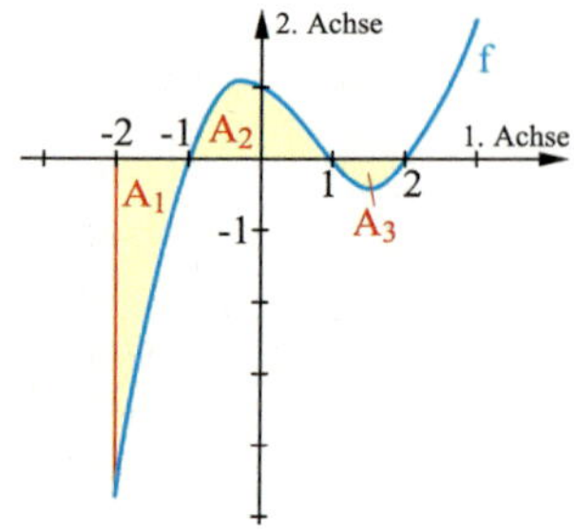

$f(-2) = ((-2)^2 - 1) \cdot \left(\frac{1}{2} \cdot (-2) - 1\right) = -6 < 0$

$f(0) = (0^2 - 1) \cdot \left(\frac{1}{2} \cdot 0 - 1\right) = 1 > 0$

$f(1{,}5) = (1{,}5^2 - 1) \cdot \left(\frac{1}{2} \cdot 1{,}5 - 1\right)$

$= 1{,}25 \cdot (-0{,}25) = -0{,}3125 < 0$

Die gesamte Fläche zwischen dem Graphen von f und der 1. Achse über dem Intervall $[-2;\ +2]$ besteht aus drei Teilen.

3. Berechnen der einzelnen Flächeninhalte A_1, A_2, A_3 und des Gesamtflächeninhalts A

3.1 Flächeninhalt A_1 der Fläche über dem Intervall $[-2;\ -1]$

1. Schritt: Berechnen des Integrals

$$\int_{-2}^{-1} (x^2 - 1) \cdot \left(\frac{1}{2}x - 1\right) dx$$

$$= \int_{-2}^{-1} \left(\frac{1}{2}x^3 - x^2 - \frac{1}{2}x + 1\right) dx$$

$$= \frac{1}{2}\int_{-2}^{-1} x^3\,dx - \int_{-2}^{-1} x^2\,dx - \frac{1}{2}\int_{-2}^{-1} x\,dx + \int_{-2}^{-1} 1\,dx$$

$$= \frac{1}{2} \cdot \left(\frac{(-1)^4}{4} - \frac{(-2)^4}{4}\right) - \left(\frac{(-1)^3}{3} - \frac{(-2)^3}{3}\right) - \frac{1}{2} \cdot \left(\frac{(-1)^2}{2} - \frac{(-2)^2}{2}\right) + ((-1) - (-2))$$

$$= \frac{1}{2} \cdot \frac{1 - 16}{4} - \frac{-1 + 8}{3} - \frac{1}{2} \cdot \frac{1 - 4}{2} + (-1 + 2)$$

$$= \frac{-15}{8} - \frac{7}{3} + \frac{3}{4} + 1 = \frac{-45 - 56 + 18}{24} + 1 = \frac{-83}{24} + 1 = -2\frac{11}{24}$$

2. Schritt: Bestimmen des Flächeninhalts

Es gilt für den Flächeninhalt: $A_1 = 2\frac{11}{24}$

3.2 Flächeninhalt A_2 der Fläche über dem Intervall $[-1;\ 1]$

Flächeninhalt und Integral stimmen hier überein, weil die Fläche oberhalb der 1. Achse ist

$$A_2 = \int_{-1}^{+1} \left(\frac{1}{2}x^3 - x^2 - \frac{1}{2}x + 1\right) dx$$

$$= \frac{1}{2}\int_{-1}^{1} x^3\,dx - \int_{-1}^{1} x^2\,dx - \frac{1}{2}\int_{-1}^{1} x\,dx + \int_{-1}^{1} 1\,dx$$

$$= \frac{1}{2} \cdot \left(\frac{1^4}{4} - \frac{(-1)^4}{4}\right) - \left(\frac{1^3}{3} - \frac{(-1)^3}{3}\right) - \frac{1}{2} \cdot \left(\frac{1^2}{2} - \frac{(-1)^2}{2}\right) + (1 - (-1)) = 2 - \frac{2}{3} = 1\frac{1}{3}$$

3.3 Flächeninhalt A_3 der Fläche über dem Intervall [1; 2]

1. Schritt: Berechnen des Integrals

$$\int_1^2 \left(\tfrac{1}{2}x^3 - x^2 - \tfrac{1}{2}x + 1\right) dx$$
$$= \tfrac{1}{2}\cdot\left(\tfrac{2^4}{4} - \tfrac{1^4}{4}\right) - \left(\tfrac{2^3}{3} - \tfrac{1^3}{3}\right) - \tfrac{1}{2}\cdot\left(\tfrac{2^2}{2} - \tfrac{1^2}{2}\right) + (2-1)$$
$$= \tfrac{1}{2}\cdot\tfrac{16-1}{4} - \tfrac{8-1}{3} - \tfrac{1}{2}\cdot\tfrac{4-1}{2} + 1$$
$$= \tfrac{15}{8} - \tfrac{7}{3} - \tfrac{3}{4} + 1 = \tfrac{45-56-18}{24} + 1 = \tfrac{-29}{24} + 1 = -\tfrac{5}{24}$$

2. Schritt: Bestimmen des Flächeninhalts

Es gilt für den Flächeninhalt: $A_3 = \frac{5}{24}$

3.4 Flächeninhalt A der gesamten Fläche

$$A = A_1 + A_2 + A_3 = 2\tfrac{11}{24} + 1\tfrac{1}{3} + \tfrac{5}{24} = 4$$

Ergebnis: Der Flächeninhalt A der Fläche zwischen dem Graphen der Funktion f und der 1. Achse über dem Intervall [– 2; 2] beträgt 4.

Weiterführende Aufgabe

2. *Verwenden von Absolutbeträgen in der Formel*

Begründe: Für den Flächeninhalt A der Fläche zwischen Graph und 1. Achse gilt:

$$A = \int_a^{x_1} f(x)\,dx + \left|\int_{x_1}^{x_2} f(x)\,dx\right| + \int_{x_2}^{x_3} f(x)\,dx + \left|\int_{x_3}^{b} f(x)\,dx\right|$$

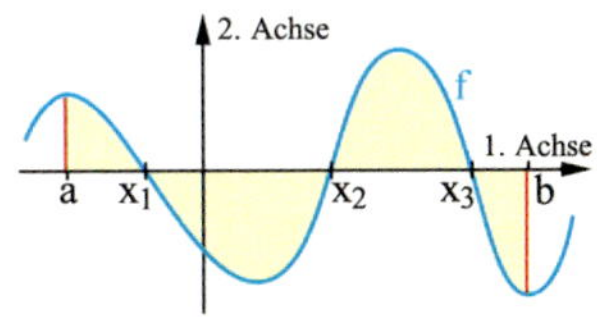

Übungsaufgaben

CAS **3.** *Flächeninhalt mit einem CAS bestimmen*

Im Fenster rechts wird gezeigt, wie man den Flächeninhalt mithilfe eines CAS ermitteln kann. Hier wurde die Fläche zwischen der 1. Achse und dem Graphen von f mit $f(x) = x^3 - x^2 - 12x$ im Intervall [– 5; 6] in folgenden Schritten bestimmt:

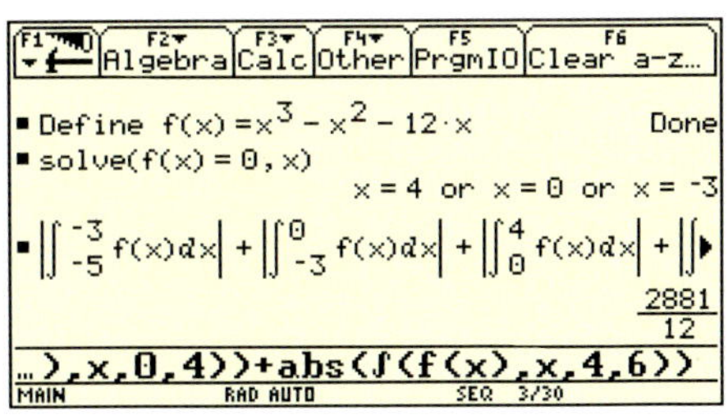

1. Die Funktion f (x) wurde definiert.
2. Die Nullstellen wurden mit solve( ) ermittelt.
3. Der Flächeninhalt wurde unter Verwendung der Funktion abs( ) für den Absolutbetrag berechnet (Ergebnis: $A = \frac{2881}{12}$).

Bestimme ebenso die Fläche zwischen dem Graphen der Funktion f und der 1. Achse im angegebenen Intervall.

a) $f(x) = x^3 + 1{,}3x^2 - 14{,}4x$; [– 5; 5] **b)** $f(x) = x^3 - 4{,}9x^2 - 0{,}56x + 15{,}744$; [– 2; 5]

4.

Berechne jeweils den Inhalt der Fläche zwischen dem Graphen der Funktion f und der 1. Achse über den angegebenen Intervallen.

a) $f(x) = x^2 - 4$; [– 1; 3], [– 2; 2]

b) $f(x) = -x^2 + x$; [0; 2], [– 1; 3]

c) $f(x) = x^3 - x^2$; [0; 1], [– 1; 2]

▲ **d)** $f(x) = x^3 - 2x + 4$; [– 2; 0], [– 3; 1]

5.

Bestimme den Flächeninhalt der Fläche, welche der Graph der Funktion f mit der 1. Achse einschließt.

a) $f(x) = 4 - x^2$
b) $f(x) = x^2 - 9$
c) $f(x) = x^2 - 2$
d) $f(x) = (x-2)\cdot(4-x)$
e) $f(x) = (5+x)\cdot(2-x)$
f) $f(x) = (x-1)\cdot(x-4)$
g) $f(x) = (x-6)\cdot(x-2)$
h) $f(x) = (1-x)\cdot(x-4)$
i) $f(x) = (x-6)\cdot(2-x)$
j) $f(x) = (x+1)\cdot(1-x)$
k) $f(x) = (x-1)\cdot(3-x)$
l) $f(x) = (x-1)^2\cdot(x+1)$
m) $f(x) = (x+5)\cdot x^2$
n) $f(x) = (x-1)\cdot(x-4)^2$
o) $f(x) = -x^2 + 6x + 7$
p) $f(x) = 5x - x^2$
q) $f(x) = -3x - x^2$
r) $f(x) = x^2 - 6x - 7$
s) $f(x) = x^2 + 3x$
t) $f(x) = x^3 - 2x^2$
u) $f(x) = 4 - (x+4)^2$

6.

Gegeben ist die Funktion f. Berechne das Integral $\int_a^b f(x)\,dx$.

Bestimme auch den Flächeninhalt der einzelnen Flächenstücke zwischen dem Graphen der Funktion f und der 1. Achse über bzw. unter dem angegebenen Intervall. Bestätige durch Addieren bzw. Subtrahieren der einzelnen Flächeninhalte den Wert des Integrals.

a) $f(x) = (x-1)\cdot(x-3)$; $[-1; 4]$
b) $f(x) = (2-x)\cdot(x+1)$; $[-2; 3]$
c) $f(x) = (x-3)\cdot(x^2-1)$; $[-2; 4]$
d) $f(x) = (x-1)\cdot(x^2-4)$; $[-3; 3]$

7.

(1) Gesucht ist eine Funktion aus der Funktionenschar f_k, deren Graph mit der 1. Achse eine Fläche vom Inhalt A einschließt. Bestimme k.
(2) Untersuche allgemein die Funktionen f_k. Versuche Typen des Graphen anzugeben.
Anleitung: Beachte das Vorzeichen von k. Diskutiere auch den Sonderfall $k = 0$.
(3) Erläutere die Aufgabenstellung im Teil (1) anhand einer Skizze aufgrund der Funktionsuntersuchung. Für welche k ist die Aufgabenstellung sinnvoll?
Beachte: Im Aufgabenteil (1) ist gegebenenfalls nicht nur eine Lösung möglich.

a) $f_k(x) = 2x^2 - k$; $A = 3$
b) $f_k(x) = x^2 + kx$; $A = 4\frac{1}{2}$
c) $f_k(x) = 3x - kx^2$; $A = 18$
d) $f_k(x) = x^2 - k^2$; $A = 18$
e) $f_k(x) = -2x^3 + kx$; $A = 9$
f) $f_k(x) = kx^3 + 4x$; $A = 16$

CAS **8.**

Bestimme $k \in \mathbb{R}$ so, dass der Graph der Funktion f mit der 1. Achse eine Fläche vom angegebenen Flächeninhalt A einschließt.

a) $f(x) = x^2 - k^2$; $A = 10$
b) $f(x) = x^2 - kx$; $A = 36$
c) $f(x) = k^2 - 4x^2$; $A = 18$
d) $f(x) = 2x^3 + kx$; $A = 9$
e) $f(x) = kx^3 - 4x$; $A = 16$
f) $f(x) = kx^2 - 9$; $A = 6\cdot\sqrt{3}$

▲ **9.**

Bestimme den Flächeninhalt der von der 1. Achse und dem Graphen der Funktion f eingeschlossenen Fläche.

a) $f(x) = \begin{cases} \frac{1}{2}x & \text{für } x \le 2 \\ 1 & \text{für } 2 \le x \le 3 \\ -x+4 & \text{für } 3 \le x \end{cases}$

b) $f(x) = \begin{cases} -x & \text{für } x \le 1 \\ x^2 - 2 & \text{für } 1 \le x \le 2 \\ 4 - x & \text{für } 2 \le x \end{cases}$

1.1.5 Flächeninhalt der Fläche zwischen zwei Funktionsgraphen

Aufgabe 1

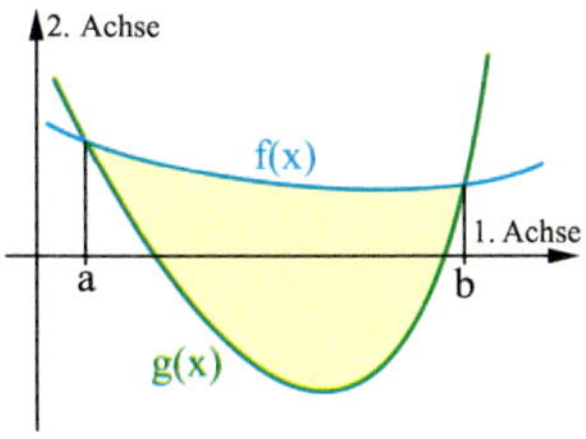

a) Der Graph der Funktion f verlaufe zwischen den Stellen a und b oberhalb des Graphen von g, d. h. es gelte $f(x) > g(x)$ für $a < x < b$. Gesucht ist eine Formel für den Flächeninhalt der Fläche zwischen den Graphen der beiden Funktionen über dem Intervall [a; b].

b) Gegeben sind die beiden Funktionen f und g mit $f(x) = x^3 - 3x^2 = x^2(x-3)$ und $g(x) = x - 3$.
Bestimme den Flächeninhalt der gesamten Fläche, welche die Graphen der beiden Funktionen über $[-2; 3]$ einschließen.

Lösung

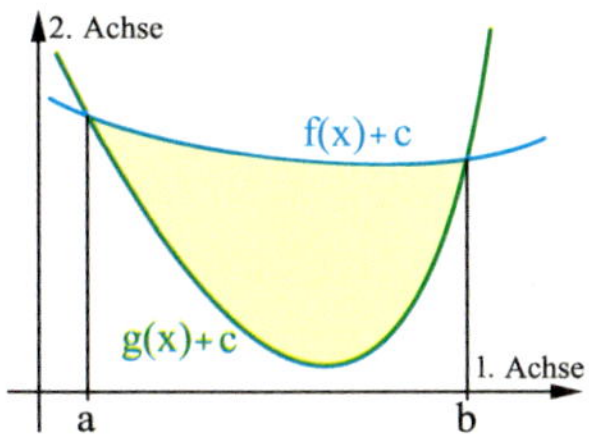

a) Um den gesuchten Flächeninhalt A schnell berechnen zu können, verschieben wir beide Graphen durch Addition einer geeigneten Konstanten c soweit, dass beide Graphen zwischen a und b oberhalb der 1. Achse verlaufen. Dann gilt für den Flächeninhalt A:

$$A = \int_a^b (f(x) + c)\,dx - \int_a^b (g(x) + c)\,dx$$

Beide Integrale kann man nach der Summenregel zusammenfassen:

$$A = \int_a^b \big((f(x) + c) - (g(x) + c)\big)\,dx = \int_a^b (f(x) - g(x))\,dx$$

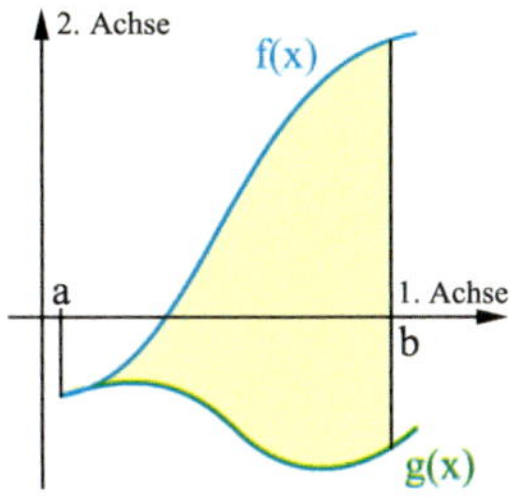

Satz 1

Gilt $f(x) > g(x)$ für alle x mit $a < x < b$, d.h. verläuft der Graph von f zwischen a und b oberhalb des Graphen von g, so gilt für den Flächeninhalt A der von beiden Graphen über dem Intervall [a; b] eingeschlossenen Fläche $A = \int_a^b (f(x) - g(x))\,dx$

b) *1. Schnittstellen der beiden Graphen*

Um einen Überblick zu erhalten, welcher Graph jeweils oberhalb des anderen verläuft, bestimmen wir die Schnittstellen der beiden Graphen. Dort stimmen die Funktionswerte überein.

$$f(x) = g(x)$$
$$x^2 \cdot (x-3) = x - 3$$
$$x^2 \cdot (x-3) - (x-3) = 0$$
$$(x-3) \cdot (x^2 - 1) = 0$$
$$x - 3 = 0 \quad \text{oder} \quad x^2 - 1 = 0$$
$$x = 3 \quad \text{oder} \quad x = 1 \quad \text{oder} \quad x = -1$$

Gemeinsame Punkte der beiden Graphen liegen an den Stellen -1, 1 und 3 vor.

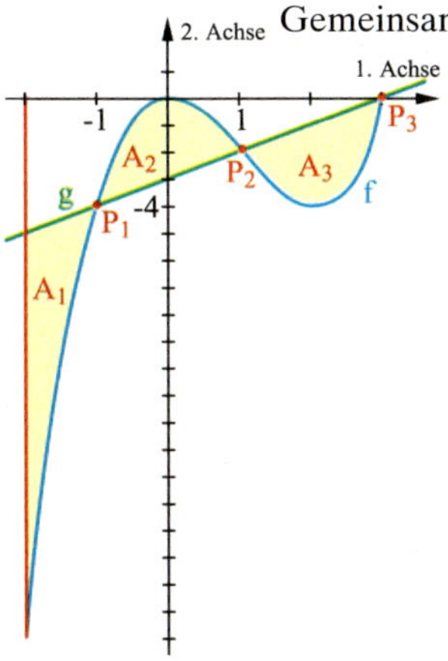

2. Qualitativer Verlauf der Graphen zueinander

Der Graph von g mit $g(x) = x - 3$ ist eine Gerade mit der Steigung 1 durch $P(0 \mid -3)$. Der Graph von f schneidet also die Gerade in den Punkten P_1, P_2 und P_3. Um zu untersuchen, wie der Graph von f im Vergleich zu der Geraden verläuft, vergleichen wir f (0) mit g (0).

$f(0) = 0$ und $g(0) = -3$, also $f(0) > g(0)$.

Der Graph von f verläuft also zwischen -1 und $+1$ oberhalb des Graphen von g. Weiter gilt: $f(2) = -4$ und $g(2) = -1$, also $f(2) < g(2)$.

Der Graph von g verläuft also zwischen $+1$ und $+3$ oberhalb des Graphen von f. Dann gilt: $f(-2) = -20$ und $g(-2) = -5$, also $f(-2) < g(-2)$.

Die gesamte Fläche, deren Flächeninhalt zu bestimmen ist, besteht aus 3 Teilen.

3. Berechnung der einzelnen Flächeninhalte A_1, A_2, A_3 und des Gesamtflächeninhalts

3.1 Flächeninhalt A_1 der Fläche über $[-2;\ -1]$

Für $-2 < x < -1$ gilt $f(x) < g(x)$. Also gilt für den Flächeninhalt A_1 dieser Fläche:

$$A_1 = \int_{-2}^{-1} \left((x-3) - (x^3 - 3x^2)\right) dx = \int_{-2}^{-1} (-x^3 + 3x^2 + x - 3)\, dx$$

$$= -\int_{-2}^{-1} x^3\, dx + 3 \cdot \int_{-2}^{-1} x^2\, dx + \int_{-2}^{-1} x\, dx - 3 \cdot \int_{-2}^{-1} 1\, dx$$

$$= -\left(\frac{(-1)^4}{4} - \frac{(-2)^4}{4}\right) + 3 \cdot \left(\frac{(-1)^3}{3} - \frac{(-2)^3}{3}\right) + \left(\frac{(-1)^2}{2} - \frac{(-2)^2}{2}\right) - 3 \cdot (-1 - (-2))$$

$$= -\frac{1-16}{4} + 3 \cdot \frac{-1+8}{3} + \frac{1-4}{2} - 3 \cdot 1 = +\frac{15}{4} + 7 - \frac{6}{4} - 3 = 4\frac{9}{4} = 6\frac{1}{4}$$

3.2 Flächeninhalt A_2 der Fläche über $[-1; 1]$

Für $-1 < x < 1$ gilt: $f(x) > g(x)$.

$$A_2 = \int_{-1}^{+1} \left(x^3 - 3x^2 - (x-3)\right) dx = \int_{-1}^{+1} x^3\, dx - 3 \cdot \int_{-1}^{+1} x^2\, dx - \int_{-1}^{+1} x\, dx + 3 \cdot \int_{-1}^{+1} 1\, dx$$

$$= \left(\frac{1^4}{4} - \frac{(-1)^4}{4}\right) - 3 \cdot \left(\frac{1^3}{3} - \frac{(-1)^3}{3}\right) - \left(\frac{1^2}{2} - \frac{(-1)^2}{2}\right) + 3 \cdot (1 - (-1)) = 4$$

3.3 Flächeninhalt A_3 der Fläche über $[1; 3]$

Für $1 < x < 3$ gilt: $f(x) < g(x)$.

$$A_3 = \int_{1}^{3} \left((x-3) - (x^3 - 3x^2)\right) dx = -\int_{1}^{3} x^3\, dx + 3 \cdot \int_{1}^{3} x^2\, dx + \int_{1}^{3} x\, dx - 3 \int_{1}^{3} 1\, dx$$

$$= -\left(\frac{3^4}{4} - \frac{1^4}{4}\right) + 3 \cdot \left(\frac{3^3}{3} - \frac{1^3}{3}\right) + \left(\frac{3^2}{2} - \frac{1^2}{2}\right) - 3 \cdot (3-1) = 4$$

3.4 Flächeninhalt A der gesamten Fläche

$$A = A_1 + A_2 + A_3 = 6\frac{1}{4} + 4 + 4 = 14\frac{1}{4}$$

Ergebnis: Der Flächeninhalt der gesamten Fläche zwischen den Graphen von f und g über dem Intervall $[-2; 3]$ beträgt $14\frac{1}{4}$.

Weiterführende Aufgaben

2. *Abkürzung der Rechnung durch Beachtung von Symmetrie*

Nicht immer muss man alle Flächen, welche von zwei Funktionsgraphen eingeschlossen werden, gesondert ausrechnen.

Beispiel:

Die Graphen der Funktionen $x \mapsto x^3$ und $x \mapsto x$ schneiden sich an den Stellen -1, 0 und $+1$.

Gesucht ist der Flächeninhalt der von beiden Graphen eingeschlossenen Fläche. Diese besteht aus zwei Teilen. Warum genügt es, nur *einen* Flächeninhalt auszurechnen?

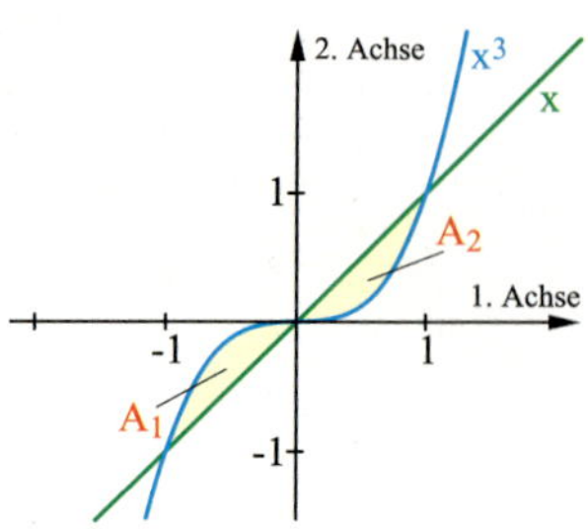

vgl. auch Seite 31, Aufgabe 2

3. *Verwendung von Betragsstrichen in der Flächeninhaltsformel*

Zeige, dass folgender Satz gilt: Der Flächeninhalt A der gesamten Fläche, die sich zwischen den Graphen der Funktion f und g über dem Intervall $[a; b]$ befindet, beträgt:

$$A = \int_a^b \left| f(x) - g(x) \right| dx$$

4. *Flächeninhalt zwischen zwei Kurven mit einem CAS*

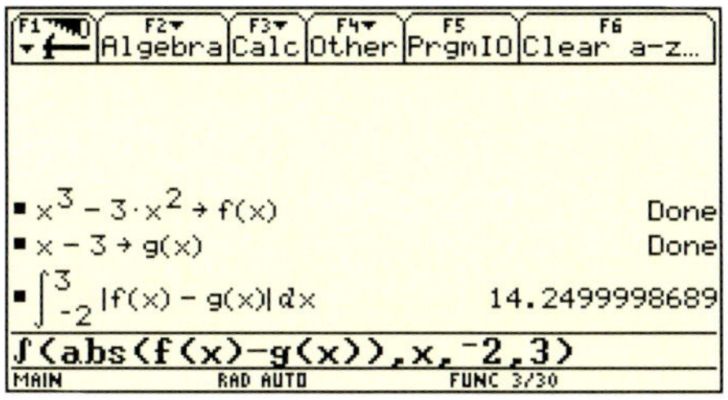

Hier wurde die Aufgabe 1b) von Seite 33 mithilfe der Formel aus Aufgabe 3 gelöst. Das CAS liefert bei dieser Vorgehensweise aber keine exakten Werte. Falls kein Intervall vorgegeben ist, kann man die Schnittpunkte der Graphen zuvor mit solve( ) ermitteln.

a) Berechne ebenso den Inhalt der von den Graphen der Funktionen f und g eingeschlossenen Flächen über dem gegebenen Intervall.
(1) $f(x) = x^2 + 3,\quad g(x) = 4x$ über $[0; 4]$
(2) $f(x) = x^3 - 3x,\quad g(x) = -2x$ über $[-2; 2]$
(3) $f(x) = -x^2 + 2,\quad g(x) = x^2$ über $[-2; 2]$

b) Erkläre auch den Sonderfall $g(x) = 0$ und wende die Formel aus Aufgabe 3 für die Aufgabe 5 von Seite 32 an.

Übungsaufgaben

5.
Berechne den Inhalt der von den Graphen von f und g eingeschlossenen Fläche.

a) $f(x) = x^2;\quad g(x) = -x + 2$
b) $f(x) = 3x^2 - 4;\quad g(x) = 6x + 5;$
c) $f(x) = x^2;\quad g(x) = -x^2 + 2x + 4$
d) $f(x) = -x^2 - 6x - 3;\quad g(x) = x^2 + 2x + 3$
e) $f(x) = 2x^2 - 3x + 2;\quad g(x) = x^2 + 2x - 2$
f) $f(x) = 4x^2 - 5x + 3;\quad g(x) = 2x^2 - 3x + 15$
g) $f(x) = x^3;\quad g(x) = x^2 + 2x$
h) $f(x) = \frac{1}{2}x^3;\quad g(x) = -x^2 + 4x$
i) $f(x) = x^3 - 6x^2;\quad g(x) = -11x + 6$
j) $f(x) = x^3 - 4x;\quad g(x) = x^2 - 4$

6.
Bestimme $k \in \mathbb{R}$ so, dass die von den Graphen der Funktionen f und g eingeschlossene Fläche den Inhalt A hat.

a) $f(x) = x^3;\quad g(x) = 2kx^2 - k^2x;\quad A = 33\frac{3}{4}$
b) $f(x) = x^2;\quad g(x) = -x^2 + k;\quad A = 1$
c) $f(x) = x^2;\quad g(x) = 1 - kx^2;\quad A = \frac{2}{3}$
d) $f(x) = x^3;\quad g(x) = kx;\quad A = \frac{1}{4}$

7.
Berechne den Inhalt der von den Graphen der Funktionen f und g eingeschlossenen Fläche.

a) $f(x) = x^2 + x - 10;\quad g(x) = -x^2 - 3x + 6$
b) $f(x) = x^3 - x^2 + x - 1;\quad g(x) = 4x^2 - 5x - 1$
c) $f(x) = x \cdot (x^2 - 4);\quad g(x) = x^2 - 2x$
d) $f(x) = x^2;\quad g(x) = 7x - 12$
e) $f(x) = 2x + 3;\quad g(x) = x^2$
f) $f(x) = x^3;\quad g(x) = 7x - 6$
g) $f(x) = 2x + 2;\quad g(x) = x^2 + 2$
h) $f(x) = 2x - x^2 + 3;\quad g(x) = 3 - x$

1.1.6 Vermischte Übungen

1.
Berechne das Integral.

a) $\int_0^3 (x^2 - 2x + 4)\,dx$

b) $\int_{-2}^4 (x^3 + 3x^2 - x + 2)\,dx$

c) $\int_{-2}^2 (x^2 - 12)\,dx$

d) $\int_{-1}^1 \left(\frac{1}{2}x^3 + \frac{2}{3}x\right)dx$

e) $\int_{-4}^4 (x^3 - 3x^2 + x + 5)\,dx$

f) $\int_{-1}^3 (2x^3 - x^2 + 1)\,dx$

2.

a) $\int_{-3}^3 (x^3 - 3x)\,dx$

b) $\int_{-1}^1 \left(\frac{1}{2}x^3 + \frac{2}{3}x\right)dx$

c) $\int_{-2}^2 (11x^3 + 16{,}5x - 22)\,dx$

3.
Bestimme die Integrationsgrenze x.

a) $\int_2^x (-2t + 5)\,dt = -2$

b) $\int_x^4 (12 - 3t)\,dt = 6$

c) $\int_x^4 (t^2 - 4)\,dt = 9$

4.
Bestimme $b \in \mathbb{R}$ so, dass der Graph der Funktion f mit der 1. Achse und der Geraden $x = b$ eine Fläche mit dem Flächeninhalt A einschließt. Fertige jeweils eine Skizze an.

a) $f(x) = \frac{1}{2}x - 1$; $A = \frac{1}{4}$

b) $f(x) = 2x - 8$; $A = 25$

c) $f(x) = \frac{1}{4}x^3 + \frac{1}{2}x$; $A = 20$

▲ **d)** $f(x) = x^2 + 2x + 1$; $A = 9$

5.
Skizziere die Fläche, die der Graph der Funktion f mit der 1. Achse über dem angegebenen Intervall einschließt und berechne ihren Flächeninhalt.

a) $f(x) = (x-2)\cdot(x-4)$; $[0; 4]$

b) $f(x) = x^2 + 3x$; $[-1; +1]$

c) $f(x) = -x^2 - 2x + 3$; $[-4; 2]$

d) $f(x) = -x^3 + 8$; $[-1; 4]$

6.
Berechne den Flächeninhalt der Fläche, die der Graph der Funktion f mit der 1. Achse einschließt.

a) $f(x) = -x^2 + 3x$

b) $f(x) = x^2 + 6x + 7$

c) $f(x) = (x-2)\cdot(1+x)$

d) $f(x) = x^3 - 2x^2 + x$

e) $f(x) = x^3 - 5x^2 + 6x$

f) $f(x) = (x^2 - 4)\cdot(x-1)$

g) $f(x) = (x^2 - 1)\cdot(x-2)$

h) $f(x) = (x-1)\cdot(x+2)\cdot(x-3)$

i) $f(x) = x^3 + 2x^2 - 5x - 6$

7.
Skizziere den Graphen der Funktion f_k für $k = 2$ und $k = -2$. Bestimme k so, dass der Graph der Funktion f_k mit der 1. Achse eine Fläche vom Flächeninhalt A einschließt.
Für welche k ist die Aufgabenstellung sinnvoll?

a) $f_k(x) = -\frac{1}{4}x^2 + k$; $A = \frac{64}{3}$

b) $f_k(x) = kx^2 + 2$; $A = \frac{16}{3}$

c) $f_k(x) = -\frac{1}{k}x^2 + k$; $A = \frac{4}{3}$

d) $f_k(x) = kx^3 - 3kx$; $A = 1{,}5$

e) $f_k(x) = k^2x^2 + 2kx$; $A = 4$

f) $f_k(x) = x^3 + \frac{2}{k}x^2 + \frac{1}{k^2}x$; $A = 3$

8.
Der Graph der Funktion f mit $f(x) = x^3 + x^2$ schließt mit der Tangente an der Stelle 2 und der 1. Achse eine Fläche ein. Berechne den Flächeninhalt.

9.
Gegeben ist die Funktion f mit $f(x) = -\frac{1}{8}x^3 + \frac{1}{4}x^2 + x$. Berechne den Flächeninhalt der Fläche, die vom Graphen von f und der Tangente an den Graphen im Punkt $P(2\,|\,2)$ eingeschlossen wird.

10.
Berechne den Flächeninhalt der Fläche, die der Graph der Funktion f mit $f(x) = x^3 - 6x$ mit der Tangente an den Graphen von f an der Stelle -1 einschließt.

11.
Die Funktion f ist gegeben durch $f(x) = \frac{1}{4}x^3 - \frac{3}{4}x^2 - \frac{9}{4}x + \frac{11}{4}$. Zeige, dass die Tangenten in den Extrempunkten von f mit dem Graphen von f jeweils Flächen mit gleichem Flächeninhalt einschließen.

12.
Für $k > 0$ ist die Funktion f_k gegeben durch $f_k(x) = k \cdot (-x^3 + 3x + 4)$. Bestimme k so, dass der Graph von f_k mit der Tangente im Hochpunkt eine Fläche mit dem Flächeninhalt 45 einschließt.

13.
Bestimme die Parallele zur 1. Achse, die mit dem Graphen von $f(x) = x^2$ eine Fläche mit dem Flächeninhalt $\frac{8}{3} \cdot \sqrt{2}$ einschließt.

14.
Durch $y = \frac{1}{2}x^2$ $\left[\text{durch } y = -\frac{1}{2}x^2\right]$ ist eine Parabel gegeben.

Um wie viel muss man diese Parabel parallel zur 1. Achse verschieben, damit die Parabel mit den beiden Koordinatenachsen und der durch $x = 3$ gegebenen Parallelen zur 2. Achse eine Fläche vom Flächeninhalt 10,5 einschließt? Fertige eine Skizze zur Aufgabenstellung an.

15.
a) Welche Steigung m muss eine Gerade durch den Koordinatenursprung haben, damit sie mit dem Graphen von f mit $f(x) = x^2$ eine Fläche mit dem Flächeninhalt $10\frac{2}{3}$ einschließt?

b) Welche Steigung m muss eine Gerade durch den Koordinatenursprung haben, damit sie mit dem Graphen von f mit $f(x) = x^3$ eine Fläche mit dem Flächeninhalt 8 einschließt?

▲ **16.**
Bestimme diejenige Ursprungsgerade, die den durch die 1. Achse und durch $y = -x^2 + 6x$ bestimmten Parabelabschnitt in zwei Teilflächen mit gleichem Flächeninhalt zerlegt.

17.
a) Berechne den Flächeninhalt des durch die Parabel $y = -x^2 + 9$ und durch die 1. Achse bestimmten Parabelabschnittes.

▲ **b)** Bestimme diejenige Parallele zur 1. Achse, die das Parabelsegment in zwei Teilflächen mit gleichem Flächeninhalt zerlegt.

▲ **18.**
Welche Parallele zur 2. Achse teilt die von der Parabel $y = x^2$, der 1. Achse und der Geraden $x = c$ eingeschlossene Fläche im Verhältnis 3 : 5?

19.
An die Parabel mit $y = x^2$ werden durch die Punkte $A(a \mid a^2)$ und $B(b \mid b^2)$ die Tangenten gelegt. Berechne den Schnittpunkt C der Tangenten und das Verhältnis des Flächeninhalts des durch A und B bestimmten Parabelabschnittes zum Flächeninhalt des Dreiecks ABC.

a) $a = -2{,}5;\ b = 2{,}5$ **b)** $a = 0;\ b = 2$ ▲ **c)** $a = -1;\ b = 3$ ▲ **d)** $a, b \in \mathbb{R}$ allgemein

20.
Bestimme $k > 0$ so, dass der Graph der Funktion f mit den positiven Koordinatenachsen im 1. Quadranten eine Fläche mit dem Flächeninhalt A einschließt.

a) $f(x) = -x^2 + kx;\quad A = \frac{9}{16}$ **b)** $f(x) = x^3 - 2kx^2 + k^2x;\quad A = 1\frac{1}{3}$

21.
Eine Parabel hat an der Stelle 0 einen Hochpunkt und schneidet die 1. Achse an der Stelle 2. Mit den positiven Koordinatenachsen schließt die Parabel eine Fläche mit dem Flächeninhalt 32 ein. Bestimme die Parabelgleichung.

22.
Eine zum Koordinatenursprung symmetrische Funktion 3. Grades hat an der Stelle -2 einen Tiefpunkt und schließt mit der 1. Achse eine Fläche mit dem Flächeninhalt 18 ein. Bestimme den Funktionsterm.

▲ **23.**
Für $k > 0$ ist die Funktion f_k gegeben durch $f_k(x) = -\frac{1}{3}x^3 + kx$. Bestimme k so, dass die Normale im Wendepunkt des Graphen von f_k mit dem Graphen von f_k eine Fläche von Flächeninhalt 6 einschließt.

24.
Für $k > 0$ ist die Funktion f_k gegeben durch $f_k(x) = \frac{1}{k^2}x^3 - x$.

a) Zeichne den Graphen von f_k für $k = 2$.

b) Berechne den Schnittpunkt P des Graphen von f_k mit der positiven 1. Achse.

▲ **c)** Berechne k so, dass die vom Graphen von f_k, von der Tangenten an den Graphen in P (aus Teilaufgabe b) und von der 2. Achse eingeschlossenen Fläche den Flächeninhalt 4 hat.

▲ **25.**
Für $k > 0$ ist die Funktionenschar f_k gegeben durch $f_k(x) = kx(x - 4)$.

a) Zeichne den Graphen von f_k für $k = \frac{1}{2}$.

b) Bestimme k so, dass die Fläche zwischen der Geraden zu $y = x$ und dem Graphen von f_k einen minimalen Flächeninhalt hat.

▲ **26.**

a) Bestimme $\int\limits_0^8 \sqrt[3]{x}\,dx$ durch Spiegelung des Graphen von f mit $f(x) = x^3$ an der Geraden $y = x$.

b) Zeige wie in a), dass für $b \in \mathbb{R}$ allgemein gilt: $\int\limits_0^b \sqrt[3]{x}\,dx = \frac{3}{4}b\sqrt[3]{b}$

27.
Bestimme $x_1 \in [a; b]$ so, dass $\int\limits_a^b f(x)\,dx = f(x_1) \cdot (b - a)$ ist.

a) $a = 0;\ b = 3;\ f(x) = x^2$

b) $a = 1;\ b = 6;\ f(x) = x^3$

c) $a = -1;\ b = 3;\ f(x) = 2x^2 + x - 4$

d) $a = -1;\ b = 3;\ f(x) = x^3 - 3x^2 + 2x + 3$

1.2 Der Hauptsatz der Differential- und Integralrechnung und seine Anwendung

Die Berechnung eines Integrals wie z.B. $\int\limits_{-5}^{+10} 3 \cdot x^{17}\,dx$ oder $\int\limits_{1}^{5} \frac{1}{x^2}$ als Grenzwert von Ober- bzw. Untersummen ist langwierig und umständlich. Wir suchen daher ein einfacheres Berechnungsverfahren. Dazu benötigen wir offensichtlich mehr Wissen über das Integral $\int\limits_a^b f(x)\,dx$.

Ein Weg hierzu ergibt sich durch das systematische Verändern der im Integral auftretenden unteren Grenze a, der oberen Grenze b und der Integrandenfunktion f.
Bei der Fülle möglicher Integrandenfunktionen erscheint es aussichtslos, die Abhängigkeit des Integrals von der Integrandenfunktion zu untersuchen. Auch wird man bei fester Integrandenfunktion f nicht beide Grenzen gleichzeitig verändern. Wegen $\int\limits_a^b f = -\int\limits_b^a f$ genügt es, die untere Grenze festzuhalten und die obere Grenze zu verändern. Wir erhalten so eine Funktion $x \mapsto \int\limits_a^x f$. Sie soll zunächst betrachtet und untersucht werden.

1.2.1 Integralfunktion

Aufgabe 1 Es gilt: $\int\limits_0^b x^2\,dx = \frac{b^3}{3}$ für $b > 0$.

a) Berechne den Wert des Integrals $\int\limits_0^b x^2\,dx$ für die ganzzahligen Werte $b = 1; b = 2; \ldots; b = 10$. Notiere die Ergebnisse in einer Tabelle.

b) Die in Teilaufgabe a) erstellte Tabelle kann als Funktionstabelle angesehen werden. Die zugehörige Funktion heißt *Integralfunktion* von f zur unteren Grenze 0.
Gib diese Funktion mithilfe eines Terms an.
Gib eine allgemeine Definition der Integralfunktion an.

c) Gib auch die Integralfunktion von $x \mapsto 2x^3 - 4$ mit der unteren Grenze 1 [5] an.

Lösung

a)

b	1	2	3	4	5	6	7	8	9	10
$\frac{1}{3}b^3$	$\frac{1}{3}$	$\frac{8}{3}$	9	$\frac{64}{3}$	$\frac{125}{3}$	72	$\frac{343}{3}$	$\frac{512}{3}$	243	$\frac{1000}{3}$

b) Die Integralfunktion von $x \mapsto x^2$ zur unteren Grenze 0 heißt: $x \mapsto \frac{1}{3}x^3; x > 0$.
Die allgemeine Definition muss das Funktionszeichen f verwenden. Außerdem muss die untere Grenze angegeben werden.

Verwechsle nicht Integralfunktion und Integrandenfunktion

Definition 2

Gegeben sei die Funktion f. Die Funktion $x \mapsto \int\limits_a^x f$, welche jeder Stelle x den Wert des Integrals $\int\limits_a^x f$ zuordnet, heißt **Integralfunktion** von f mit der unteren Grenze a.
Der Definitionsbereich der Integralfunktion $x \mapsto \int\limits_a^x f$ ist die Menge aller Zahlen x, für die $\int\limits_a^x f$ existiert.

c) Für das Integral $\int_1^b (2x^3 - 4)\,dx$ gilt:

$$\int_1^b (2x^3-4)\,dx = 2\cdot\int_1^b x^3\,dx - 4\cdot\int_1^b 1\,dx$$
$$= 2\cdot\left(\frac{b^4}{4}-\frac{1}{4}\right) - 4\cdot(b-1) = \frac{1}{2}b^4 - 4b + \frac{7}{2}$$

Die Integralfunktion von $x \mapsto 2x^3 - 4$ mit der unteren Grenze 1 lautet also:

$x \mapsto \frac{1}{2}x^4 - 4x + \frac{7}{2}$

Sie ist für alle $x \in \mathbb{R}$ definiert. Entsprechend erhält man $x \mapsto \frac{1}{2}x^4 - 4x - 292{,}5$ als Integralfunktion zur unteren Grenze 5.

Information

(1) Schreibweisen für die Integralfunktion

Die Schreibweise $\int_a^x x^2\,dx$ bzw. allgemeiner $\int_a^x f(x)\,dx$ kann zu Verwirrung führen, weil x in zweierlei Bedeutung auftritt. Daher haben wir diese Schreibweise in der Definition oben auch nicht verwendet. Es ist dagegen günstig, die Integrationsvariable x umzubenennen und z. B. zu schreiben: $\int_a^x t^2\,dt$ oder $\int_a^x z^2\,dz$ bzw. $\int_a^x f(t)\,dt$ oder $\int_a^x f(z)\,dz$

(2) Abkürzung für die Integralfunktion

Als Abkürzung für die Integralfunktion einer gegebenen Funktion schreiben wir häufig I_a: $I_a(x) = \int_a^x f = \int_a^x f(z)\,dz$

(3) Geometrische Deutung der Integralfunktion

Der Term $\int_a^x f$ der Integralfunktion gibt die Summe der orientierten Flächeninhalte der Flächen zwischen dem Graphen von f und der 1. Achse von der Stelle a aus bis zur Stelle x an. Es ist vielfach günstig, diese geometrische Vorstellung zu verwenden.

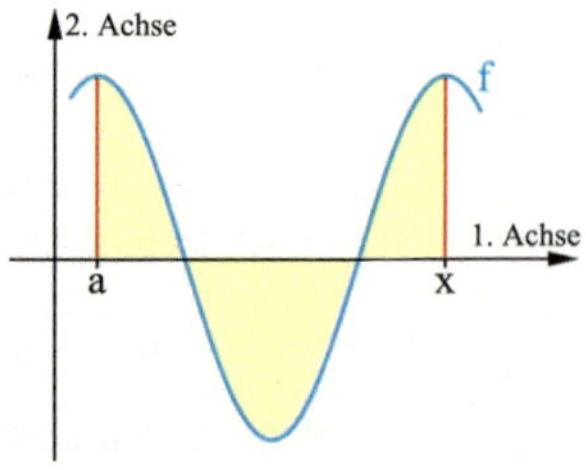

(4) Funktionswerte der Integralfunktion I_a auch für $x \leq a$

Die Integralfunktion $x \mapsto \int_a^x f$ ist nicht nur für $x > a$, sondern auch für $x = a$ und für $x < a$ definiert.

Es gilt stets $I_a(a) = \int_a^a f = 0$ (vgl. Definition 1, Seite 25), d. h. jede Integralfunktion hat an der Stelle a ihrer unteren Grenze eine Nullstelle.

Weiterführende Aufgaben

2. *Zur Monotonie gewisser Integralfunktionen*

a) Warum sind folgende Integralfunktionen I_a monoton wachsend?

(1) $I_0(x) = \int_0^x z^2\,dz$ (2) $I_{-5}(x) = \int_{-5}^x z^2\,dz$

b) Warum sind folgende Integralfunktionen I_a monoton fallend?

(1) $I_0(x) = \int_0^x (-z^2)\,dz$ (2) $I_{-7}(x) = \int_{-7}^x (-z^2)\,dz$

3. *Erschließen von Eigenschaften einer Integralfunktion aus dem Graphen der Ausgangsfunktion*

Gegeben ist die Funktion f mit dem nebenstehenden Graphen.

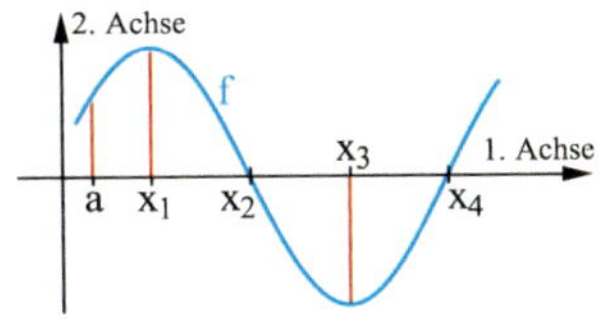

a) Skizziere den Graphen der Integralfunktion I_a mit $I_a(x) = \int_a^x f$.

b) In welchem Intervall ist die Integralfunktion I_a monoton wachsend, in welchem monoton fallend?

c) Welche charakteristischen Punkte hat die Integralfunktion an den Stellen x_2 und x_4? Begründe.

d) Welche charakteristischen Punkte hat die Integralfunktion an den Stellen x_1 und x_3? Begründe.

Übungsaufgaben

4.

a) Gegeben sei die Funktion f mit $f(x) = 2x + 5$.
Berechne aufgrund der geometrischen Definition des Integrals den Term der Integralfunktion I_a mit $I_a(x) = \int_a^x f$.

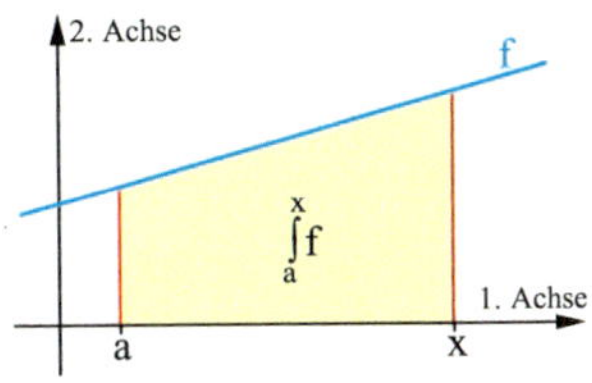

b) Führe dieselbe Überlegung für $f(x) = mx + b$ durch.

5.

Gegeben sei die Funktion f.

a) $f(t) = 2t$ **b)** $f(t) = -t + 2$ **c)** $f(t) = -t \cdot (t-2)$ **d)** $f(t) = \frac{1}{4}t^2 - 2t + 3$

Gib den Term $\int_1^x f$ der Integralfunktion zu f an, skizziere die Graphen der Integralfunktion $x \mapsto \int_1^x f$ und der Funktion f in demselben Koordinatensystem.

Markiere alle Nullstellen, Extrempunkte und Wendepunkte in den beiden Graphen. Schreibe alle Paare sich entsprechender Punkte auf. Begründe jeweils den Zusammenhang.

6.

Gegeben ist die Funktion f mit der nebenstehenden Geraden als Graph.

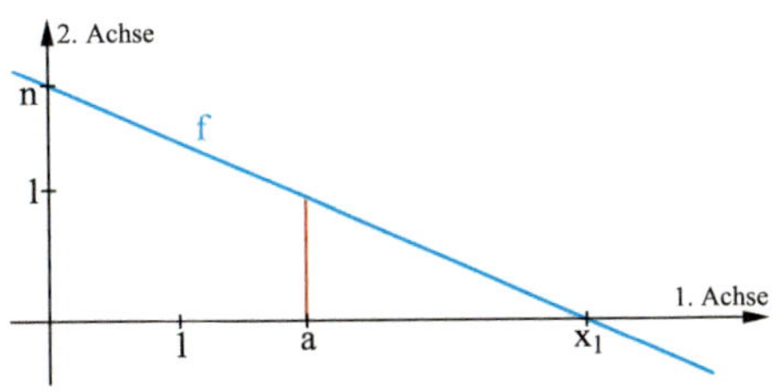

a) Gib die Integralfunktion I_a mit $I_a(x) = \int_a^x f$ an.

b) Welchen charakteristischen Punkt hat die Integralfunktion an der Stelle x_1?

7.
Bestimme zur Funktion f die Integralfunktion I_a mit $I_a(x) = \int_a^x f$. Zeichne die Graphen der Integralfunktionen für die angegebenen Werte von a in ein Koordinatensystem. Was fällt auf ?

a) $f(t) = \frac{1}{2}t + 1;\quad a \in \{-1; 0; 1; 2\}$ **b)** $f(t) = 3t^2 - 3;\quad a \in \{-2; 0; \frac{1}{2}; 4\}$

8.
Bestimme eine Funktion f und eine Zahl $a \in \mathbb{R}$ so, dass $\int_a^x f = I_a(x)$ ist.

a) $I_a(x) = x + 5$ **b)** $I_a(x) = 3x + 2$ **c)** $I_a(x) = x^2 - 9$ **d)** $I_a(x) = \frac{1}{2}x^2 - 2$

▲ **9.**
Begründe, dass es keine Funktion f gibt, sodass die Funktion I mit $I(x) = x^2 - 2x + 2$ Integralfunktion von f ist.

1.2.2 Der Hauptsatz der Differential- und Integralrechnung

Wir haben bisher zu einer Funktion f die Integralfunktion $x \mapsto \int_a^x f$ aufgestellt. Das brachte uns zwar noch nicht dem Ziel näher, ein einfaches Verfahren zur Berechnung von Integralen zu entwickeln. Aber vielleicht gelingt es, eine Regel zu finden, mit der man zu einer gegebenen Integrandenfunktion die Integralfunktion bestimmen kann.
Dazu wollen wir zunächst einmal Integralfunktion und Integrandenfunktion miteinander vergleichen.

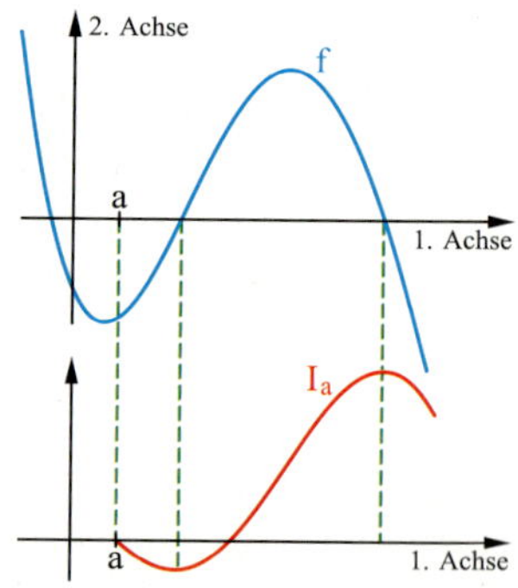

Aufgabe 1 Bestimme die Integralfunktion I_a und vergleiche sie mit der Integrandenfunktion.

(1) $I_0(x) = \int_0^x (3z + 4)\,dz$ (2) $I_{-2}(x) = \int_{-2}^x 2z^2\,dz$ (3) $I_1(x) = \int_1^x (7z^3 + z)\,dz$

Lösung

(1) $I_0(x) = \int_0^x (3z + 4)\,dz = 3 \cdot \int_0^x z\,dz + 4 \cdot \int_0^x 1\,dz = 3 \cdot \frac{x^2}{2} + 4 \cdot x = \frac{3}{2}x^2 + 4x$

(2) $I_{-2}(x) = \int_{-2}^x 2z^2\,dz = 2 \cdot \int_{-2}^x z^2\,dz = 2 \cdot \left(\frac{x^3}{3} - \frac{(-2)^3}{3}\right) = \frac{2}{3}x^3 + \frac{16}{3}$

(3) $I_1(x) = \int_1^x (7z^3 + z)\,dz = 7 \cdot \int_1^x z^3\,dz + \int_1^x z\,dz = 7 \cdot \left(\frac{x^4}{4} - \frac{1}{4}\right) + \left(\frac{x^2}{2} - \frac{1}{2}\right) = \frac{7}{4}x^4 + \frac{1}{2}x^2 - \frac{9}{4}$

Vergleicht man die Integralfunktion jeweils mit der Integrandenfunktion, so fällt auf:
Bildet man die Ableitung der Integralfunktion, so erhält man die Integrandenfunktion.
Es gilt nämlich:

(1) $I_0'(x) = \frac{3}{2} \cdot 2x + 4 = 3x + 4$

(2) $I_{-2}'(x) = \frac{2}{3} \cdot 3x^2 = 2x^2$

(3) $I_1'(x) = \frac{7}{4} \cdot 4x^3 + \frac{1}{2} \cdot 2x = 7x^3 + x$

Information **(1) Vorläufige Formulierung des Hauptsatzes der Differential- und Integralrechnung**

Der durch den Vergleich der Integralfunktion und der Integrandenfunktion gefundene Zusammenhang gilt allgemein. Es gilt stets:

$I'_a(x) = f(x)$, wobei $I_a(x) = \int_a^x f$ ist.

Da hier der Begriff der Ableitung aus der Differentialrechnung und der des Integrals zueinander in Beziehung gesetzt sind, spricht man auch vom *Hauptsatz der Differential- und Integralrechnung.*

> Bildet man die Ableitung der Integralfunktion I_a mit $I_a(x) = \int_a^x f$, so erhält man die Integrandenfunktion f, d.h. es gilt: $I'_a(x) = f(x)$

(2) Differenzieren macht Integrieren rückgängig

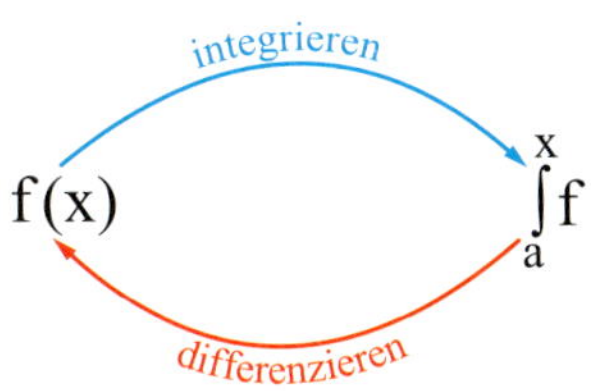

Der Hauptsatz der Differential- und Integralrechnung stellt einen wichtigen Zusammenhang zwischen Differenzieren und Integrieren her. Integriert man nämlich und differenziert man anschließend: $\left(\int_a^x f\right)'$, so erhält man nach dem Hauptsatz der Differential- und Integralrechnung wieder die Funktion f.

Das Differenzieren macht das Integrieren wieder rückgängig. So kann man kurz die Aussage des Hauptsatzes der Differential- und Integralrechnung zusammenfassen.

(3) Beweis und endgültige Formulierung des Hauptsatzes der Differential- und Integralrechnung

Der Beweis des Hauptsatzes erfolgt unter wesentlicher Verwendung der geometrischen Definition des Integrals (vgl. Seite 16).

Zum Beweis des Hauptsatzes muss die Ableitung der Integralfunktion I_a bestimmt werden. Die Ableitung ist jedoch definiert als Grenzwert der Differenzenquotienten.

In unserem Fall:

$$I'_a(x) = \lim_{h \to 0} \frac{I_a(x+h) - I_a(x)}{h}$$

1. Berechnen des Differenzenquotienten

Es ist $I_a(x) = \int_a^x f$. Also folgt:

$$\frac{I_a(x+h) - I_a(x)}{h} = \frac{\int_a^{x+h} f - \int_a^x f}{h}$$

Wie das Bild rechts zeigt, gilt nun:

$$\int_a^{x+h} f - \int_a^x f = \int_a^x f + \int_x^{x+h} f - \int_a^x f = \int_x^{x+h} f$$

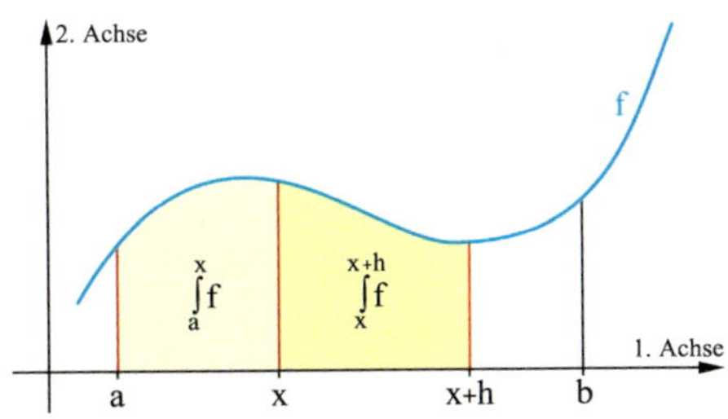

Dasselbe Ergebnis erhalten wir auch durch Anwenden der Regel über die Intervalladditivität von rechts nach links (vgl. Seite 25).

Wir wollen $\int_x^{x+h} f$ weiter umformen. Dazu suchen wir über dem Intervall $[x; x+h]$ ein Rechteck, das genau so groß ist wie das Integral $\int_x^{x+h} f$. Hierbei sind zwei verschiedene Fälle möglich.

1. Fall: Die Funktion f hat einen durchgehenden Graphen.

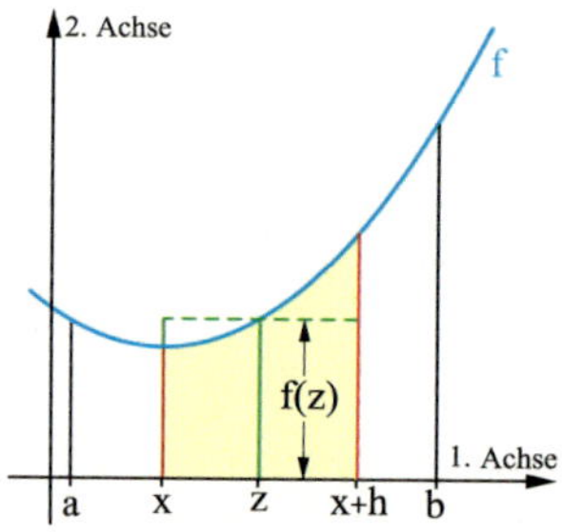

Die obere Rechtecksseite schneidet den Graphen von f. Es gibt also eine Stelle z im Intervall $[x; x+h]$, an der der Funktionswert $f(z)$ der Höhe des Rechtecks entspricht.

2. Fall: Der Graph von f macht einen Sprung.

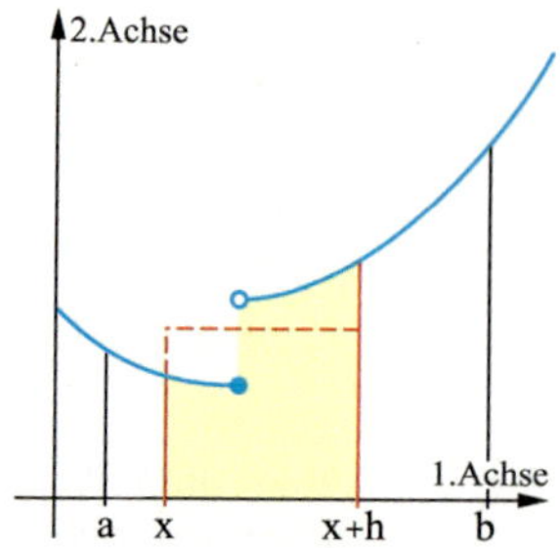

Hat die Funktion f keinen durchgehenden Graphen, so kann es vorkommen, dass die obere Rechtecksseite den Graphen von f nicht schneidet. An keiner Stelle im Intervall $[x; x+h]$ stimmt der Funktionswert mit der Höhe des Rechtecks überein.

Wir betrachten im Folgenden nun den 1. Fall, dass die Funktion einen durchgehenden Graphen hat. Es gibt dann eine Stelle z zwischen x und x + h, so dass gilt:

$$\int_x^{x+h} f = f(z) \cdot h$$

Zusammenfassend erhalten wir dann für den Differenzenquotienten:

$$\frac{I_a(x+h) - I_a(x)}{h} = \frac{f(z) \cdot h}{h} = f(z) \quad \text{für } x \le z \le x+h$$

2. Bestimmen des Grenzwertes des Differenzenquotienten

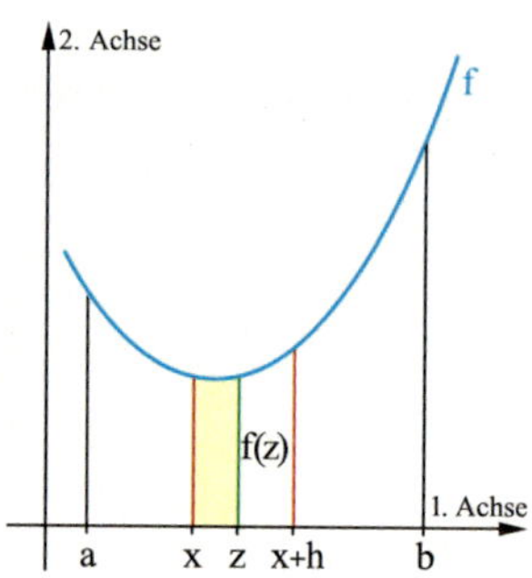

Wir müssen berechnen $\lim\limits_{h \to 0} \frac{I_a(x+h) - I_a(x)}{h} = \lim\limits_{h \to 0} f(z)$, d. h. wir müssen herausfinden, was aus z und $f(z)$ wird, wenn h gegen 0 strebt. Da $x \le z \le x+h$, wird dann z gegen x streben (siehe Bild links). Was aber geschieht mit $f(z)$ bei einem durchgehenden Graphen?
Wie man aus dem Bild anschaulich sieht, strebt $f(z)$ gegen $f(x)$, falls h gegen 0 strebt, d. h. es gilt: $\lim\limits_{h \to 0} f(z) = f(x)$. Insgesamt erhalten wir:

$$I'_a(x) = \lim_{h \to 0} \frac{I_a(x+h) - I_a(x)}{h} = \lim_{h \to 0} f(z) = f(x)$$

Damit haben wir den Hauptsatz der Differential- und Integralrechnung für solche Funktionen bewiesen, die einen durchgehenden Graphen besitzen. Diese Funktionen heißen *stetig*.

Zur Stetigkeit siehe auch Seite 46

Hauptsatz der Differential- und Integralrechnung

Ist die Funktion f stetig (d. h. hat f einen durchgehenden Graphen), so ist die Ableitung der Integralfunktion $x \mapsto \int_a^x f$ gleich der Integrandenfunktion f.

Insbesondere ergibt sich: Die Integralfunktion einer stetigen Funktion ist differenzierbar, ihr Graph hat also keinen Knick.

Weiterführende Aufgabe

2. *Integralfunktion einer Funktion, die nicht stetig ist*

Gegeben sei die Funktion f mit

$$f(x) = \begin{cases} x & \text{für } 0 \le x \le 2 \\ 1 & \text{für } 2 < x \le 4 \end{cases}$$

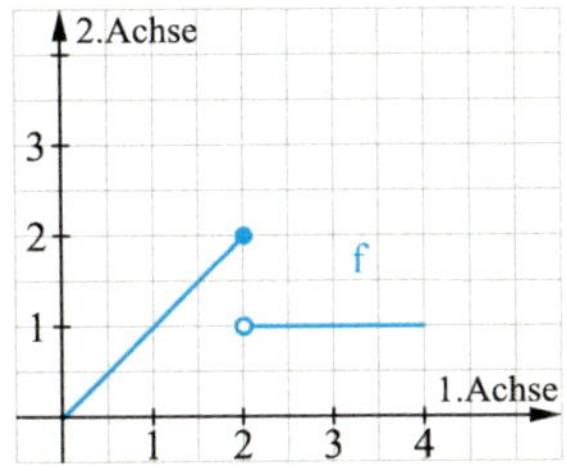

a) Skizziere den Graphen der Integralfunktion I_0 in einem Koordinatensystem.

b) Welche Besonderheit weist der Graph von I_0 an der Stelle 2 auf?

Übungsaufgaben

3.

Zeichne den Graphen der Funktion f für $0 \le x \le 5$. Skizziere dann in einem Koordinatensystem darunter den Graphen der Integralfunktion I_0. Beschreibe Zusammenhänge zwischen den Graphen von f und dem der Integralfunktion.

a) $f(x) = 3 - x$

b) $f(x) = \frac{1}{2}x - 2$

c) $f(x) = x^2 - 1$

d) $f(x) = (x+1)^2 - 4$

e) $f(x) = \begin{cases} 1 & \text{für } 0 \le x \le 1 \\ \frac{1}{2}x & \text{für } 1 < x \le 5 \end{cases}$

f) $f(x) = \begin{cases} 2 & \text{für } 0 \le x \le 1 \\ -1 & \text{für } 1 < x \le 5 \end{cases}$

1.2.3 Stetigkeit

Für den Beweis des Hauptsatzes der Differential- und Integralrechnung musste vorausgesetzt werden, dass die Funktion f stetig ist. Wir haben diesen Begriff damit erklärt, dass die Funktion einen durchgehenden Graphen haben soll. Mithilfe des Grenzwertes einer Funktion an einer Stelle soll nun der Begriff der Stetigkeit präzisiert werden. Dazu wiederholen wir:

Definition 3

Unter dem **Grenzwert der Funktion f an der Stelle a** versteht man eine Zahl, die man folgendermaßen erhält:

(1) Man geht aus von einer beliebigen Grundfolge $\langle x_n \rangle$ mit $x_n \neq a$, die gegen a konvergiert.

(2) Man bildet die zu der Grundfolge $\langle x_n \rangle$ gehörende Folge der Funktionswerte $\langle f(x_n) \rangle$.

(3) Man prüft, ob jede dieser Folgen von Funktionswerten gegen denselben Grenzwert g konvergiert.

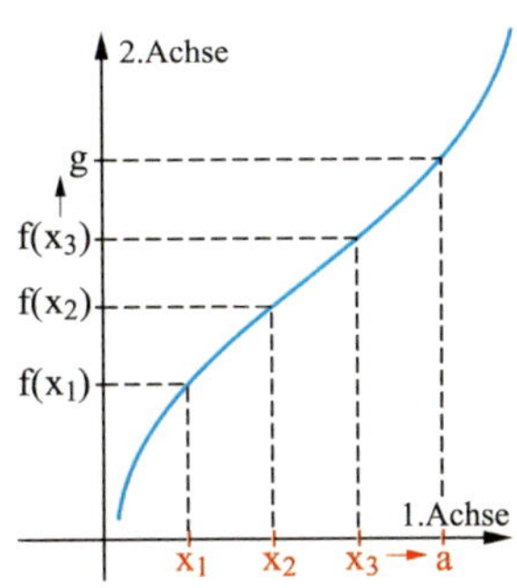

Ist dies der Fall, so heißt die Zahl g der Grenzwert der Funktion f an der Stelle a.

Man schreibt: $g = \lim\limits_{x \to a} f(x)$. Man sagt: $\lim\limits_{x \to a} f(x)$ existiert.

Aufgabe 1 Gegeben ist eine Funktion f und eine Stelle a, die zum Definitionsbereich von f gehört. Bestimme $\lim\limits_{x \to a} f(x)$ und vergleiche den Grenzwert mit dem Funktionswert f (a).

a) $f(x) = 3x^2 + 1;\quad a = 2$

b) $f(x) = |\operatorname{sgn} x|;\quad a = 0$

c) $f(x) = H(x) = \begin{cases} 1 & \text{für } x > 0 \\ 0 & \text{für } x \leq 0 \end{cases};\quad a = 0$

Heaviside-Funktion

Lösung

a) Mithilfe der Grenzwertsätze erhalten wir: $\lim\limits_{x \to 2} f(x) = 3 \cdot \left(\lim\limits_{x \to 2} x\right)^2 + 1 = 13;$
$f(2) = 3 \cdot 2^2 + 1 = 13$; Grenzwert und Funktionswert stimmen überein.

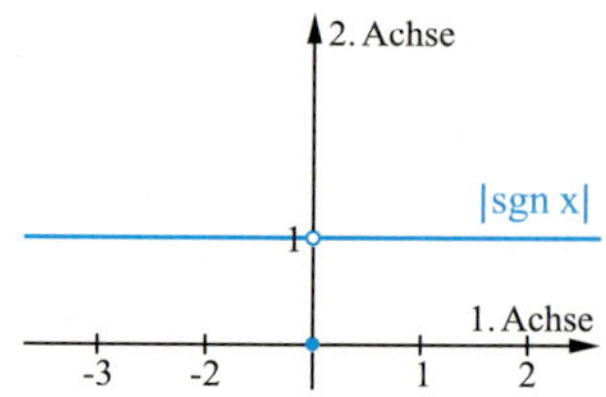

b) Ist $\langle x_n \rangle$ eine beliebige gegen 0 konvergierende Grundfolge mit $x_n \neq 0$, dann gilt
$|\operatorname{sgn} x_n| = 1$.
Das heißt: $\lim\limits_{x \to 0} f(x) = \lim\limits_{x \to 0} |\operatorname{sgn} x| = 1$.
Andererseits ist $f(0) = |\operatorname{sgn} 0| = 0$.
Grenzwert und Funktionswert stimmen *nicht* überein.

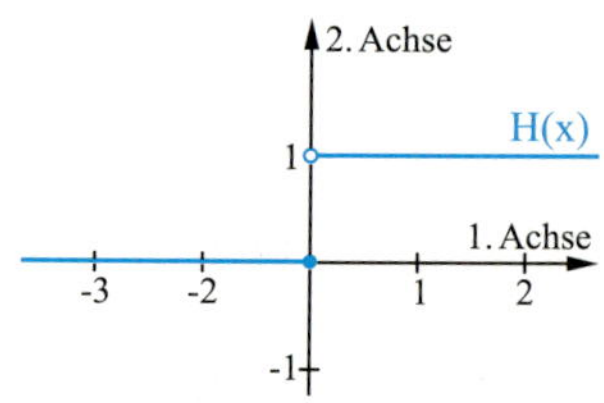

c) Wir wählen einmal die Grundfolge $\langle x_n \rangle = \left\langle -\frac{1}{n} \right\rangle$ und einmal $\langle x_n \rangle = \left\langle \frac{1}{n} \right\rangle$. Im ersten Fall ist $H(x_n) = 0$ $\left(\text{weil } x_n = -\frac{1}{n} < 0\right)$.
Im zweiten Fall ist $H(x_n) = 1$ $\left(\text{weil } x_n = \frac{1}{n} > 0\right)$.
Die beiden Folgen konvergieren gegen *verschiedene* Grenzwerte, nämlich 0 und 1. $\lim\limits_{x \to 0} H(x)$ existiert nicht.

Information **(1) Stetigkeit an der Stelle a**

In Aufgabe 1 a) stimmen Grenzwert und Funktion an der Stelle a und Funktionswert an derselben Stelle überein. Die Funktion heißt dann *an der Stelle a stetig.*
In den anderen Fällen, wie in Aufgabe 1 b), in denen Grenzwert und Funktionswert voneinander verschieden sind, oder wie im Beispiel c), bei dem der Grenzwert nicht einmal existiert, heißt die Funktion *an der Stelle a unstetig.*

Definition 4

Die Funktion f sei an der Stelle a definiert. Sie heißt dann *an der Stelle a stetig,* falls $\lim\limits_{x \to a} f(x)$ existiert und $\lim\limits_{x \to a} f(x) = f(a)$ ist.
Andernfalls heißt die Funktion *an der Stelle a unstetig.*

(1) f ist stetig an der Stelle a

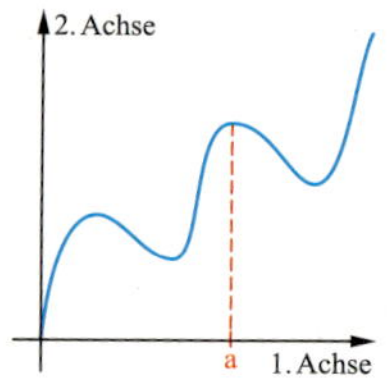

(2) f ist unstetig an der Stelle a

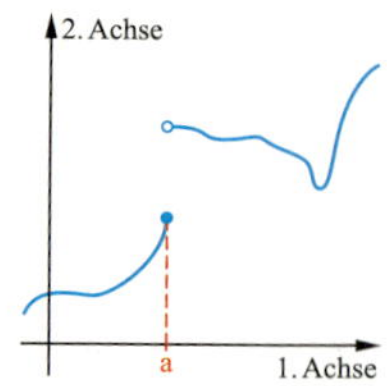

(2) Stetigkeit im Definitionsbereich

anschaulich: Man kann den Graphen in D durchzeichnen

Definition 5

Eine Funktion heißt **stetig,** wenn sie an jeder Stelle ihres Definitionsbereichs stetig ist.

Satz 2

Jede ganzrationale Funktion ist stetig.

1.2.4 Stammfunktionen

Unser Ziel ist ein einfacheres Berechnungsverfahren für Integrale zu entwickeln. Dabei haben wir die Entdeckung gemacht, dass die Ableitung der Integralfunktion gleich der Integrandenfunktion ist. Umgekehrt müsste man also zu einer vorgegebenen Integrandenfunktion f eine Integralfunktion I_a mit $I_a(x) = \int_a^x f$ finden, indem man den Prozess des Ableitens in umgekehrter Richtung vollzieht. Sprachlich folgerichtig wird dieser Prozess gelegentlich auch *Aufleiten* genannt. Um weiterzukommen, führen wir zunächst den Begriff der Stammfunktion ein.

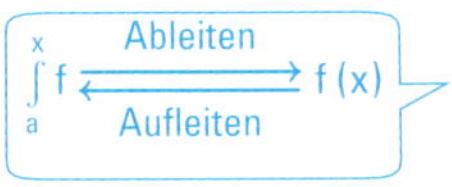

Definition 6
Eine differenzierbare Funktion F heißt **Stammfunktion** der Funktion f, falls gilt:
$F'(x) = f(x)$

Im Sinne dieser Definition ist jede Integralfunktion eine Stammfunktion der Integrandenfunktion (sofern die Integrandenfunktion stetig ist). Der Prozess des Aufleitens einer Funktion f führt zu einer Stammfunktion der Funktion f.

Aufgabe 1

a) Gib zu der folgenden Funktion f jeweils drei Stammfunktionen F_1, F_2 und F_3 an.
(1) $f(x) = x^2$ (2) $f(x) = x^n$, $n \in \mathbb{N}$ (3) $f(x) = 3x + 4$ (4) $f(x) = 5x^6 - 3x^2$

b) Angenommen, man hat zu der Funktion f schon eine Stammfunktion F gefunden. Wie viele Stammfunktionen kann man dann angeben?

Lösung

a) (1) $f(x) = x^2$

$F_1(x) = \frac{1}{3}x^3$, denn	$F_2(x) = \frac{1}{3}x^3 + \frac{1}{2}$, denn	$F_3(x) = \frac{1}{3}x^3 - \sqrt{5}$, denn
$F_1'(x) = \frac{1}{3} \cdot 3 \cdot x^2 = x^2$;	$F_2'(x) = x^2$;	$F_3'(x) = x^2$.

(2) $f(x) = x^n$; $n \in \mathbb{N}$

$F_1(x) = \frac{1}{n+1}x^{n+1}$, denn	$F_2(x) = \frac{1}{n+1}x^{n+1} + \sqrt{15}$, denn	$F_3(x) = \frac{1}{n+1}x^{n+1} + 40$, denn
$F_1'(x) = \frac{n+1}{n+1} \cdot x^n = x^n$;	$F_2'(x) = x^n$;	$F_3'(x) = x^n$.

(3) $f(x) = 3x + 4$

$F_1(x) = \frac{3}{2}x^2 + 4x$, denn	$F_2(x) = \frac{3}{2}x^2 + 4x + \frac{9}{2}$, denn	$F_3(x) = \frac{3}{2}x^2 + 4x + 1$, denn
$F_1'(x) = 3x + 4$;	$F_2'(x) = 3x + 4$;	$F_3'(x) = 3x + 4$.

(4) $f(x) = 5x^6 - 3x^2$

$F_1(x) = \frac{5}{7}x^7 - x^3$, denn	$F_2(x) = \frac{5}{7}x^7 - x^3 + 3$, denn	$F_3(x) = \frac{5}{7}x^7 - x^3 + (-5)$, denn
$F_1'(x) = 5x^6 - 3x^2$;	$F_2'(x) = 5x^6 - 3x^2$;	$F_3'(x) = 5x^6 - 3x^2$.

b) Wenn man eine Stammfunktion F zu der Funktion f gefunden hat, so kann man sofort unendlich viele angeben. Man braucht nur zum Funktionsterm F(x) eine beliebige Zahl c zu addieren: $F(x) + c$, denn diese Zahl wird beim Differenzieren zu 0.

Information **(1) Regeln beim Aufsuchen einer Stammfunktion**

Beim Aufsuchen einer Stammfunktion (beim Aufleiten) wendet man die Faktorregel und die Summenregel der Differentialrechnung (siehe Elemente der Mathematik 11, Seite 158 bzw. Seite 160) in umgekehrter Richtung an. *Man bildet also eine Stammfunktion einer Summe (und einer Differenz) gliedweise und lässt beim Aufsuchen einer Stammfunktion einen konstanten Faktor unberücksichtigt.*
Wichtig ist noch: *Eine Stammfunktion von* $x \mapsto x^n$ $(n \in \mathbb{N})$ *ist* $x \mapsto \frac{1}{n+1} \cdot x^{n+1}$.

(2) Die Gesamtheit der Stammfunktionen einer Funktion f

Wenn man eine Stammfunktion F von f gefunden hat, dann kann man sofort unendlich viele angeben. Man braucht nur eine beliebige Zahl c zu addieren: $F(x)+c$ und erhält wieder eine Stammfunktion von f. Der Prozess des Aufleitens ist also im Gegensatz zum Ableiten nicht eindeutig bestimmt.
Man kann fragen, ob durch die Addition einer beliebigen Zahl auch jede Stammfunktion von f erreicht werden kann oder ob es noch andere Stammfunktionen von f gibt, die man so nicht erhält. Man kann in der Tat beweisen, dass sich zwei Stammfunktionen einer Funktion f höchstens um eine additive Konstante unterscheiden.

Satz 3

Zwei Stammfunktionen F_1 und F_2 von f über demselben Intervall $[a; b]$ unterscheiden sich nur um eine additive Konstante, d.h. es gibt eine Zahl c, sodass für alle $x \in [a; b]$ gilt: $F_1(x) = F_2(x) + c$

Beweis:
Wir bilden die Differenzfunktion D mit $D(x) = F_1(x) - F_2(x)$. Dann gilt für alle $x \in [a, b]$: $D'(x) = F_1'(x) - F_2'(x) = f(x) - f(x) = 0$.
Es ist einleuchtend, dass dann $D(x) = c$ ist für alle $x \in [a, b]$. Das besagt auch die Aussage (4) des Monotoniesatzes (vgl. Elemente der Mathematik 11, Seite 194).
Also folgt für alle $x \in [a, b]$: $F_1(x) - F_2(x) = c$, was zu beweisen war.

(3) Tabelle von Stammfunktionen F wichtiger Ausgangsfunktionen f

f (x)	x	x^2	x^3	$1 (= x^0)$	$x^k (k \in \mathbb{N}_0)$	$\frac{1}{x^2}$	$\frac{1}{\sqrt{x}}$	$\sin x$	$\cos x$	$\sqrt{x}$
F (x)	$\frac{1}{2}x^2$	$\frac{1}{3}x^3$	$\frac{1}{4}x^4$	x	$\frac{1}{k+1} \cdot x^{k+1}$	$-\frac{1}{x}$	$2 \cdot \sqrt{x}$	$-\cos x$	$\sin x$	$\frac{2}{3}x \cdot \sqrt{x}$

Diese Tabelle kann durch Bilden der Ableitung der Funktion F bestätigt werden.

Weiterführende Aufgabe

CAS **2.** *Stammfunktionen mit CAS*

a) Überprüfe die Tabelle aus Information (3) mithilfe eines CAS. Bestimme als erstes die Stammfunktion F zu f und bilde danach die Ableitung von F.

b) Lass das CAS eine Stammfunktion zu f plotten

(1) $f(x) = x + 5$ (2) $f(x) = 3x - 5$ (3) $f(x) = \frac{1}{x} + 5$

Übungsaufgaben

3.
Gegeben ist die Funktion f. Gib drei Stammfunktionen F_1, F_2 und F_3 von f an.

a) $f(x) = x^4$ **d)** $f(t) = t^{10}$ **g)** $f(x) = a \cdot x^n$ **j)** $f(x) = 5$
b) $f(x) = x^5$ **e)** $f(x) = 4x^7$ **h)** $f(x) = x^4 + x^6$ **k)** $f(x) = 0$
c) $f(x) = x^6$ **f)** $f(z) = -9z^8$ **i)** $f(x) = x^2 + 6$ **l)** $f(x) = -1$

4.
Gib zur Funktion f jeweils eine Stammfunktion an.

a) $f(x) = x^4 + x^3 + x^2 + x + 1$
b) $f(x) = 4x^5 - 3x^4 + 4x^3 - \frac{1}{2}x^2 + 5x - 3$
c) $f(x) = -\frac{2}{3}x^5 + \frac{x^3}{2} - \frac{5x}{2} + \sqrt{3}$
d) $f(x) = 3 \cdot \left(2 - \frac{1}{2}x^4 + \frac{2}{3}x^5\right)$
e) $f(x) = \frac{-0{,}5x^4 - \frac{5}{3}x^3 + \frac{4}{5}}{5}$
f) $f(x) = kx^4 - \frac{k}{3}x^2 + 2kx + k^2$
g) $f(x) = \frac{5 - 6x^4 + 3x^5}{3}$
h) $f(x) = 2x^k - \frac{1}{2}x^{k-1} + 3$

5.
Gib zur Funktion f jeweils eine Stammfunktion an.

a) $f(x) = \frac{1}{x^2} + 1 + x^2$ **b)** $f(x) = \frac{1}{\sqrt{x}} - 4$ **c)** $f(x) = \frac{x^7 + 1}{x^2}$ **d)** $f(x) = \frac{\sqrt{x} - 1}{\sqrt{x}}$

6.
Gib zur Funktion f jeweils eine Stammfunktion an.

a) $f(x) = (x+1)^2$ **d)** $f(x) = x^3(x-1)^2$ **g)** $f(x) = \frac{1}{k}x(x-k)^2$
b) $f(x) = (2x-3)^2$ **e)** $f(x) = \frac{1}{4}x^2(x+2)^2$ **h)** $f(x) = \frac{2 - x^3 - 3x^4 + x^5}{x^2}$
c) $f(x) = \left(\frac{1}{2}x^2\right)^4$ **f)** $f(x) = 8(x+2) \cdot (x-9)$ **i)** $f(x) = \frac{2\sqrt{x^5} - 3}{\sqrt{x}}$

7.
Gib jeweils zwei Stammfunktionen von f an.

a) $f(x) = -3x^4 + \frac{1}{x} \cdot x^3 - 1$ **d)** $f(x) = \frac{-2x^3 + 4x^5}{x^2}$ **g)** $f(x) = \frac{2x - x^5}{x^3}$
b) $f(x) = \frac{1}{2}x^7 + 4x^2$ **e)** $f(x) = (x^4 - 1)^2$ **h)** $f(x) = 4 - \frac{5}{\sqrt{x}} + \frac{1}{x^2}$
c) $f(x) = 5 - 6x^9$ **f)** $f(x) = \frac{4x^2 - 5}{x^2}$ **i)** $f(x) = \frac{4}{\sqrt{x}} + \frac{7}{x^2}$

8.
Gib eine Stammfunktion von f an.

$\sin' x = \cos x$
$\cos' x = -\sin x$
Für $f(x) = \sqrt{x}$
ist $f'(x) = \frac{1}{2\sqrt{x}}$

a) $f(x) = \sin x + \cos x$ **c)** $f(x) = \frac{4}{x^2} - 3\sin x$ **e)** $f(x) = 5 \cdot \left(\cos x + \frac{1}{\sqrt{x}}\right)$
b) $f(x) = x^2 - \cos x$ **d)** $f(x) = \frac{2}{\sqrt{x}} - 4\cos x$ **f)** $f(x) = 8 \cdot \left(\sin x - \frac{3}{x^2}\right)$

9.
Gib zur Funktion f eine Stammfunktion an.

a) $f(x) = \sin(3x)$ **c)** $f(x) = 4 \cdot \sin\left(\frac{1}{2}x + 6\right)$ **e)** $f(x) = \frac{1}{\sqrt{4x}}$
b) $f(x) = \cos\left(\frac{1}{5}x\right)$ **d)** $f(x) = 2 \cdot \cos(3x - 5)$ **f)** $f(x) = \frac{1}{\sqrt{9x + 8}}$

1.2.5 Berechnen von Integralen mithilfe einer Stammfunktion

Aufgabe 1

a) Berechne das Integral $\int_{-1}^{2} x^6\,dx$ in folgenden Schritten:

(1) Gib die Gesamtheit der Stammfunktionen von f mit $f(x) = x^6$ an.

(2) Suche die heraus, welche gleich der Integralfunktion I_{-1} mit $I_{-1}(x) = \int_{-1}^{x} f$ ist.

(3) Setze für die Integralgrenze x die Zahl 2 ein und berechne das Integral.

b) Verallgemeinere jetzt das in Teilaufgabe a) gewonnene Verfahren auf eine beliebige (stetige) Integrandenfunktion f und leite eine Formel für $\int_a^b f$ her.

c) Wende diese Formel auf $\int_1^2 4x^{10}\,dx$ an.

Lösung

a) (1) Für die Gesamtheit der Stammfunktionen F von f mit $f(x) = x^6$ gilt:
$F(x) = \frac{1}{7}x^7 + c,\ c \in \mathbb{R}$

(2) Unter diesen Stammfunktionen befindet sich auch I_{-1} mit $I_{-1}(x) = \int_{-1}^{x} t^6\,dt$.
Die Konstante c muss so bestimmt werden, dass $I_{-1}(x) = \int_{-1}^{x} t^6\,dt = \frac{1}{7}x^7 + c$.
Nun wissen wir, dass die Integralfunktion an der Stelle -1 (untere Integralgrenze) eine Nullstelle hat.
Also gilt: $\int_{-1}^{-1} t^6\,dt = 0 = \frac{1}{7}\cdot(-1)^7 - \frac{1}{7}(-1)^7$ und somit $c = -\frac{1}{7}\cdot(-1)^7 = \frac{1}{7}$
Also gilt für die gesuchte Integralfunktion: $\int_{-1}^{x} t^6\,dt = \frac{1}{7}\cdot x^7 + \frac{1}{7}$

(3) $\int_{-1}^{2} t^6\,dt = \frac{1}{7}\cdot 2^7 + \frac{1}{7} = \frac{1}{7}\cdot(128+1) = 18\frac{3}{7}$

b) Gegeben ist die Integrandenfunktion f.

(1) Ist dann F irgendeine Stammfunktion von f, so gilt: Die Gesamtheit der Stammfunktionen von f lässt sich in der Form $F(x) + c$ mit $c \in \mathbb{R}$ schreiben.

(2) Unter diesen Stammfunktionen muss diejenige ausgesucht werden, welche gleich der Integralfunktion ist, d. h. es muss c so bestimmt werden, dass gilt:
$\int_a^x f = F(x) + c$. Nun hat die Integralfunktion an der Stelle a eine Nullstelle. Es gilt: $\int_a^a f = 0$. Also folgt: $\int_a^a f = 0 = F(a) + c$. Damit folgt: $c = -F(a)$.
Damit erhalten wir: $\int_a^x f = F(x) - F(a)$.

(3) Man erhält sofort eine Formel für $\int_a^b f$, indem man $x = b$ setzt:

$\int_a^b f = F(b) - F(a)$ Hierbei ist F irgendeine Stammfunktion von f.

c) *1. Aufsuchen irgend einer Stammfunktion F von* $x \mapsto 4x^{10}$
Es gilt z. B.: $F(x) = 4\cdot\frac{1}{11}\cdot x^{11}$, denn $F'(x) = 4\cdot\frac{1}{11}\cdot 11\cdot x^{10} = 4x^{10}$

2. Berechnen des Integrals

$$\int_1^2 4x^{10}\,dx = \frac{4}{11}\cdot 2^{11} - \frac{4}{11}\cdot 1^{11} = \frac{4}{11}\cdot(2048-1) = 744\frac{4}{11}$$

Information **(1) Abkürzende Schreibweise für Funktionsdifferenzen**

In der Formel $\int_a^b f = F(b) - F(a)$ tritt rechts vom Gleichheitszeichen die Funktionsdifferenz $F(b) - F(a)$ auf. Für sie schreibt man abkürzend $[F(x)]_a^b$, also:

$[F(x)]_a^b = F(b) - F(a)$ *Beispiel:* $[3x^5]_2^4 = 3 \cdot 4^5 - 3 \cdot 2^5$

(2) Formel für die Berechnung eines Integrals

Mithilfe dieser Abkürzung aus (1) lässt sich jetzt folgender Satz formulieren:

Das Ziel, ein einfaches Berechnungsverfahren für Integrale zu gewinnen, ist erreicht

Satz 4

Ist F irgendeine Stammfunktion der (stetigen) Funktion f, so gilt:

$$\int_a^b f = [F(x)]_a^b = F(b) - F(a)$$

Weiterführende Aufgaben

2. *Unterschiedliche Wege zum Berechnen eines Integrals*

Bei der Berechnung eines Integrals kann man die Integrationsregeln (vgl. Seite 59 ff.) anwenden.

Man kann aber auch sofort zur Integrandenfunktion eine Stammfunktion aufsuchen.

Vergleiche die beiden Wege zur Berechnung von $\int_0^2 (3x^{10} + 4x^5)\,dx$.

(1) $$\int_0^2 (3x^{10} + 4x^5)\,dx = 3 \cdot \int_0^2 x^{10}\,dx + 4 \cdot \int_0^2 x^5\,dx = 3 \cdot \left[\frac{1}{11}x^{11}\right]_0^2 + 4 \cdot \left[\frac{1}{6}x^6\right]_0^2$$
$$= 3 \cdot \left(\frac{2^{11}}{11} - \frac{0^{11}}{11}\right) + 4 \cdot \left(\frac{2^6}{6} - \frac{0^6}{6}\right) = 3 \cdot \frac{2048}{11} + 4 \cdot \frac{64}{6} = \frac{39680}{66} = 601\frac{7}{33}$$

(2) $$\int_0^2 (3x^{10} + 4x^5)\,dx = \left[\frac{3}{11}x^{11} + \frac{4}{6}x^6\right]_0^2 = \left(\frac{3 \cdot 2^{11}}{11} + \frac{4 \cdot 2^6}{6}\right) - \left(\frac{3 \cdot 0^{11}}{11} + \frac{4 \cdot 0^6}{6}\right)$$
$$= \frac{3 \cdot 2048}{11} + \frac{4 \cdot 64}{6} = 601\frac{7}{33}$$

3. *Beweis der Faktor- und der Summenregel der Integralrechnung*

Man kann die Faktorregel der Integralrechnung $\int_a^b c \cdot u(x)\,dx = c \cdot \int_a^b u(x)\,dx$ (vgl. Seite 59) mithilfe der Integralformel beweisen:

Ist U eine Stammfunktion von u, so gilt $\int_a^b u(x)\,dx = U(b) - U(a)$.

Ferner ist dann $x \mapsto c \cdot U(x)$ eine Stammfunktion von $x \mapsto c \cdot u(x)$, denn es gilt:
$(c \cdot U(x))' = c \cdot U'(x) = c \cdot u(x)$. Also gilt:

$$\int_a^b c \cdot u(x)\,dx = [c \cdot U(x)]_a^b = c \cdot U(b) - c \cdot U(a) = c \cdot \big(U(b) - U(a)\big) = c \cdot \int_a^b u(x)\,dx,$$

was zu beweisen war.

Beweise ähnlich die Summenregel $\int_a^b \big(u(x) + v(x)\big)\,dx = \int_a^b u(x)\,dx + \int_a^b v(x)\,dx$.

4. *Integrieren ist die Umkehrung des Differenzierens*

Bestimme das Integral und erläutere die Aussage: Integrieren ist die Umkehrung des Differenzierens an dem Integral $\int_a^x f'$.

Übungsaufgaben

5.
Berechne das Integral.

a) $\int_2^5 \frac{3}{4} x \, dx$; $\int_1^3 \sqrt{2} \, dx$; $\int_4^5 3x^2 \, dx$
d) $\int_3^7 1 \, dx$; $\int_3^7 3 \, dx$; $\int_1^4 0 \, dx$

b) $\int_{-1}^{+1} 5x^4 \, dx$; $\int_{-1}^{-1} x^4 \, dx$; $\int_{-2}^{+1} 8x^4 \, dx$
e) $\int_1^2 -\frac{1}{x^2} \, dx$; $\int_1^3 \frac{1}{x^2} \, dx$; $\int_2^5 \frac{4}{x^2} \, dx$

c) $\int_0^2 \sqrt{7} t^3 \, dt$; $\int_0^1 z^3 \, dz$; $\int_1^3 5s^3 \, ds$
f) $\int_4^9 \frac{1}{\sqrt{x}} \, dx$; $\int_1^3 \frac{7}{\sqrt{x}} \, dx$; $\int_1^4 \frac{1}{2 \cdot \sqrt{x}} \, dx$

6.
Berechne das Integral.

a) $\int_0^2 (3x^5 - 2x^4 + 1) \, dx$
d) $\int_{-2}^{-1} \frac{3 - 2x^2 + 4x^3 - 3x^4}{x^2} \, dx$
g) $\int_1^4 \frac{2x^3 - 5\sqrt{x}}{x} \, dx$

b) $\int_1^3 \frac{1 - 5x^4}{4} \, dx$
e) $\int_1^2 \left(\frac{2}{x^2} - 7 + 5x^4\right) dx$
h) $\int_1^2 \frac{6x^6 + 8x \cdot \sqrt{x} - 1}{2x^2} \, dx$

c) $\int_{-1}^1 (x^6 + 3x^5 - 2x^4) \, dx$
f) $\int_1^4 \left(\frac{2}{\sqrt{x}} - \frac{1}{2} x^4\right) dx$
i) $\int_1^2 \frac{2x^2 - 7\sqrt{x}}{x} \, dx$

7.
Berechne das Integral.

a) $\int_{-1}^{+1} (4x^3 + 2x) \, dx$
c) $\int_{-1}^{+1} (x^5 - 3x^3) \, dx$
e) $\int_{-2}^{+2} (4x^5 - 3) \, dx$

b) $\int_{-2}^{+2} (2x^2 - 4) \, dx$
d) $\int_{-3}^{+3} (3x^2 + 5x^4) \, dx$
f) $\int_{-4}^{+4} (x^3 - x^2) \, dx$

8.
a) $\int_0^{2\pi} \cos x \, dx$
b) $\int_0^{2\pi} (-\sin x) \, dx$
c) $\int_0^{2\pi} (a \cdot \cos x) \, dx$
d) $\int_0^{2\pi} (a \cdot \sin x) \, dx$

9.
Berechne die Fläche zwischen dem Graphen von f und der 1. Achse.

a) $f(x) = -x^5 + x^3$
b) $f(x) = (x^2 - 16) \cdot (x^2 + 3)$
c) $f(x) = x^4 - 5x^2 + 4$

10.
Berechne die Fläche zwischen den Graphen von f und g.

a) $f(x) = x^3 - 4x$, $g(x) = -3x$
▲ **c)** $f(x) = \frac{9}{x^2}$, $g(x) = 10 - x^2$

b) $f(x) = x^4$, $g(x) = -x^2 + 2$
▲ **d)** $f(x) = \frac{1}{x^2}$, $g(x) = -4x^2 + 5$

11.
Gesucht ist diejenige Stammfunktion von f, die an der Stelle a den Funktionswert 0 hat.

a) $f(x) = 3x + 4$; $a = -3$
d) $f(x) = 5x^3 + 2x^2 + 7x + 2$; $a = 1$

b) $f(x) = 7x^2 + 2x + 3$; $a = -1$
e) $f(x) = \frac{1}{x^2}$ $(x > 0)$; $a = 1$

c) $f(x) = (x + 1)^2$; $a = 0$
f) $f(x) = \frac{1}{\sqrt{x}}$; $a = 1$

1.3 Anwendungen des Integrals

1.3.1 Volumen eines Rotationskörpers

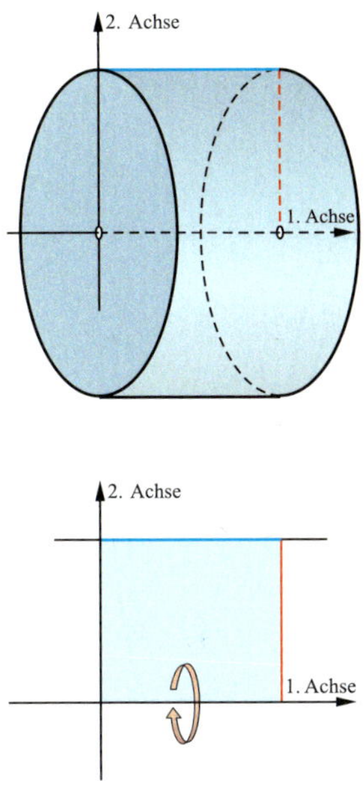

Durch Rotation des Graphen einer konstanten Funktion $x \mapsto c$ um die 1. Achse entsteht ein Zylinder.

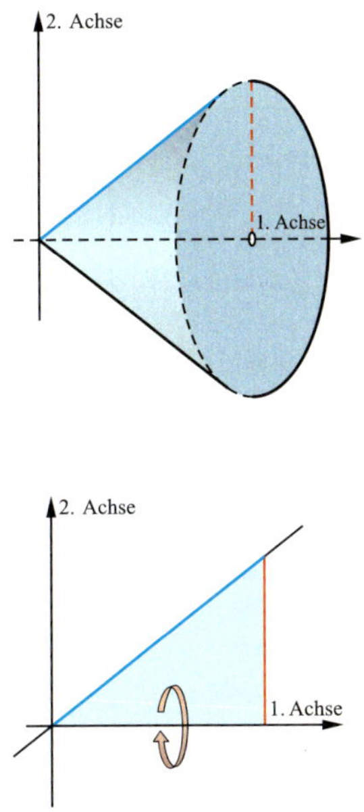

Durch Rotation des Graphen der Funktion $x \mapsto mx$ um die 1. Achse entsteht ein Kegel.

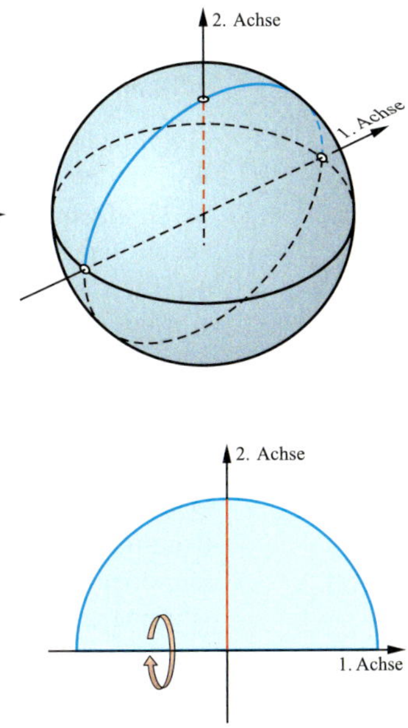

Durch Rotation eines Halbkreises, also des Graphen der Funktion $x \mapsto \sqrt{r^2 - x^2}$ um die 1. Achse entsteht eine Kugel.

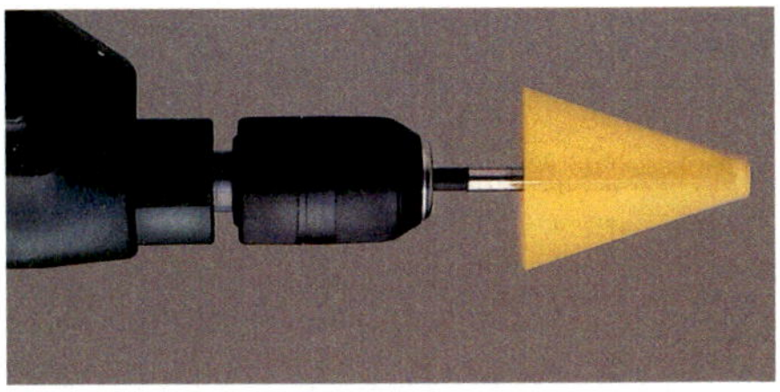

Durch Rotation des Graphen einer Funktion um die 1. Achse entstehen **Rotationskörper**, z.B. Zylinder, Kegel oder Kugel. Auf dem Foto ist zu sehen, wie durch Rotation eines Trapezes ein Kegelstumpf entsteht. Unser Ziel ist, eine Formel für das Volumen von beliebigen Rotationskörpern zu gewinnen. Wir beginnen zunächst mit dem Spezialfall der Rotation einer konstanten Funktion um die 1. Achse. Anschließend betrachten wir die Rotation des Graphen der Wurzelfunktion und sofort auch den allgemeinen Fall der Rotation des Graphen einer beliebigen Funktion.

Einführung

(1) Rotation des Graphen einer konstanten Funktion um die 1. Achse

Der Graph einer konstanten Funktion $x \mapsto c$ über dem Intervall $[a; b]$ rotiert um die 1. Achse. Gesucht ist das Volumen für den Rotationskörper (Zylinder) (Abb. oben). Bei der Rotation des Graphen einer konstanten Funktion um die 1. Achse entsteht ein Zylinder. Seine Höhe ist $b - a$, sein Radius c. Das Volumen V des Zylinders ist:

$V = \pi c^2 \cdot (b - a)$

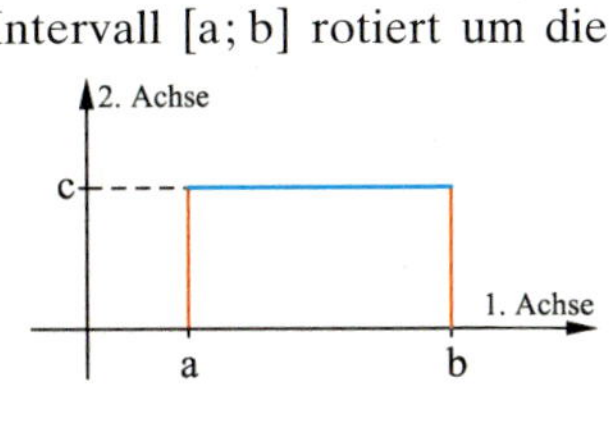

(2) Rotation des Graphen der Wurzelfunktion bzw. einer beliebigen Funktion um die 1. Achse

Der Graph der Funktion $x \mapsto \sqrt{x}$ rotiere um die 1. Achse. Dabei entsteht ein Rotationskörper. Gesucht ist das Volumen dieses Körpers zwischen den Stellen 1 und 3.
Wir wollen die Überlegung anschließend für eine beliebige monotone Funktion f und die Stellen a und b durchführen.

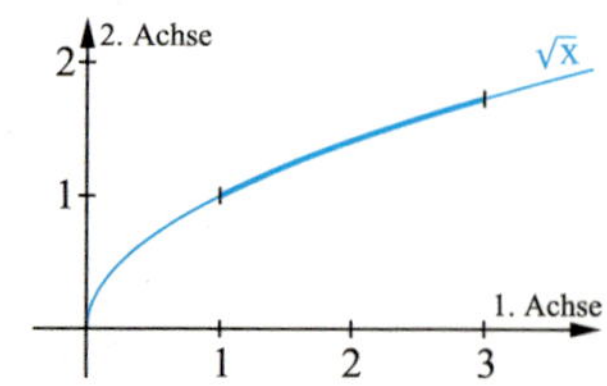

Grundgedanke der Lösung
Wir teilen das Intervall [1; 3], allgemein [a; b], in n gleich lange Teilintervalle und betrachten die einbeschriebenen und umbeschriebenen Treppenfiguren aus Rechtecken.
Diese lassen wir ebenfalls um die 1. Achse rotieren. Dadurch entsteht für den Rotationskörper ein einbeschriebener und ein umbeschriebener Treppenkörper aus Zylindern (siehe Abbildung rechts).

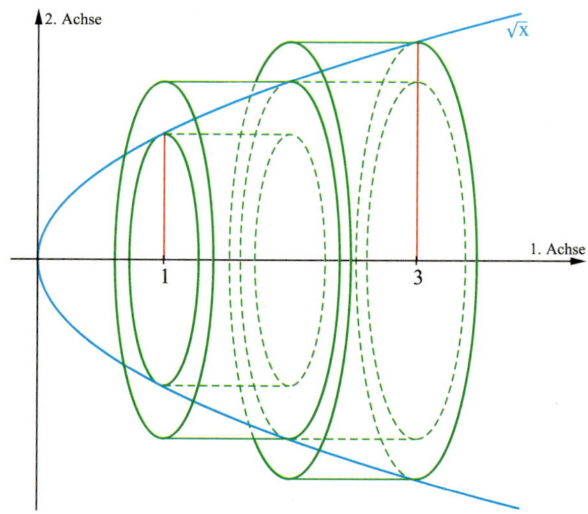

Es sei $\underline{S}_n$ das Volumen des einbeschriebenen Treppenkörpers und $\overline{S}_n$ das Volumen des umbeschriebenen Treppenkörpers aus Zylindern. Dann gilt für das Volumen V des Rotationskörpers: $\underline{S}_n \leq V \leq \overline{S}_n$. Lassen wir die Anzahl n der Teilintervalle über alle Grenzen wachsen, so nähern sich $\underline{S}_n$ und $\overline{S}_n$ immer mehr dem gesuchten Volumen V an.

Ausführen der Lösung im einzelnen:

Für die Wurzelfunktion

1. Schritt: Einteilen des Intervalls [1; 3] *in n Teilintervalle und Berechnen der Funktionswerte in den Teilpunkten und der Volumina der Zylinder*

Die Teilpunkte seien

$x_0 = 1, x_1, x_2, \ldots, x_{n-1}, x_n = 3$

Die Breite jedes Teilintervalls sei Δx.

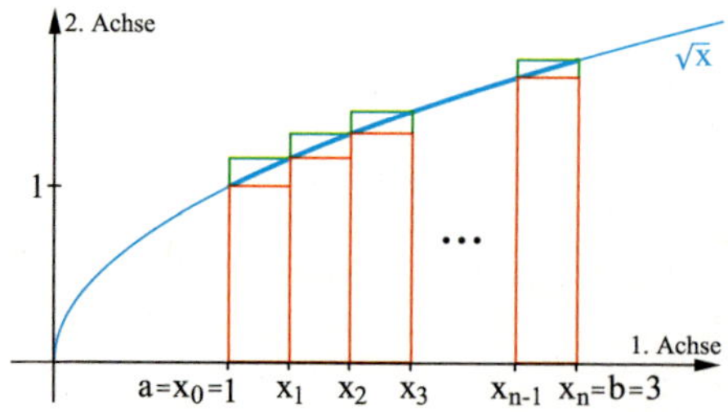

Für eine beliebige monotone Funktion f

1. Schritt: Einteilen des Intervalls [a; b] in n Teilintervalle und Berechnen der Funktionswerte in den Teilpunkten und der Volumina der Zylinder

Die Teilpunkte seien

$x_0 = a, x_1, x_2, \ldots, x_{n-1}, x_n = b$

Die Breite jedes Teilintervalls sei

$\Delta x = \frac{b-a}{n}$.

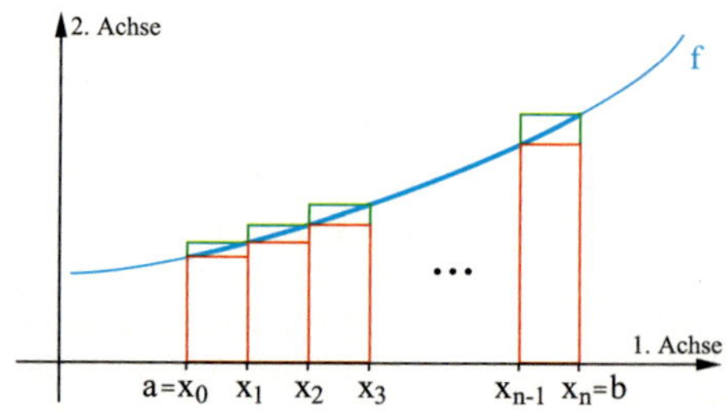

Die Funktionswerte in den Teilpunkten sind:

$\sqrt{x_0}, \sqrt{x_1}, \sqrt{x_2}, \ldots, \sqrt{x_{n-1}}, \sqrt{x_n}$

Diese Werte sind auch die Radien der Zylinder. Δx ist die Höhe jedes einzelnen Zylinders.

Die Volumina der Zylinder sind:

$\pi \cdot (\sqrt{x_0})^2 \cdot \Delta x, \quad \pi \cdot (\sqrt{x_1})^2 \Delta x,$

$\pi \cdot (\sqrt{x_2})^2 \cdot \Delta x, \ldots, \pi \cdot (\sqrt{x_{n-1}})^2 \Delta x,$

$\pi \cdot (\sqrt{x_n})^2 \cdot \Delta x$

Die Funktionswerte in den Teilpunkten sind:

$f(x_0), f(x_1), f(x_2), \ldots, f(x_{n-1}), f(x_n)$

Diese Werte sind auch die Radien der Zylinder. Δx ist die Höhe jedes einzelnen Zylinders.

Die Volumina der Zylinder sind:

$\pi \cdot (f(x_0))^2 \cdot \Delta x, \pi \cdot (f(x_1))^2 \cdot \Delta x,$

$\pi \cdot (f(x_2))^2 \cdot \Delta x, \ldots, \pi \cdot (f(x_{n-1}))^2 \cdot \Delta x,$

$\pi \cdot (f(x_n))^2 \cdot \Delta x$

2. Schritt: Berechnen des Volumens der Treppenkörper aus den Zylindern

aus den unteren Treppenkörpern der Zylinder

Das Volumen $\underline{S}_n$ beträgt:

$$\begin{aligned}\underline{S}_n &= \pi(\sqrt{x_0})^2 \Delta x + \pi(\sqrt{x_1})^2 \Delta x \\ &\quad + \pi(\sqrt{x_2})^2 \Delta x + \ldots + \pi(\sqrt{x_{n-1}})^2 \Delta x \\ &= \pi\Big((\sqrt{x_0})^2 \Delta x + (\sqrt{x_1})^2 \Delta x \\ &\quad + (\sqrt{x_2})^2 \Delta x + \ldots + (\sqrt{x_{n-1}})^2 \Delta x\Big)\end{aligned}$$

Das Volumen $\underline{S}_n$ beträgt:

$$\begin{aligned}\underline{S}_n &= \pi(f(x_0))^2 \Delta x + \pi(f(x_1))^2 \Delta x \\ &\quad + \pi(f(x_2))^2 \Delta x + \ldots + \pi(f(x_{n-1}))^2 \Delta x \\ &= \pi(f(x_0))^2 \Delta x + (f(x_1))^2 \Delta x \\ &\quad + (f(x_2))^2 \Delta x + \ldots + ((f(x_{n-1}))^2 \Delta x)\end{aligned}$$

aus den oberen Treppenkörpern der Zylinder

Das Volumen $\overline{S}_n$ beträgt:

$$\begin{aligned}\overline{S}_n &= \pi(\sqrt{x_1})^2 \Delta x + \pi(\sqrt{x_2})^2 \Delta x + \ldots \\ &\quad + \pi(\sqrt{x_n})^2 \Delta x \\ &= \pi\Big((\sqrt{x_1})^2 \Delta x + (\sqrt{x_2})^2 \Delta x + \ldots \\ &\quad + (\sqrt{x_n})^2 \Delta x\Big)\end{aligned}$$

Das Volumen $\overline{S}_n$ beträgt:

$$\begin{aligned}\overline{S}_n &= \pi(f(x_1))^2 \Delta x + \pi(f(x_2))^2 \Delta x + \ldots \\ &\quad + \pi(f(x_n))^2 \Delta x \\ &= \pi\Big((f(x_1))^2 \Delta x + (f(x_2))^2 \Delta x + \ldots \\ &\quad + (f(x_n))^2 \Delta x\Big)\end{aligned}$$

3. Schritt: Bestimmen des Grenzwertes

Wir lassen n über alle Grenzen wachsen und bilden die Grenzwerte:

$\lim\limits_{n\to\infty} \underline{S}_n$ und $\lim\limits_{n\to\infty} \overline{S}_n$

Diese Grenzwerte sind nach der analytischen Definition des Integrals (Seite 55) gleich

$$\pi \int_1^3 (\sqrt{x})^2 \, dx.$$

Dieses Integral kann man berechnen.

$$\pi \int_1^3 (\sqrt{x})^2 \, dx = \pi \cdot \int_1^3 x \, dx = \left[\frac{x^2}{2}\right]_1^3$$

$$= \frac{\pi}{2} \cdot (3^2 - 1^2) = \frac{\pi}{2} \cdot 8 = 4\pi$$

Wir lassen n über alle Grenzen wachsen und bilden die Grenzwerte:

$\lim\limits_{n\to\infty} \underline{S}_n$ und $\lim\limits_{n\to\infty} \overline{S}_n$

Beide Grenzwerte sind nach der analytischen Definition des Integrals (Seite 55) gleich

$$\pi \int_a^b (f(x))^2 \, dx.$$

Wir erhalten für das gesuchte Volumen V

$$V = \pi \int_a^b (f(x))^2 \, dx$$

Diese Formel kann nur für einen konkreten Funktionsterm $f(x)$ verwendet werden.

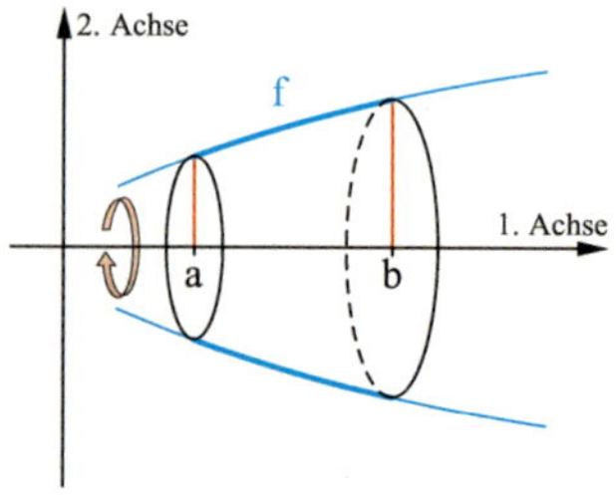

Integralformel für das Volumen eines Rotationskörpers

Der Graph der Funktion f über dem Intervall [a; b] rotiere um die 1. Achse. Dann gilt für das Volumen V des entstehenden Rotationskörpers: $V = \pi \cdot \int_a^b (f(x))^2\,dx$

Beispiel:
$f(x) = x^2$ über [0; 1]; $V = \pi \cdot \int_0^1 (x^2)^2\,dx = \pi \cdot \int_0^1 x^4\,dx = \pi \cdot \left[\frac{x^5}{5}\right]_0^1 = \frac{\pi}{5}$

Weiterführende Aufgaben

1. *Herleitung der Volumenformeln für Kegel und Kugel*
Auch Kegel und Kugel sind Rotationskörper. Die Formeln für ihr Volumen sind bekannt. Man kann sie auch mithilfe der Integralformel für das Volumen von Rotationskörpern herleiten. Führe das durch. Wähle geeignete Funktionsgraphen.

2. *Die Volumenformel des Zylinders*
Zeige, dass die Formel für das Volumen eines Zylinders sich aus der Integralformel für das Volumen eines Rotationskörpers gewinnen lässt. Inwiefern liegt ein Zirkelschluss vor, wenn man diese Herleitung als *Beweis* der Zylinderformel ansehen würde?

Übungsaufgaben

3.
Die Fläche zwischen dem Graphen der Funktion f über dem Intervall [a; b] werde um die 1. Achse gedreht. Zeichne die zu drehende Fläche und berechne das Volumen des entstehenden Rotationskörpers. **a)** $f(x) = 1 - x^2$, $[-1; 1]$ **b)** $f(x) = \frac{1}{x}$, $[1; 2]$

4.
Die Fläche zwischen dem Graphen der Funktion f und der 1. Achse werde um die 1. Achse gedreht. Zeichne die zu drehende Fläche und berechne das Volumen des entstehenden Rotationskörpers. **a)** $f(x) = x^2 - 4$ **b)** $f(x) = \frac{1}{3}x^3 + x^2$

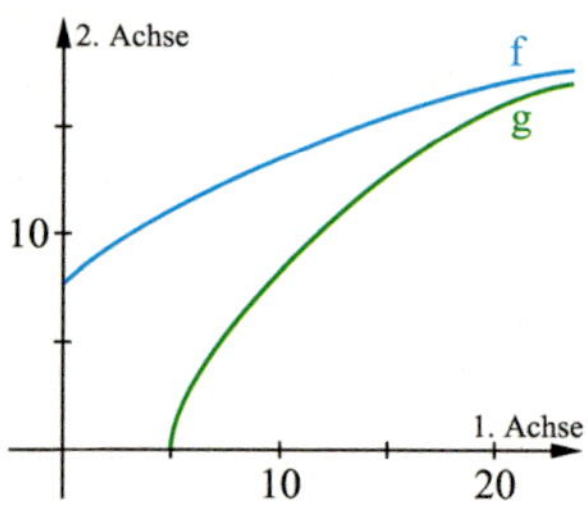

5.
Durch Rotation der Graphen der Funktionen f mit $f(x) = \sqrt{10x + 40}$ und g mit $g(x) = \sqrt{15x - 75}$ über den Intervallen [0; 20] bzw. [5; 20] um die 1. Achse entsteht ein schalenförmiger Körper. Berechne sein Volumen. Berechne auch das Fassungsvermögen der Schale.

6.
Die vom Graphen von f mit $f(x) = x^2$ und der Geraden mit $y = 1$ eingeschlossene Fläche rotiere um die 1. Achse. Berechne das Volumen des Rotationskörpers.

▲ **7.**
Zeichne den Graphen der Funktion f mit $f(x) = \frac{1}{2}\sqrt{25 - x^2}$ und bestimme die Gleichung der Tangente an $P(3\,|\,f(3))$. Durch Rotation des Graphen von f und der Tangente um die 1. Achse entsteht ein stromlinienförmiger Körper. Berechne sein Volumen.

1.3.2 Physikalische Arbeit

Einführung

W als Flächeninhalt des Rechtecks

Falls eine konstante Kraft F_0 auf einen Körper einwirkt und dieser sich in Richtung der Kraft um ein Wegstück der Länge Δs bewegt, versteht man unter der physikalischen Arbeit W, welche die Kraft F_0 verrichtet: $W = F_0 \cdot \Delta s$.
Hierbei ist es gleichgültig, ob sich der Körper gleichmäßig beschleunigt bewegt oder z.B. infolge von Reibung nur gleichförmig.
Unser Ziel ist es, eine Formel für die Arbeit zu finden, falls die Kraft *nicht* konstant ist.

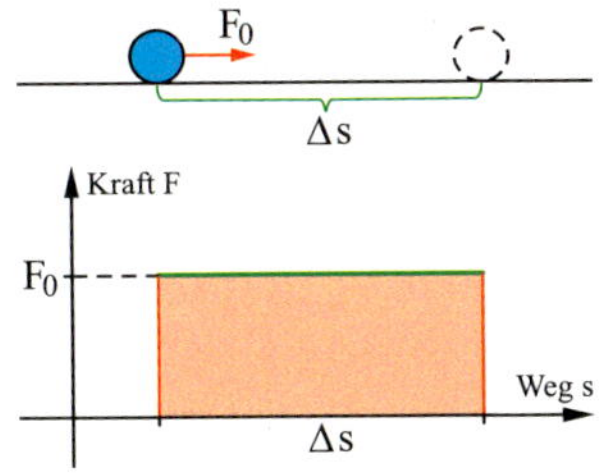

Beispiel: Spannen einer Schraubenfeder
Beim Spannen einer Schraubenfeder ist die Kraft F proportional zur Auslenkung s, also nicht konstant.
$F = D \cdot s$ (Hookesches Gesetz)
D ist eine von der Feder abhängige Konstante.

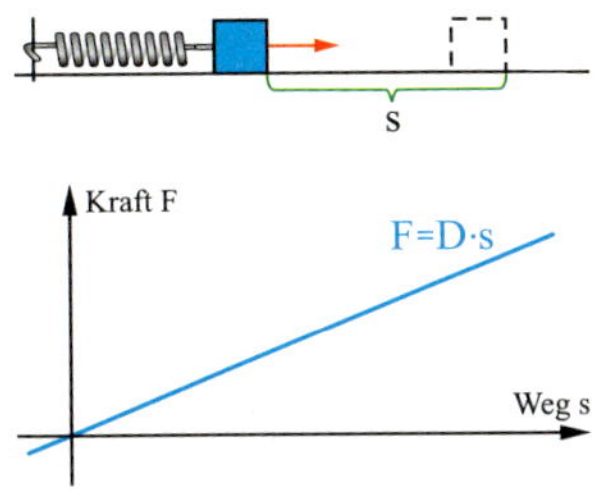

Die Kraft F bewege einen Körper geradlinig von der Wegstelle a bis zur Wegstelle b. Sie sei durch eine *nicht* konstante Funktion gegeben (siehe Bild rechts). Die Kraft verrichtet dabei eine physikalische Arbeit. Wir wollen die Arbeit W, die von der Wegstelle a bis zur Wegstelle b verrichtet wird, berechnen.

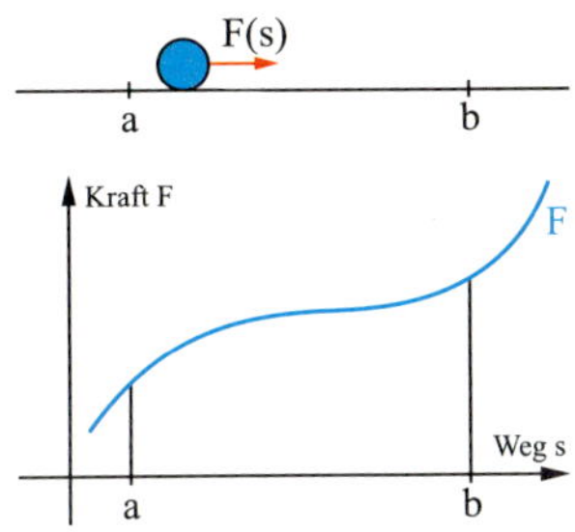

Wir zerlegen dazu das Intervall [a; b] in kleine Teilintervalle der Länge Δs. Ist Δs hinreichend klein, so kann man die Kraft F in den Teilintervallen hinreichend genau durch konstante Kräfte $F_1, F_2, F_3, \ldots$ annähern. Das ist um so genauer möglich, je kleiner man Δs wählt. Für die zu berechnende Arbeit W gilt (angenähert):

Summe von Produkten

$W \approx F_1 \cdot \Delta s + F_2 \cdot \Delta s + \ldots + F_n \cdot \Delta s$
Die Arbeit W wird umso genauer durch die Summe rechts angegeben, je kleiner Δs gewählt wird.
Die Summe kann auch als Flächeninhalt einer Treppenfigur gedeutet werden.
Nun ist der Flächeninhalt unter dem Graphen der Funktion umso genauer gleich dem Flächeninhalt der Treppenfigur, je kleiner Δs gewählt ist.
Daran erkennt man anschaulich: Die gesuchte Arbeit W kann gedeutet werden als Flächeninhalt der Fläche unter dem Graphen von F von a bis b. Nach der geometrischen Definition des Integrals gilt also: $W = \int_a^b F(s)\,ds$

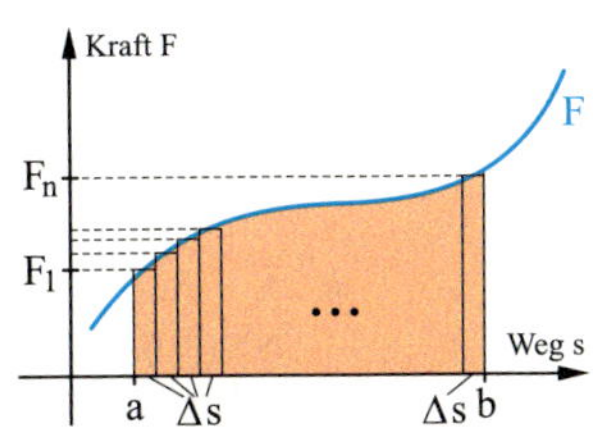

Wird ein Körper von der Wegstelle a zur Wegstelle b von einer Kraft F bewegt, so beträgt die verrichtete physikalische Arbeit $W = \int_a^b F(s)\,ds$.

Aufgabe 1 Berechne die Arbeit, die verrichtet werden muss, um eine Feder
(1) von der Auslenkung a bis zur Auslenkung b,
(2) von 0 bis s
auszudehnen.

Lösung (1) Bei der Feder ist $F(s) = D \cdot s$. Daher gilt:

$$W = \int_a^b F(s)\,ds = \int_a^b D s\,ds = D \cdot \left[\frac{s^2}{2}\right]_a^b = \frac{D}{2}(b^2 - a^2)$$

(2) Hier ist $a = 0$ und $b = s$. Also folgt für die Arbeit W, die verrichtet werden muss, um eine Feder von 0 bis zur Stelle s auszudehnen:

$$W = \frac{D}{2} \cdot (s^2 - 0^2)$$

$$W = \frac{1}{2} D s^2$$

Spannarbeit einer Feder

Weiterführende Aufgabe

2. *Berechnen der Arbeit ohne Integral*

Die Ergebnisse der Aufgabe 1 hätte man auch durch geometrische Flächeninhaltsberechnungen gewinnen können. Führe dies durch.

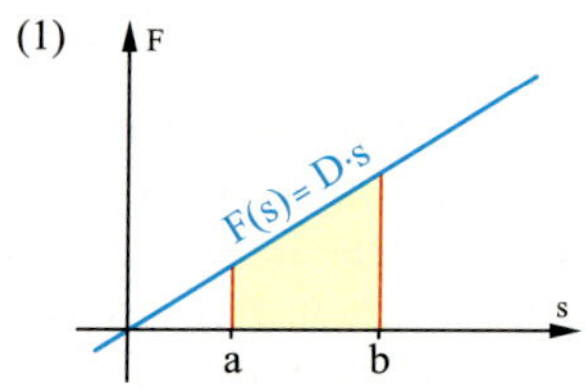

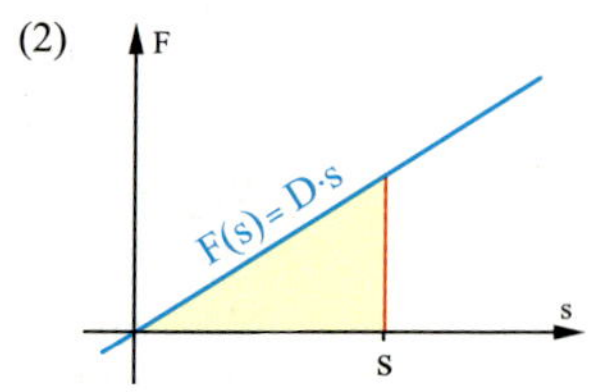

Übungsaufgaben

3.

Eine elastische Feder erfülle das Hookesche Gesetz. Sie wird durch die Kraft von 5 N um 5 cm [um 10 cm; um 1 cm] gedehnt.

a) Welche physikalische Arbeit ist erforderlich, um die Feder um 1 cm [um 5 cm] zu dehnen?

b) Welche physikalische Arbeit ist erforderlich, um die Feder von 5 cm Ausdehnung auf 10 cm Ausdehnung zu bringen?

4.

F(s) sei die Kraft, die bei der Bewegung eines Körpers an der Stelle s wirkt. Berechne die Arbeit W, welche die Kraft von der Stelle a bis zur Stelle s verrichtet.

a) $F(s) = c_1 s^2 + c_2 s$ **b)** $F(s) = c_1 s - c_2$

▲ **5.**

Nach dem Gravitationsgesetz von Newton ziehen sich zwei Massen m_1 und m_2, deren Schwerpunkte den Abstand r haben, mit der Gravitationskraft

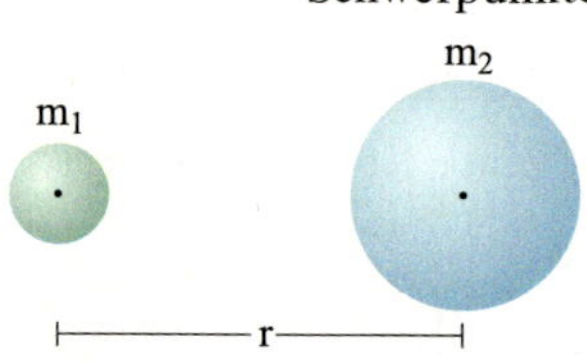

$F_G(r) = G^* \cdot \frac{m_1 \cdot m_2}{r^2}$ an. $\left(G^* = 6{,}672 \cdot 10^{-11} \frac{m^3}{kg\,s^2}\right)$

Ein Satellit der Masse $m = 100$ kg befinde sich auf der Erdoberfläche. Welche Arbeit W ist erforderlich, um ihn in die doppelte [10-fache; 100-fache] Entfernung vom Erdmittelpunkt zu bringen?
(Erdradius $r_E = 6{,}371 \cdot 10^6$ m, Erdmasse $m_E = 5{,}977 \cdot 10^{24}$ kg)

1.3.3 Anwendungen des Integrals bei Geschwindigkeiten und Beschleunigungen

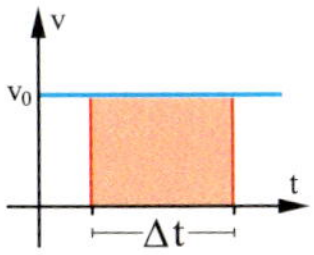

Hat ein Körper die konstante Geschwindigkeit v_0, so legt er in der Zeit Δt die Weglänge $s = v_0 \cdot \Delta t$ zurück. Diese Weglänge kann durch den Flächeninhalt eines Rechtecks unter dem Graphen der konstanten Geschwindigkeitszeitfunktion $t \mapsto v_0$ (siehe Bild links) gedeutet werden.
Welches Ergebnis erhält man, falls die Geschwindigkeits-Zeit-Funktion $t \mapsto v(t)$ nicht konstant ist? Dies zu untersuchen ist das Ziel dieses Abschnitts.

Einführung Bei jeder Bewegung ist die Geschwindigkeits-Zeit-Funktion $t \mapsto v(t)$ die Ableitung der Weg-Zeit-Funktion $t \mapsto s(t)$. Außerdem ist die Beschleunigungs-Zeit-Funktion $t \mapsto a(t)$ die Ableitung der Geschwindigkeits-Zeit-Funktion $t \mapsto v(t)$.

Der Fahrtenschreiber eines Lkw zeichnet auf, mit welcher Geschwindigkeit das Fahrzeug sich zu jedem Zeitpunkt fortbewegt. Er wurde zu Beginn einer Fahrt eingeschaltet. Der Fahrer steht im Verdacht, um 8.10 Uhr in einen Unfall verwickelt zu sein. Er behauptet jedoch, zur Unfallzeit weit vom Unfallort entfernt gewesen zu sein. Als Beweismittel gibt er den Fahrtenschreiber an.
Wie kann man mithilfe des Fahrtenschreibers feststellen, wie weit der Lkw von 7.00 bis 8.10 Uhr gefahren ist? Überlege dazu, wie man die im Zeitintervall [a; b] zurückgelegte Weglänge bei gegebener Geschwindigkeits-Zeit-Funktion bestimmen kann.

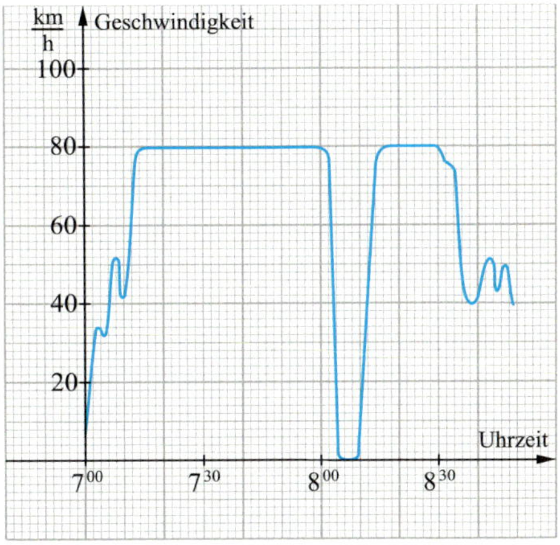

(1) Herleiten einer Integralformel für die zurückgelegte Weglänge

Ist die Geschwindigkeit v konstant, so ist die in der Zeit Δt zurückgelegte Weglänge: $\Delta s = v \cdot \Delta t$.
Wir zerlegen nun das Intervall [a; b] in kleine Zeitintervalle der Länge Δt. Ist Δt hinreichend klein, kann man die Geschwindigkeit in den Teilintervallen hinreichend genau durch konstante Geschwindigkeiten $v_1, v_2, v_3, \ldots$ annähern. Das ist umso genauer möglich, je kleiner man Δt wählt. Für die zu berechnende Weglänge s gilt (angenähert): $s \approx v_1 \cdot \Delta t + v_2 \cdot \Delta t + \ldots + v_n \cdot \Delta t$

Summe von Produkten

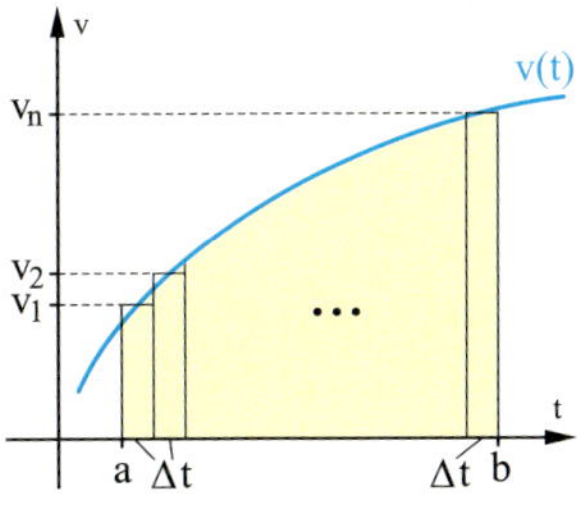

s ist umso genauer gleich der Summe rechts, je kleiner Δt gewählt wird.
Die Summe kann auch als Flächeninhalt der Treppenfigur gedeutet werden.
Nun ist der Flächeninhalt unter dem Graphen der Funktion v umso genauer gleich dem Flächeninhalt der Treppenfigur, je kleiner Δt gewählt wird.
Daran erkennt man anschaulich: Die im Zeitintervall [a; b] zurückgelegte Weglänge s ist gegeben durch den Inhalt der Fläche unter dem Graphen von v von a bis b, also gleich dem Integral.

$$s = \int_a^b v(t)\,dt$$

(2) Wie weit ist der Lkw von 7.00 bis 8.10 Uhr gefahren?

Um festzustellen, wie weit der Fahrer von 7.00 bis 8.10 Uhr gefahren ist, muss der Flächeninhalt (Anzahl der großen und der kleinen Quadrate) der Flächen unter dem Geschwindigkeitsdiagramm von 7.00 bis 8.10 Uhr bestimmt werden. Es sind etwa 1100 kleine Quadrate. Diese Flächeninhaltsangabe muss in km umgerechnet werden. Die Höhe eines kleinen Quadrats entspricht $2\,\frac{km}{h}$, die Breite 2 min, also $\frac{2}{60}$ h. Ein kleines Quadrat entspricht also einer Weglänge von $2\,\frac{km}{h} \cdot \frac{2}{60}\,h = \frac{1}{15}\,km$. Die Fläche unter dem Graphen besteht aus etwa 1100 kleinen Quadraten. Insgesamt entspricht die Gesamtfläche einer Weglänge von: $1100 \cdot \frac{1}{15}\,km = 73\,\frac{1}{3}\,km$

Ergebnis: Der Lastwagen ist von 7.00 bis 8.10 Uhr etwa 73 km gefahren.

Aufgabe 1

a) Beim freien Fall ist die Beschleunigung g konstant, d. h. es gilt $a(t) = g$. Bestimme die Geschwindigkeits-Zeit-Funktion des freien Falles. Zum Zeitpunkt $t = 0$ soll die Geschwindigkeit null sein, also $v(0) = 0$.

b) Bestimme weiter die Weg-Zeit-Funktion des freien Falles. Zum Zeitpunkt $t = 0$ soll noch kein Weg zurückgelegt sein, also $s(0) = 0$.

Lösung

a) Da die Beschleunigungs-Zeit-Funktion die Ableitung der Geschwindigkeits-Zeit-Funktion ist, ist die gesuchte Geschwindigkeits-Zeit-Funktion eine Stammfunktion der Beschleunigungs-Zeit-Funktion. Nun sollte gelten $v(0) = 0$.

Also folgt: $v(t) = \int\limits_0^t a(z)\,dz = \int\limits_0^t g\,dz = [g \cdot z]_0^t = g \cdot t$

Ergebnis: Beim freien Fall gilt: $v(t) = g \cdot t$

b) Die gesuchte Weg-Zeit-Funktion ist eine Stammfunktion der Geschwindigkeits-Zeit-Funktion. Nun sollte gelten $s(0) = 0$. Also folgt:

$$s(t) = \int\limits_0^t v(z)\,dz = \int\limits_0^t g \cdot z\,dz = \left[g\,\frac{z^2}{2}\right]_0^t = \frac{1}{2}\,g\,t^2$$

Ergebnis: Beim freien Fall gilt: $s = \frac{1}{2}\,g\,t^2$

Weiterführende Aufgaben

2. *Eine andere Herleitung der Integralformel $\int\limits_a^b v(t)\,dt$:*

Erläutere folgende Begründung der Integralformel $\int\limits_a^b v(t)\,dt$:

Die Weg-Zeit-Funktion $t \mapsto s(t)$ ist eine Stammfunktion der Geschwindigkeits-Zeit-Funktion $t \mapsto v(t)$. Es gilt also: $s(t) = \int\limits_a^t v(z)\,dz + C$

Hierbei ist C der bis zum Zeitpunkt a zurückglegte Weg $s(a)$. Der im Zeitintervall $[a; b]$ zurückgelegte Weg ist:

$$s(b) - s(a) = \int\limits_a^b v(z)\,dz + C - s(a) = \int\limits_a^b v(z)\,dz = \int\limits_a^b v(t)\,dt$$

3. *Eine Verallgemeinerung der Integralformel für den freien Fall*

Wie lautet beim freien Fall die Weg-Zeit-Funktion, wenn zum Zeitpunkt $t = 0$ die Geschwindigkeit nicht 0, sondern gleich v_0 ist und schon die Weglänge s_0 zurückgelegt ist?

Übungsaufgaben

4.

Auf einen Körper wirke eine Kraft ein, die proportional zur Zeit zunimmt. Für die Beschleunigungs-Zeit-Funktion gilt dann $a(t) = c \cdot t$.

a) Bestimme die Geschwindigkeits-Zeit-Funktion $t \mapsto v(t)$ unter der Annahme, dass zum Zeitpunkt $t = 0$ für die Geschwindigkeit $v(0) = 0$ gilt.

b) Bestimme die Weg-Zeit-Funktion unter der Annahme, dass der Körper zum Zeitpunkt $t = 0$ mit der Bewegung beginnt, also zu diesem Zeitpunkt noch kein Weg zurückgelegt ist.

5.

Beim Wurf senkrecht nach unten hat der Körper zum Zeitpunkt $t = 0$ bereits die Abwurfgeschwindigkeit $v(0) = v_0$. Außerdem gilt $a(t) = g$.
Bestimme die Geschwindigkeits-Zeit-Funktion und die Weg-Zeit-Funktion.

6.

Für den Wurf senkrecht nach oben werde eine nach oben zeigende Koordinatenachse verwendet. Zum Zeitpunkt $t = 0$ habe der Körper die Abwurfgeschwindigkeit $v(0) = v_0$. Da die Richtungen von Erdanziehungskraft und Koordinatenachse entgegengesetzt sind, gilt für die Beschleunigung $a(t) = -g$.

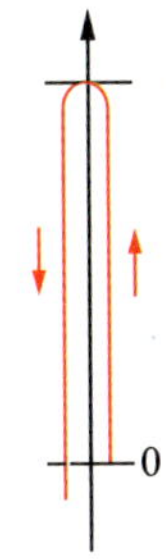

a) Gib die Geschwindigkeits-Zeit-Funktion und die Weg-Zeit-Funktion an.

▲ **b)** Bestimme den Zeitpunkt, zu welchem der Körper seine größte Höhe (Gipfelhöhe) erreicht hat.

▲ **c)** Bestimme die Gipfelhöhe.

▲ **7.**

a) Die momentane Änderung der Temperatur, d.h. die Ableitung der Temperatur-Zeit-Funktion $t \mapsto \vartheta(t)$, sei bei einem Abkühlungsvorgang konstant gleich c (z.B. -3 K pro s). Zum Zeitpunkt $t = 0$ sei die Temperatur $\vartheta(0) = 200°$ vorhanden.
Berechne die Funktion $t \mapsto \vartheta(t)$, welche den zeitlichen Verlauf des Abkühlungsvorgangs beschreibt, und zeichne ihren Graphen.

b) Ein Flüssigkeitsbehälter wird durch ein Ventil entleert. Die momentane Ausflussgeschwindigkeit, d.h. die Ableitung der Funktion $t \mapsto m(t)$ $\big(m(t) = \text{Masse}$, die sich zum Zeitpunkt t im Behälter befindet$\big)$ sei gegeben durch: $m'(t) = \frac{c}{t^2}$.
Zum Zeitpunkt $t = 1$ sei die Masse m_0 im Behälter. Bestimme die Funktion $t \mapsto m(t)$.

Exkurs

Messen als zentrale Idee

1. Messen im täglichen Leben

Unser tägliches Leben ist ohne Messen nicht mehr vorstellbar. Gemessen werden Größenwerte, und zwar vor allem der Größen: Länge, Flächeninhalt, Volumen, Zeitdauer, Masse (Gewicht) und Geld.

2. Messen in Naturwissenschaft und Technik

In Naturwissenschaft und Technik spielen neben den Größen des täglichen Lebens noch weitere Größen eine Rolle. Erwähnt seien: *Winkel, Beschleunigung, Kraft, Energie, Leistung, elektrische Spannung, elektrische Ladung, elektrische Feldstärke, magnetische Feldintensität* usw. Für jede dieser Größen gibt es ein Messverfahren.

3. Messen in der Mathematik, insbesondere im Mathematikunterricht

In der Schulmathematik werden auch die Größen des täglichen Lebens betrachtet. Dabei spielt insbesondere die Frage eine Rolle, wie man den jeweiligen Größenbegriff auf immer umfangreichere Träger erweitern kann.
Für die Größe Flächeninhalt ist diese Erweiterung auf Seite 8 beschrieben. Bei der Größe **Volumen** werden in der Sekundarstufe I als Träger zunächst Würfel, Quader, Prismen sodann Zylinder, Pyramiden sowie Kegel und Kugeln betrachtet. Im 12. Schuljahr kommen beliebige Rotationskörper hinzu (siehe Seite 53).
Größen sind spezielle Merkmale. Kennzeichnend für Größen ist, dass die Größenwerte (Merkmalsausprägungen) multiplikativ verglichen werden können. Das nennt man **Messen (im engeren Sinne).**
Der multiplikative Vergleich kann durch ein Verhältnis (Quotient) beschrieben werden und ist durch ein Messverfahren definiert. Dieses gehört zum Begriffsinhalt der Größe.

Wie bei jedem Merkmal muss man die Träger einer Größe von den Größenwerten unterscheiden.

Größe	Träger
Länge	Strecken, Kurven
Flächeninhalt	Flächen
Volumen	Körper
Masse	Körper
Zeitdauer	Vorgänge
Geld	Mengen von Münzen und Geldscheinen

Die Strecke ist 2,5 m lang bedeutet: Sie ist 2,5-mal so lang wie eine Strecke von 1 m Länge.

4. Erste Erweiterung des Messens: Additives Vergleichen

Es gibt auch Merkmale, für welche der additive Vergleich der Ausprägungen kennzeichnend ist. Solche Merkmale heißen *Intervallmerkmale.* Der Unterschied der Merkmalsausprägung ist ein Größenwert (einer so genannten Differenzgröße).
Ein Beispiel hierfür ist das Merkmal *Intelligenzquotient* (IQ), dessen Werte Zahlen sind. Man kann hier *nicht* sagen: Ein Mensch mit dem IQ = 150 ist doppelt so intelligent wie ein Mensch mit dem IQ = 75.

Intelligenzquotient (IQ)
Durch den Intelligenzquotienten (IQ) wird die Intelligenz gemessen, soweit diese durch einen Intelligenztest ermittelt werden kann. Der IQ wird häufig nach folgendem Verfahren bestimmt: Zunächst wird die Anzahl N der richtigen Testaufgaben des Intelligenztests ermittelt. Mithilfe einer Formel $IQ = a \cdot N + b$ wird dann der IQ ausgerechnet. Die Zahlen a und b der Formel sind testabhängig. Sie werden in empirischen Erhebungen i. a. so ermittelt, dass folgendes erfüllt ist:

IQ	über 140	120 – 140	110 – 120	90 – 110	unter 90
Bevölkerungsanteil	1,5 %	11 %	18 %	48 %	21,5 %

Dadurch erreicht man eine Normierung aller Intelligenztests mit 100 als IQ für durchschnittliche Intelligenz.

Wohl kann man sagen: Der Unterschied in der Intelligenz zwischen den IQ's 130 und 110 ist doppelt so groß wie der Unterschied in der Intelligenz zwischen den IQ's 100 und 90.
Weitere Beispiele intervallskalierter Merkmale enthält die Tabelle auf dieser Seite.
Größen (Verhältnismerkmale) und Intervallmerkmale bilden zusammen die quantitativen Merkmale. Bei beiden Merkmalsarten ist die Berechnung des arithmetischen Mittels und der mittleren quadratischen Abweichung sachlich sinnvoll, d.h. beide Begriffe besitzen bei diesen Merkmalsarten Anwendungsrelevanz (engl. meaningfullness).

Intervall-Merkmal	**Träger**	**Differenzgröße**
Höhenlage	Punkte im Gelände	Länge
Zeitpunkt	Momentanereignisse	Zeitdauer
elektrischer Potentialzustand	Punkte im Raum oder an einem Leiter	elektrische Spannung
Energieniveau	angeregte Atome	elektrische Spannung

Ordinalmerkmal	**Träger**	**Merkmalswerte**
Beaufort-Windstärke	Luftströmungen	1, 2, ..., 12
Mohs-Härte	Oberflächen von Mineralien	1, 2, ..., 10
Bewertungsnote	Prüfungsleistungen	sehr gut, gut, ...
Mercalli-Erdbebenstärke	Erdbeben	I, ..., XII

5. Zweite Erweiterung des Messens: Qualitatives Vergleichen bei Rangmerkmalen

Rangmerkmale heißen auch Ordinalmerkmale, weil für sie in natürlicher Weise eine Ordnungsrelation erklärt ist (siehe Tabelle).
Die Verwendung von Zahlen besagt nicht, dass Unterschiede (Differenzen) oder gar Verhältnisse (Quotienten) zwischen den Merkmalswerten anwendungsrelevant (meaningfull) sind.
Statt des arithmetischen Mittels sollte hier der Median als Mittelwert verwendet werden. Bei einer gegebenen Datenmenge $x_1 \leq x_2 \leq \ldots \leq x_n$ bezeichnet man denjenigen Wert $\tilde{x}$ als Median (Zentralwert), für den gilt: $\tilde{x} = x_{\frac{n+1}{2}}$ bei ungeraden n bzw. $\tilde{x} = \frac{1}{2} \cdot \left(x_{\frac{n}{2}} + x_{\frac{n}{2}+1}\right)$ bei geraden n.

Beaufort-Windstärke

0 Windstille, Rauch steigt gerade empor
1 Leiser Zug; Windrichtung nur durch Rauch erkennbar
2 Leichter Wind, Wind im Gesicht fühlbar, Blätter säuseln
3 Schwacher Wind; Blätter und dünne Zweige bewegen sich
4 Mäßiger Wind, bewegt Zweige und dünne Äste; hebt Staub
5 Frischer Wind; kleine Bäume beginnen zu schwanken
6 Starker Wind; Pfeifen an Drahtleitungen
7 Starker (steifer) Wind; fühlbare Hemmung beim Gehen
8 Stürmischer Wind; bricht Zweige von den Bäumen, erschwert das Gehen
9 Sturm; kleinere Schäden an Häusern und Dächern
10 Schwerer Sturm; entwurzelt Bäume, bedeutende Schäden
11 Orkanartiger Sturm; verbreitet schwere Verwüstungen
12 Orkan; schwerste Verwüstungen

Zusammenfassung

Messen im engsten Sinne ist multiplikatives Vergleichen von Trägern und Werten bei Größen (Verhältnismerkmalen).

Messen in 1. Erweiterung ist additives Vergleichen bei Intervallmerkmalen.

Messen in 2. Erweiterung ist qualitatives Vergleichen und Bewerten durch Zahlen bei Ordinalmerkmalen (Rangmerkmalen).

1.4 Vermischte Übungen

Integralberechnungen

1.
Berechne das Integral.

a) $\int_{-2}^{1}\left(\frac{1}{5}x^4 - 3x^2 + 1\right)dx$
b) $\int_{\sqrt{2}}^{2}(6x^5 - 2x^3 + x)\,dx$
c) $\int_{-1}^{1}(z^4 + z^3 + z^2 + z + 1)\,dz$
d) $\int_{-2}^{1}(z-3)^2\,dz$
e) $\int_{1}^{5}(5t^4 - 5t^7 + 3t^9)\,dt$
f) $\int_{-\sqrt{3}}^{\sqrt{3}}\left(\sqrt{3}p^3 - \sqrt{5}p^2 - \sqrt{6}\right)dp$
g) $\int_{1}^{2}\frac{4s^8 - \sqrt{3}s}{6s}\,ds$
h) $\int_{3}^{4}\left(\frac{5}{\sqrt{u}} - \frac{3}{u^2}\right)du$
i) $\int_{1}^{4}\left(\frac{\sqrt{2}}{\sqrt{z}} - \frac{3}{(\sqrt{2}z)^2}\right)dz$

2.
a) $\int_{1}^{3}(t-2)\,dt$
b) $\int_{1}^{2}\left(2 - \frac{1}{2}t\right)^2 dt$
c) $\int_{-2}^{0}(x^2 + 4x + 4)^2\,dx$
d) $\int_{a}^{b}(6x^8 - 12x^2 + 1)\,dx$
e) $\int_{-1}^{1}(ax^3 + bx^2 + cx + d)\,dx$
f) $\int_{-1}^{2}\frac{4}{x^2}\,dx$
g) $\int_{0}^{1}\left(x^3 - \frac{1}{x^2}\right)dx$
h) $\int_{0}^{2}\left(x^2 + \frac{1}{x^2}\right)dx$
i) $\int_{1}^{2}\left(\frac{x^2+2}{x^2}\right)dx$

Flächen zwischen Funktionsgraphen, Flächenteilungen

3.
Berechne den Flächeninhalt der Fläche zwischen dem Graphen von f und der 1. Achse.

a) $f(x) = x^4 - 5x^2 + 4$
b) $f(x) = x^4 - 3x^3 + 2x^2$
c) $f(x) = \frac{1}{3}x^5 - \frac{4}{3}x^3$

4.
Berechne den Flächeninhalt der Fläche zwischen dem Graphen der Funktionen f und g.

a) $f(x) = x^4 - x^2$
$g(x) = 4(x-1)(x+1)$
b) $f(x) = x^5 - 4x^3$
$g(x) = x^4 - 4x^2$
c) $f(x) = x^4 + x^3 - 3x + 2$
$g(x) = x^3 + 5x^2 - 3x - 2$
d) $f(x) = x^3(x-1)$
$g(x) = -x + 1$
e) $f(x) = \frac{4}{x^2}$
$g(x) = -x^2 + 5$
f) $f(x) = -\frac{1}{3}x + \frac{7}{3}$
$g(x) = \frac{2}{\sqrt{x}}$

5.
Zeige, dass die Graphen von f mit $f(x) = 4x^3 - 24x^2 + 36x$ und g mit $g(x) = x^3 - 6x^2 + 12x$ zwei Flächen gleichen Flächeninhalts einschließen.

▲ **6.**
Gegeben ist die Funktion f mit $f(x) = 2x^3 - 11x^2 + 20x - 12$. Untersuche und zeichne den Graphen von f und berechne den Flächeninhalt der Fläche zwischen dem Graphen von f und der 1. Achse über dem Intervall [0; 3].

7.
Die Funktion f ist gegeben durch $f(t) = t^3 - t$.

a) Welche Integralfunktion I_a zu f mit $a > 0$ verläuft durch den Punkt $P\left(2 \mid \frac{9}{4}\right)$?

b) Aus wie vielen Teilflächen besteht die von den Graphen von f und I_a begrenzte Fläche? Zeichne beide Graphen in dasselbe Koordinatensystem.

8.
Gegeben sind die Funktionen f und g mit $f(x) = x^2$ und $g(x) = x \cdot (2 - x)$.
Skizziere die Graphen von f und g in einem Koordinatensystem und bestimme, in welchem Verhältnis der Graph von f die Fläche teilt, die der Graph von g mit der 1. Achse einschließt.

9.
Die Funktion f ist gegeben durch $f(x) = -x^2 + 3x$. Bestimme $k \in \mathbb{R}$ so, dass die Gerade zu $y = kx$ die Fläche, die der Graph von f mit der 1. Achse einschließt, im Verhältnis 1 : 1 teilt.

10.
Die Funktion f ist gegeben durch $f(x) = \frac{1}{x^2}$.

a) Berechne den Inhalt der Fläche unter dem Graphen von f über dem Intervall $[1; 2]$. Skizziere.
b) Welche Parallele zur 2. Achse mit $x = k$ halbiert die in Teilaufgabe a) berechnete Fläche?
c) Welche Parallele zur 1. Achse mit $y = k$ halbiert die in Teilaufgabe a) berechnete Fläche?

11.
Die Funktion f ist gegeben durch $f(x) = \frac{1}{\sqrt{x}}$; $x > 0$.

a) Berechne den Flächeninhalt unter dem Graphen von f über dem Intervall $[1; 4]$.
b) Welche Parallele zur 2. Achse mit $x = k$ halbiert die in Teilaufgabe a) berechnete Fläche?
c) Welche Parallele zur 1. Achse mit $y = k$ halbiert die in Teilaufgabe a) berechnete Fläche?

12.
Die Funktion f ist gegeben durch $f(x) = \frac{1}{\sqrt{x}}$ und es ist $k \in \mathbb{R}$. Berechne den Flächeninhalt der von der Geraden $y = k$, dem Graphen von f, der Geraden zu $x = 1$ und beiden Koordinatenachsen begrenzten Fläche. Was ergibt sich für $k \to \infty$?

Flächen zwischen Funktionsgraph und Tangente bzw. Sekante

13.
Vom Punkt $P(0 \mid -1)$ sind die Tangenten an den Graphen der Funktion f mit $f(x) = x^2$ gezeichnet. Berechne den Flächeninhalt der Fläche, die die Tangenten und der Graph miteinander einschließen.

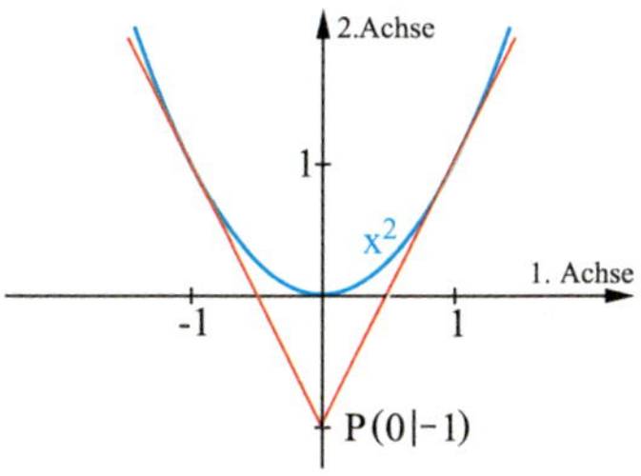

14.
In die Normalparabel mit der Gleichung $y = x^2$ ist eine Sehne mit den Endpunkten $P_1(-1 \mid y_1)$ und $P_2(2 \mid y_2)$ gezeichnet. Berechne den Flächeninhalt der Fläche, die Parabel und Sehne einschließen.

15.
Gegeben ist der Graph der Funktion f mit $f(x) = \frac{1}{4}x - x^3 + x^5$. An der Stelle 0 ist die Tangente an den Graphen gezeichnet. Wie groß ist die Fläche, die Graph und Tangente miteinander einschließen?

16.
Die Funktion f ist gegeben durch $f(x) = -x^4 + 8x^2$.

a) Untersuche die Funktion f und zeichne ihren Graphen.
b) Bestimme den Flächeninhalt der Fläche, die vom Graphen von f und der Tangente an den Graphen von f durch die Hochpunkte eingeschlossen wird.

17.
Die Funktion f ist gegeben durch $f(x) = \frac{1}{4}x^4 - \frac{3}{2}x^2 + \frac{1}{4}$.

a) Untersuche und zeichne den Graphen von f.

b) Berechne den Flächeninhalt der von der Verbindungsgeraden der Tiefpunkte und dem Graphen von f eingeschlossenen Fläche.

c) Die beiden Wendetangenten und die Verbindungsgerade der Wendepunkte bilden ein Dreieck. In welchem Verhältnis der Flächeninhalte teilt der Graph von f die Fläche dieses Dreiecks?

18.
Gegeben sind die Funktionen f und g durch $f(x) = \frac{4}{x^2}$ und $g(x) = -3x^2 + 6x + 1$.

a) Zeichne die Graphen beider Funktionen sowie die Tangente im Hochpunkt in dasselbe Koordinatensystem.

b) Berechne den Flächeninhalt der Fläche, die von beiden Funktionsgraphen sowie der Tangente im 1. Quadranten eingeschlossen wird.

19.

a) Bestimme eine Gleichung der Tangente an den Graphen der Funktion f mit $f(x) = \frac{4}{x^2}$ an der Stelle 2.

b) Für $b \geq 3$ sei A_b der Flächeninhalt der im 1. Quadranten vom Graphen von f, der Tangente an der Stelle 2 und der Geraden mit $x = b$ eingeschlossenen Fläche. Berechne A_b.
Was ergibt sich für $b \to \infty$? Deute dieses Ergebnis am Graphen.

Funktionen mit vorgegebenen Eigenschaften

20.
Der Graph einer ganzrationalen Funktion f vom Grad 3 ist symmetrisch zum Koordinatenursprung und schneidet die 1. Achse an der Stelle 1. Außerdem schließt der Graph mit der 1. Achse im 1. Quadranten eine Fläche mit dem Flächeninhalt 12 ein. Bestimme den Funktionsterm $f(x)$.

21.
Welche ganzrationale Funktion 4. Grades hat im Koordinatenursprung einen Wendepunkt mit waagerechter Tangente, schneidet die 1. Achse im Punkt $P(2 \mid 0)$ und schließt mit der 1. Achse eine Fläche mit dem Flächeninhalt 8 ein?

22.
Der Graph einer Funktion f mit $f(x) = x^4 + ax^3 + bx^2 + cx + d$ hat den Punkt $P(0 \mid 1)$ als Sattelpunkt. Der Flächeninhalt der Fläche, die die Tangente durch diesen Punkt und der Graph von f einschließen, beträgt 5000. Wie heißt die Funktion?

Rotationsvolumen

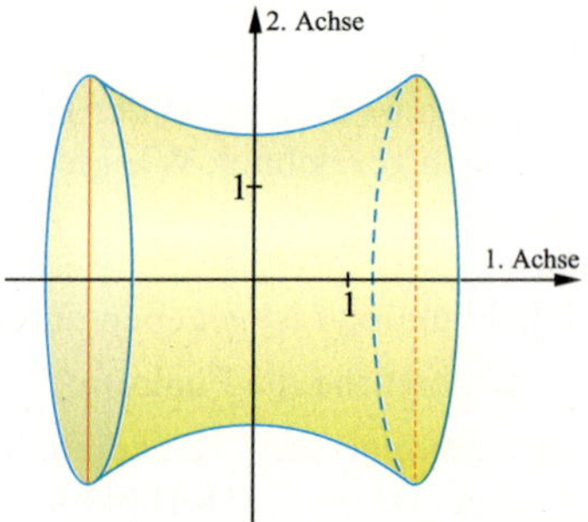

23.
Eine zur 2. Achse symmetrische Parabel verläuft durch $P_1(2 \mid 4)$ und $P_2(0 \mid 2)$. Berechne das Volumen des Rotationskörpers, der bei der Rotation der Parabel über $[-2; 2]$ um die 1. Achse entsteht.

24.
Die von den Graphen zu $y = -x + 6$ und $y = -2x^2 + 4x + 6$ eingeschlossene Fläche rotiert um die 1. Achse. Berechne das Volumen des entstehenden Körpers.

25.
Ein drehsymmetrisches Staubecken hat eine Parabel mit der Gleichung $y = ax^2$ als Berandung des Querschnitts. Beim Wasserstand 5 m hat die Wasseroberfläche einen Durchmesser von 20 m.

a) Welche Gleichung hat die Parabel?

b) Wie groß ist die Wassermenge, die das Becken beim höchsten Wasserstand 8 m fasst?

26.
Die Funktion f ist gegeben durch $f(x) = x \cdot \sqrt{x+3}$.
Die Fläche zwischen dem Graphen von f und der 1. Achse rotiere zwischen den Geraden mit $x = -3$ und $x = 2$ um die 1. Achse. Berechne das Volumen des Rotationskörpers.

27.
Die Funktionen f und g sind gegeben durch $f(x) = \frac{1}{4}x^2$ und $g(x) = 2\sqrt{x}$.

a) Berechne den Flächeninhalt der von den Graphen von f und g eingeschlossenen Fläche.

b) Berechne das Volumen des entstehenden Rotationskörpers bei der Rotation der Fläche aus Teilaufgabe a) um die 1. Achse.

28.
Leite die Formel $V = \frac{1}{3}\pi h^2(3r - h)$ für das Volumen eines Kugelabschnitts mit der Höhe h und dem Radius r her. Berechne dazu das entsprechende Rotationsvolumen zur Kreisfunktion $x \mapsto \sqrt{r^2 - x^2}$.

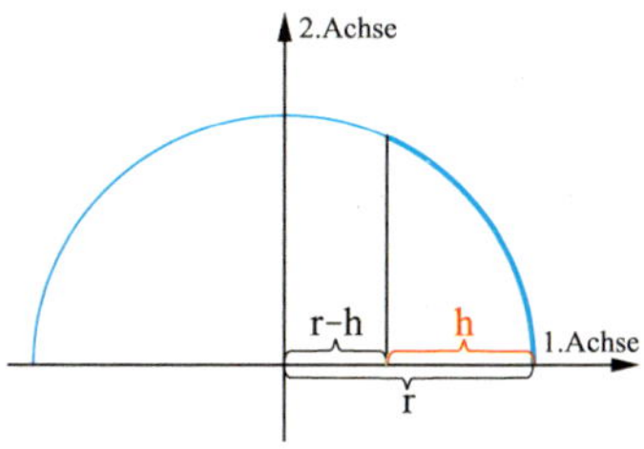

Funktionenscharen, Extremwertaufgaben

29.
Für $k \in \mathbb{R}$ ist die Funktion f_k gegeben durch $f_k(x) = kx^3 - x$.

a) Zeichne den Graphen von f_k für $k = 3$.

b) Bestimme k so, dass der Graph von f_k mit der 1. Achse im 4. Quadranten eine Fläche mit dem Flächeninhalt $\frac{1}{4}$ einschließt.

30.
Für $k > 0$ ist die Funktion f_k gegeben durch $f_k(x) = x^4 - kx^2$.
Bestimme k so, dass der Graph der Funktion f_k mit der 1. Achse eine Fläche mit dem Flächeninhalt $A = 64\frac{4}{5}$ einschließt.

31.
Für $k > 0$ ist die Funktion $f_k(x) = -\frac{1}{k}x^4 + k$.

a) Zeichne den Graphen von f_k für $k = 4$.

b) Bestimme k so, dass der Flächeninhalt der Fläche zwischen dem Graphen von f_k und der 1. Achse $8 \cdot \sqrt{5}$ beträgt.

32.
Für $k > 0$ ist die Funktion f_k gegeben durch $f_k(x) = (x^2 - k)^2$.

a) Zeichne den Graphen von f_k für $k = 4$.

b) Wie ist k zu wählen, damit die Fläche zwischen dem Graphen von f_k und der 1. Achse den Flächeninhalt $\frac{10}{3}\sqrt{5}$ hat?

33.

Für $k > 0$ ist die Funktion f_k gegeben durch $f_k(x) = -\frac{1}{k}x^5 + kx^3$.

a) Untersuche und zeichne den Graphen von f_k für $k = 3$.

b) Bestimme k so, dass der Flächeninhalt der Fläche zwischen dem Graphen von f_k und der 1. Achse $\frac{16}{3}$ beträgt.

34.

Für $0 < k < 3$ ist die Funktion f_k gegeben durch $f_k(x) = -x^2 + kx$. Wähle k, sodass die Fläche zwischen dem Graphen von f_k und der 1. Achse zwischen den Geraden mit $x = 0$ und $x = 3$ minimal wird.

35.

Für $0 < k < 2$ sind die Funktionen f_k und g_k gegeben durch $f_k(x) = k(x-k)(x+k)$ und $g_k(x) = 4\left(\frac{1}{k}x^2 - k\right)$.

a) Zeichne beide Graphen für $k = 1$.

b) Beide Graphen schließen eine Fläche ein. Berechne deren Flächeninhalt $A(k)$.

c) Für welches k ist der Flächeninhalt maximal? Berechne den maximalen Flächeninhalt.

36.

Für $k > 0$ ist die Funktion f_k gegeben durch $f_k(x) = -kx^3 + (k+1)x$.

a) Untersuche und zeichne den Graphen von f_k für $k = 1$.

b) Bestimme k so, dass die Fläche zwischen dem Graphen von f_k und der 1. Achse minimalen Flächeninhalt hat. Berechne den minimalen Flächeninhalt.

37.

a) Berechne den Flächeninhalt der Fläche, die der Graph der Funktion f mit $f(x) = x^3$ mit der 2. Achse und der Geraden zu $y = b$, $b > 0$, einschließt. Fertige eine Skizze an.

b) Zeichne in die Skizze zur Teilaufgabe a) den Graphen der Funktion g mit $g(x) = \sqrt[3]{x}$.

Begründe mittels des Ergebnisses von Teilaufgabe a): $\int\limits_0^b \sqrt[3]{x}\,dx = \frac{3b\sqrt[3]{b}}{4} = \frac{b^{\frac{4}{3}}}{\frac{4}{3}}$.

c) Leite eine Formel für $\int\limits_0^b \sqrt[n]{x}\,dx$, $n \in \mathbb{N}$, her.

Aufgaben für CAS

CAS **38.**

Gegeben ist die Funktion f mit $f(x) = \frac{1}{x^2 + 5}$.

Bestimme mithilfe der Funktionen us(a, b, n) und os(a, b, n) aus Information (2), Seite 14, die Ober- und Untersummen im Intervall $[-4; 0]$. Erstelle eine Tabelle wie rechts abgebildet.

Unter u1 steht die Untersumme, unter u2 die Obersumme und unter u3 die Differenz aus Obersumme und Untersumme.

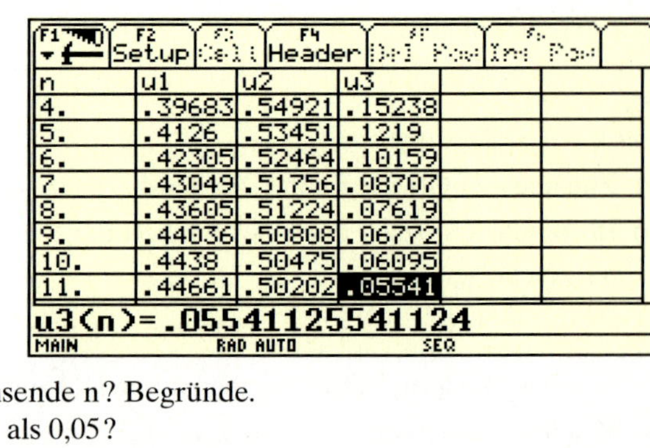

n	u1	u2	u3
4.	.39683	.54921	.15238
5.	.4126	.53451	.1219
6.	.42305	.52464	.10159
7.	.43049	.51756	.08707
8.	.43605	.51224	.07619
9.	.44036	.50808	.06772
10.	.4438	.50475	.06095
11.	.44661	.50202	.05541

- Wie verhält sich die Differenz unter u3 für wachsende n? Begründe.
- Ab welchem Wert für n ist die Differenz kleiner als 0,05?
- Gib den Flächeninhalt zwischen dem Graphen von f und der 1. Achse im Intervall $[-4; 0]$ auf zwei Stellen nach dem Komma genau an.
- Wie groß ist der Flächeninhalt zwischen dem Graphen von f und der 1. Achse im Intervall $[0; 4]$?

AS **39.**

Ein Kreis rotiert um die 1. Achse. Der Kreis habe den Radius r und sein Mittelpunkt M hat die Koordinaten $(0 \mid a)$. Bei dieser Rotation entsteht ein *Torus* (Bild rechts).

Versuche mithilfe eines CAS die Formel für das Volumen eines Torus zu bestimmen.

Hinweis: Den Torus kann man sich entstanden denken durch Rotation der Fläche A_1 um die 1. Achse und davon den Körper abgenommen, der bei Rotation der Fläche A_2 um die 1. Achse entsteht.

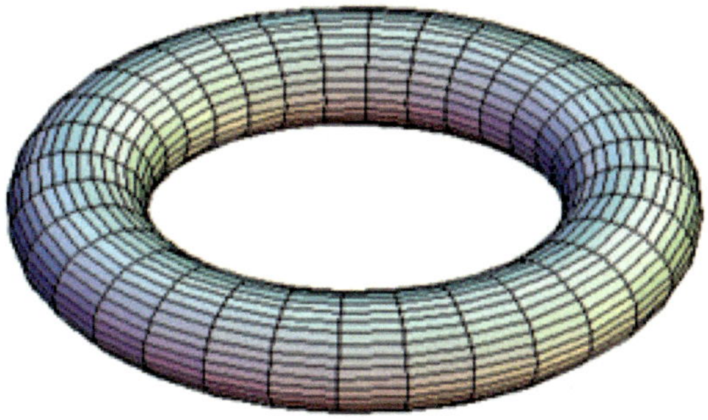

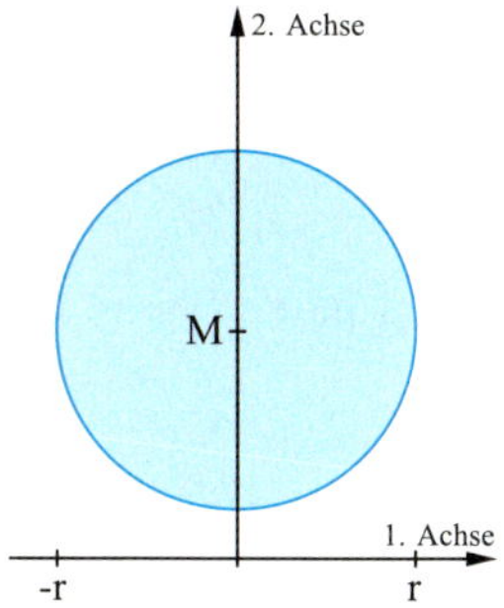

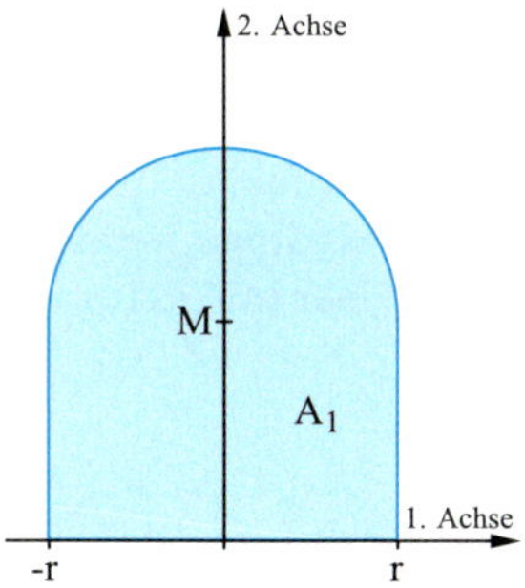

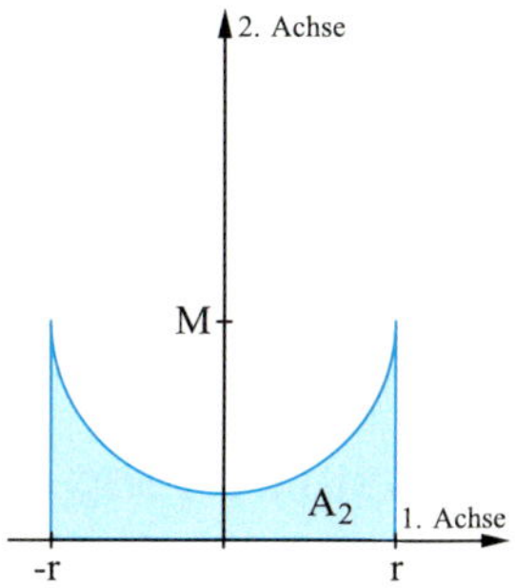

AS **40.** *Projekt*

Mithilfe eines CAS soll (wie im Beispiel unten) Folgendes realisiert werden:

(1) Man gibt eine Funktionsgleichung $y = f(x)$ und ein Intervall $[x_{links}, x_{rechts}]$ ein.

(2) Das CAS zeichnet den Graphen der Funktion f im Intervall $[x_{links}, x_{rechts}]$.

(3) Das CAS zeichnet den Rotationskörper, der bei Rotation des Graphen von f im Intervall $[x_{links}, x_{rechts}]$ um die 1. Achse entsteht.

(4) Das CAS berechnet das Volumen des Rotationskörpers.

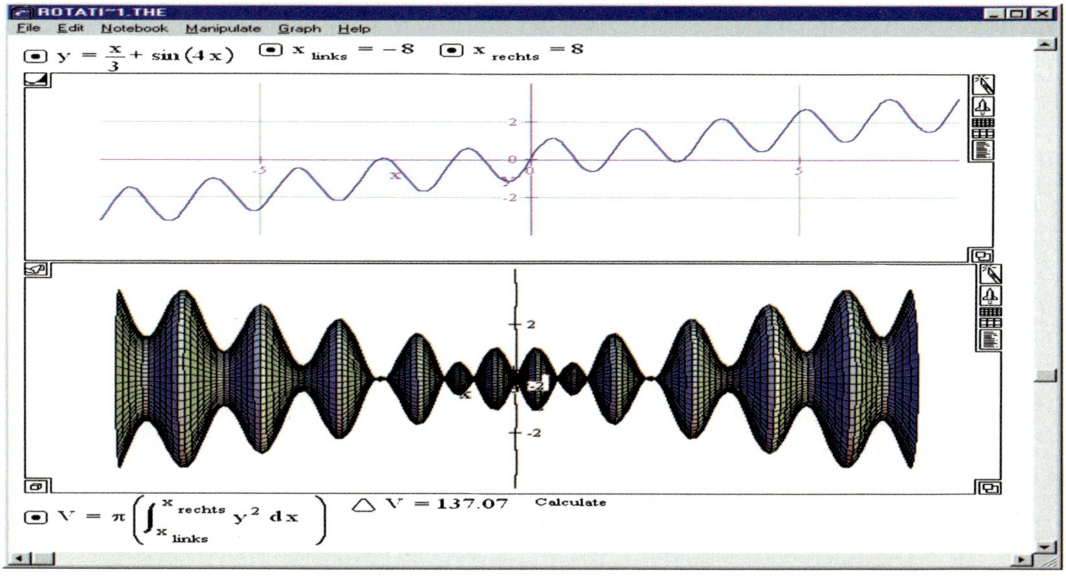

Fragen zum Basiswissen

- Wie lautet die geometrische Definition des Integrals von a bis b der Funktion f ? (Seite 16)
- Wie lautet die analytische Definition des Integrals von a bis b der Funktion f ? (Seite 19)
- Gib ein Beispiel für die Anwendung der Faktorregel für Integrale an. (Seite 23)
- Gib ein Beispiel für die Anwendung der Summenregel für Integrale an. (Seite 24)
- Gib ein Beispiel für die Anwendung der Regel über die Intervalladditivität an. (Seite 25)
- Wie geht man bei der Berechnung des Flächeninhalts vor, wenn der Graph oberhalb und unterhalb der 1. Achse verläuft? Erläutere das an Beispielen der Aufgabe 4. (Seite 31)
- Wie geht man bei der Berechnung des Flächeninhalts vor, wenn die Fläche zwischen zwei Funktionsgraphen liegt? Erläutere das am Beispiel der Aufgabe 3. (Seite 29)
- Was versteht man unter einer Integralfunktion von f mit der unteren Grenze a? (Seite 39)
- Wie lautet der Hauptsatz der Differential- und Integralrechnung? (Seite 44)
- Was versteht man unter einer Stammfunktion der Funktion f ? (Seite 45)
- Wie kann man Integrale mithilfe einer Stammfunktion berechnen? (Seite 50)
- Wie kann man das Volumen eines Rotationskörpers berechnen? (Seite 56)
- Gib weitere Größen an, die man mithilfe einer Integralformel berechnen kann. (Seite 57 bis 61)

Klausurtraining A

1.
Bestimme $I_a(x) = \int_a^x f(t)\,dt$ (Integralfunktion).

a) $f(t) = 4$ **b)** $f(t) = -2t - 1$ **c)** $f(t) = 4t^2 + 3$

2.
Gib zu f eine Stammfunktion an.

a) $f(x) = 5x^4 + 8x^3 + 1$ **b)** $f(x) = \frac{x^6 + 1}{x^2}$ **c)** $f(x) = \frac{2}{(4x+1)^2}$

Zeige: $x \mapsto \frac{x^4}{4} + x^2 + 1$ ist eine Stammfunktion, aber keine Integralfunktion zu $f(x) = x^3 + 2x$.

3.
Gegeben ist die Funktion f: $x \mapsto 2x$.

a) Bestimme $\int_0^b 2x\,dx$; $b > 0$ durch eine geometrische Überlegung am Graphen von f.

b) Bestimme $\int_0^b 2x\,dx$; $b > 0$ als Grenzwert von Untersummen $\underline{S}_n$ und Obersummen $\overline{S}_n$. Fertige zuvor eine Skizze an für $b = 2$ und $n = 4$. Hinweis: $1 + 2 + 3 + \ldots + n = \frac{1}{2} \cdot (n+1) \cdot n$

c) Wieviel Prozent ist bereits $\underline{S}_{100}$ von $\int_0^b 2x\,dx$? Um wie viel unterscheiden sich $\overline{S}_{1000}$ und $\underline{S}_{1000}$?

d) Welche Zahl muss man für b setzen, damit $\int_0^b 2x\,dx = 16$ gilt?
Wie groß muss in diesem Fall n mindestens sein, damit $\overline{S}_n - \underline{S}_n < 0{,}1$?

4.
Wenn ein Fahrzeugführer seinen Wagen abbremsen muss, verstreicht zunächst eine gewisse Zeit (Reaktionszeit), bis die Bremse betätigt wird. Während dieses Zeitintervalls behält das Auto seine Anfangsgeschwindigkeit bei.

Erst dann bewirkt das Bremsen eine lineare Abnahme der Geschwindigkeit bis zur Anhaltezeit. Die Änderungsrate der Geschwindigkeit bezüglich der Zeit während der effektiven Bremszeit wird angegeben durch die Bremsverzögerung. Sie ist ein Maß für die Güte der Bremsanlage. Die Bremsverzögerung sei $6\,\frac{m}{s^2}$, die Anfangsgeschwindigkeit sei $90\,\frac{km}{h}$ $\left(25\,\frac{m}{s}\right)$ und der Fahrer habe eine Reaktionszeit von 0,4 s.

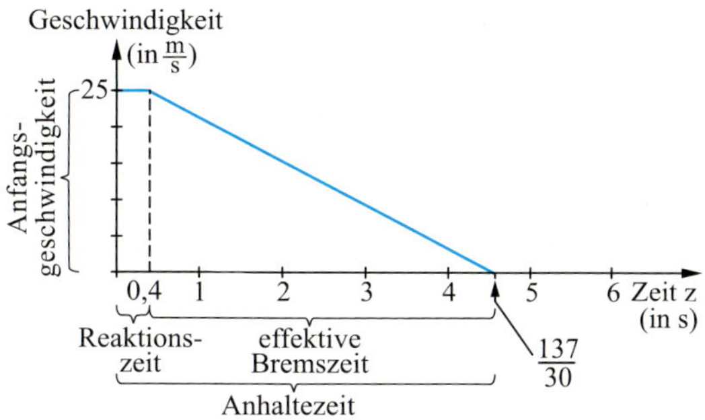

a) Bestätige, dass die abschnittsweise definierte Funktion *Zeit z (in s)* → *Geschwindigkeit v* $\left(in\ \frac{m}{s}\right)$ gegeben ist durch: $v(z) = \begin{cases} 25 & \text{für } 0 \le z \le 0{,}4 \\ 25 - 6\cdot(z - 0{,}4) & \text{für } 0{,}4 \le z \le \frac{137}{30} \end{cases}$

b) Bestimme die Weg-Zeit-Funktion $t \mapsto s(t)$ für die Abschnitte $0 \le t \le 0{,}4$ und $0{,}4 < t \le \frac{137}{30}$.
Beachte, dass zum Zeitpunkt $t = 0$ noch kein Weg beim Bremsvorgang zurückgelegt ist.

c) Welcher Weg ist nach 2 s zurückgelegt? Welche Geschwindigkeit hat das Auto noch? Wie groß ist der Anhalteweg insgesamt?

Klausurtraining B

1.
Gib diejenige Stammfunktion von f an, die an der Stelle a den Wert c hat.

a) $f(x) = -2x^2 + 3x + 2;\quad a = 1;\ c = 0$

b) $f(x) = \frac{1}{x^2}\ (x > 0);\quad a = 2;\ c = 1$

2.
Löse nach x auf.

a) $\int_1^2 t^4\,dt = \frac{1}{2}\cdot\int_x^4 1\,dt$

b) $\int_1^2 \frac{1}{2}t^3\,dt = \int_1^x \frac{3}{4}t^3\,dt$

c) $\int_0^x t\,dt = \int_{\frac{1}{4}}^{\frac{5}{2}} \frac{1}{\sqrt{4t-1}}\,dt$

3.
Gegeben sind die Parabeln mit $y = -\sqrt{a}\cdot x^2 + \frac{1}{\sqrt{a}}\cdot x$ und $y = \sqrt{a}\cdot x^2 - \sqrt{a}\cdot x\ (a > 0)$.

a) Setze 0,25 für a und zeichne die beiden Parabeln in ein Koordinatensystem.
Wie groß ist der Flächeninhalt der von den Parabeln umschlossenen Fläche?

b) Welche Zahl ist für a zu setzen, damit die von den Parabeln umschlossene Fläche minimalen Inhalt hat? Berechne den minimalen Inhalt.

4.
Eine Parabel mit der Gleichung $y = a\cdot x^2 + c$ rotiert um die 1. Achse. Dadurch entsteht ein Fass (Längen in dm).

a) Bestimme die Parameter a und c der Parabelgleichung.

b) Berechne das Volumen des Drehkörpers (in *l*).

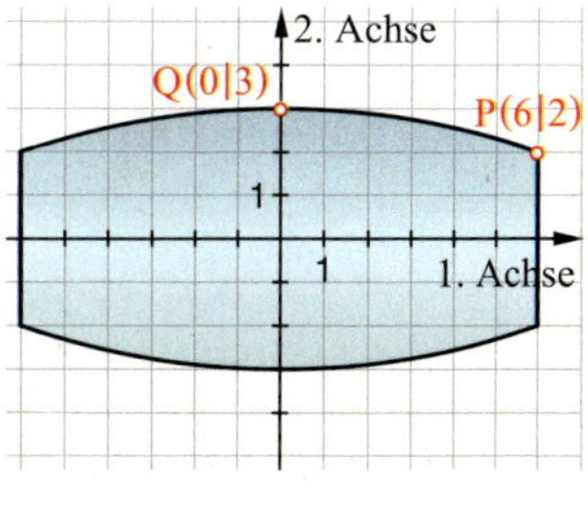

Exkurs

Zur Geschichte der Integralrechnung

Die Grundprobleme der Differential- und der Integralrechnung

Grundproblem der Differentialrechnung ist die Bestimmung der Steigung der Tangente an den Graphen einer Funktion (vgl. EdM 11, Seite 132).
Grundproblem der Integralrechnung ist die Bestimmung des Flächeninhalts einer krummlinig berandeten Fläche, insbesondere der Fläche unter dem Graphen einer Funktion f zwischen den Stellen a und b (vgl. Seite 8).
Die Geschichte der Integralrechnung ist daher auch die Geschichte der Verfahren zur Bestimmung des Flächeninhalts.

ARCHIMEDES (287 v. Chr. – 212 v. Chr.)
lebte in Syrakus (Sizilien). Außer einer Näherungskonstruktion für die Quadratur des Kreises bestimmte er die Flächeninhalte an Parabeln und das Volumen einiger Rotationskörper. In der Physik fand er das nach ihm benannte Archimedische Prinzip.

Als die Römer im 2. Punischen Krieg seine Heimatstadt belagerten, war ARCHIMEDES mit seinen Kriegsmaschinen der Kopf des Widerstandes. Bei der Einnahme der Stadt durch die Römer wurde er von römischen Soldaten umgebracht. Er soll einer Überlieferung zufolge diesen noch zugerufen haben: „Störe meine Kreise nicht!“.
Dieser Satz ist später zum Kennzeichen einer Wissenschaft geworden, die sich vom Betrieb des normalen, insbesondere des politischen Lebens abwendet, um sich selbst zu genügen.

Die Quadratur des Kreises

Um den Flächeninhalt eines Kreises zu bestimmen, haben die Griechen das Problem gestellt, einen Kreis mit Zirkel und Lineal in ein flächeninhaltsgleiches Quadrat zu verwandeln (die Quadratur des Kreises).
Doch erst 1882 konnte der deutsche Mathematiker LINDEMANN (1852 – 1939) zeigen, dass dieses Problem prinzipiell unlösbar ist. LINDEMANN konnte zeigen, dass die Zahl π eine sog. *transzendente Zahl* ist, d. h. π kann nicht eine ganzrationale Gleichung $a_0 + a_1 \cdot x^1 + \ldots + a_n \cdot x^n = 0$ mit $a_0, a_1, \ldots, a_n \in \mathbb{N}$ erfüllen.
Die Redewendung von der Quadratur des Kreises wird seitdem über die Mathematik hinaus, z. B. in der Politik dazu verwendet, eine Aufgabe oder ein Problem als unlösbar hinzustellen.
Schon im Altertum gelang es ARCHIMEDES einen vorgegebenen Kreis mit Zirkel und Lineal annähernd in ein flächeninhaltsgleiches Quadrat zu verwandeln.
Diese Näherungskonstruktion brachte einen angenäherten Wert der Zahl π, nämlich $3\frac{1}{7}$.

JOHANNES KEPLER (1571 – 1630)
wurde 1571 in Weil als Sohn eines Händlers geboren. Seit 1589 studierte er in Tübingen und nahm 1599 die Stellung eines Mathematikprofessors in Graz an.
Nach dem Tode von TYCHO BRAHE wurde dann JOHANNES KEPLER als sein Nachfolger kaiserlicher Mathematiker. Seit 1628 stand er im Dienste von Wallenstein.

KEPLERS Hauptarbeitsgebiete waren Astronomie und Optik.
Er fand z. B. nach äußerst langwierigen Berechnungen die Grundgesetze der Planetenbewegung, die drei nach ihm benannten (Kepler'schen Gesetze). 1611 erfand er das astronomische Fernrohr.
Auf mathematischem Gebiet führte er die anschaulichen „atomistischen“ Betrachtungen der Antike zur Flächen- und Volumenberechnung weiter.
Er berechnete mit infinitesimalen Methoden die Volumina der Körper, die entstehen, wenn Kreise, Ellipsen, Parabeln und Hyperbeln um Achsen rotieren.

Zusammenhang zwischen Differential- und Integralrechnung

Erst im 17. Jahrhundert erzielte man bei der Bestimmung des Flächeninhalts krummlinig berandeter Flächen wesentliche Fortschritte, die über die Erkenntnisse von ARCHIMEDES hinausgingen. Genannt werden müssen die Mathematiker FRANCOIS VICTOR (1540 – 1603). JOHANES KEPLER (1571 – 1630), BUNAVENTURA CAVALIERI (1591 – 1647) und RENÉ DESCARTES (1596 – 1650). Der entscheidende Fortschritt wurde von NEWTON und LEIBNIZ erzielt. Beide entwickelten unabhängig voneinander den Hauptsatz der Differential- und Integralrechnung (Seite 42).
Damit war es möglich, Integrale und den Flächeninhalt von krummlinig berandeten Flächen zu berechnen (Seite 29). Das war eine gewaltige Erleichterung.
Zwischen 1695 und 1700 gab es keinen Band der Acta Eruditorum, einer monatlich in Leipzig erscheinenden mathematischen Zeitschrift, in dem nicht Abhandlungen von LEIBNIZ, der Brüder BERNOULLI, des Marquis DE L'HOSPITAL erschienen, die sich mit Problemen der Differential- und der Integralrechnung befassten.

Das Riemann'sche Integral

Im 19. Jahrhundert bemühte man sich der Integralrechnung eine exakte Grundlegung zu geben. Die erste einwandfreie Definition des Integrals gelang dem deutschen Mathematiker BERNHARD RIEMANN. Ihm zu Ehren wurde der von ihm definierte Integralbegriff *Riemann-Integral* genannt. Auch diesem Buch wird dieser Begriff zugrunde gelegt (vgl. Seite 19).

Das Lebesgue-Integral

Vor etwa 100 Jahren gelang dem französischen Mathematiker HENRY LEBESGUE (1875 – 1941) eine Erweiterung des Flächeninhaltsbegriffs und des *Riemann-Integral-Begriffs.* Man spricht dann vom Lebesgue'schen Maß bzw. Lebesgue'schen Integral.
Die Lebesgue'sche Maß- und Integrationstheorie wird in den Vorlesungen der Universitäten gelehrt. Sie spielt in der Mathematik und in der Physik eine große Rolle

JOHANN BERNOULLI (1667 – 1748)

Er arbeitete sich unter Anleitung seines um 13 Jahre älteren Bruders Jakob in die Mathematik ein.
Auf CHR. HUYGENS Empfehlung wurde er 1695 Professor der Mathematik in Groningen.
Nach dem Tode seines Bruders Jakob 1705 lehrte er als dessen Nachfolger in Basel.
JOHANN BERNOULLI beschäftigte sich mit Problemen der Kurvenlänge und wandte die Analysis auf eine Vielzahl physikalischer und technischer Probleme an.
Er schrieb das erste Buch über Integralrechnung.

BERNHARD RIEMANN (1826 – 1866)

gab 1854 eine exakte Fassung des Begriffs des Integrals. Nach ihm wird das Integral, das in diesem Buch dargestellt ist, auch *Riemann-Integral* genannt.
RIEMANN hatte in Göttingen studiert und dort bei C. F. GAUSS 1851 promoviert (vergl. Exkurs Seite 228). 1859 wurde er in Göttingen Professor.

NICOLAS BOURBAKI
Die Entwicklung der Mathematik und speziell der Analysis in den fünfziger und sechziger Jahren des 20. Jahrhunderts ist entscheidend durch das Werk *„Elements de Mathematique"* von NICOLAS BOURBAKI bestimmt worden. Dies ist ein Pseudonym einer sich ständig erneuernden Gruppe französischer Mathematiker, die seit 1939 dieses Werk herausgibt. Die Arbeit daran geht auch heute weiter. Die traditionelle Einteilung der Mathematik in Geometrie, Algebra und Analysis wird von BOURBAKI aufgegeben. Statt dessen werden sog. allgemeine Strukturen betrachtet und dargestellt.

2. WEITERE REGELN ZUM DIFFERENZIEREN UND INTEGRIEREN

1. Differenzieren aufgrund der Definition von f′ (a)

Die Ableitung f′(a) einer Funktion f an der Stelle a ist der zentrale Begriff der Differentialrechnung. Man bestimmt definitionsgemäß f′(a) in folgenden Schritten (vgl. EdM 11, Einführung in die Analysis, Seite 148):

(1) Man bildet den Differenzquotienten $\frac{f(x) - f(a)}{x - a}$

(2) Man bildet den Grenzwert $\lim\limits_{x \to a} \frac{f(x) - f(a)}{x - a}$

(3) Falls dieser Grenzwert existiert, so setzt man $f'(a) = \lim\limits_{x \to a} \frac{f(x) - f(a)}{x - a}$

Das Bestimmen von f′(a) heißt *Differenzieren.*

2. Differenzieren mithilfe eines CAS

Das Differenzieren einer Funktion nach den o.a. Schritten ist häufig mühsam. Dass dies prinzipiell auch einfacher möglich ist, zeigen die CAS (**C**omputer-**A**lgebra-**S**ysteme). Gibt man dort einen Funktionsterm f (x) sowie den Befehl Differenzieren ein, so gibt das CAS automatisch den Term der Ableitung aus. Wie ist das möglich?

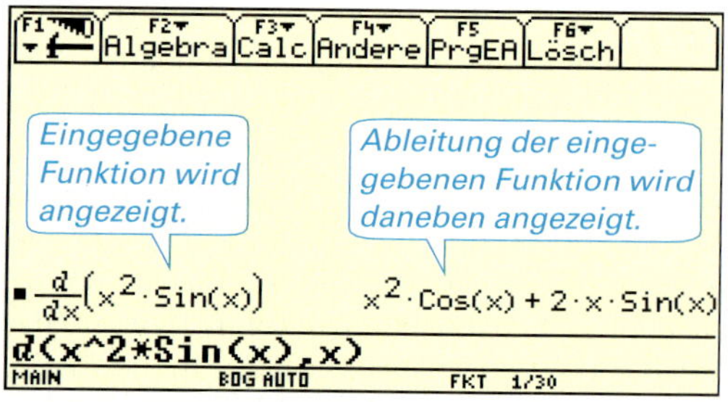

3. Differenzieren als Abarbeiten eines Algorithmus – Regeln als Grundlage

Das Differenzieren mithilfe eines CAS ist möglich, weil es einen Algorithmus gibt, nach welchem die Ableitung gebildet werden kann. (Zum Begriff Algorithmus siehe den Exkurs auf Seite 168).
Grundlage dieses Algorithmus sind bestimmte Ableitungsregeln, von denen es zwei Arten gibt:

Die *Regeln der 1. Art* geben zu einigen Funktionen die Ableitung explizit an. (Die Regeln (5) und (6) werden im Kapitel 3 gewonnen.)

Regeln 1. Art

	Funktionsterm	Term der Ableitung
(1)	x^n	$n \cdot x^{n-1}$
(2)	$\sin x$	$\cos x$
(3)	$\cos x$	$-\sin x$
(4)	$\sqrt{x}$	$\frac{1}{2\sqrt{x}}$
(5)	a^x	$a^x \cdot \ln a$
(6)	$\ln x$	$\frac{1}{x}$

Regeln der 2. Art sind z.B. die *Faktorregel*, die *Summenregel*, die *Produktregel*, die *Quotientenregel* und die *Kettenregel*. Bei ihnen wird die Ableitung einer aus anderen Funktionen aufgebauten Funktion auf die Ableitnug dieser anderen Funktion zurückgeführt.

Kurzform der Regeln 2. Art

$(c \cdot u)' = c \cdot u'$ (Faktorregel)

$(u + v)' = u' + v'$ (Summenregel)

$(u - v)' = u' - v'$ (Differenzregel)

$(u \cdot v)' = u' \cdot v + u \cdot v'$ (Produktregel)

$\left(\frac{u}{v}\right)' = \frac{u' \cdot v - u \cdot v'}{v^2}$ (Quotientenregel)

$\big(f(g(x))\big)' = f'(g(x)) \cdot g'(x)$ (Kettenregel)

Alle Regeln müssen nach o.a. Schritten bewiesen werden.
In diesem Kapitel wird der Beweis einiger der Regeln zusammen mit Aufgaben zum Einüben und Automatisieren dieser Regeln angeboten.

2.1 Produkt- und Quotientenregel

2.1.1 Produktregel

Einführung **(1) Darf man ein Produkt gliedweise differenzieren?**

Wie differenziert man die Funktion f mit $f(x) = x \cdot \sqrt{x}$? Der Funktionsterm ist ein Produkt der Terme x und $\sqrt{x}$. Darf man auch bei einem Produkt wie bei einer Summe gliedweise differenzieren? Betrachte dazu das einfache Beispiel der Funktion f mit $f(x) = u(x) \cdot v(x) = x^2 \cdot x = x^3$.

Es ist $u(x) = x^2$; $v(x) = x$; $f(x) = x^3$.

Dann gilt: $u'(x) = 2x$; $v'(x) = 1$; $u'(x) \cdot v'(x) = 2x$.

Die Ableitung des Produktes ergibt aber: $f'(x) = 3x^2$.

Ein Produkt von Funktionen darf man i. a. nicht gliedweise differenzieren.

(2) Bestimmen der Ableitung der Funktion f mit $f(x) = u(x) \cdot v(x)$

Wir versuchen, die Ableitung von f an der Stelle a aufgrund der Definition der Ableitung zu bestimmen.

$$f'(a) = \lim_{x \to a} \frac{f(x) - f(a)}{x - a} = \lim_{x \to a} \frac{u(x) \cdot v(x) - u(a) \cdot v(a)}{x - a}$$

Um $f'(a)$ auf $u'(a)$ und $v'(a)$ zurückzuführen, formen wir den Term rechts so um, dass die Differenzquotienten von u und v auftreten. Dies wird erreicht, wenn wir im Zähler des Bruches das Produkt $u(a) \cdot v(x)$ zugleich subtrahieren und addieren. Wir erhalten:

$$f'(a) = \lim_{x \to a} \frac{u(x) \cdot v(x) - u(a) \cdot v(x) + u(a) \cdot v(x) - u(a) \cdot v(a)}{x - a}$$

$$= \lim_{x \to a} \left(\frac{u(x) - u(a)}{x - a} \cdot v(x) + u(a) \cdot \frac{v(x) - v(a)}{x - a} \right)$$

Subtrahieren und Addieren von $u(a) \cdot v(x)$

Wir müssen untersuchen, ob dieser Grenzwert existiert und welchen Wert er hat. Hierzu müssen wir voraussetzen, dass $\lim\limits_{x \to a} \frac{u(x) - u(a)}{x - a}$, also $u'(a)$, sowie $\lim\limits_{x \to a} v(x)$ und $\lim\limits_{x \to a} \frac{v(x) - v(a)}{x - a}$, also $v'(a)$ existieren. Unter diesen Voraussetzungen folgt:

$$f'(a) = \lim_{x \to a} \frac{u(x) - u(a)}{x - a} \cdot \lim_{x \to a} v(x) + u(a) \cdot \lim_{x \to a} \frac{v(x) - v(a)}{x - a}$$

Wie aber berechnet man $\lim\limits_{x \to a} v(x)$? Wir wissen: $v'(a) = \lim\limits_{x \to a} \frac{v(x) - v(a)}{x - a}$

Definition: f heißt an der Stelle a stetig, falls gilt $\lim\limits_{x \to a} f(x) = f(a)$

Hier geht der Nenner gegen 0. Da insgesamt ein endlicher Wert herauskommt, muss auch der Zähler gegen 0 gehen, d.h. $v(x)$ strebt gegen $v(a)$. Es gilt $\lim\limits_{x \to a} v(x) = v(a)$. Dies besagt, dass v an der Stelle a stetig ist (vgl. dazu auch Satz 2, Seite 76).

Also folgt: $f'(a) = u'(a) \cdot v(a) + u(a) \cdot v'(a)$

Satz 1: *Produktregel*

Wenn die Funktionen u und v an der Stelle a differenzierbar sind, so ist auch die Funktion f mit $f(x) = u(x) \cdot v(x)$ an der Stelle a differenzierbar, und es gilt: $f'(a) = u'(a) \cdot v(a) + u(a) \cdot v'(a)$. Wir schreiben kurz:

$(u \cdot v)' = u' \cdot v + u \cdot v'$

Aufgabe 1 Bestimme die Ableitung der Funktion f mit $f(x) = \frac{a}{x} \cdot \sin x$.

Lösung Es ist: $f(x) = \frac{a}{x} \cdot \sin x$

Wir setzen: $u(x) = \frac{a}{x}$ $\quad v(x) = \sin x$

Beachte: Es wird nach x differenziert; a ist Parameter

Dann ist: $u'(x) = \frac{-a}{x^2}$ $\quad v'(x) = \cos x$

$f'(x) = u'(x) \cdot v(x) + u(x) \cdot v'(x) = -\frac{a}{x^2} \cdot \sin x + \frac{a}{x} \cdot \cos x$

Weiterführende Aufgaben

2. *Die Faktorregel als Spezialfall der Produktregel*
Die Faktorregel für die Funktion f mit $f(x) = c \cdot u(x)$ lautet $f'(x) = c \cdot u'(x)$. Sie kann als Spezialfall der Produktregel angefasst werden. Zeige dies.

3. *Produktregel für mehr als zwei Faktoren*

a) Zeige, dass für drei Funktionen folgende Regel gilt:
$(u \cdot v \cdot w)' = u' \cdot v \cdot w + u \cdot v' \cdot w + u \cdot v \cdot w'$
Bestimme dann die Ableitung der Funktion f mit $f(x) = \frac{1}{x} \cdot \sqrt{x} \cdot \sin x$.

b) Verallgemeinere die Regel auf vier [fünf] Funktionen.

4. *Potenzregel*

a) Zeige mithilfe der Produktregel:
(1) $(u^2)' = 2 \cdot u \cdot u'$ $\qquad$ (2) $(u^3)' = 3 \cdot u^2 \cdot u'$
Wende diese Regel auf $\sin^2 x$ bzw. $\sin^3 x$ an.

b) Wie lautet vermutlich die Potenzregel für $(u^n)'$?

Information

Faustregel:
An Sprungstellen unstetig. Bei durchgehenden Graphen überall stetig.

Satz 2

Für jede an der Stelle a differenzierbare Funktion gilt:
$\lim\limits_{x \to a} f(x) = f(a)$, d.h. f ist an der Stelle a auch stetig.

Beweis:
Es gilt: $\quad f(x) = f(a) + \frac{f(x) - f(a)}{x - a} \cdot (x - a)$. Dann folgt:

$\lim\limits_{x \to a} f(x) = f(a) + f'(a) \cdot 0 = f(a)$, d.h. f ist an der Stelle a stetig.

Definition: f heißt an der Stelle a stetig, falls gilt $\lim\limits_{x \to a} f(x) = f(a)$

Beispiel für eine Sprungstelle
Für die Funktion f gilt:

$$f(x) = \begin{cases} 1 & \text{für } x < a \\ 2 & \text{für } x \geq a \end{cases}$$

$\lim\limits_{x \to a} f(x)$ existiert nicht.
Die Funktion f ist an der Stelle a unstetig.

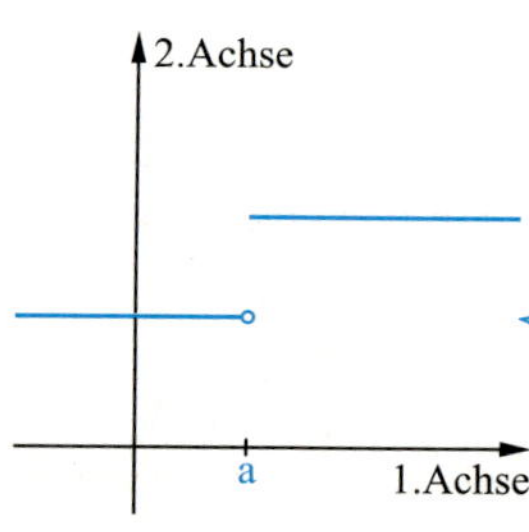

Sprungstelle des Graphen an der Stelle a

Übungsaufgaben

5.
Differenziere nach der Produktregel.

a) $f(x)=x^2\cdot\sin x$
b) $f(x)=x\cdot\sqrt{x}$
c) $f(x)=\frac{1}{x}\cdot\cos x$
d) $f(x)=\frac{\sqrt{x}}{x}$
e) $f(x)=\sin x\cdot\cos x$
f) $f(x)=\sqrt{x}\cdot\cos x$
g) $f(x)=(3x^2+7)\cdot\sqrt{x}$
h) $f(x)=\sqrt{x}\cdot\sin x$
i) $f(x)=x\cdot\frac{1}{x}$ (!)

6.
Wende die Produktregel an.

a) $f(x)=(3x+4)\cdot(7x^2+5)$
b) $f(x)=(2x+2)\cdot(4x^5+7x+2)$
c) $f(x)=(2x^2-9)\cdot(3x^2-4x)$
d) $f(x)=(4x^3-1)\cdot\frac{1}{x}$
e) $f(x)=(7x^2+5x+3)\cdot\sqrt{x}$
f) $f(x)=(6x^7+5)\cdot\frac{1}{x}$
g) $f(x)=3x^4\cdot\sqrt{x}$
h) $f(x)=x\cdot\sin x$
i) $f(x)=x^3\cdot\sin x$
j) $f(x)=4x\cdot\cos x$
k) $f(x)=\sin^2 x$
l) $f(x)=\cos^2 x$
m) $f(x)=\sqrt{x}\cdot(\sin x-\cos x)$
n) $f(x)=(x^2+1)\cdot\sin x$
o) $f(x)=(2x^2+x)\cdot\cos x$
p) $f(x)=\left(2\cdot\sqrt{x}+4\right)\cdot\cos x$
q) $f(x)=\sqrt{x}\cdot\left(\sin x-\frac{1}{x}\right)$
r) $f(x)=\sin x\cdot\sin x+\cos^2 x$

7.
Bilde die erste und zweite Ableitung von f, ohne vorher die Klammern aufzulösen.

a) $f(x)=(x^2+1)\cdot(3x-7)$
b) $f(x)=(8x^2-5x+7)\cdot(4x^7-3x^4+2x)$
c) $f(x)=(4x-1)\cdot(7x^3-4x^2+x+2)$
d) $f(x)=(5x^7-3x)\cdot(9x^6+4x^2+9)$
e) $f(x)=(x-1)^2$
f) $f(x)=(x^2+5)^2$
g) $f(x)=(\sin x-1)^2$
h) $f(x)=\left(\sqrt{x}+1\right)^2$

8.
Bilde die erste Ableitung von f.

a) $f(x)=(x-1)\cdot(x^2+3)\cdot(x-7)$
b) $f(x)=(x+5)\cdot(3x^4+7)\cdot(x^4-7x+5)$
c) $f(x)=(8x^3-4)\cdot(4x^4-7)\cdot(5x^8-7x+5)$
d) $f(x)=(x-1)\cdot\sqrt{x}\cdot(x^2-1)$
e) $f(x)=\frac{1}{x}\cdot\sqrt{x}\cdot(x^2-1)$
f) $f(x)=\sqrt{x}\cdot\sin x\cdot\cos x$
g) $f(x)=\frac{\sin x\cdot\cos x}{x}$
h) $f(x)=x\sqrt{x}\cdot\frac{1}{x}$

9.
Bilde die Ableitung.

a) $f(x)=(a+x)\cdot\cos x$
b) $f(x)=a x^2\cdot\sin x$
c) $f(x)=a\sqrt{x}\cdot\sin x$
d) $f(x)=\frac{\sqrt{x}}{c\cdot x}$; $(c\neq 0)$
e) $f(x)=(2ax)^2\cdot\frac{1}{x}$
f) $f(x)=\frac{\sin x\cdot\cos x}{p}$; $(p\neq 0)$

2.1.2 Quotientenregel

Die Funktion f mit $f(x)=\frac{a}{x}\cdot\sin x$ haben wir mithilfe der Produktregel differenziert. Man kann auch den Funktionsterm umformen: $\frac{a}{x}\cdot\sin x=\frac{a\cdot\sin x}{x}$. Um dann zu differenzieren, ist es günstig, eine Regel für die Ableitung eines Quotienten von Funktionen zur Verfügung zu haben.

Aufgabe 1 **a)** Leite eine Formel (Quotientenregel) für die Ableitung einer Funktion f mit $f(x)=\frac{u(x)}{v(x)}$ her. Gehe ähnlich wie bei der Herleitung der Produktregel vor und formuliere einen entsprechenden Satz.

b) Wende die Quotientenregel auf folgende Funktionen f an:

(1) $f(x)=\frac{3x+1}{x^2+1}$; (2) $f(x)=\frac{a\cdot\sin x}{x}$; (3) $f(x)=\tan x=\frac{\sin x}{\cos x}$

Lösung **a)** Nach der Definition der Ableitung von f an der Stelle a (mit $v(a)\neq 0$) gilt:

$$f'(a)=\lim_{x\to a}\frac{f(x)-f(a)}{x-a}=\lim_{x\to a}\frac{\frac{u(x)}{v(x)}-\frac{u(a)}{v(a)}}{x-a}$$

$$f'(a)=\lim_{x\to a}\frac{\frac{u(x)\cdot v(a)-u(a)\cdot v(x)}{v(x)\cdot v(a)}}{x-a}=\lim_{x\to a}\frac{u(x)\cdot v(a)-u(a)\cdot v(x)}{(x-a)\cdot v(x)\cdot v(a)}$$

Um $f'(a)$ auf $u'(a)$ und $v'(a)$ zurückführen zu können, wird im Zähler das Produkt $u(a)\cdot v(a)$ subtrahiert und zugleich addiert (vgl. auch den entsprechenden Schritt bei der Herleitung der Produktregel, Seite 28).

$$f'(a)=\lim_{x\to a}\frac{u(x)\cdot v(a)-u(a)\cdot v(a)-u(a)\cdot v(x)+u(a)\cdot v(a)}{(x-a)\cdot v(x)\cdot v(a)}$$

> Subtrahieren und Addieren von $u(a)\cdot v(a)$

$$=\lim_{x\to a}\frac{[u(x)-u(a)]\cdot v(a)-u(a)\cdot[v(x)-v(a)]}{(x-a)\cdot v(x)\cdot v(a)}$$

$$=\lim_{x\to a}\frac{\frac{[u(x)-u(a)]\cdot v(a)-u(a)\cdot[v(x)-v(a)]}{x-a}}{v(x)\cdot v(a)}$$

$$=\lim_{x\to a}\frac{\frac{u(x)-u(a)}{x-a}\cdot v(a)-u(a)\cdot\frac{v(x)-v(a)}{x-a}}{v(x)\cdot v(a)}$$

Nach den Grenzwertsätzen folgt, sofern die Grenzwerte existieren:

$$f'(a)=\frac{\lim\limits_{x\to a}\frac{u(x)-u(a)}{x-a}\cdot v(a)-u(a)\cdot\lim\limits_{x\to a}\frac{u(x)-u(a)}{x-a}}{\lim\limits_{x\to a}v(x)\cdot v(a)}$$

Nun gilt $\lim\limits_{x\to a}v(x)=v(a)$ (vgl. dazu Satz 2, Seite 76). Also gilt:

$$f'(a)=\frac{u'(a)\cdot v(a)-u(a)\cdot v'(a)}{(v(a))^2}$$

Satz 3: *Quotientenregel*

Wenn die Funktionen u und v an der Stelle a (mit $v(a)\neq 0$) differenzierbar sind, dann ist auch die Funktion f mit $f(x)=\frac{u(x)}{v(x)}$ an der Stelle a differenzierbar, und es gilt:

$$f'(a)=\frac{u'(a)\cdot v(a)-u(a)\cdot v'(a)}{(v(a))^2}$$

Wir schreiben kurz: $\left(\frac{u}{v}\right)'=\frac{u'\cdot v-u\cdot v'}{v^2}$.

b) (1) Es ist: $f(x)=\frac{3x+1}{x^2+1}$

Wir setzen: $u(x)=3x+1$; $v(x)=x^2+1$

Dann ist: $u'(x)=3$; $v'(x)=2x$

$f'(x)=\frac{u'(x)\cdot v(x)-u(x)\cdot v'(x)}{(v(x))^2}$

$f'(x)=\frac{3\cdot(x^2+1)-(3x+1)\cdot 2x}{(x^2+1)^2}=\frac{3x^2+3-6x^2-2x}{(x^2+1)^2}=\frac{-3x^2-2x+3}{(x^2+1)^2}$

(2) Es ist: $f(x)=\frac{a\cdot\sin x}{x}$

Wir setzen: $u(x)=a\cdot\sin x$; $v(x)=x$

Dann ist: $u'(x)=a\cdot\cos x$; $v'(x)=1$

$f'(x)=\frac{a\cdot\cos x\cdot x-a\cdot\sin x\cdot 1}{x^2}=\frac{a}{x}\cdot\cos x-\frac{a}{x^2}\cdot\sin x$

Dies stimmt mit dem Ergebnis von Aufgabe 1, Seite 76 überein.

(3) Es ist: $f(x)=\tan x=\frac{\sin x}{\cos x}$

$u(x)=\sin x$; $v(x)=\cos x$

$u'(x)=\cos x$; $v'(x)=-\sin x$

$\tan' x=\frac{1}{\cos^2 x}$ für $\cos x\neq 0$

$f'(x)=\frac{\cos x\cdot\cos x-\sin x\cdot(-\sin x)}{\cos^2 x}=\frac{\cos^2 x+\sin^2 x}{\cos^2 x}=\frac{1}{\cos^2 x}$

Weiterführende Aufgaben

2. *Spezialfall bei konstanter Zählerfunktion oder Nennerfunktion*

a) Welche Regel ergibt sich bei $u(x)=a$?

b) Zeige, dass eine Konstante $a\neq 0$ im Nenner beim Differenzieren erhalten bleibt. Zeige, dass dieses Ergebnis auch aus der Faktorregel folgt.

3. *Verallgemeinerungen der Quotientenregel*

Stelle eine Formel für die Ableitung der Funktion f mit

(1) $f(x)=\frac{u(x)\cdot v(x)}{w(x)}$; (2) $f(x)=\frac{u(x)}{v(x)\cdot w(x)}$ auf.

4. *Wege bei der Ableitung einer gebrochen rationalen Funktion*

Bei der Funktion f mit $f(x)=\frac{12x^3+7x^2+5x+8}{4x+1}$ ist der Grad der Zählerfunktion größer als der Grad der Nennerfunktion. Erläutere die beiden Wege zur Bestimmung der Ableitung.

1. Weg: Man dividiert zunächst den Zähler durch den Nenner. Dann wendet man die Summen- und die Quotientenregel an.

$$
\begin{array}{l}
(12x^3+7x^2+5x+8):(4x+1)=3x^2+x+1+\frac{7}{4x+1}\\
\underline{-(12x^3+3x^2)}\\
\quad 4x^2+5x+8\\
\quad \underline{-(4x^2+x)}\\
\qquad 4x+8\\
\qquad \underline{-(4x+1)}\\
\qquad\quad 7
\end{array}
$$

2. Weg: Man wendet sofort die Quotientenregel an.

Verfahre im Folgenden nach beiden Wegen und vergleiche.

a) $f(x)=\frac{2x^3+5x+2}{x+1}$ **c)** $f(x)=\frac{x^3+2x^2+1}{x^2+1}$ **e)** $f(x)=\frac{x^2-\frac{1}{2}x+\frac{3}{4}}{\frac{1}{4}x-\frac{1}{2}}$

b) $f(x)=\frac{x^4+2x^2-3}{x+4}$ **d)** $f(x)=\frac{x^5-x+1}{x^2-1}$ **f)** $f(x)=\frac{7x^6-14x^4+4x^2}{x^6-24}$

5. *Potenzregel für negative ganzzahlige Exponenten*
Bilde die Ableitung von f mit $f(x) = x^{-n}$ $(n \in \mathbb{N})$. Zeige, dass gilt:

> Die Funktion f mit $f(x) = x^{-n}$ $(n \in \mathbb{N})$ ist an jeder Stelle ihres Definitionsbereiches differenzierbar, und es gilt:
> $f'(x) = (-n) \cdot x^{-n-1}$

Die Differentiation erfolgt also wie bei der Potenzregel für natürliche Exponenten.

Übungsaufgaben

6.
Differenziere nach der Quotientenregel. Bilde auch die 2. Ableitung.

a) $f(x) = \frac{x^2}{x^2+1}$ **c)** $f(x) = \frac{7x+4}{2x+6}$ **e)** $f(x) = \frac{x^2+1}{x}$ **g)** $f(x) = \frac{8x^2-1}{x+2}$

b) $f(x) = \frac{3x}{x^2-1}$ **d)** $f(x) = \frac{1}{x^2-1}$ **f)** $f(x) = \frac{3x}{7x^5-1}$ **h)** $f(x) = \frac{2x^2+5}{x-1}$

7.
Bilde die Ableitung.

a) $f(x) = \frac{x^3+2x-1}{x-1}$ **c)** $f(x) = \frac{x^3+x^2+1}{x^2-1}$ **e)** $f(x) = \frac{\frac{1}{2}x^2 - x + \frac{1}{7}}{\frac{3}{2}x+1}$

b) $f(x) = \frac{x^4-x^2+1}{x-2}$ **d)** $f(x) = \frac{x^5+x^3+1}{2x^2-4}$ **f)** $f(x) = \frac{x^6-2x^4+x^2}{x^6-2x^3}$

8.
Differenziere nach der Quotientenregel.

Überprüfe mit einem CAS

a) $f(x) = \frac{\sqrt{x}}{\sin x}$ **f)** $f(x) = \frac{\cos x}{x^2}$ **k)** $f(x) = \frac{\cos x}{\sqrt{x}}$ **p)** $f(x) = \frac{a \sin x}{b \cdot \sqrt{x}}$

b) $f(x) = \frac{1}{\tan x}$ **g)** $f(x) = \frac{x^2}{\cos x}$ **l)** $f(x) = \frac{\frac{1}{x} + \sqrt{x}}{\frac{1}{x} - \sqrt{x}}$ **q)** $f(x) = \frac{a \sin x + b \cos x}{c \cdot x^2}$

c) $f(x) = \frac{x}{\cos x}$ **h)** $f(x) = \frac{\sqrt{x}+x}{\sin x}$ **m)** $f(x) = \frac{\sqrt{x}+4}{\cos x}$ **r)** $f(x) = \frac{x \cdot \cos x}{\sqrt{x}}$

d) $f(x) = \frac{1}{\cos x}$ **i)** $f(x) = \frac{\sqrt{x}}{x}$ **n)** $f(x) = \frac{4ax^2}{\sqrt{x}}$ **s)** $f(x) = \frac{1}{x \cdot \sin x}$

e) $f(x) = \frac{1}{\sin x}$ **j)** $f(x) = \frac{x}{\sqrt{x}}$ **o)** $f(x) = \frac{\sqrt{ax}}{2bx}$ **t)** $f(x) = \frac{ax^2 \cdot \sqrt{x}}{bx \cdot \cos x}$

9.
Bilde die Ableitung der Funktion f mit

a) $f(x) = x^{-1}$ **b)** $f(x) = x^{-2}$ **c)** $f(x) = x^{-3}$ **d)** $f(x) = x^{-4}$ **e)** $f(x) = x^{-5}$

10.
Warum erniedrigt sich häufig bei der Differentiation einer gebrochen rationalen Funktion der Grad des Zählers nicht, wenn der Grad des Nenners mindestens 1 ist?

11.
Zeige, dass für die Ableitung der Tangensfunktion auch gilt: $\tan' x = 1 + \tan^2 x$.

2.2 Verketten von Funktionen – Kettenregel

Wie bestimmt man die Ableitung der Funktion f mit $f(t) = \sin \omega t$?
Bei dieser Funktion können wir keine der bisherigen Regeln anwenden.
Nun können wir Funktionen wie $x \mapsto 2x^2 - 4x + 5$, $x \mapsto x \cdot \sin x$, $x \mapsto \frac{x+1}{x^2+1}$ dadurch differenzieren, dass wir sie uns als eine Summe, eine Differenz, ein Produkt oder einen Quotienten von differenzierbaren Grundfunktionen wie x, x^2, sin x usw. vorstellen und dann die entsprechenden Regeln anwenden.
Das gelingt uns bei Funktionen wie $t \mapsto \sin \omega t$ und $x \mapsto \sqrt{x+1}$ noch nicht.
Es ist das Ziel dieses Abschnitts, auch solche Funktionen in geeignete Teilfunktionen zu zerlegen und mithilfe einer geeigneten Regel dann auch zu differenzieren.

2.2.1 Verketten von Funktionen

Einführung Stelle für die folgenden Funktionen mithilfe eines Taschenrechners jeweils eine Wertetabelle auf. Beschreibe den Rechenablauf.

(1) $x \mapsto \sin x^2$; $x \in \mathbb{R}$

	x^2	sin
−2	4	−0,7568025
−1	1	0,8414710
0	0	0
1	1	0,8414710
2	4	−0,7568025

Zu jeder Zahl für x wird hier zunächst das Quadrat berechnet, d. h. die Funktionswerte von $x \mapsto x^2$. Anschließend werden zu den erhaltenen Werten jeweils die Sinuswerte berechnet, d. h. die Funktionswerte von $x \mapsto \sin x$.
Die Funktion $x \mapsto \sin x^2$ können wir uns durch das *Hintereinanderausführen* der Funktionen $x \mapsto x^2$ und $x \mapsto \sin x$ in dieser Reihenfolge entstanden denken.

(2) $x \mapsto (\sin x)^2$; $x \in \mathbb{R}$

	sin	x^2
−2	−0,9092974	0,8268218
−1	−0,8414710	0,7080734
0	0	0
1	0,8414710	0,7080734
2	0,9092974	0,8268218

Zu jeder Zahl für x wird hier zunächst der Sinuswert berechnet, d. h. die Funktionswerte von $x \mapsto \sin x$. Anschließend werden zu diesen erhaltenen Werten die Quadrate berechnet, d. h. die Funktionswerte von $x \mapsto x^2$.
Die Funktion $x \mapsto (\sin x)^2$ können wir uns durch das *Hintereinanderausführen* der Funktionen $x \mapsto \sin x$ und $x \mapsto x^2$ in dieser Reihenfolge entstanden denken.

Statt „Hintereinanderausführen" sagt man auch „Hintereinanderschalten" oder „Verketten".

Information **(1) Pfeilbilder zu hintereinandergeschalteten Funktionen**

Gegeben sind die Funktionen v und u mit:

(a) $v(x) = 2x - 3$; $x \in [2; 6]$ und $u(x) = \sqrt{x}$; $x \in [0; 9]$

(b) $v(x) = -x^2 - 2$; $x \in \mathbb{R}$ und $u(x) = \sqrt{x}$; $x \in \mathbb{R}_0^+$

Zeichne jeweils das Pfeilbild, das durch Hintereinanderausführen der Zuordnungsvorschriften von v und u in dieser Reihenfolge entsteht. Liefert das entstandene Pfeildiagramm eine Funktion f? Gib gegebenenfalls ihren Funktionsterm und ihren Definitionsbereich an.

(a) Man erhält das gesuchte Pfeildiagramm, indem man an die Pfeile der Funktion v die Pfeile der Funktion u hängt (im Bild rot gezeichnet).

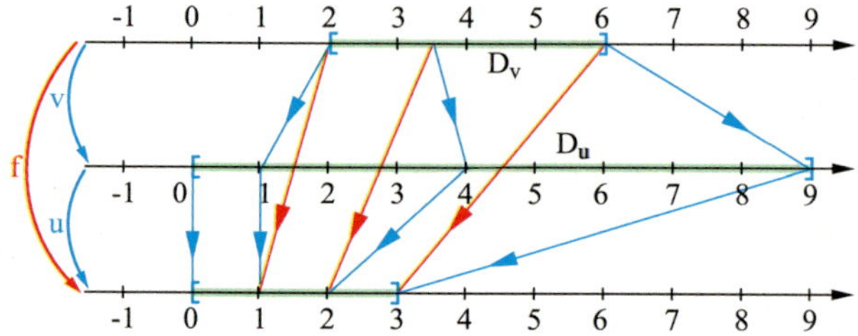

x	$2x-3$	$\sqrt{2x-3}$
2	1	1
$\frac{7}{2}$	4	2
6	9	3

(v, u, f)

Man erhält eine neue Funktion f mit dem Definitionsbereich [2; 6], also dem Definitionsbereich von v, denn jeder Zahl aus dem Intervall [2; 6] wird durch das Hintereinanderausführen der Funktionen v und u genau eine reelle Zahl zugeordnet.
Wir bestimmen den Funktionsterm von f: Dazu wählen wir eine Zahl x aus D_v.
Auf x wenden wir zuerst die Vorschrift von v an, d. h. wir multiplizieren x mit 2 und subtrahieren 3: $x \xrightarrow{v} 2x-3$
Auf $2x-3$ wenden wir dann die Vorschrift von u an, d. h. wir ziehen die Wurzel: $2x-3 \xrightarrow{u} \sqrt{2x-3}$
Die Funktion f hat also den Term $f(x) = \sqrt{2x-3}$ und lautet somit: $f\colon x \mapsto \sqrt{2x-3};\ x \in [2; 6]$.

> Insgesamt:
> $x \xrightarrow{v} 2x-3 \xrightarrow{u} \sqrt{2x-3}$ (f)

(b) Das Pfeildiagramm liefert hier keine Funktion, denn die Funktion v liefert nur negative Werte, die Funktion u ist jedoch für negative Zahlen nicht definiert.

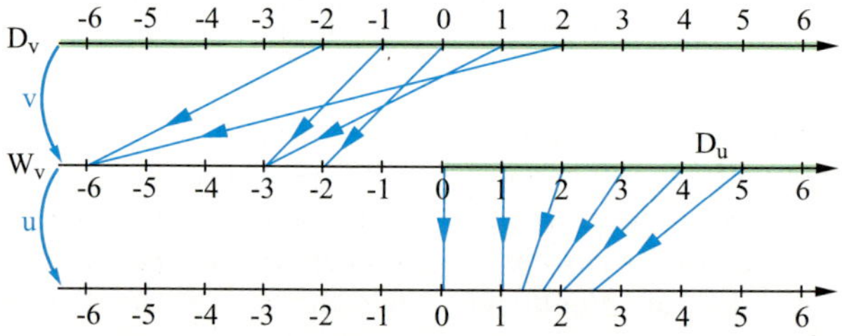

(2) Definition der Verkettung von Funktionen
Die Lösung der obigen Aufgabe zeigt uns ein Verfahren, wie man aus den Funktionstermen zweier Funktionen v und u durch Hintereinanderausführen (Verketten) den Funktionsterm einer neuen Funktion f erhält:
Man wende auf x zuerst die Funktion v an:
$x \xrightarrow{v} v(x)$
Auf v(x) wende man dann die Funktion u an:
$u(x) \xrightarrow{u} u(v(x))$

> Insgesamt:
> $x \xrightarrow{v} v(x) \xrightarrow{u} u(v(x))$ (f)

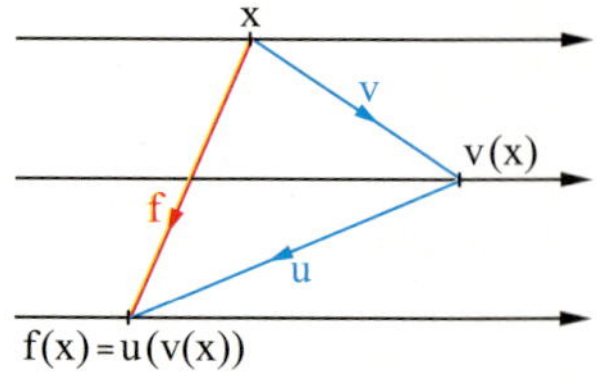

$W_v \subseteq D_u$ bedeutet: W_v ist Untermenge von D_u

Den Funktionsterm f(x) erhält man also, indem man in dem Term u(x) anstelle der Variablen x den Term v(x) einsetzt.
Diese Funktion f mit $f(x) = u(v(x))$ mit dem Definitionsbereich D_v ist nur dann erklärt, wenn der Wertebereich von v eine Untermenge des Definitionsbereiches von u ist: $W_v \subseteq D_u$.

Definition 1:

Es seien v: $x \mapsto v(x)$; $x \in D_v$ und u: $x \mapsto u(x)$; $x \in D_u$ zwei Funktionen mit $W_v \subseteq D_u$.

Hängt man im Pfeildiagramm an die Pfeile von v die Pfeile von u, so entsteht eine neue Funktion f mit $f(x) = u(v(x))$ für alle $x \in D_v$. Die Funktion f heißt die **Verkettung** von v und u. Die Funktion v nennt man auch *innere Funktion* und u *äußere Funktion*.

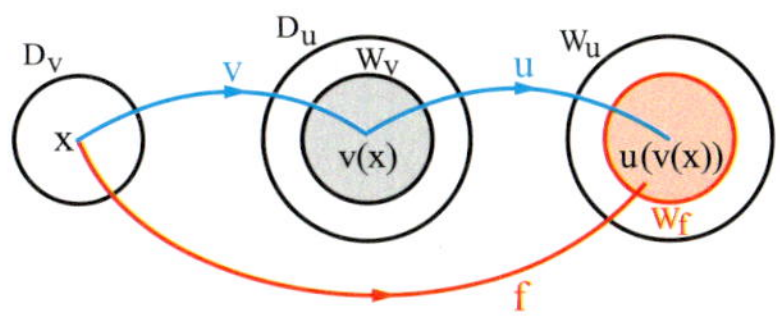

Beispiel: Gegeben seien die Funktionen u und v mit $v(x) = 2x - 1$; $x \in \mathbb{R}$ und $u(x) = x^2$; $x \in \mathbb{R}$. Dann ist $W_v = \mathbb{R} \subseteq D_u$ und es gilt: $f(x) = u(v(x)) = (2x-1)^2$.

Weiterführende Aufgabe

1. *Unterscheidung von $f(x) = u(v(x))$ und $g(x) = v(u(x))$*

Gegeben sind die Funktionen v und u. Gib den Funktionsterm und den Definitionsbereich

(1) der Funktion f mit $f(x) = u(v(x))$ und (2) der Funktion g mit $g(x) = v(u(x))$ an.

Zeichne jeweils auch ein Pfeildiagramm. Was fällt auf?

a) v: $x \mapsto 4x + 2$; $x \in \mathbb{R}$
u: $x \mapsto x^3$; $x \in \mathbb{R}$

b) v: $x \mapsto 2x - 1$; $x \in \mathbb{R}$
u: $x \mapsto \sin x$; $x \in \mathbb{R}$

c) v: $x \mapsto x^2 + 1$; $x \in \mathbb{R}$
u: $x \mapsto \frac{1}{x}$; $x \in \mathbb{R}\setminus\{0\}$

Übungsaufgaben

2.

Bestimme – soweit möglich – die Verkettung f mit $f(x) = u(v(x))$ [die Verkettung g mit $g(x) = v(u(x))$] der Funktionen v und u.

a) v: $x \mapsto 3x$; $x \in \mathbb{R}$
u: $x \mapsto 4x$; $x \in \mathbb{R}$

b) v: $x \mapsto \frac{3}{4}x - 4$; $x \in \mathbb{R}$
u: $x \mapsto \frac{8}{3}x + 5$; $x \in \mathbb{R}$

c) v: $x \mapsto x^2 + 3$; $x \in \mathbb{R}$
u: $x \mapsto \sqrt{x}$; $x \in \mathbb{R}_0^+$

d) v: $x \mapsto 2x^2$; $x \in \mathbb{R}$
u: $x \mapsto \sin x$; $x \in \mathbb{R}$

e) v: $x \mapsto 2x - 3$; $x \in \mathbb{R}$
u: $x \mapsto x^5$; $x \in \mathbb{R}$

f) v: $x \mapsto \sqrt{x}$; $x \in \mathbb{R}^+$
u: $x \mapsto \frac{1}{x}$; $x \in \mathbb{R}\setminus\{0\}$

3.

Zerlege die angegebene Funktion f in Teilfunktionen v und u so, dass gilt:
$f(x) = u(v(x))$

a) $f(x) = \cos(2x - 1)$; $x \in \mathbb{R}$

b) $f(x) = \sqrt{3x - 2}$; $x \geq \frac{2}{3}$

c) $f(x) = \frac{1}{x^2 + 2x + 4}$; $x \in \mathbb{R}$

d) $f(x) = (5x - 4)^3$; $x \in \mathbb{R}$

e) $f(x) = \sqrt{\sin x}$; $x \in \,]0; \pi[$

f) $f(x) = \cos\frac{1}{x}$; $x \in \mathbb{R}\setminus\{0\}$

g) $f(x) = \frac{1}{\cos x}$; $x \in \left]-\frac{\pi}{2}; \frac{\pi}{2}\right[$

h) $f(x) = \cos x^3$; $x \in \mathbb{R}$

i) $f(x) = \sin\sqrt{x}$; $x \in \mathbb{R}^+$

j) $f(x) = \sqrt{\sqrt{x}}$; $x \in \mathbb{R}^+$

2.2.2 Ableitung der Verkettung von Funktionen – Kettenregel

Einführung Die Funktion v sei an der Stelle a differenzierbar, und es sei $v(a) = b$ (sowie $v(x) = y$). Die Funktion u sei an der Stelle b differenzierbar.

Versuche die Ableitung der Funktion f mit $f(x) = u(v(x))$ an der Stelle a zu bestimmen und formuliere eine Regel.

Anleitung: Erweitere den Differenzenquotienten so, dass der Differenzenquotient der Funktion v auftritt.

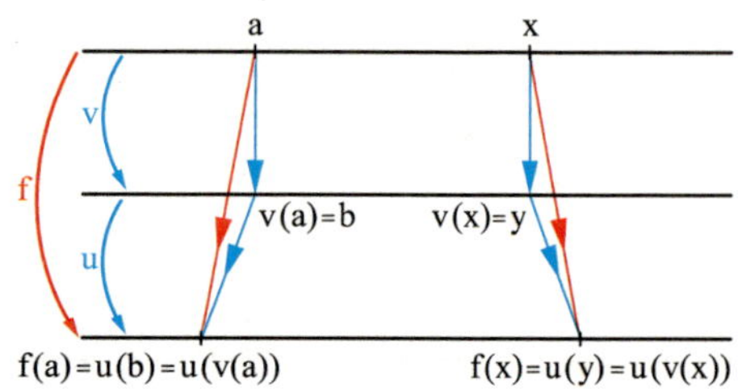

Es gilt:

$$f'(a) = \lim_{x \to a} \frac{f(x) - f(a)}{x - a}$$

$$= \lim_{x \to a} \left(\frac{f(x) - f(a)}{v(x) - v(a)} \cdot \frac{v(x) - v(a)}{x - a} \right)$$

$$= \lim_{x \to a} \frac{f(x) - f(a)}{v(x) - v(a)} \cdot \lim_{x \to a} \frac{v(x) - v(a)}{x - a}$$

Es wurde mit $v(x) - v(a)$ erweitert

Die letzte Umformung ist nur dann richtig, falls die beiden Grenzwerte existieren.
Der zweite Grenzwert existiert, weil v an der Stelle a differenzierbar ist:
$\lim\limits_{x \to a} \frac{v(x) - v(a)}{x - a} = v'(a)$.

Um den ersten Grenzwert zu bestimmen, versuchen wir diesen als Grenzwert der Funktion u auszudrücken.

Dazu ersetzen wir $f(x)$ durch $u(y)$, $f(a)$ durch $u(b)$, $v(x)$ durch y und $v(a)$ durch b (vgl. Abbildung oben).

Der Grenzprozess $x \to a$ entspricht dann dem Grenzprozess $y \to b$, denn: Weil v an der Stelle a differenzierbar ist, ist v dort auch stetig (vgl. Seite 76) und es gilt: $\lim\limits_{x \to a} v(x) = v(a) = b$

Zur Stetigkeit siehe Seite 76

Daher folgt nun: $\lim\limits_{x \to a} \frac{f(x) - f(a)}{v(x) - v(a)} = \lim\limits_{y \to b} \frac{u(y) - u(b)}{y - b} = u'(b)$.

Insgesamt erhalten wir: $f'(a) = u'(b) \cdot v'(a) = u'(v(a)) \cdot v'(a)$.

Satz 4: *Kettenregel*

Die Funktion v sei in einem Intervall I_1 definiert und an der Stelle a des Intervalls I_1 differenzierbar. Es gelte $v(a) = b$.

Die Funktion u sei in einem Intervall I_2 definiert, es gelte $v(x) \in I_2$ für alle $x \in I_1$ (insbesondere gehört dann b zu dem Intervall I_2). u sei an der Stelle b differenzierbar.

Dann ist die Funktion f mit $f(x) = u(v(x))$ an der Stelle a differenzierbar und es gilt: $f'(a) = v'(a) \cdot u'(v(a)) = u'(v(a)) \cdot v'(a)$

Diese Regel heißt *Kettenregel,* weil die Funktion f die Verkettung der Funktionen u und v ist.

Da der Faktor $v'(a)$ die Ableitung der *inneren* Funktion v ist, gilt folgende Merkregel:

Ableitung der Gesamtfunktion = innere Ableitung · äußere Ableitung = äußere Ableitung · innere Ableitung

Aufgabe 1 Bestimme nach der Kettenregel die Ableitung der Funktion f mit
(1) $f(x) = \sqrt{x^2+1}$ (2) $f(t) = \sin \omega t$

Lösung Es gilt: $f(x) = \sqrt{z}$ mit $z = x^2 + 1$

(1)

Ableitung der Gesamtfunktion	=	äußere Ableitung	·	innere Ableitung
$f'(x)$	=	$\frac{1}{2 \cdot \sqrt{x^2+1}}$	·	$2x$
$f'(x)$	=	$\frac{2x}{2\sqrt{x^2+1}}$	=	$\frac{x}{\sqrt{x^2+1}}$

(2)

Ableitung der Gesamtfunktion	=	innere Ableitung	·	äußere Ableitung
$f'(t)$	=	ω	·	$\cos \omega t$

$f'(t) = \omega \cdot \cos \omega t$

Übungsaufgaben

2.
Bestimme die Ableitung einmal nach der Kettenregel und zum anderen unmittelbar. Vergleiche die Ergebnisse.

a) $f(x) = (2x+1)^2$ **b)** $f(x) = (3x^2 + x + 1)^2$ **c)** $f(x) = \frac{1}{x^2+1}$

3.
Differenziere nach der Kettenregel.

a) $f(x) = \sin(4x+5)$
b) $f(x) = \sin(9x^2 - 2x + 5)$
c) $f(x) = \sin(-x)$
d) $f(x) = 8 \cdot \cos(2x+5)$
e) $f(x) = 9 \cdot \sin x^2$
f) $f(x) = \sqrt{-x}$
g) $f(x) = \sqrt{x^2+1}$
h) $f(x) = \sqrt{3x-9}$
i) $f(x) = (\cos x)^2$

4.
Bestimme die Ableitung mithilfe der Kettenregel. In einigen Fällen gibt es auch andere Wege zur Bestimmung der Ableitung. Gib dann auch diese an.

a) $f(x) = (x-2)^2$
b) $f(x) = (3x-5)^2$
c) $f(x) = (2x^3+1)^2$
d) $f(x) = (\sqrt{x}+1)^2$
e) $f(x) = \left(2 + \frac{1}{x}\right)^2$
f) $f(x) = (x-4)^5$
g) $f(x) = 2 \cdot (3x-2)^3$
h) $f(x) = \sqrt{x^2-4}$
i) $f(x) = 3 \cdot \sqrt{4x+2}$
j) $f(x) = 5 \cdot \sqrt{x-4}$
k) $f(x) = (2x^2 + x - 1)^4$
l) $f(x) = \sqrt{x \cdot (x+1)}$
m) $f(x) = \sqrt{\frac{1}{2x+1}}$
n) $f(x) = \sqrt{2x} + \frac{1}{2x}$
o) $f(x) = \left(\frac{1}{2}x\right)^4 + \sqrt{5x}$
p) $f(x) = (x+2)^5 + (4-x)^9$
q) $f(x) = (2x^4-1)^2 + \sqrt{x^3}$
r) $f(x) = \frac{1}{x^2+1} + 2 \cdot \left(\frac{1}{2}x\right)^2$

5.
Bestimme die 1. und 2. Ableitung der Funktion f.

a) $f(x) = (2x-5)^3$
b) $f(x) = \left(\frac{1}{3}x^2 - 2\right)^4$
c) $f(x) = \sqrt{2x+5}$
d) $f(x) = \frac{1}{3x-5}$
e) $f(x) = \sqrt{x^2-x}$
f) $f(x) = 3 \cdot (2x-4)^5$
g) $f(x) = \frac{1}{4x+2}$
h) $f(x) = (4x^2-2x)^3$
i) $f(x) = \cos(3x-2)$
j) $f(x) = 7 \cdot \sin(4x+1)$
k) $f(x) = 2 \cdot \sin x^2$
l) $f(x) = 5 \cdot \sin(3x^2-1)$

2.3 Lineare Substitution

Aufgabe 1 **a)** Berechne $\int_1^4 \sin(2x+3)\,dx$. *Lineare Funktion als innere Funktion*

b) F sei eine Stammfunktion von f, d.h. es sei $F'(x) = f(x)$. Das Integral $\int_a^b f$ kann dann berechnet werden. Berechne jetzt $\int_a^b f(mx+n)\,dx$ für $m \neq 0$.

Lösung **a)** Es gilt: $\cos' x = -\sin x$. Also ist F mit $F(x) = -\frac{1}{2}\cos(2x+3)$ eine Stammfunktion von f mit $f(x) = \sin(2x+3)$. Es gilt nämlich nach der Kettenregel (Seite 84):

$F'(x) = \left(-\frac{1}{2}\right) \cdot (-\sin(2x+3)) \cdot 2 = \sin(2x+3)$. Also folgt:

$$\int_1^4 \sin(2x+3)\,dx = \left[-\frac{1}{2} \cdot \cos(2x+3)\right]_1^4$$
$$= -\frac{1}{2} \cdot (\cos(2 \cdot 4 + 3) - \cos(2 \cdot 1 + 3)) = -\frac{1}{2} \cdot (\cos 11 - \cos 5)$$

b) G mit $G(x) = \frac{1}{m} \cdot F(mx+n)$ ist eine Stammfunktion der Integrandenfunktion $x \mapsto f(mx+n)$, denn es gilt:

$G'(x) = \frac{1}{m} \cdot m \cdot F'(mx+n) = f(mx+n)$ wegen $F'(x) = f(x)$. Also folgt:

$$\int_a^b f(mx+n)\,dx = \frac{1}{m}\left[F(mx+n)\right]_a^b = \frac{1}{m}\left(F(mb+n) - F(ma+n)\right) \quad \text{für } F'(x) = f(x)$$

Information Für das Berechnen von Integralen mit einer verketteten linearen Funktion als innerer Funktion im Integranden reicht die in der Lösung von b) angegebene Formel aus.
Man kann aber noch weiterrechnen:

$$\frac{1}{m} \cdot \left[F(mx+n)\right]_a^b = \frac{1}{m} \cdot \left(F(mb+n) - F(ma+n)\right) = \frac{1}{m} \cdot \int_{m \cdot a+n}^{m \cdot b+n} f(z)\,dz$$

Also: $$\int_a^b f(mx+n)\,dx = \frac{1}{m} \cdot \int_{m \cdot a+n}^{m \cdot b+n} f(z)\,dz$$

Wir sagen: Es ist die lineare Substitution $z = mx + n$ ausgeführt worden.

Weiterführende Aufgaben

2. *Bestimmen von Stammfunktionen bei linearer innerer Funktion in der Verkettung*
Bestimme zur Funktion f eine Stammfunktion. Gib auch die lineare innere Funktion an. Wie heißt die äußere Funktion?

a) $f(x) = (3x-4)^4$ **b)** $f(x) = \frac{(2-5x)^3}{3}$ **c)** $f(x) = \frac{-2}{(5x+1)^2}$ **d)** $f(x) = \frac{4}{\sqrt{3x-1}}$

3. *Zwei Wege zur Berechnung gewisser Integrale*
Berechne das Integral einmal direkt und zum anderen mithilfe der linearen Substitution. Bestätige auf diese Weise die Gültigkeit der Regel der linearen Substitution.

a) $\int_0^4 (3x)^2\,dx$ **b)** $\int_{-1}^{+1} (4x)^2\,dx$ **c)** $\int_0^2 (2x+4)^2\,dx$ **d)** $\int_1^2 (7x-3)^2\,dx$

Übungsaufgaben

4.

Bestimme zur Funktion f eine Stammfunktion.

a) $f(x) = (x-5)^4$

b) $f(x) = (2x+3)^2$

c) $f(x) = \left(\frac{1}{2}x - 4\right)^4$

d) $f(x) = (2-3x)^4$

e) $f(x) = 5\cdot(3x+7)^3$

f) $f(x) = \frac{1}{(x-4)^2}$

g) $f(x) = \frac{3}{(2x+7)^2}$

h) $f(x) = \frac{0{,}5}{(3-0{,}5x)^2}$

i) $f(x) = \frac{\sqrt{5}}{(\sqrt{2}\cdot x+4)^2}$

j) $f(x) = \frac{1}{\sqrt{x+4}}$

k) $f(x) = \frac{1}{4\sqrt{1-x}}$

l) $f(x) = \frac{3}{\sqrt{2x}}$

m) $f(x) = \sin 4x$

n) $f(x) = 2\sin(3x-4)$

o) $f(x) = 3\cdot\sin(-x)$

5.

a) $f(x) = \sqrt{2}\cdot\left(\sqrt{3}x+2\right)^3$

b) $f(x) = \frac{1}{4}(4x-1)^3 + \frac{1}{2}(1-4x)^2$

c) $f(x) = \frac{1}{3}(3-0{,}5x)^4 - \frac{1}{5}(2x+0{,}3)^3$

d) $f(x) = \sqrt{2}\cdot\cos\left(\sqrt{3}x+5\right)$

6.

Berechne.

a) $\int_1^2 (4x+1)^2\,dx$

b) $\int_{-1}^{+1} \left(\frac{1}{3}x-4\right)^3 dx$

c) $\int_{-1}^{-4} (-3x+2)^4\,dx$

d) $\int_{+1}^{+2} \frac{1}{(3x+4)^2}\,dx$

e) $\int_{-1}^{-4} \frac{1}{(2x-1)^2}\,dx$

f) $\int_0^4 \frac{1}{\sqrt{2x+1}}\,dx$

g) $\int_{-1}^0 \frac{5}{(3-2x)^2}\,dx$

h) $\int_1^2 \left(\sqrt{6-3x}\right)^{-1} dx$

i) $\int_0^\pi \sin 2x\,dx$

j) $\int_0^\pi \cos 4x\,dx$

k) $\int_0^2 \left((2x+1)^2 + (2x+1)^3\right) dx$

l) $\int_0^1 \left(3(4x-3)^2 + 2(4x-3)^4\right) dx$

m) $\int_0^1 \left(\frac{1}{(3x+2)^2} + \frac{1}{\sqrt{3x+2}}\right) dx$

n) $\int_1^2 \left(\frac{4}{\sqrt{2x}} - (2x)^4\right) dx$

o) $\int_0^\pi \sin(4x+1)\,dx$

7.

Mithilfe linearer Substitution erkennst du
$\int_0^{\frac{\pi}{2}} \sin(2x)\,dx = \frac{1}{2}\int_0^\pi \sin x\,dx$.
Beschreibe, wie du den Graphen der Funktion f mit $f(x) = \sin 2x$ aus dem Graphen der Sinusfunktion erhältst. Erläutere dann anschaulich, warum die obige Gleichung gilt.

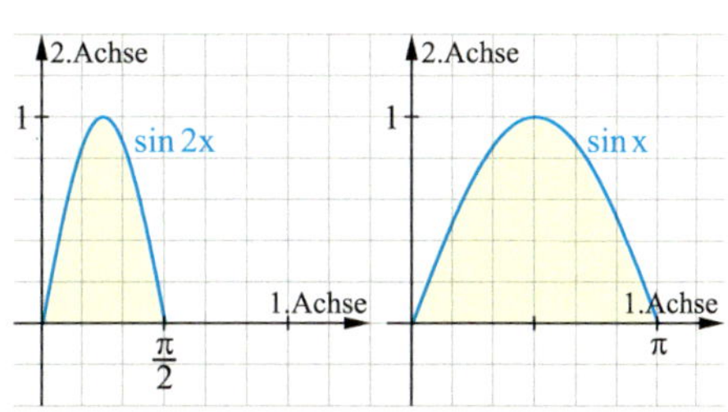

8.

a) Zeichne den Graphen der Funktion f mit $f(x) = \sqrt{25-x^2}$, $x \in [-5; 5]$, und bestimme $\int_0^5 f$ geometrisch.

▲ **b)** Begründe rechnerisch und geometrisch: $\int_0^5 \sqrt{25-x^2}\,dx = 25\int_0^1 \sqrt{1-x^2}\,dx$.

2.4 Vermischte Übungen

1.
Bilde die erste Ableitung von f.

a) $f(x) = 4 \cdot x^3 \cdot \sqrt{x}$
b) $f(x) = \frac{x^7}{28} - \frac{1}{x^2}$
c) $f(x) = \frac{x^3}{x^2 - 1}$
d) $f(x) = \sqrt{x^2 + 16}$
e) $f(x) = x \cdot \sqrt{x^4 + 1}$
f) $f(x) = (x^2 + 2x - 1)^3$
g) $f(x) = x^2 \cdot \cos x$
h) $f(x) = \frac{x^8}{16} + \frac{1}{x^2}$
i) $f(x) = \frac{x^3}{x^2 + 1}$
j) $f(x) = \sqrt{4x^2 + 25}$
k) $f(x) = \frac{\cos(3x - 2)}{\sqrt{x}}$
l) $f(x) = (2x^2 + 3x + 1)^5$

2.
Bestimme die Ableitung.

a) $f(x) = \sin(\pi x) \cdot \cos(2\pi x)$
b) $f(x) = \sqrt{5x + 4} \cdot \sqrt{9x - 4}$
c) $f(x) = \tan(4x + 5)$
d) $f(x) = (2x + 5)^2 \cdot \frac{1}{5x^2 - 3x + 4}$
e) $f(x) = \frac{(2x + 4)^2 \cdot \sqrt{x + 2}}{(x + 5)^2}$
f) $f(x) = \frac{\sin(2x + 4) \cdot \cos(3x - 4)}{\sin(2x + 5)}$
g) $f(x) = \frac{(x^2 + 5)^2 \cdot (3x - 4)^2}{(7x - 5)^2}$
h) $f(x) = \frac{\sqrt{x^2 + 5}}{(4x - 3)^2 \cdot \sqrt{x + 6}}$
i) $f(x) = \sqrt{x \cdot \sqrt{x + 2}}$
j) $f(x) = \sqrt{\cos \sqrt{x}}$
k) $f(x) = \sqrt{\frac{x}{x^2 + 1}}$
l) $f(x) = \sin^2(\pi x) \cdot \cos^2(\pi x)$

3.
An welcher Stelle ist die Tangente an den Graphen der Funktion f parallel zu der angegebenen Geraden?

a) $f(x) = \frac{x^2}{x + 1}$; $x + y = 1$
b) $f(x) = \frac{1 + x}{2 + x}$; $6x - 4y = 10$
c) $f(x) = -\frac{1}{x^2}$; $6y - x = 1$
d) $f(x) = \frac{2x}{1 + 2x}$; $\frac{1}{2}x - \frac{2}{5}y = 2$

4.
Führe eine Funktionsuntersuchung durch:

a) $f(x) = \frac{1}{x^2 + 1}$
b) $f(x) = \frac{2x}{x^2 + 1}$
c) $f(x) = \frac{x^2}{x^2 + 1}$

5.
Bestimme Extrempunkte und Wendepunkte der Funktion f mit $f(x) = \sqrt{x^2 + 1}$. Bestimme dann $\lim\limits_{x \to +\infty} f'(x)$ und $\lim\limits_{x \to -\infty} f'(x)$. Was folgt daraus für den Graphen?

6.
Zwei Bretter gleicher Breite sind aneinandergesetzt. Wie groß muss der Winkel zwischen ihnen sein, damit die entstehende Rinne ein möglichst großes Volumen hat.

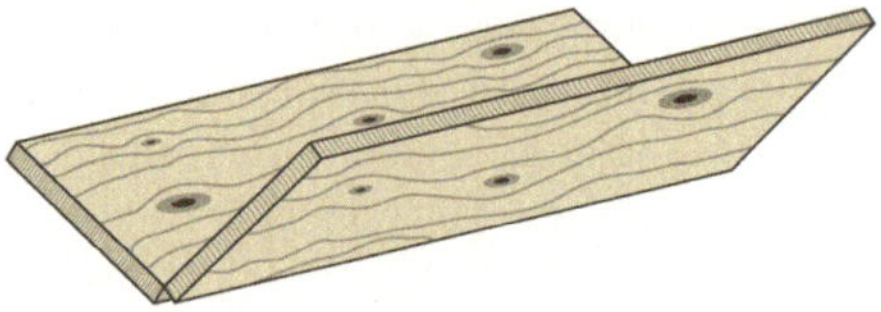

7.
Zeige: Der Graph der Funktion $x \mapsto \frac{\tan x}{\tan(x + c)}$ hat an der Stelle $\frac{\pi}{4} - \frac{c}{2}$ eine horizontale Tangente.

8.
Gib eine Stammfunktion der gegebenen Funktion an.

a) $f(x) = (x+3)^7$
b) $f(x) = (2x-4)^5$
c) $f(t) = (3-2t)^6$
d) $f(x) = \frac{1}{2\sqrt{7x-3}}$
e) $g(s) = -\frac{1}{(2x-5)^2}$
f) $f(x) = \sin(2x)$
g) $h(t) = \cos(2t-4)$
h) $f(x) = \sin(2-3x)$
i) $f(x) = \frac{1}{(5-4x)^2}$

9.
Berechne das Integral.

a) $\int_0^2 (x-5)^3\,dx$
b) $\int_{-2}^1 (3x-2)^4\,dx$
c) $\int_0^\pi \sin(2x-\pi)\,dx$
d) $\int_{-7}^0 \frac{1}{2\sqrt{x+7}}\,dx$
e) $\int_1^5 \frac{1}{(2x-3)^2}\,dx$
f) $\int_\pi^{2\pi} \cos\left(\frac{1}{2}x\right)\,dx$

10.
Gegeben sind die quadratischen Funktionen mit $f(x) = (x+3)^2$ und $g(x) = -(x+5)^2 + 4$.
a) Zeichne die Graphen in ein gemeinsames Koordinatensystem.
b) Die beiden Graphen umschließen ein Flächenstück.
Berechne dessen Flächeninhalt.

11.
Gegeben ist die Funktion f mit $f(x) = \frac{1}{4}(x-3)^4$.
a) Zeichne den Graphen der Funktion.
b) Der Graph schließt mit der 1. Achse ein Flächenstück ein.
Berechne dessen Flächeninhalt.

12.
Die Reaktionsgeschwindigkeit r einer chemischen Reaktion lasse sich mithilfe der Formel $r(t) = \left(\frac{a}{1+bt}\right)^2$ beschreiben. $m(t)$ sei die Masse der zum Zeitpunkt t noch vorhandenen Substanz. Zum Zeitpunkt $t = 0$ sei 1 kg Substanz vorhanden. *Beachte:* $m'(t) = r(t)$.
Berechne $m(t)$.

13.
Ein Lichtstrahl gehe von A aus und gelange über P an der Wasseroberfläche zu einem Punkt B im Wasser. Seine Geschwindigkeit in Luft sei v_1 und in Wasser v_2.

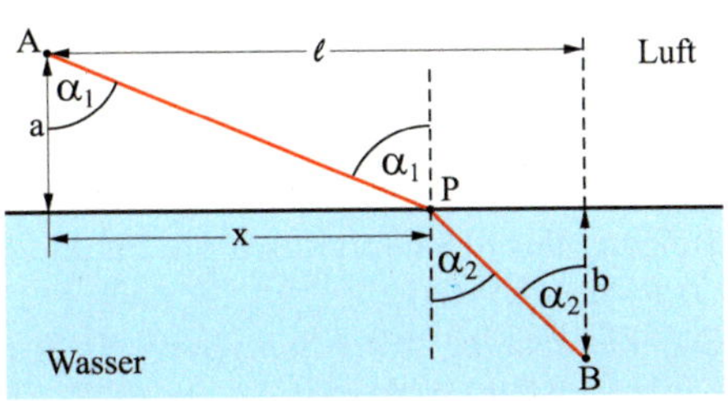

a) Zeige, dass für die Zeit $t(x)$, die der Lichtstrahl benötigt, gilt:
$$t(x) = \frac{\sqrt{x^2+a^2}}{v_1} + \frac{\sqrt{(e-x)^2+b^2}}{v_2}$$
b) Zeige, dass $t(x)$ genau dann minimal ist, wenn das Brechungsgesetz gilt: $\frac{\sin\alpha_1}{\sin\alpha_2} = \frac{v_1}{v_2}$.
c) Zeige für die Reflexion eines Lichtstrahls an einem Spiegel: Wenn die Zeit, die der Strahl benötigt, um von A über P nach B zu gelangen, minimal ist, dann gilt das Reflexionsgesetz:
Einfallswinkel α_1 = Ausfallswinkel α_2

3. EXPONENTIAL- UND LOGARITHMUSFUNKTIONEN

Täglich gibt es Pressemeldungen über das Anwachsen verschiedener Größen:

Bodenversiegelung führt zu Umweltschäden
In Deutschland wird zur Zeit jährlich eine Fläche von der Größe des Bodensees überbaut. Wenn der Boden weiter in diesem Tempo unter Teer und Beton verschwände, wäre Deutschland in 500 Jahren ganz überbaut.

Wasserhyazinthen überwuchern Victoriasee
Vor nur 10 Jahren wurde diese südamerikanische Schwimmpflanze erstmals im Victoriasee gesichtet. Heute hält sie das zweitgrößte Süßwasserbecken der Welt im Würgegriff: Alle 20 Tage verdoppelt sich die bedeckte Fläche.

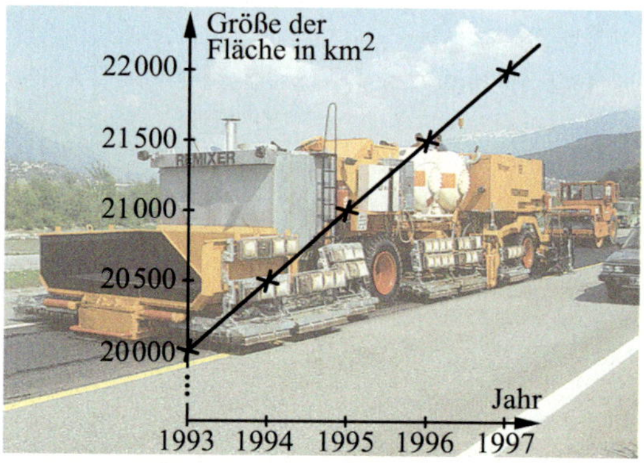

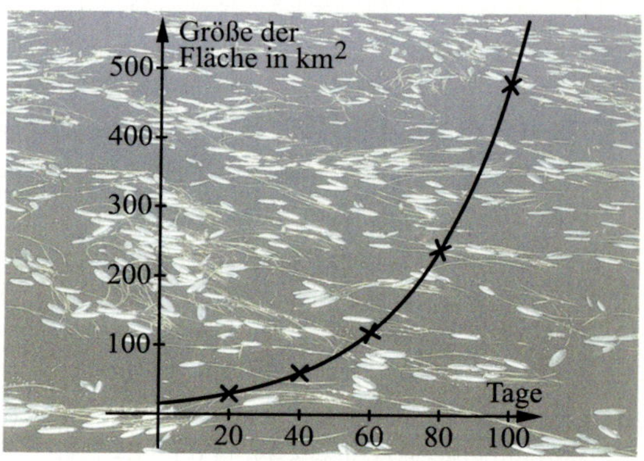

Ein jährliches Anwachsen der versiegelten Bodenfläche um den gleichen Betrag bedeutet eine konstante Wachstumsgeschwindigkeit. Dieses lineare Wachstum ermöglicht einfache Prognosen.
Das Wachstum der Wasserhyazinthen verläuft exponentiell, da alle 20 Tage eine Verdoppelung stattfindet. Da täglich ein größer werdender Betrag hinzukommt, ist die Wachstumsgeschwindigkeit nicht konstant. Prognosen überraschen häufig: Bei diesem Wachstum benötigen Wasserhyazinthen Jahre, um den Victoriasee zur Hälfte zu bedecken, danach nur noch 20 Tage für die 2. Hälfte, also den Rest.
Das Wachstum der Wasserhyazinthen sei durch die Funktion beschrieben, die jedem Zeitpunkt x die Größe f (x) der bedeckten Fläche zuordnet.
Die *mittlere Wachstumsgeschwindigkeit* im Zeitintervall $[x, x+h]$ ist die Flächenzunahme pro Zeitspanne:

$$\frac{f(x+h)-f(x)}{x+h-x} = \frac{f(x+h)-f(x)}{h}$$

Geometrisch bedeutet dieser Differenzenquotient die Steigung der Sekanten durch die Punkte $P(x \mid f(x))$ und $Q(x+h \mid f(x+h))$.
Die *momentane Wachstumsgeschwindigkeit* zum Zeitpunkt x ist der Grenzwert:

$$\lim_{h \to 0} \frac{f(x+h)-f(x)}{h} = f'(x)$$

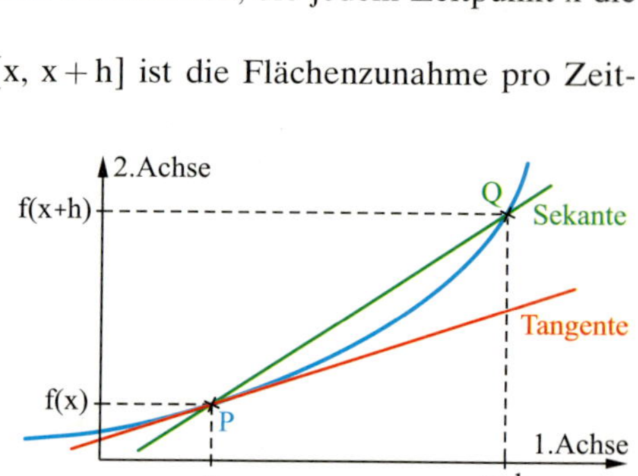

Geometrisch bedeutet dies die Steigung der Tangenten an den Graphen im Punkt $P(x \mid f(x))$.
Zur Bestimmung der Wachstumsgeschwindigkeit exponentieller Prozesse benötigen wir also die Ableitung der Exponentialfunktion. Diese zu bestimmen ist der zentrale Inhalt dieses Kapitels.

3.1 Exponential- und Logarithmusfunktionen – Eigenschaften

3.1.1 Exponentialfunktionen $x \mapsto b^x$

Aufgabe 1 **a)**

Iod-Gewinnung aus dem Meer

Das seltene Element Iod kommt im Meerwasser vor. Algen reichern es in ihrem Organismus an, bis 20 g je kg Trockenmasse. Daher züchtet man zur Iod-Gewinnung spezielle Algen in ca. 30 m Tiefe. Diese wachsen sehr schnell: Eine Anpflanzung verdoppelt wöchentlich ihre Höhe.

Betrachte die Algenhöhe y (in dm) als Funktion der Zeit x (in Wochen).
Nimm dazu an, dass die Anpflanzung am Anfang der Beobachtung 1 dm hoch ist.

(1) Stelle in einer Wertetabelle zusammen, wie hoch die Anpflanzung vor 3, vor 2, vor 1 Woche war und wie hoch sie in 1, in 2, in 3 Wochen sein wird.

(2) Gib eine Funktionsgleichung und eine Zuordnungsvorschrift an.

(3) Zeichne den Graphen der Funktion.

b)

Iod in der Szintigraphie

Zur Untersuchung von Tumoren erhält ein Patient intravenös ein Medikament mit radioaktivem Iod. Dieses reichert sich im kranken und gesunden Gewebe unterschiedlich stark an, sodass mit der von ihm ausgesandten radioaktiven Strahlung Lage und Größe von Tumoren erkannt werden kann.
Das verwendete radioaktive Iod-Isotop ^{131}I zerfällt nur langsam: wöchentlich halbiert sich seine Menge.

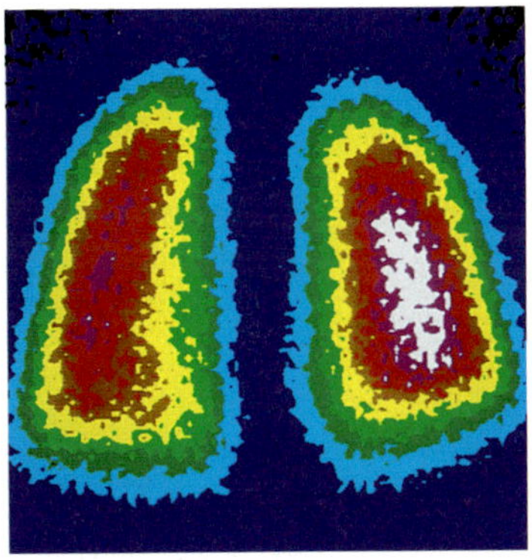

Betrachte die Menge y an radioaktivem Iod (in mg) als Funktion der Zeit x (in Wochen). Nimm an, dass am Anfang 1 mg vorhanden ist.

(1) Stelle in einer Wertetabelle zusammen, welche Menge an radioaktivem Iod nach 1, nach 2, nach 3 Wochen noch vorhanden ist. Trage auch ein wieviel Iod vor 3 Wochen, vor 2 Wochen, vor 1 Woche vorhanden gewesen sein muss, damit zu Beobachtungsbeginn noch 1 mg vorliegt.

(2) Gib eine Funktionsgleichung und eine Zuordnungsvorschrift an.

(3) Zeichne den Graphen der Funktion.

c) Gib Gemeinsamkeiten und Unterschiede der beiden Funktionen aus den Teilaufgaben a) und b) an.

Lösung

a) (1)

Zeitspanne x (in Wochen)	Höhe y (in dm)
−3	0,125
−2	0,25
−1	0,5
0	1
1	2
2	4
3	8

(2) $y = 2^x$ bzw. $x \mapsto 2^x$

(3)

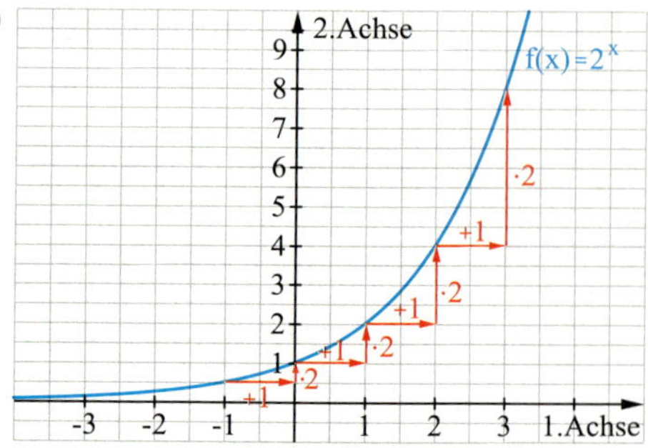

b) (1)

Zeitspanne x (in Wochen)	Menge y (in mg)
−3	8
−2	4
−1	2
0	1
1	0,5
2	0,25
3	0,125

(2) $y = \left(\frac{1}{2}\right)^x$ bzw. $x \mapsto \left(\frac{1}{2}\right)^x$

(3)

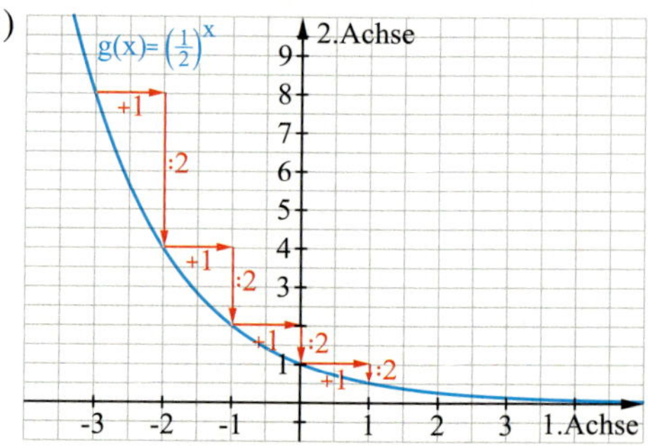

c) Sowohl die Funktion f mit $f(x) = 2^x$ als auch die Funktion g mit $g(x) = \left(\frac{1}{2}\right)^x$ haben als Definitionsbereich $\mathbb{R}$ und die Wertemenge $\mathbb{R}^+$.
Die Funktion f ist streng monoton wachsend; die Funktion g ist streng monoton fallend. Der Graph von f schmiegt sich an den negativen Teil der 1. Achse an, der von g an den positiven Teil. Beide Graphen treffen dennoch nicht die 1. Achse, kommen ihr aber beliebig nahe. Jedesmal, wenn man das Argument x um 1 vergrößert, wird der zugehörige Funktionswert mit einem festen Faktor multipliziert: bei f mit 2, bei g mit $\frac{1}{2}$.

Weiterführende Aufgaben

2. *Lineares Wachstum*

Bei einer Betriebsfeier hat ein Betriebsangehöriger um 20 Uhr schon einen Blutalkoholgehalt von 2‰. Danach trinkt er keinen Alkohol mehr. Sachverständige gehen davon aus, dass stündlich 0,2 Promillepunkte Alkohol im Körper abgebaut werden.

a) Betrachte den Blutalkoholgehalt (in ‰) als Funktion der Zeit (in Stunden) und gib die Funktionsgleichung an.

b) Ab einem Blutalkoholgehalt von 0,5‰ ist das Führen eines Fahrzeuges verboten. Darf der Betriebsangehörige um 2 Uhr nachts mit dem Auto fahren?

c) Welchen Alkoholgehalt hat er morgens um 7 Uhr noch im Blut?

3. *Zusammenhang zwischen der Exponentialfunktion $x \mapsto b^x$ und $x \mapsto \left(\frac{1}{b}\right)^x$*

a) Zeichne die Graphen zu $x \mapsto b^x$ und $x \mapsto \left(\frac{1}{b}\right)^x$ in dasselbe Koordinatensystem. Wähle (1) $b = 3$ und (2) $b = 4$.

b) Welcher Zusammenhang besteht zwischen dem Graphen von $x \mapsto b^x$ und dem von $x \mapsto \left(\frac{1}{b}\right)^x$?

Information **(1) Wachstumsvorgänge**

Wachstumsvorgänge kann man mithilfe von Funktionen beschreiben. Zwei Möglichkeiten zur Modellierung solcher Vorgänge sind besonders wichtig.

(a) Lineares Wachstum

Beim linearen Wachstum wird bei einer gleichen Zunahme der x-Werte um s immer der gleiche Summand d zu den zugehörigen Funktionswerten addiert.

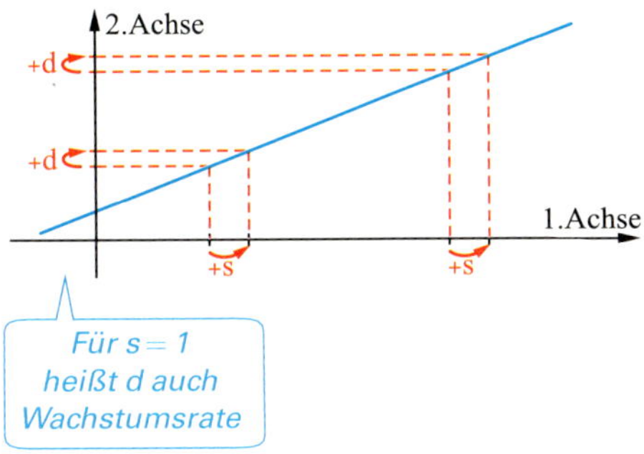

(b) Exponentielles Wachstum

Beim exponentiellen Wachstum werden bei einer gleichen Zunahme der x-Werte um s die zugehörigen Funktionswerte immer mit dem gleichen Faktor a multipliziert.

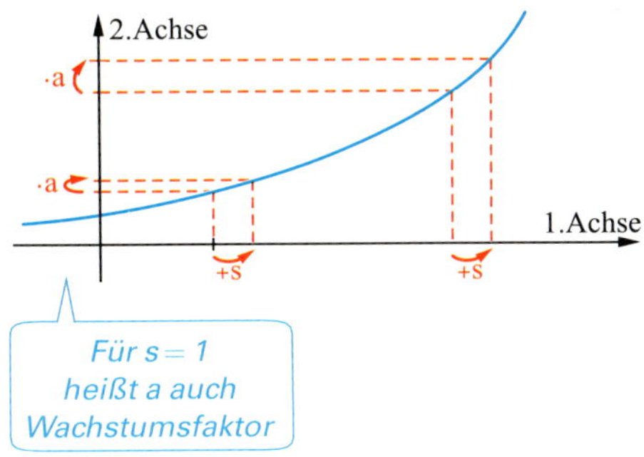

(2) Definition der Exponentialfunktionen

Definiton 1
Die Funktion f mit $f(x) = b^x$ und $b \in \mathbb{R}^+ \setminus \{1\}$ heißt **Exponentialfunktion** zur **Basis** b.

Als Definitionsbereich legen wir, wenn nichts anderes vereinbart ist, $\mathbb{R}$ zugrunde.

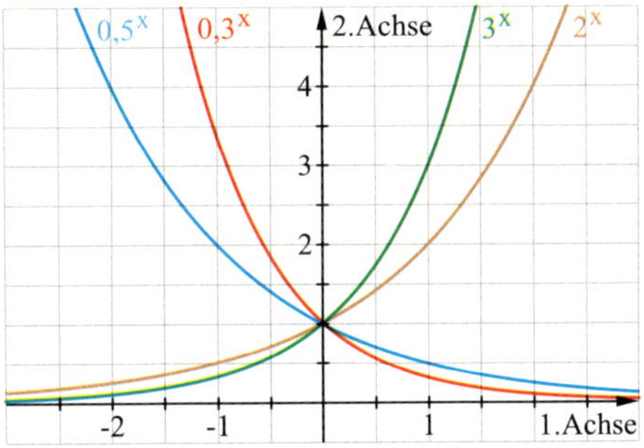

(3) Eigenschaften der Exponentialfunktionen

Satz 1:
Für jede Exponentialfunktion f mit $f(x) = b^x$ gilt:

(a) Für $b > 1$ ist f streng monoton wachsend für $0 < b < 1$ fallend.

(b) Der Wertebereich von f ist $\mathbb{R}^+$.

(c) Die 1. Achse ist Asymptote des Graphen von f.

(d) Aus dem 1. Potenzgesetz $(b^{x+s} = b^x \cdot b^s)$ folgt unmittelbar:
Erhöht man x jeweils um dieselbe Schrittweite s, so muss man den zugehörigen Funktionswert b^x mit demselben Faktor b^s multiplizieren.
(*Grundeigenschaft der Exponentialfunktionen*)

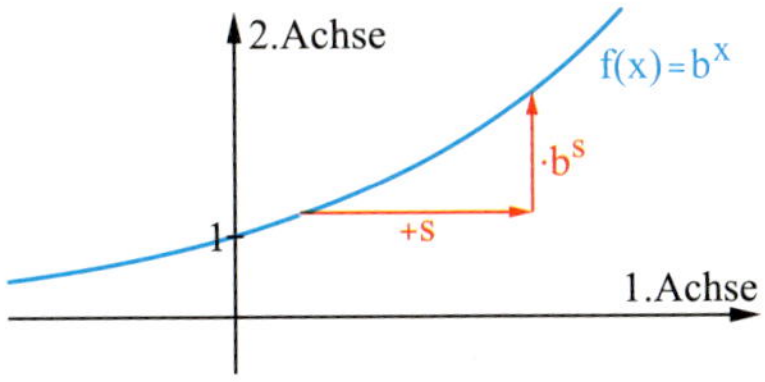

Stelle	Funktionswert
x	b^x
$x+s$ (+s)	b^{x+s} (·b^s)

(4) Zusammenhang zwischen Exponentialfunktionen

Es gilt $\left(\frac{1}{b}\right)^x = \frac{1}{b^x} = b^{-x}$. Der Funktionsterm $\left(\frac{1}{b}\right)^x$ entsteht also aus dem Term b^x, indem x durch $-x$ ersetzt wird. Dies bedeutet:

Satz 2:
Der Graph der Exponentialfunktion von $y = \left(\frac{1}{b}\right)^x$ geht aus dem Graphen von $y = b^x$ durch Spiegelung an der 2. Achse hervor.

Beachte: Spiegelung an der 2. Achse bedeutet Übergang von x zu $-x$.

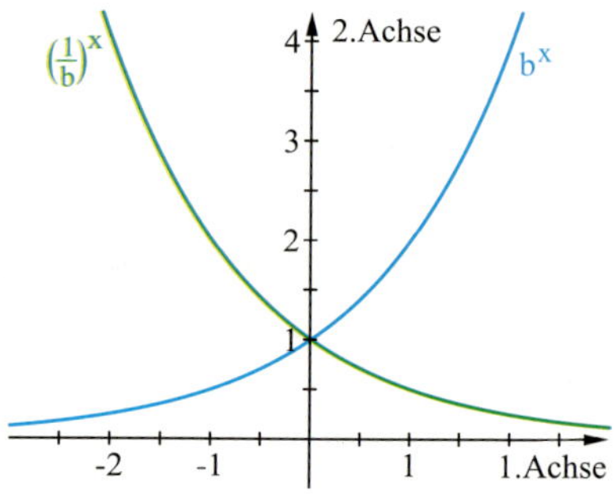

Übungsaufgaben

4.
Berechne einige Werte mit dem Taschenrechner und zeichne den Graphen von $y = 2^x$ im Intervall [0; 12]. Wähle dabei als Einheiten 1 cm auf der ersten und $\frac{1}{1000}$ cm auf der zweiten Koordinatenachse.

5.
a) Begründe die folgende Faustregel für die Exponentialfunktion mit $y = 2^x$:
Ein Zuwachs eines x-Wertes um 10 bewirkt ungefähr eine Vertausendfachung des Funktionswertes.

b) Berechne angenähert den Funktionswert von $y = 2^x$ an der Stelle 36. Wähle 1 cm als Einheit und vergleiche diesen Funktionswert mit der Entfernung Erde – Mond ($\approx$ 384 000 km).

GTR **6.**
a) Zeichne die Graphen der Funktionen von:
(1) $y = 3^x$ (2) $y = 4^x$ (3) $y = 0{,}25^x$ (4) $y = 0{,}4^x$

b) Gib Gemeinsamkeiten und Unterschiede dieser Funktionen an.

c) Formuliere allgemein Eigenschaften für die Funktion mit $y = b^x$. Welchen Einschränkungen unterliegt b und warum?

d) An welcher Stelle nimmt die Funktion den Wert 0,4 [0,7; 0,9; 1,4; 1,7; 3,5] an?

7.
a) Zeichne den Graphen von f mit $f(x) = 6^x$ im Intervall $[-2; 1]$.

b) Bestimme mithilfe dieses Graphens jeweils näherungsweise die Lösungsmenge von
(1) $6^x = 3$; (2) $1 \leq 6^x < 2$; (3) $-1 > 6^x > -3$; (4) $6^x \leq 6$.

c) Wähle die Schrittweite 1 und veranschauliche die Grundeigenschaft der Exponentialfunktionen am Graphen.

8.
Bei welcher Schrittweite verdoppelt sich der Funktionswert von f mit $f(x) = (\sqrt{2})^x$ jedesmal? Erstelle dazu im Intervall $[-2; 4]$ eine Wertetabelle und zeichne den Graphen von f.

9.
Die Exponentialfunktion $x \mapsto b^x$ gehe durch den Punkt P. Bestimme b.

a) $P(2\,|\,25)$ **c)** $P(-1\,|\,0{,}25)$ **e)** $P(-2{,}5\,|\,32)$
b) $P(1\,|\,7)$ **d)** $P\left(\frac{1}{2}\,\middle|\,\frac{1}{2}\cdot\sqrt{2}\right)$ **f)** $P\left(-\frac{2}{3}\,\middle|\,\frac{1}{4}\right)$

> $P(1{,}5\,|\,8)$:
> $b^{1{,}5} = 8$; d.h. $b^{\frac{3}{2}} = 8$
> somit $b = 8^{\frac{2}{3}} = \sqrt[3]{64} = 4$

10.
Röntgenstrahlen werden durch Bleiplatten abgeschwächt. Die Strahlungsintensität nimmt pro 1 mm Plattendicke um 5 % ab. Gehe von einer Strahlungsintensität 1 = 100 % aus. Gib die Funktion an, die der Plattendicke (in mm) die Restintensität zuordnet. Zeichne auch deren Graphen.

3.1.2 Allgemeine Exponentialfunktionen $x \mapsto a \cdot b^x$

Aufgabe 1 Eine bestimmte Bakterien-Art vermehrt sich so stark, dass die von ihr bedeckte Fläche sich stündlich verdoppelt.
Zu Beginn der Beobachtung ist in Schale A eine Fläche von 1 cm² von den Bakterien bedeckt, in Schale B nur 0,3 cm².

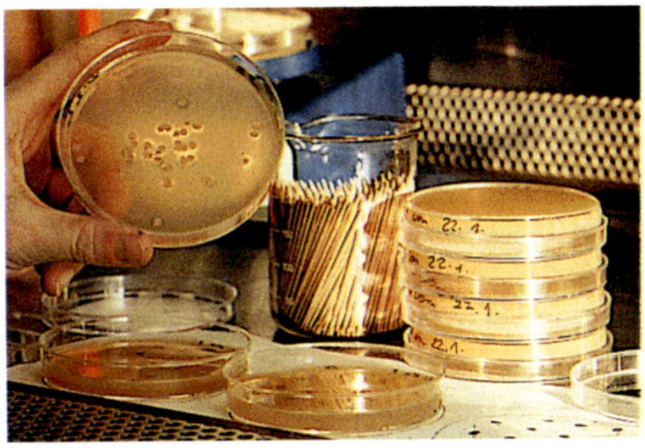

a) Notiere in einer Wertetabelle für beide Schalen die Größe der Fläche, die nach 1; 2; 3; 4 Stunden bedeckt ist.

b) Betrachte für beide Schalen die Größe der bedeckten Fläche (in cm²) als Funktion der Zeit (in h). Gib jeweils die Funktionsgleichung an.

c) Zeichne die Graphen der beiden Funktionen in dasselbe Koordinatensystem. Wie kann man den Graphen der Funktion für das Bakterienwachstum in Schale B aus dem für Schale A erhalten?

Lösung **a)**

Zeit x (in h)	0	1	2	3	4
Flächeninhalt in Schale A (in cm²)	1	2	4	8	16
Flächeninhalt in Schale B (in cm²)	0,3	0,6	1,2	2,4	4,8

b) Das Wachstum der Bakterien in Schale A wird beschrieben durch die Funktion mit der Gleichung $y = 2^x$. In Schale B beträgt die Größe der zu Beginn bedeckten Fläche nur das 0,3-fache der Größe der Fläche in Schale A. Da sich in beiden Schalen die Bakterienfläche stündlich verdoppelt, ist die Größe der Fläche in Schale B zu *jedem* Zeitpunkt das 0,3-fache der Größe der Fläche in A.
Also wird das Wachstum der Bakterien in Schale B durch die Funktion mit der Gleichung $y = 0{,}3 \cdot 2^x$ beschrieben.

c)

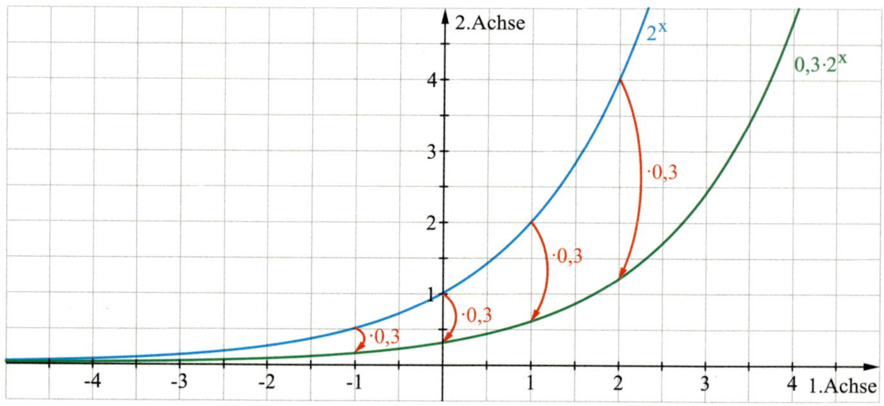

Jeder Funktionswert 2^x wird mit dem Faktor 0,3 multipliziert. Der Graph von $x \mapsto 0{,}3 \cdot 2^x$ geht daher aus dem Graphen von f mit $f(x) = 2^x$ durch *Streckung parallel zur 2. Achse* von der 1. Achse aus mit dem Faktor 0,3 hervor.

Information **(1) Definition der allgemeinen Exponentialfunktionen**

Definition 2
Wir bezeichnen eine Funktion f mit $f(x) = a \cdot b^x$ wobei $a \in \mathbb{R}^+$, $b \in \mathbb{R}^+ \setminus \{1\}$, als **allgemeine Exponentialfunktion zur Basis** b.

Es gilt für $x = 0$: $f(0) = a \cdot b^0 = a \cdot 1 = a$. Daher nennt man auch die Zahl a den *Anfangswert* der Exponentialfunktion. Er gibt an, wo der Graph die zweite Achse schneidet.

(2) Eigenschaften der allgemeinen Exponentialfunktionen

Alle Graphen zu $x \mapsto a b^x$ für $a \in \mathbb{R}^+$ gehen aus den Graphen zu $x \mapsto b^x$ durch Streckung parallel zur 2. Achse mit dem positiven Faktor a hervor. Daher gilt Satz 1 von Seite 93 entsprechend auch für die Funktionen $x \mapsto a b^x$.
Insbesondere gilt auch für die allgemeinen Exponentialfunktionen die *Grundeigenschaft:* Jedes Mal, wenn man x um dieselbe Schrittweite s vergrößert, wird der zugehörige Funktionswert mit b^s multipliziert.

Stelle	Funktionswert
x	$a \cdot b^x$
$+s$ → $x + s$	$a \cdot b^{x+s}$ ← $\cdot b^s$

Beweis durch Anwenden der Potenzgesetze:
$a b^{x+s} = a (b^x b^s) = (a b^x) b^s$

Übungsaufgaben

2.

a) Zeichne den Graphen von $y = \frac{1}{2} \cdot 3^x$ $\left[\text{von } y = \frac{5}{3} \cdot 3^x\right]$ und vergleiche mit dem Graphen von $x \mapsto 3^x$. Gib Eigenschaften der Funktion zu $y = \frac{1}{2} \cdot 3^x$ $\left[y = \frac{5}{3} \cdot 3^x\right]$ an.

b) Gegeben sei die Exponentialfunktion mit der Gleichung $y = \frac{1}{2} \cdot 3^x$.
Mit welchem Faktor multipliziert sich y, wenn x um 2 [um 0,5; um 1,5; um 0,7] wächst?
Lege dazu eine Tabelle mit 4 Zeilen an, ausgehend von der Stelle -1.

GTR **3.**

a) Zeichne die Graphen der Funktionen mit (1) $y = 3 \cdot 2^x$, (2) $y = 0.5 \cdot 2^x$, (3) $y = -3 \cdot 2^x$ und vergleiche ihren Verlauf mit dem Graphen von $y = 2^x$. Wie gehen die Graphen aus dem von $y = 2^x$ hervor?

b) Formuliere eine Regel, wie der Graph von $y = a \cdot b^x$ aus dem Graphen von $y = b^x$ hervorgeht.

4.

Das Wachstum einer Hefekultur wird durch nebenstehende Tabelle beschrieben: Nach x Stunden sind y cm² bedeckt. Welche Funktion kann dieses Wachstum beschreiben?

x	0	0,5	1	2	−1	−2
y	2,5	4,3	7,5	22,5	0,8	0,3

5.

Die Exponentialfunktion $x \mapsto a \cdot b^x$ gehe durch die Punkte P und Q. Bestimme a und b.

a) P(1 | 6), Q(2 | 18)

b) P(−1 | 0,3), Q(2 | 37,5)

c) P(4 | 12,5), Q(−1 | 0,8)

d) $P\left(\frac{1}{2} \mid 3\right)$, Q(2 | 18)

P(−1 | 0,75); Q(0,5 | 6)

$a \cdot b^{-1} = 0{,}75$, d.h. $a = \frac{3}{4}b$,

und $a \cdot b^{0{,}5} = 6$

Also $\frac{3}{4}b \cdot b^{0{,}5} = 6$, $b^{1{,}5} = 8$, $b^{\frac{3}{2}} = 8$,

$b = \sqrt[3]{8^2}$, $b = 4$

Damit ist $a = \frac{3}{4} \cdot 4 = 3$

Aktuelle Daten im Internet unter http://www.census.gov/ipc/www/idbsum.html

6.

Die Erdbevölkerung wächst derzeit ungefähr exponentiell:
Wenn wir mit t die Maßzahl der Zeit bezeichnen, gemessen in Jahren, beginnend Anfang 2000, und mit N die Bevölkerungszahl der Erde, gemessen in Milliarden, so gilt derzeit ungefähr $N = 6{,}02 \cdot 1{,}014^t$.

a) Berechne die Bevölkerungszahl für die Jahre 2001 bis 2020 und stelle das Wachstum der Erdbevölkerung grafisch dar.

b) Wann ungefähr wird sich die Bevölkerungszahl gegenüber dem Jahr 2000 verdoppelt [vervierfacht] haben, wenn das Wachstum so weitergeht wie bisher?

c) Wenn die Erdbevölkerung weiterhin so wächst, wie viele Menschen leben dann im Jahre 2080 [2120] auf der Erde?

7.

a) Zeichne die Graphen der Funktionen mit $y = 3^x + 2$ und $y = 3^x - 1$; vergleiche ihren Verlauf mit dem Graphen von $y = 3^x$.
Wie gehen die Graphen aus dem zu $y = 3^x$ hervor?

b) Formuliere eine Regel, wie der Graph von $y = b^x + c$ aus dem Graphen von $y = b^x$ hervorgeht.

8.

a) Der Graph von $y = 4^x$ soll mit dem Faktor 0,5 parallel zur 2. Achse von der 1. Achse aus gestreckt und um 2 Einheiten nach unten verschoben werden. Gib den zugehörigen Funktionsterm an.

b) Wie müsste man den Funktonsterm 3^x verändern, wenn der Graph der Funktion um 2 Einheiten nach rechts verschoben werden soll?

9.

a) Führe folgende Abbildungen mit dem Graphen von $y = 2^x$ durch:

(1) Verschiebe ihn um 1 nach rechts.

(2) Strecke ihn mit dem Faktor $\frac{1}{2}$ parallel zur 1. Achse von der 2. Achse aus

b) Was fällt auf ? Begründe.

c) Wie muss man den Graphen von $y = 2^x$ verschieben, um den Graphen von $y = 4 \cdot 2^x$ zu erhalten?

10.

Beim Aufladen eines bestimmten Kondensators nimmt die Spannung nach dem Gesetz $U = 250 \cdot (1 - 0{,}5^t)$ zu. Dabei ist t die Zeit, gemessen in ms und U; die Spannung gemessen in V (Volt). Zeichne den Graphen der Funktion $t \mapsto U$ für $t \geq 0$ und gib an, durch welche geometrischen Abbildungen er aus dem Graphen von $t \mapsto 0{,}5^t$ entsteht.

3.1.3 Logarithmusfunktionen

Einführung

(1) Definition des Logarithmus

Bei Wachstumsvorgängen stellt man sich oft die Frage, wie lange es dauert, bis die anwachsende Größe einen bestimmten Wert y erreicht hat.
Beschreibt man das Wachstum durch eine Exponentialfunktion f mit $f(x) = b^x$, so ist zu einem vorgegebenen Funktionswert $f(x) = y$ die Stelle x gesucht, an der dieser Wert g erreicht wird.

6 000 000 000. Mensch
13. Okt. 1999 (dpa)
Rein rechnerisch überschritt die Weltbevölkerung heute die 6-Milliarden-Grenze. Wann werden 7 Mrd. Menschen auf der Erde leben?

Definition 3
Für $y \in \mathbb{R}^+$ und $b \in \mathbb{R}^+ \setminus \{1\}$ ist der **Logarithmus** $\log_b y$ **zur Basis b** derjenige Exponent, mit dem man b potenzieren muss, um y zu erhalten.

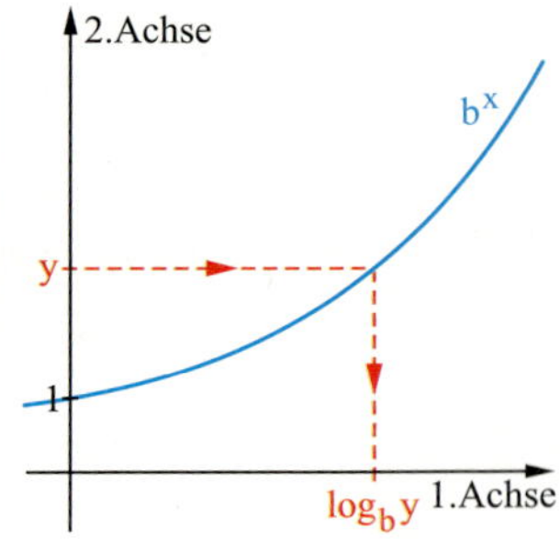

Beispiele:

$\log_2 8 = 3$, denn $2^3 = 8$ $\quad$ $\log_2 \frac{1}{4} = -2$, denn $2^{-2} = \frac{1}{2^2} = \frac{1}{4}$

$\log_2 1 = 0$, denn $2^0 = 1$ $\quad$ $\log_2 \sqrt{2} = \frac{1}{2}$, denn $2^{1/2} = \sqrt{2}$

(2) Zusammenhang zwischen Potenzieren und Logarithmieren

Das Logarithmieren ist neben dem Wurzelziehen eine andere Möglichkeit, das Potenzieren rückgängig zu machen: Beim Wurzelziehen wird die Basis der Potenz gesucht, beim Logarithmieren der Exponent.
Aus der Definition folgt unmittelbar:

Satz 3: Zusammenhang zwischen Potenzieren und Logarithmieren
Für alle $b \in \mathbb{R}^+ \setminus \{1\}$, $x \in \mathbb{R}$, $y \in \mathbb{R}^+$ gilt

(1) $\log_b (b^x) = x$

(2) $b^{\log_b y} = y$

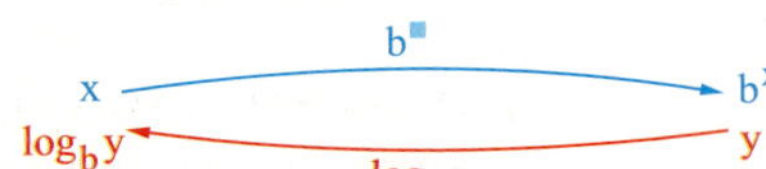

(3) Dekadischer Logarithmus

Der Logarithmus zur Basis 10 heißt **dekadischer Logarithmus.** Statt $\log_{10} x$ schreibt man kurz lg x. Er ist mit den meisten Taschenrechnern berechenbar.

Aufgabe 1

a) Zeichne den Graphen zu $y = 2^x$ in ein Koordinatensystem, bei dem du auf beiden Achsen die gleiche Skalierung wählst. Zeichne mithilfe dieses Graphen den Graphen der Funktion $y = \log_2 x$.

b) Gib Eigenschaften des Graphen zu $y = \log_2 x$ an.

c) Wie kann man diesen Graphen aus dem der Exponentialfunktion erhalten?

Lösung

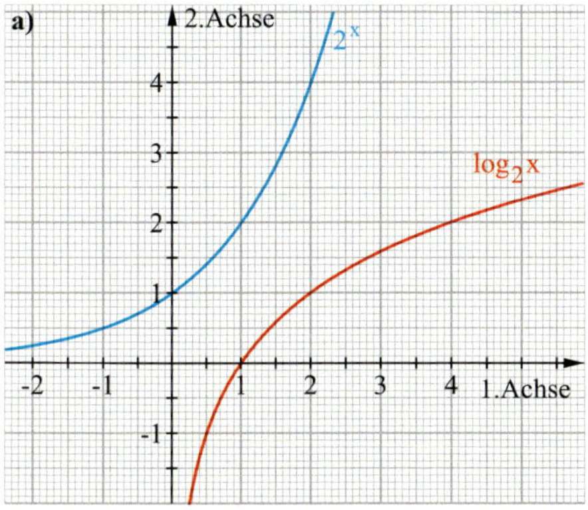

b) Der Graph schmiegt sich dem negativen Teil der 2. Achse an.
An der Stelle 1 schneidet er die 1. Achse
Der Graph steigt an; die Funktion ist streng monoton wachsend.

c) Der Graph zu $y = \log_2 x$ geht aus dem Graphen der Exponentialfunktion mit $y = 2^x$ durch Spiegeln an der Hauptwinkelhalbierenden w hervor.

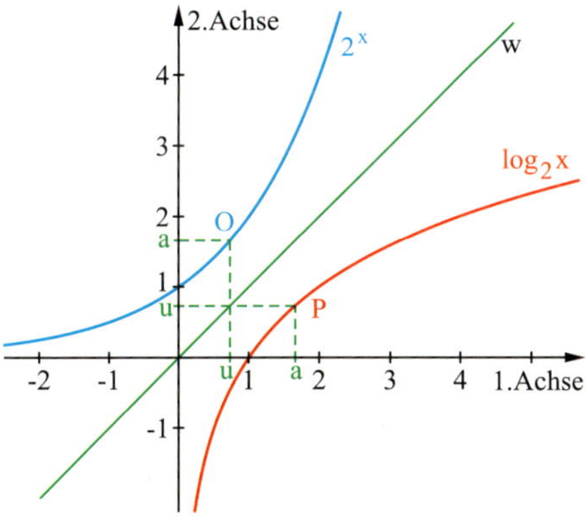

Information **(1) Definition der Logarithmusfunktion**

Definition 4
Die Funktion f mit $f(x) = \log_b x$, die jeder Zahl $x \in \mathbb{R}^+$ den zugehörigen Logarithmus zur Basis b zuordnet, heißt **Logarithmusfunktion** zur **Basis** b.

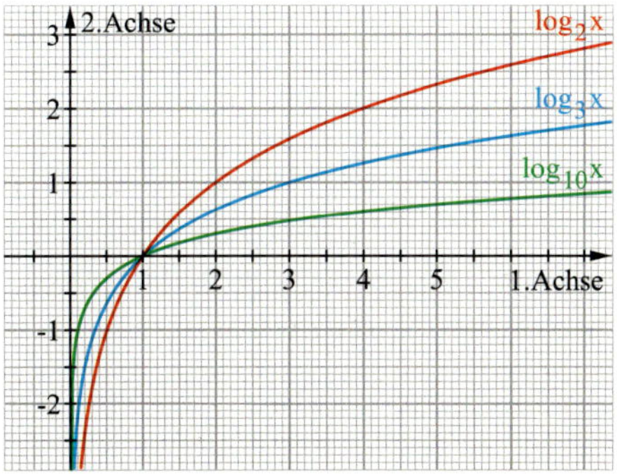

(2) Logarithmusfunktion als Umkehrfunktion der Exponentialfunktion

Aus der Definition der Logarithmen ergibt sich, dass die Logarithmusfunktion $x \mapsto \log_b x$ die Umkehrfunktion der Exponentialfunktion $x \mapsto b^x$ ist. Für die Graphen bedeutet das:

Satz 4
Der Graph der Logarithmusfunktion mit $y = \log_b x$ entsteht aus dem Graphen der Exponentialfunktion mit $y = b^x$ durch Spiegeln an der Hauptwinkelhalbierenden.
Dazu muss aber auf beiden Achsen die gleiche Skalierung verwendet werden.

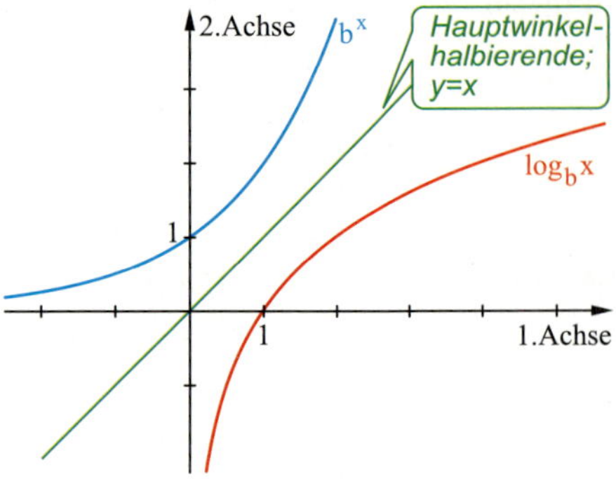

(3) Eigenschaften der Logarithmusfunktion

Aus den Eigenschaften der Exponentialfunktionen folgt unmittelbar:

Satz 5
Für jede Logarithmusfunktion f mit $f(x) = \log_b x$, wobei $x \in \mathbb{R}^+$ mit $b > 1$ gilt:

a) f ist streng monoton wachsend.

b) Der Wertebereich von f ist $\mathbb{R}$.

c) Die zweite Achse ist Asymptote des Graphen von f.

Weiterführende Aufgaben

2. *Logarithmengesetze*
Beweise mithilfe der entsprechenden Potenzgesetze.

Satz 6
Für alle $b \in \mathbb{R}^+ \setminus \{1\}$, $x, y \in \mathbb{R}^+$, $t \in \mathbb{R}$ gilt:

(1) $\log_b(x \cdot y) = \log_b x + \log_b y$

Der Logarithmus eines Produktes ist die Summe der Logarithmen der Faktoren.

(2) $\log_b\left(\frac{x}{y}\right) = \log_b(x) - \log_b(y)$

Der Logarithmus eines Quotienten ist die Differenz der Logarithmen von Dividend und Divisor.

(3) $\log_b(x^t) = t \cdot \log_b(x)$

Der Logarithmus einer Potenz ist das Produkt aus den Exponenten und der Logarithmus der Basis.

3. *Berechnen beliebiger Logarithmen mit dem Taschenrechner*

Die Berechnung beliebiger Logarithmen kann auf die Berechnung von dekadischen Logarithmen zurückgeführt werden.

a) Beweise dazu mithilfe der Logarithmengesetze:

> **Satz 7**
> Für alle $b \in \mathbb{R}^+ \setminus \{1\}$, $x \in \mathbb{R}^+$ gilt: $\log_b x = \frac{\lg x}{\lg b}$

b) Berechne damit $\log_2 3$, $\log_3 2$, $\log_5 0{,}8$, $\log_7 \sqrt{8}$.

4. *Verlauf des Graphen von $f(x) = \log_b x$ für $0 < b < 1$*

a) Zeichne die Graphen von $y = \log_2 x$ und $y = \log_{\frac{1}{2}} x$ in dasselbe Koordinatensystem.

b) Gib eine Vorschrift an, mit der man aus dem Graphen von $x \mapsto \log_b x$ den Graphen zu $x \mapsto \log_{\frac{1}{b}} x$ erhält. Begründe deine Antwort mithilfe der Umkehrfunktion.

c) Zeige, dass für $b > 1$ gilt: $\log_b x < 0$, falls $0 < x < 1$ und $\log_b x > 0$ falls $x > 1$.

d) Übertrage die Aussage von Teilaufgabe c) auf die Basis $\frac{1}{b}$.

Übungsaufgaben

5.

Bestimme die Logarithmenwerte:

(1) $\log_2 16$; (3) $\log_2 \sqrt[4]{8}$; (5) $\log_2 256$; (7) $\log_2 32768$; (9) $\log_2 \left(\frac{1}{2^b}\right)$;

(2) $\log_2 \frac{1}{2}$; (4) $\log_2 1$; (6) $\log_2 \sqrt[3]{0{,}25}$; (8) $\log_2 (2^a)$ (10) $\log_2 \sqrt[n]{2}$.

GTR **6.**

a) Bestimme mithilfe des Graphen von $f(x) = 2^x$ Näherungswerte für:

(1) $\log_2 0{,}6$ (2) $\log_2 1{,}4$ (3) $\log_2 2{,}3$ (4) $\log_2 3$

b) Bestimme durch systematisches Probieren einen Näherungswert für $\log_2 3$ auf vier Stellen hinter dem Komma. Setze dazu folgende Überlegung fort:

Wegen $2^1 = 2 < 3 < 4 = 2^2$ gilt $1 < \log_2 3 < 2$

Wegen $2^{1,5} = 2{,}828\ldots < 3 < 3{,}031\ldots = 2^{1,6}$ gilt $1{,}5 < \log_2 3 < 1{,}6$

Setze dies fort.

7.

Berechne.

a) $\log_3 9$; $\log_3 \frac{1}{27}$; $\log_3 (3^{\frac{4}{5}})$; $\log_3 \sqrt{3}$; $\log_3 \sqrt[4]{\frac{1}{3}}$;

b) $\log_4 2$; $\log_{27} 81$; $\log_4 0{,}0625$; $\log_5 \sqrt{0{,}008}$; $\log_{10} 0{,}1$;

c) $\log_b (\sqrt[3]{b^2})$; $\log_a (\sqrt{a^k})$; $\log_c \sqrt[3]{\frac{1}{c^2}}$; $\log_b \left(\frac{1}{\sqrt[4]{b^7}}\right)$ $\log_d \sqrt[n]{d^{-m}}$

8.

Bestimme die Lösungsmenge.

a) $\log_2 x = 5$ **c)** $\log_2 x = -2$ **e)** $\log_{10} x = 1$ **g)** $\log_b x = 2$

b) $\log_3 x = \frac{1}{2}$ **d)** $\log_{10} x = 0{,}4$ **f)** $\log_2 (x+1) = 2$ **h)** $\log_b x = -1$

9.
Für welche Basis b gilt jeweils:

a) $\log_b 4 = 2$
b) $\log_b 2 = 4$
c) $\log_b 17 = 1$
d) $\log_b 9 = 2$
e) $\log_b \sqrt{7} = \frac{1}{2}$
f) $\log_b 2 = 2$
g) $\log_b 5 = 1$
h) $\log_b 1 = 0$
i) $\log_b 10 = 0$
j) $\log_b 0{,}2 = -1$
k) $\log_b \frac{1}{9} = -2$
l) $\log_b \sqrt[3]{0{,}04} = -\frac{2}{3}$?

10.
a) Zeichne den Graphen von $x \mapsto \log_6 x$ im Intervall [0,5; 10] durch Spiegelung des Graphen der entsprechenden Exponentialfunktion.
b) Begründe: Die Funktion $x \mapsto \log_6 x$ wächst unbegrenzt.
Wo erreicht sie den Funktionswert 10 [100; 1000]?

11.
Bestimme $b > 1$ so, dass der Graph von $x \mapsto \log_b x$ durch den Punkt $P(2\,|\,0{,}5)$ geht.

12.
Begründe: $E(1\,|\,0)$ ist der einzige Punkt, den die Graphen je zweier Logarithmusfunktionen gemeinsam haben.

13.
Beweise: Für alle $b \in \mathbb{R}^+ \setminus \{1\}$, $x \in \mathbb{R}^+$ gilt: $\log_b\left(\frac{1}{x}\right) = -\log_b(x)$.

14.
Wende Logarithmenregeln an.

a) $\log_b (xy)^5$ **b)** $\log_b \sqrt[3]{\frac{a}{b}}$ **c)** $\log_b \frac{2a^2b^3}{c^4d^5}$ **d)** $\log_b \frac{\sqrt{x-y}}{x+y}$ **e)** $\log_b\left(\sqrt[4]{u} \cdot \sqrt[3]{v}\right)$

15.
Vereinfache mithilfe der Logarithmenregeln die angegebenen Terme.

a) $\log u + \log v - \log w$
b) $2 \log x_1 + \frac{1}{2} \log x_2$
c) $\frac{2}{3} \log r - \frac{3}{2} \log s$
d) $\log(x^2 - y^2) - 2\log(x + y)$

16.
Bestimme die Lösungsmenge.

a) $3^{x-1} = 120$
b) $5 \cdot 4^{2x+1} = 26$
c) $3^{x+1} = 2 \cdot 3^{2x}$
d) $5^x = 2 \cdot 7^{x-1}$
e) $22 \cdot 3^{x-3} = 9 \cdot 5^{3+x}$
f) $18 \cdot 2^{7x-1} = 2 \cdot 5^{2x-1}$
g) $2^{4x-3} \cdot 4^{2x+1} = 8^x$
h) $3^{3x+1} \cdot 9^{-2x} = 27^x$

$$
\begin{aligned}
3^{5x-1} &= 8 \\
\lg(3^{5x-1}) &= \lg 8 \\
(5x-1)\lg 3 &= \lg 8 \\
5x - 1 &= \frac{\lg 8}{\lg 3} \\
x &= \frac{1}{5}\left(\frac{\lg 8}{\lg 3} + 1\right) \approx 0{,}578
\end{aligned}
$$

GTR **17.**
a) Zeichne in dasselbe Koordinatensystem die Graphen zu $x \mapsto \log_2 x$ und $x \mapsto \log_2(3x)$.
b) Beschreibe wie der Graph zu $x \mapsto \log_2(3x)$ aus dem zu $x \mapsto \log_2 x$ hervorgeht.
c) Formuliere eine Regel, wie der Graph zu $x \mapsto \log_b(ax)$ aus dem Graphen zu $x \mapsto \log_b x$ hervorgeht.

3.2 Ableitung der Exponentialfunktionen

3.2.1 Die e-Funktion

Aufgabe 1 *Ableitung der Exponentialfunktion*

Genaue, große Zeichnung ist wchtig

a) Zeichne den Graphen zu $f_2(x) = 2^x$ und $f_3(x) = 3^x$. Zeichne darunter den Graphen der Ableitungsfunktion, indem du nach Augenmaß an mehreren Stellen des Graphen Tangenten anlegst und deren Steigung bestimmst.
Äußere eine Vermutung für die Ableitung.

b) Beweise diese Vermutung, indem du allgemein die Ableitung für $f_b(x) = b^x$ bestimmst.

Lösung

a) Der Graph der Ableitungsfunktion hat wieder die Form des Graphen einer Exponentialfunktion.
Der Graph von f_2' entsteht aus dem Graphen von f_2 durch Streckung parallel zur 2. Achse mit dem Faktor $\approx 0{,}7$, also $f_2'(x) \approx 0{,}7 \cdot 2^x$.
Der Graph von f_3' entsteht aus dem Graphen von f_3 durch Streckung parallel zur 2. Achse mit dem Faktor $\approx 1{,}1$, also $f_3'(x) \approx 1{,}1 \cdot 3^x$. Die Streckfaktoren lassen sich gut an der Stelle 0 ablesen. Sie stimmen also mit der jeweiligen Ableitung an der Stelle 0 überein.

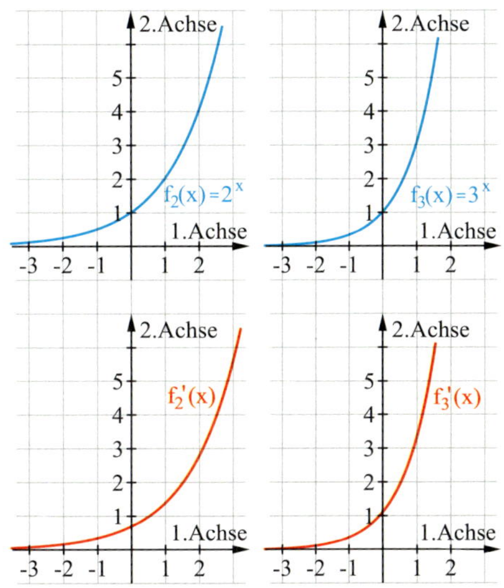

b) Wir wollen die Ableitung für $f_b(x) = b^x$ an der Stelle x bestimmen.
Die Steigung der Sekanten durch die Punkte $P(x \mid f_b(x))$ und $Q(x+h \mid f_b(x+h))$ ist gegeben durch den Differenzenquotienten

$$\frac{b^{x+h} - b^x}{(x+h) - x} = \frac{b^x \cdot b^h - b^x}{h}$$

$$= \frac{b^h - 1}{h} \cdot b^x$$

Für die Ableitung an der Stelle x ergibt sich daraus:

$$f_b'(x) = \lim_{h \to 0} \left(\frac{b^h - 1}{h} \cdot b^x \right)$$

$$= \left(\lim_{h \to 0} \frac{b^h - 1}{h} \right) \cdot b^x$$

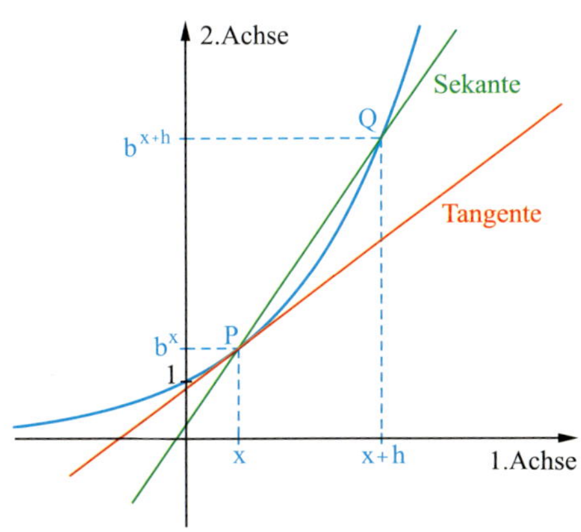

Dieser Term zeigt schon, dass sich der Graph zu f_b' durch Streckung parallel zur 2. Achse aus dem Graphen zu f_b erzeugen lässt.

Der Streckfaktor ist der Grenzwert $\lim\limits_{h \to 0} \frac{b^h - 1}{h} = \lim\limits_{h \to 0} \frac{b^h - b^0}{h - 0}$. Er lässt sich zu jedem b nur numerisch berechnen. Man erkennt aber, dass er die Ableitung der Funktion f_b an der Stelle 0 angibt. (Deren Existenz entnehmen wir der Anschauung.) Damit ergibt sich:

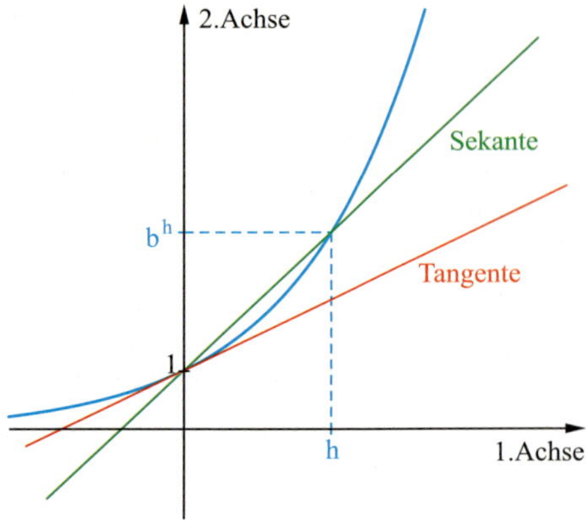

> Die Ableitung einer Exponentialfunktion mit $f_b(x) = b^x$, wobei $b \in \mathbb{R}^+ \setminus \{1\}$, ist $f_b'(x) = f_b'(0) \cdot b^x$, also eine parallel zur 2. Achse gestreckte Exponentialfunktion.

Aufgabe 2 *Exponentialfunktion, die mit ihrer Ableitung übereinstimmt*

Den Graphen der Ableitung zu $f_2(x) = 2^x$ erhalten wir durch Streckung mit einem Faktor kleiner 1 aus dem Funktionsgraphen, den zu $f_3(x) = 3^x$ durch Streckung mit einem Faktor größer 1. Wir suchen eine Exponentialfunktion $f_b\colon x \mapsto b^x$, die mit ihrer Ableitung übereinstimmt. Das bedeutet $f_b'(0) = 1$. Nähere die Ableitung $f_b'(0)$ durch den Differenzquotienten mit der Differenz $h = \frac{1}{1000}$ an. Bestimme damit einen Näherungswert für die Basis der Exponentialfunktion, die mit ihrer Ableitung übereinstimmt.

Lösung Der Differenzenquotient für $h = \frac{1}{1000}$ an der Stelle 0 ist $\frac{b^{\frac{1}{1000}} - 1}{\frac{1}{1000}} = 1000\left(b^{\frac{1}{1000}} - 1\right)$. Wir suchen die Basis b, für die dieser Differenzenquotient den Wert 1 hat. Wir wissen schon, dass dieser zwischen 2 und 3 liegt.

b	2,5	2,7	2,8	2,75	2,72
$1000\left(b^{\frac{1}{1000}} - 1\right)$	0,9167	0,9937	1,030	1,012	1,001

Die Exponentialfunktion $f_{2,72}(x) = 2{,}72^x$ stimmt recht gut mit ihrer Ableitung überein.

Information **(1) Ableitung der Exponentialfunktion $x \mapsto b^x$**

In Teilaufgabe 1 b wurde gezeigt:

> **Satz 8**
> Die Ableitung der Exponentialfunktion ist eine gestreckte Exponentialfunktion, also für $f_b(x) = b^x$ ist $f_b'(x) = f_b'(0) \cdot b^x$.
> Der Streckfaktor ist die Steigung an der Stelle 0.

(2) Definition der Eulerschen Zahl

Anschaulich ist klar, dass es eine Exponentialfunktion gibt, die mit ihrer Ableitung übereinstimmt, ihre Basis liegt in der Nähe von 2,72.

> **Definition 5**
> Diejenige Basis, für welche die zugehörige Exponentialfunktion mit ihrer Ableitung übereinstimmt, wird mit e bezeichnet und **Eulersche** Zahl genannt.

(3) Die Eulersche Zahl als Folgengrenzwert

Der Differenzenquotient zur Bestimmung der Ableitung $f_b'(0)$ der Exponentialfunktion $f_b: x \mapsto b^x$ im Intervall $[0; h]$ ist $\frac{b^h - b^0}{(0-h)-0} = \frac{b^h - 1}{h}$.

Setzt man $h = \frac{1}{n}$, ergibt sich daraus $\frac{b^{\frac{1}{n}} - 1}{\frac{1}{n}}$.

$h = \frac{1}{n}$ für $n \to \infty$ gilt $h \to 0$

Rechts ist die Basis e berechnet, für die für große n gilt: $\frac{e^{\frac{1}{n}} - 1}{\frac{1}{n}} \approx 1$.

$$\frac{e^{\frac{1}{n}} - 1}{\frac{1}{n}} \approx 1 \qquad | \cdot \frac{1}{n}$$

$$e^{\frac{1}{n}} - 1 \approx \frac{1}{n} \qquad | +1$$

$$e^{\frac{1}{n}} \approx 1 + \frac{1}{n} \qquad | \text{Potenzieren mit n}$$

$$e \approx \left(1 + \frac{1}{n}\right)^n$$

Man kann genauer zeigen:

Satz 9
Für die Eulersche Zahl gilt $e = \lim\limits_{n \to \infty} \left(1 + \frac{1}{n}\right)^n = 2{,}718281828459045\ldots$

Weiter kann man beweisen, dass die Eulersche Zahl eine *irrationale Zahl* ist; d.h. sie kann nicht als Bruch mit ganzzahligem Zähler und Nenner dargestellt werden.

(4) Definition der e-Funktion

Die Exponentialfunktion f mit $f(x) = e^x$ stimmt nach Definition mit ihrer Ableitung überein: $f'(x) = e^x$.
Sie ist geometrisch also dadurch gekennzeichnet, dass an jeder Stelle die Tangentensteigung gleich dem Funktionswert ist.

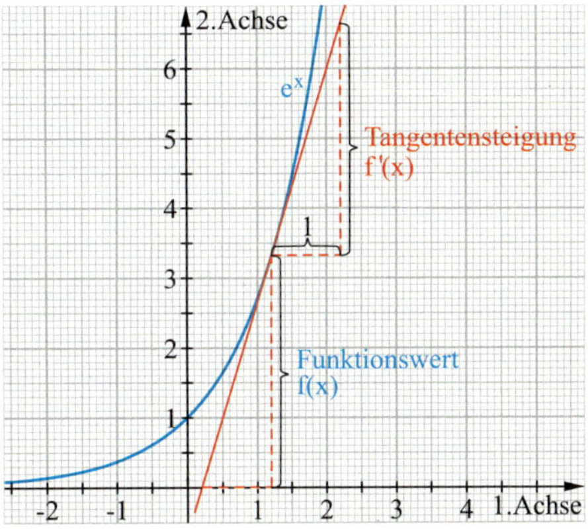

Definition 6
Die Exponentialfunktion mit $f(x) = e^x$ wird **e-Funktion** genannt.

Satz 10
Die e-Funktion mit $f(x) = e^x$ stimmt mit ihrer Ableitung überein: $f'(x) = f(x) = e^x$

Weiterführende Aufgaben

3. *Ableitung von* $f(x) = a \cdot e^{kx}$
Beweise mithilfe von Ableitungsregeln:

Satz 11
Für die Ableitung der Funktion f mit $f(x) = a \cdot e^{k \cdot x}$ $(a, k \in \mathbb{R})$ gilt: $f'(x) = k \cdot a \cdot e^{k \cdot x}$

4. *Stammfunktion von* $f(x) = e^x$
Gib eine Stammfunktion von $f(x) = e^x$ an und berechne damit $\int_3^5 e^x \, dx$.

Übungsaufgaben

5.

Betrachte die Exponentialfunktion f mit $f(x) = 2{,}5^x$.

a) Zeichne den Graphen der Funktion im Intervall $[-3; 3]$.

b) Bestimme an mehreren Stellen durch Einzeichnen von Tangenten die Steigung und zeichne damit den Graphen der Ableitungsfunktion.

c) Ermittle einen Term für die Ableitung
(1) aus der Zeichnung (2) rechnerisch.

6.

Betrachte die Exponentialfunktion $f\colon x \mapsto 2{,}7^x$.

a) Zeichne den Graphen der Funktion.

b) Bestimme Näherungswerte für die Ableitung von f an den Stellen $-2{,}5;\ -2;\ \ldots,\ 2;\ 2{,}5$ durch Berechnung des Differenzenquotienten für $h = -0{,}001$.

c) Zeichne den Graphen der Ableitungsfunktion in dasselbe Koordinatensystem.

CAS **7.**

Cornelia hat die Graphen der Ableitungsfunktionen verschiedener Exponentialfunktionen mit einem CAS-Taschenrechner gezeichnet. Sie behauptet:
„Die Ableitung einer Exponentialfunktion ist eine parallel zur 1. Achse verschobene Exponentialfunktion. Für Basen größer als 3 ist sie nach links verschoben; für Basen kleiner als 2,5 nach rechts."
Überprüfe diese Behauptung.

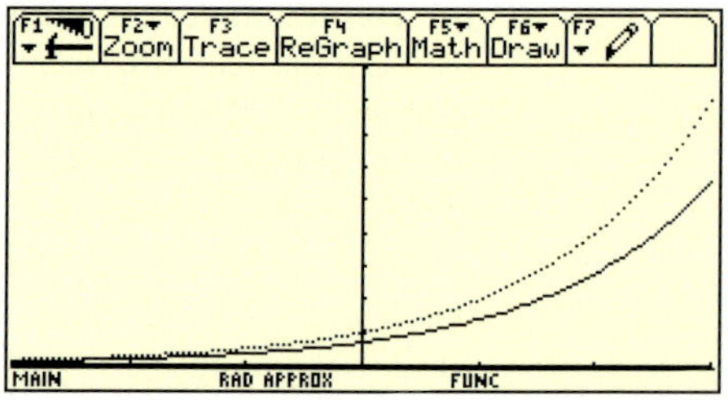

CAS **8.**

Zeichne mit einem CAS-Programm die Graphen verschiedener Exponentialfunktionen in ein Koordinatensystem, in dem auch die Gerade g zu $g(x) = 1 + x$ eingezeichnet ist. Ermittle einen Näherungswert für die Basis derjenigen Exponentialfunktion, deren Graph diese Gerade als Tangente an der Stelle 0 hat.

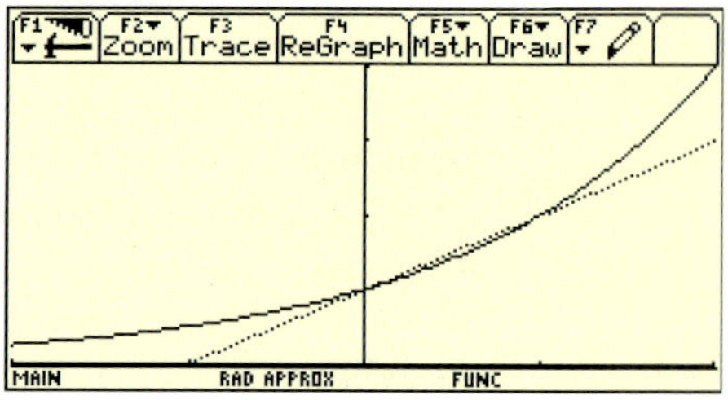

9.

Berechne $\left(1 + \frac{1}{n}\right)^n$ für $n = 50,\ 100,\ \ldots,\ 1\,000$ (Wertetabelle mittels Taschenrechner!).
Überlege, welcher dieser Werte wohl die Zahl e am genauesten annähert.
Begründe dies.

10.

Nils überlegt: „Der Term $1 + \frac{1}{n}$ hat als Grenzwert für $n \to \infty$ den Wert 1." Für jede beliebige Zahl n ist $1^n = 1$, also gilt: $\lim\limits_{n \to \infty} \left(1 + \frac{1}{n}\right)^n = 1$.
Nimm Stellung dazu.

11.
Zeichne den Graphen der e-Funktion.

12.
Zeichne den Graphen der Funktion und gib an, durch welche Abbildung(en) er aus dem Graphen der e-Funktion erhalten werden kann:

a) $x \mapsto e^x - 1$ **d)** $x \mapsto 1{,}5\, e^x$ **g)** $x \mapsto \frac{1}{3} e^x + 1$ **j)** $x \mapsto e^{2x}$

b) $x \mapsto e^x + 0{,}5$ **e)** $x \mapsto -e^x$ **h)** $x \mapsto 2e^x - 3$ **k)** $x \mapsto e^{\frac{1}{3}x}$

c) $x \mapsto \frac{1}{2} e^x$ **f)** $x \mapsto -\frac{1}{4} e^x$ **i)** $x \mapsto e^{-x}$ **l)** $x \mapsto e^{-\frac{1}{2}x}$

13.
Bilde die Ableitung [2. Ableitung].

a) $f(x) = e^{2x}$ **c)** $f(t) = e^{-t}$ **e)** $f(x) = 2e^x + x + 1$ **g)** $f(x) = a\,e^{ux+v} + c$

b) $f(t) = 3{,}5\, e^{2t+1}$ **d)** $g(x) = 2e^{-\frac{x}{2}}$ **f)** $f(x) = e^{kx}$ **h)** $f(x) = e^{-\frac{x+1}{d}}$

14.
Bilde die n-te Ableitung.

a) $f(x) = e^{-x}$ **b)** $f(x) = e^{5x} + x^{n-1}$ **c)** $f(t) = e^{\lambda t + 1}$ **d)** $f(t) = e^{-kt}$

15.
Berechne zu den Stellen -1; 0; 1; 2 die Gleichung der Tangente an den Graphen von $x \mapsto e^x$ [von $x \mapsto e^{0,5x}$; von $x \mapsto 3 \cdot e^{0,1x}$].
Wo schneidet diese jeweils die 1. Achse?

16.
In der Nähe des Punktes $P(0\,|\,1)$ unterscheidet sich der Graph der e-Funktion nur wenig von der Tangente. Erstelle hieraus eine Näherungsgleichung für e^x und berechne Näherungswerte für $e^{0,002}$; $e^{-0,001}$; $e^{0,1}$. Sind diese Werte größer oder kleiner als der genaue Wert?

17.
a) Beweise: Die Tangente an den Graphen der e-Funktion im Punkt $P(x\,|\,e^x)$ schneidet die 1. Achse an der Stelle $x - 1$.

b) Welche geometrische Konstruktion für die Tangente ergibt sich hieraus?

18.
Gib eine Stammfunktion F von f an.

a) $f(x) = e^x + 1$ **c)** $f(x) = e^{2x}$ **e)** $f(x) = e^{-x}$ **g)** $f(x) = e^{-x} - x$

b) $f(x) = e^{x+1}$ **d)** $f(x) = e^{2x-3}$ **f)** $f(x) = e^{-3x+2}$ **h)** $f(x) = e^{-2x} + e^{3x}$

19.
Berechne den Inhalt der Fläche unter dem Graphen von f über dem Intervall [0; 2].

a) $f(x) = e^x + x + 2$ **b)** $f(x) = 2 \cdot e^{x+1}$ **c)** $f(x) = e^x + e^{-x}$ **d)** $f(x) = e^{2x} + e^{-x}$

20.
Bestimme k so, dass das Integral den angegebenen Wert hat.

a) $\int_0^1 k e^x \,dx = e$ **b)** $\int_0^1 (e^x + kx)\,dx = 2$ **c)** $\int_0^k e^x \,dx = e$ **d)** $\int_0^2 k e^{kx}\,dx = e - 1$

3.2.2 Natürlicher Logarithmus und Ableitung der Exponentialfunktion

Einführung *Natürlicher Logarithmus*

Auch zur Exponentialfunktion zur Basis e gehört eine Logarithmusfunktion. Dieser Logarithmus zur Basis e hat einen besonderen Namen:

> **Definition 7**
> Der Logarithmus zur Basis e heißt **natürlicher Logarithmus** („logarithmus naturalis"); er wird mit ln bezeichnet:
>
> $\ln x = \log_e x$
>
> Die Funktion f mit $f(x) = \ln x$ mit $x \in \mathbb{R}^+$ nennt man **natürliche Logarithmusfunktion.**

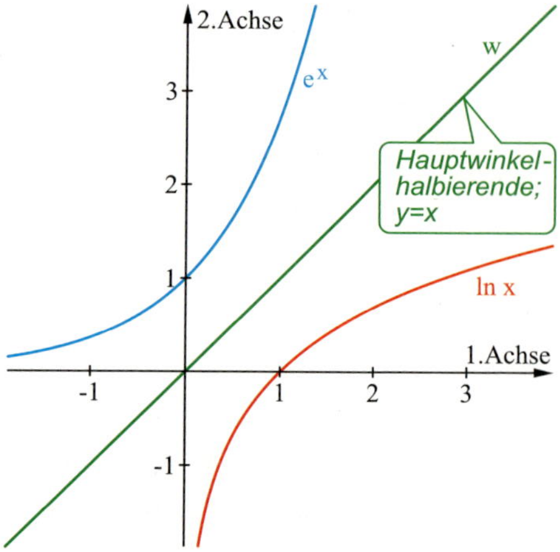

Die ln-Funktion ist die *Umkehrfunktion* der e-Funktion. Es gilt:

$\ln(e^x) = x$ (für alle $x \in \mathbb{R}$) und
$e^{\ln x} = x$ (für $x > 0$).

Ferner gilt: $\ln e = 1$

Beachte: Die Einheiten der Koordinatenachsen müssen gleich sein

Der Graph der natürlichen Logarithmusfunktion entsteht wiederum durch Spiegelung des Graphen der e-Funktion (siehe Satz 4, Seite 120) an der Hauptwinkelhalbierenden.

Die meisten Taschenrechner haben eine [ln]- oder [ln x]-Taste.

Auch die e-Funktion ist auf den meisten Taschenrechnern verfügbar, oft aber nicht direkt, sondern als Zweitbelegung der Taste [ln].

Weiterführende Aufgaben

1. *e als Basis für jede Exponentialfunktion*

In Anwendungssituationen werden exponentielle Prozesse häufig durch Funktionsterme mit e als Basis beschrieben. Dass dies stets möglich ist, garantiert der folgende Satz. Beweise ihn.

> **Satz 12**
> Jede Exponentialfunktion der Form $f(x) = b^x$ mit $b \in \mathbb{R}^+ \setminus \{1\}$, lässt sich mit der Basis e wie folgt darstellen:
> $f(x) = e^{k \cdot x}$ mit $k = \ln b$

2. *Ableitung der Exponentialfunktion*

Mithilfe des obigen Satzes und bekannter Ableitungsregeln lässt sich nun auch die Ableitung jeder Exponentialfunktion bestimmen. Beweise:

Siehe auch Satz 8

> **Satz 13**
> Die Exponentialfunktion $f(x) = b^x$, $b \in \mathbb{R}^+ \setminus \{1\}$, hat die Ableitung $f'(x) = \ln b \cdot b^x$.

Übungsaufgaben

3.

a) Zeichne den Graphen der natürlichen Logarithmusfunktion.

b) Beschreibe den Graphen.

Vergleiche Seite 120

c) Verdeutliche die drei Logarithmengesetze durch Zahlenbeispiele am Graphen.

4.

Vereinfache folgende Terme:

a) $\ln e^2$ **d)** $\ln \sqrt[3]{e}$ **g)** $\ln \sqrt{\frac{3}{e}}$ **j)** $e^{\ln 3}$ **m)** $e^{-\ln \sqrt{5}}$

b) $\ln \frac{1}{e^2}$ **e)** $\ln \frac{e^2}{k}$ **h)** $\ln (e^{3k})$ **k)** $e^{-\ln 2}$ **n)** $2e^{-\ln 0{,}1}$

c) $\ln \sqrt{e}$ **f)** $\ln 2 \cdot e^3$ **i)** $\ln \sqrt[n]{e}$ **l)** $e^{\frac{1}{2}\ln 3}$ **o)** $e^{\ln 2 - \ln 3}$

5.

Fasse zusammen.

a) $\ln(x+1) - \ln x + \ln \frac{1}{x}$ **c)** $3 \ln x - \ln(2+x) - \ln(x-2)$

b) $\ln(x+1) - \ln(x-1) - 2 \ln x$ **d)** $\ln(e^{x+1}) \cdot \ln(e^{-x^2})$

6.

Bestimme die Lösungsmenge.

a) $\ln x = 3$ **c)** $\ln(x+1) = 2$ **e)** $\ln(3x-5) = 0$ **g)** $e^{\frac{1}{2}x} = 3$ **i)** $e^{\sqrt{x}} = 2$

b) $\ln x = -1$ **d)** $\ln(x^2) = 1$ **f)** $e^x = 2$ **h)** $e^{2x+1} = \frac{1}{2}$ **j)** $e^{3x^2} = 7$

7.

Zeichne jeweils den Graphen und beschreibe, wie er aus dem Graphen des natürlichen Logarithmus entsteht.

a) $x \mapsto \ln x + 1$ **c)** $x \mapsto \ln(x+1)$ **e)** $x \mapsto 2 \cdot \ln x$ **g)** $x \mapsto \ln(2x)$

b) $x \mapsto \ln x - 3$ **d)** $x \mapsto \ln(x-3)$ **f)** $x \mapsto \ln\left(\frac{1}{3}x\right)$ **h)** $x \mapsto \frac{1}{3} \ln x$

8.

Bilde die 1. und 2. Ableitung.

a) $f(x) = 3^x$ **c)** $f(t) = 1{,}02^t + t^2$ **e)** $f(x) = k \cdot k^x - k^{-x}$

b) $f(x) = 2 \cdot 3^{x-1}$ **d)** $f(x) = 2{,}5^x - 2{,}5 \cdot 2^{-x}$ **f)** $f(x) = \frac{b^x}{\ln b} - \frac{\ln b}{b}$

9.

Bilde die n-te Ableitung: **a)** $f(x) = 2^x$ **b)** $f(x) = 2^{kx} + x^n$ **c)** $f(x) = \frac{b^x}{(\ln b)^n}$

10.

Berechne für $b = 3$ [2,5; 0,5] die Gleichung der Tangente an den Graphen von $x \mapsto b^x$ jeweils zu den Stellen $-1; 0; 1; 2$. Zeichne diese Tangenten.

Weitere Funktionsuntersuchungen Aufgaben, Seite 134

11.

Untersuche die Funktion f:

a) $f(x) = 3^x - 2^x$ **b)** $f(x) = \frac{1}{2} 2^x + e^{-x}$ **c)** $f(x) = \frac{1}{3} \cdot 2^x + \frac{1}{2} \cdot 3^x$

3.2.3 Anwendungen der e-Funktion

Aufgabe 1 Radioaktive Substanzen zerfallen so, dass für die Halbierung einer bestimmten Menge stets die gleiche Zeitspanne erforderlich ist – unabhängig von der zu halbierenden Menge. Diese Zeitspanne nennt man die *Halbwertszeit*. Der radioaktive Zerfall ist ein exponentieller Prozess. In der Physik schreibt man das Zerfallsgesetz so: $N(t) = N_0 \cdot e^{-kt}$, wobei t = Zeit, N(t) = Menge zur Zeit t, N_0 = Menge zur Zeit 0 und k = eine stoffspezifische Zerfallskonstante ist.

Vom künstlich in Kernreaktoren hergestellten Plutonium gibt es mehrere unterschiedlich langlebige Isotope. Das Plutonium-Isotop ^{240}Pu hat die Halbwertszeit $t_k = 6600$ Jahre.

a) Ermittle die Zerfallskonstante aus der Halbwertszeit und erstelle damit den Term der Zerfallsfunktion $t \mapsto N(t)$, wobei $N_0 = 100$ (in g).

b) Zeichne den Graphen der Zerfallsfunktion im Zeitintervall [0; 25 000 (in Jahren)].

c) Berechne, wann nur noch weniger als 1‰ der Ausgangsmenge vorhanden ist.

d) Begründe, dass die Zerfallsgeschwindigkeit durch die Ableitung N′(t) gegeben ist. Wie groß ist die Zerfallsgeschwindigkeit nach 1000 Jahren?

Lösung Im Gegensatz zum Vorgehen in der Physik und Chemie rechnen wir nur mit den Maßzahlen. Das ist erlaubt, wenn man die Einheiten festlegt.

a) Für t = 6600 ist $N(t) = N(6600) = \frac{1}{2} \cdot N_0$

Damit ergibt sich

$$\frac{1}{2} N_0 = N_0\, e^{-k \cdot 6600} \quad | : N_0$$

$$\frac{1}{2} = e^{-k \cdot 6600} \quad |\,\text{Logarithmieren}$$

$$\ln \frac{1}{2} = -k \cdot 6600 \quad |\,\text{Logarithmengesetz}$$

$$-\ln 2 = -k \cdot 6600 \quad | :(-6600)$$

$$\frac{\ln 2}{6600} = k \qquad \text{also: } k \approx 0{,}0001 \qquad \text{also } N(t) = 100 \cdot e^{-0{,}0001 \cdot t}$$

b)

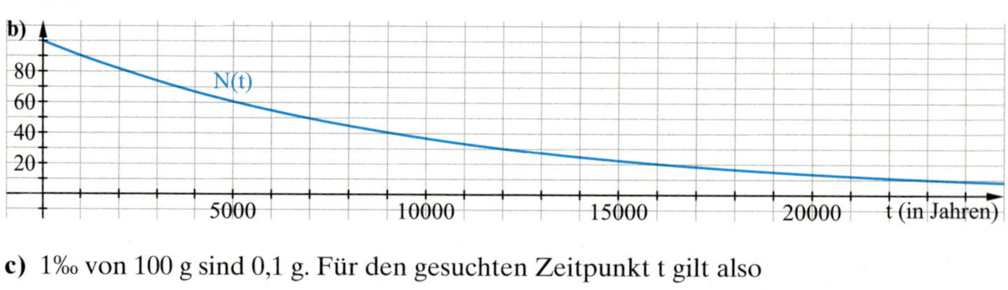

c) 1‰ von 100 g sind 0,1 g. Für den gesuchten Zeitpunkt t gilt also

$$0{,}1 = 100 \cdot e^{-0{,}0001\,t} \quad | : 100$$

$$\frac{1}{1000} = e^{-0{,}0001\,t} \quad |\,\text{Logarithmieren}$$

$$\ln \frac{1}{1000} = -0{,}0001\,t \quad | : (-0{,}0001)$$

$$t = \frac{\ln \frac{1}{1000}}{-0{,}0001} \approx 69\,000$$

Nach ca. 69 000 Jahren ist nur noch 1 Promille der Ausgangsmenge vorhanden.

d) Die Zerfallsgeschwindigkeit gibt die pro Zeiteinheit zerfallene Menge an.
Im Intervall $[t;\, t+h]$ gilt für die durchschnittliche Zerfallsgeschwindigkeit:

$$\frac{N(t+h)-N(t)}{(t+h)-t} = \frac{N(t+h)-N(t)}{h}$$

Daraus erhält man die momentane Zerfallsgeschwindigkeit zum Zeitpunkt t durch Grenzwertbildung:

$$\lim_{h \to 0} \frac{N(t+h)-N(t)}{h} = N'(t)$$

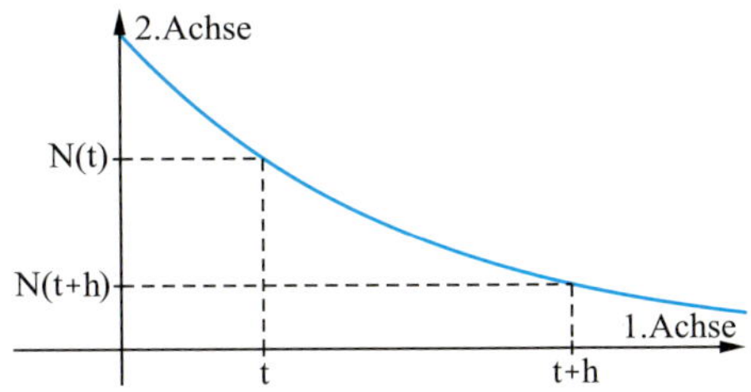

Mit den Ableitungsregeln ergibt sich:

$$\begin{aligned} N'(t) &= (100 \cdot e^{-0{,}0001 \cdot t})' \\ &= 100 \cdot e^{-0{,}0001 \cdot t} \cdot (-0{,}0001) \\ &= -0{,}01\, e^{-0{,}0001 t} \\ N'(1000) &= -0{,}01 \cdot e^{-0{,}1} \\ &\approx -0{,}009 \end{aligned}$$

Nach 1000 Jahren beträgt die Zerfallsgeschwindigkeit also $-0{,}009$ g pro Jahr. Diese Geschwindigkeit ist negativ, da die Substanzmenge abnimmt.

Information *Halbwertszeit eines exponentiellen Zerfallsprozesses*

Diejenige Zeitspanne t_H, innerhalb derer die vorhandene Masse des radioaktiven Präparates auf die Hälfte zurückgeht, heißt die **Halbwertszeit** dieses Präparates. Wenn das Zerfallsgesetz $N(t) = N_0 \cdot e^{-kt}$ lautet, so gilt: $e^{-k t_H} = \frac{1}{2}$.

Daraus erhält man durch beidseitiges Logarithmieren $-k\, t_H = \ln\left(\frac{1}{2}\right) = -\ln 2$ und damit $t_H = \frac{\ln 2}{k}$

Satz 14
Verläuft ein radioaktiver Zerfallsprozess nach dem Gesetz $N(t) = N_0 e^{-kt}$, dann gilt für die Halbwertszeit: $t_H = \frac{\ln 2}{k}$.

Übungsaufgaben

2.
Ein radioaktives Präparat aus dem Strontium-Isotop ^{90}Sr zerfällt ungefähr nach dem Gesetz $N(t) = N_0 e^{-0{,}025t}$ (t in Jahren, N(t) und $N_0 = N(0)$ in mg).

a) Stelle die Zerfallsfunktion $t \mapsto N(t)$ im Intervall [0; 100] graphisch dar.

b) Wie viel Prozent der Ausgangssubstanz N_0 sind nach 100 [10; 50, 1000] Jahren noch vorhanden?

c) Bestimme die Halbwertszeit t_H des Strontium-Isotop ^{90}Sr.

Kettenregel erforderlich

d) Wie groß ist die Zerfallsgeschwindigkeit $N'(t)$ zum Zeitpunkt $t = 1$ [10; 100; t_H]?

e) Begründe: Die Zerfallsgeschwindigkeit ist proportional zur noch vorhandenen Menge.

3.
Die Abkühlung einer Tasse Kaffee verläuft nach dem Gesetz $\vartheta = \vartheta_0 e^{-ct}$ (t ist die Zeit, gemessen in min; ϑ die Temperatur, gemessen in °C). Zur Zeit $t = 2$ ist $\vartheta = 64$; für $t = 5$ ist $\vartheta = 48{,}5$. Bestimme die Werte ϑ_0 und c.

4.
Das radioaktive Isotop Kohlenstoff ^{14}C hat eine Halbwertszeit von etwa 5760 Jahren. Deshalb lässt sich das Isotop Kohlenstoff ^{14}C in folgender Weise bei der Altersbestimmung von Tier- oder Pflanzen-Fossilien verwenden (sog. *Radiocarbon-Methode)*:
Lebende Organismen enthalten einen bestimmten prozentualen Anteil von ^{14}C, der durch ständigen Ausgleich mit der Umgebung stabil bleibt und gleich dem bekannten, im Wesentlichen stets konstanten Anteil von ^{14}C in der Natur ist. Mit dem Absterben des Organismus hört dieser Ausgleich auf, und das im Organismus enthaltene ^{14}C zerfällt unaufhörlich. Der Prozentsatz von ^{14}C, der von der ursprünglichen Menge noch vorhanden ist, lässt einen Rückschluss auf das Alter zu.

a) Berechne aus der Halbwertszeit die Zerfallskonstante k und formuliere damit das Zerfallsgesetz.

b) Ein bei Ausgrabungen in der UdSSR im Jahre 1988 gefundener Mammutknochen enthielt noch ungefähr 8% seines ursprünglichen Gehalts an ^{14}C.
Wie alt ist der Knochen ungefähr?

5.
Das Alter von Getränken wie Whisky oder Wein kann nach einer Methode von LIBBY mithilfe des Gehaltes am radioaktiven Wasserstoff-Isotop Tritium ^{3}H bestimmt werden. Dessen Gehalt ist im natürlichen Wasserkreislauf durch Neubildung in den oberen Schichten der Atmosphäre und radioaktiven Zerfall konstant, in abgetrennte Flüssigkeitsproben kommt kein neues Tritium aus der Atmosphäre hinzu. Der Gehalt nimmt ab mit einer Halbwertszeit von 12,3 Jahren.
Wie alt ist ein Whisky, der nur noch 30% des ursprünglichen Tritiumgehaltes aufweist?

6.
Der Luftdruck nimmt mit zunehmender Höhe ab, und zwar bei einem Aufstieg von 1000 m um (etwa) 12% (konstante Temperatur unterstellt). Am Erdboden herrsche der Luftdruck $p_0 = 1013$ hPa.

a) Wie hoch ist der Luftdruck in einer Höhe von 100 m [von 2000 m, von 8000 m] über dem Erdboden?
In welcher Höhe ist der Luftdruck auf die Hälfte von p_0 gefallen?

b) Bestimme k so, dass die Funktion $x \mapsto p_0 e^{-kx}$ den Luftdruck in einer Höhe von x Metern angibt.

7.
Die Bevölkerung Italiens wächst zur Zeit entsprechend der Funktion N mit $N(t) = N_0 \cdot e^{\alpha(t-t_0)}$, wobei $N_0 = 60 \cdot 10^6$ die Anzahl der Einwohner im Jahr 2000 (t_0) bezeichnet und Wachstumsrate $\alpha = 0{,}02 \frac{1}{\text{Jahr}}$ ist.

a) Wie groß wird die Bevölkerungszahl im Jahre 2020 sein?

b) Vor wie viel Jahren war die Bevölkerungszahl halb so groß wie im Jahre 2000?

c) Um wie viel Prozent nimmt die Bevölkerungszahl jährlich zu? Vergleiche mit der Wachstumsrate!

3.3 Funktionsuntersuchungen an Exponentialfunktionen[1]

Aufgabe 1 Untersuche die Funktion f mit $f(x) = e^{-x^2}$ im Hinblick auf

Gauß'sche Glockenkurve

(1) Definitionsbereich
(2) Symmetrie des Graphen
(3) Verhalten für $x \to \infty$ und $x \to -\infty$
(4) Gemeinsame Punkte von Graph und Koordinatenachsen
(5) Extrempunkte
(6) Wendepunkte

Lösung

(1) Definitionsbereich

$D = \mathbb{R}$, da man für alle reellen Zahlen den zugehörigen Funktionswert berechnen kann.

(2) Symmetrie

Es ist $f(-x) = e^{-(-x)^2} = e^{-x^2} = f(x)$. Also ist der Graph der Funktion symmetrisch zur 2. Achse.

(3) Verhalten für $x \to \infty$ und $x \to -\infty$

Für größer werdende Werte von x strebt $-x^2$ gegen $-\infty$ und damit strebt dann e^{-x^2} gegen Null, also: $f(x) \to 0$ für $x \to \infty$.

x	0	1	5	10	15
$-x^2$	0	-1	-25	-100	-285
e^{-x^2}	1	0,37	$1{,}39 \cdot 10^{-11}$	$3{,}7 \cdot 10^{-44}$	$1{,}9 \cdot 10^{-98}$

folgt auch aus der Symmetrie

Entsprechend begründet man $f(x) \to 0$ für $x \to -\infty$.

(4) Gemeinsame Punkte mit den Koordinatenachsen

1. Achse: Da die e-Funktion nur positive Funktionswerte hat, hat die Funktion f keine Nullstellen.

2. Achse: $f(0) = e^{-0^2} = e^0 = 1$, also Achsenschnittpunkt $P(0\,|\,1)$.

(5) Extrempunkte

$f'(x) = (e^{-x^2}) \cdot (-2x) = -2x e^{-x^2}$ Kettenregel

Die Extremstellen von f sind unter den Nullstellen von f′ zu finden.

$f'(x) = -2x \cdot e^{-x^2} = 0$, falls $x = 0$, da $e^{-x^2} \neq 0$ für alle $x \in \mathbb{R}$.

Nur an der Stelle 0 kann ein Extrempunkt vorliegen. Aus dem Verhalten der Funktion f für $x \to \infty$ und $x \to -\infty$ oder mithilfe des Vorzeichenwechselkriteriums oder mithilfe des Kriteriums mittels $f''(x)$ erkennt man, dass an der Stelle 0 ein relatives Maximum vorliegt. $(0\,|\,1)$ ist ein Hochpunkt des Graphen.

(6) Wendepunkte

Die Wendestellen von f sind unter den Nullstellen von f″ zu finden.

$$\begin{aligned} f''(x) &= (-2x \cdot e^{-x^2})' && \text{Produktregel} \\ &= (-2x)'\, e^{-x^2} + (-2x)\,(e^{-x^2})' \\ &= -2e^{-x^2} - 2x \cdot (-2x e^{-x^2}) && \text{Kettenregel} \\ &= -2e^{-x^2} + 4x^2 e^{-x^2} \\ &= e^{-x^2}(4x^2 - 2) \end{aligned}$$

$f''(x) = e^{-x^2} \cdot (4x^2 - 2) = 0$, falls $4x^2 - 2 = 0$, da $e^{-x^2} \neq 0$ für alle $x \in \mathbb{R}$.

$x^2 = \frac{1}{2}$, also $x = \sqrt{\frac{1}{2}} \approx 0{,}71$ oder $x = -\sqrt{\frac{1}{2}} \approx -0{,}71$

---

[1] In diesem Abschnitt werden die Ketten- und die Produktregel benötigt.

Aus dem Verhalten für $x \to \infty$ und $x \to -\infty$ ergibt sich im Zusammenhang mit dem Hochpunkt, dass an diesen Stellen Wendepunkte vorliegen müssen.

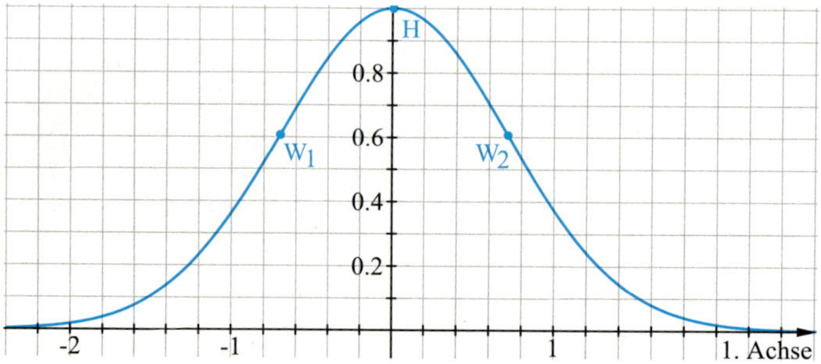

$f\left(\sqrt{\frac{1}{2}}\right) = e^{-\left(\sqrt{\frac{1}{2}}\right)^2} = e^{-\frac{1}{2}} \approx 0{,}61$

$f\left(-\sqrt{\frac{1}{2}}\right) = e^{-\frac{1}{2}} \approx 0{,}61$ Symmetrie

(wegen der Symmetrie)

Also sind $W_1\left(\sqrt{\frac{1}{2}} \mid e^{-\frac{1}{2}}\right)$ und $W_2\left(-\sqrt{\frac{1}{2}} \mid e^{-\frac{1}{2}}\right)$ Wendepunkte des Graphen.

Man kann dies auch mit dem Vorzeichenwechselkriterium oder der 3. Ableitung nachweisen.

Mit diesen Ergebnissen kann man den Graphen zeichnen.

Übungsaufgaben

2.

Untersuche die gegebene Funktion.

a) $f(x) = e^x - 2$ **b)** $f(x) = e^{\frac{1}{2}x} - e^x$ **c)** $f(x) = \frac{1}{2}(e^x - e^{-x})$ **d)** $f(x) = e^x - \frac{5}{4}e^{-x} + 2$ **e)** $f(x) = e^{2x} - 2e^x + 1$ **f)** $f(x) = e^{2x} + 2e^{-x}$ **g)** $f(x) = e^{\frac{x^3}{20}}$ **h)** $f(x) = x \cdot e^x$

3.

Hängt eine Leitung frei zwischen zwei Masten, so wird ihr Verlauf bei geeignet gewähltem Koordinatensystem sehr gut durch die Gleichung $y = \frac{1}{2}(e^x + e^{-x})$ wiedergegeben. Untersuche diese Funktion.

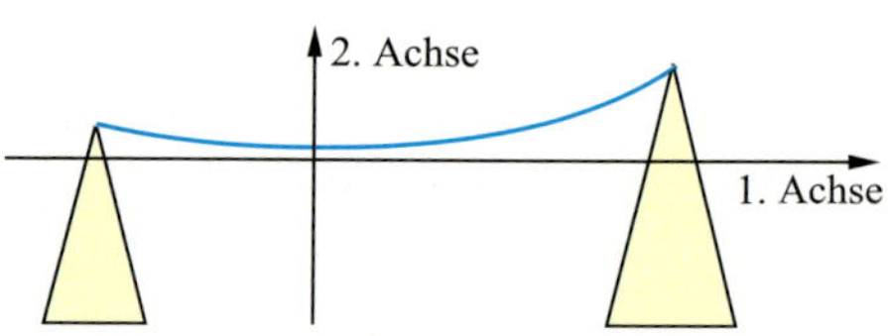

4.

Untersuche die Funktion f. Fertige eine Zeichnung an.

a) $f(x) = \frac{e^x - 2}{1 + e^x}$ **b)** $f(x) = \frac{e^x - e^{-x}}{e^x + e^{-x}}$ **c)** $f(x) = \frac{e^{-x}}{1 + e^x}$ **d)** $f(x) = (x^2 - 1)\,e^x$ **e)** $f(x) = x^2 e^{-x}$ **f)** $f(x) = x(x-1)\,e^{-x}$

5.

Bestimme alle ganzrationalen Funktionen 3. Grades [5. Grades, n-ten Grades], die mit der Funktion f im Funktionswert an der Stelle 0 und in den ersten 3 [5; n] Ableitungen übereinstimmen.

a) $f(x) = e^x$ **b)** $f(x) = \frac{1}{2}(e^x - e^{-x})$ **c)** $f(x) = \frac{1}{2}(e^x + e^{-x})$ **d)** $f(x) = x \cdot e^{-x}$

6.

Untersuche die Funktion f. Gib die Gleichung der Wendetangente(n) an. Berechne den Flächeninhalt zwischen dem Graphen von f und der 1. Achse über dem Intervall $[-1; 2]$.

Lineare Substitution

a) $f(x) = \frac{1}{2}e^{2x} - e^x$ **b)** $f(x) = -e^{2x} + 2e^x$ **c)** $f(x) = e^x + 4e^{-x}$ **d)** $f(x) = \frac{4e^{2x} - 1}{e^{3x}}$

3.4 Ableitung der Logarithmusfunktionen

Aufgabe 1 Bestimme die Ableitung der Logarithmusfunktion f mit $f(x) = \ln x$.
Zeichne dazu in ein gemeinsames Koordinatensystem die Graphen der e-Funktion und der natürlichen Logarithmusfunktion.
Zeichne dann an den Graphen zu $f(x) = \ln x$ an einer Stelle x eine Tangente mit Steigungsdreieck.
Versuche, die Kathetenlängen aus dem entsprechenden Steigungsdreieck der e-Funktion zu erhalten.

Lösung An der Stelle $\ln x$ hat die e-Funktion mit $g(x) = e^x$ die Ableitung
$g'(\ln x) = e^{\ln x} = x$.
Die senkrechte Kathete des Steigungsdreiecks ist x-mal so lang wie die waagerechte, d.h. die Längen betragen u und $u \cdot x$. Das Steigungsdreieck der Tangente des Logarithmus ist kongruent dazu, die waagerechte Kathete hat die Länge $u \cdot x$, die senkrechte u. Daraus ergibt sich für die Ableitung der natürlichen Logarithmusfunktion:
$f'(x) = \frac{u}{u \cdot x} = \frac{1}{x}$.

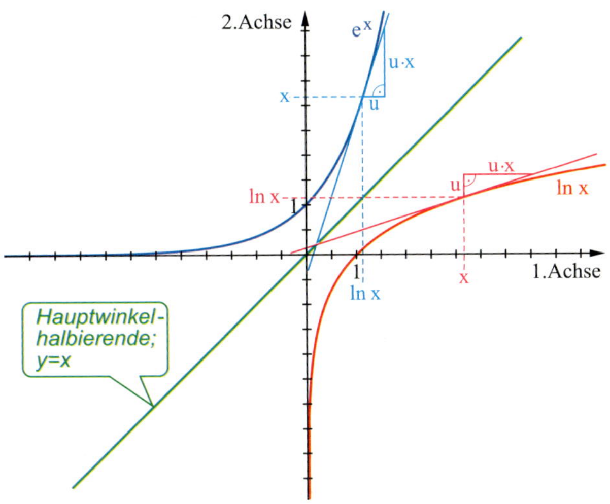

Information

> **Satz 15**
> Die Ableitung der natürlichen Logarithmusfunktion mit $f(x) = \ln x$ ist $f'(x) = \frac{1}{x}$ für alle $x > 0$.

Weiterführende Aufgaben

2. *Stammfunktion von $f(x) = \frac{1}{x}$*

Gib eine Stammfunktion von $f(x) = \frac{1}{x}$ an und berechne damit das Integral $\int_1^5 \frac{1}{x}\,dx$.

3. *Ableitung der Logarithmusfunktion $x \mapsto \log_b x$*
Beweise:

> **Satz 16**
> Die Logarithmusfunktion mit $f(x) = \log_b x$ für $b \in \mathbb{R}^+ \setminus \{1\}$ hat für jedes $x \in \mathbb{R}^+$ die Ableitung $f'(x) = \frac{1}{(\ln b) \cdot x}$

Übungsaufgaben

4.
Zeichne den Graphen der natürlichen Logarithmusfunktion und in ein weiteres Koordinatensystem darunter den ihrer Ableitung. Beschreibe Zusammenhänge.

5.
Bilde die 1. und 2. Ableitung.

a) $f(x) = \ln(x+1)$ **d)** $f(x) = 2\ln(2x)$ **g)** $f(x) = \ln b \cdot \log_b x$

b) $f(x) = \log_2 x + x + 2$ **e)** $f(t) = \ln(1+kt)$ **h)** $f(x) = e^{2\ln x} + \ln(e^{2x})$

c) $f(x) = \log_3 x + 3^x$ **f)** $h(t) = \frac{1}{2}\ln\left(\frac{t}{3} - 1\right)$ **i)** $f(t) = \frac{1}{3}\sin(\ln t)$

6.
An welchen Punkten sind die Tangenten an den Graphen der natürlichen Logarithmusfunktion $x \mapsto \ln x$ parallel zur Geraden mit $2x - 3y + 7 = 0$? Wie lautet jeweils die Gleichung der Tangente?

7.
Untersuche die gegebene Funktion.

a) $x \mapsto \ln x - \frac{1}{2}x^2;\ x \in \mathbb{R}^+$ **b)** $x \mapsto x - \ln(x+1);\ x > -1$ **c)** $x \mapsto 1 + \ln|x|;\ x \neq 0$

8.
In der Umgebung von 0 unterscheidet sich der Graph von $x \mapsto \ln(1+x)$ nur wenig von der Tangente im Ursprung O.
Folgere hieraus die Näherungsgleichung $\ln(1+x) \approx x$.
Berechne hiermit Näherungswerte für ln 1,05; ln 0,99; $\ln\left(1 - \frac{p}{100}\right)$.

9.
Gib jeweils 5 Stammfunktionen der gegebenen Funktion f an.

a) $f(x) = \frac{1}{x};\ x \in \mathbb{R}^+$ **b)** $f(x) = \frac{1}{x};\ x \in \mathbb{R}^-$ **c)** $f(x) = \frac{1}{x};\ x \in \mathbb{R}\setminus\{0\}$

10.
a) Berechne das Integral: (1) $\int_1^4 \frac{1}{x}\,dx$; (2) $\int_{-4}^{-1} \frac{1}{x}\,dx$.

b) Warum ist das Integral $\int_{-1}^{+1} \frac{1}{x}\,dx$ nicht definiert?

11.
Berechne das folgende Integral.

a) $\int_{-2}^{-6} \frac{4}{x}\,dx$ **b)** $\int_1^3 \frac{3}{x}\,dx$ **c)** $\int_{0,5}^{2} \frac{-1}{x}\,dx$ **d)** $\int_{-5}^{-1} \frac{6}{x}\,dx$ **e)** $\int_a^b \frac{1}{x}\,dx$ $(a, b > 0)$

12.
Berechne mithilfe linearer Substitution (siehe Seite 87 ff).

a) $\int_2^3 \frac{1}{x-1}\,dx$ **b)** $\int_{-1}^{+1} \frac{3}{x+5}\,dx$ **c)** $\int_{-1}^{0} \frac{3}{3x-6}\,dx$ **d)** $\int_2^3 \frac{4}{2x+10}\,dx$ **e)** $\int_{-1}^{3} \frac{-4}{-2y+8}\,dy$

13.
Berechne den Inhalt der Fläche unter dem Graphen der Funktion f mit $f(x) = \frac{1}{x-3}$ über dem Intervall: **a)** [1; 4] **b)** [−2; −0,5]

3.5 Untersuchung von Funktionenscharen

Aufgabe 1 Betrachte für positive Werte von t die Funktionen zu $f_t(x) = \ln(x^2 + t)$.

a) Untersuche diese Funktionen im Hinblick auf
(1) Definitionsbereich
(2) Symmetrie des Graphen
(3) Verhalten für $x \to \infty$ und $x \to -\infty$
(4) Nullstellen
(5) Extrempunkte
(6) Wendepunkte.
Zeichne die Graphen verschiedener Funktionen der Schar.

b) Auf welcher Linie liegen alle Wendepunkte der Funktionen dieser Schar? Zeichne auch diese.

c) Haben verschiedene Funktionsgraphen der Schar gemeinsame Punkte?

Lösung **a)** (1) Jede Funktion f_t hat den Definitionsbereich $\mathbb{R}$, da $x^2 + t$ für positive Werte von t stets positiv ist.

(2) $f_t(-x) = \ln\left((-x)^2 + t\right) = \ln(x^2 + t) = f_t(x)$
Alle Funktionsgraphen der Schar sind symmetrisch zur 2. Achse.

(3) $f_t(x) = \ln(x^2 + t) \to \infty$ für $x \to \infty$
Entsprechend gilt $f_t(x) \to \infty$ für $x \to -\infty$, was sich auch aus der Symmetrie ergibt.

(4) $\ln(x^2 + t) = 0$, also $x^2 + t = e^0 = 1$. Damit ergibt sich $x^2 = 1 - t$.

Also hat die Funktion f_t $\begin{cases} \text{keine Nullstellen, falls } t > 1 \\ \text{eine Nullstelle bei } 0, \text{ falls } t = 1 \\ \text{zwei Nullstellen bei } \sqrt{1-t} \text{ und } -\sqrt{1-t}, \text{ falls } 0 < t < 1 \end{cases}$

(5) Die Extremstellen befinden sich unter den Lösungen der Gleichung $f_t'(x) = 0$.
Es ist $f_t'(x) = \frac{1}{x^2 + t} \cdot (2x) = \frac{2x}{x^2 + t}$

Aus $f_t'(x) = 0$ folgt dann $x = 0$.
An dieser Stelle wechselt $f_t'(x)$ sein Vorzeichen: für $x < 0$ ist $f_t'(x) < 0$ und für $x > 0$ ist $f_t'(x) > 0$.
Also hat an der Stelle 0 jeder Funktionsgraph der Schar einen Tiefpunkt. Er hat die Koordinaten $(0 \mid \ln t)$.

(6) Die Wendestellen befinden sich unter den Lösungen der Gleichung $f_t''(x) = 0$.

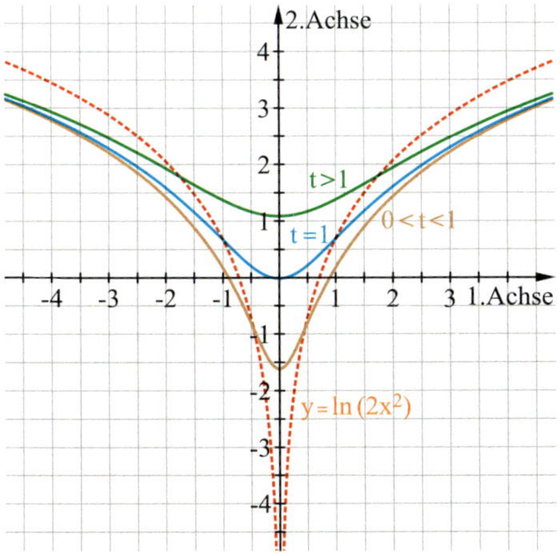

Es ist $f_t''(x) = \left(\frac{2x}{x^2 + t}\right)' = \frac{2 \cdot (x^2 + t) - 2x(2x)}{(x^2 + t)^2}$

$= \frac{-2x^2 + 2t}{(x^2 + t)^2}$

Aus $f_t''(x) = 0$ folgt dann $-2x^2 + 2t = 0$.
Damit ergibt sich $x^2 = t$, also $x = \sqrt{t}$ oder $x = -\sqrt{t}$.
Da $f_t''(x)$ an diesen Stellen das Vorzeichen wechselt, liegen an beiden Stellen Wendepunkte vor.
Ihre Koordinaten sind $\left(\sqrt{t} \mid \ln(2t)\right)$ und $\left(-\sqrt{t} \mid \ln(2t)\right)$.

b) Der rechte Wendepunkt jedes Graphen hat die Koordinaten $x=\sqrt{t}$ und $y=\ln(2t)$.
Aus der 1. Koordinatengleichung ergibt sich durch Auflösen nach t: $t=x^2$.
Setzt man dies in die 2. Koordinatengleichung ein, so erhält man $y=\ln(2\cdot x^2)$.
Aus den Koordinaten der linken Wendepunkte erhält man ebenso $y=\ln(2x^2)$.
Also liegen alle Wendepunkte auf dem Graphen der Funktion zu $y=\ln(2x^2)$.
Diese hat an der Stelle 0 eine Definitionslücke.
Der Graph dieser Funktion ist gestrichelt gezeichnet.

c) Haben verschiedene Graphen der Schar, etwa zu den Funktionen f_t und f_s einen gemeinsamen Punkt, so gilt an dieser Stelle x:

$$\begin{aligned} f_t(x) &= f_s(x) \\ \ln(x^2+t) &= \ln(x^2+s) \quad &|\, e^{\cdots} \\ x^2+t &= x^2+s \quad &|\, -x^2 \\ t &= s \end{aligned}$$

Also nur bei gleichen Parametern haben Funktionen der Schar gemeinsame Punkte; die Graphen stimmen dann völlig überein.
Graphen zu verschiedenen Parametern haben keine gemeinsamen Punke.

Übungsaufgaben

2.

a) Untersuche die Funktionenschar zu $f_t(x)=x(t-\ln x)$ mit $x>0$.

b) Auf welcher Kurve liegen alle Extrempunkte?

c) Können verschiedene Graphen der Schar gemeinsame Punkte haben?

d) Welchen Flächeninhalt haben die Flächen, die die Funktionen der Schar mit der 1. Achse einschließen?
Hinweis: Zeige, dass $F_t(x)=-\frac{1}{4}x^2(2\ln x-2t-1)$ eine Stammfunktion zu f_t liefert.

3.

a) Untersuche die Funktionenschar zu $f_t(x)=x\ln\frac{x^2}{t}$; $x\neq 0$; $t>0$.

b) Auf welcher Kurve liegen alle Extrempunkte?

c) Können verschiedene Graphen der Schar gemeinsame Punkte haben?

4.

a) Untersuche die Funktionenschar zu $f_t(x)=x\,e^{-tx^2}$.

b) Auf welcher Kurve liegen alle Extrempunkte, auf welcher alle Wendepunkte?

c) Können verschiedene Graphen der Schar gemeinsame Punkte haben?

5.

a) Untersuche die Funktionenschar zu $f_t(x)=(e^x-t)^2$.

b) Können verschiedene Graphen der Schar gemeinsame Punkte haben?

6.

Beweise, dass die Funktion f_k mit $f_k(x)=e^{kx}+k\,e^{(k+1)x}$ genau dann eine Wendestelle hat, wenn $k<0$ und $k\neq -1$ ist.
Berechne dann den Wendepunkt des Graphen.

3.6 Vermischte Übungen

Differentiation und Integration

1.
Gib zur Funktion f jeweils f′ und f″ an. Fasse gegebenenfalls zusammen (*z. T. mit Kettenregel*).

a) $f(x) = e^{-x} + x - 1$
b) $f(k) = e^{x-4} - 4x$
c) $f(x) = e^{-x} - \frac{1}{3}x^2 + 0{,}3x$
d) $f(x) = \frac{1}{4} \cdot x^3 - 3e^{-x+1} + x^2$
e) $f(x) = (e^x - 1)^2 + (e^x + 1)^2$
f) $f(x) = \left(\frac{e^x + e^{-x}}{2}\right)^2 + \left(\frac{e^x - e^{-x}}{2}\right)^2$
g) $f(x) = \frac{e^{3x} - e^{2x} + e^{-x} + 1}{e^x}$
h) $f(x) = (e^x - 5)^6$
i) $f(x) = e^{\sin x}$

2.
Bestimme f′ und f″:

a) $f(x) = -4^x$
b) $f(x) = 0{,}25^x$
c) $f(x) = (\sqrt{2})^{2x}$
d) $f(x) = 2^{x+1} - 3^{2x-1} + \frac{1}{2}x^3 - 3$

3.
Bestimme f′ und f″:

a) $f(x) = x \cdot e^x$
b) $f(x) = x \cdot e^{-x}$
c) $f(x) = (2 - x) \cdot e^x$
d) $f(x) = (x - 3) \cdot e^{-x}$
e) $f(x) = (x^2 - 2x + 3) \cdot e^{-x}$
f) $f(x) = (4 - x^2) \cdot e^x + (x^2 - 4) \cdot e^{-x}$
g) $f(x) = \frac{e^x}{1 + e^x}$
h) $f(x) = \frac{1}{1 + e^x}$
i) $f(x) = \frac{e^x}{x^2 + 1}$

4.
Ermittle zu folgenden Funktionen f jeweils eine Stammfunktion F.

a) $f(x) = 3e^{2x+1}$
b) $f(x) = 2e^{-x+1}$
c) $f(x) = 3e^x - 5$
d) $f(x) = -0{,}5e^{2 - \frac{1}{2}x}$
e) $f(x) = e^{4x-5}$
f) $f(x) = \frac{e^x + e^{-x}}{2}$
g) $f(x) = (e^x - e^{-x})^2$
h) $f(x) = (e^x + e^{-x})^2$
i) $f(x) = (4x - 20)\, e^{x^2 - 10x + 2}$

5.
Berechne:

a) $\int_0^5 e^x\,dx$
b) $\int_{-1}^2 4e^{4x}\,dx$
c) $\int_{-3}^5 e^{-2x}\,dx$
d) $\int_1^3 2e^{3x}\,dx$
e) $\int_{-1}^{+1} 3e^{-x}\,dx$
f) $\int_{-2}^{+3} (e^x - e^{-x})\,dx$
g) $\int_0^1 (e^{-x} + x)\,dx$
h) $\int_2^6 (e^x + x^2 - x^3)\,dx$
i) $\int_{-1}^1 (e^x)^2\,dx$
j) $\int_0^1 (e^x - 1)^2\,dx$

6.
Berechne f′.

a) $f(x) = \ln(x + 1) + \ln(x - 1)$
b) $f(x) = \ln(x^2) + \ln\left(\frac{1}{x}\right) - \ln(2x)$
c) $f(x) = x^2 - \ln x + 1$
d) $f(x) = x \cdot \ln x$
e) $f(x) = x^2 \cdot \ln x$
f) $f(x) = \frac{\ln x}{x}$
g) $f(x) = (\ln x)^2$
h) $f(x) = \frac{x}{\ln x}$
i) $f(x) = (x^2 - 4) \ln x$
j) $f(x) = \ln(x^2 + 1)$
k) $f(x) = \ln(e^x + 3)$
l) $f(x) = \ln \frac{1}{x^2 - 4}$

7.
Bestimme zur Funktion f jeweils eine Stammfunktion F.

a) $f(x)=\frac{3}{x}-\frac{2}{x^2}+\frac{1}{x-1}$
b) $f(x)=\frac{1-x-x^2-x^4}{2x^2}$
c) $f(x)=\frac{1}{3(x-4)}+\frac{1}{2(x+3)}$
d) $f(x)=\frac{2}{x}-\frac{3}{x+1}$
e) $f(x)=\frac{2}{x-1}-\frac{3}{x+2}$
f) $f(x)=\frac{x-4}{x-5}$
g) $f(x)=\frac{2x+1}{2x-1}$
h) $f(x)=\frac{2x}{x^2+1}$
i) $f(x)=\frac{-2x}{1-x^2}$
j) $f(x)=\frac{6x}{3x^2+1}$
k) $f(x)=\frac{e^x}{e^x+1}$
l) $f(x)=\frac{e^x-e^{-x}}{e^x+e^{-x}}$

8.
Berechne:

a) $\int_1^3 \frac{1}{x}\,dx$
b) $\int_1^2 \frac{2}{x+1}\,dx$
c) $\int_1^2 \frac{x+1}{x^2}\,dx$
d) $\int_1^2 \frac{2x^2-4x-1}{x^2}\,dx$
e) $\int_1^2 \left(\frac{5}{x+2}-\frac{1}{2x}\right)dx$
f) $\int_0^2 \left(\frac{1}{2(x+3)}-\frac{2}{3(x+1)}\right)dx$
g) $\int_0^1 \frac{x+1}{x+2}\,dx$
h) $\int_{-1}^0 \frac{x+2}{x-1}\,dx$

Flächenberechnungen

9.
Fertige eine Skizze an und lies die Schnittstellen ab. Berechne die von den Graphen von f und g eingeschlossene Fläche.

a) $f(x)=e^x$ $\quad g(x)=(e-1)\cdot x+1$
b) $f(x)=e^{1-x}$ $\quad g(x)=(1-e)\cdot x+e$
c) $f(x)=e^{3-x}$ $\quad g(x)=(1-e)\cdot x+3e-2$
d) $f(x)=3^x$ $\quad g(x)=2x^2+1$
e) $f(x)=2^x$ $\quad g(x)=-2x^2+8x-4$
f) $f(x)=-2^{x+1}+12$ $\quad g(x)=3x^2-18x+23$
g) $f(x)=4e^{-x}-2$ $\quad g(x)=3-e^x$
h) $f(x)=e^x-5$ $\quad g(x)=-6e^{-x}$

Funktionsuntersuchungen

10.
Untersuche die Funktion f. Fertige eine Zeichnung an.

a) $f(x)=e^{2x-1}-e^{x+1}$
b) $f(x)=e^x-x-1$
c) $f(x)=x-e^{x-1}$
d) $f(x)=2+3x-2^{x+1}$
e) $f(x)=\frac{e^{3x}-1}{10e^x}$
f) $f(x)=2^x-0{,}5x^2-2$
g) $f(x)=4xe^{-x}$
h) $f(x)=x^2e^x$
i) $f(x)=(x^2+3x+2)\,e^{-x}$
j) $f(x)=(x^2-2x+2)\,e^x$
k) $f(x)=\frac{x^2-1}{e^x}$
l) $f(x)=(x^3-4)\cdot e^x$
m) $f(x)=\ln x-x$
n) $f(x)=\ln x+x^2-1$
o) $f(x)=\ln\left(\frac{x-1}{7-x}\right)$

11.
Gegeben ist die Funktion f mit $f(x)=e^{\frac{1}{2}x}$.

a) Von $O(0\,|\,0)$ aus wird eine Tangente an den Graphen von f gelegt. Bestimme den Berührpunkt und die Tangentengleichung.

b) Der Graph von f, die Tangente aus Teilaufgabe a) und der negative Teil der 1. Achse begrenzen eine Fläche. Berechne deren Flächeninhalt.
(*Hinweis:* Wähle zunächst als untere Integrationsgrenze $u\in\mathbb{R}^-$ und ermittle anschließend den Grenzwert für $u\to-\infty$.)

Flächen; Rotationsvolumina

12.

a) Bestimme den Inhalt der Fläche, die vom Graphen der Funktion mit $f(x) = e^{-x}$, der Tangente an den Graphen von f in $P(0 \mid 1)$, der 1. Achse und der Geraden mit $x = 5$ [10; 100, u] eingeschlossen wird.

b) Was erhält man für $u \to \infty$?

13.

Zeige, dass sich die Graphen der Funktionen f mit $f(x) = e^{x+2}$ und g mit $g(x) = 2e - e^{-x}$ an der Stelle -1 berühren. Zeichne beide Funktionsgraphen und berechne den Flächeninhalt der von beiden Funktionsgraphen und der 2. Achse eingeschlossenen Fläche.

14.

Die von den Graphen von f und g mit $f(x) = e^x - 0{,}5$ und $g(x) = e^{-x} - 0{,}5$ und der 1. Achse eingeschlossene Fläche rotiere um die 1. Achse. Berechne das Volumen des Rotationskörpers.

15.

Gegeben sei die Funktion f mit $f(x) = \frac{1}{x}$ für $x > 0$.

a) Berechne den Inhalt der Fläche zwischen dem Graphen von f und der 1. Achse über [1; k] wobei $k > 1$, sowie das Volumen des bei Rotation dieser Fläche um die 1. Achse entstehenden Körpers.

b) Untersuche das Verhalten von Flächeninhalt und Volumen für $k \to \infty$.

Extremwertaufgaben

16.

Gegeben ist die Funktion f mit $f(x) = e^x$.

a) Ermittle die Gleichung der Geraden g durch die Punkte $P_1(0 \mid 1)$ und $P_2(1 \mid e)$ des Graphen der Funktion f. Fertige eine Zeichnung an.

b) Für welches $x \in [0; 1]$ ist $g(x) - f(x)$ maximal? Berechne das Extremum.

▲ **17.**

a) Gegeben sei die Funktion f mit $f(x) = e^{x+1}$.
Welcher Punkt des Graphen von f hat vom Ursprung den kleinsten Abstand?

b) Gegeben sei die Funktion f mit $f(x) = \ln\left(\frac{x}{e}\right)$
Welcher Punkt des Graphen von f hat vom Ursprung den kleinsten Abstand?
Hinweis: Genau dann, wenn der Abstand ein Minimum hat, hat auch das Quadrat dieses Abstandes ein Minimum.

18.

Gegeben sei die Funktion f mit **a)** $f(x) = \ln \frac{1}{x}$; **b)** $f(x) = e^{-x}$.
Welches Rechteck mit achsenparallelen Seiten zwischen dem Graphen von f und den Koordinatenachsen im 1. Quadranten hat maximalen Flächeninhalt?

Bestimmung von Funktionen, Funktionenscharen

19.

Bestimme alle ganzrationalen Funktionen 2. Grades, welche den Graphen von f mit $f(x) = e^x$ [mit $f(x) = e^{-x}$] im Punkte $P(0 \mid 1)$ berühren. Zeichne eine nach oben und eine nach unten geöffnete berührende Parabel zusammen mit dem Graphen von f in dasselbe Koordinatensystem.

20.

Bestimme alle ganzrationalen Funktionen 2. Grades, welche den Graphen von f mit $f(x) = \ln(x+1)$ [mit $f(x) = \ln\left(\frac{1}{x+1}\right)$] im Punkt $P(0\,|\,0)$ berühren. Zeichne eine nach oben und eine nach unten geöffnete berührende Parabel zusammen mit dem Graphen von f in ein Koordinatensystem.

21.

Gegeben sei die Funktion f mit $f(x) = \ln x, \quad x > 0.$

a) Welche der Tangenten an den Graphen von f verläuft durch den Ursprung?

b) Was ergibt sich entsprechend für $\ln(x+1)$?

22.

Gegeben sei die Funktion f mit $f(x) = e^x$.

a) Welche der Tangenten an den Graphen von f verläuft durch den Ursprung?

b) Was ergibt sich entsprechend für die Funktionenscharen mit $f_k(x) = e^{x-k}$ bzw. $f_k(x) = e^{kx}$?

23.

Gegeben sind die Funktionen f und g mit $f(x) = x \cdot e^x$ bzw. $g(x) = x \cdot e^{-x}$.

a) Ermittle die Gleichungen der Wendetangenten an die Graphen von f und g.

b) Was ergibt sich, wenn man die Gleichungen der Wendetangenten für $f_k(x) = x \cdot e^{kx}$ und $g_k(x) = x \cdot e^{-kx}$, $k \neq 0$, berechnet und miteinander vergleicht?

c) Zeige, dass die Wendepunkte von f_k bzw. g_k auf einer Geraden liegen. Was lässt sich über die Lage der Extrempunkte sagen?

24.

Gegeben ist die Funktionenschar f_k mit $f_k(x) = x + 1 - k \cdot e^x, \quad k > 0.$

a) Untersuche f_k auf Extrema und Wendepunkte. Zeichne den Graphen für $k = 1$.

b) Zeige, dass die Hochpunkte der Funktionenschar f_k auf einer Geraden liegen.

25.

Gegeben ist die Funktionenschar f_k mit $f_k(x) = (k - x)\,e^x, \quad k \in \mathbb{R}.$

a) Zeige, dass der Graph einer jeden Funktion f_k genau einen Extrempunkt hat.

b) Zeige, dass die Extrempunkte aller Funktionen f_k auf dem Graphen der Exponentialfunktion mit $f(x) = e^x$ liegen.

26.

Die Funktion f ist gegeben durch $f(x) = a\,e^x + b\,e^{-x}$ mit festen Zahlen $a, b \in \mathbb{R} \setminus \{0\}$. Zeige, dass der Graph von f entweder einen Extrempunkt oder einen Wendepunkt besitzt.

Anwendungsaufgaben

27.

Das Element U 234 zerfällt mit der Halbwertszeit $2{,}44 \cdot 10^5$ Jahre.

a) Wie viel Prozent der ursprünglichen Menge sind noch nach 1000 [10000; t] Jahren vorhanden?

b) Nach welcher Zeit sind noch 10 [5; 1; p] % der ursprünglichen Menge vorhanden?

c) Gib eine Funktion an, die den bereits zerfallenen Anteil zum Zeitpunkt $t > 0$ angibt. Zeichne den Graphen in ein geeignetes Koordinatensystem.

28.
Im Jahr 2000 hatten die USA 270 Millionen Einwohner. Mexiko hatte in diesem Jahr 100 Millionen Einwohner. Das jährliche Bevölkerungswachstum betrug für die USA in den letzten Jahren durchschnittlich 1%, für Mexiko durchschnittlich 1,8%. Es sei als konstant unterstellt.

a) Bestimme jeweils die Bevölkerungszahl in Abhängigkeit von der Zeit. Stelle sie grafisch dar.

b) Berechne die Verdoppelungszeiten.

c) Wann wird die Einwohnerzahl der USA nur noch doppelt so groß wie die von Mexiko sein?

29.
Ein Anfangskapital K_0 von 10000 € sei mit dem Zinssatz 5% langfristig angelegt.

a) Wie groß ist das Kapitel K_1 (Anfangskapital zuzüglich Zinsen) nach einem Jahr?

b) Beweise: Nach n Jahren beträgt das Kapital einschließlich der Zinsen $K_n = K_0 \cdot 1{,}05^n$.

c) Stelle das Wachstum des Kapitals für die nächsten 30 Jahre grafisch dar.

d) Wann ungefähr hat sich das Anfangskapital verdoppelt?

30.
Ein Anfangskapital von 5000 € war bei wechselnden Zinssätzen 5 Jahre lang angelegt und hat sich in dieser Zeit (mit Zinseszins) auf 6755 € erhöht. Welcher feste Zinssatz pro Jahr (genannt Rendite) hätte (ungefähr) dieses Resultat erbracht?

31.
Beim Einschalten eines bestimmten Radios nimmt die Stromstärke nach dem Gesetz $I(t) = 0{,}6\,(1 - 0{,}5^t)$ zu. Dabei ist t die Zeit, gemessen in ms (das sind 10^{-3} s), und I(t) die Stromstärke, gemessen in A (Ampere).

a) Zeichne den Graphen der Funktion $t \mapsto I(t)$ für $t \geq 0$.

b) Durch welche geometrischen Abbildungen (Spiegelung, Verschiebung, Streckung) geht dieser Graph aus dem Graphen von $t \mapsto 0{,}5^t$ hervor?

c) Welcher Geraden nähert sich der Graph mit wachsendem t? Was bedeutet das für den Einschaltvorgang?

d) Bilde die Ableitung der Funktion $t \mapsto I(t)$ und interpretiere sie für den Einschaltvorgang.

32.

a) Ein Guthaben von 100 € wird jährlich mit 4% verzinst. Die Zinsen werden dem Guthaben hinzugefügt. Begründe, dass hier exponentielles Wachstum vorliegt.

b) Berechne, wann sich das Guthaben verdoppelt hat.

c) Bestätige an anderen Prozentsätzen p%, dass für die zugehörige Verdopplungszeit d gilt: $p \cdot d \approx 70$.

d) Erläutere die darunter stehende Begründung dieser Regelung zur Verdopplungszeit. Beachte dazu auch die Graphen rechts.

$$\left(1 + \tfrac{p}{100}\right)^d = 2$$

$$d \cdot \ln\left(1 + \tfrac{p}{100}\right) = \ln 2$$

$$d \cdot \tfrac{p}{100} \approx \ln 2$$

$$p \cdot d \approx 69{,}3\ldots$$

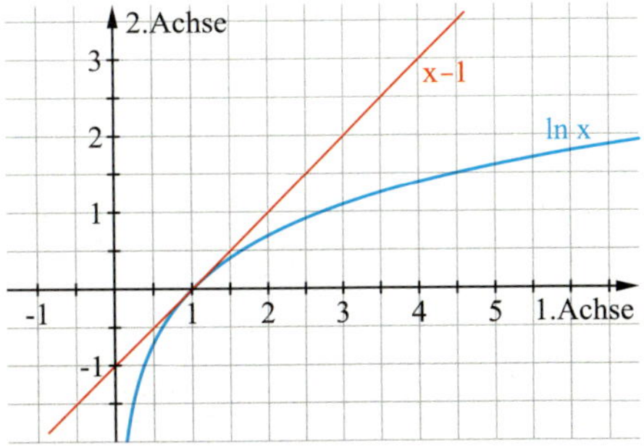

Blickpunkt

Weltbevölkerung

Weltbevölkerung wächst langsamer als vorausgesagt

BM/AP Bonn – Die Wachstumsrate der Weltbevölkerung ist zum ersten Mal gefallen. Sie liegt nach Angaben der Deutschen Stiftung Weltbevölkerung für 1996 bei 1,48 Prozent. Vor einem Jahrzehnt hatte die Rate noch 1,72 Prozent betragen und zu der Prognose geführt, die Erde wäre Mitte des 21. Jahrhunderts mit mehr als elf Milliarden Menschen übervölkert. Sollte sich der Trend fortsetzen, so Stiftungs-Geschäftsführer Hans Fleisch, sei eine Gesamtbevölkerung der Erde im Jahr 2050 von weniger als acht Milliarden realistisch.

Jahr	Bevölkerung in Mrd.	Jahr	Bevölkerung in Mrd.
1650	0,545	1970	3,698
1750	0,791	1975	4,086
1800	0,978	1980	4,448
1850	1,262	1982	4,607
1900	1,55	1984	4,763
1910	1,686	1986	4,936
1920	1,811	1988	5,111
1930	2,07	1990	5,292
1940	2,295	1992	5,48
1950	2,516	1994	5,66
1955	2,752	1996	5,821
1960	3,019	1998	5,968
1965	3,336		

vgl. auch im Internet unter: www.dsw-online.de

1.

a) Stelle das Datenmaterial von Tabelle 1 graphisch dar.

b) Wie groß ist die mittlere, prozentuale Zunahme der Bevölkerung im Zeitraum von 1980 – 1994? Nimm an, die Bevölkerung würde in Zukunft weiter wachsen wie? Wie viele Menschen würden dann im Jahr 2010 (2025, 2150) leben? Vergleiche mit den Angaben des Zeitungsartikels.

c) 1650 lebten ca. 0,545 Mrd. Menschen auf der Erde. Bis 1800 hat sich diese Zahl nahezu verdoppelt. Führe diese Überlegung an Hand der Tabelle fort und bestimme die Zeiträume, in denen sich die Bevölkerungszahl verdoppelt hat. Interpretiere das Ergebnis.

2.

Betrachtet man die graphische Darstellung etwas genauer, so lassen sich verschiedene Wachstumsphasen unterscheiden. Es sei z. B. die folgende Einteilung vorgegeben:

(1) 1650 – 1750
(2) 1750 – 1900
(3) 1900 – 1950
(4) 1950 – 1970
(5) 1970 – 1990
(6) 1990 – 1996

a) Bestimme für jede angegebene Phase mit Hilfe der Tabelle eine durchschnittliche prozentuale Zunahme. Ist die angegebene Einteilung sinnvoll? Hätte man auch eine andere Phaseneinteilung wählen können? Welche?

b) Vergleiche die Wachstumsentwicklung im 19. Jahrhundert mit den vorigen Jahrhunderten. Gib Gründe für die unterschiedliche Wachstumsentwicklung an.

Nach Schätzungen der UN lebten 1996 ca. 5,821 Mrd. Menschen auf der Erde. Eine genaue Zahl anzugeben ist unmöglich, da in vielen Staaten die Erfassungsmethoden nur unzureichend sind. Unsere Bevölkerung wächst in einem nicht vorstellbaren Maße. Jeden Tag verzeichnet man einen Bevölkerungszuwachs von 240000 Kindern, d. h. pro Tag ist die Zahl der Geburten um 240000 höher als die der Sterbefälle. Die Bedrohung durch Rohstoff-, Wasser-, Nahrungsmittelknappheit und soziale Konflikte zeichnet sich bereits heute erschreckend ab. Es existiert nun eine Funktion, die den Bestand einer Population als Gesamtheit im Laufe der Zeit beschreibt. Zur Modellierung des Bevölkerungswachstums suchen wir nun eine geeignete Funktion $f(t)$ mit $t \in \mathbb{R}_0^+$, mit folgenden Eigenschaften:

(1) f soll mindestens zweimal differenzierbar sein.
(2) f soll das Wachstum der Weltbevölkerung während eines Zeitabschnitts möglichst gut wiedergeben.

3.

a) Warum ist die Differenzierbarkeit der Funktion f von Bedeutung? Welche Bedeutung haben bei unserem Modell die 1. und 2. Ableitung von f ?

b) Weshalb kann die gesuchte Funktion nur eine Modellfunktion für das Wachstum sein?

c) Ein Tabellenkalkulationsprogramm kann zu gegebenen Messpunkten eine Näherungsfunktion bestimmen. Gib die Werte der Tabelle ein und bestimmt mit Hilfe des Programms näherungsweise eine Modellfunktion. Welchen Funktionstyp sollte man wählen und warum?

Betrachtet man die Bevölkerungszahlen über den Zeitraum 1650 – 1990, so kann man zunächst einmal eine lange Phase geringen Wachstums beobachten, bevor es im 20. Jahrhundert zu einem explosionsartigen Anstieg kommt. Diese Phase von 1900 – 1990 läßt sich demnach durch eine Funktion beschreiben, deren Steigungsverhalten stark zunimmt.

4.

a) Die Funktion f mit $f(t) = \frac{2{,}065 \cdot 10^2}{2029 - t}$ beschreibt das reale Bevölkerungswachstum im betracheten Bereich [1900; 1990] relativ gut. Skizziere f in das Koordinatensystem von Aufgabe 1. Interpretiere das Ergebnis.

b) Bestimme die prozentualen Abweichungen an den Messpunkten und gib den Fehler an. Verwende dazu CAS oder Tabellenkalkulation.

c) Ist die Funktion f für Prognosezwecke geeignet? Überprüfe die Qualität von f im Hinblick auf Prognosen. Begründe deine Antwort.

d) Bei Modellbildung geht man meist von bestimmten Annahmen aus. Welche Annahmen müsste man in Bezug auf die Funktion f machen?

Wesentliche Kenngrößen zur Beschreibung von Wachstumsprozessen sind die momentane Wachstumsgeschwindigkeit $f'(t)$, die momentane Wachstumsbeschleunigung $f''(t)$, der Wachstumssatz $s(t) = \frac{f'(t)}{f(t)}$ und die Verdopplungszeit t_v.

Dabei gibt der Wachstumssatz $s(t)$ die durchschnittliche momentane Änderungsrate pro Individuum an. Für die Verdopplungszeit t_v gilt $f(t + t_v) = 2 \cdot f(t)$.

5.

Es sollen verschiedene Funktionstypen daraufhin untersucht werden, ob sie als Wachstumsfunktionen in Frage kommen. Betrachtet werden folgende Funktionen:

$f_1(t) = at + b$ $\quad f_2(t) = ab^t$ $\quad f_3(t) = at^b$ $\quad f_4(t) = a \cdot \ln(t + b)$ $\quad f_5(t) = \frac{a}{b - t}$

a) Gib einschränkende Bedingungen für a und b an.

b) Diskutiere die vorliegenden Funktionen bezüglich der Wachstumskenngrößen:
(1) Wachstumsgeschwindigkeit
(2) Wachstumsbeschleunigung
(3) Wachstumssatz
(4) Verdopplungszeit t_v

c) Interpretiere die erhaltenen Terme $f'(t)$, $f''(t)$, $s(t)$ und t_v im Hinblick auf Bevölkerungswachstum.

d) Gib Bereiche für die angegebenen Funktionen an, in denen sie das Bevölkerungswachstum möglichst gut wiedergeben.

e) Bestimme die Parameter a und b für die gewählten Abschnitte mit Hilfe geeigneter Messpunkte und unter Verwendung von Tabellenkalkulation.

Fragen zum Basiswissen

- Was versteht man unter einer Exponentialfunktion? (Seite 93 und 96)
- Nenne die wichtigsten Eigenschaften einer Exponentialfunktion. (Seite 92)
- Eine besondere Rolle unter den Exponentialfunktionen spielt die Funktion f mit $f(x) = e^x$. Was bedeutet die Basis e und erläutere, wie man sie erhalten hat. (Seite 104 und 105)
- Durch Exponentialfunktionen lassen sich 2 Arten von Naturvorgängen besonders gut beschreiben. Nenne Beispiele. (Seite 90)
- Für Zerfallsvorgänge ist eine wichtige Größe die sogenannte Halbwertszeit. Erläutere den Begriff und leite eine Formel für die Bestimmung der Halbwertszeit her. (Seite 111)
- Die Exponentialfunktion ist eine umkehrbare Funktion. Begründe, warum. Gib die Umkehrvorschrift zur Exponentialfunktion an. (Seite 98)
- Gib die Eigenschaften der Umkehrfunktion an. (Seite 100)
- Exponentialfunktionen mit $f(x) = b \cdot a^x + c$ sind ohne Wertetabelle sofort zu zeichnen, wenn man den Graphen zu a^x kennt. Erläutere die Bedeutung von b und c. (Seite 95 ff)
- Skizziere ohne Wertetabelle die Graphen zu 2^x und $\frac{1}{2} \cdot 2^x + 1$ in ein Koordinatensystem und begründe dein Vorgehen. (Seite 95)
- Skizziere den Graphen von f mit $f(x) = 2 \cdot \ln(x-1) + 3$ ohne Wertetabelle in dasselbe Koordinatensystem wie $g(x) = \ln x$. Erläutere, wie der Graph zu f (x) aus dem Graphen zu g (x) hervorgegangen ist. (Vergl. Seite 109, Aufgabe 8)

Klausurtraining A

1.

a) Diskutiere die Funktion f mit $f(x) = (x^2 - 1)\, e^{-x}$.
(Untersuchungspunkte: Definitionsbereich, Symmetrie des Graphen; Verhalten für $x \to \infty$, $x \to -\infty$; Schnitt mit den Koordinatenachsen; relative Extrema, Wendepunkte; Wertemenge)

b) Zeichne den Graphen von f in ein Koordinatensystem.

c) Skizziere, ohne Berechnung weiterer Punkte den Graphen zu f′ in dasselbe Koordinatensystem. Nutze die Ergebnisse aus a) und b) und erläutere dein Vorgehen.

d) Anhand der Zeichnung sieht man, dass sich die Graphen von f und f′ zweimal schneiden. Berechne diese Schnittpunkte.

e) Die Gerade $x = a$ mit $a > -0{,}62$ schneidet die Graphen von f und f′ in den Punkten P und Q. Bestimme a so, dass die Strecke $\overline{PQ}$ maximal wird.

2.
Gegeben ist eine Funktion f mit
$f(x) = \ln(x^2) - (x-1)^2 + 2x$.

a) Bestimme den Definitionsbereich der gegebenen Funktion.

b) Zeige, dass der Graph der Funktion zwei Hochpunkte, aber keinen Tiefpunkt besitzt.

c) Ein grafikfähiger Taschenrechner liefert den folgenden Graphen. Kläre den Widerspruch zu Aufgabe b.

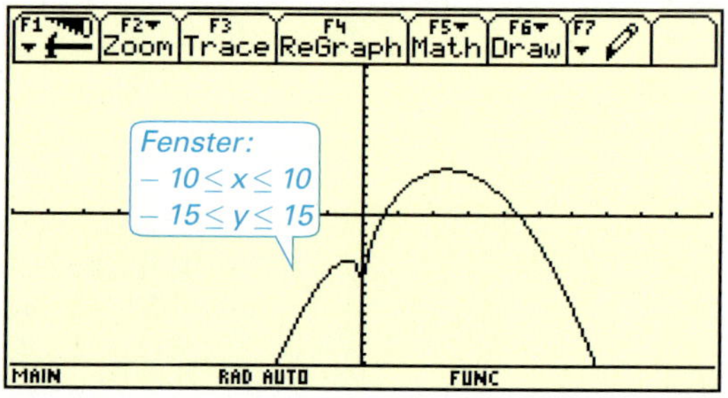

d) Zwischen zwei Extrema erwartet man einen Wendepunkt. Zeige, dass der Graph zu f keinen Wendepunkt besitzt.
Erkläre den scheinbaren Widerspruch.

e) Begründe, warum der Graph zu f zwei Nullstellen besitzen muss.
Ermittle mit dem grafikfähigen Taschenrechner Intervalle, in denen die Nullstellen liegen.

f) Der Graph zu g mit $g(x) = \ln(x^2)$, $x \in \mathbb{R}$ und $x > 0$ besitzt im Punkt $P(a \mid b)$ eine Tangente. Diese schneidet die x-Achse in S und die y-Achse in R.
$\overline{SR}$ sei die Diagonale eines Rechtecks OSTR, wobei O der Koordinatenursprung ist.
Bestimme den Flächeninhalt A dieses Rechtecks.

g) Bestimme mithilfe eines GTR den größten Flächeninhalt für $|a| < e$.

Klausurtraining B

1.
Gegeben sei die Funktionenschar f_a mit $f_a(x) = 5x\,e^{-ax^2}$, $a \in \mathbb{R}^{+0}$.

a) Zeige, dass der Graph zu f_a für jedes a punktsymmetrisch ist.

b) Zeige, dass aus der Punktsymmetrie von f_a die Achsensymmetrie von f'_a folgt.

c) Bestimme für f_a die Nullstellen, Extrema und Wendepunkte in Abhängigkeit von a.

d) Zeichne die Graphen zu $a = +1$, $a = +2$, $a = +3$ in ein Koordinatensystem.

e) Die Tiefpunkte der Funktionenschar f_a liegen auf einer Kurve.
Bestimme die Funktionsgleichung dieser Kurve.

f) Zeige, dass $F_a(x) = -\frac{5}{2a} e^{-ax^2} + c$ die Menge der Stammfunktionen zu $f_a(x)$ darstellt.

g) Der Graph zu $f_2(x)$, die x-Achse und die Geraden $x = 0$ und $x = k$ schließen eine Fläche ein. Berechne die Flächenmaßzahl $A(k)$ dieser Fläche.
Zeige, dass der Flächeninhalt $A(k)$ für $k \to \infty$ den festen Wert $\frac{5}{4}$ annimmt.
Was bedeutet dieses Ergebnis?

h) Die beiden von $(0 \mid 0)$ verschiedenen Wendepunkte W_1, W_2 und die Punkte $E_1\left(-\frac{1}{\sqrt{2a}} \,\middle|\, -\frac{5}{2a} e^{-\frac{1}{2}}\right)$, $E_2\left(\frac{1}{\sqrt{2a}} \,\middle|\, \frac{5}{2a} e^{-\frac{1}{2}}\right)$ bestimmen ein Viereck.
Zeige, dass $W_1E_1W_2E_2$ ein Parallelogramm bilden.

i) Für welchen Wert von a ist das Parallelogramm ein Rechteck?

2.
Gegeben ist die Funktionenschar f_a mit $f_a(x) = \ln(x^2 + a^2)$, $a \in \mathbb{R}\setminus\{0\}$.

a) Bestimme den Definitionsbereich, das Verhalten für $x \to \pm\infty$, das Symmetrieverhalten und die Nullstellen in Abhängigkeit von a.

b) Zeige, dass alle Graphen der Funktionenschar ein globales Minimum im Punkt $(0 \mid \ln a^2)$ besitzen.

c) Begründe, dass alle Graphen genau zwei Wendepunkte besitzen.

d) Skizziere den Graphen zu f_1, f_2 in ein Koordinatensystem.

e) Skizziere unter Verwendung der Ergebnisse aus a) bis d) den Graphen zu $F_0(x) = \int_0^x f_1(t)\,dt$.

f) Zeige, dass $F_0(x)$ genau eine Nullstelle und genau einen Wendepunkt besitzt.

4. WEITERE FUNKTIONSTYPEN

Ein Extremwertproblem aus der Segelflugpraxis

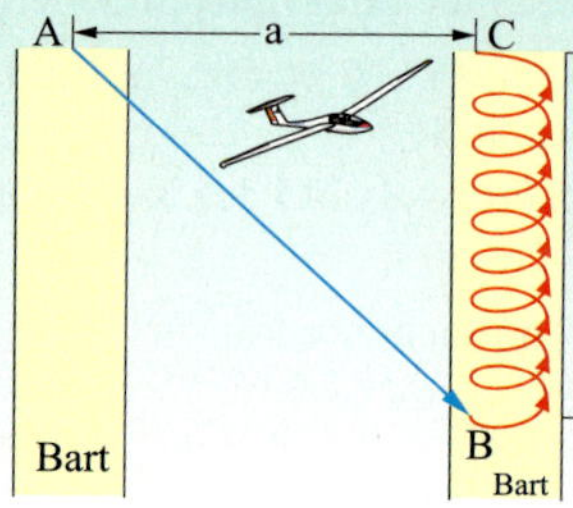

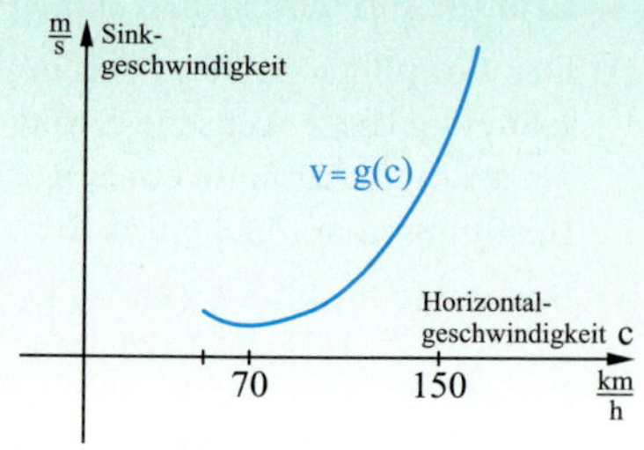

Segelflugzeuge benötigen für weite Flüge die Thermik. Bei Erwärmung des Erdbodens durch die Sonne entstehen lokale Aufwindgebiete, von den Segelfliegern *Bärte* genannt. Segelflugzeuge gewinnen Höhe, indem sie in den Bärten kreisen. Zwischen zwei Bärten fliegen sie im Gleitflug. Dabei verlieren sie an Höhe, und zwar um so mehr, je schneller sie fliegen. Fliegt ein Segelflieger sehr schnell, so kommt er weit unten beim nächsten Bart an. Er benötigt dann eventuell sehr lange, um wieder nach oben zu kommen. Fliegt er sehr langsam, so kommt er zwar nicht so tief beim nächsten Bart an, doch eventuell hat er sehr viel Zeit für den Flug zwischen den Bärten benötigt. Bei einem Segelflugwettbewerb kommt es also darauf an, die günstigste Geschwindigkeit zu finden, eine Extremwertaufgabe, die wir lösen wollen.

Aufstellen der Gleichung $t = f(c)$ für die Funktion *Horizontalgeschwindigkeit c → benötigte Zeit t*

Den funktionalen Zusammenhang zwischen der Sinkgeschwindigkeit v des Flugzeuges und seiner Horizontalgeschwindigkeit c gibt die sogenannte Polare mit der Gleichung $v = g(c)$ an (siehe den Graphen oben rechts). Die Steiggeschwindigkeit in den Bärten werde mit v_{St} bezeichnet. t_{AB} sei die Zeit, die der Segelflieger benötigt, um von A nach B zu kommen, t_{BC} die Zeit, um von B nach C zu gelangen. Die Entfernung a zwischen zwei Bärten wird als groß gegenüber der Steighöhe h angesehen.

Dann gilt: $t_{AB} = \frac{a}{c}$; $t_{BC} = \frac{h}{v_{St}}$.

Gesamtzeit: $t = t_{AB} + t_{BC} = \frac{a}{c} + \frac{h}{v_{St}}$.

Nun gilt: $g(c) = \frac{h}{t_{AB}}$, also $h = g(c) \cdot t_{AB} = \frac{g(c) \cdot a}{c}$. Somit gilt: $t = f(c) = \frac{a}{c} + \frac{g(c) \cdot a}{v_{St} \cdot c}$.

Das ist die gesuchte Funktionsgleichung. Sie stellt eine *rationale Funktion* dar. (Siehe Seite 129)

Zur Lösung des Problems

Die günstigste Geschwindigkeit liegt an der Stelle vor, wo die Funktion f ein Minimum hat. Wir bilden daher die erste Ableitung und setzen sie gleich 0:

$f'(c) = -\frac{a}{c^2} + \frac{a \cdot (g'(c) \cdot c - g(c) \cdot 1)}{v_{St} \cdot c^2} = 0$. Daraus folgt:

$g'(c) = \frac{g(c) + v_{St}}{c} = \frac{g(c) - (-v_{St})}{c - 0}$.

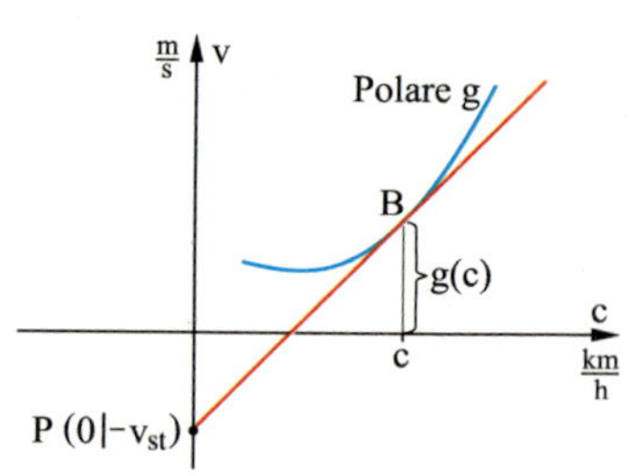

Links steht die Steigung der Tangente, rechts die Steigung der Sekante durch die Punkte $P(0 \mid -v_{St})$ und $B(c \mid g(c))$. Man erhält also die günstigste Geschwindigkeit, indem man vom Punkt $P(0 \mid -v_{St})$ die Tangente an die Polare zeichnet. Die Stelle, an welcher der Berührpunkt liegt, ist die günstigste Geschwindigkeit c. Weitere Hinweise zur Theorie des Segelflugs unter:
http://www.segelflug.de/vereine/lichtenfels/theorie.html

Den neuen Funktionentyp *rationale Funktion* und den Typ *trigonometrische Funktion* wollen wir in diesem Kapitel systematisch untersuchen.

4.1 Rationale Funktionen

4.1.1 Grundeigenschaften rationaler Funktionen und Aufbau rationaler Funktionen aus einfachen Grundtypen

Einführung

Begriff der rationalen Funktion

Eine Funktion, deren Funktionsterm f (x) als Bruch $\frac{p(x)}{q(x)}$ von zwei Polynomen p(x) und q(x) geschrieben werden kann, heißt rationale Funktion[1].

Ein Polynom ist ein Term der Form $a_n x^n + a_{n-1} x^{n-1} + \ldots + a_1 x + a_0$ mit $n \in \mathbb{N}$ und $a_0, a_1, \ldots, a_n \in \mathbb{R}$ und $a_n \neq 0$.

Beispiele sind: $f(x) = \frac{x^2+2}{2x}$, $f(x) = \frac{1}{x^2+1}$, $f(x) = \frac{2x^3+11x^2+12x-10}{x^2+6x+9}$ aber auch $f(x) = x^2 = \frac{x^2}{1}$.

Die einfachsten rationalen Funktionen sind gegeben durch $f(x) = \frac{1}{x}$, $f(x) = \frac{1}{x^2}$, $f(x) = \frac{1}{x^3}$, $f(x) = \frac{1}{x^4}$, $f(x) = \frac{1}{x^5}, \ldots$.

vgl. EdM 11, Seite 82

Diese Funktionen sind uns bereits als Potenzfunktionen mit negativen Exponenten bekannt.

Definitionsbereich

Anders als die ganzrationalen Funktionen sind gebrochenrationale Funktionen nicht immer auf ganz $\mathbb{R}$ definiert. Für x können keine Zahlen in den Funktionsterm $f(x) = \frac{p(x)}{q(x)}$ einer gebrochenrationalen Funktion eingesetzt werden, für die der Nenner null wird. Die Funktion f hat an diesen Stellen eine **Definitionslücke.**

So haben z.B. die Funktionen mit $f(x) = \frac{1}{x}$ und $f(x) = \frac{1}{x^2}$ an der Stelle 0 eine Definitionslücke. Die Funktion f mit $f(x) = \frac{2}{(x-1)^2}$ hat eine Definitionslücke an der Stelle 1, es ist also $\mathbb{D} = \mathbb{R} \setminus \{1\}$.
Es gibt aber auch rationale Funktionen, die keine Definitionslücke haben und auf ganz $\mathbb{R}$ definiert sind. Der einfachste Grundtyp einer rationalen Funktion *ohne* Definitionslücke ist die Funktion f mit $f(x) = \frac{1}{x^2+1}$.

Verhalten an den Definitionslücken

Bei einigen rationalen Funktionen lässt sich die Definitionslücke schließen. Dazu das folgende Beispiel:
Die Funktion f mit $f(x) = \frac{x^2-1}{x-1}$ hat zwar an der Stelle 1 eine Definitionslücke.

Beachte: $x^2 - 1 = (x+1) \cdot (x-1)$

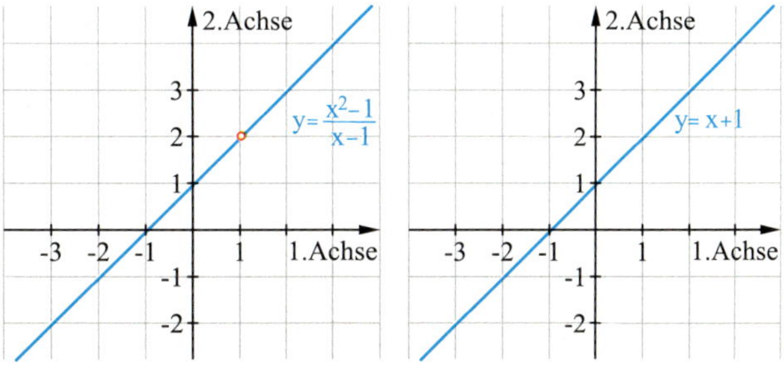

Da aber $\frac{x^2-1}{x-1} = x + 1$ für alle $x \neq 1$ ist, stimmt der Graph der Funktion f bis auf die Lücke an der Stelle 1 mit dem Graphen zu $y = x + 1$ überein.

---

[1] Oft nennt man eine rationale Funktion auch eine *gebrochen*rationale Funktion, um sie von einer ganzrationalen Funktion (vgl. Elemente der Mathematik 11, S. 58) zu unterscheiden.

Die Funktion $y = x + 1$ ist aber auf ganz $\mathbb{R}$, also insbesondere auch für $x = 1$ definiert. Man nennt daher in diesem Fall 1 eine **hebbare Definitionslücke** der Funktion f mit $f(x) = \frac{x^2 - 1}{x - 1}$.

Ist eine Definitionslücke *nicht* hebbar, so gilt:

Strebt x gegen die Definitionslücke, so strebt f (x) gegen $+\infty$ oder gegen $-\infty$.

Man überzeugt sich hiervon beispielsweise sofort für die Potenzfunktion f mit $f(x) = \frac{1}{x}$ durch Einsetzen nur weniger Zahlenwerte für x nahe bei 0:

Annäherung von links									Annäherung von rechts			
x	-1	$-0{,}1$	$-0{,}01$	$\rightarrow$	0		0	$\leftarrow$	0,01	0,1	1	x
$\frac{1}{x}$	-1	-10	-100	$\rightarrow$	$-\infty$		$+\infty$	$\leftarrow$	100	10	1	$\frac{1}{x}$

Für $x \rightarrow 0$ schmiegt sich der Graph von $f(x) = \frac{1}{x}$ der Geraden zu $x = 0$ immer mehr an. Man nennt die Gerade zu $x = 0$ auch **Polgerade** der Funktion f mit $f(x) = \frac{1}{x}$.

Man sagt:

Die Funktion hat an der Stelle 0 einen **Pol mit Vorzeichenwechsel.**

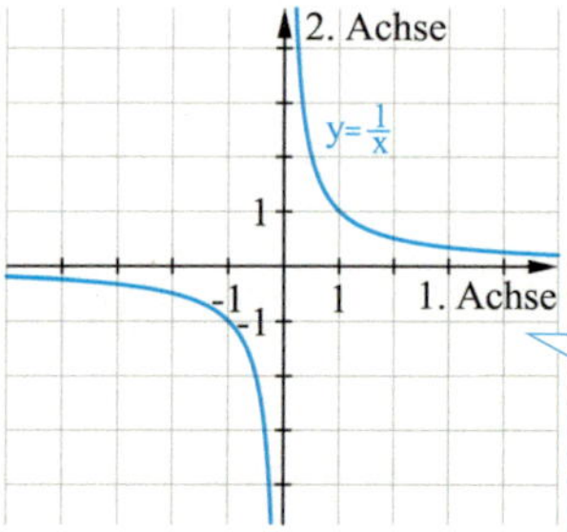

Pol mit Vorzeichenwechsel: Unterschiedliches Vorzeichen der Funktionswerte links und rechts vom Pol

Die Graphen zu $y = \frac{1}{x}$, $y = \frac{1}{x^3}$, ... haben an der Stelle 0 einen **Pol mit Vorzeichenwechsel.**

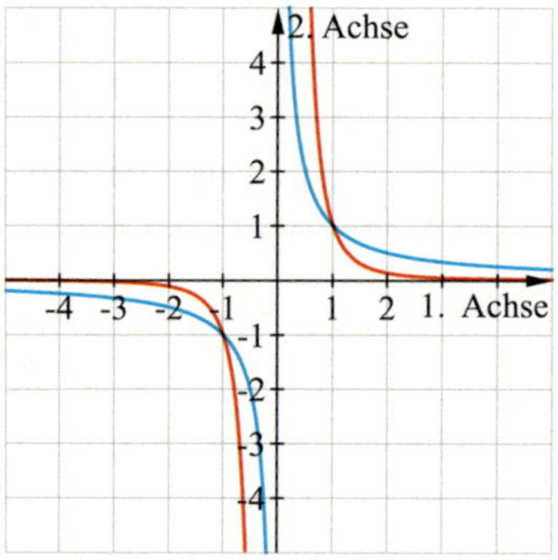

Die Graphen zu $y = \frac{1}{x^2}$, $y = \frac{1}{x^4}$, ... haben an der Stelle 0 einen **Pol ohne Vorzeichenwechsel.**

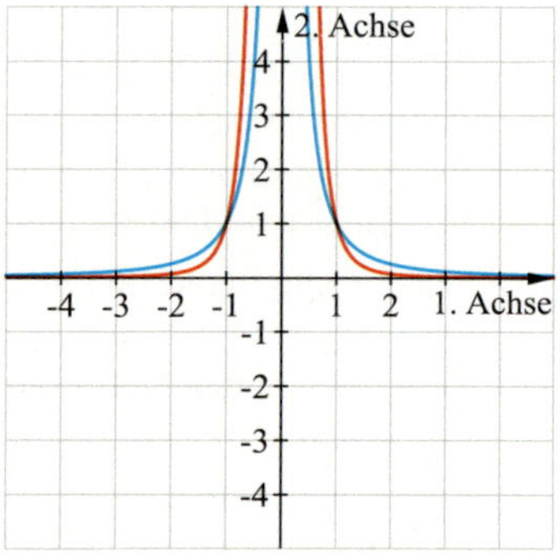

Aufgabe 1 *Verhalten rationaler Funktionen für $x \rightarrow \infty$ bzw. für $x \rightarrow -\infty$*

a) Untersuche die Funktion f mit $f(x) = \frac{1}{x^2 + 1}$ auf Definitionsbereich, auf Symmetrie, Monotonie und Extrempunkte.
Untersuche das Verhalten von f (x) für $x \rightarrow \infty$ und für $x \rightarrow -\infty$ und zeichne den Graphen von f.

b) Begründe, dass f mit $f(x) = x + \frac{2}{x}$ eine rationale Funktion ist, und untersuche das Verhalten von f (x) für $x \rightarrow \infty$ bzw. für $x \rightarrow -\infty$.
Was bedeutet dieses Verhalten für den Graphen von f ?

Lösung

a) Welche Zahl man auch immer für x wählt, nie kann der Nenner x^2+1 von $f(x)$ gleich 0 werden. Der Definitionsbereich von f ist also $\mathbb{R}$.

Symmetrie: Es ist $f(-x)=\frac{1}{(-x)^2+1}=\frac{1}{x^2+1}=f(x)$, daher ist der Funktionsgraph symmetrisch zur 2. Achse.

Monotonie: Die Parabel zu $y=x^2+1$ fällt für $x\leq 0$ streng monoton und steigt für $x\geq 0$ streng monoton.
Daher steigt der Graph zu $f(x)=\frac{1}{x^2+1}$ für $x\leq 0$ streng monoton und fällt für $x\geq 0$ streng monoton.

Extrempunkte: Da der Graph von f für $x\leq 0$ streng monoton steigt und für $x\geq 0$ streng monoton fällt, ist der Punkt $P(0\,|\,1)$ Hochpunkt und einziger Extrempunkt des Funktionsgraphen.

Verhalten für $x\to\infty$ bzw. für $x\to-\infty$:

Für $x\to\infty$ strebt $\frac{1}{x^2+1}$ gegen 0, weil der Nenner über alle Grenzen wächst.

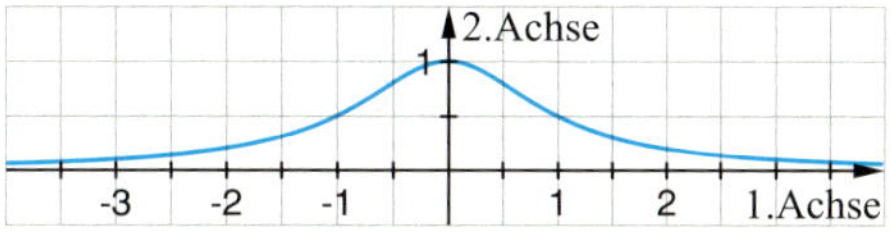

Für $x\to-\infty$ strebt $\frac{1}{x^2+1}$ ebenfalls gegen 0, weil der Nenner über alle Grenzen wächst.
Man sagt: Die 1. Achse ist **Asymptote** des Funktionsgraphen für $x\to-\infty$ und für $x\to\infty$.

b) Wegen $f(x)=x+\frac{2}{x}=\frac{x^2}{x}+\frac{2}{x}=\frac{x^2+2}{x}$ ist $f(x)$ als Bruch von zwei Polynomen darstellbar, die Funktion f ist also eine rationale Funktion.
Um einen Einblick in das Verhalten von $f(x)$ für große x zu bekommen, setzen wir große Zahlen für x ein:

x	10	100	1 000	10 000	10^6
$x+\frac{2}{x}$	1,2	100,02	1 000,002	10 000,0002	$10^6+2\cdot 10^{-6}\approx 10^6$

Für große Werte von x unterscheidet sich der Wert von $f(x)$ immer weniger vom Wert von x. Das bedeutet:
Für $x\to\infty$ kommt der Graph von f der Geraden zu $y=x$ beliebig nahe. Die Funktion zu $y=x$ ist eine **Näherungsfunktion** für die Funktion f.
Man sagt auch: Die Gerade zu $y=x$ ist **Asymptote** des Graphen von f für $x\to\infty$.
Entsprechend erhält man:
Für $x\to-\infty$ kommt der Graph von f der Geraden zu $y=x$ beliebig nahe. Die Gerade zu $y=x$ ist Asymptote des Graphen von f für $x\to-\infty$.

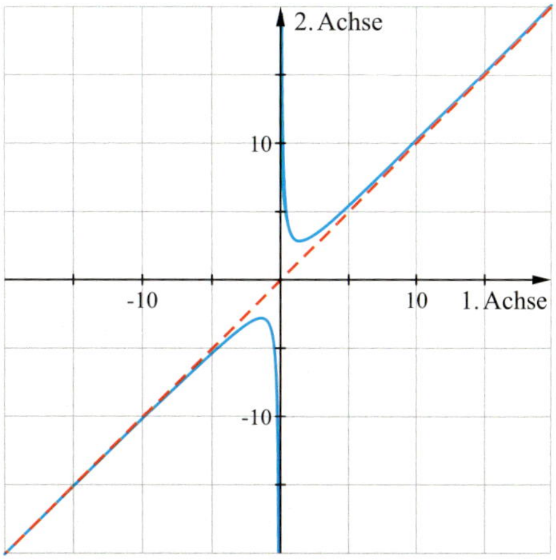

Asymptote: griechisch: nicht zusammenfallend

Information **Eigenschaften rationaler Funktionen**

Eine Funktion, deren Funktionsterm als Bruch (Quotient) von zwei Polynomen geschrieben werden kann, heißt **rationale Funktion.**

Bei einer rationalen Funktion f sind folgende Besonderheiten zu beachten:

(1) Es *können* **Definitionslücken** vorliegen:
An den Stellen, an denen das Polynom im Nenner null wird, ist die Funktion nicht definiert. Es gibt zwei mögliche Fälle:
(a) Entweder ist die Definitionslücke eine hebbare Lücke
oder
(b) der Graph schmiegt sich immer mehr einer Parallelen zur 2. Achse an.
Diese Gerade wird **Polgerade** genannt. Auch sie ist eine Asymptote.
Streben die Funktionswerte bei Annäherung von x an die Polstelle unabhängig davon, von welcher Seite sich x der Polstelle annähert, stets gegen $+\infty$ [oder stets gegen $-\infty$], so liegt ein **Pol ohne Vorzeichenwechsel** vor.
Anderenfalls liegt ein **Pol mit Vorzeichenwechsel** vor.

(2) Der Graph von f schmiegt sich für $x \to +\infty$ und für $x \to -\infty$ dem Graphen einer **Näherungsfunktion** g an.
Die Funktionswerte von f kommen den Funktionswerten von g beliebig nahe, falls x gegen $+\infty$ oder $-\infty$ strebt: $f(x) - g(x) \to 0$ für $x \to +\infty$ und für $x \to -\infty$.
Ist die Näherungsfunktion g linear, so nennt man ihren Graph **Asymptote** für f.
Oft wird eine Polgerade ebenfalls Asymptote genannt.

Aufgabe 2 *Aufbau rationaler Funktionen aus einfachen Grundtypen*

Es sollen aus einfachen Grundtypen für rationale Funktionen durch geometrische Überlegungen die Graphen weiterer rationaler Funktionen hergeleitet werden.

Einfache Grundtypen sind: $y=\frac{1}{x}$, $y=\frac{1}{x^2}$, $y=\frac{1}{x^2+1}$

Erschließe und skizziere von dem Graphen zu $y=\frac{1}{x}$ bzw. $y=\frac{1}{x^2}$ ausgehend durch geometrische Überlegungen (wie z.B. Verschiebung, Spiegelung, Streckung eines Funktionsgraphen) die Graphen der folgenden Funktionen.
Gib auch Polstellen und Asymptoten an.

(1) $f(x)=-\frac{1}{x}+3$ (2) $f(x)=\frac{2}{(x-1)^2}$ (3) $f(x)=\frac{x^2+2}{2x}$

Lösung (1) $f(x)=-\frac{1}{x}+3$

Spiegelt man den Graphen von $y=\frac{1}{x}$ an der 1. Achse, so erhält man den Graphen von $y=-\frac{1}{x}$.

Verschiebt man anschließend den Graphen von $y=-\frac{1}{x}$ um $+3$ in Richtung der 2. Achse, so erhält man den Graphen zu $y=-\frac{1}{x}+3$.

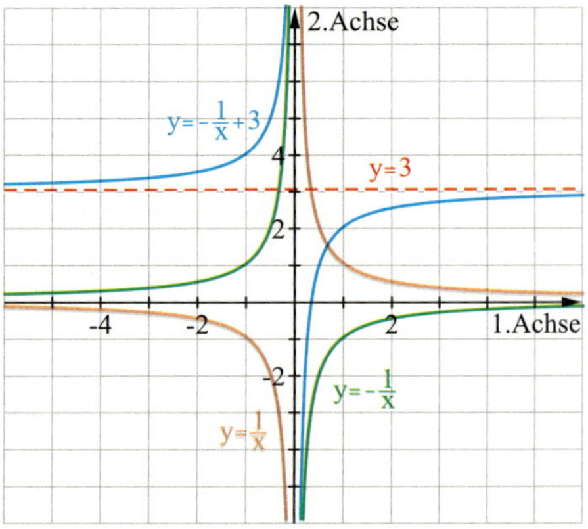

Der Graph hat an der Stelle 0 einen Pol mit Vorzeichenwechsel. Die Gerade zu $y=3$ ist Asymptote des Funktionsgraphen.

(2) $f(x) = \frac{2}{(x-1)^2}$

Streckt man den Graphen von $y = \frac{1}{x^2}$ von der 1. Achse aus parallel zur 2. Achse mit dem Faktor 2, so erhält man den Graphen von $y = \frac{2}{x^2}$.

Verschiebt man anschließend den Graphen von $y = \frac{2}{x^2}$ um $+1$ in Richtung der 1. Achse, so erhält man den Graphen zu $y = \frac{2}{(x-1)^2}$.

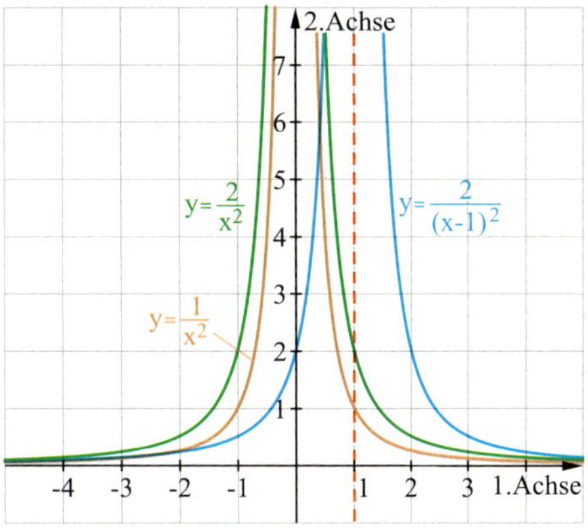

Der Graph hat an der Stelle 1 einen Pol ohne Vorzeichenwechsel. Die Gerade zu $y = 0$ ist Asymptote des Funktionsgraphen.

(3) $f(x) = \frac{x^2+2}{2x}$

Wir formen zunächst um: $\frac{x^2+2}{2x} = \frac{1}{2}x + \frac{1}{x}$.

Damit kann man aus den Graphen zu $y = \frac{1}{2}x$ und $y = \frac{1}{x}$ den Graphen zu $y = \frac{x^2+2}{2x}$ erhalten, indem man die Funktionswerte stellenweise addiert $\left(\textbf{Überlagerung}\text{ der Graphen von } y = \frac{1}{2}x \text{ und } y = \frac{1}{x}\right)$.

Der Graph hat an der Stelle 0 einen Pol mit Vorzeichenwechsel. Die Gerade zu $y = \frac{1}{2}x$ ist schräge Asymptote des Funktionsgraphen.

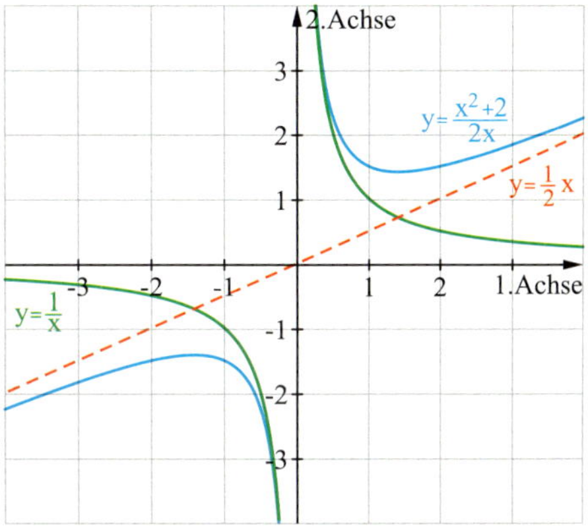

Weiterführende Aufgaben

3. *Rationale Funktionen mit typischen Eigenschaften bestimmen*

Gib eine rationale Funktion mit den angegebenen Eigenschaften an.

Überprüfe die Ergebnisse mittels GTR oder CAS!

a) Die Funktion hat an der Stelle 3 einen Pol ohne Vorzeichenwechsel und die Gerade zu $y = 2$ ist Asymptote.

b) An der Stelle 0 ist ein Pol mit Vorzeichenwechsel und die Gerade zu $y = -x + 1$ ist Asymptote.

c) Die Gerade zu $y = 2x$ ist Asymptote und an der Stelle -1 ist ein Pol ohne Vorzeichenwechsel.

d) Die Gerade zu $y = -x$ ist Asymptote und der Funktionsgraph hat *keinen* Pol.

4. *Nichtlineare Näherungsfunktion*

Zeige, dass für $x \to \infty$ und für $x \to -\infty$ der Graph zu $f(x) = \frac{x^3+1}{x}$ der Parabel zu $y = x^2$ beliebig nahe kommt.

5. *Zerlegung des Funktionsterms mittels Polynomdivision*

Erschließe von einem geeigneten Grundtyp ausgehend durch geometrische Überlegung und durch Überlagerung von Funktionsgraphen die Graphen folgender Funktionen. Führe zunächst eine Polynomdivision durch.

(1) $f(x) = \frac{x^2 - 4x + 5}{x - 1}$

(2) $f(x) = \frac{2x^3 + 11x^2 + 12x - 10}{x^2 + 6x + 9}$

$$\frac{x^2 - 4x + 5}{x - 1} = (x^2 - 4x + 5) : (x - 1) = x - 3 + \frac{2}{x - 1}$$

Nebenrechnung:

$$(x^2 - 4x + 5) : (x - 1) = x - 3 + \frac{2}{x - 1}$$
$$\underline{x^2 - x}$$
$$-3x + 5$$
$$\underline{-3x + 3}$$
$$2$$

So kann man auch die Asymptote bestimmen

6. *Streckung in Richtung der 1. Achse*

Der Graph zu $y = \frac{1}{x^2 + 1}$ wird von der 2. Achse aus parallel zur 1. Achse mit dem Faktor 2 gestreckt.

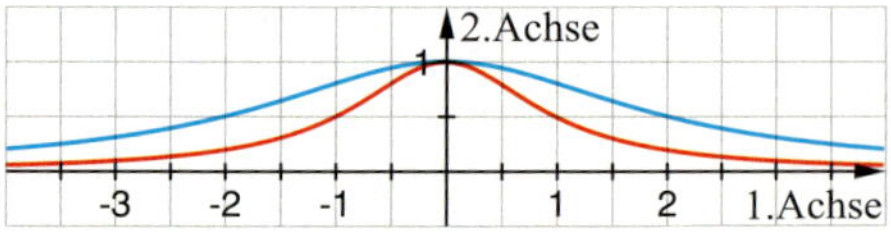

Begründe, dass das Bild der Graph zur Funktion $f(x) = \frac{1}{\left(\frac{x}{2}\right)^2 + 1}$ ist.

Wie geht der Graph der Funktion f mit $f(x) = \frac{1}{(3x)^2 + 1}$ $\left[f(x) = \frac{25}{x^2 + 25},\ f(x) = \frac{1}{x^2 + 4}\right]$ aus dem Graphen zu $y = \frac{1}{x^2 + 1}$ hervor?

7. *Produkt von zwei Funktionstermen*

Zeichne die Graphen der Funktionen zu $y = x$ und zu $y = \frac{1}{x^2 + 1}$ und leite hieraus den Verlauf des Funktionsgraphen zu $f(x) = \frac{x}{x^2 + 1} = x \cdot \frac{1}{x^2 + 1}$ her.

GTR Überprüfe die Überlegungen mithilfe eines grafikfähigen Taschenrechners.

Übungsaufgaben

8.

Bestimme die Polstellen der Funktion f und gib an, ob es sich um einen Pol mit Vorzeichenwechsel oder um einen Pol ohne Vorzeichenwechsel handelt.

a) $f(x) = \frac{x}{x^2 + 2x + 1}$ **b)** $f(x) = \frac{x + 3}{x^3 + 5x^2}$ **c)** $f(x) = \frac{1}{(x - 1)^4 (x - 3)^5}$

9.

Gib jeweils die Definitionslücke der Funktion an und prüfe, ob es sich um eine hebbare Lücke oder um einen Pol mit oder ohne Vorzeichenwechsel handelt.

a) $f(x) = \frac{x}{x + 1}$ **c)** $f(x) = \frac{x^2 - 4}{x - 2}$ **e)** $f(x) = \frac{x^3 + x}{x^2}$ **g)** $f(x) = \frac{x^2 + 2x}{x + 2}$

b) $f(x) = \frac{x^2 + 1}{x - 1}$ **d)** $f(x) = \frac{x^3 + x}{x}$ **f)** $f(x) = \frac{x^2 - 6x + 9}{x - 3}$ **h)** $f(x) = \frac{x}{x^2 - 4x - 4}$

10.

Gib die Polstellen und die Asymptote der Funktion f an.

a) $f(x) = \frac{2}{x-3} + 4$ **c)** $f(x) = 2x + \frac{x^2+2}{x+2}$ **e)** $f(x) = \frac{2x+3}{x(x+1)} + \frac{x}{2}$

b) $f(x) = \frac{x-4}{x^2} - 5$ **d)** $f(x) = \frac{1}{x^2 - 10x + 25}$ **f)** $f(x) = \frac{1-x}{(x-2)(x+1)}$

GTR **11.**

Gib eine einfache rationale Funktion mit den angegebenen Eigenschaften an. Prüfe anschließend deine Lösung, indem du jeweils den Funktionsgraphen und die Asymptote mithilfe eines grafikfähigen Rechners zeichnest.

a) An der Stelle 1 liegt ein Pol mit Vorzeichenwechsel vor und die Gerade zu $y = 0$ ist Asymptote.

b) An der Stelle -3 liegt ein Pol ohne Vorzeichenwechsel vor und die Gerade zu $y = -2$ ist Asymptote.

c) An der Stelle 0 liegt ein Pol ohne Vorzeichenwechsel vor und die Gerade zu $y = -x$ ist Asymptote.

d) An der Stelle -3 liegt ein Pol ohne Vorzeichenwechsel vor und die Gerade zu $y = 2x$ ist Asymptote.

e) Die Gerade zu $y = 2$ ist Asymptote, und der Graph hat keinen Pol.

f) f ist für alle $x \in \mathbb{R}$ definiert und hat die Gerade zu $y = -2$ als Asymptote.

g) f ist für alle $x \in \mathbb{R}$ definiert und hat an der Stelle 0 einen Tiefpunkt.

h) f ist für alle $x \in \mathbb{R}$ definiert und hat an der Stelle 1 einen Hochpunkt.

i) f hat an der Stelle 0 und an der Stelle 2 einen Pol.

12.

Wir betrachten die Funktion f mit $f(x) = \frac{1}{(x-3)^n}$.

Begründe: Ist n gerade, so hat f an der Stelle 3 einen Pol ohne Vorzeichenwechsel. Ist n ungerade, so hat f an der Stelle 3 einen Pol mit Vorzeichenwechsel.

CAS **13.**

Zerlege durch Polynomdivision, überprüfe mit einem CAS.

a) $\frac{2x^2 + 6x + 1}{x+3}$

b) $\frac{x^3 - 4x^2 + 4x + 1}{x-1}$

c) $\frac{2x^3 - 4x^2 + 2x - 7}{x^2+1}$

d) $\frac{2x^3 + 3x^2 - 5x + 1}{x^2 + x + 2}$

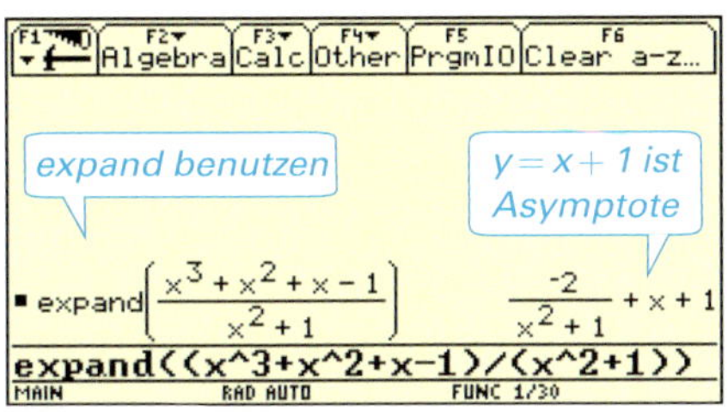

14.

Bestimme die Asymptote von f. Für welche Werte von x unterscheidet sich der Funktionswert betragsmäßig um weniger als 0,1 vom Wert der Asymptote?

a) $f(x) = \frac{x}{x^2 - 1}$ **b)** $f(x) = \frac{x^2}{x^2 + 2x}$ **c)** $f(x) = \frac{x^2+3}{x+1}$ **d)** $f(x) = \frac{x^2 - 4x + 5}{x-2}$

15.

Bestimme die ganzrationale Näherungsfunktion. Nähert sich der Funktionsgraph für $x \to +\infty$ bzw. für $x \to -\infty$ der Näherungsfunktion von oben oder von unten an?

a) $f(x) = \frac{x^2 - x - 1}{x - 1}$ **c)** $f(x) = \frac{x^3 + x^2 - 4x + 2}{x}$ **e)** $f(x) = \frac{x^3 - 7x^2 + 13x - 10}{x - 5}$

b) $f(x) = \frac{2x^2 - 11x + 14}{x - 3}$ **d)** $f(x) = \frac{x^4 + x^2 + x}{x^2 + 1}$ **f)** $f(x) = \frac{x^5 + 2x^3}{x^2 + 1}$

16.

Skizziere den Graphen der Funktion f unter Berücksichtigung der Polstellen und Asymptoten. Berücksichtige gegebenenfalls auch die Nullstellen.

a) $f(x) = \frac{2}{x - 3}$ **e)** $f(x) = \frac{3x + 2}{x}$ **i)** $f(x) = \frac{x^3 - 1}{x^2}$

b) $f(x) = \frac{1}{(x - 1)^2}$ **f)** $f(x) = \frac{x + 2}{x + 1}$ **j)** $f(x) = \frac{1}{(x - 2)^2 + 1}$

c) $f(x) = \frac{-1}{x^2 + 2x + 1} + 2$ **g)** $f(x) = \frac{x}{x - 3}$ **k)** $f(x) = \frac{x^2 + 4x + 5}{(x + 2)^2}$

d) $f(x) = \frac{x - 1}{x}$ **h)** $f(x) = \frac{x^2 + 1}{x}$ **l)** $f(x) = \frac{-2}{x^2 + 4x - 5}$

17.

Erschließe von einem Grundtyp ausgehend durch geometrische Überlegung und gegebenenfalls durch Überlagerung von Funktionsgraphen die Graphen zu folgenden Funktionen:

(1) $f(x) = \frac{2}{(x + 1)^2 + 1}$ (2) $f(x) = \frac{-1}{x^2 - 2x + 2}$ (3) $f(x) = \frac{x^3 + x + 1}{x^2 + 1}$

18.

Skizziere den Graphen der Funktion f durch Überlagerung einfacher Funktionsgraphen.

a) $f(x) = \frac{x + 3}{2x}$ **c)** $f(x) = \frac{x^2 - 1}{x}$ **e)** $f(x) = \frac{2x^2 - 4x}{x - 1}$

b) $f(x) = \frac{2 + x^2}{x}$ **d)** $f(x) = x^2 - \frac{1}{x^2}$ **f)** $f(x) = x - \frac{1}{x^2 + 1}$

GTR **19.**

Gib einen möglichen Funktionsterm für f an. Prüfe deine Lösung mittels eines grafikfähigen Rechners.

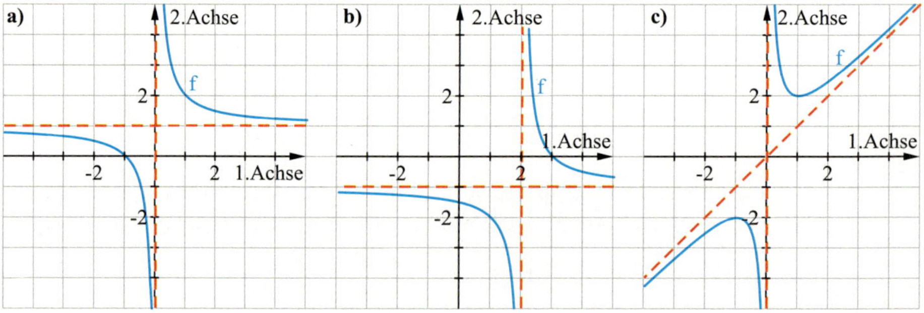

20.
Skizziere die Graphen mithilfe von Überlagerungen.

a) $f(x) = \frac{1}{x} + \frac{1}{x-1}$ **b)** $f(x) = \frac{1}{x-1} + \frac{1}{x+1}$ **c)** $f(x) = \frac{1}{x} - \frac{1}{x-1}$ **d)** $f(x) = \frac{1}{x} + \frac{1}{x^2}$

21.
Vergleiche die entstehenden Funktionsgraphen. Gib jeweils auch den Funktionsterm der entstehenden Funktion an.
(1) Verschiebe den Graphen zu $y = \frac{1}{x}$ um $+2$ in Richtung der 2. Achse und strecke anschließend mit dem Faktor -1 von der 1. Achse aus in Richtung der 2. Achse.
(2) Strecke den Graphen zu $y = \frac{1}{x}$ mit dem Faktor -1 von der 1. Achse aus in Richtung der 2. Achse und verschiebe anschließend um $+2$ in Richtung der 2. Achse.

GTR ▲ **22.**
a) Zeichne mithilfe eines grafikfähigen Rechners jeweils die Graphen zu $f_1(x) = x - 2$ und $f_2(x) = \frac{1}{x-2}$, $g_1(x) = x^2 - 1$ und $g_2(x) = \frac{1}{x^2 - 1}$, $h_1(x) = x^3 - x$ und $h_2(x) = \frac{1}{x^3 - x}$, $r_1(x) = x^4 + x^2 + 1$ und $r_2(x) = \frac{1}{x^4 + x^2 + 1}$.
Welcher rechnerische Zusammenhang besteht jeweils zwischen den Funktionstermen $f_1(x)$ und $f_2(x)$, $g_1(x)$ und $g_2(x)$, $h_1(x)$ und $h_2(x)$, $r_1(x)$ und $r_2(x)$? Welche Aussagen kann man hieraus im Vergleich der Funktionsgraphen f_1 und f_2, g_1 und g_2, h_1 und h_2, r_1 und r_2 gewinnen?
b) Skizziere aufgrund der Überlegungen in a) ohne Zuhilfenahme eines Rechners die Graphen der Funktionen zu $s_1(x) = x^3 - 3x$ und $s_2(x) = \frac{1}{x^3 - 3x}$
$\left[s_1(x) = x^3 - 3x + 2 \text{ und } s_2(x) = \frac{1}{x^3 - 3x + 2}\right]$.

23. *Extremwertproblem aus der Segelflugpraxis*
Zwischen der Sinkgeschwindigkeit v und der Horizontalgeschwindigkeit c eines Segelflugzeuges bestehe folgender funktionaler Zusammenhang:

vgl. das Einführungsbeispiel von Seite 128

$v = g(c) = 6{,}25 \cdot 10^{-4} \cdot (c - 70)^2 + 0{,}75$; c gemessen in $\frac{km}{h}$ und v in $\frac{m}{s}$.
Für die Steiggeschwindigkeit v_{St} gelte $v_{St} = 3\,\frac{m}{s}$. Der Abstand zwischen zwei Bärten werde (allgemein) mit a bezeichnet.

a) Bestimme die Funktionsgleichung $t = f(c)$, die den Zusammenhang angibt zwischen der Horizontalgeschwindigkeit c und der Zeit t, die das Flugzeug benötigt, um vom oberen Ende eines Aufwindes (Punkt A) zum oberen Ende des nächsten Aufwindes (Punkt C) zu gelangen.

b) Bestimme c_1 so, dass die benötigte Zeit t minimal wird. Warum ist das Ergebnis unabhängig von a?
c) Weise durch Rechnung nach, dass die Tangente durch den Punkt $P(0 \mid -v_{St})$ an den Graphen der Funktion g den Berührpunkt $B(c_1 \mid g(c_1))$ hat (vgl. S. 128). Bestimme dazu die Gleichung der Tangente an den Graphen von g mit dem Berührpunkt B und bestimme anschließend den Schnittpunkt der Tangente mit der 2. Achse.

4.1.2 Untersuchung rationaler Funktionen

Die genaue Lage der Extrem- und Wendepunkte rationaler Funktionen lässt sich im Allgemeinen nur mithilfe der Differentialrechnung bestimmen.

Aufgabe 1 Bestimme den Definitionsbereich der Funktion f mit $f(x) = \frac{x^3}{x^2 - 1}$. Untersuche f auf

(1) Symmetrie,
(2) Verhalten für $x \to \infty$ und für $x \to -\infty$,
(3) Verhalten der Funktionswerte in der Nähe der Definitionslücken,
(4) gemeinsame Punkte von Funktionsgraph und Koordinatenachsen,
(5) Bestimme mithilfe der Vorzeichenbereiche, der Polgeraden und der Asymptoten Bereiche, in denen der Graph von f verläuft.
Diese Bereiche nennt man **Verlaufsfelder.**
Zeichne den Graphen von f.
(6) Extrempunkte,
(7) Wendepunkte,
(8) Wertemenge.

Lösung Die Funktion ist nicht definiert an den Stellen, an denen das Nennerpolynom $x^2 - 1$ Null ist.
Da die Gleichung $x^2 - 1 = 0$ die Lösungen -1 und 1 hat, ist $\mathbb{R}\setminus\{-1; 1\}$ die Definitionsmenge von f.

(1) Symmetrie

Es ist $f(-x) = \frac{(-x)^3}{(-x)^2 - 1}$
$= -\frac{x^3}{x^2 - 1} = -f(x)$.

Achtung:
Symmetrischer Funktionsgraph, wobei das Polynom im Nenner nur gerade Potenzen und das Polynom im Zähler nur ungerade Potenzen hat.

Der Graph von f ist symmetrisch zum Koordinatenursprung.

(2) Verhalten für $x \to +\infty$ und für $x \to -\infty$

Mittels der Polynomdivision vereinfachen wir den Funktionsterm f (x) zunächst so, dass der Grad des Polynoms im Zähler kleiner als der Grad des Polynoms im Nenner ist:

$f(x) = \frac{x^3}{x^2 - 1} = x^3 : (x^2 - 1) = x + \frac{x}{x^2 - 1}$

Für $x \to +\infty$ gilt $\frac{1}{x} \to 0$.

Damit folgt $\frac{x}{x^2 - 1} = \frac{\frac{1}{x}}{1 - \frac{1}{x^2}} \to \frac{0}{1 - 0^2} = 0$.

Zähler und Nenner durch die höchste Potenz von x dividieren.

Das bedeutet $f(x) - x \to 0$. Der Graph von f kommt für $x \to +\infty$ der Geraden zu $y = x$ beliebig nahe.
Für $x \to -\infty$ gilt entsprechend: $f(x) - x = \frac{x}{x^2 - 1} = \frac{\frac{1}{x}}{1 - \frac{1}{x^2}} \to 0$.
Der Graph von f kommt also auch für $x \to -\infty$ der Geraden zu $y = x$ beliebig nahe.
Die Gerade zu $y = x$ ist Asymptote für $x \to +\infty$ und für $x \to -\infty$.

Das ergibt sich auch aus der Tatsache, dass dies schon für $x \to +\infty$ gezeigt wurde und dass der Graph von f punktsymmetrisch zum Ursprung ist.

Da der Term $\frac{x}{x^2 - 1}$ für $x > 1$ positiv ist, nähert sich der Graph von f für $x \to +\infty$ der Asymptote von oben an. Entsprechend nähert sich der Graph von f für $x \to -\infty$ der Asymptote von unten an.

(3) Verhalten der Funktionswerte in der Nähe der Definitionslücken

(a) Stelle 1:

Wenn x von rechts gegen 1 strebt, d. h. $x \to 1$, $x > 1$, dann strebt der Zähler des Funktionsterms $\frac{x^3}{x^2 - 1}$ gegen 1 und der Nenner gegen 0.

Da wegen $x > 1$ der Nenner $x^2 - 1$ dabei stets größer als Null ist, folgt

$f(x) = \frac{x^3}{x^2 - 1} \to +\infty$ für $x \to 1$ mit $x > 1$.

Wenn x von links gegen 1 strebt, d. h. $x \to 1$ mit $x < 1$, dann strebt der Zähler des Funktionsterms $\frac{x^3}{x^2 - 1}$ ebenfalls gegen 1 und der Nenner gegen 0. Dabei ist der Nenner kleiner als 0, sobald $x > -1$ wird.

Es folgt $f(x) = \frac{x^3}{x^2 - 1} \to -\infty$ für $x \to 1$ mit $x < 1$.

An der Stelle 1 liegt ein Pol mit Vorzeichenwechsel vor.

(b) Stelle –1:

Wegen der Symmetrie des Funktionsgraphen liegt an der Stelle –1 ebenfalls ein Pol mit Vorzeichenwechsel vor.

Für $x \to -1$ mit $x < -1$, gilt $f(x) \to -\infty$. Für $x \to -1$ mit $x > -1$, gilt $f(x) \to +\infty$.

(4) Schnittpunkte mit den Koordinatenachsen

(a) Schnittpunkte mit der 1. Achse:

Für die Schnittpunkte mit der 1. Achse gilt $f(x) = 0$. Es ist $f(x) = 0$ genau dann, wenn das Zählerpolynom gleich 0 ist, d. h. wenn $x^3 = 0$ und damit $x = 0$. Nur an der Stelle 0 schneidet der Funktionsgraph die 1. Achse.

(b) Schnittpunkte mit der 2. Achse:

Der Funktionsgraph schneidet für $x = 0$ die 2. Achse. Es ist $f(0) = 0$. Der Punkt $O(0 \mid 0)$ ist Schnittpunkt des Funktionsgraphen mit beiden Achsen. Weitere Schnittpunkte existieren nicht.

(5) Bereiche, in denen der Funktionsgraph verläuft

Bevor wir im Folgenden die Extrem- und Wendepunkte bestimmen, können wir schon jetzt Verlaufsfelder des Funktionsgraphen angeben. Eine rationale Funktion kann an ihren Nullstellen und Polstellen das Vorzeichen ihrer Funktionswerte wechseln. Für f ergeben sich folgende Vorzeichenbereiche:

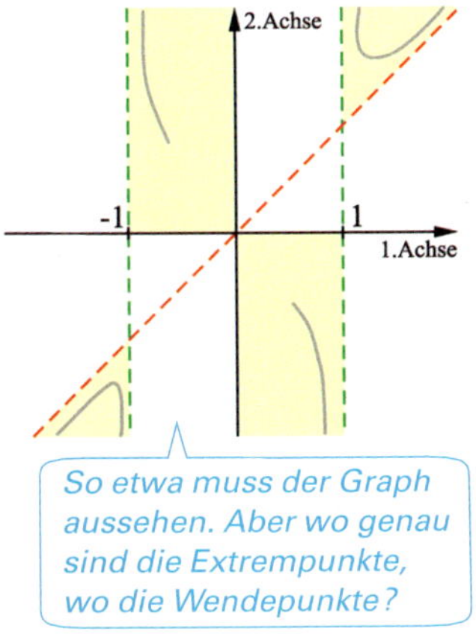

Bereich	$]-\infty; -1[$	$]-1; 0[$	$]0; 1[$	$]1; +\infty[$
Vorzeichen von f (x)	–	+	–	+

Beziehen wir in diese Überlegungen die Asymptote $y = x$ ein, so können wir die *Verlaufsfelder* noch genauer angeben:

Bereich	$]-\infty; -1[$	$]-1; 0[$	$]0; 1[$	$]1; +\infty[$
Graph zu f (x)	unterhalb der Asymptote $y = x$	oberhalb der 1. Achse	unterhalb der 1. Achse	oberhalb der Asymptote $y = x$

(6) Extrempunkte

Bestimmen möglicher Extremstellen:

An den Extremstellen muss die erste Ableitung 0 sein.

Mittels der Quotientenregel erhalten wir:

Quotientenregel: $\left(\frac{u}{v}\right)' = \frac{u'v - uv'}{v^2}$

$$f'(x) = \frac{3x^2 \cdot (x^2-1) - x^3 \cdot 2x}{(x^2-1)^2} = \frac{x^4 - 3x^2}{(x^2-1)^2}$$

Die Gleichung $\frac{x^4 - 3x^2}{(x^2-1)^2} = 0$ hat die Lösungen 0, $\sqrt{3}$, $-\sqrt{3}$. Daher können höchstens an diesen Stellen Extrempunkte liegen.

Entscheiden, ob Hoch- oder Tiefpunkte vorliegen:

(a) Stelle $\sqrt{3}$:

Die Stelle $\sqrt{3} \approx 1{,}7$ liegt rechts von der Polstelle 1.

Strebt x von $\sqrt{3}$ aus gegen die Polstelle, so strebt f (x) gegen $+\infty$.

Strebt x (von $\sqrt{3}$ aus) gegen ∞, so strebt f (x) ebenfalls gegen $+\infty$.

Daher muß an der Stelle $\sqrt{3}$ ein (relativer) Tiefpunkt liegen.

Das folgt auch aus $f'(\sqrt{3}) = 0$ und $f''(\sqrt{3}) = \frac{3 \cdot \sqrt{3}}{2} > 0$.

Es ist $f(\sqrt{3}) = \frac{3 \cdot \sqrt{3}}{2} \approx 2{,}6$.

Der Punkt $T\left(\sqrt{3} \,\middle|\, \frac{3 \cdot \sqrt{3}}{2}\right) \approx (1{,}7 \mid 2{,}6)$ ist (relativer) Tiefpunkt des Funktionsgraphen.

(b) Stelle $-\sqrt{3}$:

Wegen der Punktsymmetrie des Funktionsgraphen zum Koordinatenursprung folgt:

Der Punkt $H\left(-\sqrt{3} \,\middle|\, -\frac{3 \cdot \sqrt{3}}{2}\right) \approx (-1{,}7 \mid -2{,}6)$ ist (relativer) Hochpunkt des Funktionsgraphen.

(c) Stelle 0:

Der Funktionsgraph wechselt an der Stelle 0 vom 2. Quadranten in den 4. Quadranten. Daher kann an der Stelle 0 *kein* Extrempunkt liegen.

Andere mögliche Begründungen:

Der Koordinatenursprung ist Symmetriepunkt der Punktsymmetrie des Funktionsgraphen. Ein solcher Symmetriepunkt kann kein Extrempunkt sein. Daher kann an der Stelle 0 *kein* Extrempunkt liegen. *Oder:*

Die Stelle 0 liegt genau zwischen den Polstellen -1 und 1. Es gibt keine weitere Stelle zwischen den beiden Polen, an der die Steigung von f Null ist.

Strebt x von 0 aus gegen die Polstelle 1, so strebt f(x) gegen $-\infty$. Strebt x von 0 aus gegen die Polstelle -1, so strebt f(x) gegen $+\infty$.

Daher kann an der Stelle 0 *kein* Extrempunkt liegen.

(7) Wendepunkte

Bestimmen möglicher Wendestellen:

An den Wendestellen muss die zweite Ableitung 0 sein.

Mittels der Quotientenregel erhalten wir: $f''(x) = \frac{2x^3 + 6x}{(x^2-1)^3}$.

Die Gleichung $\frac{2x^3 + 6x}{(x^2-1)^3} = 0$ hat nur die Lösung 0. Daher kann höchstens an der Stelle 0 ein Wendepunkt liegen.

Entscheiden, ob ein Wendepunkt vorliegt:

Da $O(0 \mid 0)$ Symmetriepunkt des Funktionsgraphen ist, wechselt der Funktionsgraph an der Stelle 0 tatsächlich sein Krümmungsverhalten (Übergang von Linkskrümmung in Rechtskrümmung).

O(0 | 0) ist der einzige Wendepunkt von f.

Das folgt auch aus $f''(0) = 0$ und $f'''(0) = -6 \neq 0$.

Wegen $f'(0) = 0$ gilt sogar: O(0 | 0) ist Sattelpunkt von f.

(8) Wertemenge

Aus den vorangegangenen Untersuchungen ergibt sich $W = \mathbb{R}$.

(9) Funktionsgraph

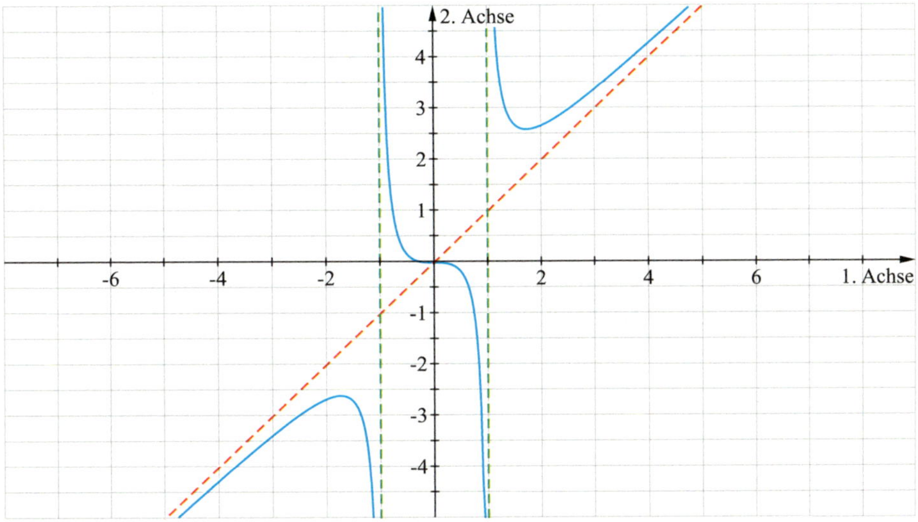

Weiterführende Aufgabe

2. *Funktionenscharen*
Für $k \in \mathbb{R}$ mit $k > 0$, ist $f_k(x) = \frac{2x^2 - 3kx + 2k^2}{x}$

a) Untersuche den Graphen von f_k auf Definitionsbereich, Nullstellen, Extrempunkte und Wendepunkte.
Zeichne die Graphen von f_k für $k = 0{,}5$ bzw. $k = 1$ in ein Koordinatensystem.

b) Begründe, dass die Gerade zu $y = x$ *Ortslinie* für die Tiefpunkte aller Funktionsgraphen f_k ist, d.h. dass die Tiefpunkte aller Funktionsgraphen auf der Geraden zu $y = x$ liegen.
Auf welcher Ortslinie liegen die Hochpunkte aller Funktionsgraphen zu f_k?

Übungsaufgaben

GTR **3.**
Untersuche den Graphen von f auf Symmetrie, Nullstellen, Polstellen und Asymptoten. Überprüfe die Ergebnisse mit einem GTR.

a) $f(x) = \frac{1}{x^2 - 1}$

b) $f(x) = \frac{x}{x^2 - 1}$

c) $f(x) = \frac{x^2}{x^2 - 1}$

d) $f(x) = \frac{x^3}{x^2 - 4}$

e) $f(x) = \frac{x^3 - x}{x^2 + 4}$

f) $f(x) = \frac{x^4}{2x^2 + 3} + 5$

g) $f(x) = \frac{x^3}{x^2 - 9} - \frac{1}{8}$

h) $f(x) = \frac{x^2 - 2x + 1}{x^2 - 1}$

4.
Untersuche den Graphen von f. Fertige eine Zeichnung an.

a) $f(x)=\frac{x}{x^2-4}$ **e)** $f(x)=\frac{1}{x^2-4x+3}$ **i)** $f(x)=\frac{x^2}{x^2-1}$

b) $f(x)=\frac{x^2+4}{x}$ **f)** $f(x)=\frac{x+1}{x^2+2x}$ **j)** $f(x)=\frac{x^3+1}{x}$

c) $f(x)=\frac{x^3}{x^2+1}$ **g)** $f(x)=\frac{1}{x^3-2x^2}$ **k)** $f(x)=\frac{x^4-1}{x^2}$

d) $f(x)=\frac{2x^2-9x-9}{x-1}$ **h)** $f(x)=\frac{1}{x^3-4x}$ **l)** $f(x)=\frac{x^4+x^2+1}{x^2+1}$

CAS **5.**
Gegeben ist die Funktion f mit $f(x)=\frac{x^4+x^2+1}{x^4-x^2+1}$.

a) Untersuche das Verhalten des Graphen von f für $x\to-\infty$ und $x\to+\infty$. Berechne die Koordinaten für die Hoch- und Tiefpunkte.

b) Zeichne den Graphen im Intervall $[-4; 4]$ und ermittle den Definitionsbereich sowie den Wertebereich der Funktion f (x).

c) Berechne das Volumen des Körpers, der durch Rotation des Graphen von f um die 1. Achse im Intervall $[-2; 2]$ entsteht.

6.
Für $k\in\mathbb{R}$ ist $f_k(x)=\frac{1}{x-1}-\frac{1}{x-k}$.

a) Bestimme den Definitionsbereich von f_k und untersuche den Graphen von f_k.
Zeichne die Graphen von f_k für $k=0; 1; 2$ in dasselbe Koordinatensystem.

b) Zeige, dass die Extrempunkte aller Funktionen f_k auf dem Graphen der Funktion zu $y=\frac{2}{x-1}$ liegen.

7.
Für $k\in\mathbb{R}$, $k>0$, ist $f_k(x)=\frac{(x-k)(x-2k)}{x^2}$, $x\neq0$.

Diese Aufgabe setzt die Kenntnis der Logarithmusfunktion voraus.

a) Untersuche den Graphen von f_k in Abhängigkeit von k.
Zeichne die Graphen von f_k für $k=0{,}5$ bzw. $k=1$ in dasselbe Koordinatensystem.

b) Berechne den Inhalt der Fläche, die der Graph von f_k mit der 1. Achse einschließt.

GTR **8.**
Gegeben ist die Funktionenschar f_k mit $f_k(x)=\frac{x^2-k}{x^2+k}+x$ mit $k>0$.

Untersuche mithilfe eines Rechners die Graphen der Funktionenschar f_k:

a) Zeige, dass sich alle Funktionsgraphen im Punkt $P(0\,|\,-1)$ berühren.

b) Zeige, dass die Funktion f_k für $k=\frac{27}{16}$ genau einen Sattelpunkt und keine Extrempunkte besitzt.

Untersuche die Graphen der Funktionenschar f_k auf Extrempunkte. Unterscheide dabei die Fälle $k<\frac{27}{16}$ und $k>\frac{27}{16}$. Zeichne die Graphen von f_k für $k=\frac{1}{2};\ \frac{27}{16};\ 3$.

c) Zeige, dass die Extrempunkte aller Funktionen f_k der Funktionenschar auf den Graphen der Funktionen g_1 mit $g_1(x)=x+\sqrt{x+1}$ und g_2 mit $g_2(x)=x-\sqrt{x+1}$ liegen. Zeichne die Graphen von g_1 und g_2. Was fällt auf?

4.2 Funktionsuntersuchung bei trigonometrischen Funktionen

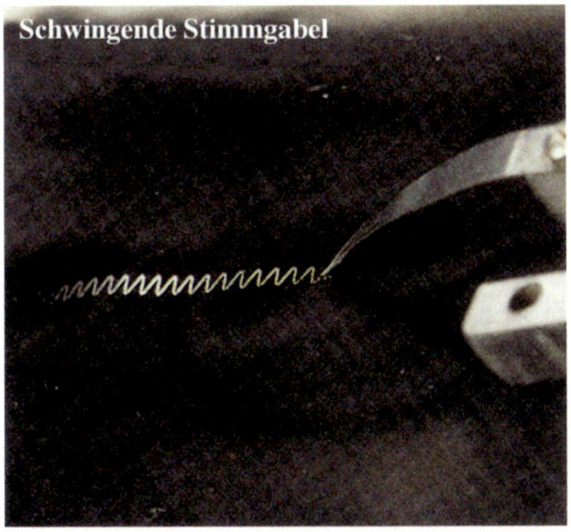

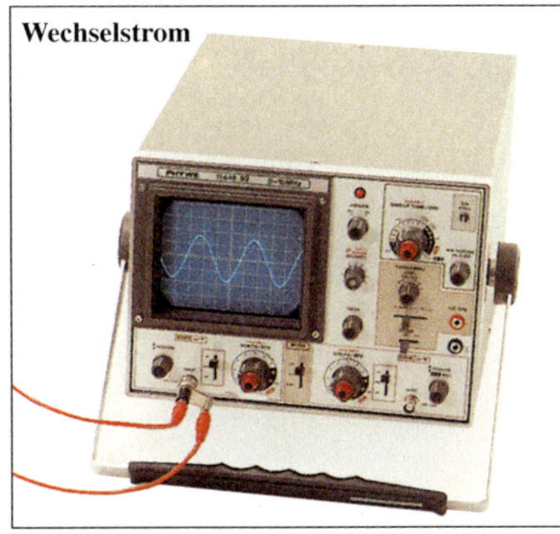

In der Umwelt gibt es viele periodische (d.h. regelmäßig wiederkehrende) Vorgänge. Im linken Bild ist eine schwingende Stimmgabel, an der ein Stift befestigt wurde, über eine berußte Platte gezogen worden. Im rechten Bild ist die zeitliche Abhängigkeit der Spannung beim Wechselstrom auf dem Bild eines Oszillographen sichtbar gemacht worden. Die Wellenlinie veranschaulicht jeweils den periodischen Vorgang. Zu solchen Vorgängen gehört auch die Kreisbewegung. Sie lässt sich meist durch eine Sinus- oder Kosinusfunktion beschreiben.

Graphen der Sinus-, Kosinus und Tangensfunktion

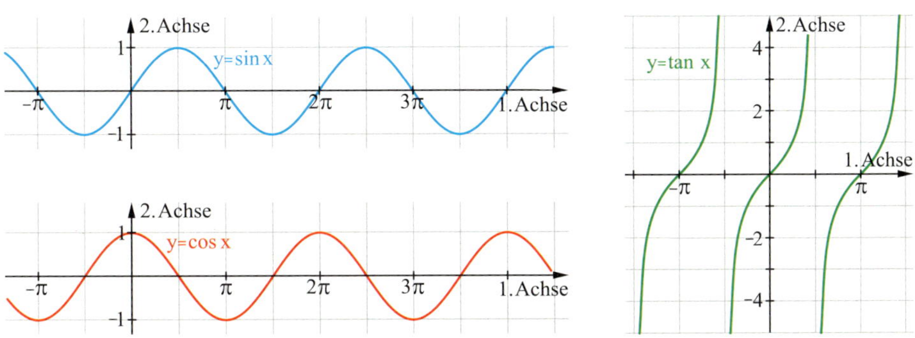

Periodische Vorgänge lassen sich auch durch Überlagerung dieser Graphen beschreiben.

Aufgabe 1 Untersuche den Graphen der Funktion f mit $f(x) = 2\sin x - \sin 2x$ auf

(1) Symmetrie
(2) Periodizität. Beschränke dann die weitere Untersuchung von f – wo immer möglich – auf ein geeignetes Intervall
(3) gemeinsame Punkte mit den Koordinatenachsen
(4) relative Extrempunkte
(5) Wendepunkte
(6) Wertebereich.

Zeichne dann den Graphen von f.

Lösung

(1) *Symmetrie zum Ursprung oder zur zweiten Achse*
Es gilt $f(-x) = 2\sin(-x) - \sin(-2x) = -2\sin x + \sin 2x = -f(x)$. Der Graph von f ist also punktsymmetrisch zum Ursprung $O(0\,|\,0)$.

(2) *Periodizität*
Die Funktion $f(x) = \sin x$ und damit auch die Funktion $f(x) = 2\sin x$ haben die Periode 2π, die Funktion $f(x) = \sin 2x$ hat die Periode π. Also hat f die Periode 2π. Daher genügt es, wenn wir die Funktion f nur in einem Intervall der Länge 2π untersuchen. Wir legen im Folgenden das Intervall $[0; 2\pi[$ zugrunde.

(3) *Gemeinsame Punkte mit den Koordinatenachsen*
1. Achse: Die Nullstellen von f sind die Lösungen von $f(x) = 0$. Aus dem Additionstheorem des Sinus folgt $\sin 2x = 2\sin x \cos x$.
Also gilt:
$2\sin x - \sin 2x = 0$
$2\sin x - 2\sin x \cdot \cos x = 0$
$2\sin x \cdot (1 - \cos x) = 0$
$\sin x = 0$ oder $1 - \cos x = 0$
$\sin x = 0$ oder $\cos x = 1$
$x = 0$ oder $x = \pi$ oder $x = 0$ (für $x \in [0; 2\pi[$)
Im Intervall $[0; 2\pi[$ hat f also die Nullstellen 0 und π.
2. Achse: $f(0) = 0$.

(4) *Relative Extrempunkte*
$f'(x) = 2\cos x - 2\cos 2x$; $f''(x) = -2\sin x + 4\sin 2x$
Beachte: $\cos 2x = 2\cos^2 x - 1$.
Die Extremstellen von f sind unter den Nullstellen von f′ zu finden.
$f'(x) = 0$: $2\cos x - 2\cos 2x = 0$
$2\cos x - 4\cos^2 x + 2 = 0$
$\cos^2 x - \frac{1}{2}\cos x - \frac{1}{2} = 0$
Wir setzen $\cos x = u$. Die quadratische Gleichung $u^2 - \frac{1}{2}u - \frac{1}{2} = 0$ hat die Lösungen $u_1 = 1$ und $u_2 = -\frac{1}{2}$. Also:
$\cos x = 1$ oder $\cos x = -\frac{1}{2}$
$\cos x = 0$ oder $x = \frac{2}{3}\pi$ oder $x = \frac{4}{3}\pi$ (für $x \in [0; 2\pi[$).
Im Intervall $[0; 2\pi[$ hat f′ also die Nullstellen 0, $\frac{2\pi}{3}$ und $\frac{4\pi}{3}$. Höchstens diese Stellen können Extremstellen sein. Da der Graph von f symmetrisch zum Ursprung $O(0\,|\,0)$ ist, kann O kein Extrempunkt sein.
Für die Stellen $\frac{2\pi}{3}$ und $\frac{4\pi}{3}$ verwenden wir die hinreichenden Kriterien über die zweite Ableitung
$f''\left(\frac{2\pi}{3}\right) = -2\sin\frac{2\pi}{3} + 4\sin\frac{4\pi}{3} = -\sqrt{3} - 2\sqrt{3} = -3\sqrt{3} < 0$
Nach dem Kriterium für Extremstellen besitzt der Graph von f an der Stelle $\frac{2\pi}{3}$ einen Hochpunkt $H\left(\frac{2}{3}\pi \,\middle|\, \frac{3}{2}\sqrt{3}\right)$, da $f\left(\frac{2}{3}\pi\right) = \frac{3}{2}\sqrt{3}$.
$f''\left(\frac{4\pi}{3}\right) = -2\sin\frac{4\pi}{3} + 4\sin\frac{8\pi}{3} = \sqrt{3} + 2\sqrt{3} = 3\sqrt{3} > 0$
Nach dem Kriterium für Extremstellen besitzt der Graph von f an der Stelle $\frac{4\pi}{3}$ einen Tiefpunkt T mit $T\left(\frac{4}{3}\pi \,\middle|\, -\frac{3}{2}\sqrt{3}\right)$, da $f\left(\frac{4}{3}\pi\right) = -\frac{3}{2}\sqrt{3}$.

(5) *Wendepunkte*

Die Wendestellen von f sind unter den Nullstellen von f″ zu finden.

$f''(x) = 0{:}\; -2\sin x + 4\sin 2x = -2\sin x + 8\sin x\cos x = 2\sin x(-1 + 4\cos x) = 0$

$\sin x = 0$ oder $-1 + 4\cos x = 0$

$\sin x = 0$ oder $\cos x = \frac{1}{4}$

$x = 0$ oder $x = \pi$ oder $x = 1{,}318\ldots$ oder $x = 4{,}965\ldots$

Im Intervall $[0; 2\pi[$ hat f″ also die Nullstellen: 0; π; 1,318 …; 4,965 …

Höchstens diese Stellen können Wendestellen sein. Wir prüfen mithilfe des hinreichenden Kriteriums für Wendestellen nach, ob die berechneten Stellen tatsächlich Wendestellen sind. Dazu berechnen wir an diesen Stellen den Wert der dritten Ableitung: $f'''(x) = -2\cos x + 8\cos 2x$; $f'''(0) = 6 \neq 0$; $f'''(\pi) = 10 \neq 0$

Daher besitzt der Graph von f an den Stellen 0 und π Wendepunkte O und W_1 mit $O(0\,|\,0)$ und $W_1(\pi\,|\,0)$, da $f(0) = 0$ und $f(\pi) = 0$. Da zusätzlich $f'(0) = 0$ gilt, ist 0 ein Sattelpunkt. Um $f'''(x)$ an den Stellen 1,318 … und 4,965 … zu berechnen, ersetzen wir in $f'''(x)$ den Term $\cos 2x$ durch $2\cos^2 x - 1$:

$f'''(x) = -2\cos x + 8(2\cos^2 x - 1) = -2\cos x + 16\cos^2 x - 8$

$f'''(1{,}318\ldots) = f'''(4{,}965\ldots) = -2\cdot\frac{1}{4} + 16\cdot\frac{1}{16} - 8 = -\frac{15}{2} \neq 0$

Daher besitzt der Graph von f auch die Wendepunkte

$W_2(1{,}318\ldots\,|\,1{,}452\ldots)$ und $W_3(4{,}965\ldots\,|\,-1{,}452\ldots)$.

(6) *Wertebereich*

Wegen $H\left(\frac{2}{3}\pi\,\middle|\,\frac{3}{2}\sqrt{3}\right)$ und $T\left(\frac{4}{3}\pi\,\middle|\,-\frac{3}{2}\sqrt{3}\right)$ (siehe Teil (4)) ist die Wertemenge von f gleich $\left[-\frac{3}{2}\sqrt{3}; \frac{3}{2}\sqrt{3}\right]$.

Graph der Funktion f

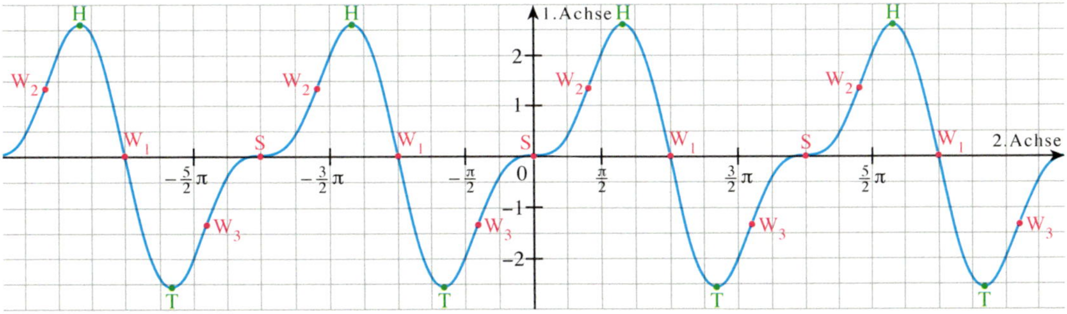

Übungsaufgaben

2. *Ableitungen*

Bestimme den Definitionsbereich und berechne die 1. und 2. Ableitung. Fasse gegebenenfalls den entstehenden Funktionsterm mithilfe der Additionstheoreme zusammen.

a) $f(x) = \sin x \cdot (\cos x - \sin x)$

b) $f(x) = 2\sin x(x - \tan x)$

c) $f(x) = 3\sin 2x + 2\cos^2 x + 4\sin^2 x$

d) $f(x) = \sin x(4\cos x - 8\cos^3 x)$

e) $f(x) = 4x^2 \sin 2x$

f) $f(x) = 3\sin^2 x + 4\cos^2 x + 2\sin^2 2x$

g) $f(x) = \frac{\cos x}{x + 1}$

h) $f(x) = \frac{1 - \cos x}{1 + \sin x}$

3. *Verschieben und Strecken von Funktionsgraphen*
Skizziere den Graphen der gegebenen Funktion f durch Verschieben bzw. Strecken der Graphen zu g bzw. h mit $g(x) = \sin x$ bzw. $h(x) = \cos x$. Gib die Nullstellen, Extrema und Wendepunkte mit ihrer Periodizität ohne weitere Rechnung an.

a) $f(x) = \frac{3}{2}\sin\left(x + \frac{\pi}{6}\right)$

b) $f(x) = -2\cos\left(x - \frac{3}{2}\pi\right)$

c) $f(x) = -\frac{1}{2}\sin\left(2x - \frac{\pi}{3}\right)$

d) $f(x) = \sqrt{3}\cos\left(0{,}5x + \frac{\pi}{4}\right)$

Funktionsgraphen zeichnen

4.
Zeichne den Graphen der Funktion durch Überlagerung von Einzelfunktionen im Intervall $[-2\pi; 2\pi]$

a) $f(x) = \cos x - 2\sin 2x$ **b)** $f(x) = 2\cos x + 4\sin 0{,}5x$ **c)** $f(x) = 2 - x + \cos x$

5.
Auch Funktionen f mit $f(x) = a \cdot \sin(bx + c) + d$ lassen sich durch Übertragen der Eigenschaften der einfachen Sinus- bzw. Kosinusfunktion schnell skizzieren und die besonderen Punkte (Nullstellen, Extrema, Wendepunkte) nennen. Gib an, welche Bedeutung a, b, c und d haben. Skizziere den Graphen der einfachen Sinus- bzw. Kosinusfunktion und gib an, wie der Graph zu f daraus entstanden ist.

a) $f(x) = 2\sin\left(2x + \frac{\pi}{3}\right) + 1$

b) $f(x) = -\frac{1}{2}\cos\left(\frac{1}{2}x - \frac{\pi}{6}\right) + 2$

c) $f(x) = -\frac{1}{2}\sin\left(\frac{1}{4}x - \frac{\pi}{4}\right) - 2$

d) $f(x) = 3\cos(3x + \pi) - 4$

6. *Steckbriefaufgabe*
Bestimme sämtliche Funktionen f der Form $f(x) = a \cdot \sin x + b \cdot \cos x$, deren Graphen

a) im Punkte $P(\pi \mid 1)$ eine zur Gerade mit $y = 2x$ parallele Tangente haben.

b) an der Stelle $\frac{\pi}{4}$ ein Extremum haben und die 2. Achse in $P(0 \mid -1)$ schneiden. Zeichne den Graphen.

Funktionsuntersuchungen

7.
Untersuche den Graphen der gegebenen Funktion f wie in Aufgabe 1. Skizziere den Graphen jeweils im Intervall $[-3\pi \mid 3\pi]$.

a) $f(x) = 2\sin x - \sin 2x$

b) $f(x) = \cos x - \sin 2x$

c) $f(x) = \sin x + \cos 2x$

d) $f(x) = \sin x + 2\cos(x + \pi)$

e) $f(x) = x\cos x$

f) $f(x) = 2x\sin 0{,}5x$

8.
Gegeben ist die Funktion f mit $f(x) = \cos x \cdot (1 + \sin x)$

a) Diskutiere die Funktion f.

b) Zeichne den Graphen zu f im Intervall $[-2\pi; 2\pi]$.

c) Zeige, dass sich f auch durch $f(x) = \frac{1}{2}\sin 2x + \cos x$ darstellen lässt.

d) Zeichne den Graphen zu f mit $f(x) = \frac{1}{2}\sin 2x + \cos x$ durch Addition der Graphen der beiden Summanden von $f(x)$.

4.3 Vermischte Übungen

Rationale Funktionen

1.
Entscheide, ob der Satz wahr oder falsch ist.

a) Wenn der Grad des Zählers einer rationalen Funktion gleich dem Grad des Nenners ist, dann hat der Graph keine Asymptote.

b) Es gibt rationale Funktionen, deren Graph punktsymmetrisch zum Koordinatenursprung ist.

c) Es gibt rationale Funktionen, deren Graph symmetrisch bezüglich der 2. Achse ist.

d) Es gibt keine rationale Funktion, deren Graph punktsymmetrisch bezüglich des Punktes $P(2\,|\,2)$ ist.

2.
Gib eine rationale Funktion f an,

a) die für alle $x \in \mathbb{R}$ definiert ist;

b) die für $x = 1$ nicht definiert ist;

c) für deren Graph die Gerade mit der Gleichung $x = 7$ Asymptote ist,

d) für deren Graph die Gerade mit der Gleichung $y = 2x + 1$ Asymptote ist;

e) für deren Graph die Geraden mit den Gleichungen $y = -x + 1$ und $x = 4$ Asymptoten sind;

f) die für alle $x \in \mathbb{R}$ definiert ist und für deren Graph die Gerade mit der Gleichung $y = 6$ Asymptote ist;

g) die an der Stelle $x = 4$ eine hebbare Definitionslücke hat;

h) die an der Stelle $x = -3$ einen Pol ohne Vorzeichenwechsel hat, sonst aber überall definiert ist.

3.
Gegeben ist die Funktion f mit $f(x) = \frac{x^2 + 1}{x - 1}$.

a) Untersuche die Funktion und zeichne ihren Graphen.

b) Berechne den Flächeninhalt der Fläche, die vom Graphen von f, der 2. Achse und der Tangente im Punkt $P(-1\,|\,-1)$ begrenzt wird.

Die Aufgaben setzen die Kenntnis der Logarithmusfunktion voraus.

4.

a) Gegeben ist die Funktion f mit $f(x) = \frac{1}{x} - \frac{1}{x - 4}$.
Berechne den Flächeninhalt der Fläche, die von der Geraden mit $y = \frac{4}{3}$ und dem Graphen von f eingeschlossen wird.

b) Gegeben sind die Funktionen f und g mit $f(x) = \frac{1 - \frac{1}{2}x}{x}$ und $g(x) = a - bx^2$.

(1) Ermittle a und b so, dass sich die Graphen von f und g an der Stelle 1 berühren und bestimme die Gleichung der gemeinsamen Tangente t. Zeichne die Graphen und die Tangente in ein Koordinatensystem.

(2) Berechne den Inhalt des von beiden Graphen und der 1. Achse eingeschlossenen Flächenstücks.

Funktionen mit Parametern, Funktionenscharen, Ortslinien

5.
Gegeben ist für $k > 0$ die Funktion f_k mit $f_k(x) = \frac{k}{x^2 + 3}$. Bestimme k so, dass das Dreieck mit den beiden Wendepunkten des Graphen von f_k und dem Ursprung als Eckpunkte gleichseitig ist.

6.
Gegeben ist für $k > 0$ die Funktion f_k mit $f_k(x) = \frac{1}{x^2 + k^2}$.
Bestimme k so, dass das Dreieck mit den beiden Wendepunkten des Graphen von f_k und dem Ursprung als Eckpunkte den Flächeninhalt $\frac{1}{2}\sqrt{3}$ hat.

7.
Gegeben ist für $k > 0$ die Funktion f_k mit $f_k(x) = \frac{2x}{x^2 + k^2}$.
Zeige, dass die Extrempunkte des Graphen von f_k auf der Hyperbel zu $y = \frac{1}{x}$ liegen.

8.
Gegeben ist für $k > 0$ die Funktion f_k mit $f_k(x) = \frac{4x}{x^2 + k^2}$.
Auf welcher Kurve liegen die Wendepunkte der Graphen der Funktionenschar f_k?

9.
Bestimme a und b so, dass die Funktion f mit $f(x) = \frac{x^3 + a}{x^2 + b}$ an der Stelle 1 eine Polstelle und an der Stelle 2 eine Extremstelle hat. Untersuche den Graphen von f.

10.
Untersuche die Funktionenschar f_k mit $f_k(x) = \frac{x^2 - k}{x^2 - 4}$, $k \in \mathbb{R}$. (Unterscheide verschiedene Fälle für k.)

11.

Die Aufgabe setzt die Kenntnis der Logarithmusfunktion voraus.

a) Untersuche die Funktionenschar f_k mit $f_k(x) = \frac{x^2 - k}{x - 1}$, $k \in \mathbb{R}$.
Zeichne die Funktionsgraphen für $k = \frac{1}{4}$, $k = 1$ und $k = 4$.

b) Bestimme den Inhalt der Fläche, die der Graph von f_k für $k = \frac{1}{4}$ mit der 1. Achse einschließt.

12.
Gegeben ist $f(x) = \frac{ax + b}{x^2 - 1}$ mit $a, b > 0$.

a) Bestimme a und b so, dass der Graph von f den Extrempunkt $E(-2 \mid -1)$ hat.

b) Untersuche und zeichne die in a) gefundene Funktion.

c) Welche Bedingung müssen a und b erfüllen, damit f kein Extremum hat? Gib eine entsprechende Funktion an und zeichne den Graphen.

d) Untersuche, ob sich a und b so wählen lassen, dass f genau ein Extremum hat.

13.

a) Bestimme $k \in \mathbb{R}$ so, dass die Funktion f mit $f(x) = \frac{24x + k}{x^3}$ an der Stelle 2 ein Extremum hat.
Untersuche die Funktion für dieses k und zeichne ihren Graphen.

b) Berechne den Flächeninhalt der vom Graphen von f und der 1. Achse und der Geraden $x = 3$ eingeschlossenen Fläche.

c) Es sei $k = -32$. Von allen Rechtecken im 1. Quadranten mit zwei Seiten auf den Koordinatenachsen und einem Eckpunkt auf dem Graphen von f ist dasjenige maximalen Flächeninhalts zu bestimmen.

d) Bestimme diejenige Funktion, auf deren Graph die Extrempunkte aller Funktionen f_k mit $f_k(x) = \frac{24x + k}{x^3}$ liegen.

14.

Die Funktion f ist gegeben durch $f(x) = \frac{x^3 + 5x + 6}{x^2}$, $x \neq 0$.

Die Aufgabe setzt die Kenntnis der Logarithmusfunktion voraus.

a) Untersuche die Funktion f und zeichne den Graphen.

b) Berechne den Inhalt der Fläche, die vom Graphen von f, der Geraden zu $y = x$ und der 1. Achse im 3. Quadranten begrenzt wird.

c) Zeige, dass jeder Graph der Funktionenschar f_k mit $f_k(x) = \frac{x^3 + 5x + k}{x^2}$, $k > 0$, genau einen Wendepunkt hat. Begründe, dass der Wendepunkt für $k = \left(\frac{5}{3}\right)^{1,5}$ sogar ein Sattelpunkt ist.

Extremwertaufgaben

15.

Das Produkt zweier positiver Zahlen sei 72. Bestimme die Zahlen so, dass ihre Summe minimal wird.

16.

a) Durch den Punkt $P(2\,|\,3)$ $[P(a\,|\,b)]$ ist eine Gerade so zu legen, dass das von dieser Geraden und den positiven Koordinatenachsen gebildete Dreieck minimalen Flächeninhalt hat.

b) Durch den Punkt $P(2\,|\,3)$ $[P(a\,|\,b)]$ ist eine Gerade so zu legen, dass die Hypotenuse des von der Geraden mit dem positiven Teil der Koordinatenachsen gebildeten Dreiecks minimale Länge hat.
Anleitung: Bestimme die Extrema der Funktion z^2, falls z die Zielfunktion bezeichnet.
Begründe mithilfe der Funktion f mit $f(x) = x^2$ für $x > 0$, warum das Verfahren zulässig ist.

17.

Einem Quadrat mit der Seitenlänge 1 wird ein gleichschenkliges Dreieck umbeschrieben. Eine Seite des Quadrats soll auf der Basis des Dreiecks liegen. Der Flächeninhalt des Dreiecks soll möglichst klein werden. Wie ist die Höhe des Dreiecks zu wählen?

18.

Welcher Kegel mit dem Oberflächenmaß 50 [Oberflächenmaß O] hat maximales Volumen?

19.

a) Welcher Zylinder hat bei gegebenem Volumen eine möglichst kleine Oberfläche?

b) Welcher oben offene Zylinder hat bei gegebenem Volumen eine möglichst kleine Oberfläche?

20.

Einem Würfel soll eine quadratische Pyramide so umbeschrieben werden, dass gilt:
(1) Die Grundflächen von Pyramide und Würfel liegen in einer Ebene.
(2) Die Seitenkanten der Pyramide laufen durch die Eckpunkte der oberen Würfelfläche.
(3) Das Volumen der Pyramide soll minimal sein.
Was ergibt sich, wenn man den Würfel durch eine quadratische Säule mit der Grundseite a und der Höhe h ersetzt?

21.

Ein Rundbogenfenster besteht aus einem Rechteck mit aufgesetztem Halbkreis. Wie sind die Maße dieses Rechtecks zu wählen, damit bei gegebenem Flächeninhalt der gesamten Figur ihr Umfang möglichst klein wird?

22.

Ein Kessel besteht aus einer Halbkugel mit aufgesetztem Zylindermantel. Wie sind seine Maße zu wählen, damit er mit [ohne] Deckel bei gegebenem Volumen eine minimale Oberfläche hat?

23.
Gegeben seien der Kreis k mit der Gleichung $x^2 + y^2 = 25$ und die Menge M aller Kreise, die den Radius 3 und ihren Mittelpunkt auf der 1. Achse haben.
Bei welchen Kreisen aus M hat die Verbindungsgerade der Schnittpunkte von k und einem Kreis aus M vom Koordinatenursprung O (0 | 0) einen extremalen Abstand?
Gib diesen Abstand an und prüfe nach, ob es sich um ein Minimum oder ein Maximum handelt.
Beachte: Bei der Schnittpunktbestimmung erhält man die Gleichung einer Geraden, unabhängig davon, ob sich die Kreise schneiden (sog. *Chordale*).

24.
Welches gleichschenklige Dreieck, das seine Spitze im Koordinatenursprung und die anderen Ecken auf dem Graphen der Funktion f mit $f(x) = \frac{2}{x^2 + 2}$ hat, besitzt einen möglichst großen Flächeninhalt?

25.
Gegeben ist die Funktion f mit $f(x) = 5\,\frac{1 - x}{1 + x^2}$. Der Graph von f schließt mit den beiden Koordinatenachsen ein Flächenstück ein. Diesem soll ein Rechteck mit achsenparallelen Seiten so einbeschrieben werden, dass sein Flächeninhalt maximal wird.

26.
Gegeben ist die Funktion f mit $f(x) = \frac{x^2 - 1}{x^2 + 1}$.
Zeichne den Graphen von f einschließlich der Asymptote. Welches Rechteck mit achsenparallelen Seiten, das zwischen der Asymptote und dem Graphen von f liegt, hat maximalen Flächeninhalt?

27.
Gegeben ist die Funktion f mit $f(x) = \frac{x^2 - 1}{x^2}$. Welches gleichschenklige Dreieck ABC mit C(0 | 2) und A und B auf dem Graphen von f hat minimalen Flächeninhalt?

28.
a) Welche Punkte des Graphen der Funktion f mit $f(x) = \frac{4}{x^2}$ haben vom Koordinatenursprung O (0 | 0) extremalen Abstand?

b) Zeige, dass die Verbindungslinie dieser Punkte mit dem Koordinatenursprung jeweils orthogonal zur Tangente ist, die in diesen Punkten an den Graphen der Funktion gezeichnet werden kann.

29.
Welcher Punkt des Graphen der Funktion f mit $f(x) = \frac{x^2 - 1}{x}$ hat vom Koordinatenursprung O (0 | 0) den kleinsten Abstand?

30.
Einem Halbkreis mit dem Radius 1 soll ein gleichschenkliges Dreieck umbeschrieben werden.
Der Durchmesser des Halbkreises soll dabei auf der Basis des Dreiecks liegen.
Wie ist die Höhe des Dreiecks zu wählen, damit

a) der Flächeninhalt des Dreiecks möglichst klein wird;

b) die Länge eines Dreiecksschenkels möglichst klein wird?

31.
Einer Kugel mit gegebenem Radius r soll ein gerader Kreiskegel mit möglichst kleinem Volumen umbeschrieben werden.

Trigonometrische Funktionen

GTR **1.**
Gegeben seien die Funktionen f und g mit $f(x) = \cos x + x^2$ und $g(x) = \cos x - x^2$.

a) Zeige, dass die Graphen zu f und g achsensymmetrisch sind.

b) Skizziere die Graphen zu f und g durch Addition der beiden Summanden von f (x) bzw. g(x).

c) Zeige, dass aus der Achsensymmetrie der Graphen von f und g die Punktsymmetrie der Graphen zu f' und g' folgt.

d) Bestimme eine Funktion h, sodass für sie gilt: $\frac{1}{2} h''(x) + h'(x) = -h(x)$.

GTR **2.**
Gegeben sei die Funktionenschar f_t mit $f_t(x) = t \cdot \cos x - t \cdot \sin x$.

a) Zeichne die Graphen zu f_t mit $t = 0{,}5; 1; 2$ wobei $x \in \left[\frac{1}{4}\pi; \frac{5}{4}\pi\right]$.

b) Zeige, dass die Null-, Extrem- und Wendestellen von t unabhängig sind und bestimme sie.

c) Berechne den Flächeninhalt A_t, $t \in \mathbb{R}$, der Fläche, die von den Graphen von f_t und der 1. Achse im Intervall $\left[\frac{1}{4}\pi; \frac{5}{4}\pi\right]$ eingeschlossen wird.

d) Gegeben sei ein Kreis k mit $(x-a)^2 + (y-b)^2 = \frac{\pi^2}{4}$. Für welchen Wert von t umbeschreibt der Kreis k den Graphen von f_t? Skizziere den Sachverhalt und gib den Mittelpunkt des Kreises an.

3.
Gegeben sei die Funktionenschar f_t mit $f_t(x) = t^2 \cdot \sin x + (t^2 - 1) \cdot \cos x$ mit $t \neq 0$.

a) Untersuche die Funktionenschar $f_t(x)$ für $x \in \mathbb{R}$.

b) Zeichne den Graphen von f_t für $t = 1; 2; -0{,}5$ im Intervall $[-2\pi; 2\pi]$.

c) Zeige, dass sich f_2 auch als reine Sinus-Funktion darstellen lässt durch $g(x) = a \cdot \sin(x + b)$. Bestimme a und b.

4.
Gegeben sei die Funktion f mit $f(x) = \tan(x) - \frac{8}{\pi} x$ mit $x \in \left]-\frac{1}{2}\pi; \frac{1}{2}\pi\right[$

a) Untersuche den Graphen zu f auf Symmetrie, Schnittpunkte mit den Koordinatenachsen, Extrempunkte, Wendepunkte und Asymptoten.

Hier sollte man die Logarithmusfunktion kennen.

b) Zeichne den Graphen von f im angegebenen Intervall.

c) Zeige, dass der Graph von f' achsensymmetrisch zur 2. Achse ist.

d) Berechne den Inhalt der Fläche, den die 1. Achse und der Graph zu f einschließen.

5.
Gegeben sei die Funktion f mit $f(x) = \sin x + 0{,}5(x - \pi)$ mit $x \in [0; 2\pi]$.

a) Untersuche den Graphen von f auf Symmetrie, Extrempunkte und Wendepunkte.

b) Begründe, dass der Graph im Intervall $[0; 2\pi]$ drei Schnittpunkte mit der 1. Achse besitzen muss.

c) Bestimme die Gleichung der Tangente im Punkt $P(\pi \mid 0)$ und die Gleichung der Geraden k, die im Punkt P orthogonal auf der Tangente steht.

d) Die Gerade k schneidet die Koordinatenachsen so, dass ein rechtwinkliges Dreieck entsteht, das durch den Graphen von f in zwei Teilflächen zerlegt wird. Bestimme das Verhältnis der Teilflächen.

Fragen zum Basiswissen – Rationale Funktionen

- Was versteht man unter einer rationalen Funktion? (Seite 129)
- Welche Besonderheiten können rationale Funktionen aufweisen? (Seite 132)
- Was versteht man unter einer Asymptote? (Seite 131)

Klausurtraining A – Rationale Funktionen

1.
Skizziere den Graphen von f. Zeichne auch gegebenenfalls die Asymptoten und die Polgeraden ein.

a) $f(x) = \frac{x^2 - 1}{x}$ **b)** $f(x) = \frac{x^3 + 1}{x}$ **c)** $f(x) = \frac{1}{x+1} + \frac{1}{x-1}$

2.
Gib einen möglichen Funktionsterm f (x) für den dargestellten Funktionsgraphen an.

a)
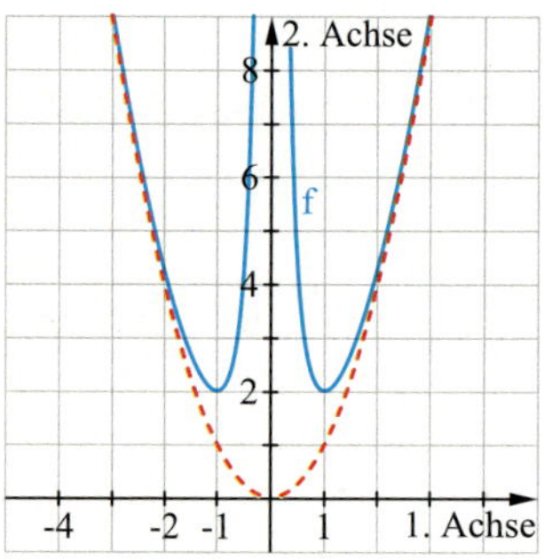

b)
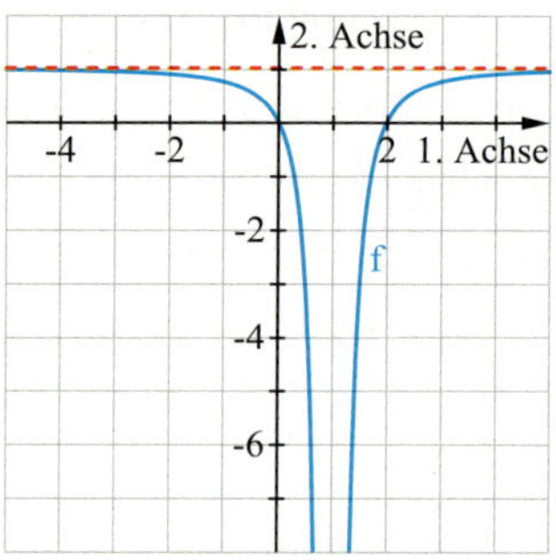

3.
Gib eine rationale Funktion f mit den geforderten Eigenschaften an:

a) f hat an der Stelle -2 einen Pol ohne Vorzeichenwechsel, die Gerade $y = -x$ ist Asymptote.

b) f hat keinen Pol und die Gerade $y = -x$ als Asymptote.

4.
Die Funktion f ist gegeben durch $f(x) = \frac{2x^6 + 1}{2x^3}$.

a) Zerlege den Funktionsterm f (x), untersuche den Graphen von f auf Symmetrie und Extrempunkte und zeichne den Graphen von f für $-2 \leq x \leq 2$.

b) Bestimme $k \in \mathbb{R}$ so, dass die Funktion g mit $g(x) = k \cdot x$ den Graphen von f berührt. Gib auch die Berührpunktkoordinaten an.
Hinweis: Für den Berührpunkt $(x \mid y)$ gilt $k \cdot x = f(x)$ und $k = f'(x)$.

5.
Es ist $f(x) = \frac{x^3 - 2x}{x^2 - 3}$. Bestimme die Definitionsbereich von f, und zerlege f (x) mittels Polynomdivision. Untersuche den Graphen von f auf Symmetrie, Verhalten an den Definitionslücken, Nullstellen, Extrempunkte, Wendepunkte und asymptotisches Verhalten.
Zeichne den Graphen von f für $-5 \leq x \leq 5$ (1 Einheit = 1 cm). *Teilergebnis:* Es ist $f'(x) = \frac{x^4 - 7x^2 + 6}{(x^2 - 3)^2}$.

Fragen zum Basiswissen – Trigonometrische Funktionen

- Nenne die wichtigsten Eigenschaften der Funktionen f und g mit $f(x) = \sin x$ und $g(x) = \cos x$. (Seite 143)
- Warum reicht es, die Eigenschaften wie Definitionsbereich, Nullstellen, Extrema usw. für die Funktion f mit $f(x) = \sin x$ zu kennen. (Seite 143)
- Es gilt $\tan x = \frac{\sin x}{\cos x}$. Stelle alle Eigenschaften der Tangensfunktion ohne Rechnung durch entsprechende Übertragung der Eigenschaften der Sinusfunktion zusammen. (Seite 143)
- Die Ableitungen der trigonometrischen Funktionen f und g mit $f(x) = \sin x$ und $g(x) = \cos x$ sind besonders einfach zu bilden. Gib jeweils die ersten 4 Ableitungen an und stelle eine Regel auf, wie man z. B. die 7. oder 10. Ableitung ohne weitere Rechnung angeben kann. (Seite 144)

Klausurtraining B – Trigonometrische Funktionen

1.
Gegeben ist die Funktion f mit $f(x) = \cos x + \frac{1}{2}\cos(2x)$.

a) Untersuche sie auf Symmetrie, Nullstellen, Extrema und Wendepunkte.

b) Skizziere auf Grund der Ergebnisse aus a) den Graphen.

c) Bestimme eine Stammfunktion F zu $f(x)$.

d) Berechne den Flächeninhalt A_f der Fläche, die der Graph zu f und die x-Achse innerhalb der Nullstellen im Intervall $[-\pi, \pi]$ einschließen.

e) Zeichne den Graphen zu f durch Addition der beiden Summanden des Funktionsterms.
Erläutere daran einen Zusammenhang zwischen dem Flächeninhalt A_f und dem entsprechenden Flächeninhalt unter der Kurve zu $f(x) = \cos x$.

f) Der Funktionsterm zu f lässt sich auch darstellen durch $f(x) = \left(\cos x + \frac{1}{2}\right)^2 - \frac{3}{4}$. Zeige, dass diese Darstellung mit dem gegebenen Funktionsterm übereinstimmt. Diese Darstellung erinnert an die Scheitelform einer Parabel. Auch an dieser Darstellung kann man einen „Scheitelpunkt" und die Nullstellen im Intervall $[-\pi, \pi]$ sehr schnell ablesen.
Begründe, warum.

2.

a) Bestimme diejenige Funktion f mit $f(x) = a + b \cdot \sin x + c \cdot \cos 2x$, deren Graph durch den Punkt $\left(\frac{\pi}{2} \middle| -1\right)$ geht, die y-Achse bei 2 schneidet und an der Stelle $x = \pi$ die Steigung 4 hat.

b) Diskutiere die Funktion f für $a = 3$, $b = -4$ und $c = -1$
(Nullstellen, Extrem- und Wendepunkte).

c) Skizziere den Graphen von f im Intervall $[-2\pi; 3\pi]$.

d) Skizziere unter Verwendung der Ergebnisse aus b) und c) den Graphen zu f′ in das gleiche Koordinatensystem.
Begründe dein Vorgehen.

e) Anhand der Skizze ist zu erkennen, dass sich die Graphen zu f und f′ schneiden.
Bestimme näherungsweise Intervalle, in denen die Schnittstellen liegen.

f) Gegeben sei die Funktionenschar g_a mit $x \in \left[-\frac{\pi}{2}; \frac{3}{2}\pi\right]$ und $g_a(x) = a + a \cdot \sin x$. Berechne den Inhalt der Fläche, den der Graph mit der x-Achse im angegebenen Intervall einschließt.

5. WEITERER AUSBAU DER INTEGRALRECHNUNG

Integralformeln in Taschenbüchern

Rechts ist ein Ausschnitt einer Seite aus einem *Taschenbuch für Ingenieure* abgebildet. Das Taschenbuch enthält etwa 600 solcher Integralformeln oder Stammfunktionen zu vorgegebenen Funktionen. Diese hohe Zahl macht deutlich, dass Integrale bei der Arbeit des Ingenieurs eine große Rolle spielen und dass es offensichtlich für den Ingenieur hilfreich ist, die Integrale nicht selbst auszurechnen, sondern im Taschenbuch nachzuschauen.

$$\int_0^{\pi/2} \ln \sin x \, dx = \int_0^{\pi/2} \ln \cos x \, dx = -\frac{\pi}{2} \ln 2.$$

$$\int_0^{\pi} \ln \sin x \, dx = -\frac{\pi^2 \ln 2}{2}.$$

$$\int_0^{\pi} \ln (a \pm b \cos x) \, dx = \pi \ln \frac{a + \sqrt{a^2 - b^2}}{2} \quad \text{für } a \geq b.$$

$$\int_0^{\pi} \ln (a^2 - 2ab \cos x + b^2) \, dx = \begin{cases} 2\pi \ln a & (a \geq b > 0), \\ 2\pi \ln b & (b \geq a > 0). \end{cases}$$

Computer-Software zum Ausrechnen von Integralen

Man kann die Integrale auch von einem Computer-Algebra-System berechnen lassen. Verwendet wird dieses weniger von Mathematikern als vielmehr von Ingenieuren, Naturwissenschaftlern und Wirtschaftswissenschaftlern. Mathematiker interessieren sich mehr für Verfahren (Algorithmen), nach denen Integrale berechnet werden. Sie versuchen diese immer wieder zu verbessern.

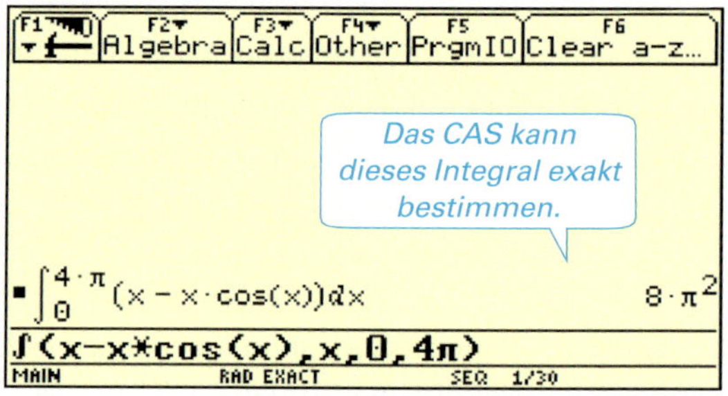

Algorithmen zur Integralberechnung

Man muss grundsätzlich zwei Arten von Algorithmen zur Integralrechnung unterscheiden: Solche, mit denen der Wert des Integrals angenähert, aber beliebig genau berechnet werden kann und solche, bei denen zu der Integrandenfunktion eine Stammfunktion aufgesucht wird, aus der dann das Integral durch Differenzbildung von Funktionswerten bestimmt werden kann. Wir wollen in diesem Kapitel zeigen, wie man hierbei grundsätzlich vorgehen kann.

Weiterer Ausbau der Integralrechnung

Durch die Verfahren zur Berechnung von Integralen wird die Integralrechnung ausgebaut. Der zunehmenden Bedeutung wegen beginnt das Kapitel mit den numerischen Verfahren der Integration mit einem Rechner.

In diesem Kapitel sollen einige grundlegende Verfahren behandelt werden, mit denen man

- den numerischen Wert eines Integrals angenähert, aber im Prinzip beliebig genau berechnen kann (vgl. Abschnitt 5.1)
- zu einer vorgegebenen Integrandenfunktion eine Stammfunktion finden kann, mit der man dann auch das Integral berechnen kann (Abschnitt 5.2).

Solche oder ähnliche Verfahren sind in den Computer-Algebra-Systemen CAS eingebaut.

5.1 Numerische Integration

In diesem Abschnitt sollen einfache Verfahren erarbeitet werden, mit denen die numerischen Werte von Integralen beliebig genau bestimmt werden können.

5.1.1 Das Rechteckverfahren

Einführung Das Integral $\int_1^2 \frac{e^x}{x}\,dx$ soll berechnet werden. Es gelingt jedoch nicht, eine Stammfunktion F der Funktion f mit $f(x)=\frac{e^x}{x}$ ohne Integralzeichen mithilfe der uns bekannten Funktionen anzugeben. Man sagt: f mit $f(x)=\frac{e^x}{x}$ ist *nicht* elementar integrierbar. Versucht man eine Stammfunktion mithilfe eines CAS zu bestimmen, so bestätigt die Antwort die oben gemachte Aussage. Dagegen gibt das CAS für das Integral $\int_1^2 \frac{e^x}{x}$ einen numerischen Wert an. Dabei wurde ein Eingabefeld nInt( ) eingegeben. Das CAS ermittelt im zweiten Fall mit den festen Integrationsgrenzen einen Näherungswert für das bestimmte Integral. Für einen Benutzer des CAS ist nicht immer leicht zu entscheiden, ob die vom CAS angegebene Zahl eine Näherungslösung ist. Das Umschalten zum näherungsweisen Bestimmen von Lösungen erfolgt in vielen CAS automatisch. An dieser Stelle soll uns aber interessieren, wie ein CAS eine Näherungslösung für ein bestimmtes Integral ermitteln kann. Bestimme daher das Integral $\int_1^2 \frac{e^x}{x}\,dx$ näherungsweise.

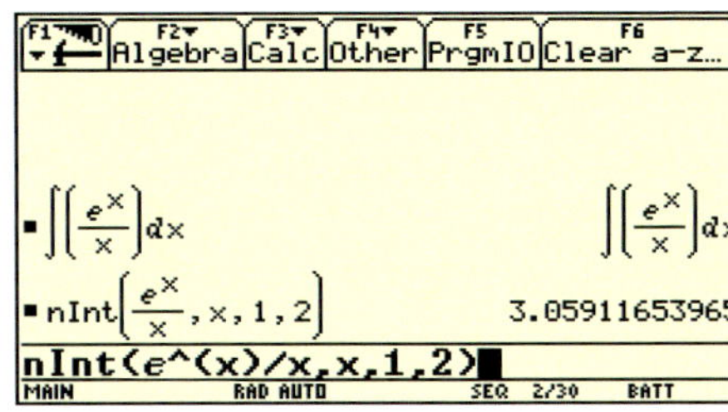

nInt bedeutet numerische Integration

Es bietet sich an, das Integral mithilfe von Obersummen bzw. Untersummen bzw. dazwischen liegenden Summen näherungsweise zu berechnen.

(1) Wir führen die Überlegung zunächst allgemein für $\int_a^b f(x)\,dx$ durch.

Dazu teilen wir das Intervall [a; b] in n gleich große Teilintervalle ein. Dann gilt für die zugehörige Untersumme $\underline{S}_n$ und die zugehörige Obersumme $\overline{S}_n$: $\underline{S}_n \le \int_a^b f(x)\,dx \le \overline{S}_n$.

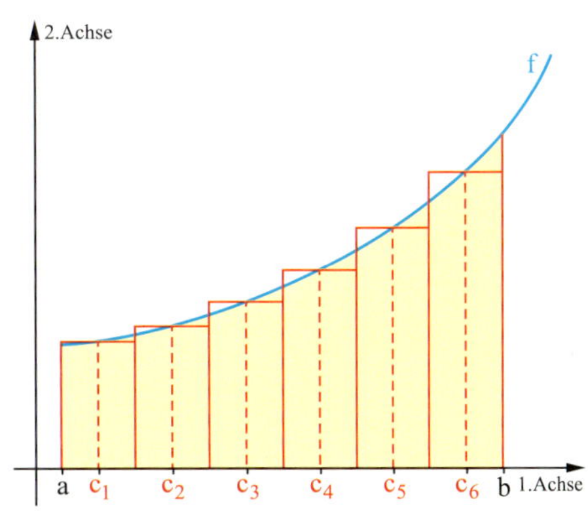

$\underline{S}_n$ und $\overline{S}_n$ sind schon Näherungswerte für das Integral. Häufig erhält man genauere Werte, falls man die Funktionswerte der Teilintervallmitten $c_1, c_2, \ldots, c_n$ wählt. Es gilt dann:

Allgemeine Formel des Rechteckverfahrens

$$\int_a^b f \approx \frac{b-a}{n}\cdot\big(f(c_1)+f(c_2)+\ldots+f(c_n)\big)=R_n \quad \text{mit}$$

$$c_1=a+\frac{b-a}{2n},\quad c_2=c_1+\frac{b-a}{n},\quad c_3=c_2+\frac{b-a}{n},\ \ldots$$

(2) *Beispiel:* Man erhält für das Integral $\int_1^2 \frac{e^x}{x}\,dx$ folgende Näherungswerte R_n:

Schon für n = 30 erhalten wir einen Näherungswert, der sich bis zur 3. Dezimalstelle auch für größere n nicht mehr ändert

n	R_n
1	2,98779 ...
2	3,04030 ...
3	3,05065 ...
4	3,05433 ...
5	3,05604 ...
6	3,05698 ...
7	3,05754 ...
8	3,05791 ...
9	3,05816 ...

n	R_n
10	3,05834 ...
20	3,05892 ...
30	3,05903 ...
40	3,05907 ...
50	3,05908 ...
100	3,05910 ...
200	3,059114 ...
500	3,0591162 ...
1 000	3,0591164 ...

Information

(1) Organisation der Rechnung bei Verwendung eines Taschenrechners

Bei Verwendung eines Taschenrechners ist die Organisation der Rechnung für das Beispiel auf dieser Seite in einer Tabelle sinnvoll. Siehe dazu das nebenstehende Beispiel für n = 5.

Hier ist $\frac{b-a}{n} = \frac{2-1}{5} = \frac{1}{5} = 0{,}2$;

$\frac{b-a}{2n} = \frac{2-1}{10} = \frac{1}{10} = 0{,}1$

i	c_i	$f(c_i)$
1	1,1	2,7310600
2	1,3	2,8225359
3	1,5	2,9877927
4	1,7	3,2199691
5	1,9	3,5188918
		(+) 15,2802495 · 0,2
		$R_5 = 3{,}0560499$

Bei Verwendung eines saldierenden Speichers wird die Addition automatisch im Speicher vorgenommen.

(2) Von der Formel zu einem Algorithmus

Zum Begriff des Algorithmus siehe S. 168

Man kann den Näherungswert R_n auch mithilfe eines Algorithmus berechnen. Einzugeben sind die Integralgrenzen, die Anzahl n der Intervalle sowie die Funktion, über die zu integrieren ist. Die Berechnung der Zahlen (Stellen) $c_1, \ldots, c_n$ sowie die Summe $S_n = f(c_1) + \ldots + f(c_n)$ erfolgt am günstigsten iterativ Schritt für Schritt.

rekursive Berechnung von c_n und S_n

Eingabe: a, b, n, Funktion f

$c_1 := a + \frac{b-a}{2n}$; $s_i := f(c_1)$; $i := 1$

Berechne solange $c_{i+1} < b$

- $c_{i+1} := c_i + \frac{b-a}{n}$
- $s_{i+1} := s_i + f(c_{i+1})$
- $i := i + 1$

$R_n := \frac{b-a}{n} \cdot s_n$

Ausgabe R_n

TAB **(3) Realisierung des Algorithmus durch Tabellenkalkulation**

Eingabe: C1: a, C2: b, C3: n

Formeln:

B6 := C1 + (C2 − C1)/(2 ∗ C3)
B7 := B6 + (C$2 − C$1)/C$3

Lasse die Zellen B8 bis B10 ausfüllen

C6 := EXP(B6)/B6
C7 := EXP(B7)/B7

Lasse die Zellen C8 bis C10 ausfüllen

C11 := (C2 − C1)/C3 ∗ SUMME(C6 : C10)

	A	B	C
1	Untere Integrationsgrenze a		1
2	Obere Integrationsgrenze b		2
3	Anzahl der Teilintervalle n		5
4			
5	i	c	f(c)
6	1	1,1	2,73106002
7	2	1,3	2,82253590
8	3	1,5	2,98779271
9	4	1,7	3,21996905
10	5	1,9	3,51889181
11	Näherungswert R_5		3,05604990

Weiterführende Aufgabe

1. *Variation des Algorithmus*
Verändere den Algorithmus so, dass gilt:

a) Die Zahl n der Teilintervalle soll nicht eingegeben werden, sondern in Hunderterschritten wachsen. Der Näherungswert R_n soll jeweils ausgegeben werden.

b) Die Anzahl der Teilintervalle soll so lange wachsen, bis eine vorgegebene Genauigkeit (z. B. 0,001) für den Näherungswert R_n erreicht ist.

Übungsaufgaben

2.
Für die folgenden Funktionen sind Stammfunktionen aus dem Unterricht bekannt.
Bestimme $\int_a^b f$ und vergleiche den genauen Wert mit dem durch das Rechteckverfahren bestimmten Wert.

a) $f(x) = x;\quad a = 0;\ b = 2;\ n = 5$

b) $f(x) = x^2;\quad a = 0;\ b = 2;\ n = 4$

c) $f(x) = x^3;\quad a = 0;\ b = 2;\ n = 8$

d) $f(x) = \sin x;\quad a = 0;\ b = \frac{\pi}{2};\ n = 3$

e) $f(x) = \cos x;\quad a = 0;\ b = \frac{\pi}{2};\ n = 4$

f) $f(x) = \frac{1}{x};\quad a = 1;\ b = 2;\ n = 5$

g) $f(x) = \frac{1}{x};\quad a = 1;\ b = 2;\ n = 10$

h) $f(x) = \frac{1}{x^2};\quad a = 1;\ b = 3;\ n = 10$

i) $f(x) = \frac{1}{x^3};\quad a = 1;\ b = 2;\ n = 10$

j) $f(x) = \sqrt{x};\quad a = 0;\ b = 1;\ n = 5$

k) $f(x) = \sqrt{x};\quad a = 1;\ b = 2;\ n = 5$

l) $f(x) = e^x;\quad a = 0;\ b = 1;\ n = 5$

3.
Bestimme den Wert des Integrals $\int_a^b f$ mithilfe des Rechteckverfahrens mit $n = 5$.

Überprüfe mit einem CAS

a) $f(x) = \frac{1}{1+x^2};\quad a = 0;\ b = 1$

b) $f(x) = \frac{1}{1+x^2};\quad a = 1;\ b = \sqrt{3}$

c) $f(x) = x \ln x;\quad a = 1;\ b = 2$

d) $f(x) = x \sin x;\quad a = 0;\ b = \frac{\pi}{2}$

e) $f(x) = x\,e^x;\quad a = 0;\ b = 1$

f) $f(x) = \sin^2 x;\quad a = 0;\ b = \frac{\pi}{4}$

g) $f(x) = \frac{1}{\sqrt{1-x^2}};\quad a = 0;\ b = \frac{1}{2}$

h) $f(x) = \frac{1}{x^2-1};\quad a = 3;\ b = 4$

i) $f(x) = \sqrt{1-x^2};\quad a = 0;\ b = \frac{1}{2}$

j) $f(x) = \sin x \cos x;\quad a = 0;\ b = \frac{\pi}{4}$

4.
Die folgende Funktion f ist nicht elementar integrierbar.
Bestimme $\int_a^b f$ näherungsweise mithilfe des Rechteckverfahrens.

a) $f(x) = \frac{e^x}{x^3};\quad a = 1;\ b = 2;\ n = 4$

b) $f(x) = \frac{\sin x}{x};\quad a = \frac{\pi}{4};\ b = \frac{\pi}{2};\ n = 9$

c) $f(x) = e^{-x^2};\quad a = 0;\ b = 1;\ n = 5$

d) $f(x) = e^{-x^2};\quad a = 1;\ b = 2;\ n = 5$

e) $f(x) = \sin(x^2);\quad a = 0;\ b = 1;\ n = 5$

f) $f(x) = \sqrt{x^3+1};\quad a = 0;\ b = 2;\ n = 8$

5.1.2 Trapezregel – Trapezsummenverfahren

Einführung Anstelle der Rechtecke beim Rechteckverfahren kann man auch Trapeze verwenden, da es einleuchtend ist, dass Trapeze die Fläche unter dem Graphen besser als Rechtecke annähern.

(1) Die einfache Trapezregel

Wir betrachten nur *ein* Trapez im 1. Quadranten. Dann gilt:

$$\int_a^b f(x)\,dx \approx A,$$

wobei A der Flächeninhalt des Trapezes ist.

Für A gilt: $A = \frac{f(a) + f(b)}{2} \cdot (b - a)$

Wir erhalten die einfache Trapezformel:

$$\int_a^b f(x)\,dx \approx (b - a) \cdot \frac{f(a) + f(b)}{2}$$

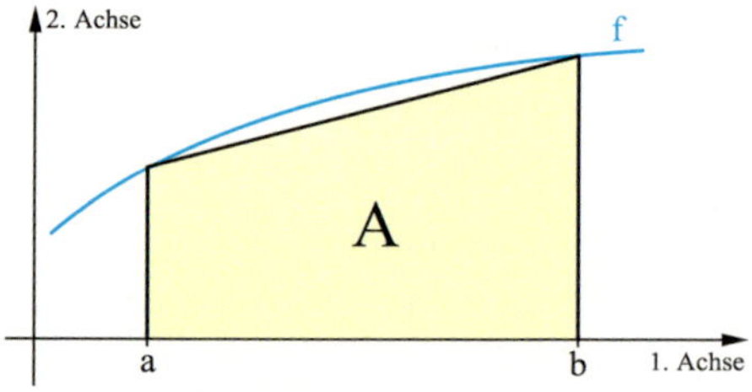

Diese Formel gilt auch, falls der Graph der Funktion nicht nur im 1. Quadranten verläuft (vgl. Aufgabe 2, Seite 161).

(2) Beispiel für eine Anwendung der einfachen Trapezregel

$f(x) = \frac{e^x}{x}$; $a = 1$; $b = 2$. Beurteile den für dieses Beispiel berechneten Näherungswert

$$\int_1^2 \frac{e^x}{x}\,dx \approx (2 - 1) \cdot \frac{\frac{e}{1} + \frac{e^2}{2}}{2} \approx 3{,}20640\ldots$$

Diese Nährung ist nicht zufriedenstellend vergleiche dazu den Wert, der nach dem Rechteckverfahren gewonnen wurde.

(3) Die Trapezsummenregel

Einen genaueren Näherungswert erhält man, falls man das Intervall [a; b] in Teilintervalle zerlegt und für jedes Teilintervall die Flächeninhalte von Trapezen berechnet. Führe dies im einzelnen durch.

Wir teilen das Intervall [a; b] in n gleich breite Teilintervalle der Breite $\frac{b-a}{n}$ ein. Für das Teilintervall $[x_{i-1}; x_i]$ gilt dann nach der einfachen Trapezformel:

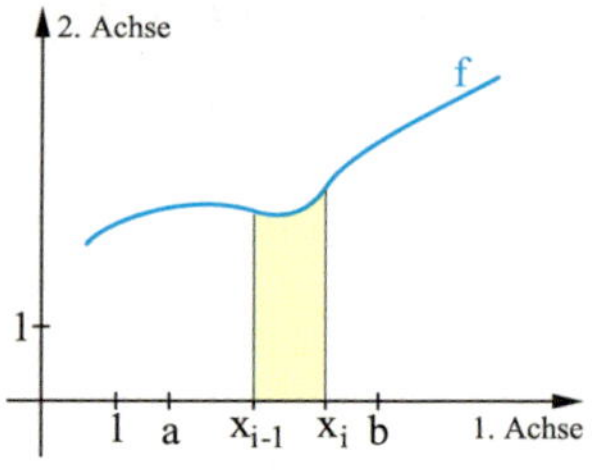

$$\int_{x_{i-1}}^{x_i} f(x)\,dx \approx \frac{x_i - x_{i-1}}{2}\big(f(x_i) + f(x_{i-1})\big).$$

Da $x_i - x_{i-1} = \frac{b-a}{n}$, folgt:

$$\int_{x_{i-1}}^{x_i} f(x)\,dx \approx \frac{b-a}{2n} \cdot \big(f(x_i) + f(x_{i-1})\big)$$

Damit ergibt sich:

$$\int_a^b f(x)\,dx = \int_a^{x_1} f(x)\,dx + \int_{x_1}^{x_2} f(x)\,dx + \ldots + \int_{x_{n-1}}^{b} f(x)\,dx$$

$$\approx \frac{b-a}{2n} \cdot \big(f(a) + f(x_1) + f(x_1) + f(x_2) + \ldots + f(x_{n-1}) + f(x_{n-1}) + f(b)\big)$$

Trapezsummenregel

$$\int_a^b f(x)\,dx \approx \frac{b-a}{2\cdot n}\cdot\big(f(a)+2f(x_1)+2f(x_2)+\ldots+2f(x_{n-1})+f(b)\big)=T_n$$

(4) Beispiel für eine Anwendung der Trapezsummenregel

Für das Integral $\int_1^2 \frac{e^x}{x}\,dx$ erhalten wir folgende Näherungswerte T_n:

n	T_n	n	T_n
1	3,20640 ...	10	3,06065 ...
2	3,09709 ...	20	3,05950 ...
3	3,07611 ...	30	3,05928 ...
4	3,06870 ...	40	3,05921 ...
5	3,06526 ...	50	3,05917 ...
6	3,06338 ...	100	3,05913 ...
7	3,06225 ...	200	3,059120 ...
8	3,06151 ...	500	3,059117 ...
9	3,06101 ...	1000	3,0591166 ...

Schon für n = 20 erhalten wir einen Näherungswert, der sich bis zur 3. Dezimalstelle auch für größere n nicht mehr ändert.

Information

(1) Organisation der Rechnung bei Verwendung eines Taschenrechners

Eine Tabelle dient zweckmäßig für die Organisation der Rechnung. Siehe dazu das nebenstehende Beispiel für die Funktion zu $f(x)=\frac{e^x}{x}$ für $n=5$.

Hier ist $\frac{b-a}{2n}=\frac{2-1}{10}=0{,}1$

Bei Verwendung eines saldierenden Speichers wird die Addition automatisch im Speicher vorgenommen.

i	x_i	$2\cdot f(x_i)$	
1	1,2	5,5335282	+
2	1,4	5,7931428	+
3	1,6	6,1912905	+
4	1,8	6,7218305	+
		$f(1)=2{,}7182818$	+
		$f(2)=3{,}6945281$	+
		30,652602	
		$T_5=3{,}0652602$	

(2) Von der Formel zu einem Algorithmus

Man kann die Berechnung eines Näherungswertes mithilfe eines Algorithmus durchführen. Die Berechnung der Zahlen (Stellen) $x_1, x_2, \ldots$ und der Summe in der Klammer erfolgt zweckmäßig rekursiv.

Zum Begriff des Algorithmus siehe S. 168

Eingabe: a, b, n, Funktion f

$x_1 := a+\frac{b-a}{n}$; $s_1 := 2f(x_1)$; $i := 1$

Berechne solange $x_{i+1} < b$

- $x_{i+1} := x_i + \frac{b-a}{n}$
- $s_{i+1} := s_i + 2f(x_{i+1})$

$T_n := \frac{b-a}{2n}\big(f(a)+s_n+f(b)\big)$

TAB

(3) Realisierung des Algorithmus durch Tabellenkalkulation

Eingabe: C1: a, C2: b, C3: n

	A	B	C
1	Untere Integrationsgrenze a		1
2	Obere Integrationsgrenze b		2
3	Anzahl der Teilintervalle n		5
4			
5	i	c	2*f(c)
6	1	1,2	5,53352820
7	2	1,4	5,79314281
8	3	1,6	6,19129053
9	4	1,8	6,72183052
10	Näherungswert R_5		3,06526019

Formeln:

Lasse die Zellen B8 bis B9 ausfüllen

$B6 := C1 + (C2 - C1)/C3$
$B7 := B6 + (C\$2 - C\$1)/C\$3$

Lasse die Zellen C8 bis C9 ausfüllen

$C6 := 2 * EXP(B6)/B6$
$C7 := 2 * EXP(B7)/B7$

$C10 := (C2 - C1)/(2 * C3) * (SUMME(C6 : C9) + EXP(C1)/C1 + EXP(C2)/C2)$

(4) Weitere Verfahren der numerischen Integration

Simpson-Verfahren

Statt durch die Punkte A und B des Teilintervalls $[x_{i-1};\ x_i]$ eine lineare Funktion zu legen, kann man durch drei hintereinanderliegende Punkte A, B, C eine quadratische Funktion legen. Man erhält die sogenannte *Simpsonsche Regel.* Wir verzichten darauf, diese Herleitung durchzuführen.

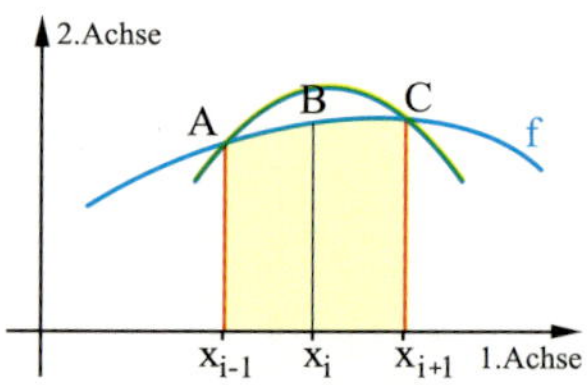

(5) Zur Genauigkeit und zu den Grenzen der numerischen Verfahren

Mit jedem der numerischen Verfahren lässt sich ein Integral prinzipiell beliebig genau berechnen. Allerdings unterscheiden sich die Verfahren im allgemeinen in der Schnelligkeit, mit der dies bei wachsendem n geschieht.
Grenzen sind den Verfahren durch das Rechenhilfsmittel (z.B. Taschenrechner oder Computer) gesetzt. Die interne Zahlenverarbeitung begrenzt häufig die Genauigkeit. Es ist dann Aufgabe der *numerischen Mathematik* (kurz *Numerik* genannt), trotz rechnerabhängiger Grenzen Verfahren hoher Genauigkeit zu entwickeln.

(6) Zur Bedeutung der numerischen Verfahren

Im Zeitalter des Computers haben die numerischen Verfahren der Integration eine wachsende Bedeutung erhalten, weil man mithilfe des Computers die Berechnungen in sehr kurzer Zeit durchführen kann. Hinzu kommt, dass man eine Stammfunktion einer Integrandenfunktion häufig nicht mit den elementaren Funktionen ausdrücken kann. Eine Stammfunktion kann man dann nur in der Form $\int_a^x f$ angeben. Aber man kann für verschiedene Werte von x dieses Integral numerisch z.B. auf vier Dezimalen genau berechnen und für die Stammfunktion dann eine Tabelle anlegen. Die Stammfunktion $x \mapsto \int_a^x f$ ist dann genau so gut verfügbar wie die Funktionen mit den Funktionstermen $\sqrt{x}$, sin x, cos x, e^x und ln x. Tatsächlich ist $\int_a^x f$ ein Funktionsterm wie auch $\sqrt{x}$, sin x, cos x, e^x und ln x.

Weiterführende Aufgaben

1. *Vergleich von Rechteck- und Trapezverfahren*
Vergleiche die Werte R_n des Rechteckverfahrens (Seite 156) mit den Werten T_n des Trapezsummenverfahrens (Seite 159).

▲ **2.** *Herleitung der einfachen Trapezformel für den allgemeinen Fall*
In der Einführung Seite 178 wurde die einfache Trapezformel für den Fall hergeleitet, dass der Graph der Funktion f im 1. Quadranten verläuft. Zeige, dass die Formel auch für eine beliebige Lage des Funktionsgraphen gilt:
Anleitung: Nähere die Funktion f durch eine lineare Funktion p mit $p(x) = m \cdot x + n$ an, deren Graph durch die Punkte P_1 und P_2 verläuft. Dann gilt:

$$\int_a^b f(x)\,dx \approx \int_a^b p(x)\,dx$$

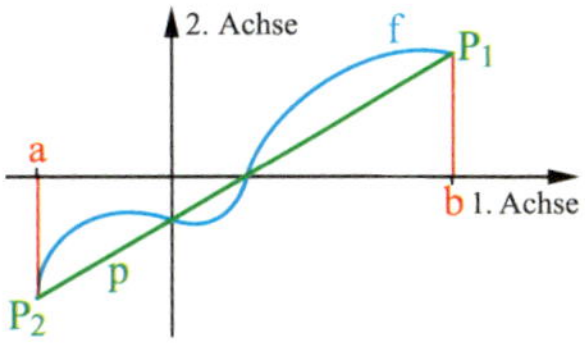

Übungsaufgaben

3.
Bestimme näherungsweise den Flächeninhalt unter dem Graphen von f im Intervall [a; b] mithilfe der (einfachen) Trapezformel.

a) $f(x) = \frac{1}{1+x^2}$; $a = 0$; $b = 0{,}5$
b) $f(x) = \ln x$; $a = 1$; $b = e$
c) $f(x) = \sqrt{x}$; $a = 3$; $b = 4$
d) $f(x) = \sqrt{1 - x^2}$; $a = 0$; $b = \frac{1}{2}$
e) $f(x) = \frac{1}{x}$; $a = 8$; $b = 9$
f) $f(x) = e^{-x^2}$; $a = 1$; $b = 2$

4.
Löse mithilfe der Trapezsummenformel Übungsaufgabe 3 [4] von Seite 177.

5.
Ein Feld wird auf 3 Seiten durch geradlinige Wege und auf einer Seite durch einen Bach begrenzt. Im Abstand von 10 m wird die Breite des Feldes zum Bach gemessen.
Bestimme näherungsweise die Fläche des Feldes nach der Trapezsummen-Methode.

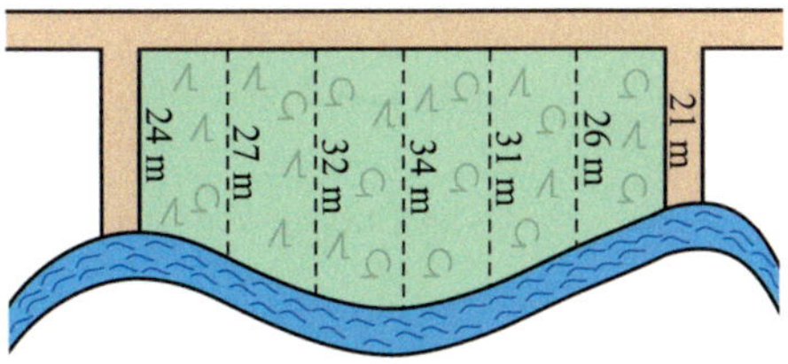

▲ **6.**
Ein Fluss hat folgende Pegelstände (in m):
Bestimme den mittleren Pegelstand nach der Trapezsummen-Methode.

0 h	4 h	8 h	12 h	16 h	20 h	24 h
3,82	3,84	3,99	4,15	4,12	4,01	4,05

Vergleiche diesen Wert mit dem arithmetischen Mittel.
Hinweis: Unter dem Mittelwert m der Funktion f im Intervall [a; b] versteht man die Zahl $m = \frac{1}{b-a} \int_a^b f$. Deute m als Seitenlänge eines bestimmten Rechtecks.

7.
a) Stelle den Temperaturverlauf grafisch dar.
b) Bestimme die mittlere Temperatur nach der Trapezsummen-Methode.
Vergleiche diesen Wert mit dem arithmetischen Mittel.

Ergebnis einer Temperaturmessung

0 h	4 h	8 h	12 h	16 h	20 h	24 h
8,2°	6,5°	7,4°	11,6°	14,3°	13,0°	9,1°

5.2 Partielle Integration und Integration durch Substitution

Das Integral über eine *Summe* von Funktionen kann man berechnen, indem man über die einzelnen Summanden integriert. So ist beispielsweise:

$$\int_{-1}^{2} (2x + e^x)\,dx = \int_{-1}^{2} 2x\,dx + \int_{-1}^{2} e^x\,dx$$

Für ein *Produkt* von zwei Funktionen kann man *nicht* entsprechend verfahren, wie schon einfache Beispiele zeigen. Deshalb werden wir im Folgenden Verfahren zur Integration über ein *Produkt* von zwei Funktionen kennenlernen.

Aufgrund des Hauptsatzes der Differential- und Integralrechnung können wir Integrale mithilfe von Stammfunktionen des Integranden berechnen. Daher ist es in diesem Zusammenhang nützlich, sich zu erinnern, welche Ableitungsregeln zu einem Produkt von zwei Funktionen führen.

Wir erhalten ein Produkt von Funktionen bei der Anwendung der Produktregel und bei der Anwendung der Kettenregel. Aus diesen beiden Regeln werden wir Verfahren zur Integration über ein *Produkt* von zwei Funktionen gewinnen.

5.2.1 Das Verfahren der partiellen Integration

Einführung Das Verfahren der partiellen Integration lässt sich aus der Produktregel der Differentialrechnung entwickeln:
Für zwei differenzierbare Funktionen u und v gilt:

$$\big(u(x)\cdot v(x)\big)' = u'(x)\cdot v(x) + u(x)\cdot v'(x)$$

Vereinfache mithilfe der Produktregel die Summe der Integrale

$\int_a^b u'(x)\cdot v(x)\,dx + \int_a^b u(x)\cdot v'(x)\,dx$ und leite hieraus eine Formel her.

Es ist $\int_a^b u'(x)\cdot v(x)\,dx + \int_a^b u(x)\cdot v'(x)\,dx = \int_a^b \big(u'(x)\cdot v(x) + u(x)\cdot v'(x)\big)\,dx$

Produktregel

$$= \int_a^b \big(u(x)\cdot v(x)\big)'\,dx$$

$$= \big[u(x)\cdot v(x)\big]_a^b$$

Subtrahiert man in dieser Gleichungskette das Integral

$\int_a^b u'(x)\cdot v(x)\,dx$, so erhält man: $\int_a^b u(x)\cdot v'(x)\,dx = \big[u(x)\cdot v(x)\big]_a^b - \int_a^b u'(x)\cdot v(x)\,dx$.

Aufgabe 1 Berechne mithilfe der in der Einführung gewonnenen Formel das Integral

Formel der partiellen Integration

$$\int_0^2 (x+3)\cdot 2e^{2x}\,dx$$

Hinweis:
Wähle $u(x) = x + 3$ und $v'(x) = 2e^{2x}$

Lösung Es ist $u'(x) = 1$. Wählt man $v'(x) = 2e^{2x}$, so ist $v(x) = e^{2x}$.
Damit erhalten wir mit der Formel

$$\int_a^b u(x) \cdot v'(x)\,dx = \left[u(x) \cdot v(x)\right]_a^b - \int_a^b u'(x) \cdot v(x)\,dx$$

$$\int_0^2 (x+3) \cdot 2e^{2x}\,dx = \left[(x+3) \cdot e^{2x}\right]_0^2 - \int_0^2 1 \cdot e^{2x}\,dx.$$

Das rechte Integral $\int_0^2 1 \cdot e^{2x}\,dx$ ist einfach zu berechnen; da $x \mapsto \frac{1}{2}e^{2x}$ eine Stammfunktion zu f mit $f(x) = e^{2x}$ ist, ergibt sich:

$$\begin{aligned}\int_0^2 1 \cdot e^{2x}\,dx &= \int_0^2 e^{2x}\,dx\\ &= \left[\frac{1}{2}e^{2x}\right]_0^2\\ &= \frac{1}{2}e^4 - \frac{1}{2}e^0\\ &= \frac{1}{2}e^4 - \frac{1}{2}.\end{aligned}$$

Damit erhalten wir:

$$\begin{aligned}\int_0^2 (x+3) \cdot 2e^{2x}\,dx &= \left[(x+3) \cdot e^{2x}\right]_0^2 - \int_0^2 1 \cdot e^{2x}\,dx\\ &= (5e^4 - 3e^0) - \left(\frac{1}{2}e^4 - \frac{1}{2}e^0\right)\\ &= 4{,}5\,e^4 - 2{,}5 \approx 243{,}2\end{aligned}$$

Weiterführende Aufgabe

2. *Berechnen von Integralen mithilfe partieller Integration*

a) Versuche das Integral $\int_0^2 (x+3) \cdot 2e^{2x}\,dx$ aus Aufgabe 1b) zu berechnen, indem du ansetzt: $u(x) = 2e^{2x}$ und $v'(x) = x+3$. Was stellst Du fest?

b) Berechne das Integral $\int_1^3 x^2 \cdot e^x\,dx$. Verwende dazu die in Aufgabe 1 gewonnene Formel mehrfach.

c) Berechne das Integral $\int_1^e \ln x\,dx$, indem du $u(x) = \ln x$ und $v'(x) = 1$ setzt.
Gib eine Stammfunktion zu f mit $f(x) = \ln x$ an.

Information

Produktintegration (Partielle Integration)

Ein Produkt zweier Funktionen lässt sich oft mithilfe der Formel

$$\int_a^b u(x) \cdot v'(x)\,dx = \left[u(x) \cdot v(x)\right]_a^b - \int_a^b u'(x) \cdot v(x)\,dx$$

integrieren.
Dabei muss man $u(x)$ und $v'(x)$ so zunächst wählen, dass das rechte Integral leicht berechnet werden kann.

Dieses Verfahren zur Integration eines Produkts zweier Funktionen wird **Produktintegration** genannt. Da die Integration mit der Anwendung der Formel allein noch nicht abgeschlossen ist, spricht man auch von **partieller Integration.**

Übungsaufgaben

3.
Berechne das Integral und gib jeweils eine Stammfunktion zum Integranden an.

a) $\int_1^2 (x-2)\cdot e^x\,dx$
b) $\int_{-1}^1 (x+1)\,e^x\,dx$
c) $\int_0^5 2x\cdot e^{-x}\,dx$
d) $\int_1^4 \ln x\cdot x\,dx$
e) $\int_0^\pi x\cdot\sin x\,dx$
f) $\int_{-\frac{\pi}{2}}^{+\frac{\pi}{2}} x\cdot\cos x\,dx$

4.
Berechne das Integral, indem du das Verfahren der partiellen Integration mehrfach anwendest.

a) $\int_{-1}^2 (x^2+1)\,e^x\,dx$
b) $\int_{-3}^0 (x^2+4x+3)\,e^x\,dx$
c) $\int_{-2}^1 (-6x^2+4)\,e^x\,dx$
d) $\int_{-2}^4 (x^2-x)\cdot e^{-x}\,dx$
e) $\int_0^1 x^3\,e^x\,dx$
f) $\int_1^e x\cdot\ln x\,dx$
g) $\int_1^2 \frac{\ln x}{x^2}\,dx$
h) $\int_{-\frac{\pi}{2}}^{\frac{\pi}{2}} x^2\cdot\cos x\,dx$
i) $\int_a^\pi \sin x\cdot e^x\,dx$

5.
Ermittle eine Stammfunktion F zu f.

a) $f(x)=x\,e^{2x}$
b) $f(x)=(2x-1)\cdot e^x$
c) $f(x)=x\cdot(x-1)^4$
d) $f(x)=(2x+5)\cdot(x+2)^8$
e) $f(x)=x\cdot\sin x$
f) $f(x)=x^2\cdot e^{-x}$
g) $f(x)=(x^2-3x+4)\,e^x$
h) $f(x)=x^3\cdot e^{2x}$
i) $f(x)=x^2\cdot\ln x$

6.
Berechne $\int_0^{\frac{\pi}{2}} (\sin x)^2\,dx$
Hinweis: Beachte $(\sin x)^2=\sin x\cdot\sin x$ und $(\cos x)^2=1-(\sin x)^2$.

7.
Berechne den Inhalt der Fläche, die der Graph der Funktion f mit $f(x)=(x^2-4)\cdot e^x$ zwischen den Nullstellen mit der 1. Achse einschließt.

8.
Berechne den Flächeninhalt der Fläche, welche die Graphen der Funktionen f und g einschließen.

a) $f(x)=x,\ g(x)=x\cdot e^{x-2}$
b) $f(x)=e\cdot x,\ g(x)=x^2\cdot e^x$

9.
Es ist $f(x)=x^2\cdot e^{-x}$.

a) Untersuche die Funktion f und zeichne den Graphen von f.
b) Berechne für $a>0$ den Inhalt der Fläche, die der Graph von f mit der 1. Achse in den Grenzen 0 und a einschließt. Was ergibt sich für $a\to\infty$?

10.
Es ist $f(x)=e^x$. Berechne den Inhalt der Fläche, die der Graph von f, dessen Tangente im Tiefpunkt und die 2. Achse einschließen.

5.2.2 Das Substitutionsverfahren

Ähnlich wie aus der Produktregel kann man auch aus der Kettenregel ein weiteres Integrationsverfahren herleiten.
Die Kettenregel gibt an, wie man die Ableitung der Verkettung zweier Funktionen u und v berechnen kann:
Ist $f(x) = u(v(x))$, so ist $f'(x) = v'(x) \cdot u'(v(x))$.

Aufgabe 1

a) Die Funktion H ist gegeben. Bestimme mithilfe der Kettenregel die Ableitung H′.
(1) $H(x) = (4x-3)^9$ (2) $H(x) = (x^2+3x+1)^4$ (3) $H(x) = e^{x^3}$

b) Bestimme eine Funktion H mit $H' = h$.
(1) $h(x) = 2x \cdot 6(x^2+3)^5$
(2) $h(x) = (3x^2+2) \cdot 9(x^3+2x-4)^8$
(3) $h(x) = -2xe^{-x^2}$

c) Berechne $\int_1^2 6x \cdot 5(3x^2-1)^4\,dx$ und verallgemeinere das Rechenverfahren.

Lösung

innere Ableitung äußere Ableitung

a) (1) $H'(x) = 4 \cdot \overbrace{9(4x-3)^8}$
(2) $H'(x) = (2x+3) \cdot 4(x^2+3x+1)^3$
(3) $H(x) = 3x^2 \cdot e^{x^3}$

b) Die Funktion h lässt sich jeweils als das Produkt einer inneren Ableitung mit einer äußeren Ableitung verstehen:

innere Ableitung äußere Ableitung

(1) $h(x) = 2x \cdot \overbrace{6(x^2+3)^5} = \left((x^2+3)^6\right)'$, also $H(x) = (x^2+3)^6$
(2) $h(x) = (3x^2+2) \cdot 9(x^3+2x-4)^8 = \left((x^3+2x-4)^9\right)'$, also $H(x) = (x^3+2x-4)^9$
(3) $h(x) = -2x \cdot e^{-x^2} = \left(e^{-x^2}\right)'$, also $H(x) = e^{-x^2}$

c) Wie in Aufgabe b) lässt sich auch hier die Integrandenfunktion als das Produkt einer inneren Ableitung mit einer äußeren Ableitung verstehen:

innere Ableitung äußere Ableitung

$$h(x) = 6x \cdot \overbrace{5(3x^2-1)^4} = \left((3x^2-1)^5\right)', \text{ also } H(x) = (3x^2-1)^5$$

Damit erhält man:

$$\int_1^2 6x \cdot 5(3x^2-1)^4\,dx = \left[(3x^2-1)^5\right]_1^2 = 161\,019$$

Man kann dieses Beispiel dahin gehend verallgemeinern, dass das Integral für eine Integrandenfunktion zu bestimmen ist, die sich als Produkt einer inneren Ableitung mit einer äußeren Ableitung auffassen lässt.

innere Ableitung äußere Ableitung

$$\int_a^b v'(x) \cdot \overbrace{u'(v(x))}\,dx = \int_a^b \left(u(v(x))\right)'\,dx = \left[u(v(x))\right]_a^b = u(v(b)) - u(v(a))$$

Integration durch Substitution

Eine Funktion h mit $h(x) = v'(x) \cdot u'(v(x))$ hat H mit $H(x) = u(v(x))$ als eine Stammfunktion.

Dann gilt $\int\limits_a^b v'(x) \cdot u'(v(x))\, dx = [u(v(x))]_a^b$

Da $[u(v(x))]_a^b = [u(z)]_{v(a)}^{v(b)} = \int\limits_{v(a)}^{v(b)} u'(z)\, dz$ ist, können wir auch schreiben:

$$\int\limits_a^b v'(x) \cdot u'(v(x))\, dx = \int\limits_{v(a)}^{v(b)} u'(z)\, dz$$

Da die innere Funktion v mit dem Funktionsterm $v(x)$ hier durch die Variable z substituiert wurde, nennt man dieses Verfahren auch *Integration durch Substitution.*

Weiterführende Aufgaben

2. *Lineare Substitution als Spezialfall der allgemeinen Substitution*
Zeige, dass die Formel der lineare Substitution (S. 86) ein Spezialfall dieses Integrationsverfahrens der Substitution ist.

3. *Logarithmische Integration*

a) Es ist $F(x) = \ln(x^2 + 3x + 4)$. Bestimme $F'(x)$.

b) Es ist $f(x) = \frac{2x+1}{x^2+x+5} = (2x+1) \cdot \frac{1}{x^2+x+5}$. Gib eine Stammfunktion zu f an.

Übungsaufgaben

4.
Gib eine Stammfunktion zu f mit $f(x) = x \cdot (x^2 + 3)^6$ an.
Hinweis: Ermittle zunächst eine Stammfunktion zu g mit $g(x) = 2x \cdot 7(x^2 + 3)^6$.

5.
Berechne das Integral und gib eine Stammfunktion zum Integranden an.

a) $\int\limits_{-1}^{1} (2x+1) \cdot 4(x^2+x+2)^3\, dx$

b) $\int\limits_{0}^{2} 6x^2 \cdot 3(2x^3-8)^2\, dx$

c) $\int\limits_{-2}^{1} 10x(x^2-4)^4\, dx$

d) $\int\limits_{-1}^{0} (-2x) \cdot e^{-x^2}\, dx$

e) $\int\limits_{1}^{3} -\frac{e^{\frac{1}{x}}}{x^2}\, dx$

f) $\int\limits_{1}^{2} \frac{1}{x} \cdot 3(\ln x)^2\, dx$

g) $\int\limits_{-1}^{1} \frac{2x}{x^2+1}\, dx$

h) $\int\limits_{0}^{\sqrt{\pi}} 2x\cos(x^2)\, dx$

i) $\int\limits_{-\frac{\pi}{2}}^{\frac{\pi}{2}} 3\cos x \cdot (\sin x)^3\, dx$

6.
Berechne das Integral und gib eine Stammfunktion zum Integranden an.

a) $\int\limits_{0}^{1} x(x^2+3)^4\, dx$

b) $\int\limits_{1}^{2} x^2(x^3-1)^2\, dx$

c) $\int\limits_{-2}^{0} (x+1)(x^2+2x+2)^3\, dx$

d) $\int\limits_{1}^{4} x\sqrt{x^2-1}\, dx$

e) $\int\limits_{-1}^{2} x e^{x^2}\, dx$

f) $\int\limits_{0}^{1} (x-1)e^{x^2-2}\, dx$

g) $\int\limits_{\frac{\pi}{2}}^{2\pi} \sin x \cdot \cos x\, dx$

h) $\int\limits_{-\pi}^{0} \cos x(\sin x)^3\, dx$

i) $\int\limits_{0}^{1} \sin x\, e^{\cos x}\, dx$

7.
Ermittle eine Stammfunktion F zu f.

a) $f(x) = 5(x+2)^4$
b) $f(x) = 15(3x+4)^5$
c) $f(x) = 10x(x^2+1)^4$
d) $f(x) = 24(4x-1)^5$
e) $f(x) = x(3-x)^7$
f) $f(x) = x^2(x^3-2)^5$
g) $f(x) = 2x \cdot e^{x^2}$
h) $f(x) = -4e^{2-4x}$
i) $f(x) = (2x-4)\,e^{x^2-4x+1}$
j) $f(x) = \frac{e^{\frac{1}{x}}}{x^2}$
k) $f(x) = x^2 e^{x^3}$
l) $f(x) = (x+1)\,e^{x^2+2x}$
m) $f(x) = 4 \cdot \cos(4x)$
n) $f(x) = -6\,\frac{1}{(2x+1)^4}$
o) $f(x) = -2x \cdot \frac{1}{(1+x^2)^2}$

Logarithmische Integration

8.
a) $\int\limits_0^1 \frac{2x}{1+x^2}\,dx$ **b)** $\int\limits_{-1}^0 \frac{e^x}{1+e^x}\,dx$ **c)** $\int\limits_1^2 \frac{x^2}{x^3+1}\,dx$ **d)** $\int\limits_0^{\frac{\pi}{4}} \frac{\sin x}{\cos x}\,dx$ **e)** $\int\limits_{-1}^1 \frac{e^x - e^{-x}}{e^x + e^{-x}}\,dx$

Vermischte Übungen

9.
Es ist $f(x) = x$ und $g(x) = x e^{x^2}$.
Berechne die Schnittpunkte der Graphen von f und g sowie den Inhalt der Fläche, die die Graphen von f und g miteinander einschließen.

10.
Es ist $f(x) = x e^{-x^2}$.

a) Untersuche die Funktion f und zeichne den Graphen von f.

b) Berechne den Inhalt der Fläche, die der Graph von f mit der Tangente im Hochpunkt und mit der 2. Achse einschließt.

c) Berechne für $k > 0$ den Inhalt der Fläche, die der Graph von f mit der 1. Achse in den Grenzen 0 und k einschließt. Was erhält man für $k \to \infty$?

11.
Für $k \geq 0$ ist $f_k(x) = \frac{x}{x^2+k^2}$.

a) Bestimme die Extrempunkte des Graphen der Funktion f_k. Skizziere den Graphen f_1.

b) Zeige, dass der Inhalt der Fläche, die der Graph von f_k mit der 1. Achse im 1. Quadranten zwischen der Stelle $x = 0$ und der Extremstelle von f_k von k unabhängig ist.

12.
Gegeben ist die Funktion f mit $f(x) = \frac{\ln x}{x}$; $x > 0$.

a) Berechne die Fläche unter dem Graphen von f zwischen der Nullstelle und der Extremstelle von f.

b) Bestimme $k \in \,]0; 1[$ so, dass die Fläche zwischen dem Graphen von f und der 1. Achse über dem Intervall $[k; 1]$ den in Teilaufgabe a) berechneten Flächeninhalt hat.

13.
Berechne den Inhalt der Fläche, die der Graph der Funktion f mit $f(x) = (3-x) \cdot \ln x$ mit der 1. Achse einschließt.

Exkurs

Algorithmus als zentrale Idee

1. Zum Begriff des Algorithmus

Die Funktionsuntersuchungen ganzrationaler Funktionen laufen immer nach demselben Schema wie bei einer Maschine ab (vgl. EdM 11, Seite 224).
Sie können von einem Computer durchgeführt werden. Gibt man eine Funktion ein, so werden Nullstellen, Extrema, Wendepunkte usw. ausgegeben.
Solche Schemata für Abläufe sind *Algorithmen.*

> Ein **Algorithmus** ist ein allgemeines, bis in die Einzelheiten festgelegtes, endliches Verfahren, welches zu vorgegebenen Eingangsgrößen Ausgangsgrößen angibt.

Dies ist eine Beschreibung des intuitiven Algorithmusbegriffs.

2. Weitere Beispiele für Algorithmen

Die schriftlichen Rechenverfahren der Addition, Subtraktion, Multiplikation und Division sind weitere Beispiele für Algorithmen. Sie können auch von einer Maschine, dem Taschenrechner, ausgeführt werden.
In Elemente der Mathematik kommen u.a. folgende Algorithmen vor: Der Gauß'sche Algorithmus (S. 179), das Rechteckverfahren (S. 155/156), das Trapezsummenverfahren (S. 158, 159), das Heron'sche Verfahren (EdM 11, S. 20 und 170), das Verfahren der Polynomdivision (EdM 11, S. 62) und das Newton'sche Verfahren (EdM 11, S. 169). Zu jedem dieser Algorithmen kann ein Computer-Programm angegeben werden. Computer können nur nach Algorithmen arbeiten.
Auch im *Alltag* gibt es Algorithmen wie Kochrezepte, Montageanleitungen, Gebrauchsanleitungen, Bedienungsanleitungen, Spielregeln.

Al Chwarizmi (gest. etwa 850 n. Chr.)

stammt aus Choresm südlich des Aral-Sees in Mittelasien, lebte aber viele Jahre als hochangesehener Gelehrter in Bagdad. Sein Lehrbuch über die schriftlichen Rechenverfahren machte mit den indischen Ziffern 0, 1, 2, ..., 9 und dem Stellenwertsystem bekannt. Der Name Al Chwarizmi wurde lateinisch zu Algorismi. Daraus wurde Algorithmus.

Raimundus Lullus (1235 – 1315)

war ein spanischer Theologe, Philosoph und Dichter. Durch sein schriftstellerisches Werk gilt er als Begründer der katalanischen Schriftsprache. Als Philosoph hatte er die Vision von universellen Maschinen, mit denen man die Wahrheiten eines speziellen Wissensgebietes „errechnen" kann. Seine Ideen hatten großen Einfluss auf Leibniz.

3. Visualisierung durch eine Black Box

Man kann sich einen Algorithmus als eine Maschine mit einem Eingang für die Eingangsgrößen und einem Ausgang für die Ausgangsgrößen vorstellen. Den genauen Mechanismus der Maschine muss man nicht unbedingt kennen. Er kann im Dunkeln bleiben, daher der Name Black Box.

4. *Der Algorithmusbegriff in der Geistesgeschichte*

Philosophen sind von der Idee fasziniert gewesen, die Wahrheiten eines Wissensgebietes durch Algorithmen berechnen zu können. Anfänge solcher Überlegungen finden wir bei RAIMUNDUS LULLUS und bei LEIBNIZ.
DESCARTES (1598 – 1650) sah die Bedeutung der von ihm erfundenen Analytischen Geometrie vor allem darin, algebraische Algorithmen zur Lösung geometrischer Probleme einsetzen zu können.
Doch ist es gelungen, Probleme zu benennen, welche nicht durch einen Algorithmus gelöst werden können. Das war eine große geistige Leistung, die hier nicht im Einzelnen dargelegt werden kann.
Für einen solchen Unmöglichkeitsbeweis, muss der intuitive Begriff des Algorithmus präzisiert werden. Das gelang als erstem dem englischen Logiker und Mathematiker TURING mit der sog. Turing-Maschine.
Es gibt weitere Präzisierungen des Algorithmusbegriffs, die alle untereinander äquivalent sind.
So sind Ablaufschemata, welche durch ein korrektes Computer-Programm beschrieben werden können, Algorithmen in diesem präzisierten Sinne.

5. *Der sinnvolle Umgang mit Algorithmen*

Die Durchführung eines Algorithmus ist im Grunde geistlos und langweilig. Es bedarf dazu keinerlei schöpferischer Phantasie.
Geistreich sind das Erfinden von Algorithmen, das Aufstellen von Programmen zu Algorithmen und der raffinierte Einsatz von Algorithmen. Es verdient daher eine höhere Wertschätzung, wenn z. B. bei einer Funktionsuntersuchung anstelle einer sturen vollständigen Anwendung des Schemas geschicktes schließendes Argumentieren Teile des Schemas überflüssig macht.
Andererseits entlastet ein Algorithmus auch bei der geistigen Arbeit, da er im wesentlichen ohne Denkleistung durchgeführt werden kann.

Die Ars cumbinatoria von GOTTFRIED WILHELM LEIBNIZ (1646 – 1716)
Angeregt durch R. LULLUS und die Analytische Geometrie von DESCARTES hatte LEIBNIZ die Idee einer universalen logisch-mathematischen Methode, mit der man gewissermaßen maschinell auf kombinatorischem Wege Wahrheiten gewinnen (ars inveniendi) oder über Wahrheit oder Falschheit entscheiden könne (ars iudicandi).

ALAN MATHISON TURING (1912 – 1954)

Auf den englischen Mathematiker TURING geht die erste Präzisierung des Algorithmusbegriffs zurück. Dies geschah in den Jahren 1936/37 mit der Erfindung einer Maschine, die nach seinem Erfinder Turing-Maschine genannt wurde.
Danach ist ein Algorithmus ein Verfahrensschema, welches durch eine Turing-Maschine beschreibbar ist.

Turing-Maschine
Eine Turing-Maschine besteht aus einem in Zellen eingeteilten Rechenband, einem inneren Speicher, der endlich viele Zustände $q_0, q_1, \ldots, q_n$ annehmen kann und dem Lese- und Schreibkopf, der die Zellen des Rechenbandes lesen und überschreiben kann.
Die Maschine arbeitet in Takten nach Befehlen (z. B. Schreibbefehl, Transportbefehle L bzw. R für den Lese- und Schreibkopf).

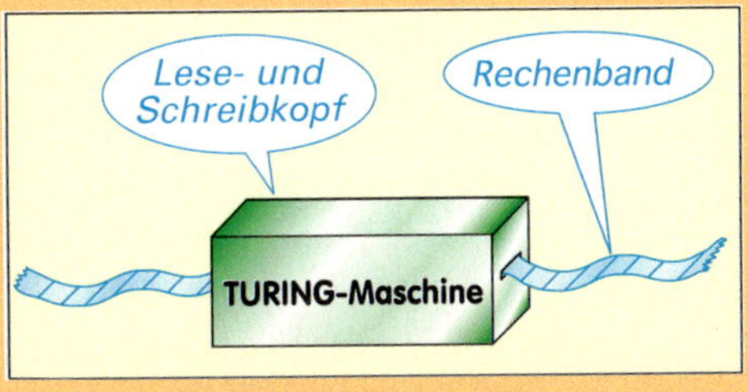

6. AUFGABEN ZUR VORBEREITUNG AUF DIE ABITURPRÜFUNG – ANALYSIS

6.1 Ganzrationale Funktionen

1.

Eine Funktion f ist gegeben durch $f(x) = x^3 - 3x^2 + 4$.

a) Untersuche den Graphen von f auf Achsenschnittpunkte, Extrempunkte und Wendepunkte und zeichne den Funktionsgraphen.

b) Der Graph von f begrenzt mit den Koordinatenachsen im 1. Quadranten eine Fläche. Berechne deren Flächeninhalt.

c) Bestimme unter allen achsenparallelen Rechtecken innerhalb der in Teilaufgabe b) beschriebenen Fläche dasjenige mit dem größten Flächeninhalt.

d) Für $k \in \mathbb{R}$ sei $f_k(x) = x^3 + (k-4)x^2 + (4-4k)x + 4k$. Zeige, dass die Funktion f zur Funktionenschar f_k gehört und dass bis auf einen alle Funktionsgraphen an der Stelle 2 die 1. Achse berühren.

2.

Der Graph einer ganzrationalen Funktion f 4. Grades ist symmetrisch zur 2. Achse. $W(1\,|\,0)$ ist Wendepunkt des Funktionsgraphen und $T\left(\sqrt{3}\,|\,-1\right)$ ist ein Tiefpunkt.

a) Bestimme den Funktionsterm von f; untersuche und zeichne den Graphen von f.

b) Zeige, dass die Flächen, die der Graph von f mit der 1. Achse einschließt, oberhalb der 1. Achse insgesamt den gleichen Inhalt haben wie die unterhalb der 1. Achse.

c) Bestimme $k \in \mathbb{R}$ so, dass der Graph der Funktion zu $y = x^4 - 6x^2 + k$ die 1. Achse in seinen Tiefpunkten berührt.

d) Untersuche, für welche Zahlen $k \in \mathbb{R}$ die Gleichung $x^4 - 6x^2 + k = 0$ keine Lösung hat.

3.

Gegeben ist die Funktion f mit $f(x) = \frac{5}{6}x^3 - \frac{10}{3}x^2 + 3x$.

a) Untersuche den Graphen von f auf Achsenschnittpunkte, Extrempunkte und Wendepunkte; zeichne den Funktionsgraphen.

b) Vom Ursprung aus werde eine Tangente an den Graphen von f gelegt. Bestimme eine Gleichung der Tangente und gib auch Koordinaten des Berührpunktes an. Zeige, dass die Tangente den Graphen von f in $O(0\,|\,0)$ orthogonal schneidet. (*Teillösung:* $y = -\frac{1}{3}x$)

c) Für $k \in \mathbb{R}$ ist $f_k(x) = \frac{10}{3k^2}x^3 - \frac{20}{3k}x^2 + 3x$. Zeige, dass f zur Funktionenschar f_k gehört, und untersuche allgemein die Lage des Graphen von f_k in bezug auf die Gerade zu $y = -\frac{1}{3}x$.

4.

Gegeben ist die Funktion f mit $f(x) = \frac{1}{4}x^4 - x^2 + 1$.

a) Untersuche den Graphen von f auf Schnittpunkte mit den Koordinatenachsen, Symmetrie, Extrempunkte und Wendepunkte. Zeichne den Graphen für $-3 \le x \le 3$.

b) Berechne, welches von allen Dreiecken mit den Eckpunkten $A(0\,|\,9)$, $B\left(x\,|\,f(x)\right)$ und $C\left(-x\,|\,f(-x)\right)$ mit $f(x) \le 9$ maximalen Flächeninhalt hat.

c) Berechne den Inhalt der Fläche, die der Graph von f mit der Parabel zu $y = \frac{1}{4}x^2$ einschließt.

d) Man kann die zu $y = \frac{1}{4}x^2$ gehörende Parabel so verschieben, dass sie den Graphen von f in zwei Punkten berührt. Bestimme eine Gleichung der verschobenen Parabel.

5.
Gegeben ist die Funktion f mit $f(x) = \frac{1}{20}x^5 - \frac{1}{3}x^3$.

a) Begründe, dass der Funktionsgraph symmetrisch zum Koordinatenursprung $O(0\,|\,0)$ ist.

b) Bestimme die Schnittpunkte des Graphen der Funktion mit der 1. Achse sowie die Extrem- und Sattelpunkte. Zeichne den Graphen der Funktion für $-3 \le x \le 3$.

c) Für $k \in \mathbb{R}$ ist $f_k(x) = kx^5 - \frac{1}{3}x^3$.
Untersuche den Graphen von f_k in Abhängigkeit von k auf Extrempunkte. Zeige, dass alle Extrempunkte des Graphen der Funktionen f_k auf dem Graphen zu $y = -\frac{2}{15}x^3$ liegen.

d) Begründe, dass unabhängig von k jede Funktion f_k aus Teilaufgabe c) stets mindestens einen Wendepunkt hat:
(1) mithilfe der Differentialrechnung,
(2) ohne auf die Differentialrechnung zurückzugreifen.

6.
Gegeben ist die Funktion f mit $f(x) = -\frac{1}{4}x^4 + x^3$.

a) Untersuche den Graphen von f auf Schnittpunkte mit den Koordinatenachsen, Extrempunkte und Wendepunkte. Zeichne den Graphen für $-2 \le x \le 4{,}5$.

b) Berechne den Inhalt der Fläche, die der Graph von f mit der 1. Achse einschließt.

c) Bestimme alle ganzrationalen Funktionen 4. Grades, die $O(0\,|\,0)$ als Sattelpunkt haben.
Zeige, dass jede dieser Funktionen genau zwei Nullstellen und eine Extremstelle besitzt und dass die Extremstelle die Strecke zwischen den Nullstellen im Verhältnis 3 : 1 teilt.
(*Teilergebnis:* $y = ax^4 + bx^3$ mit $a, b \in \mathbb{R}\setminus\{0\}$)

d) Zeige, dass es keine ganzrationale Funktion 4. Grades gibt, deren Graph *zwei* Sattelpunkte hat.

7.
Für $k > 0$ ist $f_k(x) = \frac{1}{k}\left((k+1)x - x^2\right)$.

a) Zeichne für $k = \frac{1}{4}$, $k = 1$ und $k = 4$ die Graphen von f_k in dasselbe Koordinatensystem (1 Einheit = 1 cm).

b) Zeige, dass es zwei Punkte gibt, in denen sich jeweils alle Funktionsgraphen schneiden.

c) Für welchen Wert von k mit $k > 0$, wird der Flächeninhalt, den der Graph von f_k mit der 1. Achse einschließt, minimal? Bestimme den minimalen Flächeninhalt.

CAS **d)** Untersuche mithilfe eines CAS, welcher Zusammenhang zwischen den Scheitelpunkten der Parabeln zu f_k und $f_{\frac{1}{k}}$ besteht.

8.
Gegeben ist die Funktion f mit $f(x) = \frac{1}{4}x^3 - 3x^2 + 9x$.

a) Untersuche den Graphen von f auf Schnittpunkte mit den Koordinatenachsen, Extrempunkte und Wendepunkte. Zeichne den Graphen für $0 \le x \le 8$.

b) Berechne die Fläche, die die Tangente mit dem Berührpunkt $B(2\,|\,8)$ mit dem Graphen von f einschließt.

c) Für $k \in \mathbb{R}$ ist $f_k(x) = \frac{1}{4}x^3 - \frac{3}{8}(k+6)x^2 + \frac{9}{2}kx + \left(27 - \frac{27}{2}k\right)$.
Zeige, dass die Funktion f mit $f(x) = \frac{1}{4}x^3 - 3x^2 + 9x$ zu dieser Funktionenschar f_k gehört.
Zeige ferner, dass alle Funktionsgraphen von f_k durch den Punkt $P(6\,|\,0)$ verlaufen und dass sie dort einen Extrempunkt haben, falls $k \neq 6$ ist. Untersuche den Fall $k = 6$.

d) Zeige, dass der Graph von f_k an der Stelle k einen weiteren Extrempunkt hat, falls $k \neq 6$ ist und dass alle Punkte $P_k\left(k\,|\,f_k(k)\right)$ auf dem Graphen einer ganzrationalen Funktion 3. Grades liegen.

6.2 Exponentialfunktionen – Logarithmusfunktionen

1.
Gegeben ist eine Funktion f durch $f(x) = x\,e^{-x}$ $[f(x) = (x-4)\,e^{x}]$.

a) Untersuche die Funktion f.

b) Bestätige, dass die Funktion g mit $g(x) = -x\,e^{-x} - e^{-x}$ $[g(x) = x\,e^{x} - 5\,e^{x}]$ Stammfunktion von f ist.

c) Berechne den Inhalt der Fläche, die der Graph von f mit der 1. Achse und der Parallelen zur 2. Achse mit $x = 4$ einschließt.

2.

a) Untersuche die Funktion f mit $f(x) = x^2 e^{-x}$.

b) Bestimme eine Stammfunktion F zu f. Wähle dafür als Ansatz $F(x) = (a\,x^2 + b\,x + c) \cdot e^{-x}$ und bestimme a, b, c aus der Gleichung $F'(x) = f(x)$.

c) Definiere und berechne den Inhalt der Fläche, die der Graph von f mit den beiden Koordinatenachsen für $x \geq 0$ einschließt.

3.
Gegeben ist die Funktion f mit $f(x) = (x+2)\,e^{-x}$.

a) Untersuche die Funktion f.

b) Definiere und berechne den Inhalt der Fläche, die der Graph von f mit der 1. Achse einschließt.

c) Von Punkten $P(x\,|\,0)$ der 1. Achse aus sollen Tangenten an den Graph von f gezeichnet werden. Für welche Punkte auf der 1. Achse ist das möglich?

d) Bestimme speziell die Punkte der 1. Achse, von denen aus es genau eine Tangente gibt.

▲ **4.**
Gegeben sind zwei Funktionen f_1 und f_2 durch $f_1(x) = e^{-ax}$ und $f_2(x) = e^{bx}$ mit $a, b \in \mathbb{R}$, $a, b > 0$.
Bestimme a und b, sodass für die Funktionsgraphen gilt:
(1) Die Graphen der beiden Funktionen schneiden sich orthogonal.
(2) Beide Graphen schließen mit der 1. Achse eine Fläche mit möglichst kleinem Inhalt ein.

5.
Es ist $f(x) = (x^3 - 4x^2 + 4x)\,e^{x}$.

a) Untersuche den Graphen von f auf Achsenschnittpunkte, Extrempunkte, Wendepunkte und asymptotisches Verhalten. Zeichne den Graphen von f für $-8 \leq x \leq 2{,}5$ (1 Einheit = 1 cm).
(*Teilergebnis:* $f'(x) = (x^3 - x^2 - 4x + 4)\,e^{x} = (x+2)(x-2)(x-1)\,e^{x}$)

b) Berechne den Inhalt der Fläche, die der Graph von f mit der 1. Achse im 3. Quadranten einschließt.

c) Bestimme für $a \in \mathbb{R}$ eine Gleichung der Tangente durch den Punkt $P(a\,|\,f(a))$ an den Graphen von f. Für welche Werte von a wird der Achsenabschnitt der Tangente auf der 2. Achse maximal?

6.

a) Untersuche die Funktionen f_k mit $f_k(x) = (2x - k) \cdot e^{x}$.

b) Zeige, dass der Graph zu $y = -2e^{x}$ eine Ortslinie für die Extrempunkte aller Funktionen f_k ist, d.h., dass die Extrempunkte von allen Funktionen f_k auf dem Graphen zu $y = -2e^{x}$ liegen.

c) Gib eine Ortslinie für die Wendepunkte aller Funktionen f_k an.

d) Versuche, ein Bildungsgesetz für die Ableitungen von f_k zu finden. Begründe das Ergebnis.

7.
Gegeben sind Funktionen f_k mit $f_k(x) = (e^x - k)^2$.

a) Untersuche die Funktionen f_k. Beschreibe verschiedene Typen des Graphen.

b) Begründe, dass für alle $k > 0$ die Differenz der 1. Koordinate von Wendepunkt und Tiefpunkt des Graphen von f_k stets denselben Wert hat.

▲ **c)** Welche der Funktionen f_k haben eine Umkehrfunktion? Gib, falls vorhanden, diese Funktionen an.

▲ **d)** Wie lautet die Ableitung dieser Umkehrfunktion?

8.
Gegeben sind Funktionen f_k durch $f_k(t) = k \cdot \left(1 - \frac{1}{e^t}\right)$ $(k \in \mathbb{R})$.

a) Untersuche allgemein die Funktionen f_k.

b) Wie gehen die Graphen der Funktionen f_k schrittweise aus dem Graphen der Funktion g mit $g(t) = e^{-t}$ hervor?

c) Für welche t ist der Abstand eines Graphenpunktes von der Asymptote geringer als 10^{-3}?

d) Jeder Graph von f_k schneidet die 1. Achse. Die Tangente im Schnittpunkt, die Asymptote des Graphen von f_k und der Graph von f_k bilden eine Fläche. Berechne ihren Inhalt.

e) Die im Aufgabenteil d) gegebene Tangente schneidet die Asymptote in einem Punkt A; die Gerade mit der Gleichung $t = a$ schneidet diese im Punkt B und den Graphen von f_k im Punkt C_a. Gibt es eine Zahl a so, dass der Flächeninhalt des Dreiecks ABC_a möglichst groß ist?

▲ **f)** Für welche Werte von k können die Funktionen f_k in Abhängigkeit von der Zeit t einen Wachstumsprozess beschreiben?
Hinweis: Beachte die Monotonie der Funktion.

g) Für welche k ist der Bestand zur Zeit $t = 1$ größer als 100000 Einheiten? Nach welcher Zeit hat sich dieser Bestand um 60% vergrößert? Warum hängt diese Zeit nicht von k ab?

9.
Es ist $f(x) = (x^3 + 2x^2) \cdot e^x$, $x \in \mathbb{R}$.

a) Untersuche den Graphen von f auf Achsenschnittpunkte, Extrempunkte, Wendepunkte und Verhalten für $x \to \infty$ bzw. $x \to -\infty$. Zeichne den Graphen von f für $-8 \leq x \leq 0{,}5$ (1. Achse: 1 Einheit = 1 cm, 2. Achse: 1 Einheit = 5 cm).

b) Bestimme den Inhalt der Fläche, die der Graph von f für $x \leq 0$ mit der 1. Achse einschließt.

c) Für $k \in \mathbb{R}$ sei $f_k(x) = (x^3 + kx^2) \cdot e^x$.
Bestimme die gemeinsamen Schnittpunkte der Graphen aller Funktionen f_k, $k \in \mathbb{R}$, und untersuche den Graphen von f_k an der Stelle 0 in Abhängigkeit von $k \in \mathbb{R}$.

10.
Gegeben ist die Funktion f mit $f(x) = (x^2 + 3x + 3) \cdot e^{-x}$.

a) Untersuche den Graphen von f auf Achsenschnittpunkte, Extrempunkte, Wendepunkte und Verhalten für $x \to +\infty$ bzw. $x \to -\infty$. Zeichne den Graphen von f sowie die Asymptote für $-2 \leq x \leq 6$ (1. Achse: 1 Einheit = 1 cm, 2. Achse: 1 Einheit = 1 cm). (*Teilergebnis:* $f'(x) = (-x^2 - x) \cdot e^{-x}$)

b) Der Graph von f begrenzt mit den Koordinatenachsen im 1. Quadranten ein Flächenstück. Berechne den Inhalt dieser Fläche.

c) Die Funktion f gehört zur Funktionenschar f_k mit $f_k(x) = (x^2 + kx + k) \cdot e^{-x}$, $k \in \mathbb{R}$.
Untersuche die Graphen von f_k in Abhängigkeit von k auf Extrempunkte.

d) Bestimme eine Ortslinie für die Extrempunkte aller Funktionen f_k.

11.

Gegeben sind zwei Funktionen f_1 und f_2 durch $f_1(x) = \ln(x^2 - 1)$ und $f_2(x) = \ln(1 - x^2)$.

a) Gib den jeweiligen maximalen Definitionsbereich an.

b) Untersuche die Funktionen f_1 und f_2. Gib Intervalle an, in denen die Funktionen entweder monoton wachsend oder monoton fallend sind.
Anleitung: Zerlege $x^2 - 1$ bzw. $1 - x^2$ in Linearfaktoren.

12.

Durch $f_k(x) = k^2 \ln x + (1 - k^2)\frac{1}{x}$ ist eine Menge von Funktionen f_k gegeben.

a) Untersuche die Funktionen dieser Menge mit $k = 0{,}5$ bzw. $k = -0{,}5$.

b) Gib das Verhalten der in a) angegebenen Funktionen für große Werte des Definitionsbereichs an.

c) Für welche Werte von k haben die Funktionen f_k Extremstellen?

13.

Gegeben ist die Funktion f mit $f(x) = x \cdot 2^{x+2}$.

a) Untersuche die Funktion f.

b) An welchen Stellen x ist der Abstand von f (x) und f′(x) extremal?

c) Zeige: Durch $F(x) = \frac{(\ln 2) \cdot x - 1}{(\ln 2)^2} \cdot 2^{x+2}$ ist eine Stammfunktion von f gegeben.

d) Berechne das Integral von f über dem Intervall [0; 1].

14.

Gegeben sind die sogenannten *Hyperbelfunktionen* sinh und cosh durch $\sinh x = \frac{1}{2} \cdot (e^x - e^{-x})$ und $\cosh x = \frac{1}{2} \cdot (e^x + e^{-x})$.

a) Untersuche die Funktionen sinh und cosh.

b) Zeige: $\sinh'(x) = \cosh(x)$ und $\cosh'(x) = \sinh x$.

c) Bestätige die Formeln:
(1) $(\cosh x)^2 - (\sinh x)^2 = 1$
(2) $(\cosh x)^2 + (\sinh x)^2 = \cosh(2x)$
(3) $\sinh x \cdot \cosh x = \frac{1}{2} \sinh(2x)$

d) Zeichne die Graphen von sinh und cosh gemeinsam mit den Graphen der Funktionen f und g mit $f(x) = \frac{1}{2} e^x$ und $g(x) = \frac{1}{2} e^{-x}$.
Begründe das Verhalten der Graphen von f und g im Vergleich zu den Graphen von sinh und cosh für große bzw. für kleine Werte des Definitionsbereichs.

15.

Gegeben sind zwei Funktionen f und g durch $f(x) = \frac{8}{e^{2x} + 4}$ und $g(x) = 1 - f(x)$.

a) Untersuche die beiden Funktionen. Zeichne die Graphen.

b) Der Graph von f begrenzt mit den Koordinatenachsen im 1. Quadranten eine Fläche. Zeige, dass die Funktion F mit $F(x) = 2x - \ln(e^{2x} + 4)$ eine Stammfunktion von f ist, und berechne den Inhalt dieser Fläche.

c) Zeige:
(1) $f(x) \le 2e^{-x}$ (*Anleitung:* Setze $z = e^x$)
(2) $g(\ln 2 - a) = -f(\ln 2 + a)$ für alle $a \in \mathbb{R}$. Deute (2) auch am Graphen von g.
(3) $g'(x) = 1 - (g(x))^2$.

16.

a) Untersuche die Funktionen f_k mit $f_k(x) = \left(x + \frac{1}{k}\right) e^{2-kx}$, $k > 0$.
Zeichne den Graphen von f_k für $k = 1$.

b) Bestimme die Ortslinie für die Wendepunkte aller Funktionen f_k.

c) Bestimme für unter allen achsenparallelen Rechtecken zwischen den Koordinatenachsen und dem Graphen von f_k im 1. Quadranten dasjenige mit maximalem Flächeninhalt.

d) Der Graph von f_1 rotiere zwischen der Nullstelle und der Stelle $x = 0$ um die 1. Achse.
Berechne das Volumen des entstehenden Rotationskörpers.

6.3 Weitere Funktionstypen

1.

a) Gegeben ist die Funktion f mit $f(x) = \frac{x^2 - 2x + 1}{x^2 + 1}$.
Untersuche diese Funktion und zeichne ihren Graphen.

b) Bestimme die Steigung der Wendetangenten.

c) Zeige, dass durch $F(x) = x - \ln(x^2 + 1)$ eine Stammfunktion von f gegeben ist und berechne den Inhalt der vom Graphen von f und von den Koordinatenachsen eingeschlossenen Fläche.

2.

Gegeben ist f mit $f(x) = 2x\left(1 - \frac{1}{2x + 1}\right)$.

a) Untersuche die Funktion f.

b) Gib eine lineare Näherungsfunktion (Asymptote) für sehr große bzw. für sehr kleine Werte des Definitionsbereichs an.

c) Für welche x unterscheiden sich die Funktionswerte von f und die Funktionswerte der in Aufgabenteil b) bestimmten linearen Näherungsfunktion um weniger als 0,1 [als 10^{-3}]?

3.

Gegeben sind die Funktionen f_1 und f_2 mit $f_1(x) = \frac{x^3}{x^2 + 4}$ bzw. $f_2(x) = \frac{x^3}{x^2 - 4}$.

a) Skizziere die Graphen der beiden Funktionen anhand einer Funktionsuntersuchung.

b) Begründe den Verlauf der Graphen von f_1 und f_2 unter Zuhilfenahme der Ableitungen und der Kriterien zur Funktionsuntersuchung.

c) Begründe die Unterschiede der Graphen.

d) *Zeige:* Der Graph einer der Funktionen hat genau an den Stellen horizontale Tangenten, an denen der andere Wendestellen hat.

4.

a) Bestimme eine Funktion f mit $f(x) = 3 + \frac{x - 1}{bx^2}$ so, dass der Punkt $P(2\,|\,4)$ zum Graphen der Funktion f gehört.

b) Untersuche die Funktion f.

c) Gesucht ist eine ganzrationale Funktion g zweiten Grades, die dieselben Nullstellen wie f hat und deren Graph den Graphen von f im Punkt $P(-2\,|\,y)$ berührt.

d) Zeichne die Graphen von f und g in dasselbe Koordinatensystem ein und berechne den Inhalt der von den Graphen eingeschlossenen Fläche.

5.
Durch $f_k(x) = x - (k+2) + \frac{k+1}{x}$ mit $k \in \mathbb{R}$ sind Funktionen f_k gegeben.

a) Begründe, warum die Graphen aller Funktionen f_k keine Wendepunkte haben können.

b) Untersuche allgemein die Funktionen f_k. Skizziere die Graphen für $k = 1$; $k = -1$; $k = -2$.

c) Bestätige: Alle Funktionen f_k haben eine gemeinsame Nullstelle.

d) Zeige: Die Funktionen f_k besitzen entweder Extremstellen oder sind streng monoton steigend.

e) Berechne den Inhalt $A(k)$ der Fläche, die der Graph von f_k mit der 1. Achse einschließt in Abhängigkeit von k. Für welche k ist dieser Inhalt $A(k)$ definiert?

f) Warum hat die Funktion $k \mapsto A(k)$ kein Maximum?

6.
Die Gerade zu der Gleichung $16x + 9y = 54$ ist Tangente des Graphen der Funktion $f_{a,b}$ mit $f_{a,b} = \frac{a}{x^2} + b$. Bestimme die gesuchte Funktion $f_{a,b}$ und zeichne ihren Graphen. Es gibt Rechtecke, bei denen je zwei Ecken auf dem Graphen von f und auf der 1. Achse liegen. Gibt es Rechtecke dieser Art mit kleinstem Umfang? Begründe.

7.
Gegeben ist die Funktion f mit $f(x) = \frac{4}{x^2+1}$.

a) Untersuche die Funktion f.

b) Man kann gleichschenklige Dreiecke zeichnen, die zur 2. Achse symmetrisch sind. Ihre Spitzen liegen im Punkt $O(0\,|\,0)$ und ihre anderen Eckpunkte sind Punkte des Graphen von f. Welches dieser Dreiecke hat größtmöglichen Inhalt?

c) Lässt man die in b) gezeichneten Dreiecke um die 1. Achse rotieren, entsteht ein Zylinder, aus dem ein Doppelkegel herausgeschnitten ist. Welcher dieser Körper hat das größte Volumen?

8.
Für $k \in \mathbb{R}$ ist $f_k(x) = \frac{2x^3 + x^2 - 4kx - 3k}{x^4}$.

a) Zeige, dass sich alle Funktionsgraphen im Punkt $P\left(-\frac{3}{4}\,\middle|\,-\frac{8}{9}\right)$ schneiden und berechne den Winkel α, unter dem sich die Graphen von f_0 und f_{-1} schneiden.
$\left(\textit{Teilergebnis: } f_k'(x) = -2\,\frac{x^3 + x^2 - 6kx - 6k}{x^5}\right)$.

b) Prüfe, ob es eine Stelle x_0 gibt, an der alle Funktionsgraphen f_k dieselbe Steigung haben.

c) Berechne den Inhalt der von den Graphen von f_0 und f_{-1} eingeschlossenen Fläche.

9.
Die Funktion f ist gegeben durch $f(x) = \frac{x^3 - 3x^2 + 4}{x}$.

a) Untersuche die Funktion f.

b) Zeige, dass die Gerade g mit $y = 4{,}75x - 14$ den Graphen von f berührt und berechne den Inhalt der Fläche, die von dem Graphen von f, der Geraden g und der 1. Achse im 1. Quadranten begrenzt wird.

c) Für $k \in \mathbb{R}$ ist f_k gegeben durch $f_k(x) = \frac{x^3 + 3kx^2 - 4k^3}{x}$.
Zeige, dass der Graph einer jeden Funktion f_k die 1. Achse an der Stelle $x = -2k$ berührt und bestimme alle weiteren Nullstellen.

d) Berechne die Wendepunkte der Graphen aller Funktionen f_k aus Aufgabenteil c) und zeige, dass sie auf einer Parabel liegen.

10.
Gegeben sind Funktionen f_k mit $f_k(x) = \frac{4}{x^2 + k}$.

a) Untersuche die Funktionen f_k mit $|k| = 4$. Erschließe hieraus Typen der Funktionsgraphen von f_k.

b) Welches gleichschenklige Dreieck, das seine Spitze im Koordinatenursprung und die anderen Ecken auf dem Graphen der Funktion f_k hat, besitzt einen extremalen Flächeninhalt?

c) Für welche k gilt $f_k(x) = f'_k(x)$
(1) an genau einer Stelle; (2) an genau zwei Stellen?

d) Für welche k gilt $f_k(x) \geq f'_k(x)$ für alle x?

11.
Für $k \geq 0$ ist die Funktion f_k gegeben durch $f_k(x) = \frac{x - k}{x^2}$.

a) Untersuche die Funktionenschar f_k.

b) Prüfe, ob die Hochpunkte [Wendepunkte] der Graphen aller Funktionen f_k auf einer Hyperbel, d. h. auf dem Graphen einer Funktion des Typs $x \mapsto \frac{c}{x}$ mit $c \in \mathbb{R}$ liegen.

c) Bestimme für $u > k$ den Inhalt der vom Graphen von f_k, der 1. Achse und der Geraden $x = u$ eingeschlossenen Fläche. Was erhält man für $u \to \infty$?

12.
Gegeben ist die Funktion f mit $f(x) = 0{,}5\,x \cos(x)$ für $x \in [-1{,}5\pi; 1{,}5\pi]$.

a) Untersuche den Graphen zu f auf Symmetrie und Schnittpunkte mit den Koordinatenachsen.

b) Begründe, dass der Graph zu f im angegebenen Intervall zwei Hochpunkte und zwei Tiefpunkte besitzt. Gib Intervalle an, in denen die Hoch- und Tiefpunkte liegen.

c) Zeichne den Graphen zu f im Intervall $[-1{,}5\pi; 1{,}5\pi]$.

d) Gegeben sei eine Funktionenschar g_t mit $g_t(x) = t \cos(x)$ mit $t \in \mathbb{R}\setminus\{0\}$. Für welche Werte von t schneiden sich die Graphen zu f und g_t?

e) Die Graphen schließen im Intervall $[-1{,}5\pi; 1{,}5\pi]$ drei Flächen ein. Bestimme die Flächeninhalte in Abhängigkeit von t. Gibt es ein t, sodass die drei Flächen den gleichen Inhalt haben?

f) Eine Gerade h mit $h(x) = mx$ berührt den Graphen zu $x \mapsto 0{,}5\,x \cos(x)$ im ersten Quadranten im Punkt A. Bestimme die Koordinaten des Punktes A.

g) Eine weitere Gerade, die durch den Ursprung geht, schneidet den Gaphen zu f im ersten Quadranten in den beiden Punkten B und C. Bestimme die Schnittpunkte S_1 und S_2, sodass gilt: $OS_1 = \frac{1}{2} OS_2$.

13.
Gegeben sei die Funktionenschar f_t mit $f_t(x) = 2 + t \sin x$.

a) Untersuche den Graphen zu f_t auf
(1) Symmetrie, (2) Schnittpunkte mit den Koordinatenachsen,
(3) Extrema, (4) Wendepunkte, (5) Wertemenge

b) Zeichne den Graphen für $t = 3$ im Intervall $[-\pi; 2\pi]$.

c) Bestimme eine ganzrationale Funktion g_t zweiten Grades, sodass sie an den Stellen 0, $0{,}5\pi$ und π mit der Funktion f in den Funktionswerten übereinstimmt. Zeichne g für $t = 3$ ebenfalls in das Koordinatensystem ein.

d) Die Kurven zu f_t und g_t begrenzen eine Fläche. Bestimme den Flächeninhalt in Abhängigkeit von t.

e) Bestimme t so, dass der Flächeninhalt minimal wird.

7. LINEARE GLEICHUNGSSYSTEME

Über Urmaterie in Meteoriten

Meteoriten enthalten verschiedene Neon-Isotopen-Gemische. Bis zum Jahre 1969 kannte man die Arten A, B und S, welche Neon-Isotope in charakteristischen Mengenverhältnissen enthalten. Z.B. befinden sich im *planetaren Neon* A die Isotope Neon 20, Neon 21 und Neon 22 im Mengenverhältnis 8,2 : 0,03 : 1 (vgl. Tabelle).

Man nimmt an: *Planetares Neon* A in einem Meteorit entstammt dem solaren Urnebel, aus welchem sich unser Sonnensystem bildete. *Solares Neon* B kommt aus dem Sonnenwind in Meteoriten hinein. *Kosmogenes Neon* S entsteht in den Meteoriten durch kosmische Strahlung.

	A	B	S	E
Neon 20	8,2	12,5	0,9	4,2
Neon 21	0,03	0,04	0,91	0,04
Neon 22	1	1	1	1

1969 fand man im Orgueil-Meteoriten neben den Gemischen A, B, S noch ein Neon-Isotopen-Gemisch E.

Ist das Gemisch E eine Mischung der Gemische A, B, S?

Falls ja, muss man aus bestimmten Mengeneinheiten x, y und z der Gemische A, B bzw. S das Gemisch E herstellen können.

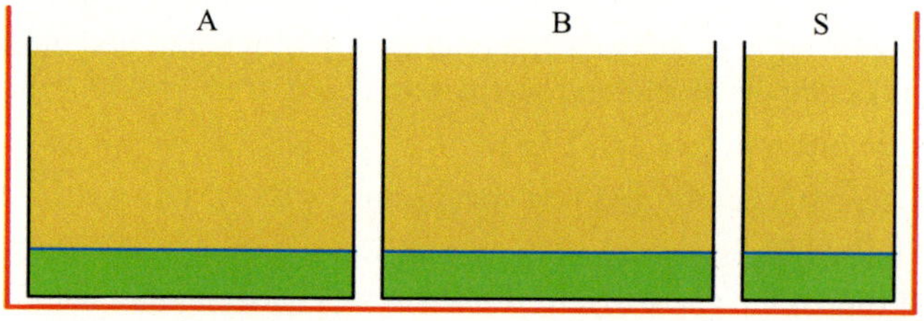

Nehmen wir vom Gemisch E diejenige Menge, die gerade eine Mengeneinheit Neon 22 enthält, so muss gelten:

$$\left|\begin{array}{r} 8{,}2\,x + 12{,}5\,y + 0{,}9\,z = 4{,}2 \\ 0{,}03\,x + 0{,}04\,y + 0{,}91\,z = 0{,}04 \\ x + y + z = 1 \end{array}\right|$$

Wir erhalten ein System von drei linearen Gleichungen für x, y und z. Es liefert

$x \approx 1{,}872;\quad y \approx -0{,}894;\quad z \approx 0{,}022.$

Beim Mischen müssen aber alle Mengenmaßzahlen positiv sein, daher ist das Gemisch E nicht durch Vermengen aus den Gemischen A, B, S entstanden.

Man vermutet aufgrund physikalischer Überlegungen, dass das Gemisch E außerhalb unseres Sonnensystems gebildet wurde. (Vgl. *Spektrum der Wissenschaft*, Heft 10/1983, S. 44 – 56.)

Viele Probleme führen auf Systeme linearer Gleichungen.

Die Lösungen eines Systems mit zwei Gleichungen für zwei Variable haben wir früher

- rechnerisch mithilfe des *Gleichsetzungsverfahrens*, des *Einsetzungsverfahrens* oder des *Additionsverfahrens* bestimmt oder
- zeichnerisch, indem wir beide Gleichungen im Koordinatensystem durch Geraden dargestellt und deren gemeinsame Punkte bestimmt haben.

Ziel des Kapitels ist das Kennenlernen eines systematischen Verfahrens zum Berechnen aller Lösungen eines beliebigen Systems linearer Gleichungen.

7.1 Entwickeln eines Lösungsverfahrens – für lineare Gleichungssysteme

Ein System linearer Gleichungen kann mehr als zwei Gleichungen und mehr als zwei Variablen enthalten. Die Anzahl der Gleichungen muss nicht mit der Anzahl der Variablen übereinstimmen. Für jede Variable kann man beliebige reelle Zahlen einsetzen.

Beispiel:
Das System

$$\left|\begin{array}{rcrcrcr} 2x_1 & + & 5x_2 & + & 3x_3 & = & 7 \\ x_1 & + & 2x_2 & & & = & 1 \\ x_1 & + & 4x_2 & + & 6x_3 & = & 11 \\ 3x_1 & + & 4x_2 & - & 3x_3 & = & -1 \end{array}\right|$$

besteht aus 4 Gleichungen für die 3 Variablen x_1, x_2, x_3. Jede Lösung muss alle vier Gleichungen des Systems erfüllen.
Eine Lösung ist das Zahlentripel $(x_1 | x_2 | x_3) = (3 | -1 | 2)$.
Dagegen ist das Zahlentripel $(-3 | 2 | 1)$ zwar eine Lösung der ersten drei Gleichungen des Systems, aber nicht der letzten und daher auch keine Lösung des Systems.

Einführung *Lineare Gleichungssysteme mit genau einer Lösung*
Wir bestimmen die Lösungsmenge des linearen Gleichungssystems

$$\left|\begin{array}{rcrcrcrcr} 2x_1 & + & 6x_2 & - & 3x_3 & + & 12x_4 & = & -6 \\ 4x_1 & + & 3x_2 & + & 3x_3 & + & 15x_4 & = & 6 \\ 4x_1 & - & 3x_2 & + & 6x_3 & + & 6x_4 & = & 6 \\ & - & 3x_2 & + & 5x_3 & - & 2x_4 & = & 14 \end{array}\right|$$

mit 4 Gleichungen für die 4 Variablen x_1, x_2, x_3, x_4 durch systematische Anwendung des Additionsverfahrens.

Ziel ist das Freistellen der Variablen, also das Umformen des gegebenen Systems in ein lineares Gleichungssystem mit derselben Lösungsmenge und der Gestalt:

$$\left|\begin{array}{cccccc} x_1 & & & & = & r_1 \\ & x_2 & & & = & r_2 \\ & & x_3 & & = & r_3 \\ & & & x_4 & = & r_4 \end{array}\right|$$

Methode: Wir halten eine Gleichung fest. Durch Addition geeigneter Vielfacher dieser Gleichung zu allen anderen Gleichungen wird aus diesen anderen Gleichungen eine bestimmte Variable eliminiert.

Elimination von x_1: Wir halten etwa die erste Gleichung fest. Durch Addition des (-2)-fachen dieser Gleichung zur zweiten und zur dritten Gleichung erhält man Gleichungen ohne x_1:

$$(1)\quad \left|\begin{array}{rcrcrcrcr} 2x_1 & + & 6x_2 & - & 3x_3 & + & 12x_4 & = & -6 \\ 4x_1 & + & 3x_2 & + & 3x_3 & + & 15x_4 & = & 6 \\ 4x_1 & - & 3x_2 & + & 6x_3 & + & 6x_4 & = & 6 \\ & - & 3x_2 & + & 5x_3 & - & 2x_4 & = & 14 \end{array}\right| \begin{array}{l} \cdot(-2) \;\oplus \text{ zur 2. Gleichung} \\ \cdot(-2) \;\oplus \text{ zur 3. Gleichung} \end{array}$$

$$(2)\quad \left|\begin{array}{rcrcrcrcr} 2x_1 & + & 6x_2 & - & 3x_3 & + & 12x_4 & = & -6 \\ & - & 9x_2 & + & 9x_3 & - & 9x_4 & = & 18 \\ & - & 15x_2 & + & 12x_3 & - & 18x_4 & = & 18 \\ & - & 3x_2 & + & 5x_3 & - & 2x_4 & = & 14 \end{array}\right| \begin{array}{l} \\ \cdot\left(-\frac{1}{9}\right) \\ \cdot\left(-\frac{1}{3}\right) \\ \\ \end{array}$$

Um einfachere Zahlen zu erhalten, multiplizieren wir im neuen System (2) bei der zweiten und der dritten Gleichung beide Seiten mit derselben Zahl (ungleich Null). Es ergibt sich dadurch das Gleichungssystem (3).

Elimination von x_2: Wir halten jetzt die zweite Gleichung fest und addieren ihr (-6)-faches bzw. ihr (-5)-faches bzw. ihr 3-faches zu den anderen Gleichungen:

$$(3)\quad \left|\begin{array}{rrrrl} 2x_1 & +6x_2 & -3x_3 & +12x_4 & =-6 \\ & x_2 & -x_3 & +x_4 & =-2 \\ & 5x_2 & -4x_3 & +6x_4 & =-6 \\ & -3x_2 & +5x_3 & -2x_4 & =14 \end{array}\right| \quad \cdot(-6) \quad \cdot(-5) \quad \cdot 3$$

$$(4)\quad \left|\begin{array}{rrrrl} 2x_1 & & +3x_3 & +6x_4 & =6 \\ & x_2 & -x_3 & +x_4 & =-2 \\ & & x_3 & +x_4 & =4 \\ & & 2x_3 & +x_4 & =8 \end{array}\right| \quad \cdot(-3) \quad \cdot(-2)$$

Elimination von x_3: Nun halten wir im System (4) die dritte Gleichung fest und eliminieren aus den restlichen Gleichungen die Variable x_3. Wir erhalten:

$$(5)\quad \left|\begin{array}{rrrrl} 2x_1 & & & +3x_4 & =-6 \\ & x_2 & & +2x_4 & =2 \\ & & x_3 & +x_4 & =4 \\ & & & -x_4 & =0 \end{array}\right| \quad \cdot 3 \quad \cdot 2$$

Hätte man für diesen Schritt nochmals die zweite Gleichung von (4) festgehalten, wäre im neuen System wieder in allen Gleichungen die Variable x_2 aufgetaucht.
Aus dem System (5) lässt sich die Lösung wie folgt berechnen:

- Festhalten der letzten Gleichung und Elimination von x_4 aus den ersten drei Gleichungen.
- Multiplikation beider Seiten der ersten Gleichung mit $\frac{1}{2}$ und der vierten Gleichung mit -1.

Damit ergibt sich:

$$(6)\quad \left|\begin{array}{rrrrl} x_1 & & & & =-3 \\ & x_2 & & & =2 \\ & & x_3 & & =4 \\ & & & x_4 & =0 \end{array}\right|$$

Das System (6) hat als einzige Lösung: $(x_1 \mid x_2 \mid x_3 \mid x_4) = (-3 \mid 2 \mid 4 \mid 0)$
Allenfalls dieses Zahlenquadrupel kommt als Lösung des ursprünglichen Systems (1) in Frage. Durch Einsetzen von $x_1 = -3$, $x_2 = 2$, $x_3 = 4$, $x_4 = 0$ in *allen* Gleichungen von (1) prüft man nach, dass dies tatsächlich eine Lösung ist.

Ergebnis: Die Lösungsmenge des Gleichungssystems ist: $L = \{(-3 \mid 2 \mid 4 \mid 0)\}$

Aufgabe 1 Bestimme ebenso alle Lösungen des Systems

$$\left|\begin{array}{rrrl} 2x_1 & +6x_2 & -3x_3 & =-6 \\ 4x_1 & +3x_2 & +3x_3 & =6 \\ 4x_1 & -3x_2 & +6x_3 & =6 \\ 2x_1 & +2x_2 & +3x_3 & =10 \end{array}\right|$$

mit 4 Gleichungen für die 3 Variablen x_1, x_2 und x_3.

Lösung Eliminieren wir die Variable x_1 mithilfe der ersten Gleichung des ursprünglichen Systems, dann die Variable x_2 mittels der zweiten Gleichung des neuen Systems und schließlich x_3 mithilfe der dritten Gleichung des zuletzt erhaltenen Systems, so bekommen wir:

$$(1)\quad \left|\begin{array}{rcr} 2x_1 + 6x_2 - 3x_3 &=& -6 \\ 4x_1 + 3x_2 + 3x_3 &=& 6 \\ 4x_1 - 3x_2 + 6x_3 &=& 6 \\ 2x_1 + 2x_2 + 3x_3 &=& 10 \end{array}\right| \quad \cdot(-2) \;\Big|\; \cdot(-2) \;\Big|\; \cdot(-1)$$

⋮

$$(5)\quad \left|\begin{array}{rcr} 2x_1 &=& -6 \\ x_2 &=& 2 \\ x_3 &=& 4 \\ 0 &=& 0 \end{array}\right| \quad \cdot\tfrac{1}{2}$$

Die letzte Gleichung im System (5) ist allgemeingültig. Sie stellt keine einschränkende Bedingung an die Variablen dar und kann weggelassen werden. Damit reduziert sich das System (5) auf das System:

$$(6)\quad \left|\begin{array}{rcr} x_1 &=& -3 \\ x_2 &=& 2 \\ x_3 &=& 4 \end{array}\right|$$

Das ursprüngliche Gleichungssystem (1) besitzt als Lösung allenfalls das Zahlentripel: $(x_1 \mid x_2 \mid x_3) = (-3 \mid 2 \mid 4)$.

Ergebnis: Lösungsmenge des Gleichungssystems (1): $L = \{(-3 \mid 2 \mid 4)\}$

Information **(1) Einfacheres Notieren eines linearen Gleichungssystems**

Häufig schreibt man ein lineares Gleichungssystem als Tabelle und setzt diese bei den Umformungsschritten fort. Das Gleichungssystem aus der Einführung auf den Seiten 179 und 180 sieht dann so aus:

	x_1	x_2	x_3	x_4	rechte Seiten	Umformungen	
(1)	2	6	−3	12	−6	$\cdot(-2)$	$\cdot(-2)$
	4	3	3	15	6	⊕	
	4	−3	6	6	6		⊕
	0	−3	5	−2	14		
(2)	2	6	−3	12	−6		
	0	−9	9	−9	18	$\cdot(-\frac{1}{9})$	
	0	−15	12	−18	18		$\cdot(-\frac{1}{3})$
	0	−3	5	−2	14		
	…						
(6)	1	0	0	0	−3		
	0	1	0	0	2		
	0	0	1	0	4		
	0	0	0	1	0		

CAS **(2) Lösen linearer Gleichungssysteme mithilfe eines CAS**

Wir betrachten das Gleichungssystem (1) und die zugehörige Diagonalform (2) dieses Systems.

$$(1)\quad \left|\begin{array}{rcr} 2x_1 + x_2 + x_3 + 3x_4 &=& 10 \\ -x_1 + 2x_2 + 3x_3 + 2x_4 &=& 3 \\ 2x_1 + 4x_2 + 2x_3 + 5x_4 &=& 1 \\ -3x_1 + 2x_2 + 4x_3 + x_4 &=& 7 \end{array}\right| \qquad (2)\quad \left|\begin{array}{rcr} x_1 &=& -32 \\ x_2 &=& -22 \\ x_3 &=& -21 \\ x_4 &=& 39 \end{array}\right|$$

Die vereinfachte Schreibweise aus Information (1) wird bei manchen CAS auch für die Eingabe von Gleichungssystemen benutzt. Im Fenster wurde der Operator rref auf das Gleichungssystem (1) angewendet. Dieser Operator bringt das System auf die Diagonalform (2), aus der man die Lösung unmittelbar ablesen kann.

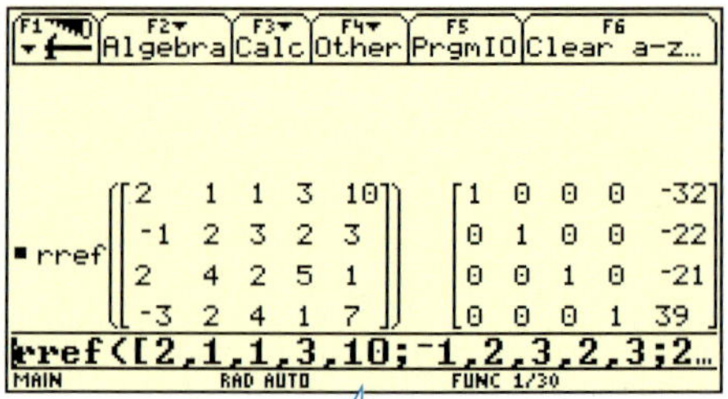

Ein rechteckiges Schema von Zahlen nennt man auch ***Matrix****, siehe Seite 308.*

Übungsaufgaben

2.

Bestimme die Lösungsmenge des Gleichungssystems (1).
Zeige, dass die zusätzliche Gleichung in (2) keine Einschränkung der Lösung darstellt.
Mache die Probe.

a) (1) $\left|\begin{array}{l} x_1 + 2x_2 + x_3 = 1 \\ 2x_1 + x_2 - x_3 = -1 \\ -x_1 + 2x_2 + 2x_3 = 1 \end{array}\right|$

(2) $\left|\begin{array}{l} x_1 + 2x_2 + x_3 = 1 \\ 2x_1 + x_2 - x_3 = -1 \\ -x_1 + 2x_2 + 2x_3 = 1 \\ 2x_1 + 3x_2 + 3x_3 = 5 \end{array}\right|$

b) (1) $\left|\begin{array}{l} x_1 + 4x_2 + 2x_3 = 2 \\ x_1 + x_2 - x_3 = -1 \\ -x_1 + 4x_2 + 4x_3 = 2 \end{array}\right|$

(2) $\left|\begin{array}{l} x_1 + 4x_2 + 2x_3 = 2 \\ x_1 + x_2 - x_3 = -1 \\ -x_1 + 4x_2 + 4x_3 = 2 \\ x_1 + 3x_2 + 3x_3 = 5 \end{array}\right|$

c) (1) $\left|\begin{array}{l} 4x_1 + 3x_2 + x_3 = 5 \\ 2x_1 - 5x_2 + 3x_3 = 1 \\ 7x_1 - x_2 - 2x_3 = -5 \end{array}\right|$

(2) $\left|\begin{array}{l} 4x_1 + 3x_2 + x_3 = 5 \\ 2x_1 - 5x_2 + 3x_3 = 1 \\ 7x_1 - x_2 - 2x_3 = -5 \\ -3x_1 - 2x_2 + 4x_3 = 6 \end{array}\right|$

d) (1) $\left|\begin{array}{l} 4x_1 - x_2 - 2x_3 = 2 \\ 3x_1 + 2x_2 + 4x_3 = 7 \\ 5x_1 + 3x_2 + 2x_3 = 1 \end{array}\right|$

(2) $\left|\begin{array}{l} 4x_1 - x_2 - 2x_3 = 2 \\ 3x_1 + 2x_2 + 4x_3 = 7 \\ 5x_1 + 3x_2 + 2x_3 = 1 \\ 2x_1 + 3x_2 + 4x_3 = 3 \end{array}\right|$

3.

Löse das Gleichungssystem.

a) $\left|\begin{array}{l} 2x_1 - 3x_2 - 4x_3 = 8 \\ 3x_1 + 5x_2 + x_3 = 10 \\ -4x_1 + x_2 - 3x_3 = 7 \end{array}\right|$

b) $\left|\begin{array}{l} x_1 + x_2 + x_3 = 2 \\ x_1 + x_3 + x_4 = 0 \\ x_1 + x_2 + x_4 = -5 \\ x_2 + x_3 + x_4 = -3 \end{array}\right|$

CAS **4.**

Löse das Gleichungssystem aus Aufgabe 1 wie in der Information (2) mit einem CAS.

5.

a) $\left|\begin{array}{l} x_1 + x_2 = 6 \\ x_1 + x_3 = 8 \\ x_1 + x_2 + x_3 = 12 \end{array}\right|$

b) $\left|\begin{array}{l} 0{,}5x_1 - 0{,}3x_2 - 0{,}7x_3 = -0{,}5 \\ 0{,}4x_1 + 0{,}3x_2 + 0{,}2x_3 = 0{,}9 \\ 0{,}7x_1 - 0{,}6x_2 - 0{,}1x_3 = 0 \end{array}\right|$

c) $\left|\begin{array}{l} 0{,}3x_1 + 0{,}2x_2 - 0{,}4x_3 = -0{,}5 \\ 0{,}1x_1 - 0{,}1x_2 + 0{,}5x_3 = 1{,}4 \\ 0{,}6x_1 + 0{,}3x_2 - 0{,}1x_3 = 0{,}9 \end{array}\right|$

d) $\left|\begin{array}{l} 3x_1 + 2x_2 - 4x_3 = -4 \\ x_1 - x_2 + 5x_3 = 13 \\ 2x_1 + x_2 - 3x_3 = -3 \\ x_1 + x_2 - x_3 = -1 \end{array}\right|$

e) $\left|\begin{array}{l} 2x_1 - 6x_2 + x_3 = -10 \\ 3x_1 + 4x_2 - 3x_3 = -11 \\ 3x_1 - 5x_2 - x_3 = -16 \\ x_1 + x_2 - 2x_3 = -6 \end{array}\right|$

f) $\left|\begin{array}{l} 2x_1 - 3x_2 + x_3 - x_4 = 19 \\ 4x_1 + 5x_2 - 2x_3 - x_4 = -1 \\ -x_1 + x_2 - 2x_3 + 3x_4 = -16 \\ 3x_1 - 2x_2 + x_3 + 2x_4 = 13 \end{array}\right|$

7.2 Lineare Gleichungssysteme ohne Lösung und mit unendlich vielen Lösungen

Aufgabe 1 *Beliebige lineare Gleichungssysteme*

a) Berechne alle Lösungen des linearen Gleichungssystems:

$$(11)\ \left|\begin{array}{l} 2x_1 + 6x_2 - 3x_3 = -6 \\ 4x_1 + 3x_2 + 3x_3 = 6 \\ 4x_1 - 3x_2 + 6x_3 = 6 \\ 2x_1 + 2x_2 + 3x_3 = 4 \end{array}\right|$$

(Es unterscheidet sich vom System aus Abschnitt 7.1, Aufgabe 1, Seite 180 nur durch die rechte Seite der vierten Gleichung.)

b) Bestimme alle Lösungen des Systems:

$$(21)\ \left|\begin{array}{l} 2x_1 + 6x_2 - 3x_3 = -6 \\ 4x_1 + 3x_2 + 3x_3 = 6 \\ 4x_1 - 3x_2 + 9x_3 = 18 \end{array}\right|$$

Lösung

a)

Umformungen wie in der Lösung auf S. 181

$$(11)\ \left|\begin{array}{l} 2x_1 + 6x_2 - 3x_3 = -6 \\ 4x_1 + 3x_2 + 3x_3 = 6 \\ 4x_1 - 3x_2 + 6x_3 = 6 \\ 2x_1 + 2x_2 + 3x_3 = 4 \end{array}\right| \quad \cdot(-2)\ \oplus \quad \cdot(-2)\ \oplus \quad \cdot(-1)\ \oplus$$

$$(12)\ \left|\begin{array}{l} 2x_1 + 6x_2 - 3x_3 = -6 \\ -9x_2 + 9x_3 = 18 \\ -15x_2 + 12x_3 = 18 \\ -4x_2 + 6x_3 = 10 \end{array}\right| \quad \begin{array}{l} \\ \cdot(-\tfrac{1}{9}) \\ \cdot(-\tfrac{1}{3}) \\ \cdot(-\tfrac{1}{2}) \end{array}$$

$$(13)\ \left|\begin{array}{l} 2x_1 + 6x_2 - 3x_3 = -6 \\ x_2 - x_3 = -2 \\ 5x_2 - 4x_3 = -6 \\ 2x_2 - 3x_3 = -5 \end{array}\right| \quad \cdot(-6)\ \oplus \quad \cdot(-5)\ \oplus \quad \cdot(-2)\ \oplus$$

$$(14)\ \left|\begin{array}{l} 2x_1 + 3x_3 = 6 \\ x_2 - x_3 = -2 \\ x_3 = 4 \\ -x_3 = -1 \end{array}\right| \quad \cdot(-3)\ \oplus \quad \oplus \quad \oplus$$

$$(15)\ \left|\begin{array}{l} 2x_1 = -6 \\ x_2 = 2 \\ x_3 = 4 \\ 0 = 3 \end{array}\right|$$

Das letzte Gleichungssystem (15) enthält die Gleichung 0 = 3 und ist mit keiner Einsetzung der Variablen erfüllbar. Daher besitzen weder das System (15) noch das Ausgangssystem (11) eine Lösung.

b)

Umformungen wie in Lösung a)

$$(21)\ \left|\begin{array}{l} 2x_1 + 6x_2 - 3x_3 = -6 \\ 4x_1 + 3x_2 + 3x_3 = 6 \\ 4x_1 - 3x_2 + 9x_3 = 18 \end{array}\right| \quad \cdot(-2)\ \oplus \quad \cdot(-2)\ \oplus$$

$$(22)\ \left|\begin{array}{l} 2x_1 + 6x_2 - 3x_3 = -6 \\ -9x_2 + 9x_3 = 18 \\ -15x_2 + 15x_3 = 30 \end{array}\right| \quad \begin{array}{l} \\ \cdot(-\tfrac{1}{9}) \\ \cdot(-\tfrac{1}{15}) \end{array}$$

$$(23)\ \left|\begin{array}{l} 2x_1 + 6x_2 - 3x_3 = -6 \\ x_2 - x_3 = -2 \\ x_2 - x_3 = -2 \end{array}\right| \quad \cdot(-6)\ \oplus \quad \cdot(-1)\ \oplus$$

$$(24)\ \left|\begin{array}{l} 2x_1 + 3x_3 = 6 \\ x_2 - x_3 = -2 \\ 0 = 0 \end{array}\right|$$

Die Gleichung $0=0$ dürfen wir weglassen. Stellen wir noch die Variablen x_1 und x_2 frei, ergibt sich das System:

$$(25)\quad \left| \begin{array}{l} x_1 = 3 - \frac{3}{2}x_3 \\ x_2 = -2 + x_3 \end{array} \right|$$

Die beiden freigestellten Variablen kommen in den rechten Seiten des Systems (25) nicht mehr vor.

Jede Lösung des Ausgangssystems (21) ist auch eine Lösung des Systems (25). Setzen wir umgekehrt in das System (25) für x_3 irgendeine Zahl ein,
z. B. $x_3 = 4$, allgemein $x_3 = \lambda$, und berechnen dann x_1 und x_2, also

$x_1 = -3,\quad x_1 = 3 - \frac{3}{2}\lambda$ und

$x_2 = 2,\quad x_2 = -2 + \lambda$, so erhalten wir das Lösungstripel

$(-3\,|\,2\,|\,4),\quad \left(3 - \frac{3}{2}\lambda \,\middle|\, -2+\lambda \,\middle|\, \lambda\right)$ des Ausgangssystems (21).

Mache zur Kontrolle die Probe.

Ergebnis:
Das Gleichungssystem (21) hat unendlich viele Lösungen, nämlich alle Zahlentripel $(x_1\,|\,x_2\,|\,x_3)$ mit $x_1 = 3 - \frac{3}{2}\lambda,\quad x_2 = -2 + \lambda,\quad x_3 = \lambda$, wobei $\lambda \in \mathbb{R}$.

Weiterführende Aufgaben

CAS

2. *Lösen mit einem CAS*
Löse die Aufgaben 1 a) und 1 b) von Seite 183 mithilfe eines CAS.

vergl. Information (2) auf S. 181 und S. 182

3. *Konstruktion eines Gleichungssystems zu vorgegebener Lösungsmenge*
Konstruiere ein lineares Gleichungssystem, das keine [unendlich viele] Lösungen hat,

a) mit zwei Gleichungen für drei Variable

b) mit drei Gleichungen für zwei Variable

Information *(1) Gaussscher Algorithmus zum Lösen linearer Gleichungssysteme*

a) *Allgemeine Beschreibung des Verfahrens*
Gegeben ist ein lineares Gleichungssystem. Die Anzahl der Gleichungen kann sich von der Anzahl der Variablen unterscheiden.
Zum Umformen wendet man das Additionsverfahren wiederholt an:

- Multiplikation beider Seiten einer Gleichung mit einer Zahl ungleich null.
- Addition einer Gleichung zu einer anderen, sodass eine Variable wegfällt.

(Auch die nicht veränderten Gleichungen muss man weiter mitführen.)

Zum Begriff des Algorithmus siehe S. 168

Ziel der Umformungen ist die Freistellung möglichst vieler Variablen. Von diesen darf am Schluss keine in irgendeiner der rechten Seiten vorkommen.
Das Verfahren heißt **Gauss'scher Algorithmus** (nach Carl Friedrich Gauss, 1777 – 1855, einem der größten Mathematiker aller Zeiten, siehe auch Seite 228).

b) *Der Gauss'sche Algorithmus ändert die Lösungsmenge nicht*
Die Addition einer Gleichung zu einer zweiten ist keine Äquivalenzumformung der zweiten Gleichung, d. h. deren Lösungsmenge ändert sich. Für das gesamte Gleichungssystem gilt aber:

Satz 1: *Invarianz der Lösungsmenge*
Der Gauss'sche Algorithmus ändert die Lösungsmenge eines linearen Gleichungssystems nicht.

c) Wenn man beim Umformen auf eine Gleichung mit der linken Seite $0 \cdot x_1 + 0 \cdot x_2 + \ldots$ und einer rechten Seite ungleich null stößt, dann hat das Gleichungssystem *keine Lösung*. Anderenfalls hat das Gleichungssystem *wenigstens eine Lösung*. Wenn man im Schlusssystem für eine oder mehrere Variable beliebige Zahlen einsetzen darf, gibt es *unendlich viele Lösungen*.

(2) *Lösen linearer Gleichungssysteme, die keine oder unendlich viele Lösungen haben, mit einem CAS*

Alle linearen Gleichungssysteme kann man mit einem Computeralgebrasystem mithilfe des Befehles **rref** lösen. Die Fälle keiner oder unendlich vieler Lösungen können unmittelbar aus der Ausgabe des CAS abgelesen werden.

1. Fall

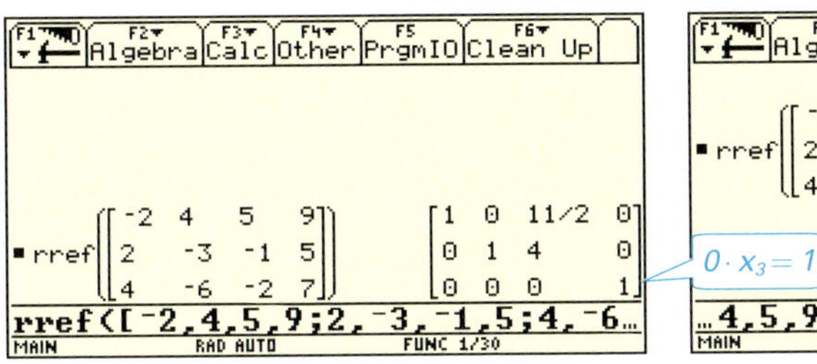

Das lineare Gleichungssystem hat keine Lösung.

2. Fall

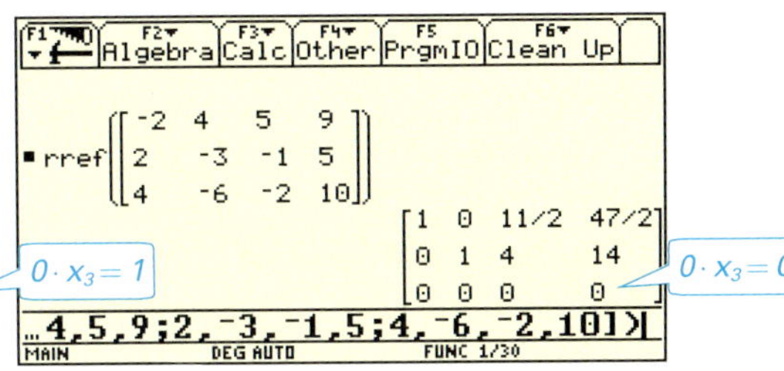

Das lineare Gleichungssystem hat unendlich viele Lösungen. Wir schreiben sie mit einem Parameter $\lambda = x_3$ als:

$$(x_1 \mid x_2 \mid x_3) \quad \text{mit} \quad \begin{aligned} x_1 &= \tfrac{47}{2} - \tfrac{11}{2}\lambda \\ x_2 &= 14 - 4\lambda \\ x_3 &= \lambda \end{aligned}$$

Übungsaufgaben

4.

Zeige: Das Gleichungssystem besitzt keine Lösung.

a) $\left| \begin{array}{l} 3x_1 + 2x_2 - 4x_3 = -5 \\ 4x_1 - 3x_2 + x_3 = 11 \\ -x_1 + 5x_2 - x_3 = 10 \\ 2x_1 - x_2 + 2x_3 = 6 \end{array} \right|$

b) $\left| \begin{array}{l} 2x_1 - 6x_2 + x_3 = -10 \\ 3x_1 - 5x_2 - x_3 = -16 \\ 3x_1 + 4x_2 - 3x_3 = -11 \\ x_1 + x_2 + 2x_3 = 7 \end{array} \right|$

c) $\left| \begin{array}{l} 4x_1 + 3x_2 + x_3 = 5 \\ 2x_1 - 5x_2 + 3x_3 = 1 \\ x_1 + x_2 - x_3 = 2 \\ -3x_1 - 2x_2 + 4x_3 = 6 \end{array} \right|$

d) $\left| \begin{array}{l} x_1 + 2x_2 + x_3 = 1 \\ 2x_1 + x_2 - x_3 = -1 \\ -x_1 + 2x_2 + 2x_3 = 1 \\ 2x_1 + 3x_2 + 3x_3 = 4 \end{array} \right|$

e) $\left| \begin{array}{l} 3x_1 - 2x_2 + 5x_3 = 12 \\ 2x_1 - 3x_2 + 4x_3 - x_4 = 7 \\ x_1 - 4x_2 + 3x_3 - 2x_4 = 5 \end{array} \right|$

f) $\left| \begin{array}{l} 2x_1 + 3x_2 - x_3 + 4x_4 = 5 \\ 3x_1 - x_2 + 2x_3 - x_4 = 1 \\ x_1 + 7x_2 - 4x_3 + 9x_4 = 8 \end{array} \right|$

5.

Bestimme die Lösungsmenge.

a) $\left| \begin{array}{l} x_1 - x_2 = 3 \\ x_1 + x_3 = 1 \end{array} \right|$

b) $\left| \begin{array}{l} x_1 + x_2 - x_3 = 4 \\ 3x_1 - x_2 - x_3 = 1 \end{array} \right|$

c) $\left| \begin{array}{l} 3x_1 + x_2 - x_3 = 1 \\ x_1 + 2x_3 = 5 \end{array} \right|$

d) $\left| \begin{array}{l} 2x_1 - x_2 + 5x_3 = 7 \\ 3x_1 + 2x_2 - 4x_3 = 4 \end{array} \right|$

e) $\left| \begin{array}{l} x_1 - x_2 + x_4 = 3 \\ x_1 + 3x_3 - 2x_4 = 2 \\ x_1 + x_2 - x_3 = 0 \end{array} \right|$

f) $\left| \begin{array}{l} 4x_1 + x_2 - x_3 + 3x_4 = 3 \\ 2x_1 - x_2 + 3x_3 - x_4 = -1 \\ x_1 + 2x_2 + x_3 - 3x_4 = 5 \end{array} \right|$

6.

Bestimme die Lösungsmenge der Gleichungssysteme. Zeige, dass jeweils eines der Gleichungssysteme (1), (2), (3) keine oder eine Lösung oder unendlich viele Lösungen hat.

a) (1)
$$\left|\begin{array}{l} x_1 - x_2 + x_3 - 2x_4 = -6 \\ 2x_1 + 2x_2 - x_3 - x_4 = 6 \\ 4x_1 + x_2 - 5x_3 - 4x_4 = -3 \\ 2x_1 - 3x_3 + 2x_4 = 11 \\ 5x_2 + x_3 - 3x_4 = -10 \end{array}\right|$$

(2)
$$\left|\begin{array}{l} x_1 - x_2 + x_3 = 4 \\ 2x_1 + x_2 - 3x_3 = 7 \\ x_1 + 5x_2 - 9x_3 = 2 \end{array}\right|$$

(3)
$$\left|\begin{array}{l} x_1 - x_2 + x_3 = 0 \\ 2x_1 + x_2 - 3x_3 = 0 \\ x_1 + 5x_2 - 9x_3 = 0 \end{array}\right|$$

b) (1)
$$\left|\begin{array}{l} 3x_1 - 5x_2 + 6x_3 = 1 \\ 2x_1 + 4x_2 - 3x_3 = 5 \end{array}\right|$$

(2)
$$\left|\begin{array}{l} 3x_1 + 4x_2 - 3x_3 + x_4 = -2 \\ 5x_1 - x_2 + 4x_3 - x_4 = -10 \\ 6x_1 + x_2 - 2x_3 + 4x_4 = -1 \\ 3x_1 + x_2 + x_3 - 5x_4 = -19 \\ 2x_1 - 3x_2 + x_3 - 6x_4 = -24 \end{array}\right|$$

(3)
$$\left|\begin{array}{l} -3x_1 - 3x_2 - 4x_3 = 6 \\ 2x_1 - 4x_2 + x_3 = 9 \\ x_1 - 2x_2 - 3x_3 = 7 \\ 4x_1 - 5x_2 - 6x_3 = -4 \end{array}\right|$$

7.

Bestimme die Lösungsmenge des Gleichungsverfahrens.

a)
$$\left|\begin{array}{l} 5x_1 + 6x_2 - 2x_3 = -9 \\ x_1 - 4x_2 + 3x_3 = 7 \\ 4x_1 + x_2 - 7x_3 = 10 \\ 2x_1 - 5x_2 + 4x_3 = 9 \end{array}\right|$$

c)
$$\left|\begin{array}{l} x_1 + 3x_2 - 2x_3 = 1 \\ 2x_1 - x_2 + 5x_3 = 15 \\ 4x_1 + 5x_2 + x_3 = 10 \end{array}\right|$$

e)
$$\left|\begin{array}{l} x_1 - x_2 = 5 \\ 2x_1 + 2x_2 = 0 \\ 3x_1 + x_2 = 2 \end{array}\right|$$

b)
$$\left|\begin{array}{l} 2x_1 + 3x_2 - x_3 = 6 \\ x_1 - x_2 + 3x_3 = 2 \\ 7x_1 + 3x_2 + 7x_3 = 18 \end{array}\right|$$

d)
$$\left|\begin{array}{l} 2x_1 + x_2 + 3x_3 = 1 \\ 4x_1 + 2x_2 + x_3 = 9 \\ 3x_1 - x_2 - 2x_3 = 4 \end{array}\right|$$

f)
$$\left|\begin{array}{l} x_1 - 2x_2 + 3x_3 = 0 \\ 2x_1 + x_2 - x_3 = 2 \end{array}\right|$$

8.

a)
$$\left|\begin{array}{l} x_1 + 2x_2 + x_3 = 5 \\ 2x_1 + x_2 + x_3 = 10 \\ x_1 + x_2 + 2x_3 = 9 \end{array}\right|$$

b)
$$\left|\begin{array}{l} 3x_1 + x_2 = 4 \\ -x_2 + 5x_3 = 2 \end{array}\right|$$

c)
$$\left|\begin{array}{l} 6x_1 + 2x_2 - 5x_3 = 13 \\ 4x_1 + x_2 + 4x_3 = 15 \\ 7x_1 - x_2 + x_3 = 12 \\ 3x_1 - 4x_2 - x_3 = -7 \end{array}\right|$$

d)
$$\left|\begin{array}{l} 4x_1 - 3x_2 - x_3 = 3 \\ 5x_1 + x_2 + x_3 = 1 \end{array}\right|$$

e)
$$\left|\begin{array}{l} x_1 + x_2 + x_3 = 2 \\ 4x_1 - x_2 + x_4 = 4 \\ 4x_2 - 3x_3 + 5x_4 = 1 \\ 5x_1 + 2x_3 - x_4 = 7 \\ x_1 + x_2 + x_3 + x_4 = 3 \end{array}\right|$$

f)
$$\left|\begin{array}{l} x_1 + 2x_2 + 3x_3 + 4x_4 = -1 \\ 2x_1 + 3x_2 + 4x_3 + x_4 = 12 \\ 3x_1 + 4x_2 + x_3 + 2x_4 = -3 \\ 4x_1 + x_2 + 2x_3 + 3x_4 = 2 \end{array}\right|$$

g)
$$\left|\begin{array}{l} 2x_1 - 4x_2 - 7x_3 = 0 \\ 3x_1 + 5x_2 + x_3 = 1 \end{array}\right|$$

h)
$$\left|\begin{array}{l} 3x_1 - 2x_2 + 2x_3 = 7 \\ x_1 + 4x_2 + x_3 = -1 \\ 5x_1 + 3x_2 - x_3 = 7 \\ 4x_1 + 5x_2 + 2x_3 = 1 \end{array}\right|$$

i)
$$\left|\begin{array}{l} x_1 + x_2 + x_3 + x_4 = 2 \\ 2x_1 + x_2 + 3x_3 - x_4 = -3 \\ x_1 - 2x_2 - x_3 + 2x_4 = 9 \\ 3x_1 - 4x_2 - x_3 + x_4 = 6 \\ 5x_1 + x_2 + 3x_3 + 2x_4 = 12 \end{array}\right|$$

j)
$$\left|\begin{array}{l} 4x_1 - x_2 + 6x_3 = 20 \\ 2x_1 - 3x_2 - 5x_3 = -6 \\ 3x_1 + x_2 + 6x_3 = 18 \\ 2x_1 - x_2 + 6x_3 = 16 \end{array}\right|$$

k)
$$\left|\begin{array}{l} 4x_1 + x_2 - x_3 + x_4 = 7 \\ x_1 - 2x_2 + x_3 - x_4 = -4 \\ x_1 - 3x_2 - 4x_3 + 5x_4 = 3 \\ -5x_1 + x_2 - 3x_3 + x_4 = -8 \end{array}\right|$$

l)
$$\left|\begin{array}{l} 4x_1 + 5x_2 - 7x_3 = 17 \\ 8x_1 - x_2 - x_3 = -1 \\ 5x_1 + x_2 + 3x_3 = -1 \\ x_1 - 5x_2 + 8x_3 = -18 \end{array}\right|$$

7.3 Anwendungen linearer Gleichungssysteme

Einführung In vielen Anwendungssituationen ist eine Funktion nicht durch ihren Funktionsterm gegeben, sondern durch eine Wertetabelle (von Messwerten) oder den daraus gezeichneten Graphen. Rechts siehst du die Leistung eines Motorrades in Abhängigkeit von der Drehzahl des Motors.

Zum Arbeiten mit der Funktion *Drehzahl (im 1000/min) ⟶ Leistung (in kW)* soll der Graph durch eine leicht berechenbare Funktion möglichst gut angenähert werden. Wir wählen daher eine ganzrationale Funktion zum Anpassen an folgende Werte, die wir aus dem Diagramm ablesen.

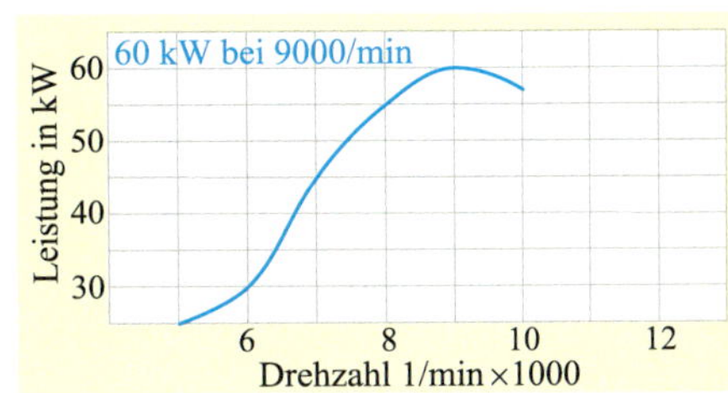

Drehzahl (in 1000/min)	6	7	8	9	10
Leistung (in kW)	30	45	55	60	57

Daraus können wir 5 Gleichungen erhalten, so dass sich ein Funktionsterm mit 5 Parametern für eine eindeutige Lösung eignet. Daher wählen wir eine Funktion 4. Grades mit dem folgenden Funktionsterm:

$p(x) = a_4 x^4 + a_3 a^3 + a_2 x^2 + a_1 x + a_0$.

Für die obige Wertetabelle erhalten wir das Gleichungssystem

$$\left| \begin{array}{l} p(6) = 30 \\ p(7) = 45 \\ p(8) = 55 \\ p(9) = 60 \\ p(10) = 57 \end{array} \right|, \text{ also } \left| \begin{array}{l} a_4 \cdot 6^4 + a_3 \cdot 6^3 + a_2 \cdot 6^2 + a_1 \cdot 6 + a_0 = 30 \\ a_4 \cdot 7^4 + a_3 \cdot 7^3 + a_2 \cdot 7^2 + a_1 \cdot 7 + a_0 = 45 \\ a_4 \cdot 8^4 + a_3 \cdot 8^3 + a_2 \cdot 8^2 + a_1 \cdot 8 + a_0 = 55 \\ a_4 \cdot 9^4 + a_3 \cdot 9^3 + a_2 \cdot 9^2 + a_1 \cdot 9 + a_0 = 60 \\ a_4 \cdot 10^4 + a_3 \cdot 10^3 + a_2 \cdot 10^2 + a_1 \cdot 10 + a_0 = 57 \end{array} \right|.$$

Zu lösen ist also das lineare Gleichungssystem

$$\left| \begin{array}{l} 1\,296\, a_4 + 216\, a_3 + 36\, a_2 + 6\, a_1 + a_0 = 30 \\ 2\,401\, a_4 + 343\, a_3 + 49\, a_2 + 7\, a_1 + a_0 = 45 \\ 4\,096\, a_4 + 512\, a_3 + 64\, a_2 + 8\, a_1 + a_0 = 55 \\ 6\,561\, a_4 + 729\, a_3 + 81\, a_2 + 9\, a_1 + a_0 = 60 \\ 10\,000\, a_4 + 1\,000\, a_3 + 100\, a_2 + 10\, a_1 + a_0 = 57 \end{array} \right|.$$

Man kann diese Koeffizienten auch in ein CAS eingeben.

Es lässt sich vereinfachen zu

$$\left| \begin{array}{l} a_4 = -\frac{1}{8} \\ a_3 = \frac{15}{4} \\ a_2 = -\frac{355}{8} \\ a_1 = \frac{1\,015}{4} \\ a_0 = -543 \end{array} \right|.$$

vgl. auch Information (2) auf Seite 181/182

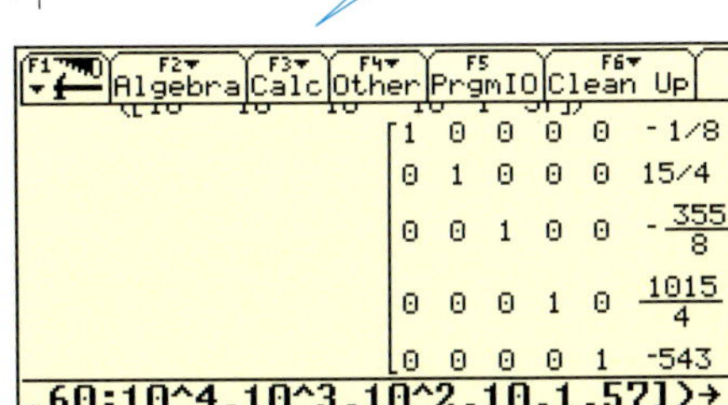

Rechts siehst du, wie gut sich der Graph der entsprechenden Funktion mit dem Term
$p(x) = -\frac{1}{8}x^4 + \frac{15}{4}x^3 - \frac{355}{8}x^2 + \frac{1015}{4}x - 543$
an den Graphen der experimentell ermittelten Funktion f annähert.

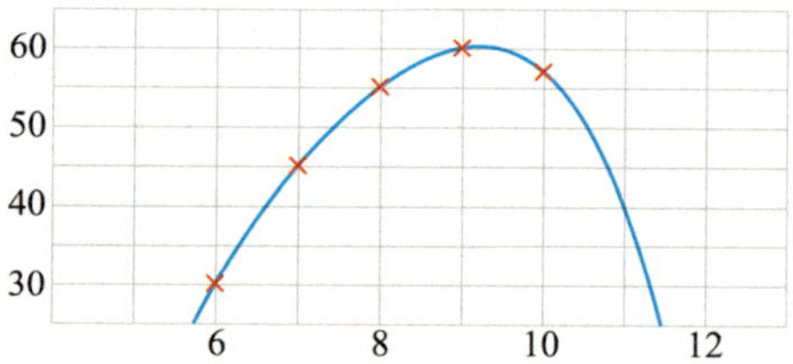

Information Wir haben zu einer Funktion f, von der an gewissen Stützstellen $x_0, x_1, \ldots, x_n$ die zugehörigen Funktionswerte $y_0 = f(x_0)$, $y_1 = f(x_1)$, $\ldots$, $y_n = f(x_n)$ bekannt waren, eine ganzrationale Funktion p gesucht, deren Funktionswerte an den Stützstellen mit denen von f übereinstimmen. Diese Aufgabe nennt man **Interpolation**. Zu $n+1$ Stützstellen gibt es genau eine ganzrationale Funktion n-ten Grades, die die Bedingungen erfüllt.

Übungsaufgaben

1.
Von einer Funktion f kennt man die Wertetabelle:

x	−2	−1,5	−1	0	1	2	2,5	3
f (x)	−3,0	−2,3	−1,8	−1,0	−0,2	1,0	2,0	4,0

a) Skizziere einen möglichen Verlauf des Graphen von f.

b) Bestimme eine ganzrationale Funktion p von möglichst niedrigem Grad, welche mit der gegebenen Funktion f an den sogenannten *Stützstellen* −2, 0, 2 und 3 übereinstimmt.

c) Berechne die Abweichungen der Ersatzfunktion p von der gegebenen Funktion f an den übrigen gegebenen Stellen. Skizziere einen möglichen Verlauf des Graphen der Abweichungsfunktion.

2.
Der Graph einer ganzrationalen Funktion 2. bzw. 3. Grades verläuft durch die Punkte P_0, P_1, P_2 bzw. P_0, P_1, P_2, P_3. Bestimme die Funktionsgleichung.

a) $P_0(-1\,|\,1)$, $P_1(0\,|\,-3)$, $P_2(2\,|\,4)$

b) $P_0(-3\,|\,4)$, $P_1(1\,|\,10)$, $P_2(2\,|\,8)$

c) $P_0(-4\,|\,-8)$, $P_1(-2\,|\,1)$, $P_2(1\,|\,1)$, $P_3(3\,|\,5)$

d) $P_0(-3\,|\,-7)$, $P_1(-2\,|\,-4)$, $P_2(-1\,|\,3)$, $P_3(0\,|\,0)$

3.

a) Bestimme die Gleichungen aller Graphen einer ganzrationalen Funktion 2. Grades, die durch die Punkte $P_0(1\,|\,1)$ und $P_1(2\,|\,4)$ verlaufen.

b) Bestimme die Gleichungen aller Graphen einer ganzrationalen Funktion 3. Grades, die durch die Punkte $P_0(0\,|\,0)$, $P_1(1\,|\,1)$ und $P_2(4\,|\,0)$ verlaufen.

c) Bestimme die Gleichungen aller Graphen einer ganzrationalen Funktion 4. Grades, die durch die Punkte $P_0(-2\,|\,0)$, $P_1(0\,|\,0)$, $P_2(1\,|\,1)$ und $P_3(2\,|\,3)$ verlaufen.

4.

Rechts siehst du die Leistung eines Automotors in Abhängigkeit von der Drehzahl.

a) Wähle geeignete Stützstellen und bestimme eine ganzrationale Funktion 4. Grades, die mit den gegebenen Werten übereinstimmt.

b) Wähle andere Stützstellen und vergleiche mit dem Ergebnis von a).

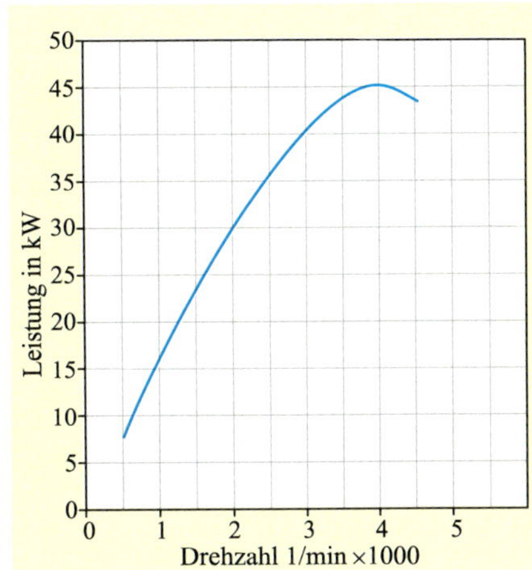

5.

Prüfe, ob es eine ganzrationale Funktion gibt, die folgende Eigenschaften erfüllt:

a) Eine Funktion 3. Grades hat eine Nullstelle bei $x = -2$. Ihr Graph hat einen Hochpunkt bei $x = 3$. Die Wendetangente im Punkt $P(1 \mid 1)$ hat die Steigung 2.

b) Der Graph einer Funktion 3. Grades hat den Hochpunkt $H(-2 \mid 4)$, den Tiefpunkt $T(4 \mid -2)$ und den Wendepunkt $W(1 \mid 1)$.

c) Der Graph einer Funktion 4. Grades schneidet die x-Achse in $x = -1$ mit der Steigung $m = 8$ und hat in $T(3 \mid -2)$ einen Tiefpunkt.

6.

Lies aus der Tabelle Wertepaare für Nenndicke/Nutzlast (Normalgüte) für Rundstahlketten ab und skizziere den funktionalen Zusammenhang in einem Koordinatensystem.

Wie viele Stützstellen sollte man wählen? (Begründe die Entscheidung!) Bestimme das Interpolationspolynom und vergleiche die Werte dieses Polynoms an anderen Stellen mit den Tabellenwerten.

Nenndicke mm	Normalgüte Nutzlast [1] kN	Normalgüte Prüflast kN	vergütet Nutzlast [1] kN	vergütet Prüflast kN	Gewicht (7,85 kg kg/m)
4	1,5	3,0	–	–	0,32
5	2,5	5,0	2,5	6,4	0,50
6	3,5	7,0	3,5	9,0	0,75
7	4,5	9,0	4,5	12,6	1,00
8	6,3	12,6	6,3	16,0	1,35
10	10	20,0	10,0	25,0	2,25
13	16,0	32,0	16,0	42,4	3,80
16	25,0	50,0	26,0	63,0	5,80
18	31,5	63,0	31,5	80,0	7,30
20	40,0	80,0	40,0	100	9,00
23	50,0	100	50,0	134	12,0
26	63,0	126	63,0	170	15,0
28	75	150	75,0	200	17,5
30	85	170	85,0	224	20,0
33	100	200	100	264	24,5
36	125	250	125	300	29,0
39	140	280	140	360	34,0
42	170	340	170	400	40,0
45	190	380	190	448	45,5
48	210	420	210	500	52,0
51	250	500	250	560	58,5
54	280	560	280	630	65,5
57	300	600	300	670	73,0
60	335	670	335	710	81,0

[1] Nutzlast nur bei Kettengeschwindigkeiten bis 1 m/s zulässig.

7.

Ein Kaffeegroßröster stellt Kaffeemischungen verschiedener Preisklassen her. Von einer Bohnensorte A würden 500 g im Verkauf 6 €, Sorte B 7,50 €, Sorte C 9 € und Sorte D 11,25 € kosten.

a) Eine Mischung soll Bohnen der Sorten A, B, C enthalten und 6,75 € pro 500 g kosten. Begründe, dass man aus diesen Angaben das Gleichungssystem

$$\left| \begin{array}{l} 6a + 7{,}5b + 9c = 6{,}75 \\ a + b + c = 1 \end{array} \right|$$ aufstellen kann.

Bestimme alle Lösungen des Gleichungssystems. Wie groß muss der Anteil von Sorte A mindestens sein?

b) Eine Mischung soll Bohnen der Sorten A, B, D enthalten und 9 € pro 500 g kosten. Stelle ein Gleichungssystem auf und bestimme alle Lösungen. 10% sollen von Sorte D genommen werden. Welche Anteile müssen für Sorte A gewählt werden?

c) Eine Mischung aus den Sorten B, C und D soll 8,25 € pro 500 g kosten. Zeige: Der Anteil von Bohnen der Sorte D muss kleiner als 20% sein.

8.

Müsli-Hersteller Z. hatte bisher eine Mischung verkauft, die etwa aus 40% Weizen- und Roggenflocken, 35% Cornflakes, 15% Rosinen und Trockenobst sowie 10% Nüssen und Mandeln bestand. Nach umfangreichen Verbrauchertests (und zurückgehenden Verkaufszahlen) entschließt er sich, die Mischungsverhältnisse zu ändern: Die Anteile sollen in Zukunft 50%, 20%, 24%, 6% betragen.
Von der alten Mischung sind noch 1 000 kg vorhanden. Diese sollen durch Hinzufügen geeigneter Mengen zur neuen Geschmacksrichtung abgeändert werden.
Welches sind die Mindestmengen, die hinzugefügt werden müssen?

9.

a) Eine dreiziffrige Zahl hat die Quersumme 15. Das Doppelte der mittleren Ziffer ist dreimal so groß wie die Summe der beiden anderen Ziffern. Streicht man die erste Ziffer, so entsteht eine Zahl, die fünfmal so groß ist wie die Zahl, die durch Streichen der letzten Ziffer entsteht. Wie lautet die Zahl? Welche Zahlen kommen in Frage, wenn man nur 2 der 3 Bedingungen betrachtet?

b) Die Quersumme einer vierstelligen Zahl ist 24. Die Tausenderziffer ist das Dreifache der Hunderterziffer. Die Summe aus Tausender- und Hunderterziffer ist genauso groß wie die Summe aus Zehner- und Einerziffer. Die Differenz von Tausender- und Einerziffer ist genauso groß wie die Differenz von Zehner- und Hunderterziffer.

10.

a) Ammoniumdichromat zerfällt beim Erwärmen in Chromoxid, Stickstoff und Wasserdampf:

$a\,(NH_4)_2Cr_2O_7 \rightarrow bCr_2O_3 + cN_2 + dH_2O$

Die Vorfaktoren a, b, c, d müssen so bestimmt werden, dass für jede Atomart die Anzahl der Atome links und rechts vom Reaktionspfeil übereinstimmt.
Erläutere, dass sich damit folgendes Gleichungssystem ergibt:

$$\begin{array}{l|ll|} \text{N-Atome:} & a\cdot 2 & = c\cdot 2 \\ \text{H-Atome:} & a\cdot 4\cdot 2 & = d\cdot 2 \\ \text{Cr-Atome:} & a\cdot 2 & = b\cdot 2 \\ \text{O-Atome:} & a\cdot 7 & = b\cdot 3 + d \end{array}$$

Erläutere, warum dieses Gleichungssystem unendlich viele Lösungen hat. Löse es mit möglichst kleinen natürlichen Zahlen.

b) Vervollständige folgende Reaktionsgleichungen, indem du ein lineares Gleichungssystem aufstellst und löst.

(1) Verbrennen von Propan: $aC_3H_8 + bO_2 \rightarrow cCO_2 + dH_2O$

(2) Explosion von Nitroglycerin: $aC_3H_5N_3O_9 \rightarrow bCO_2 + cH_2O + dN_2 + eO_2$

(3) Borsäure-Herstellung aus Natriumborat:
$aNa_2B_4O_7 + bHCl + cH_2O \rightarrow dH_3BO_3 + eNaCl$

(4) Brom-Herstellung aus Kaliumbromid:
$aKMnO_4 + bH_2SO_4 + cKBr \rightarrow dK_2SO_4 + eBr_2 + fMnSO_4 + gH_2O$

11.

An einer weiträumigen Kreuzung wurde durch Verkehrszählungen festgestellt, wie viele Fahrzeuge (im Mittel pro Zeiteinheit) in der Hauptverkehrszeit ein- und ausfahren. Damit im Kreuzungsbereich kein Stau entsteht, müssen Zufluss und Abfluss an den Knotenpunkten A, B, C, D übereinstimmen. Dies führt auf ein lineares Gleichungssystem für die Verkehrsflüsse x_1, x_2, x_3, x_4 zwischen den Knotenpunkten.

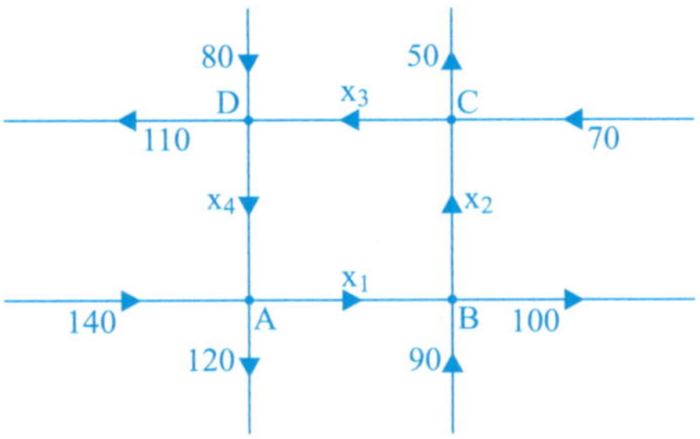

a) Stelle dieses System auf und bestimme alle seine Lösungen.

b) Welche Lösungen aus Teilaufgabe a) sind nicht brauchbar? Deute auch die Lösungen, die zu $x_4 = 0$ [$x_4 = 10$; $x_4 = 100$; $x_4 = 500$] gehören.

c) Genügen die in der Verkehrszählung gewonnenen Daten, um über einen verkehrsgerechten Ausbau der Kreuzung beraten zu können?

12.

Mit einem Computertomographen kann man Bilder einzelner Schichten eines Körpers herstellen. Dazu wird der Körper aus verschiedenen Richtungen mit Röntgenstrahlen durchleuchtet. Zur Berechnung der Daten einer einzigen Schicht müssen vom Computer Gleichungssysteme mit mehr als 500 000 Variablen und Gleichungen gelöst werden. An einem stark vereinfachten Modell kannst du untersuchen, wie der Computer die Daten über das Körperinnere gewinnt.

a) Eine Anordnung von fünf Glaszylindern wird durch fünf Lichtstrahlen I, II, III, IV und V durchleuchtet. Die Lichtstrahlen werden verschieden stark gedämpft je nachdem, welche Zylinder sie durchlaufen haben. Die Dämpfung eines Lichtstrahls gibt Auskunft über die Summe der Dämpfungszahlen a, b, c, d oder e der durchlaufenden Zylinder.
Begründe, dass sich aus den angegebenen Dämpfungen der Lichtstrahlen das Gleichungssystem

$$\left|\begin{array}{r} a+b=7 \\ a+c+e=21 \\ a+d=8 \\ b+c+d=14 \\ d+e=10 \end{array}\right|$$

ergibt. Bestimme daraus die Werte für a, b, c, d, e.

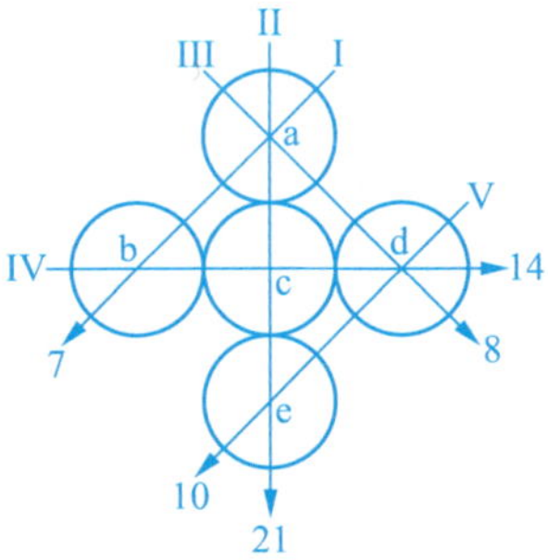

b) Erstelle jeweils für die dargestellten Anordnungen das Gleichungssystem und löse es.

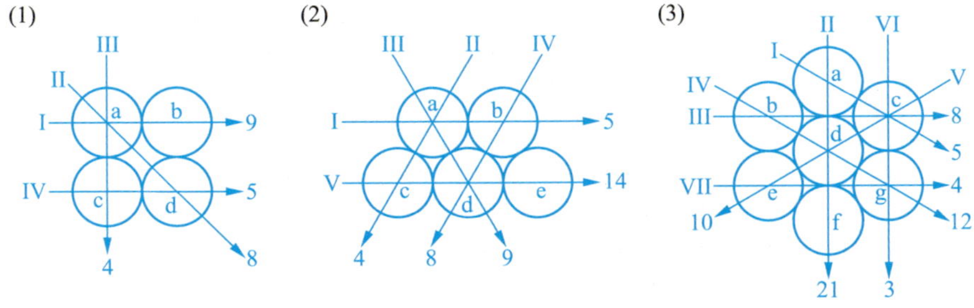

8. VEKTORRECHNUNG – PUNKTE UND GERADEN IM RAUM

Am Reißbrett konstruiert man wie in der Schule mit Lineal, Zirkel, Zeichendreieck, Maßstab, Winkelmesser und Schablonen. Computer-Software zum geometrischen Konstruieren ersetzt das Hantieren mit solchen Zeichengeräten und führt statt dessen Rechnungen durch.

Um die fertige Zeichnung darzustellen, bezieht man den Bildschirm auf ein Koordinatensystem. Alle Punkte sind dann durch Zahlenpaare festgelegt, Geraden durch lineare Gleichungen und Kurvenstükke als Graphen von Funktionen. Die Parallelität und die Orthogonalität von Geraden lassen sich ebenfalls durch algebraische Ausdrücke erfassen. Geometrische Größen kann man aus den Koordinaten von Punkten berechnen.

Die Kapitel 8 bis 10 und Abschnitt 11.4 lehren, *wie man auch geometrische Sachverhalte im dreidimensionalen Raum durch algebraische Ausdrücke und Rechnungen erfassen und bearbeiten kann:*

Lage von Punkten, Geraden und Ebenen, Schnittprobleme, Abstände, Winkelgrößen

Computer-Software für die Raumgeometrie verwendet solche Methoden, um ebene Bilder von räumlichen Gegenständen zu berechnen.

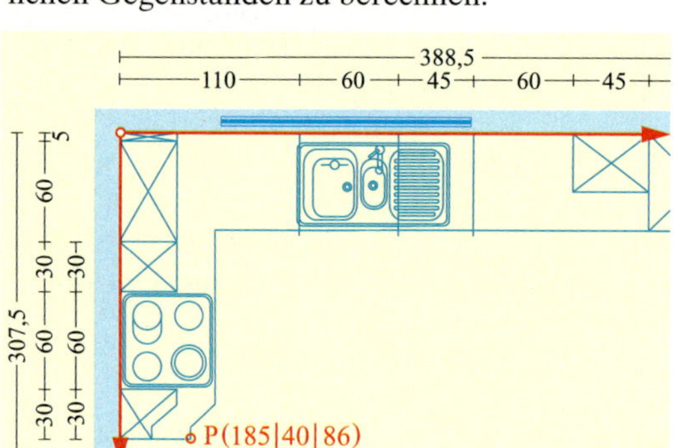

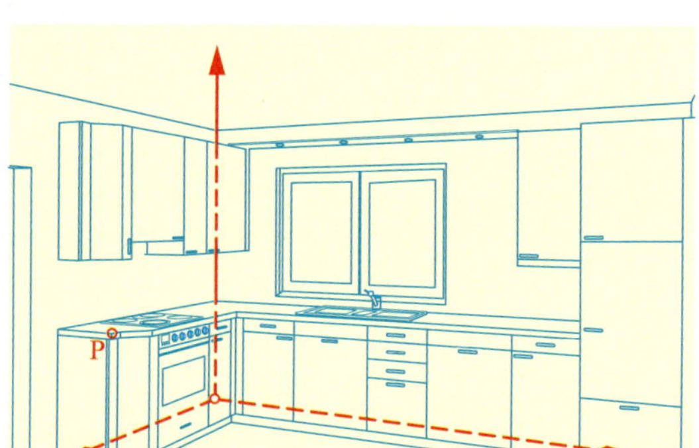

Dasselbe gilt für das Entwerfen räumlich wirkender Bildschirmschoner und „virtueller Welten".

In diesem Kapitel entwickeln wir die *Vektorrechnung* als nützliches Handwerkszeug für die *rechnerische (analytische) Behandlung der Geometrie.*

8.1 Kartesisches Koordinatensystem im Raum

Um Probleme der Raumgeometrie rechnerisch bearbeiten zu können, müssen wir zuerst die Lage von Punkten mithilfe eines Koordinatensystems erfassen.

Einführung **(1) Ein kartesisches Koordinatensystem im Raum wählen**

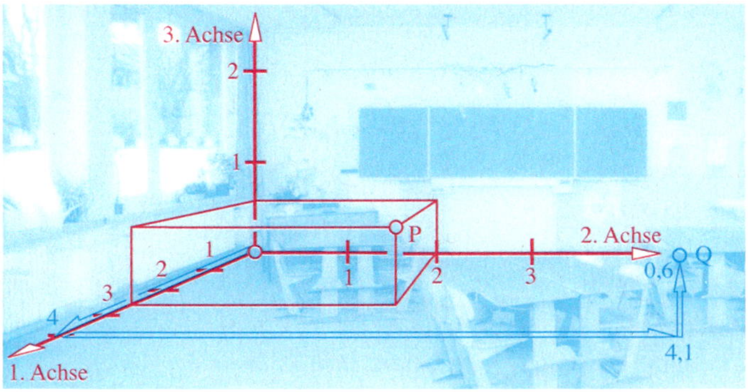

Wie können wir im Klassenraum die Lage eines Punktes beschreiben, z. B. eine Ecke des Lehrertisches?

Dazu wählen wir ein lokales **kartesisches Koordinatensystem im Raum** (etwa wie im Bild links). Es besteht aus drei Zahlengeraden, der **ersten,** der **zweiten** und der **dritten Koordinatenachse.**

Dabei gilt:

- Diese Achsen besitzen einen gemeinsamen Nullpunkt. Er heißt **Ursprung** des Koordinatensystems.
- Die Achsen sind paarweise zueinander orthogonal, d. h. sie liegen zueinander wie die in einer Ecke zusammenstoßenden Kanten eines Quaders.
- Die Einheitsstrecken auf den Achsen haben dieselbe Länge. Sie heißt **Einheit** des Koordinatensystems.

Die erste, zweite bzw. dritte Koordinatenachse wird auch die **x_1-, x_2-** bzw. **x_3-Achse** genannt. Je zwei Koordinatenachsen spannen eine **Koordinatenebene** auf, z. B. die erste und die zweite Achse die **1 – 2-Ebene (x_1 – x_2-Ebene).**

(2) Von einem gegebenen Punkt die Koordinaten bestimmen

Zu jedem Punkt P gehört sein *Koordinatenquader.* Dessen Kanten sind parallel zu den Koordinatenachsen; der Ursprung ist die Gegenecke zum Punkt P. Die **Koordinaten** von P liest man an jenen Ecken des Quaders ab, die auf den Achsen liegen.

Zum Beispiel hat der Punkt P im Bild (siehe oben) die erste Koordinate 2,6, die zweite Koordinate 2 und die dritte Koordinate 0,6.

Bestimme die Koordinaten markanter Punkte im Klassenzimmer.

(3) Zu gegebenen Koordinaten den zugehörigen Punkt finden

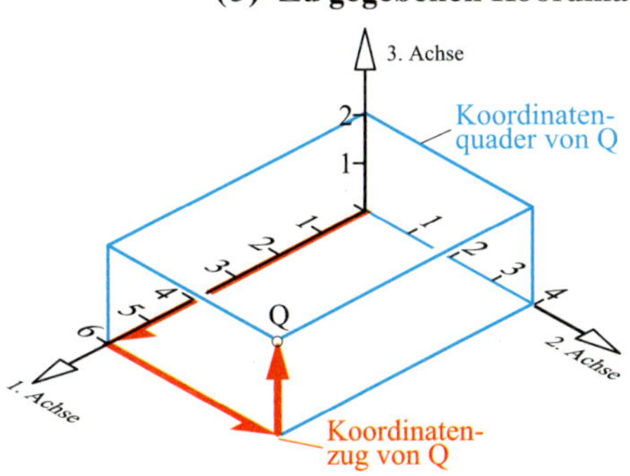

Zu jedem Zahlentripel, etwa zu (6 | 4 | 2), gehört ein Punkt Q mit diesen Koordinaten. Man findet ihn mithilfe seines *Koordinatenquaders* oder als *Endpunkt eines Koordinatenzuges:*

- Gehe vom Ursprung aus um 6 Einheiten in Richtung der ersten Achse,
- dann um 4 Einheiten in Richtung der zweiten Achse,
- schließlich um 2 Einheiten in Richtung der dritten Achse.

Wir notieren: Q (6 | 4 | 2)

und lesen: Punkt Q mit den Koordinaten 6 4 2.

Aufgabe 1 *Von einem Objekt ein Schrägbild konstruieren*

Gegeben ist ein Quader der Länge 8 cm, der Breite 3 cm und der Höhe 4 cm. Von dem Quader zeichnen wir ein Schrägbild und arbeiten mit diesem weiter.
Hierzu wählen wir zuerst im Raum ein zum Quader passendes Koordinatensystem und geben dann in der Zeichenebene ein Schrägbild des Koordinatensystems vor:

(1) *Wahl eines Koordinatensystems:*

- Ursprung in einer Quaderecke
- Koordinatenachsen längs Quaderkanten
- Koordinateneinheit = 1 cm
- Nummerierung der Achsen so, dass die Gegenecke P zum Ursprung das Koordinatentripel (8 | 3 | 4) hat.

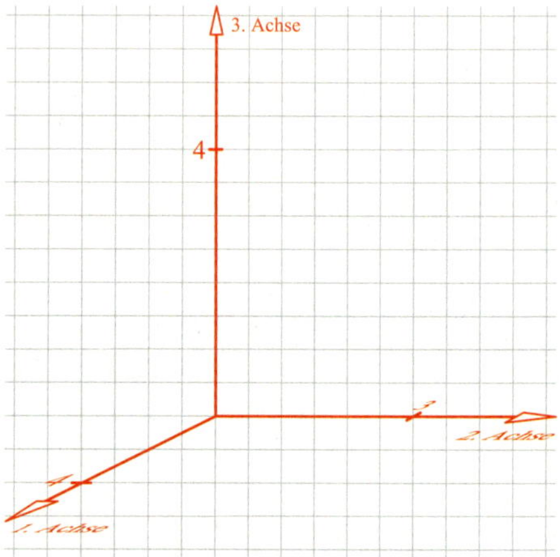

(2) *Vorgabe des Schrägbilds eines räumlichen Koordinatensystems*

a) Konstruiere das Schrägbild des Quaders.
Setze dann auf die Ober- und Unterfläche des Quaders gerade Pyramiden der Höhe 2,5 cm. Ersetze die rechte und die vordere Seitenfläche des Quaders durch Vertiefungen, welche jeweils die Form einer geraden Pyramide mit der Höhe 1 cm bzw. 2 cm haben. Vervollständige das Schrägbild.

b) Gib die Raumkoordinaten der vier Pyramidenspitzen an.

c) Bestimme die Raumkoordinaten von drei weiteren Punkten, welche dasselbe Schrägbild haben, wie die Spitze S der Vertiefung der rechten Quaderfläche.

Lösung

a)

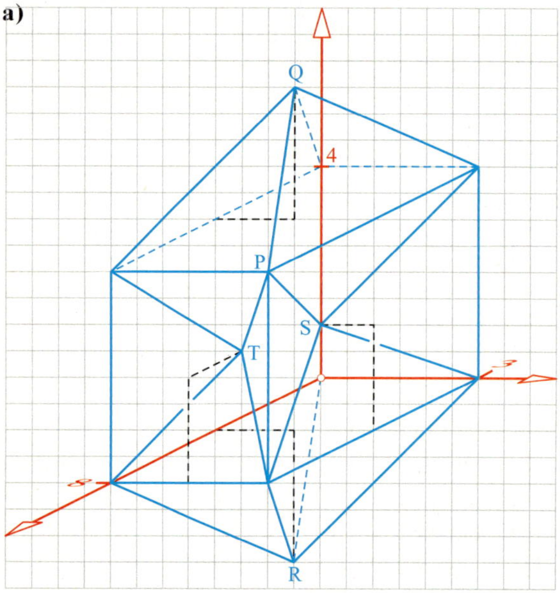

b) Zur Bezeichnung der Pyramidenspitzen siehe die Figur in der Lösung zu a).
Die Raumkoordinaten sind:
Q (4 | 1,5 | 6,5) S (4 | 2 | 2)
R (4 | 1,5 | – 2,5) T (6 | 1,5 | 2)
(Es gibt jeweils mehrere Möglichkeiten, diese Koordinaten abzulesen oder zu berechnen.)

c) Im Schrägbild enden die Koordinatenzüge unendlich vieler Punkte im Bild der Spitze S.
Beispiele:
E_3(0 | 0 | 1), X (8 | 4 | 3), Y (– 4 | – 2 | 0)

Übungsaufgaben

2.

a) Welche Koordinaten haben die eingetragenen Ecken des abgebildeten Gebäudes?

b) Welche Punkte liegen in der 1–2-Ebene, welche in der 2–3-Ebene und welche in der 1–3-Ebene? Welche Punkte des Gebäudes liegen in keiner dieser Ebenen?

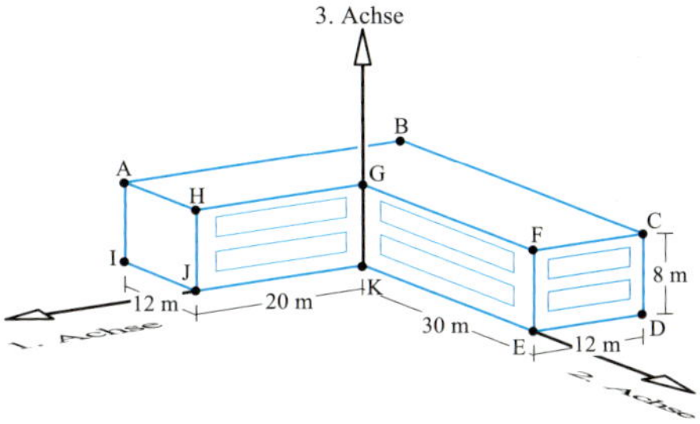

c) Welche Koordinaten hätten die Punkte, wenn der Ursprung in G, die 1. Achse in Richtung H, die zweite Achse in Richtung F und die 3. Achse in Richtung K verliefe?
Welche Punkte des Gebäudes liegen in der 1–2-Ebene [2–3-Ebene; 1–3-Ebene]?

d) Welche Koordinaten hätten die Punkte, wenn der Ursprung in D läge, die 1. Achse in Richtung E verliefe, die zweite Achse parallel zu der Geraden EK und die 3. Achse in Richtung C verliefe?
Welche Punkte des Gebäudes liegen in der 1–2-Ebene [2–3-Ebene, 1–3-Ebene]?

3. *Besondere Ebenen und Geraden*
Wo liegen alle Punkte, für die gilt:

a) 1. Koordinate ist 0 [2; –3];

b) 2. Koordinate ist 0 [3; –2];

c) 3. Koordinate ist 0 [4; –1,5];

d) 1. und 2. Koordinate sind 0 [0,5; –1];

e) 1. und 3. Koordinate sind 0 [2; –0,5];

f) 2. und 3. Koordinate sind 0 [10; –5]?

4.
Zum Quader in Aufgabe 1 werde das folgende Koordinatensystem gewählt:

- Ursprung im Mittelpunkt des Quaders
- 1. Achse parallel zu den kurzen Quaderkanten
- 3. Achse parallel zu den langen Quaderkanten
- Koordinateneinheit = 1 cm [0,5 cm]

a) Gib die Raumkoordinaten der Quaderecken an.

b) Anschließend konstruiere das Schrägbild des Quaders.

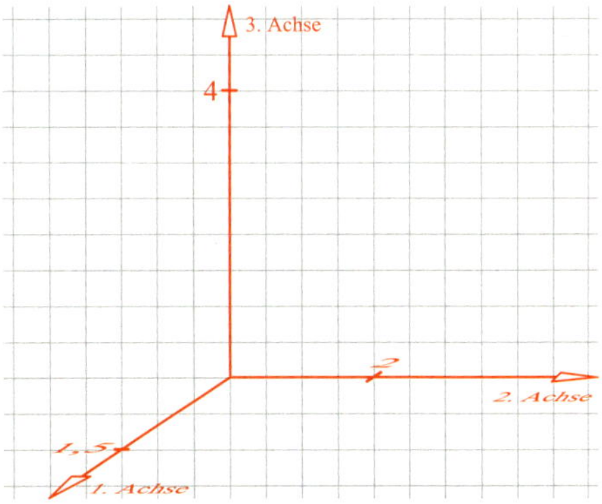

Vorgabe des Schrägbilds des Raumkoordinatensystems

c) Welche Koordinaten haben die Punkte Q, R, S, T aus der Lösung von Aufgabe 1b) im neuen Koordinatensystem? Warum lässt sich diese Frage nicht eindeutig beantworten?

d) Vervollständige das Schrägbild des Quaders aus Teilaufgabe a) zu einem Schrägbild des Körpers aus Aufgabe 1a).

5. *Projektion eines Punktes in eine Koordinatenebene*

a) Die erste und die zweite Achse eines Koordinatensystems im Raum bilden ein ebenes Koordinatensystem in der 1–2-Ebene. Gegeben ist der Punkt $P(2|3|4)$ $[P(p_1|p_2|p_3)]$. Der Punkt P wird parallel zur 3. Achse in das ebene Koordinatensystem projiziert. Man erhält P′. Gib die Koordinaten von P′ an. Verfahre entsprechend mit der 2–3-Ebene [1–3-Ebene].

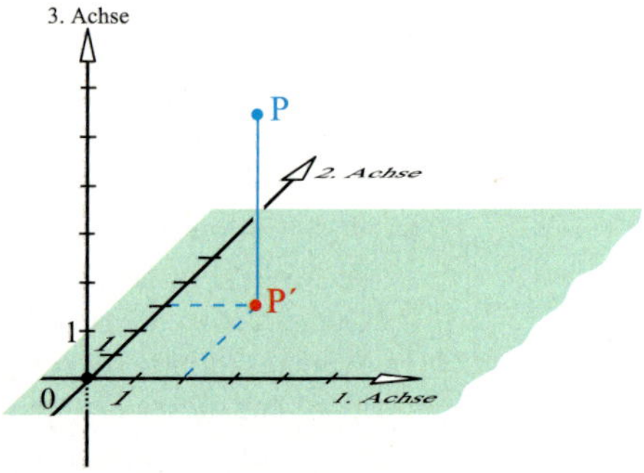

b) Gib weitere ebene Koordinatensysteme innerhalb des räumlichen Koordinatensystems an. Projiziere den Punkt $P(2|3|4)$ in diese ebenen Koordinatensysteme. Wie lauten jeweils die Koordinaten des Bildpunktes?

6. *Spiegeln von Punkten im Raum*

Gegeben sei ein Punkt P im Raum. Der Punkt P wird gespiegelt

(1) an der 1–2-Ebene; (3) an der 1. Achse; (5) am Ursprung;
(2) an der 2–3-Ebene; (4) an der 3. Achse; (6) an der 1–3-Ebene;
(7) nacheinander an der 1. Achse, dann an der 2. Achse und schließlich an der 3. Achse. Spielt die Reihenfolge eine Rolle?
(8) nacheinander an der 1–2-Ebene, dann an der 2–3-Ebene und schließlich an der 1–3-Ebene. Spielt die Reihenfolge eine Rolle?

Bestimme die Koordinaten des Bildpunktes von P. Fertige eine Skizze an.

a) $P(1|2|3)$ **b)** $P(-1|2|-3)$ **c)** $P(1|0|3)$ **d)** $P(4|-1|0)$

▲ **7.** *Andere Koordinatensysteme*

Statt kartesischer Koordinaten benutzt man in der Ebene häufig ein *Polarkoordinatensystem.* Gegeben ist eine feste Halbgerade a mit dem Anfangspunkt O (Pol genannt).

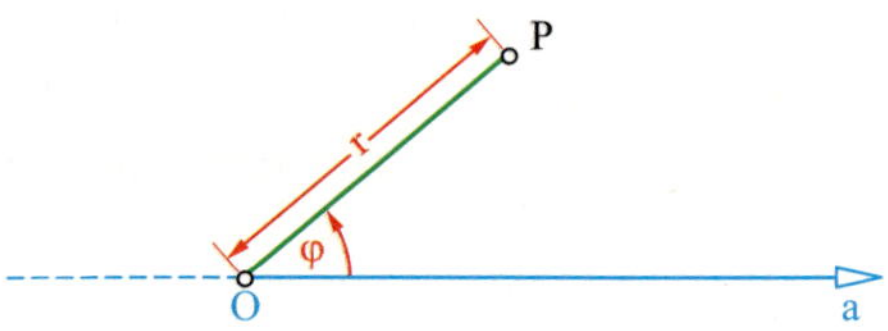

Die Lage eines Punktes wird dann beschrieben durch seinen Abstand von O sowie den Winkel, den seine Verbindungslinie zu O mit der Halbgeraden a bildet.

Ist beispielsweise $r = 12$ und $\varphi = 30°$, so beschreibt man die Lage von P im Polarkoordinatensystem durch $P[12|30°]$.

Gegeben sei nun ein kartesisches Koordinatensystem mit Ursprung O; der positive Teil der 1. Achse falle mit der Halbgeraden a zusammen.

a) Zeige, dass man die kartesischen Koordinaten $(p_1|p_2)$ wie folgt in Polarkoordinaten [und umgekehrt] umrechnen kann:

$r = \sqrt{p_1^2 + p_2^2}$; $\tan\varphi = \frac{p_2}{p_1}$ $(p_1 \neq 0)$

bzw. $p_1 = r \cdot \cos\varphi$; $p_2 = r \cdot \sin\varphi$

b) Rechne um; kontrolliere durch eine Zeichnung.

(1) $P_1(3|7)$, $P_2(-2{,}5|1{,}8)$, $P_3(-12|-5)$
(2) $Q_1[6|25°]$, $Q_2[7{,}5|150°]$, $Q_3[11{,}5|301°]$

8.2 Ursprungsgeraden – Vektoren und ihre Vervielfachung

Jetzt wenden wir uns der Frage zu, wie man Geraden algebraisch beschreiben kann. Wir beginnen mit dem *Sonderfall der Geraden durch den Koordinatenursprung;* in Abschnitt 8.4 behandeln wir dann die Darstellung beliebiger Geraden.

Aufgabe 1 *Algebraische Beschreibung einer Ursprungsgeraden*

Der Werkzeughalter eines Industrieroboters ist mit einem Bohrer bestückt. Dieser soll geradlinig in Richtung seiner Achse geführt werden: von einem Startpunkt O aus durch eine kreisrunde Öffnung bis zur Einsatzstelle. Die Steuerung des Roboters erfolgt automatisch durch interne Berechnung des Weges für den Bohrer. Hierzu ersetzen wir die Öffnung durch deren Mittelpunkt P. Zur Vereinfachung ersetzen wir die Strecke $\overline{OP}$ durch die Verbindungsgerade der Punkte OP und führen ein Koordinatensystem ein mit O als Ursprung. Der Punkt P habe dann das Koordinatentripel $(3\,|\,5\,|\,4)$.

Nun lautet die Aufgabe: Eine Gerade g geht durch den Ursprung O und den Punkt $P(3\,|\,4\,|\,5)$. Berechne die Koordinaten irgendeines Geradenpunktes X.

Benutze hierbei die *Vorstellung, dass die Gerade durch Bewegung eines Körpers mit konstanter Geschwindigkeit entsteht.* Zum Zeitpunkt 0 Sekunden durchläuft er den Ursprung O, zum Zeitpunkt 1 Sekunde den Punkt P.

Gib die Koordinaten derjenigen Stellen an, die der Körper zu den Zeitpunkten 2; 3; 4,5; -2; t Sekunden passiert.

Lösung

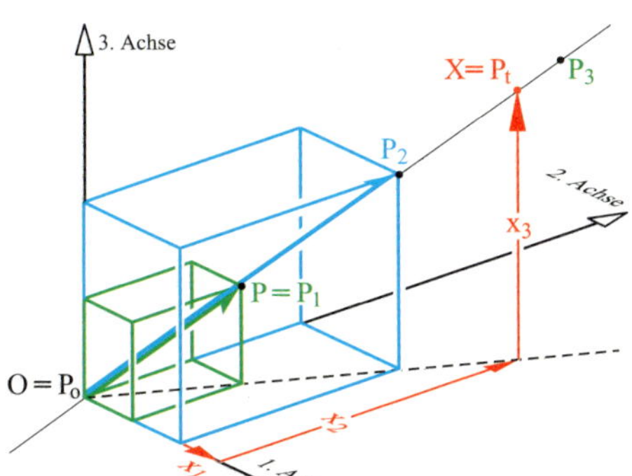

Wir bezeichnen die Stelle, welche der Körper zum Zeitpunkt t Sekunden durchläuft, mit P_t.

Der Pfeil vom Ursprung O zum Punkt P_2 hat dieselbe Richtung und die doppelte Länge wie der Pfeil von O nach P. Daher entsteht der erste Pfeil aus dem zweiten durch Streckung mit dem Streckfaktor 2 und dem Ursprung als Streckzentrum. Streckt man den Koordinatenquader von P zugleich mit, so entsteht der Koordinatenquader von P_2. Also ist jede Koordinate von P_2 das Doppelte der entsprechenden Koordinate von P. Entsprechendes gilt für die Punkte P_3 und $P_{4,5}$:

$P_2(2 \cdot 3\,|\,2 \cdot 5\,|\,2 \cdot 4)$, $P_3(3 \cdot 3\,|\,3 \cdot 5\,|\,3 \cdot 4)$, $P_{4,5}(4{,}5 \cdot 3\,|\,4{,}5 \cdot 5\,|\,4{,}5 \cdot 4)$

Zum Zeitpunkt -2 Sekunden war der Körper an der Stelle P_{-2}. Dieser Punkt entsteht aus P_2 bei der Punktspiegelung am Ursprung, ebenso der Koordinatenquader von P_{-2} aus dem Koordinatenquader von P_2 und daher die Koordinaten von P_{-2} aus den Koordinaten von P_2 durch Übergang zur Gegenzahl: $P_{-2}((-2) \cdot 3\,|\,(-2) \cdot 5)\,|\,(-2) \cdot 4)$

Allgemein gilt: $P_t(t \cdot 3\,|\,t \cdot 5\,|\,t \cdot 4)$ Zu jedem Punkt X der Geraden gibt es eine Zahl t, sodass X die Koordinaten $(t \cdot 3\,|\,t \cdot 5\,|\,t \cdot 4)$ hat. Umgekehrt gehört jedes derartige Koordinatentripel zu einem Geradenpunkt. Damit haben wir alle Punkte der Geraden $g = OP$ erfasst und keine anderen.

Information **(1) Einführen von Vektoren und der Vektorvervielfachung**

Bei der Lösung von Aufgabe 1 haben wir alle drei Koordinaten des Punktes P jeweils mit derselben Zahl multipliziert. Man kann sagen: *Wir haben das ganze Koordinatentripel mit der Zahl multipliziert.*

In der analytischen Geometrie des Raumes werden wir immer wieder mit allen drei Koordinaten von Punkten gleichartige Rechnungen durchführen. Daher fassen wir die *Koordinatentripel selbst als Objekte* auf, mit denen gerechnet wird. Man nennt sie dann *Vektoren* und schreibt sie in Spaltenform (dies ist für das Rechnen übersichtlicher).

Beispiel:
$\vec{a} = \begin{pmatrix} 7 \\ 3 \\ -2 \end{pmatrix}$ ist der Vektor mit der 1. Koordinate 7, der 2. Koordinate 3 und der 3. Koordinate -2.

Definition 1: *Vektoren mit drei Koordinaten*

(1) Ein **Vektor mit drei Koordinaten** (auch **dreidimensionaler Vektor** genannt) ist ein geordnetes Zahlentripel, welches wir als Spalte schreiben.

(2) Wir bezeichnen Vektoren durch kleine Buchstaben mit darüber gesetztem Pfeil, z. B.

$$\vec{a} = \begin{pmatrix} a_1 \\ a_2 \\ a_3 \end{pmatrix} \quad \text{und} \quad \vec{x} = \begin{pmatrix} x_1 \\ x_2 \\ x_3 \end{pmatrix}.$$

(3) Der Vektor $\vec{o} = \begin{pmatrix} 0 \\ 0 \\ 0 \end{pmatrix}$ heißt der **Nullvektor.**

Als *Produkt der Zahl t mit dem Vektor* $\vec{p} = \begin{pmatrix} 3 \\ 5 \\ 4 \end{pmatrix}$ schreiben wir: $t \cdot \vec{p} = \begin{pmatrix} t \cdot 3 \\ t \cdot 5 \\ t \cdot 4 \end{pmatrix}$. Zur Unterscheidung von anderen Produktbildungen mit Vektoren (Skalarprodukt, siehe Abschnitt 8.2) sprechen wir vom *Vielfachen* eines Vektors und setzen allgemein fest:

Beispiel:
$$5 \cdot \begin{pmatrix} 7 \\ 3 \\ -2 \end{pmatrix} = \begin{pmatrix} 5 \cdot 7 \\ 5 \cdot 3 \\ 5 \cdot (-2) \end{pmatrix} = \begin{pmatrix} 35 \\ 15 \\ -10 \end{pmatrix}$$

Definition 2: *Vielfache von Vektoren*

Ein Vektor $\vec{v} = \begin{pmatrix} v_1 \\ v_2 \\ v_3 \end{pmatrix}$ wird koordinatenweise mit einer reellen Zahl r **vervielfacht.** Man nennt den Vektor $r \cdot \vec{v} = r \cdot \begin{pmatrix} v_1 \\ v_2 \\ v_3 \end{pmatrix} = \begin{pmatrix} r \cdot v_1 \\ r \cdot v_2 \\ r \cdot v_3 \end{pmatrix}$ das **r-fache des Vektors $\vec{v}$.**

(2) Ortsvektor eines Punktes, Veranschaulichen von Vektoren

Wir können mit Vektoren die Lage von Punkten bezüglich eines Koordinatensystems beschreiben. So beschreibt der Vektor $\vec{p} = \begin{pmatrix} 3 \\ 5 \\ 4 \end{pmatrix}$ den Punkt P(3 | 5 | 4). Bei dieser Verwendungsweise nennt man den Vektor $\vec{p}$ den **Ortsvektor des Punktes** P.

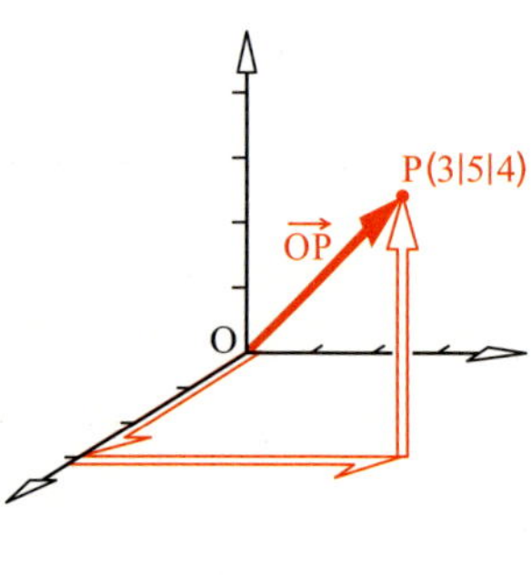

Zur Veranschaulichung des Vektors $\vec{p} = \begin{pmatrix} 3 \\ 5 \\ 4 \end{pmatrix}$ ersetzen wir den Koordinatenzug des Punktes P durch den *Pfeil vom Ursprung* O zum *Punkt* P und benutzen für den Vektor $\vec{p}$ auch die Schreibweise $\overrightarrow{OP}$.

Alle Punkte X der Ursprungsgeraden durch den Punkt P (und keine anderen Punkte) erfassen wir nun algebraisch durch die Gleichung:

$\overrightarrow{OX} = t \cdot \overrightarrow{OP}$ mit $t \in \mathbb{R}$

Zum *Veranschaulichen von Vielfachen eines Vektors* deuten wir diese wie in der Aufgabe.

Geometrische Deutung des Vervielfachens
Für jeden Vektor $\vec{v}$ mit $\vec{v} \neq \vec{o}$ gilt:
- Bei $r > 0$ hat der Pfeil von $r \cdot \vec{v}$ dieselbe Richtung und die r-fache Länge wie der Pfeil von $\vec{v}$.
- Bei $r < 0$ hat der Pfeil von $r \cdot \vec{v}$ die entgegengesetzte Richtung und die $|r|$-fache Länge wie der Pfeil von $\vec{v}$.

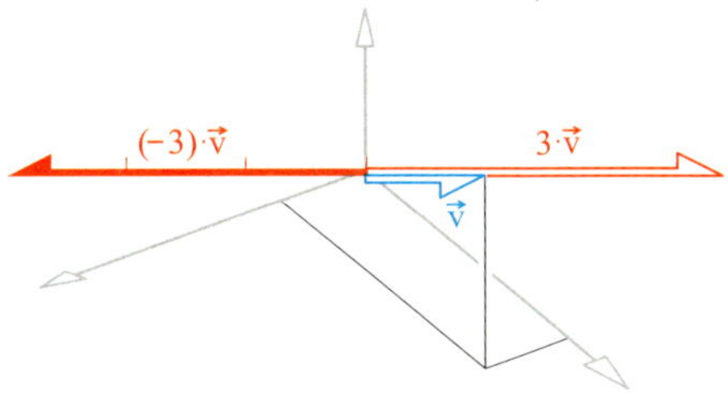

Später beschreiben wir durch Vektoren auch Pfeile, die nicht im Ursprung beginnen, und veranschaulichen Vektoren durch Pfeile mit beliebigem Anfangspunkt (Seite 209).

(3) Gegenvektor eines Vektors
Ein besonderes Vielfaches des Vektors $\vec{v} = \begin{pmatrix} v_1 \\ v_2 \\ v_3 \end{pmatrix}$ ist der Vektor $(-1) \cdot \vec{v} = \begin{pmatrix} -v_1 \\ -v_2 \\ -v_3 \end{pmatrix}$.

Beispiel:
$-\begin{pmatrix} 7 \\ 3 \\ -2 \end{pmatrix} = \begin{pmatrix} -7 \\ -3 \\ -(-2) \end{pmatrix} = \begin{pmatrix} -7 \\ -3 \\ 2 \end{pmatrix}$
ist der Gegenvektor von $\begin{pmatrix} 7 \\ 3 \\ -2 \end{pmatrix}$

Definition 3: *Gegenvektor eines Vektors*

Man bildet den **Gegenvektor** $-\vec{v}$ eines Vektors $\vec{v} = \begin{pmatrix} v_1 \\ v_2 \\ v_3 \end{pmatrix}$, indem man bei jeder Koordinate von $\vec{v}$ das Vorzeichen umkehrt:

$$-\vec{v} = -\begin{pmatrix} v_1 \\ v_2 \\ v_3 \end{pmatrix} = \begin{pmatrix} -v_1 \\ -v_2 \\ -v_3 \end{pmatrix}$$

In der Lösung von Aufgabe 1 ist der Vektor $\overrightarrow{OP}_{-1}$ der Gegenvektor von $\overrightarrow{OP}$ und der Vektor $\overrightarrow{OP}_{-2}$ der Gegenvektor von $\overrightarrow{OP}_2$, ... und jeweils umgekehrt.
Aus der Definition und der Aufgabenlösung folgen:

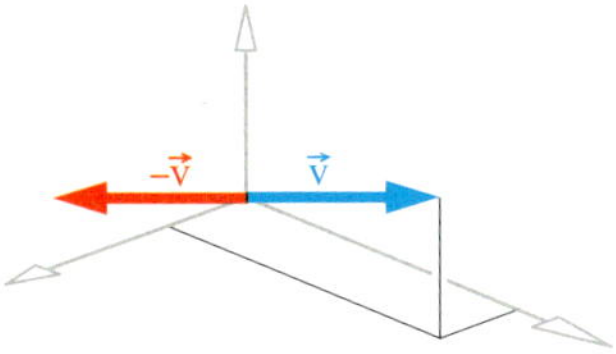

Eigenschaften des Gegenvektors eines Vektors
(1) Für alle Vektoren $\vec{v}$ gilt: $(-1) \cdot \vec{v} = -\vec{v}$
(2) Der Vektor $\vec{v}$ ist der Gegenvektor von $-\vec{v}$: $-(-\vec{v}) = \vec{v}$
(3) Die Pfeile eines Vektors $\vec{v} \neq \vec{o}$ und seines Gegenvektors $-\vec{v}$ haben dieselbe Länge und zueinander entgegengesetzte Richtungen.

Weiterführende Aufgabe

2. *Punktprobe bei einer Ursprungsgeraden*
Gegeben ist eine Gerade durch den Ursprung und den Punkt $P(3 \mid -2 \mid 7)$.
Sie wird durch $\overrightarrow{OX} = t \cdot \overrightarrow{OP}$ mit $t \in \mathbb{R}$ beschrieben.

a) Die Punkte $A(9 \mid -6 \mid 21)$, $B(-6 \mid 4 \mid -14)$, $C(-4{,}5 \mid 3 \mid -10{,}5)$ liegen auf der Geraden. Bestimme die zugehörigen Werte des *Parameters* t.

b) Prüfe, ob auch die Punkte $D(6 \mid -4 \mid -14)$, $E(-1{,}5 \mid 1 \mid -3{,}5)$, $F(-15 \mid 10 \mid 35)$ auf der Geraden liegen.

c) Beschreibe allgemein, wie man durch Rechnung feststellen kann, ob ein Punkt auf einer Ursprungsgeraden liegt.

Übungsaufgaben

3. *Vektoren in der ebenen Geometrie. Ebene Geometrie als Teil der Raumgeometrie*

a) Übertrage die Überlegung dieses Abschnitts 8.2 in die ebene Geometrie. Führe Vektoren mit zwei Koordinaten ein.

b) Was ändert sich, wenn man die Zeichenebene als 1–2-Ebene eines Koordinatensystems im Raum auffasst?

4.
Gegeben ist der Punkt P. Gib eine Gleichung für die Ursprungsgerade durch P an. Nenne 3 weitere Punkte, die auf dieser Geraden liegen.

a) $P(-1|5|2)$ **b)** $P\left(3\left|-\frac{2}{3}\right|-0{,}4\right)$ **c)** $P\left(-2\left|-\frac{1}{2}\right|0\right)$

5. *Vervielfachen von Vektoren*

a) Gegeben sind die Vektoren $\vec{v}$ und $\vec{w}$. Schreibe den Vektor $\vec{v}$ als Vielfaches des Vektors $\vec{w}$, d.h. gib eine reelle Zahl k an, sodass gilt: $\vec{v}=k\cdot\vec{w}$.

(1) $\vec{v}=\begin{pmatrix}-4\\0\\2\end{pmatrix}$ $\vec{w}=\begin{pmatrix}-2\\0\\1\end{pmatrix}$ (3) $\vec{v}=\begin{pmatrix}-2\\0\\1\end{pmatrix}$ $\vec{w}=\begin{pmatrix}-6\\0\\3\end{pmatrix}$

(2) $\vec{v}=\begin{pmatrix}6\\-6\\-3\end{pmatrix}$ $\vec{w}=\begin{pmatrix}-2\\2\\1\end{pmatrix}$ (4) $\vec{v}=\begin{pmatrix}-2\\-2\\1\end{pmatrix}$ $\vec{w}=\begin{pmatrix}6\\6\\-3\end{pmatrix}$

b) Begründe: $\vec{b}$ kann nicht das k-fache ($k\in\mathbb{R}$) des Vektors $\vec{a}=\begin{pmatrix}2\\4\\-1\end{pmatrix}$ sein.

(1) $\vec{b}=\begin{pmatrix}-2\\-4\\0\end{pmatrix}$ (2) $\vec{b}=\begin{pmatrix}1\\4\\3\end{pmatrix}$ (3) $\vec{b}=\begin{pmatrix}1\\2\\3\end{pmatrix}$ (4) $\vec{b}=\begin{pmatrix}-2\\-4\\-1\end{pmatrix}$

c) Gibt es zu zwei Vektoren $\vec{v}$, $\vec{w}$ stets eine reelle Zahl k, so dass $\vec{v}=k\cdot\vec{w}$ gilt? Begründe.

6. *Ursprungsgeraden in der Ebene*

a) Gegeben ist eine Ursprungsgerade in der 1–2-Ebene durch die Gleichung $x_2=3x_1$ [$x_2=-1{,}5x_1$; $x_1+x_2=0$; $x_1+4x_2=0$; $x_1=3$; $x_2=5$; $x_1=0$; $x_2=0$].
Gib einen Punkt P der Geraden an, sodass die Ursprungsgerade durch $\overrightarrow{OX}=t\cdot\overrightarrow{OP}$ dargestellt wird.

b) Gib die Koordinatengleichung der Ursprungsgeraden $\overrightarrow{OX}=t\cdot\overrightarrow{OP}$ mit $P(4|-3)$ in der Form $x_2=m\cdot x_1$ an.
[$P(2|-5)$, $P(-3|1)$, $P(4|5)$, $P(3|3)$, $P(3|0)$, $P(a|b)$]

c) Verallgemeinere: Gegeben ist eine Ursprungsgerade in der Ebene durch $x_2=m\cdot x_1$ [$a x_1+b x_2=0$]. Gib einen Punkt P der Geraden an und beschreibe die Gerade in der Form $\overrightarrow{OX}=t\cdot\overrightarrow{OP}$ dargestellt wird.

7. *Gegenvektor*
Gib den Gegenvektor zu $\vec{v}$ an.

(1) $\vec{v}=\begin{pmatrix}1\\2\\3\end{pmatrix}$ (2) $\vec{v}=\begin{pmatrix}-2\\-2\\1\end{pmatrix}$ (3) $\vec{v}=\begin{pmatrix}-0{,}3\\4\\2{,}6\end{pmatrix}$ (4) $\vec{v}=\begin{pmatrix}2\\-t\\r\end{pmatrix}$

8.3 Verschiebungen – Addieren und Subtrahieren von Vektoren

Bei Geraden, die nicht durch den Ursprung gehen, will man ebenfalls die Ortsvektoren ihrer Punkte bestimmen. Eine solche Gerade kann man sich entstanden denken durch paralleles Verschieben aus einer Ursprungsgeraden. Daher beschäftigen wir uns in diesem Abschnitt zunächst mit Verschiebungen im Raum.

Aufgabe 1 *Berechnen von Bildpunkten bei einer Verschiebung*

Gegeben sind das Dreieck mit den Ecken $A(3\,|\,1\,|\,2)$, $B(0\,|\,1\,|\,2)$, $C(-1\,|\,0\,|\,2)$ und eine Verschiebung. Diese können wir durch jeden ihrer Verschiebungspfeile festlegen.

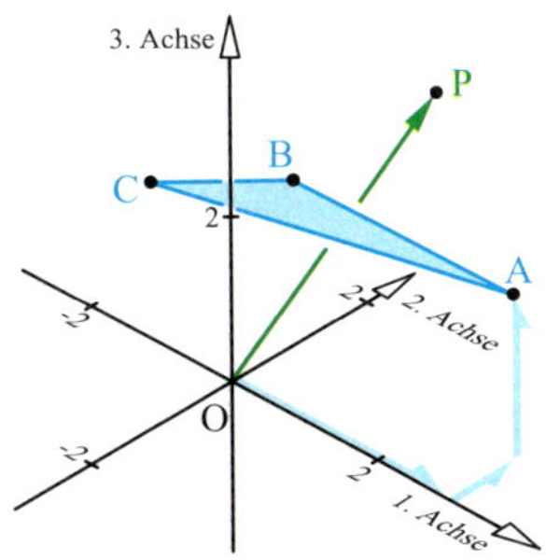

a) Wähle den Verschiebungspfeil mit dem Ursprung O als Anfangspunkt und dem Endpunkt $P(1\,|\,2\,|\,3)$. Berechne die Ortsvektoren der Ecken des Bilddreiecks bei der Verschiebung.

b) Nun geben wir eine Verschiebung vor durch den Pfeil mit dem Anfangspunkt $Q(2\,|\,4\,|\,3)$ und dem Endpunkt $Q'(5\,|\,6\,|\,2)$. Berechne sowohl die Ortsvektoren der Ecken des Bilddreiecks als auch zu einem beliebigen Punkt $X(x_1\,|\,x_2\,|\,x_3)$ den Ortsvektor seines Bildpunktes X′ bei der Verschiebung.

Lösung

a) Man kommt vom Punkt A zum Bildpunkt A′ auf dieselbe Weise wie vom Ursprung zum Punkt P. Wir hängen also an den Pfeil von O nach A denjenigen Pfeil, der zum Pfeil von O nach P gleichgerichtet ist und ebenso lang ist wie dieser. So erreichen wir den Punkt A′. Mithilfe der Koordinatenzüge in der Figur rechts erkennen wir:
Jede Koordinate von A′ ist die Summe der entsprechenden Koordinaten von A und des Ortsvektors von P:

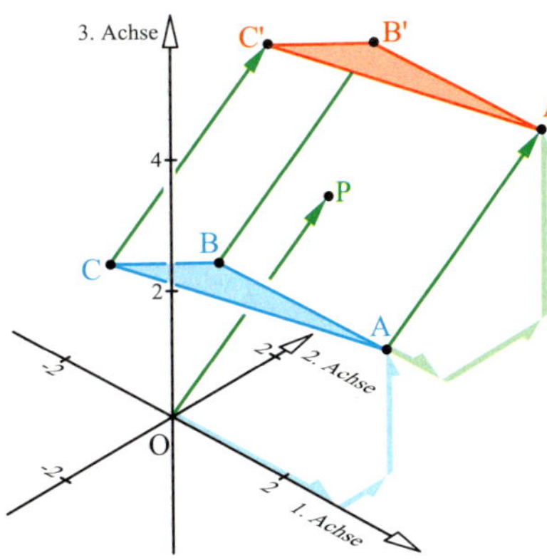

$$\overrightarrow{OA'} = \begin{pmatrix} 3+1 \\ 1+2 \\ 2+3 \end{pmatrix} = \begin{pmatrix} 4 \\ 3 \\ 5 \end{pmatrix}$$

Analog erhalten wir $\overrightarrow{OB'}$ und $\overrightarrow{OC'}$:

$$\overrightarrow{OB'} = \begin{pmatrix} 0+1 \\ 1+2 \\ 2+3 \end{pmatrix} = \begin{pmatrix} 1 \\ 3 \\ 5 \end{pmatrix} \qquad \overrightarrow{OC'} = \begin{pmatrix} -1+1 \\ 0+2 \\ 2+3 \end{pmatrix} = \begin{pmatrix} 0 \\ 2 \\ 5 \end{pmatrix}$$

Der Vektor $\vec{v} = \begin{pmatrix} 1 \\ 2 \\ 3 \end{pmatrix}$, bisher *Ortsvektor* des Punktes P, beschreibt hier die Wirkung der Verschiebung auf jeden Punkt, er dient also auch als *Verschiebungsvektor*.

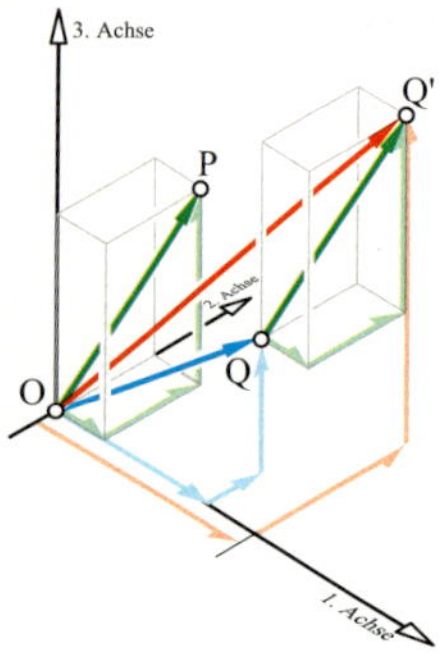

b) Ersetze in Gedanken in der Figur zur Lösung a) die Buchstaben A und A′ durch Q bzw. Q′. Gesucht ist jetzt die Schrittfolge von Q nach Q′.

Hierzu subtrahieren wir entsprechende Koordinaten der Vektoren $\overrightarrow{OQ'}$ und $\overrightarrow{OQ}$, und erhalten so den Vektor $\vec{v} = \begin{pmatrix} 5-2 \\ 6-4 \\ 2-3 \end{pmatrix} = \begin{pmatrix} 3 \\ 2 \\ -1 \end{pmatrix}$.

Die Koordinaten von $\vec{v}$ muss man nun zu den Koordinaten der Punkte A, B, C addieren, um die Koordinaten der Bildpunkte bzw. Koordinaten ihrer Ortsvektoren zu erhalten:

$$\overrightarrow{OA'} = \begin{pmatrix} 3+\ \ 3 \\ 1+\ \ 2 \\ 2+(-1) \end{pmatrix} = \begin{pmatrix} 6 \\ 3 \\ 1 \end{pmatrix}, \quad \overrightarrow{OB'} = \begin{pmatrix} 3 \\ 3 \\ 1 \end{pmatrix}, \quad \overrightarrow{OC'} = \begin{pmatrix} 2 \\ 2 \\ 1 \end{pmatrix}$$

Allgemein gilt:

$$\overrightarrow{OX'} = \begin{pmatrix} x_1 + v_1 \\ x_2 + v_2 \\ x_3 + v_3 \end{pmatrix} = \begin{pmatrix} x_1 +\ \ 3 \\ x_2 +\ \ 2 \\ x_3 + (-1) \end{pmatrix}$$

Information **(1) Addieren und Subtrahieren von Vektoren**

In der Lösung von Aufgabe 1b) liegt es nahe, den Vektor $\vec{v}$ als Differenz der Vektoren $\overrightarrow{OQ'}$ und $\overrightarrow{OQ}$ zu schreiben:

$$\vec{v} = \overrightarrow{OQ'} - \overrightarrow{OQ} = \begin{pmatrix} 5 \\ 6 \\ 2 \end{pmatrix} - \begin{pmatrix} 2 \\ 4 \\ 3 \end{pmatrix} = \begin{pmatrix} 5-2 \\ 6-4 \\ 2-3 \end{pmatrix} = \begin{pmatrix} 3 \\ 2 \\ -1 \end{pmatrix}$$

Den Vektor $\overrightarrow{OA'}$ schreiben wir als Summe der Vektoren $\overrightarrow{OA}$ und $\vec{v}$:

$$\overrightarrow{OA'} = \overrightarrow{OA} + \vec{v} = \begin{pmatrix} 3 \\ 1 \\ 2 \end{pmatrix} + \begin{pmatrix} 3 \\ 2 \\ -1 \end{pmatrix} = \begin{pmatrix} 3+\ \ 3 \\ 1+\ \ 2 \\ 2+(-1) \end{pmatrix} = \begin{pmatrix} 6 \\ 3 \\ 1 \end{pmatrix}$$

Ebenso in der Lösung a).

Wir definieren daher allgemein:

Beispiele:

$$\begin{pmatrix} 4 \\ 5 \\ -3 \end{pmatrix} + \begin{pmatrix} 1 \\ -2 \\ -6 \end{pmatrix} = \begin{pmatrix} 4+\ \ 1 \\ 5+(-2) \\ -3+(-6) \end{pmatrix} = \begin{pmatrix} 5 \\ 3 \\ -9 \end{pmatrix}$$

$$\begin{pmatrix} 4 \\ 5 \\ -3 \end{pmatrix} - \begin{pmatrix} 1 \\ -2 \\ -6 \end{pmatrix} = \begin{pmatrix} 4-\ \ 1 \\ 5-(-2) \\ -3-(-6) \end{pmatrix} = \begin{pmatrix} 3 \\ 7 \\ 3 \end{pmatrix}$$

Definition 4: *Summe und Differenz zweier Vektoren*

Zwei Vektoren $\vec{a} = \begin{pmatrix} a_1 \\ a_2 \\ a_3 \end{pmatrix}$ und $\vec{b} = \begin{pmatrix} b_1 \\ b_2 \\ b_3 \end{pmatrix}$ werden koordinatenweise **addiert** und **subtrahiert.**

Man nennt den Vektor

$$\vec{s} = \vec{a} + \vec{b} = \begin{pmatrix} a_1 \\ a_2 \\ a_3 \end{pmatrix} + \begin{pmatrix} b_1 \\ b_2 \\ b_3 \end{pmatrix} = \begin{pmatrix} a_1 + b_1 \\ a_2 + b_2 \\ a_3 + b_3 \end{pmatrix}$$

die **Summe** der Vektoren $\vec{a}$ und $\vec{b}$ (Summenvektor von $\vec{a}, \vec{b}$).

Man nennt den Vektor

$$\vec{d} = \vec{a} - \vec{b} = \begin{pmatrix} a_1 \\ a_2 \\ a_3 \end{pmatrix} - \begin{pmatrix} b_1 \\ b_2 \\ b_3 \end{pmatrix} = \begin{pmatrix} a_1 - b_1 \\ a_2 - b_2 \\ a_3 - b_3 \end{pmatrix}$$

die **Differenz** der Vektoren $\vec{a}$ und $\vec{b}$ (Differenzvektor von $\vec{a}, \vec{b}$).

(2) Veranschaulichen eines Vektors durch Pfeile mit beliebigem Anfangspunkt

Die Lösung von Aufgabe 1 a) zeigt, wie ein Vektor $\vec{v}$ durch Pfeile mit beliebigem Anfangspunkt dargestellt werden kann.

Veranschaulichung eines Vektors durch einen Verschiebungspfeil

Unabhängig davon, wofür wir den Vektor $\vec{v}$ verwenden wollen, beschreibt er im Koordinatensystem auch eine Verschiebung. Die Koordinaten von $\vec{v}$ geben an, wie man von irgendeinem Punkt X zu seinem Bildpunkt X′ = Y kommt:

$\overrightarrow{OY} = \overrightarrow{OX} + \vec{v}$

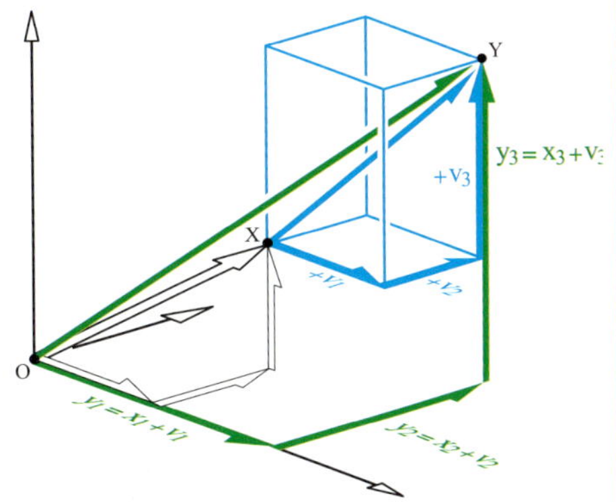

Der (Verschiebungs-)Pfeil von X nach Y veranschaulicht den Vektor $\vec{v}$. Man benutzt für $\vec{v}$ auch die Schreibweise $\overrightarrow{XY}$.

Alle Pfeile einer bestimmten Verschiebung veranschaulichen ein- und denselben Vektor.

(3) Beschreiben eines Pfeiles durch einen Vektor

Im Koordinatensystem bestimmt jeder einzelne Pfeil, etwa von Q nach R, einen Vektor.

Hierzu stellen wir uns die Verschiebung vor, welche den Anfangspunkt Q auf den Endpunkt R abbildet. Nach der Lösung von Aufgabe 1 b) gilt dann:

Der Pfeil vom Punkt $Q(q_1 | q_2 | q_3)$ zum Punkt $R(r_1 | r_2 | r_3)$ veranschaulicht den Vektor

$$\overrightarrow{QR} = \overrightarrow{OR} - \overrightarrow{OQ} = \begin{pmatrix} r_1 - q_1 \\ r_2 - q_2 \\ r_3 - q_3 \end{pmatrix}.$$

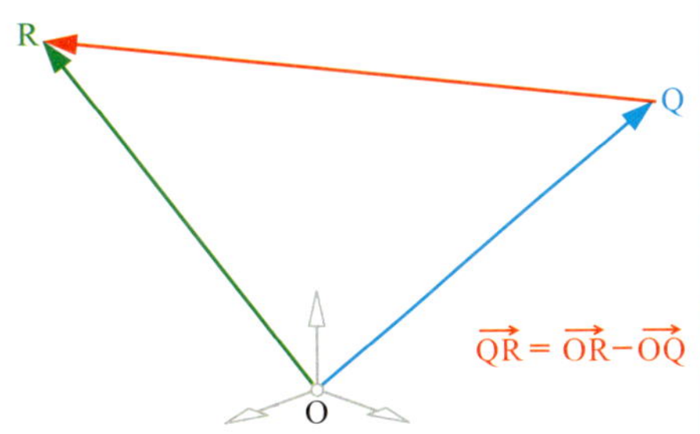

Beispiel:

$Q(4 | 5 | -3), \quad R(1 | -2 | -6)$

$$\overrightarrow{QR} = \begin{pmatrix} 1 - 4 \\ -2 - 5 \\ -6 - (-3) \end{pmatrix} = \begin{pmatrix} -3 \\ -7 \\ -3 \end{pmatrix} = -\begin{pmatrix} 3 \\ 7 \\ 3 \end{pmatrix}$$

(4) Länge und Richtung eines Vektors

Alle Pfeile eines Vektors $\vec{v}$ haben dieselbe Länge und (bei $\vec{v} \neq \vec{o}$) dieselbe Richtung. Wir übertragen die Begriffe *Länge* und *Richtung* auf Vektoren:

(1) Unter der **Länge** eines Vektors $\vec{v}$ versteht man die Länge der Pfeile, welche den Vektor in einem Koordinatensystem darstellen. Statt „Länge“ sagt man auch **Betrag** von $\vec{v}$.
Wir bezeichnen die Länge des Vektors $\vec{v}$ mit $|\vec{v}|$.

(2) Unter der **Richtung** eines Vektors $\vec{v}$ mit $\vec{v} \neq \vec{o}$ versteht man die Richtung der Pfeile, welche den Vektor in einem Koordinatensystem darstellen.

(3) Der Nullvektor $\vec{o}$ hat die Länge null und keine Richtung.

Weiterführende Aufgaben

2. *Pfeile eines Summenvektors. Dreiecksregel*

a) Wie kann man aus Pfeilen zweier Vektoren $\vec{a}$ und $\vec{b}$ den Pfeil des Summenvektors $\vec{a}+\vec{b}$ konstruieren, der im Ursprung bzw. in einem beliebigen Punkt X beginnt?

b) Zeige (mithilfe von a) oder durch Rechnung)

Satz 1 *Dreiecksregel:*
Im Koordinatensystem gilt für alle Punkte X, Y, Z:

$\overrightarrow{XY}+\overrightarrow{YZ}=\overrightarrow{XZ}$

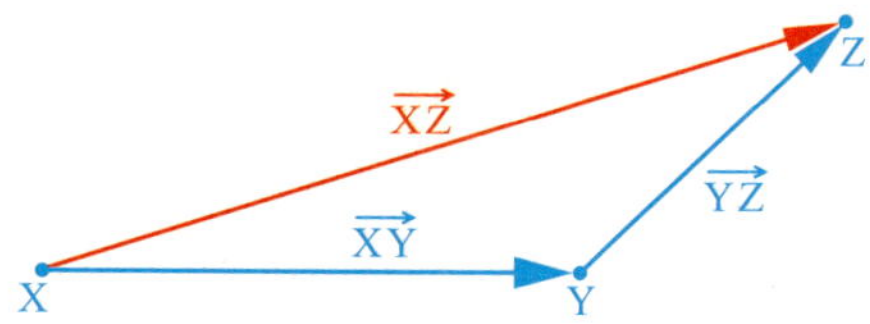

3. *Pfeile von Vektor und Gegenvektor sowie von Differenzvektoren*

a) Begründe:

Im Koordinatensystem gilt für je zwei Punkte X und Y: $\overrightarrow{XY}=-\overrightarrow{YX}$

b) Beschreibe, wie man Pfeile eines Differenzvektors $\vec{d}=\vec{a}-\vec{b}$ aus den Pfeilen der Vektoren $\vec{a}$ und $\vec{b}$ konstruieren kann.

4. *Beziehungen zwischen dem Addieren, Subtrahieren und Bilden des Gegenvektors*
Begründe die Richtigkeit der folgenden Aussagen.
(1) Aus $\vec{a}+\vec{b}=\vec{c}$ folgt $\vec{a}=\vec{c}-\vec{b}$ und umgekehrt.
(2) Man kann einen Vektor $\vec{b}$ subtrahieren, indem man seinen Gegenvektor addiert: $\vec{a}-\vec{b}=\vec{a}+(-\vec{b})$

Information **(1) Umformen von Vektortermen**

Mit Vektoren kann man rechnen.
Es liegt nahe, Vektorterme analog zu Zahlentermen umzufomen, z.B.:

Bestimmung des Ortsvektors des Mittelpunktes einer Strecke $\overline{AB}$

$$\vec{a}+\tfrac{1}{2}\cdot(\vec{b}-\vec{a})=\vec{a}+\left(\tfrac{1}{2}\cdot\vec{b}-\tfrac{1}{2}\cdot\vec{a}\right)=\left(\vec{a}-\tfrac{1}{2}\cdot\vec{a}\right)+\tfrac{1}{2}\cdot\vec{b}=\tfrac{1}{2}\cdot\vec{a}+\tfrac{1}{2}\cdot\vec{b}=\tfrac{1}{2}\cdot(\vec{a}+\vec{b})$$

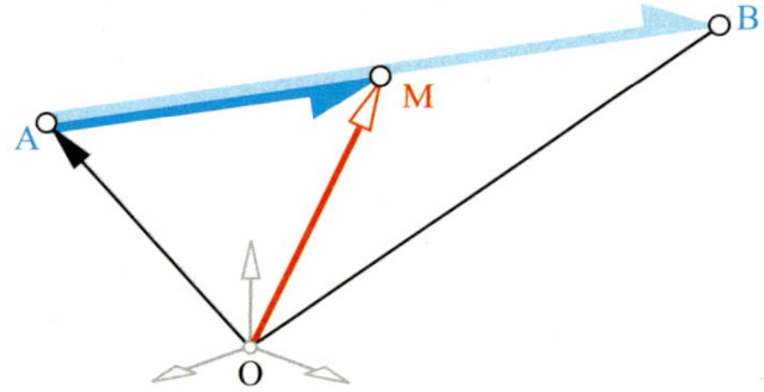

Die ausführliche Rechnung beweist, dass man so umformen darf:

$$\vec{a}+\tfrac{1}{2}\cdot(\vec{b}-\vec{a})=\begin{pmatrix}a_1\\a_2\\a_3\end{pmatrix}+\tfrac{1}{2}\cdot\left(\begin{pmatrix}b_1\\b_2\\b_3\end{pmatrix}-\begin{pmatrix}a_1\\a_2\\a_3\end{pmatrix}\right)$$

$$=\begin{pmatrix}a_1\\a_2\\a_3\end{pmatrix}+\tfrac{1}{2}\cdot\begin{pmatrix}b_1-a_1\\b_2-a_2\\b_3-a_3\end{pmatrix}=\begin{pmatrix}a_1\\a_2\\a_3\end{pmatrix}+\begin{pmatrix}\tfrac{1}{2}(b_1-a_1)\\\tfrac{1}{2}(b_2-a_2)\\\tfrac{1}{2}(b_3-a_3)\end{pmatrix}=\begin{pmatrix}a_1+\tfrac{1}{2}(b_1-a_1)\\a_2+\tfrac{1}{2}(b_2-a_2)\\a_3+\tfrac{1}{2}(b_3-a_3)\end{pmatrix}$$

$$=\begin{pmatrix}\tfrac{1}{2}(a_1+b_1)\\\tfrac{1}{2}(a_2+b_2)\\\tfrac{1}{2}(a_3+b_3)\end{pmatrix}=\tfrac{1}{2}\begin{pmatrix}a_1+b_1\\a_2+b_2\\a_3+b_3\end{pmatrix}=\tfrac{1}{2}(\vec{a}+\vec{b})$$

(2) Rechengesetze

An dem Beispiel in (1) erkennen wir: *Die Umformungen sind für alle drei Vektorkoordinaten gleichartig.* Man fasst sie daher zu entsprechenden Umformungen für Vektoren zusammen: Einerseits in den Definitionen für das Vervielfachen, Addieren, Subtrahieren und Bilden des Gegenvektors. Andererseits in Rechengesetzen.

Die beiden folgenden Sätze listen nur die wichtigsten Rechengesetze auf. Alle anderen lassen sich hierauf zurückführen.

Satz 2: *Gesetze für das Addieren und Subtrahieren von Vektoren*

(1) *Assoziativgesetz:* Für beliebige Vektoren $\vec{a}, \vec{b}, \vec{c}$ gilt: $(\vec{a}+\vec{b})+\vec{c}=\vec{a}+(\vec{b}+\vec{c})$

(2) *Kommutativgesetz:* Für beliebige Vektoren $\vec{a}, \vec{b}, \vec{c}$ gilt: $\vec{a}+\vec{b}=\vec{b}+\vec{a}$

(3) Der *Nullvektor* $\vec{o}$ ist das *neutrale Element* der Addition,
d. h. für beliebige Vektoren $\vec{a}, \vec{b}$ gilt: $\vec{a}+\vec{o}=\vec{o}+\vec{a}=\vec{a}$

(4) Für jeden Vektor $\vec{a}$ und seinen *Gegenvektor* $-\vec{a}$ gilt: $\vec{a}+(-\vec{a})=\vec{o}$

(5) Das Subtrahieren ist stets und eindeutig möglich: Bei gegebenen Vektoren $\vec{a}$ und $\vec{b}$ hat die Gleichung $\vec{a}=\vec{b}+\vec{x}$ genau eine Lösung, nämlich $\vec{x}=\vec{a}-\vec{b}$.
Dabei ist stets $\vec{a}-\vec{b}=\vec{a}+(-\vec{b})$.

Satz 3: *Gesetze für das Vervielfachen von Vektoren*

(6) Für jeden Vektor $\vec{a}$ und jede natürliche Zahl m ist:
$1\cdot\vec{a}=\vec{a}$, $0\cdot\vec{a}=\vec{o}$,
$m\cdot\vec{a}=\vec{a}+\vec{a}+\ldots+\vec{a}$ (m *Summanden* $\vec{a}$).

Für alle Vektoren $\vec{a}$ und $\vec{b}$ sowie für alle reellen Zahlen r und s gilt:

(7) $r\cdot(s\cdot\vec{a})=(rs)\cdot\vec{a}$

(8) $r\cdot(-\vec{a})=(-r)\cdot\vec{a}=-(r\cdot\vec{a})$; $(-1)\cdot\vec{a}=-\vec{a}$; $r\cdot\vec{o}=\vec{o}$

(9) $(r+s)\cdot\vec{a}=r\cdot\vec{a}+s\cdot\vec{a}$

(10) $r\cdot(\vec{a}+\vec{b})=r\cdot\vec{a}+r\cdot\vec{b}$

$s\cdot\vec{a}+t\cdot\vec{b}$ *bedeutet* $(s\cdot\vec{a})+(t\cdot\vec{b})$

$s\cdot\vec{a}-t\cdot\vec{b}$ *bedeutet* $(s\cdot\vec{a})-(t\cdot\vec{b})$

Punktrechnung vor Strichrechnung

Wie beim Rechnen mit Zahlen vereinbaren wir: Der Punkt bei der Vektorvervielfachung soll stärker binden als das Pluszeichen der Addition und das Minuszeichen der Subtraktion von Vektoren.

Beachte die unterschiedlichen Bedeutungen von Rechenzeichen:

Wir benutzen für die Addition von Vektoren dasselbe Zeichen „+" wie für die Addition von Zahlen, ebenso für die Subtraktion von Vektoren und von Zahlen dasselbe Zeichen „–".

Dieses Minuszeichen tritt außerdem noch als Vorzeichen negativer Zahlen auf und wird für das Bilden von Gegenvektoren verwendet.

Auch der Malpunkt zwischen Zahlen hat eine andere Bedeutung als der Malpunkt, der die Vervielfachung eines Vektors mit einer Zahl bezeichnet.

Übungsaufgaben

Verschiebungen

5.

a) Welcher Verschiebungsvektor $\vec{v}$ bildet den Punkt P auf den Punkt P′ ab?

(1) $P(3\,|\,2\,|-1)$; $P'(5\,|\,4\,|\,6)$
(2) $P(2{,}6\,|-3{,}8\,|\,6{,}1)$; $P'(-3{,}5\,|\,4{,}2\,|\,1{,}9)$
(3) $P(1{,}25\,|-4{,}5\,|\,6{,}3)$; $P'\left(\frac{5}{4}\,\middle|-\frac{9}{2}\,\middle|\,\frac{19}{3}\right)$
(4) $P(4\,|-3\,|\,2)$; $P'(0\,|\,0\,|\,0)$

b) Welche Verschiebung bildet den Punkt $P(p_1\,|\,p_2\,|\,p_3)$ auf sich selbst ab? Gib den zugehörigen Vektor an.

6.

Gegeben sind ein Punkt $A(a_1\,|\,a_2\,|\,a_3)$ und ein Vektor $\vec{v}=\begin{pmatrix}v_1\\v_2\\v_3\end{pmatrix}$, der eine Verschiebung beschreibt.
Bestimme den Ortsvektor des Bildpunktes A′ von A bei der angegebenen Verschiebung.

a) $A(5\,|\,3\,|-1)$; $\vec{v}=\begin{pmatrix}6\\2\\4\end{pmatrix}$

b) $A(4{,}2\,|\,1{,}3\,|-2{,}5)$; $\vec{v}=\begin{pmatrix}6{,}4\\4{,}1\\-8{,}4\end{pmatrix}$

c) $A(6\,|\,4\,|-3)$; $\vec{v}=\begin{pmatrix}0\\0\\0\end{pmatrix}$

d) $A(2\,|-5\,|\,1)$; $\vec{v}=\begin{pmatrix}-2\\5\\-1\end{pmatrix}$

7.

Gegeben sind der Bildpunkt $A'(a_1'\,|\,a_2'\,|\,a_3')$ und ein Vektor $\begin{pmatrix}v_1\\v_2\\v_3\end{pmatrix}$, der eine Verschiebung beschreibt.
Bestimme die Koordinaten des Urbildpunktes $A(a_1\,|\,a_2\,|\,a_3)$ von A′:

a) $A'(2\,|\,1\,|-3)$; $\vec{v}=\begin{pmatrix}2\\4\\7\end{pmatrix}$

b) $A'(-3\,|\,6\,|-2)$; $\vec{v}=\begin{pmatrix}-3\\4\\-1\end{pmatrix}$

c) $A'(-4\,|-3\,|\,1)$; $\vec{v}=\begin{pmatrix}-4\\-2\\-5\end{pmatrix}$

d) $A'(3\,|-2\,|\,5)$; $\vec{v}=\begin{pmatrix}0\\0\\0\end{pmatrix}$

▲ **8.**

Gegeben sind zwei Verschiebungen V und W durch die Vektoren $\vec{v}$ bzw. $\vec{w}$. Wendet man auf einen Punkt P zuerst V an, auf den Bildpunkt P′ dann W, kommt man zu einem Punkt P″. Berechne den Ortsvektor von P″.
Welcher Vektor gehört zur Verkettung (Hintereinanderschaltung) der beiden Verschiebungen?

9.

Gegeben ist das Dreieck mit den Eckpunkten $P_1(3\,|\,0\,|\,0)$, $P_2(0\,|\,4\,|\,0)$, $P_3(4\,|\,5\,|\,0)$.
Dieses Dreieck $P_1P_2P_3$ sei Grundfläche eines *geraden* Prismas, von dessen Deckfläche der Eckpunkt $Q_2(0\,|\,4\,|\,9)$ bekannt sei. Diese Deckfläche entsteht aus der Grundfläche durch eine Verschiebung.

a) Gib den Verschiebungsvektor und die Koordinaten der anderen Eckpunkte an.

b) Welche *schiefen* Prismen lassen sich bilden, wenn Q_2 *irgendein* Eckpunkt der Deckfläche sein soll? Gib jeweils die Koordinaten der betreffenden Eckpunkte an.

Darstellen von Vektoren

10.

a) Welche Pfeile gehören zu demselben Vektor? Gib seine Koordinaten an.

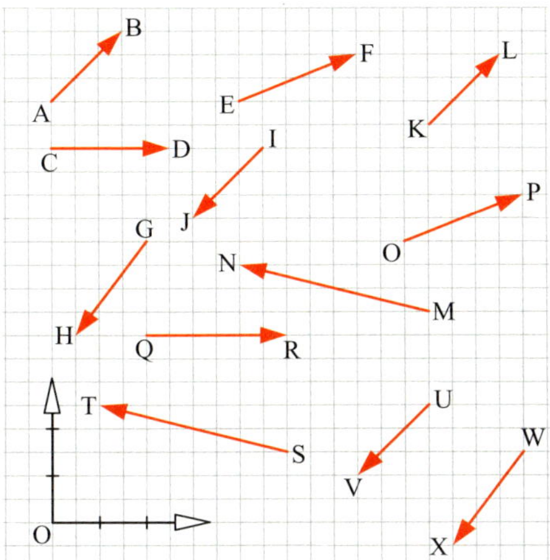

b) Welche Pfeile in der Figur gehören zum Vektor $\overrightarrow{AC}$ $[\overrightarrow{AB}; \overrightarrow{BC}; \overrightarrow{IJ}; \overrightarrow{CG}]$?

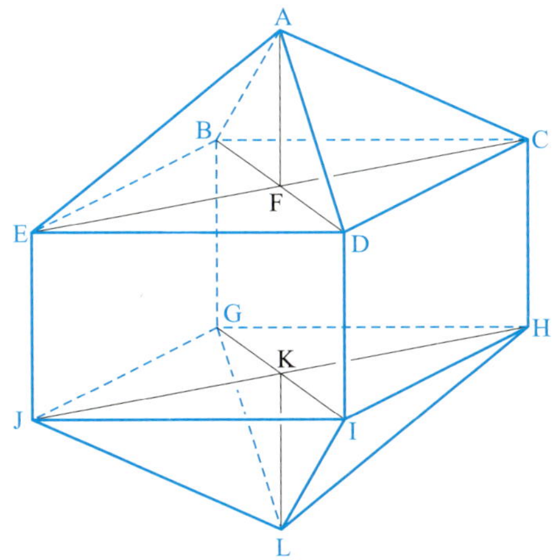

c) Gegeben sind die Punkte A(5 | 1 | 4), B(4 | − 2 | 1), C(7 | 10 | 8), D(5 | 7 | 5). Welche Paare dieser Punkte bestimmen denselben Vektor?

11.

Gegeben sind die Punkte P, Q, R, S. Beweise: Wenn $\overrightarrow{PQ} = \overrightarrow{RS}$ dann ist auch $\overrightarrow{PR} = \overrightarrow{QS}$.

12.

Prüfe, ob ABCD ein Parallelogramm ist, d.h. ob $\overrightarrow{AB} = \overrightarrow{DC}$ bzw. $\overrightarrow{AD} = \overrightarrow{BC}$ gilt.

a) A(− 5 | − 2), B(1 | − 4), C(2 | − 1), D(− 4 | 1)

b) A(3 | − 1 | 2), B(1 | 0 | − 2), C(2 | 1 | 2), D(4 | 0 | 6)

c) A(7 | 6 | 5), B(10 | 7 | 8), C(1 | 5 | 4), D(− 2 | 4 | 1)

d) A(5 | 0 | 2), B(0 | − 4 | 1), C(− 3 | 1 | 0), D(− 8 | − 3 | − 1)

Rechnen mit Vektoren

13.

Berechne:

$$\begin{pmatrix} 2 \\ 3 \\ 5 \end{pmatrix} + \begin{pmatrix} 1 \\ 4 \\ -4 \end{pmatrix}; \quad \begin{pmatrix} 6 \\ 9 \\ 3 \end{pmatrix} + \begin{pmatrix} -9 \\ -5 \\ 4 \end{pmatrix}; \quad \begin{pmatrix} 8 \\ -5 \\ 3 \end{pmatrix} + \begin{pmatrix} -6 \\ -1 \\ -3 \end{pmatrix}; \quad \begin{pmatrix} 1 \\ 2 \\ 4 \end{pmatrix} - \begin{pmatrix} 3 \\ -1 \\ -1 \end{pmatrix}; \quad \begin{pmatrix} -3 \\ 2 \\ 1 \end{pmatrix} - \begin{pmatrix} 6 \\ -8 \\ -9 \end{pmatrix}$$

14.

Gegeben sind die Punkte A, B. Bestimme $\overrightarrow{AB}$ und $\overrightarrow{BA}$.

a) A(0 | 0 | 0), B(1 | 2 | 3)

b) A(3 | − 4 | 5), B(0 | 0 | 0)

c) A(1 | − 3 | − 4), B(− 5 | 3 | − 4)

d) A(3 | − 4 | 5), B(2 | 2 | − 6)

15.

Zeige: (1) $-(\vec{a}+\vec{b}) = (-\vec{a}) + (-\vec{b})$ (2) $-(\vec{a}-\vec{b}) = -\vec{a}+\vec{b}$

Beschreibe die Gleichungen (1), (2) mit Worten.

16.
Berechne:

a) $\begin{pmatrix} 2 \\ -3 \\ 5 \end{pmatrix} - \left(\begin{pmatrix} 6 \\ 1 \\ -8 \end{pmatrix} - \begin{pmatrix} -1 \\ -3 \\ 6 \end{pmatrix} \right)$

b) $\left(\begin{pmatrix} 6 \\ -3 \\ 4 \end{pmatrix} - \begin{pmatrix} -2 \\ -1 \\ -4 \end{pmatrix} \right) - \begin{pmatrix} 8 \\ 7 \\ -5 \end{pmatrix}$

c) $\begin{pmatrix} 2{,}5 \\ -3{,}6 \\ 1{,}8 \end{pmatrix} - \left(\begin{pmatrix} 3{,}1 \\ 4{,}2 \\ -5{,}3 \end{pmatrix} - \begin{pmatrix} -1{,}6 \\ 2{,}4 \\ 6{,}2 \end{pmatrix} \right)$

d) $\left(\begin{pmatrix} 3 \\ -2 \\ 1 \end{pmatrix} - \begin{pmatrix} -2 \\ -3 \\ 1 \end{pmatrix} \right) - \left(\begin{pmatrix} 1 \\ -4 \\ -2 \end{pmatrix} - \begin{pmatrix} 5 \\ 5 \\ 5 \end{pmatrix} \right)$

n-Eck Regeln

17.

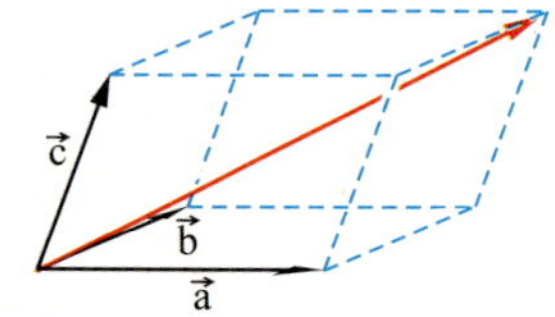

a) Zeige: In einem von zwei Vektoren $\vec{a}$ und $\vec{b}$ aufgespannten Parallelogramm werden ihre Summe und ihre Differenz durch je einen der Diagonalvektoren dargestellt. Präzisiere diese Aussage.

b) Ein Spat wird durch die Vektoren $\vec{a}$, $\vec{b}$, $\vec{c}$ aufgespannt. Beschreibe die im Spat auftretenden Diagonalen mithilfe von $\vec{a}$, $\vec{b}$, $\vec{c}$.

18.

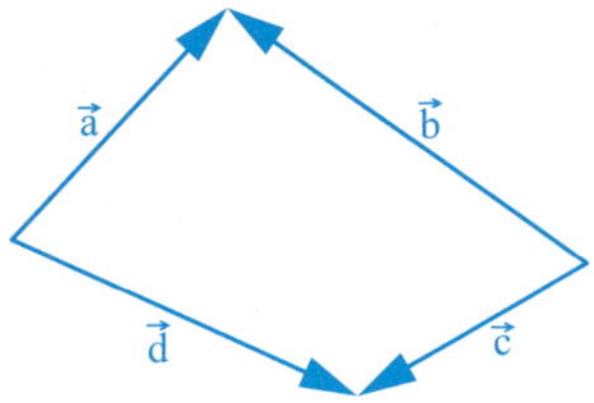

Beim Durchlaufen einer Pfeilkette liest man $+\vec{a}$ in Richtung der Spitze, $-\vec{a}$ gegen die Richtung der Spitze ab, also in der Figur
$\vec{a} = \vec{d} - \vec{c} + \vec{b}$ oder $-\vec{a} = -\vec{b} + \vec{c} - \vec{d}$
Beschreibe ebenso $\vec{b}$ bzw. $\vec{c}$ bzw. $\vec{d}$ mithilfe der anderen Vektoren.

19.

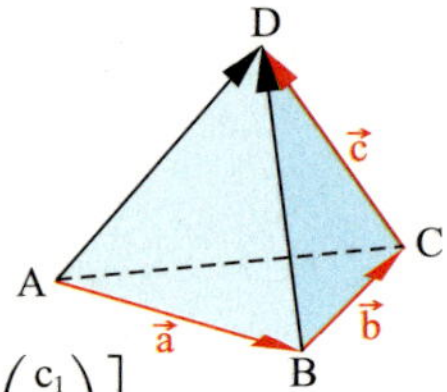

a) Drücke die Kantenvektoren $\overrightarrow{AC}$, $\overrightarrow{BD}$, $\overrightarrow{AD}$ des Tetraeders als Summe mithilfe der Vektoren $\vec{a}$, $\vec{b}$, $\vec{c}$ aus.

b) Berechne die Kantenvektoren in a) aus:

$\vec{a} = \begin{pmatrix} -2 \\ 1 \\ 3 \end{pmatrix}, \vec{b} = \begin{pmatrix} 3 \\ -1 \\ 4 \end{pmatrix}, \vec{c} = \begin{pmatrix} 0 \\ 5 \\ 5 \end{pmatrix} \left[\vec{a} = \begin{pmatrix} a_1 \\ a_2 \\ a_3 \end{pmatrix}, \vec{b} = \begin{pmatrix} b_1 \\ b_2 \\ b_3 \end{pmatrix}, \vec{c} = \begin{pmatrix} c_1 \\ c_2 \\ c_3 \end{pmatrix} \right]$

Punktspiegelung

20.

a) Spiegle das Dreieck mit den Ecken $A(2\,|\,1\,|\,-3)$, $B(-3\,|\,2\,|\,0)$, $C(-1\,|\,1\,|\,1)$ am Punkt $P(3\,|\,2\,|\,4)$.

b) Gegeben ist ein Punkt M durch seinen Ortsvektor. Berechne hieraus und aus dem Ortsvektor eines beliebigen Punktes X den Ortsvektor des Bildes bei der Spiegelung an M. Welche Rechenregeln werden bei der Lösung benutzt?

21.
Betrachte die Punkte P und Q. Bestimme das Bild P′ von P bei einer Punktspiegelung von P an Q.

a) $P(7\,|\,-2\,|\,1)$, $Q(3\,|\,4\,|\,-2)$

b) $P(0\,|\,0\,|\,0)$, $Q(-3\,|\,5\,|\,2)$

c) $P(0\,|\,0\,|\,0)$, $Q(q_1\,|\,q_2\,|\,q_3)$

d) $P(p_1\,|\,p_2\,|\,p_3)$, $Q(q_1\,|\,q_2\,|\,q_3)$

8.4 Parameterdarstellungen von Geraden

Einführung *Festlegen und Vorgeben von Geraden*

Beim Funkmessverfahren (RADAR) bestimmt man aus der Richtung und Laufzeit elektromagnetischer Impulse den Ort von Flugzeugen, bezogen auf den Standort der Sende- und Empfangsantenne. Gemessene Objekte erscheinen auf dem Radarschirm als leuchtende Punkte. Mithilfe mehrerer Messungen lassen sich die Bahnen von Flugzeugen erfassen. Die Flugsicherung sorgt dafür, dass Sicherheitsabstände eingehalten werden.

Um die Bahn eines bewegten Objektes anzuzeigen, muss diese zuvor aus Messdaten errechnet werden. Auch die Lage verschiedener Bahnen zueinander ist berechenbar.

Wir beschränken uns hier auf geradlinige Bahnen. Das Ziel ist die Beschreibung beliebiger Geraden im Raum durch algebraische Ausdrücke. Dann kann man durch Rechnung entscheiden, wie Punkte und Geraden zueinander liegen.

Zuvor überlegen wir: Wie kann man Geraden festlegen und vorgeben? Es helfen die folgenden beiden Vorstellungen:

(1) Gerade als Bahnkurve eines Körpers, der sich mit konstanter Geschwindigkeit bewegt: *Eine Gerade ist bestimmt durch einen ihrer Punkte und durch ihre Richtung.*

(2) Konstruieren der Geraden mithilfe eines Lineals, das an zwei Punkten anliegt: *Zwei Punkte bestimmen genau eine Verbindungsgerade.*

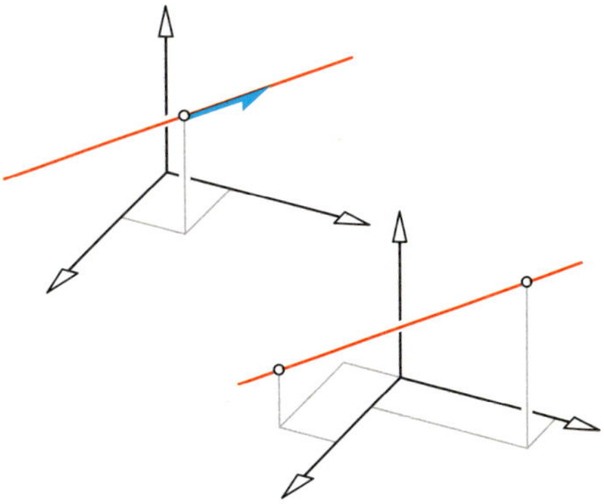

Aufgabe 1 *Parameterdarstellung einer Geraden*

a) Eine Gerade geht durch den Punkt A(4|2|3) und hat die Richtung des Vektors $\vec{v} = \begin{pmatrix} 1 \\ 3 \\ 2 \end{pmatrix}$.
Gib den Ortsvektor eines beliebigen Geradenpunktes X an.

b) Eine andere Gerade verbindet die Punkte P(2|6|4) und Q(5|7|4). Bestimme den Ortsvektor eines beliebigen Geradenpunktes Y.

Lösung

a) Man kann auf verschiedenen Wegen zu einer Antwort kommen. Das Verschieben einer Ursprungsgeraden betrachten wir in der Aufgabe 2.
Hier benutzen wir die *Vorstellung, die Gerade entstehe durch Bewegung eines Körpers mit konstanter Geschwindigkeit:*
- Zum Zeitpunkt 0 Sekunden durchlaufe der Körper die Stelle A.
- Der Vektor $\vec{v}$ gebe die in 1 Sekunde zurückgelegte Strecke nach Betrag und Richtung an.

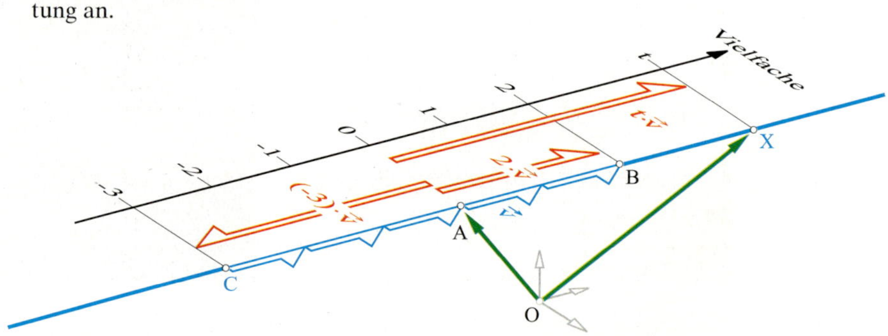

Jeder Punkt X der Geraden wird zu einem bestimmten Zeitpunkt t erreicht. Also ist $\overrightarrow{AX} = t \cdot \vec{v}$ mit einer von X abhängenden Zahl $t \in \mathbb{R}$. Den Ortsvektor von X berechnen wir mit der Dreiecksregel:

$$\overrightarrow{OX} = \overrightarrow{OA} + \overrightarrow{AX} = \overrightarrow{OA} + t \cdot \vec{v} = \begin{pmatrix} 4 \\ 2 \\ 3 \end{pmatrix} + t \cdot \begin{pmatrix} 1 \\ 3 \\ 2 \end{pmatrix}$$

b) Wir verwenden Lösung a).
Die Gerade geht durch den Punkt P und hat die Richtung des Vektors $\vec{w}$ mit

$$\vec{w} = \overrightarrow{PQ} = \overrightarrow{OQ} - \overrightarrow{OP} = \begin{pmatrix} 5 \\ 7 \\ 4 \end{pmatrix} - \begin{pmatrix} 2 \\ 6 \\ 4 \end{pmatrix} = \begin{pmatrix} 3 \\ 1 \\ 0 \end{pmatrix}.$$

Für jeden Punkt Y der Geraden PQ gilt dann:

$$\overrightarrow{OY} = \overrightarrow{OP} + t \cdot \vec{w} = \overrightarrow{OP} + t \cdot \overrightarrow{PQ} = \begin{pmatrix} 2 \\ 6 \\ 4 \end{pmatrix} + t \cdot \begin{pmatrix} 3 \\ 1 \\ 0 \end{pmatrix}$$

mit $t \in \mathbb{R}$.

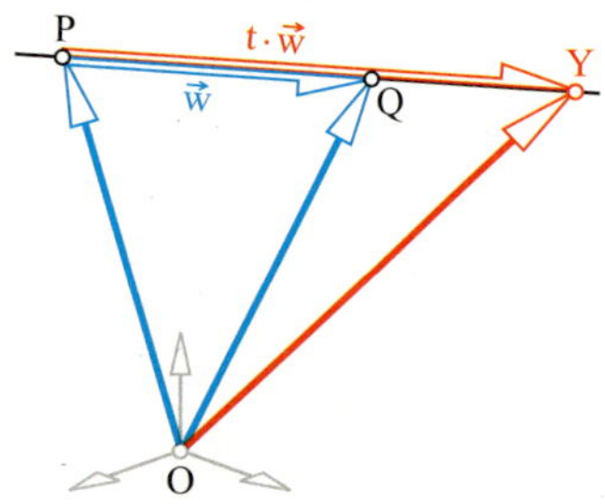

Information **Parameterdarstellung einer Geraden**

Man kann jede Gerade durch einen Punkt A und die Richtung eines Vektors $\vec{v}$ (mit $\vec{v} \neq \vec{o}$) vorgeben bzw. festlegen. Dann gilt in Verallgemeinerung der Lösung von Aufgabe 1 a):

Beispiel:
Die Gerade durch den Punkt A(4|2|3) und mit dem Richtungsvektor

$$\vec{v} = \begin{pmatrix} 1 \\ 3 \\ 2 \end{pmatrix}$$

hat die Parameterdarstellung

$$\overrightarrow{OX} = \begin{pmatrix} 4 \\ 2 \\ 3 \end{pmatrix} + t \cdot \begin{pmatrix} 1 \\ 3 \\ 2 \end{pmatrix}$$

mit $t \in \mathbb{R}$.

Satz 4: *Parameterdarstellung einer Geraden*
Eine Gerade gehe durch den Punkt A und habe die Richtung des Vektors $\vec{v}$
Für jeden Punkt X der Geraden gilt: $\overrightarrow{OX} = \overrightarrow{OA} + t \cdot \vec{v}$ mit einer Zahl $t \in \mathbb{R}$.
Und umgekehrt: Setzt man für t irgendeine Zahl ein, ergibt sich der Ortsvektor eines Geradenpunktes.

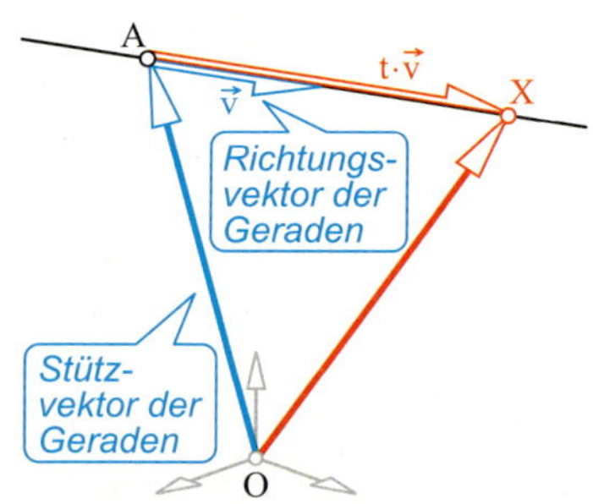

Weiterführende Aufgaben

2. *Gerade und ihre Parallele durch den Ursprung*

Wir betrachten zur Geraden aus der Aufgabe 1 a) die Parallele durch den Ursprung.

a) Gib die Parameterdarstellung dieser Ursprungsgeraden an.

b) Wende dann die Verschiebung an, bei welcher der Ursprung den Bildpunkt A hat. Bestätige so das Ergebnis der Lösung von Aufgabe 1 a).

Die Gerade aus Aufgabe 1 a) geht durch den Punkt A(4 | 2 | 3) und hat den Richtungsvektor $\vec{v} = \begin{pmatrix} 1 \\ 3 \\ 2 \end{pmatrix}$.

3. *Richtungsvektoren einer Geraden, Bedeutung des Parameters*

Gegeben ist die Gerade aus der Aufgabe 1 a).

a) Zeige: $\overrightarrow{OX} = \overrightarrow{OA} + t \cdot (3 \cdot \vec{v})$ mit $t \in \mathbb{R}$ [$\overrightarrow{OX} = \overrightarrow{OA} + t \cdot (-2 \cdot \vec{v})$ mit $t \in \mathbb{R}$] ist ebenfalls eine Parameterdarstellung dieser Geraden.

b) Wie findet man alle Richtungsvektoren dieser Geraden?
Welche Bedeutung haben das Vorzeichen und der Betrag des Parameterwertes eines Geradenpunktes?

4. *Verschiedene Parameterdarstellungen derselben Geraden*

Gegeben ist die Gerade aus der Aufgabe 1 b).

a) Vertausche in Lösung von Aufgabe 1 b) die Rolle der Punkte P und Q.

b) Beschreibe, wie man weitere Parameterdarstellungen der Geraden angeben kann.

Die Gerade aus Aufgabe 1 b) geht durch die Punkte P(2 | 6 | 4) und Q(5 | 7 | 4).

CAS

siehe Seite 225

5. *Parameterdarstellungen von Geraden mit einem CAS*

(1) Zeichne mithilfe eines CAS die Gerade aus Aufgabe 1 a) von Seite 215.

(2) Zeichne einen weiteren Punkt der Geraden.

(3) Verändere im Grafikfenster die Blickrichtung. Verschiebe den Punkt auf der Geraden durch Ändern des Parameters.

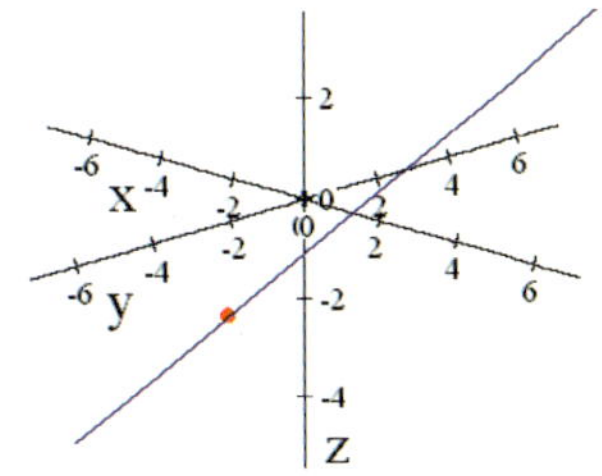

6. *Mittelpunkt einer Strecke*

a) Die Punkte A(3 | 2 | 4) und B(7 | 4 | 10) sind die Endpunkte einer Strecke. Berechne den Ortsvektor des Streckenmittelpunktes.

b) Leite eine Formel her, mit der man aus den Ortsvektoren $\overrightarrow{OA}$, $\overrightarrow{OB}$ der Endpunkte einer Strecke AB den Ortsvektor des Streckenmittelpunktes berechnen kann.

vergl. Information (1) S. 204

7. *Beweis eines geometrischen Satzes durch Rechnung*

a) Gegeben ist ein Viereck ABCD durch die Ortsvektoren $\vec{a}$, $\vec{b}$, $\vec{c}$, $\vec{d}$ seiner Ecken.
Beweise durch Rechnung:
Die Mittelpunkte der Seiten des Vierecks bilden ein Parallelogramm.

b) Was verändert sich in a), wenn die Punkte A, B, C, D
(1) nicht in einer Ebene liegen;
(2) teilweise zusammenfallen;
(3) alle auf einer Geraden liegen?

Übungsaufgaben

Parameterdarstellungen aus Richtungsvektor und Stützvektor

8.

a) Gib eine Parameterdarstellung der Geraden durch den Punkt A mit der Richtung des Vektors $\vec{v}$ an.

(1) $A(2|3|-1)$; $\vec{v} = \begin{pmatrix} 3 \\ 1 \\ -4 \end{pmatrix}$ (2) $A(-1|0|3)$; $\vec{v} = \begin{pmatrix} 1 \\ 1 \\ 1 \end{pmatrix}$

b) Welche Geradenpunkte sind von A um $2 \cdot \vec{v}$ bzw. $-3 \cdot \vec{v}$ entfernt?

9.

Eine Gerade durch den Punkt A hat die Richtung des Vektors $\vec{v}$, also die Parameterdarstellung $\overrightarrow{OX} = \overrightarrow{OA} + t \cdot \vec{v}$.

a) (1) $A(2|-1)$; $\vec{v} = \begin{pmatrix} 1 \\ 4 \end{pmatrix}$ (2) $A(0|1)$; $\vec{v} = \begin{pmatrix} 1 \\ -2 \end{pmatrix}$ (3) $A(0|0)$; $\vec{v} = \begin{pmatrix} -1 \\ -1 \end{pmatrix}$.

Skizziere die Gerade.

b) Gib die Koordinaten der zu $\lambda = 2$ $[-1; 0]$ gehörenden Punkte an.

c) Kontrolliere, ob der Punkt $P(1|1)$ $[Q(0|0), R(3|3), S(1|-1)]$ zur Geraden gehört.

10.

Gib den Richtungs- und Stützvektor der Geraden an. Zeichne auch.

Statt $\overrightarrow{OX}$ schreibt man auch kurz $\vec{x}$

a) $\vec{x} = \begin{pmatrix} 3 \\ -2 \\ 4 \end{pmatrix} + t \cdot \begin{pmatrix} 1 \\ -1 \\ 1 \end{pmatrix}$ **b)** $\vec{x} = t \cdot \begin{pmatrix} -1 \\ 0 \\ 2 \end{pmatrix} + \begin{pmatrix} 1 \\ 1 \\ -1 \end{pmatrix}$ **c)** $\vec{x} = \begin{pmatrix} t \\ t \\ -1 \end{pmatrix}$ **d)** $\vec{x} = \begin{pmatrix} 1-2t \\ -2+t \end{pmatrix}$

11.

Gib eine Parameterdarstellung der Geraden durch A und B an.

a) $A(1|2|3)$, $B(-2|4|5)$

b) $A(-1|0|2)$, $B(-3|1|2)$

c) $A(3|2|3)$, $B(-3|2|-3)$

d) $A(0|0|0)$, $B(-2|0|3)$

12.

Durch die folgende Parameterdarstellung ist eine Gerade gegeben. Gib zu den Parameterwerten $t=0$; $t=1$; $t=-2$; $t=0{,}5$; $t=-3{,}5$ den entsprechenden Punkt der Geraden an.

a) $\vec{x} = \begin{pmatrix} 0 \\ 2 \\ 4 \end{pmatrix} + t \cdot \begin{pmatrix} 1 \\ 1 \\ 1 \end{pmatrix}$

b) $\vec{x} = \begin{pmatrix} -2 \\ 3 \end{pmatrix} + t \cdot \begin{pmatrix} 4 \\ -6 \end{pmatrix}$

c) $\vec{x} = \begin{pmatrix} -7 \\ 4 \\ 3 \end{pmatrix} + t \cdot \begin{pmatrix} 1 \\ -1 \\ 1 \end{pmatrix}$

d) $\vec{x} = \begin{pmatrix} 2 \\ 0 \end{pmatrix} + t \cdot \begin{pmatrix} 1 \\ 3 \end{pmatrix}$

Verschiedene Parameterdarstellungen für dieselbe Gerade

13.

Gib eine Parameterdarstellung der Verbindungsgeraden der Punkte A und B und drei weitere Parameterdarstellungen der Geraden an.

a) Geraden im Raum

(1) $A(3|2|-4)$, $B(6|-4|0)$;
(2) $A(2|0|-3)$, $B(-2|4|-3)$;
(3) $A(0|0|0)$, $B(5|-3|0)$

b) Geraden in der Ebene

(4) $A(2|-1)$, $B(-3|2)$;
(5) $A(0|0)$, $B(-1|-2)$;
(6) $A(1|1)$, $B(-1|-1)$

14.
Begründe: Die Gerade durch die Punkte A und B wird auch durch die folgenden Parameterdarstellungen beschrieben.
(1) $\vec{x} = \overrightarrow{OA} + t \cdot (\overrightarrow{OB} - \overrightarrow{OA})$
(2) $\vec{x} = \overrightarrow{OA} - t \cdot \overrightarrow{AB}$
(3) $\vec{x} = \overrightarrow{OA} + \frac{1}{2} \cdot \overrightarrow{AB} - t \cdot \overrightarrow{BA}$
(4) $\vec{x} = \overrightarrow{OB} + t \cdot \overrightarrow{BA}$

15.
Begründe allgemein:
a) Ist $\vec{x} = \vec{a} + t \cdot \vec{v}$ mit $\vec{v} \neq \vec{o}$ eine Parameterdarstellung einer Geraden, so kann anstelle von $\vec{a}$ jeder Vektor $\vec{a} + r \cdot \vec{v}$ genommen werden.
Man erhält dann jeweils eine Parameterdarstellung der gegebenen Geraden.
b) Ist $\vec{v}$ ($\vec{v} \neq \vec{o}$) ein Richtungsvektor einer Geraden, so ist auch jeder Vektor $s \cdot \vec{v}$ ($s \neq 0$) ein Richtungsvektor dieser Geraden.

Geraden in der Ebene

▲ **16.**
a) Eine Gerade ist gegeben durch die Gleichung $x_2 = \frac{3}{4}x_1 + 2$ [$x_1 = 4$].
Zeichne die Gerade und gib eine Parameterdarstellung an.
b) Gegeben sei allgemein eine Gerade durch ihre Gleichung $x_2 = m x_1 + b$ bzw. $x_1 = a$.
Gib eine Parameterdarstellung an.
Hinweis zur Lösung: Beachte und begründe, dass zur Steigung m der *Steigungsvektor* $\begin{pmatrix} 1 \\ m \end{pmatrix}$ gehört; gib den Ortsvektor des Schnittpunktes mit der 2. Achse an.
c) Gib eine Parameterdarstellung der durch die Gleichung gegebenen Geraden an.
(1) $y = 3x - 7$; (2) $y = 4$; (3) $y = -0{,}5x$; (4) $7x - 3y = 2$; (5) $x = -2$

17.
a) Eine Gerade hat die Parameterdarstellung $\overrightarrow{OX} = \overrightarrow{OA} + t \cdot \vec{v} = \begin{pmatrix} 2 \\ -1 \end{pmatrix} + \lambda \cdot \begin{pmatrix} 5 \\ 4 \end{pmatrix}$, $t \in \mathbb{R}$.
Zeichne die Gerade und gib eine Koordinatendarstellung in der Form $y = mx + b$ an.
Hinweis zur Lösung: Durch den Stützvektor ist ein Punkt der Geraden und durch den Richtungsvektor ihre Steigung gegeben.
b) Gib eine Koordinatengleichung der durch die Parameterdarstellungen gegebenen Geraden an.
(1) $\vec{x} = \begin{pmatrix} -2 \\ 3 \end{pmatrix} + t \cdot \begin{pmatrix} 2 \\ -5 \end{pmatrix}$;
(2) $\vec{x} = \begin{pmatrix} 0 \\ -1 \end{pmatrix} + t \cdot \begin{pmatrix} 1 \\ 0 \end{pmatrix}$;
(3) $\vec{x} = (t-1) \cdot \begin{pmatrix} -1 \\ 2 \end{pmatrix}$;
(4) $\vec{x} = \begin{pmatrix} 1 \\ 1 \end{pmatrix} + t \cdot \begin{pmatrix} -1 \\ -1 \end{pmatrix}$;
(5) $\vec{x} = t \cdot \begin{pmatrix} 1 \\ -1 \end{pmatrix}$;
(6) $\vec{x} = \begin{pmatrix} 3t - 4 \\ -2t \end{pmatrix}$

▲ **18.**
a) Zeige, dass die Gerade durch die Punkte $A(a; 0)$ und $B(0; b)$ (*Achsenabschnitte*) mit $a \neq 0$, $b \neq 0$ durch die Koordinatengleichung $\frac{x_1}{a} + \frac{x_2}{b} = 1$ (*Achsenabschnittsform*) beschrieben werden kann.
b) Berechne die Achsenabschnitte der Geraden. Zeichne.
(1) $\frac{x_1}{4} + \frac{x_2}{7} = 1$;
(2) $\frac{x_1}{2} + \frac{x_2}{3} = 1$;
(3) $-3x_1 + 2x_2 = 1$;
(4) $2x_1 - \frac{1}{2}x_2 = 1$;
(5) $10x_1 - 5x_2 = 15$;
(6) $x_2 = 3x_1 - 2$
c) Gib eine Parameterdarstellung der in a) und b) gegebenen Geraden unter Zuhilfenahme der zu den Achsenabschnitten gehörenden Ortsvektoren an.

8.5 Lageaufgaben

8.5.1 Punkt und Gerade (Punktprobe)

Aufgabe 1 *Verfahren der Punktprobe*

Gegeben sind eine Gerade durch die Parameterdarstellung $\overrightarrow{OX} = \begin{pmatrix} -4 \\ 3 \\ 1 \end{pmatrix} + \lambda \cdot \begin{pmatrix} 2 \\ -2 \\ 6 \end{pmatrix}$ mit $\lambda \in \mathbb{R}$ sowie die Punkte $P(0\,|\,-1\,|\,7)$ und $Q(-7\,|\,6\,|\,-8)$.

Untersuche, ob die Punkte auf der Geraden liegen, und berechne gegebenenfalls die zugehörigen Parameterwerte.

Lösung (1) *Vorüberlegung*

- *Wenn der Punkt* P *auf der Geraden liegt,* so muss es einen Wert für den Parameter λ geben, der die Vektorgleichung
$\overrightarrow{OP} = \begin{pmatrix} p_1 \\ p_2 \\ p_3 \end{pmatrix} = \begin{pmatrix} -4 \\ 3 \\ 1 \end{pmatrix} + \lambda \cdot \begin{pmatrix} 2 \\ -2 \\ 6 \end{pmatrix}$ erfüllt.
- *Wenn aber der Punkt* P *nicht auf der Geraden liegt,* so ist
$\overrightarrow{OP} = \begin{pmatrix} p_1 \\ p_2 \\ p_3 \end{pmatrix} \neq \begin{pmatrix} -4 \\ 3 \\ 1 \end{pmatrix} + \lambda \cdot \begin{pmatrix} 2 \\ -2 \\ 6 \end{pmatrix}$, welche Zahl man auch für λ einsetzt.

Entsprechendes gilt für den Punkt Q.

(2) *Ansatz*

$$\overrightarrow{OP} = \begin{pmatrix} 0 \\ -1 \\ 7 \end{pmatrix} = \begin{pmatrix} -4 \\ 3 \\ 1 \end{pmatrix} + \lambda \cdot \begin{pmatrix} 2 \\ -2 \\ 6 \end{pmatrix} \qquad \overrightarrow{OQ} = \begin{pmatrix} -7 \\ 6 \\ -8 \end{pmatrix} = \begin{pmatrix} -4 \\ 3 \\ 1 \end{pmatrix} + \lambda \cdot \begin{pmatrix} 2 \\ -2 \\ 6 \end{pmatrix}$$

Gibt es einen Wert für den Parameter λ, der diese Vektorgleichung erfüllt?

Wir schreiben die Vektorgleichung um in ein Gleichungssystem:

$$\left| \begin{array}{rl} 0 = & -4 + 2\lambda \\ -1 = & 3 - 2\lambda \\ 7 = & 1 + 6\lambda \end{array} \right| \qquad \left| \begin{array}{rl} -7 = & -4 + 2\lambda \\ 6 = & 3 - 2\lambda \\ -8 = & 1 + 6\lambda \end{array} \right|$$

Eine Zahl λ löst genau dann das ganze System, wenn sie alle drei Gleichungen erfüllt.

Das System besteht aus drei linearen Gleichungen für nur eine Variable λ.

(3) *Rechnung*

Wir lösen alle 3 Gleichungen nach λ auf:

$$\left| \begin{array}{l} \lambda = 2 \\ \lambda = 2 \\ \lambda = 1 \end{array} \right| \qquad \left| \begin{array}{l} \lambda = -1{,}5 \\ \lambda = -1{,}5 \\ \lambda = -1{,}5 \end{array} \right|$$

Es gibt keine Zahl λ, die alle drei Gleichungen erfüllt. Daher gilt für alle λ:

$$\overrightarrow{OP} \neq \begin{pmatrix} -4 \\ 3 \\ 1 \end{pmatrix} + \lambda \cdot \begin{pmatrix} 2 \\ -2 \\ 6 \end{pmatrix}$$

Das System hat die Lösung $\lambda = -1{,}5$. Daher ist:

$$\overrightarrow{OQ} = \begin{pmatrix} -4 \\ 3 \\ 1 \end{pmatrix} - 1{,}5 \cdot \begin{pmatrix} 2 \\ -2 \\ 6 \end{pmatrix}$$

(4) *Ergebnis*

Der Punkt P liegt *nicht* auf der Geraden.

Der Punkt Q liegt auf der Geraden und hat den Parameterwert $\lambda = -1{,}5$.

Übungsaufgaben

Punkte auf Geraden – Punkte auf Strecken

2.
Verändere die Parameterdarstellung für die Gerade in der Aufgabe 1 folgendermaßen: Ersetze den Richtungsvektor durch seinen Gegenvektor und den Stützvektor durch den Vektor, der sich für $\lambda = 1$ [$\lambda = -1{,}2$] ergibt.
Mache jetzt die Punktprobe mit den Punkten in der Aufgabe 1. Vergleiche.

3.
Gegeben sind eine Parameterdarstellung einer Geraden und drei Punkte.
Welcher der drei Punkte liegt nicht auf der Geraden?
Welcher der Punkte liegt auf der Strecke, die durch $-1 \le \lambda \le 2$ gegeben ist?

$\vec{x}$ statt $\overrightarrow{OX}$

a) $\vec{x} = \begin{pmatrix} 1 \\ 1 \\ 4 \end{pmatrix} + \lambda \cdot \begin{pmatrix} -2 \\ 1 \\ 1 \end{pmatrix}$;
A(0 | 1,5 | 4,5), B(−1 | 2 | 4), C(−5 | 4 | 7)

b) $\vec{x} = \begin{pmatrix} -2 \\ 3 \end{pmatrix} + \lambda \cdot \begin{pmatrix} 5 \\ 2 \end{pmatrix}$;
A(8 | 7), B(0 | 3,8), C(3 | 3)

4.
Liegen die Punkte P, Q, R auf der Strecke $\overline{AB}$?
(1) A(2 | −4 | 4), B(−2 | 0 | 2);   P(1 | 4 | −3), Q(−6 | 4 | 0), R(−1 | −1 | 2,5)
(2) A(1 | 2), B(−2 | −1);   P(3 | 4), Q(0 | 2), R(−3 | −2)

Bestimmen von Punkten, sodass sie auf gegebenen Geraden liegen

5.
Kann man bei der durch die Parameterdarstellung gegebenen Geraden die Koordinaten der Punkte so bestimmen, dass sie auf der Geraden liegen? Begründe.

a) $\vec{x} = \begin{pmatrix} -1 \\ 2 \\ 0 \end{pmatrix} + \lambda \cdot \begin{pmatrix} 2 \\ 1 \\ 1 \end{pmatrix}$;
A(x_1 | 1 | −1), B(0 | x_2 | 0), C(1 | x_2 | x_3)

b) $\vec{x} = \begin{pmatrix} 1 \\ 2 \\ 2 \end{pmatrix} + \lambda \cdot \begin{pmatrix} 2 \\ 3 \\ 2 \end{pmatrix}$;
A(1 | x_2 | 2), B(x_1 | 2 | x_3)

6.
Bestimme, falls möglich, r und s bzw. r, s, t in der folgenden Parameterdarstellung so, dass der Punkt P(−1 | 2 | 0) [Q(0 | 0 | 1), R(−2 | 3 | −1)] auf der Geraden liegt.

a) $\vec{x} = \begin{pmatrix} -1 \\ 2 \\ 0 \end{pmatrix} + \lambda \cdot \begin{pmatrix} r \\ 1 \\ -2 \end{pmatrix}$;

c) $\vec{x} = \begin{pmatrix} 1 \\ 0 \\ -2 \end{pmatrix} + \lambda \cdot \begin{pmatrix} r \\ s \\ 0 \end{pmatrix}$;

e) $\vec{x} = \begin{pmatrix} 2 \\ 1 \\ -2 \end{pmatrix} + \lambda \cdot \begin{pmatrix} r \\ s \\ t \end{pmatrix}$;

b) $\vec{x} = \begin{pmatrix} s \\ 1 \\ -1 \end{pmatrix} + \lambda \cdot \begin{pmatrix} r \\ 2 \\ -3 \end{pmatrix}$;

d) $\vec{x} = \lambda \cdot \begin{pmatrix} r \\ 0 \\ s \end{pmatrix}$;

f) $\vec{x} = \begin{pmatrix} 0 \\ r \\ s \end{pmatrix} + \lambda \cdot \begin{pmatrix} 1 \\ 0 \\ -1 \end{pmatrix}$

7.
Ein Unterseeboot hat in einem Koordinatensystem die Koordinaten U(2 | −1,5 | −1). Sein Kurs wird beschrieben durch den Vektor $\vec{v} = \begin{pmatrix} -1 \\ -0{,}5 \\ 1 \end{pmatrix}$. Trifft es ohne Kursänderung auf den Punkt W(−7 | −6 | −1,7) am zu untersuchenden Schiffswrack?

8.5.2 Gegenseitige Lage zweier Geraden

Einführung

(1) Wie können zwei Geraden im Raum zueinander liegen?

Wir betrachten die Kanten an einem Körper oder experimentieren mit Linealen.

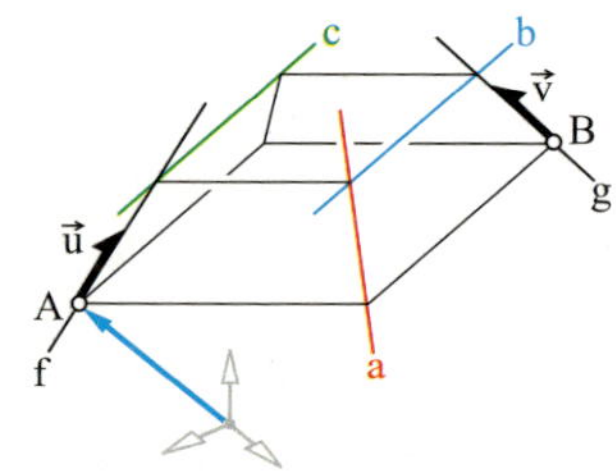

a) Zwei Geraden a und b mit *genau einem Schnittpunkt:* Sie haben verschiedene Richtungen und spannen eine Ebene auf.

b) Zwei *zueinander parallele Geraden* b und c: Sie haben dieselbe Richtung und liegen in einer Ebene.

c) Zwei *zueinander windschiefe Geraden* a und c: Sie haben verschiedene Richtungen, liegen aber nicht in einer Ebene und schneiden daher einander nicht.

(2) Wie kann man durch Rechnung die gegenseitige Lage zweier Geraden im Raum bestimmen?

Wir beschreiben jede Gerade durch eine Parameterdarstellung:

f: $\overrightarrow{OX} = \overrightarrow{OA} + \lambda \cdot \vec{u}$ mit $\lambda \in \mathbb{R}$ g: $\overrightarrow{OX} = \overrightarrow{OB} + \mu \cdot \vec{v}$ mit $\mu \in \mathbb{R}$

vergl. Aufgabe 4 S. 220

Wir müssen sowohl prüfen, ob die Geraden zueinander parallel sind, als auch, ob sie gemeinsame Punkte haben. Man kann mit dem einen oder dem anderen beginnen. Hier fangen wir mit dem Vergleich der Richtungen der beiden Geraden an. Dazu benötigt man nur die Richtungsvektoren $\vec{u}$ und $\vec{v}$ der Geraden.

Aufgabe 1 *Parallelität von Geraden*

Wir überlegen zuerst allgemein, bevor wir ein Beispiel durchrechnen.

a) Gegeben sind zwei Geraden mit den Richtungsvektoren $\vec{u}$ bzw. $\vec{v}$. Wie kann man entscheiden, ob die Geraden zueinander parallel sind?

b) Gegeben sind drei Geraden f, g und h mit den Richtungsvektoren

$\vec{u} = \begin{pmatrix} 2 \\ -6 \\ -4 \end{pmatrix}$ bzw. $\vec{v} = \begin{pmatrix} -3 \\ 9 \\ 6 \end{pmatrix}$ bzw. $\vec{w} = \begin{pmatrix} 8 \\ 6 \\ -12 \end{pmatrix}$.

Untersuche, welche der Geraden zueinander parallel sind.

Lösung **a)**

Test auf Parallelität zweier Geraden mit den Richtungsvektoren $\vec{u}$ bzw. $\vec{v}$

- *Wenn der Vektor $\vec{v}$ ein Vielfaches des Vektors $\vec{u}$ ist,* so weist $\vec{v}$ in dieselbe oder in die entgegengesetzte Richtung wie $\vec{u}$ und beide Geraden sind zueinander parallel.

Hiervon gilt auch die Umkehrung: Bei zwei zueinander parallelen Geraden ist jeder Richtungsvektor der einen auch ein Richtungsvektor der anderen.

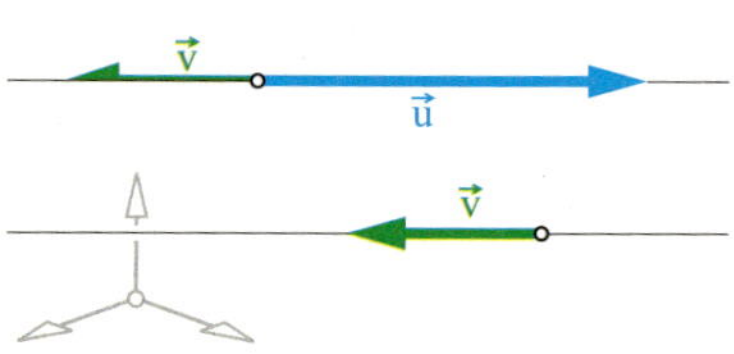

Das bedeutet:

- *Wenn der Vektor $\vec{v}$ kein Vielfaches des Vektors $\vec{u}$ ist,* so sind die beiden Geraden nicht zueinander parallel.

b) Test auf Parallelität der Geraden

f und g

(1) Gemäß a) setzen wir an:

Gibt es einen Wert für die Variable t, der diese Vektorgleichung erfüllt?

$\vec{v} = t \cdot \vec{u}$

$$\begin{pmatrix} -3 \\ 9 \\ 6 \end{pmatrix} = t \cdot \begin{pmatrix} 2 \\ -6 \\ -4 \end{pmatrix} = \begin{pmatrix} 2t \\ -6t \\ -4t \end{pmatrix}$$

Wir schreiben die Vektorgleichung als Gleichungssystem mit 1 Variable:

$$\left| \begin{array}{r} -3 = 2t \\ 9 = -6t \\ 6 = -4t \end{array} \right|$$

(2) *Rechnung:*

$$\left| \begin{array}{l} t = -1{,}5 \\ t = -1{,}5 \\ t = -1{,}5 \end{array} \right|$$

Stelle die Variable frei

Das System hat die Lösung $t = -1{,}5$.

Daher ist $\vec{v} = (-1{,}5) \cdot \vec{u}$.

(3) *Ergebnis*

f und g sind zueinander parallel.

f und h

$\vec{w} = t \cdot \vec{u}$

$$\begin{pmatrix} 8 \\ 6 \\ -12 \end{pmatrix} = t \cdot \begin{pmatrix} 2 \\ -6 \\ -4 \end{pmatrix} = \begin{pmatrix} 2t \\ -6t \\ -4t \end{pmatrix}$$

$$\left| \begin{array}{r} 8 = 2t \\ 6 = -6t \\ -12 = -4t \end{array} \right|$$

Jede Lösung des Systems muss alle drei Gleichungen erfüllen.

$$\left| \begin{array}{l} t = 4 \\ t = -1 \\ t = 3 \end{array} \right|$$

Es gibt keine Zahl t, die alle drei Gleichungen erfüllt.

Daher ist $\vec{w} \neq t \cdot \vec{u}$.

f und h sind *nicht* zueinander parallel.

Weil f und g zueinander parallel sind, f und h aber nicht, ist auch g nicht parallel zu h.

Information **Parallelität bei Vektoren**

Wir nennen künftig zwei Vektoren $\vec{u}$ und $\vec{v}$ mit $\vec{u} \neq \vec{o}$, $\vec{v} \neq \vec{o}$ **zueinander parallel,** wenn sie im Koordinatensystem durch zueinander parallele Pfeile veranschaulicht werden können, und schreiben dann auch $\vec{u} \parallel \vec{v}$.

> *Parallelität von Vektoren*
> Zwei vom Nullvektor verschiedene Vektoren sind genau dann **zueinander parallel,** wenn sie Vielfache voneinander sind.

Aufgabe 2 *Test auf gemeinsame Punkte zweier Geraden*

Auch hier überlegen wir zuerst allgemein, bevor wir Beispiele durchrechnen.

a) Gegeben sind zwei Geraden durch die Parameterdarstellungen

f: $\overrightarrow{OX} = \overrightarrow{OA} + \lambda \cdot \vec{u}$ mit $\lambda \in \mathbb{R}$, g: $\overrightarrow{OX} = \overrightarrow{OB} + \mu \cdot \vec{v}$ mit $\mu \in \mathbb{R}$.

Wie kann man entscheiden, ob die Geraden gemeinsame Punkte haben?

b) Gegeben sind drei Geraden f, g, h durch die Parameterdarstellungen

$$f: \overrightarrow{OX} = \begin{pmatrix} -2 \\ 8 \\ 8 \end{pmatrix} + \lambda \cdot \begin{pmatrix} 2 \\ -6 \\ -4 \end{pmatrix}$$

$$g: \overrightarrow{OX} = \begin{pmatrix} 2 \\ -4 \\ 5 \end{pmatrix} + \lambda \cdot \begin{pmatrix} -3 \\ 9 \\ 6 \end{pmatrix}$$

$$h: \overrightarrow{OX} = \begin{pmatrix} 10 \\ 2 \\ -12 \end{pmatrix} + \lambda \cdot \begin{pmatrix} 8 \\ 6 \\ -12 \end{pmatrix}$$

Dieselben Richtungsvektoren wie in Aufgabe 1 b)

Bestimme die gemeinsamen Punkte von je zwei der drei Geraden.

Lösung

a) Ein gemeinsamer Punkt S der Geraden f und g hat auf diesen i.a. verschiedene Parameterwerte. Deshalb muss man die Parameter in den Parameterdarstellungen unterschiedlich bezeichnen.

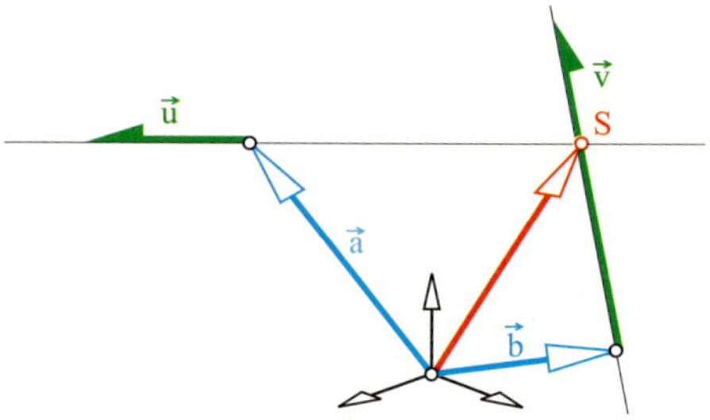

Test auf gemeinsame Punkte der Geraden mit den Parameterdarstellungen

f: $\overrightarrow{OX} = \overrightarrow{OA} + \lambda \cdot \vec{u}$ mit $\lambda \in \mathbb{R}$,

g: $\overrightarrow{OX} = \overrightarrow{OB} + \mu \cdot \vec{v}$ mit $\mu \in \mathbb{R}$.

- *Wenn die Geraden einen gemeinsamen Punkt* S *haben,* so muss es Werte für die Parameter λ, μ geben, welche die Vektorgleichungen
  $\overrightarrow{OS} = \overrightarrow{OA} + \lambda \cdot \vec{u}$ und $\overrightarrow{OS} = \overrightarrow{OB} + \mu \cdot \vec{v}$,
  also auch $\overrightarrow{OA} + \lambda \cdot \vec{u} = \overrightarrow{OB} + \mu \cdot \vec{v}$ erfüllen.
- *Wenn die Geraden keinen gemeinsamen Punkt besitzen,* so ist
  $\overrightarrow{OA} + \lambda \cdot \vec{u} \neq \overrightarrow{OB} + \mu \cdot \vec{v}$,
  welche Zahlen man auch für λ und μ einsetzt.

Zum Berechnen gemeinsamer Punkte löst man die Vektorgleichung

$\overrightarrow{OA} + \lambda \cdot \vec{u} = \overrightarrow{OB} + \mu \cdot \vec{v}$

„nach λ und μ auf". Gibt es Lösungen, so gehören diese Parameterwerte zu gemeinsamen Punkten der Geraden.

b) Nach der Lösung von Aufgabe 1 sind die Geraden f und g zueinander parallel, dagegen weder die Geraden f und h noch die Geraden g und h.
Bei f und g könnte es sich um dieselbe Gerade handeln, während f und h sowie g und h jeweils höchstens einen gemeinsamen Punkt besitzen. Wir berechnen zuerst gemeinsame Punkte von f und h bzw. g und h, danach solche von f und g.

Berechnen gemeinsamer Punkte bei nicht parallelen Geraden

Für f und h setze: $\overrightarrow{OA} = \begin{pmatrix} -2 \\ 8 \\ 8 \end{pmatrix}$, $\vec{u} = \begin{pmatrix} 2 \\ -6 \\ -4 \end{pmatrix}$, $\overrightarrow{OB} = \begin{pmatrix} 10 \\ 2 \\ -12 \end{pmatrix}$, $\vec{v} = \begin{pmatrix} 8 \\ 6 \\ -12 \end{pmatrix}$

Für g und h setze: $\overrightarrow{OA} = \begin{pmatrix} 2 \\ -4 \\ 5 \end{pmatrix}$, $\vec{u} = \begin{pmatrix} -3 \\ 9 \\ 6 \end{pmatrix}$, $\overrightarrow{OB} = \begin{pmatrix} 10 \\ 2 \\ -12 \end{pmatrix}$, $\vec{v} = \begin{pmatrix} 8 \\ 6 \\ -12 \end{pmatrix}$

(1) Wir setzen gemäß a) an für Schnittpunkte der Geraden

f und h:

$$\begin{pmatrix} -2 \\ 8 \\ 8 \end{pmatrix} + \lambda \cdot \begin{pmatrix} 2 \\ -6 \\ -4 \end{pmatrix} = \begin{pmatrix} 10 \\ 2 \\ -12 \end{pmatrix} + \mu \cdot \begin{pmatrix} 8 \\ 6 \\ -12 \end{pmatrix}$$

g und h:

$$\begin{pmatrix} 2 \\ -4 \\ 5 \end{pmatrix} + \lambda \cdot \begin{pmatrix} -3 \\ 9 \\ 6 \end{pmatrix} = \begin{pmatrix} 10 \\ 2 \\ -12 \end{pmatrix} + \mu \cdot \begin{pmatrix} 8 \\ 6 \\ -12 \end{pmatrix}$$

Gibt es Werte für λ und μ, welche diese Vektorgleichung erfüllen?

Wir schreiben die Vektorgleichung als Gleichungssystem mit 2 Variablen:

$$\left| \begin{aligned} -2 + 2\lambda &= 10 + 8\mu \\ 8 - 6\lambda &= 2 + 6\mu \\ 8 - 4\lambda &= -12 - 12\mu \end{aligned} \right| \qquad \left| \begin{aligned} 2 - 3\lambda &= 10 + 8\mu \\ -4 + 9\lambda &= 2 + 6\mu \\ 5 + 6\lambda &= -12 - 12\mu \end{aligned} \right|$$

Jedes Lösungspaar $(\lambda \mid \mu)$ *des Systems muss alle drei Gleichungen erfüllen.*

(2) *Rechnung*

Berechne λ und μ z. B. aus den ersten beiden Gleichungen:

$$\left|\begin{array}{r} -2+2\lambda = 10+8\mu \\ 8-6\lambda = 2+6\mu \end{array}\right| \qquad \left|\begin{array}{r} 2-3\lambda = 10+8\mu \\ -4+9\lambda = 2+6\mu \end{array}\right|$$

Wir erhalten:

$\lambda=2,\ \mu=-1$ $\qquad$ $\lambda=0,\ \mu=-1$

Erst nach dem Einsetzen dieser Zahlen in die dritte Gleichung wissen wir, ob die Zahlen das gesamte Gleichungssystem lösen:

$8-4\cdot 2=-12-12\cdot(-1)$ richtig $\qquad$ $5+6\cdot 0=-12-12\cdot(-1)$ falsch

Das ursprüngliche Gleichungssystem und die Vektorgleichungen haben die einzige Lösung.

$\lambda=2,\ \mu=-1$

Das ursprüngliche Gleichungssystem und die Vektorgleichungen haben keine Lösung.

(3) *Ergebnis*

Die Geraden f und h schneiden einander in einem Punkt S. Zu ihm gehören die Parameterwerte $\lambda=2$ und $\mu=-1$ sowie der Ortsvektor

$$\overrightarrow{OS}=\begin{pmatrix}-2\\8\\8\end{pmatrix}+2\cdot\begin{pmatrix}2\\-6\\-4\end{pmatrix}=\begin{pmatrix}2\\-4\\0\end{pmatrix}.$$

Probe:

$$\overrightarrow{OS}=\begin{pmatrix}10\\2\\-12\end{pmatrix}+(-1)\cdot\begin{pmatrix}8\\6\\-12\end{pmatrix}=\begin{pmatrix}2\\-4\\0\end{pmatrix}$$

Wert für μ in die Parameterdarstellung von h einsetzen

Die Geraden g und h haben keine gemeinsamen Punkte. Da sie nach der Lösung von Aufgabe 1 nicht zueinander parallel sind, muss g zu h windschief sein.

Test auf gemeinsame Punkte bei zueinander parallelen Geraden

Für f und g setze: $\overrightarrow{OA}=\begin{pmatrix}-2\\8\\8\end{pmatrix}$, $\vec{u}=\begin{pmatrix}2\\-6\\-4\end{pmatrix}$, $\overrightarrow{OB}=\begin{pmatrix}2\\-4\\5\end{pmatrix}$, $\vec{v}=\begin{pmatrix}-3\\9\\6\end{pmatrix}$

(1) Wir setzen gemäß a) an für Schnittpunkte der Geraden f und g:

$$\begin{pmatrix}-2\\8\\8\end{pmatrix}+\lambda\cdot\begin{pmatrix}2\\-6\\-4\end{pmatrix}=\begin{pmatrix}2\\-4\\5\end{pmatrix}+\mu\cdot\begin{pmatrix}-3\\9\\6\end{pmatrix}$$

Dies liefert das folgende Gleichungssystem für λ, μ:

$$\left|\begin{array}{r} 2\lambda+3\mu = 4 \\ -6\lambda-9\mu = -12 \\ -4\lambda-6\mu = -3 \end{array}\right|$$

(2) *Rechnung:*

Die 2. Gleichung ist das (– 3)-fache der ersten Gleichung und daher entbehrlich bei der Bestimmung der Lösungen für λ und μ.

Die 1. und die 3. Gleichung lassen sich nicht gleichzeitig erfüllen: Die linken Seiten sind zwar Vielfache voneinander, aber andere als die rechten Seiten.

Das Gleichungssystem hat also keine Lösung.

(3) *Ergebnis:*

Die Geraden f und h haben keine gemeinsamen Punkte. Zusammen mit der Lösung von Aufgabe 1 b) folgt:

f und g sind verschiedene und zueinander parallele Geraden.

Weiterführende Aufgaben

3. *Gemeinsame Punkte zueinander paralleler Geraden*

a) Verändere in Aufgabe 2b) den *Stützvektor* $\begin{pmatrix} 2 \\ -4 \\ 5 \end{pmatrix}$ der Geraden g so, dass das entsprechende Gleichungssystem zum Berechnen gemeinsamer Punkte der Geraden f und g Lösungen hat. Was bedeutet dies geometrisch?
Bestimme dann alle Lösungen des Gleichungssystems.
Kann man diese auch geometrisch interpretieren?

b) Wie lässt sich mithilfe der Punktprobe aus Abschnitt 8.5, S. 214 prüfen, ob *zueinander parallele* Geraden verschieden sind?

4. *Erst gemeinsame Punkte berechnen, dann die Richtungen vergleichen*
Die gegenseitige Lage zweier Geraden ergibt sich auch, wenn man zuerst gemeinsame Punkte sucht und dann gegebenenfalls die Richtungen miteinander vergleicht.
Beschreibe das Verfahren und wende es auf die Geraden von Aufgabe 2b) an.

Übungsaufgaben

Gegenseitige Lage von Geraden

5.
Durch die Parameterdarstellungen sind Geraden g, h, k gegeben.
Untersuche ihre gegenseitige Lage. Berechne gegebenenfalls Schnittpunkte.

$\vec{x}$ statt $\overrightarrow{OX}$

a) g: $\vec{x} = \begin{pmatrix} 0 \\ 2 \\ 5 \end{pmatrix} + \lambda \cdot \begin{pmatrix} 7 \\ -1 \\ 3 \end{pmatrix}$; h: $\vec{x} = \begin{pmatrix} 17 \\ 15 \\ 6 \end{pmatrix} + \mu \cdot \begin{pmatrix} 1 \\ -4 \\ 2 \end{pmatrix}$; k: $\vec{x} = \begin{pmatrix} 3 \\ 0 \\ -1 \end{pmatrix} + \nu \cdot \begin{pmatrix} 1 \\ -1 \\ -4 \end{pmatrix}$

b) g: $\vec{x} = \begin{pmatrix} 2 \\ 0 \\ 3 \end{pmatrix} + \lambda \cdot \begin{pmatrix} -1 \\ 2 \\ 2 \end{pmatrix}$; h: $\vec{x} = \begin{pmatrix} 4 \\ 4 \\ 0 \end{pmatrix} + \mu \cdot \begin{pmatrix} 3 \\ 2 \\ -5 \end{pmatrix}$; k: $\vec{x} = \begin{pmatrix} 2{,}5 \\ 4 \\ 0 \end{pmatrix} + \nu \cdot \begin{pmatrix} -3 \\ -2 \\ 5 \end{pmatrix}$

c) g: $\vec{x} = \begin{pmatrix} -7 \\ 0 \end{pmatrix} + \lambda \cdot \begin{pmatrix} 2 \\ 1 \end{pmatrix}$; h: $\vec{x} = \begin{pmatrix} 5 \\ 0 \end{pmatrix} + \mu \cdot \begin{pmatrix} 1 \\ -1 \end{pmatrix}$; k: $\vec{x} = \begin{pmatrix} 0 \\ 8 \end{pmatrix} + \nu \cdot \begin{pmatrix} 1 \\ -4 \end{pmatrix}$

d) g: $\vec{x} = \begin{pmatrix} -3 \\ 5 \end{pmatrix} + \lambda \cdot \begin{pmatrix} 1 \\ -1 \end{pmatrix}$; h: $3x_1 - x_2 = 2$; k: $x_1 - x_2 = 0$

6.
Gegeben sind drei Parameterdarstellungen paralleler Geraden g, h und k.
Überprüfe, welche der Parameterdarstellungen dieselbe Gerade bestimmen.
Löse die Aufgabe auch mithilfe des Ansatzes, einen Schnittpunkt zu berechnen.
Deute dann das Ergebnis der Rechnung.

a) g: $\vec{x} = \begin{pmatrix} 3 \\ -2 \\ 5 \end{pmatrix} + \lambda \cdot \begin{pmatrix} 0{,}5 \\ -2 \\ 1 \end{pmatrix}$; h: $\vec{x} = \begin{pmatrix} 1 \\ 1 \\ 1 \end{pmatrix} + \mu \cdot \begin{pmatrix} -1 \\ 4 \\ -2 \end{pmatrix}$; k: $\vec{x} = \begin{pmatrix} 2 \\ 3 \\ -3 \end{pmatrix} + \nu \cdot \begin{pmatrix} 1{,}5 \\ -6 \\ 3 \end{pmatrix}$

b) g: $\vec{x} = \begin{pmatrix} 1 \\ 0 \end{pmatrix} + \lambda \cdot \begin{pmatrix} -2 \\ 1 \end{pmatrix}$; h: $\vec{x} = \begin{pmatrix} 3 \\ 3 \end{pmatrix} + \mu \cdot \begin{pmatrix} 4 \\ -2 \end{pmatrix}$; k: $\vec{x} = \begin{pmatrix} -7 \\ 4 \end{pmatrix} + \nu \cdot \begin{pmatrix} 2 \\ -1 \end{pmatrix}$

c) g: $\vec{x} = \begin{pmatrix} -3 \\ 5 \end{pmatrix} + \lambda \cdot \begin{pmatrix} -4 \\ 3 \end{pmatrix}$; h: $\vec{x} = \begin{pmatrix} 1 \\ 2 \end{pmatrix} + \mu \cdot \begin{pmatrix} 2 \\ -1{,}5 \end{pmatrix}$; k: $\vec{x} = \begin{pmatrix} 5 \\ -3 \end{pmatrix} + \nu \cdot \begin{pmatrix} -8 \\ 6 \end{pmatrix}$

7.
Gib eine Parameterdarstellung der Geraden an, die durch den Punkt P verläuft und die zur angegebenen Geraden g parallel ist.

a) $P(3\,|\,-4\,|\,7)$
$g\colon \vec{x} = \begin{pmatrix} 2 \\ -1 \\ 3 \end{pmatrix} + \lambda \cdot \begin{pmatrix} -5 \\ 0 \\ -2 \end{pmatrix}$

b) $P(4\,|\,-2)$
$g\colon \vec{x} = \begin{pmatrix} 5 \\ -2 \end{pmatrix} + \lambda \cdot \begin{pmatrix} 1 \\ -2 \end{pmatrix}$

c) $P(-2\,|\,3)$
$g\colon x_1 - 3x_2 = 2$

8.
Anhand der folgenden Parameterdarstellungen der Geraden g und h lässt sich *ohne Rechnung* ablesen, welchen Schnittpunkt die Geraden haben oder ob sie miteinander keinen Schnittpunkt haben. Führe dies aus.

a) $g\colon \vec{x} = \begin{pmatrix} 2 \\ 1 \\ -3 \end{pmatrix} + \lambda \cdot \begin{pmatrix} 1 \\ 0 \\ 1 \end{pmatrix}$; $h\colon \vec{x} = \begin{pmatrix} 2 \\ 1 \\ -3 \end{pmatrix} + \mu \cdot \begin{pmatrix} 1 \\ 1 \\ 0 \end{pmatrix}$

b) $g\colon \vec{x} = \begin{pmatrix} 1 \\ 1 \end{pmatrix} + \lambda \cdot \begin{pmatrix} -1 \\ 1 \end{pmatrix}$; $h\colon \vec{x} = \begin{pmatrix} 0 \\ 3 \end{pmatrix} + \mu \cdot \begin{pmatrix} 2 \\ -2 \end{pmatrix}$

c) $g\colon \vec{x} = \begin{pmatrix} -1 \\ 0 \\ -1 \end{pmatrix} + \lambda \cdot \left(\begin{pmatrix} 2 \\ 1 \\ -3 \end{pmatrix} - \begin{pmatrix} -1 \\ 0 \\ -1 \end{pmatrix} \right)$; $h\colon \vec{x} = \begin{pmatrix} 2 \\ 1 \\ -3 \end{pmatrix} + \mu \cdot \begin{pmatrix} 1 \\ 1 \\ 1 \end{pmatrix}$

d) $g\colon \vec{x} = \lambda \cdot \begin{pmatrix} -1 \\ 3 \\ 1 \end{pmatrix}$; $h\colon \vec{x} = \mu \cdot \begin{pmatrix} 5 \\ -3 \\ 2 \end{pmatrix}$

e) $g\colon \vec{x} = \lambda \cdot \begin{pmatrix} 0 \\ 0 \\ 1 \end{pmatrix}$; $h\colon \vec{x} = \begin{pmatrix} 1 \\ 1 \\ 1 \end{pmatrix} + \mu \cdot \begin{pmatrix} 1 \\ 1 \\ 1 \end{pmatrix}$

f) $g\colon \vec{x} = \lambda \cdot \begin{pmatrix} 0 \\ 0 \\ 1 \end{pmatrix}$; $h\colon \vec{x} = \mu \cdot \begin{pmatrix} 1 \\ 0 \\ 0 \end{pmatrix}$

Aufgaben mit Parametern

9.
Gegeben ist die Gerade g durch ihre Parameterdarstellung: $\vec{x} = \begin{pmatrix} 1 \\ 0 \\ -2 \end{pmatrix} + \lambda \cdot \begin{pmatrix} 1 \\ -2 \\ 3 \end{pmatrix}$

a) Bestimme in der folgenden Parameterdarstellung für Geraden h_p die Zahl p so, dass sich die Geraden g und h_p schneiden.
$h_p\colon \vec{x} = \begin{pmatrix} 3 \\ -1 \\ 1 \end{pmatrix} + \mu \cdot \begin{pmatrix} -1 \\ 1 \\ p \end{pmatrix}$

b) Warum gibt es keine Gerade $k_p\colon \vec{x} = \nu \cdot \begin{pmatrix} 0 \\ 0 \\ p \end{pmatrix}$, welche die Gerade g schneidet?

10.
Gegeben ist die Gerade g. Bestimme die Zahlen p, q in der Parameterdarstellung für die Geraden $h_{p,q}$ so, dass eine zu g parallele Gerade entsteht. Falls das nicht möglich ist, begründe dies auch anschaulich. $g\colon \vec{x} = \begin{pmatrix} 1 \\ 0 \\ -2 \end{pmatrix} + \lambda \cdot \begin{pmatrix} 3 \\ -1 \\ 2 \end{pmatrix}$;

a) $h_{p,q}\colon \vec{x} = \begin{pmatrix} 2 \\ 0 \\ -1 \end{pmatrix} + \mu \cdot \begin{pmatrix} 6 \\ p \\ q \end{pmatrix}$;

b) $h_{p,q}\colon \vec{x} = \begin{pmatrix} 2 \\ -1 \\ 1 \end{pmatrix} + \mu \cdot \begin{pmatrix} p \\ q \\ 0 \end{pmatrix}$

8.6 Vermischte Übungen

1.

a) Welche Punkte liegen auf derselben Ursprungsgeraden?
$P_1(4\,|-2\,|\,6)$, $P_2(8\,|-4\,|\,12)$, $P_3(-2\,|\,5\,|\,6)$, $P_4(-1\,|\,0{,}5\,|-3)$

b) Die Gleichung $3x_1 + 2x_2 = 0$ ist Gleichung einer Ursprungsgeraden in der 1–2-Ebene. Gib einen Punkt an, der auf der Geraden liegt. Wie lassen sich alle Punkte der Geraden mittels Vektoren beschreiben?

2.
Spiegele das Dreieck mit den Ecken $A(2\,|\,1\,|-3)$, $B(-3\,|\,2\,|\,0)$, $C(-1\,|\,1\,|\,1)$

a) am Ursprung; **c)** an der 1–2-Ebene; **e)** an der 1. Koordinatenachse;

b) am Punkt $P(3\,|\,2\,|\,4)$; **d)** an der 2–3-Ebene; **f)** an der 3. Koordinatenachse.

Bestimme die Koordinaten der Ecken des Bilddreiecks.

3.
Gegeben sind $A(3\,|\,2\,|-1)$, $B(-2\,|\,0\,|\,1)$, $C(4\,|\,3\,|\,1)$. Bestimme für das Viereck ABCD den Punkt D,

a) sodass ein Parallelogramm ensteht;

b) sodass ein Trapez mit $\overrightarrow{AB} = 2 \cdot \overrightarrow{DC}$ entsteht;

c) sodass die Diagonalen $\overline{AC}$ und $\overline{BD}$ einander halbieren.

4.
Prüfe, ob das Viereck ABCD (1) ein Parallelogramm, (2) eine Raute, (3) ein Trapez ist.

a) $A(2\,|\,5\,|-2)$, $B(5\,|\,2\,|\,1)$, $C(1\,|-2\,|-1)$, $D(-2\,|\,1\,|-4)$

b) $A(7\,|\,0\,|\,6)$, $B(3\,|-6\,|\,4)$, $C(7\,|\,5\,|-2)$, $D(5\,|\,2\,|-3)$

c) $A(2\,|-3\,|-5)$, $B(0\,|-1\,|-2)$, $C(4\,|-2\,|-3)$, $D(-3\,|\,4\,|\,3)$

d) $A(-3\,|\,2\,|\,7)$, $B(6\,|\,1\,|\,3)$, $C(2\,|\,4\,|-3)$, $D(-7\,|\,5\,|\,1)$

e) $A(6\,|\,3\,|\,3)$, $B(5\,|\,5\,|-2)$, $C(3\,|\,6\,|\,3)$, $D(4\,|\,4\,|\,8)$

5.
Ein reguläres Oktaeder ist eine doppelte quadratische Pyramide, deren Oberfläche aus acht gleichseitigen Dreiecken besteht.

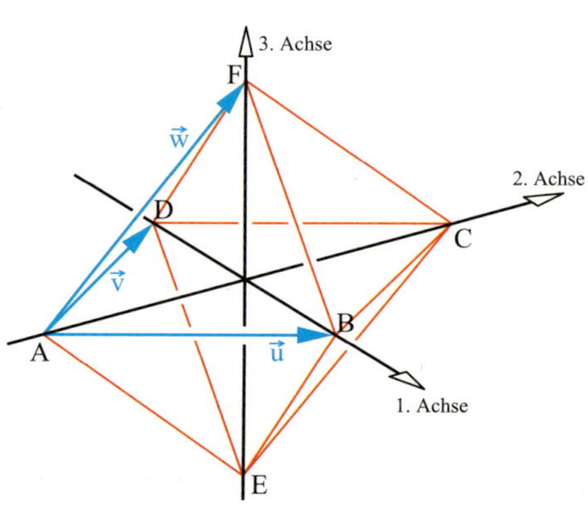

a) Ein Koordinatensystem sei durch ein Oktaeder der Seitenlänge 10 Einheiten so festgelegt, dass die Koordinatenachsen durch die 6 Eckpunkte gehen. Welche Koordinaten haben die Eckpunkte in dem gewählten System?

b) Der Ursprung des Koordinatensystems liege irgendwo außerhalb des Oktaeders.
Betrachte die Vektoren $\vec{u} = \overrightarrow{AB}$, $\vec{v} = \overrightarrow{AC}$, $\vec{w} = \overrightarrow{AF}$.

(1) Beschreibe die Vektoren $\overrightarrow{AC}$, $\overrightarrow{BF}$, $\overrightarrow{CF}$, $\overrightarrow{AE}$, $\overrightarrow{EC}$ mithilfe von $\vec{u}$, $\vec{v}$, $\vec{w}$.

(2) $\vec{a} = \overrightarrow{OA}$ sei der Ortsvektor von A. Beschreibe die Ortsvektoren von B, C, D, E, F mithilfe von $\vec{a}$, $\vec{u}$, $\vec{v}$, $\vec{w}$.

6.

Gegeben sind die fünf Punkte A, B, C, D, E durch die Vektoren $\vec{a} = \overrightarrow{AB}$, $\vec{b} = \overrightarrow{CD}$, $\vec{c} = \overrightarrow{BE}$ und $\vec{d} = \overrightarrow{CA}$.
Beschreibe die Vektoren
$\overrightarrow{AC}$, $\overrightarrow{AD}$, $\overrightarrow{AE}$, $\overrightarrow{BA}$, $\overrightarrow{BC}$, $\overrightarrow{BD}$, $\overrightarrow{CB}$, $\overrightarrow{CE}$, $\overrightarrow{DA}$, $\overrightarrow{DB}$, $\overrightarrow{DE}$ mithilfe von $\vec{a}$, $\vec{b}$, $\vec{c}$, $\vec{d}$.

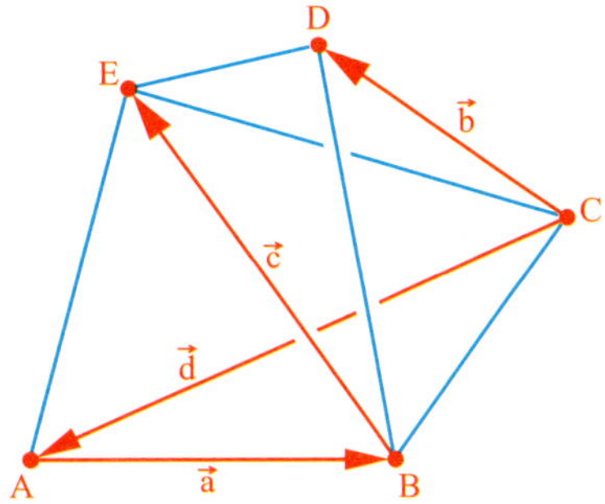

7.

Gegeben ist das Viereck OABC; die Ortsvektoren von A, B, C seien mit $\vec{a}$, $\vec{b}$, $\vec{c}$ bezeichnet. Stelle eine Bedingung dafür auf, dass die Diagonale $\overline{OB}$ und die Diagonale $\overline{AC}$ einander halbieren. Was folgt für das Viereck?

8.

Gegeben ist das Dreieck ABC mit $A(3\,|-2\,|\,5)$, $B(2\,|\,7\,|\,1)$, $C(-3\,|\,1\,|-4)$ [mit $A(1\,|\,0\,|\,1)$, $B(-4\,|\,4\,|\,3)$, $C(6\,|-2\,|-1)$].

a) Bestimme die Seitenvektoren $\vec{u} = \overrightarrow{BC}$, $\vec{v} = \overrightarrow{CA}$, $\vec{w} = \overrightarrow{AB}$.

b) Bestimme die Ortsvektoren der Seitenmittelpunkte M_a, M_b, M_c.

c) Bestimme die Vektoren, welche die Seitenhalbierenden beschreiben: $\overrightarrow{AM_a}$, $\overrightarrow{BM_b}$, $\overrightarrow{CM_c}$.

d) Die Seitenhalbierenden schneiden einander im Verhältnis 2 : 1. Bestimme den Ortsvektor dieses Punktes S über jede der drei Seitenhalbierenden.

e) Zeige: $\overrightarrow{AB} = 2 \cdot \overrightarrow{M_bM_a}$, $\overrightarrow{BC} = 2 \cdot \overrightarrow{M_cM_b}$, $\overrightarrow{CA} = 2 \cdot \overrightarrow{M_aM_c}$. Was bedeutet dies für das Dreieck ABC im Vergleich zum Dreieck $M_aM_bM_c$?

Geraden in Vielecken

▲ **9.**

Bilden die Punkte A, B, C, D ein Viereck oder liegen (mindestens) drei von ihnen auf einer Geraden? Zeichne auch.

a) $A(0\,|\,0\,|\,0)$, $B(0\,|\,3\,|-2)$, $C(-3\,|\,4\,|\,2)$, $D(6\,|-8\,|-4)$

b) $A(0\,|\,1\,|\,8)$, $B(6\,|\,3\,|-2)$, $C(2\,|-1\,|\,3)$, $D(4\,|-3\,|-2)$

10.

a) Gib im Dreieck ABC die Parameterdarstellungen für die Seitengeraden sowie für die Seitenhalbierenden an.
(1) $A(-1\,|\,2\,|\,0)$, $B(-4\,|\,6\,|\,3)$, $C(2\,|-2\,|\,5)$ (2) $A(2\,|-1)$, $B(-2\,|-2)$, $C(2\,|\,6)$

b) Gib je eine Parameterdarstellung für die Gerade an, die durch den Schwerpunkt des Dreiecks geht und zu einer Seite [einer Seitenhalbierenden] des Dreiecks parallel ist.

c) Ergänze das Dreieck zu einem Parallelogramm. Gib je eine Parameterdarstellung aller Seitengeraden, Diagonalen und Mittelparallelen an.

11.

Gegeben ist eine dreiseitige Pyramide ABCD.
(1) $A(2\,|-1\,|\,0)$, $B(-2\,|-2\,|\,0)$, $C(-1\,|\,4\,|\,0)$, $D(0\,|\,0\,|\,5)$
(2) $A(0\,|\,0\,|\,0)$, $B(2\,|\,3\,|\,5)$, $C(-2\,|\,4\,|\,6)$, $D(1\,|-4\,|-5)$

a) Gib je eine Parameterstellung der Kantengeraden an.

b) Gib je eine Parameterdarstellung der Seitenhalbierenden der Seitenflächendreiecke der Pyramide an, die durch D verlaufen.

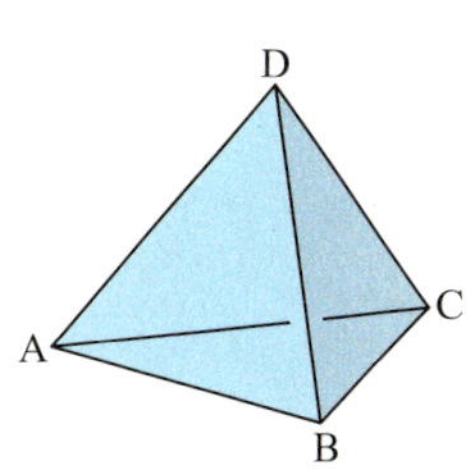

12.

Gegeben sind Parameterdarstellungen für Geraden.

a) Wo schneiden diese Geraden die Koordinatenachsen? Zeichne.

(1) $\vec{x} = \begin{pmatrix} 1 \\ 2 \end{pmatrix} + \lambda \cdot \begin{pmatrix} -1 \\ 1 \end{pmatrix}$ (2) $\vec{x} = \begin{pmatrix} 7 \\ 1 \end{pmatrix} + \lambda \cdot \begin{pmatrix} -3 \\ 0 \end{pmatrix}$ (3) $\vec{x} = \begin{pmatrix} -1 \\ 0 \end{pmatrix} + \lambda \cdot \begin{pmatrix} 0 \\ 2 \end{pmatrix}$

b) Wo schneiden die Geraden die Koordinatenebenen? Zeichne.

(1) $\vec{x} = \begin{pmatrix} 1 \\ 1 \\ 1 \end{pmatrix} + \lambda \cdot \begin{pmatrix} -2 \\ 3 \\ -4 \end{pmatrix}$ (2) $\vec{x} = \begin{pmatrix} 0 \\ 2 \\ -1 \end{pmatrix} + \lambda \cdot \begin{pmatrix} 3 \\ 0 \\ 4 \end{pmatrix}$ (3) $\vec{x} = \begin{pmatrix} -2 \\ 0 \\ 0 \end{pmatrix} + \lambda \cdot \begin{pmatrix} 0 \\ 0 \\ 1 \end{pmatrix}$

Schnitt von Geraden an geometrischen Figuren

13.

Die Parameterdarstellungen bestimmen Geraden g, h, k.
Prüfe, ob sie ein Dreieck bilden. Falls ja, berechne die Eckpunkte und beschreibe seine Seiten mithilfe von Intervallen der Parameter.

a) g: $\vec{x} = \begin{pmatrix} 1 \\ -4 \\ 5 \end{pmatrix} + \lambda \cdot \begin{pmatrix} 2 \\ 1 \\ -3 \end{pmatrix}$

h: $\vec{x} = \begin{pmatrix} 1 \\ 5 \\ -4 \end{pmatrix} + \mu \cdot \begin{pmatrix} 1 \\ -4 \\ 3 \end{pmatrix}$

k: $\vec{x} = \begin{pmatrix} 2 \\ 1 \\ -1 \end{pmatrix} + \nu \cdot \begin{pmatrix} 1 \\ -1 \\ 0 \end{pmatrix}$

b) g: $\vec{x} = \begin{pmatrix} 1 \\ 1 \\ 1 \end{pmatrix} + \lambda \cdot \begin{pmatrix} -1 \\ 0 \\ 1 \end{pmatrix}$

h: $\vec{x} = \begin{pmatrix} -1 \\ 0 \\ 1 \end{pmatrix} + \mu \cdot \begin{pmatrix} 1 \\ 1 \\ 1 \end{pmatrix}$

k: $\vec{x} = \begin{pmatrix} 1 \\ 0 \\ -1 \end{pmatrix} + \nu \cdot \begin{pmatrix} 0 \\ 0 \\ 1 \end{pmatrix}$

c) g: $\vec{x} = \begin{pmatrix} 2 \\ -3 \end{pmatrix} + \lambda \cdot \begin{pmatrix} 1 \\ 1 \end{pmatrix}$

h: $\vec{x} = \begin{pmatrix} -1 \\ 4 \end{pmatrix} + \mu \cdot \begin{pmatrix} 2 \\ -1 \end{pmatrix}$

k: $\vec{x} = \begin{pmatrix} -2 \\ 1 \end{pmatrix} + \nu \cdot \begin{pmatrix} -1 \\ 1 \end{pmatrix}$

14.

a) Im Raum wird ein Lichtstrahl mit der Richtung des Vektors $\vec{v} = \begin{pmatrix} v_1 \\ v_2 \\ v_3 \end{pmatrix}$ an der 1–2-Ebene [2–3-Ebene, 1–3-Ebene] gespiegelt.
Gib einen Richtungsvektor für den reflektierten Strahl an. Fertige Skizzen an.

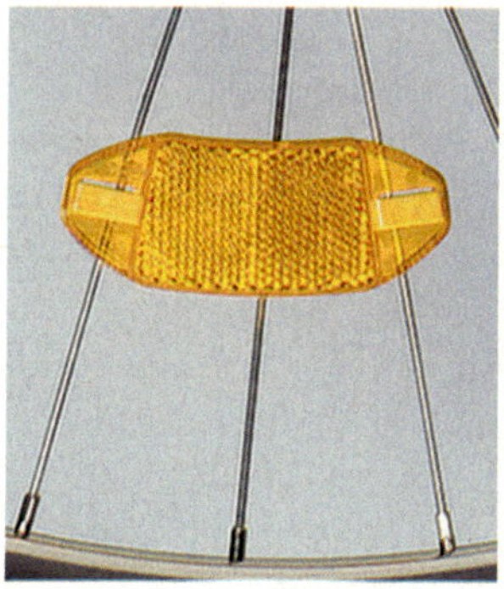

b) Spiegele einen Lichtstrahl nacheinander an allen drei Koordinatenebenen, gib die Richtung des reflektierten Strahls an *(Tripelspiegel)*.
Anmerkung: Beim sogenannten Katzenauge macht man sich diese Erscheinung zunutze:
Das Katzenauge besteht aus vielen nebeneinanderliegenden Tripelspiegeln.

15.

Eine Gerade g sei durch eine Parameterdarstellung gegeben. P sei ein Punkt, der nicht auf g liegt. Die Gerade g werde am Punkt P gespiegelt.
Bestimme eine Parameterdarstellung der gespiegelten Geraden g′.
Wie liegen g und g′ zueinander?

a) g: $\vec{x} = \begin{pmatrix} 3 \\ 1 \\ -2 \end{pmatrix} + \lambda \cdot \begin{pmatrix} 1 \\ -2 \\ 1 \end{pmatrix}$; P(2 | 1 | 0) **b)** g: $\vec{x} = \begin{pmatrix} 1 \\ -1 \\ 3 \end{pmatrix} + \lambda \cdot \begin{pmatrix} -3 \\ 0 \\ 2 \end{pmatrix}$; P(1 | 2 | −3)

Blickpunkt

Lösen von Lageaufgaben mit einem CAS

Ein CAS bietet eine Reihe von nützlichen Hilfen für das Lösen von Aufgaben aus der analytischen Geometrie. Neben den grafischen Veranschaulichungen können installierte Funktionen des CAS genutzt, sowie eigene Module bzw. Programme zum Bearbeiten häufiger Lageaufgaben erstellt werden. Die folgenden Aufgaben befassen sich mit dem Einsatz eines CAS beim Lösen von Lageaufgaben.

Eine $n \times m$-Matrix ist ein Zahlenschema mit n Zellen und m Spalten

1. Parameterdarstellung einer Geraden

Ermittle die Parameterdarstellung für die Gerade g, durch die Punkte $A(-4\,|\,1\,|\,2)$ und $D(12\,|\,4\,|\,-5)$.
Die linke Abbildung zeigt die Eingabe der beiden Ortsvektoren $\overrightarrow{OA}$ und $\overrightarrow{OD}$ als 3×1-Matrizen. In der rechten Abbildung wird dann der Richtungsvektor der Geraden g berechnet.

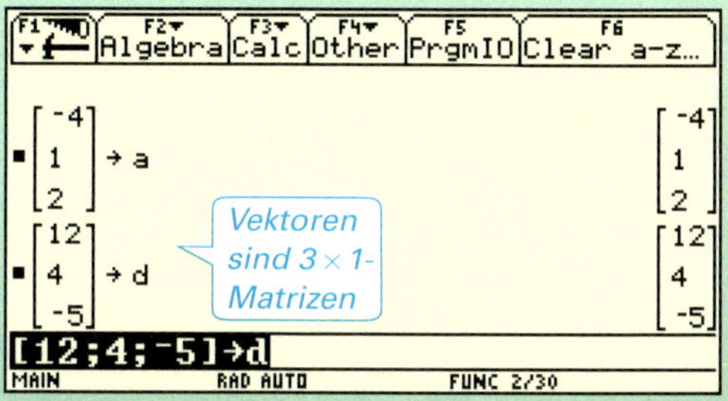

Vektoren sind 3×1-Matrizen

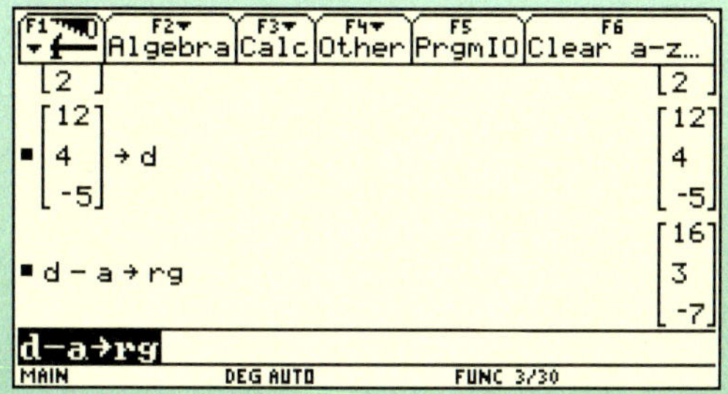

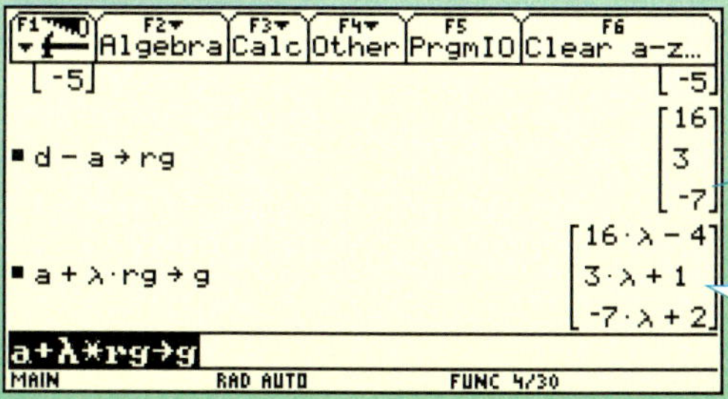

Die meisten CAS verfügen über griechische Buchstaben. Man kommt aber auch ohne sie aus.

Das CAS gibt die Gerade in Parameterdarstellung als eine Matrix an.

$$\overrightarrow{OX} = \begin{pmatrix} -4 \\ 1 \\ 2 \end{pmatrix} + \lambda \cdot \begin{pmatrix} 16 \\ 3 \\ -7 \end{pmatrix} = \begin{pmatrix} 16 \cdot \lambda - 4 \\ 3 \cdot \lambda + 1 \\ -7\lambda + 1 \end{pmatrix} \text{ mit } \lambda \in \mathbb{R}.$$

2. Punktprobe

Untersuche ob der Punkt $C(44\,|\,-10\,|\,-21)$ zur Geraden g gehört.
Zuerst wird links aus der Gleichung $16 \cdot \lambda - 4 = 44$ ein Wert für λ berechnet. Dazu erfolgt der Zugriff auf ein einzelnes Element der 3×1-Matrix von g. Rechts wird dann der zum diesem berechneten $\lambda = 3$ gehörenden Ortsvektor des auf der Geraden g liegenden Punktes bestimmt. Da dieser nicht mit $\overrightarrow{OC}$ übereinstimmt, liegt der Punkt C nicht auf der Geraden g.

g [1, 1] meint [1. Zeile, 1. Spalte] der Matrix mit der Paramerterdarstellung von g. Allgemein A [m, n] liefert das Element $a_{m,n}$ einer Matrix A

Der senkrechte Strich heißt „unter der Bedingung"

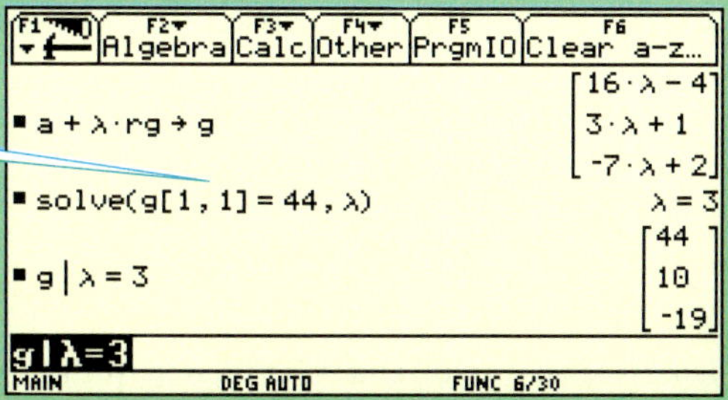

3. Lage zweier Geraden zueinander

Untersuche selbst mit einem CAS, wie folgende Geraden zueinander liegen

(1) Gerade AB mit $A(3\,|\,3\,|\,4)$; $B(1\,|\,2\,|\,3)$

(2) Gerade CD mit $C(1\,|\,0\,|\,3)$; $D(-3\,|\,-6\,|\,5)$

(3) Gerade EF mit $E(3\,|\,6\,|\,4)$; $F(7\,|\,14\,|\,6)$

Fragen zum Basiswissen

- Was versteht man unter einem kartesischen Koordinatensystem im Raum? (Seite 193)
- Was ist ein Vektor? Wie bildet man den Gegenvektor und Vielfache? (Seiten 198, 199)
- Wie beschreibt man die Punkte auf einer Ursprungsgeraden? (Seite 198)
- Wie addiert und subtrahiert man Vektoren? (Seite 202)
- Erläutere den Zusammenhang zwischen Verschiebungen und Vektoren. (Seite 203)
- Was versteht man unter der Parameterdarstellung einer Geraden? (Seite 210)
- Wie stellt man fest, ob ein Punkt auf einer Geraden liegt? (Seite 214)
- Wie können zwei Geraden im Raum zueinander liegen? Wie kann man das rechnerisch feststellen? (Seiten 216 bis 220)

Klausurtraining A

1.
Ein Haus mit Satteldach ist 8 m breit und 10 m lang, die Erdgeschosshöhe beträgt 3 m. Das Satteldach weist eine Höhe von 3 m auf.

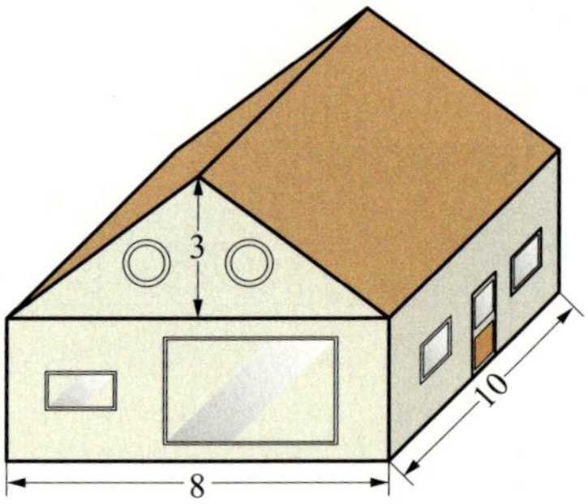

a) Zeichne ein Schrägbild des Hauses so in ein Koordinatensystem, dass die hintere linke Ecke unten im Ursprung liegt. Die Koordinatenachsen sollen längs der Hauskanten verlaufen.

b) Gib die Koordinaten aller Eckpunkte des Baukörpers an.

c) Nimm an, das Haus sei 2,50 m tief unterkellert. Welcher Bedingung genügen die Koordinaten aller Punkte im Keller des Hauses?

2.

a) Berechne:

$$3\cdot\begin{pmatrix}-1\\2\\0\end{pmatrix},\quad -4\cdot\begin{pmatrix}3\\-1\\2\end{pmatrix},\quad \begin{pmatrix}5\\1\\-4\end{pmatrix}+\begin{pmatrix}-4\\2\\-1\end{pmatrix},\quad \begin{pmatrix}6\\-3\\2\end{pmatrix}-\begin{pmatrix}3\\-1\\-1\end{pmatrix},\quad \begin{pmatrix}2\\-1\\5\end{pmatrix}+4\cdot\begin{pmatrix}-1\\3\\2\end{pmatrix},\quad \begin{pmatrix}8\\-2\\-7\end{pmatrix}-3\cdot\begin{pmatrix}4\\1\\-3\end{pmatrix}$$

b) Ermittle für die Punkte $A(2\,|-1\,|\,9)$, $B(-5\,|\,6\,|\,3)$, $C(4\,|-1\,|\,3)$ die Vektoren $\overrightarrow{AB}$, $\overrightarrow{BC}$, $\overrightarrow{AB}+\overrightarrow{BC}$ und $\overrightarrow{AB}-\overrightarrow{BC}$.

3.

a) Erstelle eine Parameterdarstellung der Geraden durch die Punkte $R(2\,|\,1\,|\,4)$ und $S(-3\,|\,2\,|\,5)$.

b) Entscheide, ob die Punkte $V(3\,|-2\,|\,1)$ und $W(12\,|-1\,|\,2)$ auf dieser Geraden liegen.

c) Bestimme, welcher Punkt der 1–2-Koordinatenebene auf dieser Geraden liegt.

d) Gib eine Gleichung der Geraden an, die zu dieser Geraden parallel ist und durch den Punkt $P(2\,|-1\,|\,3)$ verläuft.

4.
Untersuche, wie folgende Geraden im Raum zueinander liegen.

$$g\colon \overrightarrow{OX}=\begin{pmatrix}2\\1\\1\end{pmatrix}+\lambda\cdot\begin{pmatrix}0\\1\\1\end{pmatrix},\quad h\colon \overrightarrow{OX}=\begin{pmatrix}0\\-4\\0\end{pmatrix}+\lambda\cdot\begin{pmatrix}2\\4\\0\end{pmatrix},\quad k\colon \overrightarrow{OX}=\begin{pmatrix}1\\1\\1\end{pmatrix}+\lambda\cdot\begin{pmatrix}0\\2\\2\end{pmatrix}$$

Klausurtraining B

1.
Betrachte den Bungalow mit Garage.

a) Gib die Koordinaten aller Eckpunkte an.

b) Nimm an, das Haus (ohne Garage) solle ein pyramidenförmiges Dach der Höhe 2 m erhalten. Bestimme die Koordinaten des Firstpunktes.

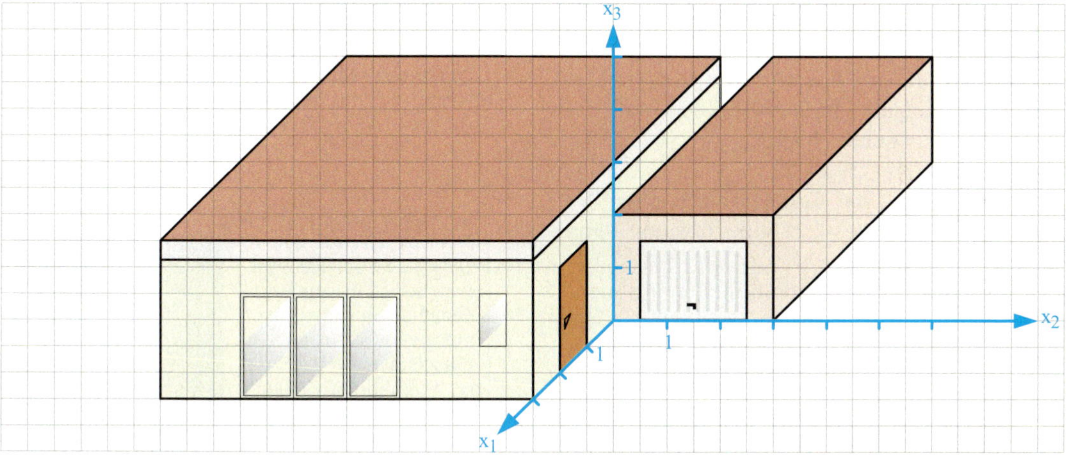

2.
a) Zeichne in ein dreidimensionales Koordinatensystem das Dreieck mit den Eckpunkten $A(4\,|-3\,|\,1)$, $B(3\,|-1\,|\,1)$ und $C(-2\,|\,2\,|\,1)$.

b) Verschiebe dieses Dreieck mit dem Vektor $\begin{pmatrix} -2 \\ 3 \\ -1 \end{pmatrix}$. Zeichne das Bilddreieck und bestimme die Koordinaten.

c) Verschiebe nun das Bilddreieck A′B′C′ so, dass A′ auf $A''(0\,|\,6\,|\,2)$ abgebildet wird. Zeichne reine Ecken und gib den Verschiebungsvektor an.

d) Mit welchem Vektor muss man das Dreieck ABC verschieben, um in einem Schritt das Dreieck A″B″C″ zu erhalten? Welcher Zusammenhang besteht zu den Vektoren der ersten beiden Verschiebungen?

3.
a) Untersuche, ob die Punkte $E(7\,|-6\,|\,8)$ und $F(0\,|\,7\,|\,11)$ auf der Geraden g mit der Gleichung $\overrightarrow{OX} = \begin{pmatrix} 4 \\ 3 \\ -1 \end{pmatrix} + \lambda \cdot \begin{pmatrix} -3 \\ 3 \\ 9 \end{pmatrix}$ liegen.

b) Gib eine Gleichung der Geraden an, die parallel zur 1. Koordinatenachse durch E verläuft.

4.
Untersuche, wie folgende Geraden im Raum zueinander liegen.

g: $\overrightarrow{OX} = \begin{pmatrix} 2 \\ -1 \\ -2 \end{pmatrix} + \lambda \cdot \begin{pmatrix} 4 \\ -4 \\ 2 \end{pmatrix}$, h: $\overrightarrow{OX} = \begin{pmatrix} 5 \\ -1 \\ -2 \end{pmatrix} + \lambda \cdot \begin{pmatrix} -4 \\ 4 \\ -2 \end{pmatrix}$, k: $\overrightarrow{OX} = \begin{pmatrix} -2 \\ -1 \\ 3 \end{pmatrix} + \lambda \cdot \begin{pmatrix} 3 \\ -1 \\ -2 \end{pmatrix}$

Exkurs

Geschichte der Linearen Algebra und Analytischen Geometrie

1. Lineare Gleichungen und Gleichungssysteme

Die Lineare Algebra beginnt mit der Bestimmung der Lösungen linearer Gleichungen. Das sind Gleichungen, deren Variablen nur die Zahl 1 als Exponenten haben.
Beispiel: $3x + 7y - 5 \cdot z = 21$.
Diese Gleichung hat Tripel als Lösungen. So ist beispielsweise (1, 4, 2) eine Lösung, denn $3 \cdot 1 + 7 \cdot 4 - 5 \cdot 2 = 21$.
Lineare Gleichungssysteme bestehen aus mehreren linearen Gleichungen. Gesucht sind die n-tupel, welche Lösungen aller Gleichungen sind.
Die ersten systematischen Lösungsverfahren findet man in der Geschichte der Mathematik bei AL CHWARIZMI († um 850 n. Chr.) (siehe dazu Seite 168).
GAUSS verwendete als einer der ersten die *Dreiecksform*, er konnte damit die Lösungsmenge eines linearen Gleichungssystems bestimmen (vgl. Seite 179). Das Verfahren heißt ihm zu Ehren *Gauß'scher Algorithmus.*

2. Analytische Geometrie

In der Analytischen Geometrie wird Geometrie mit Mitteln der Algebra betrieben. Kurven und Flächen werden dabei entweder mit Parameterdarstellungen (Gleichungen in Parameterform) dargestellt (vgl. z. B. Seite 209) oder durch Gleichungen mit zwei oder drei Variablen für die Koordinaten der Punkte der Kurve bzw. Fläche (vgl. z. B. Seiten 273 und 275).
Voraussetzung hierfür war in der Geschichte der Mathematik die Erfindung der Koordinaten, welche im wesentlichen auf DESCARTES zurückgeht.

RENÉ DESCARTES (1596 – 1650)
nannte sich lateinisch CARTESIUS. Sein bleibender Verdienst besteht darin, Algebra und Geometrie miteinander verbunden zu haben. Er gilt daher als der Begründer der *Analytischen Geometrie.* Grundlegend hierfür war die Erfindung der *Koordinaten* zur Beschreibung der Lage eines Punktes in der Ebene und die Beschreibung von Kurven in der Ebene durch Gleichungen mit zwei Variablen für die Koordinaten der Punkte der Kurve.
DESCARTES war auch ein berühmter Philosoph, der die Entwicklung der Philosophie im 17. Jahrhundert entscheidend geprägt hat.

CARL FRIEDRICH GAUSS (1777 – 1855)

benutzte als einer der ersten die Dreiecksform (vgl. Seite 179) zur Bestimmung der Lösungsmenge eines linearen Gleichungssystems. Dieses Verfahren wird ihm zu Ehren daher *Gauß'scher Algorithmus* genannt.
Viele halten GAUSS für den größten Mathematiker aller Zeiten. Er hat bedeutende Forschungsleistungen auf unterschiedlichen Gebieten der Mathematik, Physik und Astronomie erzielt.
Erwähnt seien:
- Schon als junger Student konnte er zeigen, dass das *regelmäßige 17-Eck* mit Zirkel und Lineal konstruierbar ist.
- Unter seiner aktiven Beteiligung wurde das damalige Königreich Hannover vermessen, wobei GAUSS neue Methoden erfand. Er gilt daher als Begründer der *Geodäsie.*
- Schon in jungen Jahren entwickelte er die *Nichteuklidische Geometrie*, in welcher es zu einer Geraden durch einen Punkt mehr als eine Parallele gibt.
- Zusammen mit seinem Professorenkollegen WEBER erfand er den *elektrischen Telegraphen.*
- In die Stochastik führte er die nach ihm benannte Gauß'sche Wahrscheinlichkeitsverteilung ein (vgl. Seite 399).
- GAUSS war der erste, der die *Methode der kleinsten Quadrate* erfand und insbesondere in der *Fehlerausgleichsrechnung* einsetzte.
- Er bewies als erster, dass eine ganzalgebraische Gleichung n-ten Grades mindestens eine komplexe Zahl als Lösung hat. (Fundamentalsatz der Algebra)

3. Vektoren

Die Erfinder der Vektoren sind HAMILTON und GRASSMANN. Doch hätte sich die Vektorrechnung so, wie wir sie heute in den Schulen und Hochschulen lernen, nicht ohne ihre vorteilhafte Verwendung in der Physik durchgesetzt. Kräfte, Geschwindigkeiten, Beschleunigungen, Feldstärken sind vektorielle Größen. Man visualisiert sie daher zweckmäßig durch einen Pfeil. Das Kräfteparallelogramm der Physik hängt eng mit der Addition der einzelnen Kraftvektoren zusammen. So hat sich die Vektorrechnung nach anfänglicher Erfindung durch Mathematiker vor allem erst im 20. Jahrhundert in der Physik entwickelt und dann wiederum auch die Mathematik beeinflusst und gefördert.
Nach dem 2. Weltkrieg hat sich als grundlegender Begriff der des *Vektorraumes* durchgesetzt. *Vektoren sind Elemente eines Vektorraumes.*

4. Matrizen

Matrizen sind heute ein wichtiges Hilfsmittel der linearen Algebra. Sie werden auch außerhalb der Mathematik bei Anwendungen in den Naturwissenschaften und in den technischen Wissenschaften oft verwendet.
Sie wurden erstmalig von dem englischen Mathematiker ARTHUR CAYLEY (1821 – 1895) in die Mathematik eingeführt.
Berühmt ist die Matrizenmechanik des deutschen Physikers WERNER HEISENBERG (1901 – 1976), für die er 1932 den Nobelpreis für Physik erhielt. Die von HEISENBERG verwendeten Matrizen haben sogar unendlich viele Zeilen bzw. Spalten.

HERMANN GRASSMANN (1809 – 1877)
war Gymnasiallehrer in Stettin und ist neben HAMILTON der Begründer der Vektorrechnung. In seinem großangelegten Werk mit dem Titel *Die Lineare Ausdehnungslehre, ein neuer Zweig der Mathematik (1844)*, führt GRASSMANN sog. extensionale Größen ein, welche unseren n-dimensionalen Vektoren entsprechen. Das Werk fand zunächst keine Beachtung unter den Mathematikern. Daraufhin wandte sich GRASSMANN enttäuscht einem völlig anderen Gebiet, nämlich der indogermanischen Sprachforschung zu, wo er insbesondere bei der Erforschung des *Sanskrits* weltberühmte Ergebnisse erzielen konnte.

DAVID HILBERT (1862 – 1943)
wird häufig als der größte Mathematiker des 20. Jahrhunderts bezeichnet. Er war ab 1895 bis zu seinem Tode Professor in Göttingen.
Hier hat er zusammen mit anderen Mathematikern eine Blütezeit mathematischer Forschung herbeigeführt.
Berühmt ist sein 1899 erschienenes Buch über *Grundlagen der Geometrie*, mit welchem er eine neue Epoche in der Mathematik einleitete. Er gibt dort ein vollständiges Axiomensystem der ebenen Euklidischen Geometrie an.
Er hat Methoden der Linearen Algebra verallgemeinert und damit Probleme der Analysis gelöst. Das führte zur Einführung des nach ihm benannten *Hilbertraumes*.
Bedeutend sind auch seine Arbeiten zur *Logik* und zu den *Grundlagen der Mathematik* sowie zur mathematischen Physik insbesondere zur allgemeinen Relativitätstheorie von EINSTEIN.

Zeittafel

622	Mohamed gründet die 1. Islam-Gemeinde in Medina
ab 725	Bagdad kultureller Mittelpunkt der islamischen Welt
1517	Beginn der Reformation
1618 – 1648	Dreißigjähriger Krieg
ab 1600 – 1750	Zeitalter des Barock
1640 – 1688	Friedrich Wilhelm der Große Kurfürst
1661 – 1715	Ludwig IV. in Frankreich
1789	Französische Revolution
ca. 1750	Beginn des Maschinenzeitalters in England
1833 – 1901	Königin Viktoria v. England
1914 – 1918	1. Weltkrieg
1939 – 1945	2. Weltkrieg

9. SKALARPRODUKT VON VEKTOREN – BERECHNEN GEOMETRISCHER GRÖSSEN

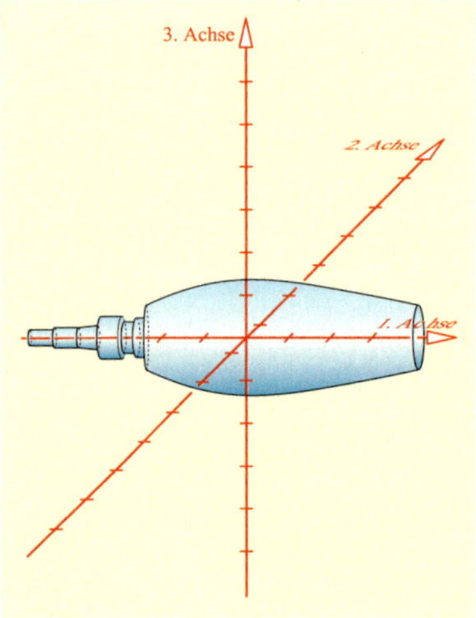

Werkstück

Vermessung eines großen Werkstücks mit Tachymeter-Theodolit

Planungs- und Konstruktionsabteilungen in der Industrie ersetzen zunehmend das Arbeiten am Reißbrett sowie das Herstellen und Untersuchen von Körpermodellen durch computerunterstütztes Entwerfen (**c**omputer **a**ided **d**esign = CAD).
Das zu entwickelnde Objekt wird festgelegt durch einzelne Punkte, Verbindungslinien und Verbindungsflächen. Punkte lassen sich computergerecht durch ihre Koordinaten bezüglich eines Koordinatensystems erfassen, Verbindungslinien und Verbindungsflächen durch Parameterdarstellungen oder Gleichungen.

Aus wenigen gegebenen Daten muss alles Weitere berechnet werden:

- Schnittpunkte, Schnittlinien, Verbindungslinien und -flächen
- Längen und Abstände, Winkelgrößen, Flächen- und Rauminhalte

Bei der Vermessung von Geländeabschnitten, Bauwerken, großen Werkstücken, sogar zur Weitenbestimmung in der Leichtathletik setzt man Theodoliten mit integrierten elektro-optischen Distanzmessern (Tachymetergeräte) ein. In wenigen Standpunkten werden die Entfernungen zu Punkten des Vermessungsobjektes gemessen sowie horizontale und vertikale Winkelweiten. Hieraus berechnet man zunächst die Koordinaten von Punkten, dann weitere Größen.

Dieses Kapitel gibt einen ersten Einblick, wie man in der analytischen Geometrie des Raumes geometrische Größen berechnet.
Wir benutzten früher zum Berechnen von Streckenlängen die Strahlensätze und den Satz des Pythagoras, zum Berechnen von Winkelgrößen trigonometrische Funktionen, zum Berechnen von Flächen- und Rauminhalten bei einfachen Körpern gewisse Formeln.
Eine neue Rechenoperation mit Vektoren, das *Skalarprodukt*, passt die Werkzeuge von früher der Vektorrechnung an und hilft beim Berechnen von Abständen und Winkelgrößen im Raum.

9.1 Länge eines Vektors – Abstand zweier Punkte

Aufgabe 1 *Berechnen von Streckenlängen*

Der Arbeitstisch einer Fräsmaschine kann über eine zweifach geknickte Gelenkwelle (*Kardanwelle*) angetrieben werden. Das Wellenstück zwischen den Kreuzgelenken (*Kardangelenken*) ist eine Teleskopwelle, um Längenänderungen während des Betriebs ausgleichen zu können. Für den Entwurf und die Fertigung der Maschine benötigt man den minimalen und den maximalen Abstand der Kreuzgelenke.

Bezüglich eines Maschinenkoordinatensystems (mit der Einheit 1 mm) hat das Zentrum P des Kreuzgelenks an der Antriebswelle die Koordinaten $(20\,|\,50\,|\,110)$. Das Zentrum Q des Kreuzgelenks der Abtriebswelle nimmt die extremen Lagen $Q_1(80\,|\,360\,|\,150)$ und $Q_2(-40\,|\,480\,|\,150)$ ein. Wir wollen ermitteln, wie weit diese beiden Punkte vom Zentrum P entfernt sind.

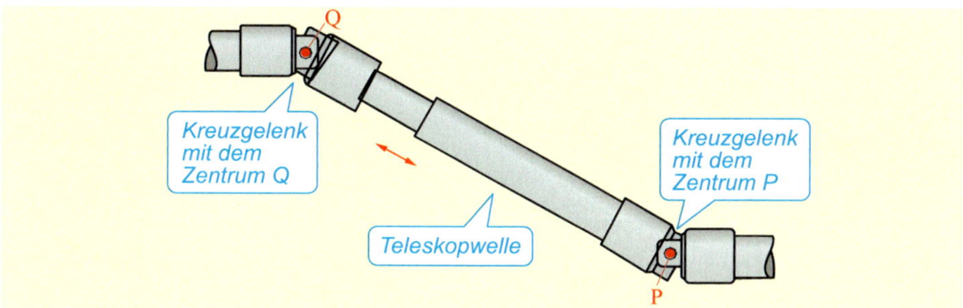

a) Leite zunächst eine Formel her zur Berechnung der Länge eines beliebigen Vektors $\vec{v} = \begin{pmatrix} v_1 \\ v_2 \\ v_3 \end{pmatrix}$.

b) Berechne die Abstände des Punktes P von den Punkten Q_1 und Q_2. Gib eine allgemeine Formel an zur Berechnung des Abstandes zweier Punkte $P(p_1\,|\,p_2\,|\,p_3)$ und $Q(q_1\,|\,q_2\,|\,q_3)$.

Lösung

a) Wir müssen die Länge irgendeines Pfeils des Vektors $\vec{v}$ berechnen. Dies gelingt am leichtesten für den Ursprungspfeil. Wir tragen daher den Vektor $\vec{v}$ vom Ursprung O aus ab und gelangen zum Punkt $A(v_1\,|\,v_2\,|\,v_3)$.

Die gesuchte Länge des Vektors $\vec{v}$ ist die Länge der Strecke $\overline{OA}$, also $|\vec{v}| = |\overline{OA}|$.

Die Strecke $\overline{OA}$ ist eine Raumdiagonale im Koordinatenquader von A, dessen Kantenlängen durch die Koordinaten von A gegeben sind.

Im blau getönten rechtwinkligen Dreieck OAB gilt nach dem Satz des Pythagoras:

$|\overline{OA}|^2 = |\overline{OB}|^2 + |\overline{BA}|^2$

Wir kennen $|\overline{BA}|$ und müssen noch $|\overline{OB}|$ sowie $|\overline{OA}|$ berechnen.

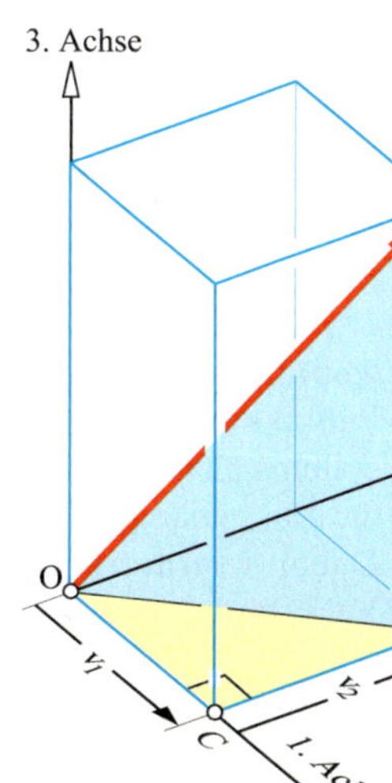

Im gelb getönten rechtwinkligen Dreieck OCB gilt: $|OB|^2 = |OC|^2 + |CB|^2$

Insgesamt ist $|OA|^2 = |OC|^2 + |CB|^2 + |BA|^2$ und wir erhalten:

$|\vec{v}| = \sqrt{v_1^2 + v_2^2 + v_3^2}$ gemessen in der Koordinateneinheit

b) Der Abstand der Punkte P und Q_1 ist gleich der Länge des Pfeils von P nach Q_1, also gleich der Länge des Vektors $\overrightarrow{PQ_1}$:

$|PQ_1| = |\overrightarrow{PQ_1}|$

Dabei ist

$$\overrightarrow{PQ_1} = \overrightarrow{OQ_1} - \overrightarrow{OP} = \begin{pmatrix} 80 \\ 360 \\ 150 \end{pmatrix} - \begin{pmatrix} 20 \\ 50 \\ 110 \end{pmatrix} = \begin{pmatrix} 60 \\ 310 \\ 40 \end{pmatrix}$$

Mithilfe der Formel aus a) erhalten wir:

$|PQ_1| = |\overrightarrow{PQ_1}| = \sqrt{60^2 + 310^2 + 40^2} = \sqrt{101\,300} \approx 318$ (mm)

Ebenso findet man:

$|PQ_2| = |\overrightarrow{PQ_2}| = \sqrt{(-60)^2 + 430^2 + 40^2} = \sqrt{190\,100} \approx 436$ (mm)

Im allgemeinen Fall ist:

$$\overrightarrow{PQ} = \overrightarrow{OQ} - \overrightarrow{OP} = \begin{pmatrix} q_1 \\ q_2 \\ q_3 \end{pmatrix} - \begin{pmatrix} p_1 \\ p_2 \\ p_3 \end{pmatrix} = \begin{pmatrix} q_1 - p_1 \\ q_2 - p_2 \\ q_3 - p_3 \end{pmatrix}$$

Die Formel aus a) liefert für den Abstand der Punkte P und Q die Formel:

$|PQ| = |\overrightarrow{PQ}| = \sqrt{(q_1 - p_1)^2 + (q_2 - p_2)^2 + (q_3 - p_3)^2}$ gemessen in der Koordinateneinheit

Wir fassen zusammen:

Satz 1: *Formeln zum Berechnen der Länge (des Betrags) eines Vektors und des Abstands zweier Punkte*

(1) Der Vektor $\vec{v} = \begin{pmatrix} v_1 \\ v_2 \\ v_3 \end{pmatrix}$ hat im Koordinatensystem die *Länge* (den *Betrag*):

$|\vec{v}| = \sqrt{v_1^2 + v_2^2 + v_3^2}$ gemessen in der Koordinateneinheit

(2) Zwei Punkte $P(p_1 | p_2 | p_3)$ und $Q(q_1 | q_2 | q_3)$ haben den *Abstand*:

$|\overrightarrow{PQ}| = \sqrt{(q_1 - p_1)^2 + (q_2 - p_2)^2 + (q_3 - p_3)^2}$ gemessen in der Koordinateneinheit

Information **Koordinaten und Längen**

Punktkoordinaten und Vektorkoordinaten sind Vielfache der Einheit des Koordinatensystems. Das bedeutet z. B. für den Punkt $P(2 | -3 | 1{,}7)$, dass sein Koordinatenquader die Kantenlängen 2, 3 und 1,7 Einheiten des Koordinatensystems hat.

Daher liefern die Formeln des Satzes den Abstand zweier Punkte und die Länge des Vektors als Vielfache der Koordinateneinheit.

Vereinbarung:

Wir verwenden in allen Rechnungen für Längen stets die Koordinateneinheit als Längeneinheit und schreiben deshalb die Maßeinheit nicht mehr auf.

Weiterführende Aufgabe

CAS **2.** *Längenberechnungen mit CAS*

a) Rechts siehst du, wie der Betrag eines Vektors mithilfe des Befehls **norm( )** berechnet wurde.
Kontrolliere.

b) Berechne mit einem CAS den Abstand der Punkte A(1 | − 4 | 7) und B(2 | − 3 | 5) voneinander.

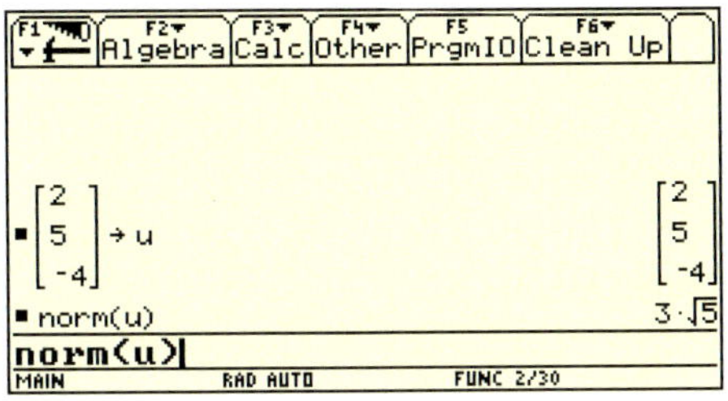

Übungsaufgaben

Betrag eines Vektors

3.
Ermittle die Länge des Vektors $\vec{v}$.

a) $\vec{v} = \begin{pmatrix} 2 \\ -3 \\ -4 \end{pmatrix}$ **c)** $\vec{v} = \begin{pmatrix} -3 \\ 0 \\ 0 \end{pmatrix}$ **e)** $\vec{v} = \begin{pmatrix} 2 \\ 2 \\ 2 \end{pmatrix}$ **g)** $\vec{v} = \begin{pmatrix} 2 \\ -2 \\ 2 \end{pmatrix}$ **i)** $\vec{v} = \begin{pmatrix} \sqrt{2} \\ \sqrt{3} \\ \sqrt{7} \end{pmatrix}$

b) $\vec{v} = \begin{pmatrix} 2 \\ 0 \\ 5 \end{pmatrix}$ **d)** $\vec{v} = \begin{pmatrix} -1{,}5 \\ 3{,}4 \\ 8{,}2 \end{pmatrix}$ **f)** $\vec{v} = \begin{pmatrix} 1 \\ 0 \\ 1 \end{pmatrix}$ **h)** $\vec{v} = \begin{pmatrix} -2 \\ -2 \\ -2 \end{pmatrix}$ **j)** $\vec{v} = \begin{pmatrix} 3 \\ -1 \\ \sqrt{2} \end{pmatrix}$

4.
Berechne den Betrag des gegebenen Vektors.

a) $\vec{a} = \begin{pmatrix} 9 \\ -2 \\ 6 \end{pmatrix}$ **b)** $\vec{c} = \begin{pmatrix} 8 \\ 4 \\ -1 \end{pmatrix}$ **c)** $\vec{v} = \begin{pmatrix} -6 \\ 8 \\ \sqrt{44} \end{pmatrix}$ **d)** $\vec{x} = \begin{pmatrix} 5 \\ 8 \\ 13\frac{1}{3} \end{pmatrix}$ **e)** $\vec{z} = \begin{pmatrix} 2{,}7 \\ -3{,}1 \\ 4{,}5 \end{pmatrix}$

5.
Welche der folgenden Vektoren haben dieselbe Länge?

$\vec{a} = \begin{pmatrix} 3 \\ 2 \\ 1 \end{pmatrix}$; $\vec{b} = \begin{pmatrix} 4 \\ -4 \\ 2 \end{pmatrix}$; $\vec{c} = \begin{pmatrix} 4 \\ 0 \\ -3 \end{pmatrix}$; $\vec{d} = \begin{pmatrix} 1 \\ -2 \\ 3 \end{pmatrix}$; $\vec{e} = \begin{pmatrix} \sqrt{10} \\ \sqrt{5} \\ \sqrt{10} \end{pmatrix}$; $\vec{f} = (-2) \cdot \begin{pmatrix} 1 \\ 2 \\ 2 \end{pmatrix}$; $\vec{g} = \begin{pmatrix} 4 \\ -1 \\ -1 \end{pmatrix}$;

$\vec{h} = \begin{pmatrix} \sqrt{3} \\ \sqrt{7} \\ -2 \end{pmatrix}$; $\vec{i} = \begin{pmatrix} 2 \\ \sqrt{5} \\ 0 \end{pmatrix}$; $\vec{j} = 6 \cdot \begin{pmatrix} 0 \\ 1 \\ 0 \end{pmatrix}$; $\vec{k} = \begin{pmatrix} -5 \\ 3 \\ \sqrt{2} \end{pmatrix}$; $\vec{l} = \begin{pmatrix} 0 \\ 3 \\ 0 \end{pmatrix}$; $\vec{m} = \sqrt{5} \cdot \begin{pmatrix} \sqrt{2} \\ -1 \\ -\sqrt{2} \end{pmatrix}$.

6.
a) Berechne und vergleiche die Beträge der Vektoren.

(1) $\begin{pmatrix} 2 \\ 1 \\ -3 \end{pmatrix}$ und $\begin{pmatrix} 6 \\ 3 \\ -9 \end{pmatrix}$ (2) $\begin{pmatrix} 4 \\ 0 \\ -2 \end{pmatrix}$ und $\begin{pmatrix} -1 \\ 0 \\ 0{,}5 \end{pmatrix}$ (3) $\begin{pmatrix} -4 \\ 2 \\ -3 \end{pmatrix}$ und $\begin{pmatrix} 4 \\ -2 \\ +3 \end{pmatrix}$

b) Begründe: Ist $\vec{a} = k \cdot \vec{b}$ dann gilt: $|\vec{a}| = |k| \cdot |\vec{b}|$.

7.
Wie groß muss k sein, damit der Vielfachenvektor $\vec{w} = k \cdot \vec{v}$ die Länge 3 hat?

a) $\vec{v} = \begin{pmatrix} 2 \\ 1 \\ 0 \end{pmatrix}$ **b)** $\vec{v} = \begin{pmatrix} 2 \\ -4 \\ 3 \end{pmatrix}$ **c)** $\vec{v} = \begin{pmatrix} 0{,}5 \\ 0{,}4 \\ 0{,}3 \end{pmatrix}$ **d)** $\vec{v} = \begin{pmatrix} 1 \\ 1 \\ 1 \end{pmatrix}$ **e)** $\vec{v} = \begin{pmatrix} -\sqrt{2} \\ \sqrt{6} \\ 1 \end{pmatrix}$

8.

Stelle den Vektor als Vielfaches eines Vektors mit dem Betrag 1 dar.

a) $\begin{pmatrix} 4 \\ 0 \\ 4 \end{pmatrix}$ **b)** $\begin{pmatrix} -3 \\ 4 \\ 0 \end{pmatrix}$ **c)** $\begin{pmatrix} 2 \\ -1 \\ 2 \end{pmatrix}$ **d)** $\begin{pmatrix} -4 \\ 12 \\ 3 \end{pmatrix}$ **e)** $\begin{pmatrix} -4 \\ -5 \\ 20 \end{pmatrix}$ **f)** $\begin{pmatrix} 2 \\ -4 \\ -4 \end{pmatrix}$ **g)** $\begin{pmatrix} 1 \\ 1 \\ 1 \end{pmatrix}$ **h)** $\begin{pmatrix} 3 \\ -4 \\ 5 \end{pmatrix}$

Abstand von Punkten – Streckenlängen

9.

Berechne den Abstand des Punktes P vom Ursprung des Koordinatensystems.

a) $P(12\,|\,5\,|\,-6)$ **b)** $P(3\,|\,-2\,|\,1)$ **c)** $P(-5\,|\,-3\,|\,7)$ **d)** $P(-4\,|\,-1\,|\,-6)$

10.

Wie lang ist die Strecke $\overline{PQ}$?

a) $P(4\,|\,-3\,|\,5)$, $Q(2\,|\,8\,|\,6)$

b) $P(6\,|\,-3\,|\,-2)$, $Q(4\,|\,8\,|\,-7)$

c) $P(1\,|\,-2\,|\,6)$, $Q(3\,|\,1\,|\,-5)$

d) $P(-7{,}5\,|\,12{,}3\,|\,9{,}6)$, $Q(3{,}3\,|\,-4{,}8\,|\,6{,}2)$

11.

Berechne den Umfang des Dreiecks.

a) $A(3\,|\,-2\,|\,7)$, $B(-1\,|\,2\,|\,5)$, $C(6\,|\,8\,|\,-9)$

b) $A(-6{,}2\,|\,-1{,}8)$, $B(5{,}3\,|\,2{,}4)$, $C(1{,}7\,|\,6{,}4)$

12.

Bestimme im Viereck ABCD die Längen der Seiten und der Diagonalen sowie den Umfang.

a) $A(-3\,|\,0\,|\,2)$, $B(4\,|\,1\,|\,0)$, $C(2\,|\,2\,|\,3)$, $D(-2\,|\,-1\,|\,0)$

b) $A(3\,|\,-2\,|\,1)$, $B(-1\,|\,2\,|\,3)$, $C(1\,|\,-1\,|\,2)$, $D(5\,|\,-5\,|\,0)$

13.

Prüfe, ob das Dreieck ABC gleichschenklig ist.

a) $A(3\,|\,7\,|\,2)$, $B(-1\,|\,5\,|\,1)$, $C(2\,|\,3\,|\,0)$

b) $A(-2\,|\,4\,|\,1)$, $B(1\,|\,7\,|\,4)$, $C(0\,|\,6\,|\,9)$

c) $A(1\,|\,0\,|\,3)$, $B(3\,|\,-2\,|\,0)$, $C(2\,|\,-3\,|\,3)$

d) $A(-5\,|\,2\,|\,-1)$, $B(0\,|\,5\,|\,-3)$, $C(-1\,|\,6\,|\,-3)$

Abstandsberechnung in der ebenen Geometrie

14.

a) Zeige: In einem ebenen Koordinatensystem gilt:
Der Vektor $\vec{v} = \begin{pmatrix} v_1 \\ v_2 \end{pmatrix}$ hat den Betrag: $|\vec{v}| = \sqrt{v_1^2 + v_2^2}$

b) Zeige: Für den Abstand zweier Punkte $P(p_1\,|\,p_2)$ und $Q(q_1\,|\,q_2)$ in der Ebene gilt die Formel:
$|PQ| = \sqrt{(q_1 - p_1)^2 + (q_2 - p_2)^2}$

c) Erläutere, wieso die in b) aufgestellten Formeln als Sonderfälle der Formel für den Raum aufgefasst werden können.

9.2 Orthogonalität – Skalarprodukt von Vektoren – Winkelberechnung

An Bauwerken, technischen Anlagen und Geräten, treten Ecken auf, in denen Kanten nicht rechtwinklig zusammenlaufen (siehe nebenstehendes Bild). Welche Winkel schließen solche Kanten ein?
Um die Frage durch Rechnung zu beantworten, kann man die Kanten durch Parameterdarstellungen beschreiben und aus ihnen die gewünschten Winkelgrößen berechnen.
Wie das für Winkel zwischen geradlinigen Kanten geht, lernen wir in diesem Abschnitt. Wir beginnen mit dem Spezialfall zueinander orthogonaler Geraden.

9.2.1 Orthogonalität – Skalarprodukt von Vektoren

Einführung

(1) Zueinander orthogonale Vektoren
Die Parallelität von Geraden haben wir rechnerisch über die Parallelität von Vektoren (vgl. 8.5.2 Aufgabe 1, Seite 216) erfasst. Analog zum Begriff der Parallelität zweier Vektoren bilden wir den Begriff der *Orthogonalität für zwei Vektoren:*

Orthogonalität von Vektoren
Wir nennen zwei Vektoren $\vec{u}$ und $\vec{v}$ mit $\vec{u} \neq \vec{o}$, $\vec{v} \neq \vec{o}$ **zueinander orthogonal,** wenn sie im Koordinatensystem durch zueinander orthogonale Pfeile veranschaulicht werden und schreiben dann $\vec{u} \perp \vec{v}$.

(2) Zueinander orthogonale Geraden im Raum
Man kann zueinander orthogonale Vektoren auch durch Pfeile auf zueinander windschiefen Geraden darstellen.
Solche Geraden nennt man ebenfalls zueinander orthogonal.

Zueinander orthogonale Geraden einer Ebene haben stets einen Schnittpunkt.

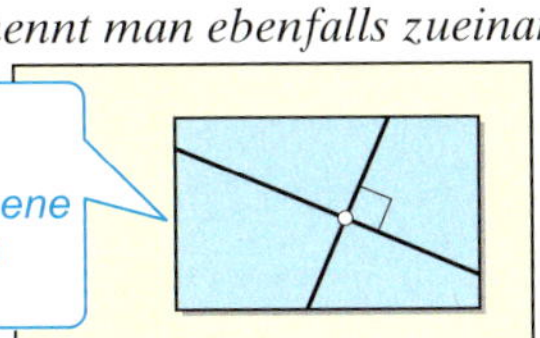

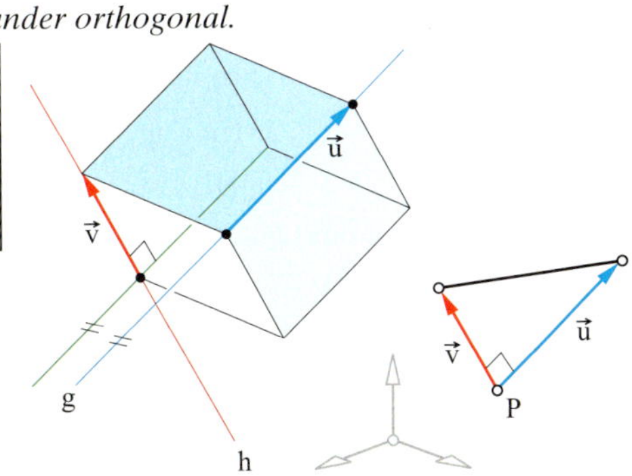

Beispiel:
Ein Quader hat 12 Kanten.
Wir wählen eine Kantengerade aus. Sie ist *parallel* zu drei weiteren Kantengeraden des Quaders und *orthogonal* zu den restlichen acht Kantengeraden.

Zeige an einer Schachtel

(3) Zusammenhänge zwischen Parallelität und Orthogonalität im Raum

Zeige an einer Schachtel

Auch im Raum gilt für je drei Geraden f, g, h: Wenn $f \perp g$ und $g \parallel h$, dann $f \perp h$.
Dagegen müssen zwei Geraden im Raum nicht parallel zueinander sein, wenn sie beide zu einer dritten Geraden orthogonal sind. Das zeigen z. B. die in einer Ecke zusammenlaufenden Kanten eines Quaders.

(4) Wann sind zwei Vektoren zueinander orthogonal?

Wir tragen die Vektoren $\vec{u}$ und $\vec{v}$ vom Ursprung O aus ab bis zu den Punkten U bzw. V. *Wenn die Vektoren* $\vec{u}$ und $\vec{v}$ *zueinander orthogonal sind,* so ist das Dreieck OUV bei O rechtwinklig, und es gilt nach dem Satz des Pythagoras:

Umkehrung des Satzes des Pythagoras anwenden

$|UV|^2 = |OU|^2 + |OV|^2 = |\vec{u}|^2 + |\vec{v}|^2$

Sind die Vektoren nicht zueinander orthogonal, so hat das Dreieck OUV bei O keinen rechtwinkligen Winkel, und es ist

$|UV|^2 \neq |\vec{u}|^2 + |\vec{v}|^2$

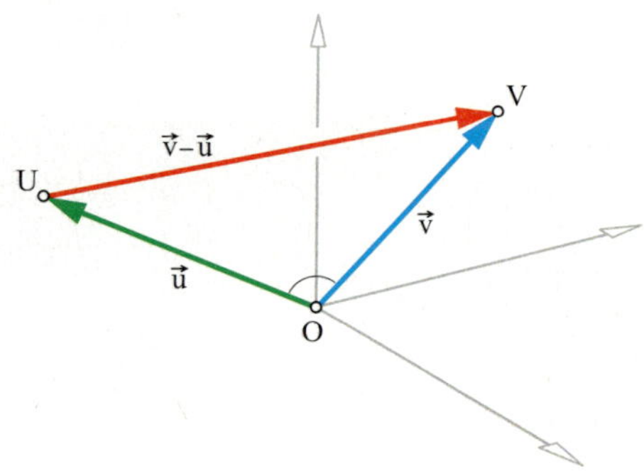

Wir prüfen daher, ob $|UV|^2 = |\vec{u}|^2 + |\vec{v}|^2$ gilt. Wenn ja, so ist $\vec{u} \perp \vec{v}$, andernfalls nicht.

Aufgabe 1 *Herleiten eines Orthogonalitätskriteriums*

a) Prüfe die beiden Vektoren $\vec{u} = \begin{pmatrix} 6 \\ -6 \\ 3 \end{pmatrix}$ und $\vec{v} = \begin{pmatrix} 8 \\ 4 \\ -8 \end{pmatrix}$ auf Orthogonalität.

b) Leite ein allgemeines Kriterium her, mit dem man für zwei Vektoren $\vec{u} = \begin{pmatrix} u_1 \\ u_2 \\ u_3 \end{pmatrix}$ und $\vec{v} = \begin{pmatrix} v_1 \\ v_2 \\ v_3 \end{pmatrix}$ entscheiden kann, ob sie zueinander orthogonal sind.

Lösung

a) Nach den Formeln für die Länge eines Vektors und den Abstand zweier Punkte ist
$|\vec{u}|^2 = 6^2 + (-6)^2 + 3^2 = 81, \quad |\vec{v}|^2 = 144, \quad |UV|^2 = 2^2 + 10^2 + (-11)^2 = 225$
Also gilt $|UV|^2 = |\vec{u}|^2 + |\vec{v}|^2$.
Deshalb sind die gegebenen Vektoren zueinander orthogonal.

b) Wir rechnen wie in a):

$$|\vec{u}|^2 = u_1^2 + u_2^2 + u_3^2, \quad |\vec{v}|^2 = v_1^2 + v_2^2 + v_3^2,$$

$$\begin{aligned} |UV|^2 &= (v_1 - u_1)^2 + (v_2 - u_2)^2 + (v_3 - u_3)^2 \\ &= (u_1^2 + u_2^2 + u_3^2) + (v_1^2 + v_2^2 + v_3^2) - 2(u_1 v_1 + u_2 v_2 + u_3 v_3) \\ &= |\vec{u}|^2 + |\vec{v}|^2 - 2(u_1 v_1 + u_2 v_2 + u_3 v_3) \end{aligned}$$

Somit gilt:

$|UV|^2 = |\vec{u}|^2 + |\vec{v}|^2$, falls $u_1 v_1 + u_2 v_2 + u_3 v_3 = 0$, und $|UV|^2 \neq |\vec{u}|^2 + |\vec{v}|^2$ sonst.

Wir erhalten ein *Orthogonalitätskriterium für Vektoren* $\vec{u}, \vec{v}$ (beide ungleich $\vec{o}$):
$\vec{u} \perp \vec{v}$ genau dann, wenn $u_1 v_1 + u_2 v_2 + u_3 v_3 = 0$

Für die in a) gegebenen Vektoren $\vec{u}$ und $\vec{v}$ ist

$u_1 v_1 + u_2 v_2 + u_3 v_3 = 6 \cdot 8 + (-6) \cdot 4 + 3 \cdot (-8) = 0$, woraus wieder $\vec{u} \perp \vec{v}$ folgt.

Information **(1) Definition des Skalarprodukts zweier Vektoren**

Beim Test, ob zwei Vektoren $\vec{u}$ und $\vec{v}$ zueinander orthogonal sind, berechnen wir aus ihren Koordinaten die Zahl $u_1 v_1 + u_2 v_2 + u_3 v_3$. Wir werden in 9.2.2 (Seite 240) sehen, dass diese Zahl für *je zwei* Vektoren (ungleich $\vec{o}$) eine geometrische Bedeutung hat. Daher hat diese Zahl einen besonderen Namen:
Skalarprodukt der beiden Vektoren.

Definition 1: *Skalarprodukt zweier Vektoren*

Für je zwei Vektoren $\vec{u} = \begin{pmatrix} u_1 \\ u_2 \\ u_3 \end{pmatrix}$ und $\vec{v} = \begin{pmatrix} v_1 \\ v_2 \\ v_3 \end{pmatrix}$ kann man die Zahl $u_1 v_1 + u_2 v_2 + u_3 v_3$ berechnen.
Sie heißt das **Skalarprodukt der beiden Vektoren** $\vec{u}$ und $\vec{v}$ und wird mit $\vec{u} * \vec{v}$ bezeichnet: $\vec{u} * \vec{v} = u_1 v_1 + u_2 v_2 + u_3 v_3$

Beispiele:

$$\begin{pmatrix} 3 \\ -4 \\ 0 \end{pmatrix} * \begin{pmatrix} 8 \\ 1 \\ 12 \end{pmatrix} = 3 \cdot 8 + (-4) \cdot 1 + 0 \cdot 12 = 20;$$

$\vec{o} * \vec{u} = 0 \cdot u_1 + 0 \cdot u_2 + 0 \cdot u_3 = 0$ für jeden Vektor $\vec{u}$

(2) Skalarprodukt und Orthogonalität zweier Vektoren

Das Orthogonalitätskriterium lässt sich nun knapp formulieren.

Satz 2: *Orthogonalitätskriterium für Vektoren*
Zwei Vektoren $\vec{u}$ und $\vec{v}$ (mit $\vec{u} \neq \vec{o}$, $\vec{v} \neq \vec{o}$) sind genau dann zueinander orthogonal, wenn ihr Skalarprodukt den Wert Null hat.
Also gilt für $\vec{u} \neq \vec{o}$, $\vec{v} \neq \vec{o}$: $\vec{u} \perp \vec{v}$ genau dann, wenn $\vec{u} * \vec{v} = 0$

(3) Zur Bezeichnung „Skalarprodukt"

Zunächst wundert man sich über den Namensteil *„-produkt"*. Denn zur Berechnung von $\vec{u} * \vec{v}$ wird eine Summe von Produkten gebildet. Aber wir müssen das Skalarprodukt als eine Rechenoperation für Vektoren auffassen, bei der man je zwei Vektoren $\vec{u}$ und $\vec{v}$ zur Zahl $\vec{u} * \vec{v}$ verknüpft. Für die neue Rechenoperation gelten einige Gesetze, die für die Multiplikation von Zahlen richtig und wichtig sind (vgl. Information (4)).
Die Befügung „Skalar-" weist darauf hin, dass das Verknüpfungsergebnis eine Zahl und kein Vektor ist. Man nennt allgemein eine Größe (z. B. Masse, Energie, Volumen) eine *skalare Größe,* wenn zu ihrer Angabe (nach Wahl einer Einheit) eine reelle Zahl genügt. Das ist anders bei *gerichteten Größen* (vektoriellen Größen) wie Kräften, Geschwindigkeiten und Beschleunigungen. Zu ihrer vollständigen Beschreibung gehört neben dem Betrag die Angabe der Wirkungsrichtung oder des Angriffspunktes.

(4) Regeln für das Rechnen mit dem Skalarprodukt

Im Abschnitt 8.3, Seite 205 beschäftigten wir uns mit Regeln für das Umformen von Vektortermen, in denen die Operationen Addieren, Subtrahieren, Vervielfachen, Bilden des Gegenvektors vorkommen. Jetzt kann noch das Skalarprodukt hinzutreten.
Der folgende Satz enthält die wichtigsten Regeln. Alle anderen lassen sich darauf zurückführen (z. B. die binomischen Formeln).

Satz 3: *Gesetze für das Skalarprodukt von Vektoren*
Für alle Vektoren $\vec{a}$, $\vec{b}$, $\vec{c}$ und alle reellen Zahlen r, s gelten:

(1) $\vec{a} * \vec{b} = \vec{b} * \vec{a}$ (Kommutativgesetz)

(2) $\left.\begin{array}{l}\vec{a} * (\vec{b} + \vec{c}) = \vec{a} * \vec{b} + \vec{a} * \vec{c} \\ \vec{a} * (\vec{b} - \vec{c}) = \vec{a} * \vec{b} - \vec{a} * \vec{c}\end{array}\right\}$ (Distributivgesetze)

(3) $(r \cdot \vec{a}) * (s \cdot \vec{b}) = (rs)\,(\vec{a} * \vec{b})$

Distributivgesetz

Es gilt:

$$(\vec{a} + \vec{b}) * (\vec{a} - \vec{b}) = \vec{a} * (\vec{a} - \vec{b}) + \vec{b} * (\vec{a} - \vec{b})$$
$$= \vec{a} * \vec{a} \underbrace{- \vec{a} * \vec{b} + \vec{b} * \vec{a}}_{\vec{o}} - \vec{b} * \vec{b}$$

wegen Kommutativgesetz

$$= \vec{a} * \vec{a} - \vec{b} * \vec{b}$$

Vereinbarungen

- Wir benutzen (wie bei den reellen Zahlen) die Absprache „ * vor Strich“:
  $\vec{a} * \vec{b} + \vec{a} * \vec{c}$ bedeutet $(\vec{a} * \vec{b}) + (\vec{a} * \vec{c})$
  Diese Vereinbarung hilft, Klammern zu sparen.
- Häufig schreibt man „$\vec{a}^2$“ für „$\vec{a} * \vec{a}$“.

Weiterführende Aufgaben

2. *Orthogonalitätskriterien für die ebene Geometrie*

a) Leite ein allgemeines Kriterium her, mit dem man für zwei Vektoren $\vec{u} = \begin{pmatrix} u_1 \\ u_2 \end{pmatrix}$ und $\vec{v} = \begin{pmatrix} v_1 \\ v_2 \end{pmatrix}$ der Ebene entscheiden kann, ob sie zueinander orthogonal sind.
Warum kann man das Kriterium als Spezialfall von Satz 2 auffassen?

b) Zeige: Das Kriterium aus a) ist gleichwertig zum folgenden:
Zwei Geraden mit den Gleichungen $y = m_1 \cdot x + b_1$ und $y = m_2 \cdot x + b_2$ sind genau dann zueinander orthogonal, wenn
- entweder für ihre Steigungen m_1 und m_2 gilt: $m_1 \cdot m_2 = -1$
- oder die eine Gerade zur ersten Koordinatenachse und die andere zur zweiten Koordinatenachse parallel ist.

Beachte Aufgabe 9 auf Seite 239.

3. *Sinnlose Terme und falsche Umformungen*

a) Warum machen die Terme keinen Sinn?
(1) $(\vec{a} * \vec{b}) * \vec{c}$ (2) $(\vec{a} * \vec{b}) + \vec{c}$ (3) $\vec{a}^3$

- *Beim Addieren und Subtrahieren zweier Vektoren entsteht ein Vektor.*
- *Beim Vervielfachen eines Vektors mit einer Zahl entsteht ein Vektor.*
- *Bildet man das Skalarprodukt zweier Vektoren, so entsteht eine Zahl.*

b) Gilt $\sqrt{\vec{a}^2} = \vec{a}$?

c) Wie viele Lösungen hat die Vektorgleichung
$$\begin{pmatrix} 3 \\ 0 \\ -1 \end{pmatrix} * \vec{x} = 6?$$
Macht eine Division als Umkehrung des Skalarprodukts Sinn?

4. *Beweis der Gesetze für das Skalarprodukt*
Beweise Satz 3 durch Rechnen mit Vektorkoordinaten.

Weiterführende Aufgabe

CAS **5.** *Berechnen des Skalarprodukts mit CAS*
Rechts siehst du, wie das Skalarprodukt mithilfe des Befehls **dotP( )** berechnet wird.
Berechne mit CAS:
$\begin{pmatrix} 1 \\ 3{,}9 \\ -2{,}7 \end{pmatrix} * \begin{pmatrix} 1{,}8 \\ -2{,}5 \\ 8{,}7 \end{pmatrix}$

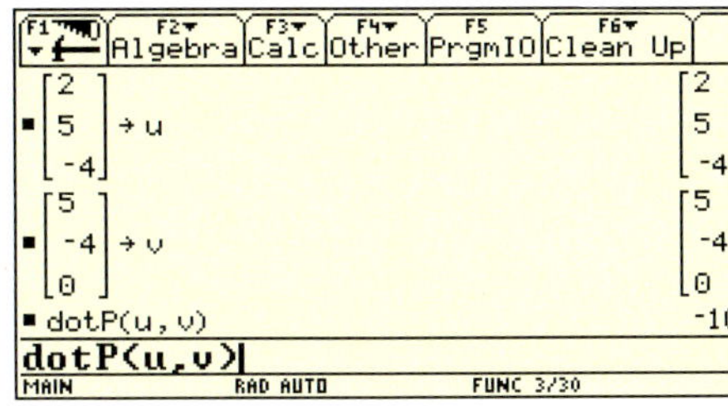

Übungsaufgaben

6.
Prüfe, ob die Vektoren $\vec{u}$ und $\vec{v}$ zueinander orthogonal sind.

a) $\vec{u} = \begin{pmatrix} -1 \\ 0 \\ 1 \end{pmatrix}, \ \vec{v} = \begin{pmatrix} 1 \\ 1 \\ 0 \end{pmatrix}$ **b)** $\vec{u} = \begin{pmatrix} 2 \\ 1 \\ -3 \end{pmatrix}, \ \vec{v} = \begin{pmatrix} 1 \\ 1 \\ 1 \end{pmatrix}$ **c)** $\vec{u} = \begin{pmatrix} 0{,}5 \\ 3 \\ -0{,}25 \end{pmatrix}, \ \vec{v} = \begin{pmatrix} 2{,}25 \\ -1 \\ 7{,}5 \end{pmatrix}$

7.
Berechne das Skalarprodukt.

a) $\begin{pmatrix} 1 \\ -2 \\ 3 \end{pmatrix} * \begin{pmatrix} 2 \\ 4 \\ 7 \end{pmatrix}$ **b)** $\begin{pmatrix} 3 \\ 0 \\ 4 \end{pmatrix} * \begin{pmatrix} 6 \\ 7 \\ -4 \end{pmatrix}$ **c)** $\begin{pmatrix} 1 \\ -2 \\ 0 \end{pmatrix} * \begin{pmatrix} 2 \\ 1 \\ 7 \end{pmatrix}$ **d)** $\begin{pmatrix} 1 \\ 0 \\ 3 \end{pmatrix} * \begin{pmatrix} 0 \\ -2 \\ 0 \end{pmatrix}$ **e)** $\begin{pmatrix} -4 \\ 5 \\ -2 \end{pmatrix} * \begin{pmatrix} 8 \\ -2 \\ 9 \end{pmatrix}$

8.
Worin liegt der Fehler?

a) $\begin{pmatrix} 2 \\ -1 \\ 3 \end{pmatrix} * \begin{pmatrix} 1 \\ 4 \\ 2 \end{pmatrix} = \begin{pmatrix} 2 \\ -4 \\ 6 \end{pmatrix}$ **b)** $\begin{pmatrix} 1 \\ 1 \\ 1 \end{pmatrix} * \begin{pmatrix} 1 \\ 1 \\ 1 \end{pmatrix} = 1$ **c)** $\begin{pmatrix} 0 \\ 2 \\ -1 \end{pmatrix} * \begin{pmatrix} 1 \\ 1 \\ 2 \end{pmatrix} = 1$

9.
a) Gib je vier Vektoren an, die zum Vektor $\vec{v}$ orthogonal sind.
(1) $\vec{v} = \begin{pmatrix} 1 \\ 2 \\ -1 \end{pmatrix}$ (2) $\vec{v} = \begin{pmatrix} 3 \\ 0 \\ 4 \end{pmatrix}$ (3) $\vec{v} = \begin{pmatrix} 0 \\ 1 \\ 0 \end{pmatrix}$ (4) $\vec{v} = \begin{pmatrix} 1 \\ 1 \\ 1 \end{pmatrix}$

b) Begründe geometrisch, dass es zu einem gegebenen Vektor unendlich viele orthogonale Vektoren gibt. Unterscheide dabei Vektoren im Raum bzw. in der Ebene.

10.
Prüfe, ob die gegebenen Geraden g und h zueinander orthogonal sind.

a) g: $\vec{x} = \begin{pmatrix} 2 \\ 1 \\ -1 \end{pmatrix} + \lambda \cdot \begin{pmatrix} -1 \\ 3 \\ 5 \end{pmatrix}$; h: $\vec{x} = \begin{pmatrix} 2 \\ 1 \\ -1 \end{pmatrix} + \mu \cdot \begin{pmatrix} 7 \\ -1 \\ 2 \end{pmatrix}$

b) g: $\vec{x} = \begin{pmatrix} 3 \\ 0 \\ 1 \end{pmatrix} + \lambda \cdot \begin{pmatrix} 4 \\ 2 \\ -1 \end{pmatrix}$; h: $\vec{x} = \begin{pmatrix} 3 \\ 0 \\ 1 \end{pmatrix} + \mu \cdot \begin{pmatrix} 5 \\ -7 \\ 5 \end{pmatrix}$

Statt $\overrightarrow{OX}$ schreiben wir kurz $\vec{x}$

11.
Gegeben sind die Gerade g: $\vec{x} = \begin{pmatrix} 2 \\ 1 \\ -1 \end{pmatrix} + \lambda \cdot \begin{pmatrix} -1 \\ 3 \\ 5 \end{pmatrix}$ und die Punkte $A(0 \mid 0 \mid 1)$, $B(1 \mid 3 \mid -2)$.

a) Bestimme drei Geraden, welche die Gerade g orthogonal schneiden.

b) Welche Gerade ist orthogonal zur Geraden g und geht durch den Punkt A bzw. B?

12.
Berechne die Terme
(1) $\vec{a} * \vec{b} + \vec{c} * \vec{d}$, (2) $\vec{a} * \vec{c} - \vec{b} * \vec{d}$, (3) $\vec{a} * \vec{a} + \vec{b} * \vec{b}$
für die Vektoren:

a) $\vec{a} = \begin{pmatrix} 3 \\ 1 \\ 2 \end{pmatrix}$; $\vec{b} = \begin{pmatrix} 2 \\ 1 \\ -1 \end{pmatrix}$; $\vec{c} = \begin{pmatrix} 3 \\ 1 \\ 2 \end{pmatrix}$; $\vec{d} = \begin{pmatrix} -3 \\ -4 \\ 2 \end{pmatrix}$

b) $\vec{a} = \begin{pmatrix} 2 \\ 1 \end{pmatrix}$; $\vec{b} = \begin{pmatrix} -1 \\ 2 \end{pmatrix}$; $\vec{c} = \begin{pmatrix} 4 \\ -1 \end{pmatrix}$; $\vec{d} = \begin{pmatrix} -3 \\ 2 \end{pmatrix}$

13.
Welcher der Terme ist ein Vektor, welcher ein Skalar, welcher ist nicht definiert? Begründe.

a) $(\vec{a} * \vec{b}) \cdot (\vec{c} * \vec{d})$ **c)** $(\vec{a} * \vec{b}) \cdot (\vec{c} + \vec{d})$ **e)** $((\vec{a} + \vec{b}) * \vec{c}) * \vec{d}$ **g)** $(\vec{a} * \vec{b}) - \vec{c}$
b) $\vec{a} * ((\vec{b} * \vec{c}) \cdot \vec{d})$ **d)** $((\vec{a} * \vec{b}) * \vec{c}) * \vec{d}$ **f)** $((\vec{a} + \vec{b}) * \vec{c}) \cdot \vec{d}$ **h)** $\vec{a} * (\vec{b} - \vec{c})$

14.
Forme um:

a) $(\vec{a} + \vec{b}) * (\vec{b} + \vec{a})$ **b)** $(\vec{a} - \vec{b}) * (\vec{a} + \vec{b})$ **c)** $(\lambda \cdot \vec{a} + \mu \cdot \vec{b}) * (\lambda \cdot \vec{a} - \mu \cdot \vec{b})$

9.2.2 Geometrische Bedeutung des Skalarprodukts – Winkelberechnung

Einführung **Geometrische Bedeutung des Skalarprodukts**

Das Addieren, Subtrahieren, Vervielfachen von Vektoren und das Bilden des Gegenvektors eines Vektors konnten wir mithilfe von Pfeilen der Vektoren geometrisch veranschaulichen. Wir suchen nun nach einer geometrischen Bedeutung des Skalarprodukts. Welche Eigenschaften von Vektoren kommen hierfür infrage?

Wenn das Skalarprodukt zweier Vektoren $\vec{u}$ und $\vec{v}$ eine geometrische Bedeutung hat, muss es sich aus geometrischen Eigenschaften der Vektoren berechnen lassen. Geometrische Eigenschaften eines Vektors sind seine Länge und seine Richtung im Koordinatensystem.

(1) Wir schaffen uns einen Überblick und überlegen, wie wir vorgehen können:

Erstens: Wir beginnen mit Sonderfällen.

- Zwei Sonderfälle sind klar:
  (1) Bei $\vec{u} = \vec{o}$ oder $\vec{v} = \vec{o}$ ist $\vec{u} * \vec{v} = 0$.
  (2) Bei $\vec{u} \perp \vec{v}$ ist ebenfalls $\vec{u} * \vec{v} = 0$.
- Bleibt der Sonderfall zueinander paralleler Vektoren:
  (3) $\vec{u}$ und $\vec{v}$ haben dieselbe Richtung (speziell $\vec{u} = \vec{v}$) oder sie sind zueinander entgegengerichtet (siehe (2) folgende Seite).

Zweitens:
Wir versuchen den allgemeinen Fall auf Sonderfälle zurückzuführen, indem wir z.B. den Vektor $\vec{v}$ in einen Anteil $\vec{v}_\perp$ orthogonal zur Richtung des Vektors $\vec{u}$ und einen Anteil $\vec{v}_\parallel$ parallel zur Richtung des Vektors $\vec{u}$ zerlegen: $\vec{v} = \vec{v}_\perp + \vec{v}_\parallel$ (siehe (3) auf folgender Seite).

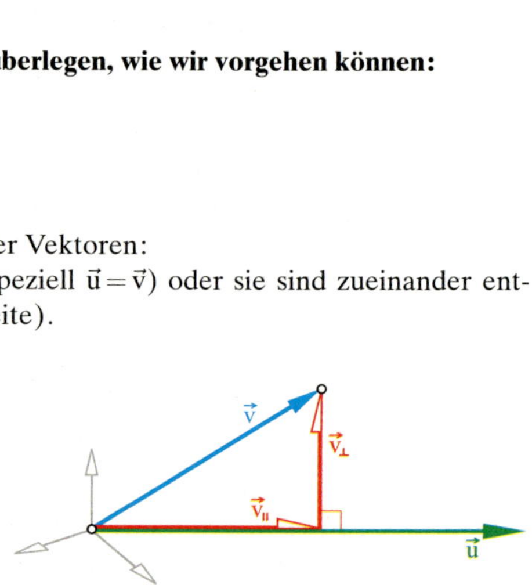

(2) Durchführung des Plans: *Skalarprodukt zueinander paralleler Vektoren*

Zueinander parallele Vektoren sind Vielfache voneinander. Wir nehmen z. B. die Vektoren $\vec{u} = \begin{pmatrix} u_1 \\ u_2 \\ u_3 \end{pmatrix}$, $\vec{v} = 4 \cdot \vec{u}$, $\vec{w} = (-3) \cdot \vec{u}$ und drücken die Skalarprodukte $\vec{u} * \vec{u}$, $\vec{u} * \vec{v}$, $\vec{u} * \vec{w}$ durch die Längen der beteiligten Vektoren aus:

(a) Es ist $\vec{u} * \vec{u} = \begin{pmatrix} u_1 \\ u_2 \\ u_3 \end{pmatrix} * \begin{pmatrix} u_1 \\ u_2 \\ u_3 \end{pmatrix} = u_1^2 + u_2^2 + u_3^2 = |\vec{u}|^2$.

(b) Es ist $\vec{u} * \vec{v} = \vec{u} * (4 \cdot \vec{u}) = 4(\vec{u} * \vec{u}) = 4|\vec{u}|^2$.
Die beiden Vektoren weisen in dieselbe Richtung und $\vec{v}$ hat die vierfache Länge von $\vec{u}$, d. h. es ist $|\vec{v}| = 4|\vec{u}|$. Damit gilt: $\vec{u} * \vec{v} = 4|\vec{u}|^2 = |\vec{u}| \cdot 4|\vec{u}| = |\vec{u}| \cdot |\vec{v}|$.

(c) Es ist $\vec{u} * \vec{w} = \vec{u} * ((-3) \cdot \vec{u}) = (-3)(\vec{u} * \vec{u}) = -3|\vec{u}|^2$.
Die Vektoren weisen in entgegengesetzte Richtungen, und $\vec{w}$ hat die dreifache Länge von $\vec{u}$, d. h. es ist $|\vec{w}| = 3|\vec{u}|$.
Damit gilt: $\vec{u} * \vec{w} = -|\vec{u}| \cdot |\vec{w}|$.

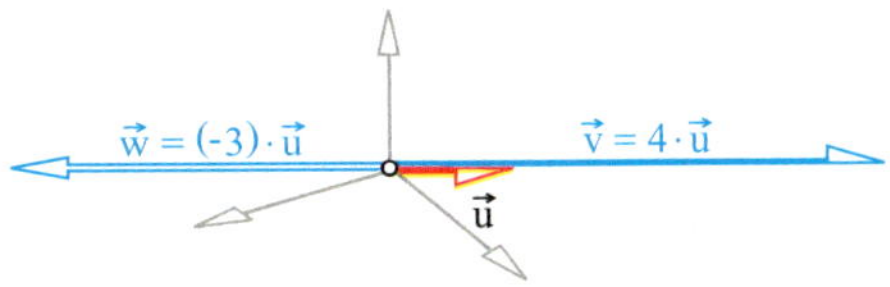

Wie in (b) und (c) schließt man auch allgemein bei zueinander parallelen Vektoren.

Beispiel:
$\vec{u} = \begin{pmatrix} 6 \\ -6 \\ 3 \end{pmatrix}$,
$\vec{v} = -\frac{1}{3} \cdot \vec{u} = \begin{pmatrix} -2 \\ 2 \\ -1 \end{pmatrix}$,
$|\vec{u}| = \sqrt{\vec{u} * \vec{u}} = \sqrt{81} = 9$,
$|\vec{v}| = \sqrt{\vec{v} * \vec{v}} = \sqrt{9} = 3$,
$\vec{u} * \vec{v} = -27 = -|\vec{u}| \cdot |\vec{v}|$

Satz 4: *Skalarprodukt zueinander paralleler Vektoren*

(1) Für jeden Vektor $\vec{u}$ ist $\vec{u} * \vec{u} = |\vec{u}|^2$ also $|\vec{u}| = \sqrt{\vec{u} * \vec{u}}$.

(2) Bei zueinander parallelen Vektoren $\vec{u}$ und $\vec{v}$ ist das Skalarprodukt bis auf das Vorzeichen das Produkt ihrer Längen und zwar ist

$$\vec{u} * \vec{v} = \begin{cases} +|\vec{u}| \cdot |\vec{v}|, & \text{falls } \vec{u} \text{ gleichgerichtet zu } \vec{v} \text{ ist} \\ -|\vec{u}| \cdot |\vec{v}|, & \text{falls } \vec{u} \text{ entgegengerichtet zu } \vec{v} \text{ ist} \end{cases}.$$

(3) Durchführung des Plans: *Skalarprodukt beliebiger Vektoren* $\vec{u}$, $\vec{v}$ mit $\vec{u} \neq \vec{o}$, $\vec{v} \neq \vec{o}$

Wir tragen beide Vektoren vom Ursprung aus ab und zerlegen den Vektor $\vec{v}$ in einen Anteil $\vec{v}_\perp$ orthogonal zum Vektor $\vec{u}$ und einen Anteil $\vec{v}_\parallel$ parallel zu $\vec{u}$: $\vec{v} = \vec{v}_\perp + \vec{v}_\parallel$

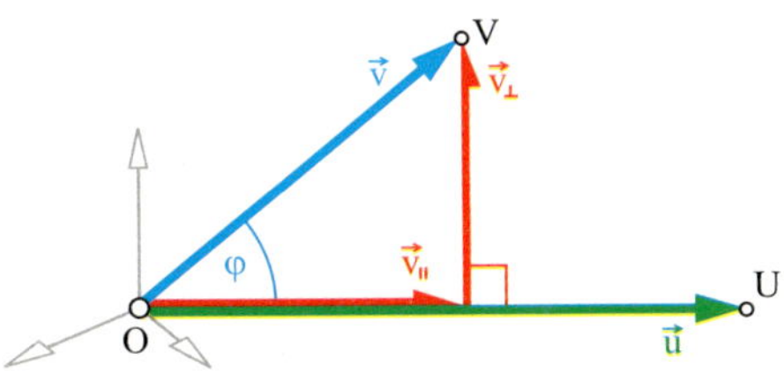

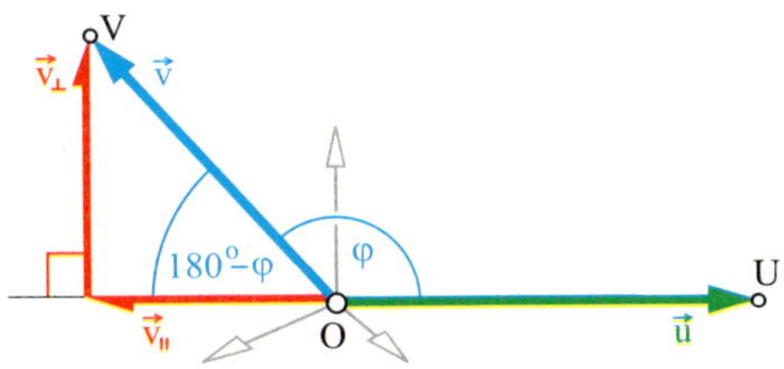

Damit ist $\vec{u} * \vec{v} = \vec{u} * (\vec{v}_\perp + \vec{v}_\parallel) = \vec{u} * \vec{v}_\perp + \vec{u} * \vec{v}_\parallel = \vec{u} * \vec{v}_\parallel$,

da ja der erste Summand wegen $\vec{u} \perp \vec{v}_\perp$ den Wert null hat. Mit Satz 4(2) gilt nun:

$\vec{u} * \vec{v}_\parallel = \pm |\vec{u}| \cdot |\vec{v}_\parallel|$ je nach der Richtung von $\vec{v}_\parallel$.

Die Berechnung von $|\vec{v}_\parallel|$ gelingt mithilfe des Richtungsunterschiedes (Winkel) φ der Vektoren $\vec{u}$ und $\vec{v}$.

Hat $\vec{v}_{\parallel}$ *dieselbe Richtung wie* $\vec{u}$, so lesen wir aus der linken Figur ab: $|\vec{v}_{\parallel}| = |\vec{v}| \cos\varphi$, und es folgt: $\vec{u} * \vec{v} = |\vec{u}| \cdot |\vec{v}| \cos\varphi$

Ist $\vec{v}_{\parallel}$ zu $\vec{u}$ *entgegengerichtet*, so ergibt sich wegen $\cos(180° - \varphi) = -\cos\varphi$ dieselbe Formel.

Satz 5: *Geometrische Form des Skalarprodukts zweier Vektoren*

Für je zwei Vektoren $\vec{u}$ und $\vec{v}$ (verschieden vom Nullvektor) mit dem Richtungsunterschied (Winkel) φ gilt:

$\vec{u} * \vec{v} = |\vec{u}| \cdot |\vec{v}| \cos\varphi$

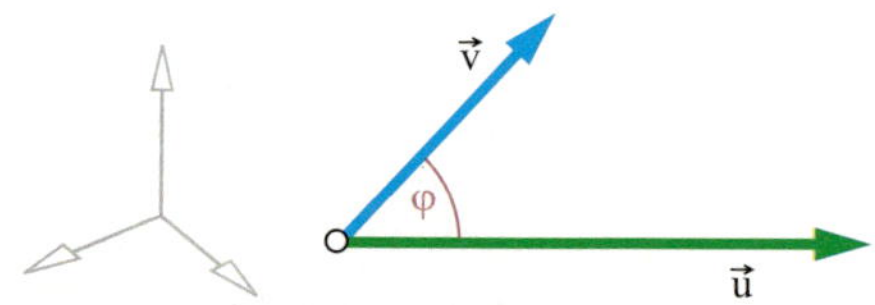

Aufgabe 1 *Berechnen von Winkelgrößen*

A, B und C bezeichnen benachbarte Gitterpunkte im Netz eines Zeltdaches. Zur Herstellung der Seilverbindungen in den Gitterpunkten sowie der Abdeckplatten für die Maschen muss man wissen, wie groß die Winkel sind, welche die Seilstücke miteinander einschließen.

Die drei Punkte werden in einem örtlichen Koordinatensystem beschrieben durch:

A(50 | −10 | 131),
B(58 | −18 | 127),
C(52 | 0 | 142)
(Koordinateneinheit = 1 dm).

Berechne den Winkel φ bei A.

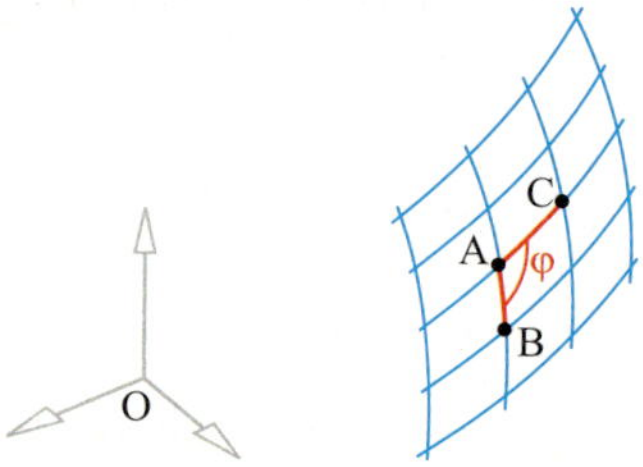

Lösung Wir nähern die Seilstücke durch Strecken an. Dann ist die gesuchte Winkelgröße der Richtungsunterschied der Vektoren $\vec{u} = \overrightarrow{AB}$ und $\vec{v} = \overrightarrow{AC}$. Dieser tritt in der geometrischen Form des Skalarprodukts beider Vektoren auf: $\vec{u} * \vec{v} = |\vec{u}| \cdot |\vec{v}| \cos\varphi$

Aus den Koordinaten der Punkte können wir $\vec{u}$ und $\vec{v}$ berechnen, daraus $\vec{u} * \vec{v}$ sowie $|\vec{u}|$ und $|\vec{v}|$ und schließlich $\cos\varphi$.

Berechnen der Vektoren:

$$\vec{u} = \overrightarrow{AB} = \overrightarrow{OB} - \overrightarrow{OA} = \begin{pmatrix} 58 \\ -18 \\ 127 \end{pmatrix} - \begin{pmatrix} 50 \\ -10 \\ 131 \end{pmatrix} = \begin{pmatrix} 8 \\ -8 \\ -4 \end{pmatrix};$$

$$\vec{v} = \overrightarrow{AC} = \overrightarrow{OC} - \overrightarrow{OA} = \begin{pmatrix} 52 \\ 0 \\ 142 \end{pmatrix} - \begin{pmatrix} 50 \\ -10 \\ 131 \end{pmatrix} = \begin{pmatrix} 2 \\ 10 \\ 11 \end{pmatrix}$$

Berechnen der Längen der Vektoren:

$|\vec{u}|^2 = \vec{u} * \vec{u} = 144$, also $|\vec{u}| = \sqrt{144} = 12$

$|\vec{v}|^2 = \vec{v} * \vec{v} = 225$, also $|\vec{v}| = \sqrt{225} = 15$

Angaben in dm

Berechnen des Skalarprodukts:

$$\vec{u} * \vec{v} = \begin{pmatrix} 8 \\ -8 \\ -4 \end{pmatrix} * \begin{pmatrix} 2 \\ 10 \\ 11 \end{pmatrix} = -108$$

Berechnen von $\cos\varphi$:

$$\cos\varphi = \frac{\vec{u} * \vec{v}}{|\vec{u}|\,|\vec{v}|} = -\frac{108}{12 \cdot 15} = -0{,}6$$

Bestimmen des Winkels φ *zwischen den Vektoren* $\vec{u}$ *und* $\vec{v}$:
Die Gleichung $\cos\varphi = -0{,}6$ hat zwischen 0° und 360° zwei Lösungen:

$\varphi_1 \approx 126{,}9°$ und $\varphi_2 = 360° - \varphi_1 \approx 233{,}1°$

Ergebnis:
Von der Sache her (Viereck ohne einspringende Ecke) kommt nur $\varphi_1 \approx 126{,}9°$ infrage.

Information **Winkel zwischen Vektoren im Raum**

Der Winkel zwischen zwei Vektoren $\vec{u}$ und $\vec{v}$ (beide ungleich $\vec{o}$) ist der Winkel, den zwei Pfeile der Vektoren mit gemeinsamem Anfangspunkt bestimmen.
Sind $\vec{u}$ und $\vec{v}$ nicht parallel zueinander, so sehen wir in der Verbindungsebene der Pfeile aber zwei verschieden große Winkel.
In der *Zeichenebene* wählt man meist einen davon aus durch die Anweisung: Drehe den Pfeil von $\vec{u}$ rechts herum in den Pfeil von $\vec{v}$.
Im *Raum* sind die beiden Seiten einer Ebene gleichberechtigt, sodass die vorige Anweisung kein eindeutiges Resultat liefert. Daher gibt man im Raum Winkel zwischen Vektoren nur mit Werten zwischen 0° und 180° (je einschließlich) an.

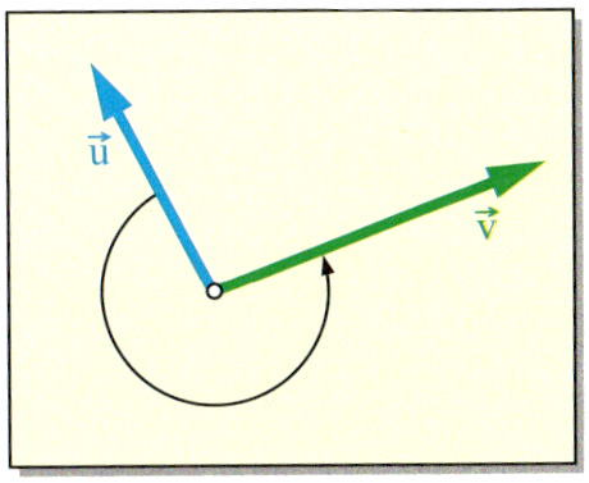

Blick von vorne

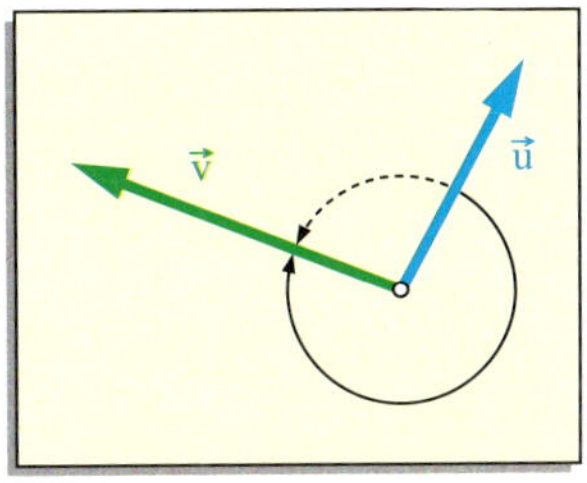

Blick von hinten

Beispiel:
$\vec{u} = \begin{pmatrix} -2 \\ 2 \\ 1 \end{pmatrix}$, $|\vec{u}| = \sqrt{\vec{u} * \vec{u}} = 3$,
$\vec{v} = \begin{pmatrix} 4 \\ 0 \\ 3 \end{pmatrix}$, $|\vec{v}| = \sqrt{\vec{v} * \vec{v}} = 5$,
$\vec{u} * \vec{v} = -5$,
$\cos\varphi = \frac{-5}{3 \cdot 5} = -\frac{1}{3}$, $\varphi \approx 109{,}5°$

Satz 6: *Berechnen des Winkels zwischen zwei Vektoren im Raum*
Den Winkel φ zwischen zwei Vektoren $\vec{u}$ und $\vec{v}$ (beide ungleich $\vec{o}$) berechnet man aus:

$$\cos\varphi = \frac{\vec{u} * \vec{v}}{|\vec{u}|\,|\vec{v}|} \quad \text{mit} \quad 0° \le \varphi \le 180°$$

Weiterführende Aufgabe

2. *Winkel zwischen Geraden im Raum*

a) Berechne „den“ Winkel zwischen den Geraden mit den Parameterdarstellungen:

$$\vec{x} = \vec{a} + \lambda \cdot \begin{pmatrix} 8 \\ -8 \\ -4 \end{pmatrix} \text{ und } \vec{x} = \vec{b} + \mu \cdot \begin{pmatrix} 2 \\ 10 \\ 11 \end{pmatrix}, \text{ wobei } \lambda, \mu \in \mathbb{R}$$

Ersetze einen Richtungsvektor durch seinen Gegenvektor. Was ergibt sich?

b) Zwei einander schneidende Geraden bestimmen mehrere Winkel. Man nimmt den kleinsten Winkel α. Zeige, dass unabhängig von der Wahl der Richtungsvektoren $\vec{u}$ und $\vec{v}$ der beiden Geraden gilt: $\cos\alpha = \frac{|\vec{u} * \vec{v}|}{|\vec{u}| \cdot |\vec{v}|}$ mit $0° \le \alpha \le 90°$

Übungsaufgaben

3.

a) Bei der Herleitung von Satz 5 (Seite 241/242) setzten wir stillschweigend voraus, dass die Vektoren $\vec{u}$ und $\vec{v}$ weder orthogonal noch parallel zueinander sind. Gilt die Formel auch in den ausgeschlossenen Fällen?

b) Führe in der Information den Fall aus, dass $\vec{v}_{\parallel}$ zu $\vec{u}$ entgegengerichtet ist.

4.

Was bedeutet es geometrisch, wenn für Vektoren $\vec{u}$ und $\vec{v}$ gilt: $\vec{u} * \vec{v} = |\vec{u}| \cdot |\vec{v}|$

CAS **5.**

a) Rechts siehst du, wie mit einem CAS der Winkel zwischen den Vektoren $\vec{u} = \begin{pmatrix} 0 \\ 0 \\ 1 \end{pmatrix}$ und $\vec{v} = \begin{pmatrix} 5 \\ -4 \\ 2 \end{pmatrix}$ berechnet wird.

Achte darauf, dass der Winkel-Modus auf DEG steht.
Erläutere das Vorgehen.

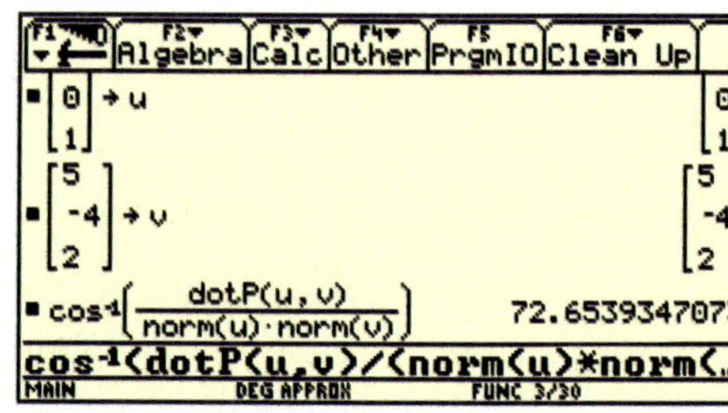

b) Berechne den Winkel φ, den die gegebenen Vektoren miteinander einschließen. Berechne auch den Betrag des Anteils $\vec{v}_{\parallel}$ von $\vec{v}$ parallel zu $\vec{u}$.

(1) $\vec{u} = \begin{pmatrix} 2 \\ -1 \\ 2 \end{pmatrix}$; $\vec{v} = \begin{pmatrix} 4 \\ 0 \\ -3 \end{pmatrix}$ (2) $\vec{u} = \begin{pmatrix} 1 \\ 1 \\ 1 \end{pmatrix}$; $\vec{v} = \begin{pmatrix} -5 \\ 3 \\ -1 \end{pmatrix}$

6.

Gegeben ist der Vektor $\begin{pmatrix} 2 \\ 1 \\ 4 \end{pmatrix}$ $\left[\begin{pmatrix} -2 \\ 3 \\ 5 \end{pmatrix}, \begin{pmatrix} -2 \\ 1 \\ -4 \end{pmatrix}, \begin{pmatrix} -2 \\ -3 \\ -5 \end{pmatrix}, \begin{pmatrix} v_1 \\ v_2 \\ v_3 \end{pmatrix}\right]$.

a) Berechne seine Richtungsunterschiede $\varphi_1, \varphi_2, \varphi_3$ zu den Koordinatenachsen.

b) Beweise allgemein, dass gilt: $(\cos \varphi_1)^2 + (\cos \varphi_2)^2 + (\cos \varphi_3)^2 = 1$

c) Warum gilt die Regel aus b) auch für den ebenen Fall? Aus welchem anderen Zusammenhang ist die Formel bekannt?

7.

Zeichne die Vektoren als Ortsvektoren in der Ebene und berechne den Winkel φ, den die Vektoren miteinander einschließen. Begründe jeweils das Vorzeichen von $\vec{u} * \vec{v}$.

(1) $\vec{u} = \begin{pmatrix} 3 \\ -4 \end{pmatrix}$; $\vec{v} = \begin{pmatrix} 1 \\ 3 \end{pmatrix}$ (2) $\vec{u} = \begin{pmatrix} -2 \\ 1 \end{pmatrix}$; $\vec{v} = \begin{pmatrix} -3 \\ 4 \end{pmatrix}$ (3) $\vec{u} = \begin{pmatrix} -2 \\ -3 \end{pmatrix}$; $\vec{v} = \begin{pmatrix} -1 \\ 4 \end{pmatrix}$

8.

Berechne die Innen- und Außenwinkel des Dreiecks mit den Eckpunkten $A(2 \mid -3)$, $B(-1 \mid 4)$ und $C(-2 \mid -2)$. Zeichne und miss nach.

▲ **9.**

Vervollständige den Beweis des Höhensatzes $|\vec{h} * \vec{h}| = |\vec{p}| \cdot |\vec{q}|$ für rechtwinklige Dreiecke.

Es gilt: $\vec{a} = \vec{h} - \vec{p}$; $\vec{b} = \vec{h} + \vec{q}$ und $\vec{a} * \vec{b} = 0$.

Begründe dies und folgere hieraus den Höhensatz.

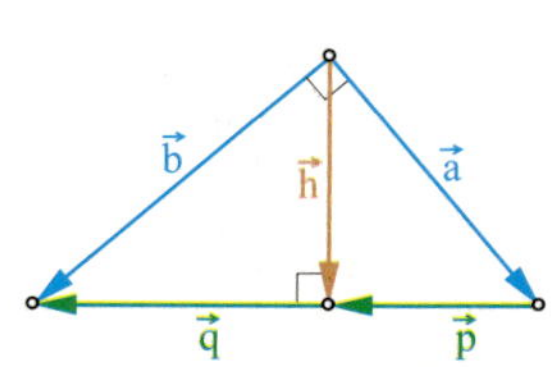

9.3 Berechnen von Abständen

9.3.1 Abstand eines Punktes von einer Geraden – Flächeninhalte

Einführung **Wie bestimmt man den Abstand eines Punktes von einer Geraden?**

Wir führen das räumliche Problem zurück auf das entsprechende ebene Problem. Dazu betrachten wir die Ebene, die durch die Gerade und durch den Punkt bestimmt wird.

Abstand eines Punktes von einer Geraden g

Der Abstand eines Punktes P von einer Geraden g ist die kleinste unter den Entfernungen des Punktes P von allen Punkten der Geraden g.

Wir bezeichnen ihn mit Abst (P; g).

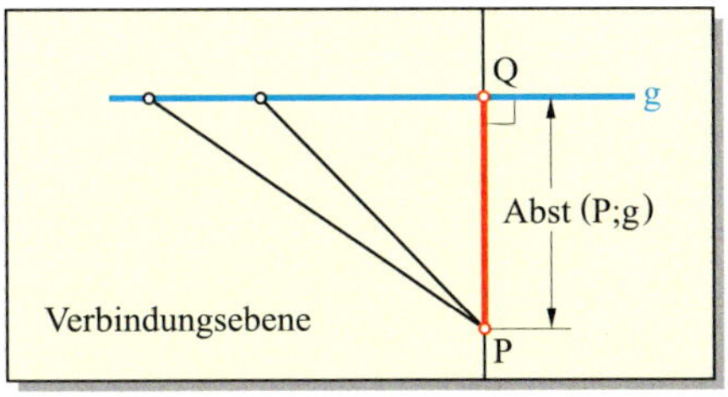

Wir fällen in der Verbindungsebene das Lot vom Punkt P auf die Gerade g.

Der Lotfußpunkt Q *ist dann derjenige Geradenpunkt, welcher* P *am nächsten liegt:*

$|PQ| = \text{Abst}(P; g)$

Aufgabe 1 *Berechnen des Abstandes eines Punktes von einer Geraden*

Ein geradliniger Stollen soll auf kürzestem Wege mit der Stelle P eines benachbarten Stollen verbunden werden.

In einem örtlichen Koordinatensystem hat die Achse des ersten Stollens die Parameterdarstellung

$$\overrightarrow{OX} = \begin{pmatrix} 0 \\ 10 \\ 1 \end{pmatrix} + \lambda \cdot \begin{pmatrix} 5 \\ 8 \\ -1 \end{pmatrix} \quad \text{mit } \lambda \in \mathbb{R}$$

und die Stelle P das Koordinatentripel $(41\,|\,6\,|\,-6)$ (Einheit = 1 m).

Berechne

- die Koordinaten des Abzweigpunktes Q,
- einen Richtungsvektor des Verbindungsstollens,
- die Länge des Verbindungsstollens.

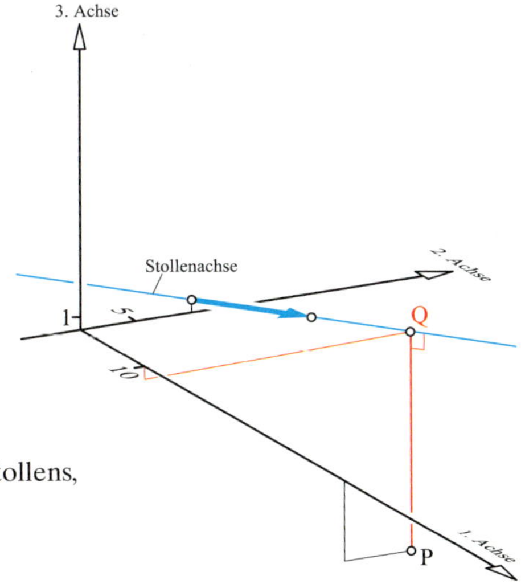

Lösung *Vorüberlegung:*

Als Abzweigpunkt Q nehmen wir den Fußpunkt des Lotes aus dem Punkt P auf die Achse des ersten Stollens. Der Vektor $\overrightarrow{PQ}$ bestimmt die Achsenrichtung des Verbindungsstollens.

Der Abstand der Punkte P und Q gibt die Länge des Verbindungsstollens an (davon sind noch die Abstände der Punkte von den Wänden ihrer Stollen zu subtrahieren).

Aufstellung der Bedingungen für Q

Der Lotfußpunkt Q ist durch folgende Bedingungen festgelegt.

Notiere Bedingungen für Lotfußpunkte

Erstens:

Q liegt auf der Achse des ersten Stollens, sodass gilt:

$\overrightarrow{OQ} = \begin{pmatrix} 0 \\ 10 \\ 1 \end{pmatrix} + \lambda \cdot \begin{pmatrix} 5 \\ 8 \\ -1 \end{pmatrix}$ mit einer noch zu bestimmenden Zahl λ

Zweitens:

Die Gerade PQ ist orthogonal zur Achse des ersten Stollens, also auch der Vektor $\overrightarrow{PQ}$ zum Richtungsvektor $\begin{pmatrix} 5 \\ 8 \\ -1 \end{pmatrix}$ der Achse. Somit gilt:

$\overrightarrow{PQ} * \begin{pmatrix} 5 \\ 8 \\ -1 \end{pmatrix} = 0$

Algebraische Auswertung der Bedingungen

(1) Berechnen des Vektors $\overrightarrow{PQ}$

$$\overrightarrow{PQ} = \overrightarrow{OQ} - \overrightarrow{OP} = \left(\begin{pmatrix} 0 \\ 10 \\ 1 \end{pmatrix} + \lambda \cdot \begin{pmatrix} 5 \\ 8 \\ -1 \end{pmatrix}\right) - \begin{pmatrix} 41 \\ 6 \\ -6 \end{pmatrix} = \begin{pmatrix} -41 \\ 4 \\ 7 \end{pmatrix} + \lambda \cdot \begin{pmatrix} 5 \\ 8 \\ -1 \end{pmatrix}$$

(2) Berechnen des Skalarprodukts von $\overrightarrow{PQ}$ mit dem Richtungsvektor der Achse des ersten Stollens:

$$\overrightarrow{PQ} * \begin{pmatrix} 5 \\ 8 \\ -1 \end{pmatrix} = \left(\begin{pmatrix} -41 \\ 4 \\ 7 \end{pmatrix} + \lambda \cdot \begin{pmatrix} 5 \\ 8 \\ -1 \end{pmatrix}\right) * \begin{pmatrix} 5 \\ 8 \\ -1 \end{pmatrix} = -180 + 90\lambda$$

(3) Damit lautet die zweite Bedingung für den Lotfußpunkt: $-180 + 90\lambda = 0$
Dies ist eine Gleichung für den Parameterwert des Lotfußpunktes.
Aus ihr gewinnen wir den Parameterwert von Q: $\lambda = 2$

(4) Jetzt können wir den Ortsvektor von Q ausrechnen (erste Bedingung auswerten) sowie den Vektor $\overrightarrow{PQ}$ (nach (1)) und den Abstand $|PQ|$ (nach Satz 1 Seite 238):

$$\overrightarrow{OQ} = \begin{pmatrix} 0 \\ 10 \\ 1 \end{pmatrix} + 2 \cdot \begin{pmatrix} 5 \\ 8 \\ -1 \end{pmatrix} = \begin{pmatrix} 10 \\ 26 \\ -1 \end{pmatrix}$$

$$\overrightarrow{PQ} = \overrightarrow{OQ} - \overrightarrow{OP} = \begin{pmatrix} 10 \\ 26 \\ -1 \end{pmatrix} - \begin{pmatrix} 41 \\ 6 \\ -6 \end{pmatrix} = \begin{pmatrix} -31 \\ 20 \\ 5 \end{pmatrix}$$

$$|PQ| = |\overrightarrow{PQ}| = \sqrt{(-31)^2 + 20^2 + 5^2} = \sqrt{1386} \approx 37$$

Angabe in m

Ergebnis:

Der Verbindungsstollen zur Stelle P zweigt beim Punkt $Q(10\,|\,26\,|\,-1)$ auf der Achse des ersten Stollens ab, muss in Richtung des Vektors $-\overrightarrow{PQ} = \begin{pmatrix} 31 \\ -20 \\ -5 \end{pmatrix}$ vorgetrieben werden und wird etwa 37 m lang (abzüglich der Abstände der Punkte P und Q von den Stollenwänden).

Weiterführende Aufgabe

2. *Berechnen des Flächeninhaltes eines Dreiecks*
Gegeben ist das Dreieck mit den Ecken $A(7|-3|-3)$, $B(9|7|8)$, $C(1|3|0)$.
Berechne den Flächeninhalt des Dreiecks.

a) Berechne dazu eine Dreieckshöhe wie in Aufgabe 1, nämlich als Abstand eines Eckpunktes von der Gegenseite des Dreiecks.

b) Bestätige für den Flächeninhalt eines Dreiecks ABC die Formel
Flächeninhalt $= \frac{1}{2} |\overrightarrow{AB}| \cdot |\overrightarrow{AC}| \cdot \sin \alpha$,
wobei α die Größe des Innenwinkels beim Punkt A ist.

c) Berechne den Flächeninhalt des Dreiecks nach der Formel aus b).

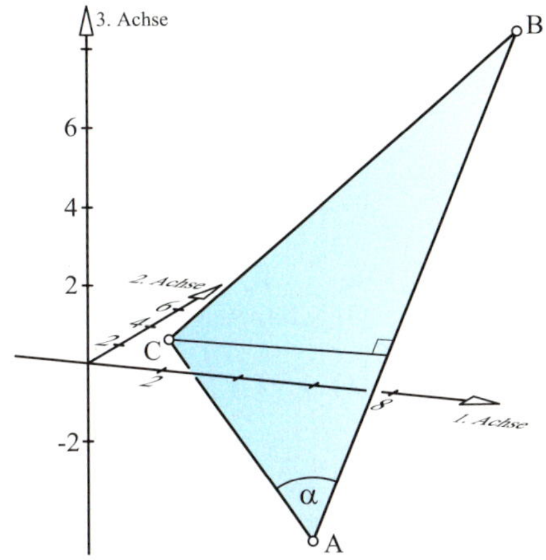

Information

Berechnen von Flächeninhalten
Flächeninhaltsberechnungen kommen in vielen Bereichen vor, beispielsweise bei Grundstücken, Bedachungen von Bauwerken, Karosserieteilen.
Nur für wenige Formen gibt es Formeln zur Berechnung des Flächeninhaltes. Oft *zerlegt* man das fragliche Flächenstück in Dreiecke oder *nähert* es mithilfe von Dreiecken *an*. Will man zum Beispiel die Größe der Blechfläche für die Karosserie rechts berechnen, muss man die im Bild angegebenen Flächenstücke in Dreiecke zerlegen.

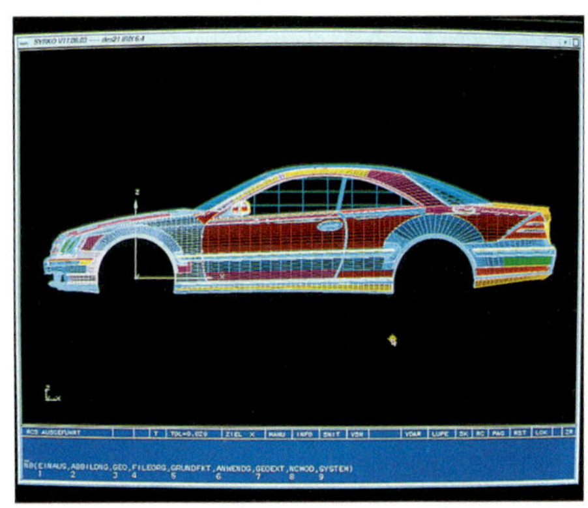

Der Inhalt des gesamten Flächenstücks ergibt sich als Summe von Dreiecksflächeninhalten. Der Inhalt jedes Dreiecks muss häufig aus den Koordinaten seiner Ecken bestimmt werden.
Führt man die Flächeninhaltsberechnungen in Aufgabe 2 allgemein durch, so ergibt sich der zweite Teil des folgenden Satzes:

Satz 7: *Formeln zum Berechnen des Flächeninhaltes eines Dreiecks*
Für jedes Dreieck ABC gilt:

(1) Flächeninhalt $= \frac{1}{2} |\overrightarrow{AB}| \cdot |\overrightarrow{AC}| \sin \alpha$
Dabei ist α die Größe des Innenwinkels bei A.

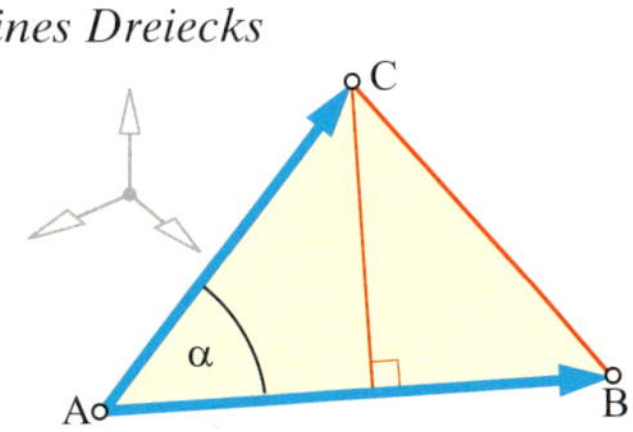

(2) Flächeninhalt $= \frac{1}{2}\sqrt{|\overrightarrow{AB}|^2 \, |\overrightarrow{AC}|^2 - (\overrightarrow{AB} * \overrightarrow{AC})^2}$ — gemessen mit (Koordinateneinheit)²
Dabei müssen die Koordinaten der Eckpunkte A, B, C benützt werden.

Übungsaufgaben

3.
Berechne den Abstand des Punktes P von der Geraden g.

$\vec{x}$ statt $\overrightarrow{OX}$

a) g: $\vec{x}=\begin{pmatrix}0\\-1\\1\end{pmatrix}+\lambda\cdot\begin{pmatrix}2\\1\\0\end{pmatrix}$; $P(4\,|\,1\,|\,1)$

b) g: $\vec{x}=\begin{pmatrix}3\\1\\0\end{pmatrix}+\lambda\cdot\begin{pmatrix}-4\\1\\2\end{pmatrix}$; $P(1\,|\,-2\,|\,2)$

c) g: $\vec{x}=\begin{pmatrix}1\\-2\end{pmatrix}+\lambda\cdot\begin{pmatrix}-1\\3\end{pmatrix}$; $P(1\,|\,1)$

d) g: $3x_1+x_2=5$; $P(0\,|\,1)$

4.
Gegeben seien die Geraden g und h.

(1) g: $\vec{x}=\begin{pmatrix}3\\-1\\5\end{pmatrix}+\lambda\cdot\begin{pmatrix}2\\-3\\-1\end{pmatrix}$; h: $\vec{x}=\begin{pmatrix}0\\5\\-3\end{pmatrix}+\mu\cdot\begin{pmatrix}-4\\6\\2\end{pmatrix}$

(2) g: $\vec{x}=\begin{pmatrix}2\\-3\end{pmatrix}+\lambda\cdot\begin{pmatrix}-2\\1\end{pmatrix}$; h: $\vec{x}=\mu\cdot\begin{pmatrix}2\\-1\end{pmatrix}$

a) Begründe: g und h sind parallel zueinander.

b) Bestimme den Abstand der beiden Geraden.

5.
Bestimme den Flächeninhalt des Dreiecks ABC durch Einsetzen in die Formeln für den Flächeninhalt.

a) $A(-1\,|\,2\,|\,0)$, $B(1\,|\,2\,|\,4)$, $C(-1\,|\,-3\,|\,5)$

b) $A(1\,|\,2\,|\,3)$, $B(-3\,|\,-2\,|\,-2)$, $C(1\,|\,3\,|\,-4)$

c) $A(2\,|\,1)$, $B(1\,|\,4)$, $C(-5\,|\,-1)$

d) $A(2\,|\,3)$, $B(7\,|\,3)$, $C(-8\,|\,-2)$

6.
Berechne den Oberflächeninhalt des Tetraeders ABCD.

a) $A(3\,|\,2\,|\,-1)$, $B(1\,|\,-2\,|\,0)$, $C(1\,|\,3\,|\,2)$, $D(2\,|\,0\,|\,4)$

b) $A(0\,|\,-1\,|\,-1)$, $B(0\,|\,0\,|\,4)$, $C(0\,|\,6\,|\,0)$, $D(4\,|\,1\,|\,1)$

7.
Wähle beim Dreieck ABC der Aufgabe 2 (Seite 253) auch $\overline{AC}$ bzw. $\overline{BC}$ als Grundseiten. Was fällt auf?

8.
Auf dem Frankfurter Flughafen startet ein Flugzeug. Auf dem Foto scheint es den Wolkenkratzern nahe zu kommen. Bezogen auf ein örtliches Koordinatensystem mit der Einheit km hat die Antennenspitze des höchsten Bürohauses die Koordinaten $B(10\,|\,7{,}5\,|\,0{,}3)$. Im Steilflug befindet sich das Flugzeug auf der Geraden zu $\overrightarrow{OX}=\begin{pmatrix}2\\0\\0\end{pmatrix}+\lambda\cdot\begin{pmatrix}3\\2\\1\end{pmatrix}$. Berechne die minimale Entfernung des Flugzeuges von der Antennenspitze dieses Hochhauses.

9.3.2 Abstand zueinander windschiefer Geraden

Flugzeuge dürfen in der Luft einander nicht zu nahe kommen. Die Flugüberwachung muss Flugrouten so planen und vergeben, dass Mindestabstände nach allen Seiten eingehalten werden. Ein Teilproblem hiervon ist die Bestimmung des kürzesten Abstandes zweier Flugrouten.
Wir überlegen zuerst in der folgenden Einführung, wie man den Abstand zueinander windschiefer Geraden bestimmen kann und berechnen dann in Aufgabe 1 für ein Zahlenbeispiel einen solchen Abstand.

Einführung

(1) Wie misst man den Abstand zueinander windschiefer Geraden?

Gegeben sind zwei zueinander windschiefe Geraden g und h. Wir vergleichen die Entfernungen der Punkte X auf g von den Punkten Y auf h miteinander.
Die kleinste dieser Entfernungen ist der Abstand der gegebenen Geraden g und h.
Wir vermuten: Wird diese kleinste Entfernung in den Punkten P auf g und Q auf h angenommen, so trifft (schneidet) die Verbindungsgerade PQ die gegebenen windschiefen Geraden jeweils orthogonal.

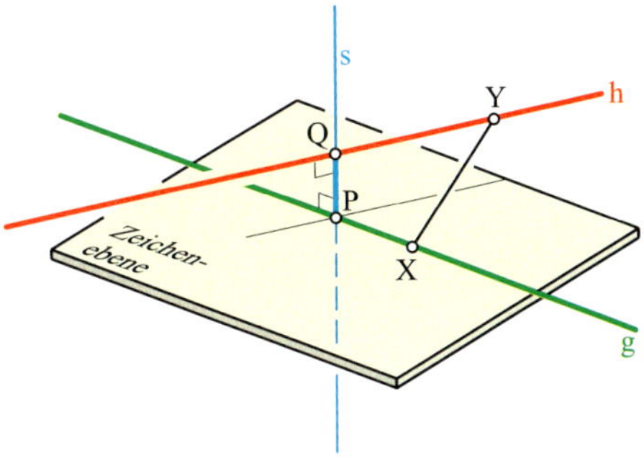

(2) Gemeinsames Lot und Abstand windschiefer Geraden

Um die Vermutung zu überprüfen, suchen wir zuerst eine Gerade s, welche jede der gegebenen windschiefen Geraden orthogonal schneidet. Dann vergleichen wir den Abstand der Schnittpunkte mit dem Abstand beliebiger Punkte der gegebenen windschiefen Geraden.

- Wir legen die Zeichenebene so durch die Gerade g, dass die Gerade h parallel dazu verläuft. Dann schauen wir in orthogonaler Richtung auf die Zeichenebene.
  Der Sehstrahl durch den scheinbaren Kreuzungspunkt der windschiefen Geraden g und h ist die gesuchte Gerade s, welche g in einem Punkt P und h in einem Punkt Q orthogonal schneidet.

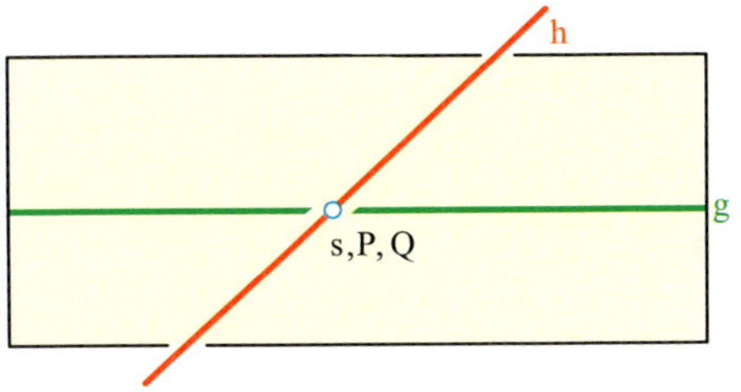

- Nun blicken wir entlang der Geraden g. Diese erscheint jetzt als Punkt, die Zeichenebene als Gerade, die Gerade s orthogonal dazu und die Strecke $\overline{PQ}$ in wahrer Länge.
  Die Strecke $\overline{PQ}$ ist kürzer als jede andere Strecke $\overline{XY}$ mit X auf g und Y auf h. Also stimmt die Vermutung.

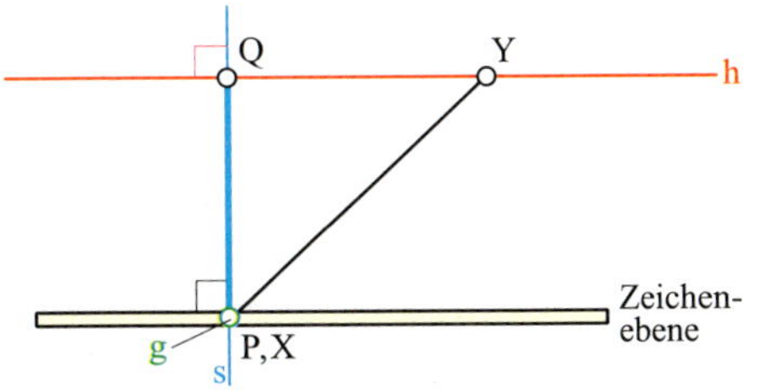

- Die Gerade PQ heißt das *Gemeinlot* („Gemein" = „gemeinsam") *der zueinander windschiefen Geraden* g *und* h.

Aufgabe 1 *Berechnen des gemeinsamen Lotes und des Abstandes windschiefer Geraden*

Gegeben sind zwei zueinander windschiefe Geraden durch

$$g\colon \overrightarrow{OX} = \begin{pmatrix} 2 \\ 7 \\ -6 \end{pmatrix} + \lambda \cdot \begin{pmatrix} 2 \\ 3 \\ 0 \end{pmatrix},\ \lambda \in \mathbb{R} \quad \text{und} \quad h\colon \overrightarrow{OX} = \begin{pmatrix} 2 \\ -3 \\ 7 \end{pmatrix} + \mu \cdot \begin{pmatrix} 2 \\ 0 \\ -1 \end{pmatrix},\ \mu \in \mathbb{R}.$$

Bestimme Punkte P auf g und Q auf h so, dass ihre Verbindungsgerade die gegebenen Geraden jeweils orthogonal schneidet.
Berechne daraus den Abstand der Geraden g und h.

Lösung *Lösungsidee:*

Wir benötigen die Parameterwerte der Punkte P und Q.
Die Bedingungen

$PQ \perp g$ und $PQ \perp h$

übersetzen wir mithilfe des Skalarproduktes von $\overrightarrow{PQ}$ mit den Richtungsvektoren von g und h in

$$\overrightarrow{PQ} * \begin{pmatrix} 2 \\ 3 \\ 0 \end{pmatrix} = 0 \quad \text{und} \quad \overrightarrow{PQ} * \begin{pmatrix} 2 \\ 0 \\ -1 \end{pmatrix} = 0.$$

Hieraus lassen sich die Parameterwerte von P und Q berechnen, dann die Koordinaten von P und Q, schließlich der Abstand $|PQ|$.

Durchführung der Rechnung:

(1) Wir machen den Ansatz:

$$\overrightarrow{OP} = \begin{pmatrix} 2 \\ 7 \\ -6 \end{pmatrix} + \lambda \cdot \begin{pmatrix} 2 \\ 3 \\ 0 \end{pmatrix} \text{ mit einer noch zu bestimmenden Zahl } \lambda$$

$$\overrightarrow{OQ} = \begin{pmatrix} 2 \\ -3 \\ 7 \end{pmatrix} + \mu \cdot \begin{pmatrix} 2 \\ 0 \\ -1 \end{pmatrix} \text{ mit einer noch zu bestimmenden Zahl } \mu$$

(2) Berechnen des Vektors $\overrightarrow{PQ}$:

$$\overrightarrow{PQ} = \overrightarrow{OQ} - \overrightarrow{OP} = \left(\begin{pmatrix} 2 \\ -3 \\ 7 \end{pmatrix} + \mu \cdot \begin{pmatrix} 2 \\ 0 \\ -1 \end{pmatrix} \right) - \left(\begin{pmatrix} 2 \\ 7 \\ -6 \end{pmatrix} + \lambda \cdot \begin{pmatrix} 2 \\ 3 \\ 0 \end{pmatrix} \right)$$

$$= \begin{pmatrix} 0 \\ -10 \\ 13 \end{pmatrix} - \lambda \cdot \begin{pmatrix} 2 \\ 3 \\ 0 \end{pmatrix} + \mu \cdot \begin{pmatrix} 2 \\ 0 \\ -1 \end{pmatrix}$$

(3) Skalarprodukte des Vektors $\overrightarrow{PQ}$ mit den Richtungsvektoren der Geraden g und h:

$$\overrightarrow{PQ} * \begin{pmatrix} 2 \\ 3 \\ 0 \end{pmatrix} = -30 - 13\lambda + 4\mu \qquad \overrightarrow{PQ} * \begin{pmatrix} 2 \\ 0 \\ -1 \end{pmatrix} = -13 - 4\lambda + 5\mu$$

(4) Die Bedingungen der Orthogonalität liefern nun das Gleichungssystem:

$$\left| \begin{matrix} \overrightarrow{PQ} * \begin{pmatrix} 2 \\ 3 \\ 0 \end{pmatrix} = 0 \\ \overrightarrow{PQ} * \begin{pmatrix} 2 \\ 0 \\ -1 \end{pmatrix} = 0 \end{matrix} \right|, \text{ also } \left| \begin{matrix} 13\lambda - 4\mu = -30 \\ 4\lambda - 5\mu = -13 \end{matrix} \right|$$

Es hat die einzige Lösung $\lambda = -2$, $\mu = 1$.

(5) Berechnen der Ortsvektoren der Punkte P und Q sowie des Vektors $\overrightarrow{PQ}$:

$\overrightarrow{OP} = \begin{pmatrix} 2 \\ 7 \\ -6 \end{pmatrix} + (-2) \cdot \begin{pmatrix} 2 \\ 3 \\ 0 \end{pmatrix} = \begin{pmatrix} -2 \\ 1 \\ -6 \end{pmatrix}$; $\overrightarrow{OQ} = \begin{pmatrix} 2 \\ -3 \\ 7 \end{pmatrix} + 1 \cdot \begin{pmatrix} 2 \\ 0 \\ -1 \end{pmatrix} = \begin{pmatrix} 4 \\ -3 \\ 6 \end{pmatrix}$,

also $\overrightarrow{PQ} = \begin{pmatrix} 4 \\ -3 \\ 6 \end{pmatrix} - \begin{pmatrix} -2 \\ 1 \\ -6 \end{pmatrix} = \begin{pmatrix} 6 \\ -4 \\ 12 \end{pmatrix}$

(6) Berechnen des Abstandes der Punkte P und Q mit der Abstandsformel:

$|PQ|^2 = 196$, also $|PQ| = 14$

Ergebnis:
Die gegebenen Geraden g und h werden von ihrem gemeinsamen Lot in den Punkten $P(-2\,|\,1\,|\,-6)$ bzw. $Q(4\,|\,-3\,|\,6)$ geschnitten. Die Geraden g und h haben den Abstand $|PQ| = 14$.

Weiterführende Aufgabe

2. *Abstand zweier beliebiger Geraden*
Ersetze in Aufgabe 1 die Gerade h durch die Gerade k mit der Parameterdarstellung:

(1) $\overrightarrow{OX} = \begin{pmatrix} 4 \\ 1 \\ -9 \end{pmatrix} + \mu \cdot \begin{pmatrix} 2 \\ 0 \\ -1 \end{pmatrix}$ (2) $\overrightarrow{OX} = \begin{pmatrix} 2 \\ -3 \\ 7 \end{pmatrix} + \mu \cdot \begin{pmatrix} -4 \\ -6 \\ 0 \end{pmatrix}$

Berechne den Abstand der Geraden g und k wie in der Lösung von Aufgabe 1. Welche geometrischen Ursachen haben die Unterschiede zur Lösung von Aufgabe 1?

Übungsaufgaben

3.
Berechne den Abstand der Geraden f mit $\vec{x} = \begin{pmatrix} -2 \\ 8 \\ 8 \end{pmatrix} + \lambda \cdot \begin{pmatrix} 2 \\ -6 \\ -4 \end{pmatrix}$ und der Geraden g mit

(1) $\vec{x} = \begin{pmatrix} -2 \\ 2 \\ 3 \end{pmatrix} + \mu \cdot \begin{pmatrix} -3 \\ 9 \\ 6 \end{pmatrix}$ (2) $\vec{x} = \begin{pmatrix} 10 \\ 2 \\ -12 \end{pmatrix} + \mu \cdot \begin{pmatrix} 8 \\ 6 \\ -12 \end{pmatrix}$

Deute die Ergebnisse.

4.
Berechne den Abstand der Geraden g und h.

a) g: $\vec{x} = \begin{pmatrix} 2 \\ 0 \\ -1 \end{pmatrix} + \lambda \cdot \begin{pmatrix} 3 \\ 4 \\ -2 \end{pmatrix}$, h: $\vec{x} = \begin{pmatrix} -1 \\ -4 \\ 1 \end{pmatrix} + \mu \cdot \begin{pmatrix} -4 \\ 7 \\ 2 \end{pmatrix}$

b) g: $\vec{x} = \begin{pmatrix} -1 \\ 2 \\ -3 \end{pmatrix} + \lambda \cdot \begin{pmatrix} 1 \\ 0 \\ -1 \end{pmatrix}$, h: $\vec{x} = \begin{pmatrix} 3 \\ 4 \\ -2 \end{pmatrix} + \mu \cdot \begin{pmatrix} 1 \\ 2 \\ 0 \end{pmatrix}$

▲ **5.**
Berechne den Abstand der Geraden von den Koordinatenachsen.

g: $\vec{x} = \begin{pmatrix} 3 \\ 1 \\ -2 \end{pmatrix} + \lambda \cdot \begin{pmatrix} 1 \\ -1 \\ 2 \end{pmatrix}$

6.

Die Vektoren $\vec{a}$, $\vec{b}$, $\frac{1}{2}\cdot\vec{a}$, $\vec{c}$ können als Seitenvektoren eines Trapezes aufgefasst werden. Begründe das und skizziere ein mögliches Trapez. Berechne den Flächeninhalt des Trapezes für die Beispiele:

(1) $\vec{a}=\begin{pmatrix}2\\6\\-4\end{pmatrix}$; $\vec{b}=\begin{pmatrix}3\\-1\\2\end{pmatrix}$; $\vec{c}=\begin{pmatrix}4\\2\\0\end{pmatrix}$ (2) $\vec{a}=\binom{4}{2}$; $\vec{b}=\binom{-2}{3}$; $\vec{c}=\binom{0}{4}$

7.

Ein Sportflugzeug und ein Militärflugzeug befinden sich auf geradlinigem Kurs. Im örtlichen Koordinatensystem der Flugsicherungsstelle gelten die Angaben der Tabelle.

	Ort zum Zeitpunkt 0	Geschwindigkeitsvektor
Sportflugzeug	A(0|4|2)	$\vec{v}=\begin{pmatrix}200\\-100\\0\end{pmatrix}$
Militärflugzeug	B(3|0|3)	$\vec{w}=\begin{pmatrix}0\\500\\-100\end{pmatrix}$
	(Angaben in km)	(Angaben in km h^{-1})

a) Berechne den Abstand der beiden Flugrouten.

b) Gib die Punkte P und Q auf den Flugrouten an, deren Abstand gleich dem Abstand der Flugrouten ist.
Wann erreichen die Flugzeuge die Punkte P bzw. Q?

c) Bestimme die kleinste Entfernung der beiden Flugzeuge.

d) Zeichne ein Schrägbild.

▲ **8.** *Berechnen des Abstands eines Punktes von einer Geraden mit Mitteln der Analysis*
Der Abstand eines Punktes von einer Geraden kann auch als das Minimum der Abstände aller Punkte X der gegebenen Geraden g vom Punkt P berechnet werden.

a) Berechne auf diese Weise den Abstand des Punktes P von der Geraden g in der Aufgabe 1 auf Seite 250.

b) Gib jeweils auch den Lotfußpunkt an.

c) P werde an der Geraden g gespiegelt. Gib den Bildpunkt an.

Hinweis zur Lösung: Berechne allgemein (in Abhängigkeit vom Parameter λ) die Länge des Vektors $\overrightarrow{PX}$. Die Funktionen $\lambda \to |\overrightarrow{PX}|$ bzw. $\lambda \to |\overrightarrow{PX}|^2$ nehmen ihr Minimum an für den Parameterwert des gesuchten Lotfußpunktes.

▲ **9.** *Berechnen des Abstands zweier Geraden mit Mitteln der Analysis*

Gegeben sind die Geraden: $g\colon \vec{x}=\begin{pmatrix}2\\1\\1\end{pmatrix}+\lambda\cdot\begin{pmatrix}1\\-1\\0\end{pmatrix}$, $h\colon \vec{x}=\begin{pmatrix}2\\-1\\0\end{pmatrix}+\mu\cdot\begin{pmatrix}4\\0\\-1\end{pmatrix}$

Berechne den Abstand der Geraden nach folgendem Verfahren:

(1) Bestimme den Abstand zweier beliebiger Punkte X bzw. Y, die auf g bzw. h liegen.

(2) Bestimme zu einem beliebigen, aber festen Punkt Y der Geraden h denjenigen Punkt X* der Geraden g, der von Y die kleinste Entfernung hat.
Warum ist beim Bilden der 1. Ableitung der Parameter μ als konstant anzusehen?

(3) Zeige: $|\overline{X^*Y}| = \sqrt{9\mu^2-6\mu+3}$.

(4) Berechne nun das Minimum der Funktion f mit $f(\mu) = |\overline{X^*Y}|^2$.

(5) Zeige: Man erhält dasselbe Ergebnis, wenn man zuerst den Punkt X „festhält“.

(6) Die Funktionen f und g mit $g(\mu)=(f(\mu))^2$ nehmen an der selben Stelle ihre Minima an. Dies erleichtert die Rechnung in (4). Entsprechendes gilt für (2).

9.4 Vermischte Übungen

Winkel, Seitenlängen, Flächen und Kreise in Dreiecken und Vierecken

1.
Gegeben ist das Dreieck ABC.

a) Gib mittels des Skalarprodukts allgemeine Bedingungen für die Vektoren $\overrightarrow{AB}$, $\overrightarrow{BC}$ und $\overrightarrow{CA}$ an, damit das Dreieck
(1) rechtwinklig, (2) gleichschenklig, (3) gleichseitig ist.

b) Überprüfe, ob die gegebenen Dreiecke diese Eigenschaften haben.
(1) $A(2|0|-1)$, $B(4|-3|1)$, $C(-2|0|0)$ (4) $A(1|-3|1)$, $B(-1|-1|1)$, $C(-1|-3|3)$
(2) $A(2|5|-3)$, $B(-2|2|0)$, $C(3|1|3)$ (5) $A(0|3)$, $B(2|-1)$, $C(6|2)$
(3) $A(-1|3|-2)$, $B(0|4|-2)$, $C(3|6|-3)$ (6) $A(-1|1)$, $B(0|3)$, $C(-3|2)$

2.
a) Berechne für die Dreiecke in Aufgabe 1 alle Seitenlängen und alle Winkel.
b) Berechne den Flächeninhalt der Dreiecke.

3.
Gegeben ist das Viereck ABCD.

a) Gib allgemeine Bedingungen für die Vektoren $\overrightarrow{AB}$, $\overrightarrow{BC}$, $\overrightarrow{CD}$ und $\overrightarrow{DA}$ an, damit das Viereck
(1) ein Rechteck, (2) eine Raute, (3) ein Quadrat ist.

b) Überprüfe, ob die gegebenen Vierecke diese Eigenschaften haben.
(1) $A(-3|2|-1)$, $B(-1|3|2)$, $C(8|0|4)$, $D(6|-1|1)$
(2) $A(4|-1|3)$, $B(2|3|0)$, $C(5|6|2)$, $D(7|2|5)$
(3) $A(3|1|-5)$, $B(3|1|-2)$, $C(1|0|4)$, $D(3|-2|-5)$
(4) $A(2|1|-3)$, $B(7{,}1|-3)$, $C(7|-2|7)$, $D(2|-2|7)$

4.
a) Berechne für die Vierecke in Übungsaufgabe 3 alle Seitenlängen, die Längen der Diagonalen, alle Winkel und die Winkel, welche die Diagonalen jeweils miteinander einschließen.
▲ **b)** Berechne jeweils den Flächeninhalt der Vierecke.
c) Welches der Vierecke hat einen Umkreis, welches einen Inkreis?
Berechne gegebenenfalls seinen Mittelpunkt und seinen Radius.

Hinweis: Ein Viereck besitzt einen Inkreis, wenn für die Seitenlängen a, b, c, d gilt: $a + c = b + d$.
Ein Viereck besitzt einen Umkreis, wenn für die Winkel gilt: $\alpha + \gamma = \beta + \delta = 180°$.

Orthogonalität bei Vielecken

5.
Prüfe, ob das Dreieck ABC rechtwinklig ist. Gib gegebenenfalls an, bei welchem Punkt der rechte Winkel liegt. Überprüfe das Ergebnis im ebenen Fall durch eine Zeichnung.

a) $A(-1|2)$; $B(2|4)$; $C(-3|5)$
b) $A(11|-1)$; $B(7|-4)$; $C(4|0)$
c) $A(1|4|0)$; $B(1|-1|2)$; $C(0|-2|-3)$

6.

a) Bei welchen Parallelogrammen schneiden die Diagonalen einander orthogonal?

b) Bei welchen Dreiecken schneidet eine der Seitenhalbierenden die betreffende Seite orthogonal?

7.

a) In welchen Quadern gibt es zueinander orthogonale Raumdiagonalen?

b) Gibt es Quader, in denen je zwei Raumdiagonalen zueinander orthogonal sind?

c) Ein Spat werde durch die drei Vektoren $\vec{a}$, $\vec{b}$ und $\vec{c}$ aufgespannt.
Nenne Bedingungen, unter denen die Raumdiagonalen zueinander orthogonal sind.

Beweise

8.
Beweise, dass sich die Diagonalen einer Raute orthogonal schneiden.

In einer Raute sind alle Seiten gleichlang

9.
Beweise die sogenannte *Parallelogrammgleichung:*
Die Quadrate über den Seiten eines Parallelogramms sind zusammen genauso groß wie die Quadrate über den Diagonalen.

Berechnungen an Vielecken

▲ **10.**
Beweise den Satz des Thales (siehe Abbildung) mithilfe des Skalarprodukts.
Es gilt: $|\overrightarrow{MC}| = |\vec{r}| = r$

Alle Winkel im Halbkreis sind rechte Winkel

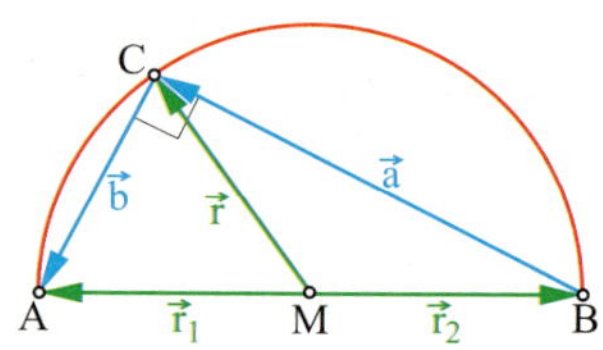

11.
Gegeben sind die Punkte $A(3|2|-1)$, $B(-2|0|1)$ und $C(4|3|1)$.

a) Bestimme für das Viereck ABCD den Punkt D so, dass
(1) ein Parallelogramm entsteht,
(2) ein Trapez mit $\overrightarrow{AB} = 2 \cdot \overrightarrow{DC}$ entsteht,
(3) die Diagonalen AC und BD einander schneiden.

b) Berechne jeweils die Seitenlängen, die Winkel, Schnittpunkte und Schnittwinkel der Diagonalen und den Flächeninhalt des Vierecks.

12.
Gegeben sind die Punkte:
(1) $A(-3|0|2)$, $B(4|1|0)$, $C(2|2|3)$, $D(-2|-1|0)$
(2) $A(1|-1|2)$, $B(-1|2|3)$, $C(1|-1|2)$, $D(5|-5|0)$

a) Untersuche, ob die Punkte A, B, C und D ein Tetraeder bilden.

b) Berechne den Abstand jedes Eckpunktes von den Kanten.

c) Berechne die Flächeninhalte der Seitenflächen.

13.
Berechne den Flächeninhalt des angegebenen Vielecks durch Zerlegen der Figur in Dreiecke.

a) $A(0|0)$, $B(-1|7)$, $C(1|1)$, $D(1|0)$, $E(-1|-2)$

b) $A(1|-3)$, $B(4|0)$, $C(2|4)$, $D(0|6)$, $E(-2|4)$, $F(-6|-1)$

Vektor, der zu zwei Vektoren orthogonal ist

14.
Gegeben sind die folgenden Vektoren: $\vec{a}=\begin{pmatrix}2\\-2\\1\end{pmatrix}$; $\vec{b}=\begin{pmatrix}-1\\2\\-1\end{pmatrix}$; $\vec{c}=\begin{pmatrix}c_1\\c_2\\4\end{pmatrix}$ $\left[\vec{c}=\begin{pmatrix}c_1\\-2\\c_3\end{pmatrix}\right]$

Bestimme einen Vektor $\vec{c}$ der angegebenen Form, der zu den beiden Vektoren $\vec{a}$ und $\vec{b}$ orthogonal ist.

15.
a) Gegeben sind die Vektoren $\vec{a}$ und $\vec{b}$.

(1) $\vec{a}=\begin{pmatrix}4\\-1\\3\end{pmatrix}$; $\vec{b}=\begin{pmatrix}0\\2\\0\end{pmatrix}$ (2) $\vec{a}=\begin{pmatrix}1\\2\\3\end{pmatrix}$; $\vec{b}=\begin{pmatrix}3\\1\\0\end{pmatrix}$ (3) $\vec{a}=\begin{pmatrix}1\\-2\\2\end{pmatrix}$; $\vec{b}=\begin{pmatrix}3\\1\\-1\end{pmatrix}$

Bestimme einen Vektor $\vec{c}$, der zu beiden gegebenen Vektoren orthogonal ist.
Warum gibt es keine eindeutige Lösung?
Anleitung zur Lösung: Bestimme den Vektor $\vec{c}=\begin{pmatrix}c_1\\c_2\\c_3\end{pmatrix}$ aus der Orthogonalität zu den beiden gegebenen Vektoren. Eine Variable darf dabei passend frei gewählt werden. (Begründung?)

b) Beweise: Der Vektor $\vec{c}=\begin{pmatrix}a_2b_3-a_3b_2\\a_3b_1-a_1b_3\\a_1b_2-a_2b_1\end{pmatrix}$ ist orthogonal zu den Vektoren $\vec{a}=\begin{pmatrix}a_1\\a_2\\a_3\end{pmatrix}$ und $\vec{b}=\begin{pmatrix}b_1\\b_2\\b_3\end{pmatrix}$.

16.
Bestimme den Abstand des Punktes $R(2\,|-6\,|\,1)$ von der Geraden g mit $\overrightarrow{OX}=\begin{pmatrix}10\\18\\5\end{pmatrix}+\lambda\cdot\begin{pmatrix}2\\6\\1\end{pmatrix}$, $\lambda\in\mathbb{R}$

Punkte mit gleichem Abstand zum Ursprung

17.
a) Zeige:
Die Punkte $A(-8\,|\,6)$, $B(10\,|\,0)$, $C(6\,|\,8)$, $D(0\,|-10)$, $E(9\,|\sqrt{19})$, $F(5\sqrt{2}\,|-5\sqrt{2})$ haben alle von $O(0\,|\,0)$ denselben Abstand.
Zu welcher geometrischen Figur gehören diese Punkte der Ebene?

b) Was gilt für alle Punkte der Ebene, die vom Ursprung den gleichen Abstand r $(r>0)$ haben?

c) Zeige:
Die Punkte $A(\sqrt{3}\,|\,9\,|-4)$, $B(-8\,|\,0\,|\,6)$, $C(6\,|\,0\,|\,8)$, $D(10\,|\,0\,|\,0)$, $E(2\sqrt{3}\,|-2\sqrt{6}\,|\,8)$, $F(-8\,|\,3\sqrt{3}\,|-3)$, $G(-5\,|\,5\,|\,5\sqrt{2})$ haben vom Ursprung alle denselben Abstand.
Zu welcher geometrischen Figur gehören diese Punkte des Raumes?

d) Gib fünf weitere Punkte des Raumes an, die zum Ursprung denselben Abstand haben wie die Punkte in c).

e) Gib fünf Punkte an, die vom Ursprung den Abstand 3 haben.

18.
a) Was gilt für alle Punkte des Raumes, die vom Ursprung den gleichen Abstand r $(r>0)$ haben?

b) Begründe:
Die Gleichung $(x_1-a)^2+(x_2-b)^2=r^2$ beschreibt in der Ebene die Punkte $X(x_1\,|\,x_2)$ eines Kreises mit Mittelpunkt $M(a\,|\,b)$ und Radius r.

c) Begründe:
Die Gleichung $(x_1-a)^2+(x_2-b)^2+(x_3-c)^2=r^2$ beschreibt die Punkte $X(x_1\,|\,x_2\,|\,x_3)$ einer Kugel mit Mittelpunkt $M(a\,|\,b\,|\,c)$ und Radius r.

Fragen zum Basiswissen

- Wie ist das Skalarprodukt definiert? (Seite 237)
- Welche Eigenschaften besitzt das Skalarprodukt zweier Vektoren? (Seite 238)
- Gib eine geometrische Veranschaulichung des Skalarprodukts an. (Seite 240 ff.)
- Mithilfe des Skalarproduktes ist es besonders einfach, Flächeninhalte zu bestimmen. Gib eine Formel zur Berechnung des Flächeninhaltes eines Dreiecks an. (Seite 247)
- Erläutere das Verfahren zur Abstandsberechnung zweier windschiefer Geraden. (Seite 249)
- Erläutere, warum sich das Verfahren Abstand Punkt – Gerade in der Ebene nicht auf den dreidimensionalen Raum übertragen lässt. (Seite 245 ff.)
- Es ist möglich, einen „Winkel“ zwischen windschiefen Geraden zu erklären. Erläutere, was damit gemeint sein könnte. (Seite 240 ff.)
- Erläutere das Lotfußpunktverfahren.
  Welche Abstandsprobleme lassen sich damit lösen? (Seite 245 ff.)

Klausurtraining A

1.
Gegeben sind die Punkte $P_1(2\,|\,1\,|\,0)$ und $P_2(-4\,|\,7\,|\,3)$ und die Gerade g: $\vec{x} = \begin{pmatrix} 1 \\ 1 \\ 2 \end{pmatrix} + r \cdot \begin{pmatrix} 1 \\ 0 \\ 2 \end{pmatrix}$.

a) Bestimme die Gerade h, die durch die Punkte P_1 und P_2 geht.

b) Zeige, dass die Richtungsvektoren der Geraden g und h senkrecht zueinander stehen, die Geraden aber windschief zueinander sind.

c) Bestimme den Abstand der windschiefen Geraden.

d) Der Punkt $P_3(3\,|\,1\,|\,6)$ liegt auf der Geraden g. Die Punkte $P_1P_2P_3$ bilden ein Dreieck. Untersuche, ob das Dreieck rechtwinklig ist und bestimme seinen Flächeninhalt.

2.

a) Gegeben sind die Punkte $A(3\,|\,5\,|\,5)$, $B(3\,|\,8\,|\,1)$ und $D(8\,|\,4\,|\,-2)$. Bestimme den Punkt C so, dass ABCD ein Parallelogramm bilden.

b) Berechne den Flächeninhalt des Parallelogramms.

c) Bestimme die Innenwinkel des Parallelogramms.

d) Bestimme den Schnittpunkt E und den Schnittwinkel der Diagonalen des Parallelogramms.

e) Spiegele den Punkt E an den Parallelogrammseiten.

f) Die Spiegelpunkte von E bilden ein Viereck. Prüfe und begründe, ob es ein besonderes Viereck ist.

3.
Gegeben sind die Geraden g_1: $\vec{x} = \begin{pmatrix} 0 \\ 0{,}5 \\ 2 \end{pmatrix} + r \cdot \begin{pmatrix} 4 \\ -3 \\ -2 \end{pmatrix}$, g_2: $\vec{x} = \begin{pmatrix} -2 \\ 2 \\ 3 \end{pmatrix} + s \cdot \begin{pmatrix} 5 \\ 3 \\ -1 \end{pmatrix}$.

a) Zeige, dass sich die Geraden g_1 und g_2 in einem Punkt S schneiden.

b) Bestimme den Schnittwinkel der Geraden.

c) Spiegele die Gerade g_1 an der Geraden g_2.

d) Zeige, dass der Punkt $P_1(8\,|\,-5{,}5\,|\,-2)$ auf der Geraden liegt. Bestimme einen Punkt P_2 auf g_2, sodass das Dreieck P_1SP_2 gleichschenklig ist.

Klausurtraining B

1.
Gegeben sind die Punkte $P(-4|9|3)$, $Q(1|8|-2)$, $R(6|3|-1)$ sowie der Punkt $S(1|8-2a|3a-2)$ mit $a \in \mathbb{R}$ und $a > 1$.

a) Gibt es einen Wert für a, so dass PQRS ein Parallelogramm ist?

b) Gibt es für a einen Wert, so dass PQRS ein Rechteck wird?

c) Zeige, dass für alle $a \in \mathbb{R}$ und $a > 1$ das Viereck PQRS ein Drachenviereck ist.

d) Warum muss $a = 1$ ausgeschlossen werden?

2.
Gegeben sind die Geraden g_1, g_2, g_3 durch

$$g_1\colon \vec{x} = \begin{pmatrix} -1 \\ 2 \\ -2 \end{pmatrix} + r \cdot \begin{pmatrix} 2 \\ 0 \\ 3 \end{pmatrix};\quad g_2\colon \vec{x} = \begin{pmatrix} 2 \\ -2 \\ 7 \end{pmatrix} + s \cdot \begin{pmatrix} 1 \\ 4 \\ -3 \end{pmatrix};\quad g_3\colon \vec{x} = \begin{pmatrix} 4 \\ 6 \\ 1 \end{pmatrix} + t \cdot \begin{pmatrix} 3 \\ 4 \\ 0 \end{pmatrix}$$

a) Zeige, die drei Geraden bilden ein Dreieck.

b) Bestimme die Eckpunkte des Dreiecks in richtiger Reihenfolge der Ecken A, B und C.

c) Bestimme die Innenwinkel des Dreiecks.

d) Bestimme den Schnittpunkt S der Seitenhalbierenden S_a und S_b. Zeige, dass S auch auf der Seitenhalbierenden S_c liegt. Was bedeutet das Ergebnis?

e) Durch S wird eine Gerade g so gelegt, dass sie parallel zur Seite c verläuft. Gib die Gleichung der Geraden g an.

f) An g werden alle Punkte A, B und C des Dreiecks gespiegelt. Gib die Koordinaten der Spiegelpunkte A′, B′ und C′ an. Skizziere den Sachverhalt.

g) An die drei Punkte des Dreiecks A, B, C werden Gewichte gehängt. Zeige, dass es einen Punkt S so gibt, dass folgende Bedingung erfüllt ist: $m_1 \cdot \overrightarrow{AS} + m_2 \cdot \overrightarrow{BS} + m_3 \cdot \overrightarrow{CS} = \vec{o}$. Was bedeutet diese Aussage? Welcher Spezialfall ergibt sich, wenn $m_1 = m_2 = m_3$ ist?

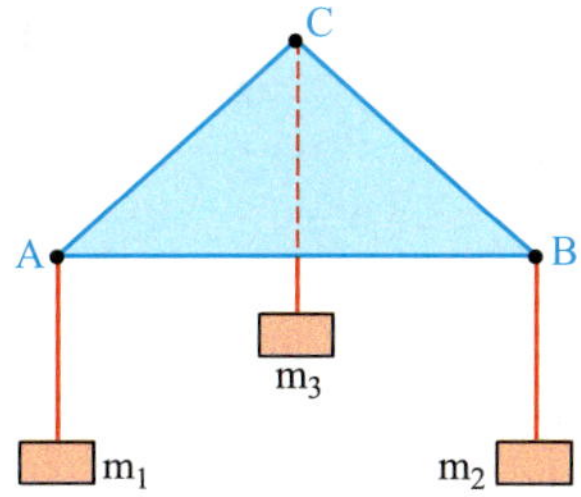

3.
Gegeben sind die Geraden g_1 und g_2.

$$g_1\colon \vec{x} = \begin{pmatrix} 1 \\ 2 \\ 1 \end{pmatrix} + r \cdot \begin{pmatrix} 2 \\ 2 \\ -1 \end{pmatrix},\quad g_2\colon \vec{x} = \begin{pmatrix} 7 \\ -1 \\ -5 \end{pmatrix} + s \cdot \begin{pmatrix} -2 \\ 1 \\ 2 \end{pmatrix}$$

a) Zeige, dass sich die Geraden g_1 und g_2 in einem Punkt S schneiden.

b) Bestimme den Schnittwinkel der Geraden.

c) Spiegele die Gerade g_1 an der Geraden g_2.

d) Zeige, dass der Punkt $P_1(3|1|-1)$ auf g_2 liegt. Bestimme einen Punkt P_2 auf g_1, sodass das Dreieck P_1SP_2 gleichschenklig ist.

e) Die Gerade durch die Punkte P_1 und P_2 soll am Punkt S gespiegelt werden. Bestimme die Spiegelpunkte P_1' und P_2'.

10. ANALYTISCHE GEOMETRIE MIT EBENEN

Die Bilder zeigen: Verschiebt man ein Geradenstück parallel entlang eines anderen Geradenstücks, so entsteht ein ebenes Flächenstück.
Jedoch muss man beim Herstellen von Ebenen aufpassen:

- Bei einer *gekrümmten Leitlinie* bilden die *erzeugenden Geraden* eine gekrümmte Fläche.
- Führt man die gerade Abziehkante längs zweier zueinander windschiefer Geraden, entsteht ein Flächenstück, wie es bei Kraftwerkskühltürmen und manchen Bedachungen vorkommt.

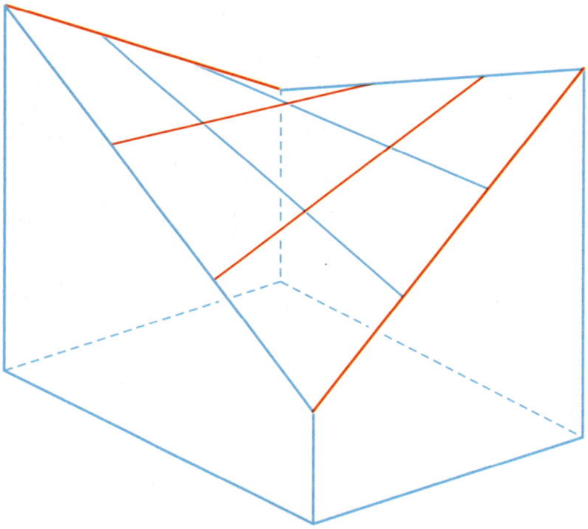

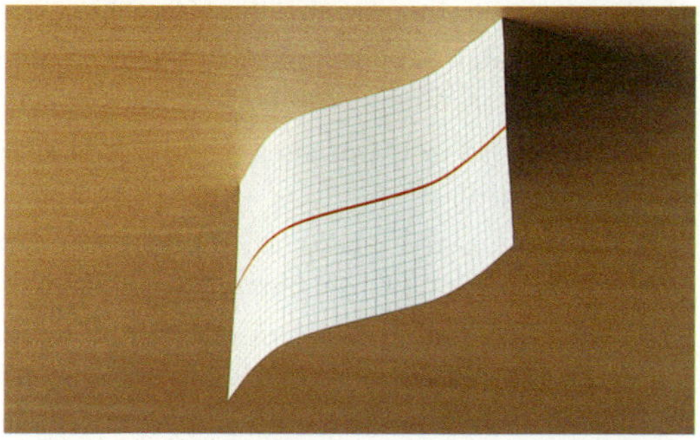

Diese Vorstellungen führen zum Beschreiben von Ebenen durch Parameterdarstellungen (jetzt mit zwei Parametern). Jede Ebene lässt sich auch durch eine Koordinatengleichung (der Art $2x_1 - x_2 + 5x_3 = 4$) erfassen.
Wir werden lernen, wie man zu einer Ebene eine Parameterdarstellung oder eine Koordinatengleichung bestimmt und wie man aus der einen Darstellung die andere berechnen kann.
An typischen Beispielen erarbeiten wir dann Verfahren zum Lösen von *Lageaufgaben* (wie liegen eine Gerade und eine Ebene zueinander?) und von *Maßaufgaben* (welchen Winkel bilden zwei Ebenen?).
Solche Verfahren kommen in Programmen für computerunterstütztes Entwerfen und Fertigen, für den Aufbau „virtueller Welten“, ... vor. Derartige Computersoftware benutzt allerdings auch einfache gekrümmte Kurven- und Flächenstücke, die ebenfalls durch Parameterdarstellungen oder Koordinatengleichungen beschrieben sind.

10.1 Beschreiben von Ebenen durch Parameterdarstellungen

10.1.1 Gewinnen einer Parameterdarstellung

Einführung **Wodurch ist eine Ebene bestimmt?**

Zum Beantworten der Frage betrachten wir Situationen aus dem Alltag.
Eine Ebene läßt sich auf verschiedene Weisen festlegen:
(1) durch zwei einander schneidende Geraden;
(2) durch zwei zueinander parallele Geraden;
(3) durch eine Gerade und einen Punkt außerhalb der Geraden;
(4) durch drei Punkte, die nicht alle auf einer Geraden liegen.

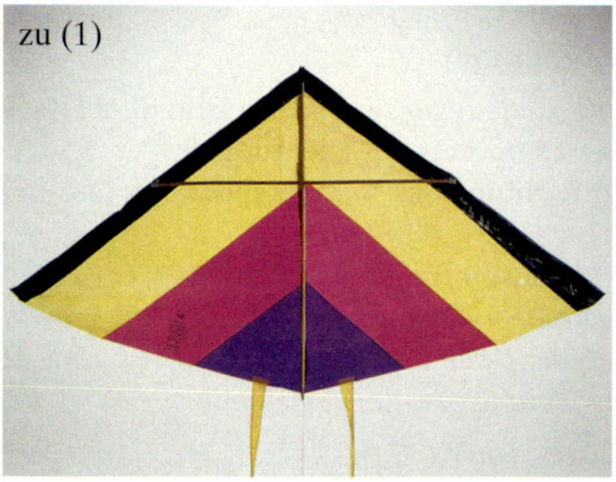
zu (1)

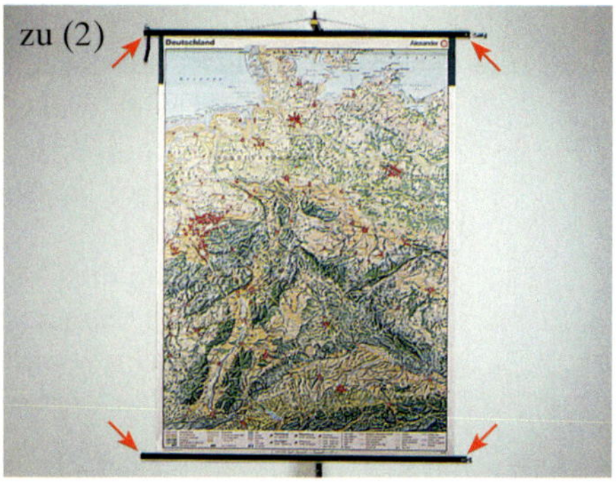
zu (2)

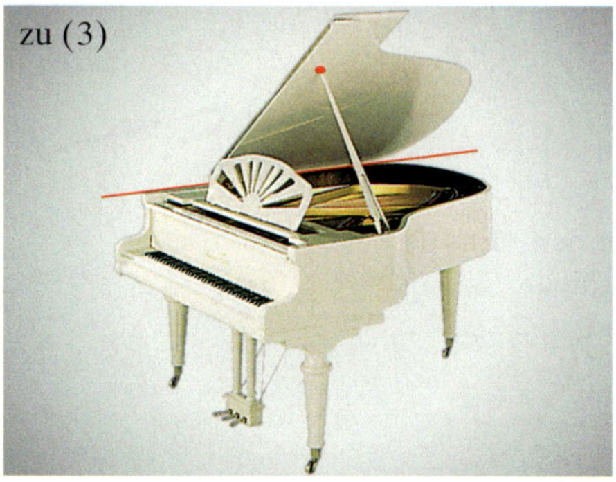
zu (3)

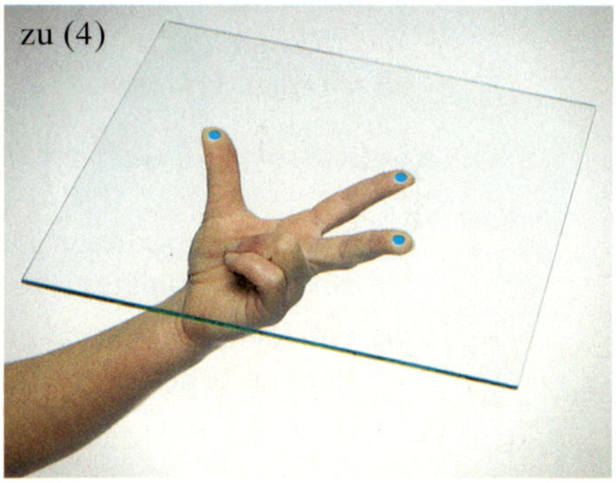
zu (4)

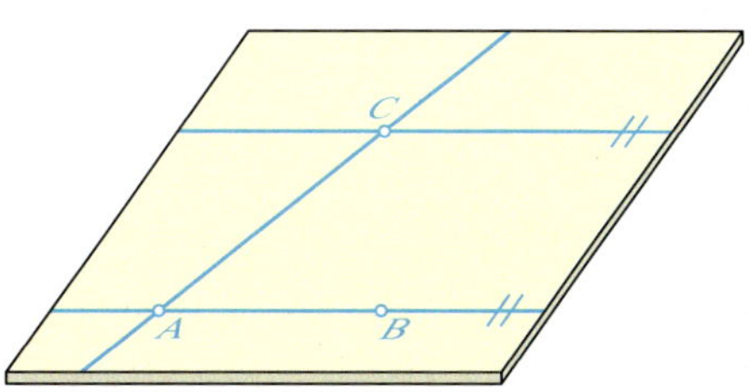

Wie hängen diese Fälle miteinander zusammen?
Jeder der vier Fälle lässt sich auf jeden anderen zurückführen. So ist z.B. die Verbindungsebene eines Dreiecks ABC auch die Verbindungsebene der Geraden AB und AC bzw. der Geraden AB und des Punktes C bzw. der Geraden AB und ihrer Parallelen durch den Punkt C.
Es genügt daher zu wissen, wie man im Fall (1) eine Parameterdarstellung der Ebene gewinnt.

Aufgabe 1 *Festlegen einer Ebene durch zwei einander schneidende Geraden bzw. durch einen Punkt und zwei Richtungsvektoren*

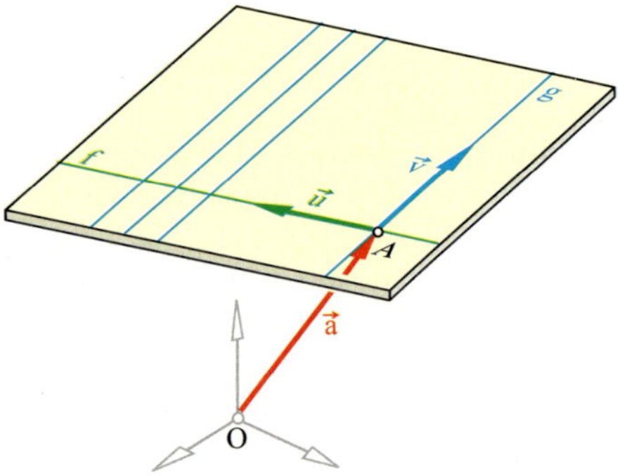

Das linke Bild zeigt zwei Eimerkettenbagger, wie sie im Braunkohletagebau eingesetzt wurden. Beim Schürfen wird die Eimerkette in Richtung des Vektors $\vec{v}$ gezogen, während sich der Bagger langsam in Richtung des Vektors $\vec{u}$ bewegt. Der Bagger erzeugt so ein Stück einer Ebene.
Wie bekommt man die Ortsvektoren von Punkten der Ebene?
Die Fahrbahn des Baggers beschreiben wir durch eine *Leitgerade*, jede Lage der Eimerkette durch eine *erzeugende Gerade*. Dann entsteht die (ganze) Ebene, wenn man längs der *Leitgeraden* eine *erzeugende Gerade* parallel verschiebt.

Wir geben die Leitgerade durch einen Punkt A *und einen Richtungsvektor* $\vec{u}$ *vor, die Richtung der erzeugenden Gerade durch einen Vektor* $\vec{v}$:

Koordinateneinheit = 10 m

$A(8|3|6), \quad \vec{u} = \begin{pmatrix} 4 \\ -2 \\ 0 \end{pmatrix}, \; \vec{v} = \begin{pmatrix} 1 \\ 2 \\ 1 \end{pmatrix}$

a) Berechne mit diesen Daten den Ortsvektor des Punktes B in der Figur.

b) Gib den Ortsvektor eines beliebigen Punktes X der Ebene an.

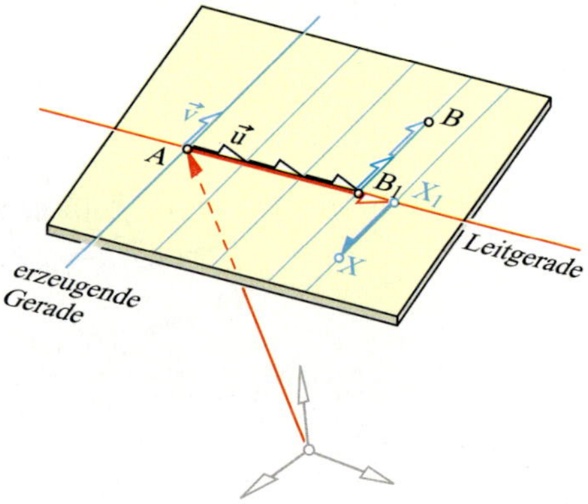

Lösung

a) Es ist $\overrightarrow{OB} = \overrightarrow{OA} + \overrightarrow{AB_1} + \overrightarrow{B_1B}$

$$= \overrightarrow{OA} + 3\cdot\vec{u} + 2\cdot\vec{v} = \begin{pmatrix} 8 \\ 3 \\ 6 \end{pmatrix} + 3\cdot\begin{pmatrix} 4 \\ -2 \\ 0 \end{pmatrix} + 2\cdot\begin{pmatrix} 1 \\ 2 \\ 1 \end{pmatrix} = \begin{pmatrix} 22 \\ 1 \\ 8 \end{pmatrix}$$

b) Man erreicht jeden Punkt X der Ebene, wenn man zuerst vom Punkt A aus längs der Leitgeraden geht, bis man im Punkt X_1 auf die erzeugende Gerade durch X trifft, dann entlang dieser Geraden bis zum Punkt X:

$\overrightarrow{OX} = \overrightarrow{OA} + \overrightarrow{AX_1} + \overrightarrow{X_1X}$

Dabei ist der Vektor $\overrightarrow{AX_1}$ ein Vielfaches des Vektors $\vec{u}$ und der Vektor $\overrightarrow{X_1X}$ ein Vielfaches von $\vec{v}$. Man kann also Zahlen λ und μ angeben mit

$$\overrightarrow{AX_1} = \lambda\cdot\vec{u} = \lambda\cdot\begin{pmatrix} 4 \\ -2 \\ 0 \end{pmatrix} \quad \text{und} \quad \overrightarrow{X_1X} = \mu\cdot\vec{v} = \mu\cdot\begin{pmatrix} 1 \\ 2 \\ 1 \end{pmatrix}$$

Wir setzen diese Terme und den Ortsvektor $\overrightarrow{OA}$ oben ein und erhalten dann die verlangte Darstellung:

Für jeden Punkt X der Ebene gilt:

$$\overrightarrow{OX} = \overrightarrow{OA} + \lambda \cdot \vec{u} + \mu \cdot \vec{v} = \begin{pmatrix} 8 \\ 3 \\ 6 \end{pmatrix} + \lambda \cdot \begin{pmatrix} 4 \\ -2 \\ 0 \end{pmatrix} + \mu \cdot \begin{pmatrix} 1 \\ 2 \\ 1 \end{pmatrix}$$ mit gewissen Zahlen λ und μ

Dabei ist A(8 | 3 | 6) ein Punkt der Ebene. $\vec{u} = \begin{pmatrix} 4 \\ -2 \\ 0 \end{pmatrix}$ und $\vec{v} = \begin{pmatrix} 1 \\ 2 \\ 1 \end{pmatrix}$ sind Richtungsvektoren zweier Geraden in der Ebene, die nicht zueinander parallel sind.

Information **(1) Beschreiben einer Ebene durch eine Parameterdarstellung**

Man kann jede Ebene durch einen ihrer Punkte und durch zwei Richtungsvektoren festlegen. In Verallgemeinerung der Lösung von Aufgabe 1b) gilt:

Beispiel:
Die Ebene durch den Punkt A(4 | 2 | 3) und mit den Richtungsvektoren

$\vec{u} = \begin{pmatrix} 1 \\ 2 \\ 0 \end{pmatrix}$, $\vec{v} = \begin{pmatrix} 0 \\ 3 \\ 4 \end{pmatrix}$

hat die Parameterdarstellung:

$$\overrightarrow{OX} = \begin{pmatrix} 4 \\ 2 \\ 3 \end{pmatrix} + \lambda \cdot \begin{pmatrix} 1 \\ 2 \\ 0 \end{pmatrix} + \mu \cdot \begin{pmatrix} 0 \\ 3 \\ 4 \end{pmatrix}$$

mit $\lambda, \mu \in \mathbb{R}$

Satz 1: *Parameterdarstellung einer Ebene*
Gegeben sind ein Punkt A und zwei Vektoren $\vec{u}$ und $\vec{v}$, die vom Nullvektor verschieden und nicht zueinander parallel sind. Sie bestimmen eine Ebene.
Für jeden Punkt X dieser Ebene gilt:

$$\overrightarrow{OX} = \overrightarrow{OA} + \lambda \cdot \vec{u} + \mu \cdot \vec{v}$$

mit gewissen Zahlen $\lambda \in \mathbb{R}$, $\mu \in \mathbb{R}$

Umgekehrt: Setzt man für λ und μ irgendwelche Zahlen ein, ergibt sich der Ortsvektor eines Punktes der Ebene.

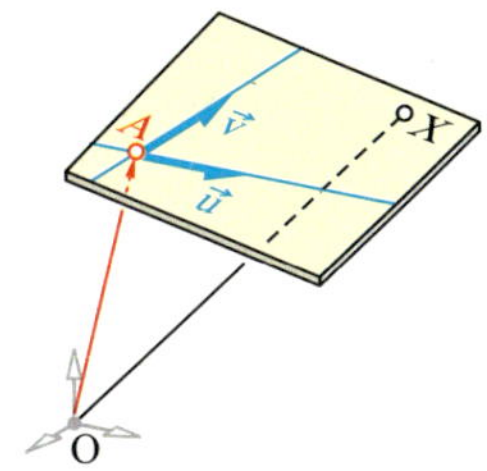

(2) Parameterdarstellung, Stützvektor, Richtungsvektor

Man nennt $\overrightarrow{OX} = \overrightarrow{OA} + \lambda \cdot \vec{u} + \mu \cdot \vec{v}$ mit $\lambda \in \mathbb{R}$, $\mu \in \mathbb{R}$ eine **Parameterdarstellung** (auch: **Parametergleichung**) der Ebene mit den **Parametern** λ und μ, den Vektor $\overrightarrow{OA}$ einen **Stützvektor** und die Vektoren $\vec{u}$ und $\vec{v}$ **Richtungsvektoren** der Ebene.
Häufig schreibt man kurz „$\vec{x}$" statt „$\overrightarrow{OX}$".
Zu jeder Ebene kann man unendlich viele Parameterdarstellungen angeben (vgl. Aufgabe 4 auf Seite 268).

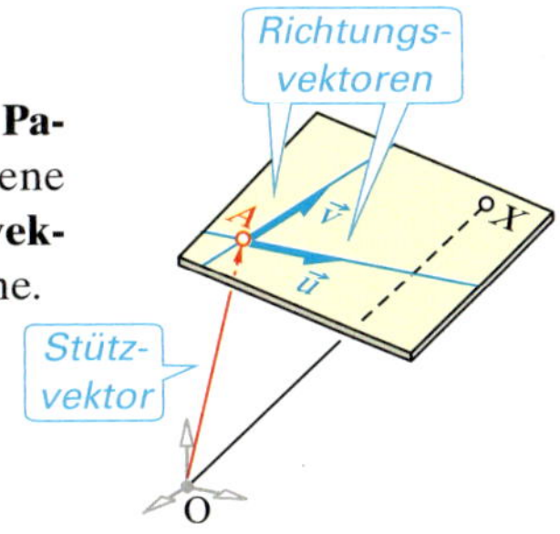

Weiterführende Aufgaben

2. *Festlegen einer Ebene durch drei Punkte*
Im Fahrzeugbau, bei der Landschaftsgestaltung, beim Industriedesign nähert man *frei geformte Flächenstücke* durch Dreiecke an, zu deren Ecken man die Koordination misst (in der Natur oder am Modell). Hieraus kann man Parameterdarstellungen der Dreiecksebenen bestimmen.
Drei solche Punkte sind P(4 | 3 | 1), Q(5 | 1 | 4) und R(7 | 3 | 2).
Gib eine Parameterdarstellung der Ebene an.

Führe Aufgabe 2 auf Aufgabe 1 zurück

3. *Punkte zu Parameterwerten finden und umgekehrt*

a) Skizziere das Schrägbild einer Ebene mit einem Punkt A und zwei Richtungsvektoren $\vec{u}$ und $\vec{v}$. Konstruiere zur Parameterdarstellung
$\overrightarrow{OX} = \overrightarrow{OA} + \lambda \cdot \vec{u} + \mu \cdot \vec{v}$ mit $\lambda, \mu \in \mathbb{R}$ die Punkte, welche die Parameterwerte $\lambda = 2{,}5$ und $\mu = 1{,}5$ bzw. $\lambda = 2$ und $\mu = -1$ haben.

b) Bestimme die Parameterwerte des Punktes A und der Punkte mit den Ortsvektoren $\overrightarrow{OA} + \vec{u}$, $\overrightarrow{OA} + \vec{v}$, $\overrightarrow{OA} + \vec{u} + \vec{v}$.

4. *Verschiedene Parameterdarstellungen derselben Ebene*

a) Benutze zur Lösung von Aufgabe 2 zuerst die Gerade PQ, dann die Gerade QR als *Leitgerade.*

b) Wie ändert sich die Parameterdarstellung einer Ebene, wenn man die Rollen von *Leitgerade* und *erzeugender Gerade* miteinander vertauscht?

c) Erläutere, wie man durch Anwenden von Aufgabe 2 zu einer Ebene mehrere Parameterdarstellungen berechnen kann.

5. *Parameterdarstellung für ein Teilstück einer Ebene*
In der Situation von Aufgabe 1 startet der Bagger an der Stelle mit dem Ortsvektor $\overrightarrow{OA} = \vec{u} + 3 \cdot \vec{v}$ und fährt bis zur Stelle mit dem Ortsvektor $\overrightarrow{OA} = 4 \cdot \vec{u} + 3 \cdot \vec{v}$. Während der Fahrt schürfen die Eimer im Bereich $0 \leq \mu \leq 3$.
Gib eine Parameterdarstellung an für das entstehende Ebenenstück.

6. *Sonderform der Parameterdarstellung*
Welche geometrische Figur beschreibt die Parameterdarstellung $\overrightarrow{OX} = \vec{a} + \lambda \cdot \vec{u} + \mu \cdot \vec{v}$ mit $\lambda, \mu \in \mathbb{R}$, wenn der Vektor $\vec{v}$ ein Vielfaches des Vektors $\vec{u}$ ist?

Übungsaufgaben

7.
Gegeben ist die Parameterdarstellung einer Ebene $\mathbb{E}$: $\overrightarrow{OX} = \begin{pmatrix} 3 \\ 1 \\ -1 \end{pmatrix} + \lambda \cdot \begin{pmatrix} 2 \\ 0 \\ 1 \end{pmatrix} + \mu \cdot \begin{pmatrix} -2 \\ 1 \\ 0 \end{pmatrix}$
Gib für die Parameter λ und μ den zugehörigen Ortsvektor an.

a) $\lambda = 1$; $\mu = -1$
b) $\lambda = 0$; $\mu = 2$
c) $\lambda = \frac{1}{2}$; $\mu = 3$
d) $\lambda = -2$; $\mu = 1$
e) $\lambda = \frac{1}{2}$; $\mu = -\frac{1}{2}$
f) $\lambda = -1$; $\mu = -2$

8.

a) Eine Ebene kann vorgegeben werden durch zwei einander in einem Punkt schneidende Geraden. Zeige, dass die Geraden g_1 und g_2 einander in einem Punkt schneiden. Gib eine Parameterdarstellung der durch g_1 und g_2 bestimmten Ebenen an.

Beachte: Statt $\overrightarrow{OX}$ schreiben wir kurz $\vec{x}$

(1) g_1: $\vec{x} = \begin{pmatrix} 2 \\ 1 \\ 3 \end{pmatrix} + \lambda \cdot \begin{pmatrix} -1 \\ -2 \\ 0 \end{pmatrix}$; $\quad g_2$: $\vec{x} = \begin{pmatrix} 2 \\ 1 \\ 3 \end{pmatrix} + \mu \cdot \begin{pmatrix} -3 \\ 1 \\ 4 \end{pmatrix}$

(2) g_1: $\vec{x} = \begin{pmatrix} 0 \\ -1 \\ 3 \end{pmatrix} + \lambda \cdot \begin{pmatrix} 1 \\ -2 \\ -1 \end{pmatrix}$; $\quad g_2$: $\vec{x} = \begin{pmatrix} 2 \\ -5 \\ 1 \end{pmatrix} + \mu \cdot \begin{pmatrix} 0 \\ 1 \\ 3 \end{pmatrix}$

b) g_1: $\vec{x} = \vec{a} + \lambda \cdot \vec{u}$; $\quad g_2$: $\vec{x} = \vec{b} + \mu \cdot \vec{v}$
Der Schnittpunkt von g_1 und g_2 sei S mit dem Ortsvektor $\vec{s} = \overrightarrow{OS}$.
Welche Bedingungen müssen $\vec{s} - \vec{a}$ bzw. $\vec{s} - \vec{b}$ erfüllen?

9.

Eine Ebene kann durch 3 Punkte, die nicht auf einer Geraden liegen, festgelegt werden. Gib eine Parameterdarstellung an.

a) $P(0|1|2)$; $Q(2|0|4)$; $R(4|8|0)$ **b)** $P(1|1|1)$; $Q(2|2|3)$; $R(10|4|6)$

10.

Eine Ebene kann auch vorgegeben werden durch eine Gerade g und einen Punkt P, der nicht auf der Geraden g liegt.

a) g: $\vec{x} = \begin{pmatrix} 4 \\ 0 \\ 2 \end{pmatrix} + \lambda \cdot \begin{pmatrix} 3 \\ -1 \\ -3 \end{pmatrix}$; $P(1|4|-1)$ **b)** g: $\vec{x} = \begin{pmatrix} 1 \\ 0 \\ 0 \end{pmatrix} + \lambda \cdot \begin{pmatrix} 5 \\ 2 \\ -3 \end{pmatrix}$; $P(2|4|-3)$

c) g: $\vec{x} = \vec{a} + \lambda \cdot \vec{u}$; P mit $\overrightarrow{OP} = \vec{p}$
Welche Bedingungen muss $\vec{p}$ erfüllen, damit tatsächlich eine Ebene vorliegt?

11.

Eine Ebene kann auch vorgegeben werden durch zwei verschiedene zueinander parallele Geraden. Gib eine Parameterdarstellung der Ebene an, die durch die Geraden g_1 und g_2 bestimmt ist.

a) g_1: $\vec{x} = \begin{pmatrix} 5 \\ 0 \\ 2 \end{pmatrix} + \lambda \cdot \begin{pmatrix} 3 \\ -1 \\ 4 \end{pmatrix}$; g_2: $\vec{x} = \begin{pmatrix} 0 \\ -1 \\ -1 \end{pmatrix} + \mu \cdot \begin{pmatrix} -3 \\ 1 \\ -4 \end{pmatrix}$

b) g_1: $\vec{x} = \begin{pmatrix} 2 \\ 1 \\ 3 \end{pmatrix} + \lambda \cdot \begin{pmatrix} 1 \\ 1 \\ -2 \end{pmatrix}$; g_2: $\vec{x} = \begin{pmatrix} 3 \\ -4 \\ 1 \end{pmatrix} + \mu \cdot \begin{pmatrix} -3 \\ -3 \\ 6 \end{pmatrix}$

c) g_1: $\vec{x} = \vec{a} + \lambda \cdot \vec{u}$; g_2: $\vec{x} = \vec{b} + \mu \cdot \vec{v}$
Welche Bedingung müssen $\vec{a} - \vec{b}$, $\vec{u}$ und $\vec{v}$ erfüllen, damit g_1 und g_2 parallel zueinander sind und $g_1 \neq g_2$ gilt?

12.

Prüfe, ob durch die folgende Angabe eine Ebene festgelegt ist.

a) Gegeben sind 3 Punkte P, Q und R mit
$P(1|2|3)$, $Q(2|3|4)$, $R(3|4|5)$, $[P(4|0|1)$, $Q(-1|0|-2)$, $R(-6|0|-5)]$.

b) Gegeben sind eine Gerade g und ein Punkt P:

(1) g: $\vec{x} = \begin{pmatrix} 1 \\ 0 \\ 0 \end{pmatrix} + \lambda \cdot \begin{pmatrix} 5 \\ 2 \\ -3 \end{pmatrix}$; $P(14|6|9)$

(2) g: $\vec{x} = \begin{pmatrix} 1 \\ -1 \\ 2 \end{pmatrix} + \lambda \cdot \begin{pmatrix} -1 \\ 0 \\ 3 \end{pmatrix}$; $P(-9|-1|32)$

c) Gegeben sind zwei Geraden g_1 und g_2:

(1) g_1: $\vec{x} = \begin{pmatrix} 2 \\ 1 \\ 4 \end{pmatrix} + \lambda \cdot \begin{pmatrix} 3 \\ 0 \\ 1 \end{pmatrix}$; g_2: $\vec{x} = \begin{pmatrix} 1 \\ 2 \\ 3 \end{pmatrix} + \mu \cdot \begin{pmatrix} -1 \\ 2 \\ 1 \end{pmatrix}$

(2) g_1: $\vec{x} = \begin{pmatrix} 1 \\ 1 \\ 0 \end{pmatrix} + \lambda \cdot \begin{pmatrix} -1 \\ 1 \\ 2 \end{pmatrix}$; g_2: $\vec{x} = \begin{pmatrix} 2 \\ 1 \\ 1 \end{pmatrix} + \mu \cdot \begin{pmatrix} 0 \\ 1 \\ 1 \end{pmatrix}$

(3) g_1: $\vec{x} = \begin{pmatrix} 5 \\ 0 \\ 2 \end{pmatrix} + \lambda \cdot \begin{pmatrix} 3 \\ -1 \\ 4 \end{pmatrix}$; g_2: $\vec{x} = \begin{pmatrix} -1 \\ 2 \\ -6 \end{pmatrix} + \mu \cdot \begin{pmatrix} 6 \\ -2 \\ 8 \end{pmatrix}$

10.1.2 Punkt und Ebene

Beim computerunterstützten Entwerfen oder beim Zeichnen mit einem Grafikprogramm kann man Figuren auf dem Bildschirm oft nicht entnehmen, ob ein Punkt zu einem Ebenenstück gehört.
Dies muss durch Rechnung entschieden werden.

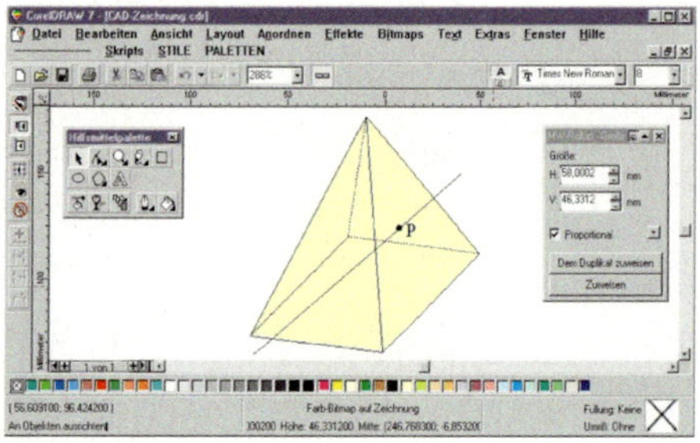

Aufgabe 1 *Punktprobe*

Gegeben sind eine Ebene durch die Parameterdarstellung

$$\overrightarrow{OX} = \overrightarrow{OA} + \lambda \cdot \vec{u} + \mu \cdot \vec{v} = \begin{pmatrix} 3 \\ 1 \\ 4 \end{pmatrix} + \lambda \cdot \begin{pmatrix} -2 \\ 3 \\ -1 \end{pmatrix} + \mu \cdot \begin{pmatrix} 0 \\ 1 \\ 3 \end{pmatrix} \quad \text{mit } \lambda, \mu \in \mathbb{R}$$

und die Punkte $P(1\,|\,0\,|\,7)$ und $Q(5\,|\,0\,|\,11)$.

Untersuche, ob die Punkte in der Ebene liegen. Berechne die zugehörigen Parameterwerte.

Lösung Die Aufgabe ist analog zum Test, ob ein Punkt auf einer Geraden liegt. vergl. S. 220

- *Wenn der Punkt* P *in der Ebene liegt,* so muss es Werte für die Parameter λ und μ geben, welche die Vektorgleichung $\overrightarrow{OP} = \overrightarrow{OA} + \lambda \cdot \vec{u} + \mu \cdot \vec{v}$ erfüllen.
- *Wenn der Punkt* P *nicht in der Ebene liegt,* so gilt immer $\overrightarrow{OP} \neq \overrightarrow{OA} + \lambda \cdot \vec{u} + \mu \cdot \vec{v}$, welche Zahlen man auch für λ und μ einsetzt.

Entsprechendes gilt für den Punkt Q. Wir setzen daher an:.

$$\overrightarrow{OP} = \begin{pmatrix} 1 \\ 0 \\ 7 \end{pmatrix} = \begin{pmatrix} 3 \\ 1 \\ 4 \end{pmatrix} + \lambda \cdot \begin{pmatrix} -2 \\ 3 \\ -1 \end{pmatrix} + \mu \cdot \begin{pmatrix} 0 \\ 1 \\ 3 \end{pmatrix} \qquad \overrightarrow{OQ} = \begin{pmatrix} 5 \\ 0 \\ 11 \end{pmatrix} = \begin{pmatrix} 3 \\ 1 \\ 4 \end{pmatrix} + \lambda \cdot \begin{pmatrix} -2 \\ 3 \\ -1 \end{pmatrix} + \mu \cdot \begin{pmatrix} 0 \\ 1 \\ 3 \end{pmatrix}$$

Gibt es Werte für die Parameter λ und μ, welche diese Vektorgleichung erfüllen?

Vektorgleichung als Gleichungssystem schreiben

$$\left| \begin{array}{l} 1 = 3 - 2\lambda \\ 0 = 1 + 3\lambda + \mu \\ 7 = 4 - \lambda + 3\mu \end{array} \right| \qquad \left| \begin{array}{l} 5 = 3 - 2\lambda \\ 0 = 1 + 3\lambda + \mu \\ 11 = 4 - \lambda + 3\mu \end{array} \right|$$

Das System besteht aus drei linearen Gleichungen für die beiden Variablen λ und μ. *Jede Lösung des Systems muss alle drei Gleichungen erfüllen.*

Wir berechnen mögliche Lösungen z. B. aus den ersten beiden Gleichungen:

$\lambda = 1,\ \mu = -4$

Diese erfüllen aber nicht die 3. Gleichung. Also hat das System keine Lösung, d. h.

$$\overrightarrow{OP} \neq \begin{pmatrix} 3 \\ 1 \\ 4 \end{pmatrix} + \lambda \cdot \begin{pmatrix} -2 \\ 3 \\ -1 \end{pmatrix} + \mu \cdot \begin{pmatrix} 0 \\ 1 \\ 3 \end{pmatrix}$$

für alle Zahlen λ, μ.

$\lambda = -1,\ \mu = 2$

Diese erfüllen auch die 3. Gleichung, d. h. das ganze System hat die Lösung $\lambda = -1$, $\mu = 2$, und es gilt:

$$\overrightarrow{OQ} = \begin{pmatrix} 3 \\ 1 \\ 4 \end{pmatrix} + (-1) \cdot \begin{pmatrix} -2 \\ 3 \\ -1 \end{pmatrix} + 2 \cdot \begin{pmatrix} 0 \\ 1 \\ 3 \end{pmatrix}$$

Ergebnis:

Der Punkt P liegt *nicht* in der Ebene.

Der Punkt Q liegt in der Ebene. Er hat die Parameterwerte $\lambda = -1$ und $\mu = 2$.

Übungsaufgaben

2. *Punktprobe*

Prüfe, ob der Punkt P in der Ebene $\mathbb{E}$ mit der Parameterdarstellung

$\vec{x} = \begin{pmatrix} 1 \\ 2 \\ 3 \end{pmatrix} + \lambda \cdot \begin{pmatrix} -1 \\ 0 \\ 3 \end{pmatrix} + \mu \cdot \begin{pmatrix} 1 \\ 1 \\ 1 \end{pmatrix}$ liegt. Wenn ja, bestimme die Werte für λ und μ.

a) $P(2\,|\,3\,|\,4)$ **b)** $P(-2\,|\,1\,|\,8)$ **c)** $P(2\tfrac{1}{6}\,|\,2\tfrac{2}{3}\,|\,1\tfrac{1}{6})$ **d)** $P(\tfrac{7}{4}\,|\,\tfrac{7}{4}\,|\,-\tfrac{1}{4})$

Punktprobe als Methode zur Überprüfung von Lagebeziehungen

3.

Bestimmen die Punkte P_1, P_2, P_3 und P_4 ein ebenes Viereck?
Prüfe dazu, ob P_4 in der von P_1, P_2 und P_3 bestimmten Ebene liegt.

a) $P_1(7\,|\,2\,|\,-1)$, $P_2(-1\,|\,2\,|\,3)$, $P_3(0\,|\,-2\,|\,2)$, $P_4(3\,|\,2\,|\,1)$

b) $P_1(2\,|\,1\,|\,3)$, $P_2(-2\,|\,2\,|\,1)$, $P_3(0\,|\,0\,|\,4)$, $P_4(-2\,|\,-1\,|\,5)$

c) $P_1(5\,|\,-1\,|\,5)$, $P_2(1\,|\,1\,|\,-1)$, $P_3(3\,|\,2\,|\,-5)$, $P_4(7\,|\,0\,|\,-1)$

4.

Gegeben sind vier Punkte P_1, P_2, P_3 und P_4.

a) Welche Lagen müssen die Geraden $g = P_1P_2$ und $h = P_3P_4$ zueinander haben, damit die vier Punkte in einer Ebene liegen?

b) Bestimme für die Punkte aus Aufgabe 3 Parameterdarstellungen der Geraden g und h und entscheide gemäß a), ob P_1, P_2, P_3 und P_4 in einer Ebene liegen.

10.1.3 Verschiedene Parameterdarstellungen einer Ebene – Linearkombination von Vektoren

In einer Sachsituation hat man meistens die Wahl, wie eine Ebene durch eine Parameterdarstellung erfasst werden soll. Dabei ist klar, welche Parameterdarstellung welche Ebene beschreibt.
Entstehen dagegen Parameterdarstellungen erst im Laufe von Rechnungen, etwa beim Lösen linearer Gleichungssysteme oder beim Erfassen von Verbindungsebenen, benötigt man ein rechnerisches (also auch: automatisierbares) Verfahren, welches entscheidet, ob zwei gegebene Parameterdarstellungen dieselbe Ebene beschreiben.
Beispielsweise soll geprüft werden, ob die beiden Parameterdarstellungen

$$\mathbb{E}_1\colon\ \overrightarrow{OX} = \begin{pmatrix} 3 \\ 1 \\ 4 \end{pmatrix} + \lambda \cdot \begin{pmatrix} -2 \\ 3 \\ -1 \end{pmatrix} + \mu \cdot \begin{pmatrix} 0 \\ 1 \\ 3 \end{pmatrix} \quad \text{mit } \lambda \in \mathbb{R},\ \mu \in \mathbb{R}$$

$$\mathbb{E}_2\colon\ \overrightarrow{OX} = \begin{pmatrix} 5 \\ 0 \\ 11 \end{pmatrix} + \rho \cdot \begin{pmatrix} -4 \\ 5 \\ -5 \end{pmatrix} + \sigma \cdot \begin{pmatrix} -2 \\ 4 \\ 4 \end{pmatrix} \quad \text{mit } \rho \in \mathbb{R},\ \sigma \in \mathbb{R}$$

dieselbe Ebene beschreiben. Sollte dies nicht zutreffen, möchte man wissen, wie die zugehörigen Ebenen $\mathbb{E}_1$, $\mathbb{E}_2$ zueinander liegen.
Wir klären diese Frage in Aufgabe 1. Zuvor entwerfen wir hierfür ein allgemeines rechnerisches Verfahren.

Einführung **Test, ob zwei Parameterdarstellungen dieselbe Ebene beschreiben**

Ein allgemeines Verfahren muss auf je zwei Parameterdarstellungen

$\mathbb{E}_1: \overrightarrow{OX} = \vec{a} + \lambda \cdot \vec{t} + \mu \cdot \vec{u}$ mit $\lambda \in \mathbb{R}, \mu \in \mathbb{R}$

$\mathbb{E}_2: \overrightarrow{OX} = \vec{b} + \rho \cdot \vec{v} + \sigma \cdot \vec{w}$ mit $\rho \in \mathbb{R}, \sigma \in \mathbb{R}$

anwendbar sein.

a) *Geometrische Überlegung*

Welche geometrischen Bedeutungen haben die Vektoren $\vec{a}, \vec{b}, \vec{t}, \vec{u}, \vec{v}, \vec{w}$?

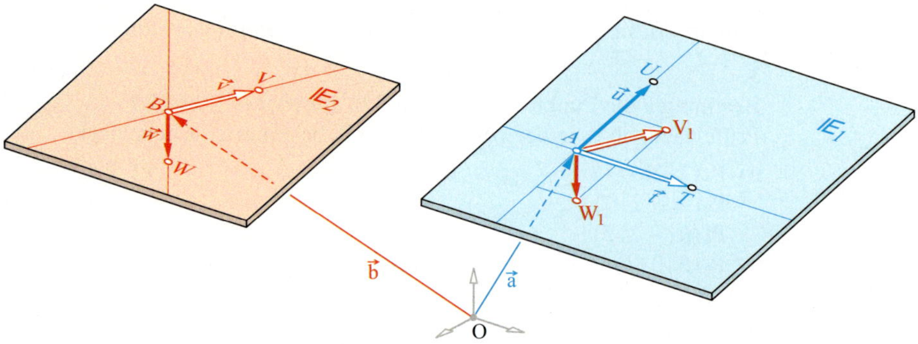

$\vec{a}$ ist der Ortsvektor eines Punktes A der Ebene $\mathbb{E}_1$, und $\vec{t}$, $\vec{u}$ sind zwei von ihren Richtungsvektoren. Trägt man $\vec{t}$, $\vec{u}$ von A aus ab, gelangt man zu den Punkten T, U der Ebene $\mathbb{E}_1$.

Entsprechendes gilt für die Vektoren $\vec{b}, \vec{v}, \vec{w}$ und die Ebene $\mathbb{E}_2$.

Was folgt hieraus, wenn wir zunächst annehmen, dass beide Parameterdarstellungen dieselbe Ebene beschreiben, also falls $\mathbb{E}_1 = \mathbb{E}_2$?

Notwendige Bedingungen für $\mathbb{E}_1 = \mathbb{E}_2$

Wenn beide Parameterdarstellungen zu derselben Ebene gehören, dann gilt:

(1) Der Punkt B aus $\mathbb{E}_2$ mit dem Ortsvektor $\vec{b}$ liegt in der Ebene $\mathbb{E}_1$.

(2) Die beiden Richtungsvektoren $\vec{v}$ und $\vec{w}$ von $\mathbb{E}_2$ sind auch Richtungsvektoren der Ebene $\mathbb{E}_1$.

Die notwendigen Bedingungen für $\mathbb{E}_1 = \mathbb{E}_2$ sind auch hinreichend

Wir fragen umgekehrt: Folgt schon aus der Gültigkeit der Aussagen (1) und (2), dass beide Parameterdarstellungen dieselbe Ebene beschreiben, also $\mathbb{E}_1 = \mathbb{E}_2$ gilt?

Das stimmt tatsächlich (vgl. die obige Figur):

Gilt nämlich (2), so spannen die Vektoren $\vec{t}$ und $\vec{u}$ einerseits sowie $\vec{v}$ und $\vec{w}$ andererseits zueinander parallele Ebenen auf.

Gilt zusätzlich (1), so „fallen beide Ebenen zusammen“, d. h. es ist $\mathbb{E}_1 = \mathbb{E}_2$.

b) *Rechnerischer Test*

Wie kann man rechnerisch entscheiden, ob die geometrischen Bedingungen (1) und (2) aus Teilaufgabe a) erfüllt sind?

Ob (1) stimmt, prüfen wir wie bei der Punktprobe im Abschnitt 10.1.2 auf Seite 264: Erfüllt der Vektor $\vec{b}$ die Parameterdarstellung von $\mathbb{E}_1$?

Um die Gültigkeit von (2) zu testen, tragen wir die Richtungsvektoren $\vec{v}, \vec{w}$ der Ebene $\mathbb{E}_2$ vom Punkt A der Ebene $\mathbb{E}_1$ aus ab und kommen zu Punkten V und W mit den Ortsvektoren $\vec{a} + \vec{v}$ bzw. $\vec{a} + \vec{w}$.

Wenn der Vektor $\vec{v}$ (bzw. $\vec{w}$) auch ein Richtungsvektor der Ebene $\mathbb{E}_1$ ist, so liegt der Punkt V (bzw. W) in $\mathbb{E}_1$, andernfalls nicht. Welcher Fall jeweils vorliegt, lässt sich wieder mithilfe der Punktprobe wie im Abschnitt 9.1.2 entscheiden.

Aufgabe 1 *Anwenden des Tests auf ein Beispiel*

Gegeben sind die beiden Parameterdarstellungen:

Vergleiche mit den Zahlen von Aufgabe 1, Seite 264

$$\mathbb{E}_1:\ \overrightarrow{OX} = \begin{pmatrix}3\\1\\4\end{pmatrix} + \lambda\cdot\begin{pmatrix}-2\\3\\-1\end{pmatrix} + \mu\cdot\begin{pmatrix}0\\1\\3\end{pmatrix} \quad \text{mit } \lambda\in\mathbb{R},\ \mu\in\mathbb{R}$$

$$\mathbb{E}_2:\ \overrightarrow{OX} = \begin{pmatrix}5\\0\\11\end{pmatrix} + \rho\cdot\begin{pmatrix}-4\\5\\-5\end{pmatrix} + \sigma\cdot\begin{pmatrix}-2\\4\\4\end{pmatrix} \quad \text{mit } \rho\in\mathbb{R},\ \sigma\in\mathbb{R}$$

Prüfe, ob sie zu derselben Ebene gehören.

Lösung Für die Anwendung des allgemeinen Verfahrens aus der Einführung setzen wir:

Die Zahlen sind dieselben wie für die Ebene und den Punkt Q aus Aufgabe 1 von Seite 264

$$\vec{a} = \begin{pmatrix}3\\1\\4\end{pmatrix}, \quad \text{also } A(3\,|\,1\,|\,4), \quad \vec{t} = \begin{pmatrix}-2\\3\\-1\end{pmatrix}, \quad \vec{u} = \begin{pmatrix}0\\1\\3\end{pmatrix}.$$

$$\vec{b} = \begin{pmatrix}5\\0\\11\end{pmatrix}, \quad \text{also } B(5\,|\,0\,|\,11), \quad \vec{v} = \begin{pmatrix}-4\\5\\-5\end{pmatrix}, \quad \vec{w} = \begin{pmatrix}-2\\4\\4\end{pmatrix}.$$

Ist Bedingung (1) erfüllt?

Die Punktprobe für B in der Parameterdarstellung von $\mathbb{E}_1$ liefert: B liegt in $\mathbb{E}_1$

Ist Bedingung (2) erfüllt?

Sind die Vektoren $\vec{v}$ und $\vec{w}$ Richtungsvektoren der Ebene $\mathbb{E}_1$?

Wir tragen $\vec{v}$ und $\vec{w}$ von B aus ab und erhalten die Punkte V und W mit den Ortsvektoren:

$$\overrightarrow{OV} = \vec{b} + \vec{v} = \begin{pmatrix}5\\0\\11\end{pmatrix} + \begin{pmatrix}-4\\5\\-5\end{pmatrix} = \begin{pmatrix}1\\5\\6\end{pmatrix} \qquad \overrightarrow{OW} = \vec{b} + \vec{w} = \begin{pmatrix}3\\4\\15\end{pmatrix}$$

Punktproben für V und W in der Parameterdarstellung von $\mathbb{E}_1$:

$$\begin{pmatrix}1\\5\\6\end{pmatrix} = \begin{pmatrix}3\\1\\4\end{pmatrix} + \lambda\cdot\begin{pmatrix}-2\\3\\-1\end{pmatrix} + \mu\cdot\begin{pmatrix}0\\1\\3\end{pmatrix}$$

CAS Das zugehörige System der Koordinatengleichungen hat die Lösung $\lambda = 1$, $\mu = 1$.
V ist also auch Punkt der Ebene $\mathbb{E}_1$.

$$\begin{pmatrix}3\\4\\15\end{pmatrix} = \begin{pmatrix}3\\1\\4\end{pmatrix} + \lambda\cdot\begin{pmatrix}-2\\3\\-1\end{pmatrix} + \mu\cdot\begin{pmatrix}0\\1\\3\end{pmatrix}$$

Zwar erfüllen $\lambda = 0$ und $\mu = 3$ die ersten beiden Koordinatengleichungen, aber nicht die dritte.
W ist also nicht Punkt von $\mathbb{E}_1$.

Ergebnis

Die gegebenen Parameterdarstellungen beschreiben zwei verschiedene Ebenen.

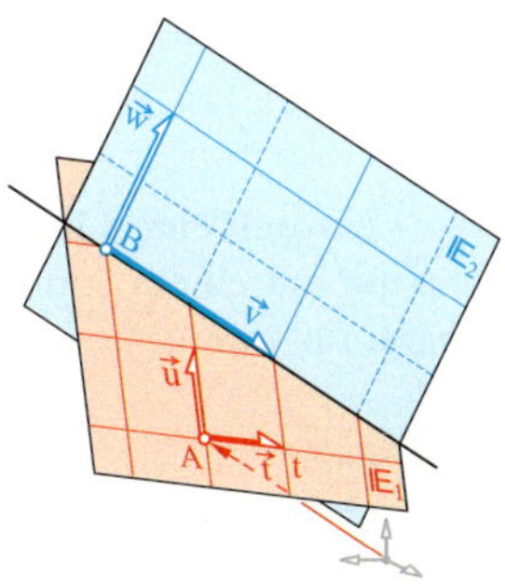

Anmerkung

In diesem speziellen Fall haben die beiden Ebenen die Punkte B und V als gemeinsame Punkte. Also schneiden beide Ebenen einander längs der Geraden durch B und V, d.h. die Schnittgerade kann mithilfe der Parameterdarstellung $\vec{x} = \vec{b} + \lambda\cdot\vec{v}$ beschrieben werden. Es wird nicht immer so einfach sein, die Schnittgerade von zwei Ebenen zu bestimmen.

Weiterführende Aufgaben

2. *Daten auf Zulässigkeit prüfen*
Wir haben bei der Lösung von Aufgabe 1 stillschweigend vorausgesetzt, dass die Parameterdarstellungen *gültige* Parameterdarstellungen von Ebenen sind. Damit computergestützte Rechnungen „ohne Absturz“ ablaufen, sollte man solche stillschweigenden Voraussetzungen vorweg überprüfen.
Ergänze das Verfahren aus der Einführung um eine Zulässigkeitsprüfung der Daten.

3. *Vereinfachung beim Prüfen von Bedingung* (2)
Das Überprüfen von Bedingung (2) lässt sich etwas vereinfachen. Analysiere hierzu die Rechnung der Lösung von Aufgabe 1 und ändere dann das Verfahren aus der Einführung entsprechend ab.

4. *Parameterdarstellungen zueinander paralleler Ebenen*
Wie kann man an Parameterdarstellungen von Ebenen entscheiden, ob die Ebenen zueinander parallel sind?

▲ **5.** *Gemeinsame Punkte zweier Ebenen berechnen*
Gegeben sind zwei Ebenen $\mathbb{E}_1$ und $\mathbb{E}_2$ durch die Parameterdarstellungen

$$\mathbb{E}_1:\ \overrightarrow{OX} = \overrightarrow{OA} + \lambda \cdot \vec{t} + \mu \cdot \vec{u} = \begin{pmatrix} -4 \\ 6 \\ -4 \end{pmatrix} + \lambda \cdot \begin{pmatrix} 2 \\ 0 \\ 0 \end{pmatrix} + \mu \cdot \begin{pmatrix} 1 \\ 3 \\ 6 \end{pmatrix} \quad \text{mit } \lambda, \mu \in \mathbb{R},$$

$$\mathbb{E}_2:\ \overrightarrow{OX} = \overrightarrow{OB} + \rho \cdot \vec{v} + \sigma \cdot \vec{w} = \begin{pmatrix} 9 \\ 1 \\ 0 \end{pmatrix} + \rho \cdot \begin{pmatrix} -3 \\ 3 \\ 6 \end{pmatrix} + \sigma \cdot \begin{pmatrix} 1 \\ -1 \\ 5 \end{pmatrix} \quad \text{mit } \rho, \sigma \in \mathbb{R}.$$

a) Entwickle allgemein ein Verfahren, mit dem man aus den Parameterdarstellungen zweier Ebenen alle gemeinsamen Punkte der Ebenen berechnen kann.

CAS **b)** Wende das Verfahren auf die gegebenen Ebenen an.

Information **Linearkombination und lineare (Un-)Abhängigkeit von Vektoren**
Bei Parameterdarstellungen von Geraden und Ebenen sowie bei der Bearbeitung von Lageaufgaben kommen Vektoren vor, welche die Summen von Vielfachen gewisser Vektoren sind, z. B.:

$\overrightarrow{OP} = \overrightarrow{OA} + 2 \cdot \vec{u} - 3 \cdot \vec{v} = 1 \cdot \overrightarrow{OA} + 2 \cdot \vec{u} + (-3) \cdot \vec{v}.$

In solchen Situationen benutzt man die folgenden Sprechweisen:

Definition 1: *Linearkombination, lineare (Un-)Abhängigkeit von Vektoren derselben Dimension*

(1) Man nennt eine Summe von Vielfachen von Vektoren eine **Linearkombination** der Vektoren. Zugelassen sind auch Summen mit nur einem Summanden.
(2) Vektoren heißen **voneinander linear abhängig,** falls wenigstens einer der Vektoren eine Linearkombination der übrigen ist.
(3) Vektoren heißen **voneinander linear unabhängig,** wenn sie nicht voneinander linear abhängen, also keiner der Vektoren eine Linearkombination der übrigen Vektoren ist.

Beispiele

Beachte: Es ist $\overrightarrow{OA} = 1 \cdot \overrightarrow{OA}$

(1) In der Parameterdarstellung einer Geraden bzw. einer Ebene ist der Ortsvektor eines jeden Punktes der Geraden bzw. der Ebene eine Linearkombination des Stützvektors und der Richtungsvektoren: $\overrightarrow{OX} = \overrightarrow{OA} + \lambda \cdot \vec{v}$ bzw. $\overrightarrow{OX} = \overrightarrow{OA} + \lambda \cdot \vec{u} + \mu \cdot \vec{v}$.

(2) Je zwei zueinander parallele Vektoren hängen linear voneinander ab, denn jeder ist ein Vielfaches des anderen. Zueinander orthogonale Vektoren sind voneinander linear unabhängig.

(3) Jeder Richtungsvektor einer Ebene ist die Linearkombination von zwei Richtungsvektoren der Ebene, welche voneinander linear unabhängig sind (vgl. Aufgabe 1, Seite 260).

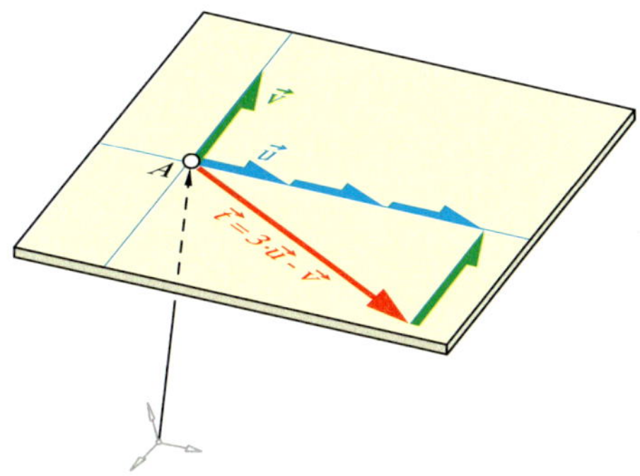

(4) Zwei Ebenen mit den Parameterdarstellungen

$\overrightarrow{OX} = \overrightarrow{OA} + \lambda \cdot \vec{t} + \mu \cdot \vec{u}$ und

$\overrightarrow{OX} = \overrightarrow{OB} + \rho \cdot \vec{v} + \sigma \cdot \vec{w}$

sind genau dann zueinander parallel, wenn sowohl $\vec{t}$, $\vec{u}$, $\vec{v}$ als auch $\vec{t}$, $\vec{u}$, $\vec{w}$ voneinander linear abhängen (vgl. Aufgabe 1 S. 267, Aufgabe 4 auf S. 268).

(5) Eine Gerade ist dann zu einer Ebene nicht parallel, durchstößt sie also in genau einem Punkt, wenn jeder Richtungsvektor der Geraden von zwei (nicht parallelen) Richtungsvektoren der Ebene linear unabhängig ist (vgl. Aufgabe 9, Seite 270).

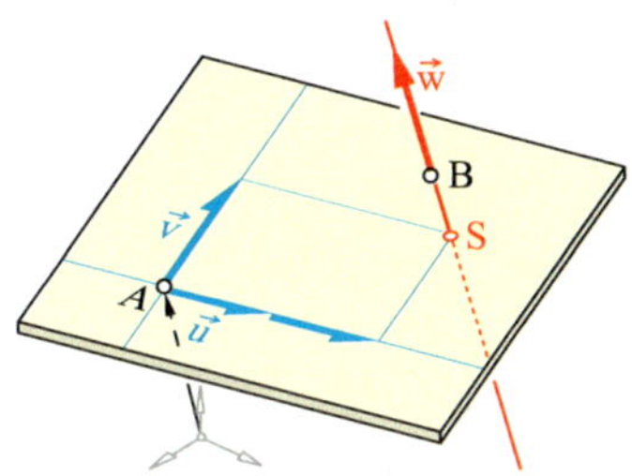

Übungsaufgaben

6. *Überprüfen von Ebenen auf Parallelität*

Gegeben sind die Ebenen $\mathbb{E}_1$ und $\mathbb{E}_2$. Prüfe, ob die Ebenen zueinander parallel sind.

a) $\mathbb{E}_1\colon \vec{x} = \begin{pmatrix} 4 \\ 1 \\ 2 \end{pmatrix} + \lambda \cdot \begin{pmatrix} 4 \\ -2 \\ -9 \end{pmatrix} + \mu \cdot \begin{pmatrix} -2 \\ 0 \\ 3 \end{pmatrix}$; $\quad \mathbb{E}_2\colon \vec{x} = \begin{pmatrix} 0 \\ 4 \\ 2 \end{pmatrix} + \lambda \cdot \begin{pmatrix} -2 \\ -2 \\ 0 \end{pmatrix} + \mu \cdot \begin{pmatrix} 0 \\ 2 \\ 3 \end{pmatrix}$

b) $\mathbb{E}_1\colon \vec{x} = \begin{pmatrix} 2 \\ -1 \\ 3 \end{pmatrix} + \lambda \cdot \begin{pmatrix} 4 \\ 2 \\ -1 \end{pmatrix} + \mu \cdot \begin{pmatrix} 3 \\ 0 \\ 1 \end{pmatrix}$; $\quad \mathbb{E}_2\colon \vec{x} = \begin{pmatrix} 2 \\ -3 \\ 3 \end{pmatrix} + \lambda \cdot \begin{pmatrix} 4 \\ -4 \\ -1 \end{pmatrix} + \mu \cdot \begin{pmatrix} 2 \\ 1 \\ -1 \end{pmatrix}$

c) $\mathbb{E}_1\colon \vec{x} = \begin{pmatrix} -2 \\ 1 \\ 1 \end{pmatrix} + \lambda \cdot \begin{pmatrix} 4 \\ -4 \\ 1 \end{pmatrix} + \mu \cdot \begin{pmatrix} -2 \\ 1 \\ 0 \end{pmatrix}$; $\quad \mathbb{E}_2\colon \vec{x} = \begin{pmatrix} 2 \\ -3 \\ 2 \end{pmatrix} + \lambda \cdot \begin{pmatrix} -4 \\ 4 \\ -1 \end{pmatrix} + \mu \cdot \begin{pmatrix} 3 \\ -1 \\ 0 \end{pmatrix}$

7. *Bestimmen einer parallelen Ebene zu einer gegebenen Ebene*

Gegeben sind eine Ebene $\mathbb{E}$ und ein Punkt P. Gib eine Parameterdarstellung der Ebene $\mathbb{E}_1$ an, die zur Ebene $\mathbb{E}$ parallel ist und durch den Punkt P verläuft.

a) $\mathbb{E}\colon \vec{x} = \begin{pmatrix} 2 \\ 1 \\ -3 \end{pmatrix} + \lambda \cdot \begin{pmatrix} 1 \\ 1 \\ 0 \end{pmatrix} + \mu \cdot \begin{pmatrix} -3 \\ 3 \\ 1 \end{pmatrix}$; $\quad P(0 \mid 2 \mid 1)$

b) $\mathbb{E}\colon \vec{x} = \vec{a} + \lambda \cdot \vec{b} + \mu \cdot \vec{c}$; $\quad P(p_1 \mid p_2 \mid p_3)$

8.

a) Zeige: Die Punkte $P_1(3|0|5)$ und $P_2(0|3|2)$ liegen sowohl in der Ebene $\mathbb{E}_1$ als auch in $\mathbb{E}_2$.

$\mathbb{E}_1\colon\ \vec{x}=\begin{pmatrix}2\\1\\1\end{pmatrix}+\lambda\cdot\begin{pmatrix}-1\\1\\-4\end{pmatrix}+\mu\cdot\begin{pmatrix}2\\-2\\-1\end{pmatrix};\qquad \mathbb{E}_2\colon\ \vec{x}=\begin{pmatrix}-1\\3\\2\end{pmatrix}+\lambda\cdot\begin{pmatrix}-1\\0\\0\end{pmatrix}+\mu\cdot\begin{pmatrix}-4\\3\\-3\end{pmatrix}$

Was folgt hieraus über die Lage von $\mathbb{E}_1$ zu $\mathbb{E}_2$? Können die Ebenen auch gleich sein?

b) Führe die Rechnungen durch für $P_1(3|2|3)$, $P_2(-1|3|-4)$ und

$\mathbb{E}_1\colon\ \vec{x}=\begin{pmatrix}3\\1\\2\end{pmatrix}+\lambda\cdot\begin{pmatrix}1\\0\\2\end{pmatrix}+\mu\cdot\begin{pmatrix}2\\-1\\3\end{pmatrix};\qquad \mathbb{E}_2\colon\ \vec{x}=\begin{pmatrix}2\\2\\1\end{pmatrix}+\lambda\cdot\begin{pmatrix}1\\-1\\1\end{pmatrix}+\mu\cdot\begin{pmatrix}0\\1\\1\end{pmatrix}$

9.

Gegeben sind eine Ebene durch die Parameterdarstellung

$$\overrightarrow{OX}=\overrightarrow{OA}+\lambda\cdot\vec{u}+\mu\cdot\vec{v}=\begin{pmatrix}2\\1\\-6\end{pmatrix}+\lambda\cdot\begin{pmatrix}1\\2\\3\end{pmatrix}+\mu\cdot\begin{pmatrix}0\\1\\4\end{pmatrix}\quad\text{mit }\lambda,\mu\in\mathbb{R}$$

und je eine Gerade durch die Parameterdarstellung

(1) $\overrightarrow{OX}=\overrightarrow{OB}+\rho\cdot\vec{w}=\begin{pmatrix}4\\7\\4\end{pmatrix}+\rho\cdot\begin{pmatrix}1\\1\\-1\end{pmatrix}\quad\text{mit }\rho\in\mathbb{R}$

(2) $\overrightarrow{OX}=\overrightarrow{OB}+\rho\cdot\vec{w}=\begin{pmatrix}4\\8\\10\end{pmatrix}+\rho\cdot\begin{pmatrix}1\\3\\5\end{pmatrix}\quad\text{mit }\rho\in\mathbb{R}.$

a) Berechne die gemeinsamen Punkte der Ebene mit den Geraden. Wie liegen demnach die Geraden zur Ebene?

b) Wie kann man anhand der Richtungsvektoren prüfen, ob die Geraden zur Ebene parallel sind?

Beachte: Bei einem gemeinsamen Punkt braucht der Parameterwert auf der Geraden mit keinem der Parameterwerte in der Ebene übereinzustimmen. (Deshalb bezeichnet man zweckmäßigerweise in den Parameterdarstellungen die Parameter verschieden. Wir haben hier den Parameter der Geraden mit ρ statt mit λ bezeichnet.)

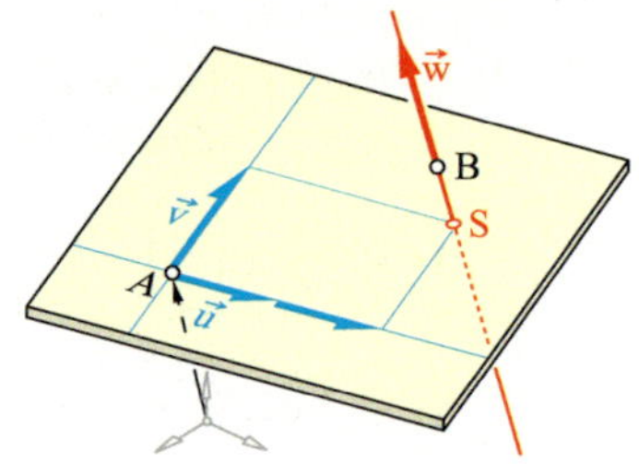

10.

Untersuche, ob die Vektoren $\vec{u}$, $\vec{v}$, $\vec{w}$ voneinander linear abhängig sind.

a) $\vec{u}=\begin{pmatrix}1\\2\\-1\end{pmatrix},\quad \vec{v}=\begin{pmatrix}1\\4\\-1\end{pmatrix},\quad \vec{w}=\begin{pmatrix}-1\\-2\\3\end{pmatrix}$

b) $\vec{u}=\begin{pmatrix}1\\1\\-1\end{pmatrix},\quad \vec{v}=\begin{pmatrix}0\\1\\1\end{pmatrix},\quad \vec{w}=\begin{pmatrix}1\\1\\0\end{pmatrix}$

c) $\vec{u}=\begin{pmatrix}0\\-1\\2\end{pmatrix},\quad \vec{v}=\begin{pmatrix}1\\4\\3\end{pmatrix},\quad \vec{w}=\begin{pmatrix}-3\\1\\2\end{pmatrix}$

10.2 Beschreiben von Ebenen durch Koordinatengleichungen

Parameterdarstellungen von Ebenen sind oft unbequem bei der rechnerischen Bearbeitung von Lageaufgaben (vgl. Abschnitt 10.1.3) sowie beim Bestimmen von Abständen und Winkelgrößen. In solchen Fällen verlaufen die Berechnungen einfacher, wenn man die beteiligten Ebenen durch *Koordinatengleichungen* beschreibt.

Einführung

(1) Koordinatengleichungen besonderer Ebenen

In einigen Sonderfällen können wir zu Ebenen Koordinatengleichungen angeben:

- Die Ebene $\mathbb{E}$ der Figur rechts hat die *Koordinatengleichung* $x_2 = 3$.
  Das bedeutet: Die Ebene besteht aus allen Punkten, deren 2. Koordinate den Wert 3 hat. Hierdurch ist diese Ebene vollständig bestimmt.
  Eine *Parameterdarstellung* dieser Ebene lautet:

$$\overrightarrow{OX} = \begin{pmatrix} 0 \\ 3 \\ 0 \end{pmatrix} + \lambda \cdot \begin{pmatrix} 1 \\ 0 \\ 0 \end{pmatrix} + \mu \cdot \begin{pmatrix} 0 \\ 0 \\ 1 \end{pmatrix} \quad \text{mit } \lambda, \mu \in \mathbb{R}$$

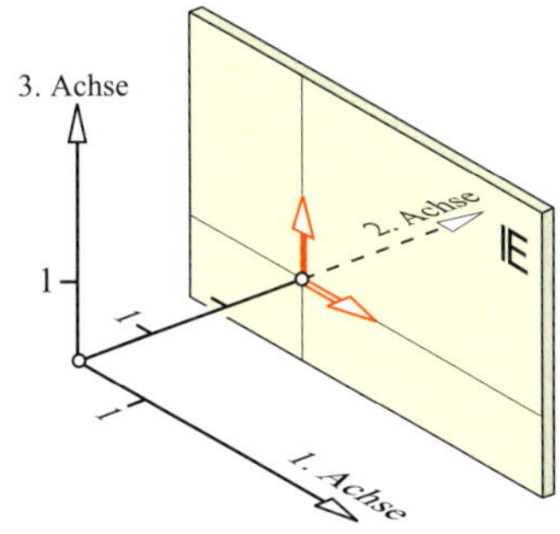

- Die Ebene $\mathbb{E}^*$ der Figur rechts hat die *Koordinatengleichung*
  $x_1 - x_2 = 0$, denn sie besteht aus allen Punkten, deren ersten beiden Koordinaten übereinstimmen.
  Eine *Parameterdarstellung* der Ebene lautet:

$$\overrightarrow{OX} = \lambda \cdot \begin{pmatrix} 2 \\ 2 \\ 0 \end{pmatrix} + \mu \cdot \begin{pmatrix} 0 \\ 0 \\ 1 \end{pmatrix} \quad \text{mit } \lambda, \mu \in \mathbb{R}$$

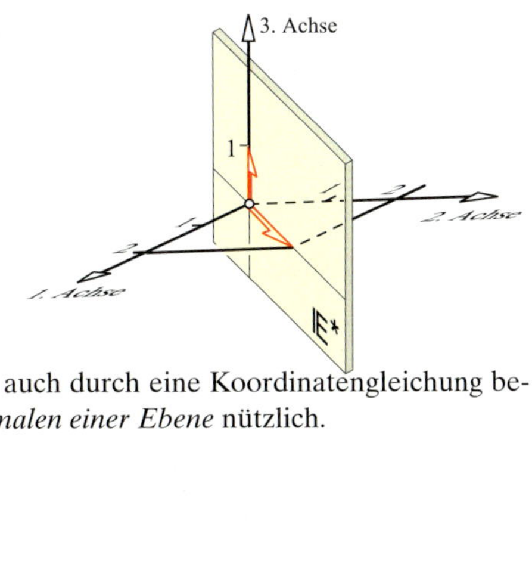

Wir werden zeigen: Jede Ebene lässt sich auch durch eine Koordinatengleichung beschreiben. Hierfür ist der Begriff der *Normalen einer Ebene* nützlich.

(2) Normale einer Ebene

Widerlager an Bauwerken sollen Kräfte möglichst orthogonal aufnehmen und ableiten, z.B. die Seilverankerungen bei Zeltdächern. Dies führt auf die Aufgabe, zu einer Geraden eine Ebene zu bestimmen, welche die Gerade orthogonal schneidet. Eine solche Ebene kann man sich auf die folgende Weise entstanden denken:

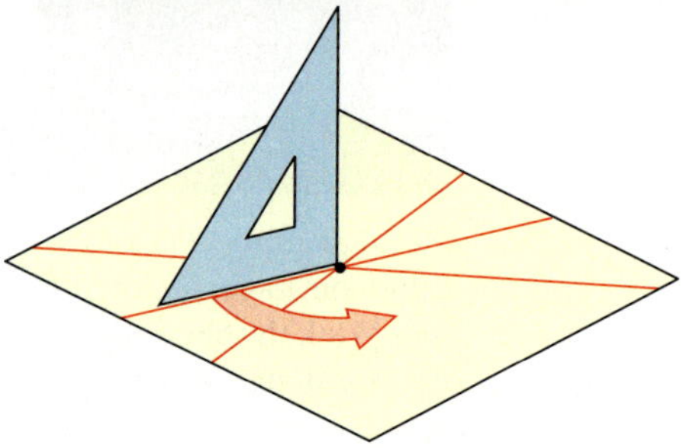

Gehe aus von zwei Geraden, die einander orthogonal schneiden. Dreht man die eine Gerade um die andere, so überstreicht die gedrehte Gerade eine Ebene.
Diese Ebene und die Drehachse sind orthogonal zueinander. Das bedeutet: Die Drehachse ist orthogonal zu allen Geraden der Ebene, welche die Drehachse treffen, also orthogonal zu *allen* Geraden der Ebene (vgl. S. 235).

Man nennt eine Gerade, die orthogonal zu allen Geraden einer Ebene ist, eine **Normale** (ein **Lot**) der Ebene.
Alle Normalen einer Ebene sind untereinander parallel, jeder Richtungsvektor einer Ebenennormalen heißt auch ein **Normalenvektor** (ein **Lotvektor**) der Ebene.

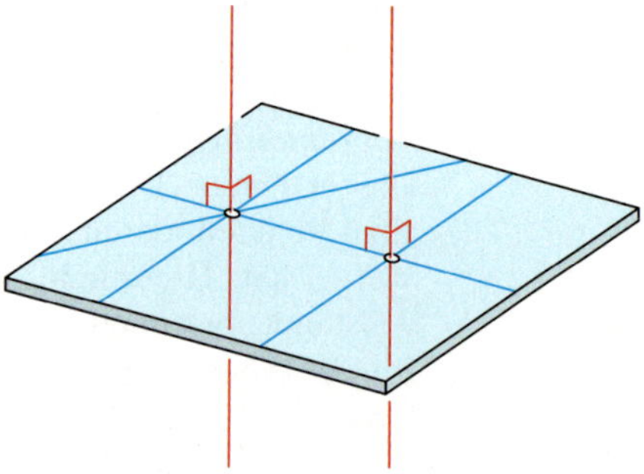

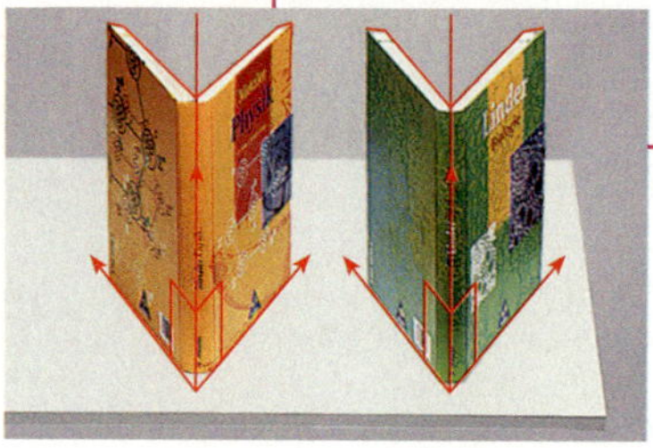

Aufgabe 1 *Festlegen einer Ebene durch einen Punkt und einen Normalenvektor*

Bei einem Bauwerk soll eine Stütze vorgegebener Richtung mit Hilfe einer Bodenplatte so verankert werden, dass nur *Druckkräfte* in Richtung der Stütze auftreten, aber keine Kräfte, die quer zur Stütze wirken. Also muss die Ebene der Bodenplatte orthogonal zur Stütze sein.

In einem örtlichen Koordinatensystem hat die Stützenachse die Richtung des Vektors $\vec{n} = \begin{pmatrix} 1 \\ -1 \\ 4 \end{pmatrix}$. Die ebene Bodenplatte soll durch den Punkt A (10 | 15 | 2) gehen.

Koordinateneinheit = 1 m

Welche Bedingung muss der Ortsvektor irgendeines Punktes X erfüllen, damit der Punkt in der Ebene liegt? Gib eine Koordinatengleichung der Ebene an.

Lösung

Wenn irgendein Punkt X_1 *in der Ebene liegt,* so gilt $\overrightarrow{AX_1} \perp \vec{n}$, also auch $\vec{n} * \overrightarrow{AX_1} = 0$.
Wenn ein Punkt X_2 *nicht zur Ebene gehört,* so sind die Vektoren $\overrightarrow{AX_2}$ und $\vec{n}$ nicht zueinander orthogonal, und es ist $\vec{n} * \overrightarrow{AX_2} \neq 0$.

Am Erfülltsein der Gleichung $\vec{n} * \overrightarrow{AX} = 0$ *erkennt man, dass ein Punkt* X *in der Ebene liegt* (auch für den Punkt X = A).

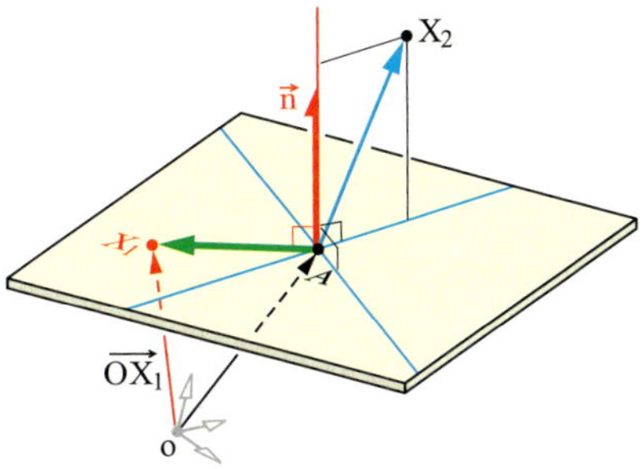

Wir schreiben die Gleichung so um, dass der Ortsvektor $\overrightarrow{OX} = \begin{pmatrix} x_1 \\ x_2 \\ x_3 \end{pmatrix}$ direkt auftritt.

Dazu ersetzen wir in der Gleichung $\vec{n} * \overrightarrow{AX} = 0$ den Vektor $\overrightarrow{AX}$ durch $\overrightarrow{OX} - \overrightarrow{OA}$.
Damit erhalten wir

$0 = \vec{n} * \overrightarrow{AX} = \vec{n} * (\overrightarrow{OX} - \overrightarrow{OA}) = \vec{n} * \overrightarrow{OX} - \vec{n} * \overrightarrow{OA}$ oder

$\vec{n} * \overrightarrow{OX} = \vec{n} * \overrightarrow{OA}$, also $\begin{pmatrix} 1 \\ -1 \\ 4 \end{pmatrix} * \begin{pmatrix} x_1 \\ x_2 \\ x_3 \end{pmatrix} = \begin{pmatrix} 1 \\ -1 \\ 4 \end{pmatrix} * \begin{pmatrix} 10 \\ 15 \\ 2 \end{pmatrix} = 3.$

Wenn ein Punkt X in der Ebene liegt, so erfüllen seine Koordinaten diese Gleichung, andernfalls nicht.
Schreiben wir das Skalarprodukt auf der linken Seite der Gleichung ausführlich, so ergibt sich die Gleichung: $x_1 - x_2 + 4x_3 = 3$.

Information **(1) Geometrische Deutung einer linearen Gleichung**

Wir können *jede* Ebene wie in Aufgabe 1 vorgeben. Daher können wir jede Ebene, außer durch Parameterdarstellungen, auch durch eine lineare Gleichung für die Koordinaten ihrer Punkte beschreiben.
Gilt auch die Umkehrung: Gehört zu jeder linearen Gleichung für die Variablen x_1, x_2, x_3 eine Ebene?

Zeichne Graphen mit CAS

Wir geben z. B. die Gleichung $3x_1 - 2x_2 + 6x_3 = 18$ vor.
Welche Ebene wird hierdurch dargestellt? In welchen Punkten schneidet die Ebene die Koordinatenachsen? Diese Punkte heißen *Spurpunkte.*
Zur Beantwortung gehen wir umgekehrt vor wie bei der Lösung von Aufgabe 1:
Suche einen Normalenvektor $\vec{n}$ und einen Punkt A der Ebene. Diese hat dann als Gleichungen:
einerseits $\vec{n} * \overrightarrow{OX} = \vec{n} * \begin{pmatrix} x_1 \\ x_2 \\ x_3 \end{pmatrix} = \vec{n} * \overrightarrow{OA}$ und andererseits $3x_1 - 2x_2 + 6x_3 = 18$.

Mit dem Ansatz $\vec{n} = \begin{pmatrix} 3 \\ -2 \\ 6 \end{pmatrix}$ stimmen die linken Seiten beider Gleichungen überein.

Der gesuchte Punkt $A(a_1 \mid a_2 \mid a_3)$ muss nun die Bedingung

$$\vec{n} * \overrightarrow{OA} = \begin{pmatrix} 3 \\ -2 \\ 6 \end{pmatrix} * \begin{pmatrix} a_1 \\ a_2 \\ a_3 \end{pmatrix} = 3a_1 - 2a_2 + 6a_3 = 18$$

erfüllen. Das leisten z. B. die Punkte $A_1(6 \mid 0 \mid 0)$, $A_2(0 \mid -9 \mid 0)$, $A_3(0 \mid 0 \mid 3)$ auf den Koordinatenachsen, auch der Punkt $A(4 \mid 3 \mid 2)$ und beliebig viele andere Punkte.

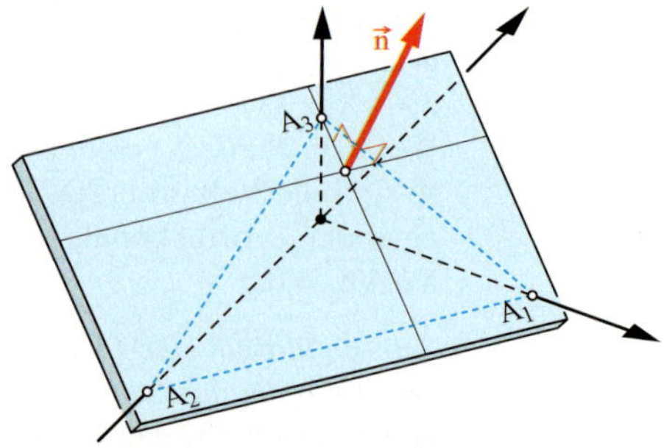

Ergebnis:
Die Gleichung $3x_1 - 2x_2 + 6x_3 = 18$ beschreibt diejenige Ebene, welche den Normalenvektor $\vec{n} = \begin{pmatrix} 3 \\ -2 \\ 6 \end{pmatrix}$ hat und die Koordinatenachsen in, den sogenannten *Spurpunkten* $A_1(6\,|\,0\,|\,0)$, $A_2(0\,|\,-9\,|\,0)$, $A_3(0\,|\,0\,|\,3)$ schneidet.

(2) Verallgemeinerung

Sowohl die Lösung zur Aufgabe 1 (Seite 278) lässt sich allgemein mit einem Vektor $\vec{n} = \begin{pmatrix} n_1 \\ n_2 \\ n_3 \end{pmatrix}$ (mit $\vec{n} \neq \vec{O}$) und einem Punkt $A(a_1\,|\,a_2\,|\,a_3)$ durchführen als auch die Überlegung in der Information (1) mit einer Gleichung $a x_1 + b x_2 + c x_3 = d$.

Dabei dürfen nicht alle drei Zahlen a, b, c zugleich Null sein, denn der Nullvektor hat keine Richtung. Die Schnittpunkte einer Ebene mit den Koordinatenachsen heißen die **Spurpunkte der Ebene.** Die Schnittgeraden einer Ebene mit den Koordinatenebenen heißen die **Spurgeraden der Ebene.**

Beispiele:

(1) Punkt: $A(-6\,|\,5\,|\,7)$,
Normalenvektor: $\vec{n} = \begin{pmatrix} 2 \\ -3 \\ 4 \end{pmatrix}$,
Gleichung:
$\begin{pmatrix} 2 \\ -3 \\ 4 \end{pmatrix} * \overrightarrow{OX} = \begin{pmatrix} 2 \\ -3 \\ 4 \end{pmatrix} * \begin{pmatrix} -6 \\ 5 \\ 7 \end{pmatrix}$,
also ausmultipliziert
$2x_1 - 3x_2 + 4x_3 = 1$

(2) Gleichung der Ebene:
$-4x_1 + 2x_2 + 3x_3 = 6$,
Normalenvektor: $\vec{n} = \begin{pmatrix} -4 \\ 2 \\ 3 \end{pmatrix}$,
Spurpunkte:
$A_1(-1{,}5\,|\,0\,|\,0)$,
$A_2(0\,|\,3\,|\,0)$,
$A_3(0\,|\,0\,|\,2)$.

$a x_1 + b x_2 + c x_3 = d$ *nennt man* ***Koordinatengleichung***

$\begin{pmatrix} a \\ b \\ c \end{pmatrix} * \overrightarrow{OX} = d$ *nennt man* ***Normalenform der Koordinatengleichung***

Satz 2: *Ebenen und lineare Gleichungen mit drei Variablen*

(1) *Koordinatengleichung einer Ebene*
Die Ebene durch den Punkt $A(a_1\,|\,a_2\,|\,a_3)$ und mit dem Normalenvektor $\vec{n} = \begin{pmatrix} n_1 \\ n_2 \\ n_3 \end{pmatrix}$ wird durch die Gleichung $\vec{n} * \overrightarrow{OX} = d$ mit der Zahl $d = \vec{n} * \overrightarrow{OA}$ beschrieben.
Das bedeutet: Wenn ein Punkt $X(x_1\,|\,x_2\,|\,x_3)$ in der Ebene liegt, so erfüllt sein Ortsvektor die Gleichung, anderenfalls nicht.
Ausführlich lautet die Gleichung:

$$\begin{pmatrix} n_1 \\ n_2 \\ n_3 \end{pmatrix} * \begin{pmatrix} x_1 \\ x_2 \\ x_3 \end{pmatrix} = d \quad \text{oder} \quad n_1 x_1 + n_2 x_2 + n_3 x_3 = d$$

mit $d = n_1 a_1 + n_2 a_2 + n_3 a_3$

(2) *Geometrische Deutung einer linearen Gleichung*
Jede Gleichung $a x_1 + b x_2 + c x_3 = d$ mit $a \neq 0$ oder $b \neq 0$ oder $c \neq 0$ ist eine Koordinatengleichung einer Ebene.
Die Ebene hat den Vektor $\vec{n} = \begin{pmatrix} a \\ b \\ c \end{pmatrix}$ als *Normalenvektor*, und sie geht bei $a \neq 0$ durch den *Spurpunkt* $A_1\left(\frac{d}{a}\,|\,0\,|\,0\right)$, bei $b \neq 0$ durch den *Spurpunkt* $A_2\left(0\,|\,\frac{d}{b}\,|\,0\right)$, bei $c \neq 0$ durch den *Spurpunkt* $A_3\left(0\,|\,0\,|\,\frac{d}{c}\right)$.

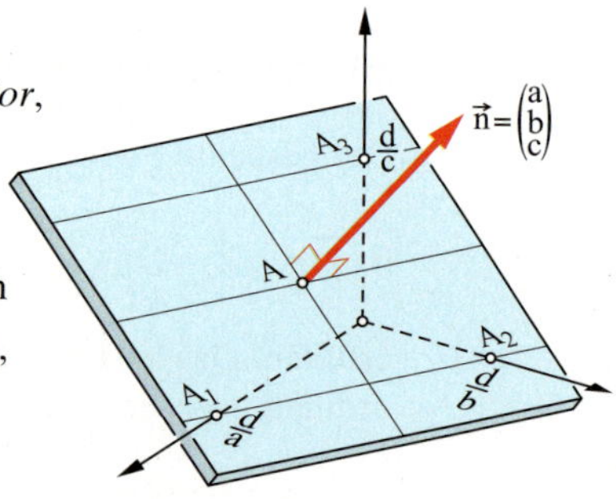

(3) Punktprobe

Gegeben sind die Ebene mit der (Koordinaten-)Gleichung

$8x_1 - x_2 + 4x_3 = 15$

und die Punkte $B(2\,|\,1\,|\,0)$, $C(2\,|\,1\,|\,1)$.

Der Punkt B liegt in der Ebene, weil seine Koordinaten die Gleichung erfüllen. Es gilt nämlich:

$8 \cdot 2 - 1 \cdot 1 + 4 \cdot 0 = 15$

Dagegen ist C kein Punkt der Ebene, weil

$8 \cdot 2 - 1 \cdot 1 + 4 \cdot 1 \neq 15.$

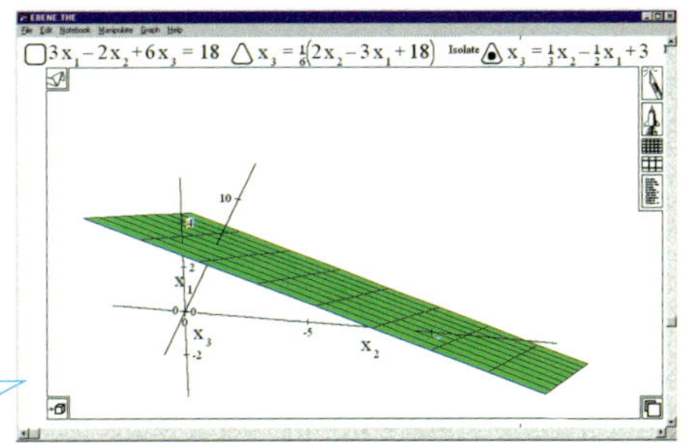

CAS-Grafik der Ebene

(4) Ebenen als Graphen von Funktionen

Vergleiche mit Information (1), Seite 273

Wir schreiben die Ebenengleichung

$3x_1 - 2x_2 + 6x_3 = 18$

um zu:

$x_3 = -\frac{1}{2}x_1 + \frac{1}{3}x_2 + 3$

Durch diese Gleichung wird jedem Zahlenpaar $(x_1\,|\,x_2)$ genau eine Zahl x_3 zugeordnet. Die Gleichung beschreibt daher die Funktion f mit

- der Menge aller Paare reeller Zahlen als Definitionsmenge,
- der Wertemenge $\mathbb{R}$
- der Zuordnungsvorschrift
  $(x_1\,|\,x_2) \mapsto f(x_1\,|\,x_2) = -\frac{1}{2}x_1 + \frac{1}{3}x_2 + 3.$

Ihr Graph ist die ursprüngliche Ebene.

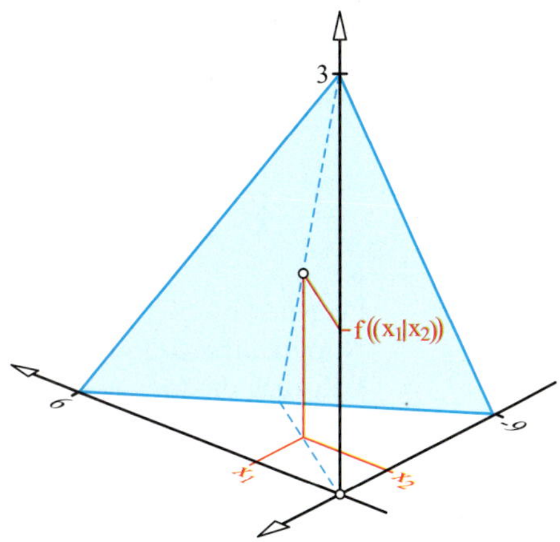

Weiterführende Aufgaben

2. *Berechnen von Richtungsvektoren einer Ebene*

In Aufgabe 1 (Seite 272) ist eine Ebene gegeben durch ihren Punkt $A(10\,|\,15\,|\,2)$ und einen Normalenvektor $\vec{n} = \begin{pmatrix} 1 \\ -1 \\ 4 \end{pmatrix}$.

a) Welche Bedingung muss jeder Richtungsvektor der Ebene erfüllen?

b) Berechne Richtungsvektoren der Ebene.

c) Gib eine Parameterdarstellung der Ebene an.

3. *Sonderfälle von Ebenengleichungen*

a) Untersuche, wie die Ebene mit der Gleichung $3x_1 - 2x_2 = 12$ zum Koordinatensystem liegt.

b) Beschreibe, wie eine Ebene mit der Gleichung $ax_1 + bx_2 + cx_3 = d$ zum Koordinatensystem liegt, wenn gewisse der Zahlen a, b, c oder d gleich Null sind. (*Hinweis:* Wähle zunächst für a, b, c und d Zahlenbeispiele.)

Übungsaufgaben

4.
Gib eine Gleichung der durch den Punkt P und den Normalenvektor $\vec{n}$ gegebenen Ebene in der Form $\vec{n} * \vec{x} = \vec{n} * \vec{p} = d$ an.
Schreibe die Gleichung auch als Koordinatengleichung.

$\vec{x}$ statt $\overrightarrow{OX}$

a) $P(2|3|-2)$; $\vec{n} = \begin{pmatrix} 2 \\ 1 \\ 2 \end{pmatrix}$ **c)** $P(6|-2|3)$; $\vec{n} = \begin{pmatrix} 1 \\ 1 \\ 1 \end{pmatrix}$ **e)** $P(2|-3|5)$; $\vec{n} = \begin{pmatrix} 0 \\ 0 \\ 1 \end{pmatrix}$

b) $P(1|-1|0)$; $\vec{n} = \begin{pmatrix} 0 \\ 2 \\ 1 \end{pmatrix}$ **d)** $P(0|0|0)$; $\vec{n} = \begin{pmatrix} 1 \\ 1 \\ 1 \end{pmatrix}$ **f)** $P(0|0|0)$; $\vec{n} = \begin{pmatrix} 1 \\ 0 \\ 0 \end{pmatrix}$

5.
Gegeben ist eine Parameterdarstellung einer Geraden g der Form $\vec{x} = \vec{a} + \lambda \cdot \vec{u}$.
Bestimme eine Gleichung der Normalebene $\mathbb{E}$ von g durch den Punkt A mit dem Ortsvektor $\vec{a}$. Bestimme ebenso eine Gleichung der Normalebene $\mathbb{E}$ von g durch den Punkt B mit dem Ortsvektor $\vec{b}$.
Schreibe die Gleichung auch als Koordinatengleichung.

a) $\vec{x} = \begin{pmatrix} 2 \\ 1 \\ -3 \end{pmatrix} + \lambda \cdot \begin{pmatrix} 1 \\ 0 \\ -1 \end{pmatrix}$ **b)** $\vec{x} = \begin{pmatrix} 1 \\ 0 \\ -3 \end{pmatrix} + \lambda \cdot \begin{pmatrix} -3 \\ 2 \\ -1 \end{pmatrix}$ **c)** $\vec{x} = \begin{pmatrix} -2 \\ 1 \\ 3 \end{pmatrix} + \lambda \cdot \begin{pmatrix} 0 \\ 0 \\ 1 \end{pmatrix}$

$\vec{b} = \begin{pmatrix} -1 \\ 2 \\ 3 \end{pmatrix} \left[\vec{b} = \begin{pmatrix} -1 \\ 0 \\ 2 \end{pmatrix}\right]$ $\vec{b} = \begin{pmatrix} 1 \\ 1 \\ 1 \end{pmatrix} \left[\vec{b} = \begin{pmatrix} -2 \\ 3 \\ -5 \end{pmatrix}\right]$ $\vec{b} = \begin{pmatrix} 1 \\ 0 \\ 0 \end{pmatrix} \left[\vec{b} = \begin{pmatrix} -2 \\ 2 \\ -3 \end{pmatrix}\right]$

6.
Gegeben ist die Gleichung einer Ebene.
Notiere diese mithilfe des Skalarprodukts. Ist die Darstellung eindeutig?
Gib auch die Menge aller Normalenvektoren der durch die Gleichung gegebenen Ebene an.

a) $3x_1 + 2x_2 - x_3 = 3 \cdot 2 + 2 \cdot 1 - 1$
b) $3x_1 + 2x_2 - x_3 = 3 \cdot 5 + 2 \cdot 3 + 5$
c) $3x_1 + 2x_2 - x_3 = 14$
d) $3x_1 + 2x_2 - x_3 = 0$
e) $x_1 = 4$
f) $x_1 + x_2 + x_3 = 1$

7.
Gegeben ist eine Ebene $\mathbb{E}$: $\begin{pmatrix} 1 \\ -3 \\ 2 \end{pmatrix} * \vec{x} = \begin{pmatrix} 1 \\ -3 \\ 2 \end{pmatrix} * \begin{pmatrix} 3 \\ 2 \\ 2 \end{pmatrix}$
Gib die Parameterdarstellung einer Geraden an, die $\mathbb{E}$ orthogonal schneidet.

8.
Zu jeder Ebene gibt es unendlich viele Normalenvektoren. Wie lassen sich alle Normalenvektoren zu der Ebene $\mathbb{E}$ beschreiben?

a) $\mathbb{E}$: $2x_1 + 3x_2 - x_3 = 15$
b) $\mathbb{E}$: $x_1 + 6x_2 = 7$
c) $\mathbb{E}$: $3x_3 = 2$
d) $\mathbb{E}$: $x_1 + x_2 - x_3 = 0$

9.
Begründe: Sind A und B Punkte einer Ebene $\mathbb{E}$ und $\vec{n}$ ein Normalenvektor von $\mathbb{E}$, so gilt: $\overrightarrow{OA} * \vec{n} = \overrightarrow{OB} * \vec{n}$

10.

Gegeben sind eine Gerade g und eine Ebene $\mathbb{E}$.
Begründe: Schon dann ist $g \perp \mathbb{E}$, wenn g orthogonal zu zwei nichtparallelen Geraden von $\mathbb{E}$ ist.

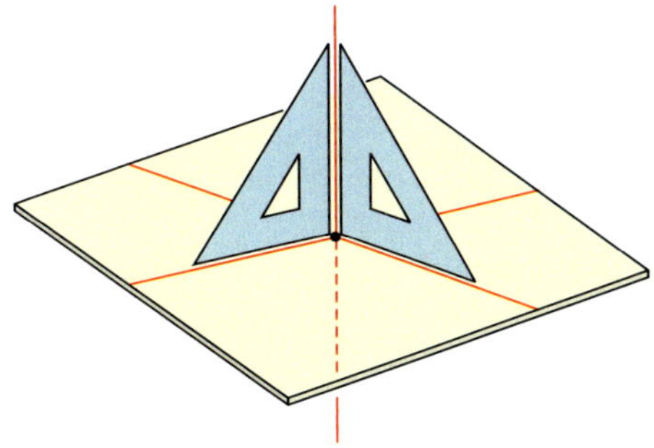

11.

Prüfe, ob die Punkte P, Q, R zur Ebene $\mathbb{E}$ gehören.

a) $\mathbb{E}$: $\begin{pmatrix} 2 \\ 3 \\ -1 \end{pmatrix} * \vec{x} = 12$
P(3 | 1 | 5)
Q(1 | 4 | 1)
R(6 | 0 | 0)

b) $\mathbb{E}$: $\begin{pmatrix} 1 \\ 0 \\ -2 \end{pmatrix} * \vec{x} = 0$
P(2 | 2 | 1)
Q(2 | 4 | 1)
R(0 | 1 | 0)

c) $\mathbb{E}$: $\begin{pmatrix} 1 \\ 4 \\ -1 \end{pmatrix} * \vec{x} = 5$
P(0 | 0 | 0)
Q(1 | 0 | −1)
R(5 | 1 | 4)

12.

Gib 5 verschiedene Punkte der Ebene $\mathbb{E}$ an.

a) $\mathbb{E}$: $\begin{pmatrix} 1 \\ 2 \\ -2 \end{pmatrix} * \vec{x} = 12$ **b)** $\mathbb{E}$: $\begin{pmatrix} 1 \\ 0 \\ 0 \end{pmatrix} * \vec{x} = 11$ **c)** $\mathbb{E}$: $\begin{pmatrix} -2 \\ 0 \\ 1 \end{pmatrix} * \vec{x} = 10$

13.

Bestimme die Spurpunkte und die Spurgeraden der Ebene.

a) $3x_1 + 2x_2 - 4x_3 = 1$
b) $2x_1 - x_2 + 4x_3 = 8$
c) $x_1 + 2x_2 + 3x_3 = 6$
d) $\frac{x_1}{2} + \frac{x_2}{3} + \frac{x_3}{4} = 1$
e) $x_1 + x_2 = 1$
f) $x_1 - 2x_3 = 3$
g) $x_1 + 2x_2 - x_3 = 0$
h) $x_3 = 0$

14.

Die Ebene $\mathbb{E}$ schneidet die Koordinatenachsen in den Punkten A_1, A_2 und A_3.
Bestimme eine Koordinatengleichung der Ebene.

a) $A_1(3 | 0 | 0)$, $A_2(0 | -2 | 0)$, $A_3(0 | 0 | 5)$
b) $A_1(2 | 0 | 0)$, $A_2(0 | 2 | 0)$, $A_3(0 | 0 | 2)$
c) $A_1(-1 | 0 | 0)$, $A_2(0 | 1 | 0)$, $A_3(0 | 0 | -1)$
d) $A_1(1 | 0 | 0)$, $A_2(0 | -4 | 0)$, $A_3(0 | 0 | -3)$

15.

Falls $a_1 \neq 0$, $a_2 \neq 0$, $a_3 \neq 0$, kann man eine Ebenengleichung auch in der Form $\frac{x_1}{a_1} + \frac{x_2}{a_2} + \frac{x_3}{a_3} = 1$ schreiben (sog. *Achsenabschnittsform*).
Begründe dies. Bestimme die Spurpunkte der Ebene.

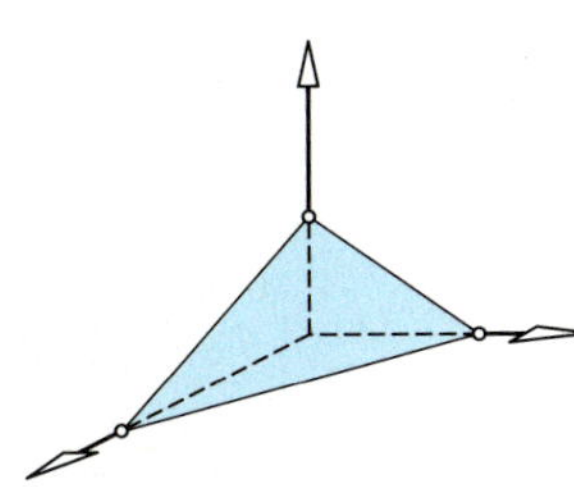

10.3 Von einer Koordinatengleichung einer Ebene zu einer Parameterdarstellung und umgekehrt

Wir können jede Ebene sowohl durch Parameterdarstellungen als auch durch Koordinatengleichungen beschreiben. Wie kommt man rechnerisch von einer Darstellung zur anderen?
Es gibt für jede Richtung mehrere Rechenwege. Versuche solche zu finden.
Aufgabe 1 zeigt für jede Richtung einen Weg. Andere Wege kommen in den weiterführenden Aufgaben 2 und 3 vor.

Aufgabe 1 *Umrechnungen zwischen Koordinatengleichung und Parameterdarstellung*

a) *Von einer Koordinatengleichung zu einer Parameterdarstellung*
Gegeben ist eine Ebene durch die Gleichung:

$$\vec{n} * \vec{x} = \begin{pmatrix} 1 \\ -2 \\ 3 \end{pmatrix} * \begin{pmatrix} x_1 \\ x_2 \\ x_3 \end{pmatrix} = x_1 - 2x_2 + 3x_3 = 8$$

Ermittle daraus eine Parameterdarstellung dieser Ebene.

b) *Von einer Parameterdarstellung zu einer Koordinatengleichung*
Gegeben ist eine Ebene durch die Parameterdarstellung:

$$\overrightarrow{OX} = \overrightarrow{OA} + \lambda \cdot \vec{u} + \mu \cdot \vec{v} = \begin{pmatrix} 5 \\ 2 \\ 0 \end{pmatrix} + \lambda \cdot \begin{pmatrix} 3 \\ 1 \\ 2 \end{pmatrix} + \mu \cdot \begin{pmatrix} 2 \\ 1 \\ 4 \end{pmatrix} \text{ mit } \lambda, \mu \in \mathbb{R}$$

Berechne einen Normalenvektor und dann eine Koordinatengleichung der Ebene.

Lösung **a)** *Berechnen eines Ebenenpunktes:*
Für die Parameterdarstellung benötigen wir einen Punkt A in der Ebene und zwei Richtungsvektoren $\vec{u}$ und $\vec{v}$.
Wähle zwei Koordinaten beliebig und berechne die dritte aus der Gleichung.
Beispiel: Mit der Wahl $x_2 = x_3 = 0$ wird $x_1 = 8$. Der Punkt $A(8|0|0)$ liegt in der Ebene.

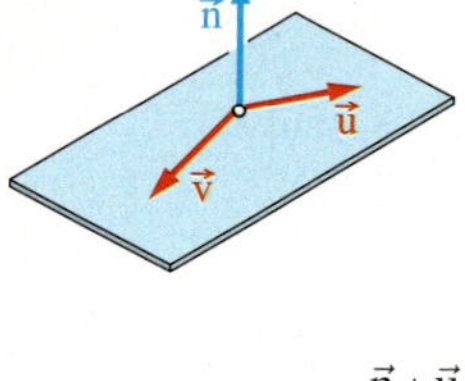

Ansatz für Richtungsvektoren der Ebene:
Jede Normale der Ebene ist orthogonal zu allen Geraden der Ebene, also der Normalenvektor $\vec{n}$ orthogonal zu jedem Richtungsvektor der Ebene.
Daher müssen Richtungsvektoren $\vec{u} = \begin{pmatrix} u_1 \\ u_2 \\ u_3 \end{pmatrix}$ und $\vec{v} = \begin{pmatrix} v_1 \\ v_2 \\ v_3 \end{pmatrix}$ die folgenden Bedingungen erfüllen:

$$\vec{n} * \vec{u} = 0, \quad \text{also} \quad \begin{pmatrix} 1 \\ -2 \\ 3 \end{pmatrix} * \begin{pmatrix} u_1 \\ u_2 \\ u_3 \end{pmatrix} = u_1 - 2u_2 + 3u_3 = 0,$$

$$\vec{n} * \vec{v} = 0, \quad \text{also} \quad \begin{pmatrix} 1 \\ -2 \\ 3 \end{pmatrix} * \begin{pmatrix} v_1 \\ v_2 \\ v_3 \end{pmatrix} = v_1 - 2v_2 + 3v_3 = 0.$$

Außerdem muss gelten:

$\vec{u} \neq \vec{o}$, $\vec{v} \neq \vec{o}$ und $\vec{u} \nparallel \vec{v}$, also $\vec{v}$ kein Vielfaches von $\vec{u}$.

Berechnen von Richtungsvektoren:
Man kann jeweils zwei Koordinaten von $\vec{u}$ und von $\vec{v}$ wählen; allerdings dürfen weder bei $\vec{n}$ noch bei $\vec{v}$ alle drei Koordinaten null sein. Setzt man bei $\vec{u}$ und $\vec{v}$ verschiedene Koordinaten gleich null, so ist $\vec{v}$ kein Vielfaches von $\vec{u}$ und daher $\vec{u} \nparallel \vec{v}$.

Beispiel: Mit der Wahl $u_2 = 0$, $u_3 = 1$ wird $u_1 = -3$ und $\vec{u} = \begin{pmatrix} -3 \\ 0 \\ 1 \end{pmatrix}$.

Mit der Wahl $v_2 = 1$, $v_3 = 0$ wird $v_1 = 2$ und $\vec{v} = \begin{pmatrix} 2 \\ 1 \\ 0 \end{pmatrix}$.

Ergebnis: Die Parameterdarstellung

$$\overrightarrow{OX} = \overrightarrow{OA} + \lambda \cdot \vec{u} + \mu \cdot \vec{v} = \begin{pmatrix} 8 \\ 0 \\ 0 \end{pmatrix} + \lambda \cdot \begin{pmatrix} -3 \\ 0 \\ 1 \end{pmatrix} + \mu \cdot \begin{pmatrix} 2 \\ 1 \\ 0 \end{pmatrix} \quad \text{mit } \lambda, \mu \in \mathbb{R}$$

beschreibt die gegebene Ebene.

b) *Ansatz für den Normalenvektor der Ebene:*
Nach a) ist der gesuchte Normalenvektor $\vec{n} = \begin{pmatrix} n_1 \\ n_2 \\ n_3 \end{pmatrix}$ orthogonal zu den gegebenen Richtungsvektoren $\vec{u}$ und $\vec{v}$.
Daher muss gelten: $\vec{u} * \vec{n} = 0$ und $\vec{v} * \vec{n} = 0$

Berechnen eines Normalenvektors:

Subtrahiere die zweite Gleichung von der ersten.

$$\left| \begin{array}{l} \begin{pmatrix} 3 \\ 1 \\ 2 \end{pmatrix} * \begin{pmatrix} n_1 \\ n_2 \\ n_3 \end{pmatrix} = 3n_1 + n_2 + 2n_3 = 0 \\ \begin{pmatrix} 2 \\ 1 \\ 4 \end{pmatrix} * \begin{pmatrix} n_1 \\ n_2 \\ n_3 \end{pmatrix} = 2n_1 + n_2 + 4n_3 = 0 \end{array} \right| \begin{array}{l} \leftarrow \\ \cdot(-1) \; \oplus \end{array}$$

CAS

$$\left| \begin{array}{rl} n_1 \qquad - 2n_3 &= 0 \\ 2n_1 + n_2 + 4n_3 &= 0 \end{array} \right|$$

Dieses Gleichungssystem hat unendlich viele Lösungen. Das muss so sein, denn mit $\vec{n}$ $(\vec{n} \neq \vec{o})$ ist auch jeder Vektor $r \cdot \vec{n}$ $(r \neq 0)$ ein Normalenvektor der Ebene.
Wir brauchen irgendeine vom Nullvektor verschiedene Lösung.
Mit der Wahl $n_3 = 1$ ergibt sich zuerst $n_1 = 2$, dann $n_2 = -8$, also insgesamt $\vec{n} = \begin{pmatrix} 2 \\ -8 \\ 1 \end{pmatrix}$.
Würde man stattdessen z. B. $n_3 = 2$ wählen, dann würde man $\vec{n} = \begin{pmatrix} 4 \\ -16 \\ 2 \end{pmatrix}$ erhalten.

Bestimmen einer Koordinatengleichung:
Wir kennen den Ebenenpunkt $A\,(5\,|\,2\,|\,0)$.
Somit ist $\vec{n} * \overrightarrow{OX} = d$ mit $d = \vec{n} * \overrightarrow{OA}$ eine Gleichung der Ebene.
Ausführlich gilt:

$$\vec{n} * \overrightarrow{OX} = \begin{pmatrix} 2 \\ -8 \\ 1 \end{pmatrix} * \begin{pmatrix} x_1 \\ x_2 \\ x_3 \end{pmatrix} = 2x_1 - 8x_1 + x_3 \text{ sowie } \vec{n} * \overrightarrow{OA} = \begin{pmatrix} 2 \\ -8 \\ 1 \end{pmatrix} * \begin{pmatrix} 5 \\ 2 \\ 0 \end{pmatrix} = -6$$

Ergebnis: Die Gleichung $2x_1 - 8x_2 + x_3 = -6$ beschreibt die gegebene Ebene.

Weiterführende Aufgaben

Die Ebene hat die Gleichung $x_1 - 2x_2 + 3x_3 = 8$.

2. *Von einer Koordinatengleichung zu einer Parameterdarstellung*
Gegeben ist die Ebene aus Aufgabe 1 a).

a) Berechne aus der Ebenengleichung drei Ebenenpunkte und daraus eine Parameterdarstellung.
Worauf ist zu achten?

CAS **b)** Bestimme die Lösungsmenge der Ebenengleichung (vgl. Unterkapitel 7.2) und daraus eine Parameterdarstellung für die Ebene.

3. *Von einer Parameterdarstellung zu einer Koordinatengleichung*

a) Die Punkte $A(-4|1|2)$, $D(12|4|-5)$ und $C(44|-10|-21)$ bestimmen eine Ebene $\mathbb{E}$. Erläutere folgende Vorgehen zur Ermittlung der Koordinatengleichung der Ebene.

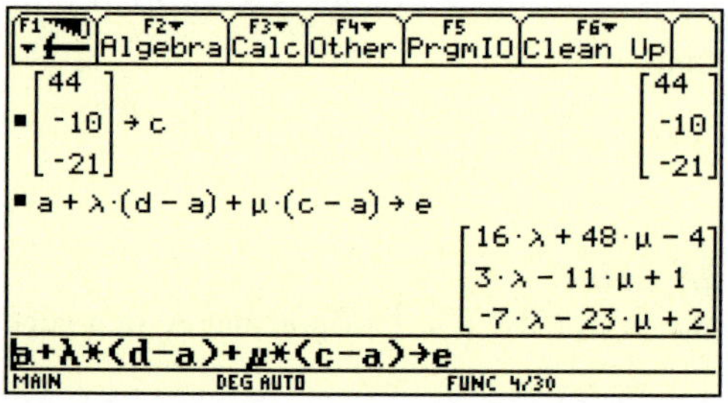

Das CAS stellt die Ebene $\mathbb{E}$ ebenso wie die Gerade G als eine Matrix dar.

$$\overrightarrow{OX} = \begin{pmatrix} 16\cdot\lambda + 48\cdot\mu - 4 \\ 3\cdot\lambda - 11\cdot\mu + 1 \\ -7\lambda - 23\cdot\mu + 2 \end{pmatrix} = \begin{pmatrix} -4 \\ 1 \\ 2 \end{pmatrix} + \lambda\cdot\begin{pmatrix} 16 \\ 3 \\ -7 \end{pmatrix} + \mu\cdot\begin{pmatrix} 48 \\ 11 \\ 23 \end{pmatrix}$$

Um die Parameterdarstellung in eine Koordinatengleichung zu überführen, wenden wir die CAS-Funktion SOLVE auf die ersten beiden Gleichungen der Parameterdarstellung an und setzen dann die Resultate in die dritte Gleichung ein.

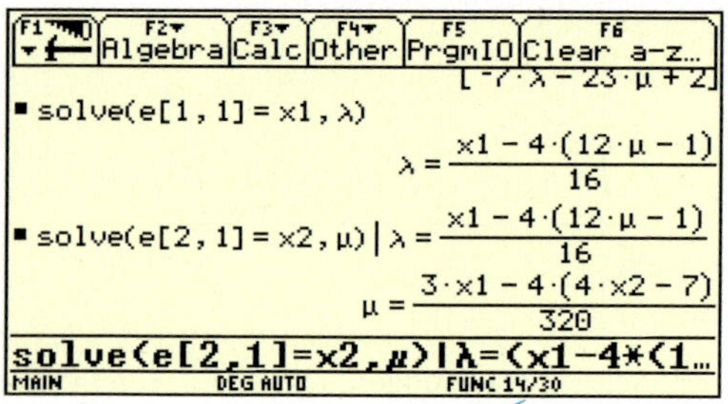

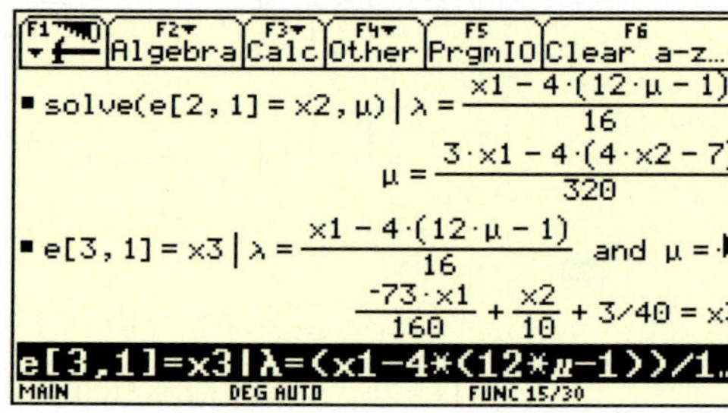

Tipp: Kopiere geschickt und ändere dann.

Berechnete Werte für λ und μ in die 3. Zeile von e einsetzen. Die beiden Bedingungen mit „and" verknüpfen.

b) Setze eine Koordinatengleichung allgemein an: $a x_1 + b x_2 + c x_3 = d$.
Berechne die Koordinaten von drei Ebenenpunkten und mache damit die Punktprobe in der Koordinatengleichung. Es entsteht dann ein System von drei linearen Gleichungen für a, b, c, d. Löse dieses.

Übungsaufgaben

4.
Bestimme eine Parameterdarstellung der Ebene.

a) $x_1 + 2x_2 + 3x_3 = 10$ **c)** $x_1 + x_2 + x_3 = 1$ **e)** $x_1 - x_2 = 2$

b) $x_1 - 2x_2 + x_3 = 4$ **d)** $2x_1 + 0\cdot x_2 + x_3 = 3$ **f)** $3x_1 = 1$

5.
Gegeben ist eine Koordinatengleichung einer Ebene:

(1) $x_1 + x_2 - x_3 = 2$ (3) $2x_1 - x_2 + x_3 = -1$

(2) $x_1 + 3x_2 - x_3 = 5$ (4) $3x_1 - 2x_2 - x_3 = 3$

a) Bestimme jeweils eine Parameterdarstellung der Ebene.

b) Prüfe jeweils mithilfe der Koordinatengleichung und mithilfe der Parameterdarstellung, ob der Punkt P in der Ebene liegt.
(1) $P(5|2|5)$ (2) $P(-3|1|-4)$ (3) $P(0|2|1)$ (4) $P(-1|2|-1)$

6.

Gegeben ist eine Koordinatengleichung einer Ebene. Bestimme – sofern vorhanden – die Spurpunkte der Ebene (d.h. die Schnittpunkte der Ebene mit den Koordinatenachsen) und entwickle hieraus eine Parameterdarstellung der Ebene.
Wie kann man vorgehen, wenn die Ebene weniger als drei Spurpunkte besitzt?

a) $x_1 - 2x_2 + 3x_3 = 6$ **c)** $2x_1 - 3x_2 = 1$ **e)** $x_3 = 4$

b) $2x_1 + 3x_2 - x_3 = 3$ **d)** $x_1 - x_3 = 4$ **f)** $x_2 = 0$

7.

Begründe, warum die Koordinatengleichung im Raum eine Ebene beschreibt.
Gib deren Lage an. Bestimme eine Parameterdarstellung der Ebene.

(1) $6x_1 + x_3 = 4$ (2) $2x_2 - 5x_3 = -4$ (3) $x_1 = 3$ (4) $x_2 = 0$

8.

Eine Ebene ist gegeben durch eine Parameterdarstellung.
Gib eine Koordinatengleichung an.

a) $\vec{x} = \begin{pmatrix} 3 \\ 0 \\ 0 \end{pmatrix} + \lambda \cdot \begin{pmatrix} 2 \\ 1 \\ 0 \end{pmatrix} + \mu \cdot \begin{pmatrix} -1 \\ -2 \\ 1 \end{pmatrix}$ **c)** $\vec{x} = \begin{pmatrix} 1 \\ 1 \\ -3 \end{pmatrix} + \lambda \cdot \begin{pmatrix} -3 \\ 1 \\ 1 \end{pmatrix} + \mu \cdot \begin{pmatrix} 1 \\ -3 \\ 1 \end{pmatrix}$

b) $\vec{x} = \begin{pmatrix} 3 \\ 1 \\ -2 \end{pmatrix} + \lambda \cdot \begin{pmatrix} -1 \\ 1 \\ 3 \end{pmatrix} + \mu \cdot \begin{pmatrix} 1 \\ -2 \\ -4 \end{pmatrix}$ **d)** $\vec{x} = \begin{pmatrix} 0 \\ -1 \\ 2 \end{pmatrix} + \lambda \cdot \begin{pmatrix} 0 \\ 2 \\ 3 \end{pmatrix} + \mu \cdot \begin{pmatrix} 0 \\ -3 \\ 1 \end{pmatrix}$

9.

In einer Ebene liegen die Punkte $A(1|-3|5)$, $B(4|-2|12)$, $C(1|3|2)$ und $D(2|6|3)$. Ermittle mithilfe von je dreien dieser Punkte eine Parameterdarstellung der Ebene und zeige, dass auch der vierte Punkt ihr angehört.

10.

Gegeben sind der Punkt P und die Gerade g durch eine Parameterdarstellung mit dem Richtungsvektor $\vec{v}$ und dem Stützvektor $\overrightarrow{OA}$.

(1) Gib eine Parameterdarstellung der Ebene an, die durch P und g festgelegt ist.

(2) Bestimme eine Koordinatengleichung der Ebene.

a) $P(-3|3|4)$; g: $\vec{x} = \begin{pmatrix} 3 \\ 0 \\ 4 \end{pmatrix} + \lambda \cdot \begin{pmatrix} -3 \\ 3 \\ 1 \end{pmatrix}$ **b)** $P(1|2|1)$; g: $\vec{x} = \begin{pmatrix} 3 \\ 1 \\ 4 \end{pmatrix} + \lambda \cdot \begin{pmatrix} 1 \\ 0 \\ 1 \end{pmatrix}$

11.

Gegeben ist eine Ebene durch zwei sich schneidende Geraden bzw. durch zwei zueinander parallele Geraden g_1 und g_2.

(1) Prüfe, wie die Geraden zueinander liegen.

(2) Gib eine Parameterdarstellung der Ebene an.

(3) Bestimme eine Koordinatengleichung der Ebene.

a) g_1: $\vec{x} = \begin{pmatrix} 1 \\ 1 \\ 1 \end{pmatrix} + \lambda \cdot \begin{pmatrix} -3 \\ 2 \\ -1 \end{pmatrix}$ **b)** g_1: $\vec{x} = \begin{pmatrix} 4 \\ 1 \\ -2 \end{pmatrix} + \lambda \cdot \begin{pmatrix} -4 \\ 2 \\ 0 \end{pmatrix}$

g_2: $\vec{x} = \begin{pmatrix} -1 \\ 3 \\ 0 \end{pmatrix} + \mu \cdot \begin{pmatrix} 2 \\ -1 \\ 1 \end{pmatrix}$ g_2: $\vec{x} = \begin{pmatrix} 1 \\ 1 \\ 3 \end{pmatrix} + \mu \cdot \begin{pmatrix} 6 \\ -3 \\ 0 \end{pmatrix}$

10.4 Lageaufgaben

10.4.1 Gerade und Ebene

Aufgabe 1 *Schnitt einer Geraden mit einer Ebene, von der eine Koordinatengleichung bekannt ist*

Ein Mast eines Zeltdaches wird durch das Dach und Abspannseile gehalten.
Eines der Seile greift am Punkt $A(-9|-4|20)$ des Mastes an und soll aus Gründen der Statik die Richtung des Vektors $\vec{v} = \begin{pmatrix} 4 \\ 0 \\ -6 \end{pmatrix}$ haben.

Koordinateneinheit = 1 m

Das Seil trifft auf die schiefe Ebene mit der Gleichung
$3x_1 + x_2 - x_3 = -6$.
An welcher Stelle der Ebene muss das Seil verankert werden?

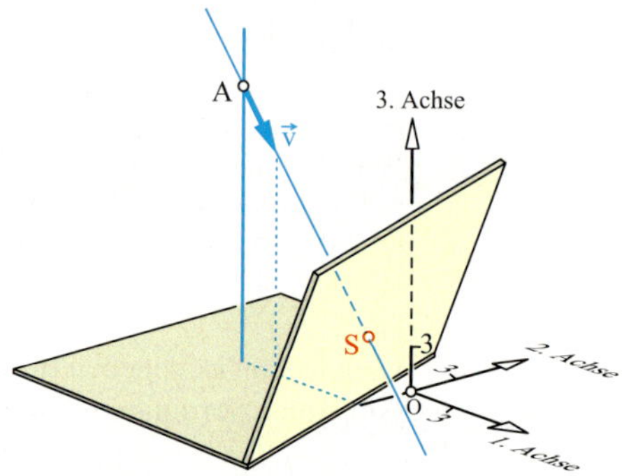

Lösung Wir vereinfachen, indem wir annehmen, das Abspannseil verlaufe geradlinig.
Die Trägergerade des Seils hat die Parameterdarstellung:

$$\overrightarrow{OX} = \overrightarrow{OA} + \lambda \cdot \vec{v} = \begin{pmatrix} -9 \\ -4 \\ 20 \end{pmatrix} + \lambda \cdot \begin{pmatrix} 4 \\ 0 \\ -6 \end{pmatrix} \quad \text{mit } \lambda \in \mathbb{R}$$

Gesucht sind die Koordinaten des Schnittpunktes S dieser Geraden mit der schiefen Ebene.
Der Punkt S erfüllt zwei Bedingungen:

(1) S liegt auf der Geraden.
Daher lässt sich ein Wert für den Parameter λ so finden, dass

$$\overrightarrow{OS} = \overrightarrow{OA} + \lambda \cdot \vec{v} = \begin{pmatrix} -9 + 4\lambda \\ -4 \\ 20 - 6\lambda \end{pmatrix}.$$

(2) S liegt in der Ebene.
Daher erfüllen die Koordinaten von S und von $\overrightarrow{OS}$ die Ebenengleichung:

$3 \cdot (-9 + 4\lambda) + (-4) - (20 - 6\lambda) = -6$

Hieraus berechnen wir den Parameterwert von S:

$18\lambda = 45$, also $\lambda = 2{,}5$,

und damit den Ortsvektor von S mithilfe der Parameterdarstellung der Geraden:

$$\overrightarrow{OS} = \overrightarrow{OA} + 2{,}5 \cdot \vec{v} = \begin{pmatrix} 1 \\ -4 \\ 5 \end{pmatrix}$$

Probe: Die Koordinaten von $\overrightarrow{OS}$ erfüllen die Ebenengleichung.

Ergebnis:
Die Verankerung des Abspannseiles ist ungefähr am Punkt $S(1|-4|5)$ der schiefen Ebene anzubringen.

„Ungefähr" wegen unserer Vereinfachung

Weiterführende Aufgaben

CAS **2.** *Verschiedene Rechenwege miteinander vergleichen*
Wir stellen uns vor, in Aufgabe 1 wäre die schiefe Ebene nicht durch eine Koordinatengleichung gegeben, sondern durch die Punkte $P(-1\,|\,2\,|\,5)$, $Q(-3\,|\,3\,|\,0)$, $R(2\,|\,-6\,|\,6)$. Dann hat man die Wahl, ob die schiefe Ebene durch eine Parameterdarstellung beschrieben werden soll oder durch eine Koordinatengleichung.
Löse die Aufgabe vollständig auf beide Arten und vergleiche den Rechenaufwand.

CAS **3.** *Wie liegen Geraden zu einer Ebene?*
Gegeben sind eine Ebene durch die Gleichung

$$\vec{n} * \overrightarrow{OX} = \begin{pmatrix} 3 \\ -4 \\ 1 \end{pmatrix} * \begin{pmatrix} x_1 \\ x_2 \\ x_3 \end{pmatrix} = 3x_1 - 4x_2 + x_3 = 5$$

sowie zwei Geraden g und h durch die Parameterdarstellungen

$$g\colon\ \overrightarrow{OX} = \overrightarrow{OA} + \lambda \cdot \vec{u} = \begin{pmatrix} 1 \\ 5 \\ -2 \end{pmatrix} + \lambda \cdot \begin{pmatrix} 2 \\ 4 \\ -6 \end{pmatrix},\ \lambda \in \mathbb{R},$$

$$h\colon\ \overrightarrow{OX} = \overrightarrow{OB} + \lambda \cdot \vec{v} = \begin{pmatrix} 5 \\ 3 \\ 2 \end{pmatrix} + \lambda \cdot \begin{pmatrix} 3 \\ 2 \\ -1 \end{pmatrix},\ \lambda \in \mathbb{R}.$$

mehrere Rechenwege möglich

Entscheide durch Rechnung, wie die Geraden zur Ebene liegen.

Übungsaufgaben

4.
Gegeben sind eine Gerade g durch einen Punkt A und durch den Richtungsvektor $\vec{v}$ sowie eine Ebene durch eine Koordinatengleichung.
Bestimme den Schnittpunkt von Gerade und Ebene.

a) $A(1\,|\,2\,|\,3)$; $\vec{v} = \begin{pmatrix} 2 \\ 1 \\ -3 \end{pmatrix}$;
$\mathbb{E}\colon\ x_1 - 2x_2 - 3x_3 = 6$

b) $A(2\,|\,-1\,|\,1)$; $\vec{v} = \begin{pmatrix} -1 \\ 3 \\ 1 \end{pmatrix}$;
$\mathbb{E}\colon\ x_1 + x_2 - 3x_3 = 1$

c) $A(0\,|\,3\,|\,2)$; $\vec{v} = \begin{pmatrix} 1 \\ 2 \\ 3 \end{pmatrix}$;
$\mathbb{E}\colon\ 2x_1 - x_2 + 2x_3 = 3$

d) $A(3\,|\,-2\,|\,-1)$; $\vec{v} = \begin{pmatrix} 1 \\ 1 \\ -2 \end{pmatrix}$;
$\mathbb{E}\colon\ -x_1 + x_2 - x_3 = -2$

5.
Die Gerade g und die Ebene $\mathbb{E}$ haben einen Punkt gemeinsam. Wieso lässt sich dies sehr schnell aus der Parameterdarstellung der Geraden und der Koordinatengleichung der Ebene ablesen?
Bestimme diesen Punkt.

a) $g\colon\ \vec{x} = \begin{pmatrix} 3 \\ 1 \\ -1 \end{pmatrix} + \lambda \cdot \begin{pmatrix} 2 \\ 1 \\ 3 \end{pmatrix}$
$\mathbb{E}\colon\ x_1 + x_2 + x_3 = 3$

b) $g\colon\ \vec{x} = \begin{pmatrix} 1 \\ -2 \\ -1 \end{pmatrix} + \lambda \cdot \begin{pmatrix} 1 \\ 2 \\ 3 \end{pmatrix}$
$\mathbb{E}\colon\ x_1 - 2x_2 - 3x_3 = 8$

c) $g\colon\ \vec{x} = \begin{pmatrix} 2 \\ 4 \\ 1 \end{pmatrix} + \lambda \cdot \begin{pmatrix} 1 \\ 3 \\ -1 \end{pmatrix}$
$\mathbb{E}\colon\ x_1 - x_3 = 1$

d) $g\colon\ \vec{x} = \lambda \cdot \begin{pmatrix} 2 \\ 1 \\ -1 \end{pmatrix}$
$\mathbb{E}\colon\ x_1 + x_2 + x_3 = 0$

6.

Zeige: Die Gerade g liegt parallel zur Ebene $\mathbb{E}$. Prüfe, ob g keinen oder unendlich viele Punkte mit der Ebene $\mathbb{E}$ gemeinsam hat.

a) g: $\vec{x} = \begin{pmatrix} 2 \\ 1 \\ 4 \end{pmatrix} + \lambda \cdot \begin{pmatrix} 3 \\ 1 \\ 2 \end{pmatrix}$

$\mathbb{E}$: $x_1 + x_2 - 2x_3 = 3$

b) g: $\vec{x} = \begin{pmatrix} 5 \\ 1 \\ 2 \end{pmatrix} + \lambda \cdot \begin{pmatrix} 3 \\ 1 \\ 4 \end{pmatrix}$

$\mathbb{E}$: $x_1 - 3x_2 = 2$

c) g: $\vec{x} = \begin{pmatrix} 1 \\ -2 \\ 1 \end{pmatrix} + \lambda \cdot \begin{pmatrix} 2 \\ -1 \\ -1 \end{pmatrix}$

$\mathbb{E}$: $x_1 + x_2 + x_3 = 1$

d) g: $\vec{x} = \begin{pmatrix} 3 \\ 5 \\ 2 \end{pmatrix} + \lambda \cdot \begin{pmatrix} 1 \\ 3 \\ 2 \end{pmatrix}$

$\mathbb{E}$: $2x_2 - 3x_3 = 4$

7.

Ein Lichtstrahl aus Punkt $A(1\,|\,1\,|\,-9)$ ist auf den Punkt $B(-2\,|\,4\,|\,6)$ gerichtet. Welcher Punkt der von den Punkten $P_1(-1\,|\,3\,|\,5)$, $P_2(-8\,|\,8\,|\,2)$, $P_3(13\,|\,-7\,|\,3)$ aufgespannten Ebene wird von diesem Lichtstrahl getroffen?

8. *Gegenseitige Lage einer Geraden und einer Ebene*

a) Gegeben seien eine Gerade g und eine Ebene $\mathbb{E}$. Gib mögliche Lagebeziehungen von Gerade und Ebene an.
Überlege verschiedene Strategien, wie man im konkreten Fall herausfinden kann, welcher Fall vorliegt.

b) Wie liegen $\mathbb{E}$ und g zueinander?

(1) g: $\vec{x} = \begin{pmatrix} 3 \\ 2 \\ 1 \end{pmatrix} + \lambda \cdot \begin{pmatrix} 1 \\ -1 \\ 0 \end{pmatrix}$; $\mathbb{E}$: $\vec{x} = \begin{pmatrix} 2 \\ 0 \\ -1 \end{pmatrix} + \mu \cdot \begin{pmatrix} 2 \\ 1 \\ 1 \end{pmatrix} + \nu \cdot \begin{pmatrix} -1 \\ 3 \\ 1 \end{pmatrix}$

(2) g: $\vec{x} = \begin{pmatrix} -1 \\ -2 \\ 4 \end{pmatrix} + \lambda \cdot \begin{pmatrix} 1 \\ 0 \\ 1 \end{pmatrix}$; $\mathbb{E}$: $\vec{x} = \begin{pmatrix} 4 \\ -1 \\ 3 \end{pmatrix} + \mu \cdot \begin{pmatrix} 2 \\ 1 \\ -1 \end{pmatrix} + \nu \cdot \begin{pmatrix} 3 \\ 1 \\ 0 \end{pmatrix}$

(3) g: $\vec{x} = \begin{pmatrix} 1 \\ -6 \\ -3 \end{pmatrix} + \lambda \cdot \begin{pmatrix} 0 \\ -3 \\ -1 \end{pmatrix}$; $\mathbb{E}$: $\vec{x} = \begin{pmatrix} -1 \\ 3 \\ 2 \end{pmatrix} + \mu \cdot \begin{pmatrix} 1 \\ -1 \\ 0 \end{pmatrix} + \nu \cdot \begin{pmatrix} 2 \\ 1 \\ 1 \end{pmatrix}$

(4) g: $\vec{x} = \begin{pmatrix} 0 \\ 1 \\ -1 \end{pmatrix} + \lambda \cdot \begin{pmatrix} 3 \\ -2 \\ -1 \end{pmatrix}$; $\mathbb{E}$: $x_1 + 2x_2 - x_3 = 3$

(5) g: $\vec{x} = \begin{pmatrix} 2 \\ 1 \\ 1 \end{pmatrix} + \lambda \cdot \begin{pmatrix} -1 \\ 1 \\ 2 \end{pmatrix}$; $\mathbb{E}$: $x_1 - 3x_2 + 2x_3 = 1$

▲ **9.**

Gegeben ist ein Tetraeder $P_1P_2P_3S$ mit
$S(1\,|\,-1\,|\,1)$, $P_1(3\,|\,5\,|\,1)$, $P_2(5\,|\,-5\,|\,5)$, $P_3(3\,|\,3\,|\,-1)$.

a) Die Ebene mit der Gleichung $8x_1 + x_2 - x_3 = 11$ schneidet das Tetraeder in einem Dreieck. Fertige eine Skizze an.
Berechne die Koordinaten seiner Ecken.

b) Welche Strecke der Geraden mit der Parameterdarstellung $\vec{x} = \begin{pmatrix} 2+\lambda \\ 1-\lambda \\ 1+\lambda \end{pmatrix}$ liegt innerhalb der dreiseitigen Pyramide?

10.4.2 Zwei Ebenen

Aufgabe 1 *Schnittpunkte nicht paralleler Ebenen bestimmen*

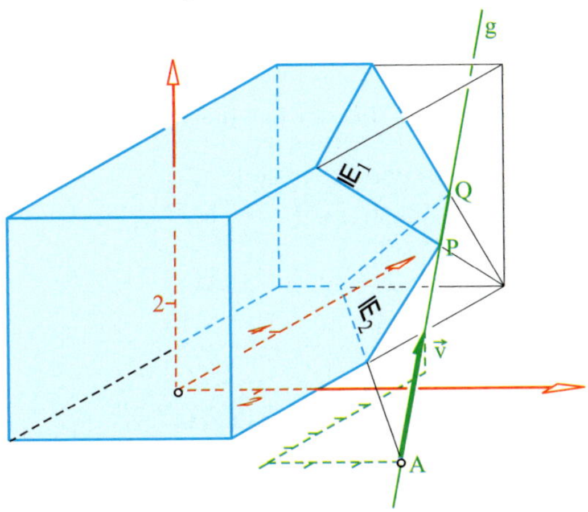

Von einem quaderförmigen Rohling sollen zwei Ecken durch ebene Schnitte abgenommen werden. Dabei entsteht eine neue Kante $\overline{PQ}$ (siehe Bild).

Zum computergestützten Konstruieren wurde das Koordinatensystem wie im Bild gewählt. Die Schnittebenen haben hier die Gleichungen

$\mathbb{E}_1$: $5x_1 + 2x_2 + 3x_3 = 30$,
$\mathbb{E}_2$: $10x_1 + 7x_2 - 12x_3 = 45$

Um die Kante $\overline{PQ}$ auf dem Bildschirm darstellen zu können, benötigt man als erstes für die Trägergerade g eine Parameterdarstellung. Gib eine solche an.

Lösung *Vorüberlegung:*

Die Kante $\overline{PQ}$ enthält alle Punkte des Quaders, die in beiden Schnittebenen liegen. Die Koordinaten eines solchen Punktes erfüllen beide Ebenengleichungen, sind also ein Lösungstripel des Systems aus beiden Ebenengleichungen für die drei Variablen x_1, x_2, x_3. Umgekehrt ist jedes Lösungstripel dieses Gleichungssystems das Koordinatentripel eines gemeinsamen Punktes beider Ebenen, also eines Punktes der Schnittgeraden g.

CAS *Berechnen aller Lösungen des Gleichungssystems*

$$\begin{vmatrix} 5x_1 + 2x_2 + 3x_3 = 30 \\ 10x_1 + 7x_2 - 12x_3 = 45 \end{vmatrix} \quad \cdot(-2) \text{ zur 2. Gleichung addieren}$$

$$\begin{vmatrix} 5x_1 + 2x_2 + 3x_3 = 30 \\ 3x_2 - 18x_3 = -15 \end{vmatrix} \quad :3 \quad \cdot(-2) \text{ zur 1. Gleichung addieren}$$

$$\begin{vmatrix} 5x_1 + 15x_3 = 40 \\ x_2 - 6x_3 = -5 \end{vmatrix} \quad x_1, x_2 \text{ freistellen}$$

$$\begin{vmatrix} x_1 = 8 - 3x_3 \\ x_2 = -5 + 6x_3 \end{vmatrix}$$

Setzt man nun für x_3 z. B. die Zahl 3 ein und berechnet dann x_1, x_2, also

$x_3 = 3$,
$x_1 = -1$,
$x_2 = 13$,

so erhält man das Lösungstripel

$(-1 \mid 13 \mid 3)$

Setzt man für x_3 irgendeine Zahl λ ein und berechnet dann x_1 und x_2, also

$x_3 = \lambda$,
$x_1 = 8 - 3\lambda$,
$x_2 = -5 + 6\lambda$,

so erhält man das Lösungstripel

$(8 - 3\lambda \mid -5 + 6\lambda \mid \lambda)$

des Gleichungssystems, welches auch Koordinatentripel eines gemeinsamen Punktes der beiden Ebenen ist.

So bekommt man alle Lösungen des Gleichungssystems, für die *Lösungsmenge* daher die Parameterdarstellung: $(8-3\lambda \mid -5+6\lambda \mid \lambda)$ mit $\lambda \in \mathbb{R}$.
Wir schreiben mit Vektoren:

$$\begin{pmatrix} x_1 \\ x_2 \\ x_3 \end{pmatrix} = \begin{pmatrix} 8-3\lambda \\ -5+6\lambda \\ \lambda \end{pmatrix} = \begin{pmatrix} 8 \\ -5 \\ 0 \end{pmatrix} + \lambda \cdot \begin{pmatrix} -3 \\ 6 \\ 1 \end{pmatrix} \text{ mit } \lambda \in \mathbb{R}$$

Ergebnis: Die Schnittgerade g der Ebenen $\mathbb{E}_1$ und $\mathbb{E}_2$ hat die Parameterdarstellung $\overrightarrow{OX} = \overrightarrow{OA} + \lambda \cdot \vec{v}$ mit $\lambda \in \mathbb{R}$, wobei $A(8 \mid -5 \mid 0)$ und $\vec{v} = \begin{pmatrix} -3 \\ 6 \\ 1 \end{pmatrix}$.

Weiterführende Aufgabe

2. *Gegenseitige Lage von Ebenen*
Gegeben sind Ebenen durch die Gleichungen:

$\mathbb{E}_1\colon -x_1 + x_2 + 2x_3 = 3$ $\qquad$ $\mathbb{E}_3\colon 2x_1 - 2x_2 - 4x_3 = -6$

$\mathbb{E}_2\colon 6x_1 + 4x_2 + 3x_3 = 12$ $\qquad$ $\mathbb{E}_4\colon 3x_1 - 3x_2 - 6x_3 = -18$

a) Bestimme durch Rechnung, wie die Ebenen zueinander liegen. Bei welchen der Ebenen kann man sich eine langwierige Rechnung ersparen?

b) Wie erkennt man an den Gleichungen zweier Ebenen, ob die Ebenen zueinander parallel sind (und verschieden)?

Beispiel:
Die beiden Gleichungen

$x_1 + 4x_2 - 3x_3 = -2$
$5x_1 + 20x_2 - 15x_3 = d$

beschreiben für jede Zahl d zueinander parallele Ebenen, weil gilt:

$5x_1 + 20x_2 - 15x_3$
$= 5(x_1 + 4x_2 - 3x_3)$

bzw. $\begin{pmatrix} 5 \\ 20 \\ -15 \end{pmatrix} = 5 \cdot \begin{pmatrix} 1 \\ 4 \\ -3 \end{pmatrix}$

Bei $d \neq 5 \cdot (-2) = -10$ sind die Ebenen voneinander verschieden; ist dagegen $d = -10$ stellen beide Gleichungen dieselbe Ebene dar.

Zusammenfassung
Gegeben sind zwei Ebenen durch die Gleichungen:

$$\mathbb{E}_1\colon \vec{n}_1 * \overrightarrow{OX} = \begin{pmatrix} a \\ b \\ c \end{pmatrix} * \begin{pmatrix} x_1 \\ x_2 \\ x_3 \end{pmatrix} = a x_1 + b x_2 + c x_3 = d$$

$$\mathbb{E}_2\colon \vec{n}_2 * \overrightarrow{OX} = \begin{pmatrix} A \\ B \\ C \end{pmatrix} * \begin{pmatrix} x_1 \\ x_2 \\ x_3 \end{pmatrix} = A x_1 + B x_2 + C x_3 = D$$

(a) Die Ebenen sind zueinander parallel, wenn man eine Zahl k angeben kann mit $\vec{n}_2 = k \cdot \vec{n}_1$, also auch mit $A x_1 + B x_2 + C x_3 = k(a x_1 + b x_2 + c x_3)$.
(b) Wenn dann außerdem $D = kd$ gilt, so stellen beide Gleichungen dieselbe Ebene dar, anderenfalls handelt es sich um verschiedene Ebenen ohne gemeinsame Punkte.
(c) Die Ebenen sind nicht zueinander parallel, wenn die Vektoren $\vec{n}_1$ und $\vec{n}_2$, also auch die linken Seiten der Gleichungen nicht Vielfache voneinander sind.

Übungsaufgaben

3.
Gegeben sind drei Ebenen $\mathbb{E}_1$, $\mathbb{E}_2$ und $\mathbb{E}_3$. Prüfe, ob die Ebenen zueinander parallel sind bzw. ob sie gleich sind.

a) $\mathbb{E}_1\colon 6x_1 + 3x_2 - 9x_3 = 15$; $\mathbb{E}_2\colon -2x_1 - x_2 + 3x_3 = -5$; $\mathbb{E}_3\colon 4x_1 + 2x_2 + 6x_3 = 5$

b) $\mathbb{E}_1\colon 2x_1 + x_2 = 5$; $\mathbb{E}_2\colon 4x_1 + 2x_2 + x_3 = 10$; $\mathbb{E}_3\colon 4x_1 + 2x_2 = 3$

c) $\mathbb{E}_1\colon x_1 = 1$; $\mathbb{E}_2\colon x_1 = -1$; $\mathbb{E}_3\colon x_1 = 0$

4. *Schnittmenge von zwei Ebenen*

a) $x_1 + x_2 - x_3 = 1$
$4x_1 - x_2 - x_3 = 3$

b) $-x_1 + 2x_2 + 5x_3 = 10$
$2x_1 - 4x_1 - 4x_2 + x_3 = 4$

c) $-2x_1 + 3x_2 + 4x_3 = 12$
$-x_1 + 4x_2 - 3x_3 = 0$

d) $3x_1 - 2x_2 + x_3 = 4$
$-2x_1 + x_2 - 3x_3 = 7$

e) $2x_1 - 3x_2 + x_3 = 2$
$-6x_1 + 9x_2 - 3x_3 = 5$

f) $\frac{x_1}{3} + \frac{x_2}{6} + \frac{x_3}{2} = 1$
$2x_1 + x_2 + 3x_3 = 6$

5. *Koordinatengleichung und Parameterdarstellung*
Gegeben sind die Ebenen $\mathbb{E}_1$ (durch eine Koordinatengleichung) und $\mathbb{E}_2$ (durch eine Parameterdarstellung). Die Parameterdarstellung für $\mathbb{E}_2$ enthält Gleichungen für x_1, x_2 und x_3, die man in die Koordinatengleichung von $\mathbb{E}_1$ einsetzen kann. Was bedeutet das geometrisch?
Wie erkennt man, ob die beiden Ebenen parallel zueinander sind, sich in einer Geraden schneiden oder identisch sind?

a) $\mathbb{E}_1\colon\ x_1 + x_2 + x_3 = 5$
$$\mathbb{E}_2\colon\ \vec{x} = \begin{pmatrix}1\\3\\1\end{pmatrix} + \lambda\cdot\begin{pmatrix}2\\1\\0\end{pmatrix} + \mu\cdot\begin{pmatrix}1\\-1\\1\end{pmatrix}$$

b) $\mathbb{E}_1\colon\ x_1 - 2x_2 + x_3 = 2$
$$\mathbb{E}_2\colon\ \vec{x} = \begin{pmatrix}1\\-1\\3\end{pmatrix} + \lambda\cdot\begin{pmatrix}1\\-1\\-1\end{pmatrix} + \mu\cdot\begin{pmatrix}-1\\2\\-1\end{pmatrix}$$

c) $\mathbb{E}_1\colon\ 2x_1 + x_2 - x_3 = 1$
$$\mathbb{E}_2\colon\ \vec{x} = \begin{pmatrix}1\\1\\2\end{pmatrix} + \lambda\cdot\begin{pmatrix}0\\1\\1\end{pmatrix} + \mu\cdot\begin{pmatrix}1\\1\\3\end{pmatrix}$$

d) $\mathbb{E}_1\colon\ 3x_1 + 2x_2 + x_3 = 4$
$$\mathbb{E}_2\colon\ \vec{x} = \begin{pmatrix}1\\-1\\3\end{pmatrix} + \lambda\cdot\begin{pmatrix}1\\-1\\-1\end{pmatrix} + \mu\cdot\begin{pmatrix}-1\\2\\-1\end{pmatrix}$$

e) $\mathbb{E}_1\colon\ x_1 - x_2 - x_3 = 2$
$$\mathbb{E}_2\colon\ \vec{x} = \begin{pmatrix}2\\1\\-1\end{pmatrix} + \lambda\cdot\begin{pmatrix}2\\1\\-2\end{pmatrix} + \mu\cdot\begin{pmatrix}1\\3\\0\end{pmatrix}$$

f) $\mathbb{E}_1\colon\ x_1 + x_2 - 2x_3 = 3$
$$\mathbb{E}_2\colon\ \vec{x} = \begin{pmatrix}2\\1\\1\end{pmatrix} + \lambda\cdot\begin{pmatrix}1\\1\\1\end{pmatrix} + \mu\cdot\begin{pmatrix}2\\-4\\-1\end{pmatrix}$$

6.
Gegeben sind die Ebenen $\mathbb{E}_1$ und $\mathbb{E}_2$ durch die Gleichungen:
$\mathbb{E}_1\colon\ 3x_1 - 5x_2 + x_3 = -2$ $\qquad$ $\mathbb{E}_2\colon\ -12x_1 + 20x_2 - 4x_3 = 9$

a) Wie liegen die beiden Ebenen zueinander?

b) Die Ebene $\mathbb{E}_3$ ist zur Ebene $\mathbb{E}_1$ parallel und geht durch den Punkt $P(2\,|\,1\,|\,6)$. Bestimme eine Gleichung der Ebene $\mathbb{E}_3$.

c) Eine Ebene $\mathbb{E}$ ist zur Ebene $\mathbb{E}_1$ parallel. Wie sehen die Gleichungen von $\mathbb{E}$ aus?

7.
Zeige: Die Gerade g liegt in der Ebene $\mathbb{E}_1$.
Gib eine Ebene $\mathbb{E}_2$ an, die ebenfalls g enthält, sodass g Schnittgerade von $\mathbb{E}_1$ und $\mathbb{E}_2$ ist.

a) $g\colon\ \vec{x} = \begin{pmatrix}1\\1\\-1\end{pmatrix} + \lambda\cdot\begin{pmatrix}1\\-1\\-1\end{pmatrix}$
$\mathbb{E}_1\colon\ x_1 + 2x_2 - x_3 = 4$

b) $g\colon\ \vec{x} = \begin{pmatrix}3\\2\\2\end{pmatrix} + \lambda\cdot\begin{pmatrix}2\\2\\1\end{pmatrix}$
$\mathbb{E}_1\colon\ x_1 - x_2 = 1$

c) $g\colon\ \vec{x} = \begin{pmatrix}4\\1\\1\end{pmatrix} + \lambda\cdot\begin{pmatrix}2\\1\\1\end{pmatrix}$
$\mathbb{E}_1\colon\ x_1 + x_2 - 3x_3 = 2$

8.
Gib je eine Parameterdarstellung aller möglichen Spurgeraden der Ebenen an.

a) $x_1 + x_2 + x_3 = 1$

b) $x_1 + 2x_2 - x_3 = 0$

c) $x_1 + x_3 = 0$

d) $x_1 - x_2 = 0$

e) $x_2 = 3$

f) $x_3 = 0$

Blickpunkt

Gegenseitige Lage dreier Ebenen und Lösungen linearer Gleichungssysteme

Durch eine lineare Gleichung der Form $ax + by + cz = d$, mit a, b, c und d aus $\mathbb{R}$ kann man im dreidimensionalen Raum eine Ebene beschreiben. Solche Ebenengleichungen haben wir als Koordinatengleichung einer Ebene bezeichnet.
Im Folgenden wollen wir drei solche Koordinatengleichungen und die zugehörigen Ebenen betrachten.

$a_1x + b_1y + c_1z = d_1$
$a_2x + b_2y + c_2z = d_2$
$a_3x + b_3y + c_3z = d_3$

Gleichzeitig ist durch diese drei Gleichungen ein lineares Gleichungssystem gegeben, dessen Lösung wir hier untersuchen und mit der gegenseitigen Lage der Ebenen vergleichen.

Für diese Untersuchung steht im Internet unter der Adresse
http://www.schroedel.de/blickpunkt1213_edm.html eine interaktive Seite bereit.
Diese Seite wurde mit einem CAS erstellt. Man kann aber ohne dieses CAS mit dieser Seite arbeiten. Dazu muss man nur ein sogenanntes *Plugin* herunterladen, welches kostenlos bereitgestellt ist.
Danach kann man dann die folgende Seite öffnen:

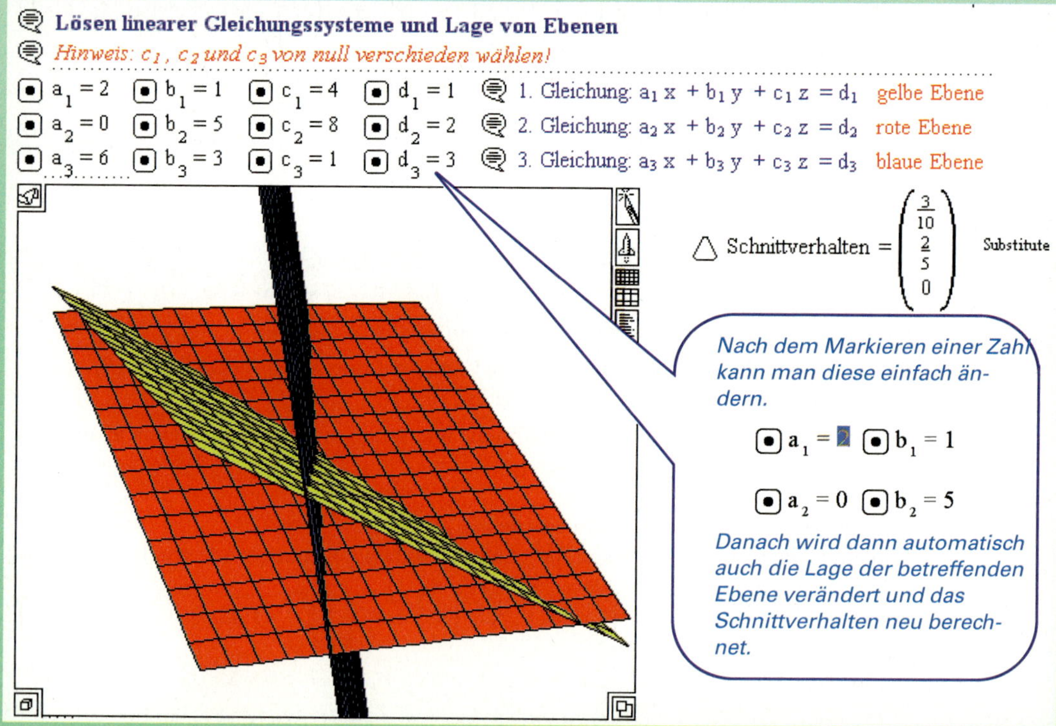

1.

a) Die blaue Ebene hat die Koordinatengleichung $6x + 3y + z = 3$.
Gib auch die Koordinatengleichungen für die gelbe Ebene und für die rote Ebene an.

b) Überprüfe rechnerisch die angegebene Lösung für das Gleichungsystem.

2.
Auf der links abgebildeten Internetseite ist der Fall vorgegeben, dass sich alle drei Ebenen in einem Punkt schneiden.
Auf dieser Seite sind 5 weitere Fälle abgebildet.

a) Beschreibe für diese 5 Fälle die Lage der drei Ebenen zueinander und mache auch Aussagen zur Lösung des zugehörigen linearen Gleichungssystems.

b) Wenn man die Reihenfolge der Gleichungen bzw. die Farben der Ebenen vernachlässigt, fehlen damit noch zwei Fälle, welche?

Hinweis:

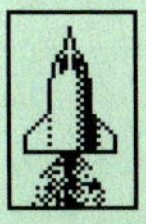

Wenn man mit der Rakete arbeitet, kann man damit den Abstand zu den betrachteten Objekten ändern.
Klickt man auf die abgebildete Schaltfläche *Rakete*, so entfernt man sich von den Objekten.
Klickt man dagegen Strg + Alt + *Rakete*, so kommt man als Betrachter näher an die Objekte.

3.
Beschreibe die Lage zweier Ebenen zueinander, wenn für ihre Koordinatengleichungen gilt:

a) $a_2 = n \cdot a_1,\ b_2 = n \cdot b_1,\ c_2 = n \cdot c_1,\ d_2 = n \cdot d_1$, mit $n \in \mathbb{R}$.

b) $a_2 = n \cdot a_1,\ b_2 = n \cdot b_1,\ c_2 = n \cdot c_1,\ d_2 = n \cdot d_1 + k$, mit $n, k \in \mathbb{R}$ und $k \neq 0$.

4.
Wir betrachten jetzt drei Ebenen, wobei sich die erste Ebene und die zweite Ebene in einer Geraden schneiden.
Für die Koordinatengleichungen der dritten Ebene gilt:

a) $a_3 = a_2 + a_1,\ b_3 = b_2 + b_1,\ c_3 = c_2 + c_1,\ d_3 = d_2 + d_1$.

b) $a_3 = a_2 + a_1,\ b_3 = b_2 + b_1,\ c_3 = c_2 + c_1,\ d_3 = d_2 + d_1 + k$, mit $k \in \mathbb{R}$ und $k \neq 0$.

Beschreibe die Lage solcher Ebenen zueinander und mache Aussagen zur Lösung des zugehörigen Gleichungssystems.

5.
Fasse alle Ergebnisse aus den Aufgaben 2 bis 4 zusammen und konstruiere selbst alle hier abgebildeten Fälle.
Mache auch immer Aussagen zur Lösung des zugehörigen linearen Gleichungssystems.
Variiere auch die abgebildeten Fälle 1 und 2 zum Beispiel so:

Fall 1: rote Ebene = blaue Ebene, die gelbe Ebene schneidet beide.

Fall 2: rote Ebene parallel zur blauen Ebene, die gelbe Ebene schneidet beide.

Fall 1

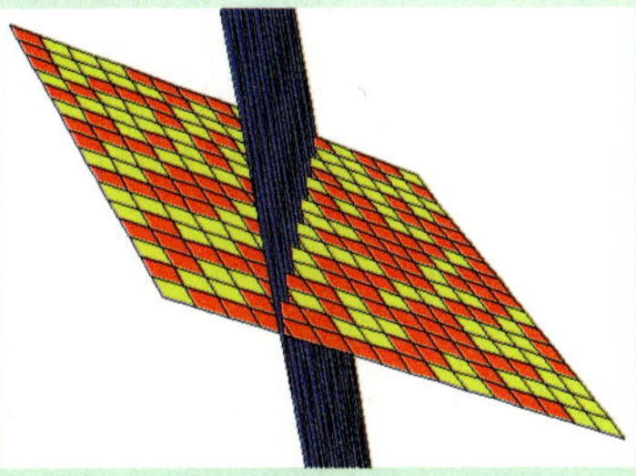

Fall 2

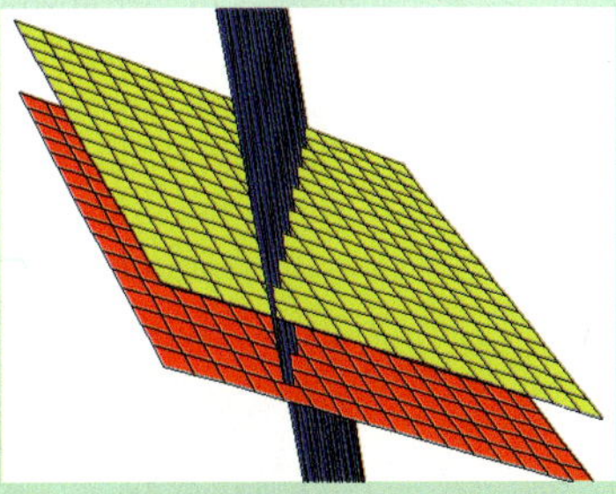

Fall 3

Fall 4

Fall 5

10.5 Berechnen von geometrischen Größen

10.5.1 Abstand eines Punktes von einer Ebene – Rauminhalte

Aufgabe 1 *Berechnen des Abstandes eines Punktes von einer Ebene*

Der Schweißroboter im Foto rechts verbindet ein ebenes Blechstück mit einem Rahmen durch Schweißpunkte. Zur Steuerung des ausführenden Schweißroboters benötigt man den Abstand der Ruhelage P der Spitze des Roboterarms von der Lage des Blechs.

Bezüglich eines lokalen Koordinatensystems liegt das Blech auf der Ebene $\mathbb{E}$ mit der Gleichung

$2x_1 - 2x_2 + x_3 = 1$.

Außerdem ist $P(-6\,|\,5\,|\,5)$.

a) Was versteht man unter dem Abstand $\text{Abst}(P; \mathbb{E})$ des Punktes P von der Ebene $\mathbb{E}$?

b) Berechne $\text{Abst}(P; \mathbb{E})$.

Lösung **a)**

> $\text{Abst}(P; \mathbb{E})$ ist die kleinste unter den Entfernungen des Punktes P von allen Punkten der Ebene $\mathbb{E}$.
> Wir fällen das Lot vom Punkt auf die Ebene. *Der Lotfußpunkt* F *ist dann derjenige Ebenenpunkt, welcher P am nächsten liegt:*
> $|PF| = \text{Abst}(P; \mathbb{E})$

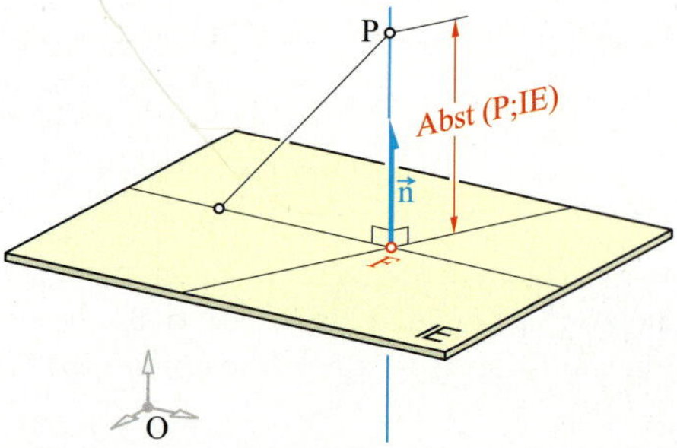

b) Wir berechnen zuerst den Schnittpunkt F der Ebene mit ihrer Normalen durch P, dann die Entfernung $|FP|$.

Gleichung der Ebene:

$2x_1 - 2x_2 + x_3 = \vec{n} * \overrightarrow{OX} = 1$ mit dem Normalenvektor $\vec{n} = \begin{pmatrix} 2 \\ -2 \\ 1 \end{pmatrix}$

Parameterdarstellung der Ebenennormalen durch P:

$$\overrightarrow{OX} = \overrightarrow{OP} + \lambda \cdot \vec{n} = \begin{pmatrix} -6 \\ 5 \\ 5 \end{pmatrix} + \lambda \cdot \begin{pmatrix} 2 \\ -2 \\ 1 \end{pmatrix} \quad \text{mit } \lambda \in \mathbb{R}$$

Ansatz für den Schnittpunkt F:

$\vec{n} * \overrightarrow{OF} = 1$ und $\overrightarrow{OF} = \overrightarrow{OP} + \lambda \cdot \vec{n}$, also

$\vec{n} * (\overrightarrow{OP} + \lambda \cdot \vec{n}) = 1$ mit einer noch zu bestimmenden Zahl λ

Berechnen des Ortsvektors von F:

$\lambda \cdot (\vec{n} * \vec{n}) = 1 - \vec{n} * \overrightarrow{OP}$

$9\lambda = 18$, also $\lambda = 2$

Damit ist:

$$\overrightarrow{OF} = \overrightarrow{OP} + 2 \cdot \vec{n} = \begin{pmatrix} -6 \\ 5 \\ 5 \end{pmatrix} + 2 \cdot \begin{pmatrix} 2 \\ -2 \\ 1 \end{pmatrix} = \begin{pmatrix} -2 \\ 1 \\ 7 \end{pmatrix}$$

Berechnen des Abstands:

$$\overrightarrow{FP} = \overrightarrow{OP} - \overrightarrow{OF} = \begin{pmatrix} -4 \\ 4 \\ -2 \end{pmatrix}, \text{ also } |FP| = |\overrightarrow{FP}| = \sqrt{36} = 6$$

Ergebnis:

$\text{Abst}(P; \mathbb{E}) = |FP| = 6$ — gemessen mit der Koordinateneinheit

Information **(1) Abstand eines Punktes von einer Ebene**

Man kann die Lösung der Aufgabe 1 allgemein durchrechnen und erhält:

Beispiel:
$\mathbb{E}$: $10x_1 - 2x_2 + 11x_3 = 30$
und $P(3 \mid 1 \mid -2)$, also

$\vec{n} = \begin{pmatrix} 10 \\ -2 \\ 11 \end{pmatrix}$, $|\vec{n}| = 15$,

$d = 30$, $\vec{n} * \overrightarrow{OP} = 6$ und

$\text{Abst}(P; \mathbb{E}) = \frac{1}{15} \cdot |6 - 30|$
$= \frac{24}{15} = 1{,}6$

Formel für den Abstand eines Punktes von einer Ebene

Gegeben ist eine Ebene $\mathbb{E}$ durch die Gleichung $\vec{n} * \overrightarrow{OX} = d$ und ein Punkt P durch seinen Ortsvektor.

Dann gilt:

$$\text{Abst}(P; \mathbb{E}) = \frac{1}{|\vec{n}|} \cdot |\vec{n} * \overrightarrow{OP} - d|$$

gemessen mit der Koordinateneinheit

(2) Abstand des Koordinatenursprungs von einer Ebene

Für den Koordinatenursprung O ist $\vec{n} * \overrightarrow{OO} = \vec{n} * \vec{o} = 0$, also gilt nach (1)

Beispiel:
Für die Ebene aus dem vorigen Beispiel ist
$\text{Abst}(O; \mathbb{E}) = \frac{|30|}{15} = 2.$

$$\text{Abst}(O; \mathbb{E}) = \frac{|d|}{|\vec{n}|}$$

gemessen mit der Koordinateneinheit

(3) Ebenengleichung in HESSEscher Normalenform

Beim Berechnen von Abständen mit der Formel aus (1) formt man die ursprüngliche Ebenengleichung

$$\vec{n} * \overrightarrow{OX} = \begin{pmatrix} a \\ b \\ c \end{pmatrix} * \begin{pmatrix} x_1 \\ x_2 \\ x_3 \end{pmatrix} = a x_1 + b x_2 + c x_3 = d$$

gelegentlich so um, dass die Zahl d auf der linken Seite steht und der Normalenvektor die Länge 1 hat. Hierzu ist noch auf beiden Seiten durch $|\vec{n}| = \sqrt{a^2 + b^2 + c^2}$ zu dividieren.

Eine Ebenengleichung in der dann entstehenden Form

$$\frac{1}{|\vec{n}|} \cdot \left(\vec{n} * \overrightarrow{OX} - d\right) = 0 \text{ also } \frac{a x_1 + b x_2 + c x_3 - d}{\sqrt{a^2 + b^2 + c^2}} = 0$$

wird *HESSEsche Normalenform* genannt.

Setzt man in die Gleichung einer Ebene $\mathbb{E}$, die in HESSEscher Normalenform vorliegt, die Koordinaten eines Punkte P ein, so erhält man bis auf das Vorzeichen $\text{Abst}(P; \mathbb{E})$.

Beispiel:
Die Ebene mit der Gleichung
$10x_1 - 2x_2 + 11x_3 = 30$
hat wegen
$\sqrt{10^2 + 2^2 + 11^2} = 15$
die Gleichung
$\frac{1}{15} \cdot (10x_1 - 2x_2 + 11x_3 - 30) = 0$
als eine HESSEsche Normalenform.

Ludwig Otto HESSE
(1811 – 1874), Professor
für Mathematik in Königsberg,
Halle, Heidelberg, München

Weiterführende Aufgabe

CAS **2.** *Berechnen des Rauminhaltes einer Pyramide*

Gegeben ist die dreiseitige Pyramide mit den Ecken $A(4|-3|2)$, $B(8|-1|6)$, $C(-4|2|3)$, $D(0|7|1)$. Berechne den Rauminhalt der Pyramide.

Hinweis: Bestimme den Flächeninhalt z.B. von Dreieck ABC und den Abstand der Ecke D von der Dreiecksebene.

Information **Berechnen von Volumina (Rauminhalten)**

Nur für wenige Körperformen gibt es Formeln zur Berechnung der Volumina (Rauminhalte). Meistens muss man einen Körper zur Volumenbestimmung in einfachere Körper *zerlegen* oder durch einfache Körper *annähern.* Jeder Körper lässt sich durch Tetraeder (dreiseitige Pyramiden) annähern. Sind dann von jedem Tetraeder die Koordinaten der Ecken bekannt, kann man daraus seinen Rauminhalt berechnen.

Ein Tetraeder mit den Ecken A, B, C, D hat bezüglich eines kartesischen Koordinatensystems das Volumen:

$$\frac{1}{6}\cdot\frac{|\vec{n} * \overrightarrow{AD}|}{|\vec{n}|}\cdot\sqrt{|\overrightarrow{AB}|^2\,|\overrightarrow{AC}|^2-(\overrightarrow{AB} * \overrightarrow{AC})^2}$$

Gemessen mit der Maßeinheit (Koordinateneinheit)³

Dabei muss der Vektor $\vec{n}$ so bestimmt werden, dass $\vec{n}\perp\overrightarrow{AB}$, $\vec{n}\perp\overrightarrow{AC}$ und $\vec{n}\neq\vec{o}$ gilt.

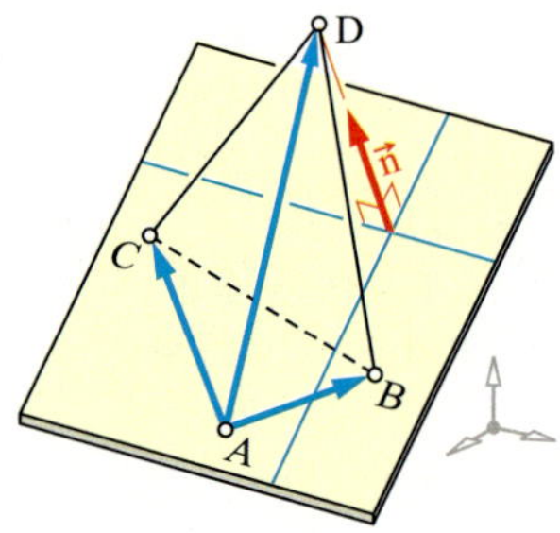

Diese Formel ergibt sich aus der allgemeinen Formel

Pyramidenvolumen $=\frac{1}{3}\cdot$ Grundflächeninhalt $\cdot$ Höhe

$=\frac{1}{3}\cdot$ Flächeninhalt des Dreiecks ABC $\cdot$ Abstand von D zur Dreiecksebene

vgl. Seite 247 vgl. Seite 296

Übungsaufgaben

3.

Gegeben ist die Koordinatengleichung einer Ebene. Berechne ihren Abstand vom Ursprung O.

a) $2x_1-x_2-x_3=4$ **c)** $x_1+2x_2+3x_3=4$ **e)** $2x_1+3x_2=4$ **g)** $x_1=3$

b) $\begin{pmatrix}3\\1\\2\end{pmatrix} * \vec{x}=2$ **d)** $\begin{pmatrix}1\\-1\\1\end{pmatrix} * \vec{x}=0$ **f)** $x_1-x_3=0$ **h)** $x_3=0$

4.

Berechne den Abstand des Punktes P von der Ebene **E**.

a) $P(2|-1|2)$; $\mathbb{E}$: $2x_1+x_2+2x_3=6$ **e)** $P(0|0|0)$; $\mathbb{E}$: $12x_1-4x_2+3x_3=-26$

b) $P(-1|8|6)$; $\mathbb{E}$: $8x_1+4x_2+x_3=27$ **f)** $P(0|1|0)$; $\mathbb{E}$: $x_1=7$

c) $P(1|0|1)$; $\mathbb{E}$: $x_1-x_2+x_3=9$ **g)** $P(2|1|3)$; $\mathbb{E}$: $x_1+x_2=2$

d) $P(2|-1|1)$; $\mathbb{E}$: $2x_1-x_2+2x_3=15$ **h)** $P(5|2|-3)$; $\mathbb{E}$: $x_1-x_2+x_3=0$

5.
Durch die angegebene Parameterdarstellung ist eine Ebene $\mathbb{E}$ gegeben.
Berechne den Abstand des Punktes P von der Ebene $\mathbb{E}$.

a) $\mathbb{E}\colon \vec{x} = \begin{pmatrix} -1 \\ 8 \\ 6 \end{pmatrix} + \lambda \cdot \begin{pmatrix} 1 \\ -2 \\ 0 \end{pmatrix} + \mu \cdot \begin{pmatrix} 2 \\ -3 \\ -4 \end{pmatrix}$; $\quad P(-1\,|\,8\,|\,6)$

b) $\mathbb{E}\colon \vec{x} = \begin{pmatrix} 1 \\ 0 \\ 1 \end{pmatrix} + \lambda \cdot \begin{pmatrix} -2 \\ 1 \\ 1 \end{pmatrix} + \mu \cdot \begin{pmatrix} 1 \\ 1 \\ 0 \end{pmatrix}$; $\quad P(1\,|\,1\,|\,1)$

c) $\mathbb{E}\colon \vec{x} = \begin{pmatrix} 1 \\ 0 \\ 1 \end{pmatrix} + \lambda \cdot \begin{pmatrix} -1 \\ 3 \\ 1 \end{pmatrix} + \mu \cdot \begin{pmatrix} 0 \\ 1 \\ 0 \end{pmatrix}$; $\quad P(0\,|\,-2\,|\,1)$

d) $\mathbb{E}\colon \vec{x} = \lambda \cdot \begin{pmatrix} 2 \\ 1 \\ -1 \end{pmatrix} + \mu \cdot \begin{pmatrix} 0 \\ 3 \\ 0 \end{pmatrix}$; $\quad P(1\,|\,-2\,|\,0)$

6. *HESSEsche Normalenform und Abstand eines Punktes von einer Ebene*
Gegeben ist die Koordinatengleichung einer Ebene.
(1) Gib die Koordinatengleichung in HESSEscher Normalenform an.
(2) Bestimme den Abstand des Punktes $P(3\,|\,1\,|\,-1)$ $[Q(-2\,|\,0\,|\,3)$, $R(1\,|\,2\,|\,-3)$, $S(0\,|\,0\,|\,0)]$ von der Ebene.

a) $\begin{pmatrix} 2 \\ -2 \\ -1 \end{pmatrix} * \vec{x} = 15$

b) $\begin{pmatrix} 0 \\ 3 \\ 4 \end{pmatrix} * \vec{x} = -5$

c) $\begin{pmatrix} -3 \\ 4 \\ 12 \end{pmatrix} * \vec{x} = 26$

d) $\begin{pmatrix} 1 \\ 1 \\ 1 \end{pmatrix} * \vec{x} = 3$

e) $\begin{pmatrix} 4 \\ 5 \\ 1 \end{pmatrix} * \vec{x} = -5$

f) $\begin{pmatrix} 3 \\ 0 \\ -2 \end{pmatrix} * \vec{x} = 0$

7. *Abstand einer Ebene zu einer parallelen Geraden*
Zeige, dass die Gerade g parallel ist zur Ebene $\mathbb{E}$; bestimme den Abstand von g zu $\mathbb{E}$.

a) $g\colon \vec{x} = \begin{pmatrix} 3 \\ -1 \\ 2 \end{pmatrix} + \lambda \cdot \begin{pmatrix} 2 \\ 1 \\ 3 \end{pmatrix}$

$\mathbb{E}\colon x_1 + x_2 - x_3 = 5$

b) $g\colon \vec{x} = \begin{pmatrix} 2 \\ -1 \\ 2 \end{pmatrix} + \lambda \cdot \begin{pmatrix} 1 \\ 1 \\ -1 \end{pmatrix}$

$\mathbb{E}\colon x_1 - 2x_2 - x_3 = 3$

c) $g\colon \vec{x} = \begin{pmatrix} 1 \\ -2 \\ 1 \end{pmatrix} + \lambda \cdot \begin{pmatrix} 2 \\ -1 \\ 0 \end{pmatrix}$

$\mathbb{E}\colon \vec{x} = \begin{pmatrix} 3 \\ 0 \\ 4 \end{pmatrix} + \mu \cdot \begin{pmatrix} 1 \\ 3 \\ 2 \end{pmatrix} + \lambda \cdot \begin{pmatrix} -1 \\ 4 \\ 2 \end{pmatrix}$

d) $g\colon \vec{x} = \begin{pmatrix} 2 \\ 1 \\ 1 \end{pmatrix} + \lambda \cdot \begin{pmatrix} 1 \\ -4 \\ 1 \end{pmatrix}$

$\mathbb{E}\colon \vec{x} = \begin{pmatrix} 1 \\ 0 \\ 3 \end{pmatrix} + \mu \cdot \begin{pmatrix} 2 \\ -3 \\ 1 \end{pmatrix} + \lambda \cdot \begin{pmatrix} 1 \\ 1 \\ 0 \end{pmatrix}$

8.
Gegeben ist eine Ebene $\mathbb{E}$. Bestimme Gleichungen aller Ebenen, die von der Ebene $\mathbb{E}$ den Abstand 2 haben.

a) $\mathbb{E}\colon x_1 + 2x_2 - 2x_3 = 3$

b) $\mathbb{E}\colon 6x_1 - 3x_2 + 2x_3 = 7$

c) $\mathbb{E}\colon 4x_1 - 8x_2 - x_3 = 9$

d) $\mathbb{E}\colon 4x_1 + 7x_2 - 4x_3 = 18$

e) $\mathbb{E}\colon x_1 - 2x_2 = 3$

f) $\mathbb{E}\colon x_1 + x_2 = 0$

9.

Gegeben sind die Ebenen $\mathbb{E}_1$ und $\mathbb{E}_2$. Bestimme alle Punkte, die in der Ebene $\mathbb{E}_1$ liegen und von der Ebene $\mathbb{E}_2$ den Abstand 3 haben.

$\mathbb{E}_1\colon\ \vec{x} = \begin{pmatrix}2\\0\\1\end{pmatrix} + \lambda \cdot \begin{pmatrix}1\\3\\1\end{pmatrix} + \mu \cdot \begin{pmatrix}2\\1\\0\end{pmatrix}$; $\qquad \mathbb{E}_2\colon\ 2x_1 + 6x_2 - 3x_3 = 7$

10.

Gegeben ist ein Tetraeder ABCD mit $A(3\,|\,1\,|\,2)$, $B(5\,|\,3\,|\,4)$, $C(-2\,|\,1\,|\,-1)$ und $D(1\,|\,-3\,|\,1)$.

a) Bestimme den Abstand eines jeden Punktes von der Ebene, die durch die übrigen Punkte bestimmt wird.

b) Bestimme den Flächeninhalt für jedes der Dreiecke des Tetraeders.

c) Berechne das Volumen des Tetraeders aus Teilaufgabe a) und b).

10.5.2 Winkel zwischen Ebenen

Einführung

Wie misst man Winkel zwischen Ebenen?

Wie kontrolliert man mit dem Winkelmesser, ob benachbarte Seitenflächen eines Spats zueinander rechtwinklig sind? Wie sollen Winkel zwischen Ebenen gemessen werden?

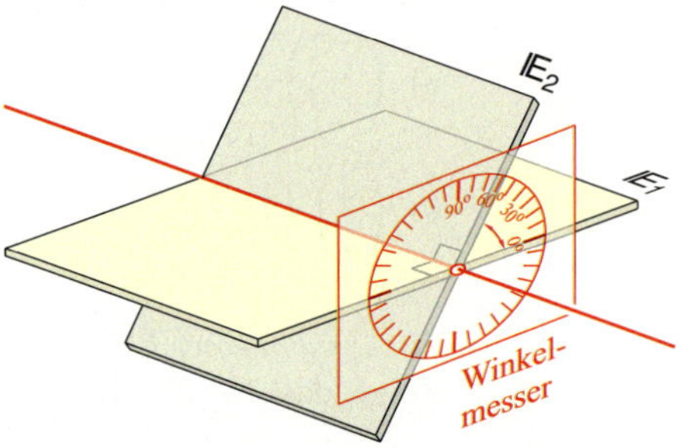

Dreht man eine der beiden Ebenen um die Schnittgerade in die andere hinein (bzw. aus ihr heraus), so laufen ihre Punkte auf Kreisbögen. Diese liegen in Ebenen orthogonal zur Schnittgeraden. *Der Winkel zwischen beiden Ebenen* gibt das Maß einer solchen Drehung an.

Zum Messen muss man den Winkelmesser so halten, dass die Schnittgerade beider Ebenen das Lot der Winkelmesserebene durch den Skalenmittelpunkt ist.

Zeige: Hält man beim Messen des Winkels zwischen zwei Ebenen den Winkelmesser nicht orthogonal zur Schnittgeraden der Ebenen, können alle Winkelgrößen zwischen $0°$ und $180°$ auftreten.

Lässt sich bei der betrachteten Drehung „linksherum" von „rechtsherum" unterscheiden? Beachte: Sofern die Ebenen keine Markierungen tragen, lässt sich nachträglich nicht entscheiden, durch welche Drehung die eine Ebene aus der anderen entstanden ist.

Daher wurde festgesetzt:

> Man gibt Winkel zwischen Ebenen durch Winkelgrößen φ an mit $0° \le \varphi \le 90°$.

Bei aneinanderstoßenden Dachflächen können auch Winkelgrößen zwischen 90° und 180° auftreten, bei „einspringenden" Zimmerkanten sogar Winkelgrößen zwischen 180° und 360°.

Aufgabe 1 *Winkel zwischen Seitenflächen eines Polyeders*

Ein reguläres Tetraeder („Vierflach" aus gleichseitigen Dreiecken) wird aus Diagonalen der Seitenflächen eines geeigneten Würfels gebildet.

Berechne den Winkel zwischen zwei Seitenflächen eines regulären Tetraeders.

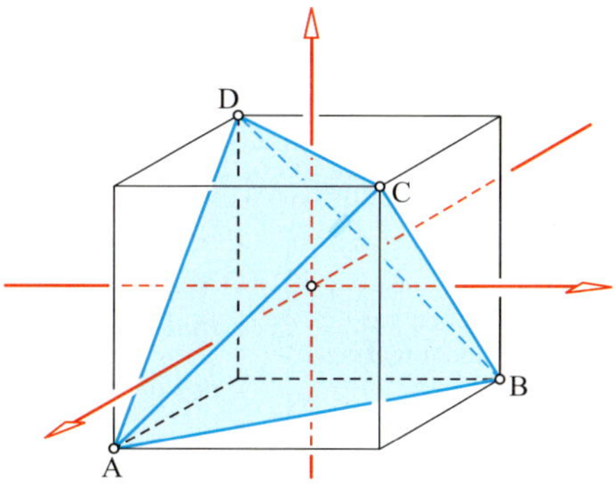

Lösung Die Aufgabe lässt sich mit den Mitteln der elementaren Geometrie und Trigonometrie lösen (vgl. Aufgabe 2).

Um analytische Geometrie anwenden zu können, wählen wir ein kartesisches Koordinatensystem wie in der Figur:

- Ursprung im Würfelmittelpunkt
- Achsen parallel zu den Würfelkanten
- Koordinateneinheit gleich der Hälfte der Kantenlänge des Würfels

Dann gilt für die Tetraederecken:

Das Tetraeder ist regelmäßig.

$A(1\,|-1\,|-1)$, $B(-1\,|\,1\,|-1)$, $C(1\,|\,1\,|\,1)$, $D(-1\,|-1\,|\,1)$

Keine Seitenfläche des Tetraeders ist vor den anderen ausgezeichnet. Wir berechnen den Winkel zwischen den Ebenen der Dreiecke ABC und BCD.

Vorüberlegung:

Wir schauen längs der Schnittgeraden der beiden Ebenen. Diese erscheinen dann als Geraden und die fraglichen Winkelgrößen unverzerrt. An der Figur lesen wir ab, wie der Winkel φ zwischen den Ebenen zusammenhängt mit dem Winkel φ^* zwischen Normalenvektoren der Ebenen: Entweder gilt $\varphi = \varphi^*$ oder $\varphi = 180° - \varphi^*$.

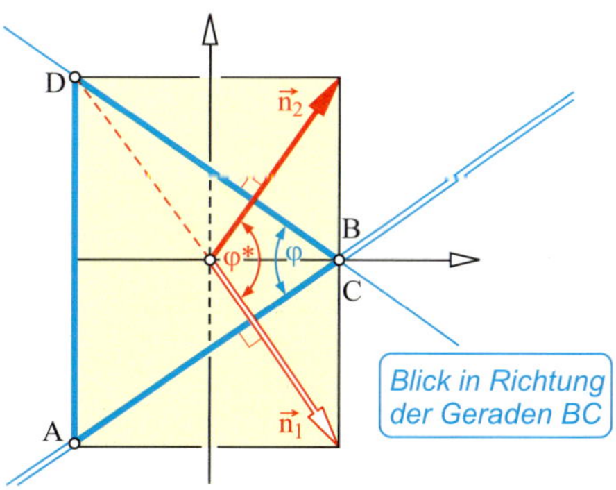

Ebenengleichung aufstellen:

Vermutung anhand der Figur

Die Raumdiagonale des Würfels durch seine Ecke D ist orthogonal zur Ebene des Dreiecks ABC, d.h. diese Ebene hat den Normalenvektor $\vec{n}_1 = \begin{pmatrix} 1 \\ 1 \\ -1 \end{pmatrix}$, also die Gleichung $\vec{n}_1 * \vec{x} = x_1 + x_2 - x_3 = d$.

Durch Punktprobe für die drei Punkte A, B, C bestätigt man die Vermutung mit $d = 1$.
(Kontrolle: Auch die Einheitspunkte der ersten beiden Koordinatenachsen liegen in dieser Ebene.)

Ebenso findet man für die Ebene des Dreiecks BCD den Normalenvektor $\vec{n}_2 = \begin{pmatrix} -1 \\ 1 \\ 1 \end{pmatrix}$ und die Gleichung $\vec{n}_2 * \vec{x} = -x_1 + x_2 + x_3 = 1$.

Winkelberechnung:

Wir berechnen zuerst den Winkel φ^* zwischen den Normalenvektoren der Ebenen und daraus den Winkel φ zwischen den Ebenen:

$$\cos\varphi^* = \frac{\vec{n}_1 * \vec{n}_2}{|\vec{n}_1|\,|\vec{n}_2|} = \frac{-1}{\sqrt{3}\,\sqrt{3}} = -\frac{1}{3} \text{ und } 0° \leq \varphi^* \leq 180°, \text{ also } \varphi^* \approx 109.5°.$$

Der Winkel φ zwischen zwei Seitenflächen eines regulären Tetraeders ist (wegen $\varphi^* > 90°$) also: $\varphi = 180° - \varphi^* \approx 70.5°$.

Information **Formel zum Berechnen des Winkels zwischen Ebenen**

Soll beim Berechnen des Winkels zwischen Ebenen gemäß der Lösung von Aufgabe 1 sofort $\varphi = \varphi^*$ herauskommen, so muss man eventuell den Normalenvektor einer Ebene durch seinen Gegenvektor ersetzen. Wegen

$\cos\varphi \geq 0$ für $0° \leq \varphi \leq 90°$ und $(-\vec{n}_1) * \vec{n}_2 = -(\vec{n}_1 * \vec{n}_2) = \vec{n}_1 * (-\vec{n}_2)$

genügt es, wenn man von $\vec{n}_1 * \vec{n}_2$ zum Betrag $|\vec{n}_1 * \vec{n}_2|$ übergeht. Damit gilt:

Beispiel:
Für die Ebenen aus der Lösung von Aufgabe 1 gilt:
$\cos\varphi = \frac{|-1|}{\sqrt{3}\,\sqrt{3}} = \frac{1}{3}$
mit $0° \leq \varphi \leq 90°$.
Hieraus folgt $\varphi \approx 70{,}5°$.

Man berechnet den Winkel φ zwischen zwei Ebenen mithilfe von Normalenvektoren $\vec{n}_1$ bzw. $\vec{n}_2$ der beiden Ebenen aus

$$\cos\varphi = \frac{|\vec{n}_1 * \vec{n}_2|}{|\vec{n}_1|\,|\vec{n}_2|} \quad \text{mit} \quad 0° \leq \varphi \leq 90°.$$

Weiterführende Aufgaben

2. *Elementargeometrische Lösungen von Aufgabe 1*

Löse Aufgabe 1 ohne Anwendung von Methoden der analytischen Geometrie:

a) Schneide das Tetraeder mit einer geeigneten Diagonalebene des Würfels. Berechne im entstehenden Dreieck alle Seitenlängen und Winkelgrößen.

b) Fertige eine möglichst genaue Figur (des Dreiecks aus a) oder wie in der Lösung von Aufgabe 1) an und bestimme die fragliche Winkelgröße durch Messung. Wie könnte man die Figuren mit gerader Kante (Lineal) und Zirkel alleine konstruieren?

▲ **c)** Konstruiere und miss mit einer Geometrie-Software.

3. *Winkel zwischen einer Geraden und einer Ebene*

a) Wie kann man den (die?) Winkel zwischen einer Geraden und einer Ebene messen?

b) Gegeben sind eine Ebene $\mathbb{E}$ und eine Gerade g mit $\mathbb{E}$: $\vec{n} * \overrightarrow{OX} = d$ mit $\vec{n} = \begin{pmatrix} 4 \\ 8 \\ -1 \end{pmatrix}$;
g: $\overrightarrow{OX} = \overrightarrow{OA} + \lambda \cdot \vec{v}$ mit $\vec{v} = \begin{pmatrix} 2 \\ -9 \\ 6 \end{pmatrix}$ und $\lambda \in \mathbb{R}$.

c) Gib eine Formel an, wie man allgemein den Winkel zwischen einer Geraden und einer Ebene berechnen kann (vgl. vorige Information).

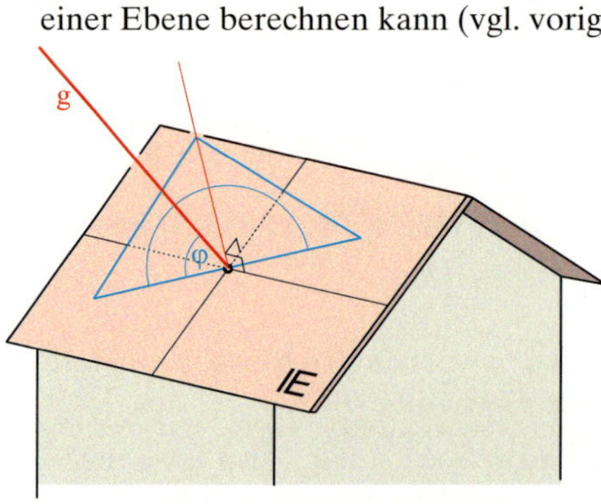

Winkel zwischen Sonnenstrahlen und Solarzellen auf einem Hausdach

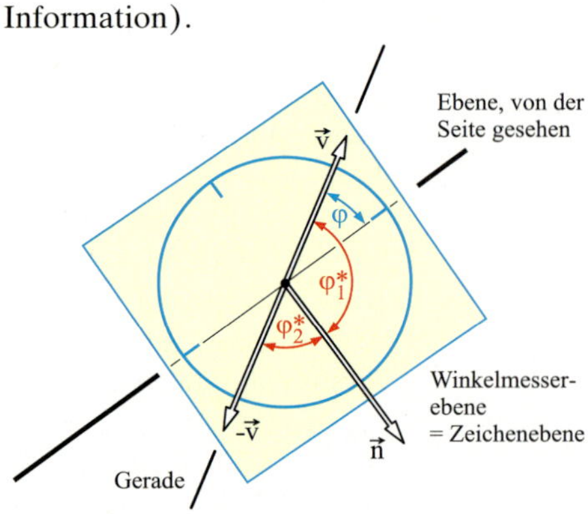

Übungsaufgaben

4.

Gegeben sind die beiden Ebenen $\mathbb{E}_1$ und $\mathbb{E}_2$.
Bestimme den Winkel zwischen den Ebenen:

a) $\mathbb{E}_1:\ x_1+x_2+x_3=3$
$\mathbb{E}_2:\ x_1-x_2+x_3=3$

b) $\mathbb{E}_1:\ x_1-x_2=1$
$\mathbb{E}_2:\ x_1+x_3=2$

c) $\mathbb{E}_1:\ x_1+2x_2+4x_3=2$
$\mathbb{E}_2:\ 2x_1+3x_2-2x_3=1$

d) $\mathbb{E}_1:\ x_1+x_2+x_3=1$
$\mathbb{E}_2:\ \vec{x}=\begin{pmatrix}2\\-1\\1\end{pmatrix}+\lambda\cdot\begin{pmatrix}1\\1\\-1\end{pmatrix}+\mu\cdot\begin{pmatrix}2\\1\\3\end{pmatrix}$

e) $x_1-x_3=0$
$\mathbb{E}_2:\ \vec{x}=\begin{pmatrix}1\\1\\1\end{pmatrix}+\lambda\cdot\begin{pmatrix}1\\3\\3\end{pmatrix}+\mu\cdot\begin{pmatrix}2\\-1\\2\end{pmatrix}$

f) $\mathbb{E}_1:\ \vec{x}=\begin{pmatrix}1\\2\\3\end{pmatrix}+\lambda\cdot\begin{pmatrix}1\\1\\-1\end{pmatrix}+\mu\cdot\begin{pmatrix}2\\1\\0\end{pmatrix}$
$\mathbb{E}_2:\ \vec{x}=\begin{pmatrix}1\\2\\3\end{pmatrix}+\lambda\cdot\begin{pmatrix}2\\2\\1\end{pmatrix}+\mu\cdot\begin{pmatrix}1\\3\\-2\end{pmatrix}$

g) $\mathbb{E}_1:\ \vec{x}=\begin{pmatrix}2\\2\\1\end{pmatrix}+\lambda\cdot\begin{pmatrix}1\\-1\\1\end{pmatrix}+\mu\cdot\begin{pmatrix}-2\\1\\3\end{pmatrix}$
$\mathbb{E}_2:\ \vec{x}=\begin{pmatrix}1\\0\\-1\end{pmatrix}+\lambda\cdot\begin{pmatrix}2\\1\\-1\end{pmatrix}+\mu\cdot\begin{pmatrix}2\\1\\1\end{pmatrix}$

5.

Die Ebene $\mathbb{E}$ schneidet die drei Koordinatenebenen.
Welche Winkel bildet $\mathbb{E}$ mit den drei Koordinatenebenen?

a) $\mathbb{E}:\ x_1+x_2+x_3=1$

b) $\mathbb{E}:\ x_1-x_2-2x_3=3$

c) $\mathbb{E}:\ \vec{x}=\begin{pmatrix}2\\1\\1\end{pmatrix}+\lambda\cdot\begin{pmatrix}1\\2\\1\end{pmatrix}+\mu\cdot\begin{pmatrix}-1\\3\\2\end{pmatrix}$

d) $\mathbb{E}:\ x_1+x_2+2x_3=3$

e) $\mathbb{E}:\ ax_1+bx_2+cx_3=d$

f) $\mathbb{E}:\ \vec{x}=\begin{pmatrix}1\\0\\0\end{pmatrix}+\lambda\cdot\begin{pmatrix}0\\1\\0\end{pmatrix}+\mu\cdot\begin{pmatrix}0\\0\\1\end{pmatrix}$

6.

Gegeben sind eine Ebene $\mathbb{E}$ und eine Gerade g. Berechne den Schnittpunkt sowie den Schnittwinkel von g und $\mathbb{E}$. [Bestimme auch die Gerade, die in $\mathbb{E}$ verläuft und die durch orthogonale Projektion von g auf $\mathbb{E}$ entsteht, d.h. diejenige Gerade, für die $\sphericalangle(g, h)=\sphericalangle(g; \mathbb{E})$]

a) $g:\ \vec{x}=\begin{pmatrix}2\\1\\3\end{pmatrix}+\lambda\cdot\begin{pmatrix}-2\\1\\1\end{pmatrix}$
$\mathbb{E}:\ x_1+x_2+x_3=6$

b) $g:\ \vec{x}=\begin{pmatrix}1\\1\\1\end{pmatrix}+\lambda\cdot\begin{pmatrix}2\\1\\3\end{pmatrix}$
$\mathbb{E}:\ x_1+x_2-x_3=1$

c) $g:\ \vec{x}=\begin{pmatrix}2\\4\\-1\end{pmatrix}+\lambda\cdot\begin{pmatrix}3\\0\\2\end{pmatrix}$
$\mathbb{E}:\ \vec{x}=\begin{pmatrix}-2\\-1\\-6\end{pmatrix}+\mu\cdot\begin{pmatrix}3\\1\\-1\end{pmatrix}+\rho\cdot\begin{pmatrix}-1\\1\\2\end{pmatrix}$

d) $g:\ \vec{x}=\begin{pmatrix}1\\-2\\1\end{pmatrix}+\lambda\cdot\begin{pmatrix}1\\2\\-3\end{pmatrix}$
$\mathbb{E}:\ \vec{x}=\begin{pmatrix}-4\\-6\\4\end{pmatrix}+\mu\cdot\begin{pmatrix}5\\2\\3\end{pmatrix}+\rho\cdot\begin{pmatrix}1\\1\\1\end{pmatrix}$

e) $g:\ \vec{x}=\begin{pmatrix}-1\\0\\6\end{pmatrix}+\lambda\cdot\begin{pmatrix}3\\1\\-2\end{pmatrix}$
$\mathbb{E}:\ \vec{x}=\begin{pmatrix}1\\-1\\3\end{pmatrix}+\mu\cdot\begin{pmatrix}1\\2\\1\end{pmatrix}+\rho\cdot\begin{pmatrix}2\\1\\3\end{pmatrix}$

f) $g:\ \vec{x}=\begin{pmatrix}2\\1\\1\end{pmatrix}+\lambda\cdot\begin{pmatrix}1\\3\\-1\end{pmatrix}$
$\mathbb{E}:\ x_1-x_2-2x_3=1$

7.

a) Gegeben ist eine Ebene durch die Gleichung $x_1 + 2x_2 - x_3 = 3$ $[x_1 + 3x_2 = 2]$. Bestimme die Winkel, welche die Ebene mit den Koordinatenachsen bildet.

b) Gegeben ist eine Ebene durch die Gleichung $a x_1 + b x_2 + c x_3 = d$. Berechne die Winkel der Koordinatenachsen mit der Ebene. Welche Bedeutung haben die Zahlen a, b und c, wenn die Ebenengleichung in einer HESSEschen Normalenform (vergl. Seite 291) vorliegt?

8.

Von Punkt P wird ein Lichtstrahl in Richtung $\vec{v}$ ausgesandt. Unter welchem Winkel und in welchem Punkt wird er auf die Ebene $\mathbb{E}$ auftreffen?

a) $P(8|1|3)$; $\vec{v} = \begin{pmatrix} 1 \\ -3 \\ 2 \end{pmatrix}$; $\mathbb{E}$: $x_1 + x_2 + x_3 = 1$

b) $P(1|1|1)$; $\vec{v} = \begin{pmatrix} -2 \\ 1 \\ 3 \end{pmatrix}$; $\mathbb{E}$: $x_1 - x_3 = 2$

9.

Gegeben sind die Ebenen $\mathbb{E}_1$ und $\mathbb{E}_2$ sowie ein Punkt S, der zu beiden Ebenen gehört.
(1) Gib drei Geraden h_1, h_2 und h_3 an, die in $\mathbb{E}_2$ liegen und durch S verlaufen.
(2) Bestimme die Winkel zwischen $\mathbb{E}_1$ und h_1, h_2 bzw. h_3 und vergleiche diese Winkel mit dem Winkel zwischen $\mathbb{E}_1$ und $\mathbb{E}_2$.

a) $\mathbb{E}_1: x_1 + 3x_2 + x_3 = 1$; $\mathbb{E}_2: 2x_2 - x_2 - x_3 = 0$; $S(-1|1|-1)$

b) $\mathbb{E}_1: x_1 - 2x_2 + x_3 = 3$; $\mathbb{E}_2: x_1 + x_2 - 3x_3 = -2$; $S(3|1|2)$

c) $\mathbb{E}_1: \vec{x} = \begin{pmatrix} 2 \\ 1 \\ 3 \end{pmatrix} + \lambda \cdot \begin{pmatrix} 1 \\ 1 \\ 2 \end{pmatrix} + \mu \cdot \begin{pmatrix} 3 \\ 1 \\ 0 \end{pmatrix}$; $\mathbb{E}_2: \vec{x} = \begin{pmatrix} 2 \\ 1 \\ 3 \end{pmatrix} + \lambda \cdot \begin{pmatrix} 3 \\ 0 \\ 2 \end{pmatrix} + \mu \cdot \begin{pmatrix} 2 \\ 1 \\ -2 \end{pmatrix}$; $S(2|1|3)$

d) $\mathbb{E}_1: \vec{x} = \begin{pmatrix} 1 \\ 1 \\ 2 \end{pmatrix} + \lambda \cdot \begin{pmatrix} 3 \\ 0 \\ 1 \end{pmatrix} + \mu \cdot \begin{pmatrix} 1 \\ 1 \\ 0 \end{pmatrix}$; $\mathbb{E}_2: \vec{x} = \begin{pmatrix} 1 \\ 1 \\ 2 \end{pmatrix} + \lambda \cdot \begin{pmatrix} 1 \\ 1 \\ 3 \end{pmatrix} + \mu \cdot \begin{pmatrix} 2 \\ 1 \\ 0 \end{pmatrix}$; $S(1|1|2)$

e) $\mathbb{E}_1: \vec{x} = \begin{pmatrix} -1 \\ 1 \\ 3 \end{pmatrix} + \lambda \cdot \begin{pmatrix} 2 \\ 1 \\ -1 \end{pmatrix} + \mu \cdot \begin{pmatrix} 1 \\ -3 \\ 2 \end{pmatrix}$; $\mathbb{E}_2: 4x_1 + 3x_2 - x_3 = 1$; $S(2|-1|4)$

10.

Gegeben sind die Gerade g und die Ebene $\mathbb{E}$ sowie der Schnittpunkt S von g und $\mathbb{E}$.
(1) Gib Parameterdarstellungen von drei Geraden h_1, h_2 und h_3 an, die durch S verlaufen und in der Ebene $\mathbb{E}$ liegen.
(2) Bestimme die Winkel zwischen den Geraden g und h_1, h_2 bzw. h_3 und vergleiche diese mit dem Winkel zwischen $\mathbb{E}$ und g.

a) g: $\vec{x} = \begin{pmatrix} 3 \\ 0 \\ 2 \end{pmatrix} + \lambda \cdot \begin{pmatrix} 1 \\ 1 \\ 1 \end{pmatrix}$; $\mathbb{E}$: $x_1 + 2x_2 - x_3 = 1$; $S(3|0|2)$

b) g: $\vec{x} = \begin{pmatrix} 1 \\ 2 \\ 3 \end{pmatrix} + \lambda \cdot \begin{pmatrix} 2 \\ -1 \\ -3 \end{pmatrix}$; $\mathbb{E}$: $x_1 - 2x_2 + x_3 = 1$; $S(3|1|0)$

c) g: $\vec{x} = \begin{pmatrix} 2 \\ 0 \\ 1 \end{pmatrix} + \lambda \cdot \begin{pmatrix} 1 \\ 3 \\ -1 \end{pmatrix}$; $\mathbb{E}$: $\vec{x} = \begin{pmatrix} 2 \\ 0 \\ 1 \end{pmatrix} + \lambda \cdot \begin{pmatrix} 2 \\ 0 \\ 3 \end{pmatrix} + \mu \cdot \begin{pmatrix} 1 \\ 1 \\ 1 \end{pmatrix}$; $S(2|0|1)$

d) g: $\vec{x} = \begin{pmatrix} 1 \\ -1 \\ 2 \end{pmatrix} + \lambda \cdot \begin{pmatrix} 1 \\ 0 \\ 3 \end{pmatrix}$; $\mathbb{E}$: $\vec{x} = \begin{pmatrix} 1 \\ -1 \\ 2 \end{pmatrix} + \lambda \cdot \begin{pmatrix} 3 \\ 1 \\ 1 \end{pmatrix} + \mu \cdot \begin{pmatrix} 0 \\ 2 \\ -1 \end{pmatrix}$; $S(1|-1|2)$

10.6 Vermischte Übungen

▲ **1.** *Parameterdarstellungen von Figuren in der Ebene*

Gegeben ist eine Ebene durch die Parameterdarstellung:

$\vec{x}$ statt $\overrightarrow{OX}$

a) $\mathbb{E}\colon \vec{x} = \begin{pmatrix} 1 \\ 1 \\ 2 \end{pmatrix} + \lambda \cdot \begin{pmatrix} 3 \\ -1 \\ -2 \end{pmatrix} + \mu \cdot \begin{pmatrix} 1 \\ -1 \\ 3 \end{pmatrix}$

c) $\mathbb{E}\colon \vec{x} = \begin{pmatrix} 1 \\ 1 \\ -3 \end{pmatrix} + \lambda \cdot \begin{pmatrix} 2 \\ 2 \\ 1 \end{pmatrix} + \mu \cdot \begin{pmatrix} 2 \\ -1 \\ -2 \end{pmatrix}$

b) $\mathbb{E}\colon \vec{x} = \begin{pmatrix} 2 \\ 1 \\ 0 \end{pmatrix} + \lambda \cdot \begin{pmatrix} 1 \\ 3 \\ 2 \end{pmatrix} + \mu \cdot \begin{pmatrix} 4 \\ -2 \\ 1 \end{pmatrix}$

d) $\mathbb{E}\colon \vec{x} = \vec{a} + \lambda \cdot \vec{u} + \mu \cdot \vec{v}$

Welche in der Ebene liegende geometrische Figur wird beschrieben durch die Bedingung
(1) $\lambda = 3$, (2) $\lambda = \mu$, (3) $0 \le \lambda$ und $\mu \le 1$, (4) $0 \le \lambda \le 3$ und $-3 \le \mu \le 1$, (5) $0 \le \lambda + \mu \le 1$.

2.

a) Bestimme die Spurpunkte der Ebene $\mathbb{E}$

(1) $x_1 + 2x_2 - x_3 = 4$ (3) $x_1 + x_2 = 1$

(2) $x_1 - 3x_3 + x_1 = 0$ (4) $x_2 = 2$

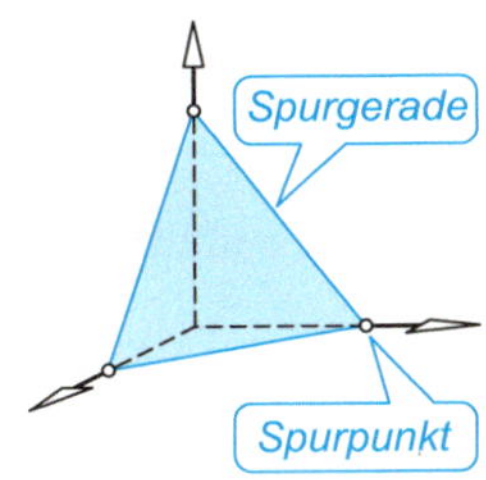

b) Verbindet man je zwei Spurpunkte miteinander, so erhält man die Spurgeraden der Ebene. Gib Parameterdarstellungen dieser Spurgeraden an.

c) Erläutere: Die Gleichung (1) $x_1 - 3x_2 = 6$ kann als Gleichung einer Geraden in der 1–2-Koordinatenebene aufgefasst werden. In welchen Koordinatenebenen ist durch (2) $x_2 + x_3 = -2$, (3) $x_1 - 3x_3 = 6$ eine Gerade gegeben?

d) Zeige, dass die in (1), (2), (3) beschriebenen Geraden Spurgeraden ein und derselben Ebene $\mathbb{E}$ sind. Gib eine Gleichung dieser Ebene an.

3.

Gegeben sind zwei Parameterdarstellungen derselben Ebene. Nenne verschiedene Methoden, mit deren Hilfe man dies nachweisen kann. Führe den Nachweis durch.

a) $\vec{x} = \begin{pmatrix} 3 \\ 1 \\ 3 \end{pmatrix} + \lambda \cdot \begin{pmatrix} 2 \\ 0 \\ 4 \end{pmatrix} + \mu \cdot \begin{pmatrix} 1 \\ -1 \\ 1 \end{pmatrix}$, $\vec{x} = \begin{pmatrix} 3 \\ 1 \\ 3 \end{pmatrix} + \lambda \cdot \begin{pmatrix} 1 \\ 1 \\ 3 \end{pmatrix} + \mu \cdot \begin{pmatrix} 3 \\ -1 \\ 5 \end{pmatrix}$

b) $\vec{x} = \begin{pmatrix} 2 \\ 1 \\ 4 \end{pmatrix} + \lambda \cdot \begin{pmatrix} 1 \\ -1 \\ 3 \end{pmatrix} + \mu \cdot \begin{pmatrix} -2 \\ 1 \\ -2 \end{pmatrix}$, $\vec{x} = \begin{pmatrix} 2 \\ 1 \\ 4 \end{pmatrix} + \lambda \cdot \begin{pmatrix} -1 \\ 0 \\ 1 \end{pmatrix} + \mu \cdot \begin{pmatrix} 3 \\ -2 \\ 5 \end{pmatrix}$

4.

Gegeben sind zwei Ebenen durch die Gleichungen $a_1 x_1 + a_2 x_2 + a_3 x_3 = a_4$ und $b_1 x_1 + b_2 x_2 + b_3 x_3 = b_4$.

Zeige: Falls die Vektoren $\begin{pmatrix} a_1 \\ a_2 \\ a_3 \end{pmatrix}$ und $\begin{pmatrix} b_1 \\ b_2 \\ b_3 \end{pmatrix}$ nicht parallel sind, so ist $\begin{pmatrix} a_2 b_3 - a_3 b_2 \\ a_3 b_1 - a_1 b_3 \\ a_1 b_2 - a_2 b_1 \end{pmatrix}$ ein Richtungsvektor der Schnittgeraden der beiden Ebenen.

5.

Ein Lichtstrahl vom Punkt $A(1\,|\,1\,|\,-9)$ ist auf den Punkt $B(-2\,|\,4\,|\,6)$ gerichtet.

a) Welcher Punkt der von den Punkten $P_1(-1\,|\,3\,|\,5)$, $P_2(-8\,|\,8\,|\,2)$, $P_3(13\,|\,-7\,|\,3)$ aufgespannten Ebene wird von diesem Lichtstrahl getroffen?

b) Bestimme auch den Winkel, unter dem der Lichtstrahl auf die Ebene trifft.

6.

Gegeben sind eine Ebene $\mathbb{E}$ und eine Gerade g durch Parameterdarstellungen.
Bestimme eine Koordinatengleichung von $\mathbb{E}$, den Schnittpunkt von g mit $\mathbb{E}$ sowie den Winkel zwischen g und $\mathbb{E}$.

$\mathbb{E}\colon \vec{x} = \begin{pmatrix} 1 \\ 0 \\ 0 \end{pmatrix} + \lambda \cdot \begin{pmatrix} 4 \\ 0 \\ 1 \end{pmatrix} + \mu \cdot \begin{pmatrix} -1 \\ 2 \\ 1 \end{pmatrix};$ $\qquad$ $g\colon \vec{x} = \begin{pmatrix} 0 \\ 1 \\ 0 \end{pmatrix} + \rho \cdot \begin{pmatrix} 2 \\ 1 \\ 3 \end{pmatrix}$

7.

Gegeben ist eine Ebene $\mathbb{E}$ durch eine Parameterdarstellung.
(1) Gib eine Koordinatengleichung für die Ebene $\mathbb{E}$ an.
(2) Welchen Abstand hat die Ebene vom Ursprung?
(3) Welchen Abstand hat der Punkt $P(3\,|\,2\,|-5)$ von $\mathbb{E}$?
(4) Unter welchen Winkeln schneidet $\mathbb{E}$ die Koordinatenebenen?

a) $\vec{x} = \begin{pmatrix} 1 \\ -1 \\ 2 \end{pmatrix} + \lambda \cdot \begin{pmatrix} -1 \\ 3 \\ 1 \end{pmatrix} + \mu \cdot \begin{pmatrix} 1 \\ -1 \\ 1 \end{pmatrix}$ **b)** $\vec{x} = \begin{pmatrix} 0 \\ 1 \\ 0 \end{pmatrix} + \lambda \cdot \begin{pmatrix} -1 \\ 0 \\ 3 \end{pmatrix} + \mu \cdot \begin{pmatrix} 0 \\ -5 \\ 1 \end{pmatrix}$ **c)** $\vec{x} = \lambda \cdot \begin{pmatrix} -4 \\ 1 \\ 2 \end{pmatrix} + \mu \cdot \begin{pmatrix} -3 \\ 4 \\ -1 \end{pmatrix}$

8.

Gegeben sind die Geraden g_1, g_2 und g_3:

$g_1\colon \vec{x} = \begin{pmatrix} 2 \\ 2 \\ -3 \end{pmatrix} + \lambda \cdot \begin{pmatrix} 1 \\ 4 \\ 1 \end{pmatrix};$ $\quad$ $g_2\colon \vec{x} = \begin{pmatrix} -3 \\ 2 \\ 4 \end{pmatrix} + \lambda \cdot \begin{pmatrix} 1 \\ -1 \\ -2 \end{pmatrix};$ $\quad$ $g_3\colon \vec{x} = \begin{pmatrix} -7 \\ -4 \\ 6 \end{pmatrix} + \lambda \cdot \begin{pmatrix} 5 \\ 5 \\ -4 \end{pmatrix}$

a) Zeige: Je zwei der drei Geraden haben einen Punkt gemeinsam. Bestimme die Schnittpunkte und die Schnittwinkel der Geraden untereinander.
b) Gib eine Parameterdarstellung einer Ebene $\mathbb{E}$ an, welche alle drei Geraden enthält.
c) Gib eine Koordinatengleichung für $\mathbb{E}$ an. Bestimme den Abstand von $\mathbb{E}$ zu O.
d) Bestimme die Spurpunkte der drei Geraden [die Schnittpunkte mit den Koordinatenebenen].
e) Bestimme die Spurgeraden der Ebene $\mathbb{E}$. Wo schneiden diese die Koordinatenachsen? Welche Winkel haben die Spurgeraden untereinander?

9.

Gegeben sind zwei Geraden g_1 und g_2.
(1) Zeige, dass sich die Geraden schneiden.
(2) Bestimme den Schnittwinkel.
(3) Bestimme eine Ebene $\mathbb{E}_1$, die g_1 enthält, und eine Ebene $\mathbb{E}_2$, die g_2 enthält, so dass $\mathbb{E}_1$ und $\mathbb{E}_2$ den gleichen Schnittwinkel haben wie g_1 und g_2.

a) $g_1\colon \vec{x} = \begin{pmatrix} 2 \\ 1 \\ 3 \end{pmatrix} + \lambda \cdot \begin{pmatrix} 1 \\ 2 \\ -1 \end{pmatrix},$ $g_2\colon \vec{x} = \begin{pmatrix} 1 \\ 2 \\ 1 \end{pmatrix} + \mu \cdot \begin{pmatrix} 2 \\ 1 \\ 1 \end{pmatrix}$ **b)** $g_1\colon \vec{x} = \begin{pmatrix} 1 \\ 3 \\ -2 \end{pmatrix} + \lambda \cdot \begin{pmatrix} 1 \\ 1 \\ 3 \end{pmatrix},$ $g_2\colon \vec{x} = \begin{pmatrix} 0 \\ 8 \\ 5 \end{pmatrix} + \mu \cdot \begin{pmatrix} 1 \\ -2 \\ -2 \end{pmatrix}$

10.

Drei Ebenen $\mathbb{E}_1$, $\mathbb{E}_2$ und $\mathbb{E}_3$ sind durch folgende Gleichungen gegeben ($a, b \in \mathbb{R}$):

$\mathbb{E}_1\colon x_1 + 2x_2 + 3x_3 = a;$ $\quad$ $\mathbb{E}_2\colon x_1 + b x_2 + 4x_3 = 5;$ $\quad$ $\mathbb{E}_3\colon x_1 + 3x_2 + 2x_3 = -5$

a) Welche Bedingungen müssen a und b erfüllen, damit folgende Fälle eintreten:
(1) Das zugehörige Gleichungssystem hat genau eine Lösung.
(2) Das zugehörige Gleichungssystem hat keine Lösung.
(3) Das zugehörige Gleichungssystem hat unendlich viele Lösungen.

b) Gib jeweils an, welche gegenseitige Lage die drei Ebenen haben.
c) Welchen Einfluss haben a und b auf die Schnittwinkel zwischen den Ebenen?

11.

In der Architektur unterscheidet man verschiedene Dachformen, so zum Beispiel:

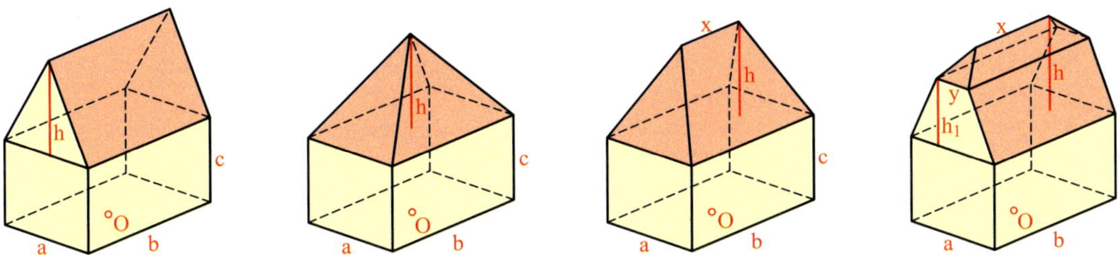

(1) Satteldach (2) Zeltdach (3) Walmdach (4) Krüppelwalmdach

Der Ursprung O des Koordinatensystems liege im Mittelpunkt der rechteckigen Bodenfläche. Bestimme Koordinatengleichungen der verschiedenen Dachebenen sowie Parameterdarstellungen der auftretenden Dachkanten-Geraden. Welche Winkel zwischen den Ebenen bzw. zwischen den Ebenen und den Kanten treten auf? Führe die Rechnung durch für alle Dachformen mit $a = 10$ m, $b = 12$ m, $c = 5$ m, $h = 4$ m, $h_1 = 3$ m, $x = 9$ m.

12.

An einem würfelförmigen Rohling (Kantenlänge 1) werden nacheinander Schnitte vorgenommen:

a)

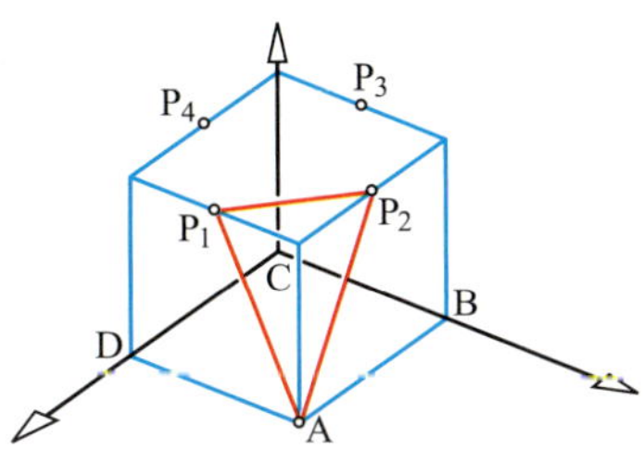

(1) durch P_1, P_2, A
(2) durch P_2, P_3, B
(3) durch P_3, P_4, C
(4) durch P_4, P_1, D

b)

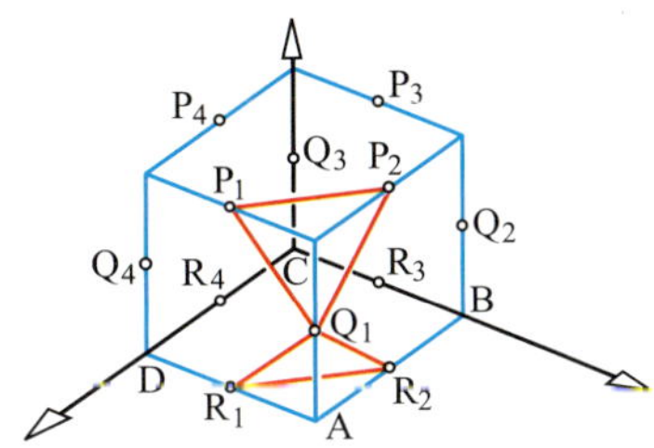

(1) durch P_1, P_2, Q_1 und R_1, R_2, Q_1
(2) durch P_2, P_3, Q_2 und R_2, R_3, Q_2 usw.

Bestimme Koordinatengleichungen der entstehenden Schnittflächen sowie Parameterdarstellungen der Schnittkanten-Geraden. Welche Winkel zwischen den Schnittflächen bzw. den Schnittkanten und Schnittflächen treten auf?

13.

Bei der Planung und dem Bau eines Daches sind viele Berechnungen erforderlich.

Die Maßangaben in der Zeichnung sind in Meter.

(1) Erstelle für die Dachflächen $\mathbb{E}_1$ und $\mathbb{E}_2$ jeweils eine Ebenengleichung, zunächst in Parameterform und dann in Normalenform.

(2) Berechne den Schnittwinkel von $\mathbb{E}_1$ und $\mathbb{E}_2$.

(3) Ermittle für das Schornsteinrohr
- die Koordinaten des Punktes, an dem es die Dachfläche $\mathbb{E}_1$ durchstößt,
- den Winkel, den es mit der Ebene $\mathbb{E}_1$,
- den Abstand, den sein oberer Punkt von der Dachfläche $\mathbb{E}_1$ hat.

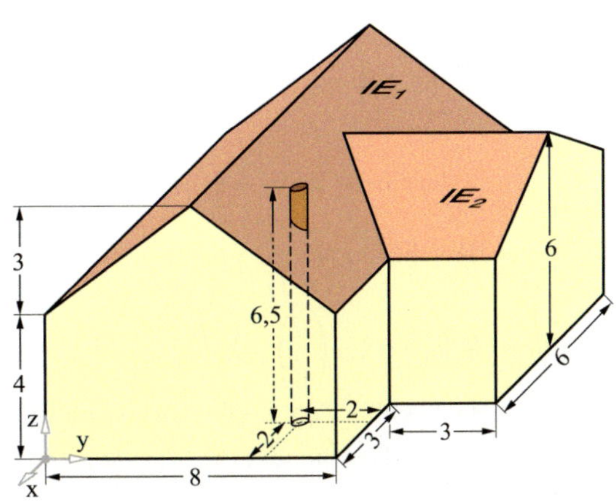

Fragen zum Basiswissen

- Wie müssen drei Punkte zueinander liegen, damit sie eindeutig eine Ebene bestimmt ist? (Seite 259)
- Wie kann man aus drei Punkten eine Parameterdarstellung [Koordinatengleichung] der Ebene gewinnen? (Seiten 260 und 261 sowie Seite 274)
- Wie prüft man mithilfe der Parameterdarstellung [Koordinatengleichung] einer Ebene, ob ein Punkt in der Ebene liegt? (Seiten 264 und 274)
- Wie berechnet man den Abstand eines Punktes von einer Ebene? (Seite 291)
- Wie berechnet man den Winkel zwischen zwei Ebenen? (Seite 296)
- Welche Lagebeziehungen können eine Ebene und eine Gerade zueinander haben? Wie sieht jeweils die Schnittmenge aus? (Seite 282)
- Welche Lagebeziehungen können zwei Ebenen zueinander haben? Wie sieht jeweils die Schnittmenge aus? (Seite 285)

Klausurtraining A

1.

a) Gegeben sind die Punkte $P_1(-5\,|\,4\,|\,-2)$, $P_2(7\,|\,-1\,|\,0)$ und $P_3(-3\,|\,2\,|\,-3)$.
Zeige, dass P_1, P_2 und P_3 nicht auf einer Geraden liegen, und gib eine Parameterdarstellung und eine Koordinatengleichung der durch P_1, P_2 und P_3 bestimmten Ebene an.

b) Gegeben sind der Punkt $P(3\,|\,4\,|\,-1)$ und die Gerade g: $\vec{x} = \begin{pmatrix} 0 \\ 0 \\ 7 \end{pmatrix} + k \cdot \begin{pmatrix} -1 \\ -1 \\ 2 \end{pmatrix}$.
Zeige, dass P nicht auf g liegt, und gib eine Parameterdarstellung und eine Koordinatengleichung der durch P und g bestimmten Ebene an.

2.
Prüfe, welche der Punkte P, Q und R in der Ebene $\mathbb{E}$ liegen.

a) $P(-13\,|\,-2\,|\,1)$, $Q(1\,|\,0\,|\,4)$, $R\left(-\frac{16}{3}\,\middle|\,-\frac{1}{3}\,\middle|\,\frac{1}{2}\right)$, $\mathbb{E}$: $x_1 - 4x_2 + 2x_3 = -3$

b) $P(-3\,|\,-1\,|\,4)$, $Q(9\,|\,3\,|\,2)$, $R\left(0\,\middle|\,\frac{5}{2}\,\middle|\,-\frac{3}{2}\right)$, $\mathbb{E}$: $\vec{x} = \begin{pmatrix} 1 \\ 2 \\ -1 \end{pmatrix} + \lambda \cdot \begin{pmatrix} 1 \\ 2 \\ -2 \end{pmatrix} + \mu \cdot \begin{pmatrix} -2 \\ 1 \\ 1 \end{pmatrix}$

3.
Zeige, dass die Ebenen $\mathbb{E}_1$, $\mathbb{E}_2$ und $\mathbb{E}_3$ identisch sind.

$\mathbb{E}_1$: $\vec{x} = \begin{pmatrix} -1 \\ 2 \\ 1 \end{pmatrix} + \lambda \cdot \begin{pmatrix} 2 \\ -1 \\ 2 \end{pmatrix} + \mu \cdot \begin{pmatrix} 1 \\ -2 \\ -2 \end{pmatrix}$, $\mathbb{E}_2$: $\vec{x} = \begin{pmatrix} -1 \\ -1 \\ -5 \end{pmatrix} + \lambda \cdot \begin{pmatrix} 1 \\ 4 \\ 10 \end{pmatrix} + \mu \cdot \begin{pmatrix} 1 \\ 1 \\ 4 \end{pmatrix}$, $\mathbb{E}_3$: $2x_1 + 2x_2 - x_3 = 1$

4.
Gegeben ist die Ebene $\mathbb{E}$: $x_1 + x_2 - x_3 = 1$

a) Zeige, dass die Gerade g: $\vec{x} = \begin{pmatrix} 3 \\ 2 \\ 1 \end{pmatrix} + \lambda \cdot \begin{pmatrix} 0 \\ 1 \\ 1 \end{pmatrix}$ parallel zu $\mathbb{E}$ verläuft, und bestimme den Abstand.

b) Für $t \in \mathbb{R}$ ist g_t: $\vec{x} = \begin{pmatrix} 3 \\ 1 \\ 0 \end{pmatrix} + \lambda \cdot \begin{pmatrix} t \\ 1 \\ 1-2t \end{pmatrix}$
Zeige, dass es eine Zahl t_0 gibt, so dass für die Gerade g aus Teilaufgabe a) gilt $g = g_{t_0}$.

c) Für welche $t \in \mathbb{R}$ schneidet die Gerade g_t die Ebene $\mathbb{E}$. Gib jeweils den Schnittpunkt P_t an.

d) Zeige, dass alle Punkte P_t aus c) auf einer Geraden h liegen und gib eine Gleichung für h an.

e) Zeige, dass alle Geraden g_t in einer Ebene $\mathbb{E}^*$ liegen, die die Ebene $\mathbb{E}$ orthogonal in h schneidet.

5.

a) Löse das Gleichungssystem

$$\left| \begin{array}{rcrcrcr} \lambda & - & \mu & + & 2\nu & = & 4 \\ & & 2\mu & + & \nu & = & -1 \\ -2\lambda & + & \mu & - & 6\nu & = & -9 \end{array} \right|$$

b) Gib eine Geradengleichung einer Geraden g und eine Ebenengleichung einer Ebene $\mathbb{E}$ so an, dass man bei der Berechnung des Durchstoßungspunktes von g und $\mathbb{E}$ das Gleichungssystem aus a) erhält. Dabei soll $S(1\,|\,2\,|\,3)$ der Durchstoßungspunkt sein.

Klausurtraining B

1.

Prüfe, ob die Punkte $A(1\,|\,-2\,|\,1)$, $B(2\,|\,3\,|\,1)$, $C(1\,|\,1\,|\,-2)$ und $D(3\,|\,4\,|\,-1)$ in *einer* Ebene liegen.

2.

a) Eine Ebene $\mathbb{E}$ ist parallel zur Ebene $\mathbb{E}^*$: $\vec{x} = \begin{pmatrix} 3 \\ -4 \\ 2 \end{pmatrix} + \lambda \cdot \begin{pmatrix} -3 \\ 1 \\ 0 \end{pmatrix} + \mu \cdot \begin{pmatrix} 1 \\ 2 \\ -1 \end{pmatrix}$ und enthält den Punkt $P(1\,|\,2\,|\,-1)$. Gib eine Koordinatengleichung von $\mathbb{E}$ an.

b) Eine Ebene $\mathbb{E}$ wird von der Geraden h: $\vec{x} = \begin{pmatrix} 1 \\ -1 \\ 2 \end{pmatrix} + k \cdot \begin{pmatrix} 1 \\ 1 \\ -2 \end{pmatrix}$ im Punkt $P(-1\,|\,-3\,|\,6)$ orthogonal durchstoßen. Gib eine Parameterdarstellung von $\mathbb{E}$ an.

3.

Gegeben sind die Ebene $\mathbb{E}$: $\begin{pmatrix} 1 \\ -2 \\ 2 \end{pmatrix} \vec{x} = 3$ und die Gerade g: $\vec{x} = \begin{pmatrix} 11 \\ -15 \\ 8 \end{pmatrix} + \lambda \cdot \begin{pmatrix} 4 \\ -5 \\ 2 \end{pmatrix}$.

a) Bestimme alle Punkte P, die auf g liegen und von $\mathbb{E}$ den Abstand 6 haben.

b) Bestimme denjenigen Punkt Q aus $\mathbb{E}$, der vom Koordinatenursprung minimalen Abstand hat.

c) Bestimme denjenigen Punkt R von g, der vom Koordinatenursprung minimalen Abstand hat.

4.

a) Bestimme den Schnittpunkt P der Geraden g: $\vec{x} = \begin{pmatrix} 2 \\ 5 \\ -1 \end{pmatrix} + \lambda \cdot \begin{pmatrix} 1 \\ 2 \\ 3 \end{pmatrix}$ mit der Ebene $\mathbb{E}$: $\vec{x} = \begin{pmatrix} 0 \\ 4 \\ -3 \end{pmatrix} + \lambda \cdot \begin{pmatrix} 5 \\ 1 \\ -1 \end{pmatrix} + \mu \cdot \begin{pmatrix} -1 \\ 1 \\ 1 \end{pmatrix}$.

b) Bestimme die Schnittgerade zu den beiden Ebenen $\mathbb{E}_1$: $\vec{x} = \begin{pmatrix} 1 \\ 2 \\ 5 \end{pmatrix} + \lambda \cdot \begin{pmatrix} 3 \\ 1 \\ -4 \end{pmatrix} + \mu \cdot \begin{pmatrix} 1 \\ 2 \\ 2 \end{pmatrix}$ und $\mathbb{E}_2$: $\vec{x} = \begin{pmatrix} -1 \\ 0 \\ 1 \end{pmatrix} + \lambda \cdot \begin{pmatrix} 2 \\ -3 \\ 8 \end{pmatrix} + \mu \cdot \begin{pmatrix} 2 \\ 1 \\ -4 \end{pmatrix}$ sowie den Schnittwinkel.

5.

Bestimme die Lösungen des Gleichungssystems in Abhängigkeit von $a \in \mathbb{R}$.
Skizziere dabei jeweils die Lage der zugehörigen Ebenen zueinander.

$$\left| \begin{array}{rcrcrcr} 4x_1 & + & 2x_2 & - & 6x_3 & = & 6 \\ -6x_1 & - & 3x_2 & + & a \cdot x_3 & = & -3 \end{array} \right|$$

Exkurs

Höherdimensionale Räume

1. Der 3-dimensionale Anschauungsraum

Die räumliche Geometrie handelt von Körpern und Figuren im 3-dimensionalen Anschauungsraum, dreidimensional deswegen, weil zur Festlegung eines Punktes im Anschauungsraum 3 Koordinaten erforderlich sind.
Den Anschauungsraum haben wir in unserem Buch als gegeben vorausgesetzt.
Wie lässt sich der Anschauungsraum definieren? In der Mathematik identifiziert man den Anschauungsraum mit der Menge $\mathbb{R}^3$ aller geordneten Tripel $(x_1 \mid x_2 \mid x_3)$ mit $x_1, x_2, x_3 \in \mathbb{R}$.
Innerhalb des Anschauungsraumes haben die Ebenen 2 Dimensionen. Man kann die Ebene mit der Menge $\mathbb{R}^2$ aller geordneten Paare $(x_1 \mid x_2)$ mit $x_1, x_2 \in \mathbb{R}$ identifizieren, da man zur Festlegung eines Punktes in der Ebene 2 Koordinaten benötigt.

2. Räume mit höheren Dimensionen

Räume mit mehr als 3 Dimensionen bildet man in der Mathematik durch analoge Verallgemeinerung. Im 4-dimensionalen Raum wird jeder Punkt durch 4 Koordinaten festgelegt. Der 4-dimensionale Raum $\mathbb{R}^4$ ist die Menge aller geordneten Viertupel $(x_1 \mid x_2 \mid x_3 \mid x_4)$ mit $x_1, x_2, x_3, x_4 \in \mathbb{R}$.
Entsprechend ist der n-dimensionale Raum $\mathbb{R}^n$ die Menge aller geordneten n-Tupel $(x_1 \mid \ldots \mid x_n)$ mit $x_1, \ldots, x_n \in \mathbb{R}$.
Die einzelnen geometrischen Gebilde im n-dimensionalen Raum werden ebenfalls in Analogie zum 3-dimensionalen Anschauungsraum gebildet.
Beispiele:

1. *Gerade in Parameterdarstellung:*
   $\vec{x} = \vec{a} + \lambda \cdot \vec{v} \quad (\lambda \in \mathbb{R})$
   Hierbei haben die Vektoren $\vec{x}$, $\vec{a}$ und $\vec{v}$ im 3-dimensionalen Raum 3 Koordinaten, im n-dimensionalen Raum n Koordinaten.
2. *Ebenen in Parameterdarstellung:*
   $\vec{x} = \vec{a} + \lambda \cdot \vec{u} + \mu \cdot \vec{v} \quad (\lambda, \mu \in \mathbb{R})$
   Hierbei haben die Vektoren im 3-dimensionalen Raum 3 Koordinaten, im n-dimensionalen Raum n Koordinaten.
3. *Entfernung zweier Punkte P und Q*
   Im 3-dimensionalen Raum:
   $|PQ| = \sqrt{(x_1 - y_1)^2 + (x_2 - y_2)^2 + (x_3 - y_3)^2}$
   Im n-dimensionalen Raum:
   $|PQ| = \sqrt{(x_1 - y_1)^2 + \ldots + (x_n - y_n)^2}$

3. Sphäre als Verallgemeinerung der Kreislinie und der Kugeloberfläche

In der Ebene erfüllen die Koordinaten einer Kreislinie mit Mittelpunkt $O(0 \mid 0)$ die Gleichung $x_1^2 + x_2^2 = r^2$. Im 3-dimensionalen Raum erfüllen die Koordinaten der Punkte einer zweidimensionalen Kugeloberfläche mit dem Mittelpunkt O die Gleichung $x_1^2 + x_2^2 + x_3^2 = r^2$. Entsprechend nennt man die Menge aller Punkte im n-dimensionalen Raum eine *Sphäre* mit dem Mittelpunkt O, wenn deren Koordinaten die Gleichung $x_1^2 + x_2^2 + \ldots + x_n^2 = r^2$ erfüllen. Diese Sphäre im n-dimensionalen Raum hat die Dimension $n - 1$. Die 1-dimensionale Sphäre ist die Kreislinie, die 2-dimensionale Sphäre ist die Kugeloberfläche.

4. Hyperebene als Verallgemeinerung von Gerade und Ebene

Eine Hyperebene im n-dimensionalen Raum mit vorgegebener Normalenrichtung $\vec{n}$ und dem Punkt A wird dann durch folgende Gleichung $\vec{n} * \overrightarrow{OX} = \vec{n} * \overrightarrow{OA}$ (vergl. Seite 274) beschrieben. Hierbei haben die Vektoren n Koordinaten, im 3-dimensionalen Raum also 3 Koordinaten, in der Ebene 2 Koordinaten.

5. Die 4-dimensionale Raumzeit der speziellen Relativitätstheorie

Der n-dimensionale Raum findet auch in der Physik und anderen wissenschaftlichen Disziplinen Anwendung. So ist es z.B. günstig, in der speziellen Relativitätstheorie die Zeit und die drei räumlichen Dimensionen zu einer 4-dimensionalen Raum-Zeit zusammenzufassen.

6. *Ein Modell des Weltalls – die dreidimensionale Sphäre*

Eine in der Kosmologie, der Lehre vom Weltall, verbreitete Hypothese ist, dass das Weltall endlich und ein in sich geschlossenes Raumgebiet sei. Ein Beispiel für ein solches Raumgebiet ist die 3-dimensionale Sphäre, d.h. die Menge aller Punkte $P(x_1 | x_2 | x_3 | x_4)$, deren Koordinaten die Gleichung $x_1^2 + x_2^2 + x_3^2 + x_4^2 = r^2$ erfüllen. Man kann sie sich im 4-dimensionalen Raum eingebettet denken. Bewegt man sich innerhalb der 3-dimensionalen Sphäre, so stößt man niemals an eine Grenze.

Geht man davon aus, dass Licht den kürzesten Weg nimmt, so würde dann ein Lichtstrahl auf einem Kreisbogen verlaufen.

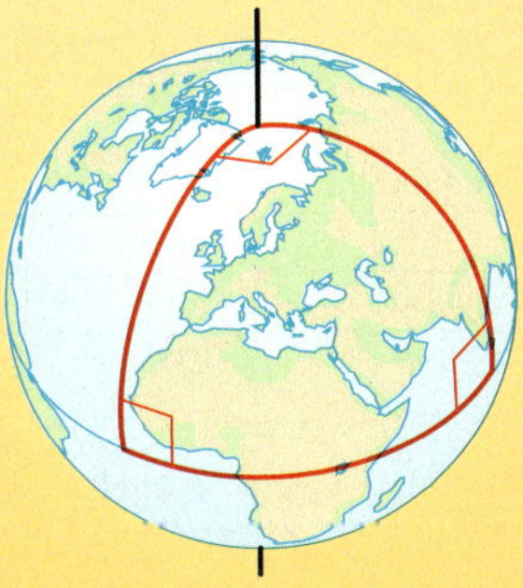

Dieses Dreieck auf der Kugeloberfläche hat 270° als Winkelsumme.

Nun weiss man schon von der Kugeloberfläche (der 2-dimensionalen Sphäre), dass ein Dreieck aus Kreisbögen eine Winkelsumme hat, die größer als 180° ist (siehe das Bild oben).

Bei der Landesvermessung des damaligen Königreiches Hannover hat der große deutsche Mathematiker C. F. Gauss in den Jahren 1821–1825 auch die Winkel des Dreiecks Brocken (Harz), Inselsberg (Thüringer Wald), Hoher Hagen (bei Göttingen) vermessen lassen.

Dabei stellte sich heraus, dass die Winkelsumme von 180° innerhalb der Fehlergrenzen der Messgenauigkeit blieb. Wäre eine eindeutige Abweichung der Winkelsumme von 180° erkannt worden, so wäre das ein Beweis dafür gewesen, dass in der Realität nicht die Geometrie unseres Anschauungsraumes gilt.

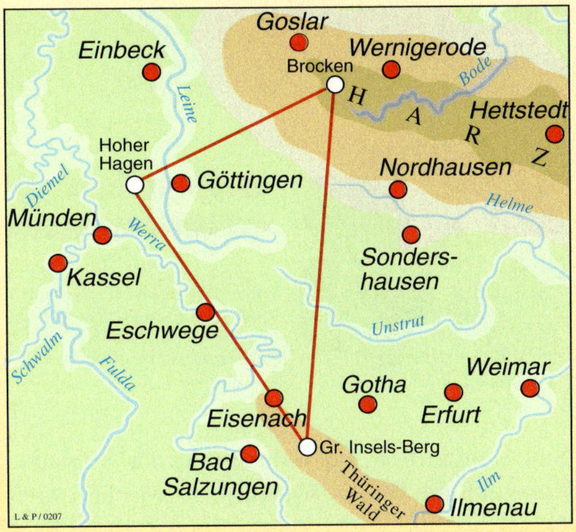

7. *Die Hypothese von der Ausdehnung des Weltalls und vom Urknall*

Licht kann man mithilfe von Spektralapparaten zerlegen. Man erhält das Spektrum des Lichtes mit den Farben Rot, Orange, Gelb, Grün, Blau, Indigo und Violett.

Im Spektrum des Lichtes, das von fernen Galaxien (Sternhaufen) kommt, stellt man fest, dass gewisse dunkle Linien, welche vom Kalzium verursacht werden, zum roten Ende des Spektrums verschoben sind.

Diese so genannte *Rotverschiebung* kann mit der Hypothese erklärt werden, dass sich das Weltall, also die dreidimensionale Sphäre ausdehnt, d.h. dass sich r in der Gleichung $x_1^2 + x_2^2 + x_3^3 + x_4^2 = r^2$ ständig vergrößert. Auf dem Weg zu uns werden die Lichtwellen nämlich im selben Maße gedehnt wie sich der Raum vergrößert. Die Wellenlänge des Lichtes wird dadurch größer und die Spektrallinien verschieben sich zum Rot hin.

Vor einer endlichen Zeit hätte nach dieser Hypothese unser Weltall den Radius $r = 0$, also einen Anfang gehabt.

Dieser Anfang wird auch *Urknall* genannt.

11. MATRIZEN

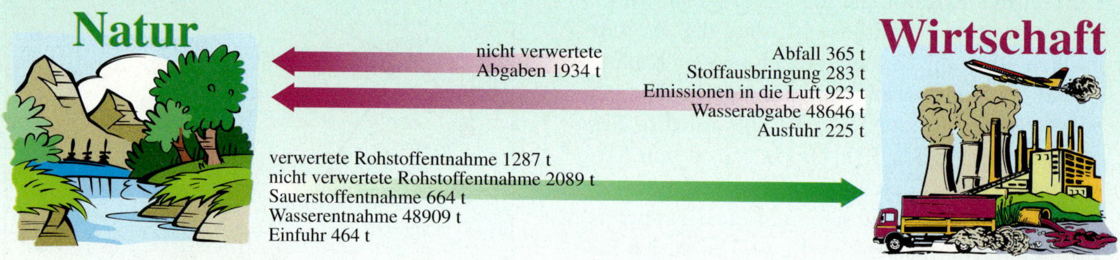

Seit Beginn der 90er Jahre baut das Statistische Bundesamt eine *Umweltökonomische Gesamtrechnung* auf, die Wechselwirkungen zwischen wirtschaftlichem Handeln und der Umwelt aufzuzeigen. Das Schaubild zeigt einen kleinen Ausschnitt aus der Umweltökonomischen Gesamtrechnung.
Es werden Material- und Energieflüsse aufgrund der Aktivitäten der inländischen Wirtschaft für das Jahr 1995 dargestellt. Allerdings enthält die grafische Darstellung nicht alle Daten, die Realität ist viel komplexer. Einen umfangreicheren und doch übersichtlichen Einblick gibt die folgende Tabelle.

Weitere, aktuelle Informationen unter http://www.statistik-bund.de

Material- und Energieflüsse von Wasser, Feststoffen und Gasen in Mill. t							
	1993	1995	1997		1993	1995	1997
Wasserentnahme (Inland)	48150	48909	...	Wasserabgabe (Inland)	47886	48646	...
Entnahmen von Feststoffen und Gasen	4779	4504	4277	Abgaben von Feststoffen und Gasen	4055	3730	...
Rohstoffentnahme (Inland)	3681	3376	3139	Stoffausbringung	283	283	278
Nichtverwertete Entnahme	2422	2089	1897	Düngemittel	282	282	277
Verwertete Entnahme	1260	1287	1241	Pflanzenschutzmittel	0	0	0
Biotische Stoffe	205	198	215	Klärschlamm	1	1	1
Abiotische Stoffe	1054	1090	1027	Nicht verwertete Abgabe	2259	1934	1757
Energieträger	296	265	243	Ausfuhr	202	225	249
Erze	0	0	0	Biotische Güter	51	60	61
Mineralien, Steine, Erden	758	825	783	Abiotische Güter	151	165	188
Einfuhr	423	464	482	Energieträger	22	25	32
Biotische Güter	64	69	70				

Quelle: Statistisches Bundesamt

Die Tabelle zeigt die Entnahme von Rohstoffen aus der inländischen Natur bzw. die Einfuhr aus dem Ausland aufgrund der Aktivitäten der inländischen Wirtschaft sowie die Abgabe an die Natur und ins Ausland.
Mache dich mit der Tabelle vertraut und lies die Materialflüsse ab.
Das Beispiel zeigt, dass es aus Gründen der Übersichtlichkeit oft sinnvoll ist, umfangreiches Datenmaterial in der Form eines rechteckigen Zahlenschemas anzuordnen. Auch in vielen anderen Bereichen der Wirtschaft stellt man Beziehungen zwischen einzelnen ökonomischen Größen in Tabellenform dar. Die Schreibweise in Tabellenform erhöht nicht nur die Übersichtlichkeit über ein umfangreiches Datenmaterial, sondern ermöglicht es auch, Zusammenhänge zwischen den Daten zu analysieren und mit den Daten übersichtlich zu rechnen.
Eine Tabelle, mit der gerechnet werden kann, bezeichnet man als ***Matrix*** (Mehrzahl: ***Matrizen***).
Ziel dieses Abschnitts ist es, in das Rechnen mit Matrizen einzuführen und einen Einblick in verschiedene Anwendungsbereiche für das Rechnen mit Matrizen zu geben.

11.1 Matrizen – Addieren und Vervielfachen

Aufgabe 1 Das Zentrallager einer Warenhauskette liefert an seine vier Filialen in Aachen, Krefeld, Dortmund und Münster jeweils fünf verschiedene Typen von CD-Playern.
Der Lieferumfang für den Monat Januar wird durch die nebenstehende Tabelle angegeben.

Typ / Filiale	C 102	C 104	C 105	C 110	C 112
Aachen	20	30	30	10	10
Krefeld	20	25	30	15	10
Dortmund	15	20	25	10	10
Münster	20	20	30	15	15

a) Wie viele CD-Player wurden nach Dortmund geliefert?
Welcher CD-Player wurde am häufigsten ausgeliefert?

b) In den Monaten Februar bis November werden die Filialen jeweils im gleichen Umfang wie im Januar beliefert. Bestimme die Matrix, die den gesamten Lieferumfang für die ersten 11 Monate des Jahres beschreibt.

c) Wegen des Weihnachtsgeschäftes werden die Filialen im Dezember entsprechend der nebenstehenden Tabelle beliefert.
Berechne den gesamten Lieferumfang für die Monate November und Dezember.

Typ / Filiale	C 102	C 104	C 105	C 110	C 112
Aachen	20	35	40	15	15
Krefeld	25	30	35	20	15
Dortmund	30	25	25	10	10
Münster	20	30	35	25	25

Lösung **a)** Durch Addition der Werte in der *Zeile* für Dortmund erhält man
$15 + 20 + 25 + 10 + 10 = 80$.
80 CD-Player wurden nach Dortmund geliefert.
Durch Additon der Werte in den *Spalten* erhält man die Gesamtlieferzahlen für die einzelnen CD-Player im Monat Januar:

Typ	C 102	C 104	C 105	C 110	C 112
Lieferumfang	75	95	115	50	45

Der CD-Player C 105 wurde am häufigsten ausgeliefert.

b) Den Lieferumfang für die ersten 11 Monate erhält man, indem man sämtliche Zahlen mit dem Faktor 11 multipliziert:

Typ / Filiale	C 102	C 104	C 105	C 110	C 112
Aachen	220	330	330	110	110
Krefeld	220	275	330	165	110
Dortmund	165	220	275	110	110
Münster	220	220	330	165	165

$110 = 11 \cdot 10$

c) Den Lieferumfang für die Monate November und Dezember zusammen erhält man, indem man jeweils die entsprechenden Zahlen beider Tabellen addiert:

Filiale \ Typ	C 102	C 104	C 105	C 110	C 112
Aachen	40	65	70	25	25
Krefeld	45	55	65	35	25
Dortmund	45	45	50	20	20
Münster	40	50	65	40	40

25 = 15 + 10

Information **(1) Matrizen als Tabellen**

Lässt man in der obigen Tabelle die Angaben über Filialen und Typen weg, so reduziert sich die Tabelle auf eine rechteckige Anordnung von Zahlen, welche wir durch zwei Klammern abschließen.

$$\mathbf{A} = \begin{pmatrix} 20 & 30 & 30 & 10 & 10 \\ 20 & 25 & 30 & 15 & 10 \\ 15 & 20 & 25 & 10 & 10 \\ 20 & 20 & 30 & 15 & 15 \end{pmatrix}$$

3. Zeile

2. Spalte

Eine solche Darstellung nennt man eine ***Matrix.*** Die hier dargestellte Matrix hat 4 *Zeilen* und 5 *Spalten*. Sie heißt dementsprechend eine *4 × 5-Matrix* (sprich: „4-Kreuz-5-Matrix") oder *4i5-Matrix*. Wir verwenden nur die erste Schreibweise. Die Zahlen in der Matrix heißen ***Elemente*** der Matrix. Sie werden allgemein durch a_{ij} bezeichnet. Dabei gibt i die Zeilennummer und j die Spaltennummer an, in der das Element jeweils steht. Zum Beispiel das Element $a_{32} = 20$ in der 3. Zeile und der 2. Spalte. Die einzelnen Elemente der Matrix, aber auch die Summen der in den Zeilen bzw. Spalten stehenden Elemente haben in Sachsitutationen jeweils eine konkrete Bedeutung (vgl. Aufgabe 1).

Merke: erst Zeilennummer, dann Spaltennummer

Definition 1: *m × n-Matrix*

Eine Zahlentabelle wie rechts mit $a_{ij} \in \mathbb{R}$ für alle vorkommenden i, j heißt **Matrix A** mit m Zeilen und n Spalten, kurz m × n-Matrix oder Matrix vom Typ m × n.

$$\mathbf{A} = \begin{pmatrix} a_{11} & a_{12} & \dots & a_{1n} \\ a_{21} & a_{22} & \dots & a_{2n} \\ \vdots & \vdots & & \vdots \\ a_{m1} & a_{m2} & \dots & a_{mn} \end{pmatrix}, \quad m, n \in \mathbb{N}.$$

Man schreibt kurz: $\mathbf{A} = (a_{ij})$; $i = 1, \dots, m$; $j = 1, \dots, n$.

Eine Matrix **A** heißt **quadratisch,** wenn sie ebenso viele Zeilen wie Spalten hat, d. h. wenn gilt: $m = n$.

Untersucht man mehrere Matrizen, so verwendet man entsprechend die Schreibweisen $\mathbf{B} = (b_{kl})$, $\mathbf{C} = (c_{ik})$ usw.

a_{ij} 1. Index i gibt Zeilennummern an 2. Index j gibt Spaltennummern an

Das Vervielfachen und Addieren wird wie bei Vektoren elementenweise erklärt.

Definition 2: *Vervielfachen von Matrizen*

Eine Matrix **A** wird mit einer Zahl r **vervielfacht** (multipliziert), indem man jedes Element von **A** mit r multipliziert.

Man schreibt kurz: $r \cdot \mathbf{A} = r \cdot (a_{ij}) = (r \cdot a_{ij})$.

$r \cdot \mathbf{A}$ heißt das *r-fache* der Matrix **A.**

Beispiel:

$$4 \cdot \begin{pmatrix} -2 & 1 \\ -1 & 3 \end{pmatrix} = \begin{pmatrix} 4 \cdot (-2) & 4 \cdot 1 \\ 4 \cdot (-1) & 4 \cdot 3 \end{pmatrix} = \begin{pmatrix} -8 & 4 \\ -4 & 12 \end{pmatrix}$$

Definition 3: *Addieren von Matrizen*
Zwei Matrizen **B** und **C** werden **addiert,** indem man die in den Matrizen an entsprechender Stelle stehenden Elemente addiert.
Man schreibt kurz: $\mathbf{B}+\mathbf{C}=(b_{ij})+(c_{ij})=(b_{ij}+c_{ij})$.
$\mathbf{B}+\mathbf{C}$ heißt die *Summe* der Matrizen **B** und **C.**

Beispiel:
$$\begin{pmatrix}-2 & 1\\ -1 & 3\end{pmatrix}+\begin{pmatrix}3 & -5\\ 4 & 2\end{pmatrix}=\begin{pmatrix}-2+3 & 1-5\\ -1+4 & 3+2\end{pmatrix}=\begin{pmatrix}1 & -4\\ 3 & 5\end{pmatrix}$$

(2) Vektoren und Matrizen

Jede Spalte in der Lieferumfangsmatrix (siehe Aufgabe 1 auf Seite 307) stellt eine 4×1-Matrix dar. Z. B. ergibt sich aus der 2. Spalte: $\begin{pmatrix}30\\25\\20\\20\end{pmatrix}$

3×1-Matrizen sind uns als Vektoren aus der analytischen Geometrie bekannt, z. B. $\vec{u}=\begin{pmatrix}3\\-1\\2\end{pmatrix}$; $\vec{v}=\begin{pmatrix}1\\1\\0\end{pmatrix}$; $\vec{n}=\begin{pmatrix}2\\-1\\0\end{pmatrix}$, sie haben nur eine Spalte. Eine Matrix, die nur aus einer Zeile $(a_1\,|\,a_2\,|\ldots|\,a_n)$ besteht, heißt **n-dimensionaler Zeilenvektor.**

Man kann sich jede Matrix aus Zeilen- oder Spaltenvektoren zusammengesetzt denken, z. B. besteht die Matrix $A=\begin{pmatrix}3 & -2 & 1\\ 4 & 0 & 3\end{pmatrix}$ aus den Zeilenvektoren $(3\,|-2\,|\,1)$ und $(4\,|\,0\,|\,3)$ und aus den Spaltenvektoren $\begin{pmatrix}3\\4\end{pmatrix}$, $\begin{pmatrix}-2\\0\end{pmatrix}$ und $\begin{pmatrix}1\\3\end{pmatrix}$.

Weiterführende Aufgabe

2. *Rechnen mit Matrizen als Verallgemeinerung des Rechnens mit Vektoren*

a) Unter welcher Voraussetzung lassen sich aus zwei Matrizen [Vektoren] addieren?

b) Formuliere das Kommutativ- und das Assoziativgesetz für das Addieren von Matrizen [Vektoren]. Begründe die Gültigkeit dieser Gesetze.

c) Begründe, dass für das Vervielfachen von Matrizen die gleichen Gesetze wie für das Vervielfachen von Vektoren gelten.

d) Erkläre analog zur Definition bei Vektoren, was man unter der Differenz $\mathbf{B}-\mathbf{A}$ zweier Matrizen **B** und **A** versteht.
Was versteht man entsprechend unter der Nullmatrix **O**?

Übungsaufgaben

Matrizen und Vektoren

3.
Gib die 3×4-Matrix an mit: $a_{13}=4$, $a_{31}=1$, $a_{11}=3$, $a_{24}=1$, $a_{32}=4$, $a_{21}=-2$, $a_{12}=5$, $a_{22}=-2$, $a_{33}=5$. Die übrigen Elemente sind 0.

4.
Ermittle die $m\times n$-Matrix $\mathbf{A}=(a_{ij})$ mit den angegebenen Bedingungen.

a) $m=3$; $n=3$
$a_{ij}=1$ für $i=j$; $a_{ij}=0$ für $i\neq j$

b) $m=4$; $n=4$
$a_{ij}=i-j$

c) $m=3$; $n=5$
$a_{ij}=i\cdot j$

Addieren und Vervielfachen von Matrizen

5.
Gegeben sind die Matrizen

$$\mathbf{A}=\begin{pmatrix}3&-2&1\\0&1&2\\2&0&-1\\4&5&6\end{pmatrix},\quad \mathbf{B}=\begin{pmatrix}2&0&-1\\1&1&2\\-4&-2&1\\5&1&-2\end{pmatrix},\quad \mathbf{C}=\begin{pmatrix}0&-4&-2\\2&-1&2\\-2&0&-3\\4&0&6\end{pmatrix}.$$

Berechne:

a) $\mathbf{A}+\mathbf{B}$; $\mathbf{A}-\mathbf{B}$; $\mathbf{A}+\mathbf{B}-\mathbf{C}$ **b)** $3\cdot\mathbf{B}$; $-0{,}1\cdot\mathbf{C}$; $2\cdot\mathbf{A}-3\cdot\mathbf{C}$

c) $\mathbf{C}-2\cdot(\mathbf{A}+\mathbf{B})$; $\mathbf{A}-(\mathbf{C}-2\cdot\mathbf{A})+\mathbf{C}$; $\mathbf{B}-2\cdot(\mathbf{A}+\mathbf{B})+3\cdot\mathbf{A}$

Anwendungen und Besonderheiten

6.
Ein Großhändler besitzt in einer Stadt fünf Filialen F_1, F_2, F_3, F_4 und F_5. Mit d_{ij} sei der Fahrweg in km von der Filiale F_i zur Filiale F_j bezeichnet.
Vervollständige die Entfernungsmatrix $\mathbf{D}=(d_{ij})$ auf sinnvolle Weise. Erläutere die Besonderheiten der Matrix **D.**
Welche Bedeutung haben hier die Zeilen- bzw. die Spaltenvektoren?

$$\mathbf{D}=\begin{pmatrix}\dots&2{,}2&\dots&2{,}6&\dots\\\dots&\dots&\dots&1{,}9&\dots\\2{,}3&1{,}8&\dots&\dots&1{,}7\\\dots&\dots&2{,}7&\dots&3{,}0\\2{,}0&2{,}4&\dots&\dots&\dots\end{pmatrix}$$

7.
Gegeben sind die Matrizen $\mathbf{A}=\begin{pmatrix}2&5&4\\5&-3&6\\4&6&1\end{pmatrix}$ und $\mathbf{B}=\begin{pmatrix}1&0&1&2\\0&-1&0&3\\1&0&1&0\\2&3&0&1\end{pmatrix}$.

a) Beschreibe Besonderheiten beider Matrizen.

b) Definiere allgemein, was man unter einer *symmetrischen Matrix* versteht.

8.
Ein Kapital von 10000 € soll mit 5% oder 6% oder 7% verzinst werden. Notiere die Zinserträge nach 1, 2, 3, 4, 5 Jahren in einer Matrix.

9. *Mehrstufiger Produktionsprozess und Matrizen*
Ein Süßwarenhersteller stellt in einem zweistufigen Produktionsprozess aus drei Rohstoffen R_1, R_2, R_3 (z.B. Zucker, Kakao, Fette) drei Endprodukte E_1, E_2, E_3 (Schokoladensorten) her. Dabei werden zunächst Zwischenprodukte Z_1, Z_2 (halbfertige Mischungen) hergestellt, welche dann weiter zur Herstellung der Endprodukte verarbeitet werden. Der jeweilige Materialbedarf wird durch das Diagramm

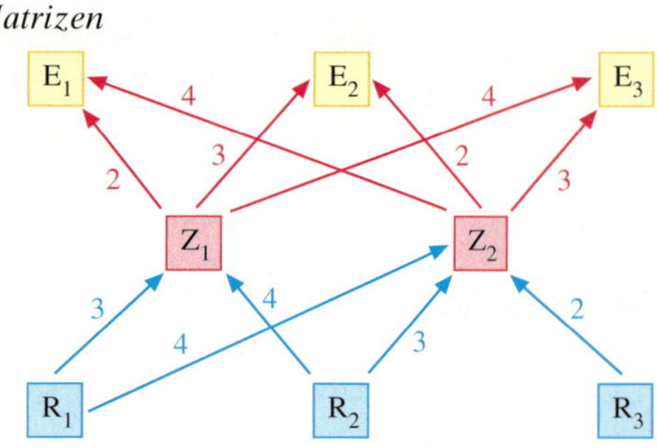

beschrieben. Dabei geben die Zahlen an den Pfeilen an, wie viele Tonnen jeweils für eine Tonne des entstehenden Produktes verarbeitet werden. Zum Beispiel werden 3 Tonnen R_1 und 4 Tonnen R_2 für eine Tonne Z_1 benötigt.
Beschreibe den Materialbedarf zwischen Rohstoffen und Zwischenprodukten sowie zwischen Zwischenprodukten und Endprodukten jeweils durch eine Matrix.
Hinweis: Dieses Beispiel zeigt die prinzipiellen Zusammenhänge, reale mehrstufige Produktionsprozesse sind jedoch wesentlich komplexer.

11.2 Multiplikation von Matrizen

Aufgabe 1 *Multiplikation einer Matrix mit einem Vektor*

Eine Möbelfabrik bietet ein Möbelsystem an, dessen Schränke nach Wünschen der Kunden auf fünf verschiedene Arten (Modell 2000, Modell 3000, Modell 4000, Modell 5000, Modell 6000) aus den Grundelementen „Korpus", „Tür", „Einlegeboden" und „Schubladensatz" zusammengestellt werden können. In der Tabelle ist angegeben, wie viel Grundelemente jeweils für die fünf Schrankmodelle benötigt werden.

	Modell				
	2000	3000	4000	5000	6000
Korpus	1	1	1	1	1
Türen	0	0	1	1	2
Einlegeböden	3	0	3	3	6
Schubladensätze	1	2	0	1	0

Kürzer geschrieben als Matrix:

$$\mathbf{A} = \begin{pmatrix} 1 & 1 & 1 & 1 & 1 \\ 0 & 0 & 1 & 1 & 2 \\ 3 & 0 & 3 & 3 & 6 \\ 1 & 2 & 0 & 1 & 0 \end{pmatrix}$$

Modellmatrix

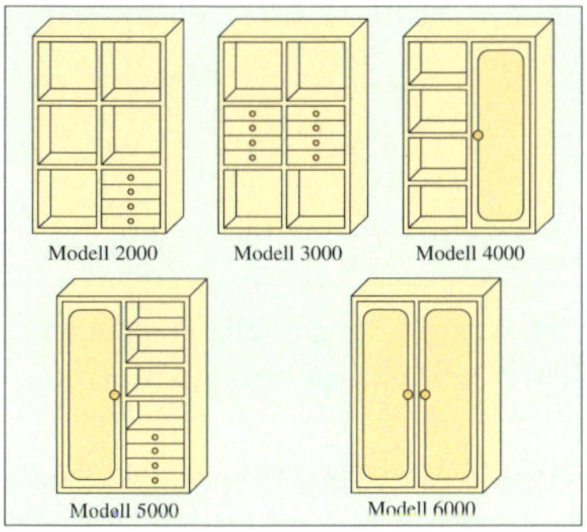

Folgender Auftrag zur Lieferung der verschiedenen Schrankmodelle ist zu bearbeiten:

Modell 2000: 20 Stück
Modell 3000: 25 Stück
Modell 4000: 40 Stück
Modell 5000: 50 Stück
Modell 6000: 70 Stück

Auftragsvektor:

$$\vec{b} = \begin{pmatrix} b_1 \\ b_2 \\ b_3 \\ b_4 \\ b_5 \end{pmatrix} = \begin{pmatrix} 20 \\ 25 \\ 40 \\ 50 \\ 70 \end{pmatrix}$$

Berechne, wie viele Schrankelemente jeweils hergestellt werden müssen. Beschreibe den Lösungsweg. Schreibe das Ergebnis als Vektor.

Lösung Man erhält die Produktionszahlen für die einzelnen Schrankelemente, indem man die Bestellmengen der einzelnen Modelle jeweils mit der zu dem Modell gehörigen Zahl an Schrankelementen multipliziert:

Korpus	$1 \cdot 20 + 1 \cdot 25 + 1 \cdot 40 + 1 \cdot 50 + 1 \cdot 70 = 205$
Türen	$0 \cdot 20 + 0 \cdot 25 + 1 \cdot 40 + 1 \cdot 50 + 2 \cdot 70 = 230$
Einlegeböden	$3 \cdot 20 + 0 \cdot 25 + 3 \cdot 40 + 3 \cdot 50 + 6 \cdot 70 = 750$
Schubladensätze	$1 \cdot 20 + 2 \cdot 25 + 0 \cdot 40 + 1 \cdot 50 + 0 \cdot 70 = 120$

Produktionsvektor:

$$\vec{c} = \begin{pmatrix} 205 \\ 230 \\ 750 \\ 120 \end{pmatrix}$$

Information Die einzelnen Koordinaten des Produktionsvektors $\vec{c}$ erhält man als Skalarprodukt des entsprechenden Zeilenvektors der Matrix **A** mit dem Vektor $\vec{b}$:

$$\begin{matrix} & & \begin{pmatrix} 20 \\ 25 \\ 40 \\ 50 \\ 70 \end{pmatrix} \\ & & \downarrow \\ & \begin{pmatrix} 1 & 1 & 1 & 1 & 1 \\ 0 & 0 & 1 & 1 & 2 \\ 3 & 0 & 3 & 3 & 6 \\ 1 & 2 & 0 & 1 & 0 \end{pmatrix} & \begin{pmatrix} 205 \\ 230 \\ 750 \\ 120 \end{pmatrix} \end{matrix}$$

2. Zeile → 0 0 1 1 2 → 230

$$230 = \begin{pmatrix} 0 \\ 0 \\ 1 \\ 1 \\ 2 \end{pmatrix} * \begin{pmatrix} 20 \\ 25 \\ 40 \\ 50 \\ 70 \end{pmatrix} = 0 \cdot 20 + 0 \cdot 25 + 1 \cdot 40 + 1 \cdot 50 + 2 \cdot 70$$

Man nennt den Vektor $\vec{c}$ das ***Produkt*** der Matrix **A** mit dem Vektor $\vec{b}$ und schreibt:

$$\mathbf{A}\cdot\vec{b}=\vec{c} \text{ bzw. } \begin{pmatrix} 1 & 1 & 1 & 1 & 1 \\ 0 & 0 & 1 & 1 & 2 \\ 3 & 0 & 3 & 3 & 6 \\ 1 & 2 & 0 & 1 & 0 \end{pmatrix} \cdot \begin{pmatrix} 20 \\ 25 \\ 40 \\ 50 \\ 70 \end{pmatrix} = \begin{pmatrix} 205 \\ 230 \\ 750 \\ 120 \end{pmatrix}$$

Beachte: Die Multiplikation einer Matrix **A** mit einem Vektor $\vec{b}$ ist nur möglich, wenn die *Anzahl der Spalten* von **A** mit der *Anzahl der Koordinaten von* $\vec{b}$ übereinstimmt.

Die Multiplikation einer Matrix mit einem Vektor kann als Spezialfall der Multiplikation zweier Matrizen aufgefasst werden, bei dem die zweite Matrix nur *eine* Spalte aufweist. Wir geben jetzt die Einschränkung auf, dass der zweite Faktor eine Einspaltenmatrix ist, und behandeln Matrizenprodukte mit einer beliebigen Spaltenzahl des zweiten Faktors.

Aufgabe 2 *Multiplikation zweier Matrizen*

Unter Verwendung der Matrix **A** aus Aufgabe 1 sollen folgende Kundenaufträge bearbeitet werden:

	Kunde X	Kunde Y	Kunde Z
Modell 2000	10	30	25
Modell 3000	15	40	25
Modell 4000	40	20	50
Modell 5000	40	10	40
Modell 6000	50	10	30

Berechne für die einzelnen Aufträge die Anzahl der jeweils erforderlichen Schrankelemente. Beschreibe den Lösungsweg. Schreibe das Ergebnis als Matrix.

Lösung Die Produktionszahlen für die einzelnen Aufträge lassen sich wie in Aufgabe 1 berechnen. Um die Berechnung übersichtlicher zu gestalten, schreiben wir die Modellmatrix

$$\mathbf{A}=\begin{pmatrix} 1 & 1 & 1 & 1 & 1 \\ 0 & 0 & 1 & 1 & 2 \\ 3 & 0 & 3 & 3 & 6 \\ 1 & 2 & 0 & 1 & 0 \end{pmatrix} \text{ und die Auftragsmatrix } \mathbf{B}=\begin{pmatrix} 10 & 30 & 25 \\ 15 & 40 & 25 \\ 40 & 20 & 50 \\ 40 & 10 & 40 \\ 50 & 10 & 30 \end{pmatrix} \text{ gegeneinander versetzt}$$

und multiplizieren jede Zeile der Matrix **A** mit jeder Spalte der Matrix **B**:

Matrix B:

Modell	Kunde X	Kunde Y	Kunde Z
2000	10	30	25
3000	15	40	25
4000	40	20	50
5000	40	10	40
6000	50	10	30

Matrix A → Matrix C:

	2000	3000	4000	5000	6000	→	X	Y	Z
Korpus	1	1	1	1	1		155	110	170
Türen	0	0	1	1	2	→	180	50	150
Einlegeböden	3	0	3	3	6		570	240	525
Schubladensätze	1	2	0	1	0		80	120	115

Skalarprodukt der 2. Zeile mit der 3. Spalte

Beispielsweise müssen 150 Türen für den Auftrag des Kunden Z hergestellt werden.

Die Matrix **C** gibt an, wie viele Schrankelemente für die einzelnen Auftraggeber zu fertigen sind.

Information **(1) Multiplizieren von Matrizen**

Man nennt die Matrix **C** das **Produkt** der Matrizen **A** und **B** und schreibt:

$$\mathbf{A}\cdot\mathbf{B}=\mathbf{C} \quad \text{bzw.} \quad \begin{pmatrix} 1 & 1 & 1 & 1 & 1 \\ 0 & 0 & 1 & 1 & 2 \\ 3 & 0 & 3 & 3 & 6 \\ 1 & 2 & 0 & 1 & 0 \end{pmatrix} \cdot \begin{pmatrix} 10 & 30 & 25 \\ 15 & 40 & 25 \\ 40 & 20 & 50 \\ 40 & 10 & 40 \\ 50 & 10 & 30 \end{pmatrix} = \begin{pmatrix} 155 & 110 & 170 \\ 180 & 50 & 150 \\ 570 & 240 & 525 \\ 80 & 120 & 115 \end{pmatrix}$$

Definition 4: *Multiplikation von Matrizen*

Ist $\mathbf{A}=(a_{ij})$ eine $\ell \times m$-Matrix und $\mathbf{B}=(b_{jk})$ eine $m \times n$-Matrix, so ist das Produkt $\mathbf{A}\cdot\mathbf{B}=\mathbf{C}=(c_{ik})$ eine $\ell \times n$-Matrix.
Jedes Element c_{ik} der Produktmatrix $\mathbf{C}=(c_{ik})$ berechnet man als Skalarprodukt des i-ten Zeilenvektors der Matrix **A** mit dem k-ten Spaltenvektor der Matrix **B**.

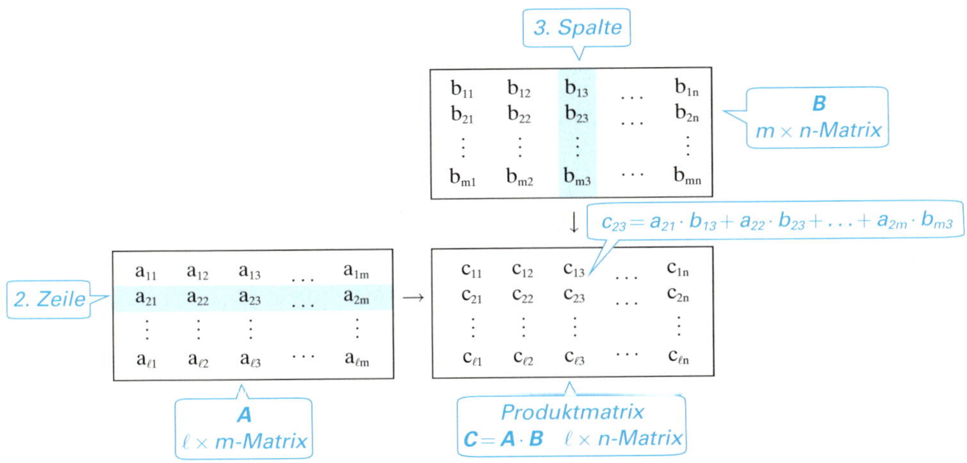

Beispiel:
$\mathbf{A}=(a_{ij})=\begin{pmatrix} 2 & -1 & 0 & 5 \\ -4 & 0 & 3 & 2 \end{pmatrix}$,
$\mathbf{B}=(b_{jk})=\begin{pmatrix} 8 & -2 & -1 \\ 0 & 3 & 4 \\ 12 & -6 & 10 \\ 3 & 1 & 0 \end{pmatrix}$.

A ist eine $2 \times \mathbf{4}$-Matrix, **B** ist eine $\mathbf{4} \times 3$-Matrix. Das Produkt $\mathbf{C}=\mathbf{A}\cdot\mathbf{B}$ ist eine 2×3-Matrix:

$$\mathbf{A}\cdot\mathbf{B}=\begin{pmatrix} 2 & -1 & 0 & 5 \\ -4 & 0 & 3 & 2 \end{pmatrix}\cdot\begin{pmatrix} 8 & -2 & -1 \\ 0 & 3 & 4 \\ 12 & -6 & 10 \\ 3 & 1 & 0 \end{pmatrix}=\begin{pmatrix} 31 & -2 & -6 \\ 10 & -8 & 34 \end{pmatrix}=(c_{ik})=\mathbf{C}.$$

Zum Beispiel erhält man c_{23}, indem man die 2. Zeile von **A** mit der 3. Spalte von **B** multipliziert:

$$c_{23}=a_{21}\cdot b_{13}+a_{22}\cdot b_{23}+a_{23}\cdot b_{33}+a_{24}\cdot b_{43}=(-4)\cdot(-1)+0\cdot 4+3\cdot 10+2\cdot 0=34$$

Ein Produkt $\mathbf{B}\cdot\mathbf{A}$ kann man *nicht* bilden, weil die Anzahl der Spalten von **B** und die Anzahl der Zeilen von **A** *verschieden* sind.

Beachte:
Man kann zu zwei Matrizen **A** und **B** nur dann das Produkt $\mathbf{A}\cdot\mathbf{B}$ bilden, wenn die *Anzahl der Spalten des ersten Faktors* **A** mit der *Anzahl der Zeilen des zweiten Faktors* **B** übereinstimmt.
Zur Durchführung der Multiplikation lese man die Matrix **A** zeilenweise und die Matrix **B** spaltenweise. Die Elemente des Produktes erhält man als Skalarprodukt der Zeilenvektoren von **A** mit den Spaltenvektoren von **B**.

(2) Matrizen als Zahlentabellen (z. B. in den Wirtschaftswissenschaften)

Als Zahlentabellen ermöglichen Matrizen eine übersichtliche Darstellung von quantitativen Zusammenhängen. Beispiele hierfür sind Input-Output-Tabellen in der Betriebswirtschaftslehre und auch in der Volkswirtschaftslehre, die den Zusammenhang zwischen den in eine Produktion eingebrachten Mengen und den aus dem Produktionsprozess hervorgebrachten Gütern beschreiben.
Es gibt zahlreiche weitere Anwendungsbereiche von Matrizenrechnung in den Wirtschaftswissenschaften, z. B. im Rahmen der Kostenrechnung oder der Produktionsplanung.

(3) Matrizen und lineare Gleichungssysteme

Auch die Darstellung linearer Gleichungssysteme wird mithilfe der Matrizenrechnung übersichtlicher, wenn man z. B. das Gleichungssystem in der Form $A \cdot \vec{x} = \vec{b}$ schreibt

$$\begin{array}{ccccccccc} a_{11} \cdot x_1 & + & a_{12} \cdot x_2 & + & \dots & + & a_{1n} \cdot x_n & = & b_1 \\ a_{21} \cdot x_1 & + & a_{22} \cdot x_2 & + & \dots & + & a_{2n} \cdot x_n & = & b_2 \\ \vdots & & & & & & \vdots & \vdots & \vdots \\ a_{m1} \cdot x_1 & + & a_{m2} \cdot x_2 & + & \dots & + & a_{mn} \cdot x_n & = & b_m \end{array}$$

$A\vec{x} = \vec{b}$

und dann den Gauß'schen Algorithmus auf die *Koeffizientenmatrix*

$$\mathbf{A} = \begin{pmatrix} a_{11} & a_{12} & \dots & a_{1n} \\ a_{21} & a_{22} & \dots & a_{2n} \\ \vdots & \vdots & & \vdots \\ a_{m1} & a_{m2} & \dots & a_{mn} \end{pmatrix} \text{ und den Vektor } \vec{b} = \begin{pmatrix} b_1 \\ b_2 \\ \vdots \\ b_m \end{pmatrix} \text{ anwendet.}$$

vgl. dazu die Aufgaben 10 und 11 auf Seite 322.

(4) Matrizen zur Beschreibung dynamischer Prozesse

Auch dynamische Prozesse lassen sich sehr übersichtlich mithilfe der Matrizenrechnung beschreiben. Siehe hierzu den Blickpunkt auf Seite 330.

(5) Matrizen und Abbildungen

Im Abschnitt 11.4, auf Seite 322 werden wir sehen, wie Matrizen zur Beschreibung geometrischer Abbildungen in der Ebene oder auch im Raum sowie zur Verknüpfung von Abbildungen verwendet werden können. Hieraus ergeben sich viele Anwendungen im Bereich der Technik.

Übungsaufgaben

3.
Berechne das Matrizenprodukt:

a) $\begin{pmatrix} 1 & -1 \\ 2 & 3 \end{pmatrix} \cdot \begin{pmatrix} 2 \\ -1 \end{pmatrix}$

b) $\begin{pmatrix} 1 & -3 & 2 \\ 0 & 2 & 5 \end{pmatrix} \cdot \begin{pmatrix} -3 \\ 0 \\ 1 \end{pmatrix}$

c) $\begin{pmatrix} 1 & 0 & -4 \\ -1 & 5 & 0 \end{pmatrix} \cdot \begin{pmatrix} -2 & 0 \\ 3 & -3 \\ 0 & 1 \end{pmatrix}$

d) $\begin{pmatrix} 1 & -1 & 2 \\ 2 & 1 & 0 \\ 0 & 0 & 1 \end{pmatrix} \cdot \begin{pmatrix} 3 \\ 1 \\ -2 \end{pmatrix}$

e) $\begin{pmatrix} 1 & 2 \\ 0 & -1 \\ -2 & 3 \\ 1 & 3 \\ 4 & 0 \end{pmatrix} \cdot \begin{pmatrix} 2 \\ -3 \end{pmatrix}$

f) $(2 \quad -4 \quad 1) \cdot \begin{pmatrix} 3 & 1 \\ 5 & 0 \\ 8 & -4 \end{pmatrix}$

g) $(-2 \quad 4 \quad -5 \quad 1 \quad 2) \cdot \begin{pmatrix} -1 \\ 2 \\ 0 \\ 12 \\ 4 \end{pmatrix}$

h) $\begin{pmatrix} 0 & 0 & 1 \\ 0 & 1 & 0 \\ 1 & 0 & 0 \end{pmatrix} \cdot \begin{pmatrix} 3 \\ 7 \\ 4 \end{pmatrix}$

i) $\begin{pmatrix} 1 & 0 & 0 \\ 0 & 1 & 0 \\ 0 & 0 & 1 \end{pmatrix} \cdot \begin{pmatrix} 3 & 11 & 8 \\ 2 & 4 & 7 \\ -3 & 9 & 8 \end{pmatrix}$

4.
Berechne das Matrizenprodukt:

a) $\begin{pmatrix} 1 & -4 & 2 \\ -1 & 0 & 1 \end{pmatrix} \cdot \begin{pmatrix} 2 & -3 \\ -2 & 0 \\ 5 & 1 \end{pmatrix}$

b) $\begin{pmatrix} 2 & -3 \\ -2 & 0 \\ 5 & 1 \end{pmatrix} \cdot \begin{pmatrix} 1 & -4 & 2 \\ -1 & 0 & 1 \end{pmatrix}$

c) $\begin{pmatrix} 2 & -2 & 1 \\ -4 & 1 & 3 \\ 1 & 2 & 3 \end{pmatrix} \cdot \begin{pmatrix} 0 & 1 & 1 \\ 1 & 0 & 1 \\ 1 & 1 & 1 \end{pmatrix}$

d) $\begin{pmatrix} 1 & 1 & 0 \\ 0 & 1 & 1 \\ 1 & 0 & 1 \end{pmatrix} \cdot \begin{pmatrix} 2 & 3 & 1 \\ 1 & -2 & -4 \\ -1 & 2 & 3 \end{pmatrix}$

e) $\begin{pmatrix} 1 & -2 & 0 & 2 & 4 \\ 2 & -5 & 3 & 0 & 1 \end{pmatrix} \cdot \begin{pmatrix} 1 & 0 & 3 \\ -2 & -1 & 4 \\ 4 & 0 & 8 \\ -9 & -5 & 1 \\ 0 & 0 & 2 \end{pmatrix}$

f) $\begin{pmatrix} 1 & 0 & -4 \\ 1 & -1 & 2 \\ 3 & 0 & -1 \end{pmatrix} \cdot \begin{pmatrix} 1 & 0 & -4 \\ 1 & -1 & 2 \\ 3 & 0 & -1 \end{pmatrix}$

g) $(4 \;\; 7 \;\; -2) \cdot \begin{pmatrix} 3 \\ 11 \\ -5 \end{pmatrix}$

h) $\begin{pmatrix} 3 \\ 11 \\ -5 \end{pmatrix} \cdot (4 \;\; 7 \;\; -2)$

i) $\begin{pmatrix} 1 & 2 \\ 0 & -1 \end{pmatrix} \cdot \begin{pmatrix} -2 & 1 \\ 1 & 0 \end{pmatrix}$

j) $\begin{pmatrix} 1 & -3 & 5 \\ -2 & 0 & -1 \end{pmatrix} \cdot \begin{pmatrix} -2 & 3 \\ 0 & 1 \\ -2 & 1 \end{pmatrix}$

5.
Gegeben sind die Matrizen $\mathbf{A} = \begin{pmatrix} -2 & 5 & 0 \\ 3 & 1 & 2 \end{pmatrix}$, $\mathbf{B} = \begin{pmatrix} -1 & 2 \\ 2 & 1 \end{pmatrix}$, $\mathbf{C} = \begin{pmatrix} -1 & 3 \\ 3 & 1 \\ 7 & -2 \end{pmatrix}$.

Berechne alle Produkte von je zwei Matrizen, die sich bilden lassen.

6.
a) Berechne das Matrizenprodukt $\begin{pmatrix} 6 & 21 & 13 \\ 4 & 9 & 16 \\ -8 & -14 & 4 \\ 17 & -23 & 10 \end{pmatrix} \cdot \begin{pmatrix} 0 & 0 & 1 \\ 1 & 0 & 0 \\ 0 & 1 & 0 \end{pmatrix}$. Was fällt auf ?

b) Berechne das Matrizenprodukt $\begin{pmatrix} 0 & 0 & 1 \\ 1 & 0 & 0 \\ 0 & 1 & 0 \end{pmatrix} \cdot \begin{pmatrix} 18 & 22 & -34 & 0 & 9 \\ -6 & 53 & -11 & -21 & 17 \\ 24 & -32 & 65 & -31 & 22 \end{pmatrix}$. Was fällt auf ?

Anwenden des Matrizenprodukts

7.
Ein Landhandel stellt aus den Nährstoffen N, K_2O und CaO zwei Sorten Mischdünger A und B her. Die Tabelle rechts gibt die Nährstoffanteile der Düngersorten an. Ein Kunde bestellt 25 t von der Düngersorte A und 15 t von der Düngersorte B. Berechne als Matrizenprodukt, wie viele t der Nährstoffe N, K_2O und CaO für diesen Kundenauftrag verbraucht werden.

	A	B
N	0,40	0,25
K_2O	0,30	0,30
CaO	0,30	0,45

8.
Ein Getränkehändler belieferte Kunden A, B, C mit vier Sorten Wein.
Kunde A: 10 Kartons der Sorte I; 5 Kartons der Sorte II; 3 Kartons der Sorte IV.
Kunde B: 6 Kartons der Sorte I; 15 Kartons der Sorte II; 10 Kartons der Sorte III; 1 Karton der Sorte IV.
Kunde C: 20 Kartons der Sorte III; 10 Kartons der Sorte IV.

Die Preise (in € pro Karton) bilden den Preisvektor $\vec{p} = \begin{pmatrix} p_{I} \\ p_{II} \\ p_{III} \\ p_{IV} \end{pmatrix} = \begin{pmatrix} 15 \\ 20 \\ 30 \\ 45 \end{pmatrix}$.

Schreibe die Auslieferung an die drei Kunden als Matrix und berechne, welche Beträge die Kunden A, B und C jeweils zahlen müssen.

9.

Ein Betrieb arbeitet in zwei Produktionsstufen. Er stellt in der ersten Produktionsstufe aus drei Rohstoffen R_1, R_2, R_3 drei Zwischenerzeugnisse Z_1, Z_2, Z_3 her. Diese Zwischenerzeugnisse werden in der zweiten Produktionsstufe zu zwei Enderzeugnissen E_1 und E_2 weiterverarbeitet. Der jeweilige Materialbedarf ist im folgenden Diagramm dargestellt. Dabei geben die Zahlen an den Pfeilen an, wie viele Einheiten jeweils für ein neues Erzeugnis verbraucht werden.

In der Realität sind Produktionsprozesse viel komplexer. Überlege, inwiefern hier starke Einschränkungen vorgenommen sind.

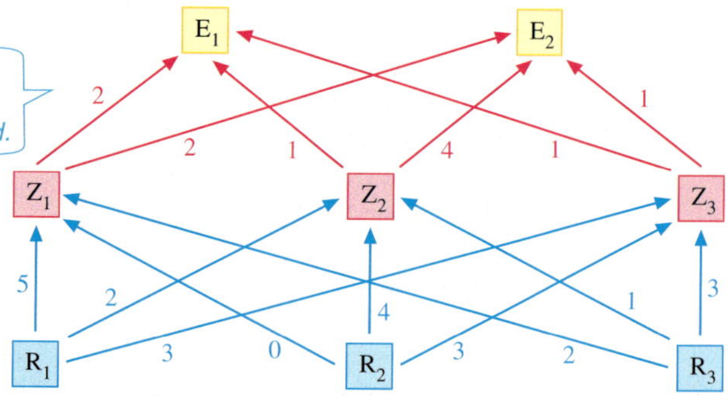

a) Stelle den Materialverbrauch für jede Produktionsstufe als Matrix dar.

b) Berechne wie viele Rohstoffeinheiten jeweils für die Herstellung einer Mengeneinheit E_1 bzw. einer Mengeneinheit E_2 benötigt werden.

Lineare Gleichungssysteme und Matrizen

CAS **10.**

Löse das lineare Gleichungssystem $\mathbf{A} \cdot \vec{x} = \vec{b}$ mithilfe eines Computeralgebrasystems.

a) $\mathbf{A} = \begin{pmatrix} 3 & 2 \\ 1 & 1 \end{pmatrix}$, $\vec{b} = \begin{pmatrix} 5 \\ 1 \end{pmatrix}$

b) $\mathbf{A} = \begin{pmatrix} -2 & 2 & 3 \\ 6 & -3 & -6 \\ 4 & -1 & -3 \end{pmatrix}$, $\vec{b} = \begin{pmatrix} -7 \\ 15 \\ -8 \end{pmatrix}$

c) $\mathbf{A} = \begin{pmatrix} 2 & 6 & 9 \\ 9 & -6 & 2 \\ 6 & 7 & -6 \end{pmatrix}$, $\vec{b} = \begin{pmatrix} 28 \\ -17 \\ -4 \end{pmatrix}$

d) $\mathbf{A} = \begin{pmatrix} -2 & 3 & 1 \\ 1 & 2 & -2 \end{pmatrix}$, $\vec{b} = \begin{pmatrix} 0 \\ 0 \end{pmatrix}$

1. Gleichungssystem in Matrizenschreibweise eingeben.

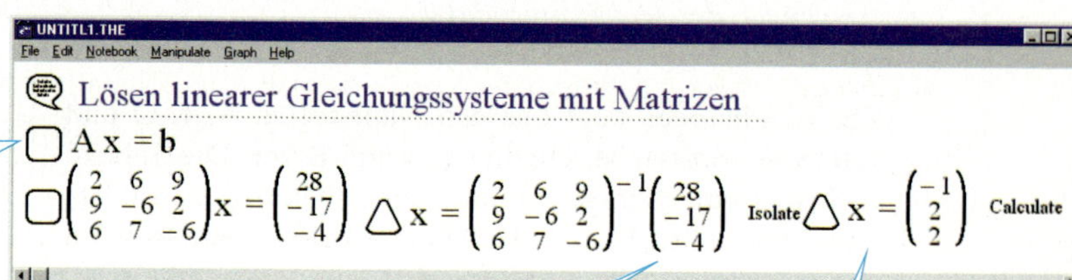

2. Das CAS stellt die Matrizengleichung nach dem Vektor x um (Isolate). Dabei wird die inverse Matrix A^{-1} verwendet, vergleiche hierzu auch Information (2) (c) und (d) von Seite 320.

3. Das CAS berechnet den Lösungsvektor x (Calculate).

CAS **11.**

Notiere die Koeffizientenmatrix **A** und den Vektor $\vec{b}$ und löse das Gleichungssystem mithilfe eines Computeralgebrasystems.

a) $\begin{aligned} 2x_1 + 2x_2 + x_3 &= 5 \\ 2x_1 - x_2 - 2x_3 &= -7 \\ -x_1 + 2x_2 - 2x_3 &= -13 \end{aligned}$

b) $\begin{aligned} x_1 + 3x_2 - x_3 &= 4 \\ 2x_1 + x_2 - 2x_3 &= 0 \end{aligned}$

c) $\begin{aligned} 3u + 4x - 5y + 6z &= 39 \\ 6u + 5x - 6y + 5z &= 43 \\ 9u - 4x + 2y + 3z &= 6 \\ 2x - 3y + z &= 13 \end{aligned}$

11.3 Rechengesetze für die Multiplikation von Matrizen

Das Rechnen mit Matrizen lässt sich ebenso wie das Rechnen mit reellen Zahlen häufig durch geschicktes Anwenden von Rechengesetzen erheblich vereinfachen. Allerdings ist Vorsicht geboten, die Gesetze, die wir vom Rechnen mit reellen Zahlen kennen, auf das Rechnen mit Matrizen zu übertragen.
So lässt sich unter Umständen beispielsweise manchmal das Produkt $\mathbf{A} \cdot \mathbf{B}$, aber nicht das Produkt $\mathbf{B} \cdot \mathbf{A}$ bilden.
Selbst wenn sich beide Produkte $\mathbf{A} \cdot \mathbf{B}$ und $\mathbf{B} \cdot \mathbf{A}$ bilden lassen, kann dennoch $\mathbf{A} \cdot \mathbf{B} \neq \mathbf{B} \cdot \mathbf{A}$ sein.
Das Kommutativgesetz (Vertauschungsgesetz) gilt für das Multiplizieren von Matrizen nicht.

> *Rechne nach:*
> $\begin{pmatrix} 1 & 1 \\ 0 & 0 \end{pmatrix} \cdot \begin{pmatrix} 1 & 0 \\ 1 & 0 \end{pmatrix} \neq \begin{pmatrix} 1 & 0 \\ 1 & 0 \end{pmatrix} \cdot \begin{pmatrix} 1 & 1 \\ 0 & 0 \end{pmatrix}$

Wir wollen im Folgenden exemplarisch für die verschiedenen weiteren Gesetze für das Rechnen mit Matrizen das sogenannte Assoziativgesetz behandeln.
Wir zeigen, dass ein Assoziativgesetz in der Matrizenrechnung in der Tat gilt, d.h. dass für drei Matrizen **A**, **B**, **C** stets gilt: $(\mathbf{A} \cdot \mathbf{B}) \cdot \mathbf{C} = \mathbf{A} \cdot (\mathbf{B} \cdot \mathbf{C})$
(sofern sich diese Produkte überhaupt bilden lassen).
Wir wollen dieses an einem konkreten *Anwendungsbeispiel* zeigen und erklären dabei die Gleichheit $(\mathbf{A} \cdot \mathbf{B}) \cdot \mathbf{C} = \mathbf{A} \cdot (\mathbf{B} \cdot \mathbf{C})$ lediglich aus dem *Sachverhalt* des Anwendungsbeispiels heraus, ohne auf die konkreten Zahlenwerte zurückzugreifen und zu rechnen.
Auf diese Weise erhält die gewonnene Aussage $(\mathbf{A} \cdot \mathbf{B}) \cdot \mathbf{C} = \mathbf{A} \cdot (\mathbf{B} \cdot \mathbf{C})$ Allgemeingültigkeit.

Aufgabe 1 *Assoziativgesetz für die Multiplikation von Matrizen*
In einem Betrieb ist der Produktionsprozess zweistufig.
In der *ersten* Produktionsstufe werden aus zwei Rohstoffen R_1 und R_2 drei Zwischenerzeugnisse Z_1, Z_2 und Z_3 hergestellt.
Die Verbrauchsmengen werden dabei durch die Matrix $\mathbf{A} = \begin{pmatrix} 2 & 4 & 3 \\ 3 & 1 & 2 \end{pmatrix}$ beschrieben.
In der *zweiten* Produktionsstufe werden aus den drei Zwischenerzeugnissen Z_1, Z_2 und Z_3 zwei Enderzeugnisse E_1 und E_2 hergestellt. Die zugehörige Verbrauchsmengenmatrix für die zweite Produktionsstufe lautet: $\mathbf{B} = \begin{pmatrix} 2 & 3 \\ 1 & 3 \\ 2 & 1 \end{pmatrix}$.
Die Anzahlen der von vier Kunden in Auftrag gegebenen Enderzeugnisse E_1 und E_2 sind in der Matrix $\mathbf{C} = \begin{pmatrix} 40 & 90 & 80 & 50 \\ 50 & 0 & 50 & 70 \end{pmatrix}$ ausgewiesen.
Berechne auf zwei Arten den Rohstoffverbrauch für die einzelnen Kundenaufträge:

1. Weg: Berechne zunächst, welche Rohstoffmengen für die Produktion *eines* Enderzeugnisses E_1 bzw. E_2 benötigt werden.

2. Weg: Berechne zunächst, wie viel Zwischenerzeugnisse für die in Auftrag gegebenen Enderzeugnisse benötigt werden.

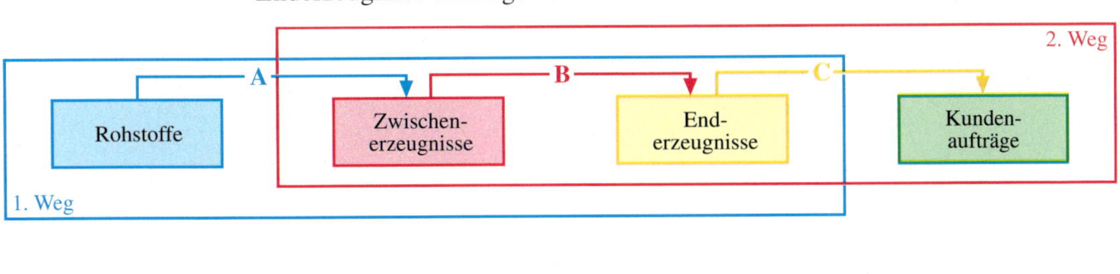

Lösung

1. Weg:
Wir berechnen zunächst, welche Rohstoffmengen für die Produktion eines Enderzeugnisses E_1 bzw. E_2 benötigt werden. Anschließend berechnen wir, welche Rohstoffmengen für die Abwicklung der einzelnen Kundenaufträge benötigt werden.

Um zu berechnen, welche Rohstoffmengen für die Produktion *eines* Enderzeugnisses E_1 bzw. E_2 benötigt werden, müssen wir die Matrizen **A** und **B** miteinander multiplizieren:

$$\mathbf{A}\cdot\mathbf{B}=\begin{pmatrix}2&4&3\\3&1&2\end{pmatrix}\cdot\begin{pmatrix}2&3\\1&3\\2&1\end{pmatrix}$$

Die Produktmatrix $\mathbf{A}\cdot\mathbf{B}$ gibt direkt die Verbrauchsmengen der Rohstoffe R_1 und R_2 für ein einzelnes Enderzeugnis E_1 bzw. E_2 an.

Multipliziert man daher diese Produktmatrix mit der Matrix der Kundenaufträge **C**, so gibt das Produkt $(\mathbf{A}\cdot\mathbf{B})\cdot\mathbf{C}$ den Rohstoffverbrauch für die einzelnen Kundenaufträge an:

$(\mathbf{A}\cdot\mathbf{B})\cdot\mathbf{C}$

$$=\left(\begin{pmatrix}2&4&3\\3&1&2\end{pmatrix}\cdot\begin{pmatrix}2&3\\1&3\\2&1\end{pmatrix}\right)\cdot\begin{pmatrix}40&90&80&50\\50&0&50&70\end{pmatrix}$$

2. Weg
Wir berechnen zunächst, wie viel Zwischenerzeugnisse für die jeweils in Auftrag gegebenen Enderzeugnisse benötigt werden. Anschließend berechnen wir, welche Rohstoffmengen für die Herstellung dieser Zwischenerzeugnisse benötigt werden.

Um zu berechnen, wie viele Zwischenerzeugnisse für die Abwicklung der jeweiligen Kundenaufträge benötigt werden, müssen wir die Matrizen **B** und **C** miteinander multiplizieren:

$$\mathbf{B}\cdot\mathbf{C}=\begin{pmatrix}2&3\\1&3\\2&1\end{pmatrix}\cdot\begin{pmatrix}40&90&80&50\\50&0&50&70\end{pmatrix}$$

Die Produktmatrix $\mathbf{B}\cdot\mathbf{C}$ gibt an, wie viel Zwischenerzeugnisse für die Erfüllung der einzelnen Kundenaufträge benötigt werden.

Multipliziert man daher diese Produktmatrix mit der Matrix **A**, die den Rohstoffverbrauch für die Zwischenerzeugnisse angibt, so gibt das Produkt $\mathbf{A}\cdot(\mathbf{B}\cdot\mathbf{C})$ den Rohstoffverbrauch für die einzelnen Kundenaufträge an:

$\mathbf{A}\cdot(\mathbf{B}\cdot\mathbf{C})$

$$=\begin{pmatrix}2&4&3\\3&1&2\end{pmatrix}\cdot\left(\begin{pmatrix}2&3\\1&3\\2&1\end{pmatrix}\cdot\begin{pmatrix}40&90&80&50\\50&0&50&70\end{pmatrix}\right)$$

Wir haben auf zwei Wege die Matrix für den Rohstoffverbrauch für die einzelnen Kundenaufträge berechnet.
Das Ergebnis ist vom Rechenweg unabhängig.
Ohne die Produkte jetzt konkret auszurechnen, können wir somit sagen, dass beide Ergebnisse übereinstimmen müssen.
Es muss also *unabhängig von den konkreten Zahlen* gelten: $(\mathbf{A}\cdot\mathbf{B})\cdot\mathbf{C}=\mathbf{A}\cdot(\mathbf{B}\cdot\mathbf{C})$
Um den Verbrauch nun konkret zu ermitteln, muss man eines der Produkte $(\mathbf{A}\cdot\mathbf{B})\cdot\mathbf{C}$ oder $\mathbf{A}\cdot(\mathbf{B}\cdot\mathbf{C})$ ausrechnen.
Wir führen die Rechnung für beide Produkte durch und stellen erwartungsgemäß fest, dass das Ergebnis gleich ist:

$(\mathbf{A}\cdot\mathbf{B})\cdot\mathbf{C}$

$$=\left(\begin{pmatrix}2&4&3\\3&1&2\end{pmatrix}\cdot\begin{pmatrix}2&3\\1&3\\2&1\end{pmatrix}\right)\cdot\begin{pmatrix}40&90&80&50\\50&0&50&70\end{pmatrix}$$

$$=\begin{pmatrix}14&21\\11&14\end{pmatrix}\cdot\begin{pmatrix}40&90&80&50\\50&0&50&70\end{pmatrix}$$

$$=\begin{pmatrix}1\,610&1\,260&2\,170&2\,170\\1\,140&990&1\,580&1\,530\end{pmatrix}$$

$\mathbf{A}\cdot(\mathbf{B}\cdot\mathbf{C})$

$$=\begin{pmatrix}2&4&3\\3&1&2\end{pmatrix}\cdot\left(\begin{pmatrix}2&3\\1&3\\2&1\end{pmatrix}\cdot\begin{pmatrix}40&90&80&50\\50&0&50&70\end{pmatrix}\right)$$

$$=\begin{pmatrix}2&4&3\\3&1&2\end{pmatrix}\cdot\begin{pmatrix}230&180&310&310\\190&90&230&260\\130&180&210&170\end{pmatrix}$$

$$=\begin{pmatrix}1\,610&1\,260&2\,170&2\,170\\1\,140&990&1\,580&1\,530\end{pmatrix}$$

Weiterführende Aufgaben

2. *Verbindung von Multiplikation und Addition – Distributivgesetze*
Ein Betrieb stellt zwei Erzeugnisse P und Q her. Pro hergestellter Mengeneinheit von P bzw. Q fallen Materialkosten und Fertigungskosten entsprechend der folgenden Kostenmatrix an:

	Erzeugnis P	Erzeugnis Q
Materialkosten	25	35
Fertigungskosten	40	30

Für das erste Halbjahr bzw. das zweite Halbjahr wurden für drei Kunden folgende Aufträge ausgeführt:

1. Halbjahr

	Kunde X	Kunde Y	Kunde Z
Erzeugnis P	50	40	30
Erzeugnis Q	25	40	60

2. Halbjahr

	Kunde X	Kunde Y	Kunde Z
Erzeugnis P	15	10	20
Erzeugnis Q	25	20	0

Bezeichne mit $\mathbf{A} = \begin{pmatrix} 25 & 35 \\ 40 & 30 \end{pmatrix}$ die Kostenmatrix und mit $\mathbf{B}_1 = \begin{pmatrix} 50 & 40 & 30 \\ 25 & 40 & 60 \end{pmatrix}$ bzw. $\mathbf{B}_2 = \begin{pmatrix} 15 & 10 & 20 \\ 25 & 20 & 0 \end{pmatrix}$ die Bestellmatrizen.
Berechne auf zwei Arten, wie viel Materialkosten und wie viel Fertigungskosten den einzelnen Kunden für das gesamte Jahr zuzurechnen sind.
Formuliere anschließend das entsprechende Rechengesetz für die Verbindung von Multiplikation und Addition bei Matrizen.

3. *Einheitsmatrix*
Beim Multiplizieren reeller Zahlen bewirkt die 1 nichts: Es ist stets $1 \cdot a = a$ und $a \cdot 1 = a$ für alle $a \in \mathbb{R}$. Man nennt die Zahl 1 *neutral bezüglich der Multiplikation* reeller Zahlen.

a) Was ist entsprechend unter einer Matrix zu verstehen, die neutral bezüglich der Matrizenmultiplikation ist?

Bei E_3 gibt die 3 die Zeilen- und Spaltenzahl an

b) Zeige, dass die Matrix $\mathbf{E}_3 = \begin{pmatrix} 1 & 0 & 0 \\ 0 & 1 & 0 \\ 0 & 0 & 1 \end{pmatrix}$ neutral bezüglich der Multiplikation ist.
Weil sich die Matrix $\mathbf{E}_3$ bei der Matrizenmultiplikation entsprechend verhält wie die Zahl 1 beim Multiplizieren reeller Zahlen, nennt man $\mathbf{E}_3$ eine Einheitsmatrix.

c) Versuche, das Ergebnis aus Teilaufgabe b) zu verallgemeinern.

4. *Zueinander inverse Matrizen*
Es ist $\mathbf{A} = \begin{pmatrix} 2 & 1 \\ -1 & -1 \end{pmatrix}$ und $\mathbf{B} = \begin{pmatrix} 1 & 1 \\ -1 & -2 \end{pmatrix}$. Berechne $\mathbf{A} \cdot \mathbf{B}$ und $\mathbf{B} \cdot \mathbf{A}$. Was fällt auf?

Information **(1) Assoziativgesetz der Multiplikation**

Das mit der Lösung der Aufgabe 1 gewonnene Ergebnis bezüglich der Multiplikation von Matrizen lässt sich verallgemeinern. Die Gleichung $\mathbf{A} \cdot (\mathbf{B} \cdot \mathbf{C}) = (\mathbf{A} \cdot \mathbf{B}) \cdot \mathbf{C}$ ergab sich aus dem *Sachverhalt* der Aufgabe. Sie hängt daher nicht von den konkreten Zahlenwerten der Matrizen ab. Umgekehrt können wir uns zu beliebigen Produkten $\mathbf{A} \cdot (\mathbf{B} \cdot \mathbf{C})$ und $(\mathbf{A} \cdot \mathbf{B}) \cdot \mathbf{C}$ entsprechende Sachverhalte denken. Daher gilt allgemein das *Assoziativgesetz*: $\mathbf{A} \cdot (\mathbf{B} \cdot \mathbf{C}) = (\mathbf{A} \cdot \mathbf{B}) \cdot \mathbf{C}$,
sofern sich die Matrizenprodukte überhaupt bilden lassen.

(2) Gesetze für die Multiplikation von Matrizen

(a) Für Matrizen **A**, **B**, **C** gilt stets

$(\mathbf{A}\cdot\mathbf{B})\cdot\mathbf{C} = \mathbf{A}\cdot(\mathbf{B}\cdot\mathbf{C})$, (Assoziativgesetz)

$(\mathbf{A}+\mathbf{B})\cdot\mathbf{C} = \mathbf{A}\cdot\mathbf{C}+\mathbf{B}\cdot\mathbf{C}$, (Distributivgesetz I)

$\mathbf{A}\cdot(\mathbf{B}+\mathbf{C}) = \mathbf{A}\cdot\mathbf{B}+\mathbf{A}\cdot\mathbf{C}$, (Distributivgesetz II)

$(r\cdot\mathbf{A})\cdot(s\cdot\mathbf{B}) = (r\cdot s)\cdot(\mathbf{A}\cdot\mathbf{B})$, wobei $r, s \in \mathbb{R}$,

falls sich die Matrizenterme überhaupt bilden lassen.

vgl. Aufg. 8

(b) Im allgemeinen ist $\mathbf{A}\cdot\mathbf{B} \neq \mathbf{B}\cdot\mathbf{A}$, falls sich die beiden Produkte überhaupt bilden lassen.

(c) *Einheitsmatrix*

Eine quadratische $n \times n$-Matrix $\mathbf{E_n} = \begin{pmatrix} 1 & 0 & \dots & 0 & 0 \\ 0 & 1 & \dots & 0 & 0 \\ \vdots & & \ddots & & \vdots \\ 0 & 0 & \dots & 1 & 0 \\ 0 & 0 & \dots & 0 & 1 \end{pmatrix}$ nennt man eine **Einheitsmatrix.**

Für jede $m \times n$-Matrix **A**, und jede $n \times m$-Matrix **B** gilt: $\mathbf{A}\cdot\mathbf{E_n} = \mathbf{A}$ und $\mathbf{E_m}\cdot\mathbf{B} = \mathbf{B}$.

(d) *Zueinander inverse Matrizen*

Zwei quadratische $n \times n$-Matrizen **A** und **B** mit $\mathbf{A}\cdot\mathbf{B} = \mathbf{E_n}$ und $\mathbf{B}\cdot\mathbf{A} = \mathbf{E_n}$ heißen **invers** zueinander.

vgl. Aufgabe 4

Übungsaufgaben

5.

Berechne möglichst einfach.

a) $\begin{pmatrix} 2 & -1 \\ 5 & 2 \end{pmatrix} \cdot \begin{pmatrix} 4 & 0 & 3 \\ 2 & -1 & 3 \end{pmatrix} + \begin{pmatrix} 3 & 1 \\ -5 & -4 \end{pmatrix} \cdot \begin{pmatrix} 4 & 0 & 3 \\ 2 & -1 & 3 \end{pmatrix}$

b) $\begin{pmatrix} 2 & 0 \\ 4 & -1 \\ 1 & 2 \end{pmatrix} \cdot \begin{pmatrix} 3 \\ 5 \end{pmatrix} - \begin{pmatrix} 2 & 0 \\ 4 & -1 \\ 1 & 2 \end{pmatrix} \cdot \begin{pmatrix} -2 \\ 3 \end{pmatrix}$

c) $\left(\begin{pmatrix} 2 & 1 & 5 \\ 4 & -5 & 7 \\ -8 & 5 & 1 \end{pmatrix} \cdot \begin{pmatrix} 3 & 2 & 4 \\ 5 & -3 & -1 \\ -2 & 0 & 1 \end{pmatrix} \right) \cdot \begin{pmatrix} 1 & 0 & 0 \\ 0 & 0 & 0 \\ 0 & 0 & 0 \end{pmatrix}$

d) $\begin{pmatrix} 3\sqrt{2} & 0 \\ 2\sqrt{2} & -4\sqrt{2} \end{pmatrix} \cdot \begin{pmatrix} 1 & 3 & 0 & -3 \\ -5 & 4 & -5 & 1 \end{pmatrix}$

e) $\begin{pmatrix} 0 & -1 \\ 0 & 0 \end{pmatrix} \cdot \left(\begin{pmatrix} 2 & 1 \\ 3 & -2 \end{pmatrix} \cdot \begin{pmatrix} 1 & 0 & 4 \\ -1 & 2 & -1 \end{pmatrix} \right)$

f) $\begin{pmatrix} -\frac{3}{7} & \frac{2}{7} & -\frac{1}{7} \\ \frac{4}{7} & -\frac{1}{7} & \frac{2}{7} \\ \frac{3}{7} & \frac{1}{7} & \frac{1}{7} \end{pmatrix} \cdot \begin{pmatrix} 2 & -1 \\ 0 & 5 \\ -1 & 3 \end{pmatrix}$

6.

Finde zur folgenden Gleichung einen konkreten Sachverhalt.
Begründe dann die Gleichung aus diesem Sachverhalt.

$$\begin{pmatrix} 2 & 4 \\ 1 & 1 \end{pmatrix} \cdot \begin{pmatrix} 10 \\ 15 \end{pmatrix} + \begin{pmatrix} 3 & 1 \\ 2 & 1 \end{pmatrix} \cdot \begin{pmatrix} 10 \\ 15 \end{pmatrix} = \left(\begin{pmatrix} 2 & 4 \\ 1 & 1 \end{pmatrix} + \begin{pmatrix} 3 & 1 \\ 2 & 1 \end{pmatrix} \right) \cdot \begin{pmatrix} 10 \\ 15 \end{pmatrix}$$

7.

Zeige, dass es Matrizen gibt, die neutral bezüglich der Addition sind.

8.

Berechne $\mathbf{A}\cdot\mathbf{B}$ und $\mathbf{B}\cdot\mathbf{A}$ und vergleiche.

a) $\mathbf{A} = \begin{pmatrix} 1 & 3 \\ 0 & -2 \end{pmatrix}$, $\mathbf{B} = \begin{pmatrix} 2 & 1 \\ -1 & 4 \end{pmatrix}$

b) $\mathbf{A} = \begin{pmatrix} -2 & 1 \\ 3 & 1 \end{pmatrix}$, $\mathbf{B} = \begin{pmatrix} 4 & -1 \\ -3 & 1 \end{pmatrix}$

c) $\mathbf{A} = \begin{pmatrix} 3 & 2 & -7 \\ 0 & -5 & 6 \\ 8 & 5 & 2 \end{pmatrix}$, $\mathbf{B} = \begin{pmatrix} 1 & 0 & 0 \\ 0 & 1 & 0 \\ 0 & 0 & 1 \end{pmatrix}$

d) $\mathbf{A} = \begin{pmatrix} 2 & 0 & 0 \\ 0 & -1 & 0 \\ 0 & 0 & 1 \end{pmatrix}$, $\mathbf{B} = \begin{pmatrix} 1 & 3 & 4 \\ -2 & 8 & 6 \\ 12 & 2 & -5 \end{pmatrix}$

9.
Zeige, dass die Matrizen **A** und **B** zueinander invers sind.

a) $\mathbf{A} = \begin{pmatrix} 1 & -3 \\ 1 & -4 \end{pmatrix}$, $\mathbf{B} = \begin{pmatrix} 4 & -3 \\ 1 & -1 \end{pmatrix}$ **b)** $\mathbf{A} = \begin{pmatrix} -1 & 2 & 0 \\ 0 & -1 & 1 \\ 1 & 1 & 1 \end{pmatrix}$, $\mathbf{B} = \frac{1}{4}\begin{pmatrix} -2 & -2 & 2 \\ 1 & -1 & 1 \\ 1 & 3 & 1 \end{pmatrix}$

10.
Es ist $\mathbf{A} = \begin{pmatrix} 0 & 1 \\ 1 & 0 \end{pmatrix}$. Bestimme alle Matrizen **B** mit $\mathbf{A} \cdot \mathbf{B} = \mathbf{B} \cdot \mathbf{A}$. Setze dazu $\mathbf{B} = \begin{pmatrix} a & b \\ c & d \end{pmatrix}$ und bestimme die Elemente von **B** aus der Gleichung $\mathbf{A} \cdot \mathbf{B} = \mathbf{B} \cdot \mathbf{A}$.

11.
Es ist $\mathbf{A} = \begin{pmatrix} 3 & 1 \\ -2 & -1 \end{pmatrix}$. Bestimme **B** so, dass **A** und **B** invers zueinander sind. Setze dazu $\mathbf{B} = \begin{pmatrix} a & b \\ c & d \end{pmatrix}$ und bestimme die Elemente von **B** aus der Gleichung $\mathbf{A} \cdot \mathbf{B} = \mathbf{E_2}$.

12.
In einem dreistufigen Produktionsprozess werden aus 4 Rohstoffen R_1, R_2, R_3 und R_4 in einer ersten Stufe zunächst drei Zwischenprodukte Z_1, Z_2 und Z_3 hergestellt, die dann in einer zweiten Produktionsstufe zu drei neuen Zwischenprodukten X_1, X_2 und X_3 weiterverarbeitet werden. Diese werden dann in der letzten Produktionsstufe zu zwei Enderzeugnissen E_1 und E_2 verarbeitet.

Die zugehörigen Produktionsmatrizen sind: $\mathbf{A} = \begin{pmatrix} 1 & 2 & 2 \\ 0 & 2 & 1 \\ 2 & 1 & 2 \\ 1 & 3 & 1 \end{pmatrix}$, $\mathbf{B} = \begin{pmatrix} 0 & 1 & 1 \\ 1 & 0 & 2 \\ 2 & 1 & 1 \end{pmatrix}$ und $\mathbf{C} = \begin{pmatrix} 2 & 2 \\ 3 & 1 \\ 4 & 2 \end{pmatrix}$.

a) Stelle den Materialverbrauch für die drei Produktionsstufen in einem Schaubild dar.

b) Bestimme diejenige Matrix, die direkt die Verbrauchsbeziehung zwischen den Enderzeugnissen E_1, E_2 und den erforderlichen Rohstoffmengen R_1, R_2, R_3, R_4 angibt.

▲ **13.**
Mithilfe der Matrizenrechnung kann man Nachrichten verschlüsseln.
Dazu ordnet man den Buchstaben des Alphabets Zahlen zu, wobei keinen zwei Buchstaben dieselbe Zahl zugeordnet wird, z. B.

A	B	C	D	E	F	G	H	…	P	Q	R	S	T	U	V	W	X	Y	Z
1	2	3	4	5	6	7	8	…	16	17	18	19	20	21	22	23	24	25	26

Mittels zweier zueinander inverser Matrizen **A** und **B** kann man folgendermaßen Nachrichten verschlüsseln und wieder entschlüsseln:
Wähle z. B. $\mathbf{A} = \begin{pmatrix} -1 & 2 \\ -1 & 1 \end{pmatrix}$, $\mathbf{B} = \begin{pmatrix} 1 & -2 \\ 1 & -1 \end{pmatrix}$.
Mit der Matrix **A** wird der Klartext verschlüsselt:

Klartext	Zahlencode	***Verschlüsselung***	Chiffre
COMPUTER	(3 | 15 | 13 | 16 | 21 | 20 | 5 | 18)	$\begin{pmatrix} -1 & 2 \\ -1 & 1 \end{pmatrix} \cdot \begin{pmatrix} 3 & 13 & 21 & 5 \\ 15 & 16 & 20 & 18 \end{pmatrix} =$	$\begin{pmatrix} 27 & 19 & 19 & 31 \\ 12 & 3 & -1 & 13 \end{pmatrix}$

Mit der Matrix **B** wird die Chiffre entschlüsselt:

Chiffre	***Entschlüsselung***	Zahlencode	Klartext
$\begin{pmatrix} 27 & 19 & 19 & 31 \\ 12 & 3 & -1 & 13 \end{pmatrix}$	$\begin{pmatrix} 1 & -2 \\ 1 & -1 \end{pmatrix} \cdot \begin{pmatrix} 27 & 19 & 19 & 31 \\ 12 & 3 & -1 & 13 \end{pmatrix} = \begin{pmatrix} 3 & 13 & 21 & 5 \\ 15 & 16 & 20 & 18 \end{pmatrix}$	(3 | 15 | 13 | 16 | 21 | 20 | 5 | 18)	COMPUTER

a) Zeige, dass die Matrizen **A** und **B** invers zueinander sind.

b) Begründe, dass man mit der Matrix **A** verschlüsselte Texte mit **B** entschlüsseln kann.

c) Verschlüssele folgenden Text: SPIONAGE.

d) Entschlüssele folgende Chiffre: $\begin{pmatrix} 3 & 2 & 17 \\ -2 & -3 & 4 \end{pmatrix}$.

11.4 Abbildungen und Matrizen

Textverarbeitungsprogramme haben in der Regel Unterprogramme zur Gestaltung von Schriften. So können Buchstaben gespiegelt, gedreht, gestreckt oder verzerrt werden, um einen besonderen ästhetischen Reiz hervorzurufen.
Im Folgenden sollen solche *geometrische Abbildungen* in der Ebene und auch im Raum algebraisch dargestellt werden.

11.4.1 Abbildungen in der Ebene

Bereits in Abschnitt 8.3 haben wir gesehen, dass sich jede Verschiebung durch einen Vektor $\vec{v} = \begin{pmatrix} v_1 \\ v_2 \\ v_3 \end{pmatrix}$ beschreiben lässt. Seine Koordinaten geben an, wie man zu jedem Punkt $P(x_1 | x_2 | x_3)$ den Ortsvektor des Bildpunktes P′ bei der Verschiebung berechnet: $\overrightarrow{OP'} = \begin{pmatrix} x_1 + v_1 \\ x_2 + v_2 \\ x_3 + v_3 \end{pmatrix}$. Wir untersuchen nun weitere einfache Abbildungen in der Ebene, die uns bereits aus dem Unterricht in der Sekundarstufe I bekannt sind, wie z. B. die Spiegelung an einer Geraden oder die Drehung um einen Punkt. *Aus Gründen der Vereinfachung beschränken wir uns dabei auf Spiegelungen an Geraden durch den Koordinatenursprung und auf Drehungen um den Koordinatenursprung.* Es soll nun an einem Beispiel gezeigt werden, wie sich eine Spiegelung an einer Ursprungsgeraden algebraisch durch eine Matrix beschreiben lässt.

Aufgabe 1 *Abbildungsmatrix zu einer Spiegelung an einer Ursprungsgeraden*

a) Ein Punkt P mit dem Ortsvektor $\overrightarrow{OP} = \binom{x_p}{y_p}$ wird an einer Geraden gespiegelt. Gib jeweils den Ortsvektor des Bildpunktes P′ von P für die folgenden Fälle an.
(1) Spiegelung an der 1. Achse
(2) Spiegelung an der 2. Achse
(3) Spiegelung an der Geraden g: $\vec{x} = \lambda \cdot \binom{1}{1}$, $\lambda \in \mathbb{R}$.

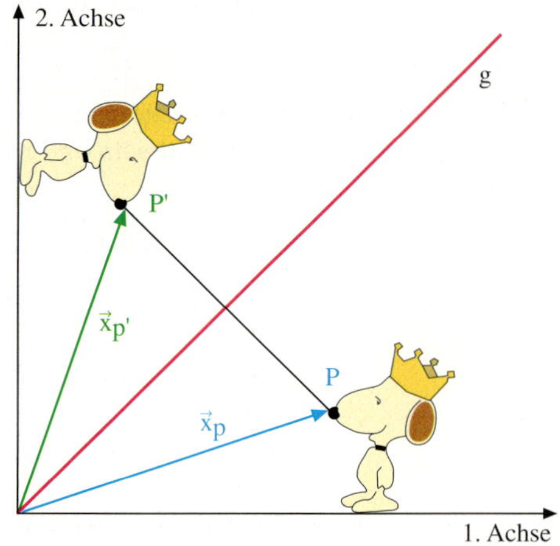

b) Eine Gerade g ist gegeben durch die Gleichung g: $\vec{x} = \lambda \cdot \binom{1}{2}$, $\lambda \in \mathbb{R}$.
Der Punkt P mit dem Ortsvektor $\overrightarrow{OP} = \binom{4}{3}$ wird an g gespiegelt.
Bestimme den Ortsvektor $\overrightarrow{OP'}$ des Bildpunktes P′.

c) Bestimme den Ortsvektor $\overrightarrow{OP'}$ des Bildpunktes P′ eines *beliebigen* Punktes P mit $\overrightarrow{OP} = \binom{x_p}{y_p}$ bei einer Spiegelung an der Geraden g aus Teilaufgabe b).

Lösung

a) (1) Bei der Spiegelung an der ersten Achse ändert die zweite Koordinate von P ihr Vorzeichen. Daher ist $\overrightarrow{OP'} = \begin{pmatrix} x_P \\ -y_P \end{pmatrix}$.

(2) Bei der Spiegelung an der zweiten Achse ändert die erste Koordinate von P ihr Vorzeichen. Daher ist $\overrightarrow{OP'} = \begin{pmatrix} -x_P \\ y_P \end{pmatrix}$.

(3) Bei der Spiegelung an der Geraden g: $\vec{x} = \lambda \cdot \begin{pmatrix} 1 \\ 1 \end{pmatrix}$ werden die Koordinaten von P vertauscht. Daher ist $\overrightarrow{OP'} = \begin{pmatrix} y_P \\ x_P \end{pmatrix}$.

b) Es sei l die Lotgerade von P auf g und S sei der Schnittpunkt von l und g. Da g und l zueinander orthogonal sind und l den Punkt P(4 | 3) enthält, hat l die Parametergleichung l: $\overrightarrow{OX} = \begin{pmatrix} 4 \\ 3 \end{pmatrix} + \lambda \cdot \begin{pmatrix} 2 \\ -1 \end{pmatrix}$.

Das Skalarprodukt der Richtungsvektoren von g und l muss 0 sein.

Somit gilt für den Schnittpunkt S der beiden Geraden $\overrightarrow{OS} = \begin{pmatrix} 4 \\ 3 \end{pmatrix} + \lambda_S \cdot \begin{pmatrix} 2 \\ -1 \end{pmatrix}$ und für den Bildpunkt P′ von P: $\overrightarrow{OP'} = \begin{pmatrix} 4 \\ 3 \end{pmatrix} + 2 \cdot \lambda_S \cdot \begin{pmatrix} 2 \\ -1 \end{pmatrix}$ mit einem Parameterwert $\lambda_S \in \mathbb{R}$ von S.

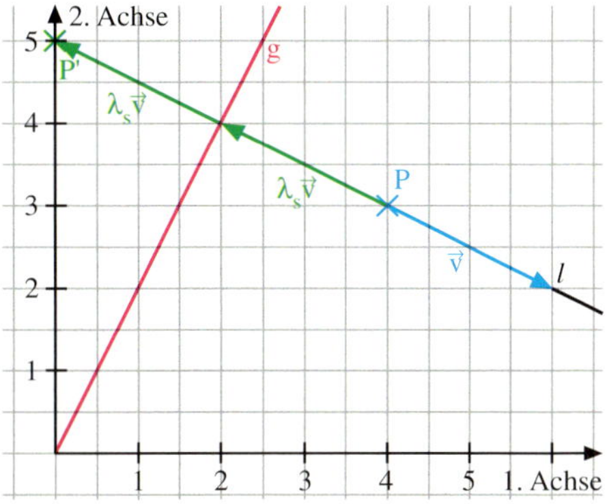

Für den Schnittpunkt S von l und g erhält man: $\lambda_S = -1$.

Daher ist $\overrightarrow{OP'} = \begin{pmatrix} 4 \\ 3 \end{pmatrix} + (-2) \cdot \begin{pmatrix} 2 \\ -1 \end{pmatrix} = \begin{pmatrix} 0 \\ 5 \end{pmatrix}$.

c) Mit den gleichen Bezeichnungen wie in Teilaufgabe b) berechnen wir den Ortsvektor $\overrightarrow{OP'}$ des Bildpunktes P′ eines *beliebigen* Punktes P mit $\overrightarrow{OP} = \begin{pmatrix} x_P \\ y_P \end{pmatrix}$. Die Lotgerade ist dann durch l: $\vec{x} = \begin{pmatrix} x_P \\ y_P \end{pmatrix} + \lambda \cdot \begin{pmatrix} 2 \\ -1 \end{pmatrix}$ bestimmt, und es gilt entsprechend $\overrightarrow{OS} = \begin{pmatrix} x_P \\ y_P \end{pmatrix} + \lambda_S \cdot \begin{pmatrix} 2 \\ -1 \end{pmatrix}$ und $\overrightarrow{OP'} = \begin{pmatrix} x_P \\ y_P \end{pmatrix} + 2 \cdot \lambda_S \cdot \begin{pmatrix} 2 \\ -1 \end{pmatrix}$ mit einem Parameter $\lambda_S \in \mathbb{R}$.

Aus den Parameterdarstellungen von g und l erhält man für den Schnittpunkt S: $\lambda_S = -\frac{2}{5}x_P + \frac{1}{5}y_P$. Somit ist $\overrightarrow{OP'} = \begin{pmatrix} x_P \\ y_P \end{pmatrix} + 2 \cdot \left(-\frac{2}{5}x_P + \frac{1}{5}y_P\right) \cdot \begin{pmatrix} 2 \\ -1 \end{pmatrix} = \begin{pmatrix} -\frac{3}{5}x_P + \frac{4}{5}y_P \\ \frac{4}{5}x_P + \frac{3}{5}y_P \end{pmatrix}$.

Weiterführende Aufgaben

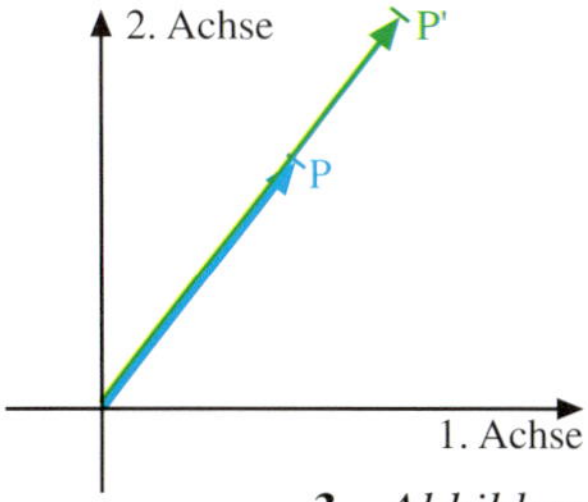

2. *Abbildungsmatrix einer zentrischen Streckung*

Der Koordinatenursprung sei Zentrum einer zentrischen Streckung in der Ebene mit dem Streckfaktor $k \in \mathbb{R}$.

Berechne für einen beliebigen Punkt $P(x_P \mid y_P)$ den Ortsvektor des Bildpunktes und zeige, dass die zugehörige Abbildungsmatrix die Matrix $k \cdot \mathbf{E}$ ist, wobei $\mathbf{E} = \begin{pmatrix} 1 & 0 \\ 0 & 1 \end{pmatrix}$ die Einheitsmatrix ist.

3. *Abbildungsmatrix und Bilder der Einheitsvektoren*

Ist $\mathbf{T}$ eine Abbildungsmatrix und $\vec{x}$ ein beliebiger Vektor, so nennt man den Vektor $\vec{x}' = \mathbf{T} \cdot \vec{x}$ *Bildvektor* des Vektors $\vec{x}$. Bestimme die Bildvektoren der Koordinateneinheitsvektoren $\vec{e}_1 = \begin{pmatrix} 1 \\ 0 \end{pmatrix}$ und $\vec{e}_2 = \begin{pmatrix} 0 \\ 1 \end{pmatrix}$ für die durch $\mathbf{T}$ vermittelte Abbildung.

a) $\mathbf{T} = \frac{1}{10} \cdot \begin{pmatrix} 8 & -3 \\ -3 & 8 \end{pmatrix}$ **b)** $\mathbf{T} = \frac{1}{2} \cdot \begin{pmatrix} 1 & \sqrt{3} \\ -\sqrt{3} & 1 \end{pmatrix}$ **c)** $\mathbf{T} = \begin{pmatrix} a & b \\ c & d \end{pmatrix}$

4. *Abbildungsmatrix einer Drehung um 90° [180°; 270°] um den Koordinatenursprung*

a) Ein Punkt P mit dem Ortsvektor $\overrightarrow{OP} = \begin{pmatrix} x_P \\ y_P \end{pmatrix}$ wird um den Koordinatenursprung um 90° gedreht.
Bestimme den Ortsvektor $\overrightarrow{OP'}$ des Bildpunktes P′.
Gib die Abbildungsmatrix für eine Drehung um 90° um den Koordinatenursprung an.

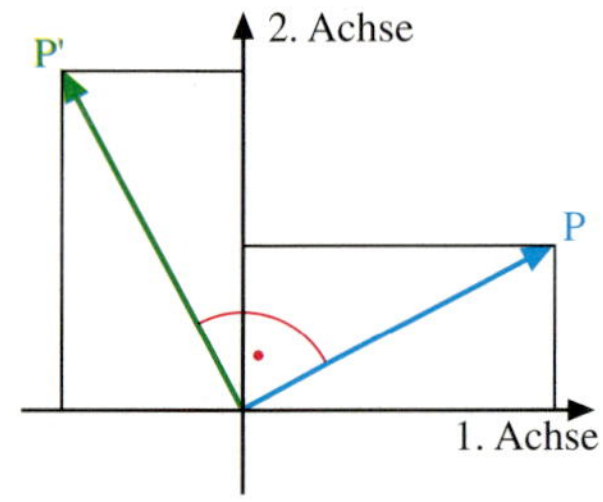

b) Bestimme die Abbildungsmatrix für eine Drehung um 180° [270°] um den Koordinatenursprung.

▲ **5.** *Abbildungsmatrix zur Drehung um einen beliebigen Winkel φ um den Koordinatenursprung*
Bestimme die Abbildungsmatrix für eine Drehung um den Winkel φ um den Koordinatenursprung.
Zeige dazu, dass der Punkt $P(x_P \mid y_P)$ den Ortsvektor $\overrightarrow{OP} = \begin{pmatrix} x_P \\ y_P \end{pmatrix} = \begin{pmatrix} r \cdot \cos\alpha \\ r \cdot \sin\alpha \end{pmatrix}$ hat, und berechne den Ortsvektor $\overrightarrow{OP'}$ unter Verwendung der Additionstheoreme:

$$\cos(\alpha + \varphi) = \cos(\alpha)\cos(\varphi) - \sin(\alpha)\sin(\varphi)$$

und $$\sin(\alpha + \varphi) = \sin(\alpha)\cos(\varphi) + \sin(\varphi)\cos(\alpha).$$

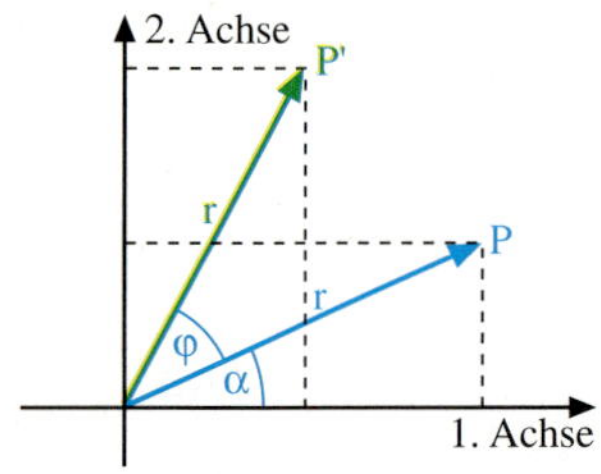

▲ **6.** *Verketten von Abbildungen*

Das Produkt von zwei Matrizen wurde in Abschnitt 11.2 auf Seite 311 eingeführt.

Ein Punkt P mit dem Ortsvektor $\overrightarrow{OP} = \begin{pmatrix} x_P \\ y_P \end{pmatrix}$ werde zunächst um 90° um den Ursprung gedreht und anschließend an der Geraden g: $\overrightarrow{OX} = \lambda \cdot \begin{pmatrix} 1 \\ 1 \end{pmatrix}$ gespiegelt.
Gib die Abbildungsmatrizen $\mathbf{T}_{90°}$ und $\mathbf{T}_g$ für die beiden Abbildungen an und berechne mithilfe der Abbildungsmatrizen die Ortsvektoren der Bildpunkte P′ und P″.
Bestimme die Abbildungsmatrix $\mathbf{T}_{ges}$ der *Verkettung* beider Abbildungen.
Zeige, dass $\mathbf{T}_{ges}$ das **Produkt** der Matrizen $\mathbf{T}_{90°}$ und $\mathbf{T}_g$ ist: $\mathbf{T}_{ges} = \mathbf{T}_g \cdot \mathbf{T}_{90°}$.

Information Wir fassen die Ergebnisse von Aufgabe 1 zusammen und geben als Verallgemeinerung die Abbildungsmatrix für eine Spiegelung an einer beliebigen Ursprungsgeraden g an.

(1) Abbildungsmatrix

In der Lösung zur Aufgabe 1 c) wurde gezeigt:
Wird ein Punkt P mit dem Ortsvektor $\overrightarrow{OP} = \begin{pmatrix} x_P \\ y_P \end{pmatrix}$ an der Geraden g: $\overrightarrow{OX} = \lambda \cdot \begin{pmatrix} 1 \\ 2 \end{pmatrix}$ gespiegelt, so hat der Bildpunkt P′ den Ortsvektor $\overrightarrow{OP'} = \begin{pmatrix} -\frac{3}{5}x_P + \frac{4}{5}y_P \\ \frac{4}{5}x_P + \frac{3}{5}y_P \end{pmatrix}$.

Fußnote auf S. 325 unten

Um den Zusammenhang zwischen dem Vektor $\overrightarrow{OP}$ und dem Bildvektor $\overrightarrow{OP'}$ übersichtlicher darzustellen, schreibt man den Vektor $\begin{pmatrix} -\frac{3}{5}x_P + \frac{4}{5}y_P \\ \frac{4}{5}x_P + \frac{3}{5}y_P \end{pmatrix}$ als **Produkt**[1] $\begin{pmatrix} -\frac{3}{5} & \frac{4}{5} \\ \frac{4}{5} & \frac{3}{5} \end{pmatrix} \cdot \begin{pmatrix} x_P \\ y_P \end{pmatrix}$.
Damit erhalten wir $\overrightarrow{OP'}$ als ein **Matrizenprodukt**, dessen rechter Faktor der Vektor $\overrightarrow{OP}$ ist: $\overrightarrow{OP'} = \begin{pmatrix} -\frac{3}{5}x_P + \frac{4}{5}y_P \\ \frac{4}{5}x_P + \frac{3}{5}y_P \end{pmatrix} = \begin{pmatrix} -\frac{3}{5} & \frac{4}{5} \\ \frac{4}{5} & \frac{3}{5} \end{pmatrix} \cdot \begin{pmatrix} x_P \\ y_P \end{pmatrix} = \begin{pmatrix} -\frac{3}{5} & \frac{4}{5} \\ \frac{4}{5} & \frac{3}{5} \end{pmatrix} \cdot \overrightarrow{OP} = \frac{1}{5} \cdot \begin{pmatrix} -3 & 4 \\ 4 & 3 \end{pmatrix} \cdot \overrightarrow{OP}$.

Die Matrix $\mathbf{T} = \frac{1}{5} \cdot \begin{pmatrix} -3 & 4 \\ 4 & 3 \end{pmatrix}$ nennen wir **Abbildungsmatrix** zur Spiegelung an der Geraden g.

(2) Achsenspiegelungen und Matrizen

- Jede Spiegelung an einer Ursprungsgeraden der Ebene lässt sich durch eine 2×2-Matrix **T** beschreiben.
  Dabei gilt für die Ortsvektoren eines Punktes P und des Bildpunktes P': $\overrightarrow{OP'} = \mathbf{T} \cdot \overrightarrow{OP}$.
  Bei einer Spiegelung an der 1. Achse wird der Punkt $P(x_p \mid y_p)$ auf den Punkt $P'(x_p \mid -y_p)$ abgebildet.
  Zu dieser Spiegelung gehört die Abbildungsmatrix $T_1 = \begin{pmatrix} 1 & 0 \\ 0 & -1 \end{pmatrix}$.
  Bei einer Spiegelung an der 2. Achse wird der Punkt $P(x_p \mid y_p)$ auf den Punkt $P'(-x_p \mid y_p)$ abgebildet.
  Zu dieser Spiegelung gehört die Abbildungsmatrix $T_2 = \begin{pmatrix} -1 & 0 \\ 0 & 1 \end{pmatrix}$.
  Die Spiegelung an der Geraden g: $\overrightarrow{OX} = \lambda \cdot \begin{pmatrix} 1 \\ 2 \end{pmatrix}$ wird durch die Abbildungsmatrix $T_g = \begin{pmatrix} -\frac{3}{5} & \frac{4}{5} \\ \frac{4}{5} & \frac{3}{5} \end{pmatrix}$ beschrieben.
- Die Abbildungsmatrix zu einer Spiegelung an einer beliebigen Ursprungsgeraden g: $\vec{x} = \lambda \cdot \begin{pmatrix} u \\ v \end{pmatrix}$ lautet: $T_g = \begin{pmatrix} \frac{u^2 - v^2}{u^2 + v^2} & \frac{2uv}{u^2 + v^2} \\ \frac{2uv}{u^2 + v^2} & -\frac{u^2 - v^2}{u^2 + v^2} \end{pmatrix}$

  Beispiel:
  Zur Geraden g: $\overrightarrow{OX} = \lambda \cdot \begin{pmatrix} 3 \\ -1 \end{pmatrix}$ gehört die Abbildungsmatrix
  $T_g = \begin{pmatrix} \frac{8}{10} & -\frac{6}{10} \\ -\frac{6}{10} & -\frac{8}{10} \end{pmatrix} = \frac{1}{5} \cdot \begin{pmatrix} 4 & -3 \\ -3 & -4 \end{pmatrix}$.
  Hat der Punkt P den Ortsvektor $\overrightarrow{OP} = \begin{pmatrix} 1 \\ -1 \end{pmatrix}$, so errechnet man den Ortsvektor des Bildpunktes P' als $\overrightarrow{OP'} = \frac{1}{5} \cdot \begin{pmatrix} 4 & -3 \\ -3 & -4 \end{pmatrix} \cdot \begin{pmatrix} 1 \\ -1 \end{pmatrix} = \begin{pmatrix} 1{,}4 \\ 0{,}2 \end{pmatrix}$.

(3) Drehungen und Matrizen

- Jede Drehung um den Koordinatenursprung lässt sich durch eine 2×2-Matrix **T** beschreiben.
- Die Abbildungsmatrix $\mathbf{T}_\varphi$ zu einer Drehung um den Winkel φ um den Koordinatenursprung lautet: $\mathbf{T}_\varphi = \begin{pmatrix} \cos\varphi & -\sin\varphi \\ \sin\varphi & \cos\varphi \end{pmatrix}$.
  Insbesondere gehören zu den Drehungen um 90° bzw. 180° bzw. 270° die Abbildungsmatrizen
  $\mathbf{T}_{90^\circ} = \begin{pmatrix} 0 & -1 \\ 1 & 0 \end{pmatrix}$, $\mathbf{T}_{180^\circ} = \begin{pmatrix} -1 & 0 \\ 0 & -1 \end{pmatrix}$, $\mathbf{T}_{270^\circ} = \begin{pmatrix} 0 & 1 \\ -1 & 0 \end{pmatrix}$.

Übungsaufgaben

7.

Bestimme – ohne Verwendung der allgemeinen Matrix aus der Information – die Abbildungsmatrix für eine Spiegelung an der Geraden g.

a) g: $\vec{x} = \lambda \cdot \begin{pmatrix} 0 \\ -1 \end{pmatrix}$ **b)** g: $\vec{x} = \lambda \cdot \begin{pmatrix} 1 \\ -1 \end{pmatrix}$ **c)** g: $\vec{x} = \lambda \cdot \begin{pmatrix} 3 \\ -4 \end{pmatrix}$

[1] Das Produkt einer Matrix mit einem Vektor wurde in Abschnitt 11.2 auf Seite 311 eingeführt. Man kann es jedoch auch erst an dieser Stelle entsprechend definieren. Das Produkt einer Matrix **A** mit einem Vektor $\vec{b}$ ist wiederum ein Vektor $\vec{c}$, der so viele Koordinaten hat wie die Matrix **A** Zeilen. Man erhält die einzelnen Koordinaten von $\vec{c}$, indem man jeweils aus den Zeilenvektoren von **A** und dem Vektor $\vec{b}$ das Skalarprodukt bildet.

8.
Untersuche, welche Abbildung durch die Matrix **T** beschrieben wird.

a) $\mathbf{T}=\begin{pmatrix} 3 & 0 \\ 0 & 3 \end{pmatrix}$ **b)** $\mathbf{T}=\begin{pmatrix} -2 & 0 \\ 0 & -2 \end{pmatrix}$ **c)** $\mathbf{T}=\begin{pmatrix} 0 & 0{,}5 \\ 0{,}5 & 0 \end{pmatrix}$

9.
Gegeben sind die Geraden $g\colon \vec{x}=\lambda\cdot\vec{u}$ und $h\colon \vec{x}=\lambda\cdot\vec{v}$. $(\lambda\in\mathbb{R})$

a) Begründe:
Sind $\vec{u}$ und $\vec{v}$ richtungsgleich, so erhält man für die Spiegelung an g und für die Spiegelung an h dieselbe Abbildungsmatrix.

b) Gilt auch die Umkehrung von a)?

10.
Durch Spiegelung an einer Geraden durch den Koordinatenursprung wird der Punkt P (13 | 26) auf den Punkt P′ (29 | 2) abgebildet.
Bestimme die zugehörige Abbildungsmatrix.

11.
Die Abbildungsmatrix für die Spiegelung an einer Geraden $g\colon \vec{x}=\lambda\cdot\vec{u}$ lautet
$\mathbf{T}=\frac{1}{25}\begin{pmatrix} -7 & 24 \\ 24 & 7 \end{pmatrix}$. Bestimme einen Richtungsvektor von g.

12.

a) Gib die Abbildungsmatrix zur Spiegelung in der Ebene an der 1. Achse sowie die Abbildungsmatrix zur Spiegelung in der Ebene an der Geraden $g\colon \overrightarrow{OX}=\lambda\begin{pmatrix} 1 \\ 1 \end{pmatrix}$ an.

b) Bestimme die Abbildungsmatrix zur Verkettung der beiden Abbildungen aus Teilaufgabe a), wobei zunächst an der 1. Achse und anschließend an der Geraden g gespiegelt werde.

c) Zeige, dass die in b) bestimmte Verkettung der beiden Spiegelungen eine Drehung um den Koordinatenursprung ergibt.

d) Welche Abbildung beschreibt die Verkettung der beiden Spiegelungen, wenn zunächst an der Geraden g und anschließend an der 1. Achse gespiegelt wird?

13.
Gib die Abbildungsmatrix für eine Drehung um 360° um den Koordinatenursprung an.

14.
Zeige, dass durch $\mathbf{T}_{45^\circ}=\begin{pmatrix} \frac{\sqrt{2}}{2} & -\frac{\sqrt{2}}{2} \\ \frac{\sqrt{2}}{2} & \frac{\sqrt{2}}{2} \end{pmatrix}=\frac{\sqrt{2}}{2}\cdot\begin{pmatrix} 1 & -1 \\ 1 & 1 \end{pmatrix}$ eine Drehung um 45° um den Koordinatenursprung beschrieben wird.

15.
Zu einer Drehung um den Koordinatenursprung gehöre die Abbildungsmatrix $\mathbf{T}=\frac{1}{2}\cdot\begin{pmatrix} \sqrt{3} & -1 \\ 1 & \sqrt{3} \end{pmatrix}$. Bestimme das Drehmaß φ.

16.
Untersuche, welche Abbildung durch die Matrix $\mathbf{T}=\begin{pmatrix} 0 & -1 \\ 1 & 0 \end{pmatrix}$ vermittelt wird.

11.4.2 Abbildungen im Raum

Als Beispiel einer Abbildung im Raum wollen wir die Abbildungsmatrix für eine Parallelprojektion vom Raum in die Ebene herleiten.

Aufgabe 1 *Abbildungsmatrix einer Parallelprojektion vom Raum in die Ebene*

Man erhält ein Schrägbild eines räumlichen Objektes, indem man sämtliche Punkte des räumlichen Objektes parallel zu einer vorgegebenen Geraden g in die 1-2-Ebene projiziert.

Der Richtungsvektor von g sei $\vec{v} = \begin{pmatrix} 1 \\ 2 \\ -1 \end{pmatrix}$.

Berechne zu einem beliebigen Punkt P mit dem Ortsvektor $\overrightarrow{OP} = \begin{pmatrix} x_p \\ y_p \\ z_p \end{pmatrix}$ den Ortsvektor $\overrightarrow{OP}'$ des Bildpunktes P′.

Gib die zu dieser Parallelprojektion gehörende Abbildungsmatrix **T** an.

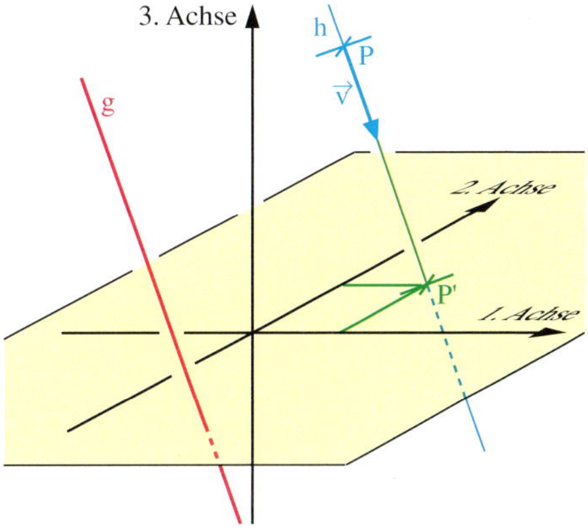

Lösung Bezeichnet h die Parallele zur Geraden g durch den Punkt P, so erhält man P′ als Schnittpunkt von h mit der 1 – 2-Ebene.

Es ist h: $\overrightarrow{OX} = \begin{pmatrix} x_p \\ y_p \\ z_p \end{pmatrix} + \lambda \cdot \begin{pmatrix} 1 \\ 2 \\ -1 \end{pmatrix}$, die 1-2-Ebene hat als eine Normalengleichung

$\mathbb{E}_{12}$: $\begin{pmatrix} 0 \\ 0 \\ 1 \end{pmatrix} * \overrightarrow{OX} = 0$. *$\mathbb{E}_{12}$ ist die Ebene, die durch die 1. und 2. Koordinatenachse aufgespannt wird*

Da P′ auf h liegt, ist $\overrightarrow{OP}' = \begin{pmatrix} x_p \\ y_p \\ z_p \end{pmatrix} + \lambda_0 \cdot \begin{pmatrix} 1 \\ 2 \\ -1 \end{pmatrix}$ mit einem $\lambda_0 \in \mathbb{R}$. Da P′ auch in $\mathbb{E}_{12}$ liegt, muss die 3. Komponente von $\overrightarrow{OP}'$ gleich 0 sein. Daher ist $\lambda_0 = z_p$.

Somit ergibt sich als Ortsvektor von P′:

$$\overrightarrow{OP}' = \begin{pmatrix} x_p + z_p \\ y_p + 2z_p \\ 0 \end{pmatrix}$$

Aus $\overrightarrow{OP}' = \begin{pmatrix} x_p + z_p \\ y_p + 2z_p \\ 0 \end{pmatrix} = \begin{pmatrix} 1 & 0 & 1 \\ 0 & 1 & 2 \\ 0 & 0 & 0 \end{pmatrix} \cdot \begin{pmatrix} x_p \\ y_p \\ z_p \end{pmatrix} = \begin{pmatrix} 1 & 0 & 1 \\ 0 & 1 & 2 \\ 0 & 0 & 0 \end{pmatrix} \cdot \overrightarrow{OP}$

ergibt sich $\mathbf{T} = \begin{pmatrix} 1 & 0 & 1 \\ 0 & 1 & 2 \\ 0 & 0 & 0 \end{pmatrix}$ als zugehörige Abbildungsmatrix.

Weiterführende Aufgaben

2. *Spiegelung an einer Ebene*
Bestimme jeweils die Abbildungsmatrix zu folgenden Abbildungen im Raum:

a) Spiegelung an der 1-3-Ebene $\mathbb{E}_{13}$.

b) Spiegelung an der Ebene $\mathbb{E}$: $\begin{pmatrix} 1 \\ -1 \\ 0 \end{pmatrix} * \overrightarrow{OX} = 0$.

$\mathbb{E}_{12}$ *ist die Ebene, die durch die 1. und 2. Koordinatenachse aufgespannt wird*

3. *Spiegelung an einer Geraden*
Bestimme jeweils die Abbildungsmatrix zu folgenden Abbildungen im Raum:

a) Spiegelung an der 3. Achse.

b) Spiegelung an der Geraden g: $\vec{x} = \lambda \cdot \begin{pmatrix} 1 \\ 1 \\ 0 \end{pmatrix}$.

c) Erkläre, inwiefern man die Abbildungen aus den Teilaufgaben a) und b) auch als Drehungen auffassen kann.

4. *Drehung im Raum*
Wir drehen um die 3. Achse mit dem Drehmaß φ.

a) Erkläre, inwiefern es zwei Möglichkeiten für diese Drehung gibt.

b) Überlege zunächst anhand der entsprechenden Drehung in der Ebene, wie ein Punkt $P(x_1 \mid x_2 \mid 0)$ der 1-2-Ebene abgebildet wird (vgl. den Abschnitt 11.4.1).

c) Berücksichtige die 3. Koordinate und gib die Abbildungsmatrizen an.

Information Wir verallgemeinern (ohne Beweis) das Ergebnis der Aufgabe 1 für eine beliebige Parallelprojektion in die 1-2-Ebene bzgl. einer beliebigen Geraden g.
Ergänzend geben wir die Abbildungsmatrix zu einer Spiegelung an einer Ebene durch den Ursprung sowie die Abbildungsmatrix einer Drehung um die 3. Achse an.

(1) Parallelprojektion
Eine Parallelprojektion in die 1-2-Ebene parallel zu einer Geraden mit dem Richtungsvektor $\vec{v} = \begin{pmatrix} v_1 \\ v_2 \\ v_3 \end{pmatrix}$, $v_3 \neq 0$, hat als Abbildungsmatrix die Matrix $\mathbf{T} = \begin{pmatrix} 1 & 0 & -\frac{v_1}{v_3} \\ 0 & 1 & -\frac{v_2}{v_3} \\ 0 & 0 & 0 \end{pmatrix}$.

(2) Spiegelung an einer Ebene
Eine Spiegelung an einer Ebene $\mathbb{E}$: $\begin{pmatrix} a \\ b \\ c \end{pmatrix} * \overrightarrow{OX} = 0$ hat als Abbildungsmatrix die Matrix

$$\mathbf{S} = \frac{1}{a^2+b^2+c^2} \cdot \begin{pmatrix} -a^2+b^2+c^2 & -2ab & -2ac \\ -2ab & a^2-b^2+c^2 & -2bc \\ -2ac & -2bc & a^2+b^2-c^2 \end{pmatrix}.$$

vgl. auch Aufgabe 2

(3) Drehung um die 3. Achse

Eine Drehung um die 3. Achse um den Winkel φ hat als Abbildungsmatrix die Matrix

$$\mathbf{D}_{+\varphi} = \begin{pmatrix} \cos\varphi & -\sin\varphi & 0 \\ \sin\varphi & \cos\varphi & 0 \\ 0 & 0 & 1 \end{pmatrix} \text{ bzw. } \mathbf{D}_{-\varphi} = \begin{pmatrix} \cos\varphi & \sin\varphi & 0 \\ -\sin\varphi & \cos\varphi & 0 \\ 0 & 0 & 1 \end{pmatrix}.$$

vgl. auch Aufgabe 4

Übungsaufgaben

5.
Bestimme die Abbildungsmatrix bzgl. einer *Parallelprojektion* parallel zur Geraden
g: $\overrightarrow{OX} = \lambda \cdot \begin{pmatrix} 2 \\ 1 \\ 2 \end{pmatrix}$ und der 1-3-Ebene als Projektionsebene.

6.
Eine Parallelprojektion in die 1-2-Ebene hat als Abbildungsmatrix die Matrix
$\mathbf{T} = \begin{pmatrix} 1 & 0 & -4 \\ 0 & 1 & 3 \\ 0 & 0 & 0 \end{pmatrix}$. Bestimme einen Richtungsvektor der zugehörigen parallelen Geraden.

Spiegelung

7.
Der Punkt $P(3|2|-4)$ $[P(x_p|y_p|z_p)]$ wird an der Ebene $\mathbb{E}$: $\begin{pmatrix} 1 \\ -1 \\ 0 \end{pmatrix} * \overrightarrow{OX} = 0$ gespiegelt.

Bestimme (ohne Verwendung der Information auf S. 325) die Koordinaten des Bildpunktes P′.

8.
Bestimme (ohne Verwendung der Information auf S. 325) eine Abbildungsmatrix zur Spiegelung von $\mathbb{E}$.

a) $\mathbb{E}$: $\begin{pmatrix} 0 \\ 0 \\ 1 \end{pmatrix} * \overrightarrow{OX} = 0$

b) $\mathbb{E}$: $\overrightarrow{OX} = \lambda \cdot \begin{pmatrix} 1 \\ 1 \\ 0 \end{pmatrix} + \mu \cdot \begin{pmatrix} 0 \\ 1 \\ 0 \end{pmatrix}$.

9.
Ein Punkt $P(x|y|z)$ werde an der Ebene $\mathbb{E}$: $\begin{pmatrix} 1 \\ 0 \\ -1 \end{pmatrix} * \overrightarrow{OX} = 0$ gespiegelt.

Gib die Koordinaten des Bildpunktes P′ von P an.
Wie lautet die Abbildungsmatrix zur Spiegelung an $\mathbb{E}$?

10.
Bestimme die Abbildungsmatrix zur Spiegelung an der Ebene $\mathbb{E}$: $\begin{pmatrix} 2 \\ 2 \\ 1 \end{pmatrix} * \overrightarrow{OX} = 0$.

11.
Ein Punkt $P(x|y|z)$ werde an der 2. Achse gespiegelt. Bestimme die zugehörige Abbildungsmatrix.

Drehung

12.
Bestimme die Abbildungsmatrix zur Drehung um die 2. Achse um 180°.

13.
Bestimme die Abbildungsmatrizen zu den Drehungen um die 1. Achse um 90°.

14.
Untersuche, welche Drehung im Raum durch die Matrix $\mathbf{T} = \begin{pmatrix} 1 & 0 & 0 \\ 0 & 0 & -1 \\ 0 & -1 & 0 \end{pmatrix}$ vermittelt wird.

Blickpunkt

Matrizen zur Beschreibung des Wachstums von Populationen

Viele Wachstumsprozesse lassen sich mathematisch mithilfe von Matrizen beschreiben. Dabei muss man berücksichtigen, dass das Wachstum eines dynamischen Systems in der Regel von *mehreren* Einflussgrößen abhängt. So hängt die Entwicklung von Populationen einerseits von der jeweiligen Populationsgröße ab. Andererseits beeinflussen aber auch die Größe des vorhandenen Lebensraumes und das vorhandene Nahrungsmittelangebot, konkurrierende oder auch symbiotische Beziehungen zu anderen Populationen oder auch die Altersstruktur der Populationen das Populationswachstum. Diese Abhängigkeit des Wachstums eines dynamischen Systems von mehreren Einflussgrößen gilt nicht nur im Bereich der Biologie, sondern auch in vielen anderen Bereichen wie z. B. bei Wachstumsprozessen im Bereich der Ökonomie.

Eine „klassische" Aufgabe zur Beschreibung eines Wachstumsprozesses hat im Jahre 1202 Leonardo FIBONACCI in seinem Buch über Algebra und Arithmetik angegeben: Jedes Paar erwachsener Kaninchen wirft pro Monat ein Paar Junge. Diese werden nach einem Monat erwachsen und werfen dann ebenfalls pro Monat ein Paar Junge usw. Wie viele Kaninchenpaare existieren zu Beginn eines jeden Monats, wenn die Fruchtbarkeit nicht nachlässt und keine Abgänge (z. B. durch Tod) erfolgen?

Für die Anzahl der Kaninchenpaare zu Beginn des n-ten Monats, $n = 1, 2, \ldots$, erhält man die Zahlenfolge 1, 1, 2, 3, 5, 8, 13, ... Bezeichnet x_n die Anzahl der Kaninchenpaare, so ist es offenbar schwierig, direkt x_n anzugeben. Mithilfe der Matrizenrechnung lässt sich jedoch eine Formel zur Berechnung des allgemeinen Folgengliedes x_n finden.

LEONARDO FIBONACCI

1. *Fibonacci-Folge*

a) Zeige, dass die Folge (x_n) der Anzahl der Kaninchen aus der Aufgabe des FIBONACCI gegeben ist durch $x_0 = 1$, $x_1 = 1$ und $x_{n+1} = x_n + x_{n-1}$ für $n \geq 1$.
Notiere die ersten 10 Glieder der Folge. Warum ist es schwierig, x_{40} anzugeben?

b) Zeige, dass für $n \geq 1$ gilt $\begin{pmatrix} x_{n+1} \\ x_n \end{pmatrix} = \begin{pmatrix} 1 & 1 \\ 1 & 0 \end{pmatrix} \cdot \begin{pmatrix} x_n \\ x_{n-1} \end{pmatrix}$, und folgere, dass $\begin{pmatrix} x_{n+1} \\ x_n \end{pmatrix} = \begin{pmatrix} 1 & 1 \\ 1 & 0 \end{pmatrix}^n \cdot \begin{pmatrix} 1 \\ 1 \end{pmatrix}$ für $n \geq 1$ ist. Dabei soll $\begin{pmatrix} 1 & 1 \\ 1 & 0 \end{pmatrix}^n = \begin{pmatrix} 1 & 1 \\ 1 & 0 \end{pmatrix} \cdot \ldots \cdot \begin{pmatrix} 1 & 1 \\ 1 & 0 \end{pmatrix}$ *(n Faktoren)* sein.

c) Zeige, dass für die Matrizen $\mathbf{S} = \frac{1}{2}\begin{pmatrix} 1+\sqrt{5} & 2 \\ 2 & -1-\sqrt{5} \end{pmatrix}$ und $\mathbf{T} = \frac{1}{2\sqrt{5}}\begin{pmatrix} 2 & -1+\sqrt{5} \\ -1+\sqrt{5} & -2 \end{pmatrix}$ gilt:

$\mathbf{T} \cdot \mathbf{S} = \begin{pmatrix} 1 & 0 \\ 0 & 1 \end{pmatrix}$ und $\mathbf{S} \cdot \begin{pmatrix} \frac{1+\sqrt{5}}{2} & 0 \\ 0 & \frac{1-\sqrt{5}}{2} \end{pmatrix} \cdot \mathbf{T} = \begin{pmatrix} 1 & 1 \\ 1 & 0 \end{pmatrix}$ und folgere:

$$\begin{pmatrix} 1 & 1 \\ 1 & 0 \end{pmatrix}^n = \mathbf{S} \cdot \begin{pmatrix} \left(\frac{1+\sqrt{5}}{2}\right)^n & 0 \\ 0 & \left(\frac{1-\sqrt{5}}{2}\right)^n \end{pmatrix} \cdot \mathbf{T}.$$

d) Berechne mithilfe des Ergebnisses aus c):

$$\begin{pmatrix} x_{n+1} \\ x_n \end{pmatrix} = \begin{pmatrix} 1 & 1 \\ 1 & 0 \end{pmatrix}^n \cdot \begin{pmatrix} 1 \\ 1 \end{pmatrix} = \mathbf{S} \cdot \begin{pmatrix} \left(\frac{1+\sqrt{5}}{2}\right)^n & 0 \\ 0 & \left(\frac{1-\sqrt{5}}{2}\right)^n \end{pmatrix} \cdot \mathbf{T} \cdot \begin{pmatrix} 1 \\ 1 \end{pmatrix}$$

und folgere $x_n = \frac{1}{\sqrt{5}}\left(\left(\frac{1+\sqrt{5}}{2}\right)^{n+1} - \left(\frac{1-\sqrt{5}}{2}\right)^{n+1}\right)$

Grundsätzlich beeinflusst auch die Altersstruktur einer Population deren Entwicklung. Betrachtet man beispielsweise die Bevölkerungspyramide für die deutsche Bevölkerung, so stellt man fest, dass sich Ausbuchtungen wiederholen. Das hängt unter anderem damit zusammen, dass sogenannte geburtenstarke Jahrgänge in das gebärfähige Alter eingetreten sind.
Man muss also für eine differenzierte Prognose der Bevölkerungsentwicklung zunächst eine Einteilung in Altersklassen vornehmen und dann berücksichtigen, inwieweit die einzelnen Altersklassen die Größen der Gesamtpopulation beeinflussen. Die Bevölkerungsentwicklung (siehe Abb. rechts) lässt sich dann übersichtlich mithilfe einer Matrix, die so viele Zeilen und Spalten aufweist, wie Altersklassen gebildet wurden, berechnen.

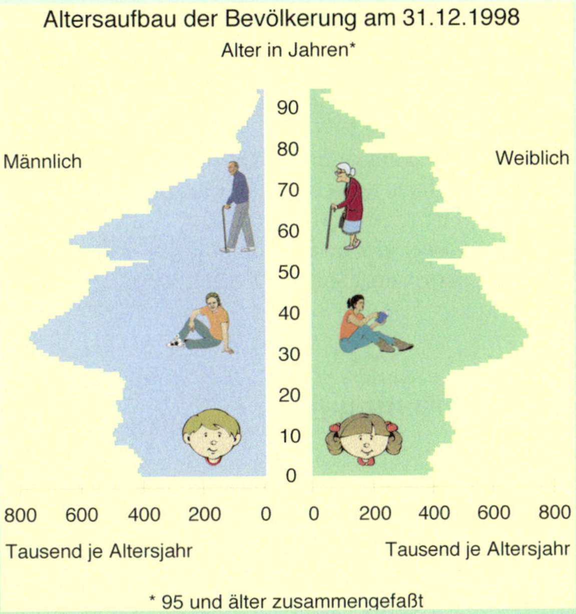

2. *Bevölkerungsentwicklung*
Eine Bevölkerung sei in drei Altersgruppen eingeteilt. Als Zeiteinheit wird ein Drittel der maximalen Lebenszeit gewählt. Die Anzahl der Jüngsten zum Zeitpunkt t werde mit x_t, die Anzahl der Personen mittleren Alters werde mit y_t und die Anzahl der älteren Personen mit z_t bezeichnet.
Die durchschnittliche Anzahl der Geburten pro Person der einzelnen Altersgruppen zum Zeitpunkt t im Zeitintervall $[t; t+1[$ wird mit g_1 bzw. g_2 bzw. g_3 bezeichnet.
Der Anteil der Personen der einzelnen Altersgruppe, der im jeweiligen Zeitintervall stirbt, wird mit s_1 bzw. s_2 bzw. s_3 bezeichnet, wobei $s_3 = 1$ ist.

a) Zeige, dass $\begin{pmatrix} x_{t+1} \\ y_{t+1} \\ z_{t+1} \end{pmatrix} = \mathbf{M} \cdot \begin{pmatrix} x_t \\ y_t \\ z_t \end{pmatrix}$ mit $\mathbf{M} = \begin{pmatrix} g_1 & g_2 & g_3 \\ 1-s_1 & 0 & 0 \\ 0 & 1-s_2 & 0 \end{pmatrix}$ ist.

b) Setze $\begin{pmatrix} x_0 \\ y_0 \\ z_0 \end{pmatrix} = \begin{pmatrix} 4\,000 \\ 9\,000 \\ 5\,000 \end{pmatrix}$ sowie $g_1 = 0{,}35,\quad g_2 = 0{,}6,\quad g_3 = 0{,}05,\quad s_1 = 0{,}1,\quad s_2 = 0{,}3.$

Berechne $\begin{pmatrix} x_t \\ y_t \\ z_t \end{pmatrix}$ für $t = 1, 2, \ldots 4$. Zeichne die jeweiligen Alterspyramiden. Gib jeweils auch die Anzahl der Gesamtbevölkerung an.

c) Zeige durch Rechnung, dass $x_t = g_1 x_{t-1} + g_2 (1-s_1)\, x_{t-2} + g_3 (1-s_1)(1-s_2)\, x_{t-3},\ t \geq 3$, ist, und erkläre die Gleichung inhaltlich.
Warum steht $g_1 + g_2 + g_3 = 0{,}35 + 0{,}6 + 0{,}05 = 1$ nicht in einem Widerspruch zur Abnahme der Gesamtbevölkerungszahl?

d) Setze $\begin{pmatrix} x_0 \\ y_0 \\ z_0 \end{pmatrix} = \begin{pmatrix} 4\,000 \\ 9\,000 \\ 5\,000 \end{pmatrix}$ sowie $g_1 = 0{,}4285,\ g_2 = 0{,}6,\ g_3 = 0{,}05,\ s_1 = 0{,}1,\ s_2 = 0{,}3$, und berechne mithilfe eines Computeralgebrasystems $\begin{pmatrix} x_t \\ y_t \\ z_t \end{pmatrix}$ für $t = 1, 2, \ldots 25$. Was fällt auf?

Fragen zum Basiswissen

- Was ist eine Matrix? Welcher Zusammenhang besteht zwischen Matrizen und Vektoren? (Seiten 308 und 309)
- Wie ist die Summe und das Produkt von zwei Matrizen definiert? (Seiten 309 und 313)
- Welche Rechengesetze gelten für die Addition von Matrizen, welche für die Multiplikation von Matrizen? (Seiten 310, 319, 320)
- Gib zu zwei einfachen Abbildungen in der Ebene und im Raum jeweils die zugehörige Abbildungsmatrix an. (Seiten 323, 324, 325)

Klausurtraining A

1.
Berechne:

a) $5 \cdot \begin{pmatrix} -4 & 2 & 1 \\ -2 & 2 & 5 \\ -2 & 1 & 0 \\ 1 & 2 & 4 \\ 3 & -2 & 1 \end{pmatrix} + 3 \cdot \begin{pmatrix} 2 & 0 & -3 \\ 1 & -2 & 2 \\ -1 & 0 & 3 \\ -2 & 2 & 0 \\ -3 & 1 & 1 \end{pmatrix}$

b) $\begin{pmatrix} 0 & -2 & 1 \\ -1 & 2 & 1 \end{pmatrix} \cdot \begin{pmatrix} 1 & 0 & 2 & 3 \\ -3 & -2 & 3 & 0 \\ 0 & 3 & 2 & 0 \end{pmatrix}$

c) $\begin{pmatrix} 2 & -3 \\ -4 & 5 \end{pmatrix} \cdot \begin{pmatrix} 1 & 12 \\ 3 & -7 \end{pmatrix} \cdot \begin{pmatrix} 1 & 0 \\ 0 & 0 \end{pmatrix}$

2.
Ein Betrieb stellt in einem zweistufigen Produktionsprozess aus den Rohstoffen R_1, R_2, R_3 die Endprodukte E_1, E_2 her. Dabei fallen in der ersten Produktionsstufe die Zwischenprodukte Z_1, Z_2, Z_3 an.
Die Grafik rechts gibt jeweils den Verbrauch für die Herstellung eines Zwischenerzeugnisses bzw. eines Endproduktes an. Es soll folgender Produktionsauftrag abgewickelt werden: $(E_1; E_2) = (110; 150)$
Berechne die Anzahl der erforderlichen Rohstoffmengen.

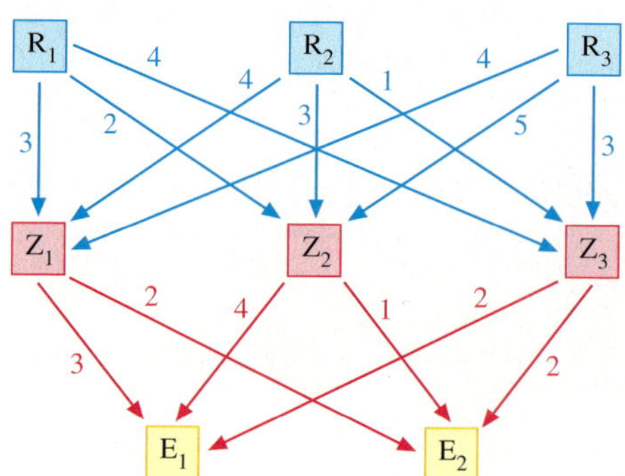

3.
Löse das lineare Gleichungssystem. Verwende gegebenenfalls ein CAS.

a) $\left| \begin{array}{rl} 3x_2 + (a+2)\,x_3 &= -6 \\ -x_1 + x_2 + (2a-1)\,x_3 &= -1 \\ -2x_1 \quad + (3a-3)\,x_3 &= 2 \end{array} \right|$ mit $a \in \mathbb{R}$

b) $\begin{pmatrix} 2 & 1 & 0 & 0 & -1 \\ 1 & -2 & 1 & 0 & 1 \\ 1 & 1 & 2 & -1 & 1 \end{pmatrix} \cdot \begin{pmatrix} x_1 \\ x_2 \\ x_3 \\ x_4 \\ x_5 \end{pmatrix} = \begin{pmatrix} 1 \\ -1 \\ 2 \end{pmatrix}$

4.
a) Bestimme die Abbildungsmatrix für die Spiegelung im Raum an der Ebene $\mathbb{E}$: $\begin{pmatrix} 1 \\ 1 \\ 0 \end{pmatrix} \cdot \vec{x} = 0$.

b) Bestimme die Abbildungsmatrix für die Spiegelung im Raum an der x_1-x_2-Ebene.

c) Bestimme die Abbildungsmatrix für die Verkettungen der beiden Spiegelungen (zunächst Spiegelung an $\mathbb{E}$, dann Spiegelung an der x_1-x_2-Ebene).
Prüfe, ob eine Vertauschung der Reihenfolge zur gleichen Abbildung führt.

5.
Gegeben ist die Abbildungsmatrix $\mathbf{T_1} = \frac{1}{3}\begin{pmatrix} -1 & -2 & 2 \\ -2 & -1 & -2 \\ 2 & -2 & -1 \end{pmatrix}$.

a) Bestimme die Bildpunkte der Punkte $A(3\,|\,3\,|\,0)$, $B(3\,|\,-6\,|\,3)$, $C(3\,|\,3\,|\,-3)$.

b) Gib die zur Spiegelung an der Geraden h: $\vec{x} = \lambda \cdot \begin{pmatrix} 1 \\ 0 \\ 0 \end{pmatrix}$ gehörende Abbildungsmatrix $\mathbf{T_2}$ an, und bestimme die zur Verkettung beider Abbildungen (zunächst die zu $\mathbf{T_1}$ gehörende Abbildung und anschließend die Spiegelung an h) gehörende Abbildungsmatrix **V**.

Klausurtraining B

1.
Berechne möglichst vorteilhaft.

a) $\begin{pmatrix} 1 & -2 & 1 \\ 2 & 3 & -2 \\ -3 & 1 & 2 \end{pmatrix} \cdot \begin{pmatrix} 3 & -1 \\ -1 & 2 \\ 2 & 1 \end{pmatrix} - \begin{pmatrix} 1 & 2 & 1 \\ 2 & -3 & -2 \\ -3 & -1 & 2 \end{pmatrix} \cdot \begin{pmatrix} 3 & -1 \\ -1 & 2 \\ 2 & 1 \end{pmatrix}$ **b)** $\begin{pmatrix} 1 & -1 & 0 \\ 2 & -1 & 2 \\ 2 & 0 & -2 \end{pmatrix} \cdot \begin{pmatrix} -1 & 2 & 3 \\ -2 & 1 & 2 \\ 2 & 0 & -2 \end{pmatrix} \cdot \begin{pmatrix} 0 & 0 & 0 \\ 0 & 2 & 0 \\ 0 & 0 & 0 \end{pmatrix}$

c) $\begin{pmatrix} \frac{\sqrt{2}}{2} & -\frac{\sqrt{2}}{2} & \frac{\sqrt{2}}{2} \\ \frac{1}{2} & 0 & -\frac{\sqrt{2}}{2} \end{pmatrix} \cdot \begin{pmatrix} 1 & 5 \\ 0 & -3 \\ -3 & 1 \end{pmatrix}$

2.
Ein Getränkegroßhandel mischt aus Fruchtsäften der Sorten A, B und C Erfrischungsgetränke, die jeweils den nebenstehenden Anteil an Fruchtsäften haben:

	Anteil des Fruchtsaftes		
Getränk	A	B	C
Zisch	60 %	20 %	20 %
refresh	25 %	50 %	25 %
Durstlöscher	5 %	15 %	80 %

Der Einzelhändler R. bestellt 2000 Getränkepäckchen der Sorte „Zisch", 1000 Getränkepäckchen der Sorte „refresh" und 500 Getränkepäckchen der Sorte „Durstlöscher";
der Einzelhändler S. bestellt 1000 Getränkepäckchen der Sorte „Zisch", 2500 Getränkepäckchen der Sorte „refresh" und 1500 Getränkepäckchen der Sorte „Durstlöscher".
Ein Getränkepäckchen enthält 0,2 Liter. Berechne mittels der Matrizenrechnung die insgesamt erforderliche Menge eines jeden Fruchtsaftes in Litern.

3.
Zeige, dass die Matrizen $\mathbf{A} = \begin{pmatrix} -3 & 6 & -5 \\ 1 & -1 & 1 \\ 2 & -4 & 3 \end{pmatrix}$ und $\mathbf{B} = \begin{pmatrix} 1 & 2 & 1 \\ -1 & 1 & -2 \\ -2 & 0 & -3 \end{pmatrix}$ zueinander invers sind. Löse das lineare Gleichungssystem:

$$\left| \begin{array}{rcl} -3x_1 + 6x_2 - 5x_3 &=& 2 \\ x_1 - x_2 + x_3 &=& 3 \\ 2x_1 - 4x_2 + 3x_3 &=& -1 \end{array} \right|$$

4.
Gegeben ist die Gerade g: $\vec{x} = \lambda \cdot \begin{pmatrix} 2 \\ 1 \end{pmatrix}$.

a) Der Punkt $P(1\,|\,2)$ werde an der Geraden g gespiegelt. Berechne die Koordinaten des Bildpunktes P' von P.

b) Bestimme (ohne Rückgriff auf die auf Seite 325 angegebene allgemeine Lösung) die Abbildungsmatrix bzgl. der Spiegelung an g.

12. AUFGABEN ZUR VORBEREITUNG AUF DIE ABITURPRÜFUNG – LINEARE ALGEBRA, ANALYTISCHE GEOMETRIE

1.

Gegeben sind die Punkte $A(2|3|2)$, $B(3|1|4)$ und $P_1(0|2|11)$, $P_2(-1|5|7)$, $P_3(6|-1|5)$.

a) Gib eine Parameterdarstellung der durch A und B bestimmten Geraden g an.

b) Gib eine Parameterdarstellung und eine Koordinatengleichung der durch P_1, P_2, P_3 bestimmten Ebene $\mathbb{E}$ an. [*Teilergebnis:* $\mathbb{E}$: $2x_1 + 2x_2 + x_3 = 15$]

c) Zeige, dass g parallel zu $\mathbb{E}$ verläuft, und berechne den Abstand von g zu $\mathbb{E}$. [Ergebnis: $\text{Abst}(g, \mathbb{E}) = 1$]

d) $\mathbb{E}^*$ gehe aus $\mathbb{E}$ durch Achsenspiegelung an g hervor. Gib eine Gleichung von $\mathbb{E}^*$ in Normalenform an.

e) Bestimme den Bildpunkt P_1^* von P_1 bei der Spiegelung an g.

2.

a) Gegeben sind die Punkte $P_1(2|2|1)$, $P_2(10|6|-2)$, $P_3(-2|-3|4)$. Stelle für die Ebene $\mathbb{E}_1$ durch P_1, P_2, P_3 eine Parameterdarstellung und eine Normalengleichung auf. Bestimme auch den Abstand von $\mathbb{E}_1$ vom Koordinatenursprung. [*Teilergebnis:* $\mathbb{E}_1$: $x_1 + 4x_2 + 8x_3 = 18$]

b) Die Ebene $\mathbb{E}_2$ enthalte die Geraden g_1: $\vec{x} = \begin{pmatrix} -1 \\ 2 \\ -2 \end{pmatrix} + \lambda \cdot \begin{pmatrix} 1 \\ 3 \\ 4 \end{pmatrix}$ und g_2: $\vec{x} = \begin{pmatrix} 0 \\ 4 \\ -2 \end{pmatrix} + \nu \cdot \begin{pmatrix} 1 \\ 3 \\ 4 \end{pmatrix}$ mit $\lambda, \nu \in \mathbb{R}$.

Bestimme eine Ebenengleichung von $\mathbb{E}_2$ in Normalenform und zeige, dass sich die Ebenen $\mathbb{E}_1$ und $\mathbb{E}_2$ orthogonal schneiden. [*Teilergebnis:* $\mathbb{E}_2$: $-8x_1 + 4x_2 - x_3 = 18$]

c) Gib eine Gleichung einer Ebene $\mathbb{E}_3$ in Normalenform an, die sowohl zu $\mathbb{E}_1$ als auch zu $\mathbb{E}_2$ orthogonal ist und den Punkt $S(-2|1|2)$ enthält.

3.

Gegeben sind die Punkte $A(2|-4|4)$, $B(5|1|8)$, $C(8|-4|12)$.

a) Gib für die Ebene $\mathbb{E}_1$ durch A, B und C eine Parameterdarstellung und eine Normalengleichung an. [*Teilergebnis:* $\mathbb{E}_1$: $8x_1 - 6x_3 = -8$]

b) Zeige, dass $D(5|-9|8)$ ebenfalls in $\mathbb{E}_1$ liegt und mit A, B und C die Eckpunkte eines Quadrates bildet. Berechne den Flächeninhalt des Quadrates.

c) Bestimme alle Punkte S, die zusammen mit A, B, C und D die Eckpunkte einer quadratischen geraden Pyramide mit der Höhe $h = 10$ bilden. [*Teilergebnis:* $S(-3|-4|14)$]

d) Zeige, dass die Ebene $\mathbb{E}_2$: $\vec{x} = \begin{pmatrix} -5 \\ 0 \\ 3 \end{pmatrix} + \lambda \cdot \begin{pmatrix} 3 \\ 2 \\ 4 \end{pmatrix} + \mu \cdot \begin{pmatrix} 6 \\ 7 \\ 8 \end{pmatrix}$ mit $\lambda, \mu \in \mathbb{R}$ parallel zu $\mathbb{E}_1$ ist und zwischen $\mathbb{E}_1$ und $S(-3|-4|14)$ liegt.

Berechne den Flächeninhalt des von $\mathbb{E}_2$ aus der Pyramide ABCDS herausgeschnittenen Quadrates.

▲ **e)** Es sei $S(-3|-4|14)$.

(1) Gib *alle* Punkte an, die innerhalb des Quadrates ABCD liegen.

(2) Gib *alle* Punkte an, die im Inneren der Pyramide ABCDS liegen.

▲ **f)** Prüfe, ob Punkt $P(1|-4|11)$ im Inneren der Pyramide ABCDS liegt, falls $S(-3|-4|14)$ ist.

4.

a) Gegeben sind die Punkte $A_1(0\,|\,3\,|\,-3)$, $A_2(-12\,|\,12\,|\,-18)$, $A_3(6\,|\,6\,|\,24)$.
Stelle für die Ebene $\mathbb{E}_1$ durch A_1, A_2, A_3 eine Parameterdarstellung und eine Normalengleichung auf. [*Teilergebnis:* $\mathbb{E}_1$: $16x_1 + 13x_2 - 5x_3 = 54$]

b) Die Gerade g ist durch die Punkte $B_1(14\,|\,5\,|\,2)$ und $B_2(30\,|\,18\,|\,-3)$ gegeben.
Zeige, dass g die Ebene $\mathbb{E}_1$ orthogonal durchstößt, und berechne den Durchstoßungspunkt M.
Berechne ferner den Punkt D_1, den man erhält, wenn man den Punkt B_1 an der Ebene $\mathbb{E}_1$ spiegelt.
[*Teilergebnis:* $D_1(-2\,|\,-8\,|\,7)$]

c) Zeige, dass die Strecken $\overline{A_1B_1}$ und $\overline{A_1D_1}$ orthogonal zueinander sind. Bestimme den Punkt C_1 aus $\mathbb{E}_1$ so, dass A_1, B_1, C_1 und D_1 die Eckpunkte eines Quadrates bilden.

d) Zeige, dass M der Fußpunkt des Lotes von $S(0\,|\,10{,}5\,|\,16{,}5)$ auf die $A_1B_1C_1D_1$ bestimmte Ebene ist, und berechne das Volumen der Pyramide $A_1B_1C_1D_1S$.

5.

Gegeben sind die Punkte $A(-8\,|\,2\,|\,-4)$, $B(0\,|\,10\,|\,10)$, $C(2\,|\,-6\,|\,18)$.

a) Gib für die durch A, B und C bestimmte Ebene $\mathbb{E}$ eine Parameterdarstellung und eine Normalengleichung an. [*Teilergebnis:* $\mathbb{E}$: $8x_1 - x_2 - 4x_3 = -50$]

b) Zeige, dass die Strecken $\overline{AB}$ und $\overline{BC}$ gleich lang sind und einen rechten Winkel einschließen. Bestimme den Punkt D so, dass ABCD ein Quadrat ist.

c) Zeige, dass ABCDS mit $S(5\,|\,-3\,|\,3)$ eine gerade Pyramide beschreibt.

d) Welche Punktmenge bilden die Mittelpunkte der Grundflächen aller geraden quadratischen Pyramiden mit S als Spitze und A als einer Ecke?

6.

Gegeben sind die Gerade g: $\vec{x} = \begin{pmatrix} 1 \\ 1 \\ 1 \end{pmatrix} + \lambda \cdot \begin{pmatrix} 0 \\ -1 \\ 1 \end{pmatrix}$ mit $\lambda \in \mathbb{R}$ und die Geradenschar

h_t: $\vec{x} = \begin{pmatrix} 3 \\ 0 \\ 3 \end{pmatrix} + \mu \cdot \begin{pmatrix} 2 \\ t \\ 0 \end{pmatrix}$, $\mu \in \mathbb{R}$, $t \in \mathbb{R}$.

a) Bestimme den Parameter t so, dass die Geraden g und h_t sich schneiden. Ermittle dann den Schnittpunkt S und den Schnittwinkel α der beiden Geraden.

b) Berechne den Abstand der beiden Geraden g und h_{-1}.

c) Zeige, dass alle Geraden der Schar h_t in einer Ebene $\mathbb{E}$ verlaufen. Stelle eine Koordinatengleichung dieser Ebene auf.

d) Ermittle das Spiegelbild g′ der Geraden g bei der Spiegelung an der Ebene $\mathbb{E}$.

e) Welche Punkte der Geraden g haben von der Ebene $\mathbb{E}$ den Abstand 1?

7.

a) Bestimme alle Lösungen des linearen Gleichungssystems $\begin{pmatrix} 1 & 0 & -3 & 1 \\ 1 & 1 & 0 & 1 \\ 1 & 1 & 1 & 2 \\ 1 & 2 & 5 & 3 \end{pmatrix} \vec{x} = \begin{pmatrix} 2t+6 \\ 3t \\ 4t \\ 2t+2 \end{pmatrix}$, in Abhängigkeit von $t \in \mathbb{R}$.

b) Zeige, dass die Eindeutigkeit der Lösung des linearen Gleichungssystems $\begin{pmatrix} 1 & 0 & -3 & a \\ 1 & 1 & 0 & b \\ 1 & 1 & 1 & c \\ 1 & 2 & 5 & d \end{pmatrix} \vec{x} = \begin{pmatrix} 0 \\ 0 \\ 0 \\ 0 \end{pmatrix}$,

a, b, c, $d \in \mathbb{R}$, von b unabhängig ist. Bringe dazu das Gleichungssystem in die Dreiecksform.

c) Folgere aus der letzten Zeile des auf Dreiecksform gebrachten linearen Gleichungssystems die lineare Abhängigkeit von $\begin{pmatrix} 1 \\ 0 \\ -3 \end{pmatrix}$, $\begin{pmatrix} 1 \\ 1 \\ 1 \end{pmatrix}$ und $\begin{pmatrix} 1 \\ 2 \\ 5 \end{pmatrix}$.

8.

a) Gegeben sind die Geraden $g_1: \vec{x} = \begin{pmatrix} 1 \\ 1 \\ 1 \end{pmatrix} + \lambda \cdot \begin{pmatrix} 1 \\ 2 \\ -3 \end{pmatrix}$ und $g_2: \vec{x} = \begin{pmatrix} -3 \\ -2 \\ 3 \end{pmatrix} + \lambda \cdot \begin{pmatrix} 2 \\ -1 \\ 4 \end{pmatrix}$.

Zeige, dass sich g_1 und g_2 schneiden und bestimme den Schnittpunkt sowie eine Normalengleichung für die durch g_1 und g_2 bestimmte Ebene $\mathbb{E}$.

[*Teilergebnis:* $\mathbb{E}$: $-x_1 + 2x_2 + x_3 = 2$]

b) Für $t \in \mathbb{R}$ ist die Ebene $\mathbb{E}_t$ gegeben durch $\mathbb{E}_t$: $x_1 - t \cdot x_2 + (2t+1) \cdot x_3 = t$.

Zeige, dass alle Ebenen $\mathbb{E}_t$ mit $t \in \mathbb{R}$ orthogonal zu $\mathbb{E}$: $-x_1 + 2x_2 + x_3 = 2$ sind und den Punkt $P(0 \mid -1 \mid 0)$ enthalten. Was ergibt sich hieraus für die Lage der Ebenen $\mathbb{E}_t$ zueinander?

Zeige ferner, dass es unter allen Ebenen $\mathbb{E}_t$ genau eine Ebene $\mathbb{E}_{t_0}$ gibt, deren Abstand vom Koordinatenursprung maximal ist. Bestimmte t_0.

c) Ermittle eine Normalengleichung für diejenige Ebene $\mathbb{E}^*$, die sowohl zur Ebene $\mathbb{E}$: $-x_1 + 2x_2 + x_3 = 2$ als auch zur Ebene $\mathbb{E}_{-1}$: $x_1 + x_2 - x_3 = -1$ orthogonal ist und den Punkt $P(0 \mid -1 \mid 0)$ enthält.

Zeige, dass $\mathbb{E}^*$ ebenfalls zur Menge der Ebenen $\mathbb{E}_t$, $t \in \mathbb{R}$, (aus Teilaufgabe b)) gehört.

9.

Gegeben sind die Ebenen $\mathbb{E}_0$: $2x_1 + 6x_2 + 9x_3 = 121$ und $\mathbb{E}_1$: $6x_1 + 7x_2 - 6x_3 = -121$.

a) Zeige, dass die Ebenen $\mathbb{E}_0$ und $\mathbb{E}_1$ orthogonal zueinander sind. Stelle eine Gleichung der Schnittgeraden g auf.

b) Bestimme eine Parameterdarstellung der Ebene $\mathbb{E}^*$, die sowohl zu $\mathbb{E}_0$ als auch $\mathbb{E}_1$ orthogonal ist und den Ursprung enthält.

c) Für $t \in \mathbb{R}$ sei $\mathbb{E}_t'$ gegeben durch $\mathbb{E}_t'$: $\vec{x} = \begin{pmatrix} 5 \\ -7 \\ 17 \end{pmatrix} + \lambda \cdot \begin{pmatrix} 9 \\ -6 \\ 2 \end{pmatrix} + \mu \cdot \begin{pmatrix} 6-4t \\ 7-t \\ -6+15t \end{pmatrix}$, $\lambda, \mu \in \mathbb{R}$.

Zeige, dass durch die Gleichung für jedes $t \in \mathbb{R}$ eine Ebene beschrieben wird. Weise nach, dass $\mathbb{E}_1'$ und $\mathbb{E}_1$ identisch sind.

d) Gegeben ist das Gleichungssystem rechts.

(1) Bestimme a so, dass das Gleichungssystem unendlich viele Lösungen hat. Deute das Ergebnis geometrisch.

(2) Lässt sich a so bestimmen, dass das Gleichungssystem nicht lösbar ist? Begründe.

$$\left| \begin{array}{l} 2x_1 + 6x_2 + 9x_3 = 121 \\ 6x_1 + 7x_2 - 6x_3 = -121 \\ ax_1 + 13x_2 + 3x_3 = a - 8 \end{array} \right|, \quad a \in \mathbb{R}$$

10.

Gegeben ist die Gleichung $\vec{x} = \begin{pmatrix} 2 \\ 0 \\ 0 \end{pmatrix} + \lambda \cdot \begin{pmatrix} 1 \\ 0 \\ t \end{pmatrix} + \mu \cdot \begin{pmatrix} 2 \\ 1 \\ 2t+1 \end{pmatrix}$ mit $\lambda, \mu \in \mathbb{R}$ und $t \in \mathbb{R}$.

a) Zeige, dass durch die gegebene Gleichung für jede Wahl von t eine Ebene $\mathbb{E}_t$ beschrieben wird. Bestimme eine Parameterdarstellung der Schnittgeraden g von $\mathbb{E}_1$ und $\mathbb{E}_2$ sowie deren Schnittwinkel α.

b) Bestimme diejenige Ebene der Schar, die orthogonal zur Ebene $\mathbb{E}_1$ ist.

c) Untersuche, ob die Ebene $\mathbb{E}^*$ mit der Parameterdarstellung

$\vec{x} = \begin{pmatrix} 2 \\ 3 \\ 4 \end{pmatrix} + \nu \cdot \begin{pmatrix} 0 \\ -1 \\ 2 \end{pmatrix} + \rho \cdot \begin{pmatrix} 0 \\ 1 \\ -3 \end{pmatrix}$ mit $\nu, \rho \in \mathbb{R}$ zur Ebenenschar $\mathbb{E}_t$ gehört.

d) Betrachte die Menge aller Punkte, die auf allen Ebenen $\mathbb{E}_t$ der Ebenenschar liegen. Stelle gegebenenfalls eine Parameterdarstellung für diese Menge auf.

e) Ermittle den Abstand des Punktes $P(5 \mid 0 \mid 0)$ von der Ebene $\mathbb{E}_{0,5}$. Von welcher Ebene der Schar hat $P(5 \mid 0 \mid 0)$ ebenfalls diesen Abstand? Fertige eine Zeichnung an.

11.
Gegeben sind die Punkte $A(3|3|1)$, $B(3|0|-2)$ und $C(1|1|0)$.

a) Ermittle eine Normalengleichung der durch A, B und C bestimmten Ebene $\mathbb{E}$.

b) Ermittle einen Punkt D so, dass die Punkte A, B, C und D ein Parallelogramm bilden. Es gibt verschiedene Lösungen.
Untersuche die entstehenden Parallelogramme auf weitere Eigenschaften.

▲ **c)** Die Punkte A, B, C bilden ein Dreieck. Untersuche, ob der Punkt $P\left(\frac{10}{3}\middle|\frac{11}{6}\middle|-\frac{1}{3}\right)$ im Inneren des Dreiecks liegt.

12.
Gegeben sind die Geraden $g_1: \vec{x} = \begin{pmatrix} 2 \\ 3 \\ 4 \end{pmatrix} + \lambda \cdot \begin{pmatrix} 2 \\ 2 \\ 4 \end{pmatrix}$ und $g_2: \vec{x} = \begin{pmatrix} 0 \\ -1 \\ -2 \end{pmatrix} + \mu \cdot \begin{pmatrix} -3 \\ -3 \\ -6 \end{pmatrix}$.

a) Zeige, dass die Geraden parallel, aber nicht identisch sind. Bestimme für die durch g_1 und g_2 bestimmte Ebene $\mathbb{E}$ eine Parameterdarstellung und eine Koordinatengleichung.
[*Teilergebnis:* $\mathbb{E}$: $x_1 + x_2 - x_3 = 1$]

b) Zeige, dass die Punkte $A(2|3|4)$ und $B(3|4|6)$ auf der Geraden g_1 und der Punkt $C(3|2|4)$ auf der Geraden g_2 liegen und ein rechtwinkliges Dreieck bilden.
Was ergibt sich für den Abstand von g_1 und g_2?

c) Bestimme das Volumen der durch A, B, C und den Koordinatenursprung gegebenen Pyramide.

d) Löse das Gleichungssystem

$$\left|\begin{array}{rcrcrcr} x_1 & + & x_2 & - & x_3 & = & 1 \\ 2x_1 & + & a x_2 & + & (a^2-2)x_3 & = & a+2 \\ x_1 & + & (a-1)x_2 & + & (a^2-2a-1)x_3 & = & a-1 \end{array}\right|$$

in Abhängigkeit von $a \in \mathbb{R}$.

CAS **e)** Löse das voranstehende Gleichungssystem mithilfe eines Computeralgebrasystems und vergleiche die erhaltene Lösung mit der unter Teilaufgabe d).
Begründe die Abweichung.

13.
Gegeben seien die Ebenen $\mathbb{E}_1: x_1 + x_3 = 1$ und
$\mathbb{E}_2: \vec{x} = \begin{pmatrix} 3 \\ 0 \\ 0 \end{pmatrix} + \lambda \cdot \begin{pmatrix} -2 \\ 1 \\ 0 \end{pmatrix} + \mu \cdot \begin{pmatrix} -3 \\ 1 \\ 1 \end{pmatrix}$ mit $\lambda, \mu \in \mathbb{R}$.

a) Ermittle die Schnittgerade g und den Schnittwinkel α von $\mathbb{E}_1$ und $\mathbb{E}_2$.

b) Gegeben ist die Ebenenschar $\mathbb{E}_t'$: $\begin{pmatrix} 0 \\ t \\ 1 \end{pmatrix} * \vec{x} - t = 0$, $t \in \mathbb{R}$.
Begründe, dass die Ebenen $\mathbb{E}_1$ und $\mathbb{E}_2$ aus Teilaufgabe a) keine Ebenen der Schar sind und untersuche, wie die Gerade g aus Teilaufgabe a) zu den Ebenen $\mathbb{E}_t'$ der Ebenenschar liegt.

c) Betrachte das lineare Gleichungssystem rechts. Untersuche die Lösbarkeit des Gleichungssystems in Abhängigkeit von t.
Ermittle gegebenenfalls die Lösungen.
Deute das Ergebnis geometrisch.

$$\begin{pmatrix} 1 & 0 & 1 \\ 1 & 2 & 1 \\ 0 & t & 1 \end{pmatrix} \cdot \begin{pmatrix} x_1 \\ x_2 \\ x_3 \end{pmatrix} = \begin{pmatrix} 1 \\ 3 \\ t \end{pmatrix}, \quad t \in \mathbb{R}$$

14.
Gegeben sind die Geraden $g_1: \vec{x} = \begin{pmatrix} -3 \\ 1 \\ -1 \end{pmatrix} + \lambda \cdot \begin{pmatrix} 4 \\ 0 \\ -1 \end{pmatrix}$ und $g_2: \vec{x} = \begin{pmatrix} -2 \\ 2 \\ -2 \end{pmatrix} + \mu \cdot \begin{pmatrix} -3 \\ 1 \\ 0 \end{pmatrix}$ mit $\lambda, \mu \in \mathbb{R}$.

a) Zeige, dass sich g_1 und g_2 schneiden. Bestimme eine Normalengleichung für die durch g_1 und g_2 festgelegte Ebene $\mathbb{E}$. [*Teilergebnis:* $\mathbb{E}$: $x_1 + 3x_2 + 4x_3 = -4$]

b) Für jede Zahl $t \in \mathbb{R}$ ist die Ebene $\mathbb{E}_t$ gegeben durch $\mathbb{E}_t:\ t \cdot x_1 + (t-2) \cdot x_2 + (2t-2) \cdot x_3 = 4$.
Zeige, dass die Ebene $\mathbb{E}$ (aus Teilaufgabe a)) in dieser Ebenenschar enthalten ist.
Zeige ferner, dass es eine Gerade h gibt, die in allen Ebenen $\mathbb{E}_t$ enthalten ist.
Bestimme eine Normalengleichung für diejenige Ebene $\mathbb{E}^*$, die orthogonal zu allen Ebenen $\mathbb{E}_t$ ist und den Punkt $(-1 \mid -1 \mid 4)$ enthält.
[*Teilergebnis:* h: $\vec{x} = \begin{pmatrix} 4 \\ 0 \\ -2 \end{pmatrix} + \lambda \cdot \begin{pmatrix} 1 \\ 1 \\ -1 \end{pmatrix}$]

c) Zeige, dass es eine Ebene $\tilde{\mathbb{E}}$ gibt, die ebenfalls h enthält, aber nicht zur Ebenenschar $\mathbb{E}_t$ (vgl. Aufgabe b)) gehört. Gib eine Gleichung für $\tilde{\mathbb{E}}$ an.

d) Löse in Abhängigkeit von $t \in \mathbb{R}$ das Gleichungssystem

$$\left| \begin{array}{rcrcrcr} x_1 & + & 3x_2 & + & 4x_3 & = & -4 \\ x_1 & + & x_2 & - & x_3 & = & -6 \\ tx_1 & + & (t-2)x_2 & + & (2t-2)x_3 & = & 4 \end{array} \right|$$

und skizziere für die verschiedenen Typen von Lösungsmengen die Lagen der zugehörigen Ebenen zueinander.

15.
Gegeben sind die Punkte $A(4 \mid 2 \mid -1)$, $B(8 \mid 2 \mid -1)$, $C(4 \mid 6 \mid -1)$ und $D(-2 \mid 1 \mid 3)$.

a) Zeichne diese Punkte und stelle Parameterdarstellungen der Geraden g durch A und C sowie der Geraden h durch B und D auf.

b) Zeige mithilfe dieser Geraden, dass die Punkte A, B, C und D nicht in einer Ebene liegen.

c) Zeige, dass dennoch die Streckenmittelpunkte M_{AB}, M_{BC}, M_{CD} und M_{AD} ein Parallelogramm bilden. [*Teilergebnis:* $M_{AB}(6 \mid 0 \mid 0)$, $M_{BC}(6 \mid 4 \mid -1)$, $M_{CD}(1 \mid 4 \mid 1)$, $M_{AD}(1 \mid 0 \mid 2)$]

d) Ermittle für das Parallelogramm $M_{AB}M_{BC}M_{CD}M_{AD}$
(1) die Seitenlängen,
(2) die Größe der Innenwinkel,
(3) den Flächeninhalt.

e) Beweise allgemein, dass für je 4 Punkte A, B, C und D, von denen keine drei auf einer Geraden liegen, die Streckenmittelpunkte M_{AB}, M_{BC}, M_{CD} und M_{AD} ein Parallelogramm festlegen.

16.
Gegeben sind die Menge M aller Punkte $P(x_1 \mid x_2 \mid x_3)$ mit $x_1 = -6 + 2\lambda$, $x_2 = -3 - \lambda - \mu$, $x_3 = -3 + \mu$ mit $\lambda, \mu \in \mathbb{R}$ sowie die Gerade g: $\vec{x} = \begin{pmatrix} -3 \\ 2 \\ 2 \end{pmatrix} + \nu \cdot \begin{pmatrix} 6 \\ -1 \\ -2 \end{pmatrix}$ mit $\nu \in \mathbb{R}$.

a) Beschreibe M geometrisch und bestimme denjenigen Punkt $P \in M$, der vom Koordinatenursprung minimalen Abstand hat. Bestimme diesen Abstand.

b) Untersuche die Lage von g und M zueinander. Gib alle Ebenen an, welche die Gerade g enthalten, und bestimme diejenige Ebene $\mathbb{E}$, welche die Gerade g enthält und zu M orthogonal ist.

c) Bestimme eine weitere Ebene $\mathbb{E}'$ so, dass $\mathbb{E}'$ sowohl zu $\mathbb{E}$ als auch zu M orthogonal ist und den Punkt $P(1 \mid 1 \mid 1)$ enthält.

d) Bestimme alle gemeinsamen Punkte von M, $\mathbb{E}$ und $\mathbb{E}'$.

17.
Gegeben sind die Gerade g: $\vec{x}=\begin{pmatrix}1\\2\\-1\end{pmatrix}+\lambda\cdot\begin{pmatrix}2\\2\\1\end{pmatrix}$, $\lambda\in\mathbb{R}$, der Punkt $P(1\,|\,2\,|\,3)$ und die Ebenen $\mathbb{E}_t:\begin{pmatrix}-2t-2\\2t-1\\6\end{pmatrix}*\vec{x}=2t-10,\ t\in\mathbb{R}$.

a) Zeige, dass der Punkt P nicht auf der Geraden g liegt. Bestimme eine Parameterdarstellung und eine Normalengleichung der durch g und P festgelegten Ebene $\mathbb{E}$.
[*Teillösung:* $\mathbb{E}$: $x_1-x_2+1=0$]

b) Zeige, dass alle Ebenen $\mathbb{E}_t$ ebenfalls die Gerade g enthalten. Bestimme diejenigen Ebenen $\mathbb{E}_t$, die mit der Ebene $\mathbb{E}$ aus Teilaufgabe a) einen Winkel von 60° einschließen.

c) Zeige, dass es bis auf eine Ausnahme zu jeder Ebene $\mathbb{E}_t:\begin{pmatrix}-2t-2\\2t-1\\6\end{pmatrix}*\vec{x}=2t-10,\ t\in\mathbb{R}$, eine Ebene $\mathbb{E}_s:\begin{pmatrix}-2s-2\\2s-1\\6\end{pmatrix}*\vec{x}=2s-10,\ s\in\mathbb{R}$, gibt, sodass $\mathbb{E}_t$ und $\mathbb{E}_s$ zueinander orthogonal sind.
Gib eine Normalengleichung derjenigen Ebene $\mathbb{E}_{t_1}$ an, die zu keiner anderen Ebene $\mathbb{E}_s$ orthogonal ist. Untersuche die Lagebeziehung zwischen dieser Ebene und der Ebene $\mathbb{E}$ aus Teilaufgabe a).
[*Teillösung:* $\mathbb{E}_{t_1}$: $x_1+x_2-4x_3=7$]

d) Löse das Gleichungssystem rechts in Abhängigkeit von $t\in\mathbb{R}$.
Erkläre die verschiedenen Lösungstypen geometrisch aufgrund der Lagebeziehungen der zu den Gleichungen des Gleichungssystems gehörenden Ebenen.

$$\left|\begin{array}{l} x_1-x_2=-1 \\ x_1+x_2-4x_3=7 \\ x_1-3x_2+(t+4)x_3=-7 \end{array}\right|$$

18.
Gegeben sind die Punkte $A(-2\,|\,-5\,|\,-5)$, $B(1\,|\,-2\,|\,7)$ und $C(1\,|\,7\,|\,-2)$.

a) Gib eine Parameterdarstellung und eine Normalengleichung der durch A, B und C festgelegten Ebene $\mathbb{E}$ an. [*Teillösung:* $5x_1-x_2-x_3=0$]

b) Zeige, dass das Dreieck ABC gleichseitig ist.
Bestimme den Schwerpunkt S des Dreiecks ABC.

c) Bestimme alle Punkte D so, dass A, B, C, D die Eckpunkte eines regelmäßigen Tetraeders bilden.

d) Zeige, dass die durch die Matrix **T** vermittelte Abbildung jeden Punkt der Geraden g auf sich abbildet. Wie bildet die zu **T** gehörige Abbildung das Dreieck ABC ab?

$$\mathbf{T}=\tfrac{1}{9}\cdot\begin{pmatrix}8&-4&-1\\-1&-4&8\\-4&-7&-4\end{pmatrix},\quad g\colon\ \vec{x}=\lambda\cdot\begin{pmatrix}-5\\1\\1\end{pmatrix},\ \lambda\in\mathbb{R}$$

19.
Gegeben sind die Punkte $P(7\,|\,1\,|\,2)$, $Q(5\,|\,5\,|\,-2)$ und die Gerade g: $\vec{x}=\lambda\cdot\begin{pmatrix}2\\2\\1\end{pmatrix}$, $\lambda\in\mathbb{R}$.

a) Bestimme die Symmetrieebene $\mathbb{E}$ zu P und Q. [*Ergebnis:* $x_1-2x_2+2x_3=0$]

b) Zeige, dass die Gerade g in der Ebene $\mathbb{E}$ enthalten ist. Bestimme unter allen Ebenen, die die Punkte P und Q enthalten, diejenige Ebene $\mathbb{E}^*$, die von g senkrecht durchstoßen wird.

c) Bestimme den Schnittpunkt S von g und $\mathbb{E}^*$, und zeige, dass PS zu QS orthogonal ist.
Bestimme außerdem den Bildpunkt P′ von P bei der Spiegelung an g.
[*Teillösung:* $S(4\,|\,4\,|\,2)$, $P'(1\,|\,7\,|\,2)$]

▲ **d)** Bestimme eine Abbildungsmatrix **T** für eine Drehung um g um 90° und eine Abbildungsmatrix **U** für die Spiegelung an der Geraden g.

13. GRUNDLAGEN DER WAHRSCHEINLICHKEITSRECHNUNG

Im Alltag erleben wir immer wieder Dinge, die die Frage aufwerfen: Ist das Zufall oder gibt es einen besonderen Grund dafür, warum das, was wir erlebt haben, so eingetreten ist?

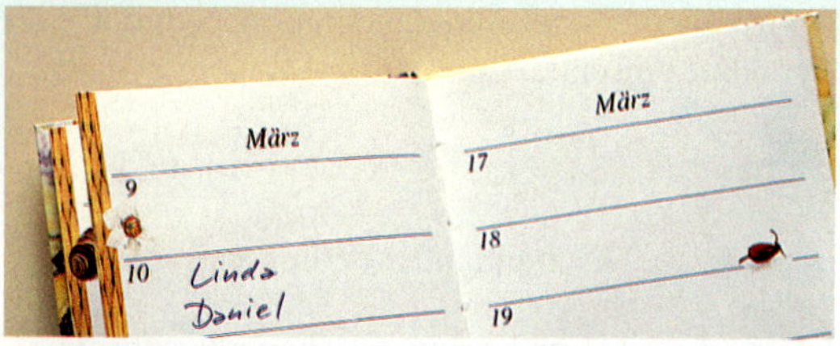

- Obwohl an einer Schule über 1 000 Schülerinnen und Schüler sind, gibt es 20 Tage im Jahr, an denen niemand Geburtstag hat. In einem Kurs hat niemand im Juni Geburtstag, aber zwei am 10. März.
  Zufall oder kein Zufall?

- Die Lottozahlen-Reihe 15, 25, 27, 30, 42, 48 wurde bereits zweimal gezogen, am 20. 12. 86 und am 21. 06. 97, obwohl es doch knapp 14 Millionen mögliche Gewinnreihen gibt. Die Zahl 32 wurde bisher 327-mal, die Zahl 13 nur 224-mal gezogen.
  Zufall oder Manipulation?

- Beim Würfeln musste neulich jemand 10-mal werfen, bis endlich eine Sechs fiel.
  Zufall oder Ungeschicklichkeit?

- Noch eine Woche vor der Landtagswahl in Hessen 1999 hatten die Meinungsforscher einen Sieg der Regierungsparteien vorhergesagt. Tatsächlich aber verloren diese die Wahl. Stimmungswechsel in letzter Minute oder Versagen der Befragungsmethoden?

Bevor wir die angesprochenen Fragen beantworten können, untersuchen wir, ob und inwieweit sich die Begebenheiten mathematisch beschreiben lassen. Wir werden dazu **Modelle** entwickeln und Aussagen innerhalb dieser Modelle vornehmen. Zunächst aber „studieren wir den Zufall" anhand von Zufallsversuchen einfachster Art. Hierzu eignen sich insbesondere einfache Glücksspiele wie Münzwurf und Würfeln. Wir werden erfahren, dass der Zufall „kein Gedächtnis hat" wie es der französische Mathematiker BERTRAND 1889 formulierte, dass es aber eine Reihe von Gesetzmäßigkeiten gibt, die für Zufallsvorgänge gelten.

In diesem Kapitel beschäftigen wir uns mit den Grundfragen:
- *Wie kommt man zu den (Werten von) Wahrscheinlichkeiten?* (Abschnitt 13.1)
- *Wie rechnet man mit gegebenen Wahrscheinlichkeiten?* (Abschnitt 13.2)

13.1 Wahrscheinlichkeit und relative Häufigkeit

13.1.1 Merkmale und deren absolute und relative Häufigkeiten

Aufgabe 1 Nach den Landtagswahlen in Sachsen-Anhalt im April 1998 wurden folgende Grafiken veröffentlicht:

(1) Säulendiagramm

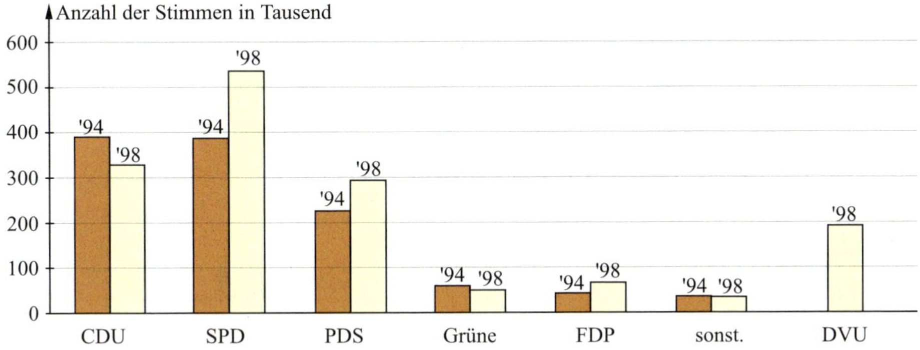

(2) Kreisdiagramme

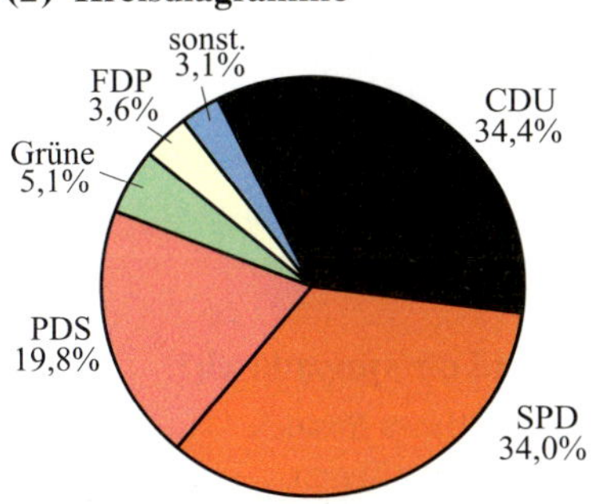

Stimmverteilung 1994

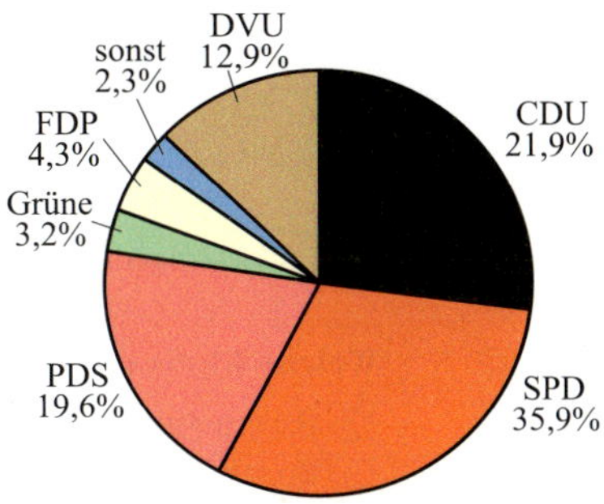

Stimmverteilung 1998

a) Welche Parteien haben 1998 gegenüber den Wahlen 1994 an Stimmen gewonnen, welche verloren?
Bei welchen Parteien wurden die Anteile der Stimmen größer bzw. kleiner?

b) Wie ist es zu erklären, dass Parteien Stimmen dazugewonnen haben, sich aber die Anteile an der Gesamtzahl der gültigen Stimmen nicht verbesserten?

	Wahl 1994	Wahl 1998
CDU	391 000	327 000
SPD	387 000	536 000
PDS	225 000	293 000
Grüne	58 000	48 000
FDP	41 000	64 000
sonst.	35 000	34 000
DVU	0	192 000

Lösung **a)** SPD, PDS, FDP und DVU haben 1998 mehr Stimmen erhalten als 1994, die CDU und die Grünen weniger – die *absoluten Häufigkeiten* haben sich nach oben bzw. nach unten verändert.
Die Stimmanteile (d. h. die relativen Häufigkeiten) für SPD, FDP und DVU wurden größer, für CDU, PDS und die Grünen kleiner.

b) *Relative Häufigkeiten* (also die Stimmanteile der Parteien) werden nicht notwendig größer, wenn die absoluten Häufigkeiten wachsen – es kommt immer auch auf die *Gesamtheit* an. Wie man durch Summenbildung in der Tabelle ablesen kann, wurden 1994 insgesamt 1,137 Mio. gültige Wahlzettel abgegeben, 1998 waren es dagegen deutlich mehr, nämlich 1,494 Mio. gültige Stimmen. Daher ist es zu erklären, dass die PDS zwar ca. 68 000 Stimmen *absolut* dazu gewann, der zugehörige Anteil der Stimmen aber kleiner wurde:

1994: $\frac{225\,000}{1\,137\,000} \approx 19{,}8\,\%$ *1998:* $\frac{293\,000}{1\,494\,000} \approx 19{,}6\,\%$

Weiterführende Aufgaben

2. *Darstellung von statistischen Daten in einem Blockdiagramm (Streifendiagramm)*
Die Ergebnisse der Landtagswahlen 1994 und 1998 in Sachsen-Anhalt kann man auch mithilfe von **Blockdiagrammen** (Streifendiagrammen) veranschaulichen.
Vergleiche die beiden Abbildungen; nenne Vor- und Nachteile.

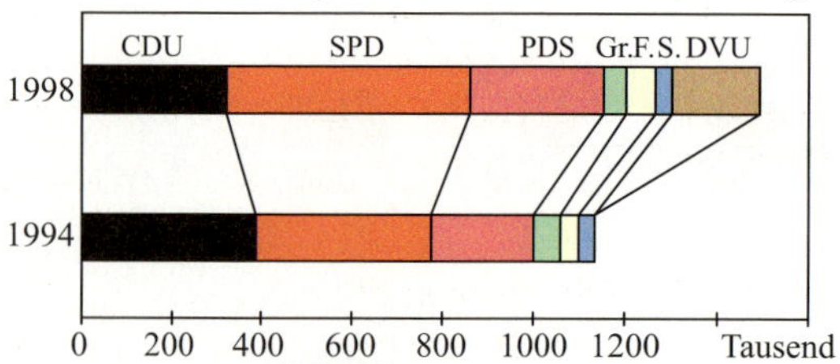

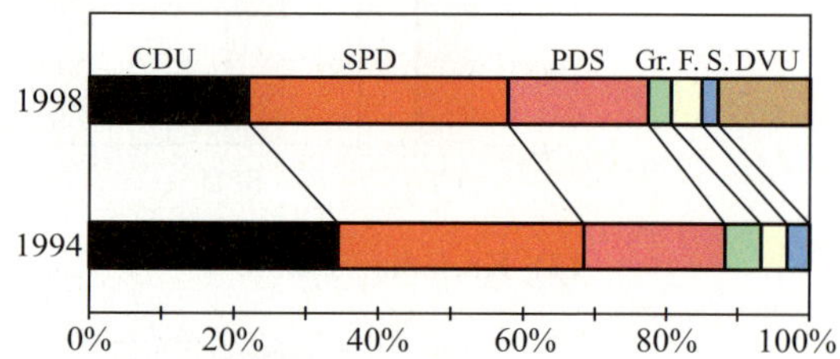

3. *Bilden von relativen Häufigkeiten bei Mehrfachnennungen*
Bei einer Befragung unter 100 zufällig ausgewählten Jugendlichen wurde auch nach den beliebtesten Klubs der Fußball-Bundesliga gefragt.

Welche Klubs der Fußball-Bundesliga sind dir sympathisch?

- ☐ Bayern München
- ☐ Borussia Dortmund
- ☐ 1. FC Kaiserslautern
- ☐ FC Schalke 04
- ☐ FC Hansa Rostock
- ☐ Anderer Verein
- ☐ Kein Fußball-Interesse

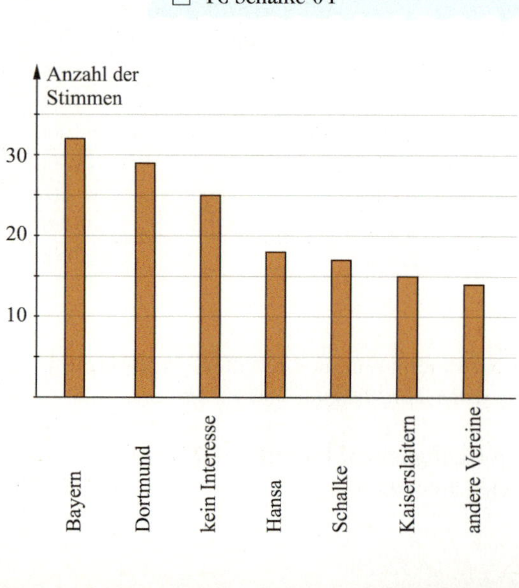

Bei der Auswertung ergab sich:

Bayern München	32 Stimmen
Borussia Dortmund	29 Stimmen
1. FC Kaiserslautern	15 Stimmen
FC Schalke 04	17 Stimmen
FC Hansa Rostock	18 Stimmen
Anderer Verein	14 Stimmen
Kein Fußball-Interesse	25 Stimmen

Die Ergebnisse der Befragung wurden in einem Säulendiagramm festgehalten.
Ist auch die Darstellung durch ein Kreisdiagramm möglich?

Information **(1) Grundgesamtheit, Merkmale, Merkmalsausprägungen, Merkmalsträger**

In Aufgabe 1 wurden verschiedene *Grundgesamtheiten* betrachtet, nämlich die Menge aller gültigen Stimmzettel bei den Landtagswahlen 1994 bzw. bei den Landtagswahlen 1998. Die beiden Grundgesamtheiten stimmen nicht überein, da es Wählerinnen und Wähler gab, die sich 1998 an der Wahl beteiligten, aber 1994 nicht, und umgekehrt.
Untersucht wurde in der jeweiligen Grundgesamtheit das *Merkmal: „angekreuzte Partei“* mit den *Ausprägungen* „CDU“, „SPD“, „PDS“ usw. Die Stimmzettel, bei denen wir das Merkmal „angekreuzte Partei“ betrachten, bezeichnet man auch als *Merkmalsträger.* Die einer statistischen Erhebung zugrunde liegende Grundgesamtheit ist also die Menge aller Merkmalsträger eines Merkmals.
In Aufgabe 3 haben wir als *Grundgesamtheit* die Menge der befragten Jugendlichen, als *Merkmal* den Sympathieverein, als *Ausprägungen* die Vereine „Bayern München“, „FC Schalke 04“, ...

Bei *statistischen Erhebungen* untersucht man oft, wie sich eine **Grundgesamtheit** bezüglich eines Merkmals zusammensetzt. Die Grundgesamtheit besteht aus den **Merkmalsträgern.** Merkmale haben verschiedene Ausprägungen. Jedem Merkmalsträger lässt sich (mindestens) eine **Ausprägung** zuordnen. Die Anzahl aller erfassten Merkmalsträger wird als **Umfang der Erhebung** bezeichnet.

(2) Absolute und relative Häufigkeiten einer Merkmalsausprägung

Unter der **absoluten Häufigkeit** einer Merkmalsausprägung versteht man die Anzahl der Merkmalsträger, auf welche die Merkmalsausprägung zutrifft.
Als **relative Häufigkeit** einer Merkmalsausprägung bezeichnet man den Anteil, mit dem diese Ausprägung in der betrachteten Grundgesamtheit auftritt. Es gilt also:

$$\text{relative Häufigkeit einer Merkmalsausprägung} = \frac{\text{absolute Häufigkeit einer Merkmalsausprägung}}{\text{Anzahl aller Merkmalsträger in der Grundgesamtheit}}$$

Relative Häufigkeiten werden in Prozent, als Bruch oder als Dezimalbruch angegeben.

(3) Häufigkeitsverteilung eines Merkmals

Tabellen, in denen die verschiedenen Ausprägungen eines Merkmals zusammen mit den absoluten oder relativen Häufigkeiten abgedruckt werden, bezeichnet man als *Häufigkeitsverteilung eines Merkmals.*
Diese Tabellen lassen sich auch als Wertetabellen einer Funktion *Merkmalsausprägung → (absolute) Häufigkeit der Merkmalsausprägung* auffassen.

Partei	Anteil der Stimmen
CDU	21,9 %
SPD	35,9 %
PDS	19,6 %
B90/Grüne	3,2 %
FDP	4,3 %
DVU	12,9 %
sonst.	2,3 %

(4) Grafische Darstellung einer Häufigkeitsverteilung

Säulendiagramme bestehen aus nebeneinanderstehenden, gleich breiten Rechtecken; die Höhe der Rechtecke entspricht der absoluten bzw. relativen Häufigkeit der jeweiligen Merkmalsausprägung.

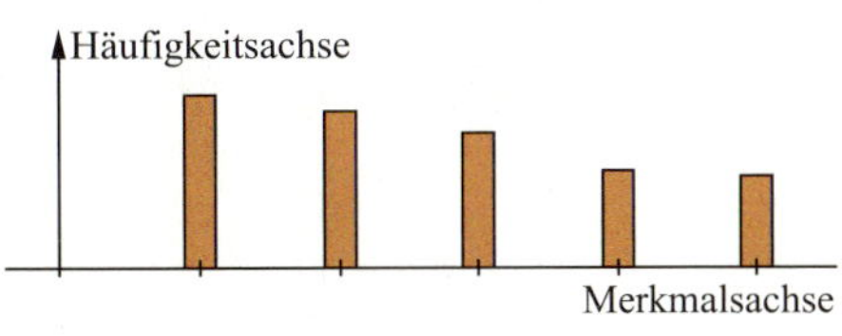

In **Kreisdiagrammen** ist jeder Merkmalsausprägung ist ein Kreissektor zugeordnet, dessen Mittelpunktswinkel (im Vergleich zum Vollwinkel von 360°) der relativen Häufigkeit der jeweiligen Ausprägung entspricht.

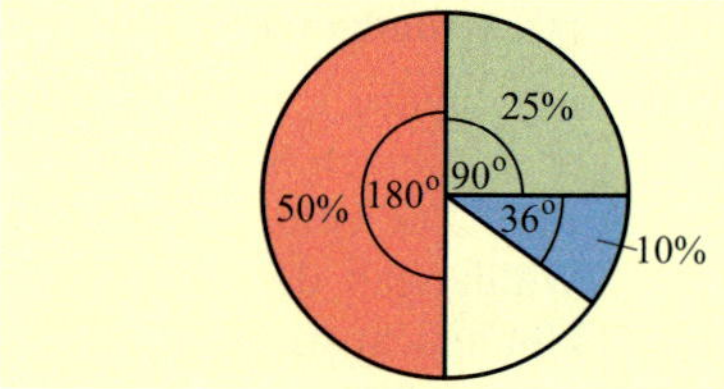

Bei **Blockdiagrammen** ist jeder Merkmalsausprägung ist ein Teilrechteck (Block) eines großen Rechtecks zugeordnet, dessen Länge (im Vergleich zur Gesamtlänge des Rechtecks) der relativen Häufigkeit der jeweiligen Ausprägung entspricht.

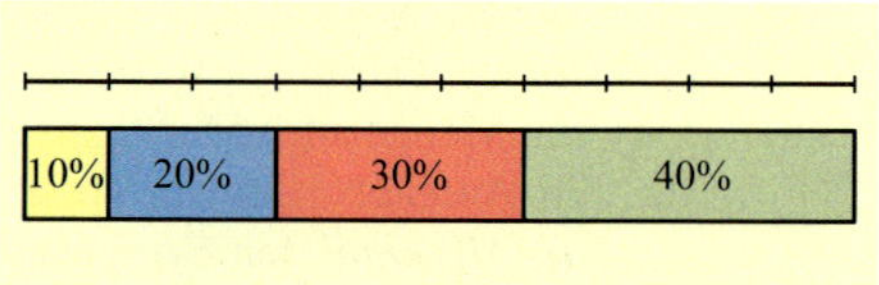

Kreis- und Blockdiagramme geben also an, wie sich die Grundgesamtheit bzgl. eines Merkmals *zusammensetzt*; das bedeutet, dass sich die betrachteten Merkmalsausprägungen gegenseitig ausschließen müssen. Bei Befragungen dürfen also keine Mehrfachnennungen zugelassen werden.
Kreisdiagramme eignen sich eher, wenn man aus einer Grafik direkt ablesen soll, welche Mehrheitsverhältnisse (z.B. nach Wahlen) vorliegen; Blockdiagramme lassen eher den Vergleich der Ergebnisse aus verschiedenen Erhebungen zu.
An Säulendiagrammen kann man leichter als bei Block- und Kreisdiagrammen ablesen, welche Reihenfolge hinsichtlich ihrer Häufigkeit die verschiedenen Ausprägungen haben; hier dürfen auch Mehrfachnennungen berücksichtigt werden.

Übungsaufgaben

Gib zu den folgenden Aufgaben jeweils an:

- Welches ist die Grundgesamtheit?
- Welches sind die betrachteten Merkmale?
- Welche Merkmalsausprägungen werden betrachtet?
- Wie hoch ist der Umfang der Erhebung?

4.

Im Jahr 1960 gab es in den alten Bundesländern insgesamt ca. 774 000 Schülerinnen und Schüler, die im Jahre 1947 geboren waren. Die Anzahl der 13-jährigen im Jahr 1995 betrug in allen Bundesländern zusammen ca. 896 000 (Geburtsjahrgang 1982).
Bestimme jeweils die absoluten Häufigkeiten der 13-jährigen, welche die einzelnen Schulformen besuchten, und stelle die Daten in geeigneten Säulendiagrammen dar.

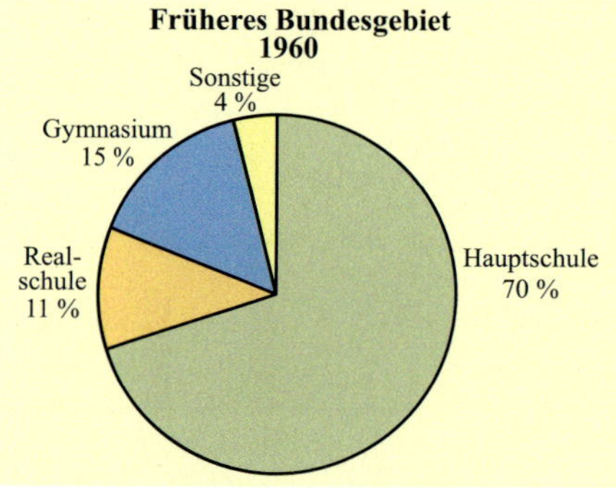

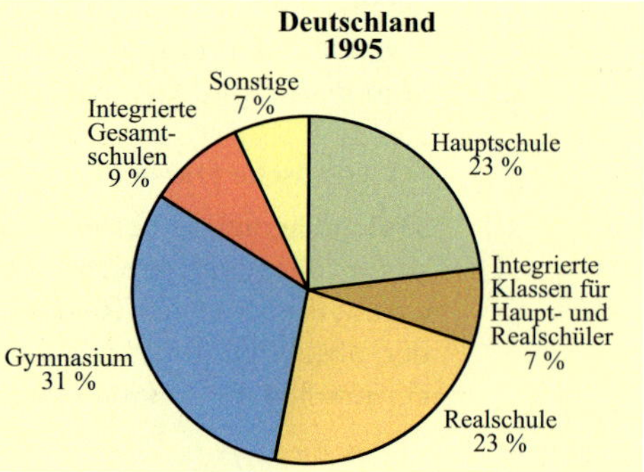

5.

Die Landtagswahlen in NRW ergaben 1990, 1995 bzw. 2000 folgende Ergebnisse.

Jahr	Gesamtzahl gültige Stimmen	Stimmanteile in %			
		SPD	CDU	Grüne	FDP
1990	9,292 Mio.	50,0	36,7	5,0	5,8
1995	8,294 Mio.	46,0	37,7	10,0	4,0
2000	7,336 Mio.	44,8	37,0	7,1	9,8

Welche Parteien haben im Vergleich zur Vorwahl relativ bzw. absolut an Stimmen gewonnen? Stelle die Daten in Form von (1) Kreisdiagrammen, (2) Säulendiagrammen, (3) Blockdiagrammen dar.

6.

In Schulstatistiken spielen Angaben über die Jahrgangsstufen eine wichtige Rolle.

a) Stelle die folgenden Daten mithilfe eines Säulendiagramms getrennt nach Mädchen und Jungen dar.

Jahrgangsstufe	5	6	7	8	9	10	11	12	13
Anzahl Mädchen	78	68	76	70	69	79	123	148	124
Anzahl Jungen	75	66	48	77	68	62	84	120	111

b) In der Tabelle unter Teilaufgabe a) kann man auch die beiden Grundgesamtheiten *Sekundarstufe I* und *Sekundarstufe II* mit dem Merkmal *Geschlecht* betrachten. Bestimme die relativen Häufigkeiten der Merkmalsausprägungen *Junge* und *Mädchen.* Zeichne ein entsprechendes Kreis- bzw. Blockdiagramm.

c) Gib zur Tabelle unter Teilaufgabe a) noch andere Grundgesamtheiten und Merkmale an. In welchen Fällen sind dabei Kreis- bzw. Blockdiagramme geeignet?

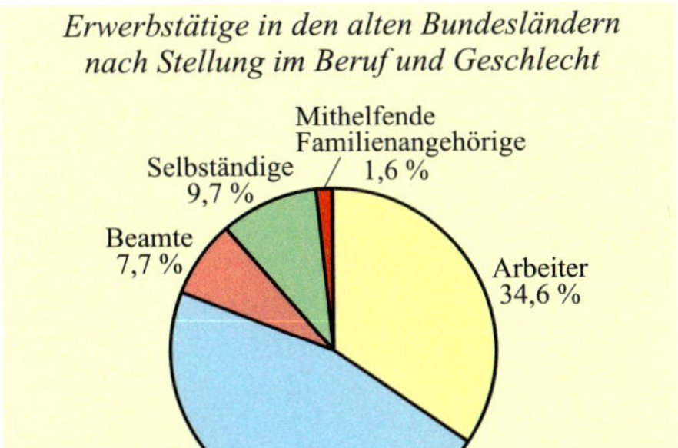

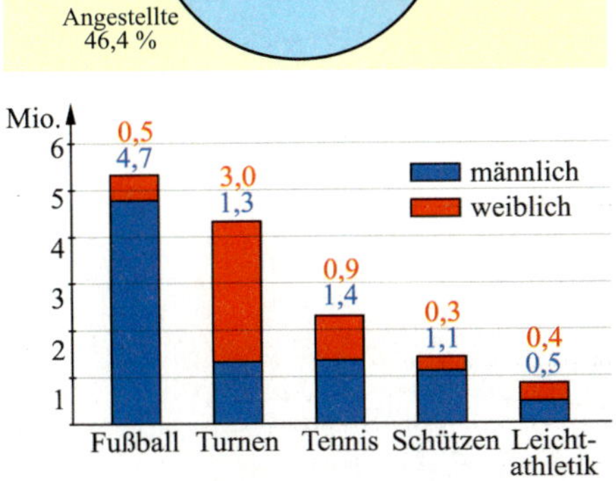

7.

Stellung im Beruf	Männer	Frauen
Arbeiter	42,0%	24,1%
Angestellte	35,6%	61,6%
Beamte	9,5%	5,2%
Selbstständige	12,3%	6,1%
Mithelfende Familienangehörige	0,5%	3,1%

In den alten wie auch in den neuen Bundesländern weisen die Anteile von Frauen und Männern hinsichtlich ihrer Stellung im Beruf große Unterschiede auf. Entnimm der Grafik und der Tabelle die notwendigen Informationen, um geeignete Säulendiagramme zu erstellen.

8.

Der Deutsche Sportbund hat ca. 22,3 Mio. Mitglieder. Die mitgliederstärksten Sportverbände sowie die jeweiligen Anteile von Frauen und Männern sind der Grafik zu entnehmen. Stelle die Anteile von Frauen und Männern für die 5 angegebenen Vereinssportarten in 5 Kreisdiagrammen dar.

9.

Lies aus den Kreisdiagrammen die benötigten Informationen ab und berechne:

(1) Wie viele Menschen hatten im Jahre 1955 [1975, 1995] bzw. haben voraussichtlich im Jahre 2025 eine Lebenserwartung von mehr als 60 Jahren?

(2) Wie viel Prozent der Menschheit war im Jahr 1955 [1975, 1995] bzw. ist voraussichtlich im Jahre 2025 jünger als 20 [65 Jahre und älter]?

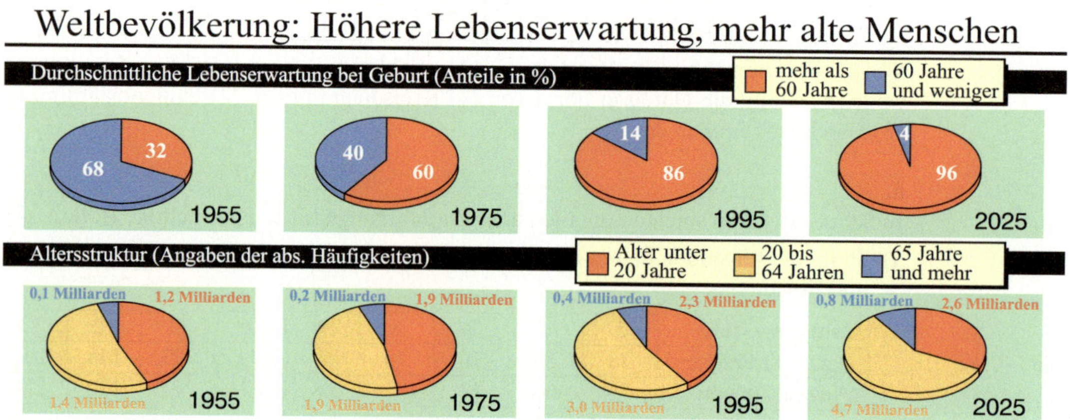

10.

Aus der Grafik lässt sich die Kennzahl „Anzahl der Lebendgeborenen je 1000 Einwohner" für West- bzw. Ostdeutschland ablesen. Ist die gewählte Darstellungsform des Blockdiagramms dafür geeignet, die entsprechende Kennzahl für Gesamtdeutschland zu bestimmen?

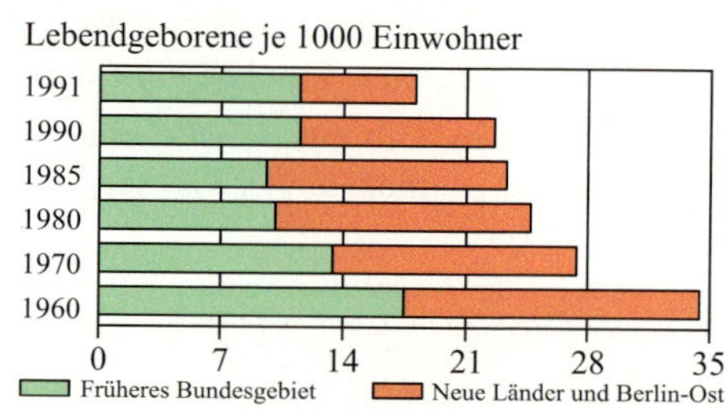

11.

Zur Bundestagswahl 1998 erschien auch die folgende Grafik. Begründe, warum die Darstellungsform nicht angemessen ist. Stelle die in der Grafik enthaltenen Daten mithilfe eines Säulen- oder Kreisdiagramms dar.

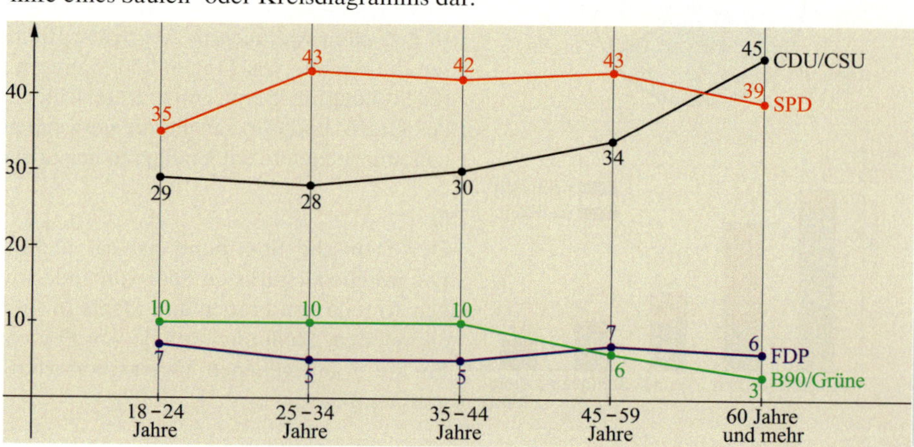

12.
Aus der Grafik kann man ablesen, wie groß der Anteil der Haushalte mit 1, 2, 3, 4, 5 und mehr Personen ist.
Stelle die Veränderungen mithilfe eines Säulendiagramms analog zu Aufgabe 1 dar.

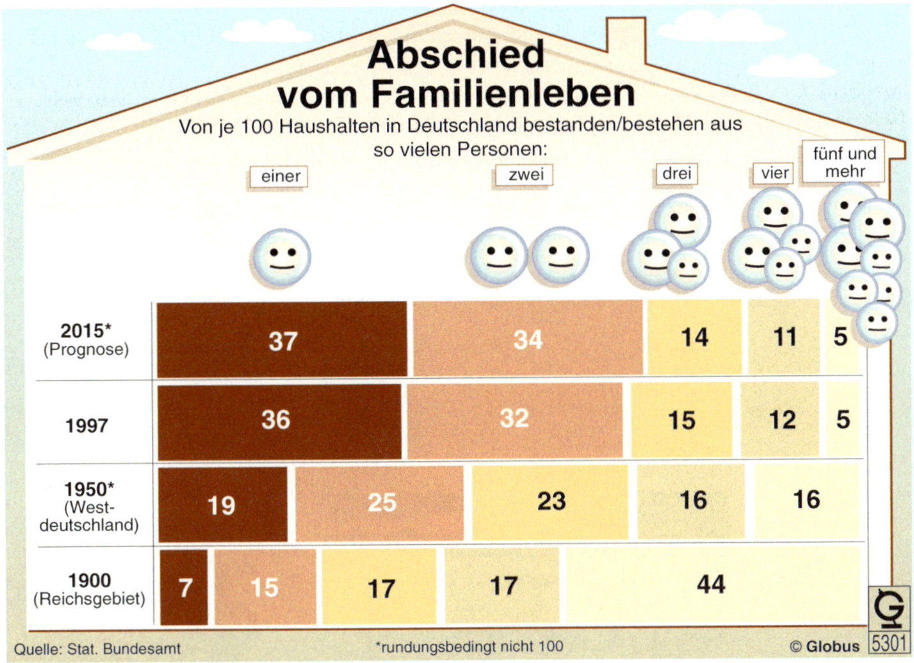

13. *Vorschläge für eigene Projekte*
Ermittle die geforderten Daten und stelle diese grafisch dar.
Gib zunächst an:

- Welche Grundgesamtheit wird betrachtet?
- Nach welchem Merkmal wird gefragt?
- Welche Ausprägungen hat dieses Merkmal?
- Mit welchen absoluten Häufigkeiten treten diese Ausprägungen in der betrachteten Gesamtheit auf?

a) Welche Wahlkurse haben die Schüler/innen deiner Klasse belegt?
Bestimme die Belegungsanteile für die einzelnen Fächer.
Gibt es Unterschiede bei Mädchen/Jungen?

b) Wie viel Prozent der Schüler/innen deiner Jahrgangsstufe haben eine 3. Fremdsprache belegt? Unterscheide die Belegung nach Geschlechtern.

c) Welche Musikrichtungen sind zur Zeit unter Jugendlichen am beliebtesten?
Führe eine Befragung in deiner Schule durch.

d) Für welche Fernsehsendungen interessieren sich Jugendliche?
Führe eine Befragung durch.

e) Vergleiche die Ergebnisse der letzten beiden Kommunalwahlen in deiner Gemeinde (vgl. Aufgabe 1, S. 341).

13.1.2 Fehlinterpretation und Manipulation von statistischen Daten

Zur Darstellung von Häufigkeiten werden in Zeitungen und Zeitschriften oft sogenannte **Piktogramme** verwendet (lat. pingere, pingo, pictum = malen), die mithilfe von Symbolen die betrachteten Größen veranschaulichen sollen. Durch diese Darstellungsformen gelingt es oft, die besondere Aufmerksamkeit des Lesers zu erregen.

Aufgabe 1 Erläutere, was durch folgende Piktogramme ausgedrückt werden soll.
Ist die Darstellungsform angemessen?

a) Ergebnis einer Meinungsbefragung zu einem Gesetzesvorhaben

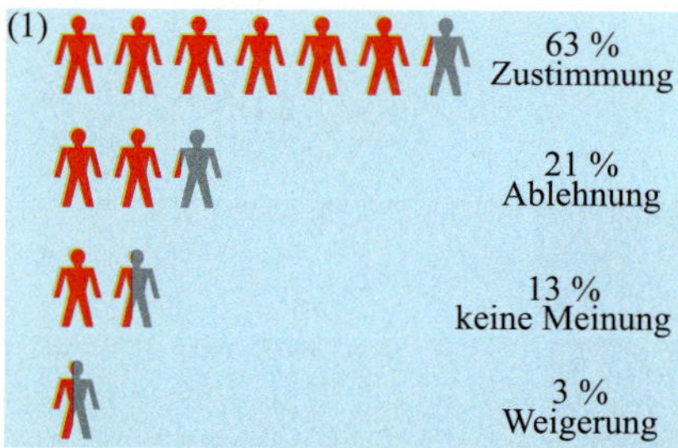

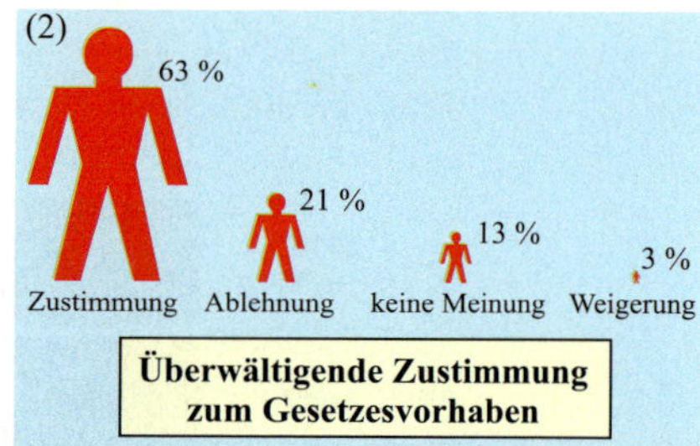

b)

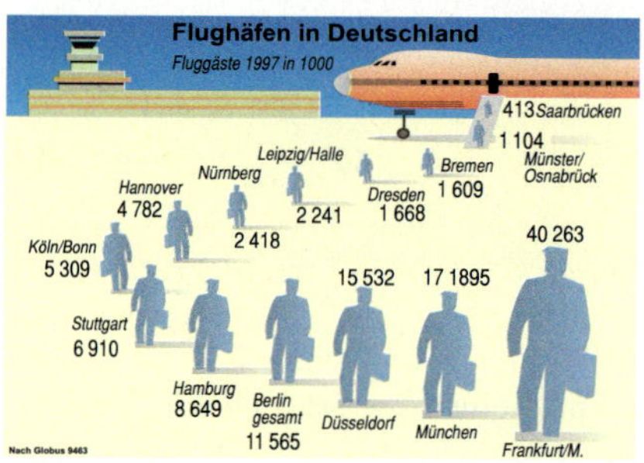

c)

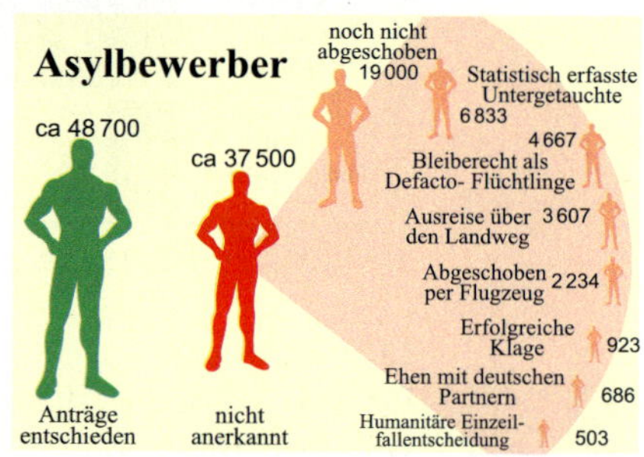

Lösung

a) (1) Jede Figur steht für 10% der befragten Personen; für einzelne Prozente sind die Figuren dann nur teilweise rot unterlegt. Da die gesamten Figuren erkennbar sind, ist es kein gravierender Fehler, dass die rot unterlegte Fläche nicht exakt dem darzustellenden Anteil entspricht.
(2) Die Höhe jeder Figur entspricht dem angegebenen Anteil. Da aber auch die Breite der Figuren proportional verändert wird, verändern sich die Flächen der Figuren nicht proportional zum Anteil, sondern proportional zum Quadrat der Anteile. Die Fläche der „Zustimmungsfigur" ist nicht dreimal so groß wie die Fläche der „Ablehnungsfigur" sondern neunmal so groß.

b) Der Grafiker hat die Größen der Figuren korrekt berechnet, die Figuren jedoch nicht nebeneinander sondern hintereinander angeordnet. Hierdurch kommt eine räumliche Wirkung in das Bild. Gegenstände oder Figuren, die in den Vordergrund gestellt werden, erscheinen größer als vergleichbare im Hintergrund. Bei der Grafik hat man daher beinahe den Eindruck, als wären alle Figuren gleich groß.

c) Vergleicht man die vier größten der angegebenen Anzahlen und die Höhen der Figuren miteinander, dann erkennt man, dass der Grafiker nicht gerechnet hat, sondern nur unterschiedlich große Figuren nebeneinander stellte.

Anzahl n	Figurenhöhe h in mm	$\frac{n}{h}$	$\frac{n}{h^2}$
48700	23	2117	92
37500	17	2205	130
19000	12	1583	132
6833	7	976	139

Weiterführende Aufgaben

2. *Fehlerhafte Grafik: Verstoß gegen die Proportionalität bei 3-dimensionalen Symbolen*

Betrachte die Grafik zu Suchtkranken. Die verwendeten Symbole stellen räumliche Objekte dar. Dabei ist das Volumen der gezeichneten Kugeln proportional zur 3. Potenz des Kugelradius. Eigentlich müsste der Quotient

Anzahl der Suchtkranken : r^3

konstant sein.

Zeige, dass dies nicht der Fall ist.

Wird dadurch die Meldung verfälscht?

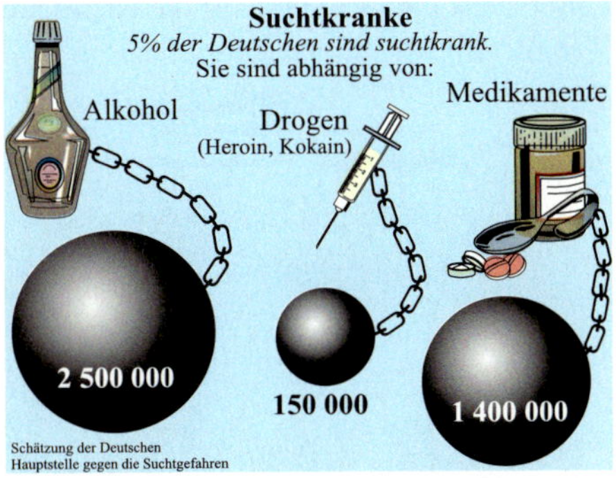

3. *Fehlerhafte Grafik: Fortlassen eines Sockelbetrages*

Die Abnahme des Verbrauchs von Verpackungsmaterial ist sicherlich nicht linear verlaufen. Was stört außerdem noch an dieser Grafik?

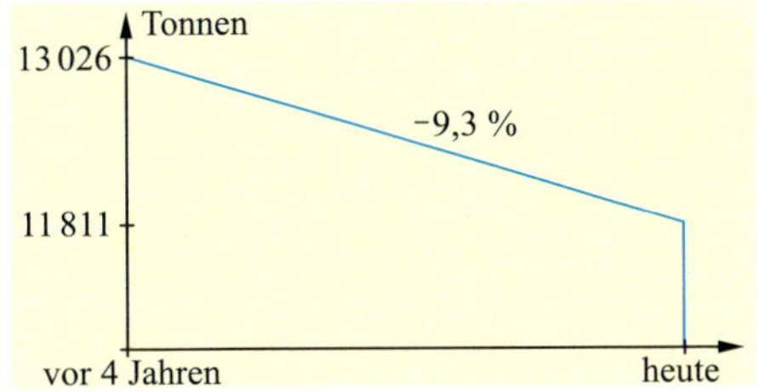

4. *Fehlerhafte Grafik: Falsche Verwendung von Polygonzügen*

Polygonzüge werden oft als Darstellungsform verwendet, um Änderungen von Anteilen im Laufe der Zeit zu verdeutlichen. Diese Häufigkeitspolygone wirken „dynamischer“ als die statischen Säulendiagramme. (Polygonzüge entstehen, wenn man die oberen Seitenmitten der Rechtecke eines Säulendiagramms geradlinig miteinander verbindet.)

Polygonzüge bieten die Möglichkeit, Zwischenwerte abzulesen.

Wie ist dies zu beurteilen?

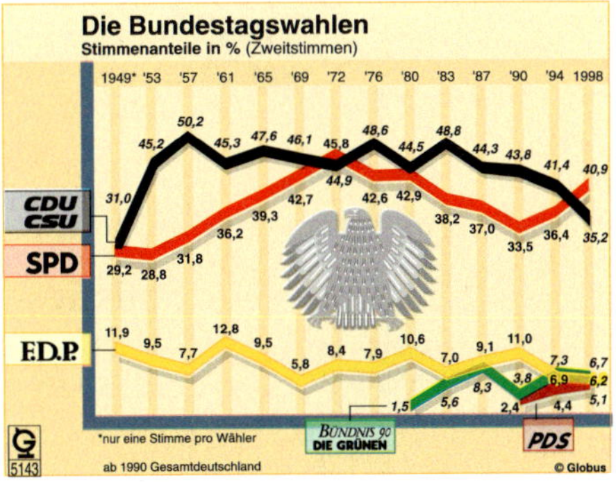

Information **Piktogramme – typische Fehler**

Grafiker wählen oft Piktogramme als Darstellungsform, um mit dem verwendeten Symbol die Aufmerksamkeit der Leser zu gewinnen. Dabei unterlaufen häufig Fehler, die – wenn sie bewusst begangen werden – die Leser manipulieren sollen.

Typische Fehler bei grafischen Darstellungen statistischer Daten sind

- Verstöße gegen Proportionalität, z. B. Aufgabe 1 a und 2
- Verstöße gegen perspektivische Verzerrungen, z. B. Aufgabe 1 b
- Stauchung oder Streckung von Achsen, z. B. Aufgabe 3
- Verwendung von Polygonzügen anstelle von Säulendiagrammen, z. B. Aufgabe 4.

Übungsaufgaben

5.

Untersuche die Grafiken auf die Richtigkeit bzw. Angemessenheit der gewählten Form. Was ist zu beanstanden?

a)

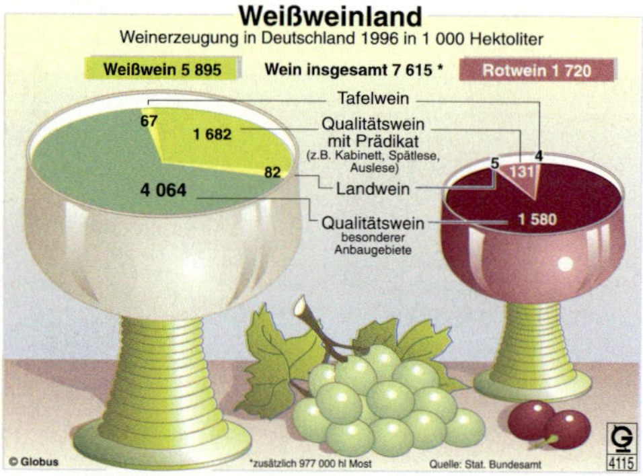

c)

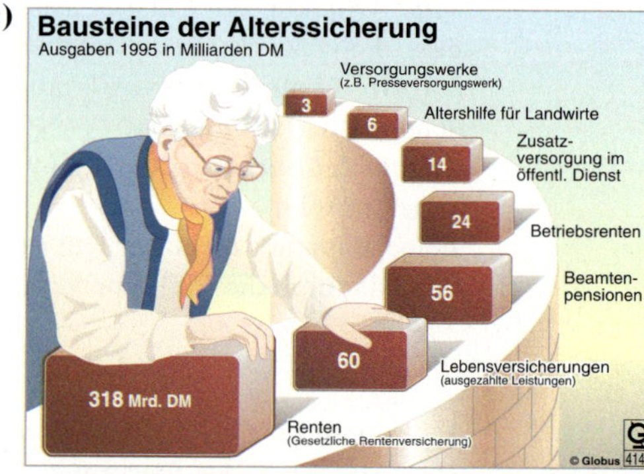

b)

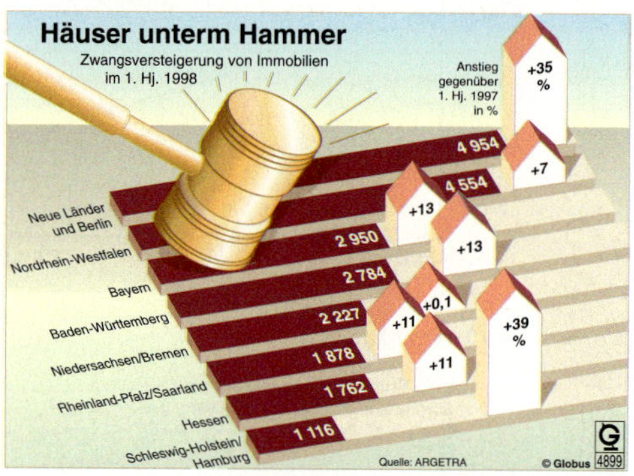

d)

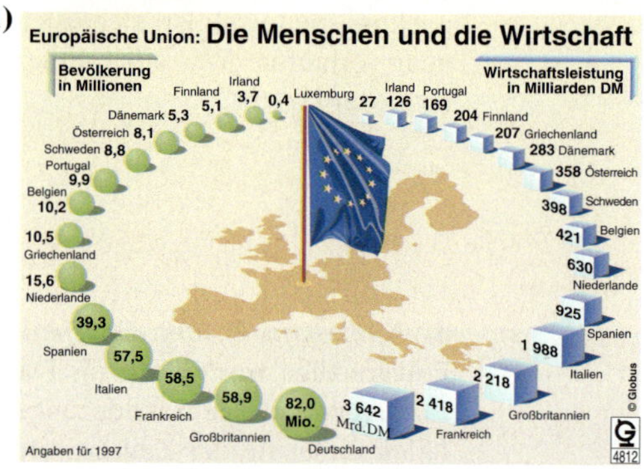

6.

a) Ist die Darstellungsform angemessen?

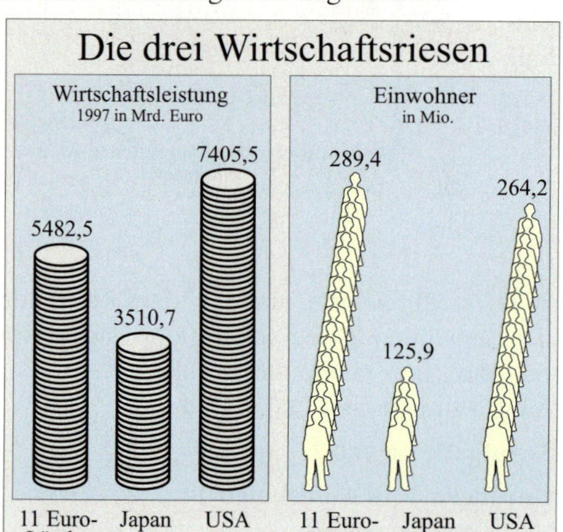

b) Es geht aufwärts mit der Hannover-Messe – das vermittelt wenigstens die Grafik der Messe AG. Wie könnte man die Entwicklung auch interpretieren?

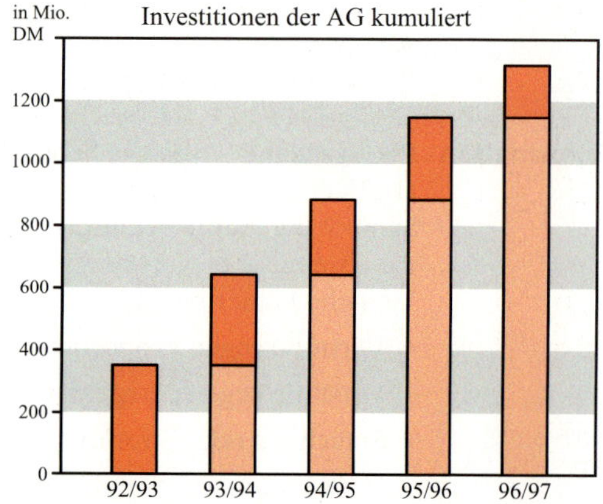

13.1.3 Empirisches Gesetz der Großen Zahlen

„Wenn alle befragten Personen antworten würden und dabei auch nicht schwindeln, wären Wahlprognosen gar nicht so schwierig: Je mehr Personen man auswählt und befragt, umso näher ist man vermutlich am Wahlergebnis.“

empirisch = aus Erfahrung gewonnen

Eine solche Aussage (die wir später noch präzisieren müssen) beruht auf der Erfahrung mit vielen vergleichbaren Vorgängen. Man spricht daher hier auch vom **Empirischen Gesetz der Großen Zahlen.**

Aufgabe 1 *Entwicklung relativer Häufigkeiten*

Zwei „quadratische“ LEGO-Steine kann man wie links zu einem Körper zusammensetzen. Kann man diesen doppelten „quadratischen“ LEGO-Stein tatsächlich als „Würfel“ für ein Glücksspiel benutzen?

Wir beschriften die verschiedenen Oberflächenteile wie folgt: die Fläche mit Noppen bezeichnen wir mit O (Oberseite), die vier glatten Flächenstücke mit 1, 2, 3 und 4 sowie die offene Unterseite mit U.

Bei welchem Ergebnis hat man die größte Chance zu gewinnen? Wie stehen die Chancen für die anderen Ergebnisse? Wir werden diese Fragen durch Experimente klären.

a) Wirf den doppelten LEGO-Stein 500-mal und berechne in 25er-Schritten fortlaufend die relativen Häufigkeiten für die einzelnen Ergebnisse. Stelle die Entwicklung der relativen Häufigkeiten grafisch dar.

b) Welche der Ergebnisse haben vermutlich gleiche, welche unterschiedliche Wahrscheinlichkeiten? Gib Schätzwerte für diese Wahrscheinlichkeiten an.

c) Gib eine Prognose ab: Wie oft werden die verschiedenen möglichen Ergebnisse O, 1, 2, 3, 4, U nach 1200 Würfen aufgetreten sein?

Lösung

a) 20 Schülerinnen und Schüler werfen je 25-mal den doppelten LEGO-Würfel und geben nacheinander die ermittelten Häufigkeiten an; diese können zum Teil erheblich voneinander abweichen.

TAB Die zugehörigen relativen Häufigkeiten h(O), h(1), h(2), h(3), h(4), h(U) lassen sich z. B. mithilfe einer Tabellenkalkulation schnell berechnen.

	A	B	C	D	E	F	G	H	I	J	K	L	M	N	O	P	Q	R	S	T
1		absolute Häufigkeiten						kumulierte absolute Häufigkeiten							relative Häufigkeiten					
2	Nr.	O	1	2	3	4	U	O	1	2	3	4	U	Summe	h(O)	h(1)	h(2)	h(3)	h(4)	h(U)
3	1	2	6	8	5	3	1	2	6	8	5	3	1	25	0,080	0,240	0,320	0,200	0,120	0,040
4	2	3	5	2	7	5	3	5	11	10	12	8	4	50	0,100	0,220	0,200	0,240	0,160	0,080
5	3	4	3	4	9	2	3	9	14	14	21	10	7	75	0,120	0,187	0,187	0,280	0,133	0,093
6	4	4	5	7	4	4	1	13	19	21	25	14	8	100	0,130	0,190	0,210	0,250	0,140	0,080
7	5	2	6	7	2	6	2	15	25	28	27	20	10	125	0,120	0,200	0,224	0,216	0,160	0,080
8	6	4	5	5	4	5	2	19	30	33	31	25	12	150	0,127	0,200	0,220	0,207	0,167	0,080
9	7	0	4	7	5	9	0	19	34	40	36	34	12	175	0,109	0,194	0,229	0,206	0,194	0,069
10	8	2	4	6	7	6	0	21	38	46	43	40	12	200	0,105	0,190	0,230	0,215	0,200	0,060
11	9	1	8	5	7	4	0	22	46	51	50	44	12	225	0,098	0,204	0,227	0,222	0,196	0,053
12	10	2	3	5	4	10	1	24	49	56	54	54	13	250	0,096	0,196	0,224	0,216	0,216	0,052
13	11	2	3	8	4	6	2	26	52	64	58	60	15	275	0,095	0,189	0,233	0,211	0,218	0,055
14	12	3	3	5	6	7	1	29	55	69	64	67	16	300	0,097	0,183	0,230	0,213	0,223	0,053
15	13	3	5	5	7	4	1	32	60	74	71	71	17	325	0,098	0,185	0,228	0,218	0,218	0,052
16	14	1	7	3	5	8	1	33	67	77	76	79	18	350	0,094	0,191	0,220	0,217	0,226	0,051
17	15	3	5	7	6	3	1	36	72	84	82	82	19	375	0,096	0,192	0,224	0,219	0,219	0,051
18	16	1	3	9	7	4	1	37	75	93	89	86	20	400	0,093	0,188	0,233	0,223	0,215	0,050
19	17	3	5	5	5	5	2	40	80	98	94	91	22	425	0,094	0,188	0,231	0,221	0,214	0,052
20	18	1	6	2	6	7	3	41	86	100	100	98	25	450	0,091	0,191	0,222	0,222	0,218	0,056
21	19	2	5	4	7	7	0	43	91	104	107	105	25	475	0,091	0,192	0,219	0,225	0,221	0,053
22	20	2	5	6	8	4	0	45	96	110	115	109	25	500	0,090	0,192	0,220	0,230	0,218	0,050

Mithilfe des zugehörigen Grafikprogramms tragen wir die Punkte $(25 \mid 0{,}080)$, $(25 \mid 0{,}240)$ usw. aus den Spalten N und O bzw. P... T in das Koordinatensystem ein.

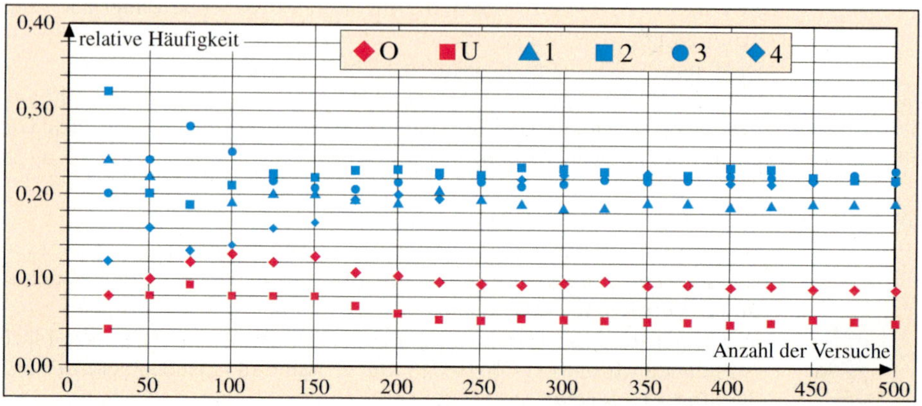

b) Es ist kein Grund ersichtlich, warum bei einem so symmetrisch geformten Gebilde wie dem doppelten LEGO-Stein die Lagen 1, 2, 3, 4 unterschiedliche Chancen haben sollten. Wir gehen also davon aus, dass trotz geringfügig unterschiedlicher relativer Häufigkeiten diesen Ergebnissen gleiche Wahrscheinlichkeiten zugrunde liegen.

relative Häufigkeiten geben Auskunft über bereits durchgeführte Zufallsversuche

Insgesamt hatten die 4 Ergebnisse eine relative Häufigkeit von $0{,}192 + 0{,}220 + 0{,}230 + 0{,}218 = 0{,}860$.

Daher schätzen wir, dass $P(1) = P(2) = P(3) = P(4) \approx 0{,}215$
und $P(O) \approx 0{,}09$
sowie $P(U) \approx 0{,}05$.

Wahrscheinlichkeiten geben Auskunft über Chancen in bevorstehenden Zufallsversuchen

c) Ausgehend von den Schätzwerten für die Wahrscheinlichkeiten vermuten wir, dass bei $n = 1200$ Würfen der Anteil der Würfe mit Ergebnis O etwa 9% beträgt, d.h. dass etwa $1200 \cdot 0{,}09$, also ungefähr 108-mal der LEGO-Würfel in Lage O liegen bleiben wird. Entsprechend machen wir die Prognose, dass etwa je 258-mal Lage 1, 2, 3 oder 4 auftreten wird und ca. 60-mal Lage U.

Dies ist ein Erfahrungsgesetz

Empirisches Gesetz der Großen Zahlen
Bei langen Versuchsreihen, also bei häufiger Wiederholung eines Zufallsversuchs, liegen die relativen Häufigkeiten eines Ergebnisses in der Nähe der Wahrscheinlichkeit des Ergebnisses.

Weiterführende Aufgaben

2. *Elementare Summenregel*
Wir betrachten den Zufallsversuch von Aufgabe 1. Für die Ergebnisse des doppelten LEGO-Würfels gehen wir von folgenden Wahrscheinlichkeiten aus:

$P(O) = 0{,}09;\quad P(1) = P(2) = P(3) = P(4) = 0{,}215;\quad P(U) = 0{,}05.$

Bestimme die Wahrscheinlichkeit folgender Ereignisse.

a) Der „LEGO-Würfel" bleibt auf U *oder* auf O liegen.

b) Der „LEGO-Würfel" bleibt auf einer Primzahl *oder* auf O liegen.

c) Der „LEGO-Würfel" bleibt auf 1 *oder* auf U liegen.

Elementare Summenregel

Betrachtet man bei einem Zufallsversuch mehrere Ergebnisse und fragt nach der Wahrscheinlichkeit, dass eins von diesen Ergebnissen eintritt, so fasst man diese Ergebnisse zu einem **Ereignis** zusammen. Gehören zum Ereignis E die Ergebnisse $a_1, a_2, \ldots, a_m$, so gilt für die Wahrscheinlichkeit P(E) des Ereignisses E

$P(E) = P(a_1) + P(a_2) + \ldots + P(a_m)$

Die Wahrscheinlichkeit des Ereignisses E ist gleich der Summe der Wahrscheinlichkeiten der zu E gehörenden Ergebnisse $a_1, a_2, \ldots, a_m$.

3. *LAPLACE-Versuche: Wahrscheinlichkeit von Ereignissen*

Zum Begriff Ereignis siehe Information (2) auf S. 354

Bei folgenden Zufallsversuchen ist kein Grund ersichtlich, warum die verschiedenen möglichen Ergebnisse mit unterschiedlichen Wahrscheinlichkeiten auftreten sollten. Gib die verschiedenen möglichen Ergebnisse und deren Wahrscheinlichkeiten an. Gib auch die Wahrscheinlichkeit des angegebenen Ereignisses an.

Beispiel:

Zufallsversuch: Werfen eines Würfels (reguläres Hexaeder)

Ereignis: Werfen einer geraden Zahl

mögliche Ergebnisse: Augenzahlen 1, 2, 3, 4, 5 oder 6

Wahrscheinlichkeit für jedes dieser Ergebnisse: $\frac{1}{6}$

Wahrscheinlichkeit für das Werfen einer geraden Zahl: $\frac{1}{6}+\frac{1}{6}+\frac{1}{6}=\frac{3}{6}=\frac{1}{2}$

(1) Werfen eines regulären Tetraeders.
Ereignis:
Werfen einer Zahl, die größer als 1 ist.

(2) Drehen eines Glücksrades mit 10 Sektoren.
Ereignis:
Zeiger bleibt auf einer durch 3 teilbaren Zahl stehen.

(3) Ziehen einer Karte aus 32 Skatkarten.
Ereignis:
Ziehen eines Asses.

LAPLACE-Versuch, LAPLACE-Modell, LAPLACE-Regel

Bei einem LAPLACE-Versuch geht man davon aus, dass alle möglichen Ergebnisse des Zufallsversuchs die gleiche Wahrscheinlichkeit haben. Wenn man also jedem Ergebnis die Wahrscheinlichkeit $p = \frac{1}{\text{Anzahl aller möglichen Ergebnisse}}$ zuordnet, dann ist dies eine *Modell-Annahme* (LAPLACE-Modell).

LAPLACE-Regel

Bei einem LAPLACE-Versuch gilt für die Wahrscheinlichkeit P(E) eines Ereignisses:

$P(E) = \frac{\text{Anzahl der zu E gehörenden Ergebnisse}}{\text{Anzahl aller möglichen Ergebnisse}}$

4. *Häufigkeitsinterpretation der Wahrscheinlichkeit*

Dass beim Würfeln die Augenzahl 3 mit Wahrscheinlichkeit $\frac{1}{6}$ auftritt, kann man sich auf verschiedene Weise veranschaulichen.

Welche der folgenden Deutungen sind richtig, welche sind falsch?

(1) Bei jedem 6. Wurf erscheint eine 3.

(2) Unter 6 Würfen tritt mindestens eine 3 auf.

(3) Wenn 6-mal keine 3 aufgetreten ist, nimmt die Wahrscheinlichkeit für eine 3 zu.

(4) Wirft man einen Würfel n-mal, z. B. $n = 600$, dann tritt Augenzahl 3 ungefähr $\frac{n}{6}$-mal (also bei $n = 600$ ungefähr 100-mal) auf.

(5) Wenn bei 6 Würfen keine 3 auftritt, dann ist der Würfel gezinkt.

(6) Wenn jemand 1 € darauf wettet, dass eine 3 beim nächsten Wurf fällt, dann kann man 5 € dagegen setzen.

Wahrscheinlichkeit als zu erwartende relative Häufigkeit

Häufigkeitsinterpretation der Wahrscheinlichkeit

Hat ein bestimmtes Ergebnis eines Zufallsversuchs die Wahrscheinlichkeit p, dann machen wir die Prognose, dass nach einer großen Zahl n von Versuchsdurchführungen das Ergebnis ungefähr $n \cdot p$-mal auftreten wird.

Information Die folgenden Begriffe sind aus dem Stochastikunterricht der Sekundarstufe I bekannt:

(1) Zufallsversuch, Ergebnis, Ergebnismenge eines Zufallsversuchs

Vorgänge, bei denen die Ergebnisse vom Zufall abhängen, bezeichnet man als **Zufallsversuche.**

Solche Zufallsversuche beschreiben wir durch die **Ergebnisse,** die auftreten können und durch die **Wahrscheinlichkeiten,** die wir jedem Ergebnis zuweisen.

Die Menge aller möglichen Ergebnisse eines Zufallsversuchs nennt man **Ergebnismenge** (übliche Bezeichnung: S).

unterscheide Ergebnis und Ereignis

(2) Ereignis

Ergebnisse eines Zufallsversuchs lassen sich zu Ereignissen zusammenfassen.

Beispiel: Ziehen einer Karte aus einem Stapel Skatkarten

Ergebnismenge S besteht aus 32 möglichen Ergebnissen.

S = {Karo 7, Herz 7, Pik 7, Kreuz 7, Karo 8, Herz 8, Pik 8, Kreuz 8. . . , Karo Ass, Herz Ass, Pik Ass, Kreuz Ass}

Ereignis E: Die gezogene Karte ist eine Bildkarte. (12 Ergebnisse)

Zu diesem Ereignis gehören 12 Ergebnisse

E = {Karo Bube, Herz Bube, Pik Bube, Kreuz Bube, Karo Dame, . . . , Pik König, Kreuz König}

(3) Wahrscheinlichkeit und relative Häufigkeit

Wahrscheinlichkeit und relative Häufigkeit sind grundsätzlich verschiedene Begriffe.

Wahrscheinlichkeiten dienen der Prognose: Sie geben Auskunft über Chancen in bevorstehenden Zufallsversuchen. Dagegen machen relative Häufigkeiten immer Aussagen über bereits durchgeführte Zufallsversuche.

Wir gehen davon aus, dass den verschiedenen möglichen Ergebnissen eines Zufallsversuchs Wahrscheinlichkeiten für das Auftreten der Ergebnisse zugrunde liegen.

Bei manchen Zufallsversuchen können wir den Ergebnissen Wahrscheinlichkeiten zuordnen, weil die Bedingungen, unter denen der Zufallsversuch durchgeführt wurde, dies nahelegen (LAPLACE-Versuch).

Bei anderen Zufallsversuchen ist dies nicht möglich; man kann dann nur einen Schätzwert für die Wahrscheinlichkeit angeben (Nicht-LAPLACE-Versuch).

Übungsaufgaben

5. *Nicht-LAPLACE-Versuche*

Beim Werfen eines Reißnagels können zwei verschiedene Ergebnisse eintreten.

a) Wirf einen Reißnagel (einer bestimmten Sorte) 50-mal und notiere die Häufigkeit, mit der die Ergebnisse ⊥ bzw. ⋏ auftreten.

b) Tragt die Häufigkeiten im Kurs zusammen und stellt die Entwicklung der relativen Häufigkeiten grafisch dar.

c) Wirf 10 Reißnägel (einer bestimmten Sorte) gleichzeitig und zähle aus, wie oft die Ergebnisse ⊥ bzw. ⋏ auftreten. Wiederhole diesen Versuch 30-mal. Weichen die relativen Häufigkeiten von denen in b) erheblich ab?

6.

Ein Holzklötzchen wurde geworfen. Es ist die Lage 1, 2, 3 oder 4 möglich.

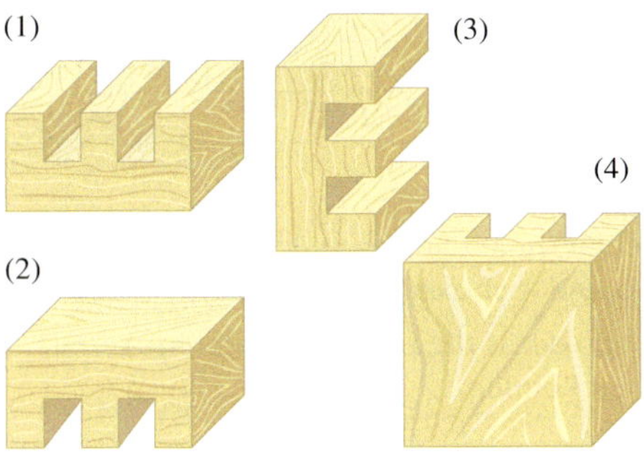

n	Lage 1	2	3	4
50	24	25	1	0
100	53	43	2	2
150	76	63	5	6
200	102	79	9	10
250	128	98	14	10
300	154	118	16	12
350	180	138	28	14
400	208	152	23	17
450	233	172	25	20
500	255	198	27	20

a) Stelle die relative Häufigkeit für jede der möglichen Lagen in Abhängigkeit von der Versuchszahl n grafisch dar.

b) Schätze, wie oft die einzelnen Lagen bei 1 000 Versuchen auftreten werden.

7.

Die Wahrscheinlichkeit für ein Ergebnis eines Zufallsversuchs sei:

(1) $p = 0{,}4$; (2) $p = 0{,}73$; (3) $p = 0{,}25$

Wie oft wird das Ergebnis ungefähr auftreten, wenn der Versuch

a) 200-mal, **b)** 350-mal, **c)** 273-mal, **d)** 174-mal

durchgeführt wird?

8.

36,5 % der Bevölkerung haben die Blutgruppe 0,
42,5 % die Blutgruppe A,
14,5 % die Blutgruppe B,
6,5 % die Blutgruppe AB.

In einem Lexikon finden wir die nebenstehende Information über die relativen Häufigkeiten, mit denen die einzelnen Blutgruppen in Deutschland auftreten. Beschreibe einen geeigneten Zufallsversuch, sodass die Formulierung „Die Wahrscheinlichkeit für Blutgruppe 0 ist 0,365“ usw. angemessen ist.

9.
Zum Skatspiel gehören 32 Karten mit 4 verschiedenen Farben (Kreuz, Pik, Herz, Karo) und 8 verschiedenen Werten (7, 8, 9, 10, Bube, Dame, König, Ass).
Für ein anderes Spiel mit Skatkarten benutzt man nur

a) Karten mit Bild; **c)** Karten ohne Bilder; **e)** Karo-Karten ohne Bild;
b) Herz-Karten; **d)** schwarze Karten; **f)** Kreuz-Karten mit Zahl.

Aus diesem verkleinerten Kartenspiel werde eine Karte zufällig gezogen.
Welche Wahrscheinlichkeit hat jedes der möglichen Ergebnisse?

10.
Wie groß ist die Wahrscheinlichkeit für folgende Ereignisse beim einmaligen Werfen eines Würfels:
(1) mindestens 3; (3) Primzahl; (5) gerade Zahl, aber kleiner als 4;
(2) zwischen 1 und 6; (4) Vielfaches von 3; (6) 1 oder 6?

11.
Über die Zusammensetzung der Schülerschaft einer Schule ist bekannt:

	Mädchen	Jungen
Sek I	320	340
Sek II	190	150

a) Bestimme
(1) die Anteile der Mädchen [Jungen] in der Schülerschaft [in Sek I; in Sek II];
(2) die Anteile der Sek-I-Schülerinnen und -Schüler in der Schülerschaft [der Sek-II-Schülerinnen und -Schüler].

b) Gib ein Zufallsexperiment an, sodass die in a) bestimmten Anteile als Wahrscheinlichkeiten interpretiert werden können.

12.
Aus einer undurchsichtigen Urne mit 50 gleichartigen Kugeln wird zufällig eine Kugel gezogen. Die Kugeln tragen die Nummern 1, 2, ..., 50.
Betrachte die folgenden Ereignisse $E_1, E_2, \ldots, E_6$. Gib jeweils die zu den Ereignissen gehörende Menge von Ergebnissen an.
Welche Wahrscheinlichkeit haben diese Ereignisse?
Wende die LAPLACE-Regel an.
E_1: *Die Nummer auf der Kugel ist eine Primzahl.*
E_2: *Die Nummer auf der Kugel ist durch 9 teilbar.*
E_3: *Die Nummer ist ungerade.*
E_4: *Die Nummer ist eine zweistellige Zahl.*
E_5: *Die Nummer ist durch 5 teilbar.*
E_6: *Die Nummer ist kleiner als 32.*

13.
a) Bei einem Zufallsversuch sind die Chancen für einen Gewinn *1 zu 3* [*1 zu 1; 2 zu 3; 4 zu 3*; *a zu b*]. Gib die Wahrscheinlichkeiten für einen Gewinn an.

b) Die Wahrscheinlichkeit für einen Gewinn ist $\frac{1}{3}$ [0,6; 40%; $\frac{3}{4}$; $\frac{c}{d}$]. Wie stehen die Chancen?

14.

In Sterbestatistiken wird festgehalten, wie viele Menschen in einem bestimmten Alter durchschnittlich sterben. In den so genannten *Sterbetafeln* ist angeben, wie viele eines bestimmten Geburtsjahrgangs noch leben. Zur Vereinfachung hat man die absoluten Häufigkeiten auf 100 000 Lebendgeborene umgerechnet.

Alter	männlich			weiblich		
	1910	1934	1997	1910	1934	1997
0	100 000	100 000	100 000	100 000	100 000	100 000
1	79 766	91 465	99 436	82 952	93 161	99 556
2	76 585	90 618	99 385	79 761	92 394	99 514
5	74 211	89 654	99 308	77 334	91 535	99 453
10	72 827	88 793	99 231	75 845	90 753	99 393
15	72 007	88 244	99 146	74 887	90 270	99 334
20	70 647	87 298	98 781	73 564	89 490	99 181
25	68 881	86 032	98 285	71 849	88 390	99 014
30	67 092	84 715	97 827	69 848	87 139	98 835
35	65 104	83 234	97 238	67 679	85 754	98 575
40	62 598	81 481	96 367	65 283	84 135	98 146
45	59 405	79 285	95 018	62 717	82 211	97 441
50	55 340	76 322	93 020	59 812	79 620	96 362
55	50 186	72 147	89 947	55 984	76 038	94 765
60	43 807	66 293	85 356	50 780	70 984	92 523
65	36 079	58 106	78 234	43 540	63 712	88 954
70	27 136	47 059	68 037	34 078	53 184	83 332
75	17 586	33 479	54 837	23 006	39 132	74 412
80	8 987	19 122	38 803	12 348	23 500	60 682
85	3 212	7 732	21 835	4 752	10 323	41 460
90	683	1 966	8 676	1 131	2 868	20 623

Aus der Tabelle für 1997 lesen wir z. B. ab: Von 100 000 Lebendgeborenen erreichen 98 781 Männer das Alter von 20 Jahren, 97 238 Männer das Alter von 35 Jahren.

Die relative Häufigkeit $\frac{97\,238}{98\,781} = 0{,}984$ kann zur Schätzung der Wahrscheinlichkeit dafür dienen, dass ein 20jähriger 35 Jahre alt wird. Man geht dabei davon aus, dass sich der Wert in den nächsten Jahren nicht ändert.

a) Bestimme die Wahrscheinlichkeit dafür, dass (in unserer Zeit)
(1) ein 30jähriger 50 Jahre alt wird;
(2) eine 30jährige 50 Jahre alt wird;
(3) eine 20jährige 80 Jahre alt wird;
(4) ein 40jähriger 65 Jahre alt wird.

b) Die Lebenserwartung ist heute erheblich größer als vor 70 oder 90 Jahren. Vergleiche die Wahrscheinlichkeiten aus a) mit denjenigen aus der Sterbetafel der Jahre 1910 bzw. 1934.

15.

$H_n(E)$ = absolute Häufigkeit für E bei n Versuchen

Im Altertum wurde oft statt eines Würfels ein *Astragalus* geworfen. Das ist ein Fußgelenkknöchel eines Lamms. Die Astragali bleiben auf einer ihrer 4 Seiten liegen. Bei einem Zufallsversuch mit 500 Würfen erhielt man die nebenstehenden absoluten Häufigkeiten $H_n(E)$. Schätze die Wahrscheinlichkeiten für die einzelnen Ergebnisse.

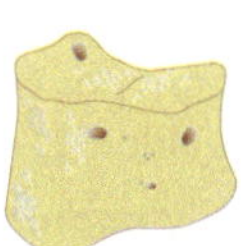

Ergebnis E		$H_n(E)$
Oberseite	(1 Punkt)	46
Rückseite	(2 Punkte)	207
Vorderseite	(3 Punkte)	196
Unterseite	(4 Punkte)	51

13.1.4 Bestimmen von Wahrscheinlichkeiten durch Simulation

Aufgabe 1 *Simulation durch geeignete Versuche*

Bei der Lottoshow im Fernsehen wird im Finale der Sieger durch Ziehen von Kugeln in folgender Weise bestimmt:
In der Ziehungsurne sind 18 Kugeln; je drei tragen die gleiche Nummer. Kugeln werden *ohne Zurücklegen* solange gezogen, bis eine der Glückszahlen dreimal aufgetreten ist.
Bei einer der Shows war Folgendes zu beobachten: Nach einigen Ziehungen stand der Sieger fest, da seine Glückszahl dreimal gezogen worden war. Es gab andere Mitspieler, deren Glückszahl bis dahin überhaupt noch nicht aufgetreten war, d. h. das Finale war bereits beendet, ohne dass diese Spieler überhaupt hoffen konnten zu gewinnen.
Wie groß ist die Wahrscheinlichkeit P(E) für folgendes Ereignis E: Eine der Glückszahlen wird dreimal gezogen, während mindestens eine der übrigen Glückszahlen noch nicht gezogen worden ist?

a) Führe den Zufallsversuch (in deinem Kurs) 100-mal durch, um eine Vorstellung von der Größenordnung der gesuchten Wahrscheinlichkeit P(E) zu erhalten. Stelle die Entwicklung der relativen Häufigkeiten grafisch dar.

b) Auch andere Versuchsanordnungen können geeignet sein.
Beschreibe, wie man den Versuch
(1) mithilfe eines regulären Ikosaeders simulieren kann;
(2) mithilfe zweier Würfel (regulärer Hexaeder) simulieren kann.

c) Jemand hat die Idee, die Auslosung mithilfe *eines* Würfels nachzuspielen: Der Würfel soll so lange geworfen werden, bis eine der Augenzahlen dreimal gefallen ist. Begründe, warum auf diese Weise keine Simulation der Ziehung aus der Lottoshow möglich ist.

Lösung **a)** Wir beschriften 18 Spielsteine, je drei mit den Nummern 1, 2, 3, 4, 5, 6. Die Spielsteine werden in ein Gefäß gelegt und gut gemischt. Dann wird so lange aus dem Gefäß gezogen, bis drei Steine gezogen sind, die die gleiche Nummer tragen.
Beispiele für mögliche Ziehungen:

(1) Gezogene Nummern: ⑤ ③ ① ⑤ ② ⑥ ⑤
Der Spieler mit der Glückszahl 5 hat gewonnen.
Die Glückszahl 4 wurde noch nicht gezogen.

(2) Gezogene Nummern: ④ ③ ④ ⑤ ③ ④
Der Spieler mit der Glückszahl 4 hat gewonnen.
Die Glückszahlen 1, 2 und 6 wurden noch nicht gezogen.

(3) Gezogene Nummern: ② ④ ① ⑤ ① ⑥ ③ ④ ③ ⑥ ①
Der Spieler mit der Glückszahl 1 hat gewonnen.
Alle Glückszahlen wurden mindestens einmal gezogen.

Die Beispielziehungen (1) und (2) gehören zum interessierenden Ereignis E, Beispiel (3) nicht.
Die relativen Häufigkeiten stabilisieren sich zwischen 50 % und 60 %.

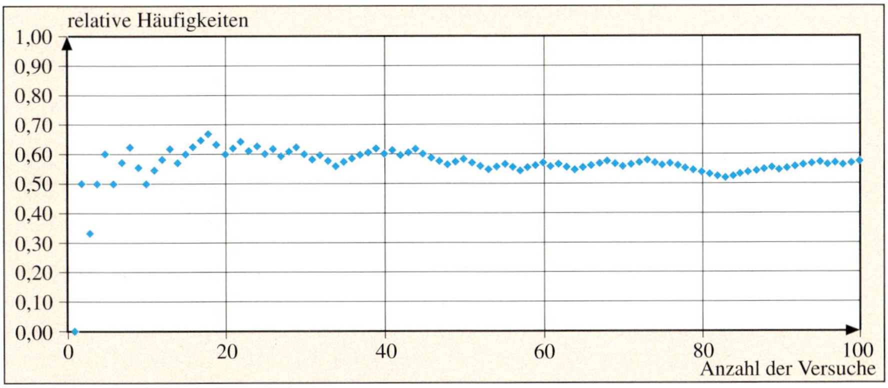

b) (1) Beim Werfen eines regulären Ikosaeders können 20 verschiedene Ergebnisse auftreten. Wenn die Augenzahlen 19 oder 20 fallen, beachten wir diese nicht. Für die anderen Augenzahlen nehmen wir eine Zuordnung von Augenzahlen und Kugelnummern vor, z. B.:

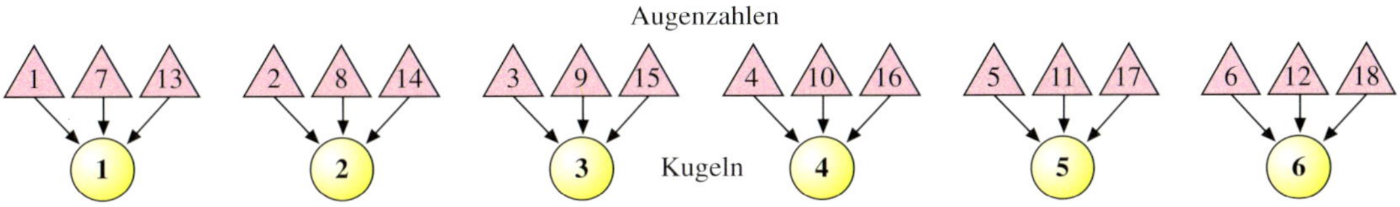

Da die Kugeln in der Lottoshow nach ihrer Ziehung nicht wieder zurückgelegt werden, darf man nicht alle Ikosaederwürfe berücksichtigen: Wiederholt sich eine Augenzahl, dann muss neu geworfen werden.

(2) Beim Werfen mit 2 Würfeln sind 36 verschiedene Ergebnisse möglich; diese können leicht den 18 Kugeln zugeordnet werden z. B. wie rechts abgebildet. Auch hier muss darauf geachtet werden, dass jede „Kugel" nur einmal „gezogen" werden kann.

		roter Würfel					
		1	2	3	4	5	6
blauer Würfel	1	11	12	13	14	15	16
	2	21	22	23	24	25	26
	3	31	32	33	34	35	36
	4	41	42	43	44	45	46
	5	51	52	53	54	55	56
	6	61	62	63	64	65	66

c) Bei der Versuchsanordnung in Teilaufgabe a) sind zunächst 18 Kugeln in der Ziehungsurne enthalten, nach der Ziehung der ersten Kugel nur noch 17, dann 16 usw. Wenn die erste Kugel gezogen wurde, sind nur noch zwei Kugeln mit dieser Nummer in der Ziehungsurne; die Wahrscheinlichkeit für die Ziehung einer weiteren Kugel mit dieser Nummer verringert sich von $\frac{3}{18}$ auf $\frac{2}{17}$. Beim Würfeln ändern sich die Chancen für das Auftreten der einzelnen Augenzahlen jedoch nicht. Daher ist die Versuchsanordnung in c) nicht geeignet, den Zufallsversuch zu simulieren.
Die Simulation mithilfe *eines* Würfels wäre möglich, wenn bei der Lottoshow die gezogenen Kugeln wieder in die Ziehungsurne zurückgelegt würden.

Information

(1) Simulation von Zufallsversuchen

Bei der Simulation von Zufallsversuchen geht es darum, einen Zufallsversuch mit anderen einfacheren Mitteln nachzuspielen. Dabei muss vor allem darauf geachtet werden, dass ein geeignetes *stochastisches Modell* benutzt wird, d. h. die Versuchsanordnung bei der Simulation muss von der Struktur her mit der Versuchsanordnung des zu simulierenden Zufallsversuchs übereinstimmen.

(2) Grundmodelle der Urnenziehung

Simulationen werden häufig mithilfe von Urnenziehungen durchgeführt: Kugeln werden aus Ziehungsgefäßen (Urnen) gezogen. Wir unterscheiden insbesondere zwei Grundmodelle:

- das *Ziehen mit Wiederholung;*
- das *Ziehen ohne Wiederholung.*

Beim *Ziehen mit Wiederholung* wird nach der Ziehung die gezogene Kugel wieder in die Urne zurückgelegt; daher wird durch das Zurücklegen der vorherige Zustand wieder hergestellt. Dieser Vorgang kann beliebig oft durchgeführt werden.

Beim *Ziehen ohne Wiederholung* wird nach der Ziehung die gezogene Kugel nicht wieder zurückgelegt; daher verändert sich die Situation durch die Ziehung. Sind n Kugeln in der Urne, dann ist spätestens nach n Ziehungen der Zufallsversuch beendet. Man kann schon nach n – 1 Ziehungen aufhören, da man ja dann weiß, welche Kugel übrig bleibt; die Ziehung wird in der Regel zur Kontrolle dennoch durchgeführt.

Diese Grundmodelle der Urnenziehung werden auch als **Ziehen mit Zurücklegen** bzw. als **Ziehen ohne Zurücklegen** bezeichnet.

(3) Zufallszahlen

Programmiersprachen, CAS-Rechner und Tabellenkalkulationsprogramme enthalten Funktionen, die (scheinbar) zufällig Zahlen aus dem Intervall [0; 1[erzeugen; man nennt diese Zahlen auch **Pseudo-Zufallszahlen.** Diese Zahlen werden mithilfe geeigneter Algorithmen berechnet; die Algorithmen sind so konstruiert, dass man den Eindruck hat, als ob die Zahlen tatsächlich *zufällig* entstanden wären. Die Zufallsgeneratoren werden natürlich – bevor sie in die Software implementiert werden – umfangreichen Tests unterzogen (vgl. Seite 436 – Tests auf Zufälligkeit).

(4) Simulation mithilfe von Pseudo-Zufallszahlen

[0; 1[Beachte: 1 gehört nicht zum Intervall

Die Zahlen, die der Zufallsgenerator des Computers liefert, sind abbrechende Dezimalbrüche aus dem Intervall [0; 1[. Oft werden für Simulationen jedoch andere Zahlen benötigt, z. B. die Augenzahlen 1, 2, 3, 4, 5, 6.

Solche Zahlen erzeugt man mithilfe einfacher Befehle:

- Multipliziert man z. B. eine Zahl aus dem Intervall [0; 1[mit 6, dann erhält man eine Zahl aus dem Intervall [0; 6[.
- Addiert man hierzu noch 1, dann erhält man eine Zahl aus dem Intervall [1; 7[.
- Schneidet man mithilfe der Integer-Funktion (in EXCEL: GANZZAHL()) die Stellen hinter dem Komma ab, dann erhält man eine der Zahlen 1, 2, 3, 4, 5 oder 6.

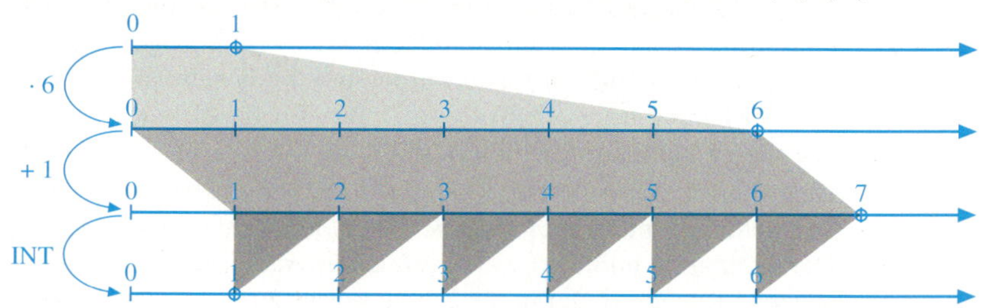

Schreibt man also in eine Zelle einer EXCEL-Tabelle

= GANZZAHL(ZUFALLSZAHL() * 6 + 1)

so entsteht eine Zahl, die als Augenzahl beim Würfeln interpretiert werden kann.

Der Befehl = GANZZAHL(ZUFALLSZAHL() * 2) erzeugt Nullen und Einsen, die man als Ergebnisse eines Münzwurfs interpretieren kann.

Mithilfe der folgenden Tabelle kann man z. B. den 500fachen Münzwurf simulieren.

TAB

	A	B	C	D
1	Nummer	Zufallszahl	Anzahl Einsen	rel. Häufigkeit
2	1	1	1	1
3	2	0	1	0,5
4	3	0	1	0,333333333
5	4	1	2	0,5
6	5	0	2	0,4
7	6	0	2	0,333333333

Zelle B2: = GANZZAHL(ZUFALLSZAHL() * 2)
B3: = GANZZAHL(ZUFALLSZAHL() * 2)
⋮
Zelle C2: = B2
Zelle C3: = C2 + B3
C4: = C3 + B4
⋮

Hier wird fortlaufend addiert; damit erhält man die Anzahl der Einsen.

Zelle D2: = C2 / A2
D3: = C3 / A3

Berechnung der relativen Häufigkeiten

Mithilfe eines Grafikprogramms, das die Punkte (A2 | D2), (A3 | D3) usw. zeichnet, erhält man Graphen wie unten abgedruckt.
Kopiert man die Spalten A bis D z. B. noch zweimal, kann man gleichzeitig die Entwicklung der relativen Häufigkeiten von drei Simulationen beobachten.

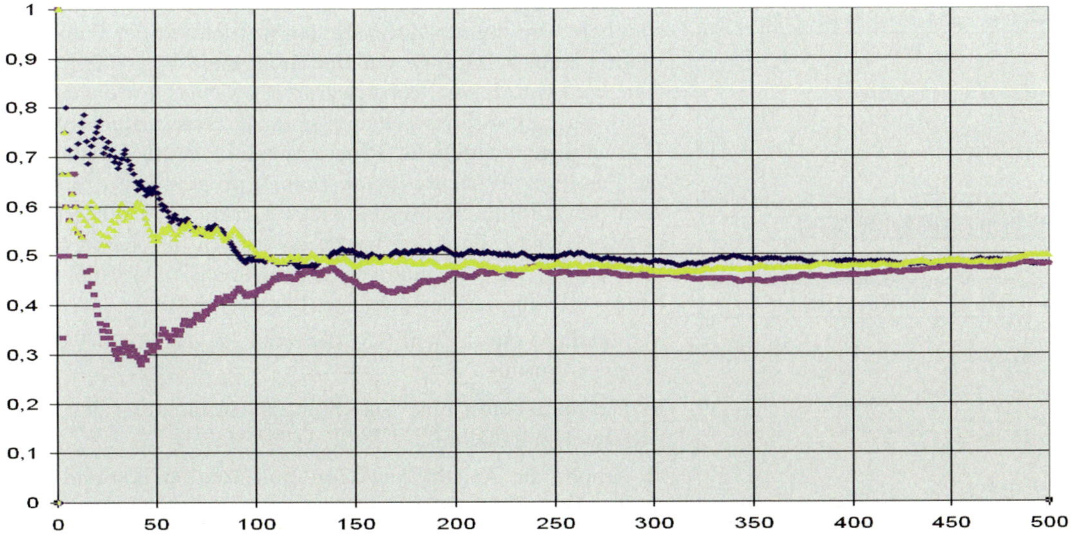

Übungsaufgaben

Tetraeder

Hexaeder

Oktaeder

Dodekaeder

Ikosaeder

2.

Angenommen, man besitzt von dem auf dem Rand abgebildeten „Würfelset" nicht alle regelmäßigen Polyeder.
Wie kann man den Wurf mit einem

(1) Tetraeder durch den Wurf eines Hexaeders [Oktaeders; Dodekaeders; Ikosaeders];
(2) Hexaeder durch den Wurf eines Oktaeders [Dodekaeders; Ikosaeders];
(3) Oktaeder durch den Wurf eines Dodekaeders [Ikosaeders];
(4) Dodekaeder durch den Wurf eines Ikosaeders ersetzen?

3.

Man will sich zwischen zwei Alternativen entscheiden und wirft deshalb eine Münze. Wie kann man den Münzwurf durch das Werfen eines Würfels ersetzen?

4.

Jeder Kaugummipackung einer bestimmten Marke ist ein Sammelbild beigefügt; zu einer Serie gehören 15 Bilder. Man muss damit rechnen, dass man beim Kauf von 5 Packungen mindestens eines der Bilder doppelt hat.
Ist die Wahrscheinlichkeit hierfür sehr groß? Bestimme einen Schätzwert für die Wahrscheinlichkeit durch Simulation.

5.

In der Weihnachtszeit ist es in vielen Klassen und Kursen üblich zu „wichteln", d. h. es wird ausgelost, wer welchem anderen Mitglied der Gruppe ein kleines Geschenk machen soll. Dabei geschieht es, dass jemand seinen eigenen Namen zugelost bekommt. Tritt dieser Fall häufig ein? Gib einen geeigneten Simulationsversuch an und bestimme einen Schätzwert für das betrachtete Ereignis.

CAS **6.** *Simulation mit einem CAS-Rechner*

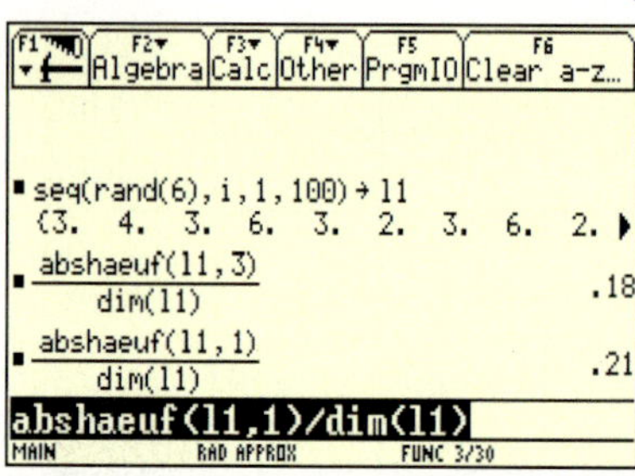

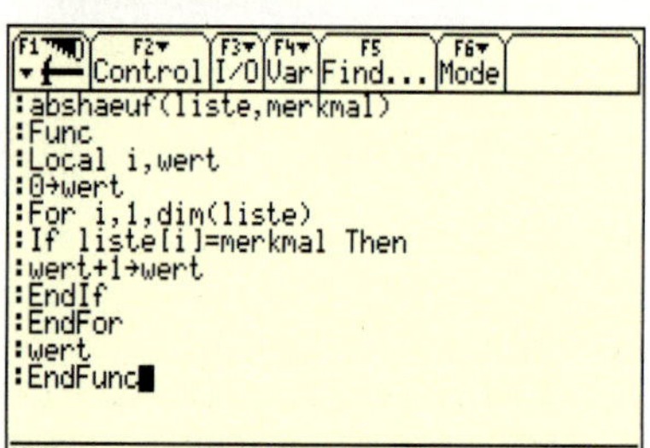

Im oberen Fenster wurde das 100-fache Werfen eines Würfels simuliert. Die Pseudo-Zufallszahlen wurden mit der Funktion rand( ) erzeugt. Mithilfe der Funktion seq(*Term, i, Startzahl, Endzahl*) wurde eine Versuchsliste l1 erzeugt, in welcher die hundert Ergebnisse festgehalten sind. Zur Auswertung solcher Versuchslisten wurde im Programmeditor (unteres Fenster) die Funktion abshaeuf(*liste, merkmal*) programmiert. Mit ihr wird die absolute Häufigkeit eines Merkmals in einer Liste ermittelt. Diese Funktion wurde dann auch im oberen Fenster benutzt, um die relativen Häufigkeiten $h(1) = 0{,}21$ und $h(3) = 0{,}18$ aus der Versuchsliste l1 zu bestimmen.

a) Simuliere mit deinem CAS-Rechner das 100-fache Werfen eines Würfels.

b) Definiere selbst eine Funktion zur Bestimmung der relativen Häufigkeiten.

c) Erhöhe die Anzahl der Würfe auf 200, 300, 400 und vergleiche jeweils die relativen Häufigkeiten $h(1)$ und $h(3)$. Was stellst du fest? Erkläre.

13.2 Rechenregeln für Wahrscheinlichkeiten

13.2.1 Grundregeln

Aufgabe 1 *Summen- und Komplementärregel für Ereignisse*

In einem Abiturjahrgang sind 150 Schülerinnen und Schüler, davon haben 46% Französisch (Fra) und 24% Spanisch (Spa) gelernt, 18% beide Fremdsprachen. Eine Person des Abiturjahrgangs wird zufällig ausgewählt.

a) Mit welcher Wahrscheinlichkeit hat sie Französisch oder Spanisch (d.h. entweder Französisch oder Spanisch oder beide Fremdsprachen) gelernt?

b) Mit welcher Wahrscheinlichkeit hat sie weder Französisch noch Spanisch gelernt?

Lösung **a)** Wenn 18% der Schülerinnen und Schüler sowohl Französisch als auch Spanisch gelernt haben, sind in dem Jahrgang 28%, die Französisch, aber nicht Spanisch, bzw. 6%, die Spanisch, aber nicht Französisch, sprechen. Zusammen sind dies 52% des Jahrgangs.

Es wäre falsch, die Anteile für Französisch (46%) und Spanisch (24%) zu addieren, denn es gibt Schülerinnen und Schüler, die beide Fremdsprachen lernen; diese würden dann doppelt gezählt.

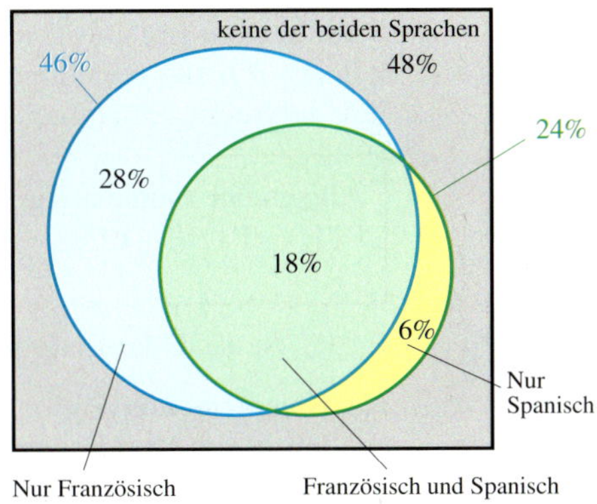

Daher kann man den gesuchten Anteil von 52% auch so erhalten, dass man die beiden Anteile für Französisch bzw. Spanisch addiert (46% + 24% = 70%) und dann den Anteil der Schülerinnen und Schüler, die beide Sprachen gelernt haben, hiervon abzieht: 70% − 18% = 52%.

Es gilt also: P(Französisch oder Spanisch) = 0,46 + 0,24 − 0,18 = 0,52

b) Eine Person, die weder Französisch noch Spanisch gelernt hat, erfüllt gerade nicht die Eigenschaften der Person, die in a) beschrieben wurde. Daher gilt:

P(weder Fra noch Spa) = P(nicht: Fra oder Spa) = 1 − 0,52 = 0,48

Weiterführende Aufgaben

2. *Herleitung der Summen-/Komplementärregel mithilfe eines Urnenversuchs*

In einer Urne sind 50 gleichartige Kugeln, welche die Nummern 1, 2, 3, ..., 50 tragen. Eine Kugel wird zufällig gezogen.

a) (1) Welche Wahrscheinlichkeit haben die folgenden Ereignisse

Ereignis A:	Die Zahl auf der Kugel ist durch 4 teilbar.
Ereignis B:	Die Zahl auf der Kugel ist durch 6 teilbar.
Und-Ereignis $A \cap B$:	Die Zahl auf der Kugel ist durch 4 *und* durch 6 teilbar (d.h. sowohl ... als auch)
Oder-Ereignis $A \cup B$:	Die Zahl auf der Kugel ist durch 4 *oder* durch 6 teilbar (d.h. entweder durch 4 oder durch 6 oder durch beide Zahlen)

(2) Welcher Zusammenhang besteht zwischen den Wahrscheinlichkeiten für die Ereignisse A, B, $A \cap B$, $A \cup B$?

(3) Stelle den Zusammenhang in einem Diagramm dar.

b) Wie berechnet man am einfachsten die Wahrscheinlichkeit für das Ereignis C: Die Zahl auf der Kugel ist nicht durch 3 teilbar?

3. *Schranken für Wahrscheinlichkeiten von Oder-Ereignissen*

a) Welche Aussagen hätte man in Aufgabe 1 machen können, wenn nur P(Französisch) = 0,46 und P(Spanisch) = 0,24 bekannt sind?

b) Begründe allgemein: $P(A) \leq P(A \cup B) \leq P(A) + P(B)$

Information Für das Rechnen mit Wahrscheinlichkeiten gelten folgende Grundregeln:

(1) Summenregel

Setzt sich ein Ereignis E aus Ereignissen E_1 und E_2 zusammen, die sich überschneiden können, d. h. die gemeinsame Ergebnisse enthalten können, dann muss man darauf achten, dass diese gemeinsamen Ergebnisse nicht doppelt berücksichtigt werden.

Allgemeine Summenregel

$P(E) = P(E_1) + P(E_2) - P(E_1 \cap E_2)$ für $E = E_1 \cup E_2$

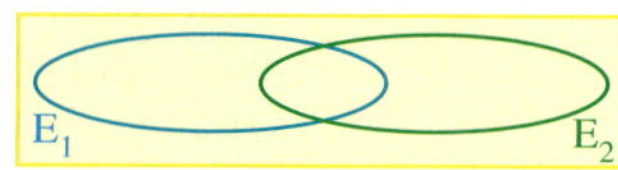

Das Oder ist einschließlich gemeint

$E_1 \cup E_2$ ist das **Oder-Ereignis**, $E_1 \cap E_2$ das **Und-Ereignis** der Ereignisse E_1, E_2.

(2) Komplementärregel

Schließen sich zwei Ereignisse E_1, E_2 gegenseitig aus und ergänzen sie sich so, dass es kein Ergebnis des Zufallsversuchs gibt, das weder zu E_1 noch zu E_2 gehört, dann ergänzen sich die Wahrscheinlichkeiten der beiden Ereignisse zu eins:

Komplementärregel

Wenn $E_1 \cap E_2 = \{\ \}$ und $E_1 \cup E_2 = S$, dann gilt:
$P(E_1) + P(E_2) = 1$

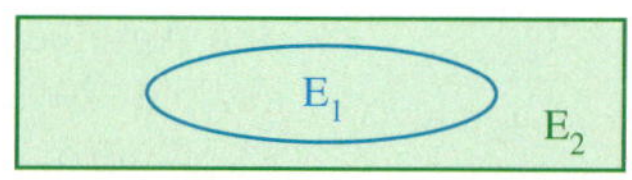

Gilt $E_1 \cap E_2 = \{\ \}$ und $E_1 \cup E_2 = S$, so schreibt man auch $E_1 = \overline{E_2}$ bzw. $\overline{E_2} = E_1$. Man sagt: E_1 und E_2 sind zueinander **Gegenereignisse.**

(3) Wahrscheinlichkeitsgrundsätze

Wahrscheinlichkeiten liegen im Intervall [0; 1]. Dabei ist 0 die Wahrscheinlichkeit des *unmöglichen Ereignisses* { }; 1 ist die Wahrscheinlichkeit des *sicheren* Ereignisses S.
Zusammen mit den in (1) und (2) angegebenen Regeln nennt man die folgenden Aussagen auch *Wahrscheinlichkeitsgrundsätze:*

Wahrscheinlichkeitsgrundsätze

S sei die Ergebnismenge eines Zufallsversuchs

(1) Für alle Ereignisse E gilt:
$0 \leq P(E) \leq 1$
wobei $P(\{\ \}) = 0$, $P(S) = 1$

(2) Ist $E = \{a_1, a_2, \ldots, a_n\}$, dann gilt:
$P(E) = P(a_1) + P(a_2) + \ldots + P(a_n)$

(3) Für alle Ereignisse A, B gilt:
$P(A \cup B) = P(A) + P(B) - P(A \cap B)$

(4) Für alle Ereignisse C gilt:
$P(\overline{C}) = 1 - P(C)$

Übungsaufgaben

4.

vergl. auch Seite 362

Bestimme für die regulären Polyeder [Tetraeder; Hexaeder; Oktaeder, Dodekaeder; Ikosaeder] die Wahrscheinlichkeit für das Ereignis:

(1) Die Augenzahl ist keine Primzahl.
(2) Die Augenzahl ist durch 2 oder durch 3 teilbar.
(3) Die Augenzahl ist durch 4 oder durch 6 teilbar.
(4) Die Augenzahl ist weder durch 4 noch durch 5 teilbar.

5.

Ein Spielwürfel sei so geformt, dass seine Seitenflächen nicht gleich groß sind. Daher ist die Wahrscheinlichkeit für die einzelnen Augenzahlen unterschiedlich.

Augenzahl	1	2	3	4	5	6
Wahrscheinlichkeit	0,21	0,15	0,13	0,20	0,19	0,12

Bestimme die Wahrscheinlichkeit für das Ereignis:

(1) Die Augenzahl ist größer als 2.
(2) Die Augenzahl ist eine Primzahl.
(3) Die Augenzahl ist durch 3 teilbar.
(4) Die Augenzahl ist gerade.

6.

Aus einer Urne mit 100 gleichartigen, von 1 bis 100 nummerierten Kugeln wird eine Kugel gezogen.

a) Betrachte die Ereignisse:
A: Die Zahl ist durch 8 teilbar.
B: Die Zahl ist durch 15 teilbar.
C: Die Zahl ist durch 8 und durch 9 teilbar.
D: Die Zahl ist durch 9 und durch 15 teilbar.
E: Die Zahl ist durch 12 und durch 15 teilbar.
F: Die Zahl ist durch 12 und durch 17 teilbar.
Bestimme die zu den Ereignissen gehörenden Ergebnisse. Welche Wahrscheinlichkeiten haben die Ereignisse?

b) Welche Wahrscheinlichkeit haben die folgenden Ereignisse?
G: Die Zahl ist weder durch 8 noch durch 12 teilbar.
H: Die Zahl ist durch 8, aber nicht durch 12 teilbar.
I: Die Zahl ist nicht durch 8 oder nicht durch 12 teilbar.

7.

Zwei Würfel werden geworfen. Welche Wahrscheinlichkeit hat das Ereignis: Der eine oder der andere Würfel zeigt

(1) Augenzahl 6; (2) eine Augenzahl größer als 4; (3) eine gerade Augenzahl?

8.

Eine Karte wird aus einem Spiel mit 32 Karten gezogen (vgl. Seite 356).
Welche Wahrscheinlichkeiten haben folgende Ereignisse?

(1) Die gezogene Karte ist ein König oder eine Dame.
(2) Die gezogene Karte ist rot oder Karo.
(3) Die gezogene Karte ist schwarz oder trägt eine Zahl.
(4) Die gezogene Karte ist eine Bildkarte oder eine Kreuzkarte.

9.

Betrachte die folgenden Ereignisse. Gib jeweils das Gegenereignis an.

(1) Von 20 zufällig ausgesuchten Personen haben mindestens 2 am gleichen Tag Geburtstag.
(2) Beim 5fachen Werfen eines Würfels wird mindestens einmal eine 6 geworfen.
(3) Beim 10fachen Werfen einer Münze tritt höchstens 8-mal Wappen auf.
(4) Beim 50fachen Werfen einer Münze tritt mehr als 30-mal Zahl auf.
(5) Beim 50fachen Werfen einer Münze tritt weniger als 20-mal Wappen auf.

10.

Aus einer Urne mit 100 Kugeln, die von 1 bis 100 nummeriert sind, wird eine Kugel zufällig gezogen. Betrachte das Ereignis E. Bestimme jeweils das Gegenereignis $\overline{E}$ und die Wahrscheinlichkeiten von E und $\overline{E}$.

(1) E: Die Zahl ist durch 3 teilbar.
(2) E: Die Zahl ist eine Primzahl.
(3) E: Die Zahl ist kleiner als 70.
(4) E: Die Zahl liegt zwischen 12 und 66.

11.

Ein Würfel wird zweimal geworfen. Bestimme die Wahrscheinlichkeiten der Ereignisse

(1) Augensumme größer als 5.
(2) Augensumme kleiner als 9.
(3) Augenprodukt größer als 6.
(4) Mindestens einmal Augenzahl 3.

12.

Ein Würfel wird dreimal geworfen. Bestimme die Wahrscheinlichkeit der Ereignisse

(1) Augensumme größer als 4.
(2) Augensumme kleiner als 16.
(3) Augenzahl 2 tritt höchstens zweimal auf.
(4) Augenzahl 4 tritt mindestens einmal auf.

13.

Bei einer Umfrage unter Jugendlichen gaben 31 % an, dass sie (mindestens) einen Bruder haben, 30 % (mindestens) eine Schwester, 8 % hatten sowohl (mindestens) einen Bruder als auch (mindestens) eine Schwester.
Eine der befragten Personen wird zufällig ausgewählt. Wie groß ist die Wahrscheinlichkeit, dass sie weder Bruder noch Schwester hat (also Einzelkind ist)?

14.

In einer Urne befinden sich 50 gleichartige Kugeln, welche die Nummern 1, 2, 3, ..., 50 tragen. Eine Kugel wird zufällig gezogen. Bestimme die Wahrscheinlichkeiten der folgenden Ereignisse:

A: Die Zahl auf der Kugel ist durch 2 teilbar.
B: Die Zahl auf der Kugel ist durch 5 teilbar.
C: Die Zahl auf der Kugel ist durch 10 teilbar.
$A \cup B \cup C$: Die Zahl auf der Kugel ist durch 2, 5 oder 10 teilbar.

15.

An einem internationalen Kongress nehmen Wissenschaftler aus vielen Ländern teil. 85 % sprechen Englisch, 32 % Französisch und 23 % Russisch. Ein Wissenschaftler wird zufällig angesprochen. Wie groß ist mindestens bzw. höchstens die Wahrscheinlichkeit, dass er

(1) Englisch und Französisch spricht;
(2) Englisch und Russisch spricht;
(3) Französisch und Russisch spricht;
(4) Englisch, Französisch und Russisch spricht?

13.2.2 Pfadregeln

Bisher wurden im Wesentlichen nur 1-stufige Zufallsversuche betrachtet, ein Würfel wurde z. B. 1-mal geworfen, ein Glücksrad 1-mal gedreht, 1 Person wurde ausgewählt. Wir untersuchen nun die Wahrscheinlichkeitsberechnung bei mehrstufigen Zufallsversuchen, d. h. wir berechnen Wahrscheinlichkeiten von Kombinationen gleicher oder verschiedener Ergebnisse bei mehrfacher Versuchsdurchführung.

Aufgabe 1 *Pfadregeln*

Bei nationalen und internationalen Meisterschaften werden Dopingkontrollen durchgeführt, die verhindern sollen, dass sich Sportler unlautere Vorteile verschaffen. Dopingmittel werden durch Harnuntersuchungen nachgewiesen; dabei werden unabhängig voneinander zwei Harnanalysen durchgeführt. Gehen beide Kontrollen „positiv" aus (d. h. wird ein Dopingmittel nachgewiesen), wird der betreffende Sportler disqualifiziert, evtl. für weitere Wettkämpfe gesperrt. Zeigt sich bei nur einer der beiden Analysen eine positive Reaktion, kann eine dritte Untersuchung angeordnet werden.
Angenommen, ein Sportler hat vor einem Wettkampf ein Dopingmittel zu sich genommen, das mit einer Wahrscheinlichkeit von 90 % durch die Harnuntersuchung entdeckt wird. Wie groß ist die Wahrscheinlichkeit, dass
(1) beide Harnanalysen „positiv" sind;
(2) das Dopingmittel durch die beiden Tests nicht entdeckt wird;
(3) eine dritte Kontrolle angeordnet werden kann;
(4) der Dopingmissbrauch aufgrund einer dritten Kontrolle entdeckt wird;
(5) eine Disqualifikation des Sportlers erfolgt?

Lösung Wir stellen den Vorgang als 2- bzw. 3-stufigen Zufallsversuch mithilfe eines Baumdiagramms dar.

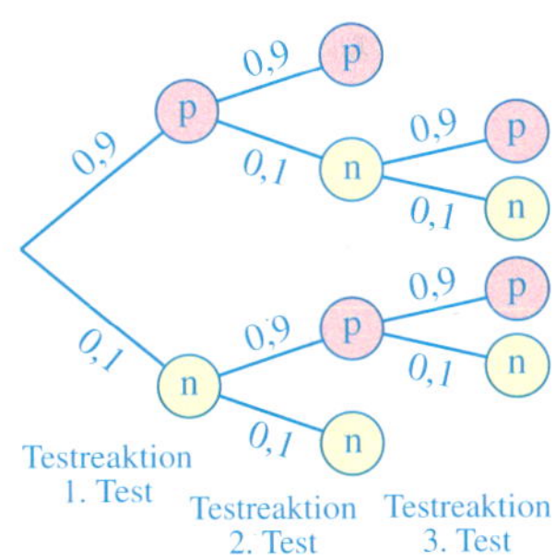

(1) Bei der 1. Kontrolle wird das Ergebnis in 90 von 100 Fällen positiv („p") sein und in 10 von 100 negativ („n"). Da die 2. Analyse unabhängig von der 1. durchgeführt wird, ergibt sich in 90 % der 90 Fälle mit positiver Reaktion bei der 1. Kontrolle ebenfalls ein positives Testergebnis, d. h. in 81 von 100 Fällen.
Die Wahrscheinlichkeit für das Ergebnis „pp" dieses 2-stufigen Zufallsversuchs ist 81 %.

$$100 \xrightarrow{\cdot 0{,}9} 90 \xrightarrow{\cdot 0{,}9} 81 \qquad (100 \xrightarrow{\cdot 0{,}81} 81)$$

(2) In 10 % von 10 % aller Fälle, also in einem von 100 Fällen, zeigen beide Tests ein negatives Ergebnis. Das Ergebnis „nn" tritt also mit einer Wahrscheinlichkeit von 1 % auf.

$$100 \xrightarrow{\cdot 0{,}1} 10 \xrightarrow{\cdot 0{,}1} 1 \qquad (100 \xrightarrow{\cdot 0{,}01} 1)$$

(3) Analog ergibt sich: In 10% von 90%, also in 9% der Fälle, tritt das Ergebnis „pn“ im 2-stufigen Kontrollverfahren auf und in 90% von 10%, also ebenfalls 9%, das Ergebnis „np“. Insgesamt kann in 18% der Fälle eine 3. Untersuchung angeordnet werden.

$$100 \xrightarrow{\cdot 0{,}9} 90 \xrightarrow{\cdot 0{,}1} 9$$
$$100 \xrightarrow{\cdot 0{,}1} 10 \xrightarrow{\cdot 0{,}9} 9$$

(4) Da die 3. Kontrolle unabhängig von den beiden vorangehenden Kontrollen durchgeführt wird, ergibt sich in 90% der jeweils 9% Fälle mit Ergebnis „pn“ bzw. „np“, also jeweils mit einer Wahrscheinlichkeit von 8,1%, dass ein zweites positives Testergebnis festgestellt werden kann.
In 16,2% der Fälle wird also der Dopingmissbrauch aufgrund einer 3. Kontrolle entdeckt.

$$100 \xrightarrow{\cdot 0{,}9} 90 \xrightarrow{\cdot 0{,}1} 9$$
$$100 \xrightarrow{\cdot 0{,}1} 10 \xrightarrow{\cdot 0{,}9} 9$$

(5) Insgesamt wird die Einnahme von nichtzulässigen Mitteln in 81% der Fälle durch 2 Kontrollen, in weiteren 16,2% durch eine 3. Kontrolle entdeckt, d.h. mit einer Wahrscheinlichkeit von insgesamt 97,2% wird der Sportler disqualifiziert.

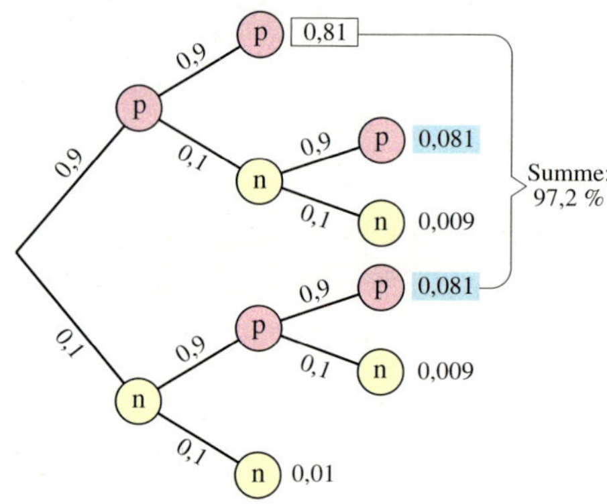

Weiterführende Aufgaben

2. *Abhängigkeit und Unabhängigkeit eines Ergebnisses von der vorangehenden Stufe*

a) Ein Glücksrad mit 10 Feldern wird 3-mal gedreht. Die Ziffern ergeben (in der Reihenfolge) eine dreistellige Zahl, die Glückszahl für eine Lotterie. Mit welcher Wahrscheinlichkeit ist (1) die Zahl 475 Glückszahl; (2) die Zahl 888 Glückszahl?

b) Man kann die Bestimmung der Glückszahl durch eine Urnenziehung simulieren. Beschreibe die notwendigen Bedingungen.

c) In einer Urne sind 30 gleichartige Kugeln, je drei mit den Ziffern 0, 1, ..., 9. Drei Kugeln werden nacheinander ohne Zurücklegen gezogen. Ist diese Urnenziehung geeignet, die Bestimmung der Glückszahl in a) zu simulieren?

3. *Fehlvorstellungen beim Ziehen ohne Zurücklegen*

a) In einer Lostrommel sind 9 Nieten und 1 Gewinnlos. Jede von 10 Personen darf ein Los ziehen. Manche wollen möglichst früh das Los ziehen, weil sie der Ansicht sind, dass sie am Anfang größere Chancen haben zu gewinnen. Andere gehen davon aus, dass ihre Chancen steigen, wenn sie möglichst lange warten. Zeige mithilfe eines Baumdiagramms: Die Wahrscheinlichkeit, das Gewinnlos zu ziehen, ist für jede der 10 Personen $\frac{1}{10}$. Warum ist dies auch ohne Rechnung plausibel?

b) In einer Lostrommel sind 49 nummerierte Kugeln. 6 Kugeln werden nacheinander gezogen (ohne Zurücklegen). Begründe: Die Wahrscheinlichkeit, dass die Kugel mit der Nummer 37 bei irgendeiner der 6 Ziehungen gezogen wird, beträgt $\frac{6}{49}$.

Information **(1) Pfadregeln**

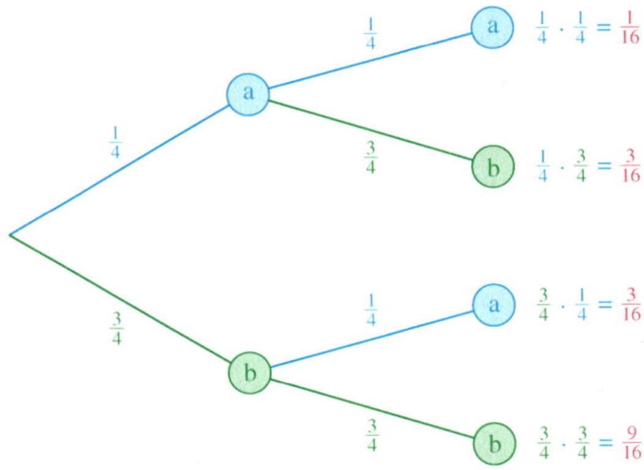

Rechenkontrolle:

(1) $\frac{1}{4} + \frac{3}{4} = 1$

Die Summe der Wahrscheinlichkeiten nach jeder Verzweigung ist gleich 1.

(2) $\frac{1}{16} + \frac{3}{16} + \frac{3}{16} + \frac{9}{16} = 1$

Die Summe der Wahrscheinlichkeiten aller Pfade ist gleich 1.

Wahrscheinlichkeit, dass a mindestens einmal vorkommt: $\frac{1}{16} + \frac{3}{16} + \frac{3}{16} = \frac{7}{16}$

Pfadmultiplikationsregel
Bei einem mehrstufigen Zufallsversuch ist die Wahrscheinlichkeit eines Ergebnisses (eines Pfades im Baumdiagramm) gleich dem Produkt der Wahrscheinlichkeiten längs des zugehörigen Pfades im Baumdiagramm.

Pfadadditionsregel
Setzt sich bei einem mehrstufigen Zufallsversuch ein Ereignis aus verschiedenen Pfaden (im Baumdiagramm) zusammen, dann erhält man die Wahrscheinlichkeit des Ereignisses durch Addition der einzelnen Pfadwahrscheinlichkeiten.

(2) Interpretation der Mehrstufigkeit bei Zufallsversuchen

Manche Zufallsversuche, die nur aus *einem* Vorgang bestehen, lassen sich auch als mehrstufig auffassen.
Beispiel: Liegen zwei Würfel auf einem Tisch, so ist nicht zu erkennen, ob beide gleichzeitig oder nacheinander geworfen wurden. Die Darstellung im Baumdiagramm suggeriert eher ein zeitliches Nacheinander. Das gleichzeitige Werfen zweier unterscheidbarer Würfel ist stochastisch gleichwertig zum 2fachen Werfen eines Würfels: Beide Zufallsversuche haben die gleiche Ergebnismenge und entsprechende Ergebnisse haben die gleiche Wahrscheinlichkeit.

Gleichzeitiges Werfen zweier blauer Würfel

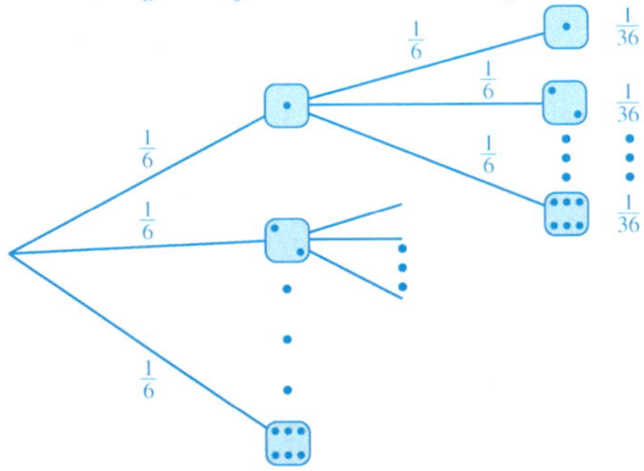

Gleichzeitiges Werfen eines blauen und eines roten Würfels

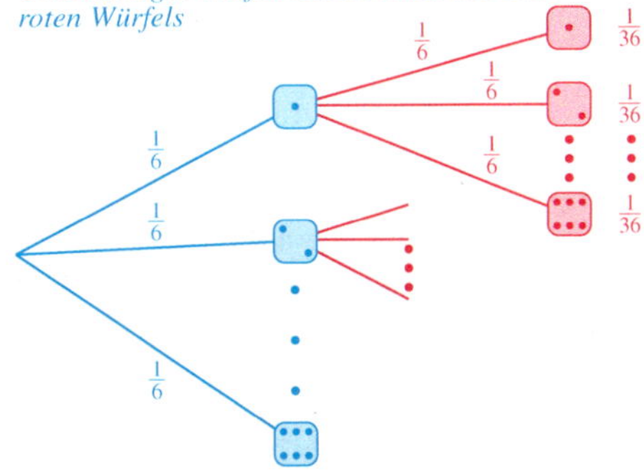

(3) Abhängigkeit und Unabhängigkeit eines Ergebnisses von der vorangehenden Stufe

Bei der Anwendung der Pfadmultiplikationsregel muss man von Stufe zu Stufe neu überlegen, welche Versuchsbedingungen gelten. Ergebnisse einer Stufe können vom Ergebnis der vorangehenden Stufe (von den Ergebnissen der vorangehenden Stufen) **abhängig** oder **unabhängig** sein. Bei Zufallsversuchen wie z.B. mit Münze, Würfel, Reißnagel oder Glücksrad braucht man das Ergebnis der vorhergehenden Stufe nicht zu beachten. Im vollständigen Baumdiagramm wird dies dadurch sichtbar, dass sich das Baumdiagramm aus identischen „Teil"-Bäumen zusammensetzt.

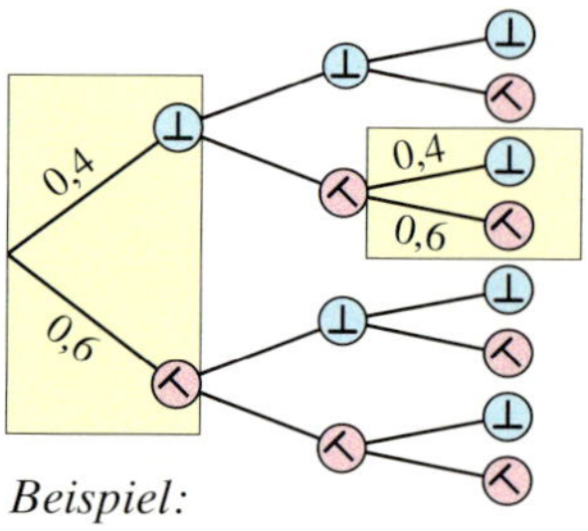

Beispiel:
3facher Reißnagelwurf mit $P(\perp) = 0{,}4$

Abhängigkeit und Unabhängigkeit von Ergebnissen

Hängt die Wahrscheinlichkeit für das Teilergebnis einer Stufe vom Teilergebnis der vorherigen Stufe ab, dann heißen diese Ergebnisse voneinander **abhängig.**
Kennzeichen voneinander **unabhängiger** Teilergebnisse sind gleiche Teilbäume.

Übungsaufgaben

4.

a) Eine Münze wird zweimal geworfen. Bestimme die Wahrscheinlichkeit für das Ereignis (1) einmal Wappen; (2) mindestens einmal Wappen.

b) Eine Münze wird dreimal geworfen. Welche Wahrscheinlichkeit hat das Ereignis
(1) mehr als 2-mal Wappen; (2) höchstens 2-mal Wappen;
(3) mindestens 1-mal Zahl; (4) genau 1-mal Wappen.

5.

Bei einem Multiple-Choice-Test kann man bei jeder Frage zwischen mehreren vorgegebenen Antworten wählen. Wenn man nicht weiß, welche Antwort richtig ist, kann man raten.
Wie groß ist die Wahrscheinlichkeit, dass man bei einem Test mit 3 Fragen und jeweils 4 möglichen Antworten
(1) genau zwei Antworten,
(2) nur eine Antwort,
(3) mindestens eine Antwort richtig rät?

6.

Ein Ehepaar schließt einen Versicherungsvertrag ab, wonach in 30 Jahren ein bestimmter Betrag ausgezahlt wird, wenn beide noch leben. Derselbe Betrag wird an den jeweils Überlebenden ausgezahlt, sobald einer vorzeitig stirbt.
Zum Zeitpunkt des Vertragsabschlusses ist der Mann 30 Jahre, die Frau 25 Jahre alt.
Bestimme mithilfe der Sterbetafel von Seite 357 die Wahrscheinlichkeit dafür, dass der Betrag
(1) nach Vertragsablauf an das Ehepaar geht; (3) nach 25 Jahren an den Mann geht.
(2) nach 20 Jahren an die Frau geht; (4) beide vor Vertragsende sterben.

7.
Ein gut gemischter Stapel eines Kartenspiels von 32 [52] Karten wird verteilt. Mit welcher Wahrscheinlichkeit wird Herz Ass als erste [zweite; fünfte] Karte gezogen?

8.
In einem Gefäß sind 5 rote, 3 blaue und 2 grüne Kugeln. Zwei Kugeln werden gezogen
(1) mit Zurücklegen; (2) ohne Zurücklegen.
Zeichne ein Baumdiagramm und bestimme die Wahrscheinlichkeit, dass die beiden gezogenen Kugeln die gleiche Farbe haben?

9.
In einer Urne sind 50 gleichartige Kugeln, davon 20 rote und 30 blaue.
3 Kugeln werden gezogen (1) mit Zurücklegen; (2) ohne Zurücklegen.
Welche Wahrscheinlichkeit hat das Ereignis?

a) Alle Kugeln sind blau.
b) Eine Kugel ist blau, zwei sind rot.
c) Eine Kugel ist rot, zwei sind blau.
d) Höchstens eine Kugel ist rot.

10.
Bei einer Produktion von Tongefäßen hat man erfahrungsgemäß 20% Ausschuss. Wie groß ist die Wahrscheinlichkeit, dass bei der Herstellung von vier Gefäßen drei [zwei] brauchbar sind?

11.
Bei einer Produktionskontrolle wird ein bestimmter Fehler in 10% der Fälle übersehen. Deshalb wird das Produkt von drei verschiedenen Personen kontrolliert.
Bestimme die Wahrscheinlichkeit dafür, dass ein unbrauchbares Produkt
(1) spätestens bei der zweiten Kontrolle,
(2) erst bei der dritten Kontrolle,
(3) nicht als unbrauchbar erkannt wird.

12.

In einer Fabrik wird Porzellangeschirr hergestellt. Jedes Teil wird nacheinander in verschiedenen Kontrollgängen auf Form, Farbe und Oberflächenbeschaffenheit geprüft. Erfahrungsgemäß muss bei 25% die Form beanstandet werden. 85% der Teile passieren die Farbkontrolle ohne Beanstandungen. 20% haben eine Oberfläche, die den Ansprüchen der 1. Wahl nicht genügt.
Nur wenn alle drei Kontrollen ohne Beanstandungen durchlaufen sind, kann ein Teil als 1. Wahl verkauft werden.
Ein Teil ist 2. Wahl, wenn die Qualität an nur einer Kontrollstelle nicht ausreicht.
Alle übrigen Porzellanteile gelten als Ausschussware.
Stelle die dreifache Kontrolle in einem Baumdiagramm dar. Wie groß ist die Wahrscheinlichkeit dafür, dass ein Gefäß 1. bzw. 2. Wahl ist?

13.2.3 Bestimmen von Wahrscheinlichkeiten mithilfe von Zählstrategien

Mithilfe der LAPLACE-Regel lassen sich die Wahrscheinlichkeiten von Ereignissen bei LAPLACE-Versuchen bestimmen. Für *mehrstufige* LAPLACE-Versuche ist es nützlich, einfache kombinatorische Verfahren zu kennen, um damit die Anzahl der möglichen Ergebnisse eines Zufallsversuchs und die Anzahl der zu einem Ereignis gehörenden Ergebnisse zu bestimmen.

Aufgabe 1 *Anzahlbestimmungen mithilfe von Baumdiagrammen*

a) Bei der Fußballwette (Toto) muss man für 11 Spiele an einem Wochenende vorhersagen, ob die Heim-Mannschaft gewinnt (Tipp: 1) oder die Gast-Mannschaft (Tipp: 2) oder ob beide Mannschaften unentschieden spielen (Tipp: 0).

(1) Wie viele Möglichkeiten gibt es, einen Toto-Tippzettel auszufüllen? Bestimme diese Anzahl der möglichen Tipps mithilfe eines vereinfachten Baumdiagramms.

(2) Wie ergibt sich aus (1) die Wahrscheinlichkeit für einen Tipp mit 11 Richtigen?

b) Bei den Lottoziehungen am Mittwoch und am Samstag werden nacheinander 6 Kugeln aus einer Lostrommel mit 49 Kugeln gezogen.

(1) Auf wie viele Arten ist diese 6-fache Ziehung möglich?

(2) Nach der Ziehung werden die 6 Gewinnzahlen der Größe nach geordnet. Diese Reihenfolge wird auch in der Zeitung abgedruckt. Auf wie viele Arten lassen sich 6 Kugeln anordnen?

(3) Warum ist die in (1) berechnete Anzahl nicht gleich der Anzahl der möglichen Lotto-Tipps? Wie ist Überlegung (2) zu berücksichtigen? Berechne die Wahrscheinlichkeit für 6 Richtige.

Lösung

a) (1) Man könnte z. B. mithilfe eines Glücksrades bestimmen, ob man für ein Spiel den Tipp „1", „2" oder „0" abgibt. Diese 3 Möglichkeiten hat man bei jeder der 11 Stufen, d. h. insgesamt gibt es $3^{11} = 177\,147$ verschiedene Toto-Tipps, wie man aus dem angedeuteten Baumdiagramm ablesen kann.

(2) Da es nur *einen* möglichen Tipp mit 11 Richtigen gibt, ist die Wahrscheinlichkeit hierfür gleich $\frac{1}{177\,147}$.

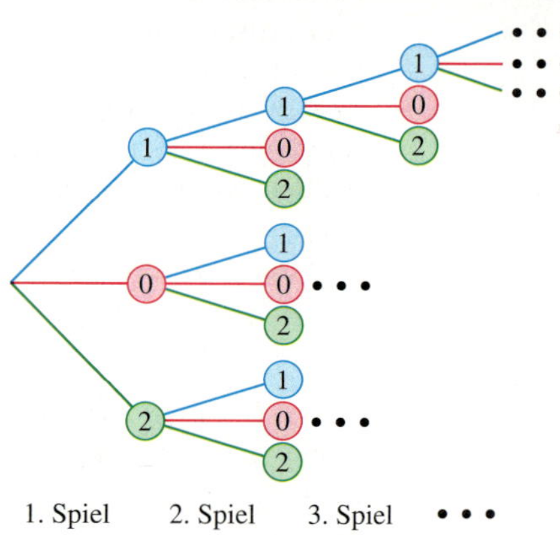

b) (1) Beim Ziehen der Gewinnzahlen wird die gezogene Kugel nicht wieder zurückgelegt, d.h. von Stufe zu Stufe verringert sich die Anzahl der möglichen Ergebnisse. Insgesamt gibt es daher bei der 6-stufigen Ziehung $49 \cdot 48 \cdot 47 \cdot 46 \cdot 45 \cdot 44$, also 10068347520 verschiedene Ziehungsfolgen.

(2) Wenn man am Ende der Ziehungsveranstaltung die 6 Gewinnzahlen sieht, weiß man nicht, welche von diesen Kugeln als erste, welche als zweite, ... welche als sechste gezogen wurde. Für die Ziehung als erste Zahl kommen 6 Zahlen in Frage, für die Ziehung als zweite Zahl 5 Zahlen usw.
Insgesamt kann man 6 Zahlen auf $6 \cdot 5 \cdot 4 \cdot 3 \cdot 2 \cdot 1$ Arten anordnen, das sind 720 Möglichkeiten.

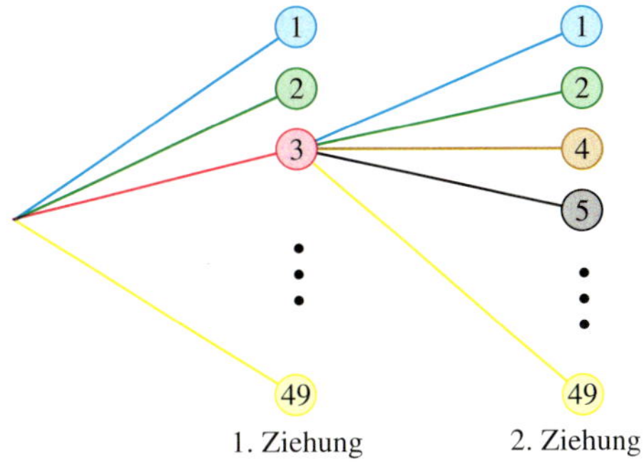

(3) Beim Ankreuzen der Lottozahlen kommt es nicht auf die Reihenfolge an. Die in (1) berechnete Anzahl von $49 \cdot 48 \cdot 47 \cdot 46 \cdot 45 \cdot 44$ Möglichkeiten ist also um den Faktor $6 \cdot 5 \cdot 4 \cdot 3 \cdot 2 \cdot 1$ zu groß. Daher gibt es insgesamt $\frac{49 \cdot 48 \cdot 47 \cdot 46 \cdot 45 \cdot 44}{6 \cdot 5 \cdot 4 \cdot 3 \cdot 2 \cdot 1}$, d.h. 13983816 verschiedene Lottotipps. Da es darunter nur *einen* Tipp mit 6 Richtigen gibt, ist die Wahrscheinlichkeit hierfür gleich $\frac{1}{13\,983\,816}$.

Weiterführende Aufgabe

2. *Bestimmung der Wahrscheinlichkeit für 6 Richtige beim Lotto mithilfe der Pfadmultiplikationsregel*

Erläutere die folgende Überlegung: Die Wahrscheinlichkeit, dass eine der 6 getippten Zahlen bei der Ziehung der 1. Gewinnzahl aus der Urne der 49 Kugeln gezogen wird, beträgt $\frac{6}{49}$. Die Wahrscheinlichkeit, dass eine von den übrigen 5 getippten Zahlen bei der Ziehung der 2. Gewinnzahl aus den verbleibenden 48 Zahlen gezogen wird, beträgt dann nur noch $\frac{5}{48}$ usw.

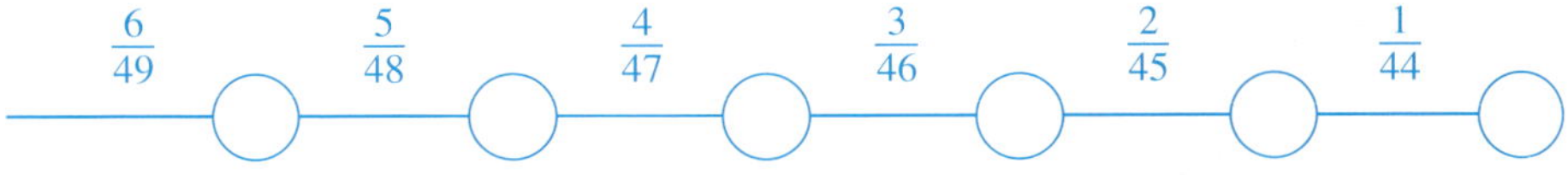

Information **Anzahlbestimmungen bei verschiedenen Typen von Urnenziehungen**

(1) Allgemeines Zählprinzip

Die Anzahl der möglichen Ergebnisse von mehrstufigen Ziehvorgängen mit und ohne Wiederholung bestimmen wir, indem wir uns die zugehörigen Baumdiagramme mit ihren Verzweigungen vorstellen. Die Anzahl aller Möglichkeiten erhalten wir dann durch Multiplikation der jeweiligen Anzahl von Verzweigungen auf den einzelnen Stufen (*allgemeines Zählprinzip der Kombinatorik*).

(2) Ziehen mit Wiederholung

Gegeben ist eine Urne mit n voneinander unterscheidbaren Kugeln. Es wird k-mal nacheinander eine Kugel gezogen und wieder zurückgelegt.
Ein solcher Zufallsversuch hat n^k verschiedene gleichwahrscheinliche Ergebnisse, d.h. jedes der möglichen Ergebnisse hat die Wahrscheinlichkeit $\left(\frac{1}{n}\right)^k = \frac{1}{n^k}$.

(3) Ziehen ohne Wiederholung

Gegeben ist eine Urne mit n unterscheidbaren Kugeln. Es wird k-mal nacheinander eine Kugel gezogen und nicht wieder zurückgelegt. Ein solcher Zufallsversuch hat $n \cdot (n-1) \cdot \ldots \cdot (n-k+1)$ verschiedene gleichwahrscheinliche Ergebnisse, d.h. jedes der möglichen Ergebnisse hat die Wahrscheinlichkeit $\frac{1}{n} \cdot \frac{1}{n-1} \cdot \ldots \cdot \frac{1}{n-k+1}$.

(4) Ziehen mit einem Griff

Gegeben ist eine Urne mit n unterscheidbaren Kugeln. Es wird k-mal nacheinander eine Kugel gezogen und nicht wieder zurückgelegt. Nach dieser k-fachen Ziehung werden die k gezogenen Kugeln geordnet, d.h. die ursprüngliche Reihenfolge der Ziehung wird nicht weiter beachtet. Eine solche Ziehung könnte auch so realisiert werden, dass man die k Kugeln mit einem Griff zieht.

Ein solcher Zufallsversuch hat $\frac{n \cdot (n-1) \cdot (n-2) \cdot \ldots \cdot (n-k+1)}{k \cdot (k-1) \cdot (k-2) \cdot \ldots \cdot 1}$ verschiedene gleichwahrscheinliche Ergebnisse, da es $n \cdot (n-1) \cdot (n-2) \cdot \ldots \cdot (n-k+1)$ verschiedene k-stufige Ziehungsfolgen gibt, von denen jeweils $k \cdot (k-1) \cdot (k-2) \cdot \ldots \cdot 1$ übereinstimmen, wenn man sie (z.B. bei nummerierten Kugeln der Größe der Nummern nach) ordnet.

Beachte: Der Bruch $\frac{n \cdot (n-1) \cdot \ldots \cdot (n-k+1)}{k \cdot (k-1) \cdot \ldots \cdot 1}$ lässt sich stets vollständig kürzen; man benutzt für ihn die Schreibweise $\binom{n}{k}$ – lies: „n über k“.

Beispiel: Für das Zeichen von 4 Kugeln aus einer Urne mit 9 Kugeln gibt es $\binom{9}{4} = \frac{\cancel{9}^3 \cdot \cancel{8}^1 \cdot 7 \cdot 6}{\cancel{4}_1 \cdot \cancel{3}_1 \cdot \cancel{2}_1 \cdot 1} = 126$ verschiedene Möglichkeiten.

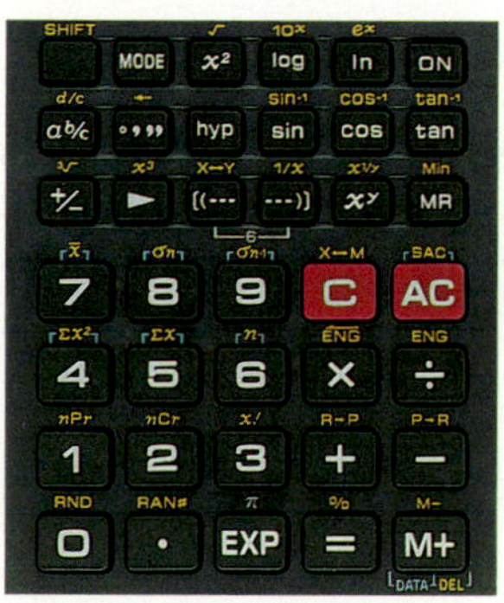

Hinweise:

- Auf Taschenrechnern kann man die in (2), (3), (4) auftretenden Anzahlen mithilfe der Tasten
  x^y bzw. nPr bzw. nCr bzw. den entsprechenden Funktionen im Mathematik-Menü bestimmen.
- In EXCEL stehen hierfür die folgenden Funktionen zur Verfügung:
  POTENZ(n;k): $= n^k$
  VARIATIONEN(n;k): $= n \cdot (n-1) \cdot \ldots \cdot (n-k+1)$
  KOMBINATIONEN(n;k): $= \frac{n \cdot (n-1) \cdot (n-2) \cdot \ldots \cdot (n-k+1)}{k \cdot (k-1) \cdot (k-2) \cdot \ldots \cdot 1}$
- Zur Abkürzung von $6 \cdot 5 \cdot 4 \cdot 3 \cdot 2 \cdot 1$ schreibt man auch 6! (lies: 6 Fakultät). Allgemein benutzt man diese Schreibweise für beliebige natürliche Zahlen. Im Folgenden erweist es sich als zweckmäßig, auch $1! = 1$ sowie $0! = 1$ festzulegen.

Definition 1: *n Fakultät*

$0! = 1$; $1! = 1$; $2! = 2 \cdot 1$; $3! = 3 \cdot 2 \cdot 1$; … $n! = n \cdot (n-1) \cdot (n-2) \cdot \ldots \cdot 3 \cdot 2 \cdot 1$

In EXCEL benutzt man zur Berechnung die Funktion FAKULTÄT(n).

Definition 2: *Binomialkoeffizient* $\binom{n}{k}$

Für natürliche Zahlen n und k mit $k \leq n$ setzt man

$\binom{n}{k} = \frac{n!}{k!(n-k)!} = \frac{n \cdot (n-1) \cdot (n-2) \cdot \ldots \cdot (n-(k-1))}{k \cdot (k-1) \cdot (k-2) \cdot \ldots \cdot 1}$ (lies: n über k)

Übungsaufgaben

3.
Bei einem Test soll ein Hellseher sagen, in welcher Reihenfolge eine andere Person fünf Dinge angeordnet hat.
Wie groß ist die Wahrscheinlichkeit dafür, dass jemand die Reihenfolge richtig rät, ohne hellseherisch begabt zu sein?

4.
Bei Pferderennen kann man darauf wetten, welche Pferde im Ziel den 1., 2. und 3. Platz einnehmen. Jemand, der keine Ahnung von den teilnehmenden Reitern und Pferden hat, gibt bei einem Rennen mit 12 gleich guten Rennpferden einen beliebigen Tipp ab, z. B. 9; 3; 11.
Mit welcher Wahrscheinlichkeit ist dieser Tipp vollständig richtig?

5.
Wie groß ist die Wahrscheinlichkeit, beim Fußballtoto alle 11 Spiele falsch zu tippen?

6.
Angenommen, die acht Läufer A, B, ..., G, H sind alle gleich gut, d. h. der Sieg hängt vom Zufall ab. Sie kämpfen um drei Medaillen (Gold, Silber, Bronze).

a) Wie groß ist die Wahrscheinlichkeit dafür, dass die Läufer A, B, C in dieser Reihenfolge die Gold-, die Silber- und die Bronzemedaille erhalten?

b) Wie groß ist die Wahrscheinlichkeit dafür, dass man bei einem Tipp über die drei Erstplatzierten zwar die richtigen drei besten Läufer benennt, aber in der falschen Reihenfolge?

7.

a) Aus einem Kartenspiel mit 32 Karten werden 4 Karten gezogen. Wie groß ist die Wahrscheinlichkeit dafür, dass dies 4 Asse sind?

b) Aus einem Kartenspiel mit 32 Karten werden 8 Karten gezogen. Wie groß ist die Wahrscheinlichkeit dafür, dass dies die 8 Kreuz-Karten sind?

8.
In einigen europäischen Ländern sind bzw. waren andere Lottospiele üblich. Vergleiche die Gewinnchancen im 1. Rang (alle angekreuzten Zahlen sind Gewinnzahlen).

(1) Schweden: *7 aus 35*
(2) Schweiz: *6 aus 42*
(3) Finnland: *7 aus 37*
(4) Jugoslawien: *5 aus 36*
(5) Polen: *5 aus 35*
(6) Niederlande: *6 aus 41*

9.
Begründe, warum die Wahrscheinlichkeit für 43 Richtige bei einem Lottospiel „43 aus 49" ebenfalls $\frac{1}{13\,983\,816}$ ist.

13.2.4 Bestimmen von Wahrscheinlichkeiten bei Stichproben

Aufgabe 1 *Gewinnwahrscheinlichkeiten für verschiedene Gewinnränge beim Lotto*

Beim Lottospiel *6 aus 49* gibt es verschiedene Gewinnränge. Man gewinnt z. B. auch,

(1) wenn man 4 der 6 Gewinnzahlen richtig angekreuzt hat (4 Richtige)

(2) wenn man 3 der 6 Gewinnzahlen und die Zusatzzahl richtig angekreuzt hat (3 Richtige mit Zusatzzahl).

Wie groß sind in (1) bzw. (2) die Gewinnwahrscheinlichkeiten?

Lösung

(1) Unter allen $\binom{49}{6} = 13\,983\,816$ möglichen Tipps interessieren diejenigen, in denen 4 der 6 Gewinnzahlen angekreuzt sind; die übrigen 2 angekreuzten Zahlen gehören zu den 43 Nicht-Gewinnzahlen.
Diese Auswahlen können wir uns wie bei einem Lottospiel „4 aus 6“ bzw. „2 aus 43“ vorstellen. Bei „4 aus 6“ gibt es $\binom{6}{4} = \frac{6 \cdot 5 \cdot 4 \cdot 3}{4 \cdot 3 \cdot 2 \cdot 1} = 15$ Möglichkeiten, die mit $\binom{43}{2} = \frac{43 \cdot 42}{2 \cdot 1} = 903$ Möglichkeiten kombiniert werden können. Dies sind $\binom{6}{4} \cdot \binom{43}{2}$ von insgesamt $\binom{49}{6}$ Möglichkeiten.
Die Wahrscheinlichkeit für 4 Richtige im Zahlenlotto beträgt also

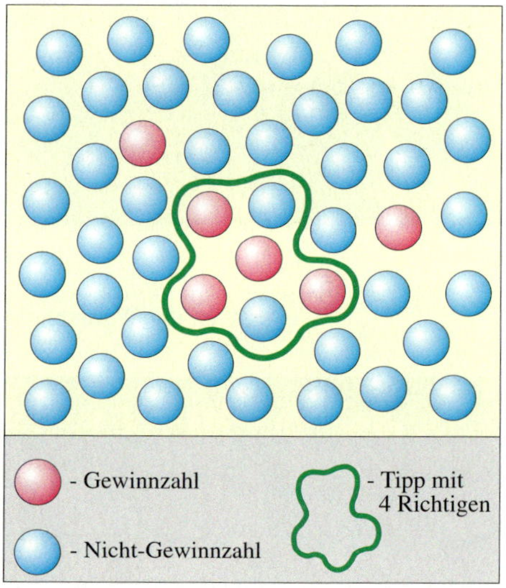

$$\frac{\binom{6}{4} \cdot \binom{43}{2}}{\binom{49}{6}} = \frac{15 \cdot 903}{13\,983\,816} = \frac{13\,545}{13\,983\,816} \approx 0{,}00097 \approx 0{,}1\,\%.$$

(2) Analog überlegen wir: Bei einem Tipp mit 3 Richtigen mit Zusatzzahl sind 3 der 6 Gewinnzahlen, die *eine* Zusatzzahl und 2 der 42 Nicht-Gewinnzahlen angekreuzt.
Die Wahrscheinlichkeit für 3 Richtige mit Zusatzzahl beträgt also:

$$\frac{\binom{6}{3}\binom{1}{1}\binom{42}{2}}{\binom{49}{6}} = \frac{17\,220}{13\,983\,816} \approx 0{,}00123 \approx 0{,}1\,\%$$

Information **Wahrscheinlichkeiten bei Stichproben**

Lottoziehungen können als Stichprobennahmen aufgefasst werden; bei diesen Stichproben kommt es nicht auf die Reihenfolge der Ziehung an, sondern nur darauf, wie oft die verschiedenen „Ausprägungen“ schließlich vorliegen. Nimmt man in einer Gesamtheit vom Umfang n eine Stichprobe vom Umfang k, so sind $\binom{n}{k}$ Stichproben dieser Art möglich.

Setzt sich die Gesamtheit aus a Merkmalsträgern einer ersten Art und aus n − a Merkmalsträgern einer zweiten Art zusammen, dann ist die Wahrscheinlichkeit, in der Stichprobe genau i Merkmalsträger der ersten Art anzutreffen, gleich $\frac{\binom{a}{i}\binom{n-a}{k-i}}{\binom{n}{k}}$, denn es gibt $\binom{a}{i}$ Möglichkeiten, i Merkmalsträger einer ersten Art aus einer Gesamtheit von a Merkmalsträgern der ersten Art herauszugreifen sowie $\binom{n-a}{k-i}$ Möglichkeiten, (k − i) Merkmalsträger einer zweiten Art aus einer Gesamtheit von (n − a) Merkmalsträgern der zweiten Art zu entnehmen.

Diese Strategie zur Berechnung von Wahrscheinlichkeiten lässt sich immer anwenden, wenn eine Gesamtheit und die Stichproben aus dieser Gesamtheit nach gewissen Merkmalen zerlegt werden können.

Beispiel: Lottospiel „6 aus 49"

$n = 49$	Anzahl der ankreuzbaren Zahlen (Gesamtheit)
$a = 6$	Anzahl der Gewinnzahlen (1. Ausprägung)
$n - a = 43$	Anzahl der Nicht-Gewinnzahlen (2. Ausprägung)
$k = 6$	Anzahl der angekreuzten Zahlen in einem Tipp (Stichprobe)
i	Anzahl der „richtig" angekreuzten Zahlen (1. Ausprägung in der Stichprobe)
$k - i$	Anzahl der „falsch" angekreuzten Zahlen (2. Ausprägung in der Stichprobe)

Übungsaufgaben

2.

a) Begründe die nebenstehenden Wahrscheinlichkeiten für einen Lottotipp mit 0, 1, 2, 3, 4, 5, 6 Richtigen.

b) Bestimme die Wahrscheinlichkeit für einen Lottotipp mit folgendem Gewinnrang:
(1) 4 Richtige mit Zusatzzahl;
(2) 5 Richtige mit Zusatzzahl.

Anzahl der Richtigen	Wahrscheinlichkeit
0	$\frac{6\,096\,454}{13\,983\,816}$
1	$\frac{5\,775\,588}{13\,983\,816}$
2	$\frac{1\,851\,150}{13\,983\,816}$
3	$\frac{246\,820}{13\,983\,816}$
4	$\frac{13\,545}{13\,983\,816}$
5	$\frac{258}{13\,983\,816}$
6	$\frac{1}{13\,983\,816}$

3.

Beim Mittwochslotto werden zweimal je 6 Zahlen aus 49 gezogen (Ziehung A und Ziehung B). Wie groß ist die Wahrscheinlichkeit dafür, dass

a) keine, **b)** alle, **c)** eine, **d)** zwei, **e)** drei, **f)** vier, **g)** fünf

der Zahlen aus beiden Ziehungen übereinstimmen?

4.

Wie groß ist die Wahrscheinlichkeit, dass

a) unter den 10 Karten, die ein Skatspieler erhält
(1) zwei Asse sind, (2) drei Asse sind, (3) vier Asse sind;

b) unter den 2 Karten im Skat (1) kein Ass ist, (2) genau ein Ass ist?

5.

In einem Kurs mit 12 Jungen und 13 Mädchen werden 5 Freikarten verlost. Dazu werden die Namen der 25 Schülerinnen und Schüler auf Zettel geschrieben und 5 Zettel zufällig herausgegriffen. Mit welcher Wahrscheinlichkeit fallen 5 [4, 3, 2, 1, 0] Freikarten an die Mädchen?

6.

In einer Urne sind 6 rote, 5 blaue und 4 grüne Kugeln; 3 Kugeln werden auf einen Griff entnommen. Mit welcher Wahrscheinlichkeit sind darunter

(1) je eine rote, blaue und grüne Kugel,
(2) zwei rote und eine blaue Kugel,
(3) zwei grüne Kugeln,
(4) keine grünen Kugeln?

Blickpunkt

Das Geburtstagsproblem oder Wiederholungen treten bei Zufallsversuchen öfter auf als man vermutet

Bei der 3017. Lottoziehung in der Geschichte des deutschen Zahlenlottos wurde eine Zahlenkombination gezogen, die schon einmal gezogen worden war.

War dies tatsächlich so sensationell, wie es von manchen Zeitungen dargestellt wurde, oder einfach nur Zufall oder vielleicht Manipulation am Ziehungsgerät?

Um die Wahrscheinlichkeit für ein solches Ereignis abschätzen/berechnen zu können, betrachten wir zunächst einfache Zufallsversuche.

Lotto

Erstmals Gewinnreihe zum zweiten Mal gezogen

STUTTGART, 28. Juni (dpa). Erstmals in der 40-jährigen Geschichte des deutschen Zahlenlottos ist eine Gewinnreihe zum zweiten Mal gezogen worden. Die Zahlenkombination 15 – 25 – 27 – 30 – 42 – 48 wurde nicht nur am 21. Juni dieses Jahres, sondern bereits knapp neun Jahre zuvor, am 20. Dezember 1986, ermittelt, teilte die Lotto GmbH am Mittwoch in Stuttgart mit. Unter den 49 Zahlen sind fast 14 Millionen verschiedene Sechserreihen möglich.

1.
Wirf einen Würfel (reguläres Hexaeder), bis sich eines der 6 möglichen Ergebnisse wiederholt.
Trage die Anzahl der notwendigen Würfe bis zur ersten Wiederholung in Protokollfelder ein – wie rechts dargestellt.
(Warum genügen 7 Kästchen?)
Welcher Mittelwert für die Anzahl der notwendigen Würfe ergibt sich bei 100 Versuchsserien?

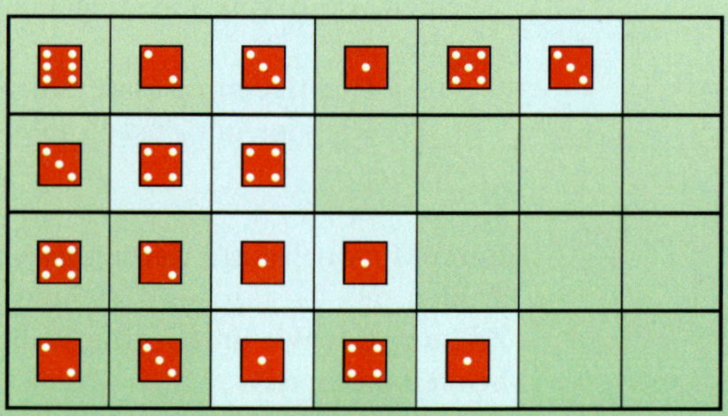

Beispiele von Versuchsprotokollen

2.
Wirf ein reguläres Tetraeder (Oktaeder, Dodekaeder, Ikosaeder), bis sich eines der 4 (8, 12, 20) möglichen Ergebnisse wiederholt.
Welcher Mittelwert für die Anzahl der notwendigen Versuchsdurchführungen bis zur ersten Wiederholung eines Ergebnisses ergibt sich bei 50 Versuchsdurchführungen?

3.
Ein Würfel wird n-mal geworfen ($n \leq 7$).

a) Begründe die in der Tabelle ausgeführten Wahrscheinlichkeitsberechnungen.

b) Begründe mithilfe von a): Es lohnt sich darauf zu wetten, dass sich beim 4fachen Werfen eines Würfels (reguläres Hexaeder) ein Ergebnis wiederholen wird.

c) Von welcher Anzahl von Versuchen lohnt sich darauf zu wetten, dass sich ein Ergebnis wiederholen wird beim Wurf eines regulären Tetraeders [Oktaeders, Dodekaeders, Ikosaeders]?

n	Wahrscheinlichkeit für lauter verschiedene Augenzahlen	Wahrscheinlichkeit für mindestens zwei gleiche Augenzahlen
2	$\frac{6}{6} \cdot \frac{5}{6} = \frac{5}{6}$	$\frac{1}{6} = 16{,}7\,\%$
3	$\frac{6}{6} \cdot \frac{5}{6} \cdot \frac{4}{6} = \frac{20}{36}$	$\frac{16}{36} = 44{,}4\,\%$
4	$\frac{6}{6} \cdot \frac{5}{6} \cdot \frac{4}{6} \cdot \frac{3}{6} = \frac{60}{216}$	$\frac{156}{216} = 72{,}2\,\%$
5	$\frac{6}{6} \cdot \frac{5}{6} \cdot \frac{4}{6} \cdot \frac{3}{6} \cdot \frac{2}{6} = \frac{120}{1296}$	$\frac{1176}{1296} = 90{,}7\,\%$
6	$\frac{6}{6} \cdot \frac{5}{6} \cdot \frac{4}{6} \cdot \frac{3}{6} \cdot \frac{2}{6} \cdot \frac{1}{6} = \frac{120}{7776}$	$\frac{7656}{7776} = 98{,}5\,\%$
7	0	100 %

4.

Das klassische Geburtstagsproblem

23 Personen werden zufällig ausgewählt. Lohnt es sich darauf zu wetten, dass unter diesen mindestens zwei sind, die am gleichen Tag Geburtstag haben?

a) Was hat die „Einkleidung“ des klassischen Geburtstagsproblems mit den in den Aufgaben 1 – 3 angegebenen Beispielen gemeinsam?

b) Beim Würfeln gehen wir von der Annahme aus, dass jede der Augenzahlen mit gleicher Wahrscheinlichkeit auftritt. Welche Annahme muss man machen, wenn man die Wahrscheinlichkeit zum Geburtstagsproblem berechnen will?

c) Begründe: P (mindestens zwei der 23 Personen haben am gleichen Tag Geburtstag)

$$= 1 - \frac{365 \cdot 364 \cdot 363 \cdot \ldots \cdot 343}{365^{23}} = 0{,}5073$$

5.

Ein Zufallsversuch mit m möglichen gleichwahrscheinlichen Ergebnissen wird k-mal durchgeführt $(k = 1, 2, \ldots, m+1)$.

Bestimme mithilfe einer Tabellenkalkulation denjenigen Wert k_{50} für den gilt, dass die Wahrscheinlichkeit für mindestens eine Wiederholung größer ist als 50 %.

a) Bestätige folgende Werte von k_{50}

m	k_{50}	m	k_{50}
		10 000	119
400	24	250 000	589
900	36	1 000 000	1 178
1 600	48	13 983 816	4 404
2 500	60		

b) Betrachtet man die nebenstehende Grafik, so kann man vermuten, dass es einen funktionalen Zusammenhang zwischen m und k_{50} gibt. Überprüfe die nachfolgende Faustregel.

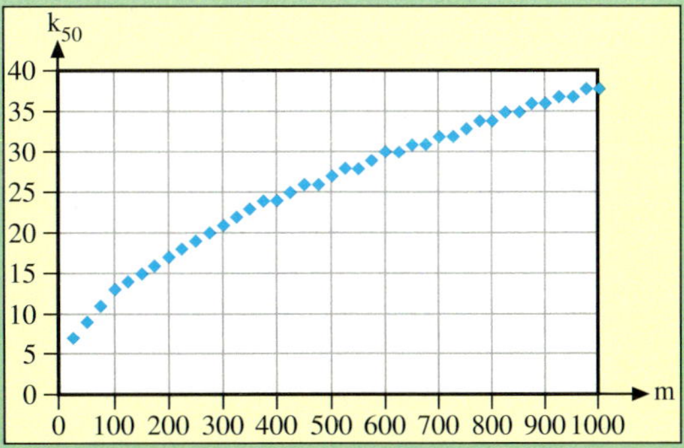

Faustregel: Führt man $k_{50} \approx 1{,}2 \cdot \sqrt{m}$ Zufallsversuche durch, dann ist die Wahrscheinlichkeit, dass mindestens zwei Ergebnisse gleich sind, bereits über 50 %.

c) Rechne nach (für $m = 100, 400, 900, \ldots$): Ist $k \approx 2 \cdot \sqrt{m}$, dann ist die Wahrscheinlichkeit für mindestens zwei gleiche Ergebnisse beinahe 90 %.

13.3 Bedingte Wahrscheinlichkeit – Satz von Bayes

13.3.1 Baumdiagramme und Vierfeldertafeln

Die Ergebnisse von statistischen Erhebungen werden meistens in übersichtlichen Tabellen festgehalten. Werden verschiedene Merkmale von Personen erfasst, dann kann man die absoluten oder relativen Häufigkeiten, mit denen die einzelnen Ausprägungen dieser Merkmale auftreten, in sogenannten **Mehrfeldertafeln** zusammenstellen.

Beispiel: Ergebnisse einer Wahltagsbefragung zur Bundestagswahl 1998

		2. Merkmal: Gewählte Partei						
		CDU/CSU	SPD	B90/Grüne	FDP	PDS	Sonstige	gesamt
1. Merkmal Altersgruppe	18 – 24	3,47%	3,34%	1,01%	0,73%	0,67%	1,22%	11,0%
	25 – 34	6,27%	9,10%	1,93%	1,12%	1,05%	1,61%	21,1%
	35 – 44	7,29%	9,76%	2,10%	1,24%	1,25%	1,35%	23,0%
	45 – 59	9,55%	11,10%	1,26%	1,96%	1,34%	1,16%	26,4%
	60 plus	8,61%	7,00%	0,40%	1,16%	0,79%	0,56%	18,5%
	gesamt	35,2%	40,9%	6,7%	6,2%	5,1%	5,9%	100%

Beschränkt man sich darauf, zu jedem der beiden Merkmale je zwei Ausprägungen zu betrachten, so spricht man von einer **Vierfeldertafel.**

Einführung **Konstruktion einer Vierfeldertafel aus einem Zeitungsartikel**

Mehr Abiturientinnen als Abiturienten

52,4% der 244600 Jugendlichen, die am Ende des vergangenen Schuljahres ihre Schule mit der allgemeinen Hochschulreife verließen, waren Frauen. In den neuen Ländern und Berlin liegt der Frauenanteil mit 59,1% deutlich höher als im früheren Bundesgebiet (50,8%).

Aus dem Zeitungsartikel entnehmen wir:

- 52,4% der *244600* Jugendlichen mit Hochschulreife sind Frauen; das sind $0{,}524 \cdot 244\,600$, also *128200* Abiturientinnen.
- Bezeichnen wir mit x die Gesamtzahl aller Absolventen aus Westdeutschland, dann ist $244\,600 - x$ die Gesamtzahl aller Absolventen aus Ostdeutschland.
- Die Anzahl der Abiturientinnen aus Westdeutschland beträgt dann 50,8% von x, also $0{,}508 \cdot x$. Die Anzahl der Abiturientinnen in Ostdeutschland lässt sich analog mit 59,1% von $(244\,600 - x)$, also mit $0{,}591 \cdot (244\,600 - x)$ beschreiben.
- Zu lösen ist also die Gleichung: $0{,}508\,x + 0{,}591 \cdot (244\,600 - x) = 128\,200$,
  d.h. $0{,}508\,x - 0{,}591\,x = 128\,200 - 144\,600$, d.h. $x = 197\,600$
  Also kommen ca. *197600* der Schulabsolventen aus Westdeutschland.
- 50,8% davon sind Frauen; das sind ca. *100400* Personen.
- Aus den jetzt bestimmten absoluten Häufigkeiten (kursive Zahlen) können wir die übrigen Daten der Vierfeldertafel erschließen.

		Geschlecht		
		Weiblich	Männlich	Gesamt
Herkunft	West	*100400*	97200	*197600*
	Ost	27800	19200	47000
	Gesamt	*128200*	116400	*244600*

Aufgabe 1 *Von der Vierfeldertafel zum Baumdiagramm*

a) Betrachte die Vierfeldertafel im Einführungstext, in der Informationen über die Abiturientinnen und Abiturienten in Ost- und Westdeutschland in Form von absoluten Häufigkeiten gegeben sind. Welche Informationen in Form von relativen Häufigkeiten lassen sich aus dieser Vierfeldertafel entnehmen?

b) Die Vierfeldertafel aus a) bietet die Möglichkeit, Wahrscheinlichkeitsaussagen zu einem Zufallsversuch zu machen:
Aus der Gesamtheit aller Abiturientinnen und Abiturienten des betrachteten Jahrgangs *werde eine Person zufällig ausgewählt.*
(1) Mit welcher Wahrscheinlichkeit stammt diese Person aus Ostdeutschland?
(2) Mit welcher Wahrscheinlichkeit ist die ausgewählte Person eine Frau?
(3) Falls diese Person aus Ostdeutschland kommt: Mit welcher Wahrscheinlichkeit ist dies ein Mann?
(4) Falls diese Person eine Frau ist: Mit welcher Wahrscheinlichkeit stammt sie aus Westdeutschland?

Lösung

a) Wir dividieren alle in der Tabelle auftretenden Zahlen durch die Gesamtzahl der Abiturientinnen und Abiturienten. (Hierbei treten Rundungsfehler auf.)

		Geschlecht		
		Weiblich	Männlich	Gesamt
Herkunft	West	41,0 %	39,7 %	80,7 %
	Ost	11,4 %	7,9 %	19,3 %
	Gesamt	52,4 %	47,6 %	100 %

Aus der Vierfeldertafel können wir z. B. ablesen, dass
- der Anteil der Frauen unter allen Absolventen 52,4 % beträgt
- der Anteil der Ostdeutschen unter allen Absolventen 19,3 % beträgt
- der Anteil der Absolventen, die aus Ostdeutschland stammen *und* weiblichen Geschlechts sind, 11,4 % beträgt.

b) Zu (1) und (3)

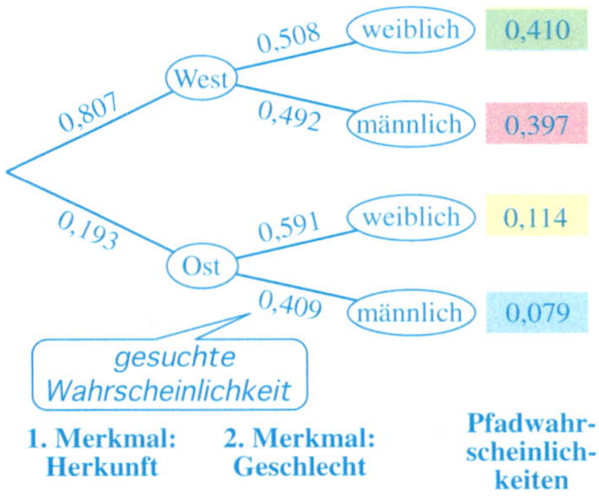

Zu (2) und (4)

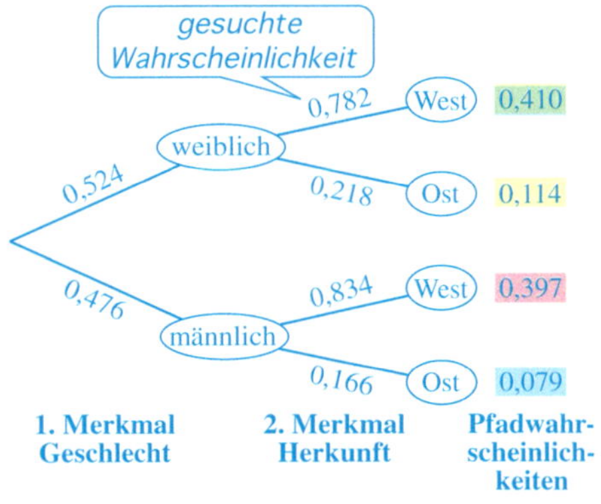

Wird eine Person aus der Gesamtheit aller Abiturientinnen und Abiturienten zufällig ausgewählt, dann ist diese Person mit einer Wahrscheinlichkeit von
(1) 19,3 % aus Ostdeutschland, (2) 52,4 % eine Frau, (3) 40,9 % ein Mann, falls wir nur die Personen aus Ostdeutschland betrachten, (4) 78,2 % aus Westdeutschland, falls wir nur die Abiturientinnen betrachten.

Weiterführende Aufgabe

2. *Vom Baumdiagramm zur Vierfeldertafel*
Im dargestellten Baumdiagramm sind Informationen über Raucher/innen und Nichtraucher/innen enthalten.

a) Schreibe einen passenden Zeitungstext zu diesem Baumdiagramm.

b) Rekonstruiere die zum Baumdiagramm gehörende Vierfeldertafel.

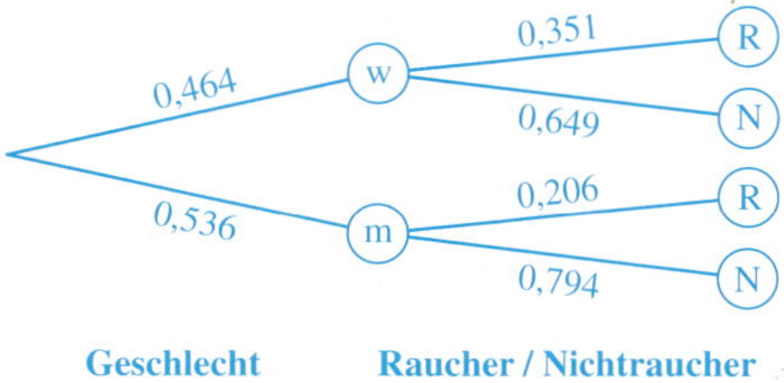

Information **Abhängigkeit und Unabhängigkeit von Merkmalen**

Bereits in Abschnitt 13.2.2 haben wir herausgestellt, dass man bei der Aufstellung von Baumdiagrammen genau darauf achten muss, ob die Ergebnisse einer Stufe Einfluss auf die Wahrscheinlichkeiten der nachfolgenden Stufe haben. Am folgenden Beispiel sollen **Abhängigkeit** bzw. **Unabhängigkeit** von Merkmalen verdeutlicht werden.
Beispiel: Ergebnisse einer repräsentativen Befragung anlässlich einer Kommunalwahl

		Partei		
		A	sonstige	gesamt
Geschlecht	weiblich	22%	33%	55%
	männlich	18%	27%	45%
	gesamt	40%	60%	100%

		Partei		
		A	sonstige	gesamt
Alter	bis 40 J.	16%	30%	46%
	über 40 J.	24%	30%	54%
	gesamt	40%	60%	100%

An der links stehenden Vierfeldertafel lesen wir ab: Die Wählerschaft der Partei A setzte sich *im gleichen Verhältnis* aus Frauen und Männern zusammen wie die Wählerschaft insgesamt. Dies kann man an den Quotienten $\frac{22\%}{18\%} = \frac{11}{9} = \frac{55\%}{45\%}$ ablesen oder an der Tatsache, dass 40% aller Wähler Partei A gewählt haben, anteilig ebenso viele wie bei den Frauen (40% von 55% sind 22%) oder bei den Männern: (40% von 45% sind 18%). Das Merkmal „Wahl einer Partei" ist in diesem Beispiel *geschlechtsunabhängig.*
Dagegen erweist sich dieses Merkmal in der rechts stehenden Vierfeldertafel als *altersabhängig,* denn Partei A erhielt in den beiden betrachteten Altersgruppen andere Anteile als es der Wählerschaft insgesamt in den beiden Altersgruppen entspricht:
$16\% : 24\% \neq 46\% : 54\%$ (40% von $46\% \neq 16\%$ bzw. 40% von $54\% \neq 24\%$)

Kriterium für Abhängigkeit/Unabhängigkeit von Merkmalen in Vierfeldertafeln
Stehen die (relativen oder absoluten) Häufigkeiten in den Spalten oder in den Zeilen einer Vierfeldertafel im gleichen festen Zahlenverhältnis, dann sind die zugehörigen Merkmale voneinander unabhängig; sonst sind sie voneinander abhängig.

Unabhängigkeit ist an gleichen Teilbäumen in der 2. Stufe zu erkennen

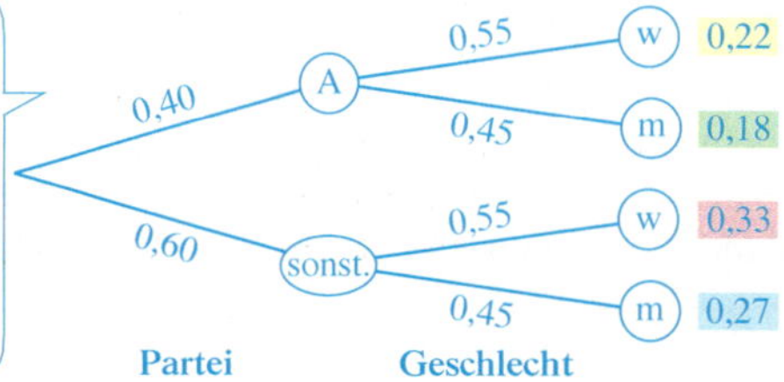

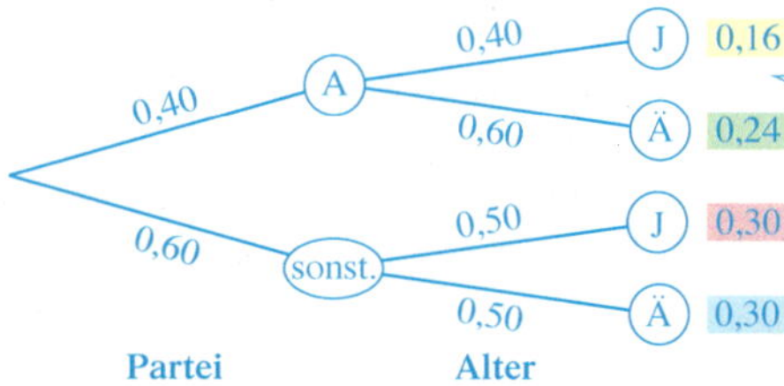

Bei Abhängigkeit sind die Teilbäume der 2. Stufe verschieden

Übungsaufgaben

3.
Stelle die im nebenstehenden Artikel aufgeführten Daten in einer Vierfeldertafel zusammen und gib die beiden zugehörigen Baumdiagramme an. Welche Bedeutung haben die Pfadwahrscheinlichkeiten?

Viele Jugendliche ohne Hauptschulabschluss
Am Ende des letzten Schuljahres verließen 291 418 Jugendliche die von ihnen bis dahin besuchte weiterführende Schule, weil die Schulpflicht beendet war (nach der 9. bzw. 10. Klasse), darunter 121 174 Mädchen. 72 443 von diesen Jugendlichen hatten keinen schulischen Abschluss erreicht, davon 25 762 Mädchen.

4.
Ein Neugeborenes des Jahres 1997 wird zufällig ausgewählt. Wie groß ist die Wahrscheinlichkeit, dass die Mutter des Kindes eine Deutsche ist? Bestimme die zu dieser Frage gehörende erste Stufe eines Baumdiagramms. Ergänze die zweite Stufe.

Geburtsstatistik 1997		Staatsangehörigkeit der Mutter		gesamt
		deutsch	ausländisch	
Staatsangehörigkeit des Vaters	deutsch	514 864	29 438	
	ausländisch	28 246	93 892	
	gesamt			

5.
Stelle die Daten des Zeitungsartikels in Form eines Baumdiagramms dar. Rekonstruiere dann die zugehörige Vierfeldertafel hierzu.

Wird der Lehrerberuf zunehmend ein Frauenberuf?
64,8 % aller Studierenden des Lehramtes sind Frauen; bei den übrigen Studiengängen beträgt der Anteil von Frauen nur 38,6 %. Insgesamt geben 11,7 % der an den Hochschulen Deutschlands eingeschriebenen Studentinnen und Studenten als Studienziel den Lehrerberuf an.

6.
Zeige, dass die beiden Artikel auf denselben statistischen Daten beruhen. Auf welche Veränderungen wollten die Autoren der beiden Artikel besonders aufmerksam machen?

Fahrstuhleffekt im Schulsystem
Eltern wünschen einen höheren Bildungsabschluss für ihre Kinder
37 % aller 10- bis 16-Jährigen besuchen derzeit die Schulform Gymnasium. Jedoch nur 35 % dieser Jugendlichen haben Eltern, die selbst zum Gymnasium gingen. Umgekehrt findet man unter den Schülerinnen und Schülern, die eine Haupt- oder Realschule besuchen, nur 8 %, deren Eltern ein Gymnasium absolvierten.

Schulform Gymnasium immer beliebter
Viele Eltern bevorzugen aber eine Schulform, die ihnen bekannt ist
72 % der Eltern, die selbst ein Gymnasium besuchten, schicken heute ihr Kind wieder auf ein Gymnasium; bei den Eltern, die eine Haupt- oder Realschule absolvierten, ist es ähnlich: 71 % lassen ihr Kind ebenfalls eine Schule dieser Schulform besuchen. Der Anteil der Gymnasiasten ist allerdings in einer Generation von 18 % auf 37 % angewachsen.

13.3.2 Umkehrung von Baumdiagrammen – bedingte Wahrscheinlichkeiten

Aufgabe 1 Bei Infektionskrankheiten ist es wichtig, dass man schnell die Art der Krankheit erkennt, damit man sie bekämpfen kann. Hierzu führt man Schnelltests durch, die allerdings Mängel haben: Manchmal wird eine Krankheit angezeigt, obwohl sie nicht vorliegt; gelegentlich wird eine Krankheit nicht angezeigt, obwohl sie vorhanden ist.

Die vorliegenden Testverfahren zum Nachweis einer HIV-Infektion haben mittlerweile eine hohe Sicherheit (sogenannte *Sensitivität*). Bei 99,9 % der tatsächlich Infizierten erfolgt eine positive Testreaktion; nur bei 0,3 % der nichtinfizierten Testpersonen wird irrtümlich eine Infektion angezeigt (sogenannte *Spezifität* 99,7 %).

Man kann heute davon ausgehen, dass etwa 0,1 % der Bevölkerung in Deutschland HIV-infiziert ist.

a) Stelle die Informationen in Form eines Baumdiagramms dar und bestimme hiermit die zugehörige Vierfeldertafel.

b) Um Vorstellungen von der Größenordnung der Anzahl der betroffenen Personen zu bekommen, ist es sinnvoll, auch die Vierfeldertafel mit absoluten Häufigkeiten zu bestimmen. Gib diese an (Gesamtbevölkerung in Deutschland: 80 Mio.).

c) Angenommen, eine Person werde zufällig ausgewählt: Wie groß ist die Wahrscheinlichkeit dafür, dass bei Vorliegen eines positiven Testergebnisses tatsächlich eine HIV-Infektion vorliegt? Wie groß ist die Wahrscheinlichkeit, dass bei negativem Testergebnis dennoch eine Infektion vorliegt? Warum erscheint das Rechenergebnis so paradox? Stelle dazu das Baumdiagramm mit vertauschten Merkmalen auf.

Lösung **a)** Im Text ist beschrieben, mit welchen Wahrscheinlichkeiten der HIV-Test positiv bzw. negativ bei Infizierten bzw. Nicht-Infizierten reagiert. Daher muss auf der 1. Stufe das Merkmal „Vorliegen der Infektion“ mit den Merkmalen „ja“ bzw. „nein“ betrachtet werden, auf der 2. Stufe dann das Merkmal „Testreaktion“.

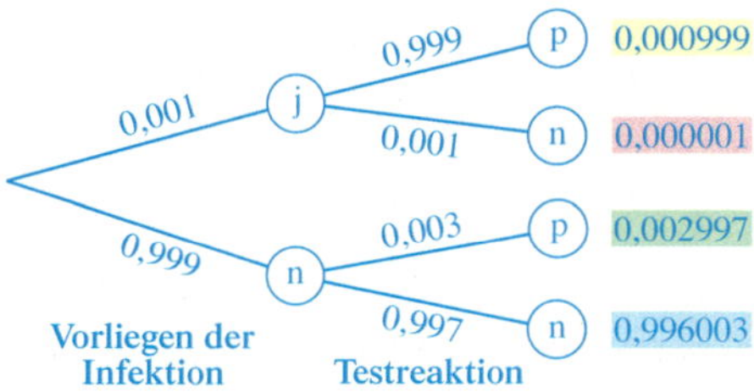

Die Pfadwahrscheinlichkeiten des Baumdiagramms bestimmen die inneren Felder der zugehörigen Vierfeldertafel.

		Testreaktion positiv	Testreaktion negativ	gesamt
Vorliegen der Infektion	ja	0,000999	0,000001	0,001
	nein	0,002997	0,996003	0,999
	gesamt	0,003996	0,996004	1

Anmerkung: Die Zahlen können fälschlicherweise dahingehend interpretiert werden, dass Aussagen mit 6-stelliger Genauigkeit möglich sind. Dies ist bestimmt nicht der Fall. Die 6 Stellen nach dem Komma ergeben sich zwangsläufig aus dem kleinsten auftretenden Wert von 0,000001 (ein Millionstel).

b) Entsprechend ist auch die Vierfeldertafel mit absoluten Häufigkeiten „übertrieben“ genau; aber sie gibt uns klare Vorstellungen von den Größenordnungen.

		Testreaktion positiv	Testreaktion negativ	gesamt
Vorliegen der Infektion	ja	79 920	80	80 000
Vorliegen der Infektion	nein	239 760	79 680 240	79 920 000
	gesamt	319 680	79 680 320	80 000 000

c) Das Baumdiagramm mit vertauschten Merkmalen ergibt sich wie folgt:

1. Stufe: Testreaktion

Die Wahrscheinlichkeiten entnehmen wir den Summenfeldern der Spalten der Tabelle.

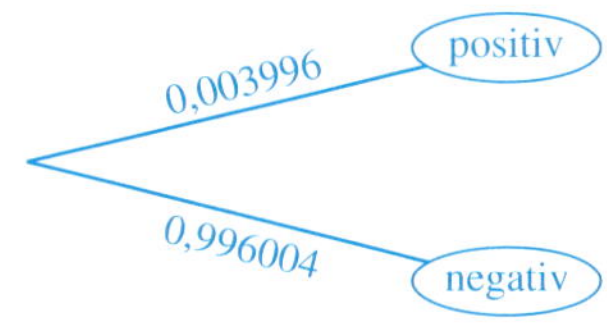

2. Stufe: Vorliegen der Infektion

Die Wahrscheinlichkeiten berechnen wir als Quotienten in den Spalten der Tabelle:

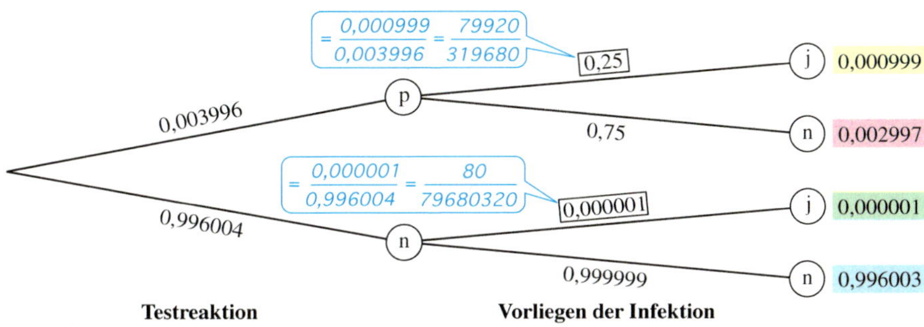

Die Wahrscheinlichkeit, dass bei einer zufällig ausgewählten Person tatsächlich eine HIV-Infektion vorliegt, nachdem der HIV-Test eine positive Reaktion gezeigt hatte, beträgt (nur) 25 %. Die Chancen dafür, dass eine Person mit negativem Testergebnis dennoch HIV-infiziert ist, stehen wie 1 zu 1 Million (Wahrscheinlichkeit 0,000001).

Die berechnete Wahrscheinlichkeit von 25 % für das tatsächliche Vorliegen einer HIV-Infektion scheint im Widerspruch zur angegebenen Sensitivität von 99,9 % zu stehen, die doch eine hohe Sicherheit des Testverfahrens zu versprechen scheint. Insbesondere an den absoluten Häufigkeiten lesen wir jedoch ab, welche quantitativen Auswirkungen die 0,3 % falschen Reaktionen bei der großen Zahl der Nicht-Infizierten haben.

Weiterführende Aufgabe

2. *Gefahr der Verwechslung von Wahrscheinlichkeiten*

Bei einer Wahl wurde Partei A vor allem von jüngeren Wählern gewählt. Eine repräsentative Befragung am Wahltag ergab die nebenstehenden Daten.

		Wahl der Partei: Partei A	Wahl der Partei: sonstige Partei	gesamt
Altersgruppe	unter 30 Jahre	4,5 %	13,5 %	18,0 %
Altersgruppe	30 Jahre und älter	7,5 %	74,5 %	82,0 %
	gesamt	12,0 %	88,0 %	100,0 %

Welche Zeitungsmeldung (Schlagzeile) ist richtig?

(1) Jeder vierte Wähler der Partei A ist unter 30. × (ca. jeder 3.)

(2) Jeder vierte Wähler unter 30 entschied sich für Partei A. ✓

Information

(1) Umkehrung des Baumdiagramms

Vertauscht man die Reihenfolge der betrachteten Merkmale bei einem Baumdiagramm, dann erhält man das so genannte **umgekehrte Baumdiagramm.** Die Wahrscheinlichkeiten, die an den einzelnen Pfaden stehen, unterscheiden sich im Allgemeinen bei einem Baumdiagramm und seiner Umkehrung, denn sie beziehen sich auf verschiedene Merkmale und daher auf verschiedene Teilgesamtheiten.

		2. Merkmal		gesamt
		B	$\overline{B}$	
1. Merkmal	A	0,12	0,24	0,36
	$\overline{A}$	0,48	0,16	0,64
	gesamt	0,60	0,40	1

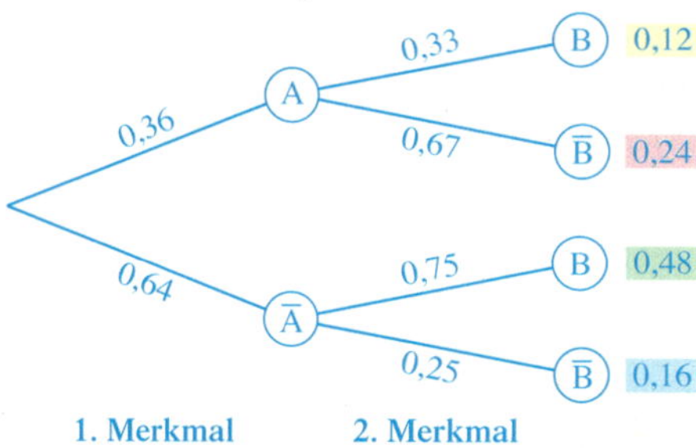

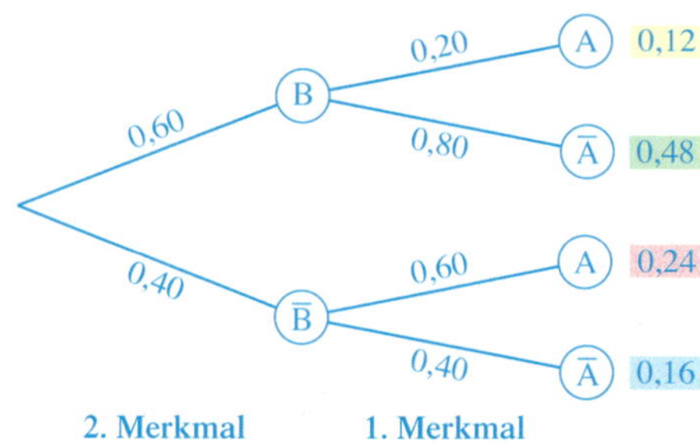

Dagegen stimmen die (am Ende der Pfade notierten) Pfadwahrscheinlichkeiten bis auf die Reihenfolge überein, da sie die Wahrscheinlichkeiten der inneren Felder derselben Vierfeldertafel sind.

(2) Bedingte Wahrscheinlichkeiten

Wenn man nicht genau formuliert oder nicht genau hinschaut, können leicht Verwechslungen bei der Angabe von Wahrscheinlichkeiten auftreten (vgl. Aufgabe 2). Wenn man die Wahrscheinlichkeiten auf der 2. Stufe beschreibt, muss man auf die Voraussetzungen (*Bedingungen*) achten, die durch die 1. Stufe gegeben sind. Diese Bedingungen machen wir durch eine Index-Schreibweise deutlich.

Beispiel: In Aufgabe 1 müssen wir z. B. unterscheiden

$P_{\text{positive Testreaktion}}(\text{HIV-Infektion}) = 0{,}25$, das ist die Wahrscheinlichkeit, dass eine HIV-Infektion vorliegt unter der Bedingung, dass der Test ein positive Reaktion gezeigt hat.

$P_{\text{HIV-Infektion}}(\text{positive Testreaktion}) = 0{,}999$, das ist die Wahrscheinlichkeit, dass eine positive Testreaktion erfolgt unter der Bedingung, dass eine HIV-Infektion vorliegt.

Da die Merkmale *Vorliegen einer Infektion* und *Testreaktion* voneinander abhängig sind (vgl. Seite 378) gilt: $P_{\text{positive Testreaktion}}(\text{HIV-Infektion}) \neq P(\text{HIV-Infektion})$ bzw. $P_{\text{HIV-Infektion}}(\text{positive Testreaktion}) \neq P(\text{positive Testreaktion})$

(3) Bayes'sche Regel

Nach dem englischen Mathematiker Thomas Bayes (1702 – 1761) ist die Regel benannt, nach der wir diese bedingten Wahrscheinlichkeiten berechnen.

Bayes'sche Regel

Sei A ein Ereignis, das uns interessiert, und B eine Bedingung, unter der wir den Vorgang betrachten.

Dann gilt: *Die Wahrscheinlichkeit $P_B(A)$ für A unter der Bedingung B* berechnet sich wie folgt:

$$P_B(A) = \frac{P(A \cap B)}{P(B)}$$

Wahrscheinlichkeit für A und *B dividiert durch die Wahrscheinlichkeit für B*

Bedingte Wahrscheinlichkeiten berechnen sich also als Brüche (Quotienten): Der Zähler des Bruches lässt sich aus einem inneren Feld der Vierfeldertafel ablesen; der Nenner des Bruches steht als Zeilen- oder Spaltensumme am Rand.

	B	$\overline{B}$	gesamt
A	$P(A \cap B)$	$P(A \cap \overline{B})$	$P(A)$
$\overline{A}$	$P(\overline{A} \cap B)$	$P(\overline{A} \cap \overline{B})$	$P(\overline{A})$
gesamt	$P(B)$	$P(\overline{B})$	1

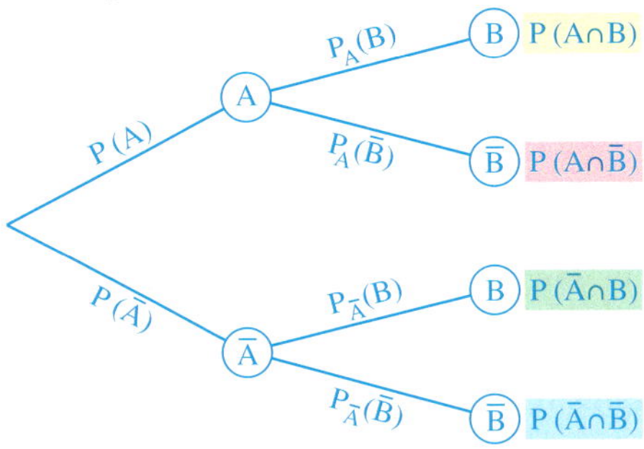

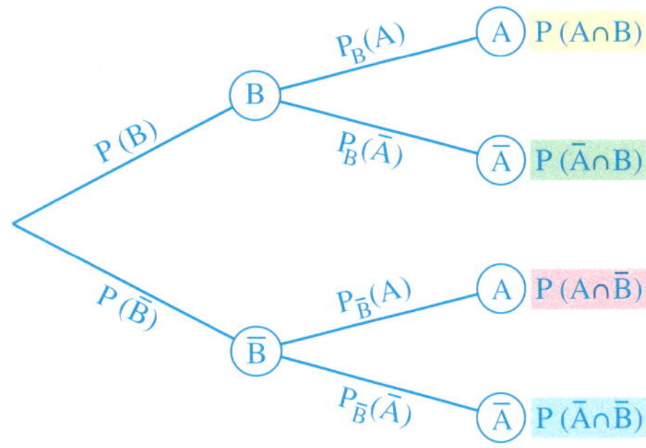

Übungsaufgaben

3.

Welche Auswirkungen würden sich für das umgekehrte Baumdiagramm ergeben, wenn die Daten in Aufgabe 1 (geringfügig) verändert würden?

	Sensitivität	Spezifität	Anteil der HIV-Infizierten in der Gesamtbevölkerung
(1)	99,8 %	99,7 %	0,1 %
(2)	99,9 %	99,8 %	0,1 %
(3)	99,9 %	99,7 %	0,12 %
(4)	99,5 %	99,0 %	0,05 %

4.

Wenn ein HIV-Test positiv verlaufen ist, wird der Test bei der betreffenden Person noch einmal durchgeführt. Was bedeutet es nun, wenn zweimal hintereinander eine positive Testreaktion erfolgte (Ereignis „pp“)? Vervollständige das nebenstehende Baumdiagramm. Gib das Ergebnis in Worten wieder.

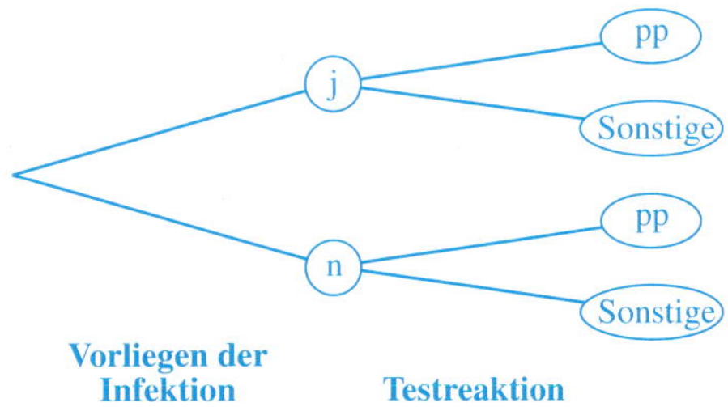

5.

a) Stelle die Daten des Zeitungsartikels in einer Vierfeldertafel und in einem Baumdiagramm zusammen.

b) Welche Daten kann man dem umgekehrten Baumdiagramm entnehmen? Schreibe dazu einen Zeitungstext.

c) Ein Unfall mit Personenschaden wird zufällig ausgewählt. Wie groß ist die Wahrscheinlichkeit, dass dieser Unfall

(1) unter Alkoholeinwirkung geschah, wenn bekannt ist, dass er zwischen 4 Uhr morgens und 18 Uhr abends stattfand,

(2) zwischen 4 Uhr morgens und 18 Uhr abends stattfand, wenn bekannt ist, dass Alkohol im Spiel war?

Polizei warnt vor Alkohol am Steuer

In Deutschland wurden im vergangenen Jahr insgesamt ca. 390 000 Unfälle mit Personenschäden registriert, davon waren 10,2 % durch Alkohol verursacht. Während sich 24,6 % der Verkehrsunfälle ohne Alkoholeinfluss in der Zeit zwischen 18 Uhr abends und 4 Uhr morgens ereigneten, fiel bei den Alkohol-Unfällen ein Anteil von 68,0 % in diesen Zeitraum.

6.

Bei der Bundestagswahl 1998 wurden Wählerinnen und Wähler beim Verlassen des Wahllokals befragt. Hierbei ergaben sich folgende Daten:

a)		Gewählte Partei	
		CDU/CSU	Sonstige
Alter	unter 45	17,0 %	38,1 %
	45 und mehr	18,2 %	26,7 %

b)		Region	
		Westd.	Ostd.
Partei	SPD	34,2 %	6,8 %
	sonst.	46,5 %	12,5 %

Notiere die beiden möglichen Baumdiagramme und schreibe jeweils einen zugehörigen Zeitungsartikel.

7.

Bei der Warenausgabe einer Fabrik, die Elektronikbauteile fertigt, werden Kontrollmessungen durchgeführt. Bauteile, die nicht vollständig funktionstüchtig sind, werden zu 95 % als solche erkannt; allerdings kommt es auch in 2 % der Fälle vor, dass wegen eines Messfehlers funktionstüchtige Bauteile irrtümlich als *nicht* funktionstüchtig angezeigt werden.
Erfahrungsgemäß sind 90 % der produzierten Bauteile in Ordnung.

a) (1) Ein zufällig herausgegriffenes Bauteil wird als „fehlerhaft" angezeigt. Mit welcher Wahrscheinlichkeit ist es tatsächlich nicht zu gebrauchen?
(2) Ein zufällig herausgegriffenes Bauteil wird als „funktionstüchtig" angezeigt. Mit welcher Wahrscheinlichkeit ist es tatsächlich zu gebrauchen?

b) Um die Fehlerquote zu senken, wird die Kontrollmessung von einer unabhängig arbeitenden Person wiederholt. Mit welcher Wahrscheinlichkeit ist ein zweifach als „fehlerhaft" angezeigtes Bauteil auch tatsächlich nicht funktionstüchtig bzw. ist ein zweifach als „funktionstüchtig" angezeigtes Bauteil tatsächlich in Ordnung?

8.

Drei Lokalzeitungen A, B, C haben Marktanteile von 45 %, 37 % und 18 %. Bei Zeitung A erfolgt 10 % des Verkaufs an Abonnenten, bei Zeitung B sind dies 60 %, bei Zeitung C 75 %.

a) Bestimme den Anteil der Abonnenten unter den Zeitungslesern.

b) An einem Kiosk wird gerade eine Lokalzeitung verkauft. Mit welcher Wahrscheinlichkeit ist dies Zeitung B?

9.

Ein Autohersteller lässt bei einem neuen Wagentyp Scheibenwischer von drei verschiedenen Zulieferfirmen einbauen. Vom 1. Zulieferer stammen 20 %, vom zweiten 30 %, vom dritten 50 %.
Bei den Inspektionen nach 6 Monaten wird festgestellt, dass 15 % der Scheibenwischer der ersten Zulieferfirma, 18 % der zweiten und 9 % der dritten Firma unbrauchbar geworden sind.

a) Stelle die Daten in einem Baumdiagramm zusammen und berechne die Wahrscheinlichkeit dafür, dass ein zufällig ausgewählter Scheibenwischer unbrauchbar ist.

b) Stelle die Angaben in einer Mehrfeldertafel zusammen und berechne die bedingten Wahrscheinlichkeiten dafür, dass ein zufällig ausgewählter Scheibenwischer, der sich als unbrauchbar erwiesen hat, aus der 1. [2.; 3.] Firma stammt.

13.3.3 Anwendung des Satzes von BAYES – Chancen für die Richtigkeit von Hypothesen

Aufgabe 1 In einem Glücksspielautomaten dreht sich eine Scheibe mit 10 Feldern, die entweder das Symbol ● oder ■ enthalten. Die Herstellerfirma baut in zwei Versionen:

Typ A: Die Scheibe enthält 7-mal das Symbol ● und 3-mal das Symbol ■.

Typ B: Die Scheibe enthält 6-mal das Symbol ● und 4-mal das Symbol ■.

Um welchen Typen es sich bei einem vorgegebenen Automaten handelt, ist nicht bekannt; dies wollen wir durch eine Versuchsreihe herausfinden.

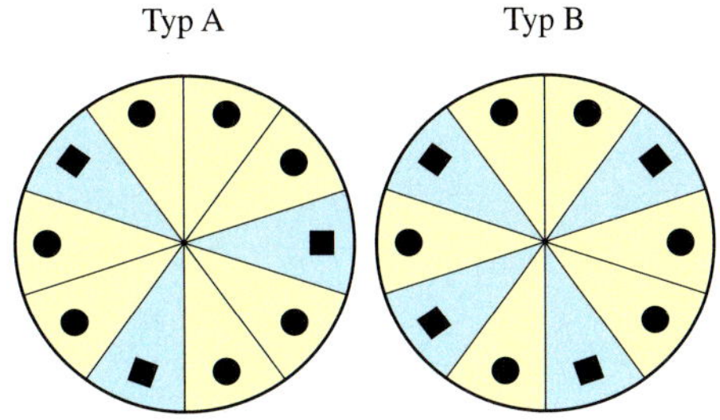

a) Da wir beim 1. Versuch keine Vorinformation haben, geben wir jedem der beiden Typen die gleiche Chance.

(1) Ergänze nun das nebenstehende Baumdiagramm.

(2) Bestimme auch das zugehörige umgekehrte Baumdiagramm.

(3) Nehmen wir an, die Scheibe des Glücksspielgeräts bleibt beim 1. Versuch auf dem Symbol ■ stehen: Mit welcher Wahrscheinlichkeit handelt es sich bei dem Gerät um eines vom Typ B?

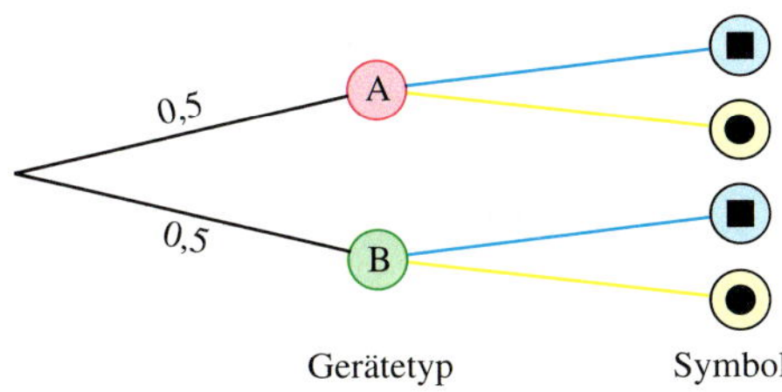

b) Angenommen beim 2. Versuch erscheint wieder Symbol ■.
Wie groß ist die Wahrscheinlichkeit für Typ B?

c) Die Versuche Nr. 3 bis Nr. 9 fallen wie folgt aus ●, ■, ●, ■, ■ ●, ●.
Berechne schrittweise die Wahrscheinlichkeit für das Vorliegen eines Gerätes vom Typ A bzw. Typ B.

Lösung **a)** (1) Aus der Aufgabenstellung wissen wir: Für Gerät A gilt: P(●) = 0,7 und P(■) = 0,3; für Gerät B gilt: P(●) = 0,6 und P(■) = 0,4.

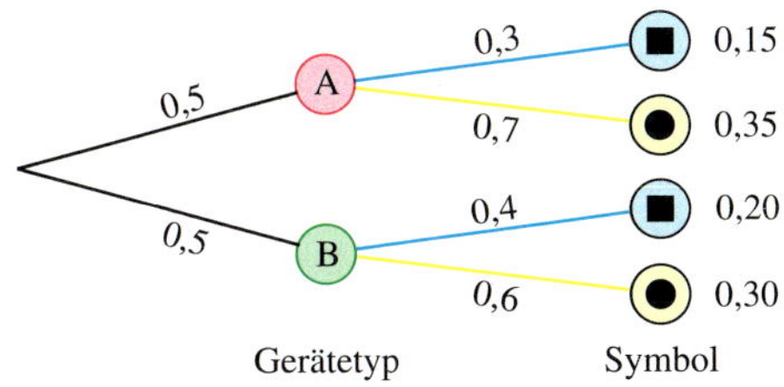

(2) Aus dem Baumdiagramm entwickeln wir die zugehörige Vierfeldertafel und das umgekehrte Baumdiagramm:

		Symbol ■	Symbol ●	gesamt
Typ	A	0,15	0,35	0,5
Typ	B	0,20	0,30	0,5
gesamt		0,35	0,65	1

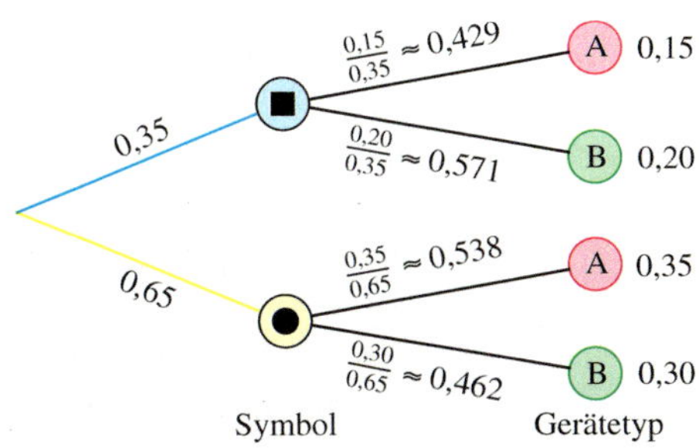

(3) Aus dem umgekehrten Baumdiagramm lesen wir ab: Falls beim 1. Versuch das Symbol ■ auftritt, ist die Wahrscheinlichkeit dafür, dass es sich bei dem Gerät um eines vom Typ B handelt, 57,1 %.

b) Aufgrund des Versuchsergebnisses der 1. Runde räumen wir den beiden Gerätetypen nicht mehr die gleichen Chancen ein, sondern verwenden die oben berechneten Wahrscheinlichkeiten (Bild rechts). Aus der Vierfeldertafel bzw. dem umgekehrten Baumdiagramm lesen wir ab, dass sich die Chancen für das Vorliegen eines Geräts vom Typ B erneut vergrößert haben:

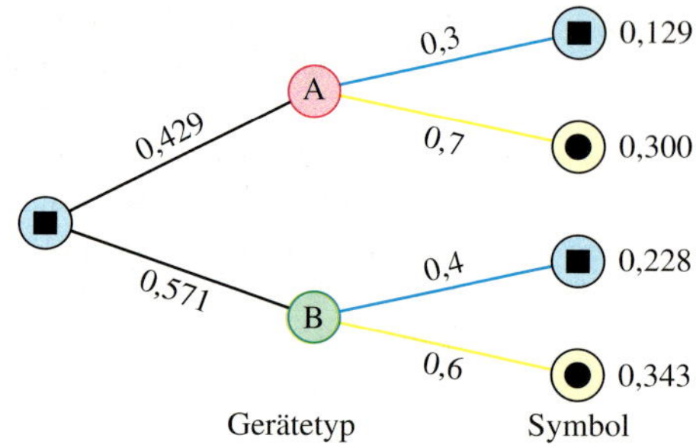

	Symbol ■	Symbol ●	gesamt
Typ A	0,129	0,300	0,429
Typ B	0,228	0,343	0,571
gesamt	0,357	0,643	1

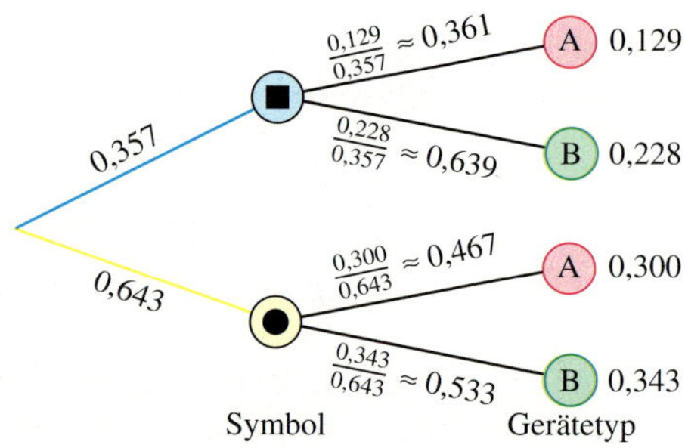

Wir vermuten, dass eher ein Gerät vom Typ B vorliegt. Die Chancen hierfür stehen 0,639 zu 0,361, also ungefähr wie 7 zu 4.

c) Analog berechnen wir schrittweise die Chancen für A und B:

Nr.	Ergebnis	Zugehörige Pfadwahrscheinlichkeit bei Typ A	Zugehörige Pfadwahrscheinlichkeit bei Typ B	Wahrscheinlichkeit für Typ A	Wahrscheinlichkeit für Typ B
1	■	$0{,}5 \cdot 0{,}3 = 0{,}15$	$0{,}5 \cdot 0{,}4 = 0{,}2$	$\frac{0{,}15}{0{,}35} \approx 0{,}429$	0,571
2	■	$0{,}429 \cdot 0{,}3 \approx 0{,}129$	$0{,}571 \cdot 0{,}4 \approx 0{,}228$	$\frac{0{,}129}{0{,}375} \approx 0{,}361$	0,639
3	●	$0{,}361 \cdot 0{,}7 \approx 0{,}253$	$0{,}639 \cdot 0{,}6 \approx 0{,}383$	$\frac{0{,}253}{0{,}636} \approx 0{,}398$	0,602
4	■	$0{,}398 \cdot 0{,}3 \approx 0{,}119$	$0{,}602 \cdot 0{,}4 \approx 0{,}241$	$\frac{0{,}119}{0{,}360} \approx 0{,}331$	0,669
5	●	$0{,}331 \cdot 0{,}7 \approx 0{,}232$	$0{,}669 \cdot 0{,}6 \approx 0{,}401$	$\frac{0{,}232}{0{,}633} \approx 0{,}367$	0,633
6	■	$0{,}367 \cdot 0{,}3 \approx 0{,}110$	$0{,}663 \cdot 0{,}4 \approx 0{,}253$	$\frac{0{,}110}{0{,}363} \approx 0{,}303$	0,697
7	■	$0{,}303 \cdot 0{,}3 \approx 0{,}091$	$0{,}697 \cdot 0{,}4 \approx 0{,}279$	$\frac{0{,}091}{0{,}370} \approx 0{,}246$	0,754
8	●	$0{,}246 \cdot 0{,}7 \approx 0{,}172$	$0{,}754 \cdot 0{,}6 \approx 0{,}452$	$\frac{0{,}172}{0{,}624} \approx 0{,}276$	0,724
9	●	$0{,}276 \cdot 0{,}7 \approx 0{,}193$	$0{,}724 \cdot 0{,}6 \approx 0{,}434$	$\frac{0{,}193}{0{,}627} \approx 0{,}308$	0,692

Ergebnis: Die Chancen dafür, dass es sich bei dem Automaten um einen vom Typ B handelt, sind 0,692 : 0,308, also ungefähr 7 : 3.

Weiterführende Aufgaben

2. *Zusammenfassen von Rechenschritten*

In Aufgabe 1 hat das Ergebnis ■ ■ ● ■ ● ■ ■ ● ● die Wahrscheinlichkeit $0{,}3^5 \cdot 0{,}7^4$, falls es sich um einen Spielautomaten vom Typ A handelt, und $0{,}4^5 \cdot 0{,}6^4$, falls es sich um einen Automaten vom Typ B handelt.

Begründe dies. Welche Chancen ergeben sich hieraus direkt (d. h. nicht durch schrittweise Berechnung wie in Aufgabe 1) für die Gültigkeit der Hypothese?

3. *Automatisieren der Berechnung mithilfe einer Tabellenkalkulation*
Berechnungen wie in Aufgabe 1 lassen sich mithilfe einer Tabellenkalkulation automatisieren. Je nachdem, welche Ergebnisse (0 = Quadrat, 1 = Kreis) man in die Zellen der Spalte B eingibt, verändern sich die Inhalte der Zellen in den benachbarten Spalten.

	A	B	C	D	E	F
1	Nummer	Ergebnis	Pfad Typ A	Pfad Typ B	Wahrscheinlichkeit Typ A	Wahrscheinlichkeit Typ B
2	0				0,500	0,500
3	1	0	0,150	0,200	0,429	0,571
4	2	0	0,129	0,229	0,360	0,640

Wenn (B3 = 0; 0,3 · E2; 0,7 · E2)
Wenn (B3 = 0; 0,4 · F2; 0,6 · F2)
= C3/(C3 + D3)
= D3/(C3 + D3)

Berechne mithilfe der Tabellenkalkulation die Wahrscheinlichkeiten für das Vorliegen eines Geräts vom Typ A bei folgenden Versuchsergebnissen:

a) (1) ■ ■ ■ ● ● ● ■ ■ ● ●
(2) ● ● ● ■ ■ ■ ● ● ■ ■
(3) ■ ■ ■ ■ ■ ● ● ● ● ●
(4) ■ ● ■ ● ■ ● ■ ● ■ ●

b) (1) ■ ■ ■ ● (2) ■ ■ ■ ● ■ ■ ■ ● (3) ■ ■ ■ ● ■ ■ ■ ● ■ ■ ■ ●

Information **Chancen für die Richtigkeit von Hypothesen**

Die in Aufgabe 1 berechneten bedingten Wahrscheinlichkeiten beschreiben die Chancen dafür, dass es bei dem vorliegenden Automaten um einen vom Typ A bzw. Typ B handelt. Es wird damit eine Aussage darüber gemacht, welche der beiden folgenden **Hypothesen** (Vermutungen) eher richtig ist.
Hypothese H_A: *Es liegt ein Automat vom Typ A vor.*
Hypothese H_B: *Es liegt ein Automat vom Typ B vor.*
Müsste man eine Wette abschließen, würde man sich eher für Hypothese H_B entscheiden. Die oben berechneten Wahrscheinlichkeiten lassen sich auch im Sinne der Häufigkeitsinterpretationen von Wahrscheinlichkeiten deuten: Würde man einen Automaten vom Typ A bzw. vom Typ B sehr oft spielen, dann käme beim Typ B das Ergebnis ■ ■ ● ■ ● ■ ■ ● ● etwa doppelt so häufig vor wie beim Typ A.

Übungsaufgaben

4.
Mit welcher Wahrscheinlichkeit ein Reißnagel nach einem Wurf auf eine harte Unterlage in Lage ⋏ (Seite) oder in Lage ⊥ (Kopf) liegen bleibt, lässt sich nur ungefähr aufgrund von langen Versuchsreihen sagen.

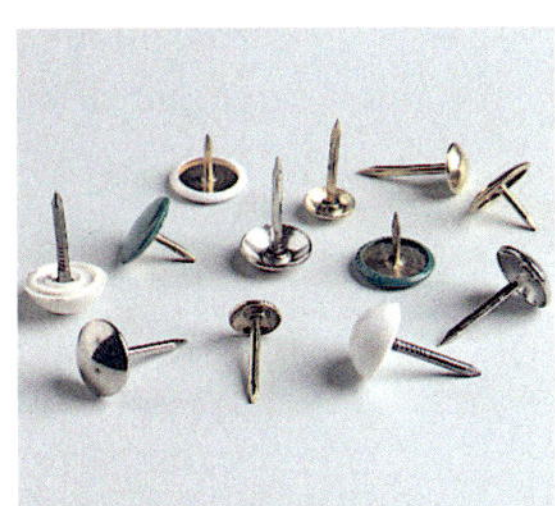

Für einen bestimmten Typ von Reißnagel kann man nicht beweisen, dass die Wahrscheinlichkeiten $P(\perp) = 0{,}4$ und $P(⋏) = 0{,}6$ (Hypothese H_1) sind. Man kann höchstens die Chancen dafür untersuchen, dass diese Hypothese eher zutrifft als Hypothese H_2: $P(\perp) = 0{,}25$ und $P(⋏) = 0{,}75$.
Ein Reißnagel eines bestimmten Typs wird 10-mal hintereinander geworfen:

⊥ ⊥ ⋏ ⋏ ⋏ ⊥ ⋏ ⋏ ⊥ ⋏

Welche der beiden Hypothesen H_1 oder H_2 trifft eher zu?

5.

Zu einem Würfelspiel gehören zwei Würfel, einer der Würfel ist gezinkt. Bei dem gezinkten Würfel fällt mit der Wahrscheinlichkeit 0,25 die Augenzahl 6, mit der Wahrscheinlichkeit 0,75 eine andere Augenzahl (Bezeichnung: $\bar{6}$). Wir werfen einen der beiden Würfel.

a) Nacheinander fallen 6, $\bar{6}$, $\bar{6}$, 6, $\bar{6}$, $\bar{6}$, 6.
Wie groß sind die Chancen, dass es sich um den gezinkten Würfel handelt?

b) Nacheinander fallen $\bar{6}$, $\bar{6}$, $\bar{6}$, 6, 6, $\bar{6}$, 6 (also wieder viermal $\bar{6}$ und dreimal 6).
Zeige, dass die Chancen für den gezinkten Würfel ebenso groß sind wie in a).

c) Nacheinander fallen 6-mal Augenzahl 6 und 8-mal eine andere Augenzahl, also beide Ergebnisse doppelt so oft wie in a) bzw. b). Wie groß sind die Chancen jetzt?

6.

Von einem neuen Medikament gegen Bluthochdruck behauptet der Hersteller, dass das Medikament in 80% der Fälle den Patienten helfe. Ein bisher vorhandenes Medikament hat nur bei 60% der Patienten geholfen. Man wählt zufällig Patienten aus, denen man allerdings nicht mitteilt, dass sie das neue Medikament erhalten.
Wirkt das neue Medikament bei 80% oder doch auch nur bei 60% der Patienten?
Folgende Resultate wurden erzielt (p = positive Wirkung, n = negative Wirkung): p, p, p, n, p, n, n, p, p, p, p, n, p, p, p, p. Berechne fortlaufend die Chancen für die Gültigkeit der einen bzw. anderen Hypothese.

dominant = vorherrschend
rezessiv = nicht in Erscheinung treten
intermediär = dazwischen liegen

7.

Bei Kreuzungsversuchen mit bestimmten Pflanzen treten bei einem dominant-rezessiven Erbgang weiß blühende Nachkommen entweder mit Wahrscheinlichkeit p = 0,25 oder p = 0,75 auf (je nach Erbgang). Welche Wahrscheinlichkeit liegt dem Erbgang zugrunde? Werte dazu folgendes Protokoll von Kreuzungsversuchen aus:
w, w, r, r, r, w, w, w, r, w, w, w, w, r, w, r, r, w.

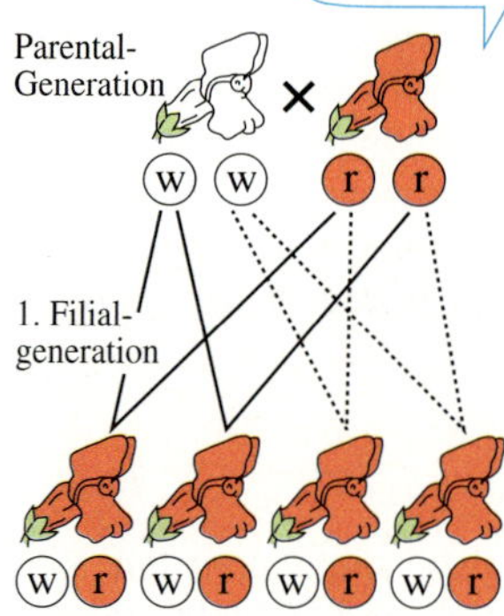

Dominant-rezessiver Erbgang

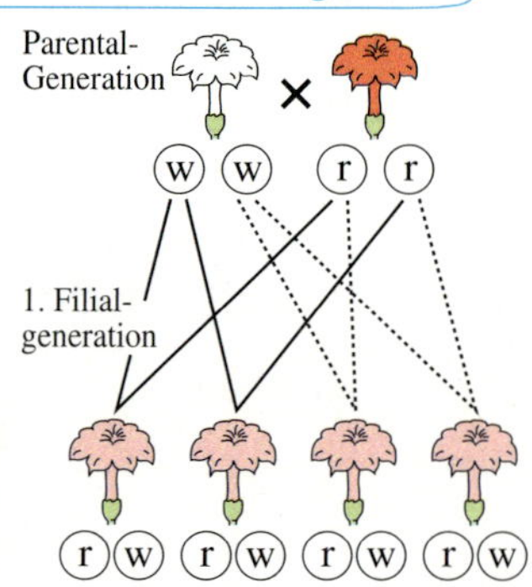

Intermediärer Erbgang

8.

Ob bei einer Pflanze die Vererbung der Blütenfarbe (1) intermediär oder (2) dominant-rezessiv verläuft, lässt sich eigentlich leicht erkennen, da im 1. Fall zwar 3 Farben, im 2. Fall aber nur 2 Farben auftreten. Was ist aber, wenn man nur (z.B.) rote und weiße Blüten vorfindet? Dann kann man den 1. Fall nicht ausschließen, denn es kann ja zufällig vorkommen, dass keine der Blüten die Mischfarben hat. Angenommen, bei den beobachteten Pflanzen zeigen sich folgende Blütenfarben: w, r, r, r, w, w. Wie groß sind die Chancen für die Richtigkeit der folgenden Hypothesen H_1 bzw. H_2?

H_1: *Es liegt ein intermediärer Erbgang vor* (P(rot) = P(weiß) = 0,25).
H_2: *Es liegt ein dominant-rezessiver Erbgang vor* (P(rot) = 0,75; P(weiß) = 0,25).

13.4 Vermischte Übungen

1.

a) Beim Werfen eines Würfels betrachtet man üblicherweise die Ergebnismenge S = {1; 2; 3; 4; 5; 6}; alle Ergebnisse haben die gleiche Wahrscheinlichkeit $\frac{1}{6}$.
Man kann aber auch z. B. die Ereignisse $E_1 = \{1; 3; 5\}$ und $E_2 = \{2; 4; 6\}$ als Ergebnisse des Zufallsversuchs auffassen und S = {gerade Augenzahl; ungerade Augenzahl} notieren. Welche Wahrscheinlichkeit haben diese Ergebnisse?

b) Gib weitere mögliche Ergebnismengen zum Würfelversuch sowie die zugehörigen Wahrscheinlichkeiten der Ergebnisse an.

2.

Aus einem Kartenspiel 55 Karten (inklusive 3 Joker-Karten) wird eine Karte gezogen.
Wie groß ist die Wahrscheinlichkeit für folgende Ereignisse:
(1) Ziehen eines Königs;
(2) Ziehen einer roten Karte;
(3) Ziehen einer 7 oder 8;
(4) Ziehen einer Zahl-Karte?

3.

Zwei Glücksräder mit je 10 Sektoren, die jeweils von 0 bis 9 nummeriert sind, werden gedreht.
Berechne die Wahrscheinlichkeit für das angegebene Ereignis.
(1) Punktsumme genau 9 Punkte
(2) Pasch (zwei gleiche Punktzahlen)
(3) Punktsumme mindestens 7, aber höchstens 15
(4) Punktprodukt zwischen 20 und 60
(5) Punktsumme 10
(6) Punktsumme 6 bis 17

4.

Reißnägel gibt es in unterschiedlichen Ausführungen: mit längerem oder kürzerem Dorn, mit flachen oder verstärktem Kopf.
Wirft man einen bestimmten Reißnagel auf eine harte Unterlage, dann bleibt er in der Lage ⊥ (Lage *Kopf*) oder in der Lage ⋌ (Lage *Seite*) liegen.

a) Begründe: Im Allgemeinen liegt hier kein LAPLACE-Versuch vor.

b) Was lässt sich aufgrund der nebenstehenden Versuchsserie über die Wahrscheinlichkeit für die Lage *Kopf* sagen? Berechne dazu für jedes n die relative Häufigkeit h(n). Stelle die Abhängigkeit der relativen Häufigkeit h(n) von n in einem Koordinatensystem dar.

c) Schätze, wie oft die Lage *Kopf* nach 2000 Versuchen aufgetreten sein wird.

Anzahl n der Würfe	Anzahl der Würfe mit Lage Kopf ⊥	Anzahl der Würfe mit Lage Seite ⋌
100	45	55
200	84	116
300	132	168
400	182	218
500	217	283
600	249	351
700	294	406
800	335	465
900	377	523
1000	424	576
1100	471	629
1200	512	688
1300	561	739
1400	608	792
1500	649	851

5.

Auf 7 Zetteln stehen die Nummern 1 bis 7. Die Karten werden gemischt und nacheinander aufgedeckt. Wie groß ist die Wahrscheinlichkeit, dass eine Karte am „richtigen“ Platz liegt (z. B. Karte Nr. 3 als dritte Karte aufgedeckt wird)?
Bestimme durch Simulation Schätzwerte für Wahrscheinlichkeiten, dass
(1) keine Karte am richtigen Platz liegt;
(2) genau eine Karte am richtigen Platz liegt;
(3) genau zwei Karten am richtigen Platz liegen;
(4) mehr als zwei Karten am richtigen Platz liegen.

6.

Fünf Personen werden zufällig ausgewählt. Lohnt es sich darauf zu wetten, dass zwei oder mehr darunter sind, die im gleichen Monat Geburtstag haben?

a) Kann man den Versuch mithilfe von Ziehungen (beschriftete Zettel aus einer Urne) simulieren?

Januar April September Oktober

b) Erläutere: Den zugehörigen Zufallsversuch kann man auch mithilfe eines Würfels und einer Münze simulieren. Beschreibe den Simulationsversuch genauer.
Beachte: Bei diesem Zufallsversuch sind 12 verschiedene Ergebnisse möglich.

c) Bestimme durch Simulation einen Schätzwert für die Wahrscheinlichkeit, dass von 4 zufällig ausgewählten Personen mindestens zwei im gleichen Monat Geburtstag haben.
Vergleiche den Schätzwert mit der Entwicklung der relativen Häufigkeiten für den Fall von 5 Personen.

d) Bestimme einen Schätzwert der Wahrscheinlichkeit, wenn 6 Personen zufällig ausgewählt werden.

7.

Die Kontrolle eines Produkts wird mehrfach durchgeführt. Die erste Kontrolle ist dabei besonders gründlich: 80% der Fehler werden entdeckt und korrigiert. Bei den nächsten Kontrollen werden nur 60% bzw. 50% der Fehler gefunden (und jeweils korrigiert).
Mit welcher Wahrscheinlichkeit wird ein Fehler aufgedeckt?

8.

Aus einer Urne mit 40 Kugeln, von denen je 10 mit den Ziffern 0, 1, ..., 9 beschriftet sind, werden 4 Kugeln ohne Zurücklegen gezogen. Vergleiche die Wahrscheinlichkeiten für die Ziehung der Glückszahlen (1) 1234, (2) 1310, (3) 4455, (4) 6667, (5) 8888.

9.

Nach Angaben des Kraftfahrt-Bundesamtes waren am 1. 07. 99 in Deutschland insgesamt 42 323 672 Pkw zugelassen, davon 13 985 573 von einem ausländischen Hersteller. 5 632 978 Fahrzeuge hatten einen Dieselmotor, von diesen wurden 1 201 258 im Ausland produziert.

a) Ein Fahrzeug werde zufällig ausgesucht. Mit welcher Wahrscheinlichkeit ist es
(1) im Ausland produziert worden;
(2) ein Dieselfahrzeug, das in Deutschland hergestellt wurde;
(3) ein in Deutschland hergestelltes Fahrzeug mit Benzinmotor?

b) Stelle die Daten in einer Vierfeldertafel zusammen und gib die beiden zugehörigen Baumdiagramme an.

10.

Ergänze die fehlenden Häufigkeiten in der Vierfeldertafel. Bestimme ein Baumdiagramm, bei dem auf der 1. Stufe das Merkmal
(1) *Staatsangehörigkeit der Mutter,* (2) *Einzelkind* betrachtet wird.

Geburtsstatistik 1997		Einzelkind (1. Kind) ja	nein	gesamt
Staatsangehörigkeit der Mutter	deutsch	35043	123330	
	ausländisch	303855	666440	
	gesamt			

11.

Nach der Bundestagswahl 1994 erschienen die beiden folgenden Zeitungsartikel:

CDU/CSU kann sich auf ältere Wähler verlassen
Bei der Bundestagswahl 1994 erreichte die CDU/CSU einen Anteil von 41,5% der abgegebenen gültigen Zweitstimmen. Diese Stimmen kamen überwiegend von Wählerinnen und Wählern über 45 Jahren: 65% der CDU/CSU-Wähler gehören dieser Altersgruppe an. Bei den Wählern der übrigen Parteien macht diese Altersgruppe im Mittel nur 48% des Stimmanteils aus.

Ältere Wähler sichern der CDU/CSU die Regierungsmehrheit
Hätten nur die Bürgerinnen und Bürger bis zum Alter von 45 Jahren das Wahlrecht, hätte die CDU/CSU bei der Bundestagswahl 1994 noch nicht einmal ein Drittel der Stimmen erreicht (32,3%). Unter den Wählerinnen und Wählern über 45, die 55,1% der Wählerschaft stellten, verpasste sie mit 49,0% knapp die absolute Mehrheit.

Zeige, dass die beiden Artikel auf denselben statistischen Daten beruhen.

12.

Kann man aufgrund der auftretenden Augensummen entscheiden, ob jemand mit einem regulären Tetraeder und einem regulären Dodekaeder (Fall A) oder zwei regulären Oktaedern (Fall B) gewürfelt hat?
Untersuche dies für die Augensummenfolge:
15, 10, 7, 8, 6, 4, 7, 9, 12, 13, 11, 15, 7, 4, 7.

a) Überlege, dass die verschiedenen Augensummen mit den folgenden Wahrscheinlichkeiten auftreten.

Augensumme		2	3	4	5	6	7	8	9	10	11	12	13	14	15	16
Wahrscheinlichkeit	Fall A	$\frac{1}{48}$	$\frac{2}{48}$	$\frac{3}{48}$	$\frac{4}{48}$	$\frac{4}{48}$	$\frac{4}{48}$	$\frac{4}{48}$	$\frac{4}{48}$	$\frac{4}{48}$	$\frac{4}{48}$	$\frac{4}{48}$	$\frac{4}{48}$	$\frac{3}{48}$	$\frac{2}{48}$	$\frac{1}{48}$
	Fall B	$\frac{1}{64}$	$\frac{2}{64}$	$\frac{3}{64}$	$\frac{4}{64}$	$\frac{5}{64}$	$\frac{6}{64}$	$\frac{7}{64}$	$\frac{8}{64}$	$\frac{7}{64}$	$\frac{6}{64}$	$\frac{5}{64}$	$\frac{4}{64}$	$\frac{3}{64}$	$\frac{2}{64}$	$\frac{1}{64}$

b) Bestimme die Chancen für das Vorliegen von Fall A oder Fall B.
Anleitung: Die Bezeichnungen an den Baumdiagrammen verändern sich von Versuch zu Versuch.

Vor dem 1. Versuch:

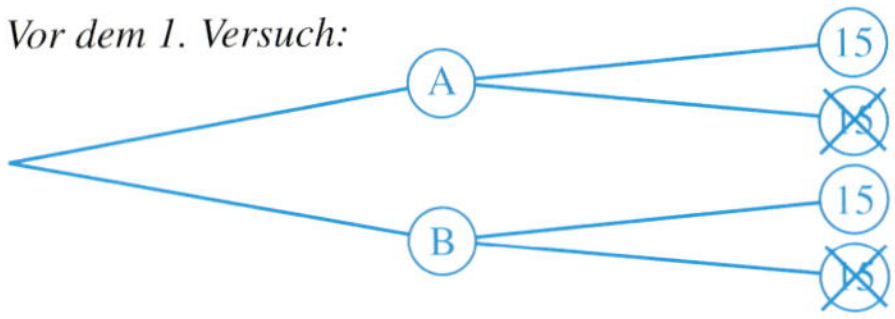

Vor dem 2. Versuch:

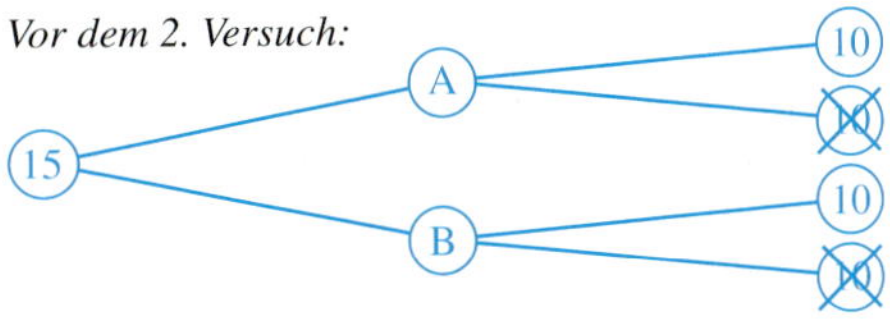

Fragen zum Basiswissen

- Was versteht man unter der LAPLACE-Annahme? Was besagt die LAPLACE-Regel? (Seite 353)
- Was versteht man unter dem Empirischen Gesetz der Großen Zahlen? Was versteht man unter der Häufigkeitsinterpretation der Wahrscheinlichkeit? (Seiten 352 und 354)
- Erläutere Summen- und Komplementärregel anhand von selbst gewählten Beispielen. (Seite 364)
- Was versteht man unter der Simulation eines Zufallsversuchs?
  Nenne Beispiele von Simulationen, bei denen man die Grundmodelle des Ziehens mit bzw. ohne Wiederholen beachten muss. (Seite 360)
- Erläutere die Pfadregeln anhand von selbst gewählten Beispielen. (Seite 369)
- Erläutere die Wahrscheinlichkeitsbestimmungen beim Ziehen mit und ohne Wiederholung bzw. beim Ziehen mit einem Griff anhand von selbst gewählten Beispielen. (Seiten 373 bis 374)
- Wie berechnet man Wahrscheinlichkeiten bei Stichproben von der Art der Lottoziehung? (Seite 376)
- Wie wirken sich Abhängigkeit bzw. Unabhängigkeit von Merkmalen aus? Erläutere die Auswirkungen an Baumdiagramm und Vierfeldertafel. (Seiten 370 und 382)
- Was versteht man unter dem umgekehrten Baumdiagramm zu einem Baumdiagramm, was unter bedingten Wahrscheinlichkeiten? Erläutere die Begriffe anhand eines selbst gewählten Beispiels. Was besagt die Regel von BAYES? (Seite 386)
- Wie kann man berechnen, welche von zwei Hypothesen eine größere Chance hat richtig zu sein als die andere? (Seite 390)

Klausurtraining A

1.

Aus einer Urne mit 50 gleichartigen Kugeln wird zufällig eine Kugel gezogen. Die Kugeln tragen die Nummern 1, 2, 3, ..., 50.
Mit welcher Wahrscheinlichkeit ist die Nummer auf der gezogenen Kugel eine Zahl, die

(1) durch 4 oder 6 teilbar ist,
(2) durch 7 oder 8 teilbar ist,
(3) nicht durch 7 teilbar ist,
(4) weder durch 7 noch 8 teilbar ist?

2.

(1) Das Werfen eines regulären Dodekaeders (12-Flach) soll simuliert werden.
(2) Ein Lottospiel *3 aus 12* soll simuliert werden.

Zur Verfügung stehen nur Münzen, reguläre Tetraeder und Würfel (reguläre Hexaeder). Nenne mindestens je zwei Möglichkeiten für die Simulation.

3.

Aus einer Urne mit 15 gleichartigen Kugeln (4 gelbe, 5 rote und 6 blaue) werden nacheinander 3 Kugeln ohne Zurücklegen gezogen. Mit welcher Wahrscheinlichkeit haben die drei gezogenen Kugeln

(1) alle die gleiche Farbe,
(2) lauter verschiedene Farben?

4.

(1) Stelle folgende Informationen in einer Vierfeldertafel zusammen: In Deutschland gab es 1998 insgesamt 37,532 Mio. Haushalte, davon 13,297 Mio. Einpersonen-Haushalte. Der Anteil der Haushalte in Ostdeutschland betrug 18,4%; in 31,9% dieser Haushalte lebte nur eine Person.
(2) Gib zu der Vierfeldertafel aus (1) die beiden zugehörigen Baumdiagramme an und schreibe Zeitungsartikel über die in den Baumdiagrammen enthaltenen Informationen.

5.
Mit welcher Wahrscheinlichkeit gewinnt man bei einem Lottospiel *5 aus 45*
(1) im 1. Gewinnrang (5 Richtige),
(2) im 2. Gewinnrang (4 Richtige mit Zusatzzahl),
(3) im 3. Gewinnrang (3 Richtige)?

Klausurtraining B

1.
Bestimme mithilfe des nebenstehenden Auszugs aus einer Sterbetafel die Wahrscheinlichkeit dafür, dass
(1) ein 20jähriger 50 Jahre alt wird,
(2) ein 20jähriger *und* ein 30jähriger 20 Jahre älter werden,
(3) mindestens einer von beiden seinen 70. Geburtstag feiern kann.

Alter	Von 100 000 Lebendgeborenen erreichen ... das Alter ...
20	98 781
30	97 827
40	96 367
50	93 020
60	85 356
70	68 037

2.
Ein reguläres Oktaeder wird dreimal geworfen; die drei Augenzahlen bilden eine dreistellige Gewinnzahl in einem Lotteriespiel. Mit welcher Wahrscheinlichkeit
(1) sind alle drei Ziffern der Gewinnzahl voneinander verschieden,
(2) ist die erste Ziffer der Gewinnzahl die kleinste,
(3) bilden die drei Zahlen eine aufsteigende Zahlenfolge von voneinander verschiedenen Zahlen.

3.
Bei einem Schulfest wird das Lottospiel *3 aus 12* angeboten. Mit welcher Wahrscheinlichkeit
(1) hat man bei einem Tipp lauter falsche Zahlen angekreuzt,
(2) sind unter den drei Gewinnzahlen 0, 1, 2, 3 gerade Zahlen?

4.
22,6 % der Bevölkerung in Deutschland ist unter 21 Jahre alt; 80,8 % dieser jüngeren Personen leben in Westdeutschland. 81,4 % der Personen, die 21 Jahre oder älter sind, wohnen in Westdeutschland.
(1) Stelle diese Informationen in einem geeigneten Baumdiagramm dar. Welcher Zufallsversuch wird durch das Baumdiagramm dargestellt?
(2) Bestimme das umgekehrte Baumdiagramm. Welche Informationen sind diesem zu entnehmen?
(3) Eine Person aus Ostdeutschland wird zufällig ausgewählt; mit welcher Wahrscheinlichkeit ist sie 21 Jahre alt oder älter? Eine Person, die 21 Jahre ist oder älter, wird zufällig ausgewählt; mit welcher Wahrscheinlichkeit ist sie aus Ostdeutschland?

5.
Man soll raten, ob die folgende Serie von Würfen mit einem regulären Tetraeder oder einem regulären Hexaeder geworfen wurde. Dabei bedeutet „1“, dass Augenzahl 1 gefallen ist, und „X“, dass eine andere Augenzahl auftrat. Protokoll: X, X, X, X, 1, X, X, 1, 1, X, X, X.
Berechne fortlaufend die Chancen für die Richtigkeit der Hypothesen: *„Ein Tetraeder wurde geworfen.“* bzw. *„Ein Hexaeder wurde geworfen.“*

Exkurs

Exkurs

Anmerkungen zur Geschichte der Wahrscheinlichkeitslehre

1. Anfänge

Über den Vergleich der Chancen bei einem Glücksspiel, das Problem des CHEVALIER DE MÉRÉ korrespondierten 1654 BLAISE PASCAL (1623 – 1662) und PIERRE FERMAT (1601 – 1665): *Warum lohnt es sich beim 4-fachen Würfeln darauf zu wetten, dass mindestens eine Sechs fällt, aber nicht darauf, dass beim 24-fachen Würfeln mindestens ein Sechser-Pasch auftritt?*

BLAISE PASCAL

Diese Korrespondenz gilt als „Geburtsstunde“ der Wahrscheinlichkeitsrechnung, auch wenn dies nicht das erste stochastische Problem war, das Mathematiker beschäftigte. Bereits Jahrhunderte vorher war z. B. das Problem des gerechten Aufteilens, das sogenannte *Problème des partis* bekannt, für das PASCAL und FERMAT ebenfalls Lösungen fanden (vgl. Aufgabe 9, Seite 416).

Der holländische Mathematiker CHRISTIAN HUYGENS (1629 – 1695) nahm 1657 u. a. diese beiden Probleme in das erste große Lehrbuch der Wahrscheinlichkeitsrechnung „Van reeckening in spelen von geluck“ (lateinisch: „De ratiociniis in ludo aleae“) auf. Dieses Buch enthält bereits Begriffe wie Wahrscheinlichkeit und Erwartungswert.

PIERRE SIMON LAPLACE

2. Systematischer Ausbau der Wahrscheinlichkeitsrechnung

JACOB BERNOULLI

1713 erschien das Buch „Ars conjectandi“ (auf deutsch: „Mutmaßungskunst“) des Schweizer Mathematikers JACOB BERNOULLI (1655 – 1705), posthum herausgegeben von seinem Neffen NIKOLAUS BERNOULLI (1687 – 1759), in dem er die Grundlagen der Kombinatorik entwickelte. Auf ihn gehen die ersten Formulierungen des *Gesetzes der Großen Zahlen* zurück (vgl. Seite 352 und Seite 490; die Bezeichnung stammt von SIMÉON-DENIS POISSON, 1781 – 1840).

Der Franzose ABRAHAM DE MOIVRE (1667 – 1754) kannte bereits Additions- und Multiplikationssatz (vgl. Pfadregeln, Seite 367). In seinem Buch *„The Doctrine of Chances“*, das er nach seiner Emigration 1718 in England verfasste, findet man schon das Erfolgs-Misserfolgs-Schema der Binomialverteilung.

THOMAS BAYES (1702 – 1761) beschäftigte sich in seinem *Essay towards solving a problem in the doctrine of chances* als erster mit der Frage, wie man aus empirisch gewonnenen Daten auf die Wahrscheinlichkeit der Ursachen zurückschließen kann (vgl. Umkehrung von Baumdiagrammen Seite 386).

In der „Théorie analytique des Probabilités“ von PIERRE SIMON LAPLACE wurden im Jahr 1812 die bis dahin entwickelten Theorien zusammengefasst; hier findet sich auch die „klassische Definition der Wahrscheinlichkeit“ (vgl. S. 353).

3. *Grenzwertsätze in der Stochastik*

Die ersten Erkenntnisse über die Approximation der Binomialverteilung durch die Normalverteilung findet man bereits in den Schriften von ABRAHAM DE MOIVRE und DANIEL BERNOULLI (1700 – 1782) sowie bei PIERRE SIMON LAPLACE. CARL FRIEDRICH GAUSS (1777 – 1855) entdeckte 1794 bei Untersuchungen über die Verteilung von Messfehlern die später nach ihm benannte GAUSSsche Dichtefunktion φ mit

$$\varphi(x) = \frac{1}{\sqrt{2\pi}} e^{-\frac{x^2}{2}}$$

Es gilt: Bei großem Stichprobenumfang n lassen sich Histogramme von Binomialverteilungen näherungsweise durch eine stetige Kurve annähern; dieser Graph wird auch als Glockenkurve oder Normalverteilungskurve bezeichnet.

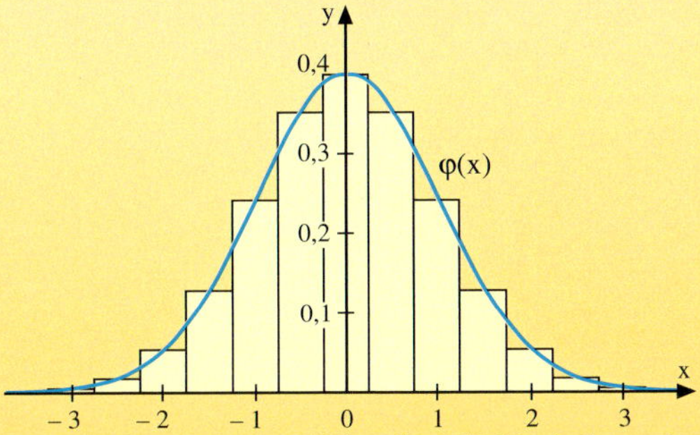

Daher kann man Wahrscheinlichkeitsberechnungen bei Binomialverteilungen mit großem n als Flächenberechnungen unter dem Graphen der GAUSSschen Dichtefunktion interpretieren, d. h. als Integrale berechnen:

$$P(a \le X \le b) \approx \int_{z_a}^{z_b} \varphi(z)\,dz$$

CARL FRIEDRICH GAUSS

Die σ-Regeln von Seite 456 sind Spezialfälle der Grenzwertsätze von MOIVRE und LAPLACE. Sie lassen sich also auch in Integralform schreiben, z. B. $P(\mu - 1{,}96\sigma \le X \le \mu + 1{,}96\sigma) \approx 0{,}95$ bedeutet:

$$\int_{-1,96}^{+1,96} \varphi(z)\,dz \approx 0{,}95$$

Viele empirische Verteilungen in Technik, Medizin und Naturwissenschaften lassen sich näherungsweise durch eine Normalverteilung beschreiben. Theoretisch begründet wird diese Eigenschaft durch den sogenannten *Zentralen Grenzwertsatz*. Dieser besagt, dass unter gewissen Bedingungen – die fast immer erfüllt sind – das Zusammenwirken mehrerer unabhängiger Komponenten zu näherungsweise normal verteilten Ergebnissen führt.

Dieser Grenzwertsatz wurde im Laufe des 19. Jahrunderts durch die russischen Mathematiker PAFNUTI L. TSCHEBYSCHEW (1821 – 1894), ANDREI A. MARKOFF (1856 – 1922) und ALEXANDER M. LJAPUNOW (1857 – 1918) weiterentwickelt und bewiesen.

ALEXANDER M. LJAPUNOW

P. L. TSCHEBYSCHEW

14. ZUFALLSGRÖSSEN – VERTEILUNGEN – ERWARTUNGSWERT

Bundesliga 1998/99	Bayern München	Bayer Leverkusen	Hertha BSC Berlin	Borussia Dortmund	1. FC Kaiserslautern	VfL Wolfsburg	Hamburger SV	MSV Duisburg	TSV München 1860	FC Schalke 04	VfB Stuttgart	SC Freiburg	Werder Bremen	Hansa Rostock	Eintracht Frankfurt	1. FC Nürnberg	VfL Bochum	Bor. M 'gladbach
1. Bayern München	–	2 : 0	1 : 1	2 : 2	4 : 0	3 : 0	5 : 3	3 : 1	3 : 1	1 : 1	2 : 0	2 : 0	1 : 0	6 : 1	3 : 1	2 : 0	4 : 2	4 : 2
2. Bayer Leverkusen	1 : 2	–	2 : 2	3 : 1	2 : 2	3 : 0	1 : 2	2 : 0	1 : 1	1 : 1	0 : 0	1 : 1	2 : 0	3 : 1	2 : 1	3 : 0	2 : 0	4 : 1
3. Hertha BSC Berlin	1 : 0	0 : 1	–	3 : 0	1 : 1	2 : 0	6 : 1	1 : 3	2 : 1	2 : 0	2 : 0	1 : 0	1 : 0	2 : 0	3 : 1	3 : 0	4 : 1	4 : 1
4. Borussia Dortmund	2 : 2	1 : 0	3 : 0	–	1 : 0	2 : 1	2 : 1	2 : 0	3 : 1	3 : 0	3 : 0	2 : 1	2 : 1	2 : 0	3 : 1	3 : 0	0 : 1	1 : 1
5. 1. FC Kaiserslautern	2 : 1	0 : 1	4 : 3	1 : 0	–	1 : 1	1 : 0	3 : 0	1 : 1	4 : 1	1 : 1	0 : 2	4 : 0	3 : 2	2 : 1	2 : 0	2 : 3	2 : 1
6. VfL Wolfsburg	0 : 1	1 : 0	2 : 1	0 : 0	2 : 1	–	4 : 1	4 : 2	1 : 0	0 : 0	3 : 2	1 : 1	2 : 4	1 : 1	2 : 0	1 : 1	4 : 1	7 : 1
7. Hamburger SV	0 : 2	0 : 0	0 : 4	0 : 0	2 : 0	1 : 1	–	4 : 1	3 : 0	2 : 2	3 : 1	2 : 1	1 : 1	1 : 0	0 : 1	2 : 0	1 : 0	3 : 0
8. MSV Duisburg	0 : 3	0 : 0	0 : 0	3 : 2	3 : 1	6 : 1	2 : 3	–	1 : 1	1 : 2	2 : 0	1 : 0	2 : 0	4 : 1	2 : 1	1 : 1	2 : 0	2 : 2
9. TSV München 1860	1 : 1	0 : 2	2 : 0	2 : 0	1 : 2	2 : 3	0 : 0	0 : 0	–	4 : 5	1 : 1	2 : 0	1 : 3	2 : 1	4 : 1	1 : 2	2 : 1	3 : 1
10. FC Schalke 04	1 : 3	0 : 1	0 : 0	1 : 1	0 : 2	2 : 0	1 : 4	2 : 0	2 : 2	–	1 : 0	1 : 1	1 : 2	1 : 0	2 : 3	2 : 2	2 : 2	1 : 0
11. VfB Stuttgart	0 : 2	0 : 1	0 : 0	2 : 1	4 : 0	1 : 2	3 : 1	0 : 0	0 : 1	2 : 1	–	3 : 1	1 : 0	1 : 1	2 : 0	0 : 0	4 : 2	2 : 2
12. SC Freiburg	0 : 2	1 : 1	0 : 2	2 : 2	0 : 1	0 : 0	0 : 0	2 : 2	1 : 2	0 : 2	2 : 0	–	0 : 2	3 : 0	2 : 0	1 : 0	1 : 1	2 : 1
13. Werder Bremen	0 : 1	2 : 2	2 : 1	1 : 1	0 : 1	0 : 1	0 : 0	1 : 1	4 : 1	1 : 0	2 : 2	2 : 3	–	0 : 3	1 : 2	2 : 3	1 : 1	4 : 1
14. Hansa Rostock	0 : 4	1 : 1	1 : 2	2 : 0	2 : 1	3 : 3	0 : 1	3 : 0	4 : 1	2 : 2	3 : 0	0 : 2	2 : 1	–	2 : 2	1 : 1	3 : 0	1 : 1
15. Eintracht Frankfurt	1 : 0	2 : 3	1 : 1	2 : 0	5 : 1	0 : 1	2 : 2	0 : 0	2 : 3	1 : 2	1 : 1	3 : 1	0 : 2	2 : 2	–	3 : 2	1 : 0	0 : 0
16. 1. FC Nürnberg	2 : 0	2 : 2	0 : 0	0 : 0	1 : 1	1 : 1	1 : 1	0 : 2	1 : 5	3 : 0	2 : 2	1 : 2	1 : 1	2 : 2	2 : 2	–	2 : 2	2 : 0
17. VfL Bochum	2 : 2	1 : 5	2 : 0	0 : 1	1 : 2	0 : 2	2 : 0	0 : 2	2 : 0	1 : 2	3 : 3	1 : 2	2 : 0	2 : 3	0 : 0	0 : 3	–	2 : 1
18. Borussia M'gladbach	0 : 2	2 : 8	2 : 4	0 : 2	0 : 2	5 : 2	2 : 2	0 : 2	2 : 0	3 : 0	2 : 3	3 : 1	0 : 1	1 : 1	1 : 1	0 : 2	2 : 2	–

In der ersten Fußballbundesliga wurden in 306 Spielen der Spielzeit 1998/99 insgesamt 866 Tore geschossen. In 21 Spielen fielen 0 Tore, in 37 Spielen 1 Tor, ... usw. Im Mittel waren das 2,8 Tore pro Spiel. Das Histogramm unten links zeigt die empirische Verteilung des Merkmals *Anzahl der Tore in einem Spiel* der Spielzeit 98/99.

Das Histogramm unten rechts stellt die Wahrscheinlichkeitsverteilung zu einem *stochastischen Modell* dar. Dieses lautet: Angenommen, die 866 Tore wären *zufällig über die 306 Spiele verteilt* gefallen. Mit welcher Wahrscheinlichkeit ist dann in einem zufällig ausgewählten Spiel kein Tor, ein Tor gefallen, sind 2, 3 ... und mehr Tore gefallen? Hierbei legen wir ebenfalls zugrunde, dass der so genannte Erwartungswert (siehe Seite 414) der Anzahl der geschossenen Tore in einem Spiel 2,8 Tore beträgt.

Lassen sich mithilfe dieses theoretischen Modells Aussagen formulieren?

In diesem Kapitel beschäftigen wir uns also mit der so genannten Modellbildung: Wir versuchen, Zufallsversuche durch geeignete stochastische Modelle zu beschreiben. Dazu vergleichen wir empirische Verteilungen mit den Wahrscheinlichkeitsverteilungen des gewählten stochastischen Modells. Geeignete stochastische Modelle dienen dazu, Prognosen für noch durchzuführende Zufallsversuche abzugeben.

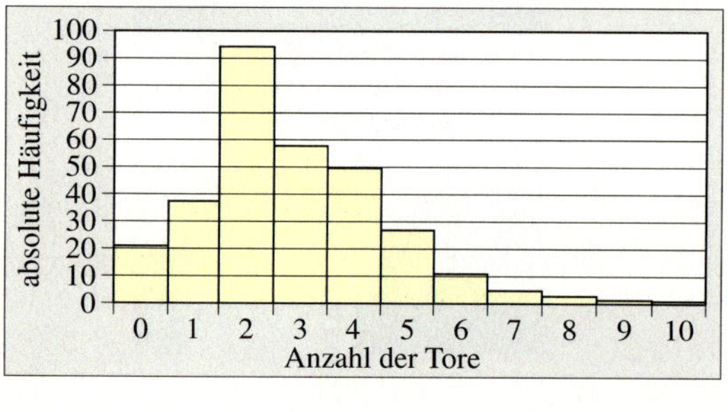

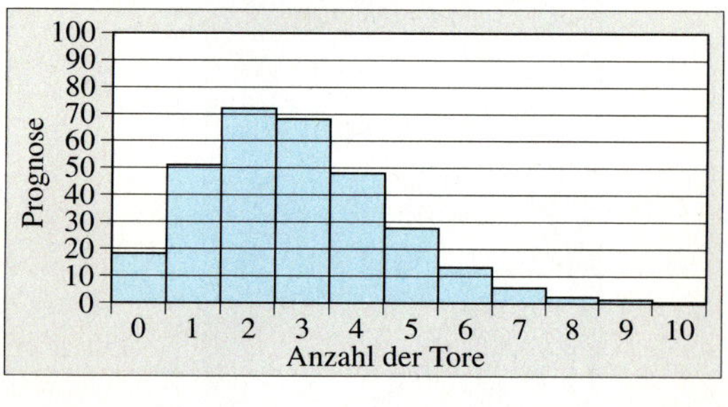

14.1 Mittelwert der Häufigkeitsverteilung eines Merkmals

Haushaltseinkommen pro Jahr
In den alten Bundesländern betrug das verfügbare Haushaltseinkommen pro Jahr im Mittel 55 100 DM; die Spanne reicht von Sozialhilfeempfängern (Mittelwert 26 200 DM) bis zu Selbstständigen (Mittelwert 128 300 DM).

Lebenserwartung bei Mädchen höher
Die mittlere Lebenserwartung in Deutschland beträgt bei neugeborenen Jungen 72,8 Jahre, bei Mädchen 79,3 Jahre.

Lebenshaltungskosten gestiegen
Von 1991 bis 1995 stiegen die Lebenshaltungskosten in Westdeutschland im Mittel um 12,5 %; am stärksten stiegen die Wohnungsmieten (21,3 %), am geringsten die Energiekosten (4,9 %).

In allen drei Zeitungsausschnitten werden **Mittelwerte** angegeben:

- Mittelwerte fassen Häufigkeitsverteilungen in *einer einzigen* Zahl zusammen;
- sie geben wichtige Informationen über ein betrachtetes *quantitatives* Merkmal;
- sie sind überschaubar und repräsentativ;
- sie lassen grobe Vergleiche zu („Frauen werden älter als Männer"), obwohl jedem klar ist, dass solche Vergleiche im Einzelfall nicht stimmen müssen.

In diesem Abschnitt beschäftigen wir uns mit der Bestimmung des Mittelwertes (arithmetisches Mittel) von Häufigkeitsverteilungen.

Aufgabe 1 *Berechnen des Mittelwerts*

In einer Stichprobe wurde ermittelt, wie viele Personen zu einem Haushalt gehören.

a) In einem Haus mit 6 Wohnungen leben 3, 2, 1, 4, 3, 2 Personen. Wie viele sind das im Mittel pro Wohnung?

b) Bei einer Untersuchung in $n = 120$ Wohnungen in einer Straße ergab sich folgende Verteilung mit absoluten Häufigkeiten. Welcher Mittelwert ergibt sich hier?

Anzahl k der Personen	1	2	3	4	5	6
Anzahl H(k) der Wohnungen mit k Personen	41	37	17	14	4	1

c) Für eine andere Stichprobe wurden folgende relativen Häufigkeiten ermittelt:

Anzahl k der Personen	1	2	3	4	5	6
Relative Häufigkeit h(k)	0,35	0,33	0,15	0,12	0,04	0,01

Wie bestimmt man die mittlere Personenzahl pro Haushalt jetzt?

Lösung

a) In den 6 Wohnungen leben $3+2+1+4+3+2$, also 15 Personen. Würde man diese 15 Personen gleichmäßig auf die 6 Wohnungen verteilen, so erhält man als Mittelwert $\bar{x} = \frac{3+2+1+4+3+2}{6} = \frac{15}{6} = 2{,}5$ Personen pro Wohnung.

b) Die Gesamtzahl der Personen erhält man wie folgt:
41 mal 1 Person, 37 mal 2 Personen, ..., 4 mal 5 Personen, 1 mal 6 Personen.

$$\overline{x} = \frac{41 \cdot 1 + 37 \cdot 2 + 17 \cdot 3 + 14 \cdot 4 + 4 \cdot 5 + 1 \cdot 6}{120} = \frac{248}{120} \approx 2{,}07$$

c) Hier ist der Stichprobenumfang n nicht bekannt. Wenn man sich vorstellt, dass 100 Wohnungen erfasst worden wären, hätte man 35 Ein-Personen Haushalte, 33 Zwei-Personen Haushalte, ..., 4 Fünf-Personen Haushalte und 1 Sechs-Personen Haushalt. Daraus ergibt sich folgender Mittelwert:

$$\overline{x} = \frac{35 \cdot 1 + 33 \cdot 2 + 15 \cdot 3 + 12 \cdot 4 + 4 \cdot 5 + 1 \cdot 6}{100} = \frac{220}{100} = 2{,}2$$

Bei dieser Berechnung haben wir aus den angegebenen relativen Häufigkeiten absolute Häufigkeiten für eine Stichprobe vom Umfang 100 ermittelt. Dies ist aber bei der Berechnung des Mittelwerts nicht nötig, wie die folgenden Umformungen zeigen:

$$\begin{aligned}\overline{x} &= \frac{35 \cdot 1 + 33 \cdot 2 + 15 \cdot 3 + 12 \cdot 4 + 4 \cdot 5 + 1 \cdot 6}{100} \\ &= \frac{35}{100} \cdot 1 + \frac{33}{100} \cdot 2 + \frac{15}{100} \cdot 3 + \frac{12}{100} \cdot 4 + \frac{4}{100} \cdot 5 + \frac{1}{100} \cdot 6 \\ &= 0{,}35 \cdot 1 + 0{,}33 \cdot 2 + 0{,}15 \cdot 3 + 0{,}12 \cdot 4 + 0{,}04 \cdot 5 + 0{,}01 \cdot 6\end{aligned}$$

In 35 % aller Fälle besteht ein Haushalt aus 1 Person.

In 1 % aller Fälle besteht ein Haushalt aus 6 Personen.

Man kann den Mittelwert also auch berechnen, indem man die Merkmalsausprägungen mit den zugehörigen relativen Häufigkeiten multipliziert und die Ergebnisse addiert.

(1) Mittelwert einer Verteilung mit absoluten Häufigkeiten

In Aufgabe 1 a) und 1 b) wurde der Mittelwert einer Verteilung mit absoluten Häufigkeiten bestimmt. Allgemein gilt:

Beachte: $x_1 \ldots x_n$ sind Zahlen oder Größenwerte

Definition 1: *Arithmetisches Mittel einer Häufigkeitsverteilung*

Gegeben ist eine Grundgesamtheit vom Umfang n und ein quantitatives Merkmal mit den Ausprägungen (Merkmalswerten) $x_1, x_2, x_3, \ldots, x_m$.

Sind $H(x_1)$, $H(x_2)$, $H(x_3)$, ..., $H(x_m)$ die absoluten Häufigkeiten, mit denen die verschiedenen Merkmalsausprägungen auftreten, dann ist **das arithmetische Mittel $\overline{x}$ der Häufigkeitsverteilung** definiert durch

$$\overline{x} = \frac{H(x_1) \cdot x_1 + H(x_2) \cdot x_2 + H(x_3) \cdot x_3 + \ldots + H(x_m) \cdot x_m}{n},$$

wobei $n = H(x_1) + H(x_2) + H(x_3) + \ldots + H(x_m)$.

Man bezeichnet $\overline{x}$ auch als *gewichtetes Mittel der Ausprägungen $x_1, x_2, x_3, \ldots, x_m$.*
Im Falle $n = m$ und $H(x_1) = H(x_2) = H(x_3), \ldots, = H(x_m) = 1$, d.h. wenn die einzelnen Merkmalswerte nur einmal auftreten oder einzeln betrachtet werden (wie in Aufgabe 1 a)), berechnet sich

$$\overline{x} = \frac{x_1 + x_2 + x + \ldots + x_n}{n} = \frac{1}{n} \cdot (x_1 + x_2 + x_3 + \ldots + x_n).$$

Viele Taschenrechner enthalten spezielle Tasten für die Berechnung von $\bar{x}$; hierbei werden die Tasten [Σ+] für das fortlaufende Summieren, [2nd] [FRQ] für die Häufigkeiten (frequency) der einzelnen Ausprägungen sowie [$\bar{x}$] für die Mittelwertbildung benutzt.

(2) Mittelwert einer Verteilung von relativen Häufigkeiten

Betrachtet man statt der absoluten Häufigkeiten $H(x_1)$, $H(x_2)$, ..., $H(x_m)$ die relativen Häufigkeiten $h(x_1) = \frac{H(x_1)}{n}$, $h(x_2) = \frac{H(x_2)}{n}$, ..., $h(x_m) = \frac{H(x_m)}{n}$, dann ergibt sich für $\bar{x}$ folgende Berechnungsweise:

> Der Mittelwert $\bar{x}$ eines quantitativen Merkmals mit den Ausprägungen $x_1, x_2, \ldots, x_m$ und den relativen Häufigkeiten $h(x_1), h(x_2), \ldots, h(x_m)$ berechnet sich als Summe von Produkten: $\bar{x} = h(x_1) \cdot x_1 + h(x_2) \cdot x_2 + \ldots + h(x_m) \cdot x_m$

Die Berechnung erfolgt am praktischsten in Form einer Tabelle (eines Rechenblatts):

Merkmalsausprägungen x_i	relative Häufigkeiten $h(x_i)$	Produkte $x_i \cdot h(x_i)$
x_1	$h(x_1)$	$x_1 \cdot h(x_1)$
x_2	$h(x_2)$	$x_2 \cdot h(x_2)$
⋮	⋮	⋮
x_m	$h(x_m)$	$x_m \cdot h(x_m)$
	Summe:	$\bar{x}$

In Formelsammlungen und wissenschaftlichen Büchern findet man auch Schreibweisen unter Verwendung des Summenzeichens:

gelesen: Summe von i gleich 1 bis m über x_i mal $h(x_i)$

$$\bar{x} = \sum_{i=1}^{m} x_i \cdot h(x_i) = x_1 \cdot h(x_1) + x_2 \cdot h(x_2) + \ldots + x_m \cdot h(x_m)$$

Übungsaufgaben

2.

a) Beim 100fachen Würfeln mit 2 Würfeln erzielt man folgende Augensummen. Welche mittlere Augensumme ergab sich?

Augensumme x_i	2	3	4	5	6	7	8	9	10	11	12
Anzahl der Würfe $H(x_i)$ mit Augensumme x_i	3	4	14	9	12	17	18	10	7	5	1

b) Beim 150fachen Doppelwurf mit einem regulären Tetraeder und einem regulären Hexaeder ergab sich folgende Häufigkeitsverteilung.
Welche Augensumme wurde durchschnittlich erzielt?

Augensumme x_i	2	3	4	5	6	7	8	9	10
Anzahl der Würfe $H(x_i)$ mit Augensumme x_i	6	8	24	32	20	27	21	8	4

3.

Bei einer Verkehrszählung wurde untersucht, wie viele Personen in den erfassten Pkws saßen.

a) Bestimme das arithmetische Mittel $\bar{x}$ der Anzahl k der Personen im Pkw.

b) Stelle die Häufigkeitsverteilung in einem Histogramm dar. Zeichne an der Stelle $\bar{x}$ eine Parallele zur Häufigkeitsachse.
Warum teilt diese Gerade die gesamte Fläche des Histogramms nicht in zwei gleich große Flächenstücke?

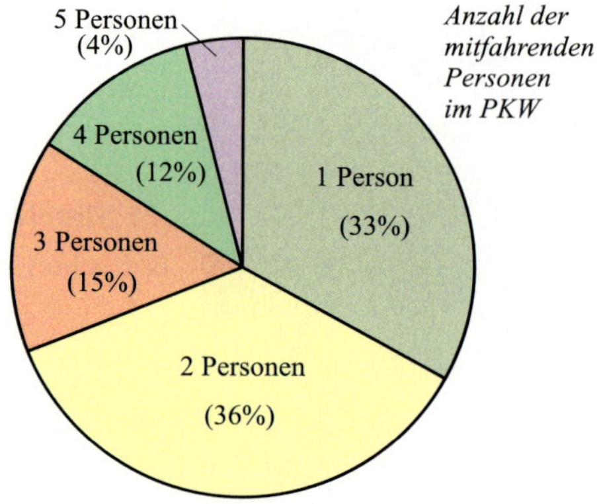

4.

In vielen Berufsfeldern gelten Vereinbarungen zwischen Arbeitgeberverbänden und Gewerkschaften hinsichtlich der Arbeitszeit der Arbeitnehmer.
Berechne die mittlere Wochenarbeitszeit aus den Daten der nebenstehenden Tabelle.

Tarifliche Arbeitszeit in Stunden	Anteil der Arbeitnehmerschaft
35	22%
36	1%
37	25%
38	33%
39	16%
40	3%

5.

Bei der Bundestagswahl 1990 wurden in einigen Wahlkreisen unterschiedlich gefärbte Wahlzettel an Personen verschiedener Altersgruppen verteilt.
So konnte untersucht werden, wie groß die Wahlbeteiligung in den verschiedenen Altersgruppen war.

a) Welches Durchschnittsalter hatten die Wahlberechtigten?

b) Welches Durchschnittsalter hatten die Wählerinnen und Wähler?

Alter in Jahren	Anteil unter allen Wahlberechtigten	Anteil unter allen Wählern/innen
18 – 21	4,6%	3,9%
21 – 30	18,6%	15,7%
30 – 40	18,2%	17,5%
40 – 50	15,7%	16,6%
50 – 60	17,2%	19,1%
60 – 70	13,2%	15,0%
70 und mehr	12,5%	12,2%

Anleitung: Wähle als Merkmalswert x_i die Klassenmitten 19,5 Jahre, 25,5 Jahre, 35 Jahre, ..., 65 Jahre, 75 Jahre.

6.

Nach Angaben des Statistischen Bundesamtes gab es in Deutschland die untenstehenden Häufigkeitsverteilungen bezüglich der Anzahl der Kinder in Familien.
Wie groß ist die mittlere Kinderzahl bei Ehepaaren mit Kindern bzw. bei allein Erziehenden mit Kindern?

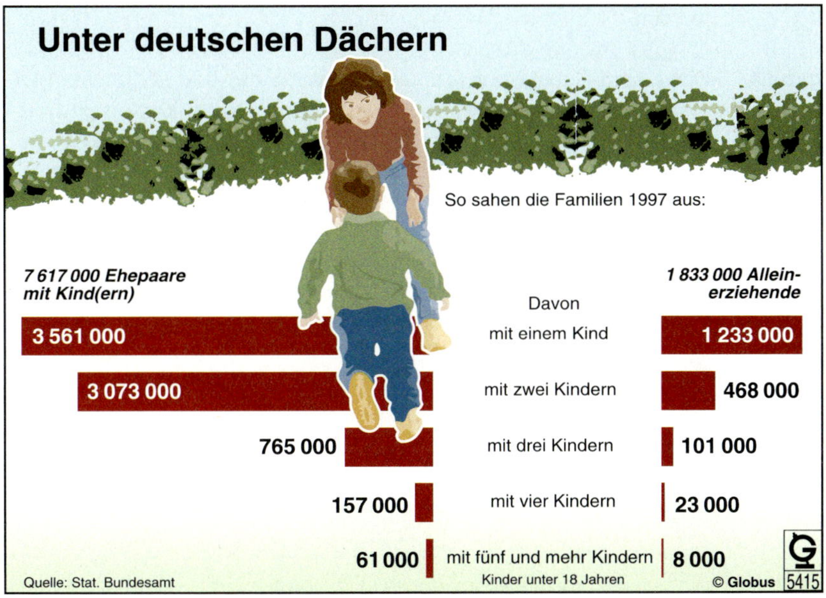

7.

Bei der Einführung des Euro zum 1. Januar 2002 wurden Münzen und Banknoten mit den angegebenen Stückzahlen aus dem (Zahlungs-)Verkehr gezogen.
Welchen mittleren Wert hatten die Münzen bzw. die Banknoten?

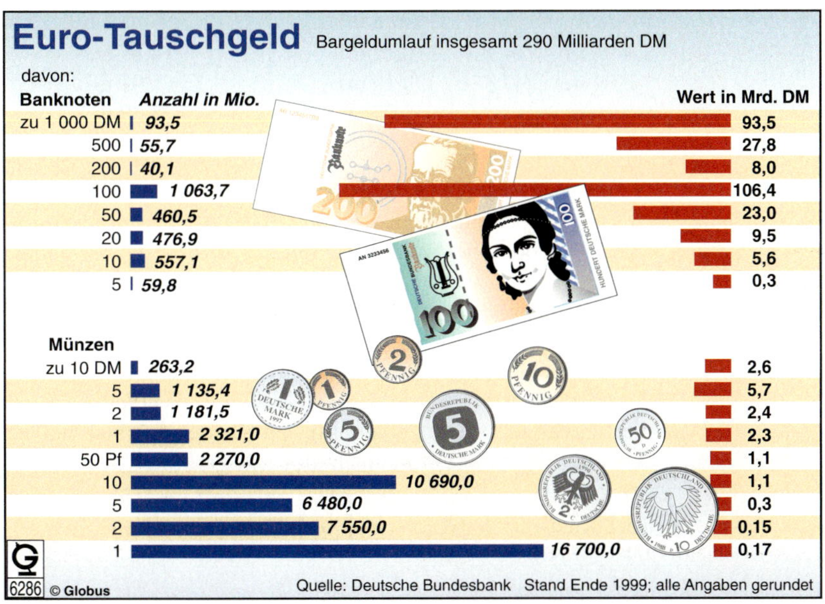

14.2 Streuung um den Mittelwert – Streuungsmaße

In Abschnitt 14.1 wurde der Mittelwert als wichtigste Kenngröße einer Verteilung herausgestellt; im Mittelwert sind alle Informationen einer Verteilung konzentriert.
In diesem Abschnitt sollen Maße für das Streuverhalten um den Mittelwert eingeführt werden.

Aufgabe 1 Bei einem Schul-Sportfest treten jeweils die besten Leichtathleten in Klassenmannschaften gegeneinander an. In einem Wettbewerb kommt es zwar auf gute Sprungweiten an; für einen Trainer spielt aber die Zuverlässigkeit (Konstanz der Leistungen) eine entscheidende Rolle. Wer soll bei den Jungen die Klasse 10a im Weitsprung vertreten?
Daniel sprang zuletzt 5,21 m; 5,10 m; 5,32 m; 4,95 m; 5,02 m, Tobias schaffte 4,81 m; 5,36 m; 5,30 m; 5,01 m.
Bei welchen von beiden traten die geringeren Leistungsschwankungen auf, bei wem die geringeren Abweichungen vom Mittelwert (arithmetisches Mittel)?

Lösung

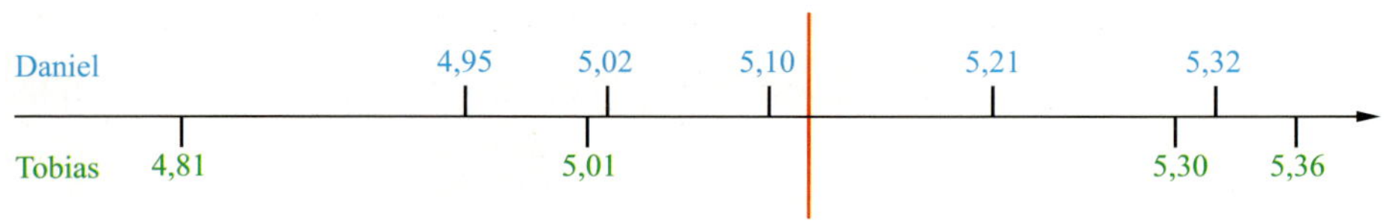

Beide sprangen *im Mittel* gleich weit:

$\overline{x}_{\text{Daniel}} = \frac{1}{5} \cdot (4{,}95 + 5{,}02 + 5{,}10 + 5{,}21 + 5{,}32) = 5{,}12$

$\overline{x}_{\text{Tobias}} = \frac{1}{4} \cdot (4{,}81 + 5{,}01 + 5{,}30 + 5{,}36) = 5{,}12$

Die Differenz von größter und kleinster Sprungweite, die sogenannte *Spannweite*, war bei Tobias (55 cm) größer als bei Daniel (37 cm); bei diesem Streuungsmaß werden nur zwei der 4 bzw. 5 Messwerte berücksichtigt. Aber auch die Abweichungen vom Mittelwert (5,12 m) waren bei Daniel im Mittel geringer als bei Tobias:

Sprungweite	Abweichung
4,95 m	0,17 m
5,02 m	0,10 m
5,10 m	0,02 m
5,21 m	0,09 m
5,32 m	0,20 m
Summe:	0,58 m

Sprungweite	Abweichung
4,81 m	0,31 m
5,01 m	0,11 m
5,30 m	0,18 m
5,36 m	0,24 m
Summe:	0,84 m

Mittlere Abweichung bei Daniel: 0,116 m   Mittlere Abweichung bei Tobias: 0,21 m

Weiterführende Aufgabe

2. *Mittlere Abweichung bei einer Häufigkeitsverteilung*
Bei einem Schulfest verkauften zwei Klassen jeweils 400 Lose. Bei welcher Klasse kann man eher von einer Leistung der gesamten Klasse sprechen, bei welcher von stärkerem individuellen Einsatz? Zeichne auch die Histogramme.

Anzahl k der verkauften Lose		15	16	17	18	19	20	21	22	23	24	25	26
Anteil der Schüler in %, die k Lose verkauften	Kl. a	10	0	15	5	10	20	5	5	20	10	0	0
	Kl. b	20	5	10	5	5	5	5	15	10	5	10	5

Information **(1) Mittlere lineare Abweichung als Streuungsmaß**

Neben der **Spannweite** (Differenz von größtem und kleinstem Wert), bei der nur zwei Werte einer Datenmenge berücksichtigt werden, ist die **mittlere lineare Abweichung d vom arithmetischen Mittel** ein Maß für die Streuung von Werten einer Datenmenge um das arithmetische Mittel. Die Berechnung erfolgt am einfachsten in Form einer Tabelle (z. B. mithilfe eines Tabellenkalkulationsprogramms).

x_i	$\lvert x_i - \overline{x} \rvert$
x_1	$\lvert x_1 - \overline{x} \rvert$
x_2	$\lvert x_2 - \overline{x} \rvert$
⋮	⋮
x_n	$\lvert x_n - \overline{x} \rvert$
$\overline{x} = \frac{1}{n}\sum\limits_{i=1}^{n} x_i$	$d = \frac{1}{n}\sum\limits_{i=1}^{n} \lvert x_i - \overline{x} \rvert$

Es ist darauf zu achten, dass man die *Abweichung* vom Mittelwert, d. h. den *Betrag* der Differenz von x_i zu $\overline{x}$ notiert.

Für eine Häufigkeitsverteilung von Merkmalswerten $x_1, x_2, \ldots, x_m$, die mit den relativen Häufigkeiten $h(x_1), h(x_2), \ldots, h(x_m)$ auftreten, ist die **mittlere lineare Abweichung** $d = \lvert (x_1 - \overline{x}) \rvert \cdot h(x_1) + \lvert x_2 - \overline{x} \rvert \cdot h(x_2) + \ldots + \lvert x_m - \overline{x} \rvert \cdot h(x_m)$.

x_i	$h(x_i)$	$x_i \cdot h(x_i)$	$\lvert x_i - \overline{x} \rvert \cdot h(x_i)$
x_1	$h(x_1)$	$x_1 \cdot h(x_1)$	$\lvert x_1 - \overline{x} \rvert \cdot h(x_1)$
x_2	$h(x_2)$	$x_2 \cdot h(x_2)$	$\lvert x_2 - \overline{x} \rvert \cdot h(x_2)$
⋮	⋮	⋮	⋮
x_m	$h(x_m)$	$x_m \cdot h(x_m)$	$\lvert x_m - \overline{x} \rvert \cdot h(x_m)$
		$\overline{x} = \sum\limits_{i=1}^{m} x_i \cdot h(x_i)$	$d = \sum\limits_{i=1}^{m} \lvert x_i - \overline{x} \rvert \cdot h(x_i)$

(2) Mittlere quadratische Abweichung als Streuungsmaß

Statt der *Beträge* der Differenzen kann man auch die jeweiligen Quadrate der Abweichungen betrachten. Durch das Quadrieren wird erreicht, dass

- wie bei der linearen Abweichung keine negativen Ergebnisse auftreten können,
- Daten, die besonders stark vom Mittelwert abweichen, stärker ins Gewicht fallen als diejenigen in der Nähe des Mittelwerts.

Vor allem sind es aber (inner-) mathematische Gründe, warum in der Praxis die sogenannte **mittlere quadratische Abweichung $\overline{s}^2$** als Streuungsmaß häufiger betrachtet wird als die mittlere lineare Abweichung. Man definiert also:

Definition 2: *Mittlere quadratische Abweichung einer Häufigkeitsverteilung*

Gegeben ist ein quantitatives Merkmal mit den Merkmalsausprägungen $x_1, x_2, \ldots, x_m$ und den zugehörigen relativen Häufigkeiten $h(x_1), h(x_2), \ldots, h(x_m)$. Dann heißt
$\overline{s}^2 = (x_1 - \overline{x})^2 \cdot h(x_1) + (x_2 - \overline{x})^2 \cdot h(x_2) + \ldots + (x_m - \overline{x})^2 \cdot h(x_m)$
die **mittlere quadratische Abweichung der Häufigkeitsverteilung vom Mittelwert $\overline{x}$.**

Auf den meisten Taschenrechnern gibt es Tasten zur Berechnung der mittleren quadratischen Abweichung (vgl. auch Hinweis auf Seite 403).

Dabei erhält man über die Taste $\boxed{\sigma_{xn}}$ den Wert für $\overline{s}$, d. h. $\overline{s} = \sqrt{\overline{s}^2}$, die sogenannte *empirische Standardabweichung* der Häufigkeitsverteilung.

Beispiele für die Berechnung von $\bar{s}^2$ mithilfe einer Tabellenkalkulation

(1) Sprungweite von Daniel (vgl. Aufgabe 1, Seite 126)

	A	B	C
1	x_i	$x_i - \bar{x}$	$(x_i - \bar{x})^2$
2	4,95	−0,17	0,0289
3	5,02	−0,10	0,0100
4	5,10	−0,02	0,0004
5	5,21	0,09	0,0081
6	5,32	0,20	0,0400
7	5,12		0,01748

Zelle A7 Inhalt: = Mittelwert (A2 : A6)

Zelle C7 Inhalt: = Mittelwert (C2 : C6)

Analog berechnen wir für Tobias:
$\bar{s}^2 = 0{,}04955 > 0{,}01748$

(2) Losverkauf Kl. a (vgl. Aufgabe 2, Seite 126)

	A	B	C	D
1	x_i	$h(x_i)$	$x_i * h(x_i)$	$(x_i - \bar{x})^2 * h(x_i)$
2	15	0,10	1,50	2,50
3	16	0,00	0,00	0,00
4	17	0,15	2,55	1,35
5	18	0,05	0,90	0,20
6	19	0,10	1,90	0,10
7	20	0,20	4,00	0,00
8	21	0,05	1,05	0,05
9	22	0,05	1,10	0,20
10	23	0,20	4,60	1,80
11	24	0,10	2,40	1,60
12		1,00	20	7,80

Zelle C12 Inhalt: = Summe (C2 : C11)

Zelle D12 Inhalt: = Summe (D2 : D11)

Analog berechnen wir für die Klasse b:
$\bar{s}^2 = 13{,}60 > 7{,}80$

Weiterführende Aufgabe

3. *Einfachere Berechnung von* $\bar{s}^2$

Der Term von $\bar{s}^2$ kann vereinfacht werden, d.h. die Berechnung ist mit geringerem Aufwand möglich. Zeige die Gültigkeit der folgenden Formeln.
Wie kann die Berechnung mithilfe einer Tabellenkalkulation durchgeführt werden?

$$\bar{s}^2 = \frac{1}{n} \cdot (x_1^2 + x_2^2 + \ldots + x_n^2) - \bar{x}^2$$

$$\bar{s}^2 = \left(x_1^2 \cdot h(x_1) + x_2^2 \cdot h(x_2) + \ldots + x_m^2 \cdot h(x_m)\right) - \bar{x}^2$$

Übungsaufgaben

4.

Berechne die mittlere quadratische Abweichung. Welche Daten streuen stärker?

a) Bei den Olympischen Spielen 1996 erzielten die Medaillengewinnerinnen im Weitsprung der Frauen folgende Sprungweiten. Vergleiche:

Versuch Nr.	1	2	3	4	5	6
Chioma Anjunwa NGR	7,12 m	6,99 m	6,85 m	6,84 m	–	–
Fiona May ITA	6,68 m	7,02 m	6,78 m	6,73 m	6,76 m	6,88 m
Jacky Joyner-Kersee USA	6,55 m	6,75 m	6,86 m	–	6,52 m	7,00 m

(*Anmerkung:* Ungültige Versuche sollen nicht berücksichtigt werden.)

b) In den 306 Spielen der Fußball-Bundesliga wurden 962 Tore in der Spielzeit 87/88 geschossen und 883 Tore in der Spielzeit 97/98. Vergleiche.

Anzahl der Tore		0	1	2	3	4	5	6	7	8	9	10
Anzahl der Spiele	87/88	23	34	61	63	62	28	22	10	1	1	1
	97/98	22	48	69	68	51	19	14	11	3	1	0

14.3 Zufallsgrößen – Wahrscheinlichkeitsverteilungen – Erwartungswert

14.3.1 Zufallsgrößen und deren Verteilungen

Aufgabe 1

	blauer Würfel ⚀	⚁	⚂	⚃	⚄	⚅
roter Würfel ⚀	10	4	6	5	7	9
⚁	9	5	8	13	6	15
⚂	8	9	7	7	8	8
⚃	11	5	8	5	6	9
⚄	15	9	5	13	1	9
⚅	12	13	7	13	8	7

Zwei Würfel (ein roter und ein blauer) werden je 300-mal geworfen; die Häufigkeiten für die einzelnen Ergebnisse sind in der nebenstehenden Tabelle festgehalten.
Jedem der Zahlenpaare (1 | 1), …, (6 | 6) kann deren Augensumme zugeordnet werden.
Entnimm aus der Tabelle die absoluten und relativen Häufigkeiten, mit denen die verschiedenen Augensummen auftraten.
Vergleiche die relativen Häufigkeiten mit der Wahrscheinlichkeit, dass beim Werfen zweier Würfel die Augensumme 2, 3, 4, …, 12 auftritt. Stelle beide Verteilungen mithilfe eines Histogramms dar.

Lösung Augensumme 2 ergibt sich, wenn beide Würfel die Augenzahl 1 zeigen, d. h. beim Ergebnis (1 | 1). Dies war bei den 300 Doppelwürfen 10-mal der Fall.
Augensumme 3 entstand bei den Ergebnissen (1 | 2) und (2 | 1); 13 von 300 Doppelwürfen zeigten diese Augensumme.
Analog ergeben sich die übrigen absoluten und relativen Häufigkeiten der unten stehenden Tabelle.
Jedes der 36 möglichen Ergebnisse des Doppelwurfes tritt mit Wahrscheinlichkeit $\frac{1}{36}$ auf; daher lässt sich die Wahrscheinlichkeit für die verschiedenen Augensummen unmittelbar aus der Anzahl der zugehörigen Ergebnisse ablesen.

Augensumme	zugehörige Ergebnisse	absolute Häufigkeit	relative Häufigkeit	Wahrscheinlichkeit
2	(1 | 1)	10	0,033	$\frac{1}{36} \approx 0{,}028$
3	(1 | 2), (2 | 1)	13	0,043	$\frac{2}{36} \approx 0{,}056$
4	(1 | 3), (2 | 2), (3 | 1)	19	0,063	$\frac{3}{36} \approx 0{,}083$
5	(1 | 4), (2 | 3), (3 | 2), (4 | 1)	33	0,110	$\frac{4}{36} \approx 0{,}111$
6	(1 | 5), (2 | 4), (3 | 3), (4 | 2), (5 | 1)	47	0,157	$\frac{5}{36} \approx 0{,}139$
7	(1 | 6), (2 | 5), (3 | 4), (4 | 3), (5 | 2), (6 | 1)	51	0,170	$\frac{6}{36} \approx 0{,}167$
8	(2 | 6), (3 | 5), (4 | 4), (5 | 3), (6 | 2)	46	0,153	$\frac{5}{36} \approx 0{,}139$
9	(3 | 6), (4 | 5), (5 | 4), (6 | 3)	34	0,113	$\frac{4}{36} \approx 0{,}111$
10	(4 | 6), (5 | 5), (6 | 4)	23	0,077	$\frac{3}{36} \approx 0{,}083$
11	(5 | 6), (6 | 5)	17	0,057	$\frac{2}{36} \approx 0{,}056$
12	(6 | 6)	7	0,023	$\frac{1}{36} \approx 0{,}028$

Die relativen Häufigkeiten für die einzelnen Augensummen weichen im Allgemeinen nicht sehr stark von den berechneten Wahrscheinlichkeiten ab, wie man auch der Darstellung im Histogramm entnehmen kann.

gelbe Säulen: relative Häufigkeiten; violette Säulen: Wahrscheinlichkeiten

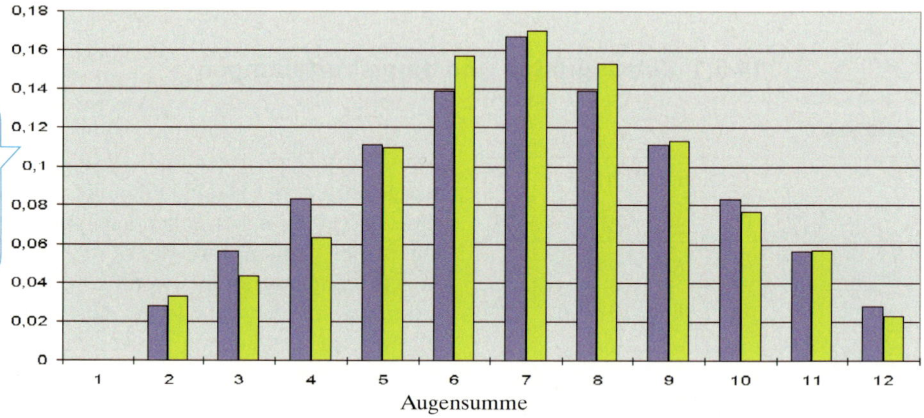

Information

(1) Zufallsgrößen

In Aufgabe 1 wurde jedem der 36 Ergebnisse des Zufallsversuchs eine reelle Zahl zugeordnet, nämlich die *Augensumme.* Solche quantitativen Merkmale eines Versuchs nennt man **Zufallsgrößen.**

Weitere Beispiele für Zufallsgrößen siehe Aufgaben 4 und 5

Beispiel: Dem Ergebnis $(1 \mid 1)$ aus Aufgabe 1 wurde die Augensumme 2 zugeordnet, dem Ergebnis $(5 \mid 2)$ die Augensumme 7.

Schreibweise: Zufallsgrößen werden im Allgemeinen mit Großbuchstaben X, Y, Z oder mit einem dem Problem angepassten Großbuchstaben bezeichnet. Beschreiben wir mit X die Zufallsgröße *Augensumme der beiden Würfel* aus Aufgabe 1, dann ist $X = 5$ das Ereignis *Augensumme gleich 5.*

(2) Wahrscheinlichkeitsverteilung

In Aufgabe 1 wurde jedem Ereignis $X = 2$, $X = 3$, ..., $X = 12$ eine Wahrscheinlichkeit $P(X=2) = \frac{1}{36}$, $P(X=3) = \frac{2}{36}$, ..., $P(X=12) = \frac{1}{36}$ zugeordnet.

Eine Funktion, die jedem Wert einer Zufallsgröße eine Wahrscheinlichkeit zuordnet, heißt **Wahrscheinlichkeitsverteilung** oder **Verteilung** der Zufallsgröße.

Die Verteilung einer Zufallsgröße kann man durch eine Tabelle oder ein Histogramm angeben.

(3) Kumulierte Verteilung

Beim Werfen zweier Würfel bezeichnet man beispielsweise mit $P(X \leq 6)$ die Wahrscheinlichkeit dafür, dass die Augensumme höchstens 6 ist. Um solche Wahrscheinlichkeiten zu bestimmen, ergänzt man die Tabelle mit der Wahrscheinlichkeitsverteilung noch um eine dritte Spalte (oder Zeile). In dieser Spalte (oder Zeile) werden die Wahrscheinlichkeiten fortlaufend addiert. Man erhält auf diese Weise die so genannten **kumulierten Wahrscheinlichkeiten** oder die **kumulierte Verteilung** des Zufallsversuchs.

Siehe auch Aufgabe 3

Beispiel: Augensumme X beim Werfen zweier Würfel

a	2	3	4	5	6	7	8	9	10	11	12
$P(X=a)$	$\frac{1}{36}$	$\frac{2}{36}$	$\frac{3}{36}$	$\frac{4}{36}$	$\frac{5}{36}$	$\frac{6}{36}$	$\frac{5}{36}$	$\frac{4}{36}$	$\frac{3}{36}$	$\frac{2}{36}$	$\frac{1}{36}$
$P(X \leq a)$	$\frac{1}{36}$	$\frac{3}{36}$	$\frac{6}{36}$	$\frac{10}{36}$	$\frac{15}{36}$	$\frac{21}{36}$	$\frac{26}{36}$	$\frac{30}{36}$	$\frac{33}{36}$	$\frac{35}{36}$	$\frac{36}{36} = 1$

Zufallsgröße und Wahrscheinlichkeitsverteilungen

Zufallsgrößen sind quantitative Merkmale bei Zufallsversuchen. Zu jedem Ergebnis eines solchen Zufallsversuchs gehört ein **Wert der Zufallsgröße.**
Jeder Wert der Zufallsgröße tritt mit einer bestimmten Wahrscheinlichkeit auf.
Häufig gibt man die Werte der Zufallsgröße und deren zugehörige Wahrscheinlichkeiten in einer Tabelle an. Diese Tabelle beschreibt die **(Wahrscheinlichkeits-)Verteilung der Zufallsgröße.**

Weiterführende Aufgaben

2. *Bestimmen einer Verteilung mithilfe eines Terms für die Wahrscheinlichkeit*

a) Unter den 6 Glückszahlen des Lottospiels *6 aus 49* können gerade und ungerade Zahlen sein.
Gib einen Term für die Wahrscheinlichkeit an, dass es k gerade und $6-k$ ungerade Zahlen sind ($k = 0, 1, 2, \ldots, 6$).
Rechne die Terme aus und stelle die Verteilung in einem Histogramm dar.

b) Vergleiche die theoretische Verteilung mit den Ergebnissen von 2256 Wochenziehungen des Samstagslotto.

Anzahl k der geraden Gewinnzahlen	0	1	2	3	4	5	6
Anzahl der Wochenziehungen mit k geraden Gewinnzahlen	29	184	595	760	500	163	25

3. *Kumulierte Wahrscheinlichkeiten*

Siehe auch Information (4)

Ein roter und ein blauer Würfel werden geworfen. Bestimme die Wahrscheinlichkeiten für folgende Ergebnisse:

a) Die Augensumme ist höchstens 5 [6; 7; 8].

b) Die Augensumme ist größer als 4 [5; 7; 9].

Übungsaufgaben

4.
Gib an, welche Werte bei der folgenden Zufallsgröße auftreten können.

a) X: *Maximum der Augenzahlen beim Wurf zweier Würfel*

b) X: *Produkt der Augenzahlen beim 2fachen Würfeln*

Maximum (❷; ❹) = 4
Maximum (❸; ❸) = 3

c) X: *Augensumme beim 3fachen Würfeln*

d) X: *Anzahl der Würfe mit Augenzahl 6 beim 3fachen Würfeln*

e) X: *Anzahl der Wappen beim 5fachen Münzwurf*

5.
Welches Ereignis ist im Folgenden beschrieben? Gib es als Menge an.

a) X: *Maximum der Augenzahlen beim Wurf von 2 Würfeln;* Ereignis $X = 5$

b) X: *Minimum der Augenzahlen beim 2fachen Würfeln;* Ereignis $X = 2$

c) X: *Augensumme beim 3fachen Würfeln;* Ereignis $X = 8$

6.

Bestimme die Verteilung der Zufallsgröße X. Zeichne das zugehörige Histogramm.

a) X: *Maximum der Augenzahlen beim Wurf von 2 Würfeln*

b) X: *Produkt der Augenzahlen beim 2fachen Würfeln*

c) X: *Augensumme beim 3fachen Würfeln*

7.

Briefmarke GALILEI

Zeitgenossen von GALILEI glaubten, dass beim 3fachen Werfen eines Würfels die Chancen für das Auftreten der Augensumme 11 und der Augensumme 12 gleich groß sind, denn für die Augensumme 11 gibt es 6 verschiedene Möglichkeiten:

$1+4+6$; $2+3+6$; $1+5+5$; $2+4+5$; $3+3+5$; $3+4+4$,

und für die Augensumme 12 ebenfalls

$1+5+6$; $2+4+6$; $3+3+6$; $2+5+5$; $3+4+5$ und $4+4+4$.

GALILEI erkannte den Denkfehler. Worin besteht er?

8.

Bei einem 400-m-Lauf starten für die beiden teilnehmenden Mannschaften je 3 Läuferinnen. Die Bahnen werden ausgelost. Die Innenbahn (Nr. 1) bleibt frei; die Lose enthalten die Nummern 2, 3, 4, 5, 6 und 7. Niedrige Nummern gelten als glückliches Los. Als Maß für das Losglück einer Mannschaft kann die Summe der drei Bahnnummern angesehen werden.

a) Mit welchen Wahrscheinlichkeiten treten die verschiedenen Summen auf?

b) Mit welcher Wahrscheinlichkeit ist die Summe der Bahnnummern
(1) kleiner als 12; (2) größer als 7; (3) mindestens gleich 14?

9.

Die Wahrscheinlichkeit für die Geburt eines Mädchens beträgt ungefähr $\frac{1}{2}$.

Eine Familie mit 3 Kindern wird zufällig ausgesucht. Betrachte die Zufallsgröße X: *Anzahl der Mädchen.*

Mit welcher Wahrscheinlichkeit tritt das Ereignis $X=0$, $X=1$, $X=2$, $X=3$ auf?

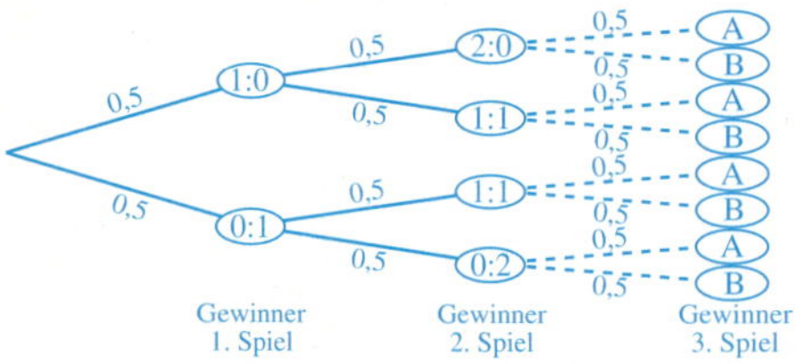

10.

In einem Volleyballturnier treffen zwei gleich starke Mannschaften A und B aufeinander. Ein Match gilt als gewonnen, wenn eine Mannschaft drei [zwei] Spiele zu ihren Gunsten entscheidet.

Bestimme die Verteilung der Zufallsgröße X: *Anzahl der zum Sieg notwendigen Spiele.*

11.

A und B vereinbaren ein Würfelspiel:

Zeigt der Würfel von Spieler A eine kleinere Augenzahl als der Würfel von Spieler B, dann muss A an B 1 € zahlen und umgekehrt. Zeigen beide Würfel gleiche Augenzahl, dann gewinnt keiner.

Betrachte die Zufallsgröße X: *Gewinn (in €)* des Spielers A in einer Spielrunde.

Bestimme die Verteilung der Zufallsgröße X.

12.

Betrachte die Zufallsgröße X: *Augensumme beim 2fachen Würfeln.* Beschreibe folgende Ereignisse mithilfe der Zufallsgröße; bestimme die zugehörige Wahrscheinlichkeit.

(1) höchstens gleich 9
(2) kleiner als 10
(3) mindestens gleich 5
(4) mindestens gleich 6, aber höchstens gleich 10
(5) größer als 9 oder kleiner als 5
(6) kleiner als 10 oder größer als 11

13.

Die Zufallsgröße X: *Augensumme beim zweifachen Wurf* kann sowohl beim Werfen zweier regulärer Hexaeder als auch beim gemeinsamen Werfen eines regulären Tetraeders und Oktaeders die Werte $k = 2, 3, 4, \ldots, 12$ annehmen.

a) Stimmen die Verteilungen überein? Zeichne die Histogramme mit gleichen Einheiten auf der vertikalen Achse.

b) Welche Ereignisse sind bei welchen Polyedern eher wahrscheinlich?

(1) Augensumme 4
(2) Augensumme 7
(3) Augensumme kleiner als 7
(4) gerade Augensumme

c) Beim Werfen zweier regulärer Oktaeder können die Augensummen $k = 2, 3, 4, \ldots, 16$ auftreten.
Bestimme die Verteilung der Zufallsgröße X: *Augensumme beim zweifachen Wurf* und zeichne Histogramme mit gleichen Einheiten auf der Wahrscheinlichkeitsachse.

14.

In der Grafik zum Altersaufbau der Bevölkerung sind zwei Histogramme von empirischen Häufigkeitsverteilungen gezeichnet. Geht man von den eingetragenen absoluten Häufigkeiten zu relativen Häufigkeiten über und wählt man aus der weiblichen bzw. männlichen Bevölkerung zufällig eine Person aus, dann können die beiden Histogramme als Histogramme einer Wahrscheinlichkeitsverteilung der Zufallsgrößen X_1: *Lebensalter einer zufällig ausgewählten Frau* und X_2: *Lebensalter eines zufällig ausgewählten Mannes* aufgefasst werden. Lies für $i = 1, 2$ die Wahrscheinlichkeit aus der Tabelle (kumulierte Verteilung) ab:

$P(X_i > 10)$; $P(X_i > 50)$; $P(X_i > 80)$;
$P(10 < X_i \le 20)$; $P(40 < X_i \le 70)$;
$P(30 < X_i \le 50)$

Alter bis zu ... Jahren	Anteil unter allen Frauen	Anteil unter allen Männern
10	9,7%	10,7%
20	20,3%	22,6%
30	32,0%	35,5%
40	48,3%	53,7%
50	62,0%	68,5%
60	74,1%	81,3%
70	85,5%	92,3%
80	94,9%	98,1%
90	99,1%	99,7%

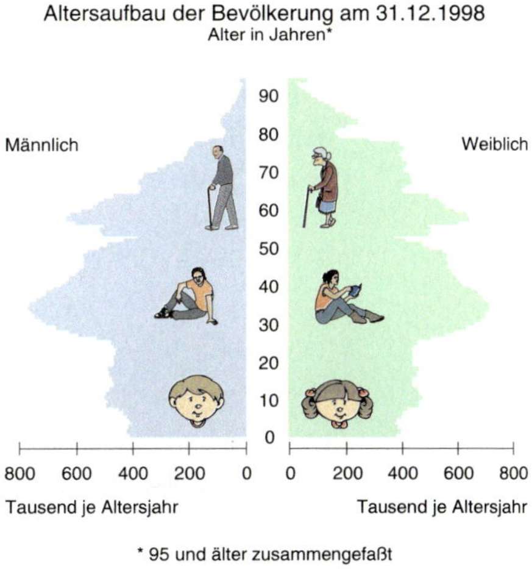

14.3.2 Erwartungswert einer Wahrscheinlichkeitsverteilung

Aufgabe 1 Ein Spielautomat ist so konstruiert, dass pro Spiel die nebenstehenden Beträge ausgeschüttet werden. Der Einsatz pro Spiel beträgt 0,50 €.
Welchen Gewinn kann man im Mittel pro Spiel erwarten? Bestimme dazu zunächst den Mittelwert des Gewinns in 100 Spielen.

Ausgezahlter Betrag (in €)	zugehörige Wahrscheinlichkeit
0	0,25
0,20	0,40
0,50	0,20
1,00	0,10
2,00	0,05

Lösung *1. Weg:*
Bei 100 Spielen kann man erwarten, dass ungefähr 25-mal 0 €, 40-mal 0,20 €, 20-mal 0,50 €, 10-mal 1,00 € und 5-mal 2,00 € ausgezahlt werden, insgesamt also ein Auszahlungsbetrag von ungefähr
$25 \cdot 0\,€ + 40 \cdot 0{,}20\,€ + 20 \cdot 0{,}50\,€ + 10 \cdot 1{,}00\,€ + 5 \cdot 2{,}00\,€$, also von 38 €.
In einem Spiel werden im Mittel pro Spiel 0,38 € ausgezahlt.
Da der Einsatz pro Spiel 0,50 € beträgt, hat man im Mittel einen Gewinn von $-0{,}12$ € pro Spiel, d.h. einen mittleren Verlust von 0,12 € pro Spiel.

vgl. EdM 11 Seite 114

2. Weg:
Analog zur Mittelwertbildung bei empirischen Häufigkeitsverteilungen kann die Berechnung des Mittelwerts pro Spiel auch mithilfe der Tabelle der Wahrscheinlichkeitsverteilung erfolgen. Dabei ist es gleich, ob wir den Spieleinsatz von 0,50 € zunächst unberücksichtigt lassen oder von vornherein beachten, d.h. wir können die Zufallsgröße

X: *Ausgezahlter Betrag in €* oder Y: *Gewinn in €* betrachten:

a	P(X = a)	a · P(X = a)
0	0,25	0
0,20	0,40	0,08
0,50	0,20	0,10
1,00	0,10	0,10
2,00	0,05	0,10
	Mittelwert	0,38

b	P(X = a)	a · P(X = a)
– 0,50	0,25	– 0,125
– 0,30	0,40	– 0,120
– 0	0,20	0
+ 0,50	0,10	+ 0,050
+ 1,50	0,05	+ 0,075
	Mittelwert	– 0,120

Im Mittel wird pro Spiel 0,38 € ausgezahlt, d.h. der mittlere Verlust beträgt 0,12 €.

Definition 3: *Erwartungswert einer Zufallsgröße*
Eine Zufallsgröße X nehme die Werte $a_1, a_2, \ldots, a_m$ mit den Wahrscheinlichkeiten $P(X = a_1), P(X = a_2), \ldots, P(X = a_m)$ an. Dann wird der zu erwartende Mittelwert E(X) der Verteilung als *Erwartungswert der Zufallsgröße X* bezeichnet. Es gilt:

$$E(X) = a_1 \cdot P(X = a_1) + a_2 \cdot P(X = a_2) + \ldots + a_m \cdot P(X = a_m) = \sum_{i=1}^{m} a_i \cdot P(X = a_i)$$

Der Erwartungswert wird auch mit μ (lies: mü) bezeichnet.

Die Berechnung des Erwartungswerts einer Wahrscheinlichkeitsverteilung erfolgt am zweckmäßigsten mithilfe einer Tabelle – analog zur Berechnung des Mittelwerts einer empirischen Verteilung.

Übungsaufgaben

2.

a) Ein Spielautomat wirft Beträge mit den nebenstehenden Wahrscheinlichkeiten aus. Bestimme den Erwartungswert der Zufallsgröße
X: *Ausgezahlter Betrag.*

b) Für Spielautomaten gibt es gesetzliche Bestimmungen. Wenn z. B. ein Spiel weniger als 30 Sekunden dauert, muss der Erwartungswert der Zufallsgröße X: *Ausgezahlter Betrag* mindestens 60 % des Einsatzes betragen.
Welcher Einsatz ist in a) notwendig?

c) Dauert ein Spiel z. B. zwischen 30 und 60 Sekunden, muss der Erwartungswert 70 % des Einsatzes betragen. Der Einsatz beträgt 0,20 €.
Sind im nebenstehenden Beispiel die gesetzlichen Bestimmungen erfüllt?

Betrag	Wahrscheinlichkeit
0,20 €	$\frac{1}{10}$
0,50 €	$\frac{1}{20}$
1 €	$\frac{1}{30}$
2 €	$\frac{1}{75}$

Automat A

Betrag	Wahrscheinlichkeit
0,10 €	$\frac{1}{5}$
0,20 €	$\frac{1}{10}$
0,50 €	$\frac{1}{25}$
1 €	$\frac{1}{30}$
2 €	$\frac{1}{100}$

Automat B

3.

a) Betrachte das Werfen eines regulären Oktaeders. Wie groß ist der Erwartungswert der Augenzahlen?

b) In einer Urne sind gleichartige Kugeln, welche die Nummern 1, 2, 3, …, m tragen. Wie groß ist der Erwartungswert der Nummer einer zufällig gezogenen Kugel?

4.

Bei einem Klassenfest muss jeder der 25 Teilnehmer ein Los kaufen. Der erste Preis hat einen Wert von 15 €, der zweite von 10 €, der dritte von 4 €. Außerdem gibt es noch Trostpreise im Wert von 0,50 €.
Was müsste ein Los kosten, damit Einnahmen und Ausgaben übereinstimmen?

5.

Beim Roulette braucht man nicht unbedingt auf eine der 37 Zahlen 0, 1, 2, …, 36 zu setzen. Man kann z. B. auf die Farbe Rot oder die Farbe Schwarz setzen. Bleibt die Kugel auf einer der 18 roten Fächer stehen, dann erhält man das Doppelte des Einsatzes zurückgezahlt. Ist dies fair?
Berechne den Erwartungswert der Zufallsgröße X: *Gewinn beim Setzen auf Rot.*

6.

A und B vereinbaren, eine Münze so lange zu werfen, bis Wappen erscheint, maximal jedoch 5-mal. A zahlt an B für jeden notwendigen Wurf 1 €. Ist nach dem 5. Wurf noch kein Wappen gefallen, muss A an B den Betrag von 7 € bezahlen.

a) Zeichne ein Baumdiagramm und bestimme die Verteilung der Zufallsgröße X: *Betrag (in €)*, den A an B zahlen muss und deren Erwartungswert.

b) Wie groß muss der Einsatz von B sein, damit die Spielregel fair ist?

7.

In einer Lostrommel sind 20 % Gewinnlose und 80 % Nieten.
Jemand will so lange ein Los kaufen, bis er ein Gewinnlos gezogen hat, maximal jedoch 5 Stück. Mit welcher Ausgabe muss er rechnen, wenn ein Los 2 € kostet?

8.

siehe Seite 376, Aufgabe 1

a) Beim Zahlenlotto *6 aus 49* kann man in jeder Tippreihe 0, 1, 2, 3, 4, 5, 6 *Richtige* haben. Wie viele *Richtige* kann man im Mittel für eine Tippreihe erwarten?

b) Beim Samstags- und beim Mittwochslotto gelten unterschiedliche Vorschriften bezüglich der Gewinnausschüttung in den einzelnen Gewinnklassen. Zur Zeit der Drucklegung dieses Buches wurden folgende Beträge durchschnittlich ausgezahlt. Bestimme den Erwartungswert der Auszahlung.

	Gewinnklassen	Samstag Durchschnittliche Gewinnquote	Mittwoch Durchschnittliche Gewinnquote
I	6 Richtige mit Superzahl	6.292.717,20 DM	2.621.965,50 DM
II	6 Richtige	932.254,40 DM	546.242,81 DM
III	5 Richtige mit Zusatzzahl	87.398,80 DM	43.699,43 DM
IV	5 Richtige	5.410,40 DM	3.294,60 DM
V	4 Richtige mit Zusatzzahl	332,90 DM	entfällt
VI	4 Richtige	89,30 DM	54,85 DM
VII	3 Richtige mit Zusatzzahl	67,00 DM	22,84 DM
VIII	3 Richtige	20,10 DM	5,14 DM

9.

Bei einem Wettspiel wird vereinbart, dass die Mannschaft gewonnen hat, die zuerst 5 Punkte errungen hat. Beim Stand von 3 : 2 für die eine Mannschaft muss das Spiel unterbrochen werden. Man einigt sich darauf, den Preis, den der Sieger erhalten sollte, entsprechend den Chancen zu verteilen, die sich ergeben, wenn die restlichen Spielrunden mithilfe eines Münzwurfs entschieden werden.

a) Bestimme die Wahrscheinlichkeit dafür, dass die erste bzw. die zweite Mannschaft gewonnen hätte. Zeichne dazu ein geeignetes Baumdiagramm.

b) Bestimme den Erwartungswert für die Anzahl der ausstehenden Spielrunden.

10.

In einem Wintersportgebiet kann man erfahrungsgemäß nur an einem Tag des Monats Januar nicht Ski laufen. Wochenend-Skipässe (gültig von Freitag bis Sonntag) werden für 20 Euro angeboten – mit einer Rückerstattung von 5 Euro für jeden Tag, an dem aufgrund der Wetterlage nicht Ski gelaufen werden kann.

a) Für die folgende Rechnung nehmen wir an (Modellannahme), dass die Wetterbedingungen an den drei Tagen eines Wochenendes unabhängig voneinander sind, d. h. dass die Wahrscheinlichkeit für jeden der Tage jeweils $\frac{1}{31}$ dafür beträgt, dass die Wetterbedingungen das Skilaufen nicht zulassen. Mit welcher Wahrscheinlichkeit kann man dann an 0, 1, 2, 3 Tagen eines Januar-Wochenendes nicht Ski laufen?
(*Anleitung:* Stelle den 3-stufigen Zufallsversuch in einem Baumdiagramm dar.)

b) Mit welchen durchschnittlichen Einnahmen pro Skipass kann man rechnen?

14.3.3 Varianz und Standardabweichung als Maße für die Streuung einer Wahrscheinlichkeitsverteilung

Analog zur Definition der mittleren quadratischen Abweichung vom Mittelwert $\bar{x}$ einer Häufigkeitsverteilung (siehe Seite 407) definieren wir:

Definition 4: *Varianz und Standardabweichung einer Zufallsgröße*

Eine Zufallsgröße X mit dem Erwartungswert μ nehme die Werte $a_1, a_2, \ldots, a_m$ mit den Wahrscheinlichkeiten $P(X=a_1), P(X=a_2), \ldots, P(X=a_m)$ an.

Als **Varianz V(X) der Zufallsgröße X** bezeichnet man die zu erwartende mittlere quadratische Abweichung vom Erwartungswert μ der Zufallsgröße X, also

$V(X) = (a_1-\mu)^2 \cdot P(X=a_1) + (a_2-\mu)^2 \cdot P(X=a_2) + \ldots + (a_m-\mu)^2 \cdot P(X=a_m)$

Die Quadratwurzel aus der Varianz einer Zufallsgröße heißt

Standardabweichung σ: $\sigma = \sqrt{V(X)}$

Aufgabe 1 *Berechnung der Varianz bei einer gleich verteilten Zufallsgröße*

Beim Würfeln mit einem regulären Hexaeder betrachten wir die Zufallsgröße X: *Augenzahl beim Wurf eines regulären Hexaeders.*
Bestimme die Varianz V(X) der Zufallsgröße.

Lösung Wir berechnen zunächst den Erwartungswert:

$\mu = \frac{1}{6}\cdot 1 + \frac{1}{6}\cdot 2 + \frac{1}{6}\cdot 3 + \frac{1}{6}\cdot 4 + \frac{1}{6}\cdot 5 + \frac{1}{6}\cdot 6 = \frac{21}{6} = \frac{7}{2}$

Entsprechend zur Berechnungsformel für die Varianz legen wir eine Tabelle an:

a_i	$P(X=a_i)$	$a_i-\mu$	$(a_i-\mu)^2 \cdot P(X=a_i)$
1	$\frac{1}{6}$	$-\frac{5}{2}$	$\frac{25}{4}\cdot\frac{1}{6}$
2	$\frac{1}{6}$	$-\frac{3}{2}$	$\frac{9}{4}\cdot\frac{1}{6}$
3	$\frac{1}{6}$	$-\frac{1}{2}$	$\frac{1}{4}\cdot\frac{1}{6}$
4	$\frac{1}{6}$	$\frac{1}{2}$	$\frac{1}{4}\cdot\frac{1}{6}$
5	$\frac{1}{6}$	$\frac{3}{2}$	$\frac{9}{4}\cdot\frac{1}{6}$
6	$\frac{1}{6}$	$\frac{5}{2}$	$\frac{25}{4}\cdot\frac{1}{6}$
			$\frac{70}{4}\cdot\frac{1}{6} = \frac{35}{12}$

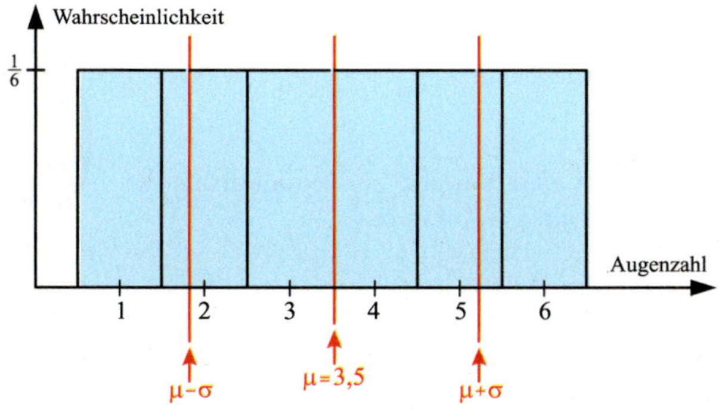

Daher ist: $V(X) = \frac{70}{4}\cdot\frac{1}{6} = \frac{35}{12}$, also $\sigma = \sqrt{\frac{35}{12}} \approx 1{,}7$

Information Analog zur empirischen Standardabweichung lässt sich die Berechnung vereinfachen:

$$\begin{aligned}
V(X) &= (a_1-\mu)^2\cdot P(X=a_1)+(a_2-\mu)^2\cdot P(X=a_2)+\ldots+(a_m-\mu)^2\cdot P(X=a_m)\\
&= (a_1^2-2a_1\mu+\mu^2)\cdot P(X=a_1)+(a_2^2-2a_2\mu+\mu^2)\cdot P(X=a_2)\\
&\quad +\ldots+(a_m^2-2a_m\mu+\mu^2)\cdot P(X=a_m)\\
&= [a_1^2\cdot P(X=a_1)+a_2^2\cdot P(X=a_2)+\ldots+a_m^2\cdot P(X=a_m)]\\
&\quad -2\mu\cdot[\underbrace{a_1\cdot P(X=a_1)+a_2\cdot P(X=a_2)+\ldots+a_m\cdot P(X=a_m)}_{=\mu}]\\
&\quad +\mu^2\cdot[\underbrace{P(X=a_1)+P(X=a_2)+\ldots+P(X=a_m)}_{=1}] \quad \text{also:}
\end{aligned}$$

$$V(X)=[a_1^2\cdot P(X=a_1)+a_2^2\cdot P(X=a_2)+\ldots+a_m^2\cdot P(X=a_m)]-\mu^2$$

Zur Berechnung der Varianz einer Zufallsgröße legt man daher am besten eine Tabelle wie folgt an; diese eignet sich auch für eine Tabellenkalkulation.

a_i	$P(X=a_i)$	$a_i\cdot P(X=a_i)$	$a_i^2\cdot P(X=a_i)$
a_1 ⋮ a_m	$P(X=a_1)$ ⋮ $P(X=a_m)$	$a_1\cdot P(X=a_1)$ ⋮ $a_m\cdot P(X=a_m)$	$a_1^2\cdot P(X=a_1)$ ⋮ $a_m^2\cdot P(X=a_m)$
	1	μ	$\sum_{i=1}^{m} a_i^2 P(X=a_i)$
			$V(X)$

Kontrollfeld: Summe muss 1 sein

Erwartungswert als Summe der Produkte

$V(X)=\sum_{i=1}^{m} a_i^2 P(X=a_i)-\mu^2$

Übungsaufgaben

2.
Berechne Erwartungswert und Varianz für die Zufallsgröße X: *Augenzahl beim Wurf eines regulärten Tetraeders [Oktaeders, Dodekaeders, Ikosaeders]*.

3.
Berechne Erwartungswert und Varianz für die Zufallsgröße *Augensumme beim 2fachen Würfeln*.
Warum ist das Ergebnis plausibel?

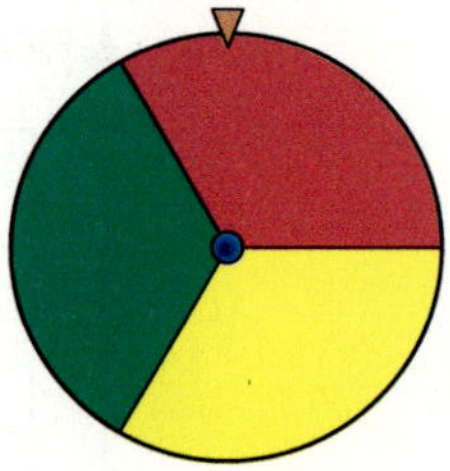

4.
Bestimme Erwartungswert und Varianz zur Zufallsgröße X: *Glücksfarbe des nebenstehenden Glücksrades.*

14.4 Bernoulli-Versuche und ihre Verteilungen

14.4.1 Bernoulli-Versuche und Binomialverteilungen

Aufgabe 1

Ein Hersteller von Überraschungs-Schokokugeln wirbt damit, dass in jeder siebten Kugel eine Figur enthalten ist, die unter Sammlern als besonders wertvoll gilt. Daher ist die Freude groß, wenn man in seiner Kugel eine solche Figur entdeckt.
Ein solcher Kugel-Inhalt werde also als „Erfolg" gewertet, alle anderen Kugel-Füllungen als „Misserfolg".
Wie groß ist die Wahrscheinlichkeit, beim Kauf von 4 Überraschungskugeln 0, 1, 2, 3, 4 Erfolge zu haben?
Bestimme dazu die Verteilung der Zufallsgröße X: *Anzahl der Erfolge.*

Lösung

(1) Baumdiagramm

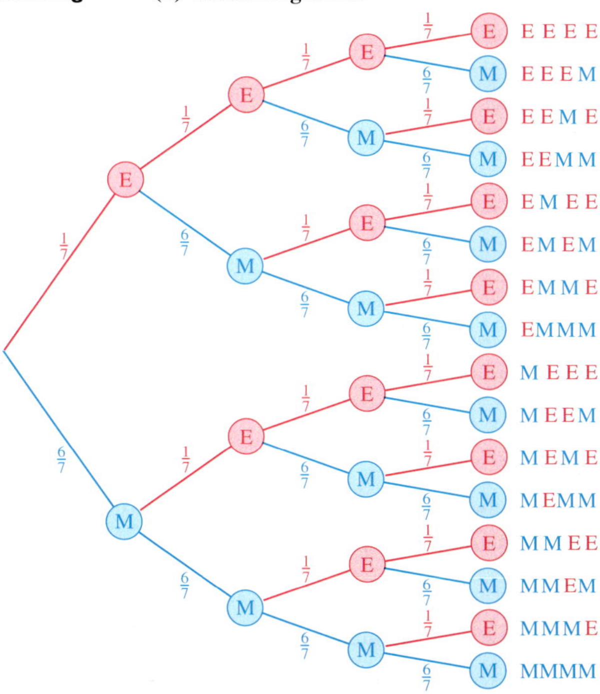

Auf jeder Stufe des 4-stufigen Zufallsversuchs interessiert nur, ob eine wertvolle Figur in der Kugel ist (Erfolg) oder nicht (Misserfolg).
Das Baumdiagramm hat daher 2^4, also 16 Pfade.

(2) Wahrscheinlichkeit für einen Pfad mit k Erfolgen

Nach der Pfadmultiplikationsregel hat jeder Pfad mit k Erfolgen die Wahrscheinlichkeit:

$\left(\frac{1}{7}\right)^k \cdot \left(\frac{6}{7}\right)^{4-k}, \quad k = 0, 1, 2, 3, 4$

Z.B. haben die 4 Pfade mit 3 Erfolgen die gleiche Wahrscheinlichkeit $\left(\frac{1}{7}\right)^3 \cdot \left(\frac{6}{7}\right)^1$, nämlich

$P(EEEM) = \frac{1}{7} \cdot \frac{1}{7} \cdot \frac{1}{7} \cdot \frac{6}{7};$

$P(EEME) = \frac{1}{7} \cdot \frac{1}{7} \cdot \frac{6}{7} \cdot \frac{1}{7};$

$P(EMEE) = \frac{1}{7} \cdot \frac{6}{7} \cdot \frac{1}{7} \cdot \frac{1}{7};$

$P(MEEE) = \frac{6}{7} \cdot \frac{1}{7} \cdot \frac{1}{7} \cdot \frac{1}{7}$

(3) Anzahl der Pfade mit k Erfolgen

Zum Ereignis *0 Erfolge* und zum Ereignis *4 Erfolge* gehört jeweils 1 Pfad; denn es gibt nur 1 Möglichkeit, lauter Misserfolge (0 Erfolge) bzw. lauter Erfolge (4 Misserfolge) hintereinander zu haben.

$\binom{4}{1} = \frac{4}{1} = \binom{4}{3} = \frac{4 \cdot 3 \cdot 2}{3 \cdot 2 \cdot 1}$

Zum Ereignis *1 Erfolg* bzw. *3 Erfolge* gehören jeweils 4 Pfade; denn es gibt $\binom{4}{1} = \binom{4}{3} = 4$ Möglichkeiten, von den 4 infrage kommenden Stufen eine bzw. drei Stufen auszuwählen, auf denen der Erfolg eintreten kann.

$\binom{4}{2} = \frac{4 \cdot 3}{2 \cdot 1} = 6$

Zum Ereignis *2 Erfolge* gehören 6 Pfade, denn es gibt $\binom{4}{2} = 6$ Möglichkeiten, von den 4 Stufen diejenigen 2 auszuwählen, auf denen der Erfolg eintreten kann.

(4) Verteilung der Zufallsgröße X: Anzahl der Erfolge

Aus (2) und (3) ergibt sich:

Wahrscheinlichkeit eines Ereignisses = Anzahl der Pfade, die zum Ereignis gehören · Wahrscheinlichkeit des Pfades, der zum Ereignis gehört

k	P(X=k)
0	$1 \cdot \left(\frac{1}{7}\right)^0 \cdot \left(\frac{6}{7}\right)^4 \approx 0{,}5398$
1	$4 \cdot \left(\frac{1}{7}\right)^1 \cdot \left(\frac{6}{7}\right)^3 \approx 0{,}3599$
2	$6 \cdot \left(\frac{1}{7}\right)^2 \cdot \left(\frac{6}{7}\right)^2 \approx 0{,}0900$
3	$4 \cdot \left(\frac{1}{7}\right)^3 \cdot \left(\frac{6}{7}\right)^1 \approx 0{,}0100$
4	$1 \cdot \left(\frac{1}{7}\right)^4 \cdot \left(\frac{6}{7}\right)^0 \approx 0{,}0004$
	Summe: 1,0001

Kontrollfeld

Rundungs-ungenauigkeit

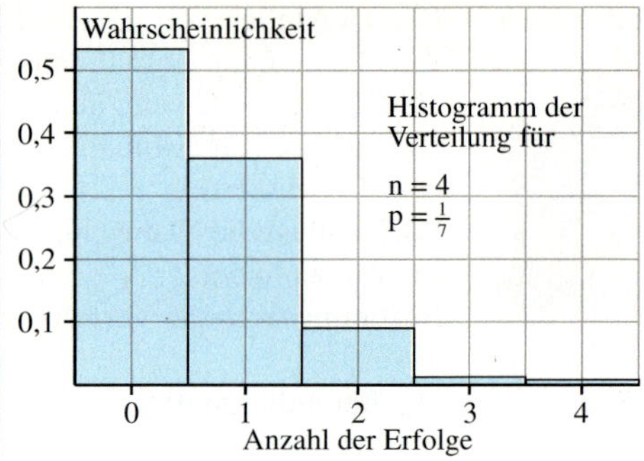

Weiterführende Aufgaben

2. *Vertauschen von Erfolg und Misserfolg*

a) Bei einem Spiel mit einem regulären Tetraeder werde das Auftreten einer Eins als Erfolg angesehen. Mit welcher Wahrscheinlichkeit treten beim 6fachen Werfen 0, 1, 2, ..., 6 Erfolge auf ?

b) Bei einem anderen Spiel mit einem regulären Tetraeder werde das Auftreten einer Eins als Misserfolg angesehen. Bestimme die Verteilung der Zufallsgröße X: *Anzahl der Erfolge beim 6fachen Tetraederwurf.*

3. *Zusammenhang mit den Binomischen Formeln*

Multipliziere den Term $\left(\frac{6}{7}+\frac{1}{7}\right)^4$ aus, d. h. schreibe den Term als Summe von Potenzen von $\frac{1}{7}$ bzw. $\frac{6}{7}$. Welcher Zusammenhang besteht mit dem Zufallsversuch in Aufgabe 1?

Information **(1) Bernoulli-Versuch**

Bei vielen Zufallsversuchen kann man eine Einteilung ausschließlich nach Erfolg und Misserfolg vornehmen.

In diesem Abschnitt betrachten wir mehrstufige Zufallsversuche, bei denen die Wahrscheinlichkeit für einen Erfolg von Stufe zu Stufe gleich bleibt.

Definition 5: Bernoulli-Versuch

(1) Ein Zufallsversuch mit nur zwei möglichen Ergebnissen heißt Bernoulli-Versuch. Diese Ergebnisse bezeichnet man als *Erfolg* bzw. *Misserfolg.*

(2) Wird ein Bernoulli-Versuch n-mal durchgeführt und ändert sich die Wahrscheinlichkeit p für einen Erfolg (*Erfolgswahrscheinlichkeit*) und die Wahrscheinlichkeit q(= 1 – p) für einen Misserfolg nicht, so spricht man von einem n-stufigen Bernoulli-Versuch.

(2) Interpretation als Bernoulli-Versuch

Die Begriffe *Erfolg* bzw. *Treffer* sind umgangssprachlich mit etwas Erfreulichem verbunden, *Misserfolg* oder *Niete* sind entsprechend negativ belastet. Im Zusammenhang mit dem Urnenmodell und der Ziehung unterschiedlich gefärbter Kugeln erscheinen die Bezeichnungen eher angemessen als in Anwendungssituationen. Wird z. B. bei 10 zufällig ausgesuchten Personen geprüft, ob eine Infektion vorliegt oder nicht, dann wird man das Vorliegen einer Infektion umgangssprachlich kaum als „Erfolg" bezeichnen, auch wenn die Mediziner oft von einem „positiven Befund" einer Untersuchung sprechen. Für die Interpretation als Bernoulli-Versuch interessieren nur folgende Eigenschaften:

- Der Zufallsversuch lässt sich als n-stufiger Versuch interpretieren (hier $n = 10$).
- Auf jeder Stufe können Erfolg bzw. Misserfolg unterschieden werden (hier: *Infektion liegt vor* oder *liegt nicht vor*).
- Die Wahrscheinlichkeit für einen Erfolg bzw. Misserfolg ist auf allen Stufen gleich. Erfolg und Misserfolg sind als Bezeichnungen austauschbar; entsprechend sind die Erfolgs- und Misserfolgswahrscheinlichkeiten p und q zu vertauschen.

(3) Binomialverteilung

Betrachten wir allgemein einen n-stufigen Bernoulli-Versuch und die zugehörige Zufallsgröße X: *Anzahl der Erfolge* mit Erfolgswahrscheinlichkeit p, dann berechnet sich die Wahrscheinlichkeit für k Erfolge wie folgt:

$$P(X=k) = \binom{n}{k} \cdot \underbrace{p^k \cdot q^{n-k}}$$

Anzahl der Pfade mit k Erfolgen — bezieht sich auf $\binom{n}{k}$

Wahrscheinlichkeit für einen Pfad mit k Erfolgen und n − k Misserfolgen — bezieht sich auf $p^k \cdot q^{n-k}$

denn es gibt gemäß der Pfadmultiplikationsregel $\binom{n}{k}$ Möglichkeiten, k Stufen mit Erfolgen aus den insgesamt n Stufen auszuwählen. Wegen des Zusammenhangs mit dem Binomischen Lehrsatz wird die Wahrscheinlichkeitsverteilung der Zufallsgröße X: *Anzahl der Erfolge bei einem n-stufigen Bernoulli-Versuch* als *Binomialverteilung* bezeichnet.

Beispiel: $n = 5$

Wahrscheinlichkeit für 0 Erfolge | *Wahrscheinlichkeit für 1 Erfolg* | *… für 2 Erfolge* | *… für 3 Erfolge* | *… für 4 Erfolge* | *… für 5 Erfolge*

$$(q+p)^5 = \binom{5}{0} p^0 q^5 + \binom{5}{1} p^1 q^4 + \binom{5}{2} p^2 q^3 + \binom{5}{3} p^3 q^2 + \binom{5}{4} p^4 q^1 + \binom{5}{5} p^5 q^0$$

Binomialverteilung

Gegeben ist ein n-stufiger Bernoulli-Versuch mit der Erfolgswahrscheinlichkeit p und der Misserfolgswahrscheinlichkeit $q = 1 - p$.
Die Wahrscheinlichkeitsverteilung der Zufallsgröße X: *Anzahl der Erfolge* heißt Binomialverteilung.
Die Wahrscheinlichkeit für k Erfolge berechnet sich nach der Formel:

$$P(X=k) = \binom{n}{k} p^k q^{n-k} = \binom{n}{k} p^k (1-p)^{n-k}$$

TAB **(4) Bestimmen von Binomialverteilungen mithilfe einer Tabellenkalkulation**

Man kann die Binomialverteilung auch leicht mithilfe einer Tabellenkalkulation bestimmen. So benutzt man beispielsweise in EXCEL folgende Einträge:

Zur kumulierten Binomialverteilung vgl. S. 425 ff.

- Für die Binomialverteilung $P(X = k)$ BINOMVERT(k; n; p; FALSCH)
- Für die kumulierte Binomialverteilung $P(X \leq k)$ BINOMVERT(k; n; p; WAHR)

	A	B	C
1	n =	20	
2	p =	0,3	
3			
4	k	P(X = k)	P(X<=k)
5	0	0,00079792	0,00079792
6	1	0,00683934	0,00763726
7	2	0,02784587	0,03548313

Werte für n bzw. p eingeben

= BINOMVERT(k; n; p; FALSCH)

= BINOMVERT(k; n; p; WAHR)

CAS **(5) Bestimmen von Binomialverteilungen mithilfe von CAS**

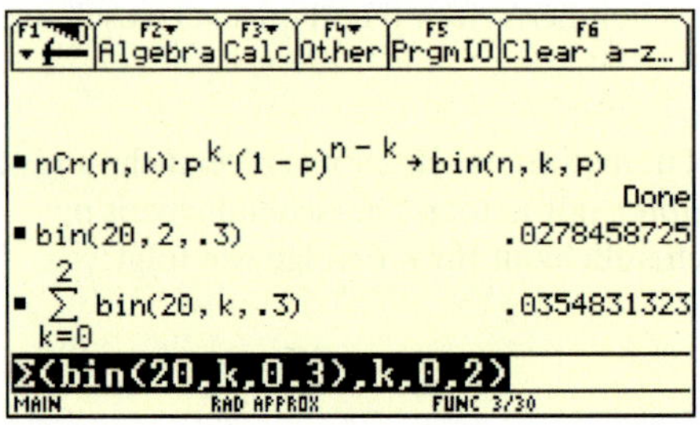

Das Fenster zeigt, wie man geeignete Funktionen für die Binomialverteilung bzw. die kumulierte Binomialverteilung definieren kann. Dabei wurden die gleichen Eingangswerte wie in Information (4) benutzt. Zuerst wurde die Funktion bin(n, k, p) definiert; die kumulierte Binomialverteilung wurde dann mithilfe dieser Funktion durch Summation bestimmt.

Übungsaufgaben

4.

Beschreibe den folgenden Zufallsversuch so, dass er als BERNOULLI-Versuch interpretierbar ist. Gib gegebenenfalls die Erfolgswahrscheinlichkeit p und die Misserfolgswahrscheinlichkeit q an. Sind eventuell mehrere Interpretationen möglich?

(1) Reißnagelwurf
(2) Ziehung einer Zahl in einer Wochenziehung des Lottospiels
(3) Geburt eines Kindes in einem Krankenhaus
(4) Blutbilduntersuchung bei einer zufällig ausgewählten Person

5.

An einem Mensch-ärgere-dich-nicht-Spiel nehmen 5 Personen teil. Mit welcher Wahrscheinlichkeit hat keiner von ihnen in der 1. Runde Erfolg (d. h. keiner von ihnen würfelt eine Sechs), hat einer Erfolg, haben zwei, drei, vier bzw. sogar alle fünf Erfolg?

6.

Fünf Münzen werden gleichzeitig geworfen. Interpretiere den Zufallsversuch als BERNOULLI-Versuch. Mit welcher Wahrscheinlichkeit hat man 0-mal, 1-mal, ..., 5-mal Wappen?

7.

42,5 % der Deutschen haben Blutgruppe A. Fünf Personen werden zufällig ausgewählt. Bestimme die Verteilung der Zufallsgröße X: *Anzahl der Personen mit Blutgruppe A.*

8.
Eine Münze werde 5-mal geworfen.

a) Bestimme die Verteilung der Zufallsgröße X: *Anzahl der Wappen.*

b) Mit welcher Wahrscheinlichkeit wirft man
(1) höchstens 3-mal Wappen;
(2) weniger als 3-mal Wappen;
(3) mindestens 1-mal Wappen;
(4) mehr als 1-mal Wappen?

9.
a) Bestimme die Verteilung der Zufallsgröße X für einen 3-stufigen BERNOULLI-Versuch mit der Erfolgswahrscheinlichkeit $p = 0{,}4$.

b) Welcher Zusammenhang besteht mit dem Term $(0{,}4 + 0{,}6)^3$?

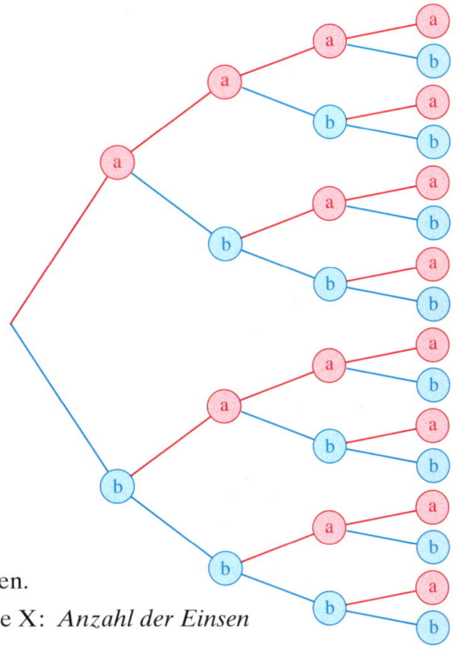

10.
Untersuche den Zusammenhang mit den binomischen Formeln: Das Baumdiagramm rechts lässt sich wie folgt interpretieren: Um $(a + b)^4$ auszurechnen, muss man die Klammern ausmultiplizieren:
$(a + b)\,(a + b)\,(a + b)\,(a + b)$
Welcher Zusammenhang besteht mit einem BERNOULLI-Versuch?

11.
Ein reguläres Tetraeder werde 6-mal geworfen.

a) Bestimme die Verteilung der Zufallsgröße X: *Anzahl der Einsen*
Zeichne das zugehörige Histogramm.

b) Welche Wahrscheinlichkeit hat das Ereignis
(1) mindestens eine Eins;
(2) mehr als 3 Einsen;
(3) höchstens 5 Einsen;
(4) lauter Einsen?

12.
Betrachte das nebenstehende Diagramm.
1-stufiger BERNOULLI-Versuch
2-stufiger BERNOULLI-Versuch
3-stufiger BERNOULLI-Versuch
4-stufiger BERNOULLI-Versuch
usw.

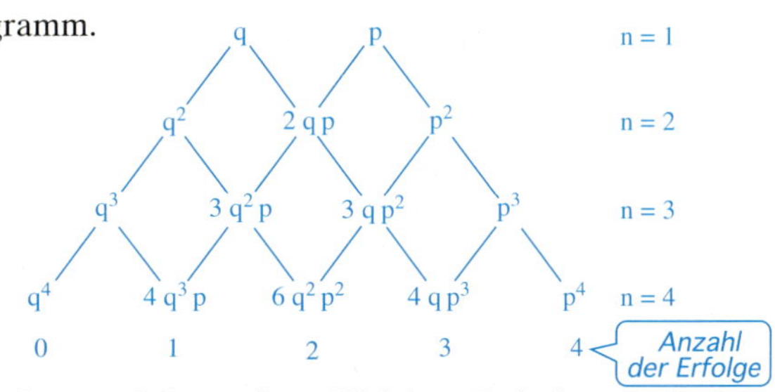

Erläutere das Diagramm am Beispiel des Münzwurfs: Wenn man eine Münze viermal wirft, kann man nach dem 3. Wurf den *Zwischenstand* feststellen. Welcher Zwischenstand muss nach dem 3. Münzwurf gegeben sein, damit nach dem 4. Wurf
(1) dreimal Wappen vorliegt;
(2) nullmal [viermal] Wappen vorliegt?
Beschreibe jeweils den Zusammenhang mit dem Aufbau des PASCAL'schen Dreiecks.

13.
Die Wahrscheinlichkeit, dass ein Junge oder ein Mädchen geboren wird, ist etwa 0,5.

a) In einem Krankenhaus werden an einem Tag 12 Kinder geboren.
Wie groß ist die Wahrscheinlichkeit, dass es genau 6 Jungen und 6 Mädchen sind?

b) Bestimme die Verteilung der Zufallsgröße X: *Anzahl der Mädchen in einer Familie mit 4 Kindern.*

c) Mit welcher Wahrscheinlichkeit sind in einer Familie mit 6 Kindern mehr Jungen als Mädchen?

14.
25 % aller Wahlberechtigten sind jünger als 30 Jahre, 75 % jünger als 60 Jahre.
Wie groß ist die Wahrscheinlichkeit dafür, dass

a) unter 8 zufällig ausgesuchten Wahlberechtigten
(1) genau 2 Personen, (2) mehr als 2 Personen unter 30 Jahre alt sind;

b) unter 8 zufällig ausgesuchten Wahlberechtigten
(1) genau 6 Personen, (2) mindestens 6 Personen unter 60 Jahre alt sind?

15.
Ein Würfel wird geworfen. Augenzahl 6 gelte als Erfolg.

a) Betrachte die Ereignisse
E_1: *2 Erfolge bei 6 Würfen*
E_2: *4 Erfolge bei 6 Würfen*
E_3: *4 Erfolge bei 12 Würfen*
Ist die Wahrscheinlichkeit $P(E_1)$
(1) doppelt so groß wie $P(E_2)$, (2) genauso groß wie $P(E_3)$?

b) Ist das Ereignis *Mindestens 1-mal Augenzahl 6 bei 6 Würfen* ein sicheres Ereignis?

▲ **16.**
Drei Münzen werden 6-mal geworfen. Bestimme die Wahrscheinlichkeit für folgende Ereignisse:
(1) 4-mal 2 Wappen
(2) 5-mal mindestens 1 Wappen
(3) 2-mal lauter Wappen
(4) 3-mal höchstens 1 Wappen
(5) 1-mal kein Wappen
(6) 4-mal 3 Wappen

17.
Begründe: Man erhält das Histogramm einer Binomialverteilung für $p_2 = 1 - p_1$, indem man das Histogramm für p_1 an der Parallelen zur P-Achse durch $X = \frac{n}{2}$ spiegelt.

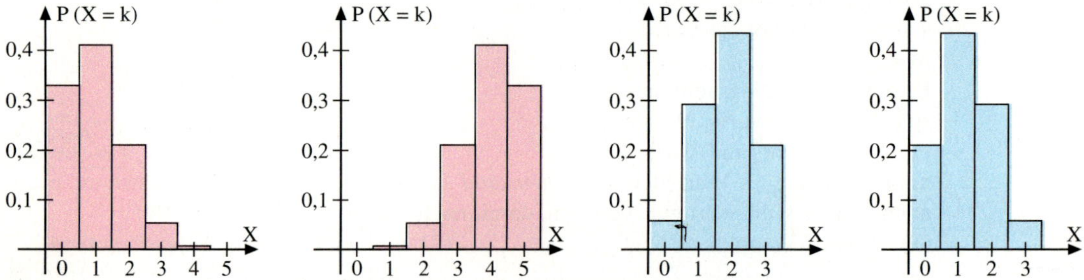

$n = 5$ und $p_1 = 0{,}2$ bzw. $p_2 = 0{,}8$ $n = 3$ und $p_1 = 0{,}6$ bzw. $p_2 = 0{,}4$

14.4.2 Kumulierte Binomialverteilungen

Einführung **Berechnung von Wahrscheinlichkeiten mithilfe der Tabellen der kumulierten Binomialverteilung**

Im Anhang sind Tabellen abgedruckt, aus denen man für bestimmte Werte von n und p Wahrscheinlichkeiten ablesen kann. Diese Tabellen sind dadurch entstanden, dass Wahrscheinlichkeiten aus einer Tabelle einer Binomialverteilung entnommen und fortlaufend addiert (kumuliert) wurden.

Beispiel: $n = 20$, $p = 0{,}4$

Die rechte Spalte der Tabelle findet man (auf drei Stellen gerundet) im Anhang III auf der Seite 502 unter $n = 20$ und $p = 0{,}4$.

Im dortigen Tafelwerk findet man kumulierte Wahrscheinlichkeiten der Binomialverteilungen für $n = 10; 20; 50; 100$ und $p = 0{,}1; \frac{1}{6}; 0{,}2; 0{,}25; 0{,}3; \frac{1}{3}; 0{,}4; 0{,}5$.

k	P(X=k)	P(X≤k)
0	0,00004	0,00004
1	0,00049	0,00053
2	0,00309	0,00362
3	0,01235	0,01597
4	0,03499	0,05096
5	0,07465	0,12561
6	0,12441	0,25002

$= P(X=0) + P(X=1)$

$= P(X=0) + P(X=1) + P(X=2)$

Welchen Vorteil die kumulierten Tabellen haben, kann man am folgenden Beispiel ablesen:

Beispiel: Eine Münze wird 100-mal geworfen.
Bestimme die Wahrscheinlichkeit für das Ereignis
(1) *(genau) 52-mal Wappen;*
(2) *mindestens 38-mal und höchstens 56-mal Wappen;*
(3) *mindestens 43-mal Wappen.*

Wir bezeichnen das Auftreten von Wappen als Erfolg, d.h. wir betrachten die Zufallsgröße X: *Anzahl der Wappen* (Erfolgswahrscheinlichkeit $p = 0{,}5$):

(1) $P(X = 52) = P(X \leq 52) - P(X \leq 51) = 0{,}691 - 0{,}618 = 0{,}073$
Das heißt, mit einer Wahrscheinlichkeit von 7,3% tritt beim 100-fachen Münzwurf genau 52-mal Wappen auf.

(2) $P(38 \leq X \leq 56)$
$= P(X = 38, 39, 40, \ldots, 56)$
$= P(X \leq 56) - P(X \leq 37)$
$= 0{,}903 - 0{,}006 = 0{,}897$
das heißt, mit einer Wahrscheinlichkeit von 89,7% tritt beim 100-fachen Münzwurf mindestens 38-mal und höchstens 56-mal Wappen auf.

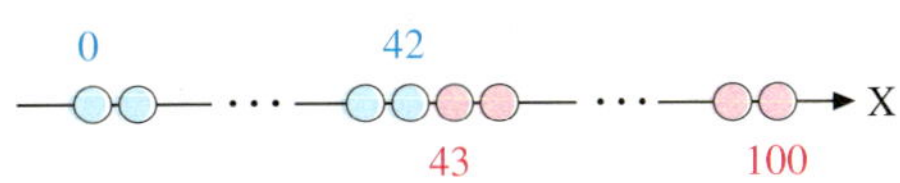

Darstellung am Zahlenstrahl

(3) $P(X \geq 43)$
$= P(X = 43, 44, 45, \ldots, 100)$
$= P(X \leq 100) - P(X \leq 42)$
$= 1 - 0{,}067 = 0{,}933$
oder direkt über das Gegenereignis
$P(X \geq 43) = 1 - P(X \leq 42) = 0{,}933$

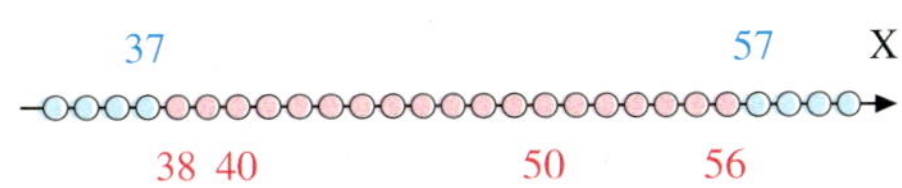

Darstellung am Zahlenstrahl

Das heißt, mit einer Wahrscheinlichkeit von 93,3% tritt beim 100-fachen Münzwurf mindestens 43-mal Wappen auf.

Aufgabe 1 *Benutzung des Tafelwerks für $p > 0{,}5$*

In 90 % der Haushalte der Bundesrepublik ist ein Kühlschrank vorhanden. In 100 zufällig ausgesuchten Haushalten wird eine Befragung durchgeführt.

Bestimme die Wahrscheinlichkeit für das Ereignis *Ein Kühlschrank ist vorhanden*

(1) *in genau 90 Haushalten;*

(2) *in mindestens 85 und höchstens 92 Haushalten;*

(3) *in weniger als 87 Haushalten.*

Lösung Im Tafelwerk sind Erfolgswahrscheinlichkeiten größer als 0,5 nicht berücksichtigt.
Beachte: Was man als Erfolg oder als Misserfolg ansieht, ist willkürlich. Statt der Erfolgswahrscheinlichkeit $p_1 = 0{,}9$ betrachten wir die Erfolgswahrscheinlichkeit $p_2 = 0{,}1$.
Dazu gehen wir von der Zufallsgröße

X_1: *Anzahl der Haushalte mit Kühlschrank* ($p_1 = 0{,}9$) über zur Zufallsgröße

X_2: *Anzahl der Haushalte ohne Kühlschrank* ($p_2 = 0{,}1$).

Bei den Ereignissen müssen wir jeweils ausrechnen, wie viele Haushalte *ohne* Kühlschrank betrachtet werden.

(1) $P(X_1 = 90) = P(X_2 = 10) = P(X_2 \le 10) - P(X_2 \le 9) = 0{,}583 - 0{,}451 = 0{,}132$

(2) $P(85 \le X_1 \le 92) = P(X_1 = 85, 86, \ldots, 92)$
$= P(X_2 = 15, 14, \ldots, 8)$
$= P(8 \le X_2 \le 15)$
$= P(X_2 \le 15) - P(X_2 \le 7)$
$= 0{,}960 - 0{,}206 = 0{,}754$

Erfolg und Misserfolg vertauschen, falls $p > 0{,}5$

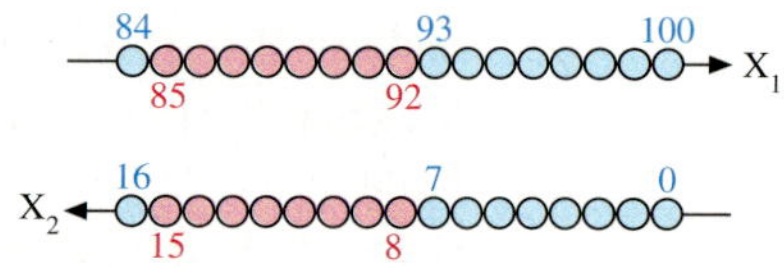

(3) $P(X_1 < 87) = P(X_1 = 0, 1, \ldots, 86)$
$= P(X_2 = 100, 99, \ldots, 14)$
$= P(14 \le X_2 \le 100)$
$= P(X_2 \le 100) - P(X_2 \le 13)$
$= 1 - 0{,}876 = 0{,}124$

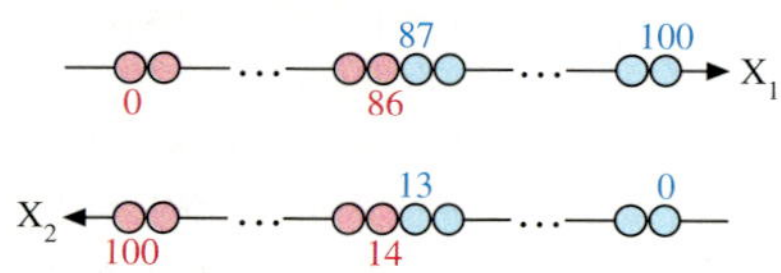

Information CAS **Benutzung von CAS oder der Tabellen von kumulierten Binomialverteilungen**

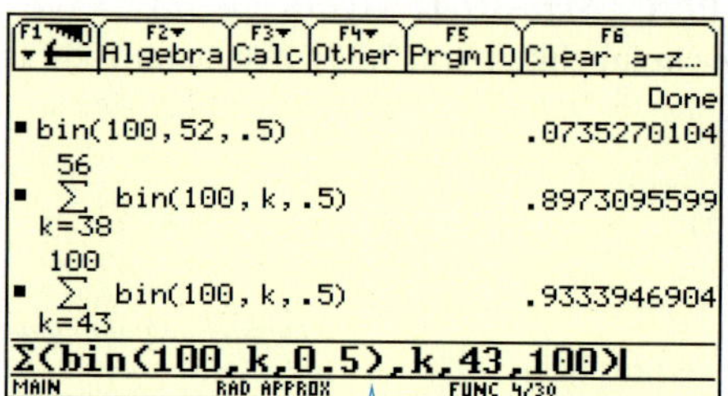

Berechnen der Wahrscheinlichkeit $P(X \le 43)$ beim 100fachen Werfen

Das abgebildete Rechnerfenster zeigt, wie man mithilfe eines CAS die Wahrscheinlichkeiten aus der Einführung von Seite 425 berechnen kann. Dabei wird die Funktion bin(n, k, p) aus der Information von Seite 422 benutzt. Bei der Summenschreibweise kann man das Intervall direkt angeben. Die folgende Übersicht zeigt, wie man die Wahrscheinlichkeit P mit einem CAS oder mit der Tabelle der kumulierten Wahrscheinlichkeiten berechnet.

	$P(X = k)$	$P(a \le k \le b)$	$P(X \ge a)$	$P(X > b)$
CAS	$\binom{n}{k} \cdot p^k \cdot (1-p)^{n-k}$	$\sum_{k=a}^{b} \binom{n}{k} \cdot p^k \cdot (1-p)^{n-k}$	$\sum_{k=a}^{n} \binom{n}{k} \cdot p^k \cdot (1-p)^{n-k}$	$\sum_{k=b+1}^{n} \binom{n}{k} \cdot p^k \cdot (1-p)^{n-k}$
Tabelle	$P(X \le k) - P(X \le k-1)$	$P(X \le b) - P(X \le a-1)$	$1 - P(X \le a-1)$	$1 - P(X \le b)$

Rückgängigmachen des Kumulierens durch Differenzbildung

Genau auf die Intervalle achten

Bei mindestens oder mehr zum Gegenereignis übergehen

Übungsaufgaben

2.
Bestimme die Wahrscheinlichkeiten mithilfe der Tabellen oder einem CAS.

a) $n=10$; $p=0{,}1$; $P(X=3)$
b) $n=20$; $p=0{,}2$; $P(X=7)$
c) $n=50$; $p=0{,}25$; $P(X=10)$
d) $n=100$; $p=0{,}3$; $P(X=28)$
e) $n=10$; $p=0{,}3$; $P(4 \leq X \leq 7)$
f) $n=20$; $p=\frac{1}{3}$; $P(3 \leq X \leq 6)$
g) $n=50$; $p=0{,}4$; $P(19 \leq X \leq 24)$
h) $n=100$; $p=0{,}1$; $P(10 \leq X \leq 18)$

3.
Eine Münze wird 100-mal geworfen. Mit welcher Wahrscheinlichkeit hat man
(1) mindestens 45, höchstens 55-mal Wappen;
(2) mindestens 40, höchstens 60-mal Wappen;
(3) weniger als 55-mal Wappen;
(4) mehr als 47-mal Wappen?

4.
Nur noch in ca. 30% der Haushalte ist ein Schallplattenspieler vorhanden. Im Rahmen einer Marktuntersuchung werden 100 Haushalte zufällig ausgewählt. Mit welcher Wahrscheinlichkeit findet man in

a) (1) mehr als 30 (2) mindestens 30 (3) mehr als 24, aber weniger als 28 (4) höchstens 37 dieser Haushalte einen Schallplattenspieler?

b) (1) genau 68 (2) weniger als 71 (3) höchstens 68 (4) mehr als 71 dieser Haushalte keinen Schallplattenspieler?

5.
a) Eine Münze wird 100-mal geworfen. Wir betrachten die Zufallsgröße X: *Anzahl der Wappen.* Es gilt z.B. $P(43 \leq X \leq 59) = 0{,}905 \approx 90\%$, d.h. mit einer Wahrscheinlichkeit von ca. 90% liegt die Anzahl der Wappen im Intervall [43; 59]. Gib ein Intervall an, in dem mit einer Wahrscheinlichkeit von ca. 80% [ca. 95%] die Anzahl der Wappen liegen wird.

b) Ein Würfel wird 100-mal geworfen. Gib ein Intervall an, in dem mit einer Wahrscheinlichkeit von ca. 90% [ca. 80%; ca. 95%] die Anzahl X der Würfe mit Augenzahl 6 liegen wird.

6.
Ein Multiple-Choice-Test besteht aus 50 Items (Aufgaben) mit jeweils 5 Antworten, von denen jeweils nur eine richtig ist. Mit welcher Wahrscheinlichkeit kann man durch bloßes Raten folgende Anzahl an Items richtig beantworten?
(1) Mehr als 20 Items
(2) Mindestens 10 und höchstens 20 Items
(3) Weniger als 10 Items
(4) Genau 15 Items

7.
Bestimme die Wahrscheinlichkeiten mithilfe der Tabellen.

a) $P(X=7)$ für $n=10$; $p=0{,}75$
b) $P(X=14)$ für $n=20$; $p=\frac{2}{3}$
c) $P(X=40)$ für $n=50$; $p=0{,}9$
d) $P(3 \leq X \leq 8)$ für $n=10$; $p=0{,}75$
e) $P(15 \leq X \leq 20)$ für $n=20$; $p=\frac{5}{6}$
f) $P(70 \leq X \leq 78)$ für $n=100$; $p=0{,}8$
g) $P(X \geq 7)$ für $n=10$; $p=0{,}4$
h) $P(X < 18)$ für $n=20$; $p=0{,}9$
i) $P(X \leq 41)$ für $n=50$; $p=0{,}7$
j) $P(X > 30)$ für $n=100$; $p=0{,}2$

8.

Ein Würfel wird 20-mal geworfen. Gib das Gegenereignis zu folgendem Ereignis an und bestimme die Wahrscheinlichkeit des Gegenereignisses.

(1) Mehr als 3-mal Augenzahl 2
(2) Höchstens 8-mal Augenzahl 5 oder 6
(3) Weniger als 6-mal eine Augenzahl kleiner als 5
(4) Mindestens 10-mal eine Augenzahl größer als 1
(5) Mehr als 4-mal, aber weniger als 9-mal Augenzahl 2 oder 3
(6) Mindestens 11-mal und höchstens 14-mal keine Sechs

9.

Ein Blumenhändler gibt für seine Blumenzwiebeln eine 90%-Keimgarantie. Jemand kauft eine Packung mit 10 [20; 50] Zwiebeln.
Mit welcher Wahrscheinlichkeit keimen
(1) alle Zwiebeln;
(2) genau 90% der gekauften Zwiebeln;
(3) mehr als 90% der gekauften Zwiebeln?

10.

In der Kantine einer Firma nehmen erfahrungsgemäß durchschnittlich 60 der 100 Angestellten ihr Mittagessen ein.
Mit welcher Wahrscheinlichkeit werden
(1) mehr als 60, (2) weniger als 60, (3) weniger als 70, (4) mindestens 70,
(5) genau 70 Personen in der Kantine essen?

11.

In 80% der Haushalte der Bundesrepublik ist ein CD-Player vorhanden. Eine Befragung wird in 100 zufällig ausgesuchten Haushalten durchgeführt.
Wie groß ist die Wahrscheinlichkeit, dass man
(1) in genau 80, (2) in mindestens 80, (3) in mehr als 80
Haushalten einen CD-Player vorfindet?

12.

40% der Mitteleuropäer haben Blutgruppe A. Mit welcher Wahrscheinlichkeit werden unter 100 Blutspendern
(1) genau 45, (3) höchstens 48,
(2) mehr als 35, (4) mindestens 30, höchstens 50 Blutgruppe A haben?

13.

Von den 100 Beschäftigten eines Betriebes kommen durchschnittlich 40% mit einem eigenen Auto zur Arbeit.

a) Mit welcher Wahrscheinlichkeit genügt ein Parkplatz mit 50 Plätzen?

b) Wie viele Plätze müssen zur Verfügung stehen, damit diese mit einer Wahrscheinlichkeit von mindestens 90% ausreichen?

14.

Jemand benötigt 40 Schrauben. 10% der Schrauben in einer Packung sind defekt.
Mit welcher Wahrscheinlichkeit kommt er mit einer 50-Schrauben-Packung aus?

14.4.3 Erwartungswert einer Binomialverteilung

Aufgabe 1 *Maximum von Binomialverteilungen*

Ein n-stufiger Bernoulli-Versuch mit Erfolgswahrscheinlichkeit p wird durchgeführt. Welche Vorhersagen (Prognosen) über die Anzahl der Erfolge lassen sich aufgrund der Kenntnis folgender Histogramme machen?

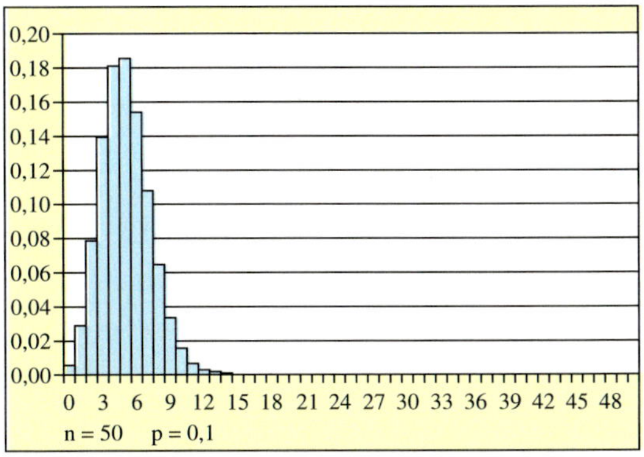

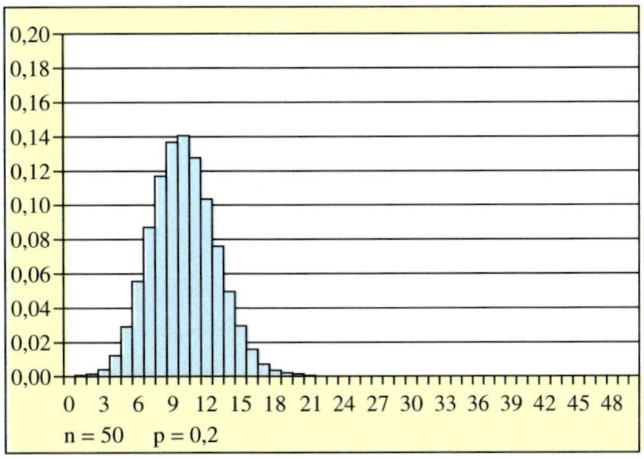

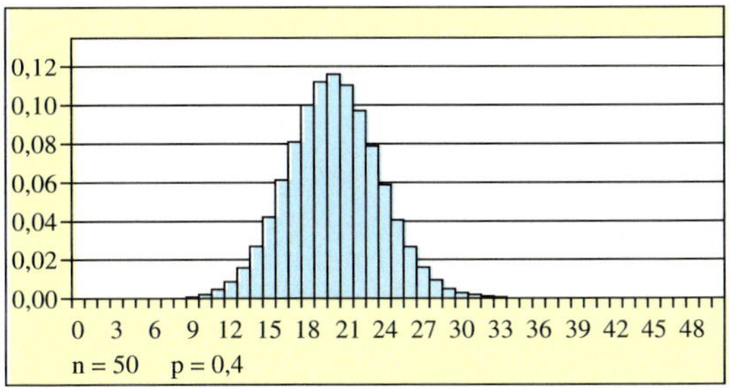

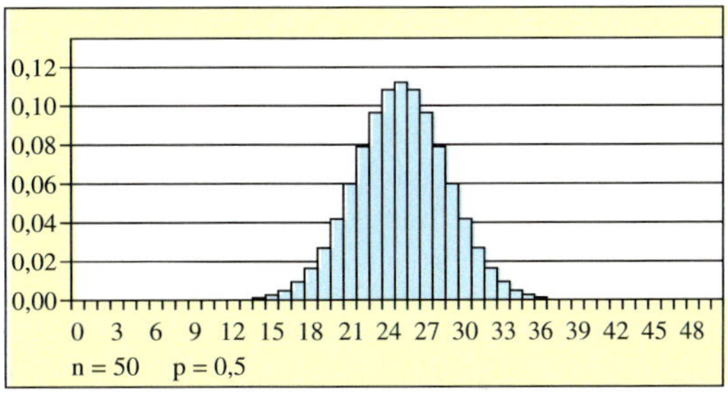

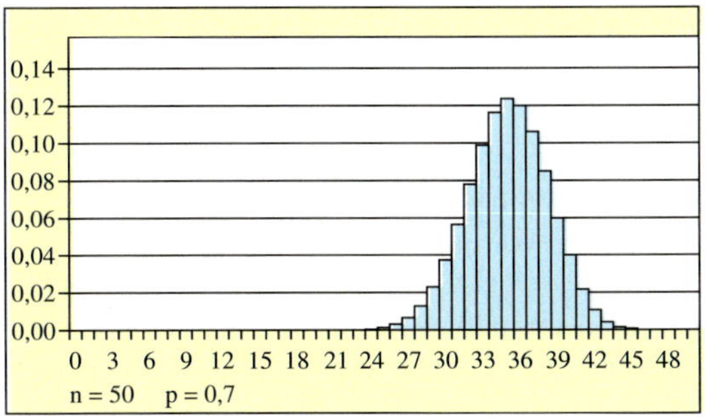

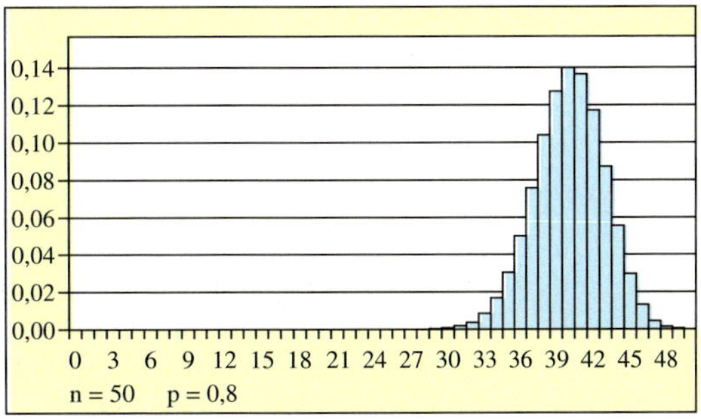

Lösung Wenn ein Zufallsversuch 50-mal durchgeführt wird, bei dem ein bestimmtes Ergebnis (Erfolg) mit Wahrscheinlichkeit $p = 0{,}1$ eintritt, dann erwarten wir, dass dieses Ergebnis ungefähr $50 \cdot 0{,}1$-mal, also 5-mal eintreten wird. Analog erwarten wir bei $p = 0{,}2$ ungefähr $50 \cdot 0{,}2 = 10$ Erfolge in 50 Versuchen. Allgemein: Bei n Versuchen mit der Erfolgswahrscheinlichkeit p erwartet man entsprechend $n \cdot p$ Erfolge.

Beachte: $n \cdot p$ muss nicht ganzzahlig sein

An den Histogrammen lesen wir ab, dass diese *erwarteten* Ergebnisse diejenigen Ergebnisse der Binomialverteilung sind, die die größte Wahrscheinlichkeit haben, d.h. das Maximum der Verteilungen liegt beim Wert $n \cdot p$. Auch den Nachbarwerten von $n \cdot p$ kommt eine vergleichsweise große Wahrscheinlichkeit zu. Weiter entfernt liegende Ergebnisse haben nur eine geringe Wahrscheinlichkeit.

Information

(1) Erwartungswert einer Binomialverteilung

Man kann allgemein die Formel $E(X) = n \cdot p$ mithilfe des Binomischen Lehrsatzes beweisen. Wir begnügen uns hier mit den Berechnungen für Binomialverteilungen mit $n = 1, 2, 3$ und beliebigem p:

$n = 1$

k	P(X=k)	k·P(X=k)
0	q	0
1	p	p

$E(X) = p$

Beachte: $p + q = 1$

$n = 2$

k	P(X=k)	k·P(X=k)
0	q^2	0
1	$2pq$	$2pq$
2	p^2	$2p^2$

$E(X) = 2pq + 2p^2$
$= 2p(q+p) = 2p$

$n = 3$

k	P(X=k)	k·P(X=k)
0	q^3	0
1	$3pq^2$	$3pq^2$
2	$3p^2q$	$6p^2q$
3	p^3	$3p^3$

$E(X) = 3p(q^2 + 2pq + p^2)$
$= 3p(q+p)^2 = 3p$

Allgemein ergibt sich: $E(X) = np \cdot (q+p)^{n-1} = np$.

Erwartungswert bei einer Binomialverteilung

Gegeben sei ein n-stufiger BERNOULLI-Versuch mit der Erfolgswahrscheinlichkeit p.
Für den Erwartungswert μ der Zufallsgröße X: *Anzahl der Erfolge* gilt:
$\mu = E(X) = n \cdot p$

(2) Häufigkeitsinterpretation und Erwartungswert

Die Häufigkeitsinterpretation der Wahrscheinlichkeit besagt (vgl. Seite 354): Hat ein bestimmtes Ergebnis eines Zufallsversuchs die Wahrscheinlichkeit p, dann machen wir die Prognose, dass nach einer großen Zahl n von Versuchsdurchführungen das Ergebnis ungefähr $n \cdot p$-mal auftreten wird. Hierbei geht man davon aus, dass ein Versuch n-mal *unter gleichen Voraussetzungen* wiederholt wird, d. h. wir fordern genau die Bedingungen, die erfüllt sein müssen, wenn wir von einem n-stufigen BERNOULLI-Versuch sprechen. Die Wahrscheinlichkeit dafür, dass *genau* $n \cdot p$ Erfolge eintreten, kann relativ klein sein:

Beispiel:

Bei einem 10-stufigen BERNOULLI-Versuch mit $p = 0{,}3$ ist $P(X = 3) = 0{,}267$, d. h. nur mit einer Wahrscheinlichkeit von 26,7 % treten tatsächlich so viele Erfolge ein, wie der Erwartungswert angibt. Wird n größer, nimmt diese Wahrscheinlichkeit sogar ab.
$n = 20$: $P(X = 6) = 0{,}192$; $n = 50$: $P(X = 15) = 0{,}122$; $n = 100$: $P(X = 30) = 0{,}087$.
Bei der Häufigkeitsinterpretation spricht man deshalb auch nur von *ungefähr* $n \cdot p$ zu erwartenden Erfolgen. Wie groß die Abweichungen von $n \cdot p$ sein können, ist Thema von Kapitel 14.7.2 (Seite 454).

(3) Mittlere Wartezeit zwischen zwei Erfolgen

Der Häufigkeitsinterpretation der Wahrscheinlichkeit entspricht auch die Aussage:
Die mittlere Wartezeit zwischen zwei Erfolgen ist $\frac{1}{p}$.
Oder: *Im Mittel ist jeder* $\frac{1}{p}$*-te Versuch erfolgreich.*
Beispiel: $p = \frac{1}{6}$ für Augenzahl 3 beim Würfeln bedeutet:
Auf *n Würfe kommen ungefähr* $n \cdot p$ *Erfolge* oder:
Auf 6 Würfe kommt ungefähr 1 Erfolg.
Diese Mittelwertaussage bezüglich der Wartezeit lässt sich auch formal beweisen.

Übungsaufgaben

2.
Bestimme die Binomialverteilung für $n = 10$ und dann $p = 0{,}3$ und mithilfe dieser Tabelle mit den Wahrscheinlichkeiten den Erwartungswert der Verteilung.

3.
Man kann allgemein beweisen: Das Maximum einer Binomialverteilung liegt in der Nähe des Erwartungswerts $\mu = n \cdot p$.
Genauer:
(1) Ist $\mu = n \cdot p$ ganzzahlig, dann ist $P(X = \mu)$ das Maximum der Verteilung, d.h. der Wert mit der größten Wahrscheinlichkeit.
(2) Ist $\mu = n \cdot p$ nicht ganzzahlig, dann liegt das Maximum der Verteilung zwischen $\mu - q$ und $\mu + p$.
Überprüfe diese Aussagen für $n = 7$ und $p = 0{,}1; 0{,}2; 0{,}3; 0{,}4; 0{,}5$.

14.4.4 Binomialverteilung und Ziehen ohne Zurücklegen (Stichprobennahme)

Eine Binomialverteilung kann nur dann vorliegen, wenn sich bei mehrfacher Durchführung des Versuchs die Wahrscheinlichkeit für einen Erfolg nicht ändert. Dies ist offensichtlich bei Ziehvorgängen mit Zurücklegen der Fall, aber nicht beim Ziehen ohne Zurücklegen.
Meinungsbefragungen werden aber so durchgeführt, dass ausgewählte Personen nur einmal befragt werden. Darf man hier trotzdem so rechnen, als handele es sich um ein *Ziehen mit Zurücklegen*, d.h. darf man auch beim Ziehen ohne Zurücklegen das Binomialmodell anwenden?

Aufgabe 1 In der Jahrgangsstufe 12 eines Gymnasiums sind 80 Jungen und 70 Mädchen.
6 Freikarten sollen ausgelost werden. Dazu entnimmt man der Schülerkartei zufällig nacheinander die Karten von 6 Schülern. Betrachte die beiden Möglichkeiten:
(1) Nach jeder Ziehung wird die Karte wieder zurückgestellt (sodass möglicherweise ein Schüler mehr als eine Freikarte erhält).
(2) Die gezogenen Karten werden nicht wieder zurückgestellt.
Mit welcher Wahrscheinlichkeit erhalten (genau) 3 Schülerinnen eine Karte?
Vergleiche die Wahrscheinlichkeiten in den Fällen (1) und (2).

Lösung (1) Der Anteil der Mädchen an der Gesamtheit aller Schülerinnen und Schüler der Jahrgangsstufe 12 ist $\frac{70}{150}$. Da vor jeder Ziehung 150 Karten im Karteikasten stehen, ist die Zufallsgröße X: *Anzahl der Schülerinnen, die eine Freikarte bekommen* binomialverteilt mit $p = \frac{70}{150}$ und $n = 6$.
Das betrachtete Ereignis hat deshalb die Wahrscheinlichkeit:

$$P(X = 3) = \binom{6}{3} \cdot \left(\frac{70}{150}\right)^3 \cdot \left(\frac{80}{150}\right)^3 = 0{,}3084 \approx 0{,}308$$

Mit einer Wahrscheinlichkeit von ca. 30,8 % gehen 3 der 6 Karten an Mädchen.

(2) Es gibt $\binom{80}{3} \cdot \binom{70}{3}$ Möglichkeiten, 3 Jungen aus einer Menge von 80 Jungen und 3 Mädchen aus einer Menge von 70 Mädchen herauszugreifen. Insgesamt gibt es $\binom{150}{6}$ Möglichkeiten, 6 Personen aus einer Menge von 150 Personen auszuwählen.

Daher ist hier:

$$P(X=3) = \frac{\binom{80}{3} \cdot \binom{70}{3}}{\binom{150}{6}} = \frac{\frac{80 \cdot 79 \cdot 78}{3 \cdot 2 \cdot 1} \cdot \frac{70 \cdot 69 \cdot 68}{3 \cdot 2 \cdot 1}}{\frac{150 \cdot 149 \cdot 148 \cdot 147 \cdot 146 \cdot 145}{6 \cdot 5 \cdot 4 \cdot 3 \cdot 2 \cdot 1}} = 0{,}3146 \approx 0{,}315 \text{ (vgl. Seite 372)}$$

Bei dem zweiten Auswahlverfahren ergibt sich eine Wahrscheinlichkeit von ca. 31,5% für das Ereignis, dass (genau) 3 Schülerinnen eine Karte erhalten. Dieser Zahlenwert unterscheidet sich allerdings nicht wesentlich $\left(\text{um weniger als } \frac{1}{100}\right)$ von dem in (1).

Information **Stichprobenumfang und Binomialansatz**

Zieht man aus einer großen Gesamtheit nur wenige Elemente zufällig heraus, dann ergeben sich rechnerisch annähernd gleiche Wahrscheinlichkeitswerte, wenn man die Auswahl mit oder ohne Zurücklegen vornimmt. Dabei gilt in diesem Fall:

Stichprobenumfang = Anzahl der Stufen
Stichprobenergebnis = Anzahl der Erfolge
Anteil an der Gesamtheit = Erfolgswahrscheinlichkeit

Binomialansatz bei Stichprobennahmen

Ist das Verhältnis *Umfang der Gesamtheit* zu *Umfang der Stichprobe* sehr groß, dann ist für die Wahrscheinlichkeitsberechnung näherungsweise ein Rechnen mit der Binomialverteilung zulässig.

2.

Die Wahrscheinlichkeit in Lösung (2) der Aufgabe 1 kann auch geschrieben werden als $P(X=3) = \binom{6}{3} \cdot \frac{80}{150} \cdot \frac{79}{149} \cdot \frac{78}{148} \cdot \frac{70}{147} \cdot \frac{69}{146} \cdot \frac{68}{145}$.

Begründe dies durch Umformung des in der Lösung (2) angegebenen Terms und durch Überlegungen in einem geeigneten Baumdiagramm.

3.

Zeige an folgendem Beispiel: Der Binomialansatz ist nicht zulässig, wenn das Verhältnis *Umfang der Gesamtheit* zu *Umfang der Stichprobe* nicht groß ist.

Bestimme die Wahrscheinlichkeiten für das Beispiel in der Aufgabe 1. Führe dabei beide Rechnungen durch für eine Klasse mit 10 Jungen und 12 Mädchen, an die 6 Freikarten verteilt werden sollen.

4.

Bestimme in der Aufgabe 1 auch die übrigen Wahrscheinlichkeiten $P(X=0)$, $P(X=1), \ldots, P(X=6)$ nach beiden Ansätzen und vergleiche die Ergebnisse.

5.

Bei einer Wahl erhielt Partei A 45% der Stimmen. Unter den Personen, die an der Wahl teilgenommen haben, soll eine Umfrage vom Umfang 100 durchgeführt werden.

Deute die Umfrage als BERNOULLI-Versuch. Wie groß sind n und p?

Mit welcher Wahrscheinlichkeit sind unter den 100 ausgesuchten Personen genau 40 A-Wähler? Gib einen Term an.

14.5 Der Alternativtest

14.5.1 Das Entscheidungsverfahren – Möglichkeiten und Fehler

Aufgabe 1 *Entscheidungsverfahren beim Alternativtest*

Viele Menschen leiden unter Bluthochdruck. Die auf dem Markt vorhandenen Arzneimittel helfen bei etwa 60% der Patienten.

Von einem neuen Medikament behaupten die Hersteller, dass es wesentlich wirksamer sei: Patienten sollen sogar in 80% der Fälle von ihrem Leiden befreit werden können. Um die Wirksamkeit des neuen Medikaments zu überprüfen, sollen zufällig ausgewählte Patienten mit der neuen Arznei behandelt werden. Damit psychologische Effekte den Heilungsprozess nicht beeinflussen, wird den Patienten nicht mitgeteilt, dass sie das neue Medikament erhalten. Wegen möglicher Risiken beschränkt man sich auf die Behandlung von 20 Patienten.

a) Angenommen, die Behauptung des Arzneimittelherstellers ist richtig, d.h. die Heilungschance p beträgt $p = 0{,}8$. Dann erwarten wir im Versuch mit $n = 20$ Patienten ca. $n \cdot p = 16$ Heilungen.
Wenn mehr als 16 Heilungen eintreten, spricht das eher für die Behauptung des Herstellers. Zufällig kann es aber auch zu weniger als 16 Heilungen kommen, obwohl $p = 0{,}8$. Mit welcher Wahrscheinlichkeit ist dies der Fall?
Berechne dazu für die Zufallsgröße
X: *Anzahl der geheilten Patienten*
die Wahrscheinlichkeiten $P_{0,8}(X \leq 15)$, $P_{0,8}(X \leq 14)$, ..., $P_{0,8}(X \leq 12)$.

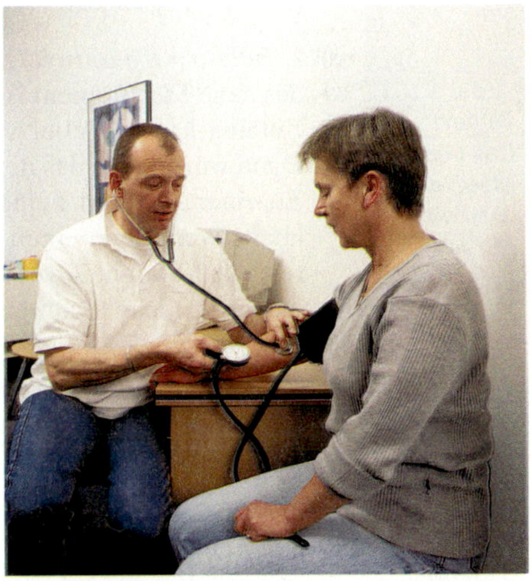

b) Angenommen, die Heilungschance des neuen Medikaments beträgt auch nur 60% wie bei den bekannten Arzneimitteln ($p = 0{,}6$). Dann erwarten wir ca. $n \cdot p = 12$ Heilungen.
Wenn weniger als 12 Heilungen eintreten, spricht dies eher gegen die Behauptung des Herstellers ($p = 0{,}8$). Zufällig kann es aber auch zu mehr als 12 Heilungen kommen, obwohl $p = 0{,}6$. Mit welcher Wahrscheinlichkeit ist dies der Fall?
Berechne dazu die Wahrscheinlichkeiten $P_{0,6}(X \geq 13)$, $P_{0,6}(X \geq 14)$, ..., $P_{0,6}(X \geq 17)$.

c) Bevor man den Zufallsversuch durchführt, muss man sich entscheiden, bei welcher Anzahl von Heilungen man $p = 0{,}8$ oder $p = 0{,}6$ für richtig halten will.
Man kann z.B. vorher festlegen, dass man den Behauptungen des Herstellers glaubt ($p = 0{,}8$), falls mindestens 15 Personen geheilt werden (Ereignis $X \geq 15$); dass man andernfalls (Ereignis $X \leq 14$) aber davon ausgeht, dass dieses Medikament auch nicht besser ist als die bekannten Medikamente ($p = 0{,}6$). Wir verfahren also nach folgender *Entscheidungsregel:* Falls $X \geq 15$, dann halten wir $p = 0{,}8$ für richtig; falls $X \leq 14$, dann halten wir $p = 0{,}6$ für richtig.
Überlege, welche Fehler bei dieser *Entscheidungsregel* möglich sind und mit welcher Wahrscheinlichkeit diese Fehler auftreten.

Lösung

a) Wir deuten den Vorgang als 20-stufigen BERNOULLI-Versuch mit $p = 0{,}8$.
Die Wahrscheinlichkeiten entnehmen wir den Tabellen kumulierter Wahrscheinlichkeiten (vgl. Seite 502).
$P_{0,8}(X \leq 15) = 0{,}370$
$P_{0,8}(X \leq 14) = 0{,}196$
$P_{0,8}(X \leq 13) = 0{,}087$
$P_{0,8}(X \leq 12) = 0{,}032$

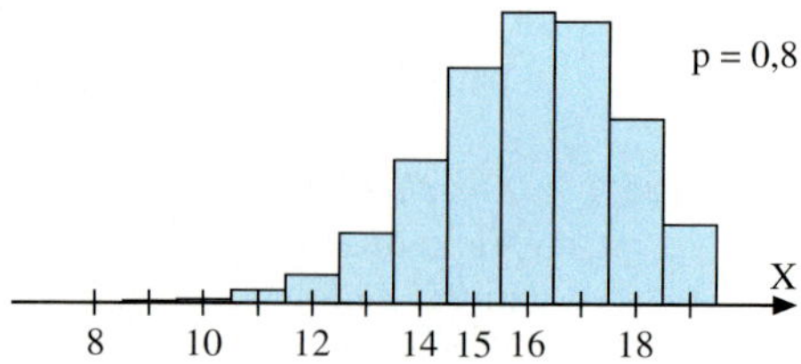

b) Entsprechend berechnen wir für $n = 20$, $p = 0{,}6$:
$P_{0,6}(X \geq 13) = 0{,}416$
$P_{0,6}(X \geq 14) = 0{,}250$
$P_{0,6}(X \geq 15) = 0{,}126$
$P_{0,6}(X \geq 16) = 0{,}051$
$P_{0,6}(X \geq 17) = 0{,}016$

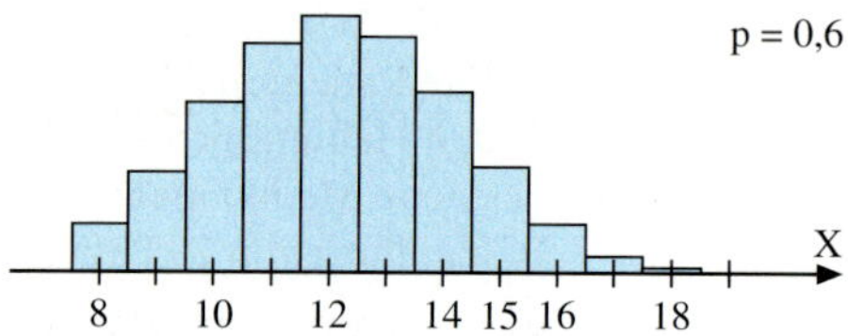

c) *1. Fall: $p = 0{,}8$ ist richtig*, d. h.
das neue Medikament ist besser als die bisher verwendeten.
Zufällig kann es aber vorkommen, dass weniger als 15 Patienten geheilt werden. Dann würde man das neue und bessere Medikament nicht als besser erkennen.
Zu einem solchen Fehler käme es in 19,6 % der Fälle ($P_{0,8}(X \leq 14) = 0{,}196$). Das heißt: Wenn man einen solchen Zufallsversuch mit 20 Personen sehr oft durchführen würde, könnte man in 19,6 % der Fälle ein Versuchsergebnis erwarten, das gegen die tatsächliche Qualität des neuen Medikaments spricht.

Fehler: Das bessere Medikament wird nicht für besser gehalten.

2. Fall: $p = 0{,}6$ ist richtig, d. h.
das neue Medikament ist auch nicht besser als die bisher verwendeten.
Zufällig kann es aber vorkommen, dass trotzdem 15 oder mehr Patienten geheilt werden. Wegen dieser Heilungserfolge würde man fälschlicherweise das neue Medikament als besser ansehen.
Zu einem solchen Fehler käme es in 12,6 % der Fälle ($P_{0,6}(X \geq 15) = 0{,}126$). Das heißt: Wenn man einen solchen Zufallsversuch mit 20 Personen sehr oft durchführen würde, könnte man in 12,6 % der Fälle ein Versuchsergebnis erwarten, das ein neues, aber nicht besseres Medikament empfiehlt.

Fehler: Das schlechtere Medikament wird für besser gehalten.

Weiterführende Aufgaben

2. *Abhängigkeit der Fehlerwahrscheinlichkeit von der Wahl der Entscheidungsregel*
Berechne wie in Aufgabe 1 c) die Fehlerwahrscheinlichkeiten, wenn die *Entscheidungsregel* folgendermaßen verändert wird:
Akzeptiere die Behauptungen des Herstellers ($p = 0{,}8$), falls die Anzahl der geheilten Patienten mindestens 16 [14; 17] beträgt, andernfalls gehe davon aus, dass dieses Medikament auch nicht besser ist als die bekannten Medikamente.

3. *Abhängigkeit der Fehlerwahrscheinlichkeit vom Stichprobenumfang*
Der Medikamententest in Aufgabe 1 wurde mit $n = 50$ Patienten durchgeführt.
Berechne wie in Aufgabe 1 c) die Fehlerwahrscheinlichkeiten, falls die *Entscheidungsregel* wie folgt lautet: Man glaubt den Behauptungen des Herstellers ($p = 0{,}8$), falls $X \geq 35$.

Information

(1) Der Hypothesentest als Prüfverfahren

In Aufgabe 1 haben wir uns mit den beiden (Alternativ-)**Hypothesen** $p=0{,}8$ bzw. $p=0{,}6$ beschäftigt. Man führt einen Zufallsversuch durch, um zu entscheiden, welche der beiden Hypothesen richtig bzw. falsch ist.

Die Prüfsituation beim Alternativtest ist stark vereinfacht: Hier gibt es nur die Alternative zwischen der Hypothese $p=0{,}8$ und der Hypothese $p=0{,}6$. Entweder die eine oder die andere Hypothese ist richtig.

In der Praxis ist die Situation meist komplizierter; auf solche Probleme gehen wir in Kapitel 15.2.3, Seite 478 ein. Hier geht es nur um eine Einführung in die Problematik.

(2) Entscheidungsregel, Annahme- und Verwerfungsbereich einer Hypothese

Bevor man den zu einem Hypothesentest gehörenden Zufallsversuch durchführt, muss man eine **Entscheidungsregel** aufstellen. In der Aufgabe 1 war dies die willkürliche Festlegung: *Verwirf die Hypothese $p=0{,}8$* (d.h. entscheide dich für die Richtigkeit von $p=0{,}6$), *falls die Anzahl geheilter Patienten X höchstens 14 beträgt* $(X \leq 14)$.

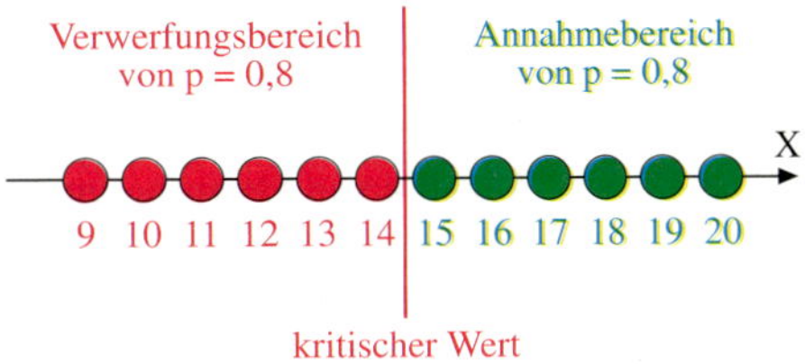

Den Bereich $X \geq 15$ nennt man **Annahmebereich A der Hypothese** $p=0{,}8$; der Bereich $X \leq 14$ heißt entsprechend **Verwerfungsbereich V der Hypothese** $p=0{,}8$. Annahme- und Verwerfungsbereich werden durch den so genannten **kritischen Wert** getrennt.

Umgekehrt ist der Bereich $X \geq 15$ Verwerfungsbereich der Hypothese $p=0{,}6$ bzw. $X \leq 14$ Annahmebereich der Hypothese $p=0{,}6$.

Der Begriff *Annahmebereich* kann missverstanden werden: Liegt ein Versuchsergebnis im Annahmebereich einer Hypothese, dann bedeutet dies nicht, dass damit die Hypothese bestätigt wird. Vielmehr haben wir uns aufgrund der Entscheidungsregel dazu entschlossen, die betreffende Hypothese weiter als richtig anzusehen: Wir können nur sagen, dass das Versuchsergebnis nicht Anlass gibt, die Hypothese abzulehnen.

(3) Fehler beim Testen von Hypothesen

Wenn aufgrund des Versuchsergebnisses eine Entscheidung fällt, dann kann diese falsch sein. Die zu testende Hypothese, z.B. $p=0{,}8$, kann wahr oder falsch sein, das Versuchsergebnis kann im Annahme- oder im Verwerfungsbereich der zu testenden Hypothese liegen:

	Versuchsergebnis im Annahmebereich (Ereignis $X \geq 15$)	Versuchsergebnis im Verwerfungsbereich (Ereignis $X \leq 14$)
Hypothese $p=0{,}8$ wahr	Entscheidung richtig	Entscheidung falsch *(Fehler 1. Art)*
Hypothese $p=0{,}8$ falsch	Entscheidung falsch *(Fehler 2. Art)*	Entscheidung richtig

Der Fehler, eine wahre Hypothese zu verwerfen, heißt **Fehler 1. Art.** Der Fehler, eine falsche Hypothese nicht zu verwerfen, heißt **Fehler 2. Art.**

Die **Wahrscheinlichkeit α für einen Fehler 1. Art** der Hypothese $p = 0{,}8$ ist gleich der Wahrscheinlichkeit dafür, dass das Versuchsergebnis im Verwerfungsbereich V der Hypothese liegt, d. h. $\alpha = P_{0,8}(V)$.
In Aufgabe 1 war $\alpha = 0{,}196$ bezüglich der Hypothese $p = 0{,}8$.
Die **Wahrscheinlichkeit β für einen Fehler 2. Art** ist gleich der Wahrscheinlichkeit dafür, dass das Versuchsergebnis im Annahmebereich A der Hypothese $p = 0{,}8$ liegt, aber $p = 0{,}6$ richtig ist: $\beta = P_{0,6}(A)$.
In Aufgabe 1 war $\beta = 0{,}126$.
Das, was bei der Hypothese $p = 0{,}8$ Fehler 1. Art ist, ist bei der Hypothese $p = 0{,}6$ Fehler 2. Art und umgekehrt (vergleiche Aufgabe 4).

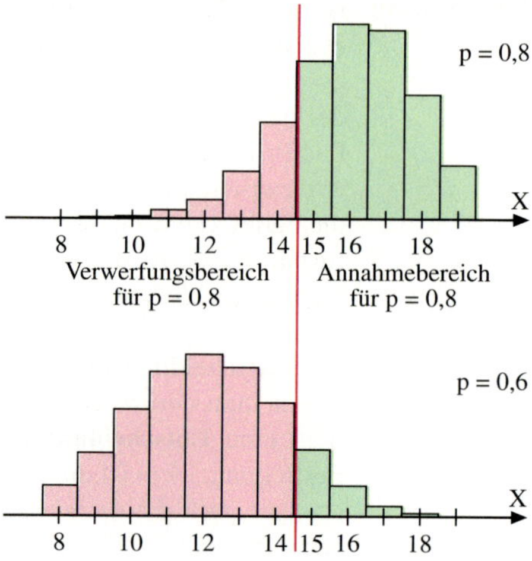

Testen von Hypothesen
Beim Testen von Hypothesen unterscheidet man **Annahmebereich** und **Verwerfungsbereich** einer Hypothese: Liegt das Ergebnis eines Zufallsversuchs im Verwerfungsbereich, dann hält man die Hypothese für falsch; liegt es im Annahmebereich, dann hat man dazu keinen Anlass.
Daher können beim Hypothesentest zweierlei Fehler unterlaufen:

Fehler 1. Art: Eine wahre Hypothese wird verworfen.

Fehler 2. Art: Eine falsche Hypothese wird nicht verworfen.

Die Wahrscheinlichkeit für einen Fehler 1. Art wird mit α bezeichnet, diejenige für einen Fehler 2. Art mit β.

Übungsaufgaben

4.
In der Information gingen wir davon aus, dass die Hypothese $p = 0{,}8$ die zu testende Hypothese ist. Beschreibe die Entscheidungsmöglichkeiten, falls $p = 0{,}6$ getestet wird. Beschreibe den Fehler 1. und 2. Art.

5.
Entweder es regnet morgen oder nicht. Im ersten Fall kann Regenkleidung vor einer Erkältung schützen. Wenn es aber nicht regnet, ist es lästig, die Regenkleidung herumzutragen. Man will sich auf den Wetterbericht verlassen. Was sind Fehler 1. und 2. Art?

6.
Bei der Warenkontrolle (Kontrolle vor der Auslieferung bzw. Kontrolle bei der Anlieferung einer Ware) können Fehler unterlaufen: Die produzierte Ware kann den verlangten Qualitätsbedingungen genügen oder auch nicht.
Beschreibe Fehler 1. und 2. Art. Überlege, welcher Fehler als Produzentenrisiko, welcher als Konsumentenrisiko bezeichnet wird.

7.

Formuliere eine zu testende Hypothese und beschreibe hierzu Fehler 1. und 2. Art.

(1) Jemand möchte auf einem zugefrorenen See Schlittschuh laufen. Zur Überprüfung der Festigkeit werden Steine auf die Oberfläche geworfen.

(2) Bei einem Prozess geht es darum, ob der Angeklagte einen Diebstahl begangen hat oder nicht.

(3) Eine Münze ist echt ($p = 0{,}5$ für Wappen) oder gezinkt ($p = 0{,}55$ für Wappen).

(4) In einem Karton sind Glühlampen entweder von langer oder kurzer Lebensdauer.

(5) Bei einem Kreuzungsversuch werden Pflanzen mit roter oder weißer Blüte gezüchtet. Je nachdem, welche Eigenschaft dominant ist, gilt $p = 0{,}75$ oder $p = 0{,}25$ für rote Blüten.

8.

Bei Kreuzungsversuchen mit bestimmten Pflanzen treten weiß blühende Nachkommen entweder mit der Wahrscheinlichkeit $p = 0{,}25$ oder $p = 0{,}75$ auf.
Bestimme α und β zur Entscheidungsregel: *Verwirf $p = 0{,}25$, falls mehr als die Hälfte der Pflanzen weiße Blüten hat* ($n = 10, 20, 50, 100$).

9.

Eine Münze wird n-mal geworfen ($n = 10, 20, 50, 100$). Die Wahrscheinlichkeit für Wappen sei entweder $p = 0{,}5$ oder $p = 0{,}6$. Bestimme α und β zur Entscheidungsregel: Verwirf die Hypothese $p = 0{,}5$, falls bei mehr als 55 % der Würfe des Zufallsversuchs Wappen auftritt.

10.

Ein Würfel ist entweder echt $\left(p = \frac{1}{6}\right.$ für Augenzahl 6$\left.\right)$ oder gezinkt (es gelte z. B. $p = 0{,}1$ für Augenzahl 6). Man würfelt 100-mal. Bestimme bezüglich der Hypothese $p = 0{,}1$ die Wahrscheinlichkeiten für einen Fehler 1. und 2. Art für verschiedene kritische Werte.

11.

In einem Spielautomaten dreht sich ein Glücksrad mit 20 Sektoren, von denen nur einer sichtbar ist, wenn die Scheibe stehen bleibt; die übrigen sind verdeckt. Der Betreiber des Automaten behauptet, dass 6 der 20 Felder rot gefärbt sind. Wenn die Scheibe auf einem roten Feld stehen bleibt, hat man gewonnen.
Wir argwöhnen, dass nur 4 Felder Gewinnfelder sind.
Wegen Geldmangels können wir nur 20 Spiele durchführen, um die beiden Hypothesen $p = 0{,}3$ bzw. $p = 0{,}2$ zu überprüfen.

a) Beschreibe Fehler 1. und 2. Art bezüglich der Hypothese $p = 0{,}2$.

b) Bestimme α und β zur Entscheidungsregel: *Verwirf die Hypothese $p = 0{,}2$, falls die Scheibe mehr als 4-mal auf einem roten Feld stehen bleibt.*

c) Bestimme α und β, falls der Verwerfungsbereich bezüglich $p = 0{,}2$ durch $X > 5$ festgelegt ist.

12.

Bei einem verdeckt laufenden Glücksrad sind entweder 8 Sektoren weiß und 12 schwarz oder umgekehrt. Nenne geeignete Entscheidungsregeln für $p = 0{,}4$ und $n = 50$; bestimme jeweils α und β.

14.5.2 Entscheidungsregel bei vorgegebener Irrtumswahrscheinlichkeit α

Die Festlegung des kritischen Wertes als Grenze zwischen Verwerfungs- und Annahmebereich einer Hypothese erfolgte im Abschnitt 14.5.1 willkürlich. Legt man umgekehrt fest, dass die Wahrscheinlichkeit α für einen Fehler 1. Art einen bestimmten maximalen Wert nicht überschreitet, dann sind hierdurch der kritische Wert und die Entscheidungsregel festgelegt.
Welchen maximalen Wert α annehmen sollte, wird man von der Bedeutung des Problems abhängig machen. Üblich sind $\alpha \le 0{,}10$ oder $\alpha \le 0{,}05$ oder sogar $\alpha \le 0{,}01$.

Aufgabe 1 *Entscheidungsverfahren bei vorgegebener Irrtumswahrscheinlichkeit*
Wir betrachten wieder die Überprüfung der Wirksamkeit von Medikamenten aus Aufgabe 1 in Abschnitt 13.3.1. Die Kontrolluntersuchung werde nunmehr mit $n = 50$ zufällig ausgewählten Patienten durchgeführt.

a) Bestimme den kritischen Wert zur Hypothese $p = 0{,}8$ so, dass $\alpha \le 0{,}05$ ist. Formuliere die zugehörige Entscheidungsregel und die Konsequenzen für α und β.

b) Statt der Hypothese $p = 0{,}8$ könnte auch die Hypothese $p = 0{,}6$ getestet werden. Beschreibe die unterschiedlichen Standpunkte, die man einnimmt, wenn man $p = 0{,}8$ bzw. $p = 0{,}6$ testet.

Lösung **a)** Die Hypothese $p = 0{,}8$ wird sicherlich nur dann verworfen, wenn deutlich weniger Patienten geheilt werden als erwartet, d. h. weniger als $\mu = n \cdot p = 50 \cdot 0{,}8 = 40$.

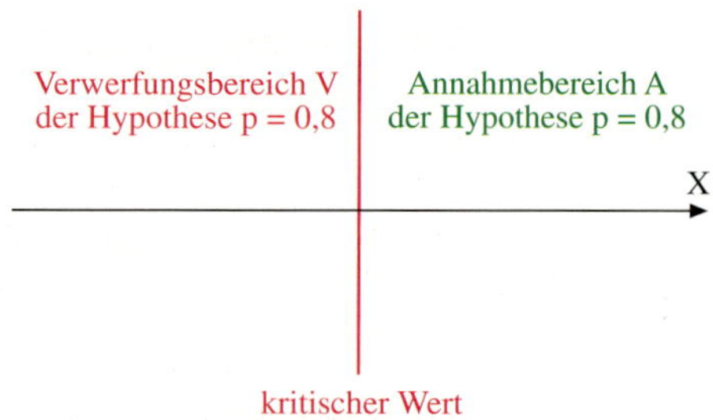

Der kritische Wert zur Hypothese $p = 0{,}8$ ist so zu bestimmen, dass die Wahrscheinlichkeit für den Verwerfungsbereich höchstens 5 % beträgt, d. h. $P_{0,8}(V) \le 0{,}05$. Wir bestimmen die Wahrscheinlichkeit für verschiedene Bereiche mithilfe der Tabellen von kumulierten Binomialverteilungen (vgl. Seite 504).

$n = 50, \quad p = 0{,}8$:

$P(X \le 39) = 0{,}416$	$P(X \le 36) = 0{,}111$
$P(X \le 38) = 0{,}289$	$P(X \le 35) = 0{,}061 > 0{,}05$
$P(X \le 37) = 0{,}186$	$P(X \le 34) = 0{,}031 < 0{,}05$

Der kritische Wert liegt demnach zwischen 34 und 35.
Die Entscheidungsregel lautet also:
Verwirf die Hypothese $p = 0{,}8$, falls weniger als 35 Heilungen erfolgen.

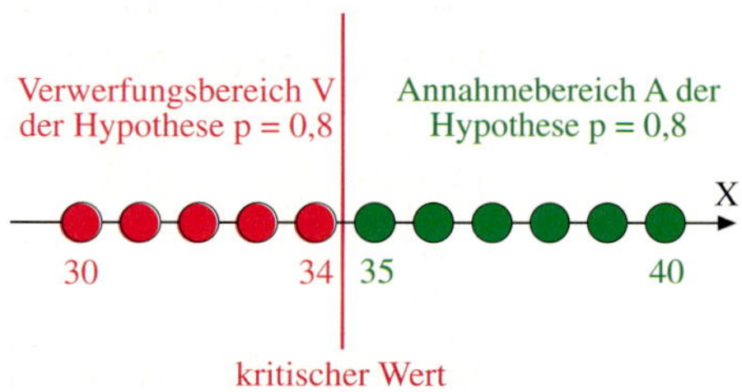

Wenn man dieser Entscheidungsregel folgt, kann eine falsche Entscheidung getroffen werden, d. h. es könnte sein, dass die Heilungschancen tatsächlich 80 % sind, aber zufällig in der Stichprobe weniger als 35 Personen geheilt werden. Durch die Vorgabe eines maximalen Wertes von α unterläuft ein solcher Fehler in höchstens 5 % der Fälle (hier sogar nur mit der Wahrscheinlichkeit 3,1 %).
Die Wahrscheinlichkeit β für einen Fehler 2. Art ist hierdurch ebenfalls festgelegt. Man kann nachrechnen, dass $\beta = P_{0,6}(X \ge 35) = 0{,}096$.

b) Wenn die Hypothese $p = 0{,}8$ getestet wird, nimmt man den Standpunkt ein: Das neue Medikament ist tatsächlich besser. Durch die Vorgabe eines kleinen, aber maximalen Wertes für α hält man die Wahrscheinlichkeit für einen Fehler 1. Art klein, d. h. nur mit geringer Wahrscheinlichkeit tritt der Fall ein, dass die wahre Hypothese $p = 0{,}8$ fälschlicherweise verworfen wird.
Wenn man die Hypothese $p = 0{,}6$ testet, nimmt man den Standpunkt ein:
Das neue Medikament ist nicht besser als die bisher benutzten Arzneimittel. Durch die Vorgabe eines maximalen Wertes von α begrenzt man die Wahrscheinlichkeit dafür, dass zwar $p = 0{,}6$ richtig ist, aber trotzdem eine relativ große Zahl von Heilungen eintritt.

Information **(1) Vorgabe der Irrtumswahrscheinlichkeit für einen Fehler 1. Art**
Für die Wahrscheinlichkeit eines Fehlers 1. Art gibt man einen maximalen Wert vor; dieser Wert heißt **Irrtumswahrscheinlichkeit α.**
Eine Irrtumswahrscheinlichkeit $\alpha \leq 0{,}05$ bedeutet: Wenn man den Test sehr oft durchführen würde, könnte man damit rechnen, dass in höchstens 5 % der Versuchsdurchführungen eine wahre Hypothese irrtümlich verworfen wird.

(2) Strategie beim Hypothesentest
Beim Testen von Hypothesen geht man zunächst von der Gültigkeit einer Hypothese aus. Diese Hypothese wird verworfen, wenn das Ergebnis eines Zufallsversuches im Verwerfungsbereich liegt, also gegen diese Hypothese spricht; andernfalls geht man weiter von der Gültigkeit der Hypothese aus. Letzteres bedeutet aber nicht, dass die Hypothese durch das Ergebnis eines Zufallsversuchs bestätigt worden ist.
Welche der beiden Hypothesen beim Alternativtest man testet, ist eine Frage des Standpunkts. Nach der Strategie des Testens von Hypothesen testet man diejenige Hypothese, von der man annimmt, dass sie aufgrund eines Versuchsergebnisses verworfen wird. Dieses Vorgehen ähnelt dem Vorgehen des indirekten Beweises:
Wenn es gelingt, einen Widerspruch zu erzeugen, dann gilt die Hypothese als widerlegt und wird verworfen. Findet man keinen Widerspruch, dann kann man nichts entscheiden.

Zusammenfassung *Alternativtest*
Gegeben ist ein BERNOULLI-Versuch, dem entweder die Erfolgswahrscheinlichkeit p_1 oder p_2 mit $p_1 < p_2$ zugrunde liegt.
Die Hypothese p_1 wird getestet, bedeutet: Man plant einen Zufallsversuch (n-stufigen BERNOULLI-Versuch) und will aufgrund des Versuchsergebnisses entscheiden, ob man die Hypothese mit der Wahrscheinlichkeit p_1 verwirft oder ob man die Hypothese p_1 als nicht widerlegt ansieht.
Durch Vorgabe einer Irrtumswahrscheinlichkeit α (maximaler Wert für die Wahrscheinlichkeit eines Fehlers 1. Art) wird der Wertebereich der Zufallsgröße durch den kritischen Wert in zwei Bereiche unterteilt: den Annahmebereich A und den Verwerfungsbereich V der zu testenden Hypothese. Der kritische Wert K ist so festzulegen, dass $P_{p_1}(V) \leq \alpha$.

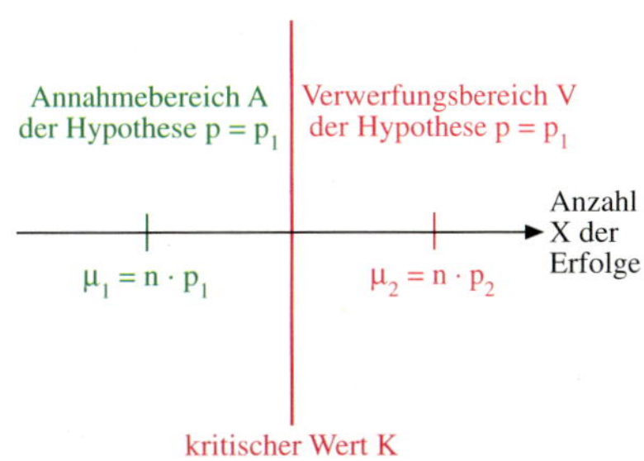

Die **Entscheidungsregel** gibt an, für welche Werte der Zufallsgröße die zu testende Hypothese verworfen sind: *Verwirf p_1*, falls $X > K$.

Übungsaufgaben

2.
In Aufgabe 1 wurde zur Hypothese $p = 0{,}8$ diejenige Entscheidungsregel bestimmt, für die $P_{0,8}(V) \leq 0{,}05$ ist.
Bestimme analog eine Entscheidungsregel zur Hypothese $p = 0{,}6$ mit $P_{0,6}(V) \leq 0{,}05$.

3.
Bestimme die Entscheidungsregel zur Hypothese $p = 0{,}8$ [$p = 0{,}6$] von Aufgabe 1

a) bei einem Stichprobenumfang $n = 100$;

b) bei einer Irrtumswahrscheinlichkeit von 10%.

4.
Bestimme eine Entscheidungsregel für $\alpha \leq 0{,}05$ [$\alpha \leq 0{,}10$] für folgende Alternativtests.

a) $n = 50$; $p = 0{,}5$ oder $p = 0{,}6$

b) $n = 100$; $p = 0{,}4$ oder $p = 0{,}6$

c) $n = 100$; $p = 0{,}25$ oder $p = 0{,}75$

d) $n = 50$; $p = \frac{1}{6}$ oder $p = \frac{1}{3}$

5.
Saatgut für Erbsen wird in zwei Güteklassen mit unterschiedlicher Keimgarantie angeboten: Von den Erbsen 1. Wahl keimen 90% und von denen 2. Wahl nur 75%. Ein Großhändler erhält Erbsen-Saatgut, von dem er allerdings nicht weiß, ob es sich um Saatgut 1. oder 2. Wahl handelt. Er will dies mithilfe von 100 zufällig entnommenen Erbsen testen.
Bestimme für beide mögliche Hypothesen eine Entscheidungsregel für $\alpha = 5\%$ sowie die Wahrscheinlichkeit für einen Fehler 2. Art.

6.
Bei einem Würfel trete Augenzahl 6 entweder mit Erfolgswahrscheinlichkeit $p = \frac{1}{6}$ oder mit $p = 0{,}1$ auf. Es wird 100-mal gewürfelt. Bestimme für beide Hypothesen jeweils eine Entscheidungsregel für $\alpha \leq 0{,}10$. Berechne auch jeweils die Wahrscheinlichkeit für einen Fehler 2. Art.

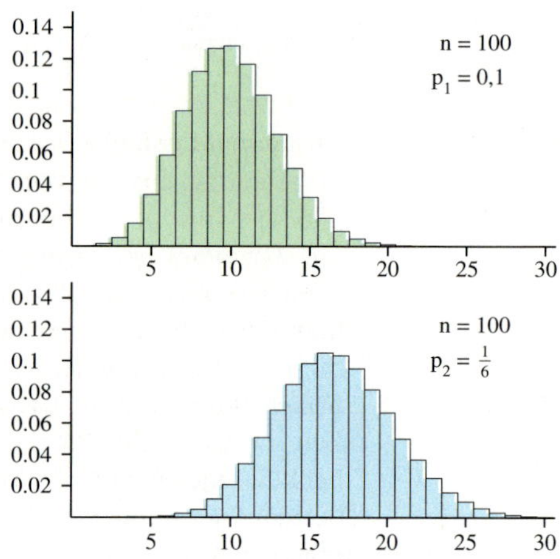

7.
Der Bekanntheitsgrad eines Schokoriegels unter Jugendlichen beträgt nach Einschätzung der Leitung der Herstellerfirma 50%, nach Meinung der Werbeabteilung nur 30%. Durch eine Stichprobe vom Umfang 100 will man herausfinden, ob eine Werbekampagne notwendig ist. Gib Entscheidungsregeln für beide Hypothesen an ($\alpha \leq 10\%$). Bestimme jeweils β.

14.6 Anwendungen der Binomialverteilung

14.6.1 Das Kugel-Fächer-Modell

Aufgabe 1 In der Jahrgangsstufe 11 eines Gymnasiums sind 150 Schülerinnen und Schüler. Am ersten Tag des neuen Schuljahres begrüßt der Schulleiter die Schülerinnen und Schüler in der Aula. Falls jemand an diesem Tag Geburtstag hat, will er diesem gratulieren.

a) Wie groß ist die Wahrscheinlichkeit, dass an diesem Tag niemand, eine(r) Geburtstag hat, zwei, mehr als zwei Geburtstag haben?

b) Wie oft kommt es vor, dass an einem beliebigen Tag des Jahres unter 150 zufällig betrachteten Personen 0, 1, 2, ... Geburtstag haben?
Hinweis: Betrachte ein Jahr mit 365 Tagen.

Lösung **a)** Das Überprüfen der Schülerdatei auf mögliche Geburtstagskinder kann man als 150-stufigen BERNOULLI-Versuch auffassen: Bei jedem Datensatz der Schülerdatei kann man feststellen, ob die betreffende Person am 1. Schultag Geburtstag hat $\left(p = \frac{1}{365}\right)$ oder nicht $\left(q = \frac{364}{365}\right)$.
Die Zufallsgröße X: *Anzahl der Schüler, die am 1. Schultag Geburtstag haben,* ist also binomialverteilt mit $n = 150$ und $p = \frac{1}{365}$.

Daher ist $P(X=0) = \left(\frac{364}{365}\right)^{150} = 0{,}663 = 66{,}3\,\%$,

$P(X=1) = \binom{150}{1} \cdot \left(\frac{1}{365}\right)^{1} \cdot \left(\frac{364}{365}\right)^{149} = 0{,}273 = 27{,}3\,\%$

$P(X=2) = \binom{150}{2} \cdot \left(\frac{1}{365}\right)^{2} \cdot \left(\frac{364}{365}\right)^{148} = 0{,}056 = 5{,}6\,\%$, also

$P(X>2) = 1 - P(X \le 2) = 1 - (0{,}663 + 0{,}273 + 0{,}056) = 0{,}008 = 0{,}8\,\%$

b) Was für den 1. Schultag eines Jahres gilt, ist auch für jeden anderen Tag des Jahres anwendbar. Da 66,3 % die Wahrscheinlichkeit dafür ist, dass an irgendeinem Tag des Jahres keiner von den 150 Personen Geburtstag hat, erwarten wir also an ca. 66,3 % von 365 Tagen kein Geburtstagskind, d. h. an 242 Tagen!
Mithilfe dieser Häufigkeitsinterpretation der Wahrscheinlichkeit erhalten wir entsprechend:
$0{,}273 \cdot 365 \approx 100$ Tage mit genau 1 Geburtstagskind,
$0{,}056 \cdot 365 \approx 20$ Tage mit genau 2 Geburtstagskindern
und entsprechend immerhin noch ca. 3 Tage mit mehr als 2 Geburtstagskindern.

Information Problemstellungen, die ähnlich geartet sind wie die in Aufgabe 1, lassen sich analog lösen wie ausgeführt. In Aufgabe 1 waren 150 (zufällig ausgewählte) Personen auf 365 Tage zufällig verteilt. Dabei gehen wir von der idealisierten Modellannahme aus, dass die Wahrscheinlichkeit für jeden Tag des Jahres gleichermaßen $\frac{1}{365}$ ist.

Von Interesse ist die Frage, mit welcher Wahrscheinlichkeit bei 0, 1, 2 oder mehr Personen der Geburtstag auf einen bestimmten Tag fällt. Zur Lösung der Aufgabenstellung haben wir eine *Modellannahme* gemacht: 150 Kugeln (Geburtstage) werden *zufällig* auf 365 Fächer (Tage) verteilt, d. h. für jede der Kugeln ist die Wahrscheinlichkeit, dass sie in ein bestimmtes Fach gelegt wird, gleich $\frac{1}{365}$. Allgemein geht es darum, n Kugeln auf f Fächer zufällig zu verteilen und anschließend ein bestimmtes Fach zu untersuchen:

Kugel-Fächer-Modell
Gegeben sind n Kugeln, die auf f Fächer zufällig verteilt werden.
Mit welcher Wahrscheinlichkeit werden dann auf ein beliebig ausgewähltes Fach 0, 1, 2, ..., n Kugeln verteilt?
Zufallsversuche von dieser Art können als n-stufige BERNOULLI-Versuche mit der Erfolgswahrscheinlichkeit $\frac{1}{f}$ aufgefasst und mit dem Binomialansatz gelöst werden.

Weiterführende Aufgabe

2. *Schätzung der Anzahl der Stufen*
Beim Roulettespiel bleibt die Kugel auf einem der 37 Felder (mit den Nummern 0, 1, 2, ..., 36) stehen.

a) Mit welcher Wahrscheinlichkeit wird die Kugel in n Runden keinmal auf dem Feld mit der Nummer 0 liegen bleiben?

b) Nach n Runden stellt man fest, dass die Kugel auf 10 der 37 Felder noch nicht liegen geblieben ist. Schätze, wie oft das Spiel durchgeführt wurde.

Übungsaufgaben

3.
Beim Roulettespiel bleibt die Kugel auf einem der 37 Felder (mit den Nummern 0, 1, ..., 36) stehen. Wir betrachten 50 Spielrunden.

a) Mit welcher Wahrscheinlichkeit bleibt die Kugel in den 50 Spielrunden 0-mal, 1-mal, 2-mal, mehr als 2-mal auf der Zahl 0 stehen?

b) Auf wie vielen Feldern wird die Kugel nach 50 Spielen mindestens einmal stehen geblieben sein?

4.
Ein Buch mit 400 Seiten enthält 60 Druckfehler.

a) Auf wie vielen Seiten kann man 0, 1, 2, 3, ..., 8 Druckfehler erwarten?

b) Wie groß ist die Wahrscheinlichkeit, nach dem Zufall eine Seite aufzuschlagen, die mindestens 2 Druckfehler enthält?

Welche Modellannahme wird gemacht? Was sind die Kugeln bzw. die Fächer?

5.
In einer Firma arbeiten 100 Personen. Mit welcher Wahrscheinlichkeit haben von diesen Personen 0, 1, 2, mehr als 2 Personen am 25. Februar Geburtstag?

6.
In der Fußball-Bundesliga wurden in der Spielzeit 98/99 in 306 Spielen insgesamt 866 Tore geschossen (vgl. Seite 400). Interpretiere die gesamte Spielzeit als 866-stufigen BERNOULLI-Versuch mit $p = \frac{1}{306}$. Wie viele der 306 Spiele müssten nach diesem Ansatz mit 0 Toren, 1 Tor, 2 Toren, ... ausgegangen sein? Vergleiche diese geschätzten Anzahlen mit den tatsächlichen Häufigkeiten. Werte dazu die Tabelle auf Seite 396 aus.

7.
Blumensamen kann leicht durch Unkrautsamen verunreinigt werden.

a) 100 Unkrautsamen gelangen in die Abfüllmenge von 100 Samentüten.
(1) Mit welcher Wahrscheinlichkeit sind in einer zufällig herausgegriffenen Tüte 0, 1, 2, mehr als 2 Unkrautsamen?
(2) Wie viele Packungen etwa werden 0, 1, 2, mehr als 2 Unkrautsamen enthalten?

b) In die Abfüllmenge von 100 Samentüten sind n Unkrautsamen gelangt.
(1) Mit welcher Wahrscheinlichkeit sind in einer zufällig herausgegriffenen Tüte keine Unkrautsamen?
(2) Wie viele Packungen etwa werden 0 Unkrautsamen enthalten?
(3) Von 100 Tüten enthielten 50 keinen Unkrautsamen. Schätze die Anzahl der Unkrautsamen n aufgrund von (2).

8.
a) In einem Ort wird pro Jahr ca. 400-mal die Feuerwehr alarmiert.
An ungefähr wie vielen Tagen des Jahres erfolgen 0, 1, 2, mehr als 2 Alarme?

b) In einem anderen Ort vergehen pro Jahr ca. 100 Tage, an denen kein Alarm erfolgt.
Schätze hieraus, wie oft die Feuerwehr dieses Ortes im Laufe eines Jahres alarmiert wird.

9.
In einer anderen Jahrgangsstufe des Gymnasiums gibt es 260 Tage im Jahr, an denen kein Schüler Geburtstag hat. Schätze, wie viele Schüler in dieser Jahrgangsstufe sind.
Anleitung: Probiere aus: Für welches n gilt $365 \cdot \left(\frac{364}{365}\right)^n \approx 260$? Begründe diesen Ansatz.

10.
a) In den Teig für 500 Brötchen mischt ein Bäcker 1000 Rosinen ein.
Gib an, bei wie vielen Brötchen man mit 0, 1, 2, ..., 8 Rosinen rechnen kann.

b) In 50 von 500 Brötchen eines anderen Bäckers findet man keine Rosinen.
Schätze hieraus, wie viele Rosinen in den Teig gemischt wurden.

11.
Im Laufe einer Stunde kommen zufällig verteilt insgesamt 140 Taxen an einem Bahnhof an. Wie viele Minuten vergehen, in denen 0, 1, 2, ... Taxen ankommen?

12.
In ein Wassergefäß mit quadratischer Grundfläche werden 85 Wassertierchen ausgesetzt und beobachtet. Nach einiger Zeit legt man ein Quadratgitter darüber und zählt die an der Wasseroberfläche befindlichen Wassertierchen in den 10×10, also 100 Feldern.
Angenommen, die Wassertierchen verteilen sich zufällig auf die 100 Felder des Quadratgitters und neigen nicht zu Klumpenbildung.
Wie viele Felder enthalten dann 0, 1, 2, ... Wassertierchen?

Blickpunkt

Das $\frac{1}{e}$-Gesetz und die Eulersche Zahl e in der Stochastik

- In der Analysis spielt die Eulersche Zahl $e = 2{,}71828\ldots$ eine große Rolle:
  Die Zahlenfolge $e_n = \left(1 + \frac{1}{n}\right)^n$ hat den Grenzwert e (vgl. Seite 125)
  Allgemeiner gilt: Die Zahlenfolge $a_n = \left(1 + \frac{a}{n}\right)^n$ hat den Grenzwert e^a für beliebiges $a \in \mathbb{R}$.
  Insbesondere gilt: $\lim\limits_{n\to\infty} \left(1 - \frac{1}{n}\right)^n = e^{-1} = \frac{1}{e} \approx 0{,}36788$

n	10	50	100	500	1000	5000	10000	100000
$\left(1+\frac{1}{n}\right)^n$	2,59374	2,69159	2,70481	2,71557	2,71692	2,71801	2,71815	2,71827
$\left(1-\frac{1}{n}\right)^n$	0,34868	0,36417	0,36603	0,36751	0,36769	0,36784	0,36786	0,36787

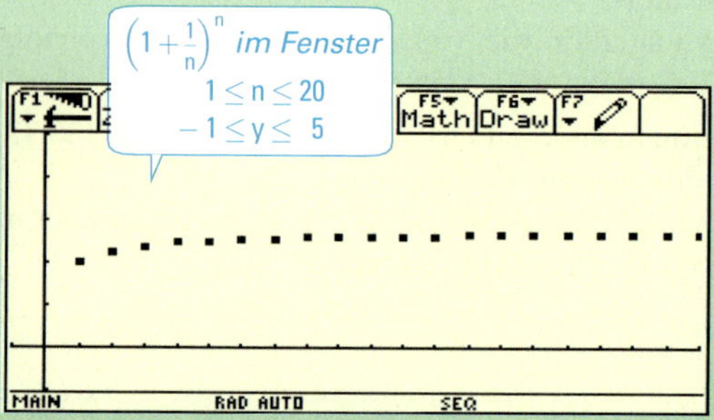

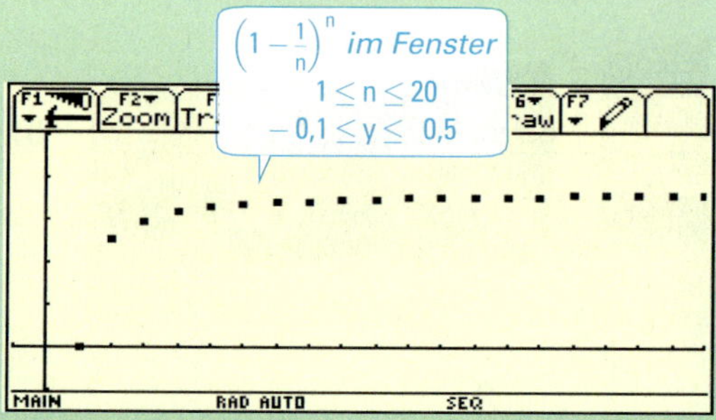

- Auch in der Stochastik ist die Zahl e von großer Bedeutung:
  Wir lernten auf Seite 399 die Gausssche Dichtefunktion kennen, mit deren Hilfe Wahrscheinlichkeiten berechnet werden können. Eine andere Gesetzmäßigkeit ist noch elementarer:
  Ein Zufallsversuch mit n möglichen gleichwahrscheinlichen Ergebnissen werde n-mal durchgeführt, d. h. im Mittel tritt jedes Ergebnis einmal auf. Begründe, warum folgendes gilt:

  P (das betrachtete Ergebnis tritt keinmal auf)
  $$= \left(\frac{n-1}{n}\right)^n = \left(1 - \frac{1}{n}\right)^n \approx \frac{1}{e}$$ *für große n*

  P (das betrachtete Ergebnis tritt genau einmal auf)
  $$= n \cdot \frac{1}{n} \cdot \left(\frac{n-1}{n}\right)^{n-1} = \left(\frac{n-1}{n}\right)^{n-1} = \left(1 - \frac{1}{n}\right)^{n-1} \approx \left(1 - \frac{1}{n}\right)^n \approx \frac{1}{e}$$ *für große n*

Aus der Häufigkeitsinterpretation (vgl. Seite 354) der Wahrscheinlichkeit ergibt sich daher:

Das $\frac{1}{e}$-Gesetz

Führt man einen Zufallsversuch mit n verschiedenen gleichwahrscheinlichen Ergebnissen n-mal durch, dann werden ungefähr 37 % der möglichen Ergebnisse keinmal auftreten, ungefähr 37 % einmal und ungefähr 26 % mehr als einmal.

Mehr als ein Drittel der möglichen Ergebnisse wird i. A. nicht auftreten; Ergebnisse von Zufallsversuchen wiederholen sich also häufiger als man vermutet, vgl. Blickpunkt, Seite 378.
Überprüfe diese Aussage durch konkrete Zufallsversuche in Aufgabe 1.

1.

a) Ein reguläres Ikosaeder soll 20-mal geworfen werden. Wie viele der 20 möglichen Augenzahlen werden nicht (keinmal) auftreten, wie viele genau einmal, wie viele mehr als einmal?

b) Beim 36-fachen Werfen zweier Würfel werden (ungefähr) 12 Ergebnisse keinmal, ca. 14 Ergebnisse einmal und ca. 10 Ergebnisse mehr als einmal auftreten.
Überprüfe dies durch Experimente.

c) Mit Hilfe eines Zufallszahlengenerators (z. B. in EXCEL) kann man 100 Punkte in einem Koordinatensystem erzeugen. Zähle aus, in wie vielen der 100 Quadrate des Quadratgitternetzes kein, genau ein, mehr als ein solcher Punkt liegt.

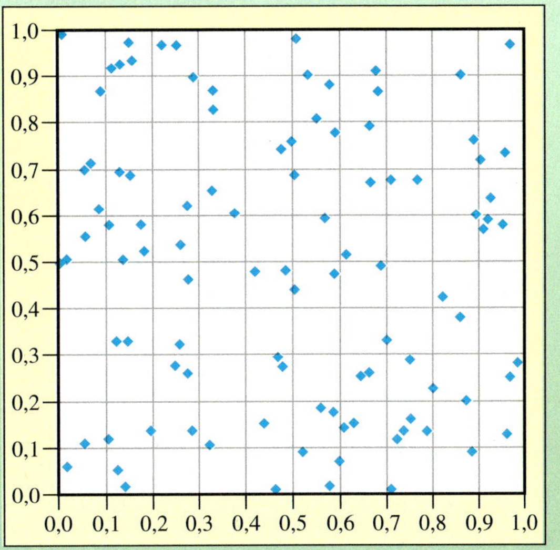

2.
365 Personen werden zufällig ausgewählt.
Für ungefähr wie viele der 365 Tage des Jahres wird man kein Geburtstagskind finden (genau eins, mehr als ein Geburtstagskind)?
(Vergleiche hierzu auch Blickpunkt: Das Geburtstagsproblem, Seite 378)

3.

a) Begründe:
Führt man einen Zufallsversuch mit n verschiedenen gleichwahrscheinlichen Ergebnissen 2n-mal durch (*Beispiel: 12-facher Wurf eines Würfels*), dann tritt ein bestimmtes Ergebnis (*Beispiel: Augenzahl 6*) ungefähr mit Wahrscheinlichkeit $\frac{1}{e^2} \approx 13{,}5\,\%$ keinmal bzw. mit Wahrscheinlichkeit 27 % genau einmal auf, also mit einer Wahrscheinlichkeit von ca. 60 % mehr als einmal.

b) SIMEON DENIS POISSON (1781 – 1840) zeigte allgemein, dass man die Wahrscheinlichkeit für n-stufige BERNOULLI-Versuche (n groß, p klein) *näherungsweise* wie folgt berechnen kann:

$P(X=0) \approx e^{-\mu} = \frac{1}{e^{\mu}}$ $\quad P(X=1) \approx \mu \cdot e^{-\mu}$ $\quad P(X=2) \approx \frac{\mu^2}{2!} \cdot e^{-\mu}$

$P(X=3) \approx \frac{\mu^3}{3!} e^{-\mu}$ $\quad P(X=4) \approx \frac{\mu^4}{4!} e^{-\mu}$

Erläutere, dass das $\frac{1}{e}$-Gesetz ein Sonderfall der POISSON-Näherung ist.

14.6.2 Ein Auslastungsmodell

Aufgabe 1 *Auslastungsmodell*

In einem Büro sind 10 Personen tätig, jede muss im Mittel 15 Minuten pro Stunde an einem Kopierer arbeiten. Sprechen sich die Personen ab, genügen offensichtlich 3 Kopierer für das Büro. Die Arbeit fällt aber zu unterschiedlichen Zeitpunkten an und dauert unterschiedlich lange. Wie viele Kopiergeräte sollten zur Verfügung stehen? Genügen 3, 4, 5 Geräte, ohne dass für die Mitarbeiter unnötige Wartezeiten entstehen? Welche Annahmen müssen gemacht werden, damit man den Vorgang als 10-stufigen BERNOULLI-Versuch interpretieren kann? Welche Zufallsgröße ist zu betrachten? Welche Erfolgswahrscheinlichkeit ergibt sich aus dem o. a. Text?

Lösung Wenn die 10 Personen unabhängig voneinander arbeiten, kann zu einem beliebigen Zeitpunkt geprüft werden, ob ein Mitarbeiter am Kopierer arbeiten muss oder nicht. Die interessierende Zufallsgröße ist also

X: *Anzahl der Personen, die für ihre Arbeit einen Kopierer benötigen*

Die Erfolgswahrscheinlichkeit beträgt $p = \frac{15}{60} = \frac{1}{4}$, da jede Person im Mittel während 15 von 60 Minuten einen Kopierer benutzen muss. 3 [4; 5] Kopiergeräte genügen, wenn nicht mehr als 3 [4; 5] Personen gleichzeitig einen Kopierer für ihre Arbeit benötigen, d. h. dass höchstens 3 [4; 5] Mitarbeiter an den Kopierer müssen. Wir benötigen also Werte der kumulierten Binomialverteilung für $n = 10$; $p = \frac{1}{4}$.

k	$P(X=k)$	$p(X \le k)$	$P(X>k)$
0	0,056	0,056	0,944
1	0,188	0,244	0,756
2	0,282	0,526	0,474
3	0,250	0,776	0,224
4	0,146	0,922	0,078
5	0,058	0,980	0,020

Wir lesen z. B. an der letzten Zeile ab: Wenn 5 Kopierer zur Verfügung stehen, kommt es nur in 2 % der Fälle vor, dass diese Anzahl nicht ausreicht, da zu diesem Zeitpunkt mehr als 5 Kopierer benötigt werden.

Anmerkung zum Auslastungsmodell:

Bei dem angewandten Modell wird die Situation stark vereinfacht; sofern jedoch die Unabhängigkeit der Benutzung von Maschinen u. ä. gewährleistet ist, kann man sich mithilfe der o. a. Rechnung eine grobe Vorstellung von der Situation verschaffen.

Information Problemstellungen, die ähnlich geartet sind wie die in Aufgabe 1, lassen sich in gleicher Weise lösen wie ausgeführt. Dabei werden die Situationen stark vereinfacht; dennoch geben die berechneten Wahrscheinlichkeiten wichtige Anhaltspunkte für eventuell notwendige Investitionen. Wegen der angesprochenen Anwendungsbereiche spricht man von einem **Auslastungsmodell.**

Auslastungsmodell

n Personen üben während eines gewissen Zeitraums pro Stunde (im Mittel m Minuten) eine bestimmte Tätigkeit aus.

Sofern die Personen dies unabhängig voneinander tun, erscheint es angemessen, mithilfe eines Binomialmodells die Wahrscheinlichkeit dafür zu berechnen, dass k Personen gleichzeitig diese Tätigkeit ausüben:

$$P(X=k) = \binom{n}{k} \left(\frac{m}{60}\right)^k \left(1 - \frac{m}{60}\right)^{n-k}$$

Übungsaufgaben

2.
In einer Reifenhandlung arbeiten 10 Monteure, die eine Maschine zum Auswuchten der Radfelgen durchschnittlich für 24 Minuten pro Stunde benötigen.

a) Mit welcher Wahrscheinlichkeit genügen 4 [5; 6] Maschinen?

b) Wie viele Maschinen müssen zur Verfügung stehen, damit diese mit einer Wahrscheinlichkeit von mindestens 95 % ausreichen?

3.
Eine Firma hat 3 Telefonleitungen, die von 10 Sachbearbeitern genutzt werden. Jeder von ihnen benötigt eine Leitung durchschnittlich für 12 Minuten pro Stunde.

a) Wie groß ist die Wahrscheinlichkeit,
(1) dass die 3 Leitungen ausreichen?
(2) wenn eine weitere Leitung eingerichtet wird?

b) Wie viele Leitungen müssen zur Verfügung stehen, damit diese mit einer Wahrscheinlichkeit von 99 % ausreichen?

4.
Während einer Mathematik-Klausur dürfen programmierbare Taschenrechner benutzt werden. Die Schüler benötigen diese (im Mittel) für 30 Minuten in 2 Stunden. 20 Schüler nehmen an der Klausur teil. Wie viele Rechner sollten zur Verfügung stehen, damit möglichst niemand warten muss (Wahrscheinlichkeit kleiner als 1 %)?

5.
Im Laufe eines Vormittags (9 bis 13 Uhr) kommen 100 Kunden in eine Bank, um Geld einzuzahlen, eine Überweisung auszufüllen u. a. m. Im Mittel nehmen diese Bankgeschäfte 6 Minuten in Anspruch.
Drei Mitarbeiter der Bank stehen für die Kundenbetreuung zur Verfügung.
Kommt es oft vor, dass die Kunden warten müssen?

6.
Auf einem Kundenparkplatz können 30 Autos parken. Die Kunden bleiben in der Regel 18 Minuten (Öffnungszeiten von 9 bis 12 Uhr).
Verkraftet der Parkplatz 100 Kunden im Laufe des Vormittags?

7.
In einem Warenlager stehen 5 Mitarbeiter für die Ausgabe von Geräten zur Verfügung. Für die Ausführung eines Auftrages benötigen sie durchschnittlich 10 Minuten. Während der Öffnungszeiten am Vormittag von 8 Uhr bis 12 Uhr kommen im Mittel 100 Kunden. Kommt es oft vor, dass Kunden warten müssen?

14.6.3 Warten auf einen Erfolg

Aufgabe 1 Jemand setzt beim Roulettespiel auf seine Lieblingszahl 1.

a) Wie groß ist die Wahrscheinlichkeit, dass die Kugel erst in der k-ten Runde auf der 1 liegen bleibt?

b) Wie groß ist die Wahrscheinlichkeit, dass die Kugel in k Runden nicht auf der 1 liegen geblieben ist?

c) Wie viele Runden müssen mindestens durchgeführt werden, damit man die folgende Aussage mit einer Wahrscheinlichkeit von mindestens 90% machen kann:
Die Kugel wird mindestens einmal auf Feld Nr. 1 liegen bleiben.

Lösung

a) Aus dem Baumdiagramm lesen wir ab:
Für die Zufallsgröße W: *Anzahl der notwendigen Runden, bis die Kugel auf Feld Nr. 1 liegen bleibt,* gilt:

$$P(W=k)=\frac{1}{37}\cdot\left(\frac{36}{37}\right)^{k-1}$$

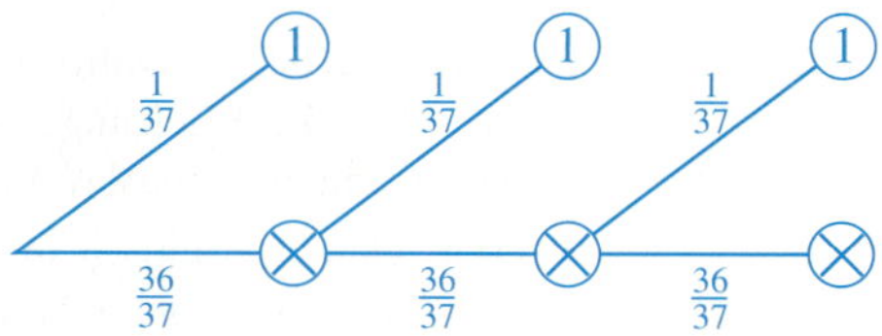

b) Dass die Kugel keinmal in k Runden auf Feld Nr. 1 liegen bleibt, bedeutet: lauter Misserfolge in k Runden. Die Wahrscheinlichkeit hierfür beträgt:

Die Anzahl der notwendigen Runden ist größer als k

$$P(W>k)=\left(\frac{36}{37}\right)^{k}$$

c) Die Wahrscheinlichkeit für mindestens 1 Erfolg in k Runden ergibt sich nach der Komplementärregel (vgl. Seite 360) wie folgt:

Der erste Erfolg tritt spätestens bei der k-ten Runde ein

$$P(W\le k)=1-P(W>k)=1-\left(\frac{36}{37}\right)^{k}$$

Da diese Wahrscheinlichkeit mindestens 90% sein soll, muss die Ungleichung $1-\left(\frac{36}{37}\right)^{k}\ge 0{,}90$ gelöst werden, also die Ungleichung $\left(\frac{36}{37}\right)^{k}\le 0{,}1$.

Durch Probieren mit dem Rechner oder durch Logarithmieren der Ungleichung finden wir:

k	$\left(\frac{36}{37}\right)^{k}$
50	0,2541
100	0,0646
90	0,0849
85	0,0974
84	0,1001

$$\log\left(\frac{36}{37}\right)^{k}\le 0{,}1$$

$$k\cdot\log\left(\frac{36}{37}\right)\le\log 0{,}1$$

$$k\ge\frac{\log 0{,}1}{\log\left(\frac{36}{37}\right)}$$

Division durch die negative Zahl $\log\left(\frac{36}{37}\right)$

$$k\ge 84{,}03$$

Wenn man mindestens 85 Runden beim Roulettespiel durchführt, wird die Kugel mit einer Wahrscheinlichkeit von mindestens 90% mindestens einmal auf dem Feld Nr. 1 liegen bleiben.

Information **(1) Geometrische Verteilung**

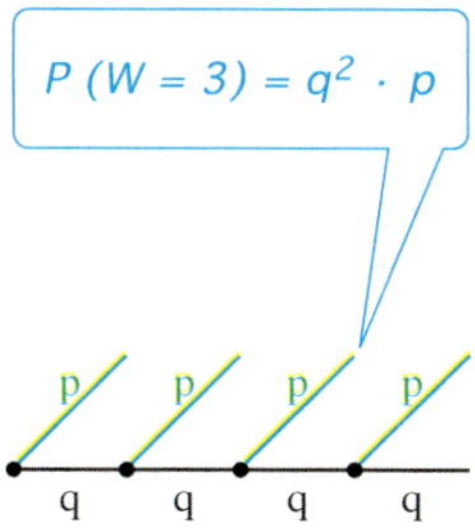

Bei der Verteilung der Zufallsgröße W: *Anzahl der Stufen, bis der erste Erfolg eintritt* treten die Glieder einer geometrischen Folge als Wahrscheinlichkeiten auf. Wegen dieses Zusammenhangs heißt die Verteilung der Zufallsgröße W eine **geometrische Verteilung.** Diese Zufallsgröße kann beliebige natürliche Zahlen als Werte annehmen, da es im Prinzip unendlich lange dauern kann, bis bei der Durchführung eines BERNOULLI-Versuches ein Erfolg eintritt.

k	P(W = k)
1	p
2	$q \cdot p$
3	$q^2 \cdot p$
4	$q^3 \cdot p$
⋮	⋮
⋮	⋮

(2) Wahrscheinlichkeit für mindestens einen Erfolg in k Stufen

Das Ereignis *Spätestens beim k-ten Versuch tritt ein Erfolg ein* (d.h. bis zum k-ten Versuch tritt mindestens ein Erfolg ein) und das Ereignis *k Misserfolge hintereinander* sind zueinander Gegenereignisse.

Für die Wahrscheinlichkeiten gilt: $P(W > k) = q^k$ und $P(W \le k) = 1 - q^k$.

Geometrische Verteilung

Gegeben ist ein BERNOULLI-Versuch mit Erfolgswahrscheinlichkeit p.

Die Verteilung der Zufallsgröße W: *Anzahl der Stufen bis zum ersten Erfolg* heißt **geometrische Verteilung.** Es gilt:

$P(W = k) = p \cdot q^{k-1},\ q = 1 - p$ (Erfolg genau beim k-ten Versuch)

$P(W > k) = q^k$ (k Misserfolge hintereinander bzw. der erste Erfolg kommt erst nach dem k-ten Versuch)

$P(W \le k) = 1 - q^k$ (Erfolg spätestens beim k-ten Versuch bzw. bis zum k-ten Versuch tritt mindestens ein Erfolg ein)

Übungsaufgaben

2.

Bestimme die Verteilung der Zufallsgröße W:

a) W: *Anzahl der Ziehungen mit Zurücklegen aus einer Urne mit 3 roten und 7 blauen Kugeln bis zur Ziehung einer roten Kugel*

b) W: *Anzahl der Würfe mit einem Würfel bis zum Auftreten der Augenzahl 6*

c) W: *Anzahl der Würfe mit einem Würfel bis zum Auftreten einer 5 oder 6*

d) W: *Anzahl der Münzwürfe bis zum Auftreten von Wappen*

e) W: *Anzahl der Würfe mit 2 Würfeln bis zum Auftreten einer Doppelsechs*

3.

42,5 % aller Deutschen haben Blutgruppe A. Nacheinander kommen Personen zufällig zur Blutspendeaktion des Deutschen Roten Kreuzes.

a) Mit welcher Wahrscheinlichkeit hat
(1) der erste Spender, (2) erst der dritte Spender, (3) erst der fünfte Spender Blutgruppe A?

b) Mit welcher Wahrscheinlichkeit hat spätestens der 6. Spender Blutgruppe A?

c) Wie viele Spender müssen kommen, damit die Wahrscheinlichkeit für (mindestens) einen Spender mit Blutgruppe A größer als 90 % ist?

Blickpunkt

Tests auf Zufälligkeit

„Ein wesentliches Merkmal des Zufallsversuchs ist die Regellosigkeit des Auftretens der Ausfälle in einer Zufallsversuchsreihe. Der Begriff der Regellosigkeit ist nun keineswegs zur Präzision des Begriffs des Zufalls geeignet, da auch er sich einer strikten mathematischen Definition entzieht.“
(Großer Brockhaus)

Woran können wir erkennen, ob eine Folge von Ergebnissen tatsächlich durch einen Zufallsversuch zustande kam? Könnte es nicht auch sein, dass sich jemand beim Münzwurf z.B. die nachstehende W – Z-Folge einfach nur ausgedacht hat? Ist die W – Z-Folge genügend „regellos“?

ZWWZZZWZZWWZZZZWWZZZZWZWZ

1. *Häufigkeitstest*
Wir überprüfen die relativen Häufigkeiten, mit denen die verschiedenen Ergebnisse auftreten. Kann man aufgrund der Häufigkeitsuntersuchung etwas darüber sagen, ob die W – Z-Folge tatsächlich durch einen Zufallsversuch zustande kam?

(1) Mit welcher relativen Häufigkeit treten Wappen bzw. Zahl auf ?
(2) Betrachtet man je zwei benachbarte Ergebnisse der W – Z-Folge, dann kann man 24 Paare auszählen: ZW, WW, ... ZW, WZ.
Mit welchen relativen Häufigkeiten treten die möglichen Paare WW, WZ, ZW bzw. ZZ auf ?

2. *Runtest*
Beim Münzwurf wird eine Folge von gleichen Ergebnissen als **Run** bezeichnet.

1. Run	2. Run	3. Run

(1) Aus wie vielen Runs besteht die o.a. W – Z-Folge?
(2) Wir untersuchen die Verteilung der Zufallsgröße R: *Anzahl der Runs beim n-fachen Münzwurf* zunächst am Beispiel des 4-fachen Münzwurfs. Bestätige die rechts in der Tabelle stehenden Wahrscheinlichkeiten.

Verteilung der Zufallsgröße

r	P(R = r)
1	$\frac{2}{16} = \frac{1}{8} = \binom{3}{0} \cdot \left(\frac{1}{2}\right)^3$
2	$\frac{6}{16} = \frac{3}{8} = \binom{3}{1} \cdot \left(\frac{1}{2}\right)^3$
3	$\frac{6}{16} = \frac{3}{8} = \binom{3}{2} \cdot \left(\frac{1}{2}\right)^3$
4	$\frac{2}{16} = \frac{1}{8} = \binom{3}{3} \cdot \left(\frac{1}{2}\right)^3$

(3) Man kann leicht allgemein zeigen, dass beim n-fachen Münzwurf gilt:
$$P(R = r) = \binom{n-1}{r} \cdot \left(\frac{1}{2}\right)^{n-1}, \quad r = 1, 2, \ldots, n$$
Erläutere, wieso sich aus dem Vergleich mit der Binomialverteilung ergibt, dass der Erwartungswert $E(R) = \frac{n+1}{2}$ ist.
Ist die Anzahl der Runs der o.a. W – Z-Folge größer oder kleiner als $E(R) = \frac{25+1}{2} = 13$?
(4) Schreibe – so willkürlich wie möglich – eine W-Z-Folge auf und prüfe anschließend, wie viele Runs diese ausgedachte W – Z-Folge hat. Vergleiche das Ergebnis mit dem Ergebnis von Mitschülern/innen. Was fällt auf ?

Aus empirischen Untersuchungen weiß man:

Fordert man Personen auf, einen n-fachen Münzwurf *im Kopf* durchzuführen, so produzieren sie erfahrungsgemäß zu viele Runs, d.h. sie wechseln zu oft zwischen Wappen und Zahl, weil sie befürchten, dass zu viele gleiche Ergebnisse hintereinander verdächtig sind ...

3. *Pokertest*
Ein Würfel wird (tatsächlich oder „im Kopf“) 50mal (100mal) geworfen.

a) Überprüfe die relativen Häufigkeiten, mit denen die einzelnen Augenzahlen auftreten.

b) Interpretiere das Würfeln als Simulation eines Münzwurfs, d. h. fasse 3 der 6 Ergebnisse als *Wappen* auf, die restlichen 3 als *Zahl.*
Führe für diese Folge von Münzwürfen Untersuchungen wie in Aufgabe 1 und 2 durch.

c) Ähnlich wie beim Pokern mit Spielkarten kann man die Augenzahlen von 5 aufeinander folgenden Würfen zu einem *Bild* zusammenfassen (dabei kommt es nicht auf die Reihenfolge an, in der die einzelnen Ergebnisse aufgetreten sind).

Mögliche Bilder beim Pokern mit 5 Würfeln	Beispiel	Wahrscheinlichkeit
Paar (one pair)		$\frac{\binom{5}{2}\cdot 6\cdot 5\cdot 4\cdot 3}{6^5} = 46{,}30\,\%$
2 Paare (two pairs)		$\frac{\binom{5}{2}\binom{3}{2}\binom{6}{2}\cdot 4}{6^5} = 23{,}15\,\%$
Dreier (three of a kind)		$\frac{\binom{5}{3}\cdot 6\cdot 5\cdot 4}{6^5} = 15{,}43\,\%$
Full house		3,85 %
Straight		3,09 %
Four of a kind		1,93 % } 15,12 %
Five of a kind		0,08 %
ohne Besonderheit		6,17 %

(1) Erläutere die Wahrscheinlichkeitsberechnungen der ersten drei Bilder.

(2) Führe den **Pokertest** durch:
Bestimme die relativen Häufigkeiten, mit denen die Bilder one pair, two pairs, three of a kind auftreten und vergleiche diese mit den o. a. Wahrscheinlichkeiten.

d) Den *Pokertest* kann man entsprechend auch für reguläre Oktaeder anwenden.

(1) Welche Wahrscheinlichkeiten haben hier die ersten drei Bilder?

(2) Wirf ein reguläres Oktaeder 50mal.
Vergleiche die relativen Häufigkeiten für die ersten drei Bilder mit den in (1) berechneten Wahrscheinlichkeiten.

14.7 Binomialverteilungen bei großem Stichprobenumfang

14.7.1 Varianz und Standardabweichung bei Binomialverteilungen

Einführung Wir vergleichen die BERNOULLI-Versuche mit:

(1) $n_1 = 100,\ p_1 = 0{,}1$ (2) $n_2 = 50,\ p_2 = 0{,}2$

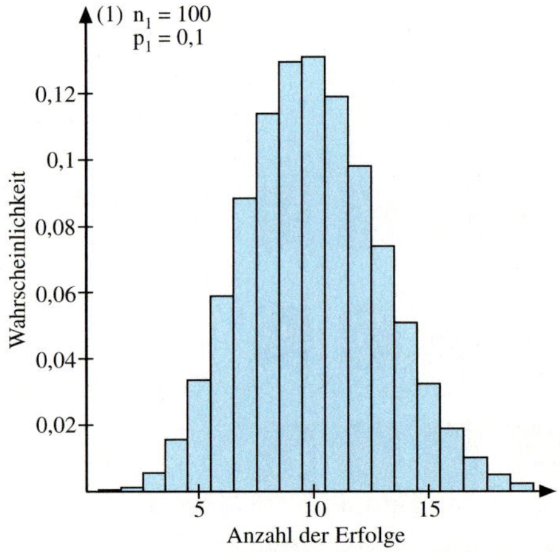

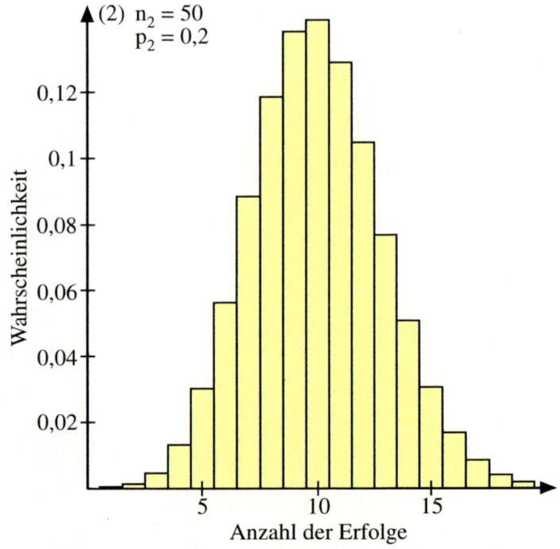

Beim Versuch (1) erwarten wir, dass $\mu_1 = n_1 \cdot p_1 = 100 \cdot 0{,}1 = 10$ Erfolge auftreten, bei Versuch (2) rechnen wir ebenfalls mit $\mu_2 = n_2 \cdot p_2 = 50 \cdot 0{,}2 = 10$ Erfolgen.
Aber bei beiden Zufallsversuchen streuen die Werte verschieden stark um den Erwartungswert. Dies soll für BERNOULLI-Versuche allgemein untersucht werden.

Aufgabe 1 *Berechnung der Varianz bei n-stufigen BERNOULLI-Versuchen*
Gegeben sei ein n-stufiger BERNOULLI-Versuch mit der Erfolgswahrscheinlichkeit p und der Zufallsgröße X: *Anzahl der Erfolge.*

a) Stelle zunächst einen Term auf zur Berechnung der Varianz der Zufallsgröße X. Bestimme dann die Varianz der Zufallsgröße.
X: *Anzahl der Würfe mit Augenzahl 6 beim 3fachen Würfeln.*

b) Bestimme allgemein die Varianz für die Zufallsgröße X eines 1-stufigen [2-stufigen; 3-stufigen] BERNOULLI-Versuchs.

Lösung **a)** Eine binomialverteilte Zufallsgröße X: *Anzahl der Erfolge* kann die Werte 0, 1, ..., n annehmen. Für die Varianz V(X) gilt also dann:

k	P(X=k)	$k^2 \cdot P(X=k)$
0	$1 \cdot \left(\frac{1}{6}\right)^0 \cdot \left(\frac{5}{6}\right)^3$	$0 \cdot \frac{125}{216} = 0$
1	$3 \cdot \left(\frac{1}{6}\right)^1 \cdot \left(\frac{5}{6}\right)^2$	$1 \cdot \frac{75}{216} = \frac{75}{216}$
2	$3 \cdot \left(\frac{1}{6}\right)^2 \cdot \left(\frac{5}{6}\right)^1$	$4 \cdot \frac{15}{216} = \frac{60}{216}$
3	$1 \cdot \left(\frac{1}{6}\right)^3 \cdot \left(\frac{5}{6}\right)^0$	$9 \cdot \frac{1}{216} = \frac{9}{216}$

$$V(X) = (0-\mu)^2 \cdot P(X=0) + \ldots + (n-\mu)^2 \cdot P(X=n)$$
$$= [0^2 \cdot P(X=0) + \ldots + n^2 \cdot P(X=n)] - \mu^2$$

$$V(X) = [0^2 \cdot P(X=0) + \ldots + n^2 \cdot P(X=n)] - (n \cdot p)^2$$

Mithilfe der Tabelle links erhält man für die Varianz der Zufallsgröße X: *Anzahl der Erfolge*

$$V(X) = \frac{144}{216} - \left(3 \cdot \frac{1}{6}\right)^2 = \frac{90}{216} = \frac{5}{12}$$

b) 1-stufiger BERNOULLI-Versuch: $\mu = 1 \cdot p$

k	$P(X=k)$	$k^2 \cdot P(X=k)$
0	q	$0 \cdot q$
1	p	$1 \cdot p$

$V(X) = p - p^2 = p(1-p) = pq$

2-stufiger BERNOULLI-Versuch: $\mu = 1 \cdot p$

k	$P(X=k)$	$k^2 \cdot P(X=k)$
0	q^2	$0 \cdot q^2$
1	$2pq$	$1 \cdot 2pq$
2	p^2	$4 \cdot p^2$

$V(X) = 2pq + 4p^2 - (2p)^2 = 2pq$

3-stufiger BERNOULLI-Versuch: $\mu = 3 \cdot p$

k	$P(X=k)$	$k^2 \cdot P(X=k)$
0	q^3	$0 \cdot q^3$
1	$3pq^2$	$1 \cdot 3pq^2$
2	$3p^2q$	$4 \cdot 3p^2q$
3	p^3	$9 \cdot p^3$

$$\begin{aligned} V(X) &= 3pq^2 + 12p^2q + 9p^3 - (3p)^2 \\ &= 3p[q^2 + 4pq + 3p^2 - 3p] \\ &= 3p[(1-p)^2 + 4p(1-p) \\ &\quad + 3p^2 - 3p] \\ &= 3p[1 - 2p + p^2 + 4p - 4p^2 \\ &\quad + 3p^2 - 3p] \\ &= 3p(1-p) = 3pq \end{aligned}$$

Information **Varianz und Standardabweichung bei BERNOULLI-Versuchen**

In Aufgabe 1 b) haben wir für $n = 1, 2, 3$ einen einfachen Term für σ gefunden. Allgemein kann man Folgendes beweisen:

> **Varianz und Standardabweichung bei Binomialverteilungen**
> Gegeben ist ein n-stufiger BERNOULLI-Versuch mit der Erfolgswahrscheinlichkeit p und der Misserfolgswahrscheinlichkeit $q = 1 - p$.
> Die Zufallsgröße X: *Anzahl der Erfolge* hat
> die Varianz $V(X) = n \cdot p \cdot q$ und die Standardabweichung $\sigma = \sqrt{n \cdot p \cdot q}$.

Für die Beispiele in der Einführung zu diesem Abschnitt (vgl. S. 452) ergibt sich

(1) $V(X_1) = 100 \cdot 0{,}1 \cdot 0{,}9 = 9$, also $\sigma = 3$

(2) $V(X_2) = 50 \cdot 0{,}2 \cdot 0{,}8 = 8$, also $\sigma \approx 2{,}83$

Die Streuung ist bei der ersten Verteilung etwas größer als bei der zweiten Verteilung. Welche Bedeutung die so zu berechnende Zahl σ nun eigentlich hat, werden wir im nächsten Abschnitt klären.

Übungsaufgaben

2.

Gegeben sei eine binomialverteilte Zufallsgröße X: *Anzahl der Erfolge.*

a) Berechne $V(X) = n \cdot p \cdot (1-p)$ für $n = 100$ und $p = 0{,}1; 0{,}2; 0{,}3; \ldots; 0{,}9$.
Für welches p ist $V(X)$ am größten, d. h. *streut* die Verteilung am stärksten?

b) Begründe allgemein: Die Varianz einer binomialverteilten Zufallsgröße mit festem n ist für $p = 0{,}5$ am größten.
Anleitung: Untersuche die Funktion f mit $f(p) = n \cdot p \cdot (1-p)$ mit Mitteln der Koordinatengeometrie oder der Analysis.

TAB **3.**

Bestätige die Formeln $V(X) = n \cdot p \cdot q$ für verschiedene Werte von n und p mithilfe einer Tabellenkalkulation. Wie müssen die Zellen definiert werden?

14.7.2 Wahrscheinlichkeiten von σ-Umgebungen

Einführung *Umgebungen um den Erwartungswert*

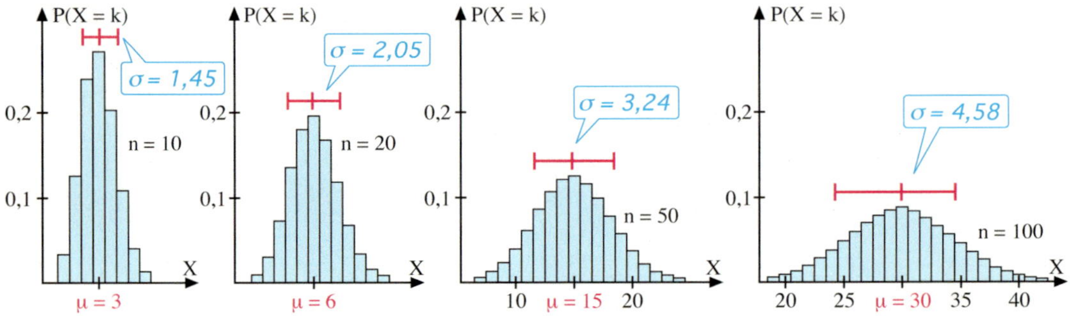

Histogramme von Binomialverteilungen werden immer flacher und breiter, wenn der Stichprobenumfang n zunimmt. Dem Maximum einer solchen Verteilung kommt keine allzu große Wahrscheinlichkeit zu; vielmehr treten die Nachbarwerte des Maximums mit vergleichbaren Wahrscheinlichkeiten auf (vgl. Seite 430). Da die Histogramme bei großem Stichprobenumfang nahezu symmetrisch zum Erwartungswert $\mu = n \cdot p$ sind, interessieren wir uns also für symmetrische Bereiche um den Erwartungswert μ und deren Wahrscheinlichkeiten.
In diesem Abschnitt wollen wir insbesondere untersuchen, welche Rolle die Standardabweichung σ hierbei spielt. Dazu betrachten wir Binomialverteilungen bei großem Stichprobenumfang n. Diese haben eine nahezu symmetrische Gestalt, insbesondere in der Umgebung des Erwartungswertes μ.

Unter der **Umgebung des Erwartungswertes μ** wollen wir also Intervalle verstehen, die in der Form $\mu - r \leq X \leq \mu + r$ notiert werden können.
Wir untersuchen nun die symmetrischen Treppenfiguren des Histogramms zur Binomialverteilung mit $n = 100$ und $p = 0{,}3$ (also Erwartungswert $\mu = 100 \cdot 0{,}3 = 30$): das Rechteck bei $X = 30$, die Treppenfiguren für $29 \leq X \leq 31$, $28 \leq X \leq 32$, ...
Die halbe Breite dieser Treppenfiguren wollen wir als **Radius der Umgebung** des Erwartungswertes μ bezeichnen. In der abgedruckten Grafik ist die Umgebung des Erwartungswertes $\mu = 30$ mit dem Radius $r = 7{,}5$ abgebildet.

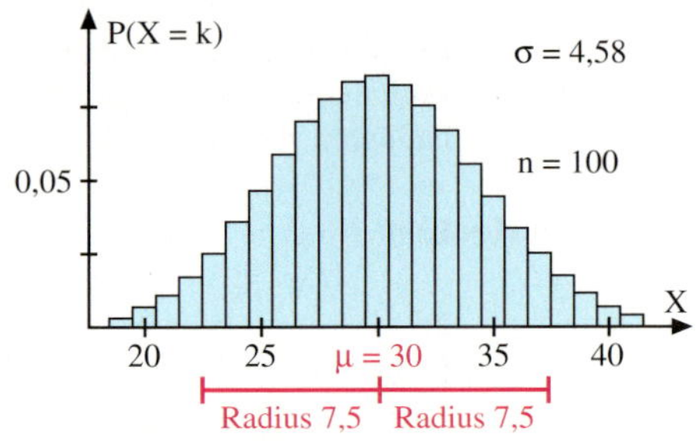

Diesen Radius einer Umgebung vergleichen wir mit der oben berechneten Standardabweichung, d.h. wir nehmen σ als Maßeinheit und geben an, wie oft diese Maßeinheit in den Radius „passt".

Beispiele:

(1) $r = 0{,}5$; also $\frac{r}{\sigma} = \frac{0{,}5}{4{,}58} \approx 0{,}11$; d.h. $r \approx 0{,}11\,\sigma$

(2) $r = 1{,}5$; also $\frac{r}{\sigma} = \frac{1{,}5}{4{,}58} \approx 0{,}33$; d.h. $r \approx 0{,}33\,\sigma$

(3) $r = 2{,}5 \approx 0{,}55\,\sigma$

(4) $r = 3{,}5 \approx 0{,}77\,\sigma$

Mithilfe des Tafelwerks (vgl. Seite 505) können wir die Wahrscheinlichkeiten für die zugehörigen Umgebungen bestimmen:

(1) $r = 0{,}5$: $P(X = 30) = P(X \leq 30) - P(X \leq 29) = 0{,}087$
(2) $r = 1{,}5$: $P(29 \leq X \leq 31) = P(X \leq 31) - P(X \leq 28) = 0{,}256$
(3) $r = 2{,}5$: $P(28 \leq X \leq 32) = P(X \leq 32) - P(X \leq 27) = 0{,}415$

Entsprechend erhalten wir die übrigen Werte der folgenden Tabelle. Die Punkte mit den Koordinaten (Radius | Wahrscheinlichkeit) liegen auf einer Kurve.

Radius der Umgebung	Radius in Vielfachen von σ	Wahrscheinlichkeit der Umgebung
0,5	0,11	0,087
1,5	0,33	0,256
2,5	0,55	0,415
3,5	0,77	0,555
4,5	0,98	0,674
5,5	1,20	0,770
6,5	1,42	0,844
7,5	1,64	0,899
8,5	1,85	0,937
9,5	2,07	0,963
10,5	2,29	0,978
11,5	2,51	0,988
12,5	2,73	0,994
13,5	2,95	0,997

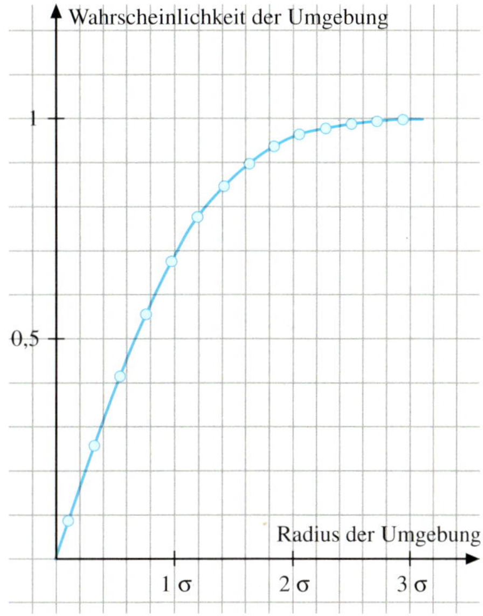

Zwischen dem Radius der Umgebung und der zugehörigen Wahrscheinlichkeit für die Umgebung gibt es einen funktionalen Zusammenhang, d. h. zu einem bestimmten Radius gehört eine bestimmte Wahrscheinlichkeit.
In der folgenden Aufgabe 1 wollen wir untersuchen, inwieweit dieser funktionale Zusammenhang von der Erfolgswahrscheinlichkeit p abhängt.

Aufgabe 1 Bestimme mithilfe des Tafelwerks für $p = 0{,}1$; $0{,}2$; $0{,}25$; $0{,}3$; $0{,}4$; $0{,}5$ und $n = 100$ den Radius der Umgebung um den jeweiligen Erwartungswert μ, die ungefähr eine Wahrscheinlichkeit von 90 % hat.

Lösung

p	μ	σ	Wahrscheinlichkeit der Umgebung	Radius der Umgebung
0,1	10	3,00	$P(6 \leq X \leq 14) = 0{,}896$	$4{,}5 \approx 1{,}5\,\sigma$
0,2	20	4,00	$P(14 \leq X \leq 26) = 0{,}897$	$6{,}5 \approx 1{,}63\,\sigma$
0,25	25	4,33	$P(18 \leq X \leq 32) = 0{,}917$	$7{,}5 \approx 1{,}73\,\sigma$
0,3	30	4,58	$P(23 \leq X \leq 37) = 0{,}899$	$7{,}5 \approx 1{,}64\,\sigma$
0,4	40	4,90	$P(32 \leq X \leq 48) = 0{,}918$	$8{,}5 \approx 1{,}73\,\sigma$
0,5	50	5,00	$P(42 \leq X \leq 58) = 0{,}912$	$8{,}5 \approx 1{,}70\,\sigma$

Der Radius der 90 %-Umgebung des jeweiligen Erwartungswertes μ ist ungefähr gleich, d. h. unabhängig von der Erfolgswahrscheinlichkeit p lässt sich dem Radius einer Umgebung um den Erwartungswert μ eine bestimmte Wahrscheinlichkeit für die Umgebung zuordnen.

Weiterführende Aufgabe

2. *1 σ-, 2 σ-, 3 σ-Umgebungen um den Erwartungswert*
Bestimme mithilfe des Tafelwerks für $p = 0{,}1$; $0{,}2$; $0{,}25$; $0{,}5$; $0{,}3$; $0{,}4$; $0{,}5$ und $n = 100$ die Wahrscheinlichkeit der Umgebung um den Erwartungswert, die man erhält, wenn man als Radius der Umgebung $r = 1\,\sigma$ bzw. $r = 2\,\sigma$ bzw. $r = 3\,\sigma$ wählt.

Information **(1) Regeln über σ-Umgebungen von μ**
Anhand von weiteren Beispielen kann man zeigen, dass ein funktionaler Zusammenhang zwischen Radius und Wahrscheinlichkeit für eine Umgebung besteht:

Jedem Radius einer Umgebung des Erwartungswertes μ lässt sich eine bestimmte Wahrscheinlichkeit für diese Umgebung zuordnen. Umgekehrt gehören zu bestimmten Wahrscheinlichkeiten für Umgebungen um den Erwartungswert bestimmte Radien. Dies gilt nahezu unabhängig von der Erfolgswahrscheinlichkeit p, die dem n-stufigen BERNOULLI-Versuch zugrunde liegt, und dem Stichprobenumfang n.

Diese Regel gilt umso genauer, je größer n ist, insbesondere falls
$\sigma = \sqrt{n \cdot p \cdot (1-p)} > 3$ (so genannte LAPLACE-Bedingung).

Wahrscheinlichkeiten von Umgebungen des Erwartungswertes bei Binomialverteilungen (σ-Regeln)
Zwischen dem Radius einer Umgebung um den Erwartungswert und der zugehörigen Wahrscheinlichkeit der Umgebung gelten folgende Zuordnungen:

gültig falls $\sigma > 3$

Radius der Umgebung	Wahrscheinlichkeit der Umgebung
$1\,\sigma$	0,68
$2\,\sigma$	0,955
$3\,\sigma$	0,997

Wahrscheinlichkeit der Umgebung	Radius der Umgebung
0,90	$1{,}64\,\sigma$
0,95	$1{,}96\,\sigma$
0,99	$2{,}58\,\sigma$

Da wir die Radien von Umgebungen um den Erwartungswert μ als Vielfache von σ angeben, sprechen wir im Folgenden kurz von σ-Umgebungen (z. B. 1,64σ-Umgebung, 3σ-Umgebung usw.) Weitere Zuordnungen sind dem Anhang (Seite 506) zu entnehmen.

(2) Berechnung der Wahrscheinlichkeit einer Umgebung bei vorgegebenem Radius mithilfe des Tafelwerks (Beispiel)
Gegeben: $n = 150$; $p = 0{,}64$ Erwartungswert: $\mu = 150 \cdot 0{,}64 = 96$
Standardabweichung: $\sigma = \sqrt{150 \cdot 0{,}64 \cdot 0{,}36} = 5{,}88$ (also $\sigma > 3$)

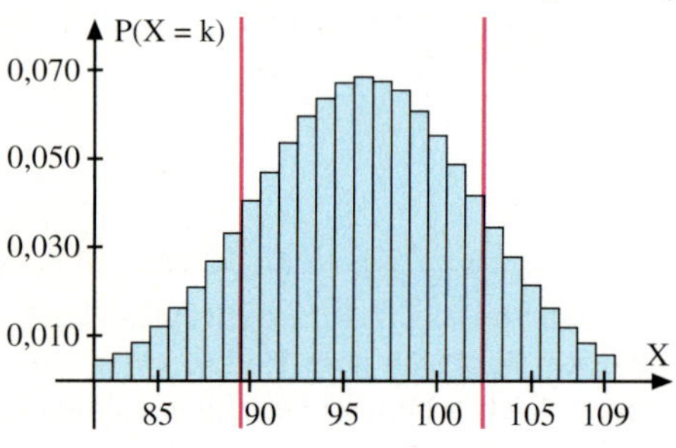

Gesucht: $P(90 \leq X \leq 102)$
Lösung: Der Radius der Umgebung ist 6,5.
Wir drücken den Radius r als Vielfaches der Standardabweichung σ aus: $\frac{r}{\sigma} = \frac{6{,}5}{5{,}88}$ d. h. $r \approx 1{,}10\,\sigma$
Wir entnehmen den Wert für die Wahrscheinlichkeit dem Tafelwerk. Unter $z = 1{,}10$ finden wir:
$P(90 \leq X \leq 102) \approx P(\mu - 1{,}10\,\sigma \leq X \leq \mu + 1{,}10\,\sigma) \approx 0{,}729$
Mit einer Wahrscheinlichkeit von ca. 72,9 % liegt die Anzahl der Erfolge im Intervall zwischen 90 und 102 (jeweils einschließlich).

(3) Berechnung des Radius einer Umgebung bei vorgegebener Wahrscheinlichkeit der Umgebung mithilfe des Tafelwerkes (Beispiel)

Gegeben: $n = 181$, $p = 0{,}35$;
Erwartungswert: $\mu = 181 \cdot 0{,}35 = 63{,}35$
Standardabweichung: $\sigma = \sqrt{181 \cdot 0{,}35 \cdot 0{,}65} = 6{,}42$
Gesucht: 90 %-Umgebung von μ

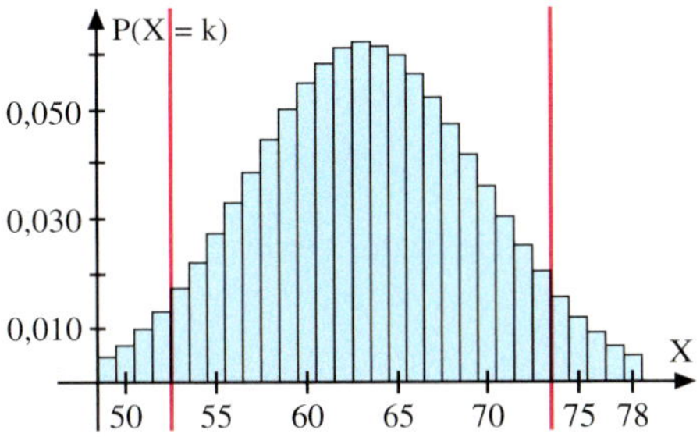

Lösung: Wir schlagen in der Tabelle nach, welches Vielfache von σ zur 90 %-Umgebung des Erwartungswertes μ gehört:
$P(\mu - z\sigma \leq X \leq \mu + z\sigma) = 0{,}90$.
Wir finden $z = 1{,}64$, d. h. die 90 %-Umgebung von μ geht von $\mu - 1{,}64\,\sigma = 63{,}35 - 1{,}64 \cdot 6{,}42 = 52{,}83$ bis $\mu + 1{,}64\,\sigma = 63{,}35 + 1{,}64 \cdot 6{,}42 = 73{,}87$.
Also gilt:
$P(52{,}83 \leq X \leq 73{,}87) \approx 0{,}90$, d. h. $P(53 \leq X \leq 73) \approx 0{,}90$

Runden zur sicheren Seite

Übungsaufgaben

3.

a) Überprüfe die in der Information angegebenen σ-Regeln mithilfe des Tafelwerks ($n = 100$; $p = 0{,}1$; $0{,}2$; $0{,}25$; $0{,}3$; $0{,}4$; $0{,}5$).
Welche Wahrscheinlichkeit hat die $2{,}58\,\sigma$-Umgebung von μ?

b) Warum ist a) auch eine Bestätigung der σ-Regeln für $p = 0{,}6$; $0{,}7$; $0{,}75$; $0{,}8$; $0{,}9$?

4.

Ein Würfel wird 600-mal geworfen.

a) Mit welcher Wahrscheinlichkeit hat man mindestens 90-mal, höchstens 110-mal Augenzahl 6?

b) In welchem Bereich liegt die Anzahl der Würfe mit Augenzahl 6 [Augenzahl 5 *oder* Augenzahl 6] mit einer Wahrscheinlichkeit von ungefähr 90 %?

5.

In Mitteleuropa haben 38 % der Menschen Blutgruppe 0. In einer Zufallsstichprobe wird bei 100 Personen die Blutgruppe bestimmt. Gib eine Umgebung um den Erwartungswert an, in der mit einer Wahrscheinlichkeit von 90 % die Anzahl der Personen der Stichprobe liegt, die Blutgruppe 0 haben.

6.

a) Ein Reiseunternehmer nimmt 400 Buchungen für ein Feriendorf mit 360 Betten an, da erfahrungsgemäß 12 % der Buchungen wieder rückgängig gemacht werden. Mit welcher Wahrscheinlichkeit hat er zu viele Buchungen angenommen?

b) Ein Konzertsaal fasst 720 Personen. 800 Bestellungen für ein Konzert liegen vor. Erfahrungsgemäß werden nur 85 % der vorbestellten Karten auch tatsächlich abgeholt. Mit welcher Wahrscheinlichkeit erhalten alle, die eine Konzertkarte wollen, auch eine Eintrittskarte?

c) Für einen Flug eines Airbus A 300 der Lufthansa mit 270 Plätzen liegen 280 Buchungen vor; man kann mit ca. 10 % Stornierungen rechnen. Mit welcher Wahrscheinlichkeit reicht die Kapazität der Maschine?

14.8 Vermischte Übungen

1.

a) Bestimme die Verteilung der Zufallsgröße X: *Augensumme bei 2fachem Werfen eines Tetraeders.* Stelle die Verteilung in einem Histogramm dar. Bestimme auch die kumulierte Verteilung von X.

b) Gib die Wahrscheinlichkeit folgender Ereignisse an: Die Augensumme ist:
(1) höchstens 6
(2) kleiner als 5
(3) größer als 4
(4) mindestens 6
(5) größer als 3 und kleiner als 7
(6) mindestens 4 und höchstens 7

c) Bestimme die Wahrscheinlichkeit der Ereignisse aus b) für den Fall, dass
(1) 2 Oktaeder,
(2) 2 Dodekaeder,
(3) 2 Ikosaeder,
(4) 1 Tetraeder und 1 Hexaeder geworfen werden.

2.

Bei einem Ausdauertest geben erfahrungsgemäß 5% der Teilnehmer schon nach 4 Minuten auf. Nach 20 Minuten ist auch der Letzte ausgeschieden. Für die übrigen Zwischenzeiten gilt:

Zeit t (in Minuten)	6	8	10	12	14	16	18
Anteil der Teilnehmer nach t Minuten	90%	80%	70%	50%	30%	15%	10%

Was kann man über den Erwartungswert der Ausdauerzeit aussagen? (Überlege, wie in der Tabelle jemand berücksichtigt wird, der nach 11 Minuten aufgibt.)

3.

Mithilfe der Sterbetafel von Seite 357 lässt sich die *mittlere Lebenserwartung* abschätzen.
$P(X=k)$ sei die Wahrscheinlichkeit, dass eine zufällig ausgesuchte Person das Alter k, aber nicht mehr das Alter $k+5$ erreicht.

a) Für männliche Personen ergibt sich aus der Tabelle die folgende Verteilung:

k	0	5	10	15	20	25	30
$P(X=k)$	0,00692	0,00077	0,00085	0,00365	0,00496	...	...

Ergänze die Verteilungstabelle und berechne den Erwartungswert.

b) Bestimme die entsprechende Verteilung und den Erwartungswert für weibliche Personen.

4.

Die Wahrscheinlichkeit für die Ziehung einer bestimmten Zahl (z.B. 17) in der Wochenziehung des Lottospiels *6 aus 49* ist $\frac{6}{49}$ (vgl. Seite 368, Aufgabe 3b).

a) Wir betrachten die nächsten Wochenziehungen. Mit welcher Wahrscheinlichkeit wird spätestens in der 8. Wochenziehung die bestimmte Zahl gezogen?

b) Wie viele Wochenziehungen müssen abgewartet werden, damit die bestimmte Zahl mit einer Wahrscheinlichkeit von mehr als 95% mindestens einmal gezogen worden ist?

5.
Jemand will einen Sessel neu beziehen. Dazu benötigt er 15 Polsternägel. Erfahrungsgemäß werden 20% der Nägel beim Einklopfen verbogen. Mit welcher Wahrscheinlichkeit genügt eine Packung mit 20 Nägeln?

6.
In 90% aller Haushalte der Bundesrepublik ist ein Farbfernsehgerät vorhanden. Während einer Fernsehshow werden neue Farbeffekte ausprobiert.

a) In 100 zufällig ausgesuchten Haushalten werden am nächsten Tag Befragungen zu den Farbexperimenten durchgeführt. Mit welcher Wahrscheinlichkeit ist die Zahl der Haushalte, in denen ein Farbfernsehgerät ist, größer als 85?

b) Die Sendung hatte in den Haushalten mit Farbfernsehgerät eine Einschaltquote von 60%. Bestimme die Wahrscheinlichkeit dafür, dass die Sendung in mehr als 50, aber weniger als 70 von 100 Haushalten mit Farbfernsehgerät gesehen wurde.

c) Das mit der Befragung beauftragte Institut weiß aus früheren Untersuchungen, welche Haushalte sich für eine Befragung eignen, da sie mit Farbfernsehgeräten ausgestattet sind. Nur in 70% der Fälle werden die zu befragenden Personen auch angetroffen. Wie groß ist die Chance dafür, dass in mehr als 75 von 100 geeigneten Haushalten Befragungen stattfinden können?

7.
Zur Kontrolle von elektronischen Bauteilen werden jeweils 5 von diesen hintereinander geschaltet und Kontrollmessungen durchgeführt. Auf diese Weise kann man feststellen, ob unter den 5 Teilen mindestens eines defekt ist, aber nicht, welches. Hierfür sind dann Einzelmessungen erforderlich, die etwa jeweils die gleiche Zeit in Anspruch nehmen wie die Kontrolle einer 5er-Reihe.
Angenommen, 90% der Bauteile sind in Ordnung, 20 Teile sind zu kontrollieren.

a) Stelle den Vorgang in einem 4stufigen Baumdiagramm dar. Bestimme die Verteilung der Zufallsgröße Y: *Anzahl der notwendigen Kontrollen.* Wie viele Kontrollen sind im Mittel notwendig?

b) Ist es zeitsparender, nur 4 Teile hintereinander zu schalten? Gehe wie in a) vor.

8.
Zwischen dem Produzenten von elektronischen Bauteilen und einem Kunden soll ein Prüfplan für Lieferungen abgesprochen werden:

(1) Aus der Lieferung werden zufällig 10 Bauteile entnommen und kontrolliert. Wenn alle Bauteile in Ordnung sind, wird die Lieferung angenommen; sind 2 oder mehr Teile defekt, geht die gesamte Lieferung zurück. Wenn 1 Teil defekt ist, werden weitere 10 Bauteile überprüft; falls unter diesen mindestens 1 defektes Teil entdeckt wird, weist der Kunde die Lieferung zurück.

(2) Aus der Lieferung werden zufällig 20 Teile entnommen. Sind alle Teile in Ordnung, wird die gesamte Lieferung angenommen. Sind mehr als 2 defekt, wird die Lieferung zurückgewiesen. Andernfalls werden 20 weitere Teile kontrolliert. Findet man bei dieser Kontrolle mehr als 2 defekte Teile, geht die Lieferung endgültig zurück, sonst wird sie angenommen.

Angenommen, 10% $\left[\frac{1}{6}\right]$ der Bauteile einer Lieferung sind defekt. Mit welcher Wahrscheinlichkeit wird die Lieferung angenommen? Stelle den Prüfvorgang im Baumdiagramm dar. Vergleiche die Prüfpläne.

9.
Bei einem Multiple-Choice-Test werden 10 Fragen mit jeweils 4 Antwortmöglichkeiten gestellt, allerdings kann man bei 5 Fragen eine der vorgegebenen Antworten direkt als unbrauchbar ausschließen. Der Test gilt als bestanden, wenn 4 Fragen richtig beantwortet sind. Wie groß sind die Chancen, durch bloßes Raten den Test zu bestehen? Deute den Vorgang als 2stufigen Zufallsversuch.

Fragen zum Basiswissen

- Erläutere an einem selbst gewählten Beispiel die Begriffe Zufallsgröße, Wahrscheinlichkeitsverteilung der Zufallsgröße, Histogramm der Wahrscheinlichkeitsverteilung. (Seite 410)
- Was versteht man unter dem Erwartungswert einer Wahrscheinlichkeitsverteilung? Welche Bedeutung hat der Erwartungswert? Wie berechnet man diesen am zweckmäßigsten? (Seite 414)
- Was versteht man unter einem BERNOULLI-Versuch? Wie berechnet man die Wahrscheinlichkeit für k Erfolge bei einem n-stufigen BERNOULLI-Versuch? (Seiten 419 – 421)
- Welcher Zusammenhang besteht zwischen Binomialverteilung und Binomischem Lehrsatz? (S. 421)
- Worin besteht der Vorteil der Benutzung von Tabellen mit kumulierten Wahrscheinlichkeiten? Wie geht man vor, wenn die Erfolgswahrscheinlichkeit p größer als 0,5 ist? (Seite 425)
- Wie berechnet sich der Erwartungswert bei einer Binomialverteilung? Welche Bedeutung hat er für die Verteilung? (Seite 430)
- Wann lassen sich Wahrscheinlichkeiten für Ziehvorgänge ohne Zurücklegen mithilfe der Binomialverteilung berechnen? (Seite 431)
- Was versteht man unter dem Alternativtest? Welche Fehler können dabei auftreten? (Seite 433)
- Erläutere das Kugel-Fächer-Modell an einem selbst gewählten Beispiel. Welche typischen Fragestellungen lassen sich mithilfe des Kugel-Fächer-Modells bearbeiten? (Seite 442)
- Wie groß ist bei einem BERNOULLI-Versuch die Wahrscheinlichkeit, dass ein Erfolg genau beim k-ten Versuch eintritt bzw. dass bis zum k-ten Versuch mindestens ein Erfolg eintritt? (Seite 435)
- Was versteht man unter der Varianz bzw. der Standardabweichung einer Wahrscheinlichkeitsverteilung? Wie berechnet man Varianz bzw. Standardabweichung bei einer Binomialverteilung? (Seite 453)
- Nenne die wichtigsten σ-Regeln für Umgebungen des Erwartungswerts von Binomialverteilungen bei großem Stichprobenumfang. (Seite 456)

Klausurtraining A

1.

Ein reguläres Tetraeder und ein reguläres Oktaeder werden geworfen.

(1) Bestimme die Wahrscheinlichkeitsverteilung der Zufallsgröße X: *Augensumme.*

(2) Mit welcher Wahrscheinlichkeit ist die Augensumme größer als 8? Mit welcher Wahrscheinlichkeit liegt sie zwischen 6 und 9 (einschließlich)?

(3) Ist die Wahrscheinlichkeit für Augenzahl 7 beim Werfen von Tetraeder und Oktaeder größer als beim Werfen zweier regulärer Hexaeder?

2.

(1) In einer Bevölkerungsgruppe haben 70% der Erwachsenen einen Führerschein. 10 erwachsene Personen werden zufällig ausgewählt. Mit welcher Wahrscheinlichkeit haben mehr als die Hälfte von ihnen einen Führerschein?

(2) 21 von 30 Kindern einer Klasse kommen mit dem Bus zur Schule. Für eine Befragung werden 10 der 30 Kinder zufällig ausgewählt. Mit welcher Wahrscheinlichkeit gehört mehr als die Hälfte zu den Kindern, die mit dem Bus zur Schule kommen?

(3) Erläutere den Unterschied bei der Wahrscheinlichkeitsberechnung in (1) bzw. (2). Warum darf in (1) mit einem Binomialansatz gerechnet werden? Wandele die Aufgabenstellung in (2) so ab, dass hier ebenfalls ein Binomialansatz möglich ist. (Ohne Rechnung!)

3.

In 80% der Haushalte in Deutschland ist ein Tiefkühlschrank (bzw. ein Kühlschrank mit Tiefkühlfach) vorhanden. Mit welcher Wahrscheinlichkeit findet man bei einer Stichprobe in 100 zufällig ausgewählten Haushalten (1) genau 80 Haushalte, (2) mindestens 70, höchstens 80 Haushalte, (3) mindestens 80 Haushalte mit einem Tiefkühlschrank?

4.

In einer Veröffentlichung war zu lesen, dass 50% der Haushalte in Deutschland eine Tageszeitung abonniert haben (bzw. täglich kaufen); in einer anderen Publikation wurde dieser Anteil mit 30% beziffert. Wir wollen einmal annehmen, dass tatsächlich genau eine dieser Aussagen richtig ist. Um die Richtigkeit der Angabe zu überprüfen, werden 100 Haushalte zufällig ausgewählt.

(1) Stelle eine Entscheidungsregel auf, damit man sich zwischen den beiden Aussagen entscheiden kann. Welche Fehler können auftreten, wenn man sich an diese Entscheidungsregel hält?
(2) Bestimme die Wahrscheinlichkeiten dafür, dass diese Fehler auftreten.

Klausurtraining B

1.

Beim Lottospiel „6 aus 49“ sind die kleineren Gewinnzahlen bei den Tippern beliebter als die größeren, z. B. werden gerne Geburtsmonate (1, 2, ..., 12) angekreuzt.
Mit welcher Wahrscheinlichkeit sind k der Gewinnzahlen kleiner als 13 ($k = 0, 1, 2, \ldots, 6$)?
Bestimme die zugehörige Wahrscheinlichkeitsverteilung und deren Erwartungswert.

2.

Ein reguläres Tetraeder wird n-mal geworfen.

a) Mit welcher Wahrscheinlichkeit tritt Augenzahl 1 beim 5-fachen Wurf k-mal auf? ($k = 0, 1, \ldots, 5$)

b) Bestimme die Wahrscheinlichkeit, dass Augenzahl 1 beim 50-fachen Wurf
(1) genau 12-mal, (2) mehr als 10-mal, (3) mindestens 5-mal, höchstens 15-mal fällt.

c) Ein rotes und ein blaues reguläres Tetraeder werden jeweils 100-mal (gleichzeitig) geworfen. Mit welcher Wahrscheinlichkeit sind die Augenzahlen der beiden Tetraeder voneinander verschieden
(1) mehr als 70-mal, (2) genau 75-mal, (3) höchstens 82-mal?

d) Wie oft muss das Tetraeder mindestens geworfen werden, damit mit einer Wahrscheinlichkeit von mindestens 95% die Augenzahl 1 mindestens einmal gefallen ist?

3.

Aus einem Stapel mit 32 Karten eines Skatkartenspiels wird zufällig eine Karte gezogen und wieder zurückgelegt. Der Vorgang wird 32-mal wiederholt. Mit welcher Wahrscheinlichkeit wird Herz Ass 0-mal, 1-mal, 2-mal, mehr als 2-mal gezogen? Schätze, wie viele der 32 Karten (keinmal) gezogen werden.

4.

a) Aus der Erfahrung vergangener Jahre weiß man, dass 40% der Mitglieder einer Haftpflicht-Versicherung keine Schadensmeldung abgeben, 30% eine Meldung, 20% zwei Meldungen und 10% drei Meldungen. Angenommen, die Situation verändert sich nicht. Mit wie vielen Schadensmeldungen kann die Versicherung auch zukünftig im Mittel pro Teilnehmer rechnen?

b) Für nähere Untersuchungen werden die Akten von 1000 Versicherungsfällen zufällig ausgewählt. Erfahrungsgemäß muss die Versicherung in 80% der Fälle die Kosten für den aufgetretenen Schaden übernehmen. Gib eine Schätzung an, in wie vielen von den 1000 Fällen die Versicherung zahlen musste (Angabe einer 95%-Umgebung des Erwartungswerts μ).

Exkurs

Mathematisches Modellieren

1. Die Anwendung der Mathematik auf die real existierende Wirklichkeit

Die Mathematik wird in vielfältiger Weise auf die Wirklichkeit angewandt.
Das geschieht im täglichen Leben, wenn wir z. B. beim Einkaufen die Kosten überschlagen.
Das geschieht in klassischer Weise in der *Physik*, der *Elektrotechnik*, dem *Maschinenbau* und der *Baustatik*. Unsere Technik und ihre Zuverlässigkeit ist ohne mathematische Anwendungen undenkbar.
Im 20. Jahrhundert ist die Mathematik in immer mehr wissenschaftliche Disziplinen oder Teile dieser Disziplinen eingedrungen: Biologie, Chemie, Psychologie, Betriebswirtschaftslehre, Volkswirtschaftslehre, Linguistik, Medizin, Soziologie, Pädagogik. Wenn man diese Wissenschaften studieren möchte, muss man – je nach Schwerpunktbildung – auch bereit sein, mathematische Studien einzubeziehen.

2. Mathematisches Modellieren als geistige Tätigkeit beim Anwenden von Mathematik

Wichtiger Bestandteil des Anwendens von Mathematik auf die real existierende Wirklichkeit ist das *mathematische Modellieren.*
Diese Tätigkeit ist durchaus vergleichbar mit der eines Designers, der aus formbarem Ton ein besonders schönes Exemplar (Modell) eines Haushaltsgerätes oder technischen Gerätes gestaltet (modelliert).
Mathematik ist nicht unmittelbar auf die Wirklichkeit anwendbar, sondern nur auf dem Wege über das Bilden von Modellen der Wirklichkeit Dieses *Bilden von Modellen*[1] *der real existierenden Wirklichkeit zum Zwecke der Anwendung der Mathematik heißt mathematisches Modellieren.* Doch was sind Modelle?

[1] Modell lat.: Maß, Form, Gestalt

3. Der Begriff des Modells

Der Modellbegriff taucht in vielen Zusammenhängen auf. Wir betrachten hier nur den Begriff des Modells bezüglich der Anwendung der Mathematik auf die Wirklichkeit.

> Modelle sind gedankliche Konstrukte[2], welche in die real existierende Wirklichkeit hineininterpretiert, hineingesehen werden

Diese Konstrukte werden durch zwei verschiedene, aber eng zusammenhängende geistige Tätigkeiten gebildet:
- durch die *Tätigkeit des Abstrahierens*, bei der von Eigenschaften in der Wirklichkeit abgesehen wird; Eigenschaften, von denen man weiß oder nur annimmt, dass sie für die Problemlösung unwesentlich sind,
- Durch die *Tätigkeit des Idealisierens*, bei welcher Eigenschaften in der Wirklichkeit angenommen bzw. hinzugefügt werden; Eigenschaften von denen man weiß oder auch nur annimmt, dass sie für die Problemlösung wesentlich sind.

Beide geistige Tätigkeiten *Abstrahieren und Idealisieren* machen das mathematische Modellieren aus. Sie hängen eng zusammen. Deswegen spricht man auch von *idealisierender Abstraktion.*

4. Beispiele für Modelle

4.1 Der Massenpunkt als Modell
Häufig denkt man sich einen Körper nur als Punkt, der sich auf einer bestimmten Kurve bewegt. Man abstrahiert also von der Ausdehnung des Körpers und denkt sich idealisiert die Masse in einem Punkt, dem Massenpunkt als idealisiertem Abstraktum. So wird der Ball in Aufgabe 34, Seite 81 als Punkt idealisiert. Seine Flugbahn wird folglich als Parabel gedacht.
Als Folgerung kann man z. B. die maximale Wurfweite berechnen und das erhaltene Ergebnis mit dem tatsächlich durchgeführten Wurf vergleichen.

[2] von lat. construere: bauen, aufbauen, bilden, formen, gestalten, konstruieren

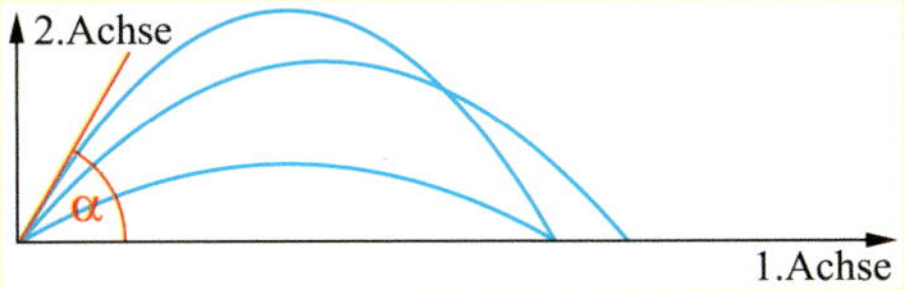

4.2 Geraden als Modelle

Dieses Modell liegt bei den Lichtstrahlen vor. Beim real existierenden Licht gibt es keine einzelnen Lichtstrahlen. Diese sind idealisierende Abstraktionen. Macht man zusätzlich bei dem Modell die Annahme, dass die Länge des Lichtweges bzw. die Zeit zum Durchlaufen des Lichtweges minimal sein soll, so kann man daraus das Reflexionsgesetz und das Brechungsgesetz folgern (siehe Seite 226, EdM 11 sowie Seite 90, Aufgabe 7).

Reflexionsgesetz:

$\alpha = \beta$

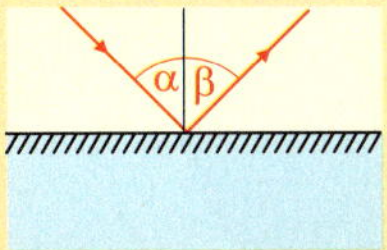

Brechungsgesetz:

$\frac{\sin\alpha}{\sin\beta} = \frac{v_1}{v_2}$

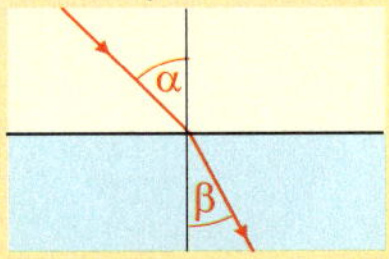

Beide Gesetze kann man empirisch überprüfen. Auch den Kurs eines Flugzeuges denkt man sich als eine Gerade (siehe z. B. Seite 249 oben oder Aufgabe 5, Seite 252).
Kanten von Bauwerken werden als Geradenstücke angenommen (Seite 235 oben).

4.3 Geometrische Körper als Modelle

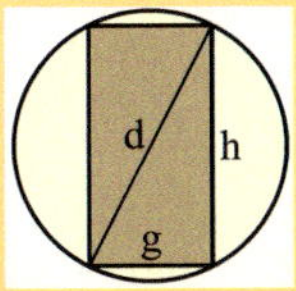

In Aufgabe 35 von Seite 194 soll aus einem Baumstamm mit kreisförmigem Querschnitt und gegebenem Durchmesser d ein Balken so geschnitten werden, dass seine Tragfähigkeit maximal wird.
Hier wird die idealisierende Abstraktion vorgenommen, dass der Baumstamm ein Zylinder und der Balken ein Quader ist. Zusätzlich macht man die Annahme, dass die Tragfähigkeit zu g und zum Quadrat von h proportional ist.
In diesem Modell folgert man mathematisch als Lösung der Aufgabe, dass man $g = \frac{d}{3}\sqrt{3}$ und $h = \frac{d}{3}\sqrt{6}$ wählen muss.

4.4 Komplexe Modelle

Ein komplexes Modell liefert das Beispiel aus der Segelflugpraxis Seite 128. Die idealisierende Abstraktion besteht darin, dass die Aufwindgebiete (Bärte) als Zylinder angesehen werden. Annahmen sind hier, dass die Entfernung a zwischen zwei Bärten als groß gegenüber der Steigungshöhe h anzusehen ist und dass die Steiggeschwindigkeit v_{St} in allen Bärten gleich ist. Man kann daraus die günstigste Geschwindigkeit c für das Segelflugzeug bestimmen und dieses Ergebnis bei Wettbewerben testen.

4.5 Das expandierende Weltmodell

Im Exkurs Seite 305 wurde die Gleichung für ein expandierendes Weltmodell angegeben. Daraus ließ sich dann die Rotverschiebung von Spektrallinien folgern, die wiederum experimentell bestätigt werden kann.

4.6 Vorgänge als Modelle

Auch die linearen und exponentiellen Wachstums- bzw. Abnahmevorgänge sind Modelle für real existierende Vorgänge (Seiten 90 ff).

4.7 Modelle in der Stochastik

Das zu einem stochastischen Sachverhalt gehörende komplexe System von Ergebnismenge, Wahrscheinlichkeitsfunktion, Zufallsgröße ist ein stochastisches Modell (Seiten 340 ff).

5. Schritte beim Anwenden der Mathematik auf die real existierende Wirklichkeit

In einem ersten Schritt wird durch idealisierende Abstraktion und zusätzliche mathematische Annahmen ein mathematisches Modell M_1 gebildet. Aus diesem Modell wird durch logische Folgerung ein Ergebnis E_1 gewonnen, welches wieder mit der Wirklichkeit verglichen und überprüft wird. Ist diese Überprüfung zufriedenstellend, so ist das Modell erfolgreich gewesen.
Kommt man bei der Überprüfung zu keinem zufriedenstellenden Ergebnis, so wird das Modell M_1 völlig verworfen oder es wird verbessert zu einem Modell M_2. Aus diesem werden wieder Folgerungen E_2 gezogen, die mit der Wirklichkeit verglichen werden. So kann man fortfahren und zu immer besseren Modellen gelangen.

15. BEURTEILENDE STATISTIK

In jedem dritten Haushalt spült eine Maschine

Expandierender Markt im Osten

Bisher verfügen nur 34,5% der Haushalte in Ostdeutschland über eine Geschirrspülmaschine. Dieses ergab die neueste repräsentative Erhebung in den neuen Bundesländern.

Die meisten Babys kommen im Hochsommer

Frankfurt a. M., 17. August (ap.)

Trotz des für Schwangere oft beschwerlichen Hitzewetters kommen die meisten Babys in Deutschland im Hochsommer auf die Welt. Nach absoluten Zahlen führt der Juli vor August und September, umgerechnet auf die Anzahl der Monatstage liegt der September häufig sogar ganz vorn, wie das statistische Bundesamt am Montag in Wiesbaden mitteilte.

Täglich werden wir mit Zeitungsmeldungen konfrontiert, die uns manchmal von Sensationen oder vermeintlichen Sensationen berichten, manchmal auch nur nüchterne Fakten mitteilen, von denen wir nicht wissen, ob sie stimmen oder auch nicht.

- Kann man durch Erhebung in 1% oder 0,1% der Haushalte auf 3 Stellen genau herausfinden, wie groß der Anteil der Haushalte ist, die mit bestimmten Geräten ausgestattet sind, z. B. mit Geschirrspülmaschinen?
- Kann es nicht „reiner Zufall" sein, dass in manchen Monaten mehr Kinder geboren werden als in anderen oder kann man Behauptungen wie „die meisten Babys kommen im Hochsommer" ohne irgendwelche Vorbehalte abdrucken?
- Wie genau sind die Angaben der sogenannten *Sonntagsfrage*: Welche Partei würden Sie wählen, wenn am Sonntag Bundestagswahl wäre?

Diese Beispiele stehen für die Grundfragen der Beurteilenden Statistik.

- Welche Vorhersagen bezüglich der Ergebnisse von Zufallsversuchen sind möglich?
  (*Schluss von der Gesamtheit auf die Stichprobe*)
- Welche Entscheidungen können wir aufgrund von Stichprobenergebnissen treffen?
  (*Testen von Hypothesen*)
- Welche Rückschlüsse auf die Gesamtheit können wir ziehen, wenn Ergebnisse einer Stichprobe vorliegen?
  (*Schluss von der Stichprobe auf die Gesamtheit*)

15.1 Schluss von der Gesamtheit auf eine Stichprobe

Kennt man bei einem BERNOULLI-Versuch die Wahrscheinlichkeit für einen Erfolg, dann lässt sich zu einer vorgegebenen Wahrscheinlichkeit (z. B. 90%, 95%, 99%) ein Intervall angeben, in dem das Ergebnis des Zufallsversuchs liegen wird. Ein solches Intervall können wir mithilfe der σ-Regeln bestimmen.
In diesem Abschnitt beschäftigen wir uns vor allem mit folgenden Fragen:

- Wie viele Erfolge erwarten wir bei n-facher Wiederholung eines Zufallsversuchs?
- Mit welchem Stichprobenergebnis können wir rechnen?

Es geht hier also um Prognosen über die zu erwartenden Ergebnisse einer Stichprobe. Dieser Aufgabentyp heisst **Schluss von der Gesamtheit auf die Stichprobe.**

90% - Regel: $P(\mu - 1{,}64\,\sigma \le X \le \mu + 1{,}64\,\sigma) \approx 0{,}90$

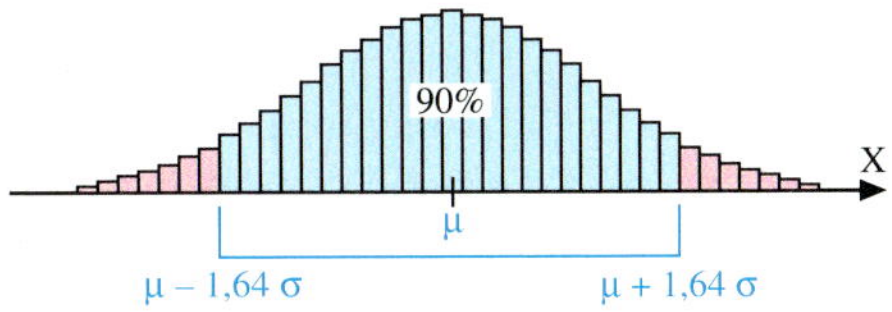

95% - Regel: $P(\mu - 1{,}96\,\sigma \le X \le \mu + 1{,}96\,\sigma) \approx 0{,}95$

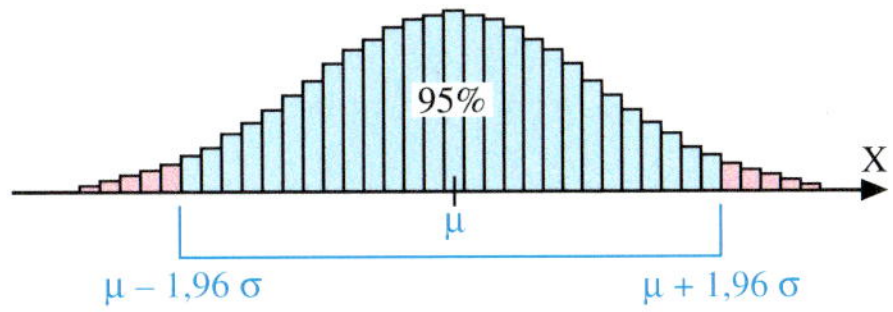

99% - Regel: $P(\mu - 2{,}58\,\sigma \le X \le \mu + 2{,}58\,\sigma) \approx 0{,}99$

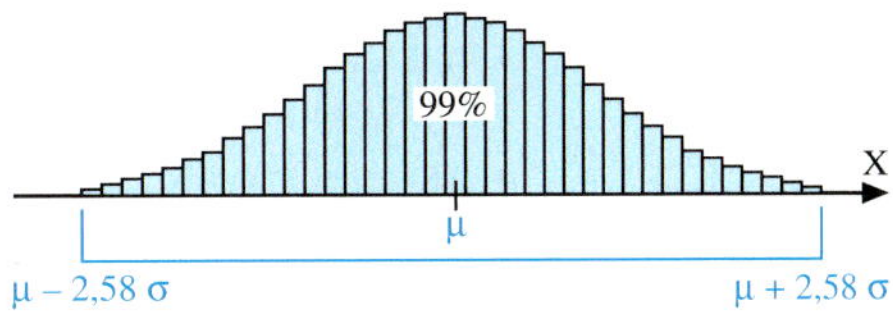

15.1.1 Schätzung zu erwartender absoluter Häufigkeiten

Aufgabe 1 *Prognose für Ziehungshäufigkeiten*

Die erste Wochenziehung im Samstagslotto *6 aus 49* fand im Jahr 1955 statt. Die 3000. Wochenziehung dieses Lottospiels wird voraussichtlich im Jahre 2011 durchgeführt.
Wir machen eine Prognose darüber, wie oft eine bestimmte Zahl (z. B. die Zahl 37) bis zur 3000. Wochenziehung (einschließlich) gezogen sein wird.

a) Gib die zu erwartende Ziehungshäufigkeit einer Zahl an.

b) Gib Intervalle an, in denen die Ziehungshäufigkeit dieser Zahl mit großer Wahrscheinlichkeit (90%, 95%, 99%) liegen wird.

Lösung

a) Es liegt ein BERNOULLI-Versuch vor, da die betrachtete Zahl in jeder Wochenziehung mit derselben Wahrscheinlichkeit $\left(p = \frac{6}{49}\right.$, vgl. Seite 368$\left.\right)$ als Gewinnzahl auftritt (Erfolg); mit der Wahrscheinlichkeit $q = \frac{43}{49}$ wird sie in einer Wochenziehung nicht gezogen (Misserfolg).
Das Ergebnis *einer* Wochenziehung hat keinen Einfluss auf die Ergebnisse anderer Wochenziehungen (Unabhängigkeit der Stufen). Wir betrachten die Zufallsgröße X: *Anzahl der Ziehungen einer bestimmten Zahl bei 3000 Wochenziehungen*
Der Erwartungswert einer binomialverteilten Zufallsgröße mit der Erfolgswahrscheinlichkeit p ist: $E(X) = \mu = n \cdot p$, hier also $\mu = 3000 \cdot \frac{6}{49} = 367{,}35$.
Wir können also mit ca. 367 Ziehungen dieser Zahl bei 3000 Wochenziehungen rechnen.

b) Um die interessierenden Bereiche zu bestimmen, betrachten wir Umgebungen des Erwartungswertes μ. Dazu berechnen wir zunächst die Standardabweichung σ:

vergl. S. 453

$\sigma = \sqrt{npq} = \sqrt{3000 \cdot \frac{6}{49} \cdot \frac{43}{49}} = 17{,}95$

Die Voraussetzung für die Anwendung der σ-Regeln ist erfüllt, da $\sigma > 3$ (LAPLACE-Bedingung).

Für die verschiedenen Umgebungen von μ benötigen wir bestimmte *Vielfache von* σ.

Wahrscheinlichkeit der Umgebung	90 %	95 %	99 %
Vielfaches z	1,64	1,96	2,58
$z \cdot \sigma$	29,45	35,19	46,32
$\mu - z \cdot \sigma$ $\mu + z \cdot \sigma$	337,90 396,80	332,16 402,54	321,03 413,67
Zwischen $\mu - z \cdot \sigma$ und $\mu + z \cdot \sigma$ liegende Werte von X	338, 339, ..., 396	333, 334, ..., 402	322, 323, ..., 413

Eine Zahl wird daher in 3000 Wochenziehungen

- mit einer Wahrscheinlichkeit von ca. 90 % zwischen 338-mal und 396-mal als Gewinnzahl gezogen;
- mit einer Wahrscheinlichkeit von ca. 95 % zwischen 333-mal und 402-mal als Gewinnzahl gezogen;
- mit einer Wahrscheinlichkeit von ca. 99 % zwischen 322-mal und 413-mal als Gewinnzahl gezogen.

Weiterführende Aufgaben

2. *Häufigkeitsinterpretation der Wahrscheinlichkeitsaussage der σ-Regeln*

a) Die Berechnungen von Aufgabe 1 gelten für jede der Zahlen 1, 2, ..., 49:
Jede wird mit einer Wahrscheinlichkeit von 90 % zwischen 338-mal und 396-mal gezogen.
Wie viele der 49 Zahlen werden mit ihrer Ziehungshäufigkeit zwischen 338 und 396 (einschließlich) liegen?

b) Wie viele der 49 Zahlen werden mit ihrer Ziehungshäufigkeit in der 1σ-Umgebung von $\mu = 367{,}35$ liegen, wie viele in der 2σ-Umgebung, wie viele in der 3σ-Umgebung?

3. *Aussagen über die Bereiche ausserhalb von σ-Umgebungen*
Setze folgenden Satz fort: *Nur mit einer Wahrscheinlichkeit von 10 % [5 %; 1 %] wird die Ziehungshäufigkeit einer Zahl nach 3000 Wochenziehungen ...*

Information **(1) Punkt- und Intervallschätzung für eine Zufallsgröße X**

Um abzuschätzen, welche Werte eine Zufallsgröße X voraussichtlich annehmen wird, kann man sich mit der Angabe des Erwartungswertes E(X) begnügen. Eine solche Schätzung nennt man **Punktschätzung** für die Zufallsgröße X.
Gibt man dagegen ein Intervall an, in dem das Ergebnis des Zufallsversuchs mit großer Wahrscheinlichkeit liegen wird, dann nennt man dies eine **Intervallschätzung** für die Zufallsgröße X.

(2) Sicherheitswahrscheinlichkeit

Bei der Angabe der Wahrscheinlichkeit P für eine σ-Umgebung von μ spricht man oft von der **Sicherheitswahrscheinlichkeit**, um P von der (dem Zufallsversuch zugrunde liegenden) Erfolgswahrscheinlichkeit p zu unterscheiden.
Man benutzt oft auch die Sprechweise: *In 90% [95%; 99%] der Fälle gilt ...*
Nach der Häufigkeitsinterpretation der Wahrscheinlichkeiten bedeutet dies, dass bei ca. 90% [ca. 95%; ca. 99%] der Versuchsdurchführungen die betreffende Eigenschaft eintreten wird.
Beachte: In Aufgabe 1 besteht *eine* Versuchsdurchführung aus 3000 Wochenziehungen.

> Bei Prognosen über voraussichtliche Ergebnisse von BERNOULLI-Versuchen beschränken wir uns nicht darauf, nur den Erwartungswert μ zu berechnen, sondern geben Bereiche an, in denen das Stichprobenergebnis mit einer hohen Wahrscheinlichkeit liegen wird (90%-, 95%-, 99%-Umgebung des Erwartungswertes).

Für die Zuordnung *Wahrscheinlichkeit einer Umgebung → Radius dieser Umgebung* benutzen wir die Tabelle auf Seite 506.

Übungsaufgaben

4.
Nach 1500 Wochenziehungen war die Zahl 37 bereits 179-mal gezogen.

a) Gib eine Punkt- und eine 95%-Intervallschätzung für die Ziehungshäufigkeit in den 1500 Wochenziehungen bis zur 3000. Wochenziehung an. Vergleiche diese Schätzung mit der für 3000 Wochenziehungen.

b) Bestimme Bereiche, in denen die Ziehungshäufigkeit mit einer Wahrscheinlichkeit von ca. 5% liegen wird.

5.
Schätze, wie oft man Wappen beim n-fachen Münzwurf haben wird. Gib Intervalle an, in denen die Anzahl der Wappen mit einer Wahrscheinlichkeit von 90% [95%; 99%] liegen wird.
(1) $n = 300$ (2) $n = 158$ (3) $n = 1000$ (4) $n = 1234$

6.
Wie oft wird man beim n-fachen Würfeln die Augenzahl 6 erhalten? Gib Bereiche an.
(1) $n = 180$ (2) $n = 234$ (3) $n = 3000$ (4) $n = 1932$

7.
Es sei bekannt, dass in deutschen 4-Personen-Haushalten mit mittlerem Einkommen

a) in 98,1% ein Telefon vorhanden ist;
b) in 52,6% ein Computer;
c) in 68,5% eine Geschirrspülmaschine;
d) in 35,8% eine Videokamera.

Eine Stichprobe vom Umfang 720 [536; 1247] wird durchgeführt.
In wie vielen Haushalten dieses Typs wird man ein solches Gerät finden?

8.
5% aus der Produktion einer bestimmten Sorte Nägel sind nicht einwandfrei. In einer Packung sind 360 Nägel. Wie viele Nägel sind in 90% [95%; 99%] der Packungen nicht in Ordnung?

15.1.2 Schätzung zu erwartender relativer Häufigkeiten

Aufgabe 1 *Prognose für relative Häufigkeiten*

Bei der letzten Landtagswahl erhielt Partei A mit einem Anteil von 50,7 % die absolute Mehrheit der Stimmen.

100 Tage nach der Wahl wird für eine Fernsehsendung, die sich mit der politischen Stimmung im Lande befasst (*Politbarometer*), eine Zufallsstichprobe durchgeführt; es werden 1 200 Personen, die sich an der letzten Wahl beteiligt haben, zufällig ausgewählt. Unter anderem wird auch die Frage gestellt, welche Partei sie gewählt haben. Man gehe davon aus, dass alle Befragten wahrheitsgetreu antworten.

a) Deute die Meinungsbefragung als BERNOULLI-Versuch. Gib eine Punkt- und eine 95 %-Intervallschätzung für die Anzahl der Wähler der Partei A an.

b) Stelle eine Prognose darüber auf, wie groß der Anteil der A-Wähler in der Stichprobe sein wird. Benutze dazu die Resultate aus a).

c) 54 % der befragten Personen geben an, dass sie Partei A gewählt haben. Beurteile dieses Befragungsergebnis.

Lösung

a) Die Meinungsbefragung kann wegen des großen Stichprobenumfangs praktisch als BERNOULLI-Versuch aufgefasst werden (vgl. Seite 417). Die Information über den Anteil von 50,7 % in der Gesamtheit interpretieren wir als die Erfolgswahrscheinlichkeit p, die dem 1 200-stufigen Versuch zugrunde liegt.
Punktschätzung: Wir erwarten, dass unter den 1 200 Befragten
$\mu = n \cdot p = 1200 \cdot 0{,}507 = 608{,}4$, also ca. 608 Wähler der Partei A sind.
95 %-Intervallschätzung: Es ist $\sigma = \sqrt{n\,p\,q} = \sqrt{1200 \cdot 0{,}507 \cdot 0{,}493}$ also
$1{,}96\,\sigma = 33{,}94$ und damit $\mu - 1{,}96\,\sigma = 574{,}46$ bzw. $\mu + 1{,}96\,\sigma = 642{,}34$.
Mit einer Wahrscheinlichkeit von 95 % werden in der Stichprobe zwischen 575 und 642 Wähler der Partei A erfasst.

b) Wir erwarten, dass – wie in der Gesamtheit – auch in der Stichprobe 50,7 % der A-Wähler enthalten sind. Eine 95 %-Intervallschätzung für zu erwartende relative Häufigkeiten (Anteile in der Stichprobe) erhält man, indem man von den absoluten zu den relativen Häufigkeiten übergeht. Hierzu dividieren wir die Randwerte des Intervalls durch den Stichprobenumfang n:

Achtung: Zur sicheren Seite runden

unterer Randwert: $\frac{575}{1200} = 0{,}4792 = 47{,}92\,\%$; oberer Randwert: $\frac{642}{1200} = 0{,}5350 = 53{,}50\,\%$.

Diese Randwerte für zu erwartende relative Häufigkeit kann man auch direkt berechnen:

unterer Randwert: $\frac{\mu - 1{,}96\,\sigma}{n} = p - 1{,}96\sqrt{\frac{p \cdot q}{n}} = 0{,}507 - 1{,}96 \cdot \sqrt{\frac{0{,}507 \cdot 0{,}493}{1200}} \approx 0{,}497$

oberer Randwert: $\frac{\mu + 1{,}96\,\sigma}{n} = p + 1{,}96\sqrt{\frac{p \cdot q}{n}} = 0{,}507 + 1{,}96 \cdot \sqrt{\frac{0{,}507 \cdot 0{,}493}{1200}} \approx 0{,}535$

Da beim 1. Weg zweimal gerundet wird, können Rundungsfehler auftreten.
Mit einer Wahrscheinlichkeit von 95 % werden in der Stichprobe mindestens 48,0 %, höchstens 53,5 % Wähler der Partei A sein.

c) Es ist durchaus möglich, dass in einer Stichprobe 54 % A-Wähler sind. Aus b) wissen wir aber, dass ein solches Stichprobenergebnis (außerhalb des Intervalls von 48,0 % bis 53,5 %) nur in 5 % der Fälle auftritt. Es ist also möglich, aber selten.

Information **(1) Schluss von der Gesamtheit auf die Stichprobe**

Schätzungen von relativen Häufigkeiten sind vor allem bei Erhebungen und Meinungsbefragungen von Interesse.

Beim Aufgabentyp **Schluss von der Gesamtheit auf die Stichprobe** ist der Anteil p in der Gesamtheit bekannt. Geschätzt werden soll der Anteil $\frac{X}{n}$ in der Stichprobe.

(2) Punkt- und Intervallschätzungen von relativen Häufigkeiten

Die Erfolgswahrscheinlichkeit p ist eine Punktschätzung für die relative Häufigkeit $\frac{X}{n}$.

Wir erhalten eine Intervallschätzung für die relative Häufigkeit $\frac{X}{n}$ durch Angabe einer $\frac{\sigma}{n}$-Umgebung von p.

Beispiel:

$P(\mu - 1{,}96\sigma \leq X \leq \mu + 1{,}96\sigma) = 0{,}95$

$P\left(p - 1{,}96\frac{\sigma}{n} \leq \frac{X}{n} \leq p + 1{,}96\frac{\sigma}{n}\right) = 0{,}95$

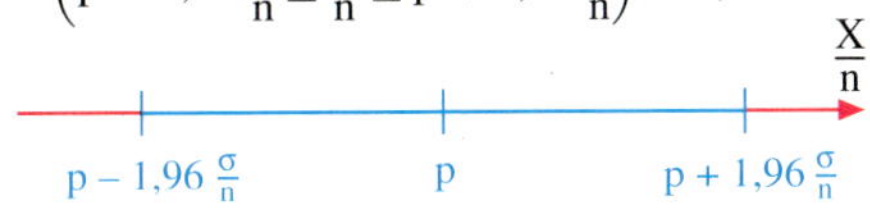

Wir sagen auch: *Mit einer Wahrscheinlichkeit von 95 % gilt: Der Anteil $\frac{X}{n}$ in der Stichprobe unterscheidet sich vom Anteil p in der Gesamtheit um höchstens 1,96 $\frac{\sigma}{n}$.*

Regeln über $\frac{\sigma}{n}$-Umgebungen von p

Wir betrachten einen n-stufigen BERNOULLI-Versuch mit der Erfolgswahrscheinlichkeit p. Die LAPLACE-Bedingung ($\sigma > 3$) sei erfüllt. Dann liegt die relative Häufigkeit $\frac{X}{n}$ der Anzahl der Erfolge

mit 90 %iger Wahrscheinlichkeit in der 1,64 $\frac{\sigma}{n}$-Umgebung von p;

mit 95 %iger Wahrscheinlichkeit in der 1,96 $\frac{\sigma}{n}$-Umgebung von p;

mit 99 %iger Wahrscheinlichkeit in der 2,58 $\frac{\sigma}{n}$-Umgebung von p.

(3) Signifikant abweichende Stichprobenergebnisse

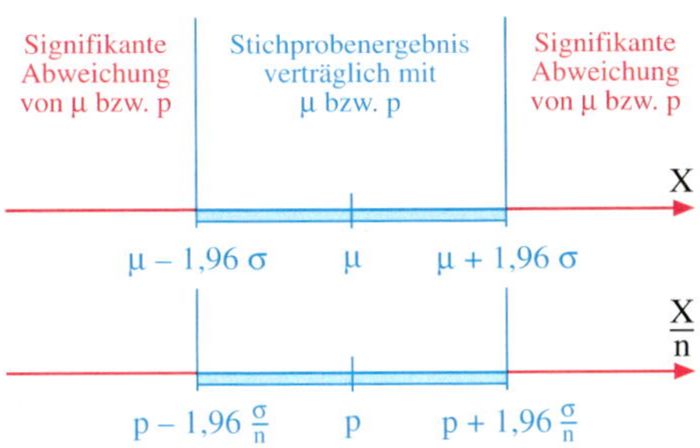

Stichprobenergebnisse können als absolute oder als relative Häufigkeiten angegeben werden. Stichprobenergebnisse, die außerhalb der 1,96σ-Umgebung des Erwartungswertes μ bzw. außerhalb der 1,96 $\frac{\sigma}{n}$-Umgebung der Erfolgswahrscheinlichkeit p liegen, sind ungewöhnlich; sie kommen selten vor. Eine derartige Abweichung des Ergebnisses von μ bzw. von p wird als **signifikant** bezeichnet. Solche Ergebnisse sind zwar möglich, aber ihnen kommt insgesamt nur eine Wahrscheinlichkeit von 5 % zu. Stichprobenergebnisse, die innerhalb der 1,96σ-Umgebung von μ bzw. 1,96 $\frac{\sigma}{n}$-Umgebung von p liegen, bezeichnen wir als **verträglich** mit der Erfolgswahrscheinlichkeit p. Abweichungen von 2,58σ bzw. 2,58 $\frac{\sigma}{n}$ kommen besonders selten vor (sie treten nur in 1 % der Fälle auf); solche Abweichungen bezeichnet man als **hochsignifikant.**

(4) Festlegen von Sicherheitswahrscheinlichkeiten

Die Festlegungen auf die **Sicherheitswahrscheinlichkeiten** 95% und 99% (bzw. auf die *Signifikanzniveaus* 5% und 1%) sind willkürlich. Für einzelne Untersuchungen können auch andere Sicherheitswahrscheinlichkeiten von Interesse sein.

Es kann verschiedene Gründe für signifikante Abweichungen geben: Entweder ist die Abweichung tatsächlich zufällig so groß (die Wahrscheinlichkeit hierfür legen wir durch das Signifikanzniveau fest) oder dem Zufallsversuch liegt eine andere Erfolgswahrscheinlichkeit p zugrunde. Im Problem der Aufgabe 1 wäre es z.B. sinnlos, eine Prognose zu machen, wenn nicht alle Personen wahrheitsgetreu antworten oder wenn die Auswahl der 1200 Personen nicht zufällig wäre.

Schluss von der Gesamtheit auf die Stichprobe

Gegeben ist ein Zufallsversuch, der sich durch ein Binomialmodell beschreiben lässt. Bekannt ist die Erfolgswahrscheinlichkeit p (ggf. als Anteil in der Gesamtheit) und die Anzahl der Stufen (der Stichprobenumfang) n.

Je nachdem, ob beim betreffenden Sachverhalt absolute oder relative Häufigkeiten von Interesse sind, betrachtet man bestimmte σ-Umgebungen von μ bzw. $\frac{\sigma}{n}$-Umgebungen von p als Bereiche, in denen das (Stichproben-)Ergebnis mit entsprechender Sicherheitswahrscheinlichkeit liegen wird.

Ergebnisse außerhalb der $1{,}96\sigma$-Umgebung von μ $\left(1{,}96\frac{\sigma}{n}\text{-Umgebung von p}\right)$ werden üblicherweise als *signifikant abweichend von der Erfolgswahrscheinlichkeit p* bezeichnet.

Weiterführende Aufgabe

2. *Veränderung der $\frac{\sigma}{n}$-Umgebung bei wachsendem n*

Ein Würfel soll 500-mal geworfen werden. Wir machen Prognosen für die Entwicklung der relativen Häufigkeiten, bei denen Augenzahl 1 auftreten wird.

Bestimme dazu $1{,}96\frac{\sigma}{n}$-Umgebungen von p für die Zwischenstände nach 100, 200, 300, 400 und 500 Würfen. Stelle die Veränderung der Umgebungen grafisch dar.

Übungsaufgaben

3.

Die Wahlbeteiligung bei der Bundestagswahl 1998 betrug 82,2%. In einer Untersuchung soll festgestellt werden, ob Personen, die sich an der Wahl nicht beteiligt haben, dies auch zugeben. Die Befragung wird unter 800 zufällig ausgesuchten Wahlberechtigten durchgeführt.

Mit welchen Anteilen in der Stichprobe kann man rechnen? (Sicherheitswahrscheinlichkeit 95%)

4.

In 72,9% der 4-Personen-Arbeitnehmer-Haushalte in der Bundesrepublik gibt es eine Stereoanlage. In einer Großstadt werden 500 Haushalte zufällig ausgewählt und hinsichtlich der Ausstattung untersucht.

Welche Anteile in der Stichprobe würde man als signifikant abweichend bezeichnen? Welche Erklärung könnte eine signifikante Abweichung haben?

5.

Von den Technischen-Überwachungs-Vereinen werden vierteljährlich Statistiken u.a. darüber erstellt, wie viele Kraftfahrzeuge von den einzelnen Prüfern das Urteil *ohne Mängel* bzw. *mit unerheblichen Mängeln* oder *mit erheblichen Mängeln* erhalten haben. Diese Daten werden mit den Gesamtwerten der Prüfstelle verglichen. Man kann davon ausgehen, dass es vom Zufall abhängt, welcher Prüfer welches Fahrzeug überprüft.

a) In einer Prüfstelle erhielten in einem Vierteljahr von 15300 geprüften Fahrzeugen 9650 eine Prüfplakette. Ein Prüfer untersuchte in derselben Zeit 875 Fahrzeuge und gab 545 Prüfplaketten. Kann man ihn als „scharfen" oder „großzügigen" Prüfer bezeichnen oder lässt sich die Abweichung vom Mittelwert der Prüfstelle als zufällig auffassen?

b) Werte wie in a) die Ergebnisse anderer Prüfstellen aus (Tabelle rechts).

verteilte Plaketten	geprüfte Fahrzeuge	verteilte Plaketten	geprüfte Fahrzeuge
einer Prüfstelle		eines Prüfers	
5070	8310	586	1008
3240	4920	711	1072
4180	6770	862	1229

6.

Bei den sogenannten Wahltagsbefragungen werden 6000 Wählerinnen und Wähler nach Verlassen des Wahllokals befragt. Das Ergebnis einer solchen Stichprobe wird um 18.00 Uhr (zum Zeitpunkt der Schließung der Wahllokale) im Fernsehen als erste Prognose veröffentlicht. Überprüfe die Qualität der Befragungsergebnisse.

	Hessen 1999		Bremen 1999		Saarland 1999	
	Prognose	Ergebnis	Prognose	Ergebnis	Prognose	Ergebnis
CDU	43,0%	43,4%	37,5%	37,1%	45,0%	45,5%
SPD	39,0%	39.4%	43,0%	42,6%	45,0%	44,4%
FDP	6,0%	5,1%	2,0%	2,5%	3,5%	2,6%
Grüne	7,0%	7,2%	9,5%	8,9%	3,0%	3,2%

7.

Die Wahrscheinlichkeit für eine Mädchengeburt beträgt in der Bundesrepublik etwa $p = 0{,}487$. Ein Krankenhaus gab die Geburtenzahlen des ersten Halbjahres bekannt.

a) Insgesamt kamen hier 315 Jungen und 318 Mädchen zur Welt. Ist die relative Häufigkeit der Mädchengeburten in diesem Krankenhaus verträglich mit der Wahrscheinlichkeit für eine Mädchengeburt in der Bundesrepublik?

b) Sind einzelne Monatsergebnisse des Krankenhauses ungewöhnlich?

c) Gibt es einen Wochentag mit ungewöhnlich vielen oder wenigen Mädchengeburten?

Monat bzw. Wochentag	Anzahl der Jungengeburten	Anzahl der Mädchengeburten
Januar	57	53
Februar	47	43
März	53	68
April	57	50
Mai	52	54
Juni	49	50
Montag	41	54
Dienstag	38	46
Mittwoch	54	48
Donnerstag	59	35
Freitag	54	49
Samstag	42	51
Sonntag	27	35

d) Angenommen, in einem Jahr kommen in der Bundesrepublik $n = 600\,000$ Kinder zur Welt. Welche Mädchen-Anteile sind mit $p = 0{,}487$ verträglich?

8.

Vergleiche die Geburtenzahlen aus Aufgabe 8b). Sind *ungewöhnliche* Daten darunter?
(1) in den einzelnen Monaten; (2) an den verschiedenen Wochentagen.
Anleitung zu (1): Das 1. Halbjahr umfasst 181 Tage; die Wahrscheinlichkeit für eine Geburt im Januar ist daher $\frac{31}{181}$, im Februar $\frac{28}{181}$ usw.

9.

1998 wurden in der Bundesrepublik 785034 Kinder geboren, davon $p = 0{,}487 = 48{,}7\,\%$ Mädchen. Sind die Abweichungen in den Ländern signifikant?

Land	gesamt	weiblich
Baden-W.	111056	54048
Bayern	126529	61482
Berlin	29612	14429
Brandenburg	17146	8310
Bremen	6360	3102
Hamburg	16235	8007
Hessen	60567	29480
Mecklenburg-V.	12246	6034

Land	gesamt	weiblich
Niedersachsen	82207	39961
NRW	182287	88556
Rheinland-Pf.	39639	19395
Saarland	9111	4437
Sachsen	30190	14723
Sachsen-Anhalt	17513	8544
Schleswig-H.	27729	13497
Thüringen	16607	8166

10.

Aus der nebenstehenden Tabelle ist zu entnehmen, wie oft die einzelnen Zahlen beim Lottospiel *6 aus 49* (Samstagslotto) gezogen wurden (Stand nach 2256 Ziehungen). Welche der Ziehungshäufigkeiten weichen signifikant vom Erwartungswert ab? (Signifikanzniveau 5%)

1	**2**	**3**	**4**	**5**	**6**	**7**
271	286	291	264	274	285	267
8	**9**	**10**	**11**	**12**	**13**	**14**
258	284	272	271	267	224	266
15	**16**	**17**	**18**	**19**	**20**	**21**
272	265	282	278	284	271	297
22	**23**	**24**	**25**	**26**	**27**	**28**
278	266	261	278	291	282	245
29	**30**	**31**	**32**	**33**	**34**	**35**
268	263	285	327	287	247	273
36	**37**	**38**	**39**	**40**	**41**	**42**
294	281	302	285	274	282	284
43	**44**	**45**	**46**	**47**	**48**	**49**
273	268	260	278	267	295	313

11.

Die Wahrscheinlichkeit dafür, dass im Lottospiel *6 aus 49* bei einer Wochenziehung k Zahlen gerade und 6 − k Zahlen ungerade sind, beträgt

$$p_k = \frac{\binom{24}{k}\binom{25}{k-6}}{\binom{49}{6}} \quad \text{für } k = 0, 1, \ldots, 6.$$

Vergleiche die Wahrscheinlichkeiten p_k mit den relativen Häufigkeiten bis zur 2256. Wochenziehung; vgl. Tabelle in Aufgabe 2 von Seite 411, Abschnitt 14.3.1.

12.

a) Begründe: Beim Lottospiel *6 aus 49* ist die Wahrscheinlichkeit dafür, dass zwei bestimmte Zahlen gemeinsam in einer Wochenziehung gezogen werden, $\frac{5}{392}$.

b) Mit wie vielen gemeinsamen Ziehungen zweier bestimmter Zahlen kann man nach 3000 Wochenziehungen rechnen?

c) Bei 49 möglichen Gewinnzahlen kann man 1176 Kombinationen von je 2 Gewinnzahlen bilden. Ist es ungewöhnlich, wenn 57 der 1176 Kombinationen mit einer Häufigkeit auftreten, die außerhalb der $1{,}96\,\sigma$-Umgebung von μ liegt?

15.2 Hypothesentest bei großem Stichprobenumfang

15.2.1 Testen einer zweiseitigen Hypothese

Aufgabe 1 Bisher wurde immer die stillschweigende Annahme gemacht, dass der Münzwurf ein LAPLACE-Versuch ist, d.h. dass die Wahrscheinlichkeit für Wappen gleich 0,5 ist.
Durch ein Zufallsexperiment wollen wir dies überprüfen. Dazu wird eine Münze 200-mal geworfen und die Anzahl der auftretenden Wappen bestimmt.

a) Wir gehen zunächst davon aus, dass die Münze in Ordnung ist, d.h. die Erfolgswahrscheinlichkeit für das Auftreten von Wappen ist $p = 0{,}5$. In welchem Bereich wird die Anzahl der Wappen liegen? (Sicherheitswahrscheinlichkeit 95 %)

b) Das Versuchsergebnis liege außerhalb des in a) bestimmten Bereichs, z.B. *85-mal Wappen*. Lässt sich die Annahme *(Hypothese)* $p = 0{,}5$ aufrecht erhalten?

c) Das Versuchsergebnis liege innerhalb des in a) bestimmten Bereichs, z.B. *109-mal Wappen*. Ist damit die *Hypothese* $p = 0{,}5$ bestätigt?

Lösung **a)** Ist die Münze in Ordnung, d.h. $p = 0{,}5$, dann können wir mithilfe der $1{,}96\,\sigma$-Umgebung von μ den Bereich beschreiben, in dem mit 95 % Wahrscheinlichkeit die Anzahl der Wappen liegt: $\mu = n \cdot p = 200 \cdot 0{,}5 = 100$

$\sigma \sqrt{n \cdot p \cdot (1-p)} = \sqrt{200 \cdot 0{,}5 \cdot 0{,}5} = 7{,}07 > 3$ (LAPLACE-Bedingung erfüllt)

$1{,}96\,\sigma = 13{,}86$, also $\mu - 1{,}96\,\sigma = 86{,}14$ und $\mu + 1{,}96\,\sigma = 113{,}86$

Ist also $p = 0{,}5$, dann liegt in ca. 95 % der Zufallsversuche die Anzahl der Wappen im Bereich zwischen 87 und 113 (beides einschließlich) und bei etwa 2,5 % von solchen Versuchsergebnissen unterhalb von 87 sowie bei etwa 2,5 % oberhalb von 113.

b) Liegt ein Ergebnis außerhalb dieser Umgebung, dann gibt es zwei Möglichkeiten:

(1) Die Annahme $p = 0{,}5$ ist richtig, aber es handelt sich um ein ungewöhnliches Versuchsergebnis (solche treten nur in 5 % der Fälle auf).

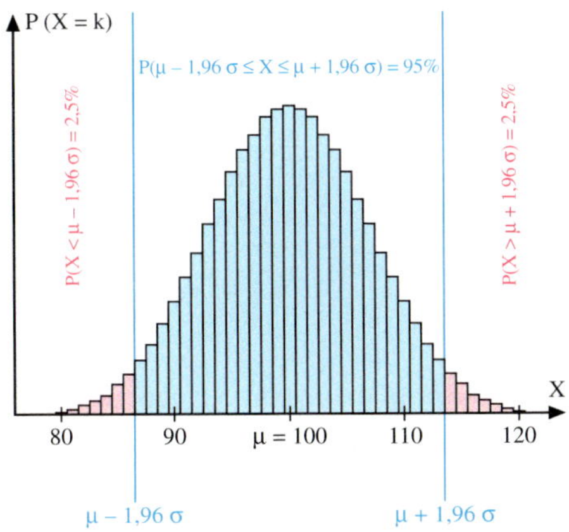

(2) Die Annahme $p = 0{,}5$ ist falsch, d.h. dem Zufallsversuch liegt eine Erfolgswahrscheinlichkeit $p \neq 0{,}5$ zugrunde.

Welche der beiden Möglichkeiten vorliegt, weiß man nicht.

Hält man sich an die folgende Entscheidungsregel: *Verwirf die Annahme $p = 0{,}5$, falls die Anzahl der Wappen $X < 87$ oder $X > 113$ ist,* so ist ein Irrtum nicht ausgeschlossen, aber die Wahrscheinlichkeit für einen solchen Irrtum beträgt nur 5 % (d.h. in 5 % der Durchführungen von je 200 Würfen kommt es zufällig zu Ergebnissen, die uns veranlassen, die Annahme $p = 0{,}5$ fälschlicherweise zu verwerfen).

c) Das Ergebnis ist verträglich mit der Hypothese $p = 0{,}5$, aber es ist z.B. auch verträglich mit $p = 0{,}6$: Für $p = 0{,}6$ ist $\mu = 200 \cdot 0{,}6 = 120$; $\sigma = \sqrt{200 \cdot 0{,}6 \cdot 0{,}4} = 6{,}93$; $\mu - 1{,}96\,\sigma = 106{,}42$. Daher kann die Hypothese $p = 0{,}5$ durch das Versuchsergebnis nicht bestätigt werden.

Information **Verwerfungsbereich und Annahmebereich beim zweiseitigen Test**

Durch die Vorgabe eines Signifikanzniveaus werden zwei Bereiche festgelegt: **Verwerfungsbereich** und **Annahmebereich.**
Liegt das Versuchsergebnis im Verwerfungsbereich einer Hypothese, dann wird diese verworfen. Das Ergebnis ist **signifikant abweichend** vom Erwartungswert.
Liegt das Versuchsergebnis im Annahmebereich einer Hypothese, dann ist es verträglich mit der Hypothese; man kann sie nicht verwerfen.
Die Grenzen zwischen Annahme- und Verwerfungsbereich nämlich $\mu + z \cdot \sigma$ und $\mu - z \cdot \sigma$, heißen **kritische Werte.**
Das Signifikanzniveau wird auch als **Irrtumswahrscheinlichkeit** α bezeichnet.

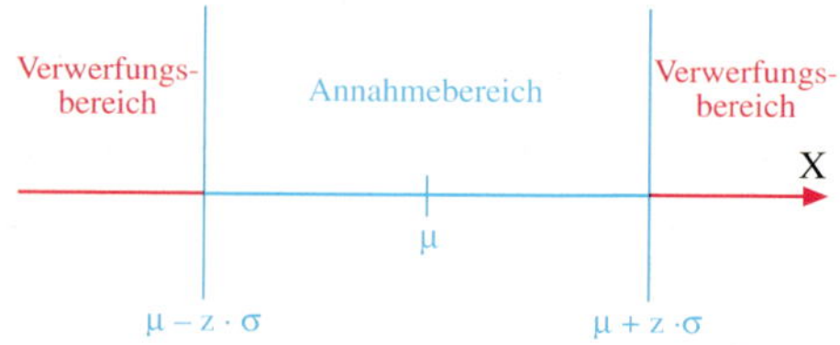

Beispiel: $\alpha = 0{,}05$, also $z = 1{,}96$
Beim zweiseitigen Test muss geprüft werden, ob das Versuchsergebnis außerhalb der $1{,}96\sigma$-Umgebung von μ liegt (siehe Abb. rechts).

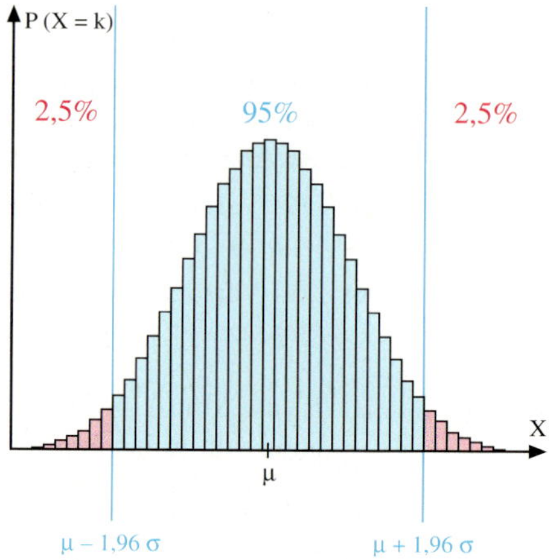

Übungsaufgaben

2.
Gegeben ist ein n-stufiger BERNOULLI-Versuch, bei dem wir annehmen, dass $p = 0{,}4$ ist. Der Versuch werde 100-mal durchgeführt.
Bestimme Annahme- und Verwerfungsbereich der Hypothese $p = 0{,}4$ bei einer Irrtumswahrscheinlichkeit $\alpha = 5\,\%$ nach zwei Methoden. Vergleiche.
(1) mithilfe der Tabelle der kumulierten Binomialverteilung;
(2) mithilfe der $1{,}96\sigma$-Umgebung von μ.

3.
Man will überprüfen, ob für einen Würfel die Hypothese $p = \frac{1}{6}$ *für Augenzahl 1* zutrifft. Der Würfel wird 600-mal geworfen und die Anzahl der Einsen bestimmt.

a) Gib eine Entscheidungsregel an (Irrtumswahrscheinlichkeit 10 %).

b) Beurteile das Versuchsergebnis *121-mal Augenzahl 1* auf dem 90 %-Niveau. Wird man die Hypothese nun als richtig ansehen?

c) Beurteile das Versuchsergebnis *88-mal Augenzahl 1* auf dem 90 %-Niveau. Ist damit die Hypothese bestätigt?

4.
Bestimme Annahme- und Verwerfungsbereich der Hypothese $p = 0{,}4$ [$p = 0{,}7$] für eine Stichprobe vom Umfang $n = 180$ [$n = 345$] und eine Irrtumswahrscheinlichkeit

a) $\alpha = 5\,\%$ **b)** $\alpha = 2\,\%$ **c)** $\alpha = 1\,\%$

5.
Wir würfeln mit einem Zufallsgenerator eines Computers und zählen das Auftreten von Augenzahl 6. Ist dieser Computer-Würfel in Ordnung?

a) bei 1485 Würfen 234-mal,
b) bei 3015 Würfen 472-mal,
c) bei 4972 Würfen 863-mal,
d) bei 6791 Würfen1 199-mal,
e) bei 10150 Würfen 1627-mal,
f) bei 15631 Würfen 2691-mal Augenzahl 6.

6.
Im vergangenen Monat wurden beim Straßenverkehrsamt einer Stadt 5239 Fahrzeuge angemeldet, darunter 1774 eines bestimmten Herstellers. In den ersten 2 Tagen dieses Monats wurden 449 Fahrzeuge angemeldet.
Bei welcher Zahl von Fahrzeugen des betreffenden Herstellers würde man sagen, dass sich der Anteil der Neuzulassungen geändert hat? ($\alpha = 5\,\%$)

7.
Von einer Maschine werden zwei gleichartige grobkörnige chemische Substanzen gemischt. Die Mischung soll 20% der einen und 80% der anderen Substanz enthalten. Zur Kontrolle der Mischung werden mit einem kleinen Gefäß stichprobenweise Körner entnommen. Ungewöhnliche Abweichungen vom Erwartungswert weisen auf eine schlechte Mischung hin.

a) Gib eine Entscheidungsregel an für $n = 400$.

b) In einer Stichprobe findet man 43 Körner der ersten und 115 Körner der zweiten Substanz [17 der ersten und 110 der zweiten].
Prüfe, ob die Stichprobe auf eine ungenügende Mischung hinweist.
(Irrtumswahrscheinlichkeit 5%)

8.
Gibt es Monate im Jahr, in denen bei uns besonders viele oder besonders wenige Kinder geboren werden?
Untersuche dazu die Hypothese (Modellannahme), dass die Wahrscheinlichkeit für die Geburt eines Kindes für jeden Tag des Jahres gleich groß ist $\left(\frac{1}{365} \text{ bzw. } \frac{1}{366}\right)$, also im Januar $\frac{31}{365}$ $\left(\text{bzw. } \frac{31}{366}\right)$ ist, im Februar $\frac{28}{365}$ $\left(\text{bzw. } \frac{29}{366}\right)$ usw.
(Irrtumswahrscheinlichkeit 5%)

Anzahl der Lebendgeborenen in Deutschland					
Monat	1998	1995	1992	1989	1986
Januar	66888	63792	69448	72834	70286
Februar	61275	59078	66329	69245	64858
März	65389	64265	69054	75143	70407
April	64320	58170	65138	71312	71422
Mai	64690	61697	67643	74690	71707
Juni	63453	65065	67418	72707	70263
Juli	71743	69423	72534	78785	73911
August	69642	68629	71124	77921	73132
September	70422	67345	70823	74803	75288
Oktober	64599	65766	64630	71869	71459
November	60742	61000	61386	69013	65403
Dezember	61871	60991	63587	72137	70096

15.2.2 Fehler beim Testen von Hypothesen

In Abschnitt 14.5.1 wurde auf Seite 435 erläutert, welche Fehler beim Testen von Hypothesen auftreten können. Wir testen die *Hypothese* $p = p_0$ (z. B. $p = 0{,}5$).

Fehler 1. Art: Die Hypothese ist wahr, d. h. der Zufallsversuch ist tatsächlich ein n-stufiger BERNOULLI-Versuch mit Erfolgswahrscheinlichkeit $p = p_0$. Sie wird aber irrtümlich verworfen, weil das Stichprobenergebnis im Verwerfungsbereich der Hypothese liegt.

Fehler 2. Art: Die Hypothese ist falsch, d. h. die Erfolgswahrscheinlichkeit ist $p \neq p_0$. Sie wird aber irrtümlich nicht verworfen, weil das Stichprobenergebnis im Annahmebereich der Hypothese liegt.

Aufgabe 1 *Auswirkungen von falschen Entscheidungen*

GREGOR MENDEL formulierte um 1860 folgende Regel: Bei *dominanter Vererbung haben in der zweiten Tochtergeneration 75 % der Nachkommen die erste Ausprägung und 25 % die andere,* d. h. einem solchen Kreuzungsversuch liegen die Erfolgswahrscheinlichkeiten $p_0 = 0{,}75$ und $q_0 = 0{,}25$ zugrunde.
Ein Kreuzungsversuch wird durchgeführt. Es soll überprüft werden, ob hier das MENDEL'sche Gesetz erfüllt ist. Zur Überprüfung stehen 120 Nachkommen der zweiten Tochtergeneration zur Verfügung.

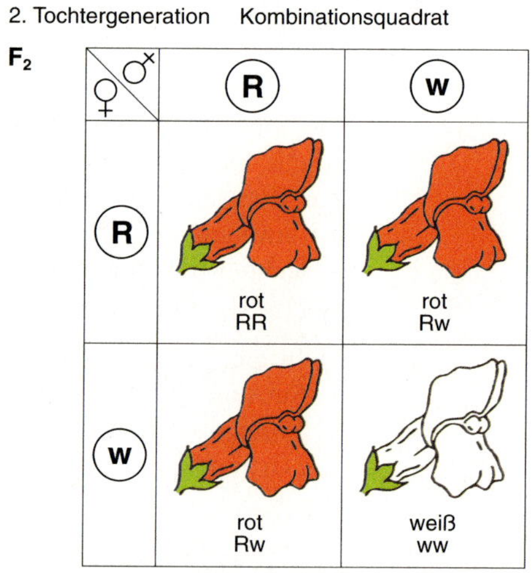

a) Gib eine Entscheidungsregel an für $\alpha = 5\,\%$ und beschreibe den Fehler 1. Art.

b) Erläutere den Fehler 2. Art. Berechne die Wahrscheinlichkeit β für einen Fehler 2. Art, wenn dem Zufallsversuch tatsächlich eine Erfolgswahrscheinlichkeit von $p_1 = 0{,}7$ zugrunde liegt.

Lösung

a) Gegeben ist $p_0 = 0{,}75$ und $n = 120$.
Wir bestimmen eine 95 %-Umgebung für $\mu = n \cdot p_0 = 120 \cdot 0{,}785 = 90$.
Es ist $\sigma = \sqrt{n \cdot p_0 \cdot q_0} = 4{,}74$ (und damit $\sigma > 3$),
also $\mu - 1{,}96\,\sigma = 80{,}70$ und $\mu + 1{,}96\,\sigma = 99{,}30$.
Entscheidungsregel: *Verwirf die Hypothese $p_0 = 0{,}75$, falls $X < 81$ oder $X > 99$.*
Fehler 1. Art: Bei dem betrachteten Kreuzungsversuch gilt tatsächlich das MENDEL'sche Gesetz; aber das Stichprobenergebnis liegt zufällig im Verwerfungsbereich der Hypothese $p_0 = 0{,}75$. Man geht daher fälschlicherweise künftig davon aus, dass die Vererbung bei dieser Gattung nicht nach dem MENDEL'schen Gesetz abläuft.
(Die Wahrscheinlichkeit für einen Fehler 1. Art ist gleich der Wahrscheinlichkeit für den Verwerfungsbereich und mit $\alpha = 0{,}05$ vorgegeben.)

b) *Fehler 2. Art:* Tatsächlich gilt bei dem betrachteten Kreuzungsversuch das MENDEL'sche Gesetz nicht (d. h. die Hypothese $p_0 = 0{,}75$ ist falsch), aber das Stichprobenergebnis liegt zufällig im Annahmebereich der Hypothese $p_0 = 0{,}75$. Daher sieht man hier irrtümlicherweise keine Veranlassung, an der Anwendbarkeit des MENDEL'schen Gesetzes zu zweifeln.

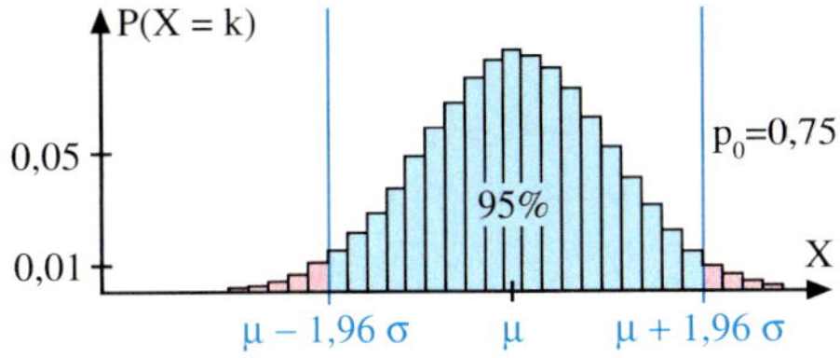

Die Wahrscheinlichkeit β für einen Fehler 2. Art ist die Wahrscheinlichkeit dafür, dass ein Stichprobenergebnis in den Annahmebereich fällt, aber tatsächlich $p_1 = 0{,}7$ zugrunde liegt;

$\beta = P_{0,7}(81 \leq X \leq 99)$
$\quad = P_{0,7}(80{,}5 \leq X \leq 99{,}5)$

vergl. Seite 436

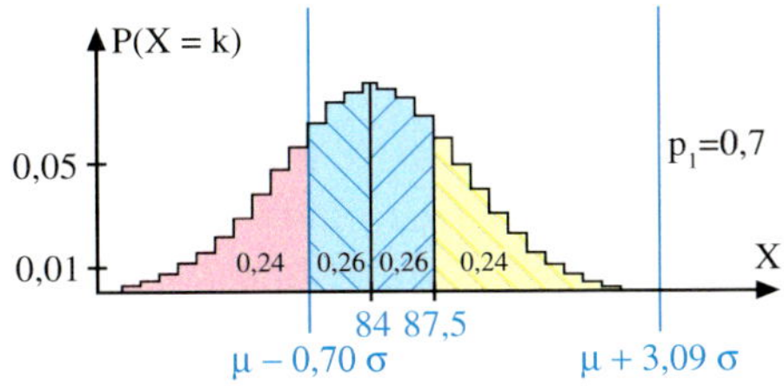

Für $p_1 = 0{,}7$ und $n = 120$ ist $\mu = n \cdot p_1 = 84$ und $\sigma = 5{,}02$. Die Randwerte des Intervalls $80{,}5 \leq X \leq 99{,}5$ lassen sich mithilfe von μ und σ beschreiben:

$80{,}5 = \mu - 0{,}70\,\sigma$ bzw. $99{,}5 = \mu + 3{,}09\,\sigma$

Die Tabelle von Seite 506 liefert uns die zugehörigen Wahrscheinlichkeiten von symmetrischen Umgebungen von μ:

$P(\mu - 3{,}09\,\sigma \leq X \leq \mu + 3{,}09\,\sigma) \approx 1$ und $P(\mu - 0{,}70\,\sigma \leq X \leq \mu + 0{,}70\,\sigma) \approx 0{,}52$

Hieraus schließen wir wegen der Symmetrie der Verteilung, wie groß die einzelnen Flächen sind: $\beta = P(\mu - 0{,}70\,\sigma \leq X \leq \mu + 3{,}09\,\sigma) \approx 0{,}76$.

Die Wahrscheinlichkeit, einen Fehler 2. Art zu begehen, ist ziemlich groß, da sich die zu testende Hypothese ($p_0 = 0{,}75$) und die tatsächliche Erfolgswahrscheinlichkeit ($p_1 = 0{,}7$) nur wenig voneinander unterscheiden.

Information **Bestimmen von Fehlerwahrscheinlichkeiten**

Wir testen die zweiseitige Hypothese $p = p_0$.

Durch das Signifikanzniveau ist die Wahrscheinlichkeit α für einen Fehler 1. Art vorgegeben. Diese ist gleich der Wahrscheinlichkeit für den Verwerfungsbereich der Hypothese $p = p_0$.

Die Wahrscheinlichkeit β für einen Fehler 2. Art kann nur berechnet werden, wenn die tatsächliche Erfolgswahrscheinlichkeit p_1 bekannt ist. Diese Wahrscheinlichkeit β ist die Wahrscheinlichkeit dafür, dass ein Stichprobenergebnis in den Annahmebereich der Hypothese $p = p_0$ fällt, obwohl dem Zufallsversuch die Erfolgswahrscheinlichkeit $p = p_1$ zugrunde liegt.

Übungsaufgaben

2.

Bei einem Glücksspielautomaten beträgt angeblich die Gewinnwahrscheinlichkeit $p = 0{,}3$. Diese Angabe soll in 170 Spielrunden überprüft werden.

Gib eine Entscheidungsregel für $\alpha = 0{,}10$ an und bestimme die Wahrscheinlichkeit für einen Fehler 2. Art, wenn die tatsächliche Gewinnwahrscheinlichkeit $p = 0{,}2$ ist.

3.

Bei einem Würfel soll überprüft werden, ob die Wahrscheinlichkeit für Augenzahl 2 tatsächlich $p = \frac{1}{6}$ ist. Man würfelt 240-mal.

a) Gib eine Entscheidungsregel für $\alpha = 10\,\%$ an.

b) In Wirklichkeit ist $p = \frac{1}{5}$. Wie groß ist β?

15.2.3 Testen einer einseitigen Hypothese

In den bisher durchgeführten zweiseitigen Hypothesentests prüften wir, ob dem betrachteten Zufallsversuch eine bestimmte Erfolgswahrscheinlichkeit zugrunde liegt oder nicht; signifikante Abweichungen konnten dabei nach unten *oder* oben auftreten. Oft treten solche Abweichungen nur nach *einer* Seite auf, so dass man überprüfen will, ob ein Anteil p größer bzw. kleiner ist als der Vergleichswert. In diesen Fällen ist ein **einseitiger Hypothesentest** angemessen.

Aufgabe 1 *Überprüfung einer einseitigen Hypothese*

Aus umfangreichen Untersuchungen weiß man, dass 11% der 6- bis 10-jährigen Mädchen manuelle Tätigkeiten eher mit der linken als der rechten Hand durchführen. Obwohl es heutzutage kaum noch vorkommt, dass linkshändige Kinder zur Rechtshändigkeit gezwungen werden, hat man die Vermutung, dass Kinder diese Linkshändigkeit verlernen, d. h. dass der Anteil p der Linkshänder mit den Lebensjahren abnimmt.
Zur Untersuchung dieser Frage will man eine Stichprobe vom Umfang 1000 unter 13-jährigen Mädchen durchführen.

a) Durch einen Hypothesentest hoffen wir zeigen zu können, dass $p < 0{,}11$ gilt. Welche Hypothese ist hierfür zu wählen?

b) Gib eine Entscheidungsregel an: Bei welchen Stichprobenergebnissen kann man davon ausgehen, dass $p < 0{,}11$ ist? (Irrtumswahrscheinlichkeit $\alpha = 5\%$)

Lösung

a) Durch Stichprobenergebnisse können Hypothesen nicht bestätigt werden; wohl aber werden wir durch extreme Stichprobenergebnisse veranlasst, eine Hypothese zu verwerfen und damit von der Gültigkeit des Gegenteils auszugehen.
Hier bedeutet dies: Damit man $p < 0{,}11$ als richtig ansehen kann, muss man davon überzeugt sein, dass $p \geq 0{,}11$ nicht stimmen kann.
Wir testen also die Hypothese $p \geq 0{,}11$, d. h. wir prüfen, ob der Anteil der Linkshänder unter den 13-Jährigen gleich geblieben ($p = 0{,}11$) oder sogar größer geworden ist ($p > 0{,}11$).
Wenn das Stichprobenergebnis signifikant von $p = 0{,}11$ und von jedem $p > 0{,}11$ abweicht, dann verwerfen wir die Hypothese $p \geq 0{,}11$ und sehen $p < 0{,}11$ als wahr an.

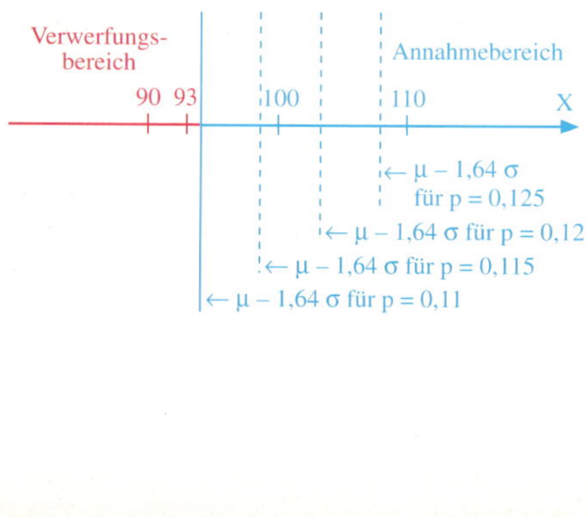

b) Die Hypothese H_0: $p \geq 0{,}11$ wird sinnvoll nur dann verworfen, wenn das Stichprobenergebnis signifikant nach unten abweicht:
Für $p = 0{,}11$ und $n = 1000$ ist $\mu = 110$, $\sigma = 9{,}89$ und somit $\mu - 1{,}64\sigma = 93{,}77 \approx 93{,}5$. Unterhalb von $\mu - 1{,}64\sigma$ liegen 5% der Stichprobenergebnisse.
Für $p > 0{,}11$ ergibt sich ein größerer Wert für $\mu - 1{,}64\sigma$ (vgl. nebenstehende Abbildung).
Die Hypothese $p = 0{,}11$ wird verworfen, falls weniger als 94 Linkshänder in der Stichprobe sind. Erst recht wird dann die Hypothese $p > 0{,}11$ verworfen.

Entscheidungsregel: Verwirf die Hypothese $p \geq 0{,}11$, falls die Anzahl der Linkshänder unter den 1000 Mädchen kleiner ist als 94.

Weiterführende Aufgabe

2. *Vergleich des Annahmebereichs bei ein- bzw. zweiseitigen Hypothesentests*

a) Jemand hat den Verdacht, dass bei einer bestimmten Münze Wappen eine größere Wahrscheinlichkeit hat als Zahl. Man will zur Probe eine Münze 200-mal werfen. Gib eine Entscheidungsregel an (Irrtumswahrscheinlichkeit 5%).

b) Bei den 200 Würfen tritt 112-mal Wappen auf. Dies liegt im Annahmebereich der Hypothese $p = 0{,}5$ ($\alpha = 5\%$). Erläutere den scheinbaren Widerspruch.

Information

(1) Strategie beim einseitigen Test

Will man eine konkrete Vermutung bestätigen, dann geht man beim einseitigen Test *indirekt* vor: Man testet die *gegenteilige* Hypothese (vgl. auch Seite 439).
Liegt dann das Versuchsergebnis im Verwerfungsbereich der getesteten Hypothese, dann verwirft man diese Hypothese und geht danach von der Richtigkeit der Vermutung aus. Oft ergibt sich aber die zu testende Hypothese aus der Interessenlage des Auftraggebers einer Untersuchung (vgl. Abschnitt 15.2.4).

zu bestätigende Vermutung	zu testende Hypothese	Verwerfungsbereich $\alpha = 0{,}05$
$p > p_0$	$p \leq p_0$	$X > \mu_0 + 1{,}64\,\sigma_0$
$p \geq p_0$	$p < p_0$	$X \geq \mu_0 + 1{,}64\,\sigma_0$
$p < p_0$	$p \geq p_0$	$X < \mu_0 - 1{,}64\,\sigma_0$
$p \leq p_0$	$p > p_0$	$X \leq \mu_0 - 1{,}64\,\sigma_0$

(2) Einseitiger Test: Mögliche Hypothesen

Hypothese H_0: $p \geq p_0$

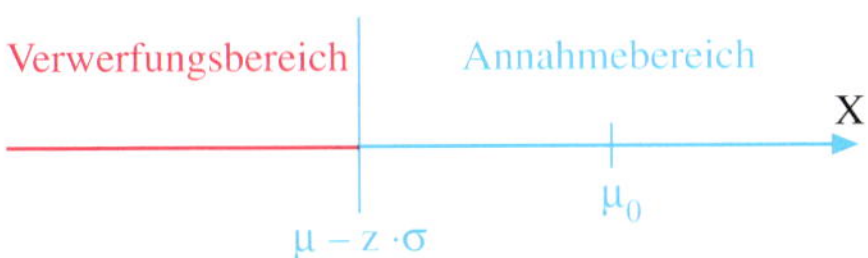

Die einseitige Hypothese H_0: $p \geq p_0$ wird verworfen, wenn extrem kleine Versuchsergebnisse vorliegen.

Hypothese H_0: $p \leq p_0$

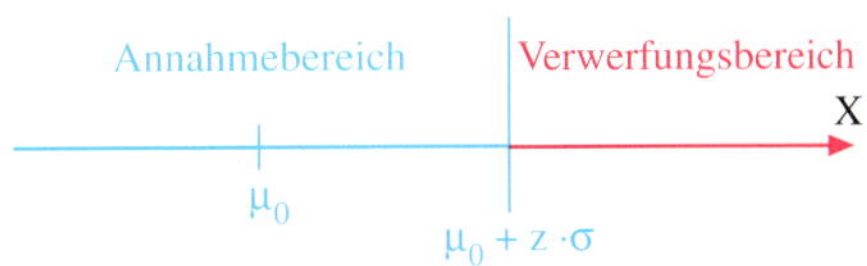

Die einseitige Hypothese H_0: $p \leq p_0$ wird verworfen, wenn extrem große Versuchsergebnisse vorliegen.

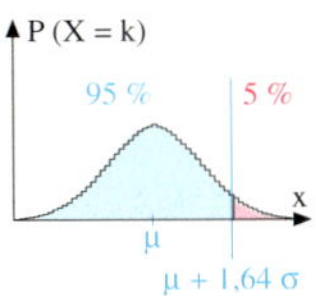

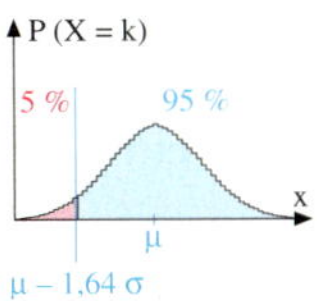

(3) Bestimmung der zugehörigen Umgebung
Auch beim einseitigen Test richtet sich die Höhe der Irrtumswahrscheinlichkeit nach der Bedeutung des zu testenden Problems. Ist die Irrtumswahrscheinlichkeit vorgegeben, dann muss man die entsprechende Umgebung von μ wählen. Man prüft bei einer Irrtumswahrscheinlichkeit von 5%, ob das Versuchsergebnis oberhalb bzw. unterhalb der $1{,}64\,\sigma$-Umgebung von μ liegt (vgl. die Abbildung in der Aufgabe), weil 5% der Stichprobenergebnisse oberhalb von $\mu + 1{,}64\,\sigma$ liegen, ebenso wie unterhalb von $\mu - 1{,}64\,\sigma$.

(4) Einseitiger oder zweiseitiger Test
Ob ein einseitiger oder ein zweiseitiger Test angemessen ist, ergibt sich meist aus dem Sachverhalt. Will man durch eine Stichprobe nur prüfen, ob sich ein Anteil (eine Erfolgswahrscheinlichkeit) verändert hat, ohne dass man eine konkrete Vermutung hat, dann ist ein zweiseitiger Test angebracht. Eine konkrete Vermutung ist jedoch in der Regel einseitig ausgerichtet: Hier sollte ein einseitiger Test durchgeführt werden.

Zusammenfassung: *Testen von Hypothesen bei Binomialverteilungen mit großem Stichprobenumfang*

Beim Testen von Hypothesen prüfen wir, ob Ergebnisse eines Zufallsversuchs verträglich sind mit einer hypothetischen Erfolgswahrscheinlichkeit p.

Die vorgegebene Irrtumswahrscheinlichkeit α legt Annahmebereich und Verwerfungsbereich der Hypothese fest.

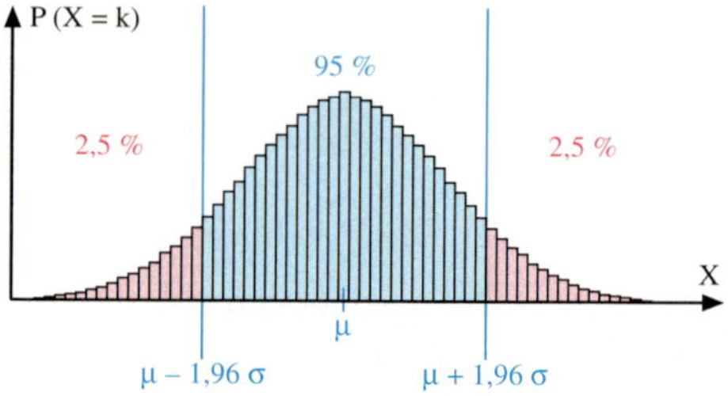

Beim *zweiseitigen Testen* prüft man bei $\alpha = 0{,}05$, ob das Versuchsergebnis außerhalb der $1{,}96\,\sigma$-Umgebung von μ liegt.

Beim *einseitigen Test* prüft man bei $\alpha = 0{,}05$ entsprechend, ob das Versuchsergebnis oberhalb bzw. unterhalb der $1{,}64\,\sigma$-Umgebung von μ liegt.

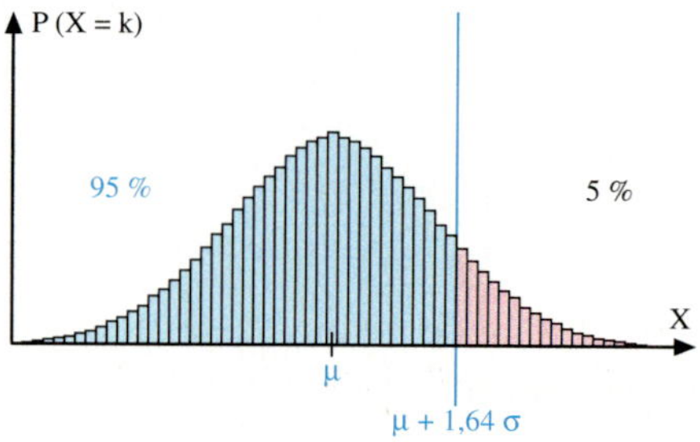

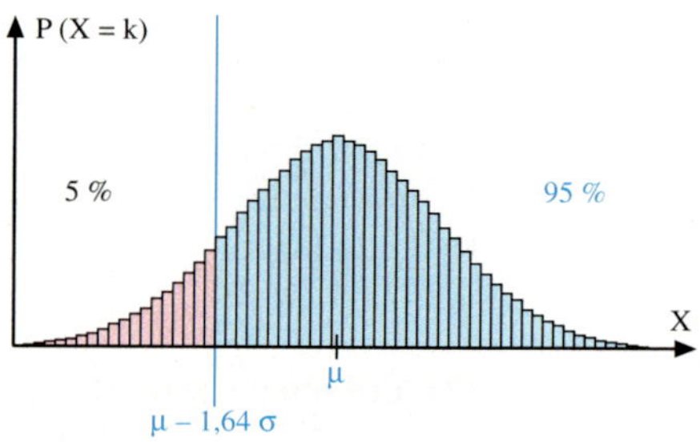

Liegt das Versuchsergebnis im Annahmebereich, dann ist es verträglich mit der Hypothese; man kann sie nicht verwerfen. Liegt das Versuchsergebnis im Verwerfungsbereich einer Hypothese, dann wird sie verworfen.

Bei diesem Entscheidungsverfahren können Fehler auftreten:

Eine wahre Hypothese wird zu Unrecht verworfen (Fehler 1. Art) oder eine falsche Hypothese wird als solche nicht erkannt (Fehler 2. Art).

Zu jeder Hypothese lässt sich eine Gegenhypothese formulieren.

Welche dieser beiden Hypothesen man testet, hängt von der Interessenlage ab.

Übungsaufgaben

3.

Ein Lkw-Hersteller wirbt für seine Fahrzeuge u.a. mit der Bemerkung, dass mehr als die Hälfte aller Lkw auf Deutschlands Straßen von dieser Firma produziert würde. Bei einer Fahrt auf einem Autobahnabschnitt begegnen uns 59 Lkw, davon 39 von der betreffenden Firma. Beweist dieses Resultat die Firmenwerbung?

4.

24 von 300 geprüften Packungen haben Untergewicht. Zulässig ist dies nur bei maximal 5% der Produktion. Liegt ein Betrugsversuch vor?

5.

In einer Wahl erhielt eine Partei 51% der Stimmen und konnte damit allein die Regierung bilden. Nach der Regierungsbildung führte sie einige unpopuläre Maßnahmen durch. 3 Monate nach der Wahl gaben bei einer Umfrage unter 800 Personen 382 an, dass sie wieder die Regierungspartei wählen würden, wenn am nächsten Sonntag Wahlen wären. Hat die Regierungspartei die mehrheitliche Unterstützung der Bevölkerung verloren? (Irrtumswahrscheinlichkeit 5%)

6.

Durch Befragung nach Wahlen wollte man feststellen, wie zuverlässig die Angaben sind, die Personen über ihr Wahlverhalten machen. Überlege bei den Teilaufgaben, ob ein ein- oder zweiseitiger Test angebracht ist (Irrtumswahrscheinlichkeit 5%).

a) 2400 zufällig ausgesuchte Wähler in 55 Wahlbezirken wurden unmittelbar nach Verlassen des Wahllokals befragt, für welche Partei sie gestimmt hatten. (Siehe nebenstehende Tabelle: Landtagswahlen in Hessen 1978; hier wurde die Methode zum ersten Mal in Deutschland angewandt). Ist das Verfahren brauchbar?

Landtagswahl Hessen	CDU	SPD	FDP
Befragung	45,5%	44,0%	7,0%
Wahlergebnis	46,0%	44,3%	6,6%

b) Eine Partei A erreichte in einer Wahl die absolute Mehrheit mit 53% der Stimmen. In einer kurz danach durchgeführten Meinungsumfrage unter 1000 Personen gaben 565 Personen an, die Regierungspartei A gewählt zu haben. Wird hierdurch bestätigt, dass Personen nicht zugeben wollen, eine „Verlierer"-Partei gewählt zu haben?

c) In einer Stichprobe unter 1349 Wahlberechtigten behaupteten 1260, sich an der Wahl beteiligt zu haben. Die Wahlbeteiligung betrug 91%. Wird hierdurch bestätigt, dass Personen nicht zugeben wollen, nicht gewählt zu haben?

7.

Der Vorstand einer Partei fürchtet, dass bei der nächsten Wahl der Stimmenanteil dieser Partei unter der 5%-Hürde bleibt. Durch eine Wählerbefragung unter 400 Personen soll Klarheit geschaffen werden.

a) Der Wahlkampfmanager ist dafür, die Hypothese $p < 0{,}05$ zu testen, denn nur dann, wenn diese Hypothese verworfen wird, kann der Vorstand beruhigt sein.
Stelle eine Entscheidungsregel auf ($\alpha = 5\%$).

b) Der Finanzbeauftragte der Partei ist dafür, die Hypothese $p \geq 0{,}05$ zu testen, denn nur dann, wenn diese Hypothese verworfen wird, hält er einen kostenintensiven Wahlkampf für notwendig. Stelle auch hier eine Entscheidungsregel auf ($\alpha = 5\%$).

8.

Jemand behauptet, dass die Ziehungsmethode beim Lottospiel *6 aus 49* die größeren Zahlen bevorzuge: Die zuerst in die Lostrommel fallenden Kugeln werden häufiger gezogen als die anderen. Lässt sich diese Hypothese halten? ($\alpha = 5\%$)
Betrachte dazu die folgenden Daten: In 2256 Wochenziehungen wurde eine der Zahlen zwischen

(1) 43 und 49 (einschl.) 316-mal,
(2) 36 und 49 (einschl.) 668-mal,
(3) 29 und 49 (einschl.) 989-mal als erste Zahl einer Wochenziehung gezogen.

15.2.4 Auswahl der Hypothese bei einseitigen Tests

In Abschnitt 15.2.3 haben wir bereits an einigen Beispielen gesehen, dass bei einseitigen Tests nicht immer klar ist, welche Hypothesen zu testen sind. Es kommt nämlich oft auf den jeweiligen *Standpunkt* an.

Aufgabe 1 *Vergleich von Standpunkten und zugehörigen Hypothesen*

Einem CD-Laden werden von einem Großhändler billige CDs angeboten.

a) Der Großhändler behauptet, dass mindestens 80% der CDs in Ordnung sind. Er vertritt den Standpunkt: „Meine Aussage gilt, so lange nicht das Gegenteil gezeigt ist.“ Wann wird man diese Aussage als widerlegt ansehen?
Gib eine Entscheidungsregel für eine Stichprobe vom Umfang 75 an.
(Irrtumswahrscheinlichkeit $\alpha = 5\%$)

b) Für den Ladenbesitzer wäre der Kauf vorteilhaft, wenn die Aussage des Anbieters richtig ist. Er misstraut dem Anbieter. Sein Misstrauen will er erst ablegen, wenn ihn das Ergebnis einer Stichprobe überzeugt hat. Wann wird er kaufen?
Gib eine Entscheidungsregel für eine Stichprobe vom Umfang 75 an.
(Irrtumswahrscheinlichkeit $\alpha = 5\%$)

c) Vergleiche die Hypothesen aus a) und b). Beschreibe jeweils die Fehler 1. und 2. Art. Welche Interessen vertreten Großhändler und Ladenbesitzer?

Lösung Sei p die Wahrscheinlichkeit dafür, dass eine zufällig entnommene CD in Ordnung ist.

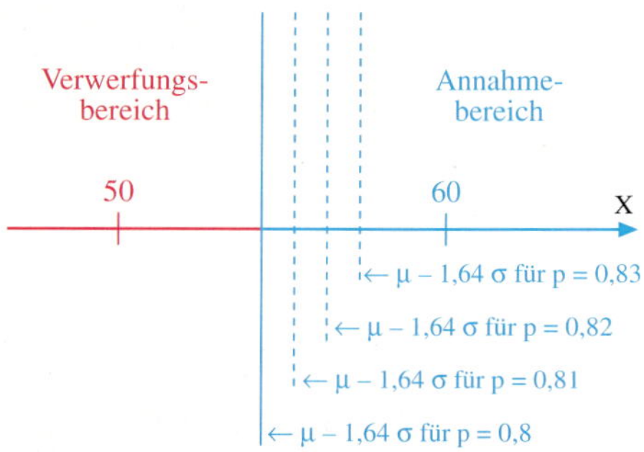

a) Die Aussage des Großhändlers lautet: $p \geq 0{,}8$. Von seinem Standpunkt will er erst abgehen, wenn die Anzahl der brauchbaren CDs in der Stichprobe signifikant nach unten abweicht. Wir testen also die Hypothese H_0: $p \geq 0{,}8$.
Für $p = 0{,}8$ und $n = 75$ ist $\mu = 60$ und $\sigma = 3{,}46$, also $\mu - 1{,}64\sigma = 54{,}33$.
Für $p > 0{,}8$ ist $\mu - 1{,}64\sigma > 54{,}33$.

Entscheidungsregel: Der Großhändler sieht seine Aussage als widerlegt an, wenn man 54 oder weniger brauchbare CDs in der Stichprobe vom Umfang 75 findet.

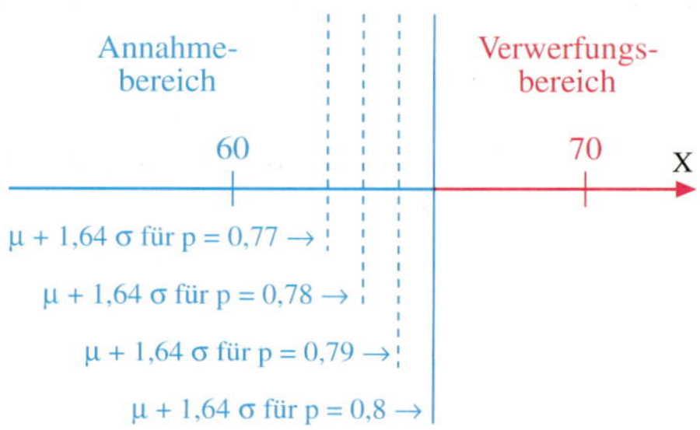

b) Der Ladenbesitzer wird sich erst von seiner kritischen Haltung ($p < 0{,}8$) abbringen lassen, wenn in der Stichprobe die Anzahl der brauchbaren CDs signifikant nach oben abweicht.
Wir testen also die Hypothese $p < 0{,}8$.
Für $p = 0{,}8$ und $n = 75$ gilt:
$\mu + 1{,}64\sigma = 65{,}67$ (vgl. a))
Für $p < 0{,}8$ ist $\mu + 1{,}64\sigma < 65{,}67$

Entscheidungsregel: Der Ladenbesitzer legt sein Misstrauen ab, wenn mehr als 65 CDs in der Stichprobe brauchbar sind.

c) In a) wurde die Hypothese $p \geq 0{,}8$ und in b) die Hypothese $p < 0{,}8$ getestet.
Die eine Hypothese ist eine Verneinung der anderen.
Wird die eine Hypothese verworfen, dann wird die andere als richtig angesehen.
Was in Aufgabe a) Fehler 1. Art ist, ist in Aufgabe b) Fehler 2. Art und umgekehrt; allerdings werden in a) bzw. b) verschiedene Bereiche betrachtet.

	zu a) Hypothese $p \geq 0{,}8$ Interessen des Großhändlers	**zu b) Hypothese $p < 0{,}8$ Interessen des Ladenbesitzers**
Fehler 1. Art	Die Aussage des Großhändlers ist wahr, aber wegen eines extrem kleinen Stichprobenergebnisses wird sie als falsch angesehen. Die Ware wird als minderwertig angesehen, obwohl sie es nicht ist.	Die Aussage des Großhändlers ist falsch, aber wegen eines extrem großen Stichprobenergebnisses wird sie nicht als falsch angesehen. Der Ladenbesitzer kauft minderwertige Ware ein..
Fehler 2. Art	Die Aussage des Großhändlers ist falsch, aber aufgrund des zu großen Stichprobenergebnisses wird die Hypothese nicht verworfen. Die minderwertige Ware wird nicht als solche erkannt. Die Wahrscheinlichkeit für diesen Fehler hängt vom tatsächlichen Anteil einwandfreier CDs ab.	Die Aussage des Großhändlers ist wahr, aber aufgrund des zu kleinen Stichprobenergebnisses wird dies nicht erkannt. Dem Ladenbesitzer entgeht ein günstiges Geschäft. Die Wahrscheinlichkeit für diesen Fehler hängt vom tatsächlichen Anteil einwandfreier CDs ab.

Findet man in der Stichprobe zwischen 55 und 65 einwandfreie DCs (jeweils einschließlich), dann ist keine der Entscheidungsregeln anwendbar.

Weiterführende Aufgabe

2. *Auswahl einer geeigneten Hypothese*
Ein Arzneimittelhersteller wirbt für ein neues Medikament mit dem Hinweis, dass es – im Vergleich zu Medikamenten anderer Hersteller – besser verträglich sei: Nur bei 10 % der Patienten würden Allergien auftreten. In einer Klinik wird das Medikament bei 172 Patienten eingesetzt. Welche Hypothese kann man testen? Welche ist am sinnvollsten? Formuliere Entscheidungsregeln. Welche Irrtumswahrscheinlichkeit ist angemessen? Beschreibe Fehler 1. und 2. Art.

Übungsaufgaben

3.
Der Hersteller eines Pestizids ist der Überzeugung, dass ein bestimmtes Präparat aus seiner Produktion in mindestens 90 % der Anwendungsfälle hilft. An dieser Aussage werden Zweifel geäußert. Der Pestizid-Hersteller ist daraufhin bereit, seine Angaben zu überprüfen. Welche Hypothese wird er testen?

4.
Eine Werbefirma verpflichtet sich gegenüber Waschmittelproduzenten, den Bekanntheitsgrad eines Artikels auf 70 % zu heben. Anschließend soll dies in einer Zufallsstichprobe vom Umfang 500 nachgeprüft werden. Welche Hypothese kann man testen? Welche wird der Auftraggeber testen? Formuliere Entscheidungsregeln (Irrtumswahrscheinlichkeit 5 %) und beschreibe Fehler 1. und 2. Art.

5.

Einem Elektrohändler werden Kartons mit Glühlampen günstig angeboten. Die Kartons und ein Teil der Glühlampen wurden bei einem Unfall beschädigt.
Für den Händler wäre der Kauf vorteilhaft, wenn mehr als 70% der Glühlampen in Ordnung sind. Er entnimmt zufällig 60 Glühlampen und prüft sie.

a) Formuliere eine Entscheidungsregel: Bis zu welcher Anzahl beschädigter Glühlampen sollte der Händler kaufen (Irrtumswahrscheinlichkeit 10%)?

b) In einer Stichprobe sind 47 der 60 Glühlampen in Ordnung. Gib Erfolgswahrscheinlichkeiten an, die zwar mit dem Stichprobenergebnis verträglich sind, aber für den Händler ungünstig sind.

c) In einer Stichprobe sind 38 der 60 Glühlampen in Ordnung. Der Händler nimmt das Angebot nicht an. Könnte es sein, dass er ein günstiges Angebot verpasst?

6.

Ein Briefmarkenhändler bietet eine Packung *1 000 Briefmarken Europa* für 50 € an. Er garantiert, dass mindestens 20% der Briefmarken einen Katalogwert von 0,30 € und mehr haben.
Man kann die Packung vor dem Kauf nicht öffnen. Durch Schütteln der Packung erkennt man insgesamt 72 Briefmarken.

a) Formuliere eine Entscheidungsregel (Irrtumswahrscheinlichkeit 10%).

b) Von den 72 Briefmarken haben 10 einen Katalogwert von 0,30 € und mehr. Beschreibe den Fehler 2. Art. Gib Erfolgswahrscheinlichkeiten an, die mit dem Stichprobenergebnis verträglich sind.

c) Welche Entscheidungsregel würde der Anbieter vorschlagen? Beschreibe hier Fehler 1. und 2. Art.

7.

Eine Geschäftskette von Lebensmittelhändern bestellt bei einem Erzeugergroßmarkt eine große Zahl von Packungen mit je 8 Tomaten, die zu einem Einheitspreis verkauft werden sollen. Man vereinbart ein Mindestgewicht von 400 g pro Packung. Maximal 10% der Packungen dürfen unter dem Mindestgewicht liegen.

a) Vor der Auslieferung werden im Großmarkt 100 Packungen kontrolliert.
Welche Hypothese wird getestet? Gib eine Entscheidungsregel an ($\alpha = 5\%$).

b) Bei Entgegennahme der Lieferung werden 120 Packungen kontrolliert; gegebenenfalls will man alle Packungen wiegen, um den vereinbarten Preis senken zu können.
Welche Hypothese wird getestet? Gib eine Entscheidungsregel an ($\alpha = 5\%$).

c) Beschreibe jeweils Fehler 1. und 2. Art.

8.

In Aufgabe 1 b) wurde die Entscheidungsregel aufgestellt: Kaufe, falls mehr als 65 CDs in der Stichprobe vom Umfang 75 brauchbar sind. Bestimme die Wahrscheinlichkeit β für einen Fehler 2. Art, falls für den Anteil brauchbarer CDs gilt $p = 0{,}85$.

15.3 Schluss von der Stichprobe auf die Gesamtheit – Schätzen von Parametern für binomialverteilte Zufallsgrößen

Wir vergleichen folgende Beispiele:

(1) Bei einer Wahl erhielt eine Partei 35,6% der Stimmen. Wir wählen 100 Stimmzettel zufällig aus.
Auf wie vielen Zetteln der Stichprobe wird die o.a. Partei angekreuzt sein?

(2) Bevor die Stimmzettel einer Wahl ausgezählt werden, greift man 100 Zettel zufällig aus den Wahlurnen heraus. Auf 47 Zetteln ist eine bestimmte Partei angekreuzt.
Welchen Anteil an Stimmen hat diese Partei in der Gesamtheit errungen?

Beim Aufgabentyp *Schluss von der Gesamtheit auf die Stichprobe*, vergleiche das Beispiel (1), wird untersucht, welche Ergebnisse ein BERNOULLI-Versuch mit großer Wahrscheinlichkeit haben wird. Dabei ist uns die dem Versuch zugrunde liegende Erfolgswahrscheinlichkeit (z.B als Anteil in einer Gesamtheit) bekannt.
Erhebungen (oder allgemein: Zufallsversuche) werden aber oft gerade deshalb durchgeführt, weil man Anteile (allgemein: Erfolgswahrscheinlichkeiten) nicht kennt, vergleiche das Beispiel (2).
Beim Aufgabentyp **Schluss von der Stichprobe auf die Gesamtheit** beschäftigt man sich mit der folgenden Frage:
Welche Erfolgswahrscheinlichkeit liegt dem Zufallsversuch zugrunde?
Es geht hier also um eine *Schätzung* der Wahrscheinlichkeit p.

Aufgabe 1 *Bestimmung von Anteilen in der Gesamtheit*
Bei einer Befragung von 500 zufällig (repräsentativ) ausgewählten Personen einer Großstadt gaben 273 an, bei einer bevorstehenden Oberbürgermeister-Direktwahl den bisherigen Amtsinhaber wählen zu wollen.
Kann der Kandidat auf die Mehrheit der Stimmen hoffen?
Bestimme dazu *alle* Anteile p in der Gesamtheit, in deren 95%-Umgebung das Stichprobenergebnis liegt.

Lösung *(1) Beispiel eines Anteils p, mit dem $X = 273$ verträglich ist*
Zunächst wählen wir ein Beispiel für einen möglichen Anteil p aus und überprüfen, ob das Stichprobenergebnis $X = 273$ verträglich ist mit diesem Anteil p; z.B. $p = 0{,}51$ (d.h. der Anteil der Wahlberechtigten, die den bisherigen Amtsinhaber wieder wählen wollen, betrage 51%):
Für $p = 0{,}51$ und $n = 500$ ist $\mu = 255$ und $\sigma = 11{,}18$, also $1{,}96\,\sigma = 21{,}91$, d.h. mit einer Wahrscheinlichkeit von 95% wird das Ergebnis der Stichprobe vom Umfang $n = 500$ im Intervall [234; 276] liegen, was relativen Häufigkeiten zwischen 46,8% und 55,2% entspricht.
Das Stichprobenergebnis von $X = 273$ ist also z.B. verträglich mit $p = 0{,}51$.

(2) Bestimmen aller Anteile p, mit denen X = 273 verträglich ist

Wir untersuchen jetzt allgemeiner, mit welchen Anteilen p das Stichprobenergebnis X = 273 verträglich ist, d.h. wir suchen alle Erfolgswahrscheinlichkeiten p, für die gilt, dass X = 273 in der 95%-Umgebung von μ liegt.

(a) Ansatz

Mit einer Wahrscheinlichkeit von 95% gilt für Stichprobenergebnisse X:

$\mu - 1{,}96\,\sigma \le X \le \mu + 1{,}96\,\sigma$

Für X = 273 kommen also im Extremfall solche Erfolgswahrscheinlichkeiten p infrage, für die gilt:

$\mu - 1{,}96\,\sigma = 273$ oder $\mu + 1{,}96\,\sigma = 273$

Diese beiden Bedingungen lassen sich für n = 500 auch wie folgt notieren:

$500\,p - 1{,}96\sqrt{500 \cdot p \cdot (1-p)} = 273$ bzw. $500\,p + 1{,}96\sqrt{500 \cdot (1-p)} = 273$

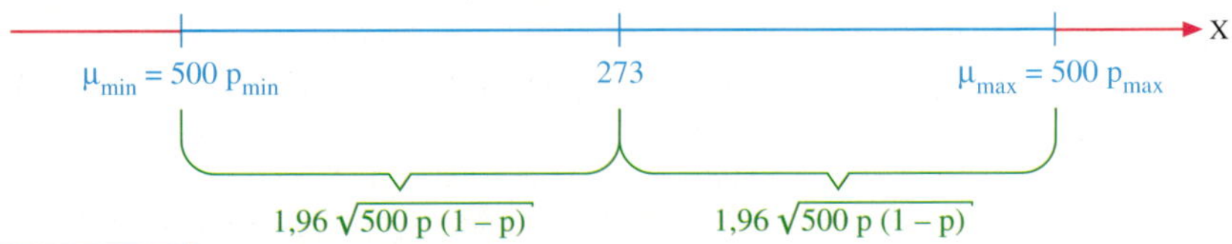

Das Stichprobenergebnis X = 273 unterscheidet sich um $1{,}96\sigma = 1{,}96\sqrt{500 \cdot p \cdot (1-p)}$ vom Erwartungswert μ = 500p

Beide Gleichungen lassen sich zu einer zusammenfassen und als Betragsgleichung notieren:

$1{,}96\sqrt{500 \cdot p \cdot (1-p)} = |273 - 500\,p|$

(b) Lösung der Betragsgleichung

Aus der Betragsgleichung erhält man durch Quadrieren eine quadratische Gleichung mit der Variablen p.

Wir rechnen mit 8-stelliger Genauigkeit

$1\,921\,p - 1\,921\,p^2 = 74\,529 - 273\,000\,p + 250\,000\,p^2$

$251\,921\,p^2 - 274\,921\,p = -74\,529$

$p^2 - 1{,}0913\,p + 0{,}5456^2 = 0{,}5456^2 - 0{,}29584274$

$(p - 0{,}5456)^2 = 0{,}00189034$

Nach dem Wurzelziehen reduziert sich die Genauigkeit auf 4 Stellen

$p - 0{,}5456 = 0{,}0435$ oder $p - 0{,}5456 = -0{,}0435$

$p = 0{,}5891$ oder $p = 0{,}5021$

Abschließend runden wir zur sicheren Seite (d.h. den unteren Wert nach oben, den oberen Wert nach unten) und erhalten:

$p_{min} = 0{,}503$ bzw. $p_{max} = 0{,}589$

(3) Kommentar zum Ergebnis der Rechnung

Das Stichprobenergebnis von X = 273 ist also verträglich mit Anteilen in der Gesamtheit, die zwischen 50,3% und 58,9% liegen.

p = 0,503 ist das kleinste p, mit dem X = 273 verträglich ist.

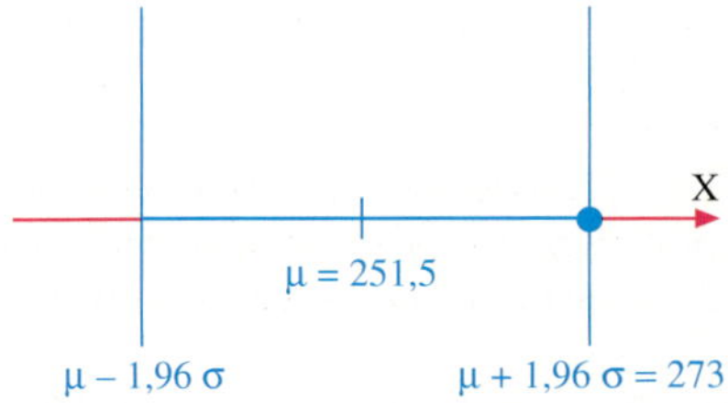

p = 0,589 ist das größte p, mit dem X = 273 verträglich ist.

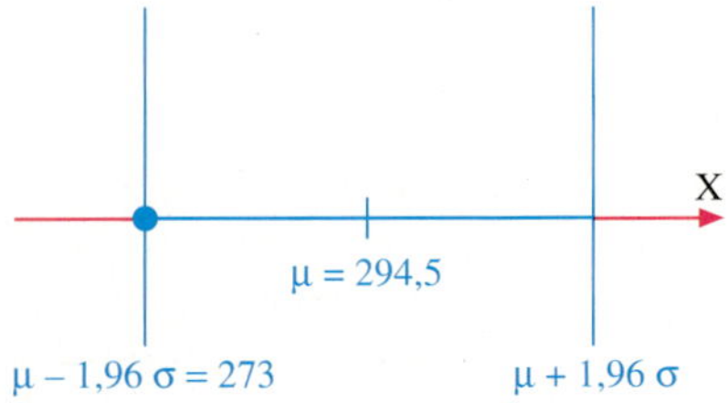

Ein Wahlergebnis von 50,3% der Stimmen genügt dem Kandidaten zur Wiederwahl. Allerdings müssen wir beachten, dass der Ansatz zur Bestimmung des o.a. Intervalls nur mit einer Wahrscheinlichkeit von 95% richtig ist. Denn wenn ein Stichprobenergebnis vorliegt, weiß man nicht, ob es verträglich ist mit dem wahren, aber unbekannten Anteil p in der Gesamtheit oder aber von diesem p signifikant abweicht.
Bei unserem Ansatz gehen wir vom ersten Fall aus, d.h. wir nehmen an, dass $X = 273$ in der 95%-Umgebung des tatsächlichen Wertes von $\mu = 500p$ liegt; das Verfahren zur Bestimmung eines Schätzintervalls für p kann also prinzipiell nur in 95% der Fälle zu einem Intervall führen, welches das wahre p enthält.

Information

(1) Konfidenzintervalle für die Erfolgswahrscheinlichkeit p

Mit einer Wahrscheinlichkeit von 95% liegt ein Stichprobenergebnis X in der $1{,}96\sigma$-Umgebung des Erwartungswertes, d.h. es gilt: $\mu - 1{,}96\sigma \le X \le \mu + 1{,}96\sigma$
Daher führt die Lösung der Gleichungen $\mu - 1{,}96\sigma = X$ bzw. $\mu + 1{,}96\sigma = X$ prinzipiell nur mit einer Wahrscheinlichkeit von 95% zu einem Intervall von Erfolgswahrscheinlichkeiten p, mit denen das Stichprobenergebnis X verträglich ist. Das Intervall wird als **95%-Konfidenzintervall für p** bezeichnet.

> Bei der Bestimmung eines **Konfidenzintervalls** schätzen wir die Erfolgswahrscheinlichkeit p, die dem Zufallsversuch zugrunde liegt.
> Dabei schließen wir von einem Stichprobenergebnis X auf die Werte von p, mit denen das Stichprobenergebnis verträglich ist. Da bei Erhebungen die Erfolgswahrscheinlichkeit p gleich dem Anteil in der Gesamtheit ist, wird diese Schätzung von p auch als **Schluss von der Stichprobe auf die Gesamtheit** bezeichnet.

(2) Näherungsverfahren zur Bestimmung von Konfidenzintervallen

Unter bestimmten Voraussetzungen lässt sich das o.a. Rechenverfahren verkürzen:
Das Rechenverfahren ist aufwändig, weil p auf beiden Seiten der Gleichung auftritt.
Falls $0{,}3 < p < 0{,}7$ ist, kann man den Wert von p auf der rechten Seite der Gleichung (unter der Wurzel) durch den Wert der relativen Häufigkeit $\frac{X}{n}$ ersetzen, d.h. man ersetzt auf der rechten Seite der Gleichung die Standardabweichung σ durch einen Näherungswert.

Beispiel: $n = 500$; $X = 273$; $\frac{X}{n} = 0{,}546$, also $\sigma \approx \sqrt{500 \cdot 0{,}546 \cdot 0{,}454}$

Die Rechnung reduziert sich dann auf die Lösung einer einfachen Betragsgleichung:

$|273 - 500p| = 1{,}96\,\sqrt{500 \cdot 0{,}546 \cdot 0{,}454}$, d.h. $|273 - 500p| = 21{,}82$, also
$500p = 273 + 21{,}82$ oder $500p = 273 - 21{,}82$, d.h. $p_{max} = 0{,}5896$ bzw. $p_{min} = 0{,}5024$

Wenn wir diese Werte zur sicheren Seite runden (p_{max} nach unten, p_{min} nach oben), erhalten wir die gleichen Lösungen wie oben beim ausführlichen (exakten) Verfahren.

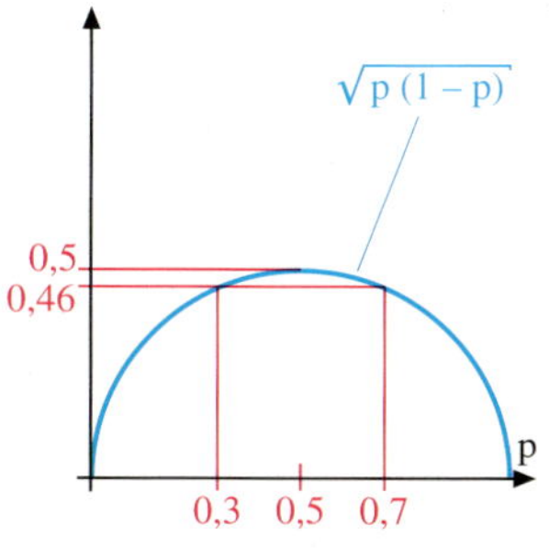

Die Begründung für die Gültigkeit der Näherungsmethode für $0{,}3 < p < 0{,}7$ liegt darin, dass sich die Werte von $\sqrt{p(1-p)}$ im Intervall $0{,}3 < p < 0{,}7$ kaum voneinander unterscheiden.

> Zur Bestimmung von Konfidenzintervallen kann die Näherungsmethode benutzt werden, falls $0{,}3 < p < 0{,}7$.

Weiterführende Aufgabe

2. *Zusammenhang zwischen Konfidenzintervallbestimmung und Hypothesentest*
Begründe: Im Vergleich zur Durchführung eines Hypothesentests ist die Konfidenzintervallbestimmung die allgemeinere Methode, denn mithilfe des Konfidenzintervalls erhält man einen Überblick über alle möglichen Hypothesen.
1. Fall: Liegt ein p nicht im Konfidenzintervall, dann wird die Hypothese über p aufgrund des vorliegenden Stichprobenergebnisses verworfen.
2. Fall: Liegt ein p im Konfidenzintervall, dann lässt sich bezüglich der Hypothese nichts entscheiden (da das Stichprobenergebnis im Annahmebereich der Hypothese liegt).

Übungsaufgaben

3.
In einer Umfrage unter 1000 zufällig ausgesuchten Personen vertraten 620 die Meinung, dass sie bei der nächsten Wahl eine andere Partei als bei der letzten Wahl wählen werden.

a) Nenne Beispiele von Erfolgswahrscheinlichkeiten, die mit dem Stichprobenergebnis verträglich sind (Sicherheitswahrscheinlichkeit 95 %).

b) Welches ist die kleinste bzw. größte Erfolgswahrscheinlichkeit, in deren Annahmebereich das Stichprobenergebnis liegt?

4.
Bei einer Umfrage in 387 Arbeitnehmerhaushalten mit 4 Personen und mit mittlerem Einkommen ergaben sich folgende Daten:

(1) Radiorecorder: 290 Haushalte

(2) Bügelmaschine: 42 Haushalte

Bestimme jeweils 95 %-Konfidenzintervalle für den Anteil p der 4-Personen-Arbeitnehmerhaushalte, die mit den genannten Gebrauchsgütern ausgestattet sind.

5.
Benutze in der folgenden Übung die Näherungsmethode.
In einer Umfrage soll untersucht werden, in wie vielen 4-Personen-Arbeitnehmer-Haushalten in Deutschland sich folgende Gebrauchsgüter befinden. In einer Stichprobe vom Umfang 387 ergaben sich die folgenden relativen Häufigkeiten:

a) elektrisches Grillgerät 34,0 %

b) elektrische Bohrmaschine 68,6 %

c) Mikrowellenherd 66,2 %

d) Diaprojektor 30,6 %

Bestimme jeweils ein 95 %-Konfidenzintervall für den Anteil p aller Haushalte, die mit diesen Konsumgütern ausgestattet sind.

6.
Bestimme 95 %-Konfidenzintervalle nach der exakten Methode und nach dem Näherungsverfahren. Vergleiche die Ergebnisse

a) von 1000 und $\frac{X}{n} = 0{,}2$;

b) von 500 und $\frac{X}{n} = 0{,}04$;

c) von 2000 und $\frac{X}{n} = 0{,}01$;

d) von 500 und $\frac{X}{n} = 0{,}09$.

15.4 Wahl eines genügend großen Stichprobenumfangs

Einführung *Genauigkeit einer Schätzung*

Bei Erhebungen muss man damit rechnen, dass die Anteile in den Stichproben von den tatsächlich zugrunde liegenden Anteilen in der Gesamtheit abweichen. Hierbei spielt der Stichprobenumfang eine entscheidende Rolle.

Die Grundfrage ist hier:

Wie groß ist der Stichprobenumfang zu wählen, damit der Anteil in der Gesamtheit mit einer gewissen Genauigkeit geschätzt werden kann?

Hierfür sind verschiedene Sprechweisen üblich: Schätzung auf 3 Prozentpunkte genau (oder auch missverständlich: auf 3% genau, mit 3% Genauigkeit).

Gemeint ist damit, dass der Anteil $\frac{X}{n}$ in der Stichprobe sich um höchstens 3 Prozentpunkte vom (zugrunde liegenden) Anteil p in der Gesamtheit unterscheiden soll, also $\left|p - \frac{X}{n}\right| \leq 0{,}03$.

Eine solche Genauigkeit kann natürlich nicht garantiert werden, sondern ist nur mit einer gewissen Wahrscheinlichkeit einzuhalten. Denn bei der Berechnung muss man voraussetzen, dass die geplante Stichprobe kein signifikant abweichendes Ergebnis haben wird. Also liefert auch das zu entwickelnde Verfahren nur (z. B.) in 95% der Fälle eine brauchbare Vorgabe über den notwendigen Stichprobenumfang.

Aufgabe 1 *Bestimmung des notwendigen Stichprobenumfangs*

Bei Befragungen über die Ausstattung von Haushalten will man die Ergebnisse auf 3 Prozentpunkte genau haben.

Von einer früheren Pilotstudie weiß man, dass ungefähr 40% der zu untersuchenden Haushalte mit einem Wäschetrockner ausgestattet sind.

Welcher Stichprobenumfang n ist für eine erneute Befragung notwendig?

Lösung In 95% der Stichproben gilt:

$p - 1{,}96\,\frac{\sigma}{n} \leq \frac{X}{n} \leq p + 1{,}96\,\frac{\sigma}{n}$.

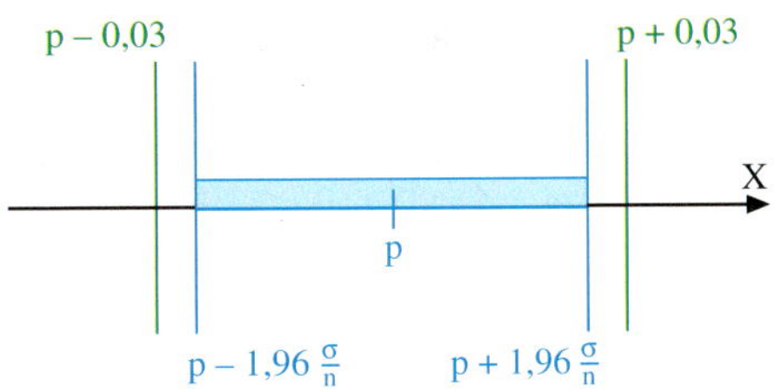

In der Aufgabenstellung wird gefordert, dass sich der Anteil $\frac{X}{n}$ in der Stichprobe vom Anteil p der Gesamtheit um höchstens 3 Prozentpunkte unterscheiden soll:

$p - 0{,}03 \leq \frac{X}{n} \leq p + 0{,}03$

Der Stichprobenumfang ist also so groß zu wählen, dass $1{,}96\,\frac{\sigma}{n} \leq 0{,}03$.

Wenn n so gewählt wird, dann wird bei 95% der Stichproben von diesem Umfang die Genauigkeitsforderung erfüllt sein.

Hier ist $p \approx 0{,}4$, also $\sigma = \sqrt{n \cdot p \cdot (1-p)} \approx \sqrt{n \cdot 0{,}4 \cdot 0{,}6}$

Aus $1{,}96 \cdot \frac{\sqrt{n \cdot 0{,}4 \cdot 0{,}6}}{n} \leq 0{,}03$ erhält man durch Quadrieren: $1{,}96^2 \cdot \frac{n \cdot 0{,}4 \cdot 0{,}6}{n^2} \leq 0{,}03^2$

und nach weiteren Umformungen: $\frac{1{,}96^2 \cdot 0{,}4 \cdot 0{,}6}{0{,}03^2} \leq n$,

also $1\,024{,}4 \leq n$.

Demnach ist also ein Stichprobenumfang von mindestens 1 025 notwendig, um den tatsächlichen Anteil auf 3 Prozentpunkte genau bestimmen zu können.

Weiterführende Aufgabe

2. *Abhängigkeit des Stichprobenumfangs von der Erfolgswahrscheinlichkeit*
Welche Auswirkungen hat es auf den notwendigen Stichprobenumfang n in Aufgabe 1, wenn der Anteil p in der Gesamtheit 5 %, 10 %, 20 %, ..., 90 % beträgt?
Stelle den Zusammenhang grafisch in einem p – n-Koordinatensystem dar.
Welcher Stichprobenumfang ist notwendig, wenn nichts über den Anteil p bekannt ist?

Information Zu vorgegebenem n kann man den Radius der $1{,}96\,\frac{\sigma}{n}$-Umgebung berechnen, also den Bereich, in dem mit einer Wahrscheinlichkeit von 95 % das Ergebnis einer Stichprobe vom Umfang n liegen wird. Umgekehrt lassen sich aus dem Ansatz

$$P\left(p - 1{,}96\,\frac{\sigma}{n} \le \frac{X}{n} \le p + 1{,}96\,\frac{\sigma}{n}\right) = 0{,}95$$

Mindestwerte für n $\left(\text{bei vorgegebener Schranke für } 1{,}96\,\frac{\sigma}{n}\right)$ bestimmen.
Man kann dies in einem Koordinatensystem grafisch veranschaulichen.

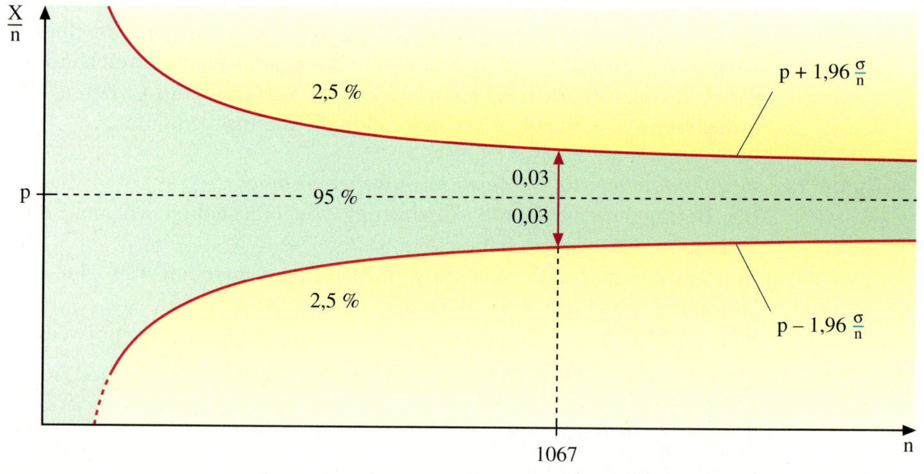

Zeichnet man zu einem konkreten p die Graphen der Funktionen $p \mapsto p + 1{,}96\,\frac{\sigma}{n}$ bzw. $p \mapsto p - 1{,}96\,\frac{\sigma}{n}$, so kann man an diesen Graphen für beliebige Werte von p die Breite der $1{,}96\,\frac{\sigma}{n}$-Umgebung ablesen.
Fragt man umgekehrt nach der Stelle (d.h. nach dem Wert von n), für den die halbe Breite des „95%-Trichters" höchstens 0,03 ist, so lässt sich dies (näherungsweise) ebenfalls aus der Grafik entnehmen.
Die Grafik dient auch zur Veranschaulichung des **Gesetzes der Großen Zahlen**: Mit zunehmendem Stichprobenumfang wird der Bereich immer kleiner, in dem die Stichprobenergebnisse mit einer bestimmten Wahrscheinlichkeit (z. B. 95 %) liegen.

Wahl eines genügend großen Stichprobenumfangs
Mithilfe einer Stichprobe soll der Anteil p in einer Gesamtheit bestimmt werden. Dabei soll sich der Anteil in der Stichprobe um höchstens d vom Anteil in der Gesamtheit unterscheiden. In 95 % der Fälle wird diese Genauigkeit erreicht, wenn
$p - d \le p - 1{,}96\,\frac{\sigma}{n} \le \frac{X}{n} \le p + 1{,}96\,\frac{\sigma}{n} \le p + d$, d. h. wenn $1{,}96\,\frac{\sigma}{n} \le d$ erfüllt ist.

Übungsaufgaben

3.
Bearbeite die Aufgabenstellung von Aufgabe 1 für eine Sicherheitswahrscheinlichkeit von 90% [99%] und für eine Genauigkeit von 1 [von 2] Prozentpunkten.

4.
Bestimme (bei einer Sicherheitswahrscheinlichkeit von 99%) den notwendigen Stichprobenumfang für den Fall, dass bei einer Befragung vor einer Wahl

a) die Anteile zweier Parteien jeweils ungefähr 50% betragen (Genauigkeit 0,5 Prozentpunkte);

b) der Anteil einer Partei bei 6% liegt (Genauigkeit 1 Prozentpunkt).

5.
Man will den Anteil der Merkmalsausprägung in einer Grundgesamtheit mit 1% Genauigkeit bestimmen (Sicherheitswahrscheinlichkeit 95%).

a) Welcher Stichprobenumfang ist erforderlich, wenn nichts über den Anteil bekannt ist?

b) Aus einer Voruntersuchung vom Umfang 300 weiß man, dass der Anteil ungefähr bei 0,75 liegt. Bestimme den notwendigen Umfang der Stichprobe für die Hauptuntersuchung.

c) Wie verringert sich prozentual der Stichprobenumfang bei b) gegenüber a)?

d) Bestimme die prozentuale Ersparnis für den Fall, dass $p \approx 0{,}4$ [0,9; 0,2] ist.

6.
Wie groß muss der Umfang der Stichprobe sein, damit behauptet werden kann, die Mehrheit der Bevölkerung vertrete diese Meinung? (Sicherheitswahrscheinlichkeit 95%)

Mehrheit findet Politik langweilig

In unserer großen Umfrage gaben 53,4% der Bürger an, sie finden Politik langweilig, ...

7.
Zwei Zahlen x, y werden zufällig und unabhängig voneinander aus dem Intervall [0; 1[gewählt.

a) Begründe: Mit der Wahrscheinlichkeit $p = \frac{\pi}{4}$ gilt: $x^2 + y^2 \leq 1$.

b) 1000 Paare $(x \mid y)$ von Zufallszahlen werden gebildet. In welchem Intervall liegt der Schätzwert für $\frac{\pi}{4}$?

c) Wie viele Paare $(x \mid y)$ von Zufallszahlen müssen gebildet werden, um $\frac{\pi}{4}$ auf 0,001 genau zu bestimmen? (Sicherheitswahrscheinlichkeit 99%)

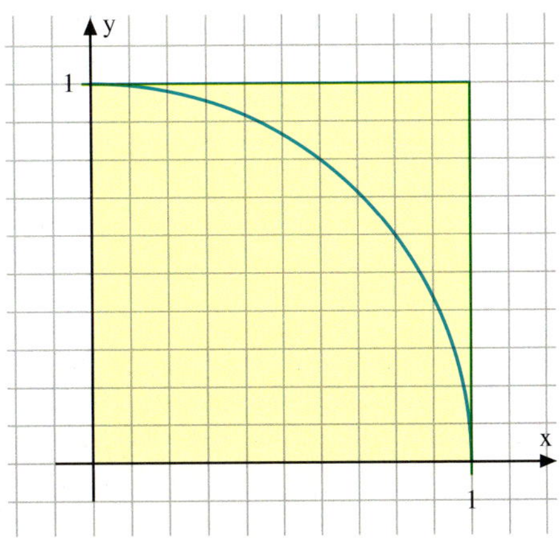

15.5 Vermischte Übungen

1.
Jede Woche werden beim Lottospiel *6 aus 49* ca. 150 Millionen Tipps abgegeben. Wie viele Tipps mit 0, 1, 2, 3, 4, 5, 6 *Richtigen* werden dabei sein; wie viele haben 3, 4, 5 *Richtige mit Zusatzzahl*?
Unter welcher Voraussetzung kann überhaupt nur eine Schätzung der Anzahl der Tipps vorgenommen werden?

Anzahl k der richtigen Tipps	P(k Richtige)	Anzahl k der richtigen Tipps	P(k Richtige)	Anzahl k der richtigen Tipps	P(k Richtige)
0	$\frac{6\,096\,454}{13\,983\,816}$	3 (m. Z.)	$\frac{17\,220}{13\,983\,816}$	5 (m. Z.)	$\frac{6}{13\,983\,816}$
1	$\frac{5\,775\,588}{13\,983\,816}$	4 (o. Z.)	$\frac{12\,915}{13\,983\,816}$	6	$\frac{1}{13\,983\,816}$
2	$\frac{1\,851\,150}{13\,983\,816}$	4 (m. Z.)	$\frac{630}{13\,983\,816}$		
3 (o. Z.)	$\frac{229\,600}{13\,983\,816}$	5 (o. Z.)	$\frac{252}{13\,983\,816}$		

2.
Die Wahrscheinlichkeit dafür, dass bei einer Lotto-Wochenziehung von *6 aus 49* zwei benachbarte Zahlen gezogen werden, beträgt:

$$p = 1 - \binom{44}{6} : \binom{49}{6}$$

Prüfe anhand der nebenstehenden Tabelle, ob signifikante Abweichungen auftraten. ($\alpha = 5\%$)

Ziehungen bis Ende	Anzahl der Ziehungen insgesamt	mit benachbarten Zahlen
1958	168	88
1962	377	207
1966	585	307
1970	794	413
1974	1 003	524
1978	1 212	630
1982	1 421	736
1986	1 629	840
1990	1 838	951
1994	2 047	1 054
1998	2 256	1 159

3.
Eine Zeitschrift führt eine Meinungsumfrage zu einem Gesetzentwurf der Regierung durch.
33% der 1 000 Befragten stimmen dem Entwurf zu. 37% halten das Gesetz im Prinzip für richtig.
Kann man sagen, dass mehr als zwei Drittel der Bevölkerung dem Gesetzentwurf zumindest dem Prinzip nach zustimmt? (Sicherheitswahrscheinlichkeit 95%).

4.
In einer Stichprobe vom Umfang 500 [1 000; 2 000] trat eine Merkmalsausprägung nicht auf.
Bedeutet dies, dass diese Ausprägung auch in der Gesamtheit nicht vorkommt?

Anleitung: Für welche p liegt $\frac{X}{n} = 0\%$ im Annahmebereich?

5.

Gregor Mendel führte um 1860 Kreuzungsversuche mit Erbsen durch. Er kreuzte dabei Individuen einer Art, die sich in einem Merkmal unterscheiden und hierfür reinrassig sind. Die Nachkommen (1. Tochtergeneration) wurden wieder untereinander gekreuzt. Er untersuchte, wie oft verschiedene Merkmalsausprägungen in der 2. Tochtergeneration auftraten.

a) Die ersten Versuchsreihen lieferten folgende Ergebnisse:
(1) Gestalt der Samen: Von 7324 Samen waren 5474 rund oder rundlich, 1850 kantig.
(2) Färbung der Samen: Von 8023 Samen waren 6022 gelb und 2001 grün.
(3) Farbe der Samenschale: Von 929 Pflanzen hatten 705 violett-rote Blüten und grau-braune Samenschalen und 224 weiße Blüten und weiße Samenschalen.
Prüfe die Hypothese Mendels:
Bei dominanter Vererbung haben in der zweiten Tochtergeneration 75 % der Merkmalsträger die eine und 25 % die andere Ausprägung.

b) Die Ergebnisse der Untersuchungen Mendels gerieten in Vergessenheit und wurden erst 1900 wiederentdeckt.
Verschiedene Forscher überprüften die 3 : 1-Hypothese Mendels (siehe nebenstehende Tabelle).
Untersuche auch hier die Verträglichkeit mit der Hypothese Mendels.

Forscher	Jahr	gelbe Samen	grüne Samen
Correns	1900	1394	453
Tschermak	1900	3580	1190
Hurst	1904	1310	445
Bateson	1905	11903	3903
Lock	1905	1438	514
Darbishire	1909	109060	36186

c) In weiteren Untersuchungen betrachtete Gregor Mendel jene Formen, die in der ersten Versuchsreihe die dominierende Merkmalsausprägung aufwiesen:
(1) Gestalt der Samen: Von 565 Pflanzen, die aus runden Samen gezogen wurden, brachten 193 nur runde Samen (372 hatten runde und kantige Samen im Verhältnis 3 : 1).
(2) Färbung der Samen: Von 519 Pflanzen, die aus gelbem Samen gezogen wurden, gaben 166 ausschließlich gelben Samen.
(3) Farbe der Samenschale: Von 100 Pflanzen hatten 36 ausschließlich grau-braune Samenschalen.
Prüfe die Hypothese:
Ein Drittel behält die dominierende Merkmalsausprägung (homozygot), während bei zwei Dritteln beide Merkmalsausprägungen (im Verhältnis 3 : 1) auftreten (heterozygot).

6.

Es ist schon oft behauptet worden, dass beim Lottospiel *6 aus 49* die kleineren Zahlen häufiger getippt werden als die größeren, da diese Zahlen aus Geburtsdaten dem Tipper Glück bringen sollen. Dies würde sich bei der Anzahl der Gewinner mit 3 Richtigen bemerkbar machen:
Sind alle 6 Gewinnzahlen (1) unter 32, (2) über 31, dann weicht die Anzahl der Tipps mit 3 Richtigen signifikant nach oben bzw. nach unten ab.

Ausspielung Nr.	(Fall)	Tipps mit 3 Richtigen	Tipps insgesamt
465	(2)	726099	26601230
1732	(2)	1626066	103374309
1874	(2)	1802362	104952028
2064	(1)	2085403	104423347
2068	(1)	2128327	103928141
2094	(2)	2306106	136250248
2114	(1)	2396386	100958830
2169	(1)	1743616	99073952

Überprüfe dies anhand der nebenstehenden Ausspielungsergebnisse ($\alpha = 0{,}05$).

Fragen zum Basiswissen

- Was versteht man unter dem Aufgabentyp „Schluss von der Gesamtheit auf die Stichprobe“? (Seite 465)
- In welchem Intervall liegt voraussichtlich die Anzahl der Erfolge bzw. die relative Häufigkeit der Anzahl der Erfolge bei einem n-stufigen BERNOULLI-Versuch? (Seiten 465/469)
- Erläutere die Begriffe „signifikante Abweichung“ bzw. „mit der Erfolgswahrscheinlichkeit verträgliches Stichprobenergebnis“. (Seite 469)
- Was versteht man unter dem Aufgabentyp „Testen einer zweiseitigen Hypothese“? (Seite 473)
- Erläutere die Begriffe „Entscheidungsregel“ sowie „Annahmebereich“ bzw. „Verwerfungsbereich“ einer Hypothese. (Seiten 473/474)
- Erläutere anhand eines selbstgewählten Beispiels die Begriffe „Fehler 1. Art“ bzw. „Fehler 2. Art“ bei einem zweiseitigen Hypothesentest. (Seite 476)
- Wie unterscheiden sich Annahme- und Verwerfungsbereich bei einem zweiseitigen bzw. einseitigen Hypothesentest? (Seite 479)
- Wie bestimmt man die Wahrscheinlichkeit für einen Fehler 2. Art? (Seite 476)
- Erläutere an einem selbstgewählten Beispiel, dass es bei einseitigen Hypothesentests immer zwei verschiedene Standpunkte und zugehörige Entscheidungsregeln gibt. (Seite 482)
- Was versteht man unter einem 95%-Konfidenzintervall? (Seite 487)
- Erläutere das Verfahren zur Bestimmung eines Konfidenzintervalls. Wann darf die Näherungsmethode angewandt werden? (Seite 487)
- Welcher Zusammenhang besteht zwischen dem Aufgabentyp „Testen von Hypothesen“ und „Konfidenzintervallbestimmung“? (Seite 488)
- Wie bestimmt man bei vorgegebener Genauigkeit der Schätzung den notwendigen Umfang für eine Stichprobe? (Seite 489)

Klausurtraining A

1.

Bei einer Wahl erhielt die Partei XYZ 37,4% der Stimmen. Angenommen, man hätte 500 zufällig ausgewählte Wählerinnen und Wähler beim Verlassen ihres Wahllokals befragt und diese hätten wahrheitsgetreu geantwortet:

(1) Wie viele Wähler/innen der Partei XYZ hätte man vermutlich in der Stichprobe erfasst?

(2) Wie hoch wäre der Anteil der Wähler/innen der Partei XYZ in der Stichprobe gewesen?

Gib Punkt- und Intervallschätzungen (Sicherheitswahrscheinlichkeit 95%) an.

2.

Bekanntlich beträgt die Wahrscheinlichkeit für eine Mädchengeburt $p = 0{,}486$. Unter 832 Neugeborenen einer Geburtsklinik waren 448 Jungen. Ist dies ungewöhnlich?

3.

Beim Lottospiel „6 aus 49“ wird auch eine so genannte Superzahl ausgelost, das ist eine der Zahlen 0, 1, 2, ..., 9. Jemand vertritt die Meinung, dass etwas mit der Ziehungshäufigkeit der einzelnen Ziffern nicht stimmen könne. Zur Kontrolle sollen die Ziehungshäufigkeiten von 1200 Ausspielungen überprüft werden. Welche Hypothesen können getestet werden? Bestimme (jeweils) eine Entscheidungsregel auf dem 95%-Niveau. Welche Fehler können auftreten?

4.
Der Bürgermeister einer ziemlich unbekannten Gemeinde verspricht einem Werbeunternehmen eine bestimmte Zusatz-Prämie, wenn es dem Unternehmen gelingt, durch eine Werbekampagne das Image der Gemeinde unter Bundesbürgern so zu verändern, dass mehr als 50 % der Befragten etwas Positives mit dem Namen der Stadt verbinden.
Zur Kontrolle der Effektivität sollen nach der Kampagne 800 zufällig ausgewählte Bundesbürger befragt werden.
(1) Welche Standpunkte können für diesen Hypothesentest eingenommen werden?
(2) Bestimme Entscheidungsregeln auf dem 90 %-Niveau.
(3) Welche Auswirkungen hätten jeweils Fehler 1. und 2. Art?

5.
Bei einer Befragung in 400 zufällig ausgewählten Haushalten ergab sich, dass in 143 dieser Haushalte eine Videokamera vorhanden war.
a) Schätze, wie hoch der Anteil der Haushalte mit Videokamera ist (90 %-Niveau).
b) Bestimme das 90 %-Konfidenzintervall mithilfe des Näherungsverfahrens. Vergleiche mit a).
c) Wie groß hätte man den Umfang der Stichprobe wählen müssen, damit man den Anteil der Haushalte mit Videokamera auf 1 % genau bestimmen kann.

Klausurtraining B

1.
Beim Lottospiel „6 aus 49“ kann es vorkommen, dass alle Gewinnzahlen einer Auslosung größer sind z. B. als 25. Mit welcher Wahrscheinlichkeit ist dies der Fall? Mache eine Prognose, wie oft dieser Fall in den nächsten 1 000 Wochenziehungen des Lottospiels vorkommt.

2.
22,8 % der in Deutschland zugelassenen Pkw sind Volkswagen. Bei einer Verkehrszählung an einer Raststätte wurden 576 Pkw erfasst, darunter 110 Volkswagen.
Beurteile dieses Stichprobenergebnis.

3.
Beim Skat-Kartenspiel werden an die drei Mitspieler je 10 Karten ausgeteilt; zwei Karten werden im sogen. Skat abgelegt.
(1) Begründe: Die Wahrscheinlichkeit, dass kein Ass im Skat liegt, beträgt 76,2 %
(2) Gib eine Entscheidungsregel an: Wie oft dürfte dieses Ereignis in 200 Spielen vorkommen, ohne dass man Grund zur Skepsis gegenüber dem Mischverfahren hat?
(3) Welche Fehler können vorkommen?

4.
Aufgrund von verschiedenen Befragungsergebnissen hat man den Eindruck gewonnen, dass Personen, die nicht zur Wahl gegangen sind, dies nach der betreffenden Wahl nicht zugeben wollen, weil sie nicht als „unzuverlässige“ Staatsbürger gelten wollen. In einer erneuten Befragung soll diese Hypothese überprüft werden; dazu sollen 1 000 Personen gefragt werden, ob sie zur Wahl gegangen sind. Die Häufigkeit der „angeblichen“ Wahlgänger wird dann mit der tatsächlichen Wahlbeteiligung von 83,1 % verglichen.
Welche Hypothese muss hierzu getestet werden? Stelle eine Entscheidungsregel auf ($\alpha = 5\,\%$).

Exkurs

Meinungsbefragung als Beispiel einer Stichprobennahme

1. Repräsentative Erhebungen

Bei der Veröffentlichung der Ergebnisse einer Meinungsbefragung ist oft davon die Rede, dass die Erhebung **repräsentativ** sei. Gemeint ist damit, dass die Stichprobe, die aus der zu untersuchenden Grundgesamtheit entnommen wurde, ein verkleinertes Abbild der Grundgesamtheit darstellt.
Bei repräsentativen Erhebungen der Statistischen Ämter wird vor allem darauf geachtet, dass die **Quoten**, das sind die Anteile in der Gesamtheit, für die Merkmale Geschlecht, Alter, Familienstand, Konfession, Schulbildung und Region auch in der Stichprobe erfüllt sind. Eine repräsentative Stichprobe in der Bevölkerung in Deutschland (ab 15 Jahre) müsste z.B. folgende Quoten erfüllen:

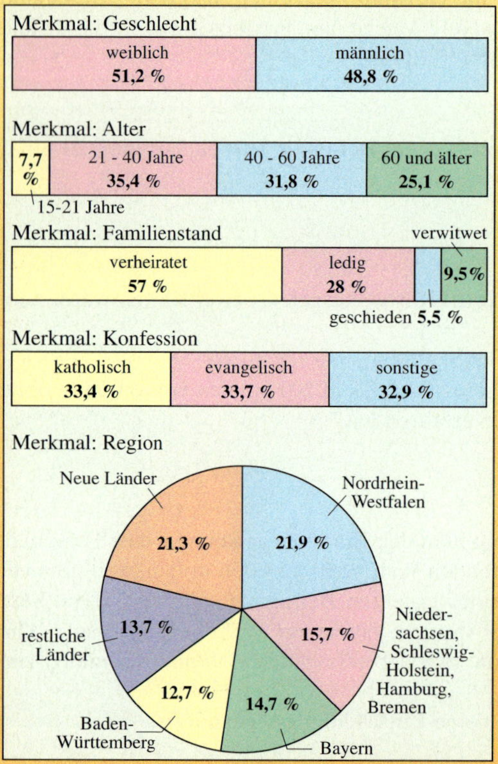

2. Grundtypen von Auswahlverfahren

In der sozialwissenschaftlichen Literatur werden vier Grundtypen von repräsentativen Auswahlverfahren genannt:

- das einfache Stichproben-Verfahren,
- das geschichtete Auswahlverfahren,
- das Klumpenverfahren,
- mehrstufige Auswahlverfahren.

Als **einfaches Stichproben-Verfahren** wird jedes Losverfahren bezeichnet, bei dem alle zu erfassenden Personen in einer Datei enthalten sind und aus der sich eine Auswahl durch Losen vornehmen lässt.

Beispiel: Für eine repräsentative Befragung in einer Schule nimmt man die Gesamtdatei aller Schülerinnen und Schüler der Schule und lost hieraus die zu befragenden Personen aus.

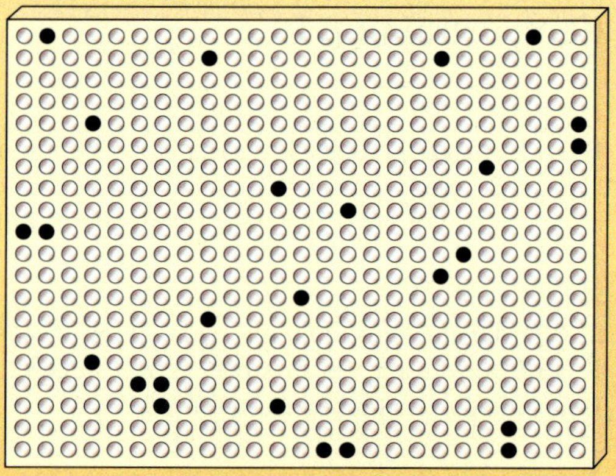

Um bei Erhebungen den Aufwand des Auslosens zu reduzieren, wendet man oft das so genannte **Geburtstagsverfahren** an, d.h. man wählt für eine Stichprobe alle die Personen aus, die an einem bestimmten Tag Geburtstag haben. Dabei geht man davon aus, dass der Kalendertag der Geburt z.B. die politische Einstellung einer Person oder deren Konsumverhalten nicht beeinflusst.

Im Beispiel der Befragung in einer Schule könnte es allerdings vorkommen, dass es für den ausgewählten Tag (oder die ausgewählten Tage) kein oder nicht genügend Geburtstagskind(er) gibt.

Da solche los-ähnlichen Verfahren bei Befragungen in größeren Bevölkerungsgruppen, z. B. der Gesamtbevölkerung Deutschlands, sehr aufwändig wären, benutzt man eines der anderen oben genannten **zufallsgesteuerten Verfahren:** Beim **geschichteten Auswahlverfahren** bildet man Teilstichproben, in denen die Quoten berücksichtigt werden.

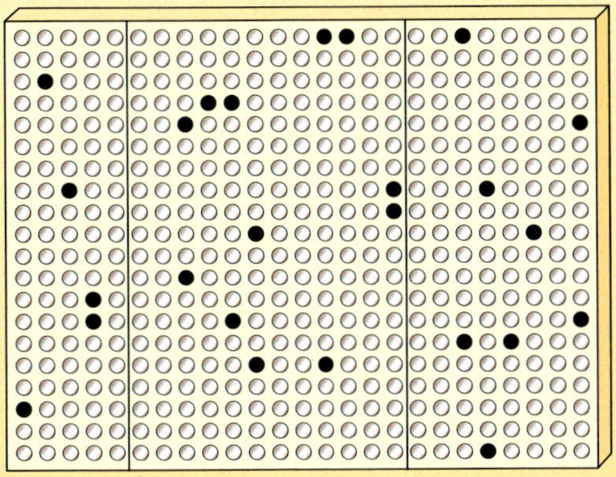

Beispiel: Damit tatsächlich alle Jahrgangsstufen einer Schule in einer Befragung repräsentativ berücksichtigt werden, lost man die zu befragenden Schülerinnen und Schüler anteilig aus den einzelnen Stufen aus.

Das **Klumpen-Auswahlverfahren** wird oft angewandt, um die Kosten für die Erhebung zu reduzieren. Der Befragungsaufwand wird nämlich deutlich geringer, wenn man Teilgruppen aus einer Gesamtheit auslost und in diesen Teilgruppen alle Personen befragt.

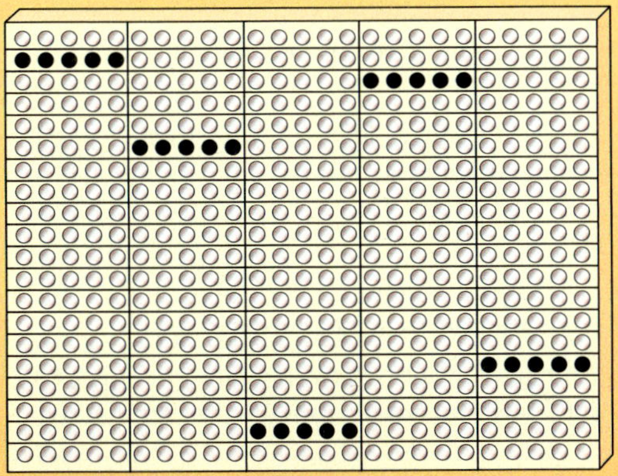

Beispiel: Bei einer Klumpenauswahl in einer Schulbefragung werden einzelne Klassen ausgelost und in diesen alle Schülerinnen und Schüler befragt.

3. Mehrstufige Auswahlverfahren

Beim **Mikrozensus** wird eine 1%-Stichprobe aus der Gesamtheit aller Haushalte vorgenommen: Für die Untersuchung z. B. von Konsumgewohnheiten oder Ausstattung von Haushalten werden in einem 1. Schritt Regionen ausgelost, in einer 2. Stufe Wohnbereiche (Häuserblocks) in den Regionen, deren Haushalte vollständig erfasst werden.

Bei den repräsentativen Untersuchungen zu Bundestagswahlen werden aus den 64 000 Stimmbezirken 420 Bezirke ausgelost (1. Stufe des Verfahrens), dann aus einer Liste aller Haushalte dieser Bezirke je 5 Haushalte zufällig ausgewählt (2. Stufe) und schließlich unter den wahlberechtigten Haushaltsmitgliedern die zu befragende Person ausgelost (3. Stufe). Auf diese Weise erhält man eine Stichprobe von 2 100 wahlberechtigten Personen.

Bei diesem Verfahren hat zwar jeder Haushalt die gleiche Chance ausgewählt zu werden, aber nicht jede Person: Frauen und Männer aus Ein-Personen-Haushalten werden eher ausgewählt als solche aus Mehrpersonen-Haushalten; dies hat zur Folge, dass insbesondere jüngere Personen unterrepräsentiert sind, da sie seltener als ältere Menschen in Ein-Personen-Haushalten leben. Man versucht dies rechnerisch auszugleichen (durch unterschiedliche Gewichtung gemäß der Verteilung der Haushaltstypen).

Die Ergebnisse des monatlich ausgestrahlten **Politbarometers** des ZDF beruhen auf Telefonumfragen.

Die Auswahl der Haushalte erfolgt dabei durch Großrechner, in denen zwar nicht alle Telefonnummern gespeichert sind, wohl aber die Systeme erfasst sind, nach denen in den verschiedenen Regionen die Nummern vergeben werden. So kann der Computer eine Zufallsauswahl des Haushalts treffen; die Person kann dann z. B. nach einem Geburtstagsprinzip ausgewählt werden (wer aus dem Haushalt hatte zuletzt Geburtstag?). Das Auswahlverfahren wird auch als **random-digit-dialing** (kurz RDD) bezeichnet. Auch bei diesem Verfahren sind Personen, die in Mehrpersonen-Haushalten leben, unterrepräsentiert.

16. AUFGABEN ZUR VORBEREITUNG AUF DIE ABITURPRÜFUNG – STOCHASTIK

1.

In Fernseh-Zeitschriften konnte man lesen: „Die letzte ZDF-Sendung von *Wetten dass* wurde von 24,31 Mio. der insgesamt 78 Millionen Fernsehzuschauer gesehen.“

(1) Die Daten wurden aus einer Erhebung unter 12 000 Personen gewonnen. Aus den Zeitungsangaben kann man schließen, dass in der Stichprobe 3 740 Personen diese Samstagabend-Show gesehen haben. Warum?

(2) Mit welchen Sehbeteiligungsquoten ist dieses Stichprobenergebnis verträglich (Sicherheitswahrscheinlichkeit 90 %)? Ist es möglich, dass die Sehbeteiligung dieser Sendung 30 % betrug?

a) Bei der Abstimmung über den „Wettkönig“ (der besten Wette des Abends) rufen viele Tausend Fernsehzuschauer an; der Sieger der letzten Show erhielt 40 % der Anruferstimmen.
Mit welcher Wahrscheinlichkeit stimmten

(1) unter den ersten 5 Anrufern weniger als 3 Personen,

(2) unter den ersten 100 Anrufern genau 40 Personen,

(3) unter den ersten 500 Anrufern mehr als 210 Personen für den späteren Wettkönig?

b) Die Sehbeteiligung von *Wetten dass* ist immer sehr hoch; jedoch schwanken die Quoten beträchtlich. Im ZDF diskutiert man deshalb über die Frage, ob eine Straffung der Show zu einer Stabilisierung der Sehbeteiligung bei 25 % führen kann.
Zuvor will man durch eine Befragung von 500 zufällig ausgesuchten Personen herausfinden, ob sich eine solche Veränderung lohnt.

(1) Welche Hypothesen lassen sich aufgrund dieses Sachverhalts formulieren? (Welche Standpunkte stecken hinter diesen Hypothesen?) Gib Entscheidungsregeln zu beiden betrachteten Hypothesen an (Irrtumswahrscheinlichkeit 10 %).

(2) Beschreibe jeweils Fehler 1. und 2. Art in der o. a. Sachsituation.

(3) Bestimme die Wahrscheinlichkeit für einen Fehler 2. Art, wenn die Sehbeteiligung nach Straffung der Show tatsächlich bei 20 % bzw. 28 % liegt.

2.

Personen, die in einem Schaltjahr am 29. Februar geboren wurden, können nur alle vier Jahre „richtig“ Geburtstag feiern.

a) (1) Mache eine Prognose auf dem 95 %-Niveau, wie viele Personen, die am 29. 02. Geburtstag haben, man in einer Stadt wie Leverkusen (160 000 Einwohner) finden wird. Gehe bei der Rechnung davon aus, dass die Wahrscheinlichkeit, am 29. 02. geboren zu sein, genauso groß ist wie an jedem Tag der 1 461 Tage eines 4-Jahres-Zyklus.

(2) Wie groß ist die Wahrscheinlichkeit, dass in einer Stichprobe unter 1 461 zufällig ausgewählten Personen niemand –, eine Person –, mehr als eine Person am 29. 02. Geburtstag hat?

b) Der Kölner StadtAnzeiger berichtete, dass es in Köln insgesamt 621 Personen gibt, die am 29. 02. Geburtstag haben. Aus dieser Angabe könnte man die Einwohnerzahl von Köln auf 907 000 schätzen. (Warum?)
Deute die Anzahl 621 als „Stichprobenergebnis“ so, dass es am unteren bzw. oberen Ende einer 90 %-Umgebung liegt. Welcher Stichprobenumfang n könnte zugrunde liegen?

Hinweis: Ersetzt man in der entstehenden Gleichung $\sqrt{n}$ durch eine neue Variable, z. B. x, dann ergibt sich eine quadratische Gleichung.

c) In jedem Schaltjahr berichten die Lokalredaktionen der Tageszeitungen darüber, wie Geburtstagskinder des 29. 02. ihren Geburtstag feiern – vor allem aber auch, wie sie in Nicht-Schaltjahren ihren Geburtstag begehen. Stelle die Informationen, die in der folgenden Vierfeldertafel enthalten sind, in zwei Zeitungsartikeln zusammen, in denen unterschiedliche Aspekte (Merkmale) im Vordergrund stehen.

	„Ich feiere meinen Geburtstag nach.“	„Ich feiere vom 28. 02. in den 01. 03. hinein.“
15 – 40 Jahre	14 %	29 %
über 40 Jahre	42 %	15 %

d) Bei Recherchen in verschiedenen Gemeinden eines Landkreises hat ein Journalist der Lokalredaktion den Eindruck, dass ungewöhnlich viele Personen am 29. 02. Geburtstag haben. Er vermutet, dass bei den werdenden Müttern der Wunsch nach einem „besonderen“ Geburtstag für ihr Kind zu einer Häufung der Geburten am Schalttag führt. Der Leiter des Kreiskrankenhauses hält diese Idee für abwegig. Durch Betrachtung einer größeren Stichprobe vom Umfang 200 000 (mithilfe der Datenbanken der lokalen Statistischen Ämter) soll über die Vermutungen Klarheit geschaffen werden. Welche Standpunkte werden hier vertreten?
Bestimme Entscheidungsregeln auf dem 90 %-Niveau und beschreibe Fehler 1. und 2. Art.

3.

a) Obwohl der Flugverkehr in den letzten 10 Jahren erheblich zugenommen hat, ist die Anzahl der Flugzeugabstürze pro Jahr etwa gleich geblieben: Die Erfahrungen zeigen, dass etwa 50 pro Jahr abstürzen. Wenn an einem Tag ein Flugzeug abstürzt, erscheint die Nachricht auf der Titelseite vieler Zeitungen; wenn sogar zwei oder mehr Unfälle dieser Art auf einmal eintreten, ist schnell von Unglücksserien die Rede.
Kommt dies oft vor? Führe eine Schätzung der Häufigkeit solcher Ereignisse mit Hilfe des Kugel-Fächer-Modells durch.

(1) Mit welcher Wahrscheinlichkeit kommt es an einem beliebig ausgewählten Tag des Jahres zu 0, 1, 2, mehr als 2 Flugzeugabstürzen?

(2) An wie vielen Tagen bzw. in wie vielen Wochen kommt es durchschnittlich zu den in (1) beschriebenen Ereignissen (Häufigkeitsinterpretation)?

(3) Wie groß ist die Wahrscheinlichkeit, dass es mindestens einen Tag im Jahr gibt, an dem zwei Flugzeuge abstürzen?
(Beachte den Unterschied in der Formulierung im Vergleich zu Teilaufgabe (1)!)

b) Zur Zeit finden pro Jahr etwa 45 Millionen Flüge statt; das bedeutet, dass die Wahrscheinlichkeit für einen Flugzeugabsturz ca. 1/900 000 beträgt. Angenommen, die Anzahl der Flüge und die angegebene Wahrscheinlichkeit bleiben auch in den nächsten Jahren konstant.
Mache eine Prognose auf dem 90 %-Niveau, in welchem Bereich die Anzahl der Flugzeugabstürze in einem Jahr liegen wird.

c) Um die Sicherheit der deutschen Passagiere zu erhöhen, werden unter den Jets, die Deutschland anfliegen, stichprobenartig zeitaufwendige Zusatzkontrollen durchgeführt. Im vergangenen Jahr wurden bei 26 % dieser Kontrollen ernsthafte Mängel entdeckt, die mit erheblichen Bußgeldern bestraft wurden. Die Sicherheitsbehörden gehen davon aus, dass sich der Anteil der unsicheren Jets reduzieren wird, weil die weniger zuverlässigen Fluggesellschaften nur noch ihre „besten Flugzeuge“ nach Deutschland starten lassen.

(1) Welche Hypothese muss man testen, wenn man diese Vermutung bestätigen will?

(2) Bestimme eine Entscheidungsregel für eine Stichprobe von 200 Zusatzkontrollen ($a = 5\,\%$).

(3) Was sind dabei Fehler 1. bzw. 2. Art?

4.

CDU/CSU kann sich weiterhin auf ältere Wähler verlassen

Bonn / Berlin – Bei der Bundestagswahl 1998 hat es die CDU/CSU den Wählerinnen und Wählern über 60 Jahren zu verdanken, dass ihre Wahlniederlage noch glimpflich ausfiel: Immerhin stimmten 46,5 % der über 60-Jährigen, die in der Wahl nur noch 18,5 % aller Wähler ausmachten, für die Partei von Ex-Kanzler Kohl. Bei den Wählerinnen und Wählern bis 60 Jahre erreichte die CDU/CSU nur 32,6 % der Stimmen.

a) Stelle die in der Zeitungsnotiz festgehaltenen Daten in einem Baumdiagramm und in einer geeigneten Vierfeldertafel dar.
Bestimme das *umgekehrte* Baumdiagramm und halte die dort ablesbaren Angaben in Form eines kurzen Zeitungsartikels fest.

b) 40,9 % der Wählerinnen und Wähler stimmten bei der Bundestagswahl 1998 für die SPD.
Angenommen, man hätte am Wahltag 1 000 Wähler beim Verlassen des Wahllokals zufällig ausgesucht und befragt und diese hätten wahrheitsgetreu geantwortet:

(1) Wie viele Wähler hätten angegeben, dass sie SPD gewählt haben? Gib eine Punkt- und eine Intervallschätzung auf dem 90 %-Niveau an.

(2) Mit welcher Wahrscheinlichkeit hätte man in der Stichprobe mehr als 400 SPD-Wähler erfasst?

c) Die FDP verlor bei der Bundestagswahl 1998 im Vergleich zu 1994 und 1990 weiter an Stimmen: Nur 6,2 % stimmten für diese Partei. Der Parteivorsitzende führte dies darauf zurück, dass dies auf den Ansehensverlust des Ex-Bundeskanzlers Kohl zurückzuführen sei, und man versäumt habe, die Unabhängigkeit der Partei deutlich zu machen.
Der Parteivorstand beschloss trotz der Bedenken des Schatzmeisters, der die Parteigelder verwaltet, im Hinblick auf bevorstehende Landtagswahlen eine größere Informationskampagne, um bei den Wählern die Rolle der FDP besser zu verdeutlichen. Es wurde vereinbart, danach in einer Stichprobe 1 200 Wahlberechtigten die Frage zu stellen, welche Partei sie wählen würden, wenn am nächsten Sonntag Wahlen wären.

(1) Interpretiere den Vorgang als Hypothesentest: Welche Hypothesen könnten getestet werden? Gib die zugehörigen Entscheidungsregeln an ($\alpha = 5\,\%$).

(2) Beschreibe jeweils Fehler 1. und 2. Art und mögliche Auswirkungen dieser Fehler in der Sachsituation.

5.

a) Bei der Bundestagswahl 1998 ging es um die Entscheidung, ob die bisherige Koalition von CDU/CSU und FDP oder eine Koalition von SPD und B90/Grüne die Mehrheit im Bundestag erhalten würde. Wahlentscheidend war wieder das unterschiedliche Verhalten der Wähler in verschiedenen Altersgruppen.

		Stimmen für die Parteien			
		CDU/CSU/FDP	SPD/B90/Grüne	sonstige	gesamt
Alters-gruppe	18–44 Jahre	20,1 %	27,8 %	7,2 %	55,1 %
	45 Jahre und mehr	21,3 %	19,8 %	3,8 %	44,9 %
	gesamt	41,4 %	47,6 %	11,0 %	100 %

Die in der o.a. Mehrfeldertafel enthaltenen Informationen lassen sich auch durch zwei verschiedene Baumdiagramme beschreiben. Verfasse zwei Zeitungsartikel, welche die in den Baumdiagrammen enthaltenen Informationen wiedergeben.

b) Bei Meinungsumfragen ein Jahr nach der Bundestagswahl 1998 stand es nicht so günstig um die Regierungskoalition. Auf die Frage, welche Parteien-Koalition sie wählen würden, wenn am nächsten Sonntag Wahlen wären, gaben 417 von 800 Befragten an, eine CDU/CSU-FDP-Koalition unterstützen zu wollen. Bedeutet dies, dass diese Koalition auch unter *allen* Wahlberechtigten die absolute Mehrheit finden würde? (Aussage auf dem 95 %-Niveau)

c) Nach Meinung der Fraktionsspitzen von SPD und B90/Grüne liegt die ungünstige Einschätzung der bisherigen Regierungsarbeit (nur 38 % würden die Regierungsparteien wieder wählen) an suggestiv gestellten Fragen der Meinungsforscher. Eine neue „objektive" Befragung unter 500 zufällig ausgewählten Personen soll hier eines klareres Bild schaffen.

(1) Stelle dar, wieso sich die Auswertung dieser Befragung als einseitiger Hypothesentest interpretieren lässt.

(2) Gib Entscheidungsregeln auf dem 90 %-Niveau an und beschreibe für beide Hypothesen die Auswirkungen von Fehlern 1. und 2. Art.

6.

a) Aufgrund von Befragungen weiß man, dass 70 % aller 15-Jährigen gerne Sport treiben.
Mit welcher Wahrscheinlichkeit findet man in einer Zufallsstichprobe unter 100 ausgewählten Jugendlichen dieses Alters

(1) genau 70, (2) weniger als 75, (3) mindestens 60, höchstens 71 Sportbegeisterte?

b) Wie viele Jugendliche müsste man mindestens auswählen, damit man mit einer Wahrscheinlichkeit von mindestens 99 % mindestens einen Sportbegeisterten unter den Ausgewählten findet?

c) Während Jugendliche offen darüber reden, ob sie gerne Sport treiben oder nicht, ist zu befürchten, dass die Auskunft bezüglich der Beliebtheit von anderen Schulfächern nicht ehrlich erfolgt.
Deshalb bietet man folgende Befragungsmethode an: Der Befragte darf vor der Antwort verdeckt würfeln. Falls Augenzahl 6 fällt, soll die Antwort auf jeden Fall „Ja" heißen (d. h. das Fach ist beliebt).
Falls Augenzahl 1 oder 2 fällt, muss „Nein" angekreuzt werden. Bei den übrigen Augenzahlen soll wahrheitsgetreu geantwortet werden.
Stelle den Befragungsvorgang als 2-stufigen Zufallsversuch dar.

(1) Angenommen, es mögen tatsächlich 21 % der Jugendlichen das Fach Physik: Wie viele antworten tatsächlich mit „Ja"?

(2) Angenommen, bezüglich des Faches Mathematik antworten 35 % der Befragten mit „Ja". Bei wie viel Prozent der Jugendlichen ist Mathematik tatsächlich beliebt?

d) Das Fach Geschichte wird von ungefähr einem Drittel der Jugendlichen als Lieblingsfach bezeichnet. Gilt dies gleichermaßen für Mädchen wie für Jungen? Um dies zu klären, werden 100 zufällig ausgewählte Mädchen befragt.
Gib eine Entscheidungsregel für $\alpha = 10\,\%$ an und beschreibe Fehler 1. und 2. Art.

7.

In verschiedenen Populationen treten die vier Blutgruppen 0, A, B und AB mit unterschiedlichen Anteilen auf.

a) In Italien hat ein Drittel (33,3 %) der Bewohner Blutgruppe A.

(1) Mit welcher Wahrscheinlichkeit wird man in einer Stichprobe vom Umfang 100 weniger als 60 Personen finden, die nicht Blutgruppe A haben?

(2) Für eine Untersuchung (in Italien) benötigt man 100 Personen mit Blutgruppe A.

Wie viele Personen müsste man mindestens auswählen, damit man mit einer Sicherheitswahrscheinlichkeit von 90 % genügend Personen mit dieser Blutgruppe hat?

b) Welchen Umfang muss eine Stichprobe mindestens haben, damit man den Anteil von Blutgruppe B in einer Population auf 0,5 % genau bestimmen kann? (Sicherheitswahrscheinlichkeit 90 %) Man beachte, dass in Europa der Anteil von Blutgruppe B zwischen 10 % und 20 % liegt.

c) In verschiedenen Stichproben wurden die Verteilungen der Blutgruppen in zwei Generationen untersucht. Hierbei fand man in der Elterngeneration einen Anteil von 37,7 % für Blutgruppe 0, von 35,4 % für Blutgruppe A, von 20,2 % für Blutgruppe B. Unter den 24343 Kindern dieser Eltern stellte man bei 9271 Kindern Blutgruppe 0 fest, 8643-mal Blutgruppe A und 4965-mal Blutgruppe B.
Prüfe jeweils mit Hilfe eines Binomialtests für die vier verschiedenen Blutgruppen, ob signifikante Abweichungen der Anteile in der Kindergeneration im Vergleich zur Elterngeneration auftreten.

8.
In einem Kurs sind 12 Schülerinnen und 8 Schüler. Der Lehrer erhält von einem Verein regelmäßig fünf Freikarten für Basketballspiele des örtlichen Vereins, die er an die Kursteilnehmer weitergibt.

a) Für die Auslosung benutzt der Lehrer ein reguläres Ikosaeder; die Augenzahlen entsprechen dabei der Nummer des Schülers / der Schülerin in der Kursliste. Mit welcher Wahrscheinlichkeit werden nach diesem Verfahren mehr Freikarten an Jungen als an Mädchen verteilt?

b) Der Kurssprecher protokolliert, wie oft die einzelnen Kursteilnehmer nach diesem Glücksverfahren eine Freikarte erhalten haben.
Wie groß ist die Wahrscheinlichkeit, dass nach 50 Ikosaederwürfen ein bestimmter Kursteilnehmer noch keine Freikarte, eine Freikarte, zwei, drei, mehr als drei Freikarten erhalten hat?

c) Die Jungen haben den Verdacht, dass der Lehrer das Ikosaeder so geschickt werfen kann, dass dadurch die Mädchen im Vorteil sind. Sie wollen ihre Vermutung während der nächsten 45 Runden überprüfen.

(1) Bei welchen Häufigkeiten sind die Jungen wohl nur bereit, von ihrer Vermutung abzugehen? (Irrtumswahrscheinlichkeit 90 %)

(2) Beschreibe, was hier Fehler 1. und 2. Art sind.

(3) Wie groß wäre die Wahrscheinlichkeit für einen Fehler 2. Art, wenn der Lehrer tatsächlich die Jungen bevorzugt und es schafft, mit einer Wahrscheinlichkeit von 50 % einem Jungen eine Freikarte zuzulosen?

9.
„Noch nie hat es eine Generation gegeben, die von Kindheit an mit elektronischen Medien aufgewachsen und deren Lebensgefühl so stark durch elektronische Medien geprägt wurde." (BAT-Freizeit-Studie)

a) „Das Fernsehen dient den jungen Leuten in erster Linie zu ihrer Unterhaltung, deshalb stehen für 69 % der 12- bis 19-Jährigen Spielfilme, Serien und Krimis am höchsten in der Gunst", heißt es in der Studie.
Angenommen, diese Befragungsergebnisse sind auch repräsentativ für die Jugendlichen in Nordrhein-Westfalen. Mache eine Prognose auf dem 90 %-Niveau, für wie viele unter 500 zufällig ausgewählten 12- bis 19-Jährigen aus diesem Bundesland diese Aussage zutrifft.

b) Die Frage, ob sie eher Musik- oder Sportsendungen bevorzugen, beantworteten Jugendliche wie rechts angegeben.
Bestimme unter allen Jugendlichen,

	„Ich bevorzuge Sportsendungen."	„Ich bevorzuge Musiksendungen."
Jungen	58 %	42 %
Mädchen	34 %	66 %

(1) die eine Sportsendung bevorzugen, den Anteil der Jungen.

(2) die eine Musiksendung bevorzugen, den Anteil der Mädchen.

c) Man kann davon ausgehen, dass 60 % der 12- bis 19-Jährigen ein eigenes Fernsehgerät besitzen.

(1) 100 Jugendliche dieses Alters werden zu Marktforschungsbefragungen ausgelost. Bestimme die Wahrscheinlichkeit dafür, dass • mehr als 60, • mindestens 55, aber höchstens 70 von ihnen tatsächlich ein eigenes Fernsehgerät besitzen.

(2) Wie viele Jugendliche müsste man mindestens auswählen, damit unter diesen mit einer Wahrscheinlichkeit von mindestens 90 % mindestens einer ist, der ein eigenes Fernsehgerät besitzt?

d) Vor 10 Jahren gaben noch 40 % der Jugendlichen das Lesen von Büchern als wichtige Freizeitbeschäftigung an. Man hat die Vermutung, dass sich dieses Verhalten verändert hat. Um dies herauszufinden werden 500 zufällig ausgewählte Jugendliche befragt.

(1) Mit welchen Standpunkten kann man in die Befragung gehen?

(2) Gib Entscheidungsregeln auf dem 90 %-Niveau an. Gibt es Fehler 1. und 2. Art?

10.

In Leverkusen lebten am 31. 12. 1998 insgesamt 160 810 Personen, über deren Vornamen verschiedene Informationen vorliegen.

a) Der Vorname *Hans* ist der in Leverkusen am häufigsten auftretende Vorname; 2 136 Personen tragen diesen Namen.

(1) Eine Zufallsstichprobe vom Umfang 200 werde genommen: Mit welcher Wahrscheinlichkeit wird man in dieser Stichprobe *keine* Person mit Vornamen Hans, *eine* Person, *zwei* Personen, *drei* Personen, *mehr als drei* Personen mit diesem Vornamen antreffen?

(2) Mit welcher Wahrscheinlichkeit würde man in einer Stichprobe vom Umfang 800 zufällig mehr als 8 Personen mit Namen Hans antreffen?

b) Der in a) betrachtete Vorname Hans tritt besonders häufig als erster Vorname von Doppel-Vorname (Schreibweise mit Bindestrich) auf. Unter den Personen mit Vornamen Hans werde in zwei Stufen eine Person ausgewählt:

Zeitraum Geburtsjahr	Doppel-Vorname (mit Bindestrich)	ein- oder mehrfacher Vorname
bis 1938	159	584
1939 – 1958	689	418
nach 1958	170	106

(1) Zunächst werde ein Zeitabschnitt ausgewählt, dann die Person. Mit welcher Wahrscheinlichkeit hat sie einen Doppel-Vornamen?

(2) Zunächst werde eine Person mit Doppel-Vornamen ausgewählt. Mit welcher Wahrscheinlichkeit stammt sie aus den einzelnen Zeitabschnitten?

Stelle die Auswahl in (1) bzw. (2) jeweils mithilfe eines geeigneten Baumdiagramms dar. Gib einzelne Wahrscheinlichkeitsaussagen in Worten wieder (je ein Beispiel nach Wahl).

c) Von den 3 462 Leverkusener Frauen der Geburtsjahrgänge 1909 – 1918 tragen 299 den Vornamen *Maria*; das sind 8,6 % der Altersgruppe. Gib eine 90 %-Intervallschätzung für die relative Häufigkeit an, mit der dieser Name in den Jahren 1909 bis 1918 insgesamt vergeben wurde. Unter welcher Modellannahme ist eine solche Schätzung nur möglich?

d) Die Oberstufe eines Leverkusener Gymnasiums wird zur Zeit von 418 Schülerinnen besucht, die in den Jahren 1980 bis 1983 (einschl.) geboren wurden. Betrachtet man in Leverkusen ebenfalls diese Jahrgänge und die hier am häufigsten auftretenden Vornamen bei den weiblichen Jugendlichen (Melanie, Stefanie, Nicole, Daniela, Sandra, Nadine, Anna, Julia, Sabrina, Jennifer), dann stellt man fest, dass diese Vornamen bei 19,3 % der weiblichen Jugendlichen des Jahrgangs vorkommen.

(1) Mache eine Prognose auf dem 90 %-Niveau, wie viele der 418 Schülerinnen einen der o. a. Vornamen haben. Nenne Voraussetzungen, bei denen eine solche Prognose gemacht werden kann.

(2) Wie ist es zu beurteilen, dass 67 Schülerinnen der Oberstufe der Schule diesen Namen tragen? Welche Fehler können bei der Bewertung des Stichprobenergebnisses auftreten?

Kumulierte Binomialverteilung für n = 10

k	p = 0,1	$p=\frac{1}{6}$	p = 0,2	p = 0,25	p = 0,3	$p=\frac{1}{3}$	p = 0,4	p = 0,5
0	0,349	0,162	0,107	0,056	0,028	0,017	0,006	0,001
1	0,736	0,485	0,376	0,244	0,149	0,104	0,046	0,011
2	0,930	0,775	0,678	0,526	0,383	0,299	0,167	0,055
3	0,987	0,930	0,879	0,776	0,650	0,559	0,382	0,172
4	0,998	0,985	0,967	0,922	0,850	0,787	0,633	0,377
5	1,000	0,998	0,994	0,980	0,953	0,923	0,834	0,623
6	1,000	1,000	0,999	0,996	0,989	0,980	0,945	0,828
7	1,000	1,000	1,000	1,000	0,998	0,997	0,988	0,945
8	1,000	1,000	1,000	1,000	1,000	1,000	0,998	0,989
9	1,000	1,000	1,000	1,000	1,000	1,000	1,000	0,999
10	1,000	1,000	1,000	1,000	1,000	1,000	1,000	1,000

Kumulierte Binomialverteilung für n = 20

k	p = 0,1	$p=\frac{1}{6}$	p = 0,2	p = 0,25	p = 0,3	$p=\frac{1}{3}$	p = 0,4	p = 0,5
0	0,122	0,026	0,012	0,003	0,001	0,000	0,000	0,000
1	0,392	0,130	0,069	0,024	0,008	0,003	0,001	0,000
2	0,677	0,329	0,206	0,091	0,035	0,018	0,004	0,000
3	0,867	0,567	0,411	0,225	0,107	0,060	0,016	0,001
4	0,957	0,769	0,630	0,415	0,238	0,152	0,051	0,006
5	0,989	0,898	0,804	0,617	0,416	0,297	0,126	0,021
6	0,998	0,963	0,913	0,786	0,608	0,479	0,250	0,058
7	1,000	0,989	0,968	0,898	0,772	0,661	0,416	0,132
8	1,000	0,997	0,990	0,959	0,887	0,809	0,596	0,252
9	1,000	0,999	0,997	0,986	0,952	0,908	0,755	0,412
10	1,000	1,000	0,999	0,996	0,983	0,962	0,872	0,588
11	1,000	1,000	1,000	0,999	0,995	0,987	0,943	0,748
12	1,000	1,000	1,000	1,000	0,999	0,996	0,979	0,868
13	1,000	1,000	1,000	1,000	1,000	0,999	0,994	0,942
14	1,000	1,000	1,000	1,000	1,000	1,000	0,998	0,979
15	1,000	1,000	1,000	1,000	1,000	1,000	1,000	0,994
16	1,000	1,000	1,000	1,000	1,000	1,000	1,000	0,999
17	1,000	1,000	1,000	1,000	1,000	1,000	1,000	1,000

Kumulierte Binomialverteilung für n = 50

k	p = 0,1	$p=\frac{1}{6}$	p = 0,2	p = 0,25	p = 0,3	$p=\frac{1}{3}$	p = 0,4	p = 0,5
0	0,005	0,000	0,000	0,000	0,000	0,000	0,000	0,000
1	0,034	0,001	0,000	0,000	0,000	0,000	0,000	0,000
2	0,112	0,007	0,001	0,000	0,000	0,000	0,000	0,000
3	0,250	0,024	0,006	0,000	0,000	0,000	0,000	0,000
4	0,431	0,064	0,018	0,002	0,000	0,000	0,000	0,000
5	0,616	0,139	0,048	0,007	0,001	0,000	0,000	0,000
6	0,770	0,251	0,103	0,019	0,002	0,001	0,000	0,000
7	0,878	0,391	0,190	0,045	0,007	0,002	0,000	0,000
8	0,942	0,542	0,307	0,092	0,018	0,005	0,000	0,000
9	0,975	0,683	0,444	0,164	0,040	0,013	0,001	0,000
10	0,991	0,799	0,584	0,262	0,079	0,028	0,002	0,000
11	0,997	0,883	0,711	0,382	0,139	0,057	0,006	0,000
12	0,999	0,937	0,814	0,511	0,223	0,104	0,013	0,000
13	1,000	0,969	0,889	0,637	0,328	0,171	0,028	0,000
14	1,000	0,986	0,939	0,748	0,447	0,261	0,054	0,001
15	1,000	0,994	0,969	0,837	0,569	0,369	0,096	0,003
16	1,000	0,998	0,986	0,902	0,684	0,487	0,156	0,008
17	1,000	0,999	0,994	0,945	0,782	0,605	0,237	0,016
18	1,000	1,000	0,997	0,971	0,859	0,713	0,336	0,032
19	1,000	1,000	0,999	0,986	0,915	0,804	0,446	0,059
20	1,000	1,000	1,000	0,994	0,952	0,874	0,561	0,101
21	1,000	1,000	1,000	0,997	0,975	0,924	0,670	0,161
22	1,000	1,000	1,000	0,999	0,988	0,958	0,766	0,240
23	1,000	1,000	1,000	1,000	0,994	0,978	0,844	0,336
24	1,000	1,000	1,000	1,000	0,998	0,989	0,902	0,444
25	1,000	1,000	1,000	1,000	0,999	0,995	0,943	0,556
26	1,000	1,000	1,000	1,000	1,000	0,998	0,969	0,664
27	1,000	1,000	1,000	1,000	1,000	0,999	0,984	0,760
28	1,000	1,000	1,000	1,000	1,000	1,000	0,992	0,839
29	1,000	1,000	1,000	1,000	1,000	1,000	0,997	0,899
30	1,000	1,000	1,000	1,000	1,000	1,000	0,999	0,941
31	1,000	1,000	1,000	1,000	1,000	1,000	0,999	0,968
32	1,000	1,000	1,000	1,000	1,000	1,000	1,000	0,984
33	1,000	1,000	1,000	1,000	1,000	1,000	1,000	0,992
34	1,000	1,000	1,000	1,000	1,000	1,000	1,000	0,997
35	1,000	1,000	1,000	1,000	1,000	1,000	1,000	0,999
36	1,000	1,000	1,000	1,000	1,000	1,000	1,000	1,000

Kumulierte Binomialverteilung für n = 100

k	p = 0,1	$p=\frac{1}{6}$	p = 0,2	p = 0,25	p = 0,3	$p=\frac{1}{3}$	p = 0,4	p = 0,5
0	0,000	0,000	0,000	0,000	0,000	0,000	0,000	0,000
1	0,000	0,000	0,000	0,000	0,000	0,000	0,000	0,000
2	0,002	0,000	0,000	0,000	0,000	0,000	0,000	0,000
3	0,008	0,000	0,000	0,000	0,000	0,000	0,000	0,000
4	0,024	0,000	0,000	0,000	0,000	0,000	0,000	0,000
5	0,058	0,000	0,000	0,000	0,000	0,000	0,000	0,000
6	0,117	0,001	0,000	0,000	0,000	0,000	0,000	0,000
7	0,206	0,004	0,000	0,000	0,000	0,000	0,000	0,000
8	0,321	0,010	0,001	0,000	0,000	0,000	0,000	0,000
9	0,451	0,021	0,002	0,000	0,000	0,000	0,000	0,000
10	0,583	0,043	0,006	0 000	0,000	0,000	0,000	0,000
11	0,703	0,078	0,013	0,000	0,000	0,000	0,000	0,000
12	0,802	0,130	0,025	0,001	0,000	0,000	0,000	0,000
13	0,876	0,200	0,047	0,002	0,000	0,000	0,000	0,000
14	0,927	0,287	0,080	0,005	0,000	0,000	0,000	0,000
15	0,960	0,388	0,129	0,011	0,000	0,000	0,000	0,000
16	0,979	0,494	0,192	0,021	0,001	0,000	0,000	0,000
17	0,990	0,599	0,271	0,038	0,002	0,000	0,000	0,000
18	0,995	0,696	0,362	0,063	0,005	0,000	0,000	0,000
19	0,998	0,780	0,460	0,100	0,009	0,001	0,000	0,000
20	0,999	0,848	0,559	0,149	0,016	0,002	0,000	0,000
21	1,000	0,900	0,654	0,211	0,029	0,005	0,000	0,000
22	1,000	0,937	0,739	0,286	0,048	0,009	0,000	0,000
23	1,000	0,962	0,811	0,371	0,076	0,016	0,000	0,000
24	1,000	0,978	0,869	0,462	0,114	0,028	0,001	0,000
25	1,000	0,988	0,913	0,553	0,163	0,046	0,001	0,000
26	1,000	0,994	0,944	0,642	0,224	0,071	0,002	0,000
27	1,000	0,997	0,966	0,722	0,296	0,107	0,005	0,000
28	1,000	0,999	0,980	0,792	0,377	0,152	0,008	0,000
29	1,000	0,999	0,989	0,850	0,462	0,209	0,015	0,000
30	1,000	1,000	0,994	0,896	0,549	0,277	0,025	0,000
31	1,000	1,000	0,997	0,931	0,633	0,353	0,040	0,000
32	1,000	1,000	0,998	0,955	0,711	0,434	0,062	0,000
33	1,000	1,000	0,999	0,972	0,779	0,519	0,091	0,000
34	1,000	1,000	1,000	0,984	0,837	0,602	0,130	0,001
35	1,000	1,000	1,000	0,991	0,884	0,680	0,179	0,002
36	1,000	1,000	1,000	0,995	0,920	0,751	0,239	0,003
37	1,000	1,000	1,000	0,997	0,947	0,812	0,307	0,006
38	1,000	1,000	1,000	0,999	0,966	0,863	0,382	0,010
39	1,000	1,000	1,000	0,999	0,979	0,903	0,462	0,018
40	1,000	1,000	1,000	1,000	0,987	0,934	0,543	0,028
41	1,000	1,000	1,000	1,000	0,993	0,957	0,623	0,044
42	1,000	1,000	1,000	1,000	0,996	0,972	0,697	0,067
43	1,000	1,000	1,000	1,000	0,998	0,983	0,763	0,097
44	1,000	1,000	1,000	1,000	0,999	0,990	0,821	0,136
45	1,000	1,000	1,000	1,000	0,999	0,994	0,869	0,184
46	1,000	1,000	1,000	1,000	1,000	0,997	0,907	0,242
47	1,000	1,000	1,000	1,000	1,000	0,998	0,936	0,309
48	1,000	1,000	1,000	1,000	1,000	0,999	0,958	0,382
49	1,000	1,000	1,000	1,000	1,000	1,000	0,973	0,460
50	1,000	1,000	1,000	1,000	1,000	1,000	0,983	0,540
51	1,000	1,000	1,000	1,000	1,000	1,000	0,990	0,618
52	1,000	1,000	1,000	1,000	1,000	1,000	0,994	0,691
53	1,000	1,000	1,000	1,000	1,000	1,000	0,997	0,758
54	1,000	1,000	1,000	1,000	1,000	1,000	0,998	0,816
55	1,000	1,000	1,000	1,000	1,000	1,000	0,999	0,864
56	1,000	1,000	1,000	1,000	1,000	1,000	1,000	0,903
57	1,000	1,000	1,000	1,000	1,000	1,000	1,000	0,933
58	1,000	1,000	1,000	1,000	1,000	1,000	1,000	0,956
59	1,000	1,000	1,000	1,000	1,000	1,000	1,000	0,972
60	1,000	1,000	1,000	1,000	1,000	1,000	1,000	0,982
61	1,000	1,000	1,000	1,000	1,000	1,000	1,000	0,990
62	1,000	1,000	1,000	1,000	1,000	1,000	1,000	0,994
63	1,000	1,000	1,000	1,000	1,000	1,000	1,000	0,997
64	1,000	1,000	1,000	1,000	1,000	1,000	1,000	0,998
65	1,000	1,000	1,000	1,000	1,000	1,000	1,000	0,999
66	1,000	1,000	1,000	1,000	1,000	1,000	1,000	1,000

Binomialverteilung für große n ($\sigma > 3$)
Wahrscheinlichkeiten von σ-Umgebungen
$P = P(\mu - z \cdot \sigma \leq X \leq \mu + z \cdot \sigma)$

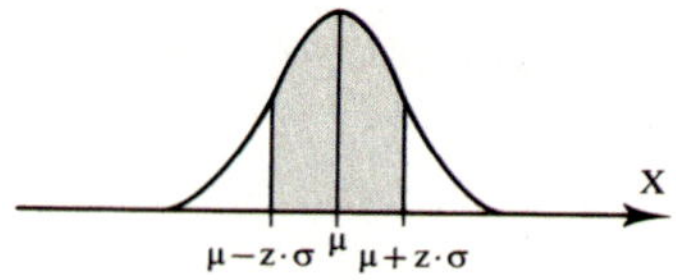

z	P	z	P	z	P	z	P	z	P	z	P
	0,		0,		0,		0,		0,		0,
0,01	008	0,51	390	1,01	688	1,51	869	2,01	956	2,51	988
0,02	016	0,52	397	1,02	692	1,52	872	2,02	957	2,52	988
0,03	024	0,53	404	1,03	697	1,53	874	2,03	958	2,53	989
0,04	032	0,54	411	1,04	702	1,54	876	2,04	959	2,54	989
0,05	040	0,55	418	1,05	706	1,55	879	2,05	960	2,55	989
0,06	048	0,56	425	1,06	711	1,56	881	2,06	961	2,56	990
0,07	056	0,57	431	1,07	715	1,57	884	2,07	962	2,57	990
0,08	064	0,58	438	1,08	720	1,58	886	2,08	963	2,58	990
0,09	072	0,59	445	1,09	724	1,59	888	2,09	963	2,59	990
0,10	080	0,60	451	1,10	729	1,60	890	2,10	964	2,60	991
0,11	088	0,61	458	1,11	733	1,61	893	2,11	965	2,61	991
0,12	096	0,62	465	1,12	737	1,62	895	2,12	966	2,62	991
0,13	103	0,63	471	1,13	742	1,63	897	2,13	967	2,63	992
0,14	111	0,64	478	1,14	746	1,64	899	2,14	968	2,64	992
0,15	119	0,65	484	1,15	750	1,65	901	2,15	968	2,65	992
0,16	127	0,66	491	1,16	754	1,66	903	2,16	969	2,66	992
0,17	135	0,67	497	1,17	758	1,67	905	2,17	970	2,67	992
0,18	143	0,68	504	1,18	762	1,68	907	2,18	971	2,68	993
0,19	151	0,69	510	1,19	766	1,69	909	2,19	972	2,69	993
0,20	159	0,70	516	1,20	770	1,70	911	2,20	972	2,70	993
0,21	166	0,71	522	1,21	774	1,71	913	2,21	973	2,71	993
0,22	174	0,72	529	1,22	778	1,72	915	2,22	974	2,72	994
0,23	182	0,73	535	1,23	781	1,73	916	2,23	974	2,73	994
0,24	190	0,74	541	1,24	785	1,74	918	2,24	975	2,74	994
0,25	197	0,75	547	1,25	789	1,75	920	2,25	976	2,75	994
0,26	205	0,76	553	1,26	792	1,76	922	2,26	976	2,76	994
0,27	213	0,77	559	1,27	796	1,77	923	2,27	977	2,77	994
0,28	221	0,78	565	1,28	800	1,78	925	2,28	977	2,78	995
0,29	228	0,79	571	1,29	803	1,79	927	2,29	978	2,79	995
0,30	236	0,80	576	1,30	806	1,80	928	2,30	979	2,80	995
0,31	243	0,81	582	1,31	810	1,81	930	2,31	979	2,81	995
0,32	251	0,82	588	1,32	813	1,82	931	2,32	980	2,82	995
0,33	259	0,83	594	1,33	817	1,83	933	2,33	980	2,83	995
0,34	266	0,84	599	1,34	820	1,84	934	2,34	981	2,84	996
0,35	274	0,85	605	1,35	823	1,85	936	2,35	981	2,85	996
0,36	281	0,86	610	1,36	826	1,86	937	2,36	982	2,86	996
0,37	289	0,87	616	1,37	829	1,87	939	2,37	982	2,87	996
0,38	296	0,88	621	1,38	832	1,88	940	2,38	983	2,88	996
0,39	304	0,89	627	1,39	836	1,89	941	2,39	983	2,89	996
0,40	311	0,90	632	1,40	839	1,90	943	2,40	984	2,90	996
0,41	318	0,91	637	1,41	842	1,91	944	2,41	984	2,91	996
0,42	326	0,92	642	1,42	844	1,92	945	2,42	985	2,92	997
0,43	333	0,93	648	1,43	847	1,93	946	2,43	985	2,93	997
0,44	340	0,94	653	1,44	850	1,94	948	2,44	985	2,94	997
0,45	347	0,95	658	1,45	853	1,95	949	2,45	986	2,95	997
0,46	355	0,96	663	1,46	856	1,96	950	2,46	986	2,96	997
0,47	362	0,97	668	1,47	858	1,97	951	2,47	987	2,97	997
0,48	369	0,98	673	1,48	861	1,98	952	2,48	987	2,98	997
0,49	376	0,99	678	1,49	864	1,99	953	2,49	987	2,99	997
0,50	383	1,00	683	1,50	866	2,00	955	2,50	988	3,00	997

ANHANG II: LÖSUNGEN ZUM KLAUSURTRAINING

Lösungen zu den Seiten 70 und 71

Klausurtraining A

1.

a) $I_a(x) = 4x - 4a$ **b)** $I_a(x) = -x^2 - x + a^2 + a$ **c)** $I_a(x) = \frac{4}{3}x^3 + 3x - \frac{4}{3}a^3 - 3a$

2.

a) $F(x) = x^5 + 2x^4 + x + c$ **b)** $F(x) = \frac{x^5}{5} - \frac{1}{x} + c$ **c)** $F(x) = -\frac{1}{8x+2}$

$\left(\frac{x^4}{4} + x^2 + 1\right)' = x^3 + 2x$

Da $x \mapsto \frac{x^4}{4} + x^2 + 1$ keine Nullstellen hat, kann sie keine Integralfunktion sein.

3.

a)

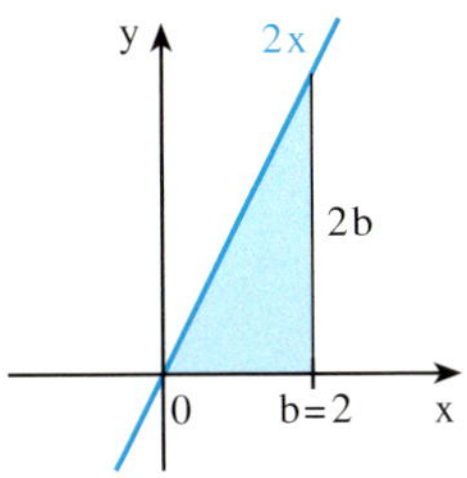

$\int_0^b 2x\,dx = \frac{b \cdot 2b}{2} = b^2$ (Dreieck!)

b)

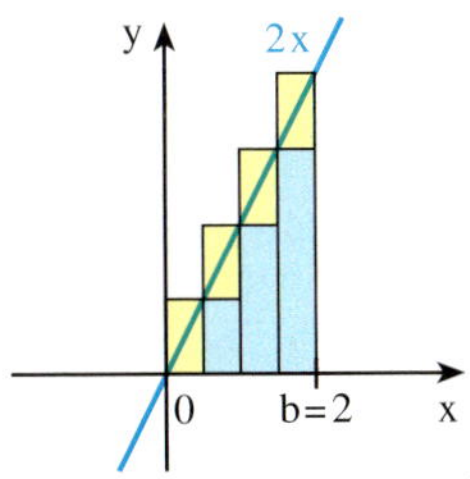

$\Delta x = \frac{b}{n}$

$x_0 = 0,\quad x_1 = 1 \cdot \frac{b}{n},\quad x_2 = 2 \cdot \frac{b}{n},\quad x_3 = 3 \cdot \frac{b}{n}, \ldots, x_n = n \cdot \frac{b}{n}$

$\underline{S}_n = b^2 \cdot \left(1 - \frac{1}{n}\right);\quad \overline{S}_n = b^2\left(1 + \frac{1}{n}\right)$

$\int_0^b 2x\,dx = b^2$

c) 99 %; $\overline{S}_{1000} - \underline{S}_{1000} = \frac{1}{500} \cdot b^2$

d) $b = 4$ und n muss größer als 320 sein (mindestens 321).

4.

a) $v(0) = 25$; $v(0{,}4) = 25$; $v\left(\frac{137}{30}\right) = 0$; $m = -6$ für $0{,}4 \le z \le \frac{137}{30}$

b) $s(t) = \int_0^t v(z)\,dz = 25 \cdot t$ für $0 \le t \le 0{,}4$

$s(t) = \int_0^t v(z)\,dz = \int_0^{0,4} 25\,dz + \int_{0,4}^t \big(25 - 6(z - 0{,}4)\big)\,dz = -3t^2 + 27{,}4t - 0{,}48$ für $0{,}4 \le t \le \frac{137}{30}$

c) $s(2) = 42{,}32$; $v(2) = 15{,}4$; $s\left(\frac{137}{30}\right) = 62{,}08$ Nach 2 s wurden 42,32 m zurückgelegt. Die Geschwindigkeit beträgt noch $15{,}4\,\frac{m}{s}$ $\left(55{,}44\,\frac{km}{h}\right)$. Der Anhalteweg beträgt insgesamt 62,08 m.

Klausurtraining B

1.

a) $F(x) = -\frac{2}{3}x^3 + \frac{3}{2}x^2 + 2x - \frac{17}{6}$ **b)** $F(x) = -\frac{1}{x} + \frac{3}{2}$

2.

a) $x \approx -8{,}4$ **b)** $x = \sqrt[4]{11} \approx 1{,}82$ oder $x = -\sqrt[4]{11} \approx -1{,}82$ **c)** $x = \sqrt{3} \approx 1{,}73$ oder $x = -\sqrt{3} \approx -1{,}73$

3.

a)

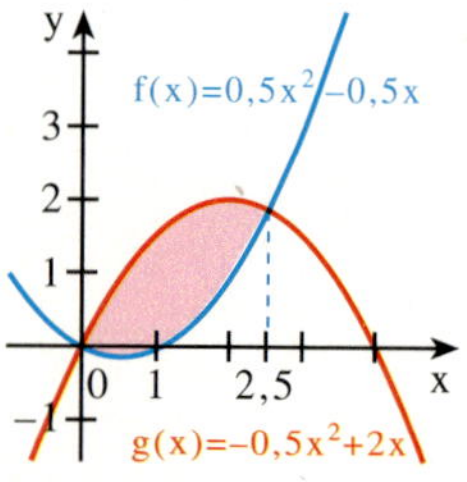

Schnittstellen: 0; 2,5

$g(x) > f(x)$ für $0 < x < 2{,}5$

$A = \int_0^{2{,}5} (g(x) - f(x))\,dx = \left[-\frac{1}{3}x^3 + 1{,}25x^2\right]_0^{2{,}5}$

$= 2{,}604$

Die Fläche ist ungefähr 2,6 Flächeneinheiten groß.

b) Schnittstellen: $0; \frac{a+1}{2a}$

$g_a(x) > f_a(x)$ für $0 < x < \frac{a+1}{2a}$ (Faktoren bei x^2 beachten!)

$A(a) = \int_0^{\frac{a+1}{2a}} (g_a(x) - f_a(x))\,dx = \left[-\frac{2}{3}\sqrt{a}\,x^3 + \frac{\sqrt{a} + \frac{1}{\sqrt{a}}}{2} \cdot x^2\right]_0^{\frac{a+1}{2a}} = \frac{(a+1)^3}{24 \cdot a^{2,5}}$

$A'(a) = \frac{(a+1)^2 \cdot (a-5)}{48 \cdot a^{3,5}}$ (Quotientenregel, Kettenregel)

Nullstelle von $A'(a)$: 5

Da $A'(a)$ an der Stelle 5 einen Vorzeichenwechsel von – nach + hat, nimmt $A(a)$ an der Stelle 5 ein Minimum an.

$A(5) = \frac{9}{125} \cdot \sqrt{5} \approx 0{,}16$

Man muss 5 für a setzen, damit die Fläche einen minimalen Flächeninhalt hat. Der minimale Flächeninhalt ist ungefähr 0,16.

4.

a) $c = 3$; $a = -\frac{1}{36}$; Parabelgleichung: $y = -\frac{1}{36}x^2 + 3$

b) $V = \pi \cdot \int_{-6}^{6} \left(-\frac{1}{36}x^2 + 3\right)^2 dx = 86{,}4 \cdot \pi \approx 271{,}4$

Das Fass hat einen Rauminhalt von ungefähr 271,4 *l*.

Lösungen zu den Seiten 126 und 127

Klausurtraining A

1.

a) Definitionsmenge: $x \in \mathbb{R}$, keine Symmetrie des Graphen;

$f(x) \to 0$ für $x \to +\infty$ und $f(x) \to +\infty$ für $x \to -\infty$

$f(0) = -1$ und $f(-1) = 0$ und $f(1) = 0$;

$f'(x) = -(x^2 - 1)\, e^{-x} + 2x \cdot e^{-x} = (-x^2 + 2x + 1) \cdot e^{-x}$

$f''(x) = (x^2 - 1)\, e^{-x} - 4x \cdot e^{-x} + 2e^{-x} = (x^2 - 4x + 1) \cdot e^{-x}$

Extrema:

$f'(x) = 0$ für $x = 1 - \sqrt{2}$ und $x = 1 + \sqrt{2}$

$T(1 - \sqrt{2} \mid -1{,}2536)$ und $H(1 + \sqrt{2} \mid 0{,}431843)$

Wendepunkte:

$f''(x) = 0$ für $x = 2 - \sqrt{3} \approx 0{,}26795$ und $x = 2 + \sqrt{3} \approx 3{,}7321$

$W_1(0{,}26795 \mid -0{,}71003)$ und $W_2(3{,}7321 \mid 0{,}30955)$

Wertebereich:

$-1{,}2536 \le y$, T ist also absoluter Tiefpunkt

b) c)

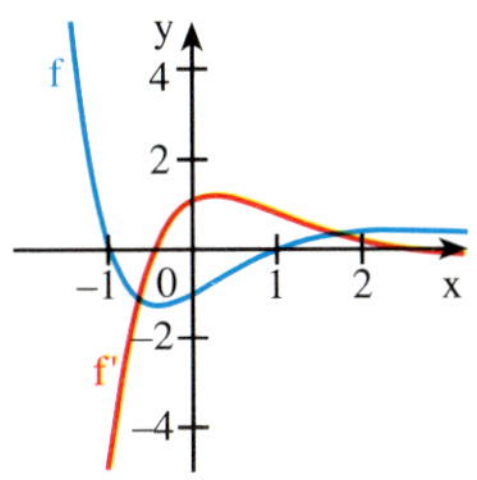

Der Graph von f′ hat die Nullstellen $1 - \sqrt{2}$ und $1 + \sqrt{2}$. An den Stellen, wo der Graph von f Wendepunkte hat, hat f′ relative Extremstellen.

d) $(x^2 - 1) \cdot e^{-x} = (-x^2 + 2x + 1) \cdot e^{-x}$

$x^2 - 1 = -x^2 + 2x + 1$

$2x^2 - 2x - 2 = 0$

$x^2 - x - 1 = 0$ wenn $x = \frac{1}{2} - \frac{1}{2}\sqrt{5} \approx -0{,}61803$ oder $x = \frac{1}{2} + \frac{1}{2}\sqrt{5} \approx 1{,}618$

Schnittpunkte:

$S_1(-0{,}61803 \mid -1{,}1466)$ und $S_2(1{,}618 \mid 0{,}32084)$

e) $g(a) = f'(a) - f(a) = (-2a^2 + 2a + 2) \cdot e^{-a}$

$g'(a) = 2(a - 3)\, a\, e^{-a} = 0$ für $a = 0$ und $a = 3$

$g(0) = 2$ und $g(3) \approx -0{,}49$

Für $a = 0$ wird $|PQ|$ maximal.

2.

a) $x \in \mathbb{R}\setminus\{0\}$

b) $f'(x) = \frac{2}{x} - 2x + 4 = 0$ für $x = 1 + \sqrt{2}$ und $x = 1 - \sqrt{2}$

Es gilt $f''(x) = -\frac{2}{x^2} - 2 < 0$ für alle $x \in \mathbb{R}\setminus\{0\}$. Also liegen an den Stellen $x = 1 + \sqrt{2}$ und $x = 1 - \sqrt{2}$ Hochpunkte vor.

c) Es gilt $x \to 0$, so $f(x) \to -\infty$. Die y-Achse ist also Polgerade. Die Darstellung täuscht einen Tiefpunkt vor, mithilfe der Zoom-Box kann man den Irrtum jedoch erkennen.

d) $f''(x) = -\frac{2}{x^2} - 2 \neq 0$ für alle $x \in \mathbb{R}\setminus\{0\}$

Es gibt keine Wendepunkte, zwischen den Extrema liegt eine Polstelle.

e) Wegen $\lim\limits_{x \to 0} f(x) = -\infty$, $f(1+\sqrt{2}) > 0$ und $\lim\limits_{x \to \infty} f(x) = -\infty$ muss der Graph von f zweimal die 1. Achse schneiden. Die Nullstellen liegen in [0,59; 0,6] und [4,44; 4,45].

f)

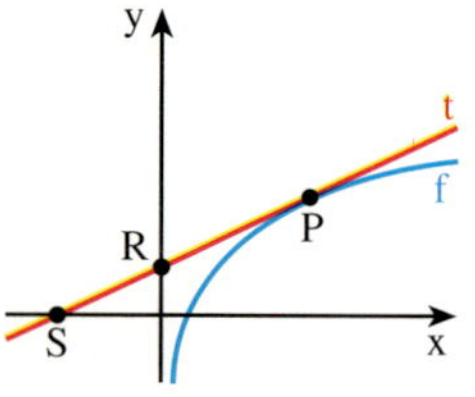

$f'(a) = \frac{2}{a}$

Gleichung der Tangente: $t\colon\ y = \frac{2}{a}x + c$

$P(a \mid \ln(a^2))$ liegt auf t.

$\ln(a^2) = \frac{2}{a} \cdot a + c$, also $c = \ln(a^2) - 2$

$t\colon\ y = \frac{2}{a}x + \ln(a^2) - 2$

$R(0 \mid \ln(a^2) - 2)$ und $S\left(a - \frac{a}{2}\ln(a^2) \mid 0\right)$

Inhalt des Rechtecks: $A = |[\ln(a^2) - 2] \cdot [a - \frac{a}{2}\ln(a^2)]|$

g) Größter Flächeninhalt von A für $a \approx \pm 0{,}36788$ (Maxima für A(a) aus Teilaufgabe f)).

Klausurtraining B

1.

a) $f_a(-x) = -5x\,e^{-a(-x)^2} = -5x\,e^{-ax^2} = -f_a(x)$

b) Es gilt wegen a): $[f_a(-x)]' = [-f_a(x)]'$

$(-1) \cdot f_a'(-x) = -f_a'(x)$

$f_a'(-x) = f_a'(x)$

c) *Nullstellen:* $x = 0$

Extrema:

$f_a'(x) = 10a\left(x^2 - \frac{1}{2a}\right)e^{-ax^2}$

$f_a'(x) = 0$ für $x = \frac{1}{2}\sqrt{\frac{2}{a}}$ oder $x = -\frac{1}{2}\sqrt{\frac{2}{a}}$

$f_a''(x) = -20a^2x\left(x^2 - \frac{3}{2a}\right)e^{-ax^2}$

$f_a''\left(\frac{1}{2}\sqrt{\frac{2}{a}}\right) = 10\sqrt{\frac{2a}{e}} > 0$, also $T\left(\frac{1}{2}\sqrt{\frac{2}{a}} \,\middle|\, -\frac{5}{2}\sqrt{\frac{2}{ae}}\right)$

$f_a''\left(-\frac{1}{2}\sqrt{\frac{2}{a}}\right) = -10\sqrt{\frac{2a}{e}} < 0$, also $H\left(-\frac{1}{2}\sqrt{\frac{2}{a}} \,\middle|\, \frac{5}{2}\sqrt{\frac{2}{ae}}\right)$

Wendepunkte:

$f_a''(x) = 0$ für $x = 0$ oder $x = \sqrt{\frac{3}{2a}}$ oder $x = -\sqrt{\frac{3}{2a}}$

$W_1\left(-\sqrt{\frac{3}{2a}} \,\middle|\, \frac{5}{2}\sqrt{\frac{6}{a \cdot e^3}}\right)$, $W_2\left(\sqrt{\frac{3}{2a}} \,\middle|\, -\frac{5}{2}\sqrt{\frac{6}{a \cdot e^3}}\right)$, $W_3(0 \mid 0)$

d)

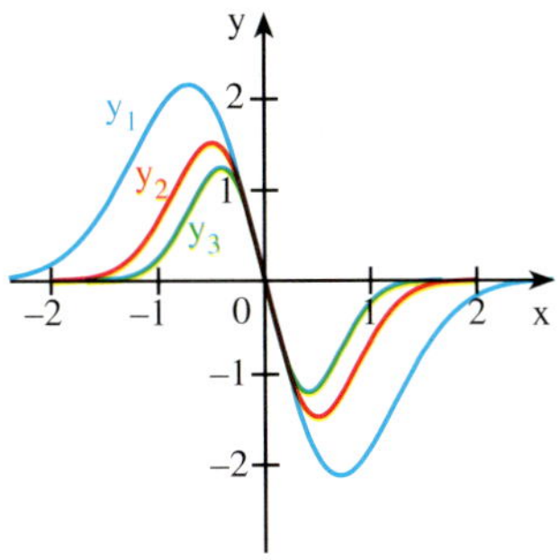

e) $x = \frac{1}{2}\sqrt{\frac{2}{a}}$ $y = -\frac{5}{2}\sqrt{\frac{2}{a\,e}}$, also $y = (-5) \cdot x \cdot \sqrt{\frac{1}{e}}$

f) $F'_a(x) = f_a(x)$ (Anwenden der Kettenregel)

g) $A(k) = \left| \int_0^k f_2(x)\,dx \right| = |F_2(k) - F_2(0)| = \left| -\frac{5}{4}e^{-2k^2} + \frac{5}{4} \right|$

$\lim\limits_{k \to \infty} A(k) = \lim\limits_{k \to \infty} \left| -\frac{5}{4}e^{-2k^2} + \frac{5}{4} \right| = \left| 0 + \frac{5}{4} \right| = \frac{5}{4}$

Die bedeutet, dass die Fläche in Richtung der 1. Achse keine Begrenzung hat, dass der Flächeninhalt aber trotzdem endlich ist. Für das Integral ergibt sich damit $\int_0^\infty f_2(x)\,dx = \frac{5}{4}$.

h) $\overline{E_1E_2}$ und $\overline{W_1W_2}$ sind die Diagonalen des Vierecks, der Schnittpunkt liegt im Ursprung. Wegen der Punktsymmetrie von f_a gilt $|W_10| = |W_20|$. Außerdem gilt offensichtlich $|E_10| = |E_20|$, also ist $W_1E_1W_2E_2$ ein Parallelogramm, dessen Diagonalen sich im Ursprung schneiden.
Für welche Werte von a schneiden sich die Geraden E_1W_1 und W_1E_2 im rechten Winkel?
Anstieg der Geraden E_1W_1: m_1
Anstieg der Geraden W_1E_2: m_2

$$-1 = m_1 \cdot m_2 = \frac{-\sqrt{\frac{3}{2a}} + \frac{1}{\sqrt{2a}}}{\frac{5}{2}\sqrt{\frac{6}{a e^3}} + \frac{5}{2a}\,e^{-\frac{1}{2}}} \cdot \frac{\frac{1}{\sqrt{2a} + \sqrt{\frac{3}{2a}}}}{-\frac{5}{2}\sqrt{\frac{6}{a e^3}} + \frac{5}{2a}\,e^{-\frac{1}{2}}}$$

$$-1 = \frac{\frac{1}{2a} - \frac{3}{2a}}{\frac{25}{4a^2 e} - \frac{25}{4}\,\frac{6}{a e^3}} = \frac{-\frac{1}{a}}{\frac{25}{4}\left(\frac{1}{a^2 e} - \frac{6}{a e^3}\right)} = \frac{-\frac{1}{a}}{\frac{25}{4}\left(\frac{e^2 - 6a}{a^2 e^3}\right)} = -\frac{4 a e^3}{25(e^2 - 6a)}$$

$$25(e^2 - 6a) = 4 a e^3$$
$$25 e^2 - 150 a = 4 a e^3$$
$$25 e^2 = a(150 + 4 e^3)$$
$$a = \frac{25 e^2}{150 + 4 e^3} \approx 0{,}80197$$

2.

a) $x \in \mathbb{R}$; Der Graph von f_a ist achsensymmetrisch zur 2. Achse, denn es gilt $f_a(x) = f_a(-x)$.
Nullstellen: $x = \sqrt{1 - a^2}$ und $x = -\sqrt{1 - a^2}$ für $|a| < 1$
Grenzwertverhalten: kein $\lim\limits_{x \to \infty} f(x) = \infty$ und $\lim\limits_{x \to -\infty} f(x) = \infty$

b) Offensichtlich gilt für alle $x \neq 0$
$f_a(0) < f_a(x)$, also ist $(0 \mid \ln a^2)$ ein globales Minimum von f_a.

c) $f'(x) = \frac{2x}{a^2 + x^2}$, $f''(x) = 2 \cdot \frac{a^2 - x^2}{(a^2 + x^2)^2}$, $f'''(x_w) = \frac{-2x_w}{(a^2 + x_w^2)} \neq 0$ für $x = a$ bzw. $x = -9$, also besitzt f zwei Wendepunkte.

$f''(x) = 0$, wenn $x^2 = a^2$, also $x = a$ oder $x = -a$

d)

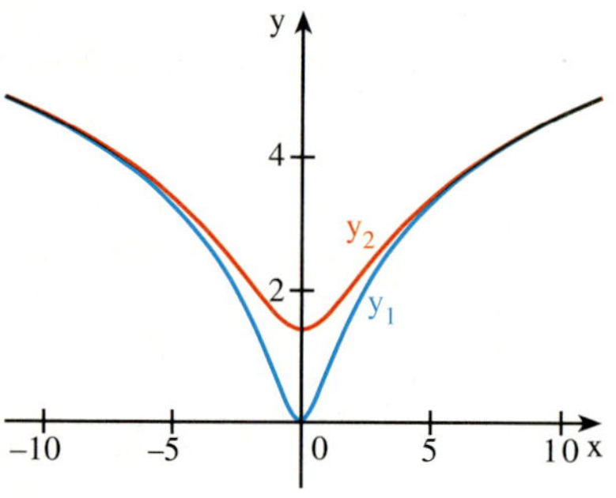

e)

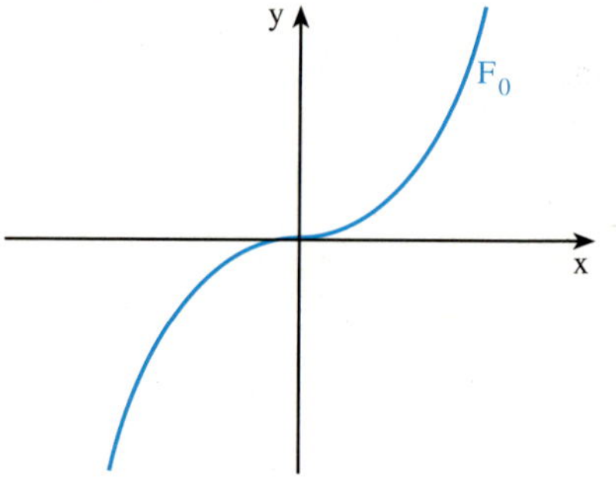

f) $\int_0^x f_1(t)\,dt = 0$ falls $x = 0$

Da $F_0''(x) = f_1'(x)$ gilt und außerdem $f_1'(x) = 0$ nur für $x = 0$ gilt, besitzt $F_0(x)$ nur einen Wendepunkt.

Lösungen zu den Seiten 152 und 153

Klausurtraining A

1.

a)

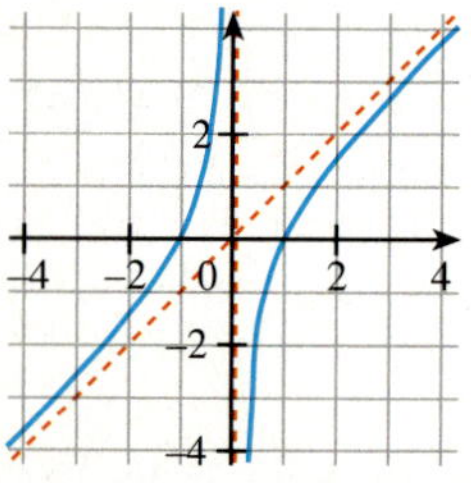

b)

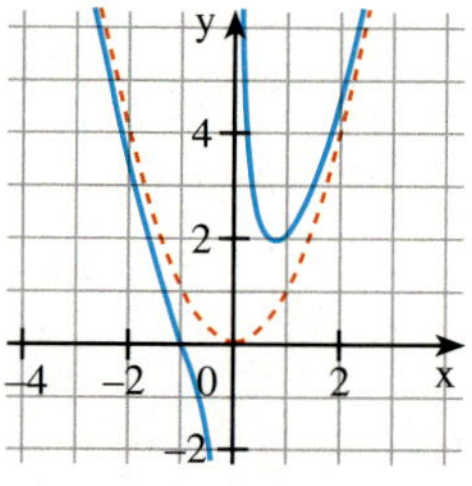

c)

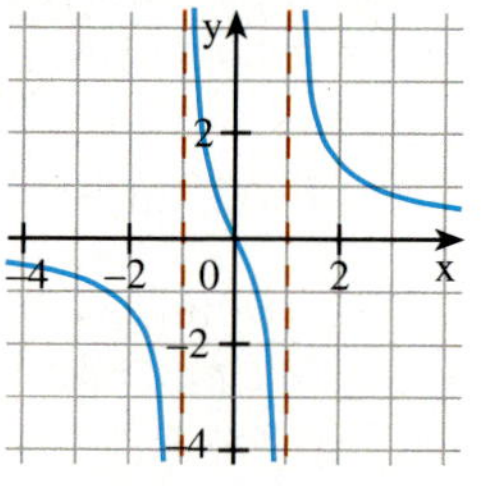

2.

a) $f(x) = x^2 + \frac{1}{x^2}$

b) $f(x) = 1 - \frac{1}{(x-1)^2}$

3.

a) $f(x) = \frac{1}{(x+2)^2} - x$

b) $f(x) = \frac{1}{x^2+1} - x$

4.

a) $f(x) = \frac{2x^6+1}{2x^3} = x^3 + \frac{1}{2x^3}$ $\quad f(-x) = -x^3 - \frac{1}{2x^3} = -f(x)$;
der Graph ist symmetrisch zum Koordinatenursprung.
Aus der Gleichung $f'(x) = 3x^2 - \frac{3}{2x^4}$ folgt, dass nur bei $x = \sqrt[6]{\frac{1}{2}}$ und $x = -\sqrt[6]{\frac{1}{2}}$ Extrempunkte liegen können.

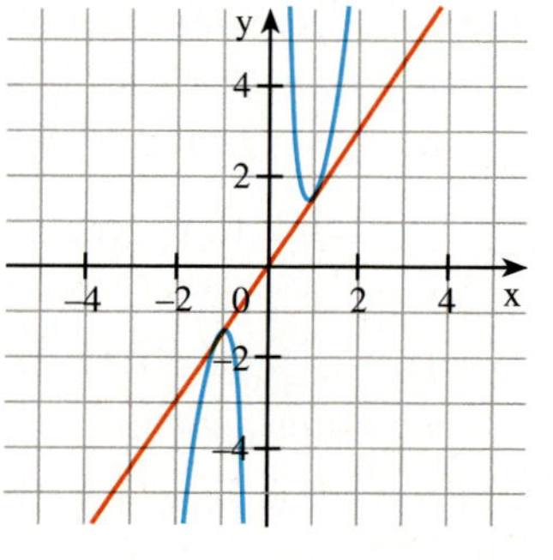

b) $g(x) = k \cdot x;\quad k = \frac{3}{2}$ $\quad P_1\left(1\,\middle|\,\frac{3}{2}\right);\quad P_2\left(-1\,\middle|\,-\frac{3}{2}\right)$

5.

Die Definitionsmenge für f (x) ist $\mathbb{D} = \mathbb{R} \setminus \{\sqrt{3}, -\sqrt{3}\}$, $f(x) = \frac{x^3 - 2x}{x^2 - 3} = x + \frac{x}{x^2 - 3}$

$f(-x) = \frac{-x^3 + 2x}{x^2 - 3} = -f(x)$; der Graph ist symmetrisch zum Koordinatenursprung.

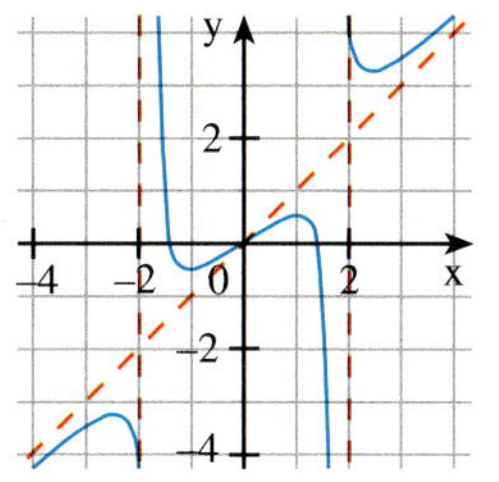

für $x \to \sqrt{3},\ x > \sqrt{3}$ gilt $f(x) \to +\infty$

für $x \to \sqrt{3},\ x < \sqrt{3}$ gilt $f(x) \to -\infty$

für $x \to -\sqrt{3},\ x > -\sqrt{3}$ gilt $f(x) \to +\infty$

für $x \to -\sqrt{3},\ x < -\sqrt{3}$ gilt $f(x) \to -\infty$

Nullstellen liegen bei $x = 0, \sqrt{2}, -\sqrt{2}$.
Extremstellen liegen bei $x = 1, -1, \sqrt{6}, -\sqrt{6}$.
Wendepunkt liegt bei $x = 0$.
Der Graph besitzt die Asymptote $f_a(x) = x$.

Klausurtraining B

1.

a) $f(-x) = \cos(-x) + \frac{1}{2}\cos(-2x) = f(x)$; der Graph ist achsensymmetrisch zur 2. Achse; der Schnittpunkt ist $P\left(0 \middle| \frac{3}{2}\right)$.

Nullstellen: $x = \frac{3}{8}\pi + k2\pi,\quad -\frac{3}{8} + k2\pi;\quad k \in \mathbb{Z}$

Extrema: Hochpunkte $(\sin x = 0)$ $x = k\pi$

Tiefpunkte $\left(\cos x = -\frac{1}{2}\right)$ $x = \frac{2}{3}\pi + 2k\pi,\quad \frac{1}{6}\pi + 2k\pi \quad k \in \mathbb{Z}$.

Wendepunkte: $f''(x) = -2\cos(2x) - \cos(x)$
$= -4\cos^2(x) - \cos(x) + 2$

Mit Substitution $u = \cos(x)$ ergibt sich $-4u^2 - u + 2 = 0$.
Als Wendepunkt erhält man wegen der Symmetrie und der Periodizität
$W(\pm 0{,}9359 + 2k\pi \mid 0{,}445)$ und $W(2{,}5738 + 2k\pi \mid 0{,}632)$

b)

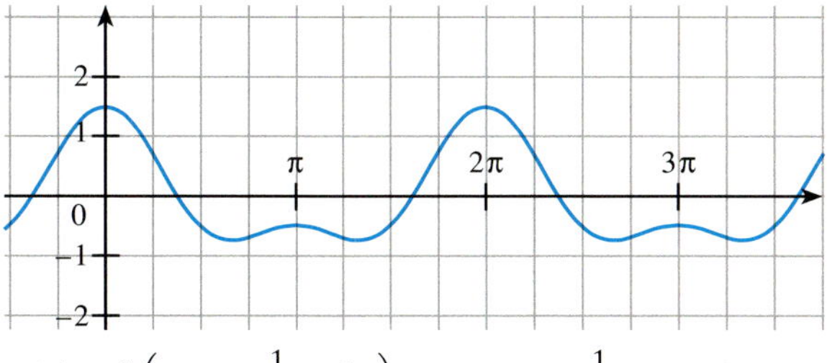

c) $F(x) = \int \left(\cos x + \frac{1}{2}\cos^2 x\right) dx = \sin x + \frac{1}{4}\sin 2x + c$

d) $F(x) \int_{x_1}^{x_2} a = \sin x_2 + \frac{1}{4}\sin 2x_2 + c - \sin x_1 - \frac{1}{4}\sin 2x_1 - c$ für $x_2 = \frac{3}{8}\pi$ und $x_1 = -\frac{3}{8}\pi$ ist $F = 2{,}3097$

e) Die Fläche A_f besteht überall aus der Fläche von $f(x) = \cos x$ und der Fläche von $f(x) = \frac{1}{2}\cos(2x)$. Liegt A von $f(x) = \cos x$ auf der anderen Seite der 1. Achse, wird dieser Teil von A_f abgezogen.

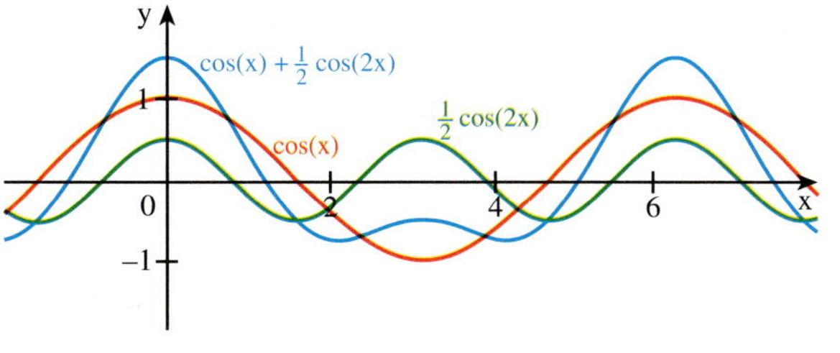

f) $f(x) = \left(\cos x + \frac{1}{2}\right)^2 - \frac{3}{4}$

$= \cos^2 x + \cos x + \frac{1}{4} - \frac{3}{4}$

$= \cos^2 x + \cos x - \frac{1}{2}(\sin^2 x + \cos^2 x) = \cos x + \frac{1}{2}(\cos^2 x - \sin^2 x) = \cos x + \frac{1}{2}\cos(2x)$

2.

a) $f(x) = \frac{5}{2} - 4\sin x - 0{,}5\cos 2x$

b) $f(x) = 3 - 4\sin x - \cos 2x$

Nullstellen: $x = \frac{1}{2}\pi + 2k\pi;\quad k \in \mathbb{Z}$

Extremstellen: $x = \frac{\pi}{2} + k\pi;\quad k \in \mathbb{Z}$

Tiefpunkte: $T\left(\frac{\pi}{2} + 2k\pi \,\middle|\, 0\right)$

Hochpunkte: $H\left(\frac{3}{2}\pi + 2k\pi \,\middle|\, 0\right)$

Wendepunkte: $W\left(-\frac{\pi}{6} + 2k\pi \,\middle|\, 4{,}5\right)$

c)

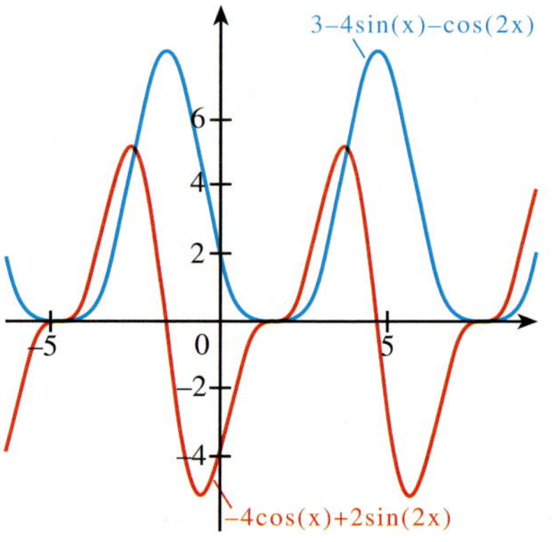

d) Die Extrema von f sind die Nullstellen von f′, die Wendepunkte von f sind die Hoch- bzw. Tiefpunkte von f′.

e) Intervall $\left[\frac{\pi}{4}; \frac{3}{4}\pi\right]$; Intervall $\left[\pi; \frac{1}{4}\pi + \pi\right]$

f) $G_a(x) = \int_{x_1}^{x_2} (a + a\sin x)\,dx$ $A_g = a x_2 - a x_1 - (a\cos x_2 - a\cos x_1)$ $A_g = 2\pi a$ für $x_2 = \frac{3}{2}\pi$ und $x_1 = \frac{\pi}{2}$

Lösungen zu den Seiten 226 und 227

Klausurtraining A

1.

a) –

b) $A(10|0|0)$, $B(10|8|0)$, $C(0|8|0)$, $D(0|0|0)$, $E(0|0|3)$, $F(0|8|3)$, $G(10|8|3)$, $H(10|0|3)$, $I(10|4|6)$, $J(0|4|6)$,

c) Kellereckpunkte sind: $K(10|0|-2{,}5)$, $L(10|8|-2{,}5)$, $M(0|8|-2{,}5)$, $N(0|0|-2{,}5)$
$P(x_1|x_2|x_3)$, liegt im Keller, wenn gilt $0 \le x_1 \le 10 \quad 0 \le x_2 \le 8 \quad -2{,}5 \le x_3 \le 0$.

2.

a) $\begin{pmatrix}-3\\6\\0\end{pmatrix}; \begin{pmatrix}-12\\4\\8\end{pmatrix}; \begin{pmatrix}1\\3\\-5\end{pmatrix}; \begin{pmatrix}3\\-2\\3\end{pmatrix}; \begin{pmatrix}-2\\11\\13\end{pmatrix}; \begin{pmatrix}-4\\-5\\2\end{pmatrix}$

b) $\overrightarrow{AB} = \begin{pmatrix}-7\\7\\-6\end{pmatrix}$; $\overrightarrow{BC} = \begin{pmatrix}9\\-7\\0\end{pmatrix}$; $\overrightarrow{AB} + \overrightarrow{BC} = \begin{pmatrix}2\\0\\-6\end{pmatrix}$; $\overrightarrow{AB} - \overrightarrow{BC} = \begin{pmatrix}-16\\14\\-6\end{pmatrix}$

3.

a) g: $\vec{x} = \begin{pmatrix}2\\1\\4\end{pmatrix} + \lambda\begin{pmatrix}-5\\1\\1\end{pmatrix}$

b) W liegt auf der Geraden ($\lambda = -2$), V nicht.

c) $P(22|-3|0)$

d) h: $\vec{x} = \begin{pmatrix}2\\-1\\3\end{pmatrix} + \mu\begin{pmatrix}-5\\1\\1\end{pmatrix}$

4.
g und k sind parallel, g und h schneiden sich im Punkt $S(2|0|0)$, h und k sind windschief.

Klausurtraining B

1.
a) Haus oben: $(3|0|3)$, $(-4|0|3)$, $(3|-7|3)$, $(-4|-7|3)$
Haus unten: $(3|0|0)$, $(-4|0|0)$, $(3|-7|0)$, $(-4|-7|0)$
Garage oben: $(0|0|2)$, $(0|3|2)$, $(-6|0|2)$, $(-6|3|2)$
Garage unten: $(0|0|0)$, $(0|3|0)$, $(-6|0|0)$, $(-6|3|0)$

b) Firstpunkt: $(-0{,}5|-3{,}5|5)$

2.
a) –

b) $A'(2|0|0)$, $B'(1|2|0)$, $C'(-4|5|0)$

c) $v_2 = \begin{pmatrix} -2 \\ 6 \\ 2 \end{pmatrix}$

d) $v_3 = \begin{pmatrix} -4 \\ 9 \\ 1 \end{pmatrix}$ ist die Summe der beiden Verschiebungsvektoren.

3.
a) F liegt auf der Geraden $\left(\lambda = \frac{4}{3}\right)$, E nicht.

b) h: $\vec{x} = \begin{pmatrix} 7 \\ -6 \\ 8 \end{pmatrix} + \lambda \begin{pmatrix} 1 \\ 0 \\ 0 \end{pmatrix}$

4.
g und h sind parallel, g und k schneiden sich in $S(4|-3|-1)$, h und k sind windschief zueinander.

Lösungen zu den Seiten 256 und 257

Klausurtraining A

1.
a) h: $\vec{x} = \begin{pmatrix} 2 \\ 1 \\ 0 \end{pmatrix} + \lambda \begin{pmatrix} -6 \\ 6 \\ 3 \end{pmatrix}$

b) 1. $\begin{pmatrix} -6 \\ 6 \\ 3 \end{pmatrix} \cdot \begin{pmatrix} 1 \\ 0 \\ 2 \end{pmatrix} = 0 \Rightarrow$ Richtungsvektoren senkrecht.

2. $k\begin{pmatrix} 1 \\ 0 \\ 2 \end{pmatrix} \neq \begin{pmatrix} -6 \\ 6 \\ 3 \end{pmatrix}$ für alle $k \in \mathbb{R} \Rightarrow g \nparallel h$. g und h haben keinen gemeinsamen Schnittpunkt. g und h sind also windschief zueinander.

c) h: $\vec{x} = \begin{pmatrix} 2 \\ 1 \\ 0 \end{pmatrix} + s \cdot \begin{pmatrix} -6 \\ 3 \\ 3 \end{pmatrix} = \begin{pmatrix} 2 \\ 1 \\ 0 \end{pmatrix} + s \cdot \begin{pmatrix} -2 \\ 1 \\ 1 \end{pmatrix}$ g: $\vec{x} = \begin{pmatrix} 1 \\ 1 \\ 2 \end{pmatrix} + r \cdot \begin{pmatrix} 1 \\ 0 \\ 2 \end{pmatrix}$

Ebene: h: $\vec{x} = \begin{pmatrix} 2 \\ 1 \\ 0 \end{pmatrix} + s \cdot \begin{pmatrix} -2 \\ 1 \\ 1 \end{pmatrix} + r \cdot \begin{pmatrix} 1 \\ 0 \\ 2 \end{pmatrix}$ Abstand des Punktes $(1|1|2)$ zur Ebene: $d = \frac{4}{\sqrt{30}}$

d) Das Dreieck $P_1P_2P_3$ ist nicht rechtwinklig. Seine Innenwinkel sind 37,7°, 64,9° und 77,3°. Der Flächeninhalt beträgt 26,7 Flächeneinheiten.

2.

a) $C(8\,|\,7\,|\,-6)$

b) $F_P = 35{,}36$ FE

c) Die Innenwinkel des Parallelogramms sind 54,74° und 125,3°.

d) Schnittpunkt: $E(5{,}5\,|\,6\,|\,-0{,}5)$
Winkel: 54,74°

e)

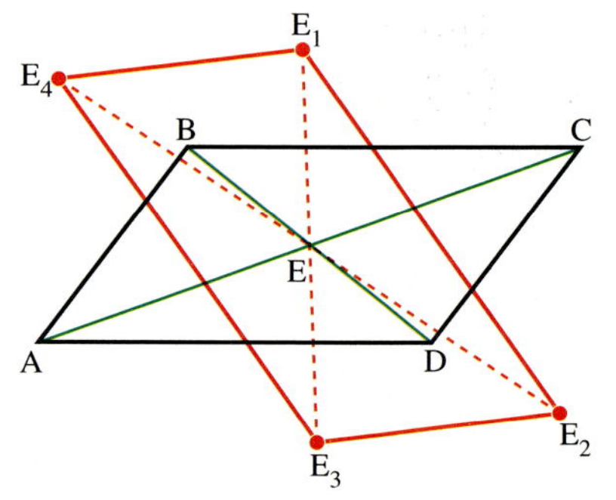

f) Bei den Vierecken $E_1E_2E_3E_4$ handelt es sich um ein Parallelogramm. Die sich gegenüberliegenden Spiegelpunkte liegen auf einer Geraden und haben den gleichen Abstand zu E. Die beiden Geraden $\overline{E_1E_3}$ und $\overline{E_2E_4}$ sind Diagonalen und halbieren sich und es entsteht wieder ein Parallelogramm.

3.

a) $S(-2\,|\,2\,|\,3)$

b) 65,9°

c) Da sich g_1 und g_2 in S schneiden, reicht es, einen Punkt $P \neq S$ von g_1 und g_2 zu spiegeln.

z. B. $P(2\,|\,-1\,|\,1)$, $P'\begin{pmatrix} -\frac{16}{7} \\ \frac{253}{35} \\ \frac{149}{35} \end{pmatrix}$ Spiegelgerade $g: \vec{x} = \begin{pmatrix} -2 \\ 2 \\ 3 \end{pmatrix} + t \cdot \begin{pmatrix} -10 \\ 183 \\ 44 \end{pmatrix}$

d) Für $r = 2$ ergibt sich P_1. Abstand $|P_1S| = 13{,}463$ $\overrightarrow{OP_2} = \overrightarrow{OS} \pm 13{,}463 \cdot \frac{1}{\sqrt{35}} \begin{pmatrix} 5 \\ 3 \\ -1 \end{pmatrix}$

zwei Möglichkeiten: $P_2(9{,}378\,|\,8{,}827\,|\,0{,}724)$ oder $P_2'(-13{,}387\,|\,-4{,}827\,|\,5{,}276)$

Klausurtraining B

1.

a) PQRS ist ein Parallelogramm für $a = 2$.

b) Da ein Rechteck ein spezielles Parallelogramm ist, bleibt $a = 2$. Bleibt z. z. dass die beiden Vektoren, die das Parallelogramm aufspannen, senkrecht zueinander stehen, also z. z. $\begin{pmatrix} 5 \\ -1 \\ 5 \end{pmatrix} \begin{pmatrix} 5 \\ -1 \\ 1 \end{pmatrix} = 0$.
Wegen $\begin{pmatrix} 5 \\ -1 \\ 5 \end{pmatrix} \begin{pmatrix} 5 \\ -1 \\ 1 \end{pmatrix} = 35 \neq 0$ ist PQRS kein Rechteck für $a = 2$.

c) d)

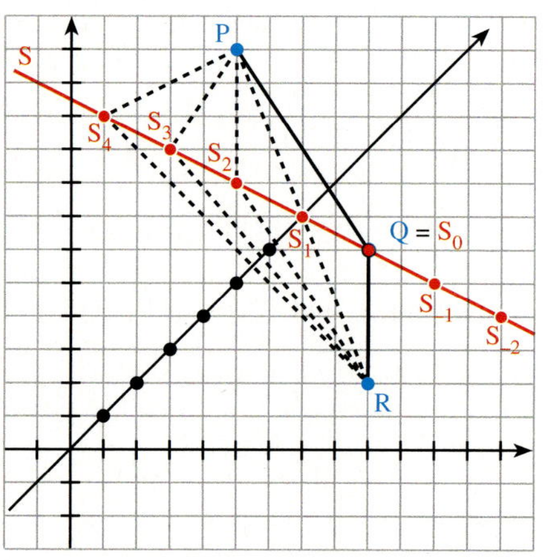

1. alle S_a, $a \in \mathbb{R}$ liegen auf der Geraden mit $\vec{x} = \begin{pmatrix} 1 \\ 4 \\ 1 \end{pmatrix} + \lambda \begin{pmatrix} 0 \\ 2 \\ -3 \end{pmatrix}$.
2. Für $a = 0$ ist $S_0 = Q$, somit kein Viereck. Für $a < 0$ ist PQRS kein Viereck, da die Summe der Innenwinkel $> 360°$.
Für $a = 1$ liegt S_1 auf $\overline{PR}$ und halbiert diese. Für $a > 1$ ist die Gerade S Diagonale und zu dieser ist das Viereck PQRS schrägsymmetrisch.

2.

a) Die drei Geraden bilden ein Dreieck, weil sie sich paarweise schneiden.

b) $A(4|6|1)$; $B(3|2|4)$; $C(1|2|1)$

c) $\alpha = 41{,}82°$, $\beta = 67{,}62°$, $\gamma = 70{,}56°$

d) $S\left(\frac{8}{3}\middle|\frac{10}{3}\middle|2\right)$. Die drei Seitenhalbierenden im Dreieck schneiden sich in S, dem Schwerpunkt des Dreiecks.

e) $g\colon \vec{x} = \begin{pmatrix} \frac{8}{3} \\ \frac{10}{3} \\ 2 \end{pmatrix} + \lambda \begin{pmatrix} 1 \\ 4 \\ -3 \end{pmatrix}$

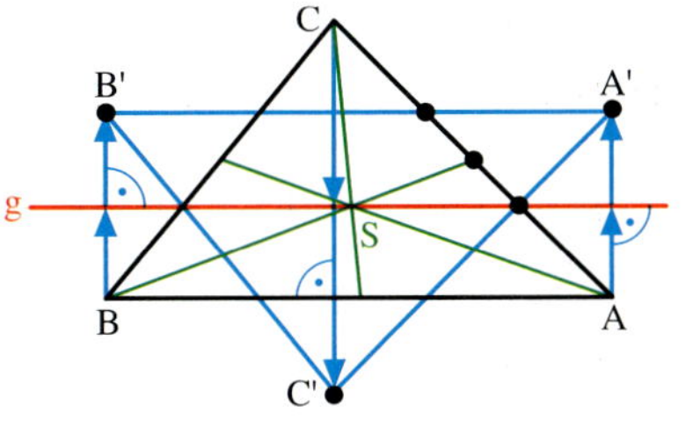

f) $\overrightarrow{OA'} = \frac{1}{39}\begin{pmatrix} 97 \\ 206 \\ -18 \end{pmatrix}$; $\overrightarrow{OB'} = \frac{1}{39}\begin{pmatrix} 58 \\ 50 \\ 99 \end{pmatrix}$; $\overrightarrow{OC'} = \frac{1}{39}\begin{pmatrix} 157 \\ 134 \\ 153 \end{pmatrix}$

g) $m_1 \cdot \overrightarrow{AS} + m_2 \cdot \overrightarrow{BS} + m_3 \cdot \overrightarrow{CS} = \vec{o}$ $\quad (m_1 + m_2 + m_3) \cdot \overrightarrow{OS} - m_1 \cdot \overrightarrow{OA} - m_2 \cdot \overrightarrow{OB} - m_3 \cdot \overrightarrow{OC} = \vec{o}$

$$\overrightarrow{OS} = \frac{m_1}{m_1 + m_2 + m_3} \cdot \overrightarrow{OA} + \frac{m_2}{m_1 + m_2 + m_3} \cdot \overrightarrow{OB} + \frac{m_3}{m_1 + m_2 + m_3} \cdot \overrightarrow{OC}$$

Die obere Gleichung zeigt, dass es immer einen solchen Punkt S gibt. Der Punkt S ist das gewichtete Mittel der Punkte A, B, C. Physikalisch gesehen ist es der Schwerpunkt. Falls $m_1 = m_2 = m_3$ ergibt sich $\overrightarrow{OS} = \frac{1}{3}(\overrightarrow{OA} + \overrightarrow{OB} + \overrightarrow{OC})$.

Die Koordinaten von S ergeben sich dann als arithmetisches Mittel aus den Koordinaten von A, B und C, d. h. S ist dann Schwerpunkt des Dreiecks.

3.

a) $S(1|2|1)$

b) $63{,}6°$

c) Da sich g_1 und g_2 in S schneiden, reicht es, einen Punkt $P \neq S$ von g_1 an g_2 zu spiegeln.

z. B. $P(3|4|0)$, $P'\left(\frac{7}{9}\middle|-\frac{8}{9}\middle|\frac{2}{9}\right)$

Spiegelgerade: $g_1'\colon \vec{x} = \begin{pmatrix} 1 \\ 2 \\ 1 \end{pmatrix} + t \cdot \begin{pmatrix} -2 \\ -26 \\ -7 \end{pmatrix}$

d) Für $s = 2$ erhält man P_1.

$\overrightarrow{OP_2} = \overrightarrow{OS} \pm 3 \cdot \frac{1}{3}\begin{pmatrix} 2 \\ 2 \\ -1 \end{pmatrix}$

zwei Möglichkeiten: $P_2(-1|0|2)$ oder $P_2'(3|4|0)$

e) $P_1'(-1|3|3)$; $P_2'(-1|0|2)$ oder $P_2'(3|4|0)$

Lösungen zu den Seiten 302 und 303

Klausurtraining A

1.

a) $\mathbb{E}: \vec{x}=\begin{pmatrix}-5\\4\\-2\end{pmatrix}+\lambda\begin{pmatrix}12\\-5\\2\end{pmatrix}+\mu\begin{pmatrix}2\\-2\\-1\end{pmatrix}$ $\qquad$ $\mathbb{E}: 9x_1+16x_2-14x_3=47$

b) 1. Setze P in die Geradengleichung ein.

2. $\mathbb{E}: \vec{x}=\begin{pmatrix}0\\0\\7\end{pmatrix}+\lambda\begin{pmatrix}-1\\-1\\2\end{pmatrix}+\mu\begin{pmatrix}3\\4\\-8\end{pmatrix}$ $\qquad$ $\mathbb{E}: -2x_2-x_3=-7$

2.

a) P und R liegen in $\mathbb{E}$, Q nicht.

b) P und R liegen in $\mathbb{E}$. Q nicht.

3.

Wenn man $\mathbb{E}_1$ und $\mathbb{E}_2$ von Parameterdarstellung in Koordinatenstellung umschreibt, so haben alle drei Ebenen dieselbe Koordinatendarstellung.

4.

a) Der Richtungsvektor $\begin{pmatrix}0\\1\\1\end{pmatrix}$ der Geraden g steht senkrecht auf dem Normalenvektor $\begin{pmatrix}1\\1\\-1\end{pmatrix}$ der Ebene.

Der Abstand von g und $\mathbb{E}$ beträgt $\sqrt{3}$.

b) Für $t_0=0$ sind $g=g_{t_0}$ (Parallelität. Für Identität setze einen Geradenpunkt in die andere Geradengleichung ein)

c) f. a. $t\in\mathbb{R}\backslash\{0\}$ schneidet g_t die Ebene $\mathbb{E}$. Schnittpunkt ist $P_t=\begin{pmatrix}2\\\frac{t-1}{t}\\\frac{2t-1}{t}\end{pmatrix}$.

d) h: $\vec{x}=\begin{pmatrix}2\\0\\1\end{pmatrix}+\lambda\begin{pmatrix}0\\1\\1\end{pmatrix}$ $\qquad$ Setze P_t in die Geradengleichung ein.

e) $\mathbb{E}^*: \vec{x}=\begin{pmatrix}3\\1\\0\end{pmatrix}+\lambda\begin{pmatrix}1\\1\\-1\end{pmatrix}+\mu\begin{pmatrix}2\\1\\-3\end{pmatrix}$ Die Normalenvektoren von $\mathbb{E}^*$ und $\mathbb{E}$ sind orthogonal zueinander: $\begin{pmatrix}1\\+1\\-1\end{pmatrix}\begin{pmatrix}-2\\1\\-1\end{pmatrix}=0$

5.

a) $\lambda=1,\ \mu=-1,\ \nu=1$

b) g: $\vec{x}=\begin{pmatrix}3\\3\\-3\end{pmatrix}+\nu\begin{pmatrix}-2\\-1\\6\end{pmatrix}$ $\qquad$ $\mathbb{E}: \vec{x}=\begin{pmatrix}-1\\4\\6\end{pmatrix}+\mu\begin{pmatrix}-1\\2\\1\end{pmatrix}+\lambda\begin{pmatrix}1\\0\\-2\end{pmatrix}$

Klausurtraining B

1.

a) $\mathbb{E}: \vec{x}=\begin{pmatrix}1\\-2\\1\end{pmatrix}+\lambda\begin{pmatrix}1\\5\\0\end{pmatrix}+\mu\begin{pmatrix}0\\3\\-3\end{pmatrix}$ ist die durch A, B, C aufgespannte Ebene. D liegt nicht in dieser Ebene.

2.

a) $\mathbb{E}\colon\ x_1 + 3x_2 + 7x_3 = 0$ **b)** $\mathbb{E}\colon\ x_1 + x_2 - 2x_3 = -16$ $\mathbb{E} = \begin{pmatrix} -16 \\ 0 \\ 0 \end{pmatrix} + \lambda \begin{pmatrix} -1 \\ 1 \\ 0 \end{pmatrix} + \mu \begin{pmatrix} 2 \\ 0 \\ 1 \end{pmatrix}$

3.

a) $P_1(3\,|-5\,|\,4)$, $P_2(-5\,|\,5\,|\,0)$ **b)** $Q\left(\frac{1}{3}\,\middle|-\frac{2}{3}\,\middle|\,\frac{2}{3}\right)$ **c)** $R(-1\,|\,0\,|\,2)$

4.

a) $S(1\,|\,3\,|-4)$

b) 1. Koordinatendarstellung $\mathbb{E}_1\colon\ 2x_1 - 2x_2 + x_3 = 3$ $\mathbb{E}_2\colon\ x_1 + 6x_2 + 2x_3 = 1$ $\vec{x} = \begin{pmatrix} 0 \\ -0{,}5 \\ 2 \end{pmatrix} + \lambda \begin{pmatrix} 1 \\ \frac{3}{10} \\ -\frac{7}{5} \end{pmatrix}$

5.

$\mathbb{E}_1\colon\ 4x_1 + 2x_2 - 6x_3 = 6$ $\mathbb{E}_2\colon\ -6x_1 - 3x_2 + a \cdot x_3 = -3$

$\boxed{a = 9}$ $\mathbb{E}_1 \parallel \mathbb{E}_2$, aber $\mathbb{E}_1 \neq \mathbb{E}_2$, leere Lösungsmenge

$\boxed{a \neq 9}$ $\mathbb{E}_1$ und $\mathbb{E}_2$ schneiden sich.

Lösungsmenge: $\begin{pmatrix} x_1 \\ x_2 \\ x_3 \end{pmatrix} = \begin{pmatrix} \frac{3(a-3)}{2(a-9)} \\ 0 \\ \frac{6}{a-9} \end{pmatrix} + r \cdot \begin{pmatrix} -\frac{1}{2} \\ 1 \\ 0 \end{pmatrix}$

Lösungen zu den Seiten 332 und 333

Klausurtraining A

1.

a) $\begin{pmatrix} -14 & 10 & -1 \\ -7 & 4 & 31 \\ -13 & 5 & 9 \\ -1 & 16 & 20 \\ 6 & -7 & 8 \end{pmatrix}$ **b)** $\begin{pmatrix} 6 & 7 & -4 & 0 \\ -7 & -1 & 6 & -3 \end{pmatrix}$ **c)** $\begin{pmatrix} -7 & 0 \\ 11 & 0 \end{pmatrix}$

2. $\begin{pmatrix} R_1 \\ R_2 \\ R_3 \end{pmatrix} = \begin{pmatrix} 5150 \\ 4810 \\ 7030 \end{pmatrix}$

3.

a) $a = 1$: $\begin{pmatrix} x_1 \\ x_2 \\ x_3 \end{pmatrix} = \begin{pmatrix} -1 \\ -2 \\ 0 \end{pmatrix} + \lambda \begin{pmatrix} 0 \\ -1 \\ 1 \end{pmatrix}$ $a \neq 1$: $\begin{pmatrix} x_1 \\ x_2 \\ x_3 \end{pmatrix} = \begin{pmatrix} -1 \\ -2 \\ 0 \end{pmatrix}$

b) $\begin{pmatrix} x_1 \\ x_2 \\ x_3 \\ x_4 \\ x_5 \end{pmatrix} = \frac{1}{11} \cdot \begin{pmatrix} 1 \\ 9 \\ 6 \\ 0 \\ 0 \end{pmatrix} + \frac{1}{11} \cdot r \cdot \begin{pmatrix} 4 \\ 3 \\ -9 \\ 0 \\ 11 \end{pmatrix} + \frac{1}{11} \cdot t \cdot \begin{pmatrix} -1 \\ 2 \\ 5 \\ 11 \\ 0 \end{pmatrix}$

4.

a) $T_1 = \begin{pmatrix} 0 & -1 & 0 \\ -1 & 0 & 0 \\ 0 & 0 & 1 \end{pmatrix}$ **b)** $T_2 = \begin{pmatrix} 1 & 0 & 0 \\ 0 & 1 & 0 \\ 0 & 0 & -1 \end{pmatrix}$ **c)** $T_1 \cdot T_2 = T_2 \cdot T_1 = \begin{pmatrix} 0 & -1 & 0 \\ -1 & 0 & 0 \\ 0 & 0 & -1 \end{pmatrix}$

5.

a) $A'(-3\,|-3\,|\,0)$, $B'(5\,|-2\,|\,5)$, $C'(-5\,|-1\,|\,1)$ **b)** $T_2 = \begin{pmatrix} 1 & 0 & 0 \\ 0 & -1 & 0 \\ 0 & 0 & -1 \end{pmatrix}$ $V = \frac{1}{3} \begin{pmatrix} -1 & -2 & 2 \\ 2 & 1 & 2 \\ -2 & 2 & 1 \end{pmatrix}$

Klausurtraining B

1.

a) $\begin{pmatrix} 4 & -8 \\ -6 & 12 \\ -2 & 4 \end{pmatrix}$ **b)** $\begin{pmatrix} 0 & 2 & 0 \\ 0 & 6 & 0 \\ 0 & 8 & 0 \end{pmatrix}$ **c)** $\begin{pmatrix} -\sqrt{2} & \frac{9}{2}\sqrt{2} \\ \frac{3}{2}\sqrt{2}+\frac{1}{2} & -\frac{1}{2}\sqrt{2}+\frac{5}{2} \end{pmatrix}$

2. $\begin{pmatrix} A \\ B \\ C \end{pmatrix} = \begin{pmatrix} 555 \\ 530 \\ 615 \end{pmatrix}$

3.

$\begin{pmatrix} -3 & 6 & -5 \\ 1 & -1 & 1 \\ 2 & -4 & 3 \end{pmatrix} \begin{pmatrix} 1 & 2 & 1 \\ -1 & 1 & -2 \\ -2 & 0 & -3 \end{pmatrix} = \begin{pmatrix} 0 & 0 & 0 \\ 0 & 1 & 0 \\ 0 & 0 & 1 \end{pmatrix}$ $\begin{pmatrix} x_1 \\ x_2 \\ x_3 \end{pmatrix} = \begin{pmatrix} 7 \\ 3 \\ -1 \end{pmatrix}$

4.

a) $P\left(\frac{11}{5} \middle| -\frac{2}{5}\right)$ **b)** $T = \frac{1}{5} \cdot \begin{pmatrix} 3 & 4 \\ 4 & -3 \end{pmatrix}$

Lösungen zu den Seiten 396 und 397

Klausurtraining A

1.

(1) $\frac{16}{50}$ (2) $\frac{13}{50}$ (3) $1 - \frac{7}{50} = \frac{43}{50}$ (4) $\frac{37}{50}$

2.

(1) Mithilfe eines Würfels und einer Münze können 12 Ergebnisse mit gleicher Wahrscheinlichkeit erzeugt werden: W1, W2, W3, W4, W5, W6, Z1, Z2, Z3, Z4, Z5, Z6. Mithilfe zweier Tetraeder können 16 Ergebnisse mit gleicher Wahrscheinlichkeit erzeugt werden: 11, 12, 13, 14, 21, 22, 23, 24, 31, 32, 33, 41, 42, 43, 44; von diesen lässt man 4 Ergebnisse unbeachtet. Mithilfe eines Tetraeders und eines Würfels können 24 Ergebnisse mit gleicher Wahrscheinlichkeit erzeugt werden; je zwei fasst man zusammen.

(2) Man führe das Verfahren aus (1) solange durch, bis drei verschiedene Ergebnisse aufgetreten sind.

3.

$P(\text{ggg, rrr, bbb}) = \frac{4 \cdot 3 \cdot 2 + 5 \cdot 4 \cdot 3 + 6 \cdot 5 \cdot 4}{15 \cdot 14 \cdot 13} = \frac{204}{2\,730}$ $P(\text{grb, gbr, rbg, rgb, bgr, brg}) = 6 \cdot \frac{4 \cdot 5 \cdot 6}{15 \cdot 14 \cdot 13} = \frac{720}{2\,730}$

4.

a)

	West	Ost	
Einpersonen-Haushalt	29,56 %	5,87 %	35,43 %
Mehrpersonen-Haushalt	52,04 %	12,53 %	64,57 %
	81,60 %	18,40 %	100 %

b)

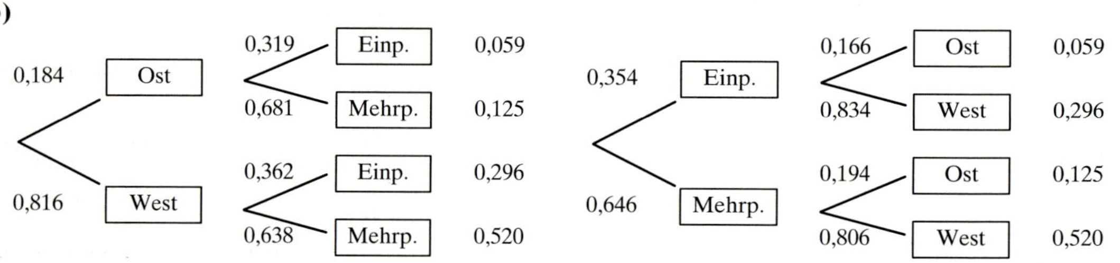

c) In Deutschland gab es 1998 insgesamt 37,532 Mio. Haushalte, davon waren 18,4% in Ostdeutschland; von diesen waren 31,9% Einpersonen-Haushalte. Unter den Haushalten in Westdeutschland hatten die Einpersonen-Haushalte einen Anteil von 36,2%.
In Deutschland gab es 1998 insgesamt 37,532 Mio. Haushalte, davon waren 35,4% Einpersonen-Haushalte; von diesen waren 16,6% in Ostdeutschland. Unter den Mehrpersonen-Haushalten hatten die aus Ostdeutschland einen Anteil von 10,4%.

5.
$P(5\text{ Richtige}) = \frac{\binom{5}{5}\cdot\binom{40}{0}}{\binom{45}{5}} = \frac{1}{1\,221\,759}$; $P(4\text{ Richtige}) = \frac{\binom{5}{4}\cdot\binom{40}{1}}{\binom{45}{5}} = \frac{200}{1\,221\,759}$;

$P(3\text{ Richtige}) = \frac{\binom{5}{3}\cdot\binom{40}{2}}{\binom{45}{5}} = \frac{7\,800}{1\,221\,759}$

Klausurtraining B

1.
(1) $\frac{93\,020}{98\,781} = 0{,}942$ (2) $\frac{96\,367}{98\,781}\cdot\frac{93\,020}{97\,827} = 0{,}928$ (3) $\frac{68\,037}{98\,781} + \frac{68\,037}{97\,827} - \frac{68\,037}{98\,781}\cdot\frac{68\,037}{97\,827} = 0{,}905$

2.
(1) $\frac{8\cdot7\cdot6}{8\cdot8\cdot8} = \frac{336}{512} = \frac{42}{64}$ (2) $\frac{(7\cdot7+6\cdot6+5\cdot5+4\cdot4+3\cdot3+2\cdot2+1\cdot1)}{8\cdot8\cdot8} = \frac{140}{512}$

(3) $\frac{(7\cdot6+6\cdot5+5\cdot4+4\cdot3+3\cdot2+2\cdot1)}{8\cdot8\cdot8} = \frac{112}{512}$

3.
(1) $P(0\text{ Richtige}) = \frac{\binom{3}{0}\cdot\binom{9}{3}}{\binom{12}{3}} = \frac{84}{220}$

(2) $P(0\text{ gerade Zahlen}) = \frac{\binom{6}{0}\cdot\binom{6}{3}}{\binom{12}{3}} = P(3\text{ gerade Zahlen}) = \frac{1}{11}$

$P(1\text{ gerade Zahl}) = \frac{\binom{6}{1}\cdot\binom{6}{2}}{\binom{12}{3}} = P(2\text{ gerade Zahlen}) = \frac{9}{22}$

4.

	West	Ost	
unter 21 Jahren	18,26%	**4,34%**	22,6%
21 Jahre und älter	63,00%	**14,40%**	77,4%
	81,26%	**18,74%**	100%

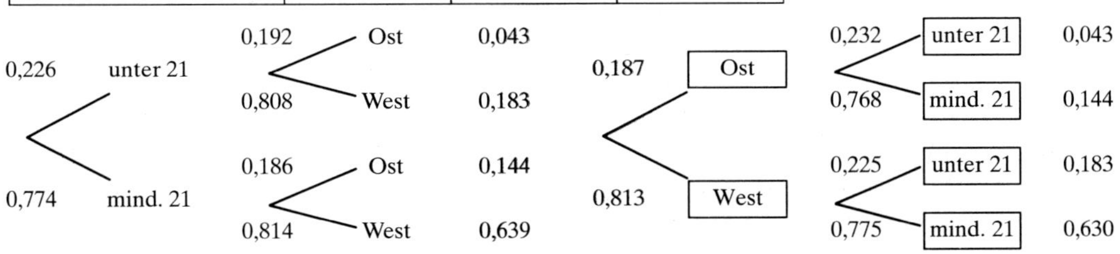

5.

Wurf-Nr.	Ergebnis	Pfad Tetraeder	Pfad Hexaeder	Wahrsch. Tetraeder	Wahrsch. Hexaeder
0				0,500	0,500
1	X	0,375	0,417	0,474	0,526
2	X	0,355	0,439	0,448	0,552
3	X	0,336	0,460	0,422	0,578
4	X	0,316	0,482	0,396	0,604
5	1	0,099	0,101	0,496	0,504
6	X	0,372	0,420	0,470	0,530
7	X	0,352	0,442	0,444	0,556
8	1	0,111	0,093	0,545	0,455
9	1	0,136	0,076	0,642	0,358
10	X	0,482	0,298	0,617	0,383
11	X	0,463	0,319	0,592	0,408
12	X	0,444	0,340	0,567	0,433

Nach den 12 Würfen würde man eher darauf wetten, dass ein Tetraeder geworfen wurde.

Lösungen zu den Seiten 460 und 461

Klausurtraining A

1.

X_1: Augensumme beim Wurf von Tetraeder und Oktaeder bzw. X_2: Augensumme beim Wurf von zwei Hexaedern

(1)

k	2	3	4	5	6	7	8	9	10	11	11
$P(X_1 = k)$	$\frac{1}{32}$	$\frac{2}{32}$	$\frac{3}{32}$	$\frac{4}{32}$	$\frac{4}{32}$	$\frac{4}{32}$	$\frac{4}{32}$	$\frac{4}{32}$	$\frac{3}{32}$	$\frac{2}{32}$	$\frac{1}{32}$

(2) $P(X_1 > 8) = \frac{10}{32}$; $P(6 \le X_1 \le 9) = \frac{16}{32}$

(3) $P(X_1 = 7) = P(16, 25, 34, 43) = \frac{4}{32} = \frac{1}{8}$ $\qquad$ $P(X_2 = 7) = P(16, 25, 34, 43, 52, 61) = \frac{6}{36} = \frac{1}{6}$

2.

(1) $n = 10$; $p_1 = 0{,}7$; $p_2 = 0{,}3$; X_1: Anzahl der Führerscheinbesitzer in der Stichprobe; X_2: Anzahl der Personen in der Stichprobe ohne Führerschein $P(X_1 > 5) = P(X_2 \le 4) = 0{,}850$

(2) $$P(X > 5) = \frac{\left[\binom{9}{4}\cdot\binom{21}{6}+\binom{9}{3}\cdot\binom{21}{7}+\binom{9}{2}\cdot\binom{21}{8}+\binom{9}{1}\cdot\binom{21}{9}+\binom{9}{0}\cdot\binom{21}{10}\right.}{\binom{30}{10}} = 0{,}896$$

(3) In (1) darf mit Binomialansatz gerechnet werden, da das Verhältnis *Umfang der Gesamtheit* zu *Umfang der Stichprobe* groß ist. Wenn in (2) mit Zurücklegen gezogen würde, wäre auch hier ein Binomialansatz möglich.

3.

$n = 100$; $p_1 = 0{,}8$; $p_2 = 0{,}2$; X_1: Anzahl der Haushalte in der Stichprobe mit Tiefkühlschrank;
X_2: Anzahl der Haushalte in der Stichprobe ohne Tiefkühlschrank.
$P(X_1 = 80) = P(X_2 = 20) = 0{,}099$ $\qquad$ $P(X_1 \ge 80) = P(X_2 \le 20) = 0{,}559$
$P(70 \le X_1 \le 80) = P(20 \le X_2 \le 30) = 0{,}534$

4.

Hypothese H_1: $p = 0{,}5$ (also $\mu = 50$); Hypothese H_2: $p = 0{,}3$ (also $\mu = 30$)
mögliche Entscheidungsregel: Entscheide dich für die Gültigkeit der Hypothese H_1, falls die Anzahl der Haushalte in der Stichprobe mit Tageszeitung mindestens 40 beträgt, sonst für H_2.
Wir betrachten die Situation aus der Sicht der Hypothese H_1:
Fehler 1. Art: $p = 0{,}5$ ist richtig, d. h. $p = 0{,}5$ ist falsch, aber zufällig gilt: $X < 40$. $P_{p=0,5}(X < 40) = 1{,}8\,\%$
Fehler 2. Art: $p = 0{,}5$ ist falsch, d. h. $p = 0{,}3$ ist richtig, aber zufällig gilt: $X \geq 40$. $P_{p=0,3}(X \geq 40) = 2{,}1\,\%$

Klausurtraining B

1.

X: Anzahl der Gewinnzahlen unter 13;

$$P(X = k) = \frac{\binom{12}{k} \cdot \binom{37}{6-k}}{\binom{49}{6}}$$

$E(X) = 1{,}469$

k	P(X = k)	k · P(X = k)
0	0,166	0
1	0,374	0,374
2	0,312	0,623
3	0,122	0,367
4	0,024	0,094
5	0,002	0,010
6	0,00007	0,0004
	1	1,469 = E(X)

2.

a)

k	P(X = k)
0	0,237
1	0,396
2	0,264
3	0,088
4	0,015
5	0,001

b) $n = 50$; $p = 0{,}25$; $P(X = 12) = 0{,}129$;
$P(X > 10) = 1 - P(X \leq 10) = 0{,}738$;
$P(5 \leq X \leq 15) = 0{,}835$

c) $n = 100$; $p_1 = 0{,}75$; $p_2 = 0{,}25$; $P(X_1 > 70) = P(X_2 \leq 29) = 0{,}850$; $P(X_1 = 75) = P(X_2 = 225) = 0{,}091$;
$P(X_1 \leq 82) = P(X_2 \geq 18) = 1 - P(X_2 \leq 17) = 0{,}962$

d) P (mindestens 1 Wurf mit Augenzahl 1) $= 1 - 0{,}75^n \geq 0{,}95$, d. h. $0{,}75^n \leq 0{,}05$ d. h. $n \geq 11$

3.

$n = 32$; $p = \frac{1}{32}$; X: Anzahl der Asse
$P(X = 0) = 0{,}362$; $P(X = 1) = 0{,}374$; $P(X = 2) = 0{,}187$; $P(X > 2) = 0{,}077$
Häufigkeitsinterpretation: 36,2 % der 32 Kastenbilder werden nicht aufgedeckt, das sind ca. 12 Kastenbilder.

4.

a) X: Anzahl der Schadensmeldungen $E(X) = 0 \cdot 0{,}4 + 1 \cdot 0{,}3 + 2 \cdot 0{,}2 + 3 \cdot 0{,}1 = 1$

b) $n = 1000$; $p = 0{,}8$; $\mu = 800$; $\sigma = 12{,}65$; $P(\mu - 1{,}96\sigma \leq X \leq \mu + 1{,}96\sigma) = P(776 \leq X \leq 824) \approx 95\,\%$
Mit einer Wahrscheinlichkeit von 95 % wird die Anzahl der Versicherungsfälle zwischen 776 und 824 liegen.

Lösungen zu den Seiten 494 und 495

Klausurtraining A

1.

(1) 95%-Umgebung von $\mu = 187$: $166 \le X \le 208$

(2) 95%-Umgebung von $p = 0{,}374$: $33{,}2\,\% \le \frac{X}{n} \le 41{,}6\,\%$

2.

$p = 0{,}514$; $n = 832$; 95%-Umgebung von μ: $400 \le X \le 455$. Das Stichprobenergebnis ist verträglich mit $p = 0{,}514$.
(Die Hypothese $p = 0{,}514$ kann auf dem 95%-Niveau nicht verworfen werden.)

3.

Test der zweiseitigen Hypothese $p = 0{,}1$ für jede der Zahlen 0, 1, 2, ..., 9
Annahmebereich: $100 \le X \le 140$
Entscheidungsregel: Verwirf die Hypothese $p = 0{,}1$, falls die betrachtete Zahl weniger als 100-mal oder mehr als 140-mal gezogen wurde.
Fehler 1. Art: Das Ziehungsgerät ist in Ordnung, aber zufällig wird eine Zahl signifikant selten oder signifikant oft gezogen. Das Ziehungsgerät wird überprüft, obwohl kein Anlass hierfür besteht.
Fehler 2. Art: Das Ziehungsgerät ist nicht in Ordnung, aber das Stichprobenergebnis gibt keine Veranlassung das Gerät zu überprüfen. Die Spielchancen sind nicht gerecht/gleich.

4.

Für $n = 800$; $p = 0{,}5$ ist $\mu = 400$; $\sigma = 14{,}14$, also $\mu - 1{,}28\,\sigma = 381{,}9$ bzw. $\mu + 1{,}28\,\sigma = 418{,}1$.

Standpunkt Werbeagentur: Unsere Werbeaktion ist effektiv. Mehr als 50% der Menschen verbindet mit dem Namen der Stadt etwas Positives. Von diesem Standpunkt gehen wir nur ab bei signifikanter Abweichung nach unten.
(Hypothese: $p > 0{,}5$)

Für $p > 0{,}5$ ist $\mu - 1{,}28\,\sigma > 381{,}9$.
Entscheidungsregel: Verwirf die Hypothese $p > 0{,}5$, falls weniger als 382 Personen in der Stichprobe positive Assoziationen bei Nennung der Stadt haben.
Auswirkungen eines Fehlers 1. Art: Die Werbeaktion war erfolgreich; die Agentur erhält trotzdem nicht die Zusatz-Prämie. Auswirkungen eines Fehlers 2. Art: Die Werbeaktion war nicht erfolgreich; die Werbeagentur besteht trotzdem auf Zahlung der Zusatz-Prämie.

Standpunkt Bürgermeister: Im Interesse der Finanzen unserer Stadt sind wir skeptisch bzgl. des Erfolgs der Werbeagentur. Diesen Standpunkt geben wir nur auf bei signifikant nach oben abweichenden Stichprobenergebnissen.
(Hypothese: $p \le 0{,}5$)

Entscheidungsregel: Verwirf die Hypothese $p \le 0{,}5$, falls mehr als 418 Personen in der Stichprobe mit dem Namen der Stadt verbinden.
Auswirkungen eines Fehlers 1. Art: Die Werbeaktion war eigentlich nicht erfolgreich; der Bürgermeister zahlt trotzdem die Zusatz-Prämie. Auswirkungen eines Fehlers 2. Art: Die Werbeaktion war erfolgreich; der Bürgermeister verweigert die Zahlung der Zusatz-Prämie.

5.

a) Mit einer Wahrscheinlichkeit von 90% ist der folgende Ansatz richtig: Das Stichprobenergebnis $X = 143$ unterscheidet sich vom Erwartungswert $\mu = 400p$ um höchstens $1{,}64 \cdot \sqrt{400\,p\,(1-p)}$. Lösen der Ungleichung führt zu: $0{,}320 \le p \le 0{,}397$ (90%-Konfidenzintervall).

b) Näherungsmethode: $0{,}319 \le p \le 0{,}396$

c) Mit einer Wahrscheinlichkeit von 90% unterscheidet sich die relative Häufigkeit der Anzahl der Haushalte mit

Videokamera in der Stichprobe vom wahren Anteil p in der Gesamtheit um höchstens $1{,}64\,\frac{\sigma}{n}$. Dieser Unterschied soll außerdem höchstens 0,01 betragen. Daher wird mit einer Wahrscheinlichkeit von 90% der Ansatz $1{,}64\,\frac{\sigma}{n} \le 0{,}01$ erfüllt sein. Auflösen der Ungleichung führt zu: $n \ge 6178$.

Klausurtraining B

1.

$n = 1000;\ p = \frac{\binom{24}{6} \cdot \binom{25}{0}}{\binom{49}{6}} = 0{,}0096$ $\mu = 9{,}63;\ \sigma = 3{,}09$ 95%-Umgebung von μ: $4 \le X \le 15$

2.

$p = 0{,}228;\ n = 576$ $\mu = 131{,}3;\ \sigma = 10{,}07$ 90%-Umgebung von μ: $115 \le X \le 147$

Das Stichprobenergebnis ist nicht verträglich mit $p = 0{,}228$. (Die Hypothese $p = 0{,}228$ kann auf dem 90%-Niveau verworfen werden.) Dies kann Zufall sein (denn mit einer Wahrscheinlichkeit von 10% treten Ergebnisse außerhalb der 90%-Umgebung auf) oder es könnte sein, dass aus bestimmten Gründen in der Umgebung der Raststätte andere Fahrzeugtypen mehr oder weniger bevorzugt auftreten.

3.

Ansätze für die Bestimmung von p:

Wie sind die Asse verteilt? $\frac{\binom{2}{0} \cdot \binom{30}{4}}{\binom{32}{4}} = 0{,}762$ oder Was liegt im Skat? $\frac{\binom{4}{0} \cdot \binom{28}{2}}{\binom{32}{2}} = 0{,}762$.

Für $n = 200;\ \mu = 152{,}4;\ \sigma = 6{,}02$ ergibt sich als 90%-Umgebung: $143 \le X \le 162$.

Entscheidungsregel: Verwirf die Hypothese $p = 0{,}762$, falls weniger als 143-mal oder mehr als 162-mal kein Ass im Skat liegt.

Auswirkungen eines Fehlers 1. Art: Der Kartenmischer gerät unschuldig in Verdacht.

Auswirkungen eines Fehlers 2. Art: Obwohl der Kartenmischer manipuliert, fällt kein Verdacht auf ihn.

4.

Einseitiger Hypothesentest: Man formuliert als Hypothese das logische Gegenteil dessen, was man „beweisen" will.

Standpunkt: Die Bürger sind ehrlich. Von diesem Standunkt gehe ich nur ab, falls die Anzahl der Personen, die angeben, zur Wahl gegangen zu sein, signifikant nach oben abweicht. (Hypothese: $p \le 0{,}831$)

Für $n = 1000$ und $p = 0{,}831$ ist $\mu = 831$ und $\sigma = 11{,}85$, also $\mu + 164\sigma = 850{,}4$. Für $p < 0{,}831$ ist $\mu + 1{,}64\sigma < 850{,}4$.

Entscheidungsregel: Verwirf die Hypothese, falls mehr als 850 Personen in der Stichprobe von sich behaupten, zur Wahl gegangen zu sein.

5.

a) (A) $p = 0{,}25$; $n = 200$; $\mu = 50$; $\sigma = 6{,}12$ Annahmebereich: $40 \leq X \leq 60$

$X = 38$ liegt im Verwerfungsbereich, d. h. die Hypothese wird verworfen bzw. $X = 58$ liegt im Annahmebereich, d. h. die Hypothese wird nicht verworfen.

(B) Das 90%-Konfidenzintervall zu $X = 38$ ist: $0{,}149 \leq p \leq 0{,}239$;

Das 90%-Konfidenzintervall zu $X = 58$ ist: $0{,}241 \leq p \leq 0{,}345$.

Vergleich der Aufgabentypen (A) und (B):

Die Erfolgswahrscheinlichkeit $p = 0{,}25$ liegt nicht im Konfidenzintervall zu $X = 38$; daher wird die Hypothese $p = 0{,}25$ aufgrund des Stichprobenergebnisses verworfen. Dagegen liegt die Erfolgswahrscheinlichkeit $p = 0{,}25$ im Konfidenzintervall zu $X = 58$; daher wird die Hypothese $p = 0{,}25$ aufgrund des Stichprobenergebnisses nicht verworfen.

b) Zu bestimmen ist die Wahrscheinlichkeit, dass bei $p = 0{,}2$ ein Stichprobenergebnis in den Annahmebereich der Hypothese $p = 0{,}25$ fällt: $\mu = 40$ und $\sigma = 5{,}66$, also:

P(Umgebung von $\mu = 40$ mit Radius $r = 20{,}5 = 3{,}62\,\sigma$) = 1,

P(Umgebung von $\mu = 40$ mit Radius $r = 0{,}5 = 0{,}09\,\sigma$) = 0,072, also $P_{p=0{,}2}(40 \leq X \leq 60) \approx 0{,}536$.

Überblick über den Kern der Analysis

Hinweis: Der Kern ist rot markiert.

Überblick über den Kern der Linearen Algebra/Analytischen Geometrie

Hinweis: Der Kern ist rot markiert.

Überblick über den Kern der Stochastik

Hinweis: Der Kern ist rot markiert.

Stichwortverzeichnis

Bildquellenverzeichnis

Umschlag: Mauritius, Mittenwald; *Seiten 53, 143, 193, 224, 259, 327, 353, 355, 362, 371, 374, 379, 391, 395, 403, 413, 419, 428, 433, 443, 447, 470, 484, 485:* Michael Fabian, Hannover; *Seite 72:* AKG, Berlin; *Seite 73:* Riemann: AKG, Berlin; *Seite 90:* Straßenbau: Mauritius – Hubatlea, Mittenwald; Wasserhyazinthen: Mauritius – Thonig, Mittenwald; *Seite 91:* Algen: Mauritius – Weststock, Mittenwald; Szintigramm: Mauritius – Phototake, Mittenwald; *Seite 95:* Koch, Zefa, Düsseldorf; *Seiten 111, 112:* H. Tegen, Hambühren; *Seite 137:* Mauritius – Hubacher, Mittenwald; *Seite 168:* Chwarizmi: Dr. Zemanek, Wien; Lullus: Deutsches Museum, München; *Seite 169:* King's College, Cambridge und The Royal Society; *Seite 178:* Astrofoto, Leichlingen; *Seite 187:* Mauritius – fact, Mittenwald; *Seite 192:* Mauritius – Rosenfeld, Mittenwald; *Seite 197:* Mauritius – Speedy, Mittenwald; *Seite 209:* Flugzeug: Deutsche Lufthansa AG, Köln; Fluglotse: Mauritius – Photo Library, Mittenwald; *Seite 228:* AKG, Berlin; *Seite 229:* Grassmann: Deutsches Museum, München; Hilbert: AKG, Berlin; *Seite 230:* Salzgitter AG; *Seite 235:* Mauritius – Starfoto, Mittenwald; *Seite 242:* Mauritius – H. Schwarz, Mittenwald; *Seite 247:* Daimler Chrysler AG, Stuttgart; *Seite 248:* dpa, Frankfurt; *Seite 258:* Dachstuhl: Sommer – dpa, Frankfurt; Papier: Michael Fabian, Hannover; Kraftwerk: dpa, Frankfurt; *Seite 260:* Lausitzer Braunkohle AG, Senftenberg; *Seite 271:* Mauritius – Kabes, Mittenwald; *Seite 290:* Mauritius – Rosenfeld, Mittenwald; *Seite 330:* Deutsches Museum, München; *Seite 340:* Kalender, Mensch-ärgere-dich-nicht: Michael Fabian, Hannover; Lotto: HR – Heinz-J. Schlüter; Wahl: Mauritius – Enzinger, Mittenwald; *Seite 358:* WDR, Köln; *Seite 367:* Mauritius – Fagot, Mittenwald; *Seite 372:* HR, Heinz-J. Schlüter; *Seite 375:* Sven Simon, Essen; *Seite 394:* Würfel: Michael Fabian, Hannover; Parkplatz: Mauritius – J. Beck, Mittenwald; *Seite 405:* Mauritius – Kratz, Mittenwald; *Seite 448:* Mauritius – Cupak, Mittenwald; *Seite 458:* HR, Heinz-J. Schlüter; *Seite 480:* Mauritius – Rosenfeld, Mittenwald.

Nicht in allen Fällen war es uns möglich, den bekannten Rechtsinhaber ausfindig zu machen. Berechtigte Ansprüche werden selbstverständlich im Rahmen der üblichen Vereinbarungen abgegolten.

Verzeichnis mathematischer Symbole

Mengen, Zahlen

$\mathbb{N}$	Menge der natürlichen Zahlen
$\mathbb{N}^*$	Menge der natürlichen Zahlen ohne null
$\mathbb{Z}$	Menge der ganzen Zahlen
$\mathbb{Q}$	Menge der rationalen Zahlen
$\mathbb{R}$	Menge der reellen Zahlen
$\mathbb{R}^*$	Menge der reellen Zahlen ohne null
$\mathbb{R}^+$	Menge der positiven reellen Zahlen
$\mathbb{R}^-$	Menge der negativen reellen Zahlen
$\mathbb{R}_0^+$	Menge der positiven reellen Zahlen zuzüglich null
$x \in M$	x ist Element von M
$x \notin M$	x ist nicht Element von M
$\{x \in M \mid \ldots\}$	Menge aller x aus M, für die gilt ...
$\{a, b, c, d\}$	Menge mit den Elementen a, b, c, d
$\{\ \}$	Leere Menge
$[a; b]$	$\{x \in \mathbb{R} \mid a \leq x \leq b\}$, abgeschlossenes Intervall
$]a; b[$	$\{x \in \mathbb{R} \mid a < x < b\}$, offenes Intervall
$[a; b[$	$\{x \in \mathbb{R} \mid a \leq x < b\}$
$[a; +\infty[$	$\{x \in \mathbb{R} \mid a \leq x\}$
$]-\infty; a[$	$\{x \in \mathbb{R} \mid x < a\}$
$U_\varepsilon(a)$	$]a-\varepsilon; a+\varepsilon[$ ε-Umgebung von a
$(a \mid b)$	geordnetes Paar a, b
$a < b$	a kleiner b
$a \leq b$	a kleiner oder gleich b
$\lvert x \rvert$	Betrag von x
x^n	x hoch n, n-te Potenz von x
$\sqrt{x}$	Wurzel aus x, (Quadrat-)Wurzel aus x
$\sqrt[n]{x}$	n-te Wurzel aus x
b^x	Potenz zur Basis b mit Exponent x (b hoch x)
$\sin x$	Sinus von x
$\cos x$	Kosinus von x
$\tan x$	Tangens von x
$\underline{S}_n$	Untersumme
$\overline{S}_n$	Obersumme
$\sum_{i=1}^{m} i^2$	Summe der ersten m Quadratzahlen
$\log_b x$	Logarithmus von x zur Basis b
$\ln x$	natürlicher Logarithmus von x

Funktionen

$x \mapsto \operatorname{sgn} x$	Signumfunktion
$x \mapsto H(x)$	Heavisidefunktion
$x \mapsto \operatorname{INT}(x)$	Ganzteilfunktion
$x \mapsto \int_a^x f$	Integralfunktion
$x \mapsto b^x$	Exponentialfunktion
$x \mapsto a \cdot b^x$	allgemeine Exponentialfunktion
$x \mapsto \log_b x$	Logarithmusfunktion
$x \mapsto e^x$	e-Funktion
$x \mapsto \sin x$	Sinusfunktion
$x \mapsto \cos x$	Kosinusfunktion
$x \mapsto \tan x$	Tangensfunktion
$f(x)$	Funktionsterm der Funktion f, Funktionswert von f an der Stelle x
$x \mapsto f(x)$	Zuordnungsvorschrift der Funktion f
D_f	Definitionsbereich der Funktion f
W_f	Wertebereich der Funktion f
f'	Ableitungsfunktion von f
$f''\ [f''', f^{IV}, \ldots]$	zweite [dritte, vierte, ...] Ableitung der Funktion f
$f'(a)$	Ableitung der Funktion f an der Stelle a
$\dot{s}$	1. Ableitung der Weg-Zeit-Funktion
$\ddot{s}$	2. Ableitung der Weg-Zeit-Funktion
$\lim\limits_{x \to a} f(x)$	Grenzwert der Funktion f an der Stelle a
$\langle a_n \rangle$	Folge mit den Gliedern $a_1, a_2, a_3, \ldots$
$\lim\limits_{x \to \infty} a_n$	Grenzwert der Folge $\langle a_n \rangle$
$\int_a^b f(x)\,dx$	Integral von a bis b der Funktion f

Geometrie und Algebra

$P(x \mid y)$	Punkt mit den Koordinaten x und y
$P(x \mid y \mid z)$	Punkt mit den Koordinaten x, y und z
AB	Gerade durch A und B
$\overline{AB}$	Strecke mit den Endpunkten A und B
$\overline{AB}$ (Halbgerade)	Halbgerade mit Anfangspunkt A durch B
$\lvert AB \rvert$	Länge der Strecke $\overline{AB}$
ABC	Dreieck mit den Eckpunkten A, B und C
$g \parallel h$	g parallel zu h
$g \perp h$	g orthogonal zu h
$\begin{pmatrix} x_1 \\ x_2 \\ x_3 \end{pmatrix}$	Vektor mit den Koordinaten x_1, x_2 und x_3
$\overrightarrow{OP}$	Ortsvektor des Punktes P
$\overrightarrow{PQ}$	Vektor von P nach Q
$\vec{o}$	Nullvektor
$\vec{v}$	Vektor $\vec{v}$
$-\vec{v}$	Gegenvektor von $\vec{v}$
$\lvert \vec{v} \rvert$	Länge (Betrag) des Vektors $\vec{v}$
$\vec{a} + \vec{b}$	Summe von $\vec{a}$ und $\vec{b}$
$r \cdot \vec{a}$	r-faches von $\vec{a}$
$\vec{a} * \vec{b}$	Skalarprodukt von $\vec{a}$ und $\vec{b}$
$\mathbb{E}$	Ebene E
$\vec{n}$	Normalenvektor
$\mathbf{A}$	Matrix **A**
a_{ij}	Element der Matrix **A** in der i-ten Zeile und der j-ten Spalte
$\mathbf{A} = \begin{pmatrix} a_{11} a_{12} & \dots & a_{1n} \\ a_{21} a_{22} & \dots & \\ a_{m1} a_{m2} & \dots & a_{mn} \end{pmatrix}$	$m \times n$-Matrix **A** mit den Elementen a_{ik}
$\mathbf{0}$	Nullmatrix
$-\mathbf{A}$	Gegenmatrix
$\mathbf{E}_n$	$n \times n$-Einheitsmatrix
$\mathbf{A}^{-1}$	Inverse der Matrix **A**
$\mathbf{A} + \mathbf{B}$	Summe von **A** und **B**
$r \cdot \mathbf{A}$	r-faches der Matrix **A**
$\mathbf{A}\vec{b}$	Produkt von **A** und $\vec{b}$
$\mathbf{AB}$	Produkt von **A** und **B**

Stochastik

A	Ereignis A
$\overline{A}$	Gegenereignis zu A
$A \cap B$	Und-Ereignis von A und B
$A \cup B$	Oder-Ereignis von A und B
$P(E)$	Wahrscheinlichkeit für das Ereignis E
$P_B(A)$	Wahrscheinlichkeit für A unter der Bedingung B
$h(E)$	relative Häufigkeit von E
$H(E)$	absolute Häufigkeit von E
$H_n(E)$	absolute Häufigkeit von E bei n Versuchen
$n!$	n Fakultät
$\binom{n}{k}$	Binomialkoeffizient n über k
μ, $E(X)$	Erwartungswert der Zufallsgröße X
$V(X)$	Varianz der Zufallsgröße X
σ	Standardabweichung
X, Y, Z	Zufallsvariablen